AF347440

LIBRAIRIE DE GARNIER FRÈRES

RUE DES SAINTS-PÈRES, 6, ET PALAIS-ROYAL, 215.

Souscription par demi-volume du prix de 5 francs

Les demi-volumes seront mis en vente régulièrement le 1er et le 15 de chaque mois
à partir du 1er septembre 1855.

ŒUVRES COMPLÈTES

DE BUFFON

AVEC LA NOMENCLATURE LINNÉENNE ET LA CLASSIFICATION DE CUVIER

ÉDITION NOUVELLE

Revue sur l'édition in-4º de l'imprimerie royale

ANNOTÉE

PAR M. FLOURENS

MEMBRE DE L'ACADÉMIE FRANÇAISE, SECRÉTAIRE PERPÉTUEL DE L'ACADÉMIE DES SCIENCES

PROFESSEUR AU MUSÉUM D'HISTOIRE NATURELLE, ETC.

ILLUSTRÉE DE 163 PLANCHES COLORIÉES, 800 SUJETS, SUR ACIER

GRAVÉES D'APRÈS LES DESSINS ORIGINAUX

DE M. VICTOR ADAM

Imprimé en caractères neufs sur papier pâte vélin, par la typographie J. CLAYE.

24 DEMI-VOLUMES A 5 FRANCS.

AVIS ESSENTIEL

**L'Ouvrage sera complet à la fin de septembre. Les acquéreurs auront la facilité, selon leur con-
venance, de le retirer par volumes ou demi-volumes, ou de se procurer tous les volumes à la fois.**

Buffon n'est pas seulement une des gloires scientifiques, il est aussi une des gloires littéraires de la
France. C'est à l'éclat de son double génie de savant et d'écrivain qu'il a dû d'être imprimé dans tous les
formats, d'être traduit dans toutes les langues, pour prendre place dans toutes les bibliothèques

Les bonnes éditions de Buffon sont très-rares et vendues à un prix excessivement élevé; nous avons
voulu que celle-ci réunit en même temps toutes les conditions de bon marché, de correction, de valeur
scientifique, typographique et artistique.

Un savant illustre, digne successeur de Buffon et de Cuvier, M. FLOURENS, a enrichi notre édition d'un
travail neuf et original qui lui imprime un cachet d'actualité, et met l'œuvre du grand naturaliste du
xviii° siècle en harmonie avec l'état présent de la science.

Les gravures qui sont jointes au texte et lui servent pour ainsi dire de commentaire, en matérialisant
pour l'œil les formes et les couleurs décrites par l'écrivain, sont d'une exécution irréprochable. Sous ce
rapport, le nom d'un de nos meilleurs peintres d'animaux, de Victor Adam, nous paraît aussi une garantie suffisante.

Nous tenions également à ce que l'exécution matérielle, la fabrication même du livre, répondit à la
supériorité scientifique, littéraire et pittoresque de notre édition.

Rien n'a été négligé pour concilier, dans cette nouvelle édition de Buffon, avec la modicité du prix, toutes
les qualités essentielles d'un beau et bon livre, digne de prendre place dans toutes les bibliothèques scientifiques ou littéraires.

Monsieur le ministre de l'instruction publique a souscrit, pour les bibliothèques, à cette grande publication, devenue
désormais l'édition-modèle des œuvres de Buffon.

LES

VIES DES SAINTS

POUR TOUS LES JOURS DE L'ANNÉE

NOUVELLEMENT ÉCRITES

PAR UNE RÉUNION D'ECCLÉSIASTIQUES ET D'ÉCRIVAINS CATHOLIQUES

sous les auspices

DE NN. SS. LES ARCHEVÊQUES ET ÉVÊQUES

Publiées en 200 Livraisons

ET CLASSÉES POUR CHAQUE JOUR DE L'ANNÉE PAR ORDRE DE DATES D'APRÈS LES
MARTYROLOGES ET GODESCARD.

Nota. **Les personnes qui désireraient recevoir une livraison comme échantillon peuvent nous écrire *franco*, en nous adressant un timbre-poste de 25 cent. — Toute demande de 100 fr. donnera droit à recevoir *franco*, à domicile, les livres demandés.**

La VIE DES SAINTS est une de ces publications privilégiées qui joignent au mérite d'être édifiantes celui d'offrir une lecture pleine de charme et d'intérêt.

Un livre qui réunit ce double avantage peut compter sur de nombreuses sympathies. Toutes les âmes pieuses, tous les esprits sensibles aux beautés de la religion, tous les amateurs de bons et curieux récits, trouveront dans les *Vies des Saints* de quoi satisfaire leur goût.

La *Vie des Saints* n'est autre chose que le christianisme en action, la religion mise en pratique dans toute sa pureté, toute sa splendeur morale ; c'est l'humanité s'élevant au-dessus d'elle-même par la grâce et la faveur divine. On conçoit dès lors le haut et puissant intérêt qui s'attache à tant de généreux efforts, à tant d'héroïques souffrances, à tant d'abnégation. Quoi de plus beau, dans l'histoire, que la vie d'un saint Vincent de Paul et celles de tant d'hommes admirables, si merveilleusement inspirés par la religion ?

Nous n'insisterons pas sur ces mérites évidents et sur l'utilité sérieuse d'une publication qui se recommande par des autorités plus graves que la nôtre. Quant à la rédaction des textes et à l'exécution matérielle, nous y donnons tous nos soins, et nous espérons contenter les plus difficiles. La beauté des gravures et de la typographie doit ajouter son charme et son relief aux beautés morales de l'ouvrage et leur offrir un cadre digne d'elles. Tel est le but que nous nous sommes proposé, et que nous croyons avoir atteint.

Au reste, l'approbation donnée à notre entreprise par NN. SS. les Archevêques et Évêques, les lettres d'encouragement que nous avons reçues d'eux, sont assurément la meilleure de toutes les recommandations pour ce livre. Nous voudrions pouvoir citer toutes ces lettres ; mais l'espace nous manque, et nous nous bornons aux deux suivantes, les premières en date :

J'ai été enchanté de la beauté des gravures et de la perfection typographique qui ornent les deux premières livraisons de votre *Vie des Saints.*

Le choix des hommes distingués qui doivent concourir, soit à sa composition, soit à son examen, me fait espérer que sa rédaction sera digne des jolies décorations que j'ai sous les yeux.

Je dois aussi vous exprimer mon étonnement au sujet de la modicité du prix de chaque livraison ; vous avez espéré sans doute voir bientôt les images des saints remplacées par ces charmants cahiers dans lesquels vous parlez tout à la fois à l'esprit, au cœur et aux sens si vifs de la jeunesse. Puisse cet espoir être réalisé !

Je fais des vœux sincères afin que les pasteurs des paroisses et les mères de famille donnent à votre belle entreprise un encouragement que vous avez si bien mérité.

† DENIS, archevêque de Paris.

Il n'y a pas d'expédient plus sûr pour empêcher les mauvaises lectures que de fournir un moyen facile et attrayant d'en faire de bonnes.

Vous rendrez ce service inestimable à la société par la publication de votre *Vie des Saints*, dont les premières livraisons ont paru.

Vous ajoutez au talent des écrivains qui, pour concourir à votre œuvre, se sont chargés de la partie historique, tous les agréments et toutes les ressources d'un art qui, en charmant les yeux, devait exciter ou fortifier une sainte curiosité.

Rien ne peut frapper plus agréablement la vue que les dessins qui s'offrent de toutes parts dans votre livre, et dont l'exécution me paraît aussi finie que l'invention en est heureuse, riche et variée. Je désire donc sincèrement, Monsieur, que votre entreprise ait un plein succès. Elle sera une preuve durable de votre zèle, et le public s'empressera de rendre un hommage de reconnaissance aux esprits distingués et aux mains habiles qui vous ont secondé.

Enfin, cet ouvrage consacré à la gloire de la religion la fera chérir et admirer par les exemples multipliés de la force divine dont elle revêt les âmes, de la tendre charité qu'elle y fait naître, des sacrifices héroïques qu'elle leur inspire.

† CLAUDE-HIP., évêque de Chartres.

Ce témoignage de haute approbation, confirmé par tous les Évêques, est un titre irrécusable aux sympathies du clergé et de tous les esprits religieux. Toutes les personnes qui s'occupent d'éducation, soit publique, soit privée, les instituteurs, les maîtres et maîtresses de pension, y trouveront, aussi bien que les ecclésiastiques, la ressource précieuse d'une lecture à la fois instructive et attrayante pour l'enfance et pour la jeunesse. Ce livre, offert à titre de récompense et d'encouragement, ne peut produire qu'un excellent effet, dans l'intérêt des mœurs et de la vraie piété. Offrir à la jeunesse la religion en exemples et en action, c'est le meilleur moyen de la lui faire aimer, et c'est la disposer en même temps à en bien comprendre les préceptes.

Une foule d'écrivains distingués ont accordé leur concours pour la rédaction des textes de la *Vie des Saints*. Le défaut d'espace nous empêchant de les citer tous, il nous suffira de nommer le R. P. LACORDAIRE, M. le vicomte DE FALLOUX, MM. les abbés DEGUERRY, DE NOIRLIEU, CARRON, DESGENETTES, ARNAULT, etc., etc.; MM. DE RIANCEY, Eugène VEUILLOT, DE VILLENEUVE-BARGEMONT, DE MONMERQUÉ, etc., etc., pour donner une idée du soin apporté à cette rédaction.

Par sa belle exécution matérielle, comme par ses textes, la *Vie des Saints* est un monument élevé à la religion chrétienne.

Cet ouvrage est divisé en quatre séries, composées chacune de 50 livraisons à 20 centimes; l'ensemble forme quatre magnifiques volumes, illustrés de douze cents gravures.

Chaque livraison, contenant la vie d'un ou de plusieurs saints, se vend *séparément*, et se compose d'une feuille in-4°, tirée avec soin et illustrée de plusieurs gravures ou vignettes.

HISTOIRE

DES

DUCS DE BOURGOGNE

PAR M. DE BARANTE

de l'Académie Française.

Il serait inutile d'insister sur les mérites d'un ouvrage classé depuis longtemps parmi les meilleurs de notre époque. Les hommes les plus compétents de la littérature contemporaine, les Chateaubriand, les Villemain, les Thierry, etc., etc., ont proclamé à l'envi les qualités brillantes et solides qui distinguent l'*Histoire des Ducs de Bourgogne* : l'exactitude des recherches, l'intérêt de la narration, cette vérité de couleur qui donne aux récits de l'auteur le charme et l'attrait des plus beaux romans de Walter Scott. Il suffit d'annoncer la septième réimpression de cette histoire, pour fixer l'attention de tous les amateurs de bons livres.

Nous avons apporté à cette réimpression tous les soins que réclamait une publication sérieuse. La bonne exécution des gravures répond à l'élégance typographique du texte.

L'HISTOIRE DES DUCS DE BOURGOGNE forme DOUZE VOL. IN-8°, *papier vélin satiné des Vosges*, illustrés de CENT QUATRE gravures d'après les dessins de MM. ROQUEPLAN, DEVÉRIA, Tony et Alfred JOHANNOT, LÉCURIEUX, GRANDVILLE, DÉCAMPS, BOUTERWECK, P. DELAROCHE, TELLIER, FOUSSEREAU, A. SCHEFFER, BOULANGER, Eugène DELACROIX, Robert FLEURY, E. LAMY, gravés par TOMPSON, et de SEIZE Cartes et Plans dressés par A. PERROT, gravés par TARDIEU. L'ouvrage complet, les 12 volumes : 60 fr.

ENCYCLOPÉDIE

THÉORIQUE ET PRATIQUE

DES

CONNAISSANCES UTILES

COMPOSÉE DE

CENT TRAITÉS

SUR LES CONNAISSANCES LES PLUS INDISPENSABLES

PAR

MM. Alcan, Albert Aubert, L. Baude, Behier, Bélanger, Beltrémieux, Berthelot,
Boutigny, Am. Burat, Cap, Charton Chasseriau, Chenu, Cheruel, Deboutteville, Delafond,
Deyeux, Doyère, Dubreuil, Dujardin, Dulong, Dupasquier, Dupays, Fabre d'Olivet, Foucault, Fournier,
Génin, Giguet, Girardin, Grelley, Guerin Menneville, Hubert, J. Labcaume, Fréd. Lacroix, L. Lalanne, Lud Lalanne.
E. Laugier, S. Laugier, Leclerc, Lecouteux, Elisée Lefevre, Lepileur, H. Martin, Martins, Mathieu,
Madame Millet, Montagne, Moll, Moliot, Moreau de Jonnès, Parchappe, Peclet, Peligot,
Persoz, A. Prevost, Louis Reybaud, Robinet, Schrender, Thomas et Laurens,
Trébuchet, L. de Wailly, Ch. Verge, Wolowski, Yong, etc.

Dans un temps où tout le monde sent le besoin de l'instruction, les ouvrages qui tendent à populariser la science, à la rendre accessible aux esprits désireux d'apprendre, ne peuvent manquer d'être recherchés avec empressement. Aucun n'a mieux atteint ce but de première utilité que cette encyclopédie populaire, où toutes les notions usuelles ont trouvé place dans un cadre qui les fait ressortir et les met dans tout leur jour. Les sujets les plus variés ont été traités, et l'on peut dire élucidés par des hommes compétents et spéciaux avec une netteté qui les rend intelligibles à tous les lecteurs. C'est donc pour les hommes qui veulent s'instruire (et qui ne le voudrait aujourd'hui?) une mine précieuse qu'un livre où les connaissances utiles se trouvent mises à la portée de quiconque désire apprendre. Un pareil résultat explique et justifie le succès obtenu par cette publication; succès qui ne peut que s'accroître en raison des besoins intellectuels de l'époque.

SOMMAIRE DE L'OUVRAGE. — L'ENCYCLOPÉDIE comprend 14 Traités sur les sciences mathematiques, physiques, mécaniques, chimiques, etc.; — 14 traités sur les sciences naturelles et médicales; — 15 Traités sur les sciences historiques et géographiques; — 5 sur la religion et la morale; — 5 sur la législation et l'administration; — 4 sur l'education et la littérature; — 6 sur les beaux-arts; — 16 sur l'agriculture et l'horticulture; — 12 sur l'industrie; — et 9 sur l'économie politique, industrielle, domestique et rurale.

L'ENCYCLOPÉDIE des connaissances utiles forme 2 volumes grand in-8° imprimés en caractères neufs, sur deux colonnes, et illustrés de 1500 gravures sur bois dans le texte. Chaque volume contient la matière de 30 volumes in-8° ordinaire. Prix. . . . . 25 fr.

SUPPLÉMENT

AU

DICTIONNAIRE DE LA CONVERSATION

ET DE LA LECTURE

Le succès du *Dictionnaire de la Conversation* est un fait si connu, qu'il serait inutile de chercher à faire ressortir les mérites et l'utilité d'un livre si recherché du public. Le nombre des exemplaires en circulation s'accroît chaque jour, et la mine est loin d'être épuisée.

Le supplément en 16 volumes, aujourd'hui terminé, est le complément nécessaire de cet excellent répertoire. Les progrès accomplis dans les sciences depuis l'époque où fut terminé le *Dictionnaire de la Conversation* (1839), les grands événements survenus depuis, les hommes que ces événements ont fait surgir, le mouvement philosophique, littéraire, industriel et artistique des quinze dernières années, tout se retrouve, tout est résumé avec une grande justesse dans ce *supplément* indispensable à tous ceux qui possèdent le *Dictionnaire*, en offrant à ceux qui veulent l'acquérir séparément une lecture pleine d'intérêt et d'actualité. L'ordre alphabétique, qui facilite les recherches de tout genre, et qui met le lecteur à même d'être immédiatement renseigné sur les hommes et sur les choses de notre époque, ajoute un attrait de plus aux mérites de ce livre, marqué au coin de l'utilité pratique et journalière, et devenu le complément naturel, non-seulement du *Dictionnaire*, mais de toutes les encyclopédies.

Le supplément du *Dictionnaire de la Conversation* forme 16 vol. imprimés à 2 colonnes, à 5 fr. le vol.

PARIS. — IMPRIMERIE DE J. CLAYE ET Cᵉ, RUE SAINT-BENOIT, 7.

GARNIER FRÈRES, LIBRAIRES-ÉDITEURS

Rue Richelieu, 10, et Palais-Royal, 215.

ŒUVRES COMPLÈTES

DE BUFFON

AVEC LA NOMENCLATURE LINNÉENNE ET LA CLASSIFICATION DE CUVIER

ÉDITION NOUVELLE

Revue sur l'édition in-4° de l'Imprimerie royale

ANNOTÉE

PAR M. FLOURENS

MEMBRE DE L'ACADÉMIE FRANÇAISE, SECRÉTAIRE PERPÉTUEL DE L'ACADÉMIE DES SCIENCES
PROFESSEUR AU MUSÉUM D'HISTOIRE NATURELLE, ETC.

ILLUSTRÉE DE **166 PLANCHES**, **800 SUJETS**, SUR ACIER

GRAVÉES D'APRÈS LES DESSINS ORIGINAUX

DE M. VICTOR ADAM

Et coloriées sous la surveillance de M. FLOURENS

Imprimée en caractères neufs, sur papier pâte vélin, par la typographie J. CLAYE.

PROSPECTUS

Buffon n'est pas seulement une des gloires scientifiques, il est aussi une des gloires littéraires de la France. C'est à l'éclat de son double génie de savant et d'écrivain qu'il a dû d'être imprimé dans tous les formats, d'être traduit dans toutes les langues, pour prendre place dans toutes les bibliothèques. Quels que soient en effet les progrès, quelles que soient les découvertes nouvelles de la science, les œuvres de Buffon, grâce à l'éloquence, à la clarté, à la force pénétrante de son style, resteront toujours le livre classique et fondamental destiné à féconder l'étude des sciences naturelles, en en inspirant le goût, en les faisant aimer au lecteur.

Développer le goût d'une science qui révèle à l'homme ses rapports avec la nature entière, la propager, la rendre accessible au plus grand nombre, tel est le but que nous nous proposons en publiant cette nouvelle édition des œuvres de l'immortel écrivain. Les bonnes éditions de Buffon sont très-rares et vendues à un prix excessivement élevé : nous avons voulu que celle-ci réunît en même temps toutes les conditions de bon marché, de correction, de valeur scientifique, typographique et artistique.

Pour offrir aux lecteurs, tant savants, que lettrés, les meilleures garanties possibles en ce qui concerne la mise en ordre, l'annotation, et l'élucidation de l'œuvre, nous ne pouvions choisir un nom et un talent plus propres à inspirer toute confiance que le nom et le talent de l'illustre écrivain qui occupe, à l'Académie des sciences et à l'Académie Française, les fauteuils qu'y occupèrent jadis Buffon et Cuvier. Le beau travail dont M. Flourens a enrichi notre édition de Buffon, lui imprime un cachet d'actualité, et met l'œuvre du grand naturaliste du xviiie siècle en harmonie avec l'état présent de la science.

Les gravures qui sont jointes au texte et lui servent pour ainsi dire de commentaire, en matérialisant pour l'œil les formes et les couleurs décrites par l'écrivain, sont d'une exécution irréprochable. Sous ce rapport, le nom d'un de nos meilleurs peintres d'animaux, de Victor Adam, nous paraît aussi une garantie suffisante.

Enfin nous avons tenu à ce que l'exécution matérielle, la fabrication même du livre, répondît à la supériorité scientifique, littéraire et pittoresque de notre édition. Un papier beau et solide a été manufacturé, des caractères gravés et faciles et agréables à l'œil ont été fondus exprès; et l'imprimerie la plus renommée de Paris pour la rigoureuse correction de ses textes, le soin, la netteté, l'éclat de ses tirages, a été chargée par nous de la partie typographique.

On le voit, rien n'a été négligé pour concilier dans cette nouvelle édition de Buffon avec la modicité du prix toutes les qualités essentielles d'un bel et bon livre, digne de prendre place dans toutes les bibliothèques scientifiques ou littéraires.

CONDITIONS DE LA SOUSCRIPTION

Les ŒUVRES COMPLÈTES DE BUFFON formeront 12 volumes in-8° jésus, illustrés de 166 gravures sur acier représentant plus de *huit cents sujets* COLORIÉS, d'après les dessins de Victor ADAM. Cette publication, *qui contient par conséquent trois cents gravures de plus que les éditions les plus complètes*, formera environ 400 livraisons à 30 centimes. Toutes les livraisons dépassant ce nombre seront données *gratis*.

Les premières sont en vente.

Il paraît une ou deux livraisons par semaine.

PARIS. — IMPRIMÉ PAR E. CLAYE ET Cie, RUE SAINT-BENOIT, 7.

OEUVRES

COMPLÈTES

DE BUFFON

—

TOME I

IMPRIMERIE
JULES CLAYE ET Cie
Rue Saint-Benoît, 7

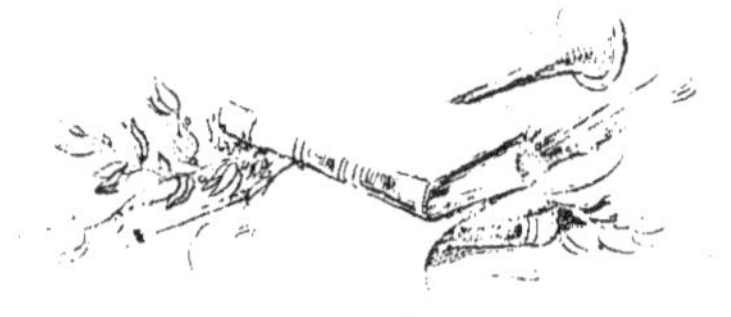

ŒUVRES

DE BUFFON

AVEC LA NOMENCLATURE LINNÉENNE ET LA CLASSIFICATION DE CUVIER

Revues sur l'édition in-4° de l'Imprimerie royale

ET ANNOTÉES

PAR

M. FLOURENS

SECRÉTAIRE PERPÉTUEL DE L'ACADÉMIE DES SCIENCES, MEMBRE DE L'ACADÉMIE FRANÇAISE
PROFESSEUR AU MUSÉUM D'HISTOIRE NATURELLE, ETC.

TOME PREMIER

THÉORIE DE LA TERRE — HISTOIRE GÉNÉRALE DES ANIMAUX

PARIS

GARNIER FRÈRES, LIBRAIRES

6, RUE DES SAINTS-PÈRES

MDCCCLIII

NOTICE

SUR BUFFON

ET

SUR CETTE ÉDITION

Il y a, dans tout ce qu'a écrit Buffon, un ordre, une suite, une filiation visible des idées, et, ce qu'il faut surtout remarquer, un progrès constant[1]. Quand il commence, il n'est point naturaliste; il est bientôt si grand naturaliste, que, dans le siècle où il vit, il n'a d'égal que le seul Linné. Il se moque, d'abord, de la *méthode* et des *méthodistes*, et finit par nous laisser des modèles achevés d'une classification supérieure. Il dédaigne, dans sa *Théorie de la terre*, les idées de Leibnitz sur l'incandescence primitive du globe, et fait ensuite de ces mêmes idées la base de ses *Époques de la nature.*

C'est ce développement continu des idées de Buffon, que j'ai voulu mettre en lumière.

§ I.

Buffon (Georges-Louis Leclerc de) était né à Montbard en Bourgogne, le 7 septembre 1707[2].

A vingt-quatre ans, il vient à Paris. Le besoin de se distinguer le mène aux sciences.

1. Voyez l'*Histoire des travaux et des idées de Buffon*, ouvrage que j'ai publié, pour la première fois, en 1844.

2. Je me propose de donner un volume de fragments de la *Correspondance* de Buffon, qui, mieux connu comme homme privé, n'en restera pas moins le grand homme. — Je ne parle ici de Buffon que par rapport à cette édition.

Dès son début, il fait une application heureuse de la géométrie, qui avait été l'étude favorite de son enfance, à la détermination des chances dans les jeux de hasard.

Les procès-verbaux de l'Académie (*séance du samedi 25 avril 1733*) nous ont conservé le rapport suivant de Clairaut et de Maupertuis sur le premier mémoire qu'il ait présenté à cette Compagnie. — « Nous avons « examiné, par ordre de l'Académie, un mémoire sur le jeu du franc-« carreau par M. Leclerc [1].

« Jusqu'ici, pour la détermination des parties dans les jeux de pur « hasard, l'on n'a fait entrer que la considération des nombres, parce « que, dans la plupart de ces jeux, tout se réduit à certains nombres des « cas avantageux et des cas désavantageux, indépendamment de la figure « des choses avec lesquelles on joue. Il n'en est pas de même du franc-« carreau.

« Les problèmes de ce jeu, qui se joue ordinairement avec une pièce « ronde, dépendent de la considération du diamètre de cette pièce et des « dimensions des carreaux. Voilà le cas le plus simple et le premier « dont M. Leclerc résout les questions. Mais lorsque la pièce qu'on jette « n'est plus ronde, la difficulté est fort augmentée, et cependant n'arrê-« tera dans aucun cas la méthode de M. Leclerc.

« Si c'est un carré, l'on voit que son centre peut tomber à la même « distance de la raie, et que sa superficie se trouvera ou ne se trouvera « pas dessus, selon qu'il lui présentera plus ou moins son angle ou son « côté. La détermination de ces problèmes dépend de la quadrature du « cercle.

« M. Leclerc passe à un autre cas de ce jeu ; il suppose qu'au lieu « d'une chambre carrelée, on le joue sur un plan séparé par des raies « parallèles, et que le corps que l'on jette est long et sans largeur, comme « une baguette d'une longueur déterminée. Il résout encore les problèmes « de ce jeu avec beaucoup d'élégance par l'aire de la cycloïde. Tout cela « fait voir, outre beaucoup de savoir en géométrie, beaucoup d'invention « dans l'auteur. »

1. En 1733, année où il présentait ce mémoire, et où, comme nous allons le voir, il fut nommé de l'Académie, Buffon ne prenait encore que le nom de Leclerc; en 1734, je vois qu'il signe sur les feuilles de présence Leclerc de Buffon; à compter de 1735, et de sa traduction de Hales, il ne prend plus que le nom de Buffon.

Le mémoire sur le jeu du franc-carreau a été reproduit, plus tard, tout entier dans l'*Essai d'arithmétique morale*[1]; et là Buffon le commence ainsi :

« L'analyse est le seul instrument dont on se soit servi jusqu'à ce jour,
« dans la science des probabilités, pour déterminer et fixer les rapports
« du hasard; la géométrie paraissait peu propre à un ouvrage aussi
« délié; cependant, si l'on y regarde de près, il sera facile de recon-
« naître que cet avantage de l'analyse sur la géométrie est tout à fait
« accidentel, et que le hasard, selon qu'il est modifié et conditionné, se
« trouve du ressort de la géométrie aussi bien que de celui de l'analyse :
« pour s'en assurer, il suffit de faire attention que les jeux et les ques-
« tions de conjecture ne roulent ordinairement que sur des rapports de
« quantités discrètes; l'esprit humain, plus familier avec les nombres
« qu'avec les mesures de l'étendue, les a toujours préférés; les jeux en sont
« une preuve, car leurs lois sont une arithmétique continuelle; pour
« mettre donc la géométrie en possession de ses droits sur la science du
« hasard, il ne s'agit que d'inventer des jeux qui roulent sur l'étendue et
« sur ses rapports, ou calculer le petit nombre de ceux de cette nature
« qui sont déjà trouvés. Le jeu du franc-carreau peut nous servir
« d'exemple[2]... »

Ces mêmes procès-verbaux, que je viens de citer, nous offrent encore la trace d'un second mémoire de Buffon, mais qui n'est indiqué que de la manière suivante (*séance du 25 novembre 1733*) :

« M. Leclerc est entré[3] et a lu un écrit de géométrie. »

Quel était le sujet de cet *écrit?*

Une phrase du rapport de Clairaut et de Maupertuis : « La détermi-
« nation de ces problèmes dépend de la quadrature du cercle » semble nous mettre sur la voie, car l'*Essai d'arithmétique morale* contient aussi un mémoire[4] sur la quadrature du cercle[5].

---

1. T. XII, p. 180. Je n'ai pas besoin d'avertir que je cite toujours ici l'édition actuelle.
2. *Ibid*, p. *id.*
3. *Est entré*, comme nous dirions aujourd'hui : *Est introduit.*
4. Ou, plus exactement, un article.
5. T. XII, p. 200. Enfin, le même *Essai* réunit aux deux précédents mémoires le mémoire sur les *échelles arithmétiques* (t. XII, p. 188), que Buffon publia en 1741, et qui a été inséré parmi ceux de l'Académie pour cette année-là.

Clairaut et de Maupertuis avaient dit : « Tout cela fait voir, outre
« beaucoup de savoir en géométrie, beaucoup d'invention dans l'au-
« teur. »

Ce jugement nous explique comment l'entrée de Buffon à l'Académie
suivit de si près la présentation de ses deux premiers essais.

Il y fut nommé, le 25 décembre 1733, adjoint dans la classe de mécanique, étant à peine âgé de 26 ans.

Au reste, il convient lui-même, de très-bonne grâce, dans une lettre
au président Bouhier[1], en date du 8 février 1734, que l'Académie
s'était un peu *hâtée*.

« On m'a fait ici mille fois plus d'honneur que je ne mérite ; on a
« hâté la vacance de la place que je remplis à l'Académie ; on m'a
« préféré à des concurrents distingués. Tous ces avantages, dont je me
« sens si peu digne, n'auraient peut-être pas trouvé grâce à des yeux
« aussi éclairés que les vôtres.... »

Dans cette même lettre, Buffon parle au président Bouhier du projet
qu'il a de faire imprimer, *au premier jour*, la traduction d'un ouvrage
anglais de physique, travail dont il s'occupe à ce moment-là.

« ..... Pour finir, j'aurai l'honneur de vous dire que je vais, au
« premier jour, faire imprimer une traduction, avec des notes, d'un
« ouvrage anglais de physique, qui a paru nouvellement, et dont les
« découvertes m'ont tellement frappé, et sont si fort au-dessus de ce que
« l'on voit en ce genre, que je n'ai pu me refuser au plaisir de le
« donner en notre langue au public ; c'est un in-4° d'environ 500
« pages. »

En effet, dès 1735, parut sa traduction de la *Statique des végétaux*
de Hales, ouvrage excellent, plein de faits, supérieur en son genre,
comme le dit Buffon, et où le jeune traducteur mit une *préface* d'un
genre supérieur à l'ouvrage même, par le ton du style et le tour philosophique de la pensée.

Cette *préface* est le premier écrit que Buffon ait donné au public.

On y reconnaît les germes heureux d'une capacité supérieure, et d'un

---

1. Jean Bouhier, président à mortier au parlement de Dijon, et membre de l'Académie
française.

talent qui s'annonce déjà par l'élévation et la force : au fond, ce n'est pourtant qu'un travail de jeune homme. L'auteur venait de faire, à Londres, un séjour de quelques mois. On sent qu'il est encore tout rempli d'enthousiasme pour la manière de penser de ce pays-là, et, si je puis ainsi parler, tout frais émoulu de la saine philosophie scientifique, que l'autorité de Newton y faisait alors régner.

« Je puis assurer, nous dit-il en commençant, qu'en fait de phy-
« sique l'on doit rechercher autant les expériences que l'on doit craindre
« les systèmes [1]. »

C'était le grand principe de Newton, et son mot célèbre : *hypo-
theses non fingo.* « Je n'imagine point d'hypothèses; car tout ce
« qui ne se déduit point des phénomènes est une hypothèse; et les
« hypothèses ne doivent pas être reçues dans la philosophie expérimen-
« tale [2]. »

Buffon ajoute : « J'avoue que rien ne serait si beau que d'établir
« d'abord un seul principe pour ensuite expliquer l'univers; et je con-
« viens que si l'on était assez heureux pour deviner, toute la peine que
« l'on se donne à faire des expériences serait bien inutile; mais les gens
« sensés voient assez combien cette idée est vaine et chimérique : le
« système de la nature dépend peut-être de plusieurs principes; ces
« principes nous sont inconnus, leur combinaison ne l'est pas moins;
« comment ose-t-on se flatter de dévoiler ces mystères sans autre guide
« que son imagination [3]? »

Sans autre guide que son imagination : allusion à Descartes. Il était bien difficile, surtout sous la plume d'un jeune homme, que l'éloge de Newton n'amenât pas la critique de Descartes. Aussi Buffon ne s'en tient-il pas là : « Il ne s'agit pas, pour être physicien, de savoir ce qui
« arriverait dans telle ou telle hypothèse, en supposant, par exemple,
« une matière subtile, des tourbillons....[4]. »

Le tort de Descartes est d'avoir imaginé une *matière subtile*, des *tourbillons*, etc., etc., choses fort inutiles, sans contredit; son mérite

1. T. XII, p. 2.
2. *Princip. mathémat. de la philosoph. natur.*, t. II, p. 179 (traduc. franç.).
3. T. XII, p. 2.
4. T. XII, p. 2.

éternel sera d'avoir, le premier entre tous les hommes, vu et posé le problème des lois mécaniques de l'univers : « S'il s'est trompé sur les « lois du mouvement, dit très-bien D'Alembert, il a du moins deviné « le premier qu'il devait y en avoir[1]. »

« Et comment fait-on, continue Buffon, pour oublier que l'effet est « le seul moyen de connaître la cause[2]. »

Nouveau principe tiré de Newton : « Toute la difficulté de la philoso- « phie paraît consister à trouver les forces, qu'emploie la nature, par les « phénomènes que nous connaissons[3]. »

Buffon dit encore : « C'est par des expériences fines, raisonnées et « suivies que l'on force la nature à découvrir son secret; toutes les « autres méthodes n'ont jamais réussi, et les vrais physiciens ne peu- « vent s'empêcher de regarder les anciens systèmes comme d'anciennes « rêveries, et sont réduits à lire la plupart des nouveaux comme on lit « les romans[4]. »

D'accord. Et comment s'imaginer, après cela, que ce même jeune homme à l'esprit, ou plutôt à la doctrine si sage, nous donnera, un jour, tant de hardis et aventurés systèmes : ces planètes détachées du soleil par une *comète*, ces êtres vivants formés de *molécules organi- ques*, etc., etc.? C'est que Buffon avait plutôt le respect que le goût des expériences, et que, quoiqu'il en ait fait beaucoup[5], et même quel- ques-unes de très-brillantes[6], il était, au fond, né pour la méditation plus que pour les recherches, et plus propre, selon sa belle expression, *à voir par les yeux de l'esprit que par ceux du corps.*

« Amassons, dit enfin Buffon, amassons toujours des expériences, et « éloignons-nous, s'il est possible, de tout esprit de système;...... nous « trouverons assurément à placer, un jour, ces matériaux; et quand « même nous ne serions pas assez heureux pour en bâtir l'édifice tout « entier, ils nous serviront certainement à le fonder, et peut-être à « l'avancer au delà même de nos espérances : c'est cette méthode que

1. *Discours préliminaire de l'Encyclopédie.*
2. T. XII. p. 2.
3. *Princ. mathémat. de la philosoph. natur.*, t. I, p. xvj (trad. franç.).
4. T. XII, p. 2.
5. Voyez ses expériences sur la *force du bois*, t. XII, et ses expériences, plus importantes, sur l'incandescence des *métaux*, t. IX.
6. Témoin sa belle expérience sur les *miroirs ardents*, dont il sera parlé tout à l'heure.

« mon auteur a suivie; c'est celle du grand Newton : c'est celle que
« MM. de Verulam. Galilée, Boyle. Stahl, ont recommandée; c'est celle
« que l'Académie des Sciences s'est fait une loi d'adopter [1]. »

C'est celle du grand Newton. Sans doute; mais avant Newton il y
avait eu Bacon, Galilée, Boyle, Stahl, comme le dit Buffon : il y avait
notre Académie des Sciences [2], et Buffon ne fait ici que lui rendre justice,
et même ne la lui rend-il pas tout entière.

L'écrivain le plus délicat qu'aient eu les sciences, l'interprète le plus
sûr qu'aient eu les Académies, Fontenelle, nous parle ainsi de la nôtre:
« Jusqu'à présent, l'Académie des Sciences ne prend la nature que
« par parcelles. Nul système général, de peur de tomber dans l'incon-
« vénient des systèmes précipités dont l'impatience de l'esprit humain
« ne s'accommode que trop bien, et qui, étant une fois établis, s'op-
« posent aux vérités qui surviennent. Aujourd'hui on s'assure d'un
« fait, demain d'un autre..... [3]. » — « Le temps viendra peut-être
« que l'on joindra en un corps régulier ces membres épars; et, s'ils
« sont tels qu'on les souhaite, ils s'assembleront en quelque sorte
« d'eux-mêmes. Plusieurs vérités séparées, dès qu'elles sont en assez
« grand nombre, offrent si vivement à l'esprit leurs rapports et leur
« mutuelle dépendance, qu'il semble qu'après avoir été détachées par
« une espèce de violence les unes d'avec les autres, elles cherchent
« mutuellement à se réunir [4]. »

Rien de plus vrai, ni de mieux dit, et l'on peut l'affirmer avec Fontenelle : l'esprit de l'Académie des Sciences a toujours été l'esprit
d'expérience, d'étude directe, d'observation précise. D'abord cartésienne,
elle devint ensuite newtonienne; mais, soit avec Descartes, soit avec
Newton, soit depuis Newton et Descartes, elle a toujours été vouée à
l'expérience. Écrire son histoire, c'est écrire l'histoire de la méthode
expérimentale. [5]

La traduction du livre de Hales fut suivie de plusieurs mémoires,

1. T. XII, p. 3.
2. Fondée en 1666 et renouvelée en 1699.
3. *Hist. de l'Acad. des sc.*, année 1699, p. xix.
4. *Hist. de l'Acad. des sc.*, année 1699, p. xix.
5. Voyez mon livre intitulé : *De Fontenelle ou de la philosophie moderne relativement aux
sciences physiques.* p. 35.

où l'auteur rend compte de nombreuses expériences qu'il a faites sur les végétaux. C'était l'influence de Hales qui agissait : « Les expériences de Grew, de Malpighi, surtout celles de Hales, ont donné, dit Buffon, « de grandes lumières sur l'économie végétale. .[1]. »

Une analogie transitoire d'études l'avait lié avec Duhamel ; et, dans l'année 1737, ils publièrent, en commun, deux mémoires, le premier sur la *cause de l'excentricité des couches ligneuses* [2], et le second sur les *effets des grandes gelées sur les végétaux* [3].

Dans ces deux mémoires, c'est Duhamel qui tient la plume. Il était plus âgé que Buffon de quelques années [4], plus ancien académicien, plus habitué que lui à ce genre d'observations : tout cela semblait déférer au bon Duhamel une sorte de patronage, rôle qu'il acceptait de la meilleure foi du monde, mais qui n'allait pas trop à l'humeur de Buffon, ni au sentiment si fier qu'il avait déjà de ses forces.

Aussi l'union ne fut-elle pas de longue durée. Un démêlé survint.

Duhamel, croyant reconnaître quelques-unes de ses idées dans une communication faite par Buffon à l'Académie, lui aurait dit, à ce qu'on assure : *Vous avez bonne mémoire, mon confrère* ; à quoi Buffon aurait répondu : *Mon confrère, je prends le bon partout où je le trouve* [5].

J'aime à croire que Buffon n'a pas dit cela ; en tout cas, la réponse n'aurait pas mieux valu que la chose. Dans les écrits des deux académiciens se trouvent quelques indications plus simples, et probablement plus vraies.

« Ayant été chargé, par M. le comte de Maurepas [6], de travailler, con-« jointement avec M. Duhamel, sur les bois de construction, j'ai pensé, « dit Buffon [7], qu'il était essentiel de faire des expériences sur la résis-« tance du bois, et ayant communiqué ce projet à M. Duhamel, il me

1. T. XII, p. 5.
2. T. XII, p. 109.
3. T. XII, p. 121.
4. Duhamel était né en 1700, sept ans avant Buffon, et il était de l'Académie depuis l'année 1728. Outre ses belles expériences de physiologie végétale, il en a fait quelques-unes d'un ordre supérieur en physiologie animale ; je veux parler de ses expériences sur la formation de l'os dans le périoste. Voyez mon livre intitulé : *Théorie expérimentale de la formation des os.*
5. Voyez le livre intitulé : *Vie de Buffon, seigneur de Montbard,* etc. (1788), p. 9 et suiv.
6. Alors ministre, et ministre très-influent.
7. Dans un *Avertissement* qui ne se trouve que dans les volumes de l'Académie, et que Buffon n'a pas reproduit en réimprimant son mémoire dans son grand ouvrage.

« dit que ces recherches ne pouvaient être que très-utiles, mais que,
« comme il n'avait presque rien fait sur cette matière, ou qu'il n'avait
« que quelques expériences fort imparfaites, il me priait de me charger
« seul de ce travail[1]. »

De son côté, Duhamel s'exprime en ces termes, qui n'indiquent non
plus rien de bien aigre, si ce n'est un peu d'humeur d'avoir été prévenu :

« Dans le travail que j'ai entrepris sur les bois de construction, je
« comptais examiner à fond ce qui concerne la force des bois ; mais ayant
« appris que M. de Buffon méditait de suivre cette recherche, et qu'il se
« proposait de faire sur cette matière des expériences en grand, je l'exci-
« tai à suivre son projet, et je l'assurai que je lui abandonnais totale-
« ment cette partie de mon travail, qu'il pouvait mieux que personne
« porter à sa perfection[2]. »

Séparé de Duhamel, Buffon continua ses expériences et ses mémoires :
en 1738, il en donna un sur *un moyen d'augmenter la force du bois*[3] ;
en 1739, un autre sur le *rétablissement des forêts*[4] ; en 1740,
un troisième sur la *force du bois*[5] ; en 1741, un quatrième sur le
même sujet[6] ; en 1742 enfin, un cinquième sur la *culture des
forêts*[7].

De telles recherches laissaient à une imagination active toute sa liberté :
aussi le goût de la géométrie conservait-il toujours son empire.

Dès l'année 1740, Buffon avait publié une traduction du *Traité des
Fluxions* de Newton, et mis à ce livre une *préface*, comme il en avait
mis une au livre de Hales.

Ces deux préfaces nous en disent plus sur celui qui sera bientôt
le grand Buffon, que les mémoires assez stériles dont il vient d'être
question.

Celle-ci[8] roule sur un ordre d'idées beaucoup plus difficiles à démêler

1. *Mém. de l'Acad. des sc.*, année 1740, p. 453.
2. *Mém. de l'Acad. des sc.*, année 1742, p. 335.
3. T. XII, p. 46.
4. T. XII, p. 81.
5. T. XII, p. 5.
6. T. XII, p. 15.
7. T. XII, p. 93.
8. T. XII, p. 140.

que ne l'étaient celles sur lesquelles portait la première, et nous révèle
aussi un esprit plus mûr.

L'auteur y raconte à son point de vue, c'est-à-dire au point de vue,
nécessairement un peu partial, du traducteur de Newton, l'histoire du
fameux débat qui éclata entre Newton et Leibnitz, touchant la découverte du *calcul de l'infini;* et de l'histoire même du débat, il remonte
à une de ces questions de philosophie générale où sa haute pensée le
ramenait sans cesse, à l'examen de ce qu'il appelle la *métaphysique de
l'infini* [1].

A parler philosophiquement, il n'y a que deux manières de concevoir
l'*infini*, ou de le faire naître de la privation des bornes du *fini*, ou de
le poser comme réel, et d'en tirer le *fini* par voie de scission, de frag-
mentation successive.

La première manière est celle qu'adopte Buffon. « L'idée de l'infini
« nous vient, dit-il, de l'idée du fini : une chose finie est une chose qui
« a des termes, des bornes; une chose infinie n'est que cette même chose
« finie à laquelle nous ôtons ces termes et ces bornes; ainsi l'idée de
« l'infini n'est qu'une idée de privation, et n'a point d'objet réel [2]. »

La seconde manière était celle de Descartes. « Et je ne me dois pas
« imaginer, dit-il, que je ne conçois pas l'infini par une véritable idée,
« mais seulement par la négation de ce qui est fini…, puisque, au
« contraire, je vois manifestement qu'il se rencontre plus de réalité
« dans la substance infinie que dans la substance finie, et partant
« que j'ai en quelque façon plutôt en moi la notion de l'infini que du
« fini [3]… »

Que dire après de tels hommes?….. C'est que Fontenelle [4] était de
l'avis de Descartes, et que D'Alembert était de celui de Buffon.

« La quantité infinie n'est proprement, dit D'Alembert. que dans
« notre esprit, et n'existe dans notre esprit que par une espèce d'abstrac-
« tion, dans laquelle nous écartons l'idée de bornes. L'idée que nous
« avons de l'infini est donc absolument négative [5]… »

---

1. Examen qu'il a repris plus tard : une première fois dans son *Essai d'arithmétique morale,*
t. XII, p. 185 et suiv., et une seconde dans son grand ouvrage (t. I, p. 139).
2. T. XII, p. 142.
3. *Œuvres de Descartes,* t. I. *Méditation* IIIe, p. 280 : édition de M. Cousin.
4. Voyez ses *Éléments de la géométrie de l'infini.*
5. *Encyclop.,* art. *Infini.*

A la bonne heure : la vérité est pourtant que nous ne concevons jamais le *fini* sans le voir dans l'*infini*, que nous ne concevons jamais l'*infini* sans le voir composé du *fini*, que les deux idées sont connexes, que l'une implique l'autre, et que, comme le dit très-bien Leibnitz, « la « considération du fini et de l'infini a lieu partout.[1] »

A la traduction du *Traité des fluxions* succédèrent, d'abord, le mémoire sur les *couleurs accidentelles*[2], et celui sur le *strabisme*[3], publiés en 1743 ; puis les *Réflexions sur la loi de l'attraction*[4], publiées en 1745, écrit profond, d'où naquit cette discussion savante avec Clairaut, à propos de laquelle Laplace a dit : « Le métaphysicien eut raison, cette fois, vis-à-vis du géomètre[5]; » et enfin les fameuses expériences sur les *miroirs ardents*[6], publiées de 1747 à 1748 : tentative empreinte d'audace, où Buffon atteint, un moment, jusqu'au génie de l'*invention expérimentale*, et, plus hardi que le hardi Descartes, qui niait la merveille d'Archimède, la reproduit et la *réinvente*[7].

Des travaux aussi continus, et qui dévoilaient une supériorité d'esprit chaque jour croissante, avaient tout naturellement agrandi la carrière académique de Buffon. De simple adjoint dans la classe de mécanique où il avait été nommé en 1733, après avoir obtenu[8] de passer dans la classe de botanique, il avait été élevé, le 30 juin 1739, au rang d'associé ; enfin, le 21 janvier 1744, il était élu trésorier de la Compagnie.

---

1. *Opera philosophica*, p. 244 (1840).
2. T. IX, p. 278.
3. T. II, p. 239.
4. T. IX, p. 71.
5. Voyez la note de la p. 71 du t. IX.
6. T. IX, p. 217, 232 et 261.
7. Et toutefois, dans quel noble et digne langage il nous parle, ici même, du maître de l'esprit humain moderne en philosophie! « Descartes, né pour juger et même pour surpasser « Archimède... (T. IX, p. 217;) » et, tout à côté, quelle critique fine de l'allure la plus habituelle, et, si je puis ainsi dire, du tour de génie de ce philosophe! « On doit se défier de « toutes les circonstances, et ne pas se confier assez aux choses qu'on croit savoir pour pro- « noncer affirmativement sur celles qui nous sont inconnues. » (T. IX, p. 232.) C'est bien là Descartes; j'entends Descartes dans le domaine de la *physique : il se confie trop* aux choses *qu'il croit savoir, et prononce trop affirmativement* sur celles qui lui sont inconnues. On voit par ces traits, que je cite à dessein, que le style de Buffon s'élève en même temps que ses pensées, et que, en tout, il approche de plus en plus de sa grande manière.
8. Je dis *obtenu*, parce que je lis dans les *procès-verbaux* de l'Académie: « Le Roi a approuvé « que M. de Buff n passât de la place d'adjoint mécanicien à celle d'adjoint botaniste, sans tirer « à conséquence pour l'avenir. » (18 mars 1739.)

D'un autre côté, favorisé par les circonstances autant que désigné par un mérite de tant d'éclat, il avait vu s'ouvrir devant lui le champ le plus vaste et le plus conforme à son génie.

Tandis qu'il entrait (1733) à l'Académie, la surintendance du Jardin des Plantes, jusqu'alors annexée à la place de premier médecin du Roi, en était détachée, et confiée, sous le titre d'intendance, à Dufay, jeune savant d'un esprit étendu et flexible, célèbre par de belles expériences sur l'*électricité*, et de qui Fontenelle a dit : « Qu'il était si pleinement « académicien, qu'outre la chimie, qui était la science dont il tirait son « titre particulier, il embrassait encore les cinq autres qui composent « avec elle l'objet total de l'Académie, l'anatomie, la botanique, l'astro- « nomie, la géométrie, la mécanique [1]. »

L'administration habile de Dufay releva bientôt le Jardin de l'état déplorable où l'avait laissé tomber l'incurie des premiers médecins [2].

De cet établissement, qui n'avait été jusque-là qu'un simple jardin de *plantes médicinales*, auquel on avait joint un *droguier*, Dufay sut faire le premier asile qu'aient eu les sciences naturelles dans notre patrie.

C'est vers ce temps que nous voyons Buffon tourner plus particulière- ment ses pensées du côté de l'histoire naturelle, et passer, comme je l'ai déjà dit, de la classe de mécanique dans celle de botanique, non qu'il eût un goût bien vif pour cette science, « que, disait-il, il avait trois fois apprise et trois fois oubliée, » mais parce que c'était un pas de fait vers des études, dont commençaient à se laisser apercevoir les régions supé- rieures et l'étendue sans bornes.

Son esprit s'attachait de plus en plus à ce grand avenir, lorsque, en 1739, Dufay, dont il était l'ami [3], fut atteint d'une maladie mortelle, et « fit son testament, dont c'était presqu'une partie, dit Fontenelle, « qu'une lettre qu'il écrivit à M. de Maurepas pour lui indiquer celui

---

1. *Éloge de Dufay.*

2. « Comme la surintendance en était attachée à la place de premier médecin, et que ce qui « dépend d'un seul homme dépend aussi de ses goûts, et a une destinée fort changeante, un pre- « mier médecin avait négligé ce Jardin, et heureusement l'avait assez négligé pour le laisser « tomber dans un état où l'on ne pouvait plus le souffrir. » (Fontenelle : *Éloge de Fagon.*) « Il « était arrivé précisément la même chose une seconde fois, et par la même raison... » (Fonte- nelle : *Éloge de Dufay.*)

3. Amitié dont il conserva toujours le pieux souvenir : « M. Dufay, dont j'honorerai toujours « la mémoire et les talents... » (T. IX, p. 230.)

« qu'il croyait le plus propre à lui succéder dans l'intendance du Jardin
« royal. Il le prenait dans l'Académie des Sciences, à laquelle il souhaitait que cette place fût toujours unie ; et le choix de M. de Buffon qu'il
« proposait était si bon, que le Roi n'en a pas voulu faire d'autre [1]. »

A la nouvelle de la nomination de Buffon, le spirituel De Brosses, son
compagnon d'enfance, et qui, à ce moment-là, faisait ce voyage d'Italie,
dont il nous a laissé de si gracieux souvenirs, écrivait à un ami commun :
« Que dites-vous de l'aventure de Buffon ? Je ne sache pas d'avoir eu de
« plus grande joie que celle que m'a causée sa bonne fortune. Quand je
« songe au plaisir que lui fait ce Jardin du Roi ! Combien nous en avons
« parlé ensemble ! Combien il le souhaitait, et combien il était peu pro-
« bable qu'il l'eût jamais à l'âge qu'avait Dufay [2]. »

La raison la plus ferme sembla diriger tous les projets de Buffon, dès
qu'il se vit en possession de l'intendance du Jardin du Roi : animé d'un
vaste dessein, il mit autant de force d'attention à coordonner ses plans
que de persévérance et d'énergie à rassembler les matériaux qui lui
seraient nécessaires. Sous son inspiration puissante, tout changea d'aspect. Les collections prirent un essor qui ne devait plus s'arrêter. L'her-
bier que Fagon avait formé des plantes des Alpes et des Pyrénées, celui
surtout que Tournefort avait rapporté du Levant, celui de Vaillant, resté
classique en ce genre, les anatomies célèbres de Duverney et de Win-
slow, les coquilles que Louis XIV avait *acceptées* [3] de Tournefort pour
les rendre au Jardin, les pierres précieuses que Dufay mourant avait
léguées, tout cela fut réuni, rangé avec ordre, et, s'il se peut ainsi dire,
mis en valeur par cet ordre même : comme le local commençait à manquer, Buffon céda une partie de celui qui lui était destiné ; une gratifi-
cation lui était allouée, il y renonça et se donna par là le droit de solliciter
les secours du Gouvernement.

Ce Cabinet naissant fut ouvert aux hommes d'étude : en même temps
le Jardin fut agrandi, planté de nouveau, et tout en en faisant une école

1. *Éloge de Dufay.*
2. *Lettres historiques et critiques sur l'Italie.* T. II, p. 56.
3. « Le Roi, dit un écrivain contemporain, les accepta volontiers, et ce grand monarque ne
dissimulait pas le plaisir qu'il prenait à les considérer comme un amusement indigne de lui. »

de botanique, méthodique et complète, par la combinaison de la syno-
nymie de Linné avec la classification de Tournefort, on sut en disposer
l'ensemble de manière à éveiller la curiosité du public par l'attrait d'un
intérêt nouveau, d'un intérêt qui s'adressait à son intelligence.

Dès ce moment, les dons affluèrent; Buffon sut les multiplier en
flattant adroitement l'amour-propre; il lia partout des correspondances :
entraînés par le mouvement général, les ministres eux-mêmes se laissèrent
facilement aller à ne plus rien refuser de ce qui leur était demandé
pour un établissement que la nation semblait adopter.

Ainsi placée sous la sauvegarde d'une popularité si habilement acquise, la partie matérielle de sa grande œuvre ne demandait plus à Buffon
que la surveillance nécessaire pour maintenir l'impulsion qu'il avait
donnée : il s'assura, dans chaque branche spéciale, d'un homme capable
de suivre ses vues et de lui en rendre compte, et quitta Paris pour n'y
revenir qu'une fois l'année.

Il s'était choisi pour retraite Montbard, son pays natal; c'est là
qu'il alla chercher le calme et la liberté dont les longues et sérieuses
études ont toujours besoin : il y consacra dix années entières à la méditation la plus profonde avant de commencer la publication de son grand
ouvrage.

Le plan, qu'il s'était formé, était, d'ailleurs, le plus vaste et le plus
hardi qu'il ait été donné à un homme de concevoir. Buffon osa tout
embrasser : les phénomènes pour les expliquer, les êtres de ce globe pour
les décrire, et les différents globes eux-mêmes pour en fixer l'origine et
les âges.

Nul homme encore n'avait atteint à cette hauteur de vues et de
conceptions. Pline, qui, dans son livre, aspire aussi à tout embrasser,
n'approfondit rien; il se borne à rapporter ce qu'ont dit les autres; il n'a
point observé, il n'a ni généralisation ni critique; mais il écrit, et
relève tout par le style. Aristote a, au suprême degré, le don de comparer
et de généraliser; son livre n'est qu'une suite de généralisations graduées, il excelle par l'invention, par la méthode : à l'éloquence de
Pline, au coup d'œil profond d'Aristote, Buffon réunit une force nouvelle de s'élever par la discussion des faits actuels à l'origine des choses

passées [1], et une certaine majesté de génie [2], que lui seul a eue.

En 1749, parurent, enfin, les trois premiers volumes de l'*Histoire naturelle* : magnifique introduction où se trouvent déjà posés les trois grands problèmes qu'il ne perdra plus de vue [3] : la *formation de ce globe*, celle des *planètes*, et celle de la *vie*.

Son premier regard est pour le globe. Il réunit tout ce qu'on avait recueilli d'observations, tout ce qu'on avait publié de recherches à son époque, et présente le résumé de sa vaste étude dans le discours qu'il intitule : *Théorie de la terre*. Comme les auteurs que Buffon avait sous la main, principalement Woodward, qui lui sert ici de guide, n'avaient vu que la superficie de la terre, laquelle est couverte partout de coquilles marines, il rapporte uniquement, dans ce discours, à l'action des eaux la formation du globe.

Le second regard de Buffon embrasse toutes les planètes. Cette fois, il se laisse inspirer par les idées de Leibnitz, le premier qui ait su remarquer les traces d'incandescence que présente la terre. Il produit son système sur la *formation des planètes* et, par une supposition hardie, les considère comme des fragments du soleil, détachés de cet astre par le choc d'une comète.

Le troisième regard de Buffon fut pour la vie : il se demande comment s'est formée la vie.

C'est l'éternelle question que se lèguent de siècle en siècle tous les grands esprits. Buffon ne pouvait manquer de se la poser à son tour, et, avec la confiance qu'il a dans ses vues, il ne pouvait manquer d'y répondre par une hypothèse.

Dans la redoutable question de la genèse des êtres, il y a toujours un moment où il faut invoquer une puissance suprême, un *miracle*. La meilleure des hypothèses est celle qui s'adresse le moins souvent au miracle. N'y ayons recours qu'une fois : Dieu a renfermé dans le premier individu de chaque espèce toute la suite des êtres qui en devaient naître,

---

1. « Comme il s'agit ici de reconnaître par l'inspection des choses actuelles l'ancienne exis-
« tence des choses anéanties, et de remonter par la seule force des faits subsistants à la vérité
« historique des faits ensevelis... » T. IX, p. 457.

2. *Majestati naturæ par ingenium :* inscription mise au bas de la statue qui lui fut érigée
de son vivant.

3. « ...Le tout... dirigé par une vue constante vers les grands objets de la nature. » T. IX, p. 81

se dit Leibnitz ; et de là le fameux système de la *préexistence des germes.*

Buffon simplifie encore les choses : Leibnitz admet autant de créations particulières, c'est-à-dire autant de miracles distincts que d'espèces diverses ; Buffon imagine qu'à un moment donné, et une fois pour toutes, Dieu a répandu sur le globe un inépuisable fonds de vie, également destiné à tous les êtres, animaux et végétaux. Il fait consister cette vie, primitive et commune, en une infinité de principes actifs, de particules vivantes et indestructibles, qui, par leur agrégation, forment les individus ; et de là le système, non moins fameux que le précédent, des *molécules organiques.*

De tous les hommes, soit du siècle actuel, soit du précédent, Cuvier est celui qui a le mieux compris Buffon, qui en a le plus approché, et qui en a le plus profité, sans le dire.

Dans son article sur Buffon (*Biographie universelle*), article si judicieux et si réfléchi, et dont l'auteur sent qu'il comptera lui-même assez aux yeux de la postérité pour qu'elle lui demande compte, un jour, de la manière dont il aura jugé Buffon, M. Cuvier dit : « Ses idées (les idées « de Buffon) concernant l'influence qu'exercent la délicatesse et le degré « de développement de chaque organe sur la nature des diverses espèces « sont des idées de génie, qui feront désormais la base de toute histoire « naturelle philosophique, et qui ont rendu tant de services à l'art des « méthodes, qu'elles doivent faire pardonner à leur auteur le mal qu'il « a dit de cet art... »

M. Cuvier ajoute : « Ses idées sur la dégénération des animaux et sur « les limites que les climats, les montagnes et les mers assignent à chaque « espèce peuvent être considérées comme de véritables découvertes qui se « confirment chaque jour, et qui ont donné aux recherches des voya- « geurs une base fixe, dont elles manquaient absolument auparavant. »

Voilà le jugement du maître : tout y est exact, tout y est saisi ; rien, dans une sphère donnée, n'y échappe à la pénétration du coup d'œil, ni à la justesse de l'expression ; rien d'outré ; tout est mesuré, sensé, propre à Buffon. L'éloge est grand parce qu'il est simple.

M. Cuvier dit ensuite : « La partie de son ouvrage la plus parfaite,

« celle où il restera toujours l'auteur fondamental, c'est l'histoire des
« quadrupèdes. »

Ici il faut distinguer.

Si par ces mots : *la partie la plus parfaite*, on entend la partie la
plus complète, la plus achevée, la plus sûre jusque dans les plus petits
détails, à la bonne heure.

Mais si vous entendez la plus élevée, la plus grande, celle qui a le
plus étonné les hommes et le plus étendu le domaine de leur pensée,
ce n'est assurément pas l'*histoire des quadrupèdes*, ce sont tant d'idées,
tant de vues supérieures et quelquefois sublimes, sur les lois de la nature, sur la matière, sur la vie, sur les êtres qui en sont doués, sur la
succession, sur la rénovation de ces êtres, sur la formation du globe, et,
pour nommer enfin un ouvrage déterminé, ce sont les *époques de la
nature.*

M. Cuvier dit enfin : « Personne ne peut plus soutenir dans leurs
« détails ni le premier, ni le second système de Buffon sur la théorie de
« la terre : cette comète qui enlève des parties du soleil, ces planètes
« vitrifiées et incandescentes, qui se refroidissent par degrés et les unes
« plutôt que les autres... »

Il faut encore ici distinguer. Personne, sans doute, ne peut plus soutenir : *cette comète qui enlève des parties du soleil;* mais tout le
monde peut soutenir et soutient : *ces planètes vitrifiées et incandescentes qui se refroidissent par degrés.* L'incandescence primitive du
globe et son refroidissement successif sont aujourd'hui la base de la
géologie tout entière ; mais c'est là un point qui avait échappé au coup
d'œil, si perçant d'ailleurs, de M. Cuvier.

Dans son admirable *Discours sur les révolutions de la surface du
globe*, il s'exprime ainsi : « Le grand Leibnitz lui-même s'amusa à faire,
« comme Descartes, de la terre un soleil éteint, un globe vitrifié sur
« lequel les vapeurs, étant retombées lors de son refroidissement, for-
« mèrent des mers... »

Ce mot *amusa* est curieux à propos de l'une des deux grandes idées de
l'histoire naturelle moderne ; car ce que j'appelle les deux grandes idées
de l'histoire naturelle moderne, c'est d'abord celle de l'*incandescence*

primitive du globe et de son *refroidissement successif*, et c'est ensuite celle de la *succession des espèces*, l'idée des *espèces perdues*.

De Buffon partent deux grandes impulsions, et, si je puis ainsi parler, deux grands courants, l'un *zoologique* et l'autre *géologique*.

Le courant zoologique se continue par Daubenton, Camper, Pallas, Vicq-d'Azyr, et Cuvier enfin, qui s'est élevé jusqu'à saisir, dans toute son étendue, l'idée, si vaste et si neuve, des espèces perdues, et nous a donné la paléontologie.

Le courant géologique se continue par Deluc, Pallas, de Saussure et Léopold de Buch, le premier qui ait su découvrir dans l'action puissante du feu central, démontré par Buffon, ce que Buffon n'avait pas eu le temps d'y voir, c'est-à-dire la cause réelle et première, la cause unique, de toutes les révolutions du globe, des tremblements de terre, des volcans, du soulèvement des montagnes, des changements des terres en mers, du changement des mers en terres, etc., etc.

L'*Histoire naturelle* en était à peine au quatrième volume, lorsque le grand écrivain, surnommé déjà le *peintre de la nature*, fut appelé à l'Académie française (le 25 juin 1753). Reçu le 25 août de cette même année, il prononça ce célèbre *Discours sur le style*, où, comme le dit Cuvier, « Buffon donne à la fois le précepte et l'exemple : » résumé brillant, et non moins sensé qu'éloquent, des longues et profondes méditations d'un grand maître sur l'art, essentiellement un, de penser et d'écrire.

§ II

Après avoir exposé la marche des travaux de Buffon, je passe à l'examen de l'ordre que j'ai suivi pour la distribution des matières, dans cette édition.

Le PREMIER VOLUME contient :

Le *Discours sur la manière d'étudier et de traiter l'histoire naturelle ;*

La *Théorie de la terre;*

Le système sur la *formation des planètes;*

Et l'*Histoire générale des animaux.*

C'est en écrivant le *Discours sur la manière d'étudier l'histoire naturelle* que Buffon a fait, si je puis ainsi parler, son *noviciat* dans cette science ; c'est là qu'il se laisse aller à toutes ses préventions contre la méthode, et fait un reproche à Linné d'avoir placé le zèbre près du cheval ; c'est là qu'il parle des plus expérimentés naturalistes, de Gessner, par exemple, avec une légèreté qui avait blessé le digne Malesherbes : « Enfin, quelqu'un a imaginé, et je crois que c'est Gessner [1]..... »

« Je sens que je ne pourrai jamais, dit, à cette occasion, M. de Males-
« herbes, rendre aux yeux de ceux qui ne sont pas naturalistes combien
« il est singulier que quelqu'un, qui se pique de l'être, dise : *Je crois que*
« *c'est Gessner.* Que dirait-on d'un homme qui, donnant des réflexions
« sur le Théâtre-Français, dirait : « En tel temps il parut une tragédie
« intitulée *le Cid*, qui était, *je crois*, de Pierre Corneille [2]. »

C'est là que Buffon veut que l'on classe les animaux d'après leurs rapports, non pas de nature, mais de domesticité, de voisinage avec l'homme, et que, jouant sur le mot *suivre*, il écrit cette phrase étrange :
« Ne vaut-il pas mieux faire suivre le cheval, qui est solipède, par le
« chien, qui est fissipède, et qui a coutume de le suivre en effet, que par
« un zèbre qui nous est peu connu, et qui n'a peut-être d'autre rapport
« avec le cheval que d'être solipède [3]? »

Pour ce qui est de la méthode en particulier, le *Discours sur la manière d'étudier l'histoire naturelle* marque le point de départ de Buffon ; et l'histoire des singes, et plus encore, celle des oiseaux, nous montrent le point jusqu'où s'éleva ce génie si développable et si perfectible.

La *théorie de la terre* a été le premier coup d'œil de Buffon, comme je le disais tout à l'heure.

Dans ce premier essai, il avait interverti la marche de la nature ; il avait

1. T. I, p. 9.
2. *Observat. sur l'hist. nat.*, t. I, p. 50.
3. T. I, p. 18.

fait précéder l'action du feu par celle des eaux. Il lui fallut trente années de méditations et d'études pour comprendre l'ordre naturel, et y revenir, pour placer l'action du feu avant celle des eaux.

Voyez sur quel ton il parle de Leibnitz dans son premier volume ; il vient de consacrer un chapitre particulier au système de Whiston, un autre à celui de Burnet, un troisième à celui de Woodward, et il ne parle de Leibnitz que dans un chapitre intitulé : *De quelques autres systèmes ;* il relègue le système de Leibnitz parmi les systèmes à la suite ; et ici encore, il commence par celui de Bourguet, qui veut que la terre, d'abord fluide, mais fluide par l'eau, se condense par le feu et soit destinée à finir par une explosion ; et c'est alors qu'il ajoute, en mettant sur le même pied les deux systèmes, celui de Bourguet et celui de Leibnitz : « Le fameux Leibnitz donna, en 1683, dans les *Actes de Leipsick,* « un projet de système bien différent, sous le titre de *Protogœa.* La « terre, selon Bourguet et tous les autres, doit finir par le feu ; selon « Leibnitz, elle a commencé par là, et a souffert beaucoup plus de « changements et de révolutions qu'on ne l'imagine[1]. »

Je viens de dire que Buffon met sur le même pied les deux systèmes de Bourguet et de Leibnitz : grâce à Dieu, il ne met pas sur le même pied les deux hommes. Il dit de Bourguet : « Il m'a paru manquer de cette « partie si nécessaire aux physiciens, de cette métaphysique qui rassemble les idées particulières, qui les rend plus générales, et qui élève « l'esprit au point où il doit être pour voir l'enchaînement des causes et « des effets[2]. » Et il dit des idées de Leibnitz : « Quoique ces pensées « soient dénuées de preuves, elles sont élevées, et on sent bien qu'elles « sont le produit des méditations d'un grand génie. Les idées ont de la « liaison, les hypothèses ne sont pas absolument impossibles[3]... »

Les idées avaient de la *liaison,* les hypothèses n'étaient pas *impossibles ;* et Buffon nous l'a bien prouvé.

On ne peut suivre sans un vif intérêt le progrès qui se fait dans l'esprit de Buffon, à mesure qu'il pénètre plus avant dans cette grande étude.

Au moment où il écrit son système sur la *formation des planètes,*

1. T. I, p. 101.
2. T. I, p. 101.
3. T. I, p. 102.

par lequel il continue sa *théorie de la terre* et la complète jusqu'à un
certain point, l'idée du globe, primitivement incandescent et fluide, n'est
encore, pour lui, qu'une *probabilité*, qu'une conjecture.

« Quelque grande que soit à mes yeux, dit-il alors, la vraisemblance
« de ce que j'ai dit sur la formation des planètes et de leurs satellites,
« comme chacun a sa mesure, surtout pour estimer des probabilités de
« cette nature, et que cette mesure dépend de la puissance qu'a l'esprit
« pour combiner des rapports plus ou moins éloignés, je ne prétends pas
« contraindre ceux qui n'en voudront rien croire [1]. »

Bien des années s'écoulent, bien des travaux se succèdent : au milieu
de tous ces travaux, l'idée de *l'incandescence primitive* du globe reste
la grande pensée de Buffon; et, dans un de ses derniers volumes, voici
comment il en parle :

« Descartes avait déjà pensé que la terre et les planètes n'étaient que
« de petits soleils *encroûtés*, c'est-à-dire éteints. Leibnitz n'a pas hésité
« à prononcer que le globe terrestre devait sa forme et la consistance de
« ses matières à l'élément du feu; et néanmoins ces deux grands philo-
« sophes n'avaient pas, à beaucoup près, autant de faits, autant d'ob-
« servations qu'on en a rassemblé et acquis de nos jours : ces faits sont
« actuellement en si grand nombre et si bien constatés [2]... »

C'est par le hardi système sur la *formation des planètes*, auquel il
semblait faire allusion, quand il disait plus tard avec un sens très-fin :
« Un système sert au moins à sortir de l'ornière des faits particuliers, il
« enchaîne nos idées et prouve qu'on sait penser, » que Buffon commence la longue suite d'articles qu'il a intitulés : *Preuves de la théorie
de la terre*, et où il examine successivement, avec autant de critique
que d'étendue, tout ce que l'on savait alors sur la géographie, sur la
production des couches ou lits de la terre, sur les coquillages et autres
productions marines qu'on trouve dans l'intérieur des terres, sur les
inégalités de la surface de la terre et du fond de la mer, sur les courants
marins, sur les volcans et les tremblements de terre, sur les îles nouvelles, sur les changements de terres en mers et de mers en terres, etc.

1. T. I, p. 80.
2. T. IX, p. 435.

J'ai cru devoir rapprocher de ces *Preuves de la théorie de la terre* les *Additions et Corrections* à cette même théorie, qui ne se trouvent pourtant que dans le Ve volume des *Suppléments* de l'édition in-4° de l'Imprimerie royale.

Ces *Additions* et *Corrections* marquent les changements successifs par lesquels passent les vues théoriques de Buffon; et il m'a semblé que, dans l'étude que nous faisons de la marche progressive d'un grand esprit, il importait de ne pas laisser le lecteur trop longtemps sous l'influence d'idées que, du moment où il les a produites, Buffon travaille sans cesse à modifier et à transformer.

L'Histoire générale des animaux, ou, à parler plus exactement, la comparaison raisonnée de tous les êtres vivants, *l'étude de la vie*, forme la seconde partie de notre premier volume.

C'est là que sont passées en revue toutes les productions de la nature, et qu'à chacune sont assignés son rang et son importance : « Le « minéral n'est qu'une matière brute, inactive, insensible, n'obéissant « qu'à la force généralement répandue dans l'univers; » le végétal, privé de mouvement, possède cependant une force individuelle, il croît et se reproduit; l'animal « réunit toutes les puissances de la nature; il veut, il « agit, il opère, il communique par ses sens avec les objets les plus éloi- « gnés.... » C'est là qu'à propos de l'être animé se trouve ce mot profond : « La matière est moins le sujet que l'accessoire, » et, à propos de l'homme, cette haute pensée : « c'est l'organisation, la vie, « l'âme qui fait proprement notre existence; la matière n'est qu'une « enveloppe étrangère dont l'union nous est inconnue et la présence « nuisible; » c'est là que sont posées toutes ces belles lois de l'uniformité du plan de la nature, des nuances graduées des êtres, de la distinction des deux vies, de l'influence du développement de chaque organe sur la nature des différentes espèces, etc., et que, pour la première fois, nous sont dévoilés tous les grands principes de la physiologie générale.

C'est là enfin que Buffon nous déroule son système sur la formation des êtres vivants par les *molécules organiques*, qu'à l'hypothèse de ces molécules il joint celle des *moules intérieurs* sans se laisser arrêter par la contradiction des termes, qu'il veut que les moules intérieurs soient les parties mêmes du corps[1], oubliant qu'il n'imagine les *moules* que pour expliquer la formation des *parties*, et que, dans un moment de naïve bonhomie, se mettant en communication plus familière avec son lecteur, il convient que « la question de la reproduction est peut- « être de nature à n'être jamais résolue. »

Le SECOND VOLUME s'ouvre par l'*histoire de l'homme*.

De la vie, considérée en général, Buffon passe à l'histoire particulière des êtres *vivants*, et il commence par le premier, le plus élevé , le plus noble de tous, par le seul être créé *qui se connaisse lui-même et connaisse Dieu*[2], par l'homme.

Il en étudie la formation, le développement, les âges, la mort. Après avoir étudié l'*individu*, il étudie l'*espèce*, et crée l'histoire naturelle de l'homme, marquant, d'un trait également sûr, et l'*unité* de l'espèce humaine : « L'homme, blanc en Europe, noir en Afrique, jaune en Asie « et rouge en Amérique, n'est que le même homme teint de la couleur « du climat; » et l'infranchissable limite qui sépare l'homme de tout le reste des êtres animés[3] : « Quelque ressemblance qu'il y ait entre le « Hottentot et le singe, l'intervalle qui les sépare est immense, puisque « à l'intérieur il est rempli par la pensée et au dehors par la parole[4]. »

Après avoir étudié l'homme physique, Buffon étudie l'homme moral; il écrit, sur l'histoire philosophique des sens, quelques pages, dignes d'être mises à côté de ce que Locke a laissé de meilleur en ce genre, et nous présente cette belle image de l'homme, qui, s'éveillant à la vie, prend successivement possession de chacune des parties de son être, se les découvre à lui-même, et découvre aussi, à mesure, ce que chacune lui apporte d'impressions particulières et d'idées distinctes[5].

A l'étude de l'homme succède celle des quadrupèdes; et là nous trouvons cet admirable *Discours sur la nature des animaux*, œuvre d'une rare perfection, qui nous rappelle Descartes par la discussion sincère, par le raisonnement sensé, et qui, par la belle conception de l'*homme*

---

1. « Les corps organisés ont une certaine forme que nous avons appelée le *moule intérieur*...» T. I, p. 449.
2. Expressions de Bossuet.
3. T. III, p. 1.
4. T. IV, p. 18.
5. T. II, p. 133.

double, homo duplex, marque à Buffon sa place parmi les philosophes, en très-petit nombre, qui ont su faire pénétrer un jour nouveau dans l'étude, si difficilement accessible, des facultés intimes de l'homme.

Viennent ensuite les *histoires particulières* des animaux, rangés, comme je l'ai déjà dit [1], selon leurs rapports d'utilité ou de voisinage, relativement à l'homme. Buffon commence par ce qu'il connaît le plus; aussi est-ce là ce qu'il peint le mieux : d'abord le cheval, puis l'âne, puis le bœuf, la brebis, le chien, etc., tous les animaux domestiques, en un mot; puis les animaux à demi domestiques : le cerf, le daim, le chevreuil, le lièvre, le lapin, etc.; puis les animaux sauvages et carnassiers de nos climats : le loup, le renard, le blaireau, l'ours, la loutre, etc.; puis ceux des climats étrangers, où, dès les premiers pas, dès les premières pages de l'histoire du lion [2], Buffon saisit cette grande vue, par laquelle il sépare tous les animaux de l'un des deux continents de tous ceux de l'autre.

Tout peut éveiller le génie, et tout le sert. Buffon dédaigne la méthode ordinaire des naturalistes, la classification par les organes : ce dédain de la méthode le jette dans la distinction des *espèces* par leur patrie; et cette distinction nouvelle lui découvre la magnifique loi de la distribution des êtres vivants sur le globe.

Je n'ai point rapproché des *histoires* particulières des animaux les *additions* et *corrections* qui s'y rapportent, parce que je n'ai pas voulu substituer un ordre matériel à une pensée fine et délicate : ces *histoires* ont été conçues d'après un dessein réfléchi, dans un ordre calculé pour un effet donné; là chaque individu apparaît avec sa physionomie, son caractère, ses instincts, ses ruses; et de toutes ces nuances, habilement mises en relief, sort une composition, qui emprunte de son unité même une grande partie du charme que nous y trouvons. Le tableau de l'âne suit celui du cheval, et en fait presque partie; le tableau de la chèvre suit celui de la brebis et ne serait pas complet s'il en était détaché;

1. Pag. xix.
2. T. III, p. 7.

le tableau du renard suit celui du loup : la pétulance est opposée à la timidité ; la ruse à la force ; « ce que le loup ne fait que par la force, dit Buffon, le renard le fait par adresse et réussit plus souvent. »

Il y a là un art qu'il fallait respecter, et que Vicq-d'Azyr avait très-bien senti.

« Autour de l'homme, à des distances que le goût et le savoir « ont mesurées, il plaça, dit-il, les animaux dont l'homme a fait la « conquête; ceux qui le servent près de ses foyers ou dans les travaux « champêtres; ceux qu'il a subjugués et qui refusent de le servir....[1]. »

J'ai réuni, dans le TROISIÈME VOLUME, toute la suite des animaux quadrupèdes, en y conservant, aux places marquées par Buffon : d'abord, sa distinction fondamentale des *Animaux des deux continents*, et ensuite ses deux *Vues de la nature*, où Buffon semble se délasser des détails, en donnant carrière à son style et se rapprochant de l'objet favori de ses méditations, les grands phénomènes de la nature.

Le QUATRIÈME VOLUME commence par *l'histoire des singes,* : ici un ordre rigoureusement méthodique nous montre Buffon devenu tout à fait naturaliste, et classificateur si habile qu'il n'a point été dépassé.

Enfin, avant de quitter ce grand ensemble d'êtres qu'il vient de décrire, il jette un dernier regard sur toutes les causes modificatrices, la nourriture, le temps, le climat, la domesticité, etc., qui altèrent plus ou moins, à la longue, l'organisation et la vie; et, par ce beau discours sur la *dégénération des animaux*, il termine les quinze premiers volumes de son ouvrage.

À cette époque de sa vie, sentant par ce qu'il avait déjà produit et par ce qu'il méditait de produire encore, toute la puissance de sa pensée, il disait, ému d'un sentiment de bonheur qui l'ennoblissait : « Avec de la « patience et du travail, chaque jour on s'aperçoit du progrès et de la « vigueur de son intelligence. » — « Le plaisir de travailler, disait-il « encore, devient pour moi si grand que j'y consacre quatorze heures par

1. *Éloge de Buffon (Disc. à l'Acad. franç.).*

« jour, et qu'il n'y a que le bonheur de l'étude qui m'ait jamais dis-
« trait de l'idée de la gloire. »

J'ai dû placer dans la seconde partie du IVe volume les *additions* et les *corrections* relatives aux quadrupèdes, et pour qu'elles pussent être lues plus utilement, ou même être lues, je les ai distribuées et rangées méthodiquement, par ordres, familles et genres, d'après la clas- sification de Cuvier.

Elles forment ici une sorte d'ensemble. Intercalées dans l'*Histoire* des quadrupèdes, elles en auraient rompu l'harmonie suivie, comme je le disais tout à l'heure[1] ; et je les y avais, d'ailleurs, rendues inutiles en corrigeant, par des notes courtes, chaque erreur de Buffon, à mesure qu'elle se présentait.

Ces *additions* ou *corrections* ne sont au reste, du moins pour la plupart, que des morceaux compilés, des citations indigestes, des em- prunts faits à toute sorte de gens; quelquefois (et c'est ce qu'il y a de mieux), ce sont des histoires tout entières tirées de Pallas, ou des ana- tomies tirées de Camper, etc.

Avec le Ve VOLUME commence l'*histoire des oiseaux ;* et elle n'en occupe pas moins de quatre.

Dans un travail aussi étendu, tout en se réservant les matières géné- rales et le soin supérieur de la classification, Buffon s'est donné deux collaborateurs. La persévérante contention de l'esprit avait ébranlé, un moment, la santé la plus vigoureuse.

« Une maladie grave et longue, nous dit-il lui-même[2], a inter-
« rompu pendant près de deux ans le cours de mes travaux. Cette
« abréviation de ma vie, déjà fort avancée[3], en produit une dans mes
« ouvrages. J'aurais pu donner, dans les deux ans que j'ai perdus,
« deux ou trois autres volumes de l'histoire des oiseaux, sans renoncer
« pour cela au projet de l'histoire des minéraux, dont je m'occupe
« depuis plusieurs années. Mais, me trouvant aujourd'hui dans la néces-

---

1. Page xxiv.
2. IIIe volume de l'*Histoire des oiseaux*, édition in-4° de l'Imprimerie royale. — Voyez le volume VI, p. 1 de la note.
3. Il avait alors soixante-huit ans.

« sité d'opter entre ces deux objets, j'ai préféré le dernier comme m'étant
« plus familier, quoique plus difficile, et comme étant plus analogue à
« mon goût par les belles découvertes et les grandes vues dont il est
« susceptible. Et, pour ne pas priver le public de ce qu'il est en droit
« d'attendre au sujet des oiseaux, j'ai engagé un de mes meilleurs
« amis, M. Gueneau de Montbelliard, que je regarde comme l'homme
« du monde dont la façon de voir, de juger et d'écrire a le plus de rapport
« avec la mienne, je l'ai engagé, dis-je, à se charger de la plus grande
« partie des oiseaux.... Il a fait, des matériaux que je lui ai remis,
« un prompt et bon usage, qui justifie bien le témoignage que je
« viens de rendre à ses talents, car, ayant voulu se faire juger du
« public sans se faire connaître, il a imprimé sous mon nom tous les
« chapitres de sa composition......., sans que le public ait pu s'aperce-
« voir du changement de main[1]. »

La plus grande partie des oiseaux. Buffon va trop loin. Un très-
grand nombre d'articles sont encore de sa plume, plume sans égale et
qui se fait bien vite reconnaître dans tout ce qui prête au développement des hautes pensées ou à la richesse du coloris.

Ainsi, dans l'histoire du perroquet, quelle belle page sur la limite
qui sépare *l'imitation physique* de la parole de *l'expression de
l'intelligence,* qui seule fait la *haute faculté du langage!* Buffon
commence par distinguer « deux genres de perfectibilité, l'un stérile
« et qui se borne à l'éducation de l'individu, et l'autre fécond,
« qui se répand sur toute l'espèce, et qui s'étend autant qu'on le cultive
« par les institutions de la société. — Aucun des animaux, ajoute-t-il,
« n'est susceptible de cette perfectibilité d'espèce; ils ne sont aujour-
« d'hui que ce qu'ils seront toujours,..... au lieu que l'homme reçoit
« l'éducation de tous les siècles, recueille toutes les institutions des autres
« hommes, et peut, par un sage emploi du temps, profiter de tous les
« instants de la durée de son espèce pour la perfectionner toujours de
« plus en plus..... L'homme purement sauvage, qui se refuserait à
« toute société, ne recevant qu'une éducation individuelle, ne pourrait
« perfectionner son espèce;... il n'aurait même pas la parole, s'il fuyait

1. T. VI, p. 1.

« sa famille et abandonnait ses enfants peu de temps après leur naissance.
« C'est donc à la tendresse des mères que sont dus les premiers germes
« de la société, c'est à leur constante sollicitude et aux soins assidus de
« leur tendre affection qu'est dû le développement de ces germes pré-
« cieux. La faiblesse de l'enfant exige des attentions continuelles et produit
« la nécessité de cette durée d'affection pendant laquelle le cri du besoin
« et les réponses de la tendresse commencent à former une langue dont
« les expressions deviennent constantes et l'intelligence réciproque....
« Il ne peut donc y avoir de langue, soit de paroles, soit par signes,
« que dans l'espèce humaine, car l'on ne doit pas attribuer à la structure
« particulière de nos organes la formation de la parole, dès que le perro-
« quet peut la prononcer comme l'homme ; mais jaser n'est point parler,
« et les paroles ne font langue que quand elles expriment l'intelligence et
« qu'elles peuvent la communiquer. Or, ces oiseaux auxquels rien ne
« manque pour la facilité de la parole, manquent de l'expression de
« l'intelligence, qui fait seule la haute faculté du langage.... »

Le charme de ces pages éloquentes commençait à exercer son
influence, dès celui-là même qui les avait écrites. « Vous ne me mar-
« quez pas, dit gaîment Buffon, dans une lettre familière à l'abbé
« Bexon (le second des collaborateurs que se donna Buffon pour l'*His-
« toire des oiseaux*), si le préambule des perroquets vous a fait plaisir ;
« il me semble que la métaphysique de la parole y est assez bien jasée. »

Il arrive cependant un jour où il convient, avec ce même abbé, qu'il
se lasse « de travailler toujours sur des plumes. »

Mais qui pourrait croire qu'il fût las quand il nous trace cette
gracieuse et riche peinture de la vie *tout aérienne* de l'oiseau-mouche !

« De tous les êtres animés, voici le plus élégant pour la forme, et
« le plus brillant pour les couleurs. Les pierres et les métaux, polis
« par notre art, ne sont pas comparables à ce bijou de la nature ; elle
« l'a placé, dans l'ordre des oiseaux, au dernier degré de l'échelle de
« grandeur, *maximé miranda in minimis* ; son chef-d'œuvre est le
« petit oiseau-mouche ; elle l'a comblé de tous les dons qu'elle n'a fait
« que partager aux autres oiseaux : légèreté, rapidité, prestesse, grâce
« et riche parure, tout appartient à ce petit favori. L'émeraude, le rubis.

« la topaze brillent sur ses habits; il ne les souille jamais de la poussière
« de la terre, et dans sa vie tout aérienne.... »

Et, dans l'histoire de la fauvette, par quelles images pleines de
fraîcheur il nous ramène à cette nature toujours renouvelée, toujours
jeune, et qu'il s'est complu tant de fois à nous faire admirer!

« Le retour des oiseaux au printemps est le premier signal et la douce
« annonce du réveil de la nature vivante; et les feuillages renaissants,
« et les bocages revêtus de leur nouvelle parure sembleraient moins
« frais et moins touchants sans les nouveaux hôtes qui viennent les ani-
« mer et y chanter l'amour. De ces hôtes des bois, les fauvettes sont
« les plus nombreuses comme les plus aimables : vives, agiles, légères
« et sans cesse remuées.... »

Voici comment Buffon nous informe des circonstances qui l'amenèrent
à s'adjoindre l'abbé Bexon :

« Depuis quarante ans que j'écris sur l'histoire naturelle, mon zèle
« pour l'avancement de cette science ne s'est point ralenti; j'aurais
« voulu la traiter dans toutes ses parties, ou du moins ajouter à ce que
« j'ai déjà fait, l'histoire des oiseaux et celle des insectes; mais comme
« ces deux objets sont d'un détail immense, j'ai senti que j'avais besoin
« de coopérateurs, et j'ai engagé mon très-cher et savant ami M. de
« Montbelliard, l'un des meilleurs écrivains de ce siècle, à partager ce
« travail avec moi. Il a rempli une partie de cette tâche pénible, et dési-
« rant aujourd'hui s'occuper assidûment de celle des insectes, à
« laquelle il a déjà beaucoup travaillé, il m'a prié de me charger seul
« de ce qui restait à faire sur les oiseaux.... M. l'abbé Bexon, déjà connu
« par plusieurs bons ouvrages, a bien voulu m'aider dans ce dernier
« travail [1].... »

Tout en laissant successivement à chacun de ses collaborateurs une
grande partie du travail, Buffon n'en abandonna jamais, comme je l'ai
déjà fait remarquer [2], ni la direction générale, ni la classification,
qui, en effet, est excellente. Aussi Cuvier a-t-il dit de cette *histoire
des oiseaux*, « qu'elle fait le fond de tous les livres que l'on a écrits

1. T. VII, p. 495.
2. Page xxvi.

« depuis sur le même sujet, dont aucun n'offre encore autant de
« critique ni d'exactitude[1]. »

Le IXe VOLUME réunit toutes les grandes parties des vues doctrinales
de Buffon : ses brillants systèmes sur les *éléments*, le feu, l'air, la
lumière, etc.[2] ; sa *partie expérimentale*[3] ou ses longues et hardies
expériences sur l'incandescence des métaux, et sa *partie hypothétique*[4] ou ses vastes hypothèses et ses laborieux calculs sur le refroidissement des planètes : grand ensemble d'essais, de travaux, d'études,
qui, après trente années de méditations assidues et de remaniments
incessants, lui permit de produire son chef-d'œuvre : les *Époques
de la nature*[5].

C'est par cet écrit si parfait que se termine notre IXe volume.

Les VOLUMES X et XI contiennent *l'histoire des minéraux*.

Buffon était arrivé à la vieillesse. On s'est trop attaché à diminuer
l'importance de ce travail. Sans doute, il y règne beaucoup d'erreurs,
inévitables à une époque où la chimie et la minéralogie même, la minéralogie exacte, n'existaient pas encore.

Ces erreurs de détail ne doivent pas nous fermer les yeux sur ce grand
et beau tableau des *premières substances* du globe, prenant successivement et graduellement, chacune selon sa nature, chacune à son temps
marqué, la consolidation requise, à mesure que le globe se refroidissait.

Toute la masse du globe ayant commencé par être en feu, tout était,
d'abord, à l'état gazeux ou fluide, tout était mêlé : à mesure que le
globe s'est refroidi, chaque substance s'est individualisée, séparée des
autres, a pris sa forme, selon l'ordre de sa fusibilité. De même que,
dans les *Époques de la nature*, Buffon nous avait donné la *chronologie*
du globe, il nous donne ici, autant que la science de son temps le permet,
la *chronologie* de chacune des substances qui le composent.

---

1. *Biogr. univ.*
2. *Des éléments*, t. IX, p. 1.
3. T. IX, p. 81.
4. T. IX, p. 348.
5. « On assure qu'il fut obligé d'en faire recopier le manuscrit jusqu'à onze fois. » (Cuvier.
Biogr. univ.)

Plus d'un demi-siècle, consacré tout entier aux méditations les plus graves et les plus profondes, donne à Buffon, dans ce dernier de ses ouvrages, comme une intuition des progrès que nous voyons se dérouler sous nos yeux ; il semble avoir été le prophète des sciences nouvelles : de la *minéralogie*, qu'il définit par une expression si juste, la *génésie des minéraux* [1] ; de la *géologie*, qu'il a tant servie par ses grandes vues et par ses hypothèses même ; car, comme le dit très-bien M. Cuvier : « Buffon a le mérite d'avoir fait sentir que l'état actuel du globe résulte « d'une succession de changements dont il est possible de saisir les traces, « et c'est lui qui a rendu tous les observateurs attentifs aux phénomènes « d'où l'on peut remonter à ces changements [2] ; » enfin de la *paléontologie*, car c'est lui qui, le premier, a su interroger les *ossements fossiles*, le premier qui a conçu l'idée des populations éteintes, le premier qui nous a ouvert la grande étude de la *succession des êtres*.

Et combien l'éloquence devient-elle touchante dans le présage de grandeur que fait à cette science, que lui seul apercevait alors, l'illustre vieillard [3], au moment où la plume lui échappe des mains !

« ...C'est par ces pétrifications que nous reconnaissons les plus anciennes « productions de la nature et que nous avons une idée de ces espèces « maintenant anéanties, dont l'existence a précédé celle de tous les « êtres actuellement vivants ou végétants ; ce sont les seuls monuments « des premiers âges du monde : leur forme est une inscription authen- « tique qu'il est aisé de lire en la comparant avec les formes des corps « organisés de même genre, et comme on ne leur trouve point d'indi- « vidus analogues dans la nature vivante, on est forcé de rapporter « l'existence de ces espèces actuellement perdues aux temps où la « chaleur du globe était plus grande, et sans doute nécessaire à la vie et « à la propagation de ces animaux et végétaux qui ne subsistent plus [4]... »

« C'est à regret que je quitte ces objets intéressants, ces précieux « monuments de la vieille nature, que ma propre vieillesse ne me laisse « pas le temps d'examiner assez pour en tirer les conséquences que j'en- « trevois, mais qui, n'étant fondées que sur des aperçus, ne doivent pas

1. T. XI, p. 296.
2. *Biograph. univ.*
3. Buffon était dans sa 80ᵉ année.
4. T. XI, p. 380.

« trouver place dans cet ouvrage, où je me suis fait une loi de ne pré-
« senter que des vérités appuyées sur des faits. D'autres viendront après
« moi [1]...... »

Enfin, notre XIIe VOLUME devait nécessairement réunir les écrits détachés et particuliers, les morceaux qui ne font point suite et ensemble, et qui ont précédé le grand ouvrage ou y sont étrangers : les deux
préfaces où se laissent apercevoir les premières lueurs du génie de
Buffon, et de ce coup d'œil philosophique qui ne s'est plus démenti, les
expériences sur les végétaux, l'*Essai d'arithmétique morale*, les
Probabilités de la durée de la vie, etc.

La seconde partie du XIIe volume est la reproduction complète des
Tables des matières de l'édition in-4° de l'Imprimerie royale.

Prises à part, ces Tables, remarquables par la netteté et la simplicité de l'exposition, formeraient une sorte de *Dictionnaire raisonné*,
et seraient, à elles seules, un véritable, un excellent ouvrage.

Elles sont de la main même de Buffon, et nous offrent le résumé le
plus substantiel, et le plus fidèle, de son ouvrage entier.

Il ne cessa jamais d'y *travailler*.

Il écrivait à l'abbé Bexon, en date du 5 août 1778 : « M. de Montbelliard
« a voulu terminer le cinquième volume aux grimpereaux, et il est en
« effet assez gros, car il contient 546 pages, et il y en aura peut-être 54
« de table des matières, *à laquelle je travaille actuellement*; » et,
en date du 24 décembre 1779 : « J'ai aussi beaucoup avancé la table de
« ce septième volume, *parce que je la continue sur les épreuves, à*
« *mesure qu'elles m'arrivent...* »

Dans une édition dont le but est d'étudier et de suivre les idées
de Buffon, Daubenton ne pouvait trouver sa place.

J'irai plus loin : l'anatomie est une science de détail et de description

---

1. T. XI, p. 388. — Buffon mourut le 16 avril 1788; et le premier mémoire de Cuvier sur les
éléphants fossiles, celui où il a écrit cette grande phrase : « Qu'on se demande pourquoi l'on
« trouve tant de dépouilles d'animaux inconnus, tandis qu'on n'en trouve presque aucune dont
« on puisse dire qu'elle appartient aux espèces que nous connaissons, et l'on verra combien il
« est probable qu'elles ont toutes appartenu à des êtres d'un monde antérieur au nôtre, à des
« êtres détruits par quelque révolution de ce globe, êtres dont ceux qui existent aujourd'hui
« ont rempli la place, » est de 1796.

où le dernier progrès est toujours le plus précis, le plus utile à connaître par conséquent ; et, quant à l'anatomie comparée en particulier,
je le dirai avec sincérité : au point où elle a été portée de nos jours
par M. Cuvier, ce n'est pas dans Daubenton, c'est dans M. Cuvier que
cette belle science doit être recherchée et étudiée.

Mes notes ont été écrites sous l'inspiration d'une admiration sincère
pour un des plus grands et plus fermes esprits dont s'honore la France ;
je les ai faites courtes ; j'ai cherché à les faire opportunes ; je les crois
exactes. Si j'ai dû relever les erreurs, j'ai été beaucoup plus empressé à
porter et à fixer l'attention sur les beautés, sur les grandes vues.

Par respect pour le style de Buffon, j'ai poussé le scrupule jusqu'à
conserver la ponctuation de ces longues et abondantes phrases qui, selon
un mot spirituel de M. Sainte-Beuve, *ne se décident qu'à peine à finir*.

Le travail que je termine aujourd'hui, et dont je viens de rendre
compte, m'a demandé quatre années : puisse-t-il contribuer à faire
mieux connaître un noble et solide génie, dont l'étude fait vibrer les
meilleurs ressorts de notre âme, et, si je puis ainsi dire, agrandit le
lecteur !

Au Jardin des Plantes, le 1ᵉʳ octobre 1855.

LISTE CHRONOLOGIQUE

DES

ÉCRITS DE BUFFON

Traduction de la *Statique des Végétaux* de Hales. 1735
Mémoire sur l'excentricité des couches ligneuses. 1737
    —   sur les effets de la gelée. 1737
    —   sur un moyen d'augmenter la force du bois. 1738
    —   sur le rétablissement des forêts. 1739
Traduction du *Traité des fluxions* de Newton. 1740
Mémoire sur la force du bois (premier Mémoire). 1740
    —   sur la force du bois (deuxième Mémoire). 1741
    —   sur la culture des forêts. 1742
    —   sur les couleurs accidentelles. 1743
    —   sur le strabisme. 1743
    —   sur les miroirs ardents (premier Mémoire). 1747
    —   sur les miroirs ardents (deuxième Mémoire). 1748
HISTOIRE NATURELLE : les volumes I, II et III. 1749
Le IVe. 1753
Le Ve. 1755
Le VIe. 1756
Le VIIe. 1758
Le VIIIe. 1760
Le IXe. 1761
Le Xe. 1763
Le XIe. 1764
Le XIIe. 1764
Le XIIIe. 1765
Le XIVe. 1766
Le XVe. 1767
N. B. Avec le XVe volume finit l'histoire des quadrupèdes.
Oiseaux. Le Ier. 1770
       Le IIe. 1771
       Le IIIe. 1775
       Le IVe. 1778
       Le Ve. 1778
       Le VIe. 1779
       Le VIIe. 1780
       Le VIIIe. 1781
       Le IXe. 1783

Minéraux. Le Ier.. 1783
              Le IIe.. 1783
              Le IIIe... 1785
              Le IVe.. 1786
              Le Ve... 1788
Suppléments. Le Ier... 1774
              Le IIe.. 1775
              Le IIIe... 1776
              Le IVe.. 1777
              Le Ve... 1778
              Le VIe.. 1782
              Le VIIe... 1789

HISTOIRE NATURELLE

PREMIER DISCOURS[1].

DE LA MANIÈRE D'ÉTUDIER ET DE TRAITER L'HISTOIRE NATURELLE.

> Res ardua vetustis novitatem dare, novis auctoritatem,
> obsoletis nitorem, obscuris lucem, fastiditis gratiam, dubiis
> fidem, omnibus verò naturam, et naturæ suæ omnia.
>
> PLIN. *in Præf. ad Vespas.*

L'histoire naturelle, prise dans toute son étendue, est une histoire immense ; elle embrasse tous les objets que nous présente l'univers. Cette multitude prodigieuse de quadrupèdes, d'oiseaux, de poissons, d'insectes, de plantes, de minéraux, etc., offre à la curiosité de l'esprit humain un vaste spectacle dont l'ensemble est si grand, qu'il parait et qu'il est en effet inépuisable dans les détails. Une seule partie de l'histoire naturelle, comme l'histoire des insectes, ou l'histoire des plantes, suffit pour occuper plusieurs hommes ; et les plus habiles observateurs n'ont donné, après un travail de plusieurs années, que des ébauches assez imparfaites des objets trop multipliés que présentent ces branches particulières de l'histoire naturelle, auxquelles ils s'étaient uniquement attachés : cependant ils ont fait tout ce qu'ils pouvaient faire, et bien loin de s'en prendre aux observateurs du peu d'avancement de la science, on ne saurait trop louer leur assiduité au travail et leur patience, on ne peut même leur refuser des qualités plus élevées ; car il y a une espèce de force de génie et de courage d'esprit à pouvoir envisager, sans s'étonner, la nature dans la multitude innombrable de ses productions, et à se croire capable de les comprendre et de les comparer ; il y a une espèce de goût à les aimer, plus grand que le goût qui n'a pour but que des objets particuliers ; et l'on peut dire que l'amour de l'étude de la nature suppose dans l'esprit deux qualités qui paraissent opposées, les grandes vues d'un génie ardent qui embrasse tout d'un coup

1. Ce premier DISCOURS, le DISCOURS qui suit sur la *Théorie de la terre*, et les PREUVES qui accompagnent ce second *Discours*, forment le premier volume de l'édition in-4° de l'Imprimerie royale, volume publié en 1749.

REMARQUE GÉNÉRALE. — Les Notes de BUFFON seront indiquées par des *lettres italiques*, et celles de M. FLOURENS par des chiffres.

d'œil, et les petites attentions d'un instinct laborieux qui ne s'attache qu'à un seul point.

Le premier obstacle qui se présente dans l'étude de l'histoire naturelle vient de cette grande multitude d'objets; mais la variété de ces mêmes objets, et la difficulté de rassembler les productions diverses des différents climats, forment un autre obstacle à l'avancement de nos connaissances, qui paraît invincible, et qu'en effet le travail seul ne peut surmonter; ce n'est qu'à force de temps, de soins, de dépenses, et souvent par des hasards heureux, qu'on peut se procurer des individus bien conservés de chaque espèce d'animaux, de plantes ou de minéraux, et former une collection bien rangée de tous les ouvrages de la nature.

Mais lorsqu'on est parvenu à rassembler des échantillons de tout ce qui peuple l'univers, lorsque après bien des peines on a mis dans un même lieu des modèles de tout ce qui se trouve répandu avec profusion sur la terre, et qu'on jette pour la première fois les yeux sur ce magasin rempli de choses diverses, nouvelles et étrangères, la première sensation qui en résulte est un étonnement mêlé d'admiration, et la première réflexion qui suit, est un retour humiliant sur nous-mêmes. On ne s'imagine pas qu'on puisse avec le temps parvenir au point de reconnaître tous ces différents objets, qu'on puisse parvenir non-seulement à les reconnaître par la forme, mais encore à savoir tout ce qui a rapport à la naissance, la production, l'organisation, les usages, en un mot, à l'histoire de chaque chose en particulier : cependant, en se familiarisant avec ces mêmes objets, en les voyant souvent, et, pour ainsi dire, sans dessein, ils forment peu à peu des impressions durables, qui bientôt se lient dans notre esprit par des rapports fixes et invariables; et de là nous nous élevons à des vues plus générales, par lesquelles nous pouvons embrasser à la fois plusieurs objets différents; et c'est alors qu'on est en état d'étudier avec ordre, de réfléchir avec fruit, et de se frayer des routes pour arriver à des découvertes utiles.

On doit donc commencer par voir beaucoup et revoir souvent; quelque nécessaire que l'attention soit à tout, ici on peut s'en dispenser d'abord : je veux parler de cette attention scrupuleuse, toujours utile lorsqu'on sait beaucoup, et souvent nuisible à ceux qui commencent à s'instruire. L'essentiel est de leur meubler la tête d'idées et de faits, de les empêcher, s'il est possible, d'en tirer trop tôt des raisonnements et des rapports; car il arrive toujours que par l'ignorance de certains faits, et par la trop petite quantité d'idées, ils épuisent leur esprit en fausses combinaisons, et se chargent la mémoire de conséquences vagues et de résultats contraires à la vérité, lesquels forment dans la suite des préjugés qui s'effacent difficilement.

C'est pour cela que j'ai dit qu'il fallait commencer par voir beaucoup; il faut aussi voir presque sans dessein, parce que si vous avez résolu de ne considérer les choses que dans une certaine vue, dans un certain ordre, dans un certain système, eussiez-vous pris le meilleur chemin, vous n'arriverez jamais à la même étendue de connaissances à laquelle vous pourrez prétendre, si vous laissez dans les commencements votre esprit marcher de lui-même, se reconnaître, s'assurer sans secours, et former seul la première chaîne qui représente l'ordre de ses idées.

Ceci est vrai sans exception, pour toutes les personnes dont l'esprit est fait et le raisonnement formé ; les jeunes gens au contraire doivent être guidés plutôt et conseillés à propos, il faut même les encourager par ce qu'il y a de plus piquant dans la science, en leur faisant remarquer les choses les plus singulières, mais sans leur en donner d'explications précises ; le mystère à cet âge excite la curiosité, au lieu que dans l'âge mûr il n'inspire que le dégoût ; les enfants se lassent aisément des choses qu'ils ont déjà vues, ils revoient avec indifférence, à moins qu'on ne leur présente les mêmes objets sous d'autres points de vue ; et au lieu de leur répéter simplement ce qu'on leur a déjà dit, il vaut mieux y ajouter des circonstances, même étrangères ou inutiles ; on perd moins à les tromper qu'à les dégoûter.

Lorsque, après avoir vu et revu plusieurs fois les choses, ils commenceront à se les représenter en gros, que d'eux-mêmes ils se feront des divisions, qu'ils commenceront à apercevoir des distinctions générales, le goût de la science pourra naître, et il faudra l'aider. Ce goût si nécessaire à tout, mais en même temps si rare, ne se donne point par les préceptes ; en vain l'éducation voudrait y suppléer, en vain les pères contraignent-ils leurs enfants, ils ne les amèneront jamais qu'à ce point commun à tous les hommes, à ce degré d'intelligence et de mémoire qui suffit à la société ou aux affaires ordinaires ; mais c'est à la nature à qui[1] on doit cette première étincelle de génie, ce germe de goût dont nous parlons, qui se développe ensuite plus ou moins, suivant les différentes circonstances et les différents objets.

Aussi doit-on présenter à l'esprit des jeunes gens des choses de toute espèce, des études de tout genre, des objets de toutes sortes, afin de reconnaître le genre auquel leur esprit se porte avec plus de force, ou se livre avec plus de plaisir : l'histoire naturelle doit leur être présentée à son tour, et précisément dans ce temps où la raison commence à se développer, dans cet âge où ils pourraient commencer à croire qu'ils savent déjà beaucoup ; rien n'est plus capable de rabaisser leur amour-propre, et de leur faire sentir combien il y a de choses qu'ils ignorent ; et indépendamment de ce premier effet qui ne peut qu'être utile, une étude même légère de l'histoire naturelle élèvera leurs idées, et leur donnera des connaissances d'une infinité de

---

1. ..... *C'est à la nature à qui*..... Irrégularité de langage qui rappelle le vers de Boileau :

> C'est à vous, mon Esprit, à qui je veux parler ;

et que j'ai cru devoir respecter, ainsi que quelques autres.

choses que le commun des hommes ignore, et qui se retrouvent souvent dans l'usage de la vie.

Mais revenons à l'homme qui veut s'appliquer sérieusement à l'étude de la nature, et reprenons-le au point où nous l'avons laissé, à ce point où il commence à généraliser ses idées, et à se former une méthode d'arrangement et des systèmes d'explication : c'est alors qu'il doit consulter les gens instruits, lire les bons auteurs, examiner leurs différentes méthodes, et emprunter des lumières de tous côtés. Mais comme il arrive ordinairement qu'on se prend alors d'affection et de goût pour certains auteurs, pour une certaine méthode, et que souvent, sans un examen assez mûr, on se livre à un système quelquefois mal fondé, il est bon que nous donnions ici quelques notions préliminaires sur les méthodes qu'on a imaginées pour faciliter l'intelligence de l'histoire naturelle : ces méthodes sont très-utiles, lorsqu'on ne les emploie qu'avec les restrictions convenables ; elles abrégent le travail, elles aident la mémoire, et elles offrent à l'esprit une suite d'idées, à la vérité composée d'objets différents entre eux, mais qui ne laissent pas d'avoir des rapports communs, et ces rapports forment des impressions plus fortes que ne pourraient faire des objets détachés qui n'auraient aucune relation. Voilà la principale utilité des méthodes, mais l'inconvénient est de vouloir trop allonger ou trop resserrer la chaîne, de vouloir soumettre à des lois arbitraires les lois de la nature, de vouloir la diviser dans des points où elle est indivisible, et de vouloir mesurer ses forces par notre faible imagination. Un autre inconvénient qui n'est pas moins grand, et qui est le contraire du premier, c'est de s'assujettir à des méthodes trop particulières, de vouloir juger du tout par une seule partie[1], de réduire la nature à de petits systèmes qui lui sont étrangers, et de ses ouvrages immenses en former arbitrairement autant d'assemblages détachés ; enfin de rendre, en multipliant les noms et les représentations, la langue de la science plus difficile que la science elle-même.

Nous sommes naturellement portés à imaginer en tout une espèce d'ordre et d'uniformité, et quand on n'examine que légèrement les ouvrages de la nature, il paraît à cette première vue qu'elle a toujours travaillé sur un même plan : comme nous ne connaissons nous-mêmes qu'une voie pour arriver à un but, nous nous persuadons que la nature fait et opère tout par les mêmes moyens et par des opérations semblables ; cette manière de penser a fait imaginer une infinité de faux rapports entre les productions naturelles, les plantes ont été comparées aux animaux, on a cru voir végéter les minéraux, leur organisation si différente, et leur mécanique si peu ressemblante a été souvent réduite à la même forme. Le moule commun de toutes ces choses si dissemblables entre elles est moins dans la nature que dans

____

1. Voyez, ci-après, la note de la page 8.

l'esprit étroit de ceux qui l'ont mal connue, et qui savent aussi peu juger de la force d'une vérité que des justes limites d'une analogie comparée. En effet, doit-on, parce que le sang circule, assurer que la sève circule aussi? doit-on conclure de la végétation connue des plantes à une pareille végétation dans les minéraux, du mouvement du sang à celui de la sève, de celui de la sève au mouvement du suc pétrifiant[1]? n'est-ce pas porter dans la réalité des ouvrages du Créateur les abstractions de notre esprit borné, et ne lui accorder, pour ainsi dire, qu'autant d'idées que nous en avons? Cependant on a dit, et on dit tous les jours des choses aussi peu fondées, et on bâtit des systèmes sur des faits incertains, dont l'examen n'a jamais été fait, et qui ne servent qu'à montrer le penchant qu'ont les hommes à vouloir trouver de la ressemblance dans les objets les plus différents, de la régularité où il ne règne que de la variété, et de l'ordre dans les choses qu'ils n'aperçoivent que confusément.

Car lorsque, sans s'arrêter à des connaissances superficielles dont les résultats ne peuvent nous donner que des idées incomplètes des productions et des opérations de la nature, nous voulons pénétrer plus avant, et examiner avec des yeux plus attentifs la forme et la conduite de ses ouvrages, on est aussi surpris de la variété du dessein que de la multiplicité des moyens d'exécution. Le nombre des productions de la nature, quoique prodigieux, ne fait alors que la plus petite partie de notre étonnement; sa mécanique, son art, ses ressources, ses désordres même, emportent toute notre admiration; trop petit pour cette immensité, accablé par le nombre des merveilles, l'esprit humain succombe : il semble que tout ce qui peut être, est; la main du Créateur ne paraît pas s'être ouverte pour donner l'être à un certain nombre déterminé d'espèces; mais il semble qu'elle ait jeté tout à la fois un monde d'êtres relatifs et non relatifs, une infinité de combinaisons harmoniques et contraires, et une perpétuité de destructions et de renouvellements. Quelle idée de puissance ce spectacle ne nous offre-t-il pas! quel sentiment de respect cette vue de l'univers ne nous inspire-t-elle pas pour son auteur! Que serait-ce si la faible lumière qui nous guide, devenait assez vive pour nous faire apercevoir l'ordre général des causes et de la dépendance des effets? mais l'esprit le plus vaste, et le génie le plus puissant, ne s'élèvera jamais à ce haut point de connaissance : les premières causes nous seront à jamais cachées, les résultats généraux de ces causes nous seront aussi difficiles à connaître que les causes mêmes; tout ce qui nous est possible, c'est d'apercevoir quelques effets particuliers, de les comparer, de les combiner, et enfin d'y reconnaître plutôt un ordre relatif à notre propre nature, que convenable à l'existence des choses que nous considérons.

1. Il n'y a pas de suc *pétrifiant*.

Mais puisque c'est la seule voie qui nous soit ouverte, puisque nous n'avons pas d'autres moyens pour arriver à la connaissance des choses naturelles, il faut aller jusqu'où cette route peut nous conduire, il faut rassembler tous les objets, les comparer, les étudier, et tirer de leurs rapports combinés toutes les lumières qui peuvent nous aider à les apercevoir nettement et à les mieux connaître.

La première vérité qui sort de cet examen sérieux de la nature est une vérité peut-être humiliante pour l'homme ; c'est qu'il doit se ranger lui-même dans la classe des animaux, auxquels il ressemble par tout ce qu'il a de matériel, et même leur instinct lui paraîtra peut-être plus sûr que sa raison, et leur industrie plus admirable que ses arts. Parcourant ensuite successivement et par ordre les différents objets qui composent l'univers, et se mettant à la tête de tous les êtres créés, il verra avec étonnement qu'on peut descendre par des degrés presque insensibles, de la créature la plus parfaite jusqu'à la matière la plus informe, de l'animal le mieux organisé jusqu'au minéral le plus brut ; il reconnaîtra que ces nuances imperceptibles sont le grand œuvre de la nature ; il les trouvera ces nuances, non-seulement dans les grandeurs et dans les formes, mais dans les mouvements, dans les générations, dans les successions de toute espèce.

En approfondissant cette idée, on voit clairement qu'il est impossible de donner un système général, une méthode parfaite[1], non-seulement pour l'histoire naturelle entière, mais même pour une seule de ses branches ; car pour faire un système, un arrangement, en un mot une méthode générale, il faut que tout y soit compris ; il faut diviser ce tout en différentes classes, partager ces classes en genres, sous-diviser ces genres en espèces, et tout cela suivant un ordre dans lequel il entre nécessairement de l'arbitraire. Mais la nature marche par des gradations inconnues, et par conséquent elle ne peut pas se prêter totalement à ces divisions, puisqu'elle passe d'une espèce à une autre espèce, et souvent d'un genre à un autre genre, par des nuances imperceptibles ; de sorte qu'il se trouve un grand nombre d'espèces moyennes et d'objets mi-partis qu'on ne sait où placer, et qui dérangent nécessairement le projet du système général : cette vérité est trop importante pour que je ne l'appuie pas de tout ce qui peut la rendre claire et évidente.

Prenons pour exemple la botanique, cette belle partie de l'histoire naturelle, qui par son utilité a mérité de tout temps d'être la plus cultivée, et

1. En voyant tout ce que la prévention inspire ici d'arguments à Buffon contre la *méthode*, il ne faut pas oublier que, lorsqu'il écrivait ce Discours, premier chapitre de son grand ouvrage, il n'était pas encore naturaliste. Il se fit plus tard des idées plus justes de la *classification*, de la *méthode*, de la science des *rapports des êtres*. Buffon classa très-bien les *singes* et les *oiseaux*; et ce rare génie, qui modifia constamment ses idées, parce qu'il les travailla sans cesse, après avoir commencé par se moquer des *méthodes*, finit par s'en faire une excellente. (Voyez mon *Histoire des travaux et des idées de Buffon*.

rappelons à l'examen les principes de toutes les méthodes que les botanistes nous ont données; nous verrons avec quelque surprise qu'ils ont eu tous en vue de comprendre dans leurs méthodes généralement toutes les espèces de plantes, et qu'aucun d'eux n'a parfaitement réussi; il se trouve toujours dans chacune de ces méthodes un certain nombre de plantes anomales, dont l'espèce est moyenne entre deux genres, et sur laquelle il ne leur a pas été possible de prononcer juste, parce qu'il n'y a pas plus de raison de rapporter cette espèce à l'un plutôt qu'à l'autre de ces deux genres : en effet, se proposer de faire une méthode parfaite, c'est se proposer un travail impossible; il faudrait un ouvrage qui représentât exactement tous ceux de la nature, et au contraire tous les jours il arrive qu'avec toutes les méthodes connues, et avec tous les secours qu'on peut tirer de la botanique la plus éclairée, on trouve des espèces qui ne peuvent se rapporter à aucun des genres compris dans ces méthodes : ainsi l'expérience est d'accord avec la raison sur ce point, et l'on doit être convaincu qu'on ne peut pas faire une méthode générale et parfaite en botanique. Cependant il semble que la recherche de cette méthode générale soit une espèce de pierre philosophale pour les botanistes, qu'ils ont tous cherchée avec des peines et des travaux infinis; tel a passé quarante ans, tel autre en a passé cinquante à faire son système, et il est arrivé en botanique ce qui est arrivé en chimie, c'est qu'en cherchant la pierre philosophale que l'on n'a pas trouvée, on a trouvé une infinité de choses utiles; et de même en voulant faire une méthode générale et parfaite en botanique, on a plus étudié et mieux connu les plantes et leurs usages : serait-il vrai qu'il faut un but imaginaire aux hommes pour les soutenir dans leurs travaux, et que s'ils étaient bien persuadés qu'ils ne feront que ce qu'en effet ils peuvent faire, ils ne feraient rien du tout?

Cette prétention qu'ont les botanistes d'établir des systèmes généraux, parfaits et méthodiques, est donc peu fondée; aussi leurs travaux n'ont pu aboutir qu'à nous donner des méthodes défectueuses, lesquelles ont été successivement détruites les unes par les autres, et ont subi le sort commun à tous les systèmes fondés sur des principes arbitraires; et ce qui a le plus contribué à renverser les unes de ces méthodes par les autres, c'est la liberté que les botanistes se sont donnée de choisir arbitrairement une seule partie dans les plantes, pour en faire le caractère spécifique : les uns ont établi leur méthode sur la figure des feuilles, les autres sur leur position, d'autres sur la forme des fleurs, d'autres sur le nombre de leurs pétales, d'autres enfin sur le nombre des étamines; je ne finirais pas si je voulais rapporter en détail toutes les méthodes qui ont été imaginées, mais je ne veux parler ici que de celles qui ont été reçues avec applaudissement, et qui ont été suivies chacune à leur tour, sans que l'on ait fait assez d'attention à cette erreur de principe qui leur est commune à toutes, et qui consiste à vouloir juger d'un tout, et de la combinaison de plusieurs touts, par une seule partie [1], et par la comparaison des différences de cette seule partie : car vouloir juger de la différence des plantes uniquement par celle de leurs feuilles ou de leurs fleurs, c'est comme si l'on voulait connaître la différence des animaux par la différence de leurs peaux ou par celle des parties de la génération; et qui ne voit que cette façon de connaître n'est pas une science, et que ce n'est tout au plus qu'une convention, une langue arbitraire, un moyen de s'entendre, mais dont il ne peut résulter aucune connaissance réelle?

Me serait-il permis de dire ce que je pense sur l'origine de ces différentes méthodes, et sur les causes qui les ont multipliées au point qu'actuellement la botanique elle-même est plus aisée à apprendre que la nomenclature, qui n'en est que la langue? Me serait-il permis de dire qu'un homme aurait plus tôt fait de graver dans sa mémoire les figures de toutes les plantes, et d'en avoir des idées nettes, ce qui est la vraie botanique, que de retenir tous les noms que les différentes méthodes donnent à ces plantes, et que par conséquent la langue est devenue plus difficile que la science? voici, ce me semble, comment cela est arrivé. On a d'abord divisé les végétaux suivant leurs différentes grandeurs, on a dit, il y a de grands arbres, de petits arbres, des arbrisseaux, des sous-arbrisseaux, de grandes plantes, de petites plantes et des herbes. Voilà le fondement d'une méthode que l'on divise et sous-divise ensuite par d'autres relations de grandeurs et de formes, pour donner à chaque espèce un caractère particulier. Après la méthode faite sur ce plan, il est venu des gens qui ont examiné cette distribution, et qui ont dit : mais cette méthode fondée sur la grandeur relative des végétaux ne peut pas se soutenir, car il y a dans une seule espèce, comme dans celle du chêne, des grandeurs si différentes, qu'il y a des espèces de chêne qui s'élèvent à cent pieds de hauteur, et d'autres espèces de chêne qui ne s'élèvent jamais à plus de deux pieds; il en est de même, proportion gardée, des châtaigniers, des pins, des aloès et d'une infinité d'autres espèces de plantes. On ne doit donc pas, a-t-on dit, déterminer les genres des plantes par leur grandeur, puisque ce signe est équivoque et incertain, et l'on a abandonné avec raison cette méthode. D'autres sont venus ensuite, qui, croyant faire mieux, ont dit : Il faut pour connaître les plantes, s'attacher aux parties les plus apparentes, et comme les feuilles sont ce qu'il y a de plus apparent, il faut arranger les plantes par la forme, la grandeur et la position des feuilles. Sur ce projet, on a fait une autre méthode, on l'a suivie pendant quelque temps, mais ensuite on a reconnu que les feuilles de presque toutes les plantes varient prodigieusement selon les différents

---

1. On peut très-bien *juger du tout par une partie*. C'est même sur ce *principe* (qui n'est point une *erreur*) que se fonde la belle loi des *corrélations organiques* de M. Cuvier, et l'art admirable avec lequel il a fait renaître, de quelques uns de leurs débris, toutes les *espèces perdues*. (Voyez mon *Histoire des travaux de Cuvier*.)

âges et les différents terrains, que leur forme n'est pas plus constante que
leur grandeur, que leur position est encore plus incertaine ; on a donc été
aussi peu content de cette méthode que de la précédente. Enfin quelqu'un
a imaginé, et je crois que c'est Gesner, que le Créateur avait mis dans la
fructification des plantes un certain nombre de caractères différents et invariables, et que c'était de ce point dont il fallait partir[1] pour faire une méthode ;
et comme cette idée s'est trouvée vraie jusqu'à un certain point, en sorte
que les parties de la génération des plantes se sont trouvées avoir quelques
différences plus constantes que toutes les autres parties de la plante, prises
séparément, on a vu tout d'un coup s'élever plusieurs méthodes de botanique, toutes fondées à peu près sur ce même principe ; parmi ces méthodes,
celle de M. Tournefort est la plus remarquable, la plus ingénieuse et la plus
complète. Cet illustre botaniste a senti les défauts d'un système qui serait
purement arbitraire ; en homme d'esprit, il a évité les absurdités qui se
trouvent dans la plupart des autres méthodes de ses contemporains, et il a
fait ses distributions et ses exceptions avec une science et une adresse
infinies ; il avait, en un mot, mis la botanique au point de se passer de
toutes les autres méthodes, et il l'avait rendue susceptible d'un certain
degré de perfection ; mais il s'est élevé un autre méthodiste qui, après avoir
loué son système, a tâché de le détruire pour établir le sien, et qui ayant
adopté avec M. de Tournefort les caractères tirés de la fructification, a
employé toutes les parties de la génération des plantes, et surtout les étamines, pour en faire la distribution de ses genres ; et méprisant la sage
attention de M. de Tournefort à ne pas forcer la nature au point de confondre, en vertu de son système, les objets les plus différents, comme les
arbres avec les herbes, a mis ensemble et dans les mêmes classes le mûrier
et l'ortie, la tulipe et l'épine-vinette, l'orme et la carotte, la rose et la fraise,
le chêne et la pimprenelle. N'est-ce pas se jouer de la nature et de ceux qui
l'étudient ? et si tout cela n'était pas donné avec une certaine apparence
d'ordre mystérieux, et enveloppé de grec et d'érudition botanique, aurait-on
tant tardé à faire apercevoir le ridicule d'une pareille méthode, ou plutôt à
montrer la confusion qui résulte d'un assemblage si bizarre ? Mais ce n'est
pas tout, et je vais insister, parce qu'il est juste de conserver à M. de Tournefort la gloire qu'il a méritée par un travail sensé et suivi, et parce qu'il
ne faut pas que les gens qui ont appris la botanique par la méthode de
Tournefort perdent leur temps à étudier cette nouvelle méthode où tout est
changé jusqu'aux noms et aux surnoms des plantes. Je dis donc que cette
nouvelle méthode, qui rassemble dans la même classe des genres de plantes
entièrement dissemblables, a encore, indépendamment de ces disparates,

---

1. ...... *C'était de ce point dont il fallait partir......* Autre irrégularité de langage, et que je
crois devoir aussi respecter. (Voyez, ci-devant, la note de la page 3. — Voyez, de plus,
ci-après, la note de la page 26.)

des défauts essentiels, et des inconvénients plus grands que toutes les méthodes qui ont précédé. Comme les caractères des genres sont pris de parties presque infiniment petites, il faut aller le microscope à la main pour reconnaître un arbre ou une plante; la grandeur, la figure, le port extérieur, les feuilles, toutes les parties apparentes ne servent plus à rien, il n'y a que les étamines, et si l'on ne peut pas voir les étamines, on ne sait rien, on n'a rien vu. Ce grand arbre que vous apercevez, n'est peut-être qu'une pimprenelle, il faut compter ses étamines pour savoir ce que c'est, et comme ces étamines sont souvent si petites qu'elles échappent à l'œil simple ou à la loupe, il faut un microscope; mais malheureusement encore pour le système, il y a des plantes qui n'ont point d'étamines, il y a des plantes dont le nombre des étamines varie, et voilà la méthode en défaut comme les autres, malgré la loupe et le microscope [a].

Après cette exposition sincère des fondements sur lesquels on a bâti les différents systèmes de botanique, il est aisé de voir que le grand défaut de tout ceci est une erreur de métaphysique dans le principe même de ces méthodes. Cette erreur consiste à méconnaître la marche de la nature, qui se fait toujours par nuances, et à vouloir juger d'un tout par une seule de ses parties : erreur bien évidente, et qu'il est étonnant de retrouver partout; car presque tous les nomenclateurs n'ont employé qu'une partie, comme les dents, les ongles ou ergots, pour ranger les animaux, les feuilles ou les fleurs pour distribuer les plantes, au lieu de se servir de toutes les parties [1], et de chercher les différences ou les ressemblances dans l'individu tout entier : c'est renoncer volontairement au plus grand nombre des avantages que la nature nous offre pour la connaître, que de refuser de se servir de toutes les parties des objets que nous considérons; et quand même on serait assuré de trouver dans quelques parties prises séparément des caractères constants et invariables, il ne faudrait pas pour cela réduire la connaissance des productions naturelles à celle de ces parties constantes qui ne donnent que des idées particulières et très-imparfaites du tout, et il me paraît que le seul moyen de faire une méthode instructive et naturelle, c'est de mettre ensemble les choses qui se ressemblent, et de séparer celles qui diffèrent les unes des autres. Si les individus ont une ressemblance parfaite, ou des diffé-

---

a. Hoc verò systema, Linnæi scilicet, jam cognitis plantarum methodis longè vilius et inferius non solùm, sed et insuper nimis coactum, lubricum et fallax, imò lusorium deprehendetur; et quidem in tantùm, ut non solùm quoad dispositionem ac denominationem plantarum enormes confusiones post se trahat, sed et vix non plenaria doctrinæ botanicæ solidioris obscuratio et perturbatio inde fuerit metuenda. (Vaniloq. *Botan. specimen refutatum a Siegesbeck.* Petropoli, 1741.)

1. *Il faut se servir de toutes les parties :* et, de plus, il *faut se servir de chacune, selon son importance :* seconde idée qui échappe à Buffon, et qui est la base de toute la belle théorie de la *subordination des caractères,* théorie qui, à son tour, est la base de toute la *méthode.* (*Voyez* mon *Histoire des travaux de Cuvier.)*

rences si petites qu'on ne puisse les apercevoir qu'avec peine, ces individus seront de la même espèce; si les différences commencent à être sensibles, et qu'en même temps il y ait toujours beaucoup plus de ressemblance que de différence, les individus seront d'une autre espèce, mais du même genre que les premiers; et si ces différences sont encore plus marquées, sans cependant excéder les ressemblances, alors les individus seront non-seulement d'une autre espèce, mais même d'un autre genre que les premiers et les seconds, et cependant ils seront encore de la même classe, parce qu'ils se ressemblent plus qu'ils ne diffèrent; mais si au contraire le nombre des différences excède celui des ressemblances, alors les individus ne sont pas même de la même classe. Voilà l'ordre méthodique que l'on doit suivre dans l'arrangement des productions naturelles; bien entendu que les ressemblances et les différences seront prises non-seulement d'une partie, mais du tout ensemble, et que cette méthode d'inspection se portera sur la forme, sur la grandeur, sur le port extérieur, sur les différentes parties, sur leur nombre, sur leur position, sur la substance même de la chose, et qu'on se servira de ces éléments en petit ou en grand nombre, à mesure qu'on en aura besoin; de sorte que si un individu, de quelque nature qu'il soit, est d'une figure assez singulière pour être toujours reconnu au premier coup d'œil, on ne lui donnera qu'un nom; mais si cet individu a de commun avec un autre la figure, et qu'il en diffère constamment par la grandeur, la couleur, la substance, ou par quelque autre qualité très-sensible, alors on lui donnera le même nom, en y ajoutant un adjectif pour marquer cette différence; et ainsi de suite, en mettant autant d'adjectifs qu'il y a de différences, on sera sûr d'exprimer tous les attributs différents de chaque espèce, et on ne craindra pas de tomber dans les inconvénients des méthodes trop particulières dont nous venons de parler, et sur lesquelles je me suis beaucoup étendu, parce que c'est un défaut commun à toutes les méthodes de botanique et d'histoire naturelle, et que les systèmes qui ont été faits pour les animaux sont encore plus défectueux que les méthodes de botanique; car, comme nous l'avons déjà insinué, on a voulu prononcer sur la ressemblance et la différence des animaux en n'employant que le nombre des doigts ou ergots, des dents et des mamelles; projet qui ressemble beaucoup à celui des étamines, et qui est en effet du même auteur.

Il résulte de tout ce que nous venons d'exposer, qu'il y a dans l'étude de l'histoire naturelle deux écueils également dangereux, le premier, de n'avoir aucune méthode, et le second, de vouloir tout rapporter à un système particulier. Dans le grand nombre de gens qui s'appliquent maintenant à cette science, on pourrait trouver des exemples frappants de ces deux manières si opposées, et cependant toutes deux vicieuses : la plupart de ceux qui, sans aucune étude précédente de l'histoire naturelle, veulent avoir des cabinets de ce genre, sont de ces personnes aisées, peu occupées, qui

cherchent à s'amuser, et regardent comme un mérite d'être mises au rang
des curieux ; ces gens-là commencent par acheter, sans choix, tout ce qui
leur frappe les yeux ; ils ont l'air de désirer avec passion les choses qu'on
leur dit être rares et extraordinaires, ils les estiment au prix qu'ils les ont
acquises, ils arrangent le tout avec complaisance, ou l'entassent avec confusion, et finissent bientôt par se dégoûter : d'autres au contraire, et ce sont
les plus savants, après s'être rempli la tête de noms, de phrases, de méthodes
particulières, viennent à en adopter quelqu'une, ou s'occupent à en faire
une nouvelle, et travaillant ainsi toute leur vie sur une même ligne et dans
une fausse direction, et voulant tout ramener à leur point de vue particulier,
ils se rétrécissent l'esprit, cessent de voir les objets tels qu'ils sont, et finissent par embarrasser la science et la charger du poids étranger de toutes
leurs idées.

On ne doit donc pas regarder les méthodes que les auteurs nous ont données sur l'histoire naturelle en général, ou sur quelques-unes de ses parties,
comme les fondements de la science, et on ne doit s'en servir que comme de
signes dont on est convenu pour s'entendre. En effet, ce ne sont que des
rapports arbitraires et des points de vue différents sous lesquels on a considéré les objets de la nature, et en ne faisant usage des méthodes que dans
cet esprit, on peut en tirer quelque utilité ; car quoique cela ne paraisse pas
fort nécessaire, cependant il pourrait être bon qu'on sût toutes les espèces
de plantes dont les feuilles se ressemblent, toutes celles dont les fleurs sont
semblables, toutes celles qui nourrissent de certaines espèces d'insectes,
toutes celles qui ont un certain nombre d'étamines, toutes celles qui ont de
certaines glandes excrétoires ; et de même dans les animaux, tous ceux qui
ont un certain nombre de mamelles, tous ceux qui ont un certain nombre
de doigts. Chacune de ces méthodes n'est, à parler vrai, qu'un dictionnaire
où l'on trouve les noms rangés dans un ordre relatif à cette idée, et par conséquent aussi arbitraire que l'ordre alphabétique ; mais l'avantage qu'on en
pourrait tirer, c'est qu'en comparant tous ces résultats, on se retrouverait
enfin à la vraie méthode, qui est la description complète et l'histoire exacte
de chaque chose en particulier.

C'est ici le principal but qu'on doive se proposer : on peut se servir d'une
méthode déjà faite comme d'une commodité pour étudier, on doit la regarder
comme une facilité pour s'entendre ; mais le seul et le vrai moyen d'avancer
la science est de travailler à la description et à l'histoire des différentes
choses qui en font l'objet.

Les choses par rapport à nous ne sont rien en elles-mêmes, elles ne sont
encore rien lorsqu'elles ont un nom ; mais elles commencent à exister
pour nous lorsque nous leur connaissons des rapports, des propriétés ; ce
n'est même que par ces rapports que nous pouvons leur donner une définition : or la définition, telle qu'on la peut faire par une phrase, n'est encore

que la représentation très-imparfaite de la chose, et nous ne pouvons jamais
bien définir une chose sans la décrire exactement. C'est cette difficulté de
faire une bonne définition que l'on retrouve à tout moment dans toutes les
méthodes, dans tous les abrégés qu'on a tâché de faire pour soulager la
mémoire; aussi doit-on dire que dans les choses naturelles il n'y a rien de
bien défini que ce qui est exactement décrit : or pour décrire exactement,
il faut avoir vu, revu, examiné, comparé la chose qu'on veut décrire, et tout
cela sans préjugé, sans idée de système, sans quoi la description n'a plus le
caractère de la vérité, qui est le seul qu'elle puisse comporter. Le style même
de la description doit être simple, net et mesuré, il n'est pas susceptible
d'élévation, d'agréments, encore moins d'écarts, de plaisanterie ou d'équivoque; le seul ornement qu'on puisse lui donner, c'est de la noblesse dans
l'expression, du choix et de la propriété dans les termes.

Dans le grand nombre d'auteurs qui ont écrit sur l'histoire naturelle, il y
en a fort peu qui aient bien décrit. Représenter naïvement et nettement les
choses, sans les charger ni les diminuer, et sans y rien ajouter de son imagination, est un talent d'autant plus louable qu'il est moins brillant, et qu'il ne
peut être senti que d'un petit nombre de personnes capables d'une certaine
attention nécessaire pour suivre les choses jusque dans les petits détails : rien
n'est plus commun que des ouvrages embarrassés d'une nombreuse et sèche
nomenclature, de méthodes ennuyeuses et peu naturelles dont les auteurs
croient se faire un mérite; rien de si rare que de trouver de l'exactitude dans
les descriptions, de la nouveauté dans les faits, de la finesse dans les observations.

Aldrovande, le plus laborieux et le plus savant de tous les naturalistes, a
laissé, après un travail de soixante ans, des volumes immenses sur l'histoire
naturelle, qui ont été imprimés successivement, et la plupart après sa mort :
on les réduirait à la dixième partie si on en ôtait toutes les inutilités et toutes
les choses étrangères à son sujet. A cette prolixité près, qui, je l'avoue, est
accablante, ses livres doivent être regardés comme ce qu'il y a de mieux sur
la totalité de l'histoire naturelle; le plan de son ouvrage est bon, ses distributions sont sensées, ses divisions bien marquées, ses descriptions assez
exactes, monotones, à la vérité, mais fidèles : l'historique est moins bon,
souvent il est mêlé de fabuleux, et l'auteur y laisse voir trop de penchant à
la crédulité.

J'ai été frappé, en parcourant cet auteur, d'un défaut ou d'un excès qu'on
retrouve presque dans tous les livres faits il y a cent ou deux cents ans, et
que les savants d'Allemagne ont encore aujourd'hui; c'est de cette quantité
d'érudition inutile dont ils grossissent à dessein leurs ouvrages, en sorte que
le sujet qu'ils traitent, est noyé dans une quantité de matières étrangères sur
lesquelles ils raisonnent avec tant de complaisance et s'étendent avec si peu
de ménagement pour les lecteurs, qu'ils semblent avoir oublié ce qu'ils

avaient à vous dire, pour ne vous raconter que ce qu'ont dit les autres. Je me représente un homme comme Aldrovande, ayant une fois conçu le dessein de faire un corps complet d'histoire naturelle ; je le vois dans sa bibliothèque lire successivement les anciens, les modernes, les philosophes, les théologiens, les jurisconsultes, les historiens, les voyageurs, les poëtes, et lire sans autre but que de saisir tous les mots, toutes les phrases qui de près ou de loin ont rapport à son objet ; je le vois copier et faire copier toutes ces remarques et les ranger par lettres alphabétiques, et après avoir rempli plusieurs portefeuilles de notes de toute espèce, prises souvent sans examen et sans choix, commencer à travailler un sujet particulier, et ne vouloir rien perdre de tout ce qu'il a ramassé ; en sorte qu'à l'occasion de l'histoire naturelle du coq ou du bœuf, il vous raconte tout ce qui a jamais été dit des coqs ou des bœufs, tout ce que les anciens en ont pensé, tout ce qu'on a imaginé de leurs vertus, de leur caractère, de leur courage, toutes les choses auxquelles on a voulu les employer, tous les contes que les bonnes femmes en ont faits, tous les miracles qu'on leur a fait faire dans certaines religions, tous les sujets de superstition qu'ils ont fournis, toutes les comparaisons que les poëtes en ont tirées, tous les attributs que certains peuples leur ont accordés, toutes les représentations qu'on en fait dans les hiéroglyphes, dans les armoiries, en un mot toutes les histoires et toutes les fables dont on s'est jamais avisé au sujet des coqs ou des bœufs. Qu'on juge après cela de la portion d'histoire naturelle qu'on doit s'attendre à trouver dans ce fatras d'écritures ; et si en effet l'auteur ne l'eût pas mise dans des articles séparés des autres, elle n'aurait pas été trouvable, ou du moins elle n'aurait pas valu la peine d'y être cherchée.

On s'est tout à fait corrigé de ce défaut dans ce siècle ; l'ordre et la précision avec laquelle on écrit maintenant ont rendu les sciences plus agréables, plus aisées, et je suis persuadé que cette différence de style contribue peut-être autant à leur avancement que l'esprit de recherche qui règne aujourd'hui ; car nos prédécesseurs cherchaient comme nous, mais ils ramassaient tout ce qui se présentait, au lieu que nous rejetons ce qui nous paraît avoir peu de valeur, et que nous préférons un petit ouvrage bien raisonné à un gros volume bien savant ; seulement il est à craindre que venant à mépriser l'érudition, nous ne venions aussi à imaginer que l'esprit peut suppléer à tout, et que la science n'est qu'un vain nom.

Les gens sensés cependant sentiront toujours que la seule et vraie science est la connaissance des faits, l'esprit ne peut pas y suppléer, et les faits sont dans les sciences ce qu'est l'expérience dans la vie civile. On pourrait donc diviser toutes les sciences en deux classes principales, qui contiendraient tout ce qu'il convient à l'homme de savoir ; la première est l'histoire civile, et la seconde, l'histoire naturelle, toutes deux fondées sur des faits qu'il est souvent important et toujours agréable de connaître : la première est l'étude des hommes d'État, la seconde est celle des philosophes; et quoique l'utilité de celle-ci ne soit peut-être pas aussi prochaine que celle de l'autre, on peut cependant assurer que l'histoire naturelle est la source des autres sciences physiques et la mère de tous les arts : combien de remèdes excellents la médecine n'a-t-elle pas tirés de certaines productions de la nature jusqu'alors inconnues! combien de richesses les arts n'ont-ils pas trouvées dans plusieurs matières autrefois méprisées! Il y a plus, c'est que toutes les idées des arts ont leurs modèles dans les productions de la nature : Dieu a créé, et l'homme imite; toutes les inventions des hommes, soit pour la nécessité, soit pour la commodité, ne sont que des imitations assez grossières de ce que la nature exécute avec la dernière perfection.

Mais sans insister plus longtemps sur l'utilité qu'on doit tirer de l'histoire naturelle, soit par rapport aux autres sciences, soit par rapport aux arts, revenons à notre objet principal, à la manière de l'étudier et de la traiter. La description exacte et l'histoire fidèle de chaque chose est, comme nous l'avons dit, le seul but qu'on doive se proposer d'abord. Dans la description, l'on doit faire entrer la forme, la grandeur, le poids, les couleurs, les situations de repos et de mouvements, la position des parties, leurs rapports, leur figure, leur action et toutes les fonctions extérieures ; si l'on peut joindre à tout cela l'exposition des parties intérieures, la description n'en sera que plus complète; seulement on doit prendre garde de tomber dans de trop petits détails, ou de s'appesantir sur la description de quelque partie peu importante, et de traiter trop légèrement les choses essentielles et principales. L'histoire doit suivre la description, et doit uniquement rouler sur les rapports que les choses naturelles ont entre elles et avec nous : l'histoire d'un animal doit être non pas l'histoire de l'individu, mais celle de l'espèce entière de ces animaux; elle doit comprendre leur génération, le temps de la prégnation, celui de l'accouchement, le nombre des petits, les soins des pères et des mères, leur espèce d'éducation, leur instinct, les lieux de leur habitation, leur nourriture, la manière dont ils se la procurent, leurs mœurs, leurs ruses, leur chasse, ensuite les services qu'ils peuvent nous rendre, et toutes les utilités ou les commodités que nous pouvons en tirer; et lorsque dans l'intérieur du corps de l'animal il y a des choses remarquables, soit par la conformation, soit pour les usages qu'on en peut faire, on doit les ajouter ou à la description ou à l'histoire; mais ce serait un objet étranger à l'histoire naturelle que d'entrer dans un examen anatomique trop circonstancié, ou du moins ce n'est pas son objet principal, et il faut réserver ces détails pour servir de mémoires sur l'anatomie comparée.

Ce plan général doit être suivi et rempli avec toute l'exactitude possible, et pour ne pas tomber dans une répétition trop fréquente du même ordre, pour éviter la monotonie du style, il faut varier la forme des descriptions et changer le fil de l'histoire, selon qu'on le jugera nécessaire; de même pour rendre les descriptions moins sèches, y mêler quelques faits, quelques comparaisons, quelques réflexions sur les usages des différentes parties, en un mot, faire en sorte qu'on puisse vous lire sans ennui aussi bien que sans contention.

A l'égard de l'ordre général et de la méthode de distribution des différents sujets de l'histoire naturelle, on pourrait dire qu'il est purement arbitraire, et dès lors on est assez le maître de choisir celui qu'on regarde comme le plus commode ou le plus communément reçu ; mais avant que de donner les raisons qui pourraient déterminer à adopter un ordre plutôt qu'un autre, il est nécessaire de faire encore quelques réflexions, par lesquelles nous tâcherons de faire sentir ce qu'il peut y avoir de réel dans les divisions que l'on a faites des productions naturelles.

Pour le reconnaître il faut nous défaire un instant de tous nos préjugés, et même nous dépouiller de nos idées. Imaginons un homme qui a en effet tout oublié ou qui s'éveille tout neuf pour les objets qui l'environnent, plaçons cet homme dans une campagne où les animaux, les oiseaux, les poissons, les plantes, les pierres se présentent successivement à ses yeux. Dans les premiers instants cet homme ne distinguera rien et confondra tout ; mais laissons ses idées s'affermir peu à peu par des sensations réitérées des mêmes objets ; bientôt il se formera une idée générale de la matière animée, il la distinguera aisément de la matière inanimée, et peu de temps après il distinguera très-bien la matière animée de la matière végétative, et naturellement il arrivera à cette première grande division, *animal*, *végétal* et *minéral* ; et comme il aura pris en même temps une idée nette de ces grands objets si différents, la *terre*, l'*air* et l'*eau*, il viendra en peu de temps à se former une idée particulière des animaux qui habitent la terre, de ceux qui demeurent dans l'eau, et de ceux qui s'élèvent dans l'air, et par conséquent il se fera aisément à lui-même cette seconde division, *animaux quadrupèdes*, *oiseaux*, *poissons* ; il en est de même dans le règne végétal, des arbres et des plantes, il les distinguera très-bien, soit par leur grandeur, soit par leur substance, soit par leur figure. Voilà ce que la simple inspection doit nécessairement lui donner, et ce qu'avec une très-légère attention il ne peut manquer de reconnaître ; c'est là aussi ce que nous devons regarder comme réel, et ce que nous devons respecter comme une division donnée par la nature même. Ensuite mettons-nous à la place de cet homme, ou supposons qu'il ait acquis autant de connaissances, et qu'il ait autant d'expérience que nous en avons, il viendra à juger les objets de l'histoire naturelle par les rapports qu'ils auront avec lui ; ceux qui lui seront les plus nécessaires, les plus utiles, tiendront le premier rang ; par exemple, il donnera la préférence dans l'ordre des animaux au cheval, au chien, au bœuf, etc., et il connaîtra toujours mieux ceux qui lui seront les plus familiers ; ensuite il s'occupera de ceux qui, sans être familiers, ne laissent pas que d'habiter les mêmes lieux, les

mêmes climats, comme les cerfs, les lièvres et tous les animaux sauvages,
et ce ne sera qu'après toutes ces connaissances acquises que sa curiosité le
portera à rechercher ce que peuvent être les animaux des climats étrangers,
comme les éléphants, les dromadaires, etc. Il en sera de même pour les
poissons, pour les oiseaux, pour les insectes, pour les coquillages, pour les
plantes, pour les minéraux, et pour toutes les autres productions de la
nature; il les étudiera à proportion de l'utilité qu'il en pourra tirer, il les
considérera à mesure qu'ils se présenteront plus familièrement, et il les ran-
gera dans sa tête relativement à cet ordre de ses connaissances, parce que
c'est en effet l'ordre selon lequel il les a acquises, et selon lequel il lui
importe de les conserver.

Cet ordre, le plus naturel de tous, est celui que nous avons cru devoir
suivre[1]. Notre méthode de distribution n'est pas plus mystérieuse que ce
qu'on vient de voir, nous partons des divisions générales telles qu'on
vient de les indiquer, et que personne ne peut contester, et ensuite nous
prenons les objets qui nous intéressent le plus par les rapports qu'ils ont
avec nous, et de là nous passons peu à peu jusqu'à ceux qui sont les
plus éloignés et qui nous sont étrangers, et nous croyons que cette façon
simple et naturelle de considérer les choses, est préférable aux méthodes les
plus recherchées et les plus composées, parce qu'il n'y en a pas une, et de
celles qui sont faites, et de toutes celles que l'on peut faire, où il n'y ait
plus d'arbitraire que dans celle-ci, et qu'à tout prendre il nous est plus
facile, plus agréable et plus utile de considérer les choses par rapport à
nous que sous aucun autre point de vue.

Je prévois qu'on pourra nous faire deux objections, la première, c'est
que ces grandes divisions que nous regardons comme réelles, ne sont
peut-être pas exactes, que, par exemple, nous ne sommes pas sûrs qu'on
puisse tirer une ligne de séparation entre le règne animal et le règne végétal, ou bien entre le règne végétal et le minéral, et que dans la nature il
peut se trouver des choses qui participent également des propriétés de
l'un et de l'autre, lesquelles par conséquent ne peuvent entrer ni dans
l'une ni dans l'autre de ces divisions.

A cela je réponds que, s'il existe des choses qui soient exactement moitié
animal et moitié plante, ou moitié plante et moitié minéral, etc., elles nous
sont encore inconnues; en sorte que dans le fait la division est entière et
exacte, et l'on sent bien que plus les divisions seront générales, moins il
y aura de risque de rencontrer des objets mi-partis qui participeraient de la
nature des deux choses comprises dans ces divisions, en sorte que cette
même objection que nous avons employée avec avantage contre les distri-

---

1. C'est, en effet, l'ordre qu'il suit, tant qu'il n'est pas naturaliste : dès qu'il est devenu naturaliste, il l'abandonne ; il ne le suit plus pour les oiseaux, pour les singes, etc. (Voyez, ci-devant,
la note de la page 6.)

butions particulières, ne peut avoir lieu lorsqu'il s'agira de divisions aussi générales que l'est celle-ci, surtout si l'on ne rend pas ces divisions exclusives, et si l'on ne prétend pas y comprendre sans exception, non-seulement tous les êtres connus, mais encore tous ceux qu'on pourrait découvrir à l'avenir. D'ailleurs, si l'on y fait attention, l'on verra bien que nos idées générales n'étant composées que d'idées particulières, elles sont relatives à une échelle continue d'objets, de laquelle nous n'apercevons nettement que les milieux, et dont les deux extrémités fuient et échappent toujours de plus en plus à nos considérations, de sorte que nous ne nous attachons jamais qu'au gros des choses, et que par conséquent on ne doit pas croire que nos idées, quelque générales qu'elles puissent être, comprennent les idées particulières de toutes les choses existantes et possibles.

La seconde objection qu'on nous fera sans doute, c'est qu'en suivant dans notre ouvrage l'ordre que nous avons indiqué, nous tomberons dans l'inconvénient de mettre ensemble des objets très-différents; par exemple, dans l'histoire des animaux, si nous commençons par ceux qui nous sont les plus utiles, les plus familiers, nous serons obligés de donner l'histoire du chien après ou avant celle du cheval, ce qui ne paraît pas naturel, parce que ces animaux sont si différents à tous autres égards, qu'ils ne paraissent point du tout faits pour être mis si près l'un de l'autre dans un traité d'histoire naturelle; et on ajoutera peut-être qu'il aurait mieux valu suivre la méthode ancienne de la division des animaux en *solipèdes*, *pieds-fourchus*, et *fissipèdes*, ou la méthode nouvelle de la division des animaux par les dents et les mamelles, etc.

Cette objection, qui d'abord pourrait paraître spécieuse, s'évanouira dès qu'on l'aura examinée. Ne vaut-il pas mieux ranger, non-seulement dans un traité d'histoire naturelle, mais même dans un tableau ou partout ailleurs, les objets dans l'ordre et dans la position où ils se trouvent ordinairement, que de les forcer à se trouver ensemble en vertu d'une supposition? Ne vaut-il pas mieux faire suivre le cheval qui est solipède, par le chien qui est fissipède, et qui a coutume de le suivre en effet, que par un zèbre qui nous est peu connu[1], et qui n'a peut-être d'autre rapport avec le cheval que d'être solipède[2]? D'ailleurs n'y a-t-il pas le même inconvénient pour les différences dans cet arrangement que dans le nôtre? un lion parce qu'il est fissipède ressemble-t-il à un rat qui est aussi fissipède, plus qu'un cheval ne ressemble à un chien? un éléphant soli-

---

1. Non sans doute, car il serait impossible de dire quelque chose de général sur un groupe, où le *cheval* serait mis à côté du *chien*; et l'objet de la *méthode* serait manqué: l'objet de la *méthode* est précisément de conduire à des propositions générales, et de plus en plus générales.

2. *Et qui n'a peut-être d'autre rapport avec le cheval que d'être solipède.* Phrase étrange! Buffon, devenu naturaliste, écrit plus tard : « Le cheval, le zèbre et l'âne sont tous trois de la même famille;..... on peut les regarder comme ne faisant qu'un même genre..... » (*De la dégénération des animaux.*)

pède [1] ressemble-t-il plus à un âne solipède aussi, qu'à un cerf qui est pied-fourchu? Et si on veut se servir de la nouvelle méthode dans laquelle les dents et les mamelles sont les caractères spécifiques, sur lesquels sont fondées les divisions et les distributions, trouvera-t-on qu'un lion ressemble plus à une chauve-souris qu'un cheval ne ressemble à un chien? ou bien, pour faire notre comparaison encore plus exactement, un cheval ressemble-t-il plus à un cochon qu'à un chien, ou un chien ressemble-t-il plus à une taupe qu'un cheval [a]? Et puisqu'il y a autant d'inconvénients et des différences aussi grandes dans ces méthodes d'arrangement que dans la nôtre, et que d'ailleurs ces méthodes n'ont pas les mêmes avantages, et qu'elles sont beaucoup plus éloignées de la façon ordinaire et naturelle de considérer les choses, nous croyons avoir eu des raisons suffisantes pour lui donner la préférence, et ne suivre dans nos distributions que l'ordre des rapports que les choses nous ont paru avoir avec nous-mêmes.

Nous n'examinerons pas en détail toutes les méthodes artificielles que l'on a données pour la division des animaux, elles sont toutes plus ou moins sujettes aux inconvénients dont nous avons parlé au sujet des méthodes de botanique, et il nous parait que l'examen d'une seule de ces méthodes suffit pour faire découvrir les défauts des autres; ainsi, nous nous bornerons ici à examiner celle de M. Linnæus qui est la plus nouvelle, afin que l'on soit en état de juger si nous avons eu raison de la rejeter, et de nous attacher seulement à l'ordre naturel dans lequel tous les hommes ont coutume de voir et de considérer les choses.

M. Linnæus divise tous les animaux en six classes, savoir, les *quadrupèdes*, les *oiseaux*, les *amphibies*, les *poissons*, les *insectes* et les *vers*. Cette première division est, comme l'on voit, très-arbitraire et fort incomplète, car elle ne nous donne aucune idée de certains genres d'animaux, qui sont cependant très-considérables et très-étendus, les serpents, par exemple, les coquillages, les crustacés, et il parait au premier coup d'œil qu'ils ont été oubliés; car on n'imagine pas d'abord que les serpents soient des amphibies, les crustacés des insectes, et les coquillages des vers; au lieu de ne faire que six classes, si cet auteur en eût fait douze ou davantage, et qu'il eût dit les quadrupèdes, les oiseaux, les reptiles, les amphibies, les poissons cétacés, les poissons ovipares, les poissons mous, les crustacés, les coquillages, les insectes de terre, les insectes de mer, les insectes d'eau douce, etc., il eût parlé plus clairement, et ses divisions eussent été plus vraies et moins arbitraires; car en général plus on augmentera le nombre des divisions des productions naturelles, plus on approchera du vrai, puisqu'il n'existe réellement dans la nature que des individus, et que

a. Voyez Linn. *Sys. nat.* p. 65 et suiv.

1. L'éléphant n'est pas *solipède*. Il a cinq doigts à chaque pied, mais tellement recouverts par la peau qu'ils n'apparaissent au dehors que par leurs ongles.

les genres, les ordres et les classes n'existent que dans notre imagination.

Si l'on examine les caractères généraux qu'il emploie, et la manière dont il fait ses divisions particulières, on y trouvera encore des défauts bien plus essentiels; par exemple, un caractère général comme celui pris des mamelles pour la division des quadrupèdes, devrait au moins appartenir à tous les quadrupèdes, cependant depuis Aristote on sait que le cheval n'a point de mamelles [1].

Il divise la classe des quadrupèdes en cinq ordres : le premier *anthro-pomorpha*, le second *feræ*, le troisième *glires*, le quatrième *jumenta*, et le cinquième *pecora;* et ces cinq ordres renferment, selon lui, tous les animaux quadrupèdes. On va voir, par l'exposition et l'énumération même de ces cinq ordres, que cette division est non-seulement arbitraire, mais encore très-mal imaginée; car cet auteur met dans le premier ordre l'homme, le singe, le paresseux et le lézard écailleux [2]. Il faut bien avoir la manie de faire des classes pour mettre ensemble des êtres aussi différents que l'homme et le paresseux, ou le singe et le lézard écailleux. Passons au second ordre qu'il appelle *feræ,* les bêtes féroces; il commence en effet par le lion, le tigre, mais il continue par le chat, la belette, la loutre, le veau-marin, le chien, l'ours, le blaireau, et il finit par le hérisson, la taupe et la chauve-souris. Aurait-on jamais cru que le nom de *feræ* en latin, *bêtes sauvages* ou *féroces* en français, eût pu être donné à la chauve-souris, à la taupe, au hérisson; que les animaux domestiques, comme le chien et le chat, fussent des bêtes sauvages? et n'y a-t-il pas à cela une aussi grande équivoque de bon sens que de mots? Mais voyons le troisième ordre *glires* les loirs, ces loirs de M. Linnæus sont le porc-épic, le lièvre, l'écureuil, le castor et les rats; j'avoue que dans tout cela je ne vois qu'une espèce de rats qui soit en effet un loir. Le quatrième ordre est celui des *jumenta* ou bêtes de somme, ces bêtes de somme sont l'éléphant, l'hippopotame, la musaraigne, le cheval et le cochon; autre assemblage, comme on voit, qui est aussi gratuit et aussi bizarre que si l'auteur eût travaillé dans le dessein de le rendre tel. Enfin le cinquième ordre *pecora* ou le bétail, comprend le chameau, le cerf, le bouc, le bélier et le bœuf; mais quelle différence n'y a-t-il pas entre un chameau et un bélier, ou entre un cerf et un bouc? et quelle raison peut-on avoir pour prétendre que ce soient des animaux du même ordre, si ce n'est que voulant absolument faire des ordres, et n'en faire qu'un petit nombre, il faut bien y recevoir des bêtes de toute espèce? Ensuite en examinant les dernières divisions des animaux en espèces particulières, on trouve que le loup-cervier n'est qu'une espèce de chat, le renard et le loup une espèce de chien, la civette une espèce de blaireau, le cochon d'Inde une espèce de lièvre, le rat d'eau une espèce de castor, le rhinocéros une

1. Le cheval, mâle, n'a que des vestiges de *mamelles.*
2. C'est-à-dire le *Pangolin.*

espèce d'éléphant, l'âne une espèce de cheval, etc., et tout cela parce qu'il y a quelques petits rapports entre le nombre des mamelles et des dents de ces animaux, ou quelque ressemblance légère dans la forme de leurs cornes [1].

Voilà pourtant, et sans y rien omettre, à quoi se réduit ce système de la nature pour les animaux quadrupèdes. Ne serait-il pas plus simple, plus naturel et plus vrai de dire qu'un âne est un âne, et un chat un chat, que de vouloir, sans savoir pourquoi, qu'un âne soit un cheval, et un chat un loup-cervier?

On peut juger par cet échantillon de tout le reste du système. Les serpents, selon cet auteur, sont des amphibies, les écrevisses sont des insectes, et non-seulement des insectes, mais des insectes du même ordre que les poux et les puces, et tous les coquillages, les crustacés et les poissons mous sont des vers; les huîtres, les moules, les oursins, les étoiles de mer, les seiches, etc., ne sont, selon cet auteur, que des vers. En faut-il davantage pour faire sentir combien toutes ces divisions sont arbitraires, et cette méthode mal fondée?

On reproche aux anciens de n'avoir pas fait des méthodes, et les modernes se croient fort au-dessus d'eux parce qu'ils ont fait un grand nombre de ces arrangements méthodiques et de ces dictionnaires dont nous venons de parler, ils se sont persuadé que cela seul suffit pour prouver que les anciens n'avaient pas à beaucoup près autant de connaissances en histoire naturelle que nous en avons; cependant c'est tout le contraire, et nous aurons dans la suite de cet ouvrage mille occasions de prouver que les anciens étaient beaucoup plus avancés et plus instruits que nous ne le sommes, je ne dis pas en physique, mais dans l'histoire naturelle des animaux et des minéraux, et que les faits de cette histoire leur étaient bien plus familiers qu'à nous qui aurions dû profiter de leurs découvertes et de leurs remarques. En attendant qu'on en voie des exemples en détail, nous nous contenterons d'indiquer ici les raisons générales qui suffiraient pour le faire penser, quand même on n'en aurait pas des preuves particulières.

La langue grecque est une des plus anciennes, et celle dont on a fait le plus longtemps usage : avant et depuis Homère on a écrit et parlé grec jusqu'au treize ou quatorzième siècle, et actuellement encore le grec corrompu par les idiomes étrangers ne diffère pas autant du grec ancien que l'italien diffère du latin. Cette langue, qu'on doit regarder comme la plus parfaite et la plus abondante de toutes, était dès le temps d'Homère portée à un grand point de perfection, ce qui suppose nécessairement une ancienneté considérable avant le siècle même de ce grand poëte; car l'on pourrait estimer l'ancienneté ou la nouveauté d'une langue par la quantité

1. Au lecteur, qui voit toutes ces critiques (souvent puériles) de Buffon contre Linné, ai-je besoin de rappeler ce que j'ai déjà dit : que, lorsque Buffon écrivait ce Discours, il n'était pas encore naturaliste.

plus ou moins grande des mots, et la variété plus ou moins nuancée des
constructions : or nous avons dans cette langue les noms d'une très-grande
quantité de choses qui n'ont aucun nom en latin ou en français, les animaux
les plus rares, certaines espèces d'oiseaux ou de poissons, ou de minéraux
qu'on ne rencontre que très-difficilement, très-rarement, ont des noms et
des noms constants dans cette langue; preuve évidente que ces objets de
l'histoire naturelle étaient connus, et que les Grecs non-seulement les connaissaient, mais même qu'ils en avaient une idée précise, qu'ils ne pouvaient
avoir acquise que par une étude de ces mêmes objets, étude qui suppose nécessairement des observations et des remarques : ils ont même des noms pour
les variétés, et ce que nous ne pouvons représenter que par une phrase, se
nomme dans cette langue par un seul substantif. Cette abondance de mots,
cette richesse d'expressions nettes et précises ne supposent-elles pas la
même abondance d'idées et de connaissances? Ne voit-on pas que des gens
qui avaient nommé beaucoup plus de choses que nous, en connaissaient
par conséquent beaucoup plus? et cependant ils n'avaient pas fait, comme
nous, des méthodes et des arrangements arbitraires; ils pensaient que la
vraie science est la connaissance des faits, que pour l'acquérir il fallait
se familiariser avec les productions de la nature, donner des noms à toutes,
afin de les faire reconnaitre, de pouvoir s'en entretenir, de se représenter
plus souvent les idées des choses rares et singulières, et de multiplier ainsi
des connaissances qui sans cela se seraient peut-être évanouies, rien n'étant
plus sujet à l'oubli que ce qui n'a point de nom. Tout ce qui n'est pas d'un
usage commun ne se soutient que par le secours des représentations.

D'ailleurs les anciens qui ont écrit sur l'histoire naturelle étaient de
grands hommes, et qui ne s'étaient pas bornés à cette seule étude; ils
avaient l'esprit élevé, des connaissances variées, approfondies, et des vues
générales, et s'il nous parait au premier coup d'œil qu'il leur manquât un
peu d'exactitude dans de certains détails, il est aisé de reconnaitre, en les
lisant avec réflexion, qu'ils ne pensaient pas que les petites choses méritas-
sent une attention aussi grande que celle qu'on leur a donnée dans ces derniers temps; et quelque reproche que les modernes puissent faire aux
anciens, il me parait qu'Aristote, Théophraste et Pline qui ont été les
premiers naturalistes, sont aussi les plus grands à certains égards. L'histoire
des animaux d'Aristote est peut-être encore aujourd'hui ce que nous avons
de mieux fait en ce genre, et il serait fort à désirer qu'il nous eût laissé
quelque chose d'aussi complet sur les végétaux et sur les minéraux, mais
les deux livres des plantes que quelques auteurs lui attribuent, ne ressemblent pas à ses autres ouvrages et ne sont pas en effet de lui[a]. Il est vrai que
la botanique n'était pas fort en honneur de son temps : les Grecs, et même

____

a. Voyez le Commentaire de Scaliger.

les Romains, ne la regardaient pas comme une science qui dût exister par
elle-même et qui dût faire un objet à part, ils ne la considéraient que relativement à l'agriculture, au jardinage, à la médecine et aux arts; et
quoique Théophraste, disciple d'Aristote, connût plus de cinq cents genres
de plantes, et que Pline en cite plus de mille, ils n'en parlent que pour nous
en apprendre la culture, ou pour nous dire que les unes entrent dans
la composition des drogues, que les autres sont d'usage pour les arts, que
d'autres servent à orner nos jardins, etc., en un mot, ils ne les considèrent
que par l'utilité qu'on en peut tirer, et ils ne se sont pas attachés à les
décrire exactement.

L'histoire des animaux leur était mieux connue que celle des plantes.
Alexandre donna des ordres et fit des dépenses très-considérables pour
rassembler des animaux et en faire venir de tous les pays, et il mit Aristote
en état de les bien observer; il paraît par son ouvrage qu'il les connaissait
peut-être mieux et sous des vues plus générales qu'on ne les connaît aujour-
d'hui. Enfin quoique les modernes aient ajouté leurs découvertes à celles
des anciens, je ne vois pas que nous ayons sur l'histoire naturelle beaucoup
d'ouvrages modernes qu'on puisse mettre au-dessus de ceux d'Aristote et
de Pline; mais comme la prévention naturelle qu'on a pour son siècle
pourrait persuader que ce que je viens de dire est avancé témérairement, je
vais faire en peu de mots l'exposition du plan de leurs ouvrages.

Aristote commence son histoire des animaux par établir des différences
et des ressemblances générales entre les différents genres d'animaux; au
lieu de les diviser par de petits caractères particuliers, comme l'ont fait les
modernes, il rapporte historiquement tous les faits et toutes les observations qui portent sur des rapports généraux et sur des caractères sensibles;
il tire ces caractères de la forme, de la couleur, de la grandeur et de toutes
les qualités extérieures de l'animal entier, et aussi du nombre et de la position de ses parties, de la grandeur, du mouvement, de la forme de ses
membres, des rapports semblables ou différents qui se trouvent dans ces
mêmes parties comparées, et il donne partout des exemples pour se faire
mieux entendre : il considère aussi les différences des animaux par leur
façon de vivre, leurs actions et leurs mœurs, leurs habitations, etc.; il parle
des parties qui sont communes et essentielles aux animaux, et de celles
qui peuvent manquer et qui manquent en effet à plusieurs espèces d'animaux : le sens du toucher, dit-il, est la seule chose qu'on doive regarder
comme nécessaire, et qui ne doit manquer à aucun animal; et comme ce
sens est commun à tous les animaux, il n'est pas possible de donner un
nom à la partie de leur corps, dans laquelle réside la faculté de sentir.
Les parties les plus essentielles sont celles par lesquelles l'animal prend sa
nourriture, celles qui reçoivent et digèrent cette nourriture, et celles par où
il en rend le superflu. Il examine ensuite les variétés de la génération des ani-

maux, celles de leurs membres et de leurs différentes parties qui servent à leurs mouvements et à leurs fonctions naturelles. Ces observations générales et préliminaires font un tableau dont toutes les parties sont intéressantes, et ce grand philosophe dit aussi qu'il les a présentées sous cet aspect pour donner un avant-goût de ce qui doit suivre et faire naître l'attention qu'exige l'histoire particulière de chaque animal, ou plutôt de chaque chose.

Il commence par l'homme et il le décrit le premier, plutôt parce qu'il est l'animal le mieux connu, que parce qu'il est le plus parfait; et pour rendre sa description moins sèche et plus piquante, il tâche de tirer des connaissances morales en parcourant les rapports physiques du corps humain, il indique les caractères des hommes par les traits de leur visage : se bien connaître en physionomie serait en effet une science bien utile à celui qui l'aurait acquise, mais peut-on la tirer de l'histoire naturelle? Il décrit donc l'homme par toutes ses parties extérieures et intérieures, et cette description est la seule qui soit entière : au lieu de décrire chaque animal en particulier, il les fait connaître tous par les rapports que toutes les parties de leur corps ont avec celles du corps de l'homme; lorsqu'il décrit, par exemple, la tête humaine, il compare avec elle la tête de différentes espèces d'animaux, il en est de même de toutes les autres parties; à la description du poumon de l'homme, il rapporte historiquement tout ce qu'on savait des poumons des animaux, et il fait l'histoire de ceux qui en manquent; de même à l'occasion des parties de la génération, il rapporte toutes les variétés des animaux dans la manière de s'accoupler, d'engendrer, de porter et d'accoucher, etc.; à l'occasion du sang il fait l'histoire des animaux qui en sont privés [1], et suivant ainsi ce plan de comparaison, dans lequel, comme l'on voit, l'homme sert de modèle, et ne donnant que les différences qu'il y a des animaux à l'homme, et de chaque partie des animaux à chaque partie de l'homme, il retranche à dessein toute description particulière, il évite par là toute répétition, il accumule les faits, et il n'écrit pas un mot qui soit inutile ; aussi a-t-il compris dans un petit volume un nombre presque infini de différents faits, et je ne crois pas qu'il soit possible de réduire à de moindres termes tout ce qu'il avait à dire sur cette matière, qui paraît si peu susceptible de cette précision, qu'il fallait un génie comme le sien pour y conserver en même temps de l'ordre et de la netteté. Cet ouvrage d'Aristote s'est présenté à mes yeux comme une table de matières qu'on aurait extraite avec le plus grand soin, de plusieurs milliers de volumes remplis de descriptions et d'observations de toute espèce ; c'est l'abrégé le plus savant qui ait jamais été fait, si la science est en effet l'histoire des faits : et quand même on supposerait qu'Aristote aurait tiré de tous les livres de son temps ce qu'il a mis dans le sien, le

1..... *Des animaux qui en sont privés :* c'est-à-dire des animaux à *sang blanc,* des animaux privés de *sang rouge.*

plan de l'ouvrage, sa distribution, le choix des exemples, la justesse des comparaisons, une certaine tournure dans les idées, que j'appellerais volontiers le caractère philosophique, ne laissent pas douter un instant qu'il ne fût lui-même bien plus riche que ceux dont il aurait emprunté.

Pline a travaillé sur un plan bien plus grand, et peut-être trop vaste, il a voulu tout embrasser, et il semble avoir mesuré la nature et l'avoir trouvée trop petite encore pour l'étendue de son esprit ; son histoire naturelle comprend, indépendamment de l'histoire des animaux, des plantes et des minéraux, l'histoire du ciel et de la terre, la médecine, le commerce, la navigation, l'histoire des arts libéraux et mécaniques, l'origine des usages, enfin toutes les sciences naturelles et tous les arts humains ; et ce qu'il y a d'étonnant, c'est que dans chaque partie Pline est également grand, l'élévation des idées, la noblesse du style relèvent encore sa profonde érudition ; non-seulement il savait tout ce qu'on pouvait savoir de son temps, mais il avait cette facilité de penser en grand qui multiplie la science, il avait cette finesse de réflexion de laquelle dépendent l'élégance et le goût, et il communique à ses lecteurs une certaine liberté d'esprit, une hardiesse de penser qui est le germe de la philosophie. Son ouvrage tout aussi varié que la nature la peint toujours en beau, c'est, si l'on veut, une compilation de tout ce qui avait été écrit avant lui, une copie de tout ce qui avait été fait d'excellent et d'utile à savoir ; mais cette copie a de si grands traits, cette compilation contient des choses rassemblées d'une manière si neuve, qu'elle est préférable à la plupart des ouvrages originaux qui traitent des mêmes matières.

Nous avons dit que l'histoire fidèle et la description exacte de chaque chose étaient les deux seuls objets que l'on devait se proposer d'abord dans l'étude de l'histoire naturelle. Les anciens ont bien rempli le premier, et sont peut-être autant au-dessus des modernes par cette première partie, que ceux-ci sont au-dessus d'eux par la seconde ; car les anciens ont très-bien traité l'historique de la vie et des mœurs des animaux, de la culture et des usages des plantes, des propriétés et de l'emploi des minéraux, et en même temps ils semblent avoir négligé à dessein la description de chaque chose : ce n'est pas qu'ils ne fussent très-capables de la bien faire, mais ils dédaignaient apparemment d'écrire des choses qu'ils regardaient comme inutiles, et cette façon de penser tenait à quelque chose de général et n'était pas aussi déraisonnable qu'on pourrait le croire, et même ils ne pouvaient guère penser autrement. Premièrement ils cherchaient à être courts et à ne mettre dans leurs ouvrages que les faits essentiels et utiles, parce qu'ils n'avaient pas, comme nous, la facilité de multiplier les livres, et de les grossir impunément. En second lieu ils tournaient toutes les sciences du côté de l'utilité, et donnaient beaucoup moins que nous à la vaine curiosité ; tout ce qui n'était pas intéressant pour la société, pour la santé, pour les arts, était négligé, ils rapportaient tout à l'homme moral, et ils ne croyaient pas que les choses qui n'avaient point d'usage fussent dignes de l'occuper; un insecte inutile dont nos observateurs admirent les manœuvres, une herbe sans vertu dont nos botanistes observent les étamines, n'étaient pour eux qu'un insecte ou une herbe : on peut citer pour exemple le vingt-septième livre de Pline, *Reliqua herbarum genera*, où il met ensemble toutes les herbes dont il ne fait pas grand cas, qu'il se contente de nommer par lettres alphabétiques, en indiquant seulement quelqu'un de leurs caractères généraux et de leurs usages pour la médecine. Tout cela venait du peu de goût que les anciens avaient pour la physique, ou, pour parler plus exactement, comme ils n'avaient aucune idée de ce que nous appelons physique particulière et expérimentale, ils ne pensaient pas que l'on pût tirer aucun avantage de l'examen scrupuleux et de la description exacte de toutes les parties d'une plante ou d'un petit animal, et ils ne voyaient pas les rapports que cela pouvait avoir avec l'explication des phénomènes de la nature.

Cependant cet objet est le plus important, et il ne faut pas s'imaginer, même aujourd'hui, que dans l'étude de l'histoire naturelle on doive se borner uniquement à faire des descriptions exactes et à s'assurer seulement des faits particuliers; c'est à la vérité, et comme nous l'avons dit, le but essentiel qu'on doit se proposer d'abord, mais il faut tâcher de s'élever à quelque chose de plus grand et plus digne encore de nous occuper, c'est de combiner les observations, de généraliser les faits, de les lier ensemble par la force des analogies, et de tâcher d'arriver à ce haut degré de connaissances où nous pouvons juger que les effets particuliers dépendent d'effets plus généraux, où nous pouvons comparer la nature avec elle-même dans ses grandes opérations, et d'où nous pouvons enfin nous ouvrir des routes pour perfectionner les différentes parties de la physique. Une grande mémoire, de l'assiduité et de l'attention suffisent pour arriver au premier but; mais il faut ici quelque chose de plus, il faut des vues générales, un coup d'œil ferme et un raisonnement formé plus encore par la réflexion que par l'étude; il faut enfin cette qualité d'esprit qui nous fait saisir les rapports éloignés, les rassembler et en former un corps d'idées raisonnées, après en avoir apprécié au juste les vraisemblances et en avoir pesé les probabilités.

C'est ici où l'on a besoin[1] de méthode pour conduire son esprit, non pas de celle dont nous avons parlé, qui ne sert qu'à arranger arbitrairement des mots, mais de cette méthode qui soutient l'ordre même des choses, qui guide notre raisonnement, qui éclaire nos vues, les étend et nous empêche de nous égarer.

Les plus grands philosophes ont senti la nécessité de cette méthode, et

---

1. *C'est ici où l'on a besoin.....* Voyez la note de la page 9. Je laisse subsister ces irrégularités de langage, habituelles à Buffon, m'étant imposé la loi de redonner exactement au lecteur ce grand écrivain.

même ils ont voulu nous en donner des principes et des essais; mais les uns
ne nous ont laissé que l'histoire de leurs pensées, et les autres la fable de
leur imagination; et si quelques-uns se sont élevés à ce haut point de métaphysique d'où l'on peut voir les principes, les rapports et l'ensemble des
sciences, aucun ne nous a sur cela communiqué ses idées, aucun ne nous
a donné des conseils, et la méthode de bien conduire son esprit dans les
sciences est encore à trouver : au défaut de préceptes on a substitué des
exemples, au lieu de principes on a employé des définitions, au lieu de faits
avérés, des suppositions hasardées.

Dans ce siècle même où les sciences paraissent être cultivées avec soin,
je crois qu'il est aisé de s'apercevoir que la philosophie est négligée, et
peut-être plus que dans aucun autre siècle; les arts qu'on veut appeler
scientifiques ont pris sa place; les méthodes de calcul et de géométrie,
celles de botanique et d'histoire naturelle, les formules, en un mot, et les
dictionnaires occupent presque tout le monde; on s'imagine savoir davantage, parce qu'on a augmenté le nombre des expressions symboliques et
des phrases savantes, et on ne fait point attention que tous ces arts ne sont
que des échafaudages pour arriver à la science, et non pas la science elle-
même, qu'il ne faut s'en servir que lorsqu'on ne peut s'en passer, et qu'on
doit toujours se défier qu'ils ne viennent à nous manquer lorsque nous
voudrons les appliquer à l'édifice.

La vérité, cet être métaphysique dont tout le monde croit avoir une idée
claire, me parait confondue dans un si grand nombre d'objets étrangers
auxquels on donne son nom, que je ne suis pas surpris qu'on ait de la peine
à la reconnaître. Les préjugés et les fausses applications se sont multipliés
à mesure que nos hypothèses ont été plus savantes, plus abstraites et plus
perfectionnées; il est donc plus difficile que jamais de reconnaître ce que
nous pouvons savoir, et de le distinguer nettement de ce que nous devons
ignorer. Les réflexions suivantes serviront au moins d'avis sur ce sujet
important.

Le mot de vérité ne fait naitre qu'une idée vague, il n'a jamais eu de définition précise, et la définition elle-même prise dans un sens général et
absolu, n'est qu'une abstraction qui n'existe qu'en vertu de quelque supposition; au lieu de chercher à faire une définition de la vérité, cherchons donc
à faire une énumération, voyons de près ce qu'on appelle communément
vérités, et tâchons de nous en former des idées nettes.

Il y a plusieurs espèces de vérités, et on a coutume de mettre dans le
premier ordre les vérités mathématiques, ce ne sont cependant que des
vérités de définitions; ces définitions portent sur des suppositions simples,
mais abstraites, et toutes les vérités en ce genre ne sont que des conséquences composées, mais toujours abstraites, de ces définitions. Nous avons
fait les suppositions, nous les avons combinées de toutes les façons, ce corps

de combinaisons est la science mathématique; il n'y a donc rien dans cette science que ce que nous y avons mis, et les vérités qu'on en tire ne peuvent être que des expressions différentes sous lesquelles se présentent les suppositions que nous avons employées; ainsi les vérités mathématiques ne sont que les répétitions exactes des définitions ou suppositions. La dernière conséquence n'est vraie que parce qu'elle est identique avec celle qui la précède, et que celle-ci l'est avec la précédente, et ainsi de suite en remontant jusqu'à la première supposition; et comme les définitions sont les seuls principes sur lesquels tout est établi, et qu'elles sont arbitraires et relatives, toutes les conséquences qu'on en peut tirer sont également arbitraires et relatives. Ce qu'on appelle vérités mathématiques se réduit donc à des identités d'idées et n'a aucune réalité; nous supposons, nous raisonnons sur nos suppositions, nous en tirons des conséquences, nous concluons, la conclusion ou dernière conséquence est une proposition vraie relativement à notre supposition, mais cette vérité n'est pas plus réelle que la supposition elle-même. Ce n'est point ici le lieu de nous étendre sur les usages des sciences mathématiques, non plus que sur l'abus qu'on en peut faire, il nous suffit d'avoir prouvé que les vérités mathématiques ne sont que des vérités de définition, ou, si l'on veut, des expressions différentes de la même chose, et qu'elles ne sont vérités que relativement à ces mêmes définitions que nous avons faites; c'est par cette raison qu'elles ont l'avantage d'être toujours exactes et démonstratives, mais abstraites, intellectuelles et arbitraires.

Les vérités physiques, au contraire, ne sont nullement arbitraires et ne dépendent point de nous, au lieu d'être fondées sur des suppositions que nous avons faites, elles ne sont appuyées que sur des faits; une suite de faits semblables, ou, si l'on veut, une répétition fréquente et une succession non interrompue des mêmes événements, fait l'essence de la vérité physique : ce qu'on appelle vérité physique n'est donc qu'une probabilité, mais une probabilité si grande qu'elle équivaut à une certitude. En mathématique on suppose, en physique on pose et on établit; là ce sont des définitions, ici ce sont des faits; on va de définitions en définitions dans les sciences abstraites, on marche d'observations en observations dans les sciences réelles; dans les premières on arrive à l'évidence, dans les dernières à la certitude. Le mot de vérité comprend l'une et l'autre et répond par conséquent à deux idées différentes, sa signification est vague et composée, il n'était donc pas possible de la définir généralement, il fallait, comme nous venons de le faire, en distinguer les genres afin de s'en former une idée nette.

Je ne parlerai pas des autres ordres de vérités; celles de la morale, par exemple, qui sont en partie réelles et en partie arbitraires, demanderaient une longue discussion qui nous éloignerait de notre but, et cela d'autant plus qu'elles n'ont pour objet et pour fin que des convenances et des probabilités.

L'évidence mathématique et la certitude physique sont donc les deux seuls points sous lesquels nous devons considérer la vérité; dès qu'elle s'éloignera de l'une ou de l'autre, ce n'est plus que vraisemblance et probabilité. Examinons donc ce que nous pouvons savoir de science évidente ou certaine, après quoi nous verrons ce que nous ne pouvons connaître que par conjecture, et enfin ce que nous devons ignorer.

Nous savons ou nous pouvons savoir de science évidente toutes les propriétés ou plutôt tous les rapports des nombres, des lignes, des surfaces et de toutes les autres quantités abstraites; nous pourrons les savoir d'une manière plus complète à mesure que nous nous exercerons à résoudre de nouvelles questions, et d'une manière plus sûre à mesure que nous rechercherons les causes des difficultés. Comme nous sommes les créateurs de cette science, et qu'elle ne comprend absolument rien que ce que nous avons nous-mêmes imaginé, il ne peut y avoir ni obscurités ni paradoxes qui soient réels ou impossibles, et on en trouvera toujours la solution en examinant avec soin les principes supposés et en suivant toutes les démarches qu'on a faites pour y arriver; comme les combinaisons de ces principes et des façons de les employer sont innombrables, il y a dans les mathématiques un champ d'une immense étendue de connaissances acquises et à acquérir, que nous serons toujours les maîtres de cultiver quand nous voudrons, et dans lequel nous recueillerons toujours la même abondance de vérités.

Mais ces vérités auraient été perpétuellement de pure spéculation, de simple curiosité et d'entière inutilité, si on n'avait pas trouvé les moyens de les associer aux vérités physiques; avant que de considérer les avantages de cette union, voyons ce que nous pouvons espérer de savoir en ce genre.

Les phénomènes qui s'offrent tous les jours à nos yeux, qui se succèdent et se répètent sans interruption et dans tous les cas, sont le fondement de nos connaissances physiques. Il suffit qu'une chose arrive toujours de la même façon pour qu'elle fasse une certitude ou une vérité pour nous, tous les faits de la nature que nous avons observés, ou que nous pourrons observer, sont autant de vérités, ainsi nous pouvons en augmenter le nombre autant qu'il nous plaira, en multipliant nos observations; notre science n'est ici bornée que par les limites de l'univers.

Mais lorsqu'après avoir bien constaté les faits par des observations réitérées, lorsqu'après avoir établi de nouvelles vérités par des expériences exactes, nous voulons chercher les raisons de ces mêmes faits, les causes de ces effets, nous nous trouvons arrêtés tout à coup, réduits à tâcher de déduire les effets d'effets plus généraux, et obligés d'avouer que les causes nous sont et nous seront perpétuellement inconnues, parce que nos sens étant eux-mêmes les effets de causes que nous ne connaissons point, ils ne peuvent nous donner des idées *que des effets*, et jamais des causes; il faudra donc nous réduire à appeler cause un effet général, et renoncer à savoir au delà.

Ces effets généraux sont pour nous les vraies lois de la nature ; tous les phénomènes que nous reconnaîtrons tenir à ces lois et en dépendre seront autant de faits expliqués, autant de vérités comprises ; ceux que nous ne pourrons y rapporter, seront de simples faits qu'il faut mettre en réserve, en attendant qu'un plus grand nombre d'observations et une plus longue expérience nous apprennent d'autres faits et nous découvrent la cause physique, c'est-à-dire l'effet général dont ces effets particuliers dérivent. C'est ici où l'union des deux sciences mathématique et physique peut donner de grands avantages, l'une donne le *combien*, et l'autre le *comment* des choses ; et comme il s'agit ici de combiner et d'estimer des probabilités pour juger si un effet dépend plutôt d'une cause que d'une autre, lorsque vous avez imaginé par la physique le *comment,* c'est-à-dire lorsque vous avez vu qu'un tel effet pourrait bien dépendre de telle cause, vous appliquez ensuite le calcul pour vous assurer du *combien* de cet effet combiné avec sa cause, et si vous trouvez que le résultat s'accorde avec les observations, la probabilité que vous avez deviné juste augmente si fort qu'elle devient une certitude ; au lieu que sans ce secours elle serait demeurée simple probabilité.

Il est vrai que cette union des mathématiques et de la physique ne peut se faire que pour un très-petit nombre de sujets ; il faut pour cela que les phénomènes que nous cherchons à expliquer, soient susceptibles d'être considérés d'une manière abstraite, et que de leur nature ils soient dénués de presque toutes qualités physiques, car pour peu qu'ils soient composés, le calcul ne peut plus s'y appliquer. La plus belle et la plus heureuse application qu'on en ait jamais faite, est au système du monde ; et il faut avouer que si Newton ne nous eût donné que les idées physiques de son système, sans les avoir appuyées sur des évaluations précises et mathématiques, elles n'auraient pas eu à beaucoup près la même force ; mais on doit sentir en même temps qu'il y a très-peu de sujets aussi simples, c'est-à-dire aussi dénués de qualités physiques que l'est celui-ci ; car la distance des planètes est si grande qu'on peut les considérer les unes à l'égard des autres comme n'étant que des points ; on peut en même temps, sans se tromper, faire abstraction de toutes les qualités physiques des planètes, et ne considérer que leur force d'attraction : leurs mouvements sont d'ailleurs les plus réguliers que nous connaissions, et n'éprouvent aucun retardement par la résistance : tout cela concourt à rendre l'explication du système du monde un problème de mathématique, auquel il ne fallait qu'une idée physique heureusement conçue pour le réaliser ; et cette idée est d'avoir pensé que la force qui fait tomber les graves à la surface de la terre, pourrait bien être la même que celle qui retient la lune dans son orbite.

Mais, je le répète, il y a bien peu de sujets en physique où l'on puisse appliquer aussi avantageusement les sciences abstraites, et je ne vois guère que l'astronomie et l'optique auxquelles elles puissent être d'une grande utilité ; l'astronomie par les raisons que nous venons d'exposer, et l'optique parce que la lumière étant un corps presque infiniment petit, dont les effets s'opèrent en ligne droite avec une vitesse presque infinie, ses propriétés sont presque mathématiques, ce qui fait qu'on peut y appliquer avec quelque succès le calcul et les mesures géométriques. Je ne parlerai pas des mécaniques, parce que la mécanique *rationnelle* est elle-même une science mathématique et abstraite, de laquelle la mécanique pratique ou l'art de faire et de composer les machines, n'emprunte qu'un seul principe par lequel on peut juger tous les effets en faisant abstraction des frottements et des autres qualités physiques. Aussi m'a-t-il toujours paru qu'il y avait une espèce d'abus dans la manière dont on professe la physique expérimentale, l'objet de cette science n'étant point du tout celui qu'on lui prête. La démonstration des effets mécaniques, comme de la puissance des leviers, des poulies, de l'équilibre des solides et des fluides, de l'effet des plans inclinés, de celui des forces centrifuges, etc., appartenant entièrement aux mathématiques, et pouvant être saisie par les yeux de l'esprit avec la dernière évidence, il me paraît superflu de la représenter à ceux du corps ; le vrai but est au contraire de faire des expériences sur toutes les choses que nous ne pouvons pas mesurer par le calcul, sur tous les effets dont nous ne connaissons pas encore les causes, et sur toutes les propriétés dont nous ignorons les circonstances, cela seul peut nous conduire à de nouvelles découvertes ; au lieu que la démonstration des effets mathématiques ne nous apprendra jamais que ce que nous savions déjà.

Mais cet abus n'est rien en comparaison des inconvénients où l'on tombe lorsqu'on veut appliquer la géométrie et le calcul à des sujets de physique trop compliqués, à des objets dont nous ne connaissons pas assez les propriétés pour pouvoir les mesurer ; on est obligé dans tous ces cas de faire des suppositions toujours contraires à la nature, de dépouiller le sujet de la plupart de ses qualités, d'en faire un être abstrait qui ne ressemble plus à l'être réel, et lorsqu'on a beaucoup raisonné et calculé sur les rapports et les propriétés de cet être abstrait, et qu'on est arrivé à une conclusion tout aussi abstraite, on croit avoir trouvé quelque chose de réel, et on transporte ce résultat idéal dans le sujet réel, ce qui produit une infinité de fausses conséquences et d'erreurs.

C'est ici le point le plus délicat et le plus important de l'étude des sciences : savoir bien distinguer ce qu'il y a de réel dans un sujet, de ce que nous y mettons d'arbitraire en le considérant, reconnaître clairement les propriétés qui lui appartiennent et celles que nous lui prêtons, me paraît être le fondement de la vraie méthode de conduire son esprit dans les sciences ; et si on ne perdait jamais de vue ce principe, on ne ferait pas une fausse démarche, on éviterait de tomber dans ces erreurs savantes qu'on reçoit souvent comme des vérités, on verrait disparaître les paradoxes, les questions insolubles des sciences abstraites, on reconnaîtrait les préjugés et les incertitudes que nous portons nous-mêmes dans les sciences réelles, on viendrait alors à s'entendre sur la métaphysique des sciences, on cesserait de disputer, et on se réunirait pour marcher dans la même route à la suite de l'expérience, et arriver enfin à la connaissance de toutes les vérités qui sont du ressort de l'esprit humain.

Lorsque les sujets sont trop compliqués pour qu'on puisse y appliquer avec avantage le calcul et les mesures, comme le sont presque tous ceux de l'histoire naturelle et de la physique particulière, il me paraît que la vraie méthode de conduire son esprit dans ces recherches, c'est d'avoir recours aux observations, de les rassembler, d'en faire de nouvelles, et en assez grand nombre pour nous assurer de la vérité des faits principaux, et de n'employer la méthode mathématique que pour estimer les probabilités des conséquences qu'on peut tirer de ces faits; surtout il faut tâcher de les généraliser et de bien distinguer ceux qui sont essentiels de ceux qui ne sont qu'accessoires au sujet que nous considérons; il faut ensuite les lier ensemble par les analogies, confirmer ou détruire certains points équivoques par le moyen des expériences, former son plan d'explication sur la combinaison de tous ces rapports, et les présenter dans l'ordre le plus naturel. Cet ordre peut se prendre de deux façons, la première est de remonter des effets particuliers à des effets plus généraux, et l'autre de descendre du général au particulier : toutes deux sont bonnes, et le choix de l'une ou de l'autre dépend plutôt du génie de l'auteur que de la nature des choses, qui toutes peuvent être également bien traitées par l'une ou l'autre de ces manières. Nous allons donner des essais de cette méthode dans les discours suivants, de la *Théorie de la terre*, de la *Formation des planètes*, et de la *Génération des animaux*.

⎯ ⎯ ⎯ ⎯⎯⎯⎯⎯⎯c⊙o⎯⎯⎯ ⎯ ⎯ ⎯ ⎯ ⎯

SECOND DISCOURS.

HISTOIRE ET THÉORIE DE LA TERRE.

> Vidi ego, quod fuerat quondam solidissima tellus,
> Esse fretum; vidi factas ex aequore terras;
> Et procul a pelago conchae jacuere marinae,
> Et vetus inventa est in montibus anchora summis,
> Quodque fuit campus, vallem decursus aquarum
> Fecit, et eluvie mons est deductus in aequor.
>
> Ovid. *Metam.* lib. 15.

Il n'est ici question ni de la figure[a] de la terre, ni de son mouvement, ni des rapports qu'elle peut avoir à l'extérieur avec les autres parties de

a. Voyez ci-après les Preuves de la Théorie de la terre, art. 1.

l'univers ; c'est sa constitution intérieure, sa forme et sa matière que nous nous proposons d'examiner. L'histoire générale de la terre doit précéder l'histoire particulière de ses productions, et les détails des faits singuliers de la vie et des mœurs des animaux ou de la culture et de la végétation des plantes, appartiennent peut-être moins à l'histoire naturelle que les résultats généraux des observations qu'on a faites sur les différentes matières qui composent le globe terrestre, sur les éminences, les profondeurs et les inégalités de sa forme, sur le mouvement des mers, sur la direction des montagnes, sur la position des carrières, sur la rapidité et les effets des courants de la mer, etc. Ceci est la nature en grand, et ce sont là ses principales opérations, elles influent sur toutes les autres, et la théorie de ces effets est une première science de laquelle dépend l'intelligence des phénomènes particuliers, aussi bien que la connaissance exacte des substances terrestres ; et quand même on voudrait donner à cette partie des sciences naturelles le nom de *physique* [1], toute physique où l'on n'admet point de systèmes n'est-elle pas l'histoire de la nature ?

Dans des sujets d'une vaste étendue dont les rapports sont difficiles à rapprocher, où les faits sont inconnus en partie, et pour le reste incertains, il est plus aisé d'imaginer un système que de donner une théorie ; aussi la théorie de la terre n'a-t-elle jamais été traitée que d'une manière vague et hypothétique. Je ne parlerai donc que légèrement des idées singulières de quelques auteurs qui ont écrit sur cette matière.

L'un [a], plus ingénieux que raisonnable, astronome convaincu du système de Newton, envisageant tous les événements possibles du cours et de la direction des astres, explique, à l'aide d'un calcul mathématique, par la queue d'une comète [2], tous les changements qui sont arrivés au globe terrestre.

Un autre [b], théologien hétérodoxe, la tête échauffée de visions poétiques, croit avoir vu créer l'univers ; osant prendre le style prophétique, après nous avoir dit ce qu'était la terre au sortir du néant, ce que le déluge y a changé, ce qu'elle a été et ce qu'elle est, il nous prédit ce qu'elle sera, même après la destruction du genre humain.

Un troisième [c], à la vérité meilleur observateur que les deux premiers, mais tout aussi peu réglé dans ses idées, explique par un abîme immense d'un liquide contenu dans les entrailles du globe, les principaux phénomènes de la terre, laquelle, selon lui, n'est qu'une croûte super-

a. Whiston. Voyez les Preuves de la Théorie de la terre, art. II.
b. Burnet. Voyez les Preuves de la Théorie de la terre, art. III.
c. Woodward. Voyez les Preuves, art. IV.

1. Les faits, énumérés ici par Buffon, se partagent aujourd'hui en deux sciences : la *physique du globe* et la *géologie*.
2. Buffon se moque ici de la comète de Whiston, et bientôt il va lui-même en imaginer une. (Voyez, ci-après, l'article sur la *formation des planètes*.)

ficielle et fort mince qui sert d'enveloppe au fluide qu'elle renferme.

Toutes ces hypothèses faites au hasard, et qui ne portent que sur des fondements ruineux, n'ont point éclairci les idées et ont confondu les faits, on a mêlé la fable à la physique; aussi ces systèmes n'ont été reçus que de ceux qui reçoivent tout aveuglément, incapables qu'ils sont de distinguer les nuances du vraisemblable, et plus flattés du merveilleux que frappés du vrai.

Ce que nous avons à dire au sujet de la terre sera sans doute moins extraordinaire, et pourra paraître commun en comparaison des grands systèmes dont nous venons de parler; mais on doit se souvenir qu'un historien est fait pour décrire et non pour inventer, qu'il ne doit se permettre aucune supposition, et qu'il ne peut faire usage de son imagination que pour combiner les observations, généraliser les faits, et en former un ensemble qui présente à l'esprit un ordre méthodique d'idées claires et de rapports suivis et vraisemblables; je dis vraisemblables, car il ne faut pas espérer qu'on puisse donner des démonstrations exactes sur cette matière, elles n'ont lieu que dans les sciences mathématiques, et nos connaissances en physique et en histoire naturelle dépendent de l'expérience et se bornent à des inductions.

Commençons donc par nous représenter ce que l'expérience de tous les temps et ce que nos propres observations nous apprennent au sujet de la terre. Ce globe immense nous offre à la surface, des hauteurs, des profondeurs, des plaines, des mers, des marais, des fleuves, des cavernes, des gouffres, des volcans, et à la première inspection nous ne découvrons en tout cela aucune régularité, aucun ordre. Si nous pénétrons dans son intérieur, nous y trouvons des métaux, des minéraux, des pierres, des bitumes, des sables, des terres, des eaux et des matières de toute espèce, placées comme au hasard et sans aucune règle apparente; en examinant avec plus d'attention, nous voyons des montagnes[a] affaissées, des rochers fendus et brisés, des contrées englouties, des îles nouvelles, des terrains submergés, des cavernes comblées; nous trouvons des matières pesantes souvent posées sur des matières légères, des corps durs environnés de substances molles, des choses sèches, humides, chaudes, froides, solides, friables, toutes mêlées et dans une espèce de confusion qui ne nous présente d'autre image que celle d'un amas de débris et d'un monde en ruines.

Cependant nous habitons ces ruines avec une entière sécurité; les générations d'hommes, d'animaux, de plantes se succèdent sans interruption, la terre fournit abondamment à leur subsistance; la mer a des limites et des lois, ses mouvements y sont assujettis, l'air a ses courants[b] réglés, les saisons ont leurs retours périodiques et certains, la verdure n'a jamais manqué de

---

a. *Vid. Senec. quæst.* lib. VI, cap. XXI.—*Strab. Geograph.* lib. I.—*Orosius*, lib. II, cap. XVIII, — *Plin.* lib. II, cap. XIX. — *Hist. de l'Acad. des Sc.* année 1708, p. 23.

b. Voyez les Preuves, art. XIV.

succéder aux frimas : tout nous paraît être dans l'ordre ; la terre qui tout à l'heure n'était qu'un chaos, est un séjour délicieux où règnent le calme et l'harmonie, où tout est animé et conduit avec une puissance et une intelligence qui nous remplissent d'admiration et nous élèvent jusqu'au Créateur.

Ne nous pressons donc pas de prononcer sur l'irrégularité que nous voyons à la surface de la terre, et sur le désordre apparent qui se trouve dans son intérieur, car nous en reconnaîtrons bientôt l'utilité et même la nécessité ; et en y faisant plus d'attention nous y trouverons peut-être un ordre que nous ne soupçonnions pas, et des rapports généraux que nous n'apercevions pas au premier coup d'œil. A la vérité, nos connaissances à cet égard seront toujours bornées : nous ne connaissons point encore la surface entière du[a] globe, nous ignorons en partie ce qui se trouve au fond des mers, il y en a dont nous n'avons pu sonder les profondeurs : nous ne pouvons pénétrer que dans l'écorce de la terre, et les plus grandes cavités[b], les mines[c] les plus profondes ne descendent pas à la huit-millième partie de son diamètre[d] ; nous ne pouvons donc juger que de la couche extérieure et presque superficielle, l'intérieur de la masse nous est entièrement inconnu : on sait que, volume pour volume, la terre pèse quatre fois plus que le soleil ; on a aussi le rapport de sa pesanteur avec les autres planètes, mais ce n'est qu'une estimation relative, l'unité de mesure nous manque, le poids réel de la matière nous étant inconnu, en sorte que l'intérieur de la terre pourrait être ou vide ou rempli d'une matière mille fois plus pesante que l'or, et nous n'avons aucun moyen de le reconnaître ; à peine pouvons-nous former sur cela quelques conjectures[d] raisonnables[2].

Il faut donc nous borner à examiner et à décrire la surface de la terre, et la petite épaisseur intérieure dans laquelle nous avons pénétré. La première

a. Voyez les Preuves, art. vi.
b. Voyez *Trans. phil. Abr.* vol. II, p. 323.
c. Voyez *Boyle's Works*, vol. III, p. 232.
d. Voyez les Preuves, art. i.

1. La plus grande profondeur, qui ait encore été atteinte, est celle du puits artésien de Neu-Salzwerk, près de Minden, en Prusse ; elle est de 680 mètres ; le puits de Grenelle, à Paris, a 547 mètres ; et le rayon de la terre est de 6,366.000 mètres. — On voit combien sont relativement petites les plus grandes profondeurs où nous soyons parvenus.

2. L'observation du pendule, à de grandes profondeurs, montre l'accroissement rapide de la densité, à mesure qu'on descend au-dessous de la surface du globe. « Les recherches récentes, « que Reich a faites avec la balance de torsion (qu'on peut considérer comme un pendule oscillant « horizontalement), ont fixé la densité moyenne de la terre entière à 5,44, celle de l'eau pure « étant prise pour unité. Or, d'après la nature des roches qui composent les couches supérieures « de la partie solide du globe, la densité des continents est à peine de 2,7 ; par conséquent, la « densité moyenne des continents et des mers n'atteint pas 1,6. On voit par là combien la densité « des couches intérieures doit croître vers le centre, soit par suite de la pression qu'elles sup- « portent, soit à cause de la nature de leurs matériaux. » (Voyez M. DE HUMBOLDT : *Cosmos*, t. I, p. 191.)

chose qui se présente, c'est l'immense quantité d'eau qui couvre la plus grande partie du globe ; ces eaux occupent toujours les parties les plus basses, elles sont aussi toujours de niveau, et elles tendent perpétuellement à l'équilibre et au repos : cependant nous les voyons[a] agitées par une forte puissance, qui s'opposant à la tranquillité de cet élément, lui imprime un mouvement périodique et réglé, soulève et abaisse alternativement les flots, et fait un balancement de la masse totale des mers en les remuant jusqu'à la plus grande profondeur. Nous savons que ce mouvement est de tous les temps, et qu'il durera autant que la lune et le soleil qui en sont les causes.

Considérant ensuite le fond de la mer, nous y remarquons autant d'inégalités[b] que sur la surface de la terre ; nous y trouvons des hauteurs[c], des vallées, des plaines, des profondeurs, des rochers, des terrains de toute espèce ; nous voyons que toutes les îles ne sont que les sommets[d] de vastes montagnes, dont le pied et les racines sont couverts de l'élément liquide ; nous y trouvons d'autres sommets de montagnes qui sont presqu'à fleur d'eau, nous y remarquons des courants[e] rapides qui semblent se soustraire au mouvement général : on les voit[f] se porter quelquefois constamment dans la même direction, quelquefois rétrograder et ne jamais excéder leurs limites, qui paraissent aussi invariables que celles qui bornent les efforts des fleuves de la terre. Là sont ces contrées orageuses où les vents en fureur précipitent la tempête, où la mer et le ciel également agités se choquent et se confondent ; ici sont des mouvements intestins, des bouillonnements[g], des trombes[h], et des agitations extraordinaires causées par des volcans dont la bouche submergée vomit le feu du sein des ondes, et pousse jusqu'aux nues une épaisse vapeur mêlée d'eau, de soufre et de bitume. Plus loin je vois ces gouffres[i] dont on n'ose approcher, qui semblent attirer les vaisseaux pour les engloutir : au delà j'aperçois ces vastes plaines toujours calmes et tranquilles[j], mais tout aussi dangereuses, où les vents n'ont jamais exercé leur empire, où l'art du nautonier devient inutile, où il faut rester et périr ; enfin portant les yeux jusqu'aux extrémités du globe, je vois ces glaces[k] énormes qui se détachent des continents des pôles, et viennent comme

a. Voyez les Preuves, art. xii.
b. Voyez les Preuves, art. xiii.
c. Voyez la carte dressée en 1737 par M. Buache, des profondeurs de l'Océan entre l'Afrique et l'Amérique.
d. Voyez *Varen. Geogr. gen.* p. 218.
e. Voyez les Preuves, art. xiii.
f. Voyez *Varen.* p. 140. — Voyez aussi les Voyages de Pyrard, p. 137.
g. Voyez les Voyages de Shaw, tom. II, p. 56.
h. Voyez les Preuves, art. xvi.
i. Le Malstroom dans la mer de Norvége.
j. Les calmes et les tornados de la mer Éthiopique.
k. Voyez les Preuves, art. vi et x.

des montagnes flottantes voyager et se fondre jusque dans les régions tempérées [a].

Voilà les principaux objets que nous offre le vaste empire de la mer; des milliers d'habitants de différentes espèces en peuplent toute l'étendue, les uns couverts d'écailles légères en traversent avec rapidité les différents pays, d'autres chargés d'une épaisse coquille se traînent pesamment et marquent avec lenteur leur route sur le sable; d'autres à qui la nature a donné des nageoires en forme d'ailes, s'en servent pour s'élever et se soutenir dans les airs; d'autres enfin à qui tout mouvement a été refusé, croissent et vivent attachés aux rochers; tous trouvent dans cet élément leur pâture; le fond de la mer produit abondamment des plantes, des mousses et des végétations encore plus singulières; le terrain de la mer est de sable, de gravier, souvent de vase, quelquefois de terre ferme, de coquillages, de rochers, et partout il ressemble à la terre que nous habitons.

Voyageons maintenant sur la partie sèche du globe, quelle différence prodigieuse entre les climats! quelle variété de terrains! quelle inégalité de niveau! mais observons exactement, et nous reconnaîtrons que les grandes [b] chaînes de montagnes se trouvent plus voisines de l'équateur que des pôles; que dans l'ancien continent elles s'étendent d'orient en occident beaucoup plus que du nord au sud, et que dans le Nouveau-Monde elles s'étendent au contraire du nord au sud beaucoup plus que d'orient en occident; mais ce qu'il y a de très-remarquable, c'est que la forme de ces montagnes et leurs contours qui paraissent absolument irréguliers [c], ont cependant des directions suivies et correspondantes [d] entre elles, en sorte que les angles saillants d'une montagne se trouvent toujours opposés aux angles rentrants de la montagne voisine qui en est séparée par un vallon ou par une profondeur. J'observe aussi que les collines opposées ont toujours à très-peu près la même hauteur, et qu'en général les montagnes occupent le milieu des continents et partagent dans la plus grande longueur les îles, les promontoires et les autres [e] terres avancées : je suis de même la direction des plus grands fleuves, et je vois qu'elle est toujours presque perpendiculaire à la côte de la mer dans laquelle ils ont leur embouchure, et que dans la plus grande partie de leur cours ils vont à peu près [f] comme les chaînes de montagnes dont ils prennent leurs sources et leur direction. Examinant ensuite les rivages de la mer, je trouve qu'elle est ordinairement bornée par des rochers, des marbres et d'autres pierres dures, ou bien par des terres et des sables qu'elle a elle-même accumulés ou que les fleuves ont amenés, et je remarque que

a. Voyez la Carte de l'expédition de M. Bouvet, dressée par M. Buache en 1739.
b. Voyez les Preuves, art. ix.
c. Voyez les Preuves, art. ix et xii.
d. Voyez *Lettres philos.* de Bourguet, p. 181.
e. *Vid. Varenii Geogr.* p. 69.
f. Voyez les Preuves, art. x.

les côtes voisines, et qui ne sont séparées que par un bras ou par un petit trajet de mer, sont composées des mêmes matières, et que les lits de terre sont les mêmes de l'un et de l'autre côté[a]; je vois que les volcans se[b] trouvent tous dans les hautes montagnes[1], qu'il y en a un grand nombre dont les feux sont entièrement éteints, que quelques-uns de ces volcans ont des correspondances[c] souterraines, et que leurs explosions se font quelquefois en même temps. J'aperçois une correspondance semblable entre certains lacs et les mers voisines; ici sont des fleuves et des torrents[d] qui se perdent tout à coup et paraissent se précipiter dans les entrailles de la terre; là est une mer intérieure où se rendent cent rivières qui y portent de toutes parts une énorme quantité d'eau sans jamais augmenter ce lac immense, qui semble rendre par des voies souterraines tout ce qu'il reçoit par ses bords; et chemin faisant je reconnais aisément les pays anciennement habités, je les distingue de ces contrées nouvelles où le terrain paraît encore tout brut, où les fleuves sont remplis de cataractes, où les terres sont en partie submergées, marécageuses ou trop arides, où la distribution des eaux est irrégulière, où des bois incultes couvrent toute la surface des terrains qui peuvent produire.

Entrant dans un plus grand détail, je vois que la première couche[e] qui enveloppe le globe est partout d'une même substance; que cette substance qui sert à faire croître et à nourrir les végétaux et les animaux, n'est elle-même qu'un composé de parties animales et végétales détruites, ou plutôt réduites en petites parties, dans lesquelles l'ancienne organisation n'est pas sensible. Pénétrant plus avant je trouve la vraie terre, je vois des couches de sable, de pierres à chaux, d'argile, de coquillages, de marbres, de gravier, de craie, de plâtre, etc., et je remarque que ces[f] couches sont toujours posées parallèlement les unes[g] sur les autres, et que chaque couche a la même épaisseur dans toute son étendue : je vois que dans les collines voisines les mêmes matières se trouvent au même niveau, quoique les collines soient séparées par des intervalles profonds et considérables. J'observe que dans tous les lits de terre, et[h] même dans les couches plus solides, comme dans les rochers, dans les carrières de marbres et de pierres, il y a des fentes, que ces fentes sont perpendiculaires à l'horizon, et que dans les plus grandes comme dans les plus petites profondeurs, c'est une espèce de règle que la nature suit constamment. Je vois de plus que dans l'intérieur de la

a. Voyez les Preuves, art. vii.
b. Voyez les Preuves, art. xvi.
c. Vid. Kircher. Mund. Subter. in præf.
d. Voyez Varen. Geogr. p. 43.
e. Voyez les Preuves, art. vii.
f. Voyez les Preuves, art. vii.
g. Voyez Woodward, p. 41, etc.
h. Voyez les Preuves, art. viii.

[1] Voyez, plus loin, mes notes sur les *Volcans.*

terre, sur la cime des monts *a* et dans les lieux les plus éloignés de la mer, on trouve des coquilles, des squelettes de poissons de mer, des plantes marines, etc., qui sont entièrement semblables aux coquilles, aux poissons, aux plantes actuellement vivantes dans la mer, et qui en effet sont absolument les mêmes[1]. Je remarque que ces coquilles pétrifiées sont en prodigieuse quantité, qu'on en trouve dans une infinité d'endroits, qu'elles sont renfermées dans l'intérieur des rochers et des autres masses de marbre et de pierre dure, aussi bien que dans les craies et dans les terres; et que non-seulement elles sont renfermées dans toutes ces matières, mais qu'elles y sont incorporées, pétrifiées et remplies de la substance même qui les environne : enfin je me trouve convaincu par des observations réitérées que les marbres, les pierres, les craies, les marnes, les argiles, les sables et presque toutes les matières terrestres, sont remplies de *b* coquilles et d'autres débris de la mer, et cela par toute la terre et dans tous les lieux où l'on a pu faire des observations exactes.

Tout cela posé, raisonnons.

Les changements qui sont arrivés au globe terrestre depuis deux et même trois mille ans sont fort peu considérables en comparaison des révolutions qui ont dû se faire dans les premiers temps après la création, car il est aisé de démontrer que comme toutes les matières terrestres n'ont acquis de la solidité que par l'action continuée de la gravité et des autres forces qui rapprochent et réunissent les particules de la matière, la surface de la terre devait être au commencement beaucoup moins solide qu'elle ne l'est devenue dans la suite, et que par conséquent les mêmes causes qui ne produisent aujourd'hui que des changements presque insensibles dans l'espace de plusieurs siècles, devaient causer alors de très-grandes révolutions dans un petit nombre d'années; en effet il paraît certain que la terre actuellement sèche et habitée a été autrefois sous les eaux de la mer, et que ces eaux étaient supérieures aux sommets des plus hautes montagnes, puisqu'on trouve sur ces montagnes et jusque sur leurs sommets, des productions marines et des coquilles[2], qui comparées avec les coquillages vivants sont

a. Voyez les Preuves, art. VIII.

b. Voy. Sténon, Woodward, Ray, Bourguet, Scheuchzer, les Trans. phil., les Mém. de l'Acad., etc.

1. Voyez ci-après la note de la page 40.

2. « J'étais alors persuadé, dira plus tard Buffon, par l'autorité de Woodward et de quelques « autres naturalistes, que l'on avait trouvé des coquilles au-dessus des sommets de toutes les mon- « tagnes, au lieu que par des observations plus récentes, il paraît qu'il n'y a pas de coquilles sur « les plus hauts sommets. » (Voyez l'*Addition* sur les *Pics des montagnes.*) La théorie moderne de la formation des montagnes, par voie de soulèvement, explique très-bien pourquoi l'on trouve des coquilles sur certaines montagnes, et pourquoi, sur d'autres, on n'en trouve pas. Si la montagne a été formée par le *soulèvement* d'un terrain sous-marin, on y trouvera des coquilles; on n'y en trouvera pas, dans le cas contraire; enfin, on n'en trouvera jamais sur les *hauts sommets,* parce que les *hauts sommets* sont formés par les roches *ignées,* qui ont *traversé, percé* les couches soulevées et *sédimentaires.*

les mêmes, et qu'on ne peut douter de leur parfaite ressemblance ni de l'identité de leurs espèces [1]. Il paraît aussi que les eaux de la mer ont séjourné quelque temps sur cette terre, puisqu'on trouve en plusieurs endroits des bancs de coquilles si prodigieux et si étendus, qu'il n'est pas possible qu'une aussi grande [a] multitude d'animaux ait été tout à la fois vivante en même temps : cela semble prouver aussi que quoique les matières qui composent la surface de la terre fussent alors dans un état de mollesse qui les rendait susceptibles d'être aisément divisées, remuées et transportées par les eaux, ces mouvements ne se sont pas faits tout à coup, mais successivement et par degrés; et comme on trouve quelquefois des productions de la mer à mille et douze cents pieds de profondeur, il paraît que cette épaisseur de terre ou de pierre étant si considérable, il a fallu des années pour la produire : car quand on voudrait supposer que dans le déluge universel tous les coquillages eussent été enlevés du fond des mers et transportés sur toutes les parties de la terre, outre que cette supposition serait difficile à établir [b], il est clair que comme on trouve ces coquilles incorporées et pétrifiées dans les marbres et dans les rochers des plus hautes montagnes, il faudrait donc supposer que ces marbres et ces rochers eussent été tous formés en même temps et précisément dans l'instant du déluge, et qu'avant cette grande révolution il n'y avait sur le globe terrestre ni montagnes, ni marbres, ni rochers, ni craies, ni aucune autre matière semblable à celles que nous connaissons, qui presque toutes contiennent des coquilles et d'autres débris des productions de la mer. D'ailleurs la surface de la terre devait avoir acquis au temps du déluge un degré considérable de solidité, puisque la gravité avait agi sur les matières qui la composent, pendant plus de seize siècles, et par conséquent il ne paraît pas possible que les eaux du déluge aient pu bouleverser les terres à la surface du globe jusqu'à d'aussi grandes profondeurs dans le peu de temps que dura l'inondation universelle.

Mais sans insister plus longtemps sur ce point qui sera discuté dans la suite, je m'en tiendrai maintenant aux observations qui sont constantes, et aux faits qui sont certains. On ne peut douter que les eaux de la mer n'aient séjourné sur la surface de la terre que nous habitons, et que par conséquent cette même surface de notre continent n'ait été pendant quelque temps le fond d'une mer, dans laquelle tout se passait comme tout se passe actuellement dans la mer d'aujourd'hui : d'ailleurs les couches des différentes matières qui composent la terre étant, comme nous l'avons remarqué [c],

a. Voyez les Preuves, art. vIII.
b. Voyez les Preuves, art. v.
c. Voyez les Preuves, art. vII.

1. Erreur qui sera corrigée plus tard, du moins en partie, par Buffon lui-même. (Voyez l'*Addition* sur les *Lieux où l'on a trouvé des coquilles.*) La plupart des coquilles fossiles diffèrent des espèces vivantes.

posées parallèlement et de niveau, il est clair que cette position est l'ouvrage des eaux[a] qui ont amassé et accumulé peu à peu ces matières et leur ont donné la même situation que l'eau prend toujours elle-même, c'est-à-dire cette situation horizontale que nous observons presque partout; car dans les plaines les couches sont exactement horizontales, et il n'y a que dans les montagnes où[2] elles soient inclinées[3], comme ayant été formées par des sédiments déposés sur une base inclinée, c'est-à-dire sur un terrain penchant : or je dis que ces couches ont été formées peu à peu, et non pas tout d'un coup par quelque révolution que ce soit, parce que nous trouvons souvent des couches de matière plus pesante, posées sur des couches de matière beaucoup plus légère; ce qui ne pourrait être, si, comme le veulent quelques auteurs, toutes ces matières[a] dissoutes et mêlées en même temps dans l'eau se fussent ensuite précipitées au fond de cet élément, parce qu'alors elles eussent produit une tout autre composition que celle qui existe; les matières les plus pesantes seraient descendues les premières et au plus bas, et chacune se serait arrangée suivant sa gravité spécifique, dans un ordre relatif à leur pesanteur particulière, et nous ne trouverions pas des rochers massifs sur des arènes légères, non plus que des charbons de terre sous des argiles, des glaises sous des marbres, et des métaux sur des sables.

Une chose à laquelle nous devons encore faire attention, et qui confirme ce que nous venons de dire sur la formation des couches par le mouvement et par le sédiment des eaux, c'est que toutes les autres causes de révolution ou de changement sur le globe ne peuvent produire les mêmes effets. Les montagnes les plus élevées sont composées de couches parallèles[4],

a. Voyez les Preuves, art. IV.

1. *Ouvrage des eaux* : expression d'une précision remarquable. La terre que Buffon étudie ici n'est, en effet, que la terre *ouvrage de l'eau*. Dans l'article suivant sur la *formation des planètes*, il n'étudie que la terre *ouvrage du feu*. Dans ses *Époques de la nature*, il étudie successivement la terre *ouvrage du feu*, et la terre *ouvrage de l'eau* : et dès lors seulement sa *théorie* est complète, et l'ordre des temps marqué. (Voyez mon *Histoire des travaux et des idées de Buffon*.)

2... *Il n'y a que dans les montagnes où* .... Voyez la note de la page 26. A l'avenir, je ne ferai plus remarquer ces irrégularités de langage.

3. Les *terrains de sédiment* se forment par couches horizontales : quand ces couches sont inclinées ou verticales, c'est qu'elles ont été redressées. Le long de presque toutes les chaînes de montagnes, on voit les couches les plus récentes s'étendre horizontalement jusque vers le pied de la montagne, comme si elles s'étaient déposées dans des mers ou des lacs, dont ces montagnes auraient été les rivages; d'autres couches, au contraire, se redressent, se contournent sur les flancs des montagnes, et s'élèvent en quelques points jusqu'à leurs sommets. Or, tandis que, d'un côté, les couches *redressées* fournissent la meilleure preuve du soulèvement de la *montagne*, de l'autre, la comparaison des deux ordres de couches fournit le moyen le plus sûr pour déterminer l'*âge* de la montagne : l'apparition de la montagne est évidemment intermédiaire entre le dépôt des couches redressées et le dépôt des couches horizontales. (Voyez la belle théorie de M. Élie de Beaumont sur les époques successives de *soulèvement*, sur les *âges* divers des montagnes.)

4. Buffon ne parlera plus ainsi, quand il aura distingué les montagnes *primitives* des montagnes *secondaires*, les produits *ignés* des produits *aqueux*. Voyez l'*Addition* sur la *formation des montagnes*.

tout de même que les plaines les plus basses, et par conséquent on ne
peut pas attribuer l'origine et la formation des montagnes à des secousses,
à des tremblements de terre, non plus qu'à des volcans; et nous avons
des preuves que s'il se forme *a* quelquefois de petites éminences par ces
mouvements convulsifs de la terre, ces éminences ne sont pas composées
de couches parallèles, que les matières de ces éminences n'ont intérieurement aucune liaison, aucune position régulière, et qu'enfin ces petites
collines formées par les volcans ne présentent aux yeux que le désordre
d'un tas de matières rejetées confusément; mais cette espèce d'organisation de la terre que nous découvrons partout, cette situation horizontale
et parallèle des couches, ne peuvent venir que d'une cause constante et
d'un mouvement réglé et toujours dirigé de la même façon.

Nous sommes donc assurés par des observations exactes, réitérées et fondées sur des faits incontestables, que la partie sèche du globe que nous
habitons a été longtemps sous les eaux de la mer; par conséquent cette
même terre a éprouvé pendant tout ce temps les mêmes mouvements, les
mêmes changements qu'éprouvent actuellement les terres couvertes par la
mer. Il paraît que notre terre a été un fond de mer; pour trouver donc ce
qui s'est passé autrefois sur cette terre, voyons ce qui se passe aujourd'hui
sur le fond de la mer, et de là nous tirerons des inductions raisonnables
sur la forme extérieure et la composition intérieure des terres que nous
habitons.

Souvenons-nous donc que la mer a de tout temps, et depuis la création,
un mouvement de flux et de reflux causé principalement par la lune;
que ce mouvement qui dans vingt-quatre heures fait deux fois élever et
baisser les eaux, s'exerce avec plus de force sous l'équateur que dans
les autres climats. Souvenons-nous aussi que la terre a un mouvement
rapide sur son axe, et par conséquent une force centrifuge plus grande à
l'équateur que dans toutes les autres parties du globe; que cela seul,
indépendamment des observations actuelles et des mesures, nous prouve
qu'elle n'est pas parfaitement sphérique, mais qu'elle est plus élevée sous
l'équateur que sous les pôles; et concluons de ces premières observations que quand même on supposerait que la terre est sortie des mains
du Créateur parfaitement ronde en tout sens (supposition gratuite et qui
marquerait bien le cercle étroit de nos idées), son mouvement diurne et
celui du flux et du reflux auraient élevé peu à peu les parties de l'équateur, en y amenant successivement les limons, les terres, les coquillages, etc.
Ainsi les plus grandes inégalités du globe doivent se trouver et se trouvent
en effet voisines de l'équateur[1]; et comme ce mouvement de flux et de reflux *b*

a. Voyez les Preuves, art. XVII.
b. Voyez les Preuves, art. XII.
[1] Voyez la note de la page 48.

se fait par des alternatives journalières et répétées sans interruption, il
est fort naturel d'imaginer qu'à chaque fois les eaux emportent d'un endroit
à l'autre une petite quantité de matière, laquelle tombe ensuite comme un
sédiment au fond de l'eau, et forme ces couches parallèles et horizontales
qu'on trouve partout ; car la totalité du mouvement des eaux dans le flux
et reflux étant horizontale, les matières entrainées ont nécessairement suivi
la même direction et se sont toutes arrangées parallèlement et de niveau.

Mais, dira-t-on, comme le mouvement du flux et reflux est un balancement égal des eaux, une espèce d'oscillation régulière, on ne voit pas
pourquoi tout ne serait pas compensé, et pourquoi les matières apportées
par le flux ne seraient pas remportées par le reflux, et dès lors la cause
de la formation des couches disparait, et le fond de la mer doit toujours
rester le même, le flux détruisant les effets du reflux, et l'un et l'autre ne
pouvant causer aucun mouvement, aucune altération sensible dans le fond
de la mer, et encore moins en changer la forme primitive en y produisant
des hauteurs et des inégalités.

A cela je réponds que le balancement des eaux n'est point égal, puisqu'il produit un mouvement continuel de la mer de l'orient vers l'occident, que de plus l'agitation causée par les vents s'oppose à l'égalité du
flux et du reflux, et que de tous les mouvements dont la mer est susceptible, il résultera toujours des transports de terre et des dépôts de matière
dans de certains endroits, que ces amas de matières seront composés de
couches parallèles et horizontales, les combinaisons quelconques des mouvements de la mer tendant toujours à remuer les terres et à les mettre
de niveau les unes sur les autres dans les lieux où elles tombent en forme
de sédiment ; mais de plus il est aisé de répondre à cette objection par un
fait, c'est que dans toutes les extrémités de la mer où l'on observe le flux
et le reflux, dans toutes les côtes qui la bornent, on voit que le flux amène
une infinité de choses que le reflux ne remporte pas, qu'il y a des terrains
que la mer couvre insensiblement [a], et d'autres qu'elle laisse à découvert
après y avoir apporté des terres, des sables, des coquilles, etc., qu'elle
dépose, et qui prennent naturellement une situation horizontale, et que
ces matières accumulées par la suite des temps, et élevées jusqu'à un certain point, se trouvent peu à peu hors d'atteinte aux eaux, restent ensuite
pour toujours dans l'état de terre sèche et font partie des continents terrestres.

Mais pour ne laisser aucun doute sur ce point important, examinons de
près la possibilité ou l'impossibilité de la formation d'une montagne dans le
fond de la mer par le mouvement et par le sédiment des eaux. Personne
ne peut nier que sur une côte contre laquelle la mer agit avec violence

---

a. Voyez les Preuves, art. xix.

dans le temps qu'elle est agitée par le flux, ces efforts réitérés ne produisent quelque changement, et que les eaux n'emportent à chaque fois une petite portion de la terre de la côte; et quand même elle serait bordée de rochers, on sait que l'eau use peu à peu ces rochers [a], et que par conséquent elle en emporte de petites parties à chaque fois que la vague se retire après s'être brisée : ces particules de pierre ou de terre seront nécessairement transportées par les eaux jusqu'à une certaine distance et dans de certains endroits où le mouvement de l'eau se trouvant ralenti, abandonnera ces particules à leur propre pesanteur, et alors elles se précipiteront au fond de l'eau en forme de sédiment, et là elles formeront une première couche horizontale ou inclinée, suivant la position de la surface du terrain sur laquelle tombe cette première couche, laquelle sera bientôt couverte et surmontée d'une autre couche semblable et produite par la même cause, et insensiblement il se formera dans cet endroit un dépôt considérable de matière, dont les couches seront posées parallèlement les unes sur les autres; cet amas augmentera toujours par les nouveaux sédiments que les eaux y transporteront, et peu à peu par succession de temps il se formera une élévation, une montagne dans le fond de la mer [1], qui sera entièrement semblable aux éminences et aux montagnes que nous connaissons sur la terre, tant pour la composition intérieure que pour la forme extérieure. S'il se trouve des coquilles dans cet endroit du fond de la mer où nous supposons que se fait notre dépôt, les sédiments couvriront ces coquilles et les rempliront, elles seront incorporées dans les couches de cette matière déposée, et elles feront partie des masses formées par ces dépôts, on les y trouvera dans la situation qu'elles auront acquise en y tombant, ou dans l'état où elles auront été saisies; car dans cette opération celles qui se seront trouvées au fond de la mer lorsque les premières couches se seront déposées, se trouveront dans la couche la plus basse, et celles qui seront tombées depuis dans ce même endroit se trouveront dans les couches plus élevées.

Tout de même lorsque le fond de la mer sera remué par l'agitation des eaux, il se fera nécessairement des transports de terre, de vase, de coquilles et d'autres matières dans de certains endroits où elles se déposeront en forme de sédiment : or nous sommes assurés par les plongeurs [b] qu'aux plus grandes profondeurs où ils puissent descendre, qui sont de vingt brasses, le fond de la mer est remué au point que l'eau se mêle avec la terre,

a. Voyez les Voyages de Shaw, tom. II, p. 69.
b. Voyez *Boyle's Works*, vol. III, p. 232.

1. Ici Buffon attribue la formation des montagnes à *l'action de la mer*, à *l'action des eaux*; il l'attribuera plus tard à *l'action du feu* (Voyez les *Époques de la nature*,; et ceci sera un progrès vers la vraie théorie, reconnue enfin de nos jours : la théorie de la formation des montagnes par l'action d'un *feu intérieur*, du *feu central* du globe, qui a *soulevé, redressé* les masses qui les composent.

qu'elle devient trouble, et que la vase et les coquillages sont emportés par
le mouvement des eaux à des distances considérables; par conséquent dans
tous les endroits de la mer où l'on a pu descendre, il se fait des transports
de terre et de coquilles qui vont tomber quelque part et former, en se dépo-
sant, des couches parallèles et des éminences qui sont composées comme
nos montagnes le sont; ainsi le flux et le reflux, les vents, les courants et
tous les mouvements des eaux produiront des inégalités dans le fond de la
mer, parce que toutes ces causes détachent du fond et des côtes de la mer
des matières qui se précipitent ensuite en forme de sédiments.

Au reste il ne faut pas croire que ces transports de matières ne puissent pas se faire à des distances considérables, puisque nous voyons tous les
jours des graines et d'autres productions des Indes orientales et occidentales arriver sur nos côtes[a]; à la vérité elles sont spécifiquement plus
légères que l'eau, au lieu que les matières dont nous parlons sont plus
pesantes, mais comme elles sont réduites en poudre impalpable elles se
soutiendront assez longtemps dans l'eau pour être transportées à de grandes
distances.

Ceux qui prétendent que la mer n'est pas remuée à de grandes profondeurs, ne font pas attention que le flux et le reflux ébranlent et agitent à
la fois toute la masse des mers, et que dans un globe qui serait entièrement liquide il y aurait de l'agitation et du mouvement jusqu'au centre;
que la force qui produit celui du flux et du reflux est une force pénétrante
qui agit sur toutes les parties proportionnellement à leurs masses; qu'on
pourrait même mesurer et déterminer par le calcul la quantité de cette
action sur un liquide à différentes profondeurs, et qu'enfin ce point ne peut
être contesté qu'en se refusant à l'évidence du raisonnement et à la certitude
des observations.

Je puis donc supposer légitimement que le flux et le reflux, les vents et
toutes les autres causes qui peuvent agiter la mer, doivent produire par le
mouvement des eaux, des éminences et des inégalités dans le fond de la
mer, qui seront toujours composées de couches horizontales ou également
inclinées; ces éminences pourront avec le temps augmenter considérablement, et devenir des collines qui dans une longue étendue de terrain se
trouveront, comme les ondes qui les auront produites, dirigées du même
sens, et formeront peu à peu une chaîne de montagnes. Ces hauteurs une
fois formées feront obstacle à l'uniformité du mouvement des eaux, et il en
résultera des mouvements particuliers dans le mouvement général de la
mer. Entre deux hauteurs voisines il se formera nécessairement un courant[b]
qui suivra leur direction commune, et coulera comme coulent les fleuves
de la terre, en formant un canal dont les angles seront alternativement

a. Particulièrement sur les côtes d'Écosse et d'Irlande. Voyez *Ray's Discourses.*
b. Voyez les Preuves, art. XIII.

opposés dans toute l'étendue de son cours : ces hauteurs formées au-dessus
de la surface du fond pourront augmenter encore de plus en plus; car les
eaux qui n'auront que le mouvement du flux déposeront sur la cime le
sédiment ordinaire, et celles qui obéiront au courant entraîneront au loin
les parties qui se seraient déposées entre deux, et en même temps elles creu-
seront un vallon au pied de ces montagnes, dont tous les angles se trouveront correspondants, et par l'effet de ces deux mouvements et de ces dépôts
le fond de la mer aura bientôt été sillonné, traversé de collines et de
chaînes de montagnes, et semé d'inégalités telles que nous les y trouvons
aujourd'hui. Peu à peu les matières molles dont les éminences étaient
d'abord composées se seront durcies par leur propre poids, les unes formées
de parties purement argileuses auront produit ces collines de glaise qu'on
trouve en tant d'endroits; d'autres composées de parties sablonneuses et
cristallines ont fait ces énormes amas de rochers et de cailloux d'où l'on
tire le cristal et les pierres précieuses; d'autres faites de parties pierreuses
mêlées de coquilles ont formé ces lits de pierres et de marbres où nous re-
trouvons ces coquilles aujourd'hui; d'autres enfin composées d'une matière
encore plus *coquilleuse* et plus terrestre ont produit les marnes, les craies
et les terres; toutes sont posées par lits, toutes contiennent des substances
hétérogènes, les débris des productions marines s'y trouvent en abondance
et à peu près suivant le rapport de leur pesanteur, les coquilles les plus
légères sont dans les craies, les plus pesantes dans les argiles et dans les
pierres, et elles sont remplies de la matière même des pierres et des terres
où elles sont renfermées, preuve incontestable qu'elles ont été transportées
avec la matière qui les environne et qui les remplit, et que cette matière
était réduite en particules impalpables; enfin toutes ces matières dont la
situation s'est établie par le niveau des eaux de la mer, conservent encore
aujourd'hui leur première position.

On pourra nous dire que la plupart des collines et des montagnes dont
le sommet est de rocher, de pierre ou de marbre, ont pour base des matières
plus légères; que ce sont ordinairement ou des monticules de glaise ferme
et solide, ou des couches de sable qu'on retrouve dans les plaines voisines jusqu'à une distance assez grande, et on nous demandera comment il
est arrivé que ces marbres et ces rochers se soient trouvés au-dessus de ces
sables et de ces glaises. Il me paraît que cela peut s'expliquer assez naturellement; l'eau aura d'abord transporté la glaise ou le sable qui faisait la
première couche des côtes ou du fond de la mer, ce qui aura produit au bas
une éminence composée de tout ce sable ou de toute cette glaise rassemblée;
après cela les matières plus fermes et plus pesantes qui se seront trouvées
au-dessous auront été attaquées et transportées par les eaux en poussière
impalpable au-dessus de cette éminence de glaise ou de sable, et cette poussière de pierre aura formé les rochers et les carrières que nous trouvons au-

dessus des collines. On peut croire qu'étant les plus pesantes, ces matières étaient autrefois au-dessous des autres, et qu'elles sont aujourd'hui au-dessus, parce qu'elles ont été enlevées et transportées les dernières par le mouvement des eaux.

Pour confirmer ce que nous avons dit, examinons encore plus en détail la situation des matières qui composent cette première épaisseur du globe terrestre, la seule que nous connaissions. Les carrières sont composées de différents lits ou couches presque toutes horizontales ou inclinées suivant la même pente ; celles qui posent sur des glaises ou sur des bases d'autres matières solides sont sensiblement de niveau, surtout dans les plaines. Les carrières où l'on trouve les cailloux et les grès dispersés ont à la vérité une position moins régulière, cependant l'uniformité de la nature ne laisse pas de s'y reconnaître ; car la position horizontale ou toujours également penchante des couches se trouve dans les carrières de roc vif et dans celles des grès en grande masse, elle n'est altérée et interrompue que dans les carrières de cailloux et de grès en petite masse, dont nous ferons voir que la formation est postérieure à celle de toutes les autres matières ; car le roc vif, le sable vitrifiable, les argiles, les marbres, les pierres calcinables, les craies, les marnes, sont toutes disposées par couches parallèles toujours horizontales ou également inclinées. On reconnaît aisément dans ces dernières matières la première formation, car les couches sont exactement horizontales et fort minces, et elles sont arrangées les unes sur les autres comme les feuillets d'un livre ; les couches de sable, d'argile molle, de glaise dure, de craie, de coquilles, sont aussi toutes ou horizontales ou inclinées suivant la même pente : les épaisseurs des couches sont toujours les mêmes dans toute leur étendue, qui souvent occupe un espace de plusieurs lieues, et que l'on pourrait suivre bien plus loin si l'on observait exactement. Enfin toutes les matières qui composent la première épaisseur du globe sont disposées de cette façon, et quelque part qu'on fouille, on trouvera des couches, et on se convaincra par ses yeux de la vérité de ce qui vient d'être dit.

Il faut excepter à certains égards les couches de sable ou de gravier entraîné du sommet des montagnes par la pente des eaux ; ces veines de sable se trouvent quelquefois dans les plaines où elles s'étendent même assez considérablement, elles sont ordinairement posées sous la première couche de la terre labourable, et dans les lieux plats elles sont de niveau comme les couches plus anciennes et plus intérieures, mais au pied et sur la croupe des montagnes ces couches de sable sont fort inclinées, et elles suivent le penchant de la hauteur sur laquelle elles ont coulé : les rivières et les ruisseaux ont formé ces couches, et en changeant souvent de lit dans les plaines, ils ont entraîné et déposé partout ces sables et ces graviers. Un petit ruisseau coulant des hauteurs voisines suffit, avec le temps, pour étendre une couche de sable ou de gravier sur toute la superficie d'un vallon, quelque spacieux qu'il soit, et j'ai souvent observé dans une campagne environnée de collines, dont la base est de glaise aussi bien que la première couche de la plaine, qu'au-dessus d'un ruisseau qui y coule, la glaise se trouve immédiatement sous la terre labourable, et qu'au-dessous du ruisseau il y a une épaisseur d'environ un pied de sable sur la glaise, qui s'étend à une distance considérable. Ces couches produites par les rivières et par les autres eaux courantes ne sont pas de l'ancienne formation, elles se reconnaissent aisément à la différence de leur épaisseur, qui varie et n'est pas la même partout comme celle des couches anciennes, à leurs interruptions fréquentes, et enfin à la matière même qu'il est aisé de juger et qu'on reconnaît avoir été lavée, roulée et arrondie. On peut dire la même chose des couches de tourbes et de végétaux pourris qui se trouvent au-dessous de la première couche de terre dans les terrains marécageux; ces couches ne sont pas anciennes, et elles ont été produites par l'entassement successif des arbres et des plantes qui peu à peu ont comblé ces marais. Il en est encore de même de ces couches limoneuses que l'inondation des fleuves a produites dans différents pays ; tous ces terrains ont été nouvellement formés par les eaux courantes ou stagnantes, et ils ne suivent pas la pente égale ou le niveau aussi exactement que les couches anciennement produites par le mouvement régulier des ondes de la mer. Dans les couches que les rivières ont formées on trouve des coquilles fluviatiles, mais il y en a peu de marines, et le peu qu'on y en trouve est brisé, déplacé, isolé, au lieu que dans les couches anciennes les coquilles marines se trouvent en quantité; il n'y en a point de fluviatiles, et ces coquilles de mer y sont bien conservées et toutes placées de la même manière, comme ayant été transportées et posées en même temps par la même cause; et en effet pourquoi ne trouve-t-on pas les matières entassées irrégulièrement, au lieu de les trouver par couches? pourquoi les marbres, les pierres dures, les craies, les argiles, les plâtres, les marnes, etc., ne sont-ils pas dispersés ou joints par couches irrégulières ou verticales? pourquoi les choses pesantes ne sont-elles pas toujours au-dessous des plus légères? Il est aisé d'apercevoir que cette uniformité de la nature, cette espèce d'organisation de la terre, cette jonction des différentes matières par couches parallèles et par lits, sans égard à leur pesanteur, n'ont pu être produites que par une cause aussi puissante et aussi constante que celle de l'agitation des eaux de la mer, soit par le mouvement réglé des vents, soit par celui du flux et du reflux, etc.

Ces causes agissent avec plus de force sous l'équateur que dans les autres climats, car les vents y sont plus constants et les marées plus violentes que partout ailleurs; aussi les plus grandes chaines de montagnes sont voisines de l'équateur[1], les montagnes de l'Afrique et du Pérou sont les plus hautes qu'on

1. Les plus grandes chaines de montagnes ne sont pas voisines de l'équateur. Je reviendrai plus tard sur ce point.

connaisse, et après avoir traversé des continents entiers, elles s'étendent encore à des distances très-considérables sous les eaux de la mer Océane. Les montagnes de l'Europe et de l'Asie, qui s'étendent depuis l'Espagne jusqu'à la Chine, ne sont pas aussi élevées que celles de l'Amérique méridionale et de l'Afrique. Les montagnes du Nord ne sont, au rapport des voyageurs, que des collines en comparaison de celles des pays méridionaux; d'ailleurs le nombre des îles est fort peu considérable dans les mers septentrionales, tandis qu'il y en a une quantité prodigieuse dans la zone torride; et comme une île n'est qu'un sommet de montagne, il est clair que la surface de la terre a beaucoup plus d'inégalités vers l'équateur que vers le nord.

Le mouvement général du flux et du reflux a donc produit les plus grandes montagnes qui se trouvent dirigées d'occident en orient dans l'ancien continent, et du nord au sud dans le nouveau, dont les chaînes sont d'une étendue très-considérable; mais il faut attribuer aux mouvements particuliers des courants, des vents et des autres agitations irrégulières de la mer, l'origine de toutes les autres montagnes; elles ont vraisemblablement été produites par la combinaison de tous ces mouvements, dont on voit bien que les effets doivent être variés à l'infini, puisque les vents, la position différente des îles et des côtes ont altéré de tous les temps et dans tous les sens possibles la direction du flux et du reflux des eaux : ainsi il n'est point étonnant qu'on trouve sur le globe des éminences considérables dont le cours est dirigé vers différentes plages : il suffit pour notre objet d'avoir démontré que les montagnes n'ont point été placées au hasard, et qu'elles n'ont point été produites par des tremblements de terre[1] ou par d'autres causes accidentelles, mais qu'elles sont un effet résultant de l'ordre général de la nature, aussi bien que l'espèce d'organisation qui leur est propre et la position des matières qui les composent.

Mais comment est-il arrivé que cette terre que nous habitons, que nos ancêtres ont habitée comme nous, qui de temps immémorial est un continent sec, ferme et éloigné des mers, ayant été autrefois un fond de mer, soit actuellement supérieure à toutes les eaux et en soit si distinctement séparée? Pourquoi les eaux de la mer n'ont-elles pas resté sur cette terre, puisqu'elles y ont séjourné si longtemps? Quel accident, quelle cause a pu produire ce changement dans le globe? Est-il même possible d'en concevoir une assez puissante pour opérer un tel effet?

Ces questions sont difficiles à résoudre, mais les faits étant certains, la manière dont ils sont arrivés peut demeurer inconnue sans préjudicier au jugement que nous devons en porter; cependant si nous voulons y réfléchir, nous trouverons par induction des raisons très-plausibles de ces changements[a]. Nous voyons tous les jours la mer gagner du terrain dans de cer-

a. Voyez les Preuves, art. xix.
1. Voyez la note de la page 44.

taines côtes et en perdre dans d'autres; nous savons que l'Océan a un mouvement général et continuel d'orient en occident, nous entendons de loin les efforts terribles que la mer fait contre les basses terres et contre les rochers qui la bornent, nous connaissons des provinces entières où on est obligé de lui opposer des digues que l'industrie humaine a bien de la peine à soutenir contre la fureur des flots, nous avons des exemples de pays récemment submergés et de débordements réguliers; l'histoire nous parle d'inondations encore plus grandes et de déluges : tout cela ne doit-il pas nous porter à croire qu'il est en effet arrivé de grandes révolutions sur la surface de la terre, et que la mer a pu quitter et laisser à découvert la plus grande partie des terres qu'elle occupait autrefois? Par exemple, si nous nous prêtons un instant à supposer que l'ancien et le nouveau monde ne faisaient autrefois qu'un seul continent, et que par un violent tremblement de terre le terrain de l'ancienne Atlantide de Platon se soit affaissé, la mer aura nécessairement coulé de tous côtés pour former l'océan Atlantique, et par conséquent aura laissé à découvert de vastes continents qui sont peut-être ceux que nous habitons; ce changement a donc pu se faire tout à coup par l'affaissement de quelque vaste caverne dans l'intérieur du globe[1], et produire par conséquent un déluge universel; ou bien ce changement ne s'est pas fait tout à coup, et il a fallu peut-être beaucoup de temps, mais enfin il s'est fait, et je crois même qu'il s'est fait naturellement; car, pour juger de ce qui est arrivé et même de ce qui arrivera, nous n'avons qu'à examiner ce qui arrive. Il est certain, par les observations réitérées de tous les voyageurs[a], que l'Océan a un mouvement constant d'orient en occident ; ce mouvement se fait sentir non-seulement entre les tropiques comme celui du vent d'est, mais encore dans toute l'étendue des zones tempérées et froides où l'on a navigué : il suit de cette observation qui est constante, que la mer Pacifique fait un effort continuel contre les côtes de la Tartarie, de la Chine et de l'Inde; que l'océan Indien fait effort contre la côte orientale de l'Afrique, et que l'océan Atlantique agit de même contre toutes les côtes orientales de l'Amérique : ainsi la mer a dû et doit toujours gagner du terrain sur les côtes orientales, et en perdre sur les côtes occidentales. Cela seul suffirait pour prouver la possibilité de ce changement de terre en mer et de mer en terre; et si en effet il s'est opéré par ce mouvement des eaux d'orient en occident, comme il y a grande apparence, ne peut-on pas conjecturer très-vraisemblablement que le pays le plus ancien du monde est l'Asie et tout le continent oriental? que l'Europe

a. Voyez *Varen.*, *Géogr. gén.*, p. 119.

1. La théorie de la formation des montagnes, par voie de *soulèvement*, explique tout à la fois le *soulèvement* de certaines parties du sol, l'*affaissement* de quelques autres, et, ce qui est la suite de ce changement de niveau, le *déplacement* des mers. (Voyez mon *Histoire des travaux et des idées de Buffon.*)

au contraire et une partie de l'Afrique, et surtout les côtes occidentales de ces continents, comme l'Angleterre, la France, l'Espagne, la Mauritanie, etc., sont des terres plus nouvelles ? L'histoire paraît s'accorder ici avec la physique, et confirmer cette conjecture qui n'est pas sans fondement.

Mais il y a bien d'autres causes qui concourent avec le mouvement continuel de la mer d'orient en occident pour produire l'effet dont nous parlons. Combien n'y a-t-il pas de terres plus basses que le niveau de la mer et qui ne sont défendues que par un isthme, un banc de rochers, ou par des digues encore plus faibles! l'effort des eaux détruira peu à peu ces barrières, et dès lors ces pays seront submergés. De plus, ne sait-on pas que les montagnes s'abaissent [a] continuellement par les pluies qui en détachent les terres et les entraînent dans les vallées? ne sait-on pas que les ruisseaux roulent les terres des plaines et des montagnes dans les fleuves, qui portent à leur tour cette terre superflue dans la mer? ainsi peu à peu le fond des mers se remplit, la surface des continents s'abaisse et se met de niveau, et il ne faut que du temps pour que la mer prenne successivement la place de la terre.

Je ne parle point de ces causes éloignées qu'on prévoit moins qu'on ne les devine, de ces secousses de la nature dont le moindre effet serait la catastrophe du monde : le choc ou l'approche d'une comète, l'absence de la lune, la présence d'une nouvelle planète, etc., sont des suppositions sur lesquelles il est aisé de donner carrière à son imagination; de pareilles causes produisent tout ce qu'on veut, et d'une seule de ces hypothèses on va tirer mille romans physiques que leurs auteurs appelleront Théorie de la Terre. Comme historien nous nous refusons à ces vaines spéculations, elles roulent sur des possibilités qui, pour se réduire à l'acte, supposent un bouleversement de l'univers, dans lequel notre globe, comme un point de matière abandonnée, échappe à nos yeux et n'est plus un objet digne de nos regards; pour les fixer il faut le prendre tel qu'il est, en bien observer toutes les parties, et par des inductions conclure du présent au passé; d'ailleurs des causes dont l'effet est rare, violent et subit, ne doivent pas nous toucher, elles ne se trouvent pas dans la marche ordinaire de la nature, mais des effets qui arrivent tous les jours, des mouvements qui se succèdent et se renouvellent sans interruption, des opérations constantes et toujours réitérées, ce sont là nos causes et nos raisons.

Ajoutons-y des exemples, combinons la cause générale avec les causes particulières, et donnons des faits dont le détail rendra sensibles les différents changements qui sont arrivés sur le globe, soit par l'irruption de l'Océan dans les terres, soit par l'abandon de ces mêmes terres lorsqu'elles se sont trouvées trop élevées.

---

a. Voyez Ray's Discourses, p. 226. — Plot, Hist. nat., etc.,

La plus grande irruption de l'Océan dans les terres est celle [a] qui a produit la mer [b] Méditerranée ; entre deux promontoires avancés, l'Océan [c] coule avec une très-grande rapidité par un passage étroit, et forme ensuite une vaste mer qui couvre un espace, lequel, sans y comprendre la mer Noire, est environ sept fois grand comme la France. Ce mouvement de l'Océan par le détroit de Gibraltar est contraire à tous les autres mouvements de la mer dans tous les détroits qui joignent l'Océan à l'Océan ; car le mouvement général de la mer est d'orient en occident, et celui-ci seul est d'occident en orient ; ce qui prouve que la mer Méditerranée n'est point un golfe ancien de l'Océan, mais qu'elle a été formée par une irruption des eaux, produite par quelques causes accidentelles, comme serait un tremblement de terre, lequel aurait affaissé les terres à l'endroit du détroit, ou un violent effort de l'Océan causé par les vents, qui aurait rompu la digue entre les promontoires de Gibraltar et de Ceuta. Cette opinion est appuyée du témoignage des anciens [d], qui ont écrit que la mer Méditerranée n'existait point autrefois, et elle est, comme on voit, confirmée par l'histoire naturelle et par les observations qu'on a faites sur la nature des terres à la côte d'Afrique et à celle d'Espagne, où l'on trouve les mêmes lits de pierres, les mêmes couches de terre en deçà et au delà du détroit, à peu près comme dans de certaines vallées où les deux collines qui les surmontent se trouvent être composées des mêmes matières et au même niveau.

L'Océan s'étant donc ouvert cette porte, a d'abord coulé par le détroit avec une rapidité beaucoup plus grande qu'il ne coule aujourd'hui, et il a inondé le continent qui joignait l'Europe à l'Afrique ; les eaux ont couvert toutes les basses terres dont nous n'apercevons aujourd'hui que les éminences et les sommets dans l'Italie et dans les îles de Sicile, de Malte, de Corse, de Sardaigne, de Chypre, de Rhodes, et de l'archipel.

Je n'ai pas compris la mer Noire dans cette irruption de l'Océan, parce qu'il parait que la quantité d'eau qu'elle reçoit du Danube, du Niéper, du Don et de plusieurs autres fleuves qui y entrent, est plus que suffisante pour la former, et que d'ailleurs elle [e] coule avec une très-grande rapidité par le Bosphore dans la mer Méditerranée. On pourrait même présumer que la mer Noire et la mer Caspienne ne faisaient autrefois que deux grands lacs qui peut-être étaient joints par un détroit de communication, ou bien par un marais ou un petit lac qui réunissait les eaux du Don et du Volga auprès de Tria, où ces deux fleuves sont fort voisins l'un de l'autre , et l'on peut croire que ces deux mers ou ces deux lacs étaient autrefois d'une bien plus grande

---

a. Voyez les Preuves, art. XI et XIX.
b. Voyez *Ray's Discourses*, p. 209.
c. Voyez *Trans. phil. Abr.*, vol. II, p. 289.
d. Diodore de Sicile, Strabon.
e. Voyez *Trans. phil. Abr.*, vol. II, p. 289.

étendue qu'ils ne sont aujourd'hui ; peu à peu ces grands fleuves, qui ont leurs embouchures dans la mer Noire et dans la mer Caspienne, auront amené une assez grande quantité de terre pour fermer la communication, remplir le détroit et séparer ces deux lacs; car on sait qu'avec le temps les grands fleuves remplissent les mers et forment des continents nouveaux, comme la province de l'embouchure du fleuve Jaune à la Chine, la Lousiane à l'embouchure du Mississipi, et la partie septentrionale de l'Égypte qui doit son origine [a] et son existence aux inondations [b] du Nil. La rapidité de ce fleuve entraîne les terres de l'intérieur de l'Afrique, et il les dépose ensuite dans ses débordements en si grande quantité qu'on peut fouiller jusqu'à cinquante pieds dans l'épaisseur de ce limon déposé par les inondations du Nil; de même les terrains de la province de la rivière Jaune et de la Lousiane ne se sont formés que par le limon des fleuves.

Au reste la mer Caspienne est actuellement un vrai lac qui n'a aucune communication avec les autres mers, pas même avec le lac Aral qui parait en avoir fait partie, et qui n'en est séparé que par un vaste pays de sable dans lequel on ne trouve ni fleuves, ni rivières, ni aucun canal par lequel la mer Caspienne puisse verser ses eaux. Cette mer n'a donc aucune communication extérieure avec les autres mers, et je ne sais si l'on est bien fondé à soupçonner qu'elle en a d'intérieure avec la mer Noire ou avec le golfe Persique. Il est vrai que la mer Caspienne reçoit le Volga et plusieurs autres fleuves qui semblent lui fournir plus d'eau que l'évaporation n'en peut enlever, mais indépendamment de la difficulté de cette estimation, il parait que si elle avait communication avec l'une ou l'autre de ces mers, on y aurait reconnu un courant rapide et constant qui entraînerait tout vers cette ouverture qui servirait de décharge à ses eaux, et je ne sache pas qu'on ait jamais rien observé de semblable sur cette mer; des voyageurs exacts, sur le témoignage desquels on peut compter, nous assurent le contraire, et par conséquent il est nécessaire que l'évaporation enlève de la mer Caspienne une quantité d'eau égale à celle qu'elle reçoit.

On pourrait encore conjecturer avec quelque vraisemblance que la mer Noire sera un jour séparée de la Méditerranée, et que le Bosphore se remplira lorsque les grands fleuves qui ont leurs embouchures dans le Pont-Euxin auront amené une assez grande quantité de terre pour fermer le détroit; ce qui peut arriver avec le temps, et par la diminution successive des fleuves, dont la quantité des eaux diminue à mesure que les montagnes et les pays élevés, dont ils tirent leurs sources, s'abaissent par le dépouillement des terres que les pluies entrainent et que les vents enlèvent.

La mer Caspienne et la mer Noire doivent donc être regardées plutôt comme des lacs que comme des mers ou des golfes de l'Océan; car elles

a. Voyez les Voyages de Shaw, vol. ii, p. 173 jusqu'à la p. 188.
b. Voyez les Preuves, art. xix.

ressemblent à d'autres lacs qui reçoivent un grand nombre de fleuves et qui ne rendent rien par les voies extérieures, comme la mer Morte, plusieurs lacs en Afrique, etc.; d'ailleurs les eaux de ces deux mers ne sont pas à beaucoup près aussi salées que celles de la Méditerranée ou de l'Océan, et tous les voyageurs assurent que la navigation est très-difficile sur la mer Noire et sur la mer Caspienne, à cause de leur peu de profondeur et de la quantité d'écueils et de bas-fonds qui s'y rencontrent, en sorte qu'elles ne peuvent porter que de petits vaisseaux[a] ; ce qui prouve encore qu'elles ne doivent pas être regardées comme des golfes de l'Océan, mais comme des amas d'eau formés par les grands fleuves dans l'intérieur des terres.

Il arriverait peut-être une irruption considérable de l'Océan dans les terres, si on coupait l'isthme qui sépare l'Afrique de l'Asie, comme les rois d'Égypte, et depuis les califes, en ont eu le projet; et je ne sais si le canal de communication qu'on a prétendu reconnaître entre ces deux mers est assez bien constaté, car la mer Rouge doit être plus élevée que la mer Méditerranée; cette mer étroite est un bras de l'Océan qui dans toute son étendue ne reçoit aucun fleuve du côté de l'Égypte, et fort peu de l'autre côté : elle ne sera donc pas sujette à diminuer comme les mers ou les lacs qui reçoivent en même temps les terres et les eaux que les fleuves y amènent, et qui se remplissent peu à peu. L'Océan fournit à la mer Rouge toutes ses eaux, et le mouvement du flux et du reflux y est extrêmement sensible; ainsi elle participe immédiatement aux grands mouvements de l'Océan. Mais la mer Méditerranée est plus basse que l'Océan, puisque les eaux y coulent avec une très-grande rapidité par le détroit de Gibraltar : d'ailleurs elle reçoit le Nil qui coule parallèlement à la côte occidentale de la mer Rouge et qui traverse l'Égypte dans toute sa longueur, dont le terrain est par lui-même extrêmement bas : ainsi il est très-vraisemblable que la mer Rouge est plus élevée que la Méditerranée, et que si on ôtait la barrière en coupant l'isthme de Suez, il s'ensuivrait une grande inondation et une augmentation considérable de la mer Méditerranée, à moins qu'on ne retînt les eaux par des digues et des écluses de distance en distance, comme il est à présumer qu'on l'a fait autrefois si l'ancien canal de communication a existé.

Mais sans nous arrêter plus longtemps à des conjectures qui, quoique fondées, pourraient paraître trop hasardées, surtout à ceux qui ne jugent des possibilités que par les événements actuels, nous pouvons donner des exemples récents et des faits certains sur le changement de mer en terre[b] et de terre en mer. A Venise le fond de la mer Adriatique s'élève tous les jours, et il y a déjà longtemps que les lagunes et la ville feraient partie du continent, si on n'avait pas un très-grand soin de nettoyer et vider les canaux : il en est de même de la plupart des ports, des petites baies et des

<hr>

a. Voyez les Voyages de Pietro della Valle, vol. III, p. 236.
b. Voyez les Preuves, art. XIX

embouchures de toutes les rivières. En Hollande le fond de la mer s'élève aussi en plusieurs endroits, car le petit golfe de Zuyderzée et le détroit du Texel ne peuvent plus recevoir de vaisseaux aussi grands qu'autrefois. On trouve, à l'embouchure de presque tous les fleuves, des îles, des sables, des terres amoncelées et amenées par les eaux, et il n'est pas douteux que la mer ne se remplisse dans tous les endroits où elle reçoit de grandes rivières. Le Rhin se perd dans les sables qu'il a lui-même accumulés; le Danube, le Nil et tous les grands fleuves ayant entraîné beaucoup de terrain, n'arrivent plus à la mer par un seul canal, mais ils ont plusieurs bouches dont les intervalles ne sont remplis que des sables ou du limon qu'ils ont charriés. Tous les jours on dessèche des marais, on cultive des terres abandonnées par la mer, on navigue sur des pays submergés; enfin nous voyons sous nos yeux d'assez grands changements de terres en eau et d'eau en terres, pour être assurés que ces changements se sont faits, se font et se feront; en sorte qu'avec le temps les golfes deviendront des continents, les isthmes seront un jour des détroits, les marais deviendront des terres arides, et les sommets de nos montagnes les écueils de la mer.

Les eaux ont donc couvert et peuvent encore couvrir successivement toutes les parties des continents terrestres, et dès lors on doit cesser d'être étonné de trouver partout des productions marines et une composition dans l'intérieur qui ne peut être que l'ouvrage des eaux. Nous avons vu comment se sont formées les couches horizontales de la terre, mais nous n'avons encore rien dit des fentes perpendiculaires qu'on remarque dans les rochers, dans les carrières, dans les argiles, etc., et qui se trouvent aussi généralement [a] que les couches horizontales dans toutes les matières qui composent le globe; ces fentes perpendiculaires sont à la vérité beaucoup plus éloignées les unes des autres que les couches horizontales, et plus les matières sont molles, plus ces fentes paraissent être éloignées les unes des autres. Il est fort ordinaire dans les carrières de marbre ou de pierre dure, de trouver les fentes perpendiculaires éloignées seulement de quelques pieds; si la masse des rochers est fort grande, on les trouve éloignées de quelques toises, quelquefois elles descendent depuis le sommet des rochers jusqu'à leur base, souvent elles se terminent à un lit inférieur du rocher, mais elles sont toujours perpendiculaires aux couches horizontales dans toutes les matières calcinables, comme les craies, les marnes, les pierres, les marbres, etc.; au lieu qu'elles sont plus obliques et plus irrégulièrement posées dans les matières vitrifiables, dans les carrières de grès et les rochers de caillou, où elles sont intérieurement garnies de pointes de cristal et de minéraux de toute espèce; et dans les carrières de marbre ou de pierre calcinable, elles sont remplies de spar[1], de gypse, de gravier et d'un sable terreux qui est

a. Voyez les Preuves, art. XVII.

1. *Spar :* nom anglais du *spath.*

bon pour bâtir et qui contient beaucoup de chaux ; dans les argiles, dans les craies, dans les marnes et dans toutes les autres espèces de terres, à l'exception des tufs, on trouve ces fentes perpendiculaires ou vides, ou remplies de quelques matières que l'eau y a conduites.

Il me semble qu'on ne doit pas aller chercher loin la cause et l'origine de ces fentes perpendiculaires ; comme toutes les matières ont été amenées et déposées par les eaux, il est naturel de penser qu'elles étaient détrempées et qu'elles contenaient d'abord une grande quantité d'eau, peu à peu elles se sont durcies et ressuyées, et en se desséchant elles ont diminué de volume, ce qui les a fait fendre de distance en distance : elles ont dû se fendre perpendiculairement, parce que l'action de la pesanteur des parties les unes sur les autres est nulle dans cette direction, et qu'au contraire elle est tout à fait opposée à cette *disruption* dans la situation horizontale, ce qui a fait que la diminution de volume n'a pu avoir d'effet sensible que dans la direction verticale. Je dis que c'est la diminution du volume par le desséchement qui seule a produit ces fentes perpendiculaires, et que ce n'est pas l'eau contenue dans l'intérieur de ces matières qui a cherché des issues et qui a formé ces fentes[1] ; car j'ai souvent observé que les deux parois de ces fentes se répondent dans toute leur hauteur aussi exactement que deux morceaux de bois qu'on viendrait de fendre : leur intérieur est rude et ne paraît pas avoir essuyé le frottement des eaux qui auraient à la longue poli et usé les surfaces ; ainsi ces fentes se sont faites ou tout à coup, ou peu à peu par le desséchement, comme nous voyons les gerçures se faire dans les bois, et la plus grande partie de l'eau s'est évaporée par les pores. Mais nous ferons voir dans notre discours sur les minéraux, qu'il reste encore de cette eau primitive dans les pierres et dans plusieurs autres matières, et qu'elle sert à la production des cristaux, des minéraux et de plusieurs autres substances terrestres.

L'ouverture de ces fentes perpendiculaires varie beaucoup pour la grandeur ; quelques-unes n'ont qu'un demi-pouce, un pouce, d'autres ont un pied, deux pieds, il y en a qui ont quelquefois plusieurs toises, et ces dernières forment entre les deux parties du rocher ces précipices qu'on rencontre si souvent dans les Alpes et dans toutes les hautes montagnes : on voit bien que celles dont l'ouverture est petite ont été produites par le seul desséchement, mais celles qui présentent une ouverture de quelques pieds de largeur ne se sont pas augmentées à ce point par cette seule cause, c'est aussi parce que la base qui porte le rocher ou les terres supérieures, s'est affaissée un peu plus d'un côté que de l'autre, et un petit affaissement dans la base, par exemple, d'une ligne ou deux, suffit pour produire dans

---

1. Ces *fentes* sont dues aux *tremblements de terre*. Les *tremblements de terre*, le *soulèvement des montagnes*, les *volcans*, sont tous phénomènes qui dépendent d'une seule et même cause : la réaction violente du *feu central* contre la pression des couches extérieures du globe.

une hauteur considérable des ouvertures de plusieurs pieds et même de plusieurs toises ; quelquefois aussi les rochers coulent un peu sur leur base de glaise ou de sable, et les fentes perpendiculaires deviennent plus grandes par ce mouvement. Je ne parle pas encore de ces larges ouvertures, de ces énormes coupures qu'on trouve dans les rochers et dans les montagnes ; elles ont été produites par de grands affaissements, comme serait celui d'une caverne intérieure qui, ne pouvant plus soutenir le poids dont elle est chargée, s'affaisse et laisse un intervalle considérable entre les terres supérieures. Ces intervalles sont différents des fentes perpendiculaires, ils paraissent être des portes ouvertes par les mains de la nature pour la communication des nations. C'est de cette façon que se présentent les portes qu'on trouve dans les chaines de montagnes et les ouvertures des détroits de la mer, comme les Thermopyles, les portes du Caucase, des Cordilières, etc., la porte du détroit de Gibraltar entre les monts Calpé et Abyla, la porte de l'Hellespont, etc. Ces ouvertures n'ont point été formées par la simple séparation des matières, comme les fentes dont nous venons de parler [a], mais par l'affaissement et la destruction d'une partie même des terres qui a été engloutie ou renversée.

Ces grands affaissements, quoique produits par des causes accidentelles [b] et secondaires, ne laissent pas que de tenir une des premières places entre les principaux faits de l'histoire de la terre, et ils n'ont pas peu contribué à changer la face du globe. La plupart sont causés par des feux intérieurs, dont l'explosion fait les tremblements de terre et les volcans : rien n'est comparable à la force [c] de ces matières enflammées et resserrées dans le sein de la terre, on a vu des villes entières englouties, des provinces bouleversées, des montagnes renversées par leur effort ; mais quelque grande que soit cette violence, et quelque prodigieux que nous en paraissent les effets, il ne faut pas croire que ces feux viennent d'un feu central [1], comme quelques auteurs l'ont écrit, ni même qu'ils viennent d'une grande profondeur, comme c'est l'opinion commune ; car l'air est absolument nécessaire à leur embrasement, au moins pour l'entretenir ; on peut s'assurer en examinant les matières qui sortent des volcans dans les plus violentes éruptions, que le foyer de la matière enflammée n'est pas à une grande profondeur, et que ce sont des matières semblables à celles qu'on trouve sur la croupe de la montagne, qui ne sont défigurées que par la calcination et la fonte des parties métalliques qui y sont mêlées ; et pour se convaincre que ces matières jetées par

a. Voyez les Preuves, art. XVII.

b. Voyez les Preuves, art. XVII.

c. Voyez *Agricola, De rebus quæ effluunt e terra. Trans. phil. Abr.*, vol. II, p. 391. — *Ray's Discourses*, p. 272, etc.

1. Ils en viennent, tout au contraire. Le *feu central* est la grande et profonde source du *feu des volcans*.

les volcans ne viennent pas d'une grande profondeur, il n'y a qu'à faire attention à la hauteur de la montagne et juger de la force immense qui serait nécessaire pour pousser des pierres et des minéraux à une demi-lieue de hauteur; car l'Etna, l'Hécla et plusieurs autres volcans ont au moins cette élévation au-dessus des plaines. Or on sait que l'action du feu se fait en tout sens; elle ne pourrait donc pas s'exercer en haut avec une force capable de lancer de grosses pierres à une demi-lieue en hauteur, sans *réagir* avec la même force en bas et vers les côtés, cette réaction aurait bientôt détruit et percé la montagne de tous côtés, parce que les matières qui la composent ne sont pas plus dures que celles qui sont lancées; et comment imaginer que la cavité qui sert de tuyau ou de canon pour conduire ces matières jusqu'à l'embouchure du volcan, puisse résister à une si grande violence? d'ailleurs si cette cavité descendait fort bas, comme l'orifice extérieur n'est pas fort grand, il serait comme impossible qu'il en sortît à la fois une aussi grande quantité de matières enflammées et liquides, parce qu'elles se choqueraient entre elles et contre les parois du tuyau, et qu'en parcourant un espace aussi long, elles s'éteindraient et se durciraient. On voit souvent couler du sommet du volcan dans les plaines des ruisseaux de bitume et de soufre fondu qui viennent de l'intérieur, et qui sont jetés au dehors avec les pierres et les minéraux. Est-il naturel d'imaginer que des matières si peu solides, et dont la masse donne si peu de prise à une violente action, puissent être lancées d'une grande profondeur? Toutes les observations qu'on fera sur ce sujet prouveront que le feu des volcans n'est pas éloigné du sommet de la montagne, et qu'il s'en faut bien qu'il descende [a] au niveau des plaines.[1]

Cela n'empêche pas cependant que son action ne se fasse sentir dans ces plaines par des secousses et des tremblements de terre qui s'étendent quelquefois à une très-grande distance, qu'il ne puisse y avoir de voies souterraines par où la flamme et la fumée peuvent se [b] communiquer d'un volcan à un autre, et que dans ce cas ils ne puissent agir et s'enflammer presque en même temps; mais c'est du foyer de l'embrasement que nous parlons, il ne peut être qu'à une petite distance de la bouche du volcan, et il n'est pas nécessaire pour produire un tremblement de terre dans la plaine que ce foyer soit au-dessous du niveau de la plaine, ni qu'il y ait des cavités intérieures remplies du même feu; car une violente explosion, telle qu'est celle d'un volcan, peut, comme celle d'un magasin à poudre, donner une secousse assez violente pour qu'elle produise par sa réaction un tremblement de terre.

a. Voyez Borelli, *De incendiis Ætnæ*, etc.
b. Voyez *Trans. phil. Abr.*, vol. ii, p. 392.

1. Le *feu des volcans est très-éloigné du sommet de la montagne; il descend* beaucoup plus bas que le *niveau des plaines.* Le feu des volcans réside à des profondeurs inconnues; il réside où réside le *feu central.*

Je ne prétends pas dire pour cela qu'il n'y ait des tremblements de terre produits immédiatement par des feux souterrains, mais [a] il y en a qui viennent de la seule explosion des volcans. Ce qui confirme tout ce que je viens d'avancer à ce sujet, c'est qu'il est très-rare de trouver des volcans dans les plaines, ils sont au contraire tous dans les plus hautes montagnes, et ils ont tous leur bouche au sommet; si le feu intérieur qui les consume, s'étendait jusque dessous les plaines, ne le verrait-on pas dans le temps de ces violentes éruptions s'échapper et s'ouvrir un passage au travers du terrain des plaines? et dans le temps de la première éruption, ces feux n'auraient-ils pas plutôt percé dans les plaines et au pied des montagnes où ils n'auraient trouvé qu'une faible résistance, en comparaison de celle qu'ils ont dû éprouver, s'il est vrai qu'ils aient ouvert et fendu une montagne d'une demi-lieue de hauteur pour trouver une issue?

Ce qui fait que les volcans sont toujours dans les montagnes, c'est que les minéraux, les pyrites et les soufres se trouvent en plus grande quantité et plus à découvert dans les montagnes que dans les plaines, et que ces lieux élevés recevant plus aisément et en plus grande abondance les pluies et les autres impressions de l'air, ces matières minérales, qui y sont exposées, se mettent en fermentation [1] et s'échauffent jusqu'au point de s'enflammer.

Enfin on a souvent observé qu'après de violentes éruptions pendant lesquelles le volcan rejette une très-grande quantité de matières, le sommet de la montagne s'affaisse et diminue à peu près de la même quantité qu'il serait nécessaire qu'il diminuât pour fournir les matières rejetées; autre preuve qu'elles ne viennent pas de la profondeur intérieure du pied de la montagne, mais de la partie voisine du sommet, et du sommet même.

Les tremblements de terre ont donc produit dans plusieurs endroits des affaissements considérables, et ont fait quelques-unes des grandes séparations qu'on trouve dans les chaines des montagnes : toutes les autres ont été produites en même temps que les montagnes mêmes, par le mouvement des courants de la mer; et partout où il n'y a pas eu de bouleversements, on trouve les couches horizontales et les angles correspondants des montagnes [b]. Les volcans ont aussi formé des cavernes et des excavations souterraines qu'il est aisé de distinguer de celles qui ont été formées par les eaux, qui ayant entraîné de l'intérieur des montagnes les sables et les autres matières divisées, n'ont laissé que les pierres et les rochers qui contenaient ces sables, et ont ainsi formé les cavernes que l'on remarque dans les lieux élevés; car

a. Voyez les Preuves, art. xvi.

b. Voyez les Preuves, art. xvii.

1. Rien de tout ceci ne saurait plus être admis aujourd'hui : la même cause qui produit le *volcan*, avant de produire le *volcan*, produit le *soulèvement*, la *montagne* ; les *montagnes* ne sont pas des amas de *pyrites* et de *soufres* : ces matières ne se mettent point en *fermentation*, etc., etc. *Fermentation* est même ici une expression très-inexacte : il n'y a que les *matières organiques* qui *fermentent*. (Voyez, plus loin, mes notes sur les *volcans*.)

celles qu'on trouve dans les plaines ne sont ordinairement que des carrières anciennes ou des mines de sel et d'autres minéraux, comme la carrière de Maestricht et les mines de Pologne, etc., qui sont dans des plaines; mais les cavernes naturelles appartiennent aux montagnes, et elles reçoivent les eaux du sommet et des environs, qui y tombent comme dans des réservoirs, d'où elles coulent ensuite sur la surface de la terre lorsqu'elles trouvent une issue. C'est à ces cavités que l'on doit attribuer l'origine des fontaines abondantes et des grosses sources, et lorsqu'une caverne s'affaisse et se comble, il s'ensuit ordinairement [a] une inondation.

On voit, par tout ce que nous venons de dire, combien les feux souterrains contribuent à changer la surface et l'intérieur du globe : cette cause est assez puissante pour produire d'aussi grands effets, mais on ne croirait pas que les vents pussent causer [b] des altérations sensibles sur la terre; la mer paraît être leur empire, et après le flux et le reflux rien n'agit avec plus de puissance sur cet élément; même le flux et le reflux marchent d'un pas uniforme, et leurs effets s'opèrent d'une manière égale et qu'on prévoit, mais les vents impétueux agissent, pour ainsi dire, par caprice, ils se précipitent avec fureur et agitent la mer avec une telle violence qu'en un instant cette plaine calme et tranquille devient hérissée de vagues hautes comme des montagnes, qui viennent se briser contre les rochers et contre les côtes; les vents changent donc à tout moment la face mobile de la mer : mais la face de la terre, qui nous paraît si solide, ne devrait-elle pas être à l'abri d'un pareil effet? On sait cependant que les vents élèvent des montagnes de sable dans l'Arabie et dans l'Afrique, qu'ils en couvrent les plaines, et que souvent ils transportent ces sables à de grandes [c] distances et jusqu'à plusieurs lieues dans la mer, où ils les amoncèlent en si grande quantité qu'ils y ont formé des bancs, des dunes et des îles. On sait que les ouragans sont le fléau des Antilles, de Madagascar et de beaucoup d'autres pays, où ils agissent avec tant de fureur qu'ils enlèvent quelquefois les arbres, les plantes, les animaux avec toute la terre cultivée; ils font remonter et tarir les rivières, ils en produisent de nouvelles, ils renversent les montagnes et les rochers, ils font des trous et des gouffres dans la terre, et changent entièrement la surface des malheureuses contrées où ils se forment. Heureusement il n'y a que peu de climats exposés à la fureur impétueuse de ces terribles agitations de l'air.

Mais ce qui produit les changements les plus grands et les plus généraux sur la surface de la terre, ce sont les eaux du ciel, les fleuves, les rivières et les torrents. Leur première origine vient des vapeurs que le

a. Voyez *Trans. phil. Abr.*, vol. II, p. 322.

b. Voyez les Preuves, art. XV.

c. Voyez *Bellarmin. De ascen. ment. in Deum.* — *Varen., Géogr. gén.*, p. 282. — *Voyage de Pyrard*, t. 1, p. 470.

soleil élève au-dessus de la surface des mers, et que les vents transportent dans tous les climats de la terre; ces vapeurs soutenues dans les airs
et poussées au gré du vent, s'attachent aux sommets des montagnes qu'elles
rencontrent, et s'y accumulent en si grande quantité, qu'elles y forment
continuellement des nuages et retombent incessamment en forme de pluie,
de rosée, de brouillard ou de neige. Toutes ces eaux sont d'abord descendues dans les plaines *a*, sans tenir de route fixe, mais peu à peu elles ont
creusé leur lit, et cherchant par leur pente naturelle les endroits les plus
bas de la montagne et les terrains les plus faciles à diviser ou à pénétrer,
elles ont entraîné les terres et les sables, elles ont formé des ravines profondes en coulant avec rapidité dans les plaines, elles se sont ouvert des
chemins jusqu'à la mer, qui reçoit autant d'eau par ses bords qu'elle en
perd par l'évaporation ; et de même que les canaux et les ravines que les
fleuves ont creusés, ont des sinuosités et des contours dont les angles sont
correspondants entre eux, en sorte que l'un des bords formant un angle
saillant dans les terres, le bord opposé fait toujours un angle rentrant, les
montagnes et les collines qu'on doit regarder comme les bords des vallées
qui les séparent, ont aussi des sinuosités correspondantes de la même façon ;
ce qui semble démontrer que les vallées ont été les canaux des courants
de la mer, qui les ont creusés peu à peu et de la même manière que les
fleuves ont creusé leur lit dans les terres.

Les eaux qui roulent sur la surface de la terre et qui y entretiennent la
verdure et la fertilité, ne sont peut-être que la plus petite partie de celles
que les vapeurs produisent; car il y a des veines d'eau qui coulent et de l'humidité qui se filtre à de grandes profondeurs dans l'intérieur de la terre.
Dans de certains lieux, en quelque endroit qu'on fouille, on est sûr de faire
un puits et de trouver de l'eau, dans d'autres on n'en trouve point du tout ;
dans presque tous les vallons et les plaines basses on ne manque guère de
trouver de l'eau à une profondeur médiocre; au contraire dans tous les
lieux élevés et dans toutes les plaines en montagne, on ne peut en tirer du
sein de la terre, et il faut ramasser les eaux du ciel. Il y a des pays d'une
vaste étendue où l'on n'a jamais pu faire un puits et où toutes les eaux qui
servent à abreuver les habitants et les animaux sont contenues dans des
mares et des citernes. En Orient, surtout dans l'Arabie, dans l'Égypte, dans
la Perse, etc., les puits sont extrêmement rares, aussi bien que les sources
d'eau douce, et ces peuples ont été obligés de faire de grands réservoirs
pour recueillir les eaux des pluies et des neiges : ces ouvrages faits pour
la nécessité publique, sont peut-être les plus beaux et les plus magnifiques monuments des Orientaux ; il y a des réservoirs qui ont jusqu'à
deux lieues de surface, et qui servent à arroser et à abreuver une province

---

a. Voyez les Preuves, art. x et xviii.

entière, au moyen des saignées et des petits ruisseaux qu'on en dérive de tous côtés. Dans d'autres pays au contraire, comme dans les plaines où coulent les grands fleuves de la terre, on ne peut pas fouiller un peu profondément sans trouver de l'eau, et dans un camp situé aux environs d'une rivière, souvent chaque tente a son puits au moyen de quelques coups de pioche.

Cette quantité d'eau qu'on trouve partout dans les lieux bas, vient des terres supérieures et des collines voisines, au moins pour la plus grande partie ; car dans le temps des pluies et de la fonte des neiges, une partie des eaux coule sur la surface de la terre, et le reste pénètre dans l'intérieur à travers les petites fentes des terres et des rochers, et cette eau sourcille en différents endroits lorsqu'elle trouve des issues, ou bien elle se filtre dans les sables, et lorsqu'elle vient à trouver un fond de glaise ou de terre ferme et solide, elle forme des lacs, des ruisseaux, et peut-être des fleuves souterrains dont le cours et l'embouchure nous sont inconnus, mais dont cependant par les lois de la nature le mouvement ne peut se faire qu'en allant d'un lieu plus élevé dans un lieu plus bas, et par conséquent ces eaux souterraines doivent tomber dans la mer ou se rassembler dans quelque lieu bas de la terre, soit à la surface, soit dans l'intérieur du globe ; car nous connaissons sur la terre quelques lacs dans lesquels il n'entre et desquels il ne sort aucune rivière, et il y en a un nombre beaucoup plus grand qui, ne recevant aucune rivière considérable, sont les sources des plus grands fleuves de la terre, comme les lacs du fleuve Saint-Laurent, le lac Chiamé, d'où sortent deux grandes rivières qui arrosent les royaumes d'Asem et de Pégu, les lacs d'Assiniboils en Amérique, ceux d'Ozera en Moscovie, celui qui donne naissance au fleuve Bog, celui d'où sort la grande rivière Irtis, etc., et une infinité d'autres qui semblent être les réservoirs *a* d'où la nature verse de tous côtés les eaux qu'elle distribue sur la surface de la terre. On voit bien que ces lacs ne peuvent être produits que par les eaux des terres supérieures qui coulent par de petits canaux souterrains en se filtrant à travers les graviers et les sables, et viennent toutes se rassembler dans les lieux les plus bas où se trouvent ces grands amas d'eau. Au reste il ne faut pas croire, comme quelques gens l'ont avancé, qu'il se trouve des lacs au sommet des plus hautes montagnes ; car ceux qu'on trouve dans les Alpes et dans les autres lieux hauts, sont tous surmontés par des terres beaucoup plus hautes, et sont au pied d'autres montagnes peut-être plus élevées que les premières, ils tirent leur origine des eaux qui coulent à l'extérieur ou se filtrent dans l'intérieur de ces montagnes, tout de même que les eaux des vallons et des plaines tirent leur source des collines voisines et des terres plus éloignées qui les surmontent.

a. Voyez les Preuves, art. XI.

Il doit donc se trouver, et il se trouve en effet dans l'intérieur de la terre, des lacs et des eaux répandues, surtout au-dessous des plaines [a] et des grandes vallées ; car les montagnes, les collines et toutes les hauteurs qui surmontent les terres basses, sont découvertes tout autour et présentent dans leur penchant une coupe ou perpendiculaire ou inclinée, dans l'étendue de laquelle les eaux qui tombent sur le sommet de la montagne et sur les plaines élevées, après avoir pénétré dans les terres, ne peuvent manquer de trouver issue et de sortir de plusieurs endroits en forme de sources et de fontaines, et par conséquent il n'y aura que peu ou point d'eau sous les montagnes : dans les plaines au contraire, comme l'eau qui se filtre dans les terres ne peut trouver d'issue, il y aura des amas d'eau souterrains dans les cavités de la terre, et une grande quantité d'eau qui suintera à travers les fentes des glaises et des terres fermes, ou qui se trouvera dispersée et divisée dans les graviers et dans les sables. C'est cette eau qu'on trouve partout dans les lieux bas; pour l'ordinaire le fond d'un puits n'est autre chose qu'un petit bassin dans lequel les eaux qui suintent des terres voisines se rassemblent en tombant d'abord goutte à goutte, et ensuite en filets d'eau continus, lorsque les routes sont ouvertes aux eaux les plus éloignées; en sorte qu'il est vrai de dire que quoique dans les plaines basses on trouve de l'eau partout, on ne pourrrait cependant y faire qu'un certain nombre de puits, proportionné à la quantité d'eau dispersée, ou plutôt à l'étendue des terres plus élevées d'où ces eaux tirent leur source.

Dans la plupart des plaines il n'est pas nécessaire de creuser jusqu'au niveau de la rivière pour avoir de l'eau ; on la trouve ordinairement à une moindre profondeur, et il n'y a pas d'apparence que l'eau des fleuves et des rivières s'étende loin en se filtrant à travers les terres; on ne doit pas non plus leur attribuer l'origine de toutes les eaux qu'on trouve au-dessous de leur niveau dans l'intérieur de la terre, car dans les torrents, dans les rivières qui tarissent, dans celles dont on détourne le cours, on ne trouve pas, en fouillant dans leur lit, plus d'eau qu'on n'en trouve dans les terres voisines; il ne faut qu'une langue de terre de cinq ou six pieds d'épaisseur pour contenir l'eau et l'empêcher de s'échapper, et j'ai souvent observé que les bords des ruisseaux et des mares ne sont pas sensiblement humides à six pouces de distance. Il est vrai que l'étendue de la filtration est plus ou moins grande selon que le terrain est plus ou moins pénétrable ; mais si l'on examine les ravines qui se forment dans les terres et même dans les sables, on reconnaîtra que l'eau passe toute dans le petit espace qu'elle se creuse elle-même et qu'à peine les bords sont mouillés à quelques pouces de distance dans ces sables; dans les terres végétales même, où la filtration doit être beaucoup plus grande que dans les sables et dans les autres terres, puis-

a. Voyez les Preuves, art. XVIII.

qu'elle est aidée de la force du tuyau capillaire, on ne s'aperçoit pas qu'elle s'étende fort loin. Dans un jardin on arrose abondamment, et on inonde, pour ainsi dire, une planche, sans que les planches voisines s'en ressentent considérablement ; j'ai remarqué en examinant de gros monceaux de terre de jardin de huit ou dix pieds d'épaisseur qui n'avaient pas été remués depuis quelques années, et dont le sommet était à peu près de niveau, que l'eau des pluies n'a jamais pénétré à plus de trois ou quatre pieds de profondeur ; en sorte qu'en remuant cette terre au printemps, après un hiver fort humide, j'ai trouvé la terre de l'intérieur de ces monceaux aussi sèche que quand on l'avait amoncelée. J'ai fait la même observation sur des terres accumulées depuis près de deux cents ans ; au-dessous de trois ou quatre pieds de profondeur la terre était aussi sèche que la poussière ; ainsi l'eau ne se communique ni ne s'étend pas aussi loin qu'on le croit par la seule filtration : cette voie n'en fournit dans l'intérieur de la terre que la plus petite partie ; mais depuis la surface jusqu'à de grandes profondeurs l'eau descend par son propre poids, elle pénètre par des conduits naturels ou par de petites routes qu'elle s'est ouvertes elle-même, elle suit les racines des arbres, les fentes des rochers, les interstices des terres, et se divise et s'étend de tous côtés en une infinité de petits rameaux et de filets, toujours en descendant, jusqu'à ce qu'elle trouve une issue après avoir rencontré la glaise ou un autre terrain solide sur lequel elle s'est rassemblée.

Il serait fort difficile de faire une évaluation un peu juste de la quantité des eaux souterraines qui n'ont point d'issue apparente[a]. Bien des gens ont prétendu qu'elle surpassait de beaucoup celle de toutes les eaux qui sont à la surface de la terre, et sans parler de ceux qui ont avancé que l'intérieur du globe était absolument rempli d'eau, il y en a qui croient qu'il y a une infinité de fleuves, de ruisseaux, de lacs dans la profondeur de la terre : mais cette opinion, quoique commune, ne me paraît pas fondée, et je crois que la quantité des eaux souterraines qui n'ont point d'issue à la surface du globe, n'est pas considérable ; car s'il y avait un si grand nombre de rivières souterraines, pourquoi ne verrions-nous pas à la surface de la terre les embouchures de quelques-unes de ces rivières, et par conséquent des sources grosses comme des fleuves[1]? D'ailleurs les rivières et toutes les eaux courantes produisent des changements très-considérables à la surface de la terre ; elles entraînent les terres, creusent les rochers, déplacent tout ce qui s'oppose à leur passage : il en serait de même des fleuves souterrains, ils produiraient des altérations sensibles dans l'intérieur du globe ; mais on n'y a point observé de ces changements produits par le mouvement des eaux, rien n'est déplacé ; les couches parallèles et horizontales subsistent

a. Voyez les preuves, art. x, xi et xviii.

1. Les *puits artésiens* amènent, chaque jour, à la surface du sol quelques-unes de ces sources, *grosses comme des fleuves*.

partout, les différentes matières gardent partout leur position primitive,
et ce n'est qu'en fort peu d'endroits qu'on a observé quelques veines d'eau
souterraines un peu considérables. Ainsi l'eau ne travaille point en grand
dans l'intérieur de la terre, mais elle y fait bien de l'ouvrage en petit :
comme elle est divisée en une infinité de filets, qu'elle est retenue par autant
d'obstacles, et enfin qu'elle est dispersée presque partout, elle concourt
immédiatement à la formation de plusieurs substances terrestres qu'il faut
distinguer avec soin des matières anciennes, et qui en effet en diffèrent
totalement par leur forme et par leur organisation.

Ce sont donc les eaux rassemblées dans la vaste étendue des mers qui, par
le mouvement continuel du flux et du reflux, ont produit les montagnes,
les vallées et les autres inégalités de la terre; ce sont les courants de la mer
qui ont creusé les vallons et élevé les collines en leur donnant des directions correspondantes; ce sont ces mêmes eaux de la mer qui, en transpor-
tant les terres, les ont disposées les unes sur les autres par lits horizontaux,
et ce sont les eaux du ciel qui peu à peu détruisent l'ouvrage de la mer,
qui rabaissent continuellement la hauteur des montagnes, qui comblent
les vallées, les bouches des fleuves et les golfes, et qui, ramenant tout au
niveau [1], rendront un jour cette terre à la mer, qui s'en emparera successivement, en laissant à découvert de nouveaux continents entrecoupés de
vallons et de montagnes, et tout semblables à ceux que nous habitons
aujourd'hui.

A Montbard, le 3 octobre 1744.

1. Mais *ramener tout au niveau* ne suffirait pas; car, si *tout était de niveau*, comment la mer
se déplacerait-elle? Il faut toujours en venir à l'idée d'un *soulèvement* relatif du fond de la
mer, ou d'un *affaissement* relatif du niveau des terres, ou plutôt, et d'une manière plus générale: à l'idée de quelque grande *rupture*, de quelque grande *dislocation* du globe qui produise
tout à la fois cet *affaissement* et ce *soulèvement*.

ARTICLE PREMIER.

DE LA FORMATION DES PLANÈTES.

> . . . . Fecitque cadendo
> Undique ne caderet.
>
> MANIL.

Notre objet étant l'histoire naturelle, nous nous dispenserions volontiers de parler d'astronomie ; mais la physique de la terre tient à la physique céleste, et d'ailleurs nous croyons que pour une plus grande intelligence de ce qui a été dit, il est nécessaire de donner quelques idées générales sur la formation, le mouvement et la figure de la terre et des planètes.

La terre est un globe d'environ trois mille lieues de diamètre, elle est située à trente millions de lieues du soleil[1], autour duquel elle fait sa révolution en trois cent soixante-cinq jours. Ce mouvement de révolution est le résultat de deux forces, l'une qu'on peut se représenter comme une impulsion de droite à gauche, ou de gauche à droite, et l'autre comme une attraction du haut en bas, ou du bas en haut vers un centre. La direction de ces deux forces et leurs quantités sont combinées et proportionnées de façon qu'il en résulte un mouvement presque uniforme dans une ellipse fort approchante d'un cercle. Semblable aux autres planètes, la terre est opaque, elle fait ombre, elle reçoit et réfléchit la lumière du soleil, et elle tourne autour de cet astre suivant les lois qui conviennent à sa distance et à sa densité relative ; elle tourne aussi sur elle-même en vingt-quatre heures, et l'axe autour duquel se fait ce mouvement de rotation est incliné de soixante-six degrés et demi sur le plan de l'orbite de sa révolution. Sa figure est celle d'un sphéroïde dont les deux axes diffèrent d'environ une cent-soixante et

---

1. La distance du soleil à la terre est de 153,493,000 kilomètres (environ 38 millions de lieues de poste). « Notre plus grande vitesse de locomotion régulière est d'environ 50 kilomètres par « heure sur les chemins de fer ; en marchant constamment avec cette vitesse, il faudrait trois « siècles et demi pour atteindre le soleil. Le son parcourrait cette vitesse en 15 ans, s'il y avait « entre le soleil et la terre un véhicule du son tel que l'air atmosphérique. Mais la lumière, avec « sa vitesse incroyable et pourtant bien constatée aujourd'hui, franchit cet espace en 8 minutes « 18 secondes. » (Voyez M. Faye, *Leçons de cosmographie*, p. 148.)

quinzième partie, et le plus petit axe est celui autour duquel se fait cette rotation.

Ce sont là les principaux phénomènes de la terre ; ce sont là les résultats des grandes découvertes que l'on a faites par le moyen de la géométrie, de l'astronomie et de la navigation. Nous n'entrerons point ici dans le détail qu'elles exigent pour être démontrées, et nous n'examinerons pas comment on est venu au point de s'assurer de la vérité de tous ces faits, ce serait répéter ce qui a été dit ; nous ferons seulement quelques remarques qui pourront servir à éclaircir ce qui est encore douteux ou contesté, et en même temps nous donnerons nos idées au sujet de la formation des planètes, et des différents états par où il est possible qu'elles aient passé avant que d'être parvenues à l'état où nous les voyons aujourd'hui. On trouvera dans la suite de cet ouvrage des extraits de tant de systèmes et de tant d'hypothèses sur la formation du globe terrestre, sur les différents états par où il a passé et sur les changements qu'il a subis, qu'on ne peut pas trouver mauvais que nous joignions ici nos conjectures à celles des philosophes qui ont écrit sur ces matières, et surtout lorsqu'on verra que nous ne les donnons en effet que pour de simples conjectures, auxquelles nous prétendons seulement assigner un plus grand degré de probabilité qu'à toutes celles qu'on a faites sur le même sujet ; nous nous refusons d'autant moins à publier ce que nous avons pensé sur cette matière, que nous espérons par là mettre le lecteur plus en état de prononcer sur la grande différence qu'il y a entre une hypothèse où il n'entre que des possibilités, et une théorie fondée sur des faits, entre un système tel que nous allons en donner un dans cet article sur la formation et le premier état de la terre, et une histoire physique de son état actuel, telle que nous venons de la donner dans le discours précédent.

Galilée ayant trouvé la loi de la chute des corps, et Képler ayant observé que les aires que les planètes principales décrivent autour du soleil, et celles que les satellites décrivent autour de leur planète principale, sont proportionnelles aux temps, et que les temps des révolutions des planètes et des satellites sont proportionnels aux racines carrées des cubes de leurs distances au soleil ou à leurs planètes principales, Newton trouva que la force qui fait tomber les graves sur la surface de la terre s'étend jusqu'à la lune et la retient dans son orbite ; que cette force diminue en même proportion que le carré de la distance augmente, que par conséquent la lune est attirée par la terre, que la terre et toutes les planètes sont attirées par le soleil, et qu'en général tous les corps qui décrivent autour d'un centre ou d'un foyer des aires proportionnelles aux temps, sont attirés vers ce point. Cette force, que nous connaissons sous le nom de pesanteur, est donc généralement répandue dans toute la matière ; les planètes, les comètes, le soleil, la terre, tout est sujet à ses lois, et elle sert de fondement à l'har-

monie de l'univers ; nous n'avons rien de mieux prouvé en physique que
l'existence actuelle et individuelle de cette force dans les planètes, dans
le soleil, dans la terre et dans toute la matière que nous touchons ou
que nous apercevons. Toutes les observations ont confirmé l'effet actuel de
cette force, et le calcul en a déterminé la quantité et les rapports ; l'exactitude des géomètres et la vigilance des astronomes atteignent à peine à
la précision de cette mécanique céleste, et à la régularité de ses effets.

Cette cause générale étant connue, on en déduirait aisément les phénomènes, si l'action des forces qui les produisent n'était pas trop combinée ;
mais qu'on se représente un moment le système du monde sous ce point
de vue, et on sentira quel chaos on a eu à débrouiller. Les planètes principales sont attirées par le soleil, le soleil est attiré par les planètes, les satellites sont aussi attirés par leurs planètes principales, chaque planète est
attirée par toutes les autres, et elle les attire aussi : toutes ces actions et
réactions varient suivant les masses et les distances, elles produisent des
inégalités, des irrégularités ; comment combiner et évaluer une si grande
quantité de rapports ? Paraît-il possible, au milieu de tant d'objets, de suivre
un objet particulier ? Cependant on a surmonté ces difficultés, le calcul a
confirmé ce que la raison avait soupçonné ; chaque observation est devenue
une nouvelle démonstration, et l'ordre systématique de l'univers est à découvert aux yeux de tous ceux qui savent reconnaître la vérité.

Une seule chose arrête, et est en effet indépendante de cette théorie,
c'est la force d'impulsion ; l'on voit évidemment que celle d'attraction tirant
toujours les planètes vers le soleil, elles tomberaient en ligne perpendiculaire sur cet astre, si elles n'en étaient éloignées par une autre force, qui
ne peut être qu'une impulsion en ligne droite, dont l'effet s'exercerait dans
la tangente de l'orbite, si la force d'attraction cessait un instant. Cette force
d'impulsion a certainement été communiquée aux astres en général par la
main de Dieu, lorsqu'elle donna le branle à l'univers ; mais comme on doit,
autant qu'on peut, en physique s'abstenir d'avoir recours aux causes qui
sont hors de la nature, il me paraît que dans le système solaire on peut
rendre raison de cette force d'impulsion d'une manière assez vraisemblable,
et qu'on peut en trouver une cause dont l'effet s'accorde avec les règles de
la mécanique, et qui d'ailleurs ne s'éloigne pas des idées qu'on doit avoir
au sujet des changements et des révolutions qui peuvent et doivent arriver
dans l'univers.

La vaste étendue du système solaire, ou, ce qui revient au même, la
sphère de l'attraction du soleil ne se borne pas à l'orbe des planètes, même
les plus éloignées, mais elle s'étend à une distance indéfinie, toujours en
décroissant, dans la même raison que le carré de la distance augmente ; il
est démontré que les comètes qui se perdent à nos yeux dans la profondeur
du ciel, obéissent à cette force, et que leur mouvement, comme celui des

planètes, dépend de l'attraction du soleil. Tous ces astres dont les routes sont si différentes, décrivent autour du soleil, des aires proportionnelles aux temps, les planètes dans des ellipses plus ou moins approchantes d'un cercle, et les comètes dans des ellipses fort allongées. Les comètes et les planètes se meuvent donc en vertu de deux forces, l'une d'attraction et l'autre d'impulsion, qui, agissant à la fois et à tout instant, les obligent à décrire ces courbes ; mais il faut remarquer que les comètes parcourent le système solaire dans toute sorte de directions, et que les inclinaisons des plans de leurs orbites sont fort différentes entre elles, en sorte que quoique sujettes, comme les planètes, à la même force d'attraction, les comètes n'ont rien de commun dans leur mouvement d'impulsion ; elles paraissent à cet égard absolument indépendantes les unes des autres. Les planètes, au contraire, tournent toutes dans le même sens autour du soleil, et presque dans le même plan, n'y ayant que sept degrés et demi d'inclinaison entre les plans les plus éloignés de leurs orbites : cette conformité de position et de direction dans le mouvement des planètes, suppose nécessairement quelque chose de commun dans leur mouvement d'impulsion, et doit faire soupçonner qu'il leur a été communiqué par une seule et même cause.

Ne peut-on pas imaginer avec quelque sorte de vraisemblance qu'une comète, tombant sur la surface du soleil, aura déplacé cet astre, et qu'elle en aura séparé quelques petites parties[1] auxquelles elle aura communiqué un mouvement d'impulsion dans le même sens et par un même choc, en sorte que les planètes auraient autrefois appartenu au corps du soleil, et qu'elles en auraient été détachées par une force impulsive commune à toutes, qu'elles conservent encore aujourd'hui?

Cela me paraît au moins aussi probable que l'opinion de M. Leibnitz qui prétend que les planètes et la terre ont été des soleils, et je crois que son système, dont on trouvera le précis à l'article cinquième, aurait acquis un grand degré de généralité et un peu plus de probabilité, s'il se fût élevé à cette idée. C'est ici le cas de croire avec lui que la chose arriva dans le temps que Moïse dit que Dieu sépara la lumière des ténèbres; car, selon Leibnitz, la lumière fut séparée des ténèbres lorsque les planètes s'éteignirent. Mais ici la séparation est physique et réelle, puisque la matière opaque qui compose les corps des planètes, fut réellement séparée de la matière lumineuse qui compose le soleil.

Cette idée sur la cause du mouvement d'impulsion des planètes paraîtra moins hasardée lorsqu'on rassemblera toutes les analogies qui y ont rapport, et qu'on voudra se donner la peine d'en estimer les probabilités. La première est cette direction commune de leur mouvement d'impulsion, qui

---

1. On sait aujourd'hui qu'une *comète* n'aurait pas assez de consistance, de masse pour *séparer quelques parties* du soleil.

fait que les six planètes vont toutes d'occident en orient : il y a déjà 64 à parier contre un qu'elles n'auraient pas eu ce mouvement dans le même sens, si la même cause ne l'avait pas produit, ce qu'il est aisé de prouver par la doctrine des hasards.

Cette probabilité augmentera prodigieusement par la seconde analogie, qui est que l'inclinaison des orbites n'excède pas 7 degrés et demi ; car en comparant les espaces on trouve qu'il y a 24 contre un pour que deux planètes se trouvent dans des plans plus éloignés, et par conséquent 24^5 ou 7692624 à parier contre un, que ce n'est pas par hasard qu'elles se trouvent toutes six ainsi placées et renfermées dans l'espace de 7 degrés et demi, ou, ce qui revient au même, il y a cette probabilité qu'elles ont quelque chose de commun dans le mouvement qui leur a donné cette position. Mais que peut-il y avoir de commun dans l'impression d'un mouvement d'impulsion, si ce n'est la force et la direction des corps qui le communiquent ? on peut donc conclure avec une très-grande vraisemblance que les planètes ont reçu leur mouvement d'impulsion par un seul coup. Cette probabilité, qui équivaut presque à une certitude, étant acquise, je cherche quel corps en mouvement a pu faire ce choc et produire cet effet, et je ne vois que les comètes capables de communiquer un aussi grand mouvement à d'aussi vastes corps.

Pour peu qu'on examine le cours des comètes, on se persuadera aisément qu'il est presque nécessaire qu'il en tombe quelquefois dans le soleil. Celle de 1680 en approcha de si près, qu'à son périhélie elle n'en était pas éloignée de la sixième partie du diamètre solaire ; et si elle revient, comme il y a apparence, en l'année 2255, elle pourrait bien tomber cette fois dans le soleil ; cela dépend des rencontres qu'elle aura faites sur sa route, et du retardement qu'elle a souffert en passant dans l'atmosphère du soleil. (Voyez Newton, troisième édit., page 525.)

Nous pouvons donc présumer avec le philosophe que nous venons de citer, qu'il tombe quelquefois des comètes sur le soleil ; mais cette chute peut se faire de différentes façons : si elles y tombent à plomb, ou même dans une direction qui ne soit pas fort oblique, elles demeureront dans le soleil, et serviront d'aliment au feu qui consume cet astre, et le mouvement d'impulsion qu'elles auront perdu et communiqué au soleil, ne produira d'autre effet que celui de le déplacer plus ou moins, selon que la masse de la comète sera plus ou moins considérable ; mais si la chute de la comète se fait dans une direction fort oblique, ce qui doit arriver plus souvent de cette façon que de l'autre, alors la comète ne fera que raser la surface du soleil ou la sillonner à une petite profondeur, et dans ce cas elle pourra en sortir et en chasser quelques parties de matière, auxquelles elle communiquera un mouvement commun d'impulsion, et ces parties poussées hors du corps du soleil, et la comète elle-même, pourront devenir alors des planètes qui tourneront autour de cet astre dans le même sens et dans le même plan. On pourrait peut-être calculer quelle masse, quelle vitesse et quelle direction devrait avoir une comète pour faire sortir du soleil une quantité de matière égale à celle que contiennent les six planètes et leurs satellites; mais cette recherche serait ici hors de sa place, il suffira d'observer que toutes les planètes avec les satellites ne font pas la 650e partie de la masse du soleil (voyez Newton, page 405), parce que la densité des grosses planètes, Saturne et Jupiter, est moindre que celle du soleil, et que, quoique la terre soit quatre fois, et la lune près de cinq fois plus dense que le soleil, elles ne sont cependant que comme des atomes en comparaison de la masse de cet astre.

J'avoue que, quelque peu considérable que soit une six cent cinquantième partie d'un tout, il paraît au premier coup d'œil qu'il faudrait, pour séparer cette partie du corps du soleil, une très-puissante comète ; mais si on fait réflexion à la vitesse prodigieuse des comètes dans leur périhélie, vitesse d'autant plus grande que leur route est plus droite, et qu'elles approchent du soleil de plus près; si d'ailleurs on fait attention à la densité, à la *fixité* et à la solidité de la matière dont elles doivent être composées[1], pour souffrir, sans être détruites, la chaleur inconcevable qu'elles éprouvent auprès du soleil, et si on se souvient en même temps qu'elles présentent aux yeux des observateurs un noyau vif et solide, qui réfléchit fortement la lumière du soleil à travers l'atmosphère immense de la comète qui enveloppe et doit obscurcir ce noyau, on ne pourra guère douter que les comètes ne soient composées d'une matière très-solide et très-dense, et qu'elles ne contiennent sous un petit volume une grande quantité de matière ; que par conséquent une comète ne puisse avoir assez de masse et de vitesse pour déplacer le soleil et donner un mouvement de projectile à une quantité de matière aussi considérable que l'est la 650e partie de la masse de cet astre. Ceci s'accorde parfaitement avec ce que l'on sait au sujet de la densité des planètes ; on croit qu'elle est d'autant moindre que les planètes sont plus éloignées du soleil et qu'elles ont moins de chaleur à supporter, en sorte que Saturne est moins dense que Jupiter, et Jupiter beaucoup moins dense que la terre : et en effet, si la densité des planètes était, comme le prétend Newton, proportionnelle à la quantité de chaleur qu'elles ont à supporter, Mercure serait sept fois plus dense que la terre, et vingt-huit fois plus dense que le soleil, la comète de 1680 serait 28000 fois plus dense que la terre, ou 112000 fois plus dense que le soleil, et en la supposant grosse comme la terre, elle contiendrait sous ce volume une quantité de matière égale à peu près à la neuvième partie de la masse du soleil,

---

1. La matière des *comètes* a si peu de densité, de *fixité*, qu'il en est plusieurs dont le *noyau* même a paru diaphane dans presque toute son étendue : « On voit luire, comme à l'ordinaire, « les moindres étoiles à travers des épaisseurs de matière cométaire de plusieurs milliers de « lieues. » (Faye : *Leçons de cosmographie*, p. 356)

ou, en ne lui donnant que la centième partie de la grosseur de la terre,
sa masse serait encore égale à la 900ᵉ partie du soleil; d'où il est aisé
de conclure qu'une telle masse, qui ne fait qu'une petite comète, pourrait séparer et pousser hors du soleil une 900ᵉ ou une 650ᵉ partie de sa
masse, surtout si l'on fait attention à l'immense *vitesse acquise* avec laquelle
les comètes se meuvent lorsqu'elles passent dans le voisinage de cet astre.

Une autre analogie, et qui mérite quelque attention, c'est la conformité
entre la densité de la matière des planètes et la densité de la matière du
soleil. Nous connaissons sur la surface de la terre des matières 14 ou
15000 fois plus denses les unes que les autres, les densités de l'or et
de l'air sont à peu près dans ce rapport; mais l'intérieur de la terre et le
corps des planètes sont composés de parties plus similaires, et dont la densité comparée varie beaucoup moins, et la conformité de la densité de la
matière des planètes et de la densité de la matière du soleil est telle, que
sur 650 parties qui composent la totalité de la matière des planètes, il y
en a plus de 640 qui sont presque de la même densité que la matière du
soleil, et qu'il n'y a pas dix parties sur ces 650 qui soient d'une plus
grande densité; car Saturne et Jupiter sont à peu près de la même densité
que le soleil, et la quantité de matière que ces deux planètes contiennent
est au moins 64 fois plus grande que la quantité de matière des quatre
planètes inférieures, Mars, la terre, Vénus et Mercure. On doit donc dire
que la matière dont sont composées les planètes en général, est à peu près
la même que celle du soleil, et que par conséquent cette matière peut
en avoir été séparée.

Mais, dira-t-on, si la comète en tombant obliquement sur le soleil, en a
sillonné la surface et en a fait sortir la matière qui compose les planètes,
il paraît que toutes les planètes, au lieu de décrire des cercles dont le soleil
est le centre, auraient au contraire à chaque révolution rasé la surface du
soleil, et seraient revenues au même point d'où elles étaient parties, comme
ferait tout projectile qu'on lancerait avec assez de force d'un point de la
surface de la terre, pour l'obliger à tourner perpétuellement; car il est aisé
de démontrer que ce corps reviendrait à chaque révolution au point d'où
il aurait été lancé, et dès lors on ne peut pas attribuer à l'impulsion d'une
comète la projection des planètes hors du soleil, puisque leur mouvement
autour de cet astre est différent de ce qu'il serait dans cette hypothèse.

A cela je réponds que la matière qui compose les planètes n'est pas sortie
de cet astre en globes tout formés, auxquels la comète aurait communiqué
son mouvement d'impulsion, mais que cette matière est sortie sous la forme
d'un torrent dont le mouvement des parties antérieures a dû être accéléré
par celui des parties postérieures; que d'ailleurs l'attraction des parties
antérieures a dû aussi accélérer le mouvement des parties postérieures, et
que cette accélération de mouvement, produite par l'une ou l'autre de ces

causes, et peut-être par toutes les deux, a pu être telle qu'elle aura changé
la première direction du mouvement d'impulsion, et qu'il a pu en résulter
un mouvement tel que nous l'observons aujourd'hui dans les planètes, surtout en supposant que le choc de la comète a déplacé le soleil ; car, pour
donner un exemple qui rendra ceci plus sensible, supposons qu'on tirât du
haut d'une montagne une balle de mousquet, et que la force de la poudre
fût assez grande pour la pousser au delà du demi-diamètre de la terre, il
est certain que cette balle tournerait autour du globe et reviendrait à
chaque révolution passer au point d'où elle aurait été tirée ; mais si, au lieu
d'une balle de mousquet nous supposons qu'on ait tiré une fusée volante
où l'action du feu serait durable et accélérerait beaucoup le mouvement
d'impulsion, cette fusée, ou plutôt le cartouche qui la contient, ne reviendrait pas au même point, comme la balle de mousquet, mais décrirait un
orbe dont le périgée serait d'autant plus éloigné de la terre que la force
d'accélération aurait été plus grande et aurait changé davantage la première
direction, toutes choses étant supposées égales d'ailleurs. Ainsi pourvu
qu'il y ait eu de l'accélération dans le mouvement d'impulsion communiqué
au torrent de matière par la chute de la comète, il est très-possible que les
planètes, qui se sont formées dans ce torrent, aient acquis le mouvement que
nous leur connaissons dans des cercles ou des ellipses dont le soleil est le
centre ou le foyer [1].

La manière dont se font les grandes éruptions des volcans peut nous
donner une idée de cette accélération de mouvement dans le torrent dont
nous parlons ; on a observé que, quand le Vésuve commence à mugir et à
rejeter les matières dont il est embrasé, le premier tourbillon qu'il vomit
n'a qu'un certain degré de vitesse, mais cette vitesse est bientôt accélérée
par l'impulsion d'un second tourbillon qui succède au premier, puis par
l'action d'un troisième, et ainsi de suite ; les ondes pesantes de bitume, de
soufre, de cendres, de métal fondu paraissent des nuages massifs, et, quoiqu'ils se succèdent toujours à peu près dans la même direction, ils ne laissent pas de changer beaucoup celle du premier tourbillon, et de le pousser
ailleurs et plus loin qu'il ne serait parvenu tout seul.

1. « Le système de Buffon emporte implicitement cette conséquence, que la matière du soleil,
« la matière extérieure du moins, est en état de liquéfaction : or, je dois m'empresser de dire
« que les observations modernes les plus minutieuses n'ont pas confirmé cette idée. — Les
« rapides changements de forme que les taches solaires obscures et lumineuses éprouvent sans
« cesse, les espaces immenses que ces changements embrassent dans des temps très-courts,
« avaient déjà conduit à supposer, depuis quelques années, avec beaucoup de vraisemblance,
« que de pareils phénomènes devaient se passer dans un milieu gazeux. Aujourd'hui des
« expériences d'une tout autre nature, des expériences de polarisation lumineuse faites à
« l'Observatoire de Paris, établissent ces résultats d'une manière incontestable. Si la partie
« extérieure et incandescente du soleil est un gaz, le système de Buffon pèche par sa base
« essentielle, il n'est plus soutenable. » (Voyez l'excellent article *Comète* par M. Arago. — *Dict.
univ. d'hist. nat.* — 1844.)

D'ailleurs ne peut-on pas répondre à cette objection que, le soleil ayant été frappé par la comète, et ayant reçu une partie de son mouvement d'impulsion, il aura lui-même éprouvé un mouvement qui l'aura déplacé, et que, quoique ce mouvement du soleil soit maintenant trop peu sensible pour que dans de petits intervalles de temps les astronomes aient pu l'apercevoir, il se peut cependant que ce mouvement existe encore, et que le soleil se meuve lentement vers différentes parties de l'univers, en décrivant une courbe autour du centre de gravité de tout le système? et si cela est, comme je le présume, on voit bien que les planètes, au lieu de revenir auprès du soleil à chaque révolution, auront au contraire décrit des orbites dont les points des périhélies sont d'autant plus éloignés de cet astre, qu'il s'est plus éloigné lui-même du lieu qu'il occupait anciennement.

Je sens bien qu'on pourra me dire que, si l'accélération du mouvement se fait dans la même direction, cela ne change pas le point du périhélie qui sera toujours à la surface du soleil; mais doit-on croire que, dans un torrent dont les parties se sont succédé, il n'y a eu aucun changement de direction? il est au contraire très-probable qu'il y a eu un assez grand changement de direction, pour donner aux planètes le mouvement qu'elles ont.

On pourra me dire aussi que, si le soleil a été déplacé par le choc de la comète, il a dû se mouvoir uniformément, et que dès lors ce mouvement étant commun à tout le système, il n'a dû rien changer; mais le soleil ne pouvait-il pas avoir avant le choc un mouvement autour du centre de gravité du système cométaire, auquel mouvement primitif le choc de la comète aura ajouté une augmentation ou une diminution? et cela suffirait encore pour rendre raison du mouvement actuel des planètes.

Enfin si l'on ne veut admettre aucune de ces suppositions, ne peut-on pas présumer, sans choquer la vraisemblance, que dans le choc de la comète contre le soleil il y a eu une force élastique qui aura élevé le torrent au-dessus de la surface du soleil, au lieu de le pousser directement? ce qui seul peut suffire pour écarter le point du périhélie et donner aux planètes le mouvement qu'elles ont conservé; et cette supposition n'est pas dénuée de vraisemblance, car la matière du soleil peut bien être fort élastique, puisque la seule partie de cette matière que nous connaissions, qui est la lumière, semble par ses effets être parfaitement élastique. J'avoue que je ne puis pas dire si c'est par l'une ou par l'autre des raisons que je viens de rapporter que la direction du premier mouvement d'impulsion des planètes a changé, mais ces raisons suffisent au moins pour faire voir que ce changement est possible, et même probable, et cela suffit aussi à mon objet.

Mais sans insister davantage sur les objections qu'on pourrait faire, non plus que sur les preuves que pourraient fournir les analogies en faveur de mon hypothèse, suivons-en l'objet et tirons des inductions; voyons donc ce qui a pu arriver lorsque les planètes, et surtout la terre, ont reçu ce mouvement d'impulsion, et dans quel état elles se sont trouvées après avoir été séparées de la masse du soleil. La comète ayant par un seul coup communiqué un mouvement de projectile à une quantité de matière égale à la 650e partie de la masse du soleil, les particules les moins denses se seront séparées des plus denses, et auront formé par leur attraction mutuelle des globes de différente densité : Saturne, composé des parties les plus grosses et les plus légères, se sera le plus éloigné du soleil, ensuite Jupiter, qui est plus dense que Saturne, se sera moins éloigné, et ainsi de suite. Les planètes les plus grosses et les moins denses sont les plus éloignées, parce qu'elles ont reçu un mouvement d'impulsion plus fort que les plus petites et les plus denses; car la force d'impulsion se communiquant par les surfaces, le même coup aura fait mouvoir les parties les plus grosses et les plus légères de la matière du soleil avec plus de vitesse que les parties les plus petites et les plus massives; il se sera donc fait une séparation des parties denses de différents degrés, en sorte que la densité de la matière du soleil étant égale à 100, celle de Saturne est égale à 67, celle de Jupiter $= 94\frac{1}{2}$, celle de Mars $= 200$, celle de la terre $= 400$, celle de Vénus $= 800$, et celle de Mercure $= 2800$. Mais la force d'attraction ne se communiquant pas, comme celle d'impulsion, par la surface, et agissant au contraire sur toutes les parties de la masse, elle aura retenu les portions de matières les plus denses, et c'est pour cette raison que les planètes les plus denses sont les plus voisines du soleil, et qu'elles tournent autour de cet astre avec plus de rapidité que les planètes les moins denses, qui sont aussi les plus éloignées.

Les deux grosses planètes, Jupiter et Saturne, qui sont, comme l'on sait, les parties principales du système solaire, ont conservé ce rapport entre leur densité et leur mouvement d'impulsion, dans une proportion si juste qu'on doit en être frappé; la densité de Saturne est à celle de Jupiter comme 67 à $94\frac{1}{2}$, et leurs vitesses sont à peu près comme $88\frac{2}{3}$ à $120\frac{1}{2}$, ou comme 67 à $90\frac{11}{15}$; il est rare que, de pures conjectures, on puisse tirer des rapports aussi exacts[1]. Il est vrai que, en suivant ce rapport entre la vitesse et la densité des planètes, la densité de la terre ne devrait être que comme $206\frac{7}{18}$, au lieu qu'elle est comme 400; de là on peut conjecturer que notre globe était d'abord une fois moins dense qu'il ne l'est aujourd'hui. A l'égard des autres planètes, Mars, Vénus et Mercure, comme leur densité n'est connue que par conjecture, nous ne pouvons savoir si cela détruirait ou confirmerait notre opinion sur le rapport de la vitesse et de la densité des planètes en général. Le sentiment de Newton est que la densité est d'autant plus grande que la chaleur à laquelle la planète est exposée est plus grande, et

---

1. Voyez, sur les densités comparées des planètes, M. Faye. (*Leçons de cosmographie*, p. 329.)

c'est sur cette idée que nous venons de dire que Mars est une fois moins dense que la terre, Vénus une fois plus dense, Mercure sept fois plus dense, et la comète de 1680, 28 mille fois plus dense que la terre; mais cette proportion entre la densité des planètes et la chaleur qu'elles ont à supporter, ne peut pas subsister lorsqu'on fait attention à Saturne et à Jupiter qui sont les principaux objets que nous ne devons jamais perdre de vue dans le système solaire; car, selon ce rapport entre la densité et la chaleur, il se trouve que la densité de Saturne serait environ comme $4\frac{7}{18}$, et celle de Jupiter comme $14\frac{17}{22}$ au lieu de 67 et de $94\frac{1}{2}$, différence trop grande pour que le rapport entre la densité et la chaleur que les planètes ont à supporter puisse être admis; ainsi, malgré la confiance que méritent les conjectures de Newton, je crois que la densité des planètes a plus de rapport avec leur vitesse qu'avec le degré de chaleur qu'elles ont à supporter. Ceci n'est qu'une cause finale, et l'autre est un rapport physique dont l'exactitude est singulière dans les deux grosses planètes : il est cependant vrai que la densité de la terre au lieu d'être $206\frac{7}{8}$ se trouve être 400, et que par conséquent il faut que le globe terrestre se soit condensé dans cette raison de $206\frac{7}{8}$ à 400.

Mais la condensation ou la coction des planètes n'a-t-elle pas quelque rapport avec la quantité de la chaleur du soleil dans chaque planète? et dès lors Saturne qui est fort éloigné de cet astre n'aura souffert que peu ou point de condensation, Jupiter se sera condensé de $90\frac{11}{16}$ à $94\frac{1}{2}$: or la chaleur du soleil dans Jupiter étant à celle du soleil sur la terre comme $14\frac{17}{22}$ sont à 400, les condensations ont dû se faire dans la même proportion, de sorte que Jupiter s'étant condensé de $90\frac{11}{16}$ à $94\frac{1}{2}$, la terre aurait dû se condenser en même proportion de $206\frac{7}{8}$ à $215\frac{900}{1431}$, si elle eût été placée dans l'orbite de Jupiter, où elle n'aurait dû recevoir du soleil qu'une chaleur égale à celle que reçoit cette planète; mais la terre se trouvant beaucoup plus près de cet astre, et recevant une chaleur dont le rapport à celle que reçoit Jupiter est de 400 à $14\frac{17}{22}$, il faut multiplier la quantité de la condensation qu'elle aurait eue dans l'orbe de Jupiter par le rapport de 400 à $14\frac{17}{22}$, ce qui donne à peu près $234\frac{1}{2}$ pour la quantité dont la terre a dû se condenser. Sa densité était $206\frac{7}{8}$; en y ajoutant la quantité de condensation, l'on trouve pour sa densité actuelle $440\frac{7}{8}$, ce qui approche assez de la densité 400, déterminée par la parallaxe de la lune : au reste, je ne prétends pas donner ici des rapports exacts, mais seulement des approximations, pour faire voir que les densités des planètes ont beaucoup de rapport avec leur vitesse dans leurs orbites.

La comète, ayant donc par sa chute oblique sillonné la surface du soleil, aura poussé hors du corps de cet astre une partie de matière égale à la 650ᵉ partie de sa masse totale; cette matière qu'on doit considérer dans un état de fluidité, ou plutôt de liquéfaction, aura d'abord formé un torrent;

les parties les plus grosses et les moins denses auront été poussées au plus
loin, et les parties les plus petites et les plus denses n'ayant reçu que
la même impulsion ne se seront pas si fort éloignées, la force d'attraction
du soleil les aura retenues, toutes les parties détachées par la comète et
poussées les unes par les autres auront été contraintes de circuler autour
de cet astre, et en même temps l'attraction mutuelle des parties de la
matière en aura formé des globes à différentes distances, dont les plus
voisins du soleil auront nécessairement conservé plus de rapidité pour
tourner ensuite perpétuellement autour de cet astre.

Mais, dira-t-on une seconde fois, si la matière qui compose les planètes
a été séparée du corps du soleil, les planètes devraient être, comme le soleil,
brûlantes et lumineuses, et non pas froides et opaques comme elles le sont :
rien ne ressemble moins à ce globe de feu qu'un globe de terre et d'eau ;
et, à en juger par comparaison, la matière de la terre et des planètes est tout
à fait différente de celle du soleil.

A cela on peut répondre que, dans la séparation qui s'est faite des particules plus ou moins denses, la matière a changé de forme, et que la lumière
ou le feu se sont éteints par cette séparation causée par le mouvement d'impulsion. D'ailleurs, ne peut-on pas soupçonner que, si le soleil ou une étoile
brûlante et lumineuse par elle-même se mouvait avec autant de vitesse que
se meuvent les planètes, le feu s'éteindrait peut-être, et que c'est par cette
raison que toutes les étoiles lumineuses sont fixes et ne changent pas de
lieu, et que ces étoiles que l'on appelle nouvelles, qui ont probablement
changé de lieu, se sont éteintes aux yeux même des observateurs? Ceci
se confirme par ce qu'on a observé sur les comètes, elles doivent brûler
jusqu'au centre lorsqu'elles passent à leur périhélie ; cependant elles ne
deviennent pas lumineuses par elles-mêmes, on voit seulement qu'elles
exhalent des vapeurs brûlantes dont elles laissent en chemin une partie
considérable.

J'avoue que, si le feu peut exister dans un milieu où il n'y a point ou très-
peu de résistance, il pourrait aussi souffrir un très-grand mouvement sans
s'éteindre ; j'avoue aussi que ce que je viens de dire ne doit s'entendre que
des étoiles qui disparaissent pour toujours, et que celles qui ont des retours
périodiques, et qui se montrent et disparaissent alternativement, sans changer de lieu, sont fort différentes de celles dont je parle ; les phénomènes de
ces astres singuliers ont été expliqués d'une manière très-satisfaisante par
M. de Maupertuis dans son Discours sur la figure des astres, et je suis convaincu qu'en partant des faits qui nous sont connus, il n'est pas possible
de mieux deviner qu'il l'a fait ; mais les étoiles qui ont paru et ensuite
disparu pour toujours se sont vraisemblablement éteintes, soit par la vitesse
de leur mouvement, soit par quelque autre cause, et nous n'avons point
d'exemple dans la nature qu'un astre lumineux tourne autour d'un autre

astre [1] ; de vingt-huit ou trente comètes et de treize [2] planètes qui composent notre système, et qui se meuvent autour du soleil avec plus ou moins de rapidité, il n'y en a pas une de lumineuse par elle-même.

On pourrait répondre encore que le feu ne peut pas subsister aussi long-temps dans les petites que dans les grandes masses, et qu'au sortir du soleil les planètes ont dû brûler pendant quelque temps, mais qu'elles se sont éteintes faute de matières combustibles, comme le soleil s'éteindra probablement par la même raison, mais dans des âges futurs et aussi éloignés des temps auxquels les planètes se sont éteintes, que sa grosseur l'est de celle des planètes : quoi qu'il en soit, la séparation des parties plus ou moins denses, qui s'est faite nécessairement dans le temps que la comète a poussé hors du soleil la matière des planètes, me paraît suffisante pour rendre raison de cette extinction de leurs feux.

La terre et les planètes au sortir du soleil étaient donc brûlantes et dans un état de liquéfaction totale; cet état de liquéfaction n'a duré qu'autant que la violence de la chaleur qui l'avait produit; peu à peu les planètes se sont refroidies, et c'est dans le temps de cet état de fluidité causée par le feu, qu'elles auront pris leur figure, et que leur mouvement de rotation aura fait élever les parties de l'équateur en abaissant les pôles. Cette figure, qui s'accorde si bien avec les lois de l'hydrostatique, suppose nécessairement que la terre et les planètes aient été dans un état de fluidité, et je suis ici de l'avis [3] de M. Leibnitz [a] ; cette fluidité était une liquéfaction causée par la violence de la chaleur; l'intérieur de la terre doit être une matière vitrifiée [4] dont les sables, les grès, le

---

a. PROTOGÆA, *aut. G. G. L. Act. Er. Lips., an.* 1692.

1. C'est ce que l'on ne peut plus dire, depuis que l'on a étudié les *étoiles doubles.* « Depuis « qu'on observe les positions relatives de ces deux étoiles voisines (les deux composantes de la « 61e du Cygne), on a constaté des changements qui ne permettent plus de douter qu'elles ne « forment un système analogue à celui du soleil et d'une planète, ou d'une planète et d'un « satellite. La seule différence, c'est qu'il s'agit ici de deux soleils à peu près égaux qui circulent « l'un autour de l'autre, ou plutôt autour de leur centre de gravité commun. » (Faye, *Leçons de cosmographie,* p. 375.)

2. L'*Annuaire* du Bureau des Longitudes de l'année 1851 compte déjà 23 planètes : Mercure, Vénus, la Terre, Mars, Flore, Victoria, Vesta, Iris, Métis, Hébé, Parthénope, Astrée, Égérie, Irène, Eunomia, Junon, Cérès, Pallas, Hygie, Jupiter, Saturne, Uranus, Neptune; et, tout récemment (17 mars 1852), M. de Gasparis vient d'en découvrir une autre. (Voyez les *Comptes-rendus* des séances de l'Acad. des Sc., t. XXXIV, p. 531.)

3. A compter de ce moment-ci, Buffon adopte, en effet, *l'avis* de Leibnitz. Il le développera, il le complétera plus tard : le *temps* où la terre et les planètes étaient dans un état de *liquéfaction, causée par la violence de la chaleur,* formera la première *époque* de la nature.

4. Le mot *vitrifié,* pris dans son acception la plus générale, ne peut signifier ici, dans Buffon (comme dans Leibnitz, de qui Buffon l'emprunte), que *fondu.* Dans l'hypothèse de la *liquéfaction* primitive du globe, toutes les matières ont été nécessairement *fondues.* Si, prenant un sens plus particulier, Buffon entend que les *sables,* les *grès,* le *roc vif,* les *granites,* et même les *argiles,* peuvent être *transformés en verre,* ce n'est pas *vitrifié,* c'est *vitrifiable* qu'il fallait dire, et Buffon lui-même le dit quelquefois.

roc vif, les granites, et peut-être les argiles, sont des fragments et des scories.

On peut donc croire, avec quelque vraisemblance, que les planètes ont appartenu au soleil, qu'elles en ont été séparées par un seul coup qui leur a donné un mouvement d'impulsion dans le même sens et dans le même plan, et que leur position à différentes distances du soleil ne vient que de leurs différentes densités. Il reste maintenant à expliquer par la même théorie le mouvement de rotation des planètes et la formation des satellites ; mais ceci, loin d'ajouter des difficultés ou des impossibilités à notre hypothèse, semble au contraire la confirmer.

Car le mouvement de rotation dépend uniquement de l'obliquité du coup ; et il est nécessaire qu'une impulsion, dès qu'elle est oblique à la surface d'un corps, donne à ce corps un mouvement de rotation ; ce mouvement de rotation sera égal et toujours le même, si le corps qui le reçoit est homogène, et il sera inégal si le corps est composé de parties hétérogènes ou de différente densité, et de là on doit conclure que dans chaque planète la matière est homogène, puisque leur mouvement de rotation est égal ; autre preuve de la séparation des parties denses et moins denses lorsqu'elles se sont formées.

Mais l'obliquité du coup a pu être telle qu'il se sera séparé du corps de la planète principale de petites parties de matière qui auront conservé la même direction de mouvement que la planète même ; ces parties se seront réunies, suivant leurs densités, à différentes distances de la planète par la force de leur attraction mutuelle, et en même temps elles auront suivi nécessairement la planète dans son cours autour du soleil en tournant elles-mêmes autour de la planète, à peu près dans le plan de son orbite. On voit bien que ces petites parties, que la grande obliquité du coup aura séparées, sont les satellites ; ainsi la formation, la position et la direction des mouvements des satellites s'accordent parfaitement avec la théorie, car ils ont tous la même direction de mouvement dans des cercles concentriques autour de leur planète principale, leur mouvement est dans le même plan, et ce plan est celui de l'orbite de la planète ; tous ces effets, qui leur sont communs et qui dépendent de leur mouvement d'impulsion, ne peuvent venir que d'une cause commune, c'est-à-dire d'une impulsion commune de mouvement, qui leur a été communiquée par un seul et même coup donné sous une certaine obliquité.

Ce que nous venons de dire sur la cause du mouvement de rotation et de la formation des satellites, acquerra plus de vraisemblance, si nous faisons attention à toutes les circonstances des phénomènes. Les planètes, qui tournent le plus vite sur leur axe, sont celles qui ont des satellites ; la terre tourne plus vite que Mars dans le rapport d'environ 24 à 15, la terre a un satellite et Mars n'en a point ; Jupiter surtout, dont la rapidité autour de son axe est 5 ou 600 fois plus grande que celle de la terre, a quatre satellites, et il y a grande apparence que Saturne, qui en a cinq et un anneau, tourne encore beaucoup plus vite que Jupiter [1].

On peut même conjecturer, avec quelque fondement, que l'anneau de Saturne est parallèle à l'équateur de cette planète, en sorte que le plan de l'équateur de l'anneau et celui de l'équateur de Saturne sont à peu près les mêmes; car en supposant, suivant la théorie précédente, que l'obliquité du coup par lequel Saturne a été mis en mouvement ait été fort grande, la vitesse autour de l'axe qui aura résulté de ce coup oblique aura pu d'abord être telle que la force centrifuge excédait celle de la gravité, et il se sera détaché de l'équateur et des parties voisines de l'équateur de la planète une quantité considérable de matière, qui aura nécessairement pris la figure d'un anneau, dont le plan doit être à peu près le même que celui de l'équateur de la planète; et cette partie de matière qui forme l'anneau, ayant été détachée de la planète dans le voisinage de l'équateur, Saturne en a été abaissé d'autant sous l'équateur, ce qui fait que, malgré la grande rapidité que nous lui supposons autour de son axe, les diamètres de cette planète peuvent n'être pas aussi inégaux que ceux de Jupiter, qui diffèrent de plus d'une onzième partie.

Quelque grande que soit à mes yeux la vraisemblance de ce que j'ai dit jusqu'ici sur la formation des planètes et de leurs satellites, comme chacun a sa mesure, surtout pour estimer des probabilités de cette nature, et que cette mesure dépend de la puissance qu'a l'esprit pour combiner des rapports plus ou moins éloignés, je ne prétends pas contraindre ceux qui n'en voudront rien croire. J'ai cru seulement devoir semer ces idées, parce qu'elles m'ont paru raisonnables et propres à éclaircir une matière sur laquelle on n'a jamais rien écrit, quelque important qu'en soit le sujet, puisque le mouvement d'impulsion des planètes entre au moins pour moitié dans la composition du système de l'univers, que l'attraction seule ne peut expliquer. J'ajouterai seulement, pour ceux qui voudraient nier la possibilité de mon système, les questions suivantes :

1° N'est-il pas naturel d'imaginer qu'un corps qui est en mouvement ait reçu ce mouvement par le choc d'un autre corps?

2° N'est-il pas très-probable que plusieurs corps qui ont la même direction dans leur mouvement ont reçu cette direction par un seul ou par plusieurs coups dirigés dans le même sens?

3° N'est-il pas tout à fait vraisemblable que plusieurs corps, ayant la même direction dans leur mouvement et leur position dans un même plan, n'ont pas reçu cette direction dans le même sens et cette position dans le même plan par plusieurs coups, mais par un seul et même coup?

1. Voyez, sur les *vitesses comparées* de la rotation des planètes, M. Faye. (*Leçons de cosmographie*, p. 87 et 342.)

4° N'est-il pas très-probable qu'en même temps qu'un corps reçoit un mouvement d'impulsion, il le reçoive obliquement, et que par conséquent il soit obligé de tourner sur lui-même, d'autant plus vite que l'obliquité du coup aura été plus grande? si ces questions ne paraissent pas déraisonnables, le système, dont nous venons de donner une ébauche, cessera de paraître une absurdité.

Passons maintenant à quelque chose qui nous touche de plus près, et examinons la figure de la terre sur laquelle on a fait tant de recherches et de si grandes observations. La terre étant, comme il paraît par l'égalité de son mouvement diurne et la constance de l'inclinaison de son axe, composée de parties homogènes, et toutes ces parties s'attirant en raison de leurs masses, elle aurait pris nécessairement la figure d'un globe parfaitement sphérique, si le mouvement d'impulsion eût été donné dans une direction perpendiculaire à la surface; mais ce coup ayant été donné obliquement, la terre a tourné sur son axe dans le même temps qu'elle a pris sa forme, et de la combinaison de ce mouvement de rotation et de celui de l'attraction des parties il a résulté une figure sphéroïde plus élevée sous le grand cercle de rotation, et plus abaissée aux deux extrémités de l'axe, et cela parce que l'action de la force centrifuge, provenant du mouvement de rotation, diminue l'action de la gravité; ainsi la terre étant homogène, et ayant pris sa consistance en même temps qu'elle a reçu son mouvement de rotation, elle a dû prendre une figure sphéroïde dont les deux axes diffèrent d'une 230ᵉ partie[1]. Ceci peut se démontrer à la rigueur et ne dépend point des hypothèses qu'on voudrait faire sur la direction de la pesanteur, car il n'est pas permis de faire des hypothèses contraires à des vérités établies, ou qu'on peut établir : or les lois de la pesanteur nous sont connues; nous ne pouvons douter que les corps ne pèsent les uns sur les autres en raison directe de leurs masses et inverse du carré de leurs distances ; de même nous ne pouvons pas douter que l'action générale d'une masse quelconque ne soit composée de toutes les actions particulières des parties de cette masse; ainsi il n'y a point d'hypothèse à faire sur la direction de la pesanteur, chaque partie de matière s'attire mutuellement en raison directe de sa masse et inverse du carré de la distance, et de toutes ces attractions il résulte une sphère, lorsqu'il n'y a point de rotation, et il en résulte un sphéroïde lorsqu'il y a rotation. Ce sphéroïde est plus ou moins accourci aux deux extrémités de l'axe de rotation, à proportion de la vitesse de ce mouvement, et la terre a pris, en vertu de

---

1. « En admettant un aplatissement de $\frac{1}{299}$, le demi-diamètre polaire est plus court de « 10,938 toises (21 kilomètres environ ou 5 lieues de poste) que le demi-diamètre équatorial; « le renflement équatorial a donc à peu près cinq fois la hauteur du Mont-Blanc et deux fois et « demi seulement la hauteur probable du Dhawalagiri, la plus haute montagne de la chaîne de « l'Himalaya. » (M. de Humboldt : *Cosmos*, t. I, p. 189).

sa vitesse de rotation et de l'attraction mutuelle de toutes ses parties, la figure d'un sphéroïde dont les deux axes sont entre eux comme 229 à 230.

Ainsi par sa constitution originaire, par son homogénéité, et indépendamment de toute hypothèse sur la direction de la pesanteur, la terre a pris cette figure dans le temps de sa formation, et elle est, en vertu des lois de la mécanique, élevée nécessairement d'environ six lieues et demie à chaque extrémité du diamètre de l'équateur de plus que sous les pôles.

Je vais insister sur cet article, parce qu'il y a encore des géomètres qui croient que la figure de la terre dépend, dans la théorie, du système de philosophie qu'on embrasse, et de la direction qu'on suppose à la pesanteur. La première chose que nous ayons à démontrer, c'est l'attraction mutuelle de toutes les parties de la matière, et la seconde l'homogénéité du globe terrestre. Si nous faisons voir clairement que ces deux faits ne peuvent pas être révoqués en doute, il n'y aura plus aucune hypothèse à faire sur la direction de la pesanteur, la terre aura en nécessairement la figure déterminée par Newton, et toutes les autres figures qu'on voudrait lui donner en vertu des tourbillons ou des autres hypothèses ne pourront subsister.

On ne peut pas douter, à moins qu'on ne doute de tout, que ce ne soit la force de la gravité qui retient les planètes dans leurs orbites : les satellites de Saturne gravitent vers Saturne, ceux de Jupiter vers Jupiter, la lune vers la terre, et Saturne, Jupiter, Mars, la terre, Vénus et Mercure gravitent vers le soleil; de même Saturne et Jupiter gravitent vers leurs satellites, la terre gravite vers la lune, et le soleil gravite vers les planètes : la gravité est donc générale et mutuelle dans toutes les planètes, car l'action d'une force ne peut pas s'exercer sans qu'il y ait réaction; toutes les planètes agissent donc mutuellement les unes sur les autres : cette attraction mutuelle sert de fondement aux lois de leur mouvement, et elle est démontrée par les phénomènes. Lorsque Saturne et Jupiter sont en conjonction, ils agissent l'un sur l'autre, et cette attraction produit une irrégularité dans leur mouvement autour du Soleil; il en est de même de la terre et de la lune, elles agissent mutuellement l'une sur l'autre, mais les irrégularités du mouvement de la lune viennent de l'attraction du soleil, en sorte que le soleil, la terre et la lune agissent mutuellement les unes sur les autres. Or cette attraction mutuelle, que les planètes exercent les unes sur les autres, est proportionnelle à leur quantité de matière, lorsque les distances sont égales, et la même force de gravité qui fait tomber les graves sur la surface de la terre, et qui s'étend jusqu'à la lune, est aussi proportionnelle à la quantité de matière; donc la gravité totale d'une planète est composée de la gravité de chacune des parties qui la composent; donc toutes les parties de la matière, soit dans la terre, soit dans les planètes, gravitent les unes sur les autres; donc toutes les parties de la matière s'attirent mutuellement · et cela étant une fois prouvé, la terre par son mouvement de rotation a dû nécessairement prendre la figure d'un sphéroïde dont les axes sont entre eux comme 229 à 230, et la direction de la pesanteur est nécessairement perpendiculaire à la surface de ce sphéroïde ; par conséquent il n'y a point d'hypothèse à faire sur la direction de la pesanteur, à moins qu'on ne nie l'attraction mutuelle et générale des parties de la matière : mais on vient de voir que l'attraction mutuelle est démontrée par les observations, et les expériences des pendules prouvent qu'elle est générale dans toutes les parties de la matière ; donc on ne peut pas faire de nouvelles hypothèses sur la direction de la pesanteur, sans aller contre l'expérience et la raison.

Venons maintenant à l'homogénéité du globe terrestre ; j'avoue que, si l'on suppose que le globe soit plus dense dans certaines parties que dans d'autres, la direction de la pesanteur doit être différente de celle que nous venons d'assigner, qu'elle sera différente suivant les différentes suppositions qu'on fera, et que la figure de la terre deviendra différente aussi en vertu des mêmes suppositions. Mais quelle raison a-t-on pour croire que cela soit ainsi? Pourquoi veut-on, par exemple, que les parties voisines du centre soient plus denses que celles qui en sont plus éloignées? toutes les particules qui composent le globe ne se sont-elles pas rassemblées par leur attraction mutuelle? dès lors chaque particule est un centre, et il n'y a pas de raison pour croire que les parties qui sont autour du centre de grandeur du globe, soient plus denses que celles qui sont autour d'un autre point; mais d'ailleurs, si une partie considérable du globe était plus dense qu'une autre partie, l'axe de rotation se trouverait plus près des parties denses, et il en résulterait une inégalité dans la révolution diurne, en sorte qu'à la surface de la terre nous remarquerions de l'inégalité dans le mouvement apparent des fixes ; elles nous paraîtraient se mouvoir beaucoup plus vite ou beaucoup plus lentement au zénith qu'à l'horizon, selon que nous serions posés sur les parties denses ou légères du globe ; cet axe de la terre, ne passant plus par le centre de grandeur du globe, changerait aussi très-sensiblement de position : mais tout cela n'arrive pas, on sait au contraire que le mouvement diurne de la terre est égal et uniforme, on sait qu'à toutes les parties de la surface de la terre les étoiles paraissent se mouvoir avec la même vitesse à toutes les hauteurs, et s'il y a une nutation dans l'axe, elle est assez insensible pour avoir échappé aux observateurs; on doit donc conclure que le globe est homogène ou presque homogène dans toutes ses parties.

Si la terre était un globe creux et vide, dont la croûte n'aurait, par exemple, que deux ou trois lieues d'épaisseur, il en résulterait 1° que les montagnes seraient, dans ce cas, des parties si considérables de l'épaisseur totale de la croûte, qu'il y aurait une grande irrégularité dans les mouvements de la terre par l'attraction de la lune et du soleil ; car, quand les parties les plus élevées du globe, comme les Cordilières [1], auraient la Lune au méridien, l'attraction serait beaucoup plus forte sur le globe entier que quand les parties les plus basses auraient de même cet astre au méridien. 2° L'attraction des montagnes serait beaucoup plus considérable qu'elle ne l'est en comparaison de l'attraction totale du globe, et les expériences faites à la montagne de Chimboraço au Pérou donneraient dans ce cas plus de degrés qu'elles n'ont donné de secondes pour la déviation du fil à plomb. 3° La pesanteur des corps serait plus grande au-dessus d'une haute montagne, comme le pic de Ténériffe, qu'au niveau de la mer, en sorte qu'on se sentirait considérablement plus pesant et qu'on marcherait plus difficilement dans les lieux élevés que dans les lieux bas. Ces considérations, et quelques autres qu'on pourrait y ajouter, doivent nous faire croire que l'intérieur du globe n'est pas vide et qu'il est rempli d'une matière assez dense [2].

D'autre côté, si au-dessous de deux ou trois lieues la terre était remplie d'une matière beaucoup plus dense qu'aucune des matières que nous connaissons, il arriverait nécessairement que toutes les fois qu'on descendrait à des profondeurs même médiocres, on pèserait sensiblement beaucoup plus, les pendules s'accéléreraient beaucoup plus qu'ils ne s'accélèrent en effet lorsqu'on les transporte d'un lieu élevé dans un lieu bas [3]; ainsi nous pouvons présumer que l'intérieur de la terre est rempli d'une matière à peu près semblable à celle qui compose sa surface. Ce qui peut achever de nous déterminer en faveur de ce sentiment, c'est que dans le temps de la première formation du globe, lorsqu'il a pris la forme d'un sphéroïde aplati sous les pôles la matière qui le compose était en fusion, et par conséquent homogène, et à peu près également dense dans toutes ses parties, aussi bien à la surface qu'à l'intérieur. Depuis ce temps la matière de la surface, quoique la même, a été remuée et travaillée par les causes extérieures, ce qui a produit des matières de différentes densités; mais on doit remarquer que les matières qui, comme l'or et les métaux, sont les plus denses, sont aussi celles qu'on trouve le plus rarement, et qu'en conséquence de l'action des causes extérieures la plus grande partie de la matière qui compose le globe à la surface n'a pas subi de très-grands changements par rapport à sa densité, et les matières les plus communes, comme le sable et la glaise, ne diffèrent pas beaucoup en densité, en sorte qu'il y a tout lieu

---

1. *Les parties les plus élevées du globe* ne sont pas les *Cordilières*. Je l'ai déjà dit p. 48. « La plus haute montagne de la terre, le Dhawalagiri (chaîne de l'Himalaya, en Asie), a 8,500 « mètres de hauteur; c'est $\frac{1}{4}$, environ du rayon terrestre. En représentant la terre par un « globe de 74 centimètres de rayon, il faudrait donner à cette montagne une saillie d'un milli- « mètre..... La profondeur des mers est du même ordre de grandeur que la saillie des terres « émergées; l'une et l'autre seraient insensibles sur un globe de 74 centimètres de rayon. » (Faye : *Leçons de cosmographie*, p. 12.)

2. Voyez, ci-devant, la note 2 de la p. 33.

3. Voyez encore la note 2 de la p. 35.

de conjecturer avec grande vraisemblance que l'intérieur de la terre est
rempli d'une matière vitrifiée dont la densité est à peu près la même que
celle du sable, et que par conséquent le globe terrestre en général peut
être regardé comme homogène.

Il reste une ressource à ceux qui veulent absolument faire des suppositions, c'est de dire que le globe est composé de couches concentriques
de différentes densités, car dans ce cas le mouvement diurne sera égal, et
l'inclinaison de l'axe constante comme dans le cas de l'homogénéité. Je
l'avoue, mais je demande en même temps s'il y a aucune raison de croire
que ces couches de différentes densités existent, si ce n'est pas vouloir que
les ouvrages de la nature s'ajustent à nos idées abstraites, et si l'on doit
admettre en physique une supposition qui n'est fondée sur aucune observation, aucune analogie, et qui ne s'accorde avec aucune des inductions
que nous pouvons tirer d'ailleurs.

Il paraît donc que la terre a pris, en vertu de l'attraction mutuelle de
ses parties et de son mouvement de rotation, la figure d'un sphéroïde dont
les deux axes diffèrent d'une 230e partie; il paraît que c'est là sa figure
primitive, qu'elle l'a prise nécessairement dans le temps de son état de
fluidité ou de liquéfaction; il paraît qu'en vertu des lois de la gravité et
de la force centrifuge, elle ne peut avoir d'autre figure, que du moment
même de sa formation il y a eu cette différence, entre les deux diamètres,
de six lieues et demie d'élévation de plus sous l'équateur que sous le pôle,
et que par conséquent toutes les hypothèses par lesquelles on peut trouver
plus ou moins de différence sont des fictions auxquelles il ne faut faire
aucune attention.

Mais, dira-t-on, si la théorie est vraie, si le rapport de 229 à 230 est le
vrai rapport des axes, pourquoi les mathématiciens envoyés en Laponie
et au Pérou s'accordent-ils à donner le rapport de 174 à 175? d'où peut
venir cette différence de la pratique à la théorie? et, sans faire tort au raisonnement qu'on vient de faire pour démontrer la théorie, n'est-il pas plus
raisonnable de donner la préférence à la pratique et aux mesures, surtout
quand on ne peut pas douter qu'elles n'aient été prises par les plus habiles
mathématiciens de l'Europe (M. de Maupertuis, *Figure de la Terre*), et avec
toutes les précautions nécessaires pour en constater le résultat?

A cela je réponds que je n'ai garde de donner atteinte aux observations
faites sous l'équateur et au cercle polaire, que je n'ai aucun doute sur leur
exactitude, et que la terre peut bien être réellement élevée d'une 175e partie
de plus sous l'équateur que sous les pôles; mais en même temps je main-
tiens la théorie, et je vois clairement que ces deux résultats peuvent se
concilier. Cette différence des deux résultats de la théorie et des mesures
est d'environ quatre lieues dans les deux axes, en sorte que les parties
sous l'équateur sont élevées de deux lieues de plus qu'elles ne doivent

l'être suivant la théorie : cette hauteur de deux lieues répond assez juste aux plus grandes inégalités de la surface du globe; elles proviennent du mouvement de la mer et de l'action des fluides à la surface de la terre. Je m'explique, il me paraît que dans le temps que la terre s'est formée, elle a nécessairement dû prendre, en vertu de l'attraction mutuelle de ses parties et de l'action de la force centrifuge, la figure d'un sphéroïde dont les axes diffèrent d'une 230ᵉ partie; la terre ancienne et originaire a eu nécessairement cette figure qu'elle a prise lorsqu'elle était fluide, ou plutôt liquéfiée par le feu; mais lorsque, après sa formation et son refroidissement, les vapeurs qui étaient étendues et raréfiées, comme nous voyons l'atmosphère et la queue d'une comète, se furent condensées, elles tombèrent sur la surface de la terre et formèrent l'air et l'eau, et lorsque ces eaux qui étaient à la surface furent agitées par le mouvement du flux et reflux, les matières furent entraînées peu à peu des pôles vers l'équateur, en sorte qu'il est possible que les parties des pôles se soient abaissées d'environ une lieue, et que les parties de l'équateur se soient élevées de la même quantité. Cela ne s'est pas fait tout à coup, mais peu à peu et dans la succession des temps; la terre étant à l'extérieur exposée aux vents, à l'action de l'air et du soleil, toutes ces causes irrégulières ont concouru avec le flux et reflux pour sillonner sa surface, y creuser des profondeurs, y élever des montagnes, ce qui a produit des inégalités, des irrégularités dans cette couche de terre remuée, dont cependant la plus grande épaisseur ne peut être que d'une lieue sous l'équateur; cette inégalité de deux lieues est peut-être la plus grande qui puisse être à la surface de la terre, car les plus hautes montagnes n'ont guère qu'une lieue de hauteur, et les plus grandes profondeurs de la mer n'ont peut-être pas une lieue[1]. La théorie est donc vraie, et la pratique peut l'être aussi; la terre a dû d'abord n'être élevée sous l'équateur que d'environ six lieues et demie de plus qu'au pôle, et ensuite par les changements qui sont arrivés à sa surface elle a pu s'élever davantage. L'histoire naturelle confirme merveilleusement cette opinion, et nous avons prouvé dans le Discours précédent, que c'est le flux et reflux et les autres mouvements des eaux qui ont produit les montagnes et toutes les inégalités de la surface du globe, que cette même surface a subi des changements très-considérables, et qu'à de grandes profondeurs, comme sur les plus grandes hauteurs[2] on trouve des os, des coquilles et d'autres dépouilles d'animaux, habitants des mers ou de la surface de la terre.

On peut conjecturer par ce qui vient d'être dit, que, pour trouver la terre ancienne et les matières qui n'ont jamais été remuées, il faudrait creuser dans les climats voisins des pôles, où la couche de terre remuée doit être plus mince que dans les climats méridionaux.

1. Voyez, ci-devant, la note 1 de la p. 84.
2. Voyez, ci-devant, la note 2 de la p. 39.

Au reste, si l'on examine de près les mesures par lesquelles on a déterminé la figure de la terre, on verra bien qu'il entre de l'hypothétique dans cette détermination, car elle suppose que la terre a une figure courbe régulière, au lieu qu'on peut penser que la surface du globe ayant été altérée par une grande quantité de causes combinées à l'infini, elle n'a peut-être aucune figure régulière, et dès lors la terre pourrait bien n'être en effet aplatie que d'une 230ᵉ partie, comme le dit Newton, et comme la théorie le demande. D'ailleurs, on sait bien que, quoiqu'on ait exactement la longueur du degré au cercle polaire et à l'équateur, on n'a pas aussi exactement la longueur du degré en France, et que l'on n'a pas vérifié la mesure de M. Picard [1]. Ajoutez à cela que la diminution et l'augmentation du pendule ne peuvent pas s'accorder avec le résultat des mesures, et qu'au contraire elles s'accordent à très-peu près avec la théorie de Newton ; en voilà plus qu'il n'en faut pour qu'on puisse croire que la terre n'est réellement aplatie que d'une 230ᵉ partie, et que, s'il y a quelque différence, elle ne peut venir que des inégalités que les eaux et les autres causes extérieures ont produites à la surface ; et ces inégalités étant, selon toutes les apparences, plus irrégulières que régulières, on ne doit pas faire d'hypothèse sur cela, ni supposer, comme on l'a fait, que les méridiens sont des ellipses ou d'autres courbes régulières ; d'où l'on voit que, quand on mesurerait successivement plusieurs degrés de la terre dans tous les sens, on ne serait pas encore assuré par là de la quantité d'aplatissement qu'elle peut avoir de moins ou de plus que de la 230ᵉ partie.

Ne doit-on pas conjecturer aussi que, si l'inclinaison de l'axe de la terre a changé, ce ne peut être qu'en vertu des changements arrivés à la surface, puisque tout le reste du globe est homogène, que par conséquent cette variation est trop peu sensible pour être aperçue par les astronomes, et qu'à moins que la terre ne soit rencontrée par quelque comète, ou dérangée par quelque autre cause extérieure, son axe demeurera perpétuellement incliné comme il l'est aujourd'hui, et comme il l'a toujours été ?

Et, afin de n'omettre aucune des conjectures qui me paraissent raisonnables, ne peut-on pas dire que, comme les montagnes et les inégalités qui

1. « Picard mesura..... un degré du méridien, compris entre Paris et Amiens..... Son
« travail est resté le modèle de toutes les opérations subséquentes ; il a donné 57070 toises pour
« la longueur de l'arc d'un degré, et par conséquent 57070 × 360 pour celle de la circonférence
« entière du méridien terrestre..... En 1734, Godin, La Condamine et Bouguer allèrent mesurer
« un degré du méridien au Pérou, près de l'équateur, tandis que Maupertuis, Clairaut, Camus,
« Le Monnier et Outhier, partirent pour la Laponie, afin d'y exécuter une mesure pareille. —
« Voici les résultats de cette triple opération, un des plus grands services que la France ait
« rendus aux sciences :
    « Longueur de l'arc de 1° : au Pérou, 56750 toises
                en France, 57070 —
                en Laponie, 57422 — »
                (Faye : *Leçons de cosmographie*, p. 81 et p. 90.)

sont à la surface de la terre ont été formées par l'action du flux et reflux,
les montagnes et les inégalités que nous remarquons à la surface de la lune
ont été produites par une cause semblable; qu'elles sont beaucoup plus
élevées que celles de la terre, parce que le flux et reflux y est beaucoup plus
fort, puisqu'ici c'est la lune, et là c'est la terre qui le cause, dont la masse
étant beaucoup plus considérable que celle de la lune devrait produire des
effets beaucoup plus grands, si la lune avait, comme la terre, un mouvement de rotation rapide par lequel elle nous présenterait successivement
toutes les parties de sa surface; mais, comme la lune présente toujours la
même face à la terre, le flux et le reflux ne peuvent s'exercer dans cette
planète qu'en vertu de son mouvement de libration par lequel elle nous
découvre alternativement un segment de sa surface, ce qui doit produire
une espèce de flux et de reflux fort différent de celui de nos mers, et dont
les effets doivent être beaucoup moins considérables qu'ils ne le seraient si
ce mouvement avait pour cause une révolution de cette planète autour de
son axe, aussi prompte que l'est la rotation du globe terrestre.

J'aurais pu faire un livre gros comme celui de Burnet ou de Whiston,
si j'eusse voulu délayer les idées qui composent le système qu'on vient de
voir, et, en leur donnant l'air géométrique, comme l'a fait ce dernier auteur,
je leur eusse en même temps donné du poids; mais je pense que des hypothèses, quelque vraisemblables qu'elles soient, ne doivent point être traitées
avec cet appareil qui tient un peu de la charlatanerie.

A Buffon, le 20 septembre 1745.

ARTICLE II.

DU SYSTÈME DE M. WHISTON [a].

Cet auteur commence son traité de la théorie de la terre par une dissertation sur la création du monde; il prétend qu'on a toujours mal entendu le
texte de la Genèse, qu'on s'est trop attaché à la lettre et au sens qui se présente à la première vue, sans faire attention à ce que la nature, la raison, la
philosophie, et même la décence exigeaient de l'écrivain pour traiter digne-
ment cette matière. Il dit que les notions qu'on a communément de l'ouvrage des six jours sont absolument fausses, et que la description de Moïse
n'est pas une narration exacte et philosophique de la création de l'univers
entier et de l'origine de toutes choses, mais une représentation historique
de la formation du seul globe terrestre. La terre, selon lui, existait auparavant dans le chaos, et elle a reçu dans le temps mentionné par Moïse la

a A New Theory of the Earth, by Will. Whiston. London, 1708.

forme, la situation et la consistance nécessaires pour pouvoir être habitée par le genre humain. Nous n'entrerons point dans le détail de ses preuves à cet égard, et nous n'entreprendrons pas d'en faire la réfutation ; l'exposition que nous venons de faire suffit pour démontrer la contrariété de son opinion avec la foi, et par conséquent l'insuffisance de ses preuves : au reste, il traite cette matière en théologien controversiste plutôt qu'en philosophe éclairé.

Partant de ces faux principes, il passe à des suppositions ingénieuses, et qui, quoique extraordinaires, ne laissent pas d'avoir un degré de vraisemblance, lorsqu'on veut se livrer avec lui à l'enthousiasme du système ; il dit que l'ancien chaos, l'origine de notre terre, a été l'atmosphère d'une comète, que le mouvement annuel de la terre a commencé dans le temps qu'elle a pris une nouvelle forme, mais que son mouvement diurne n'a commencé qu'au temps de la chute du premier homme ; que le cercle de l'écliptique coupait alors le tropique du cancer au point du paradis terrestre à la frontière d'Assyrie, du côté du nord-ouest ; qu'avant le déluge l'année commençait à l'équinoxe d'automne ; que les orbites originaires des planètes, et surtout l'orbite de la terre, étaient avant le déluge des cercles parfaits ; que le déluge a commencé le 18ᵉ jour de novembre de l'année 2365 de la période Julienne, c'est-à-dire 2349 ans avant l'ère chrétienne ; que l'année solaire et l'année lunaire étaient les mêmes avant le déluge, et qu'elles contenaient juste 360 jours ; qu'une comète, descendant dans le plan de l'écliptique vers son périhélie, a passé tout auprès du globe de la terre le jour même que le déluge a commencé ; qu'il y a une grande chaleur dans l'intérieur du globe terrestre, qui se répand constamment du centre à la circonférence ; que la constitution intérieure et totale de la terre est comme celle d'un œuf, ancien emblème du globe ; que les montagnes sont les parties les plus légères de la terre, etc. Ensuite il attribue au déluge universel toutes les altérations et tous les changements arrivés à la surface et à l'intérieur du globe, il adopte aveuglément les hypothèses de Woodward, et se sert indistinctement de toutes les observations de cet auteur au sujet de l'état présent du globe ; mais il y ajoute beaucoup lorsqu'il vient à traiter de l'état futur de la terre ; selon lui, elle périra par le feu, et sa destruction sera précédée de tremblements épouvantables, de tonnerres et de météores effroyables, le soleil et la lune auront l'aspect hideux, les cieux paraîtront s'écrouler, l'incendie sera général sur la terre ; mais lorsque le feu aura dévoré tout ce qu'elle contient d'impur, lorsqu'elle sera vitrifiée et transparente comme le cristal, les saints et les bienheureux viendront en prendre possession pour l'habiter jusqu'au temps du jugement dernier.

Toutes ces hypothèses semblent, au premier coup d'œil, être autant d'assertions téméraires, pour ne pas dire extravagantes ; cependant l'auteur les a maniées avec tant d'adresse, et les a réunies avec tant de force, qu'elles cessent de paraître absolument chimériques : il met dans son sujet autant d'esprit et de science qu'il peut en comporter, et on sera toujours étonné que d'un mélange d'idées aussi bizarres et aussi peu faites pour aller ensemble, on ait pu tirer un système éblouissant; ce n'est pas même aux esprits vulgaires, c'est aux yeux des savants qu'il paraîtra tel, parce que les savants sont déconcertés plus aisément que le vulgaire par l'étalage de l'érudition, et par la force et la nouveauté des idées. Notre auteur était un astronome célèbre, accoutumé à voir le ciel en raccourci, à mesurer les mouvements des astres, à compasser les espaces des cieux ; il n'a jamais pu se persuader que ce petit grain de sable, cette terre que nous habitons, ait attiré l'attention du Créateur au point de l'occuper plus longtemps que le ciel et l'univers entier, dont la vaste étendue contient des millions de millions de soleils et de terres. Il prétend donc que Moïse ne nous a pas donné l'histoire de la première création, mais seulement le détail de la nouvelle forme que la terre a prise, lorsque la main du Tout-Puissant l'a tirée du nombre des comètes pour la faire planète, ou, ce qui revient au même, lorsque, d'un monde en désordre et d'un chaos informe, il en a fait une habitation tranquille et un séjour agréable; les comètes sont en effet sujettes à des vicissitudes terribles, à cause de l'excentricité de leurs orbites ; tantôt, comme dans celle de 1680, il y fait mille fois plus chaud qu'au milieu d'un brasier ardent, tantôt il y fait mille fois plus froid que dans la glace, et elles ne peuvent guère être habitées que par d'étranges créatures, ou, pour trancher court, elles sont inhabitées.

Les planètes au contraire sont des lieux de repos où, la distance au soleil ne variant pas beaucoup, la température reste à peu près la même, et permet aux espèces de plantes et d'animaux de croître, de durer et de multiplier.

Au commencement Dieu créa donc l'Univers, mais, selon notre auteur, la terre confondue avec les autres astres errants n'était alors qu'une comète inhabitable, souffrant alternativement l'excès du froid et du chaud, dans laquelle les matières se liquéfiant, se vitrifiant, se glaçant tour à tour, formaient un chaos, un abîme enveloppé d'épaisses ténèbres, *et tenebræ erant super faciem abyssi*. Ce chaos était l'atmosphère de la comète qu'il faut se représenter comme un corps composé de matières hétérogènes, dont le centre était occupé par un noyau sphérique, solide et chaud, d'environ deux mille lieues de diamètre, autour duquel s'étendait une très-grande circonférence d'un fluide épais, mêlé d'une matière informe, confuse, telle qu'était l'ancien chaos, *rudis, indigestaque moles*. Cette vaste atmosphère ne contenait que fort peu de parties sèches, solides ou terrestres, encore moins de particules aqueuses ou aériennes, mais une grande quanlité de matières fluides, denses et pesantes, mêlées, agitées et confondues ensemble. Telle était la terre, la veille des six jours ; mais dès le lendemain, c'est-à-dire, dès le premier jour de la création, lorsque l'orbite excentrique de la comète eut été changée en une ellipse presque circulaire, chaque chose prit sa place, et les corps s'arrangèrent suivant la loi de leur gravité spécifique ; les fluides pesants descendirent au plus bas, et abandonnèrent aux parties terrestres, aqueuses et aériennes la région supérieure : celles-ci descendirent aussi dans leur ordre de pesanteur, d'abord la terre, ensuite l'eau, et enfin l'air ; et cette sphère d'un chaos immense se réduisit à un globe d'un volume médiocre, au centre duquel est le noyau solide qui conserve encore aujourd'hui la chaleur que le soleil lui a autrefois communiquée lorsqu'il était noyau de comète. Cette chaleur peut bien durer depuis six mille ans, puisqu'il en faudrait cinquante mille à la comète de 1680 pour se refroidir, et qu'elle a éprouvé en passant à son périhélie une chaleur deux mille fois plus grande que celle d'un fer rouge. Autour de ce noyau solide et brûlant qui occupe le centre de la terre, se trouve le fluide dense et pesant qui descendit le premier, et c'est ce fluide qui forme le grand abîme sur lequel la terre porterait comme le liége sur le vif-argent ; mais comme les parties terrestres étaient mêlées de beaucoup d'eau, elles ont en descendant entraîné une partie de cette eau qui n'a pu remonter lorsque la terre a été consolidée, et cette eau forme une couche concentrique au fluide pesant qui enveloppe le noyau, de sorte que le grand abîme est composé de deux orbes concentriques, dont le plus intérieur est un fluide pesant, et le supérieur est de l'eau ; c'est proprement cette couche d'eau qui sert de fondement à la terre, et c'est de cet arrangement admirable de l'atmosphère de la comète que dépendent la théorie de la terre et l'explication des phénomènes.

Car on sent bien que, quand l'atmosphère de la comète fut une fois débarrassée de toutes ces matières solides et terrestres, il ne resta plus que la matière légère de l'air, à travers laquelle les rayons du soleil passèrent librement, ce qui tout d'un coup produisit la lumière, *fiat lux*. On voit bien que les colonnes qui composent l'orbe de la terre, s'étant formées avec tant de précipitation, elles se sont trouvées de différentes densités, et que par conséquent les plus pesantes ont enfoncé davantage dans ce fluide souterrain, tandis que les plus légères ne se sont enfoncées qu'à une moindre profondeur, et c'est ce qui a produit sur la surface de la terre des vallées et des montagnes : ces inégalités étaient, avant le déluge, dispersées et situées autrement qu'elles ne le sont aujourd'hui ; au lieu de la vaste vallée qui contient l'océan, il y avait sur toute la surface du globe plusieurs petites cavités séparées qui contenaient chacune une partie de cette eau, et faisaient autant de petites mers particulières ; les montagnes étaient aussi plus divisées et ne formaient pas des chaînes comme elles en forment

aujourd'hui. Cependant la terre était mille fois plus peuplée, et par conséquent mille fois plus fertile qu'elle ne l'est, la vie des hommes et des
animaux était dix fois plus longue, et tout cela parce que la chaleur intérieure de la terre, qui provient du noyau central, était alors dans toute sa
force, et que ce plus grand degré de chaleur faisait éclore et germer un
plus grand nombre d'animaux et de plantes, et leur donnait le degré de
vigueur nécessaire pour durer plus longtemps et se multiplier plus abondamment; mais cette même chaleur, en augmentant les forces du corps,
porta malheureusement à la tête des hommes et des animaux, elle augmenta
les passions, elle ôta la sagesse aux animaux et l'innocence à l'homme;
tout, à l'exception des poissons qui habitent un élément froid, se ressentit
des effets de cette chaleur du noyau; enfin tout devint criminel et mérita
la mort : elle arriva cette mort universelle un mercredi 28 novembre, par
un déluge affreux de quarante jours et de quarante nuits, et ce déluge fut
causé par la queue d'une autre comète qui rencontra la terre en revenant
de son périhélie.

La queue d'une comète est la partie la plus légère de son atmosphère,
c'est un brouillard transparent, une vapeur subtile que l'ardeur du soleil
fait sortir du corps et de l'atmosphère de la comète; cette vapeur, composée
de particules aqueuses et aériennes extrêmement raréfiées, suit la comète
lorsqu'elle descend à son périhélie, et la précède lorsqu'elle remonte, en
sorte qu'elle est toujours située du côté opposé au soleil, comme si elle
cherchait à se mettre à l'ombre et à éviter la trop grande ardeur de cet
astre. La colonne que forme cette vapeur est souvent d'une longueur
immense, et plus une comète approche du soleil, plus la queue est longue
et étendue, de sorte qu'elle occupe souvent des espaces très-grands, et,
comme plusieurs comètes descendent au-dessous de l'orbe annuel de la
terre, il n'est pas surprenant que la terre se trouve quelquefois enveloppée
de la vapeur de cette queue : c'est précisément ce qui est arrivé dans le
temps du déluge, il n'a fallu que deux heures de séjour dans cette queue
de comète pour faire tomber autant d'eau qu'il y en a dans la mer; enfin
cette queue était les cataractes du ciel, *et cataractæ cœli aperti sunt*. En
effet, le globe terrestre ayant une fois rencontré la queue de la comète, il
doit, en y faisant sa route, s'approprier une partie de la matière qu'elle
contient; tout ce qui se trouvera dans la sphère de l'attraction du globe doit
tomber sur la terre, et tomber en forme de pluie, puisque cette queue est en
partie composée de vapeurs aqueuses. Voilà donc une pluie du ciel qu'on
peut faire aussi abondante qu'on voudra, et un déluge universel dont les
eaux surpasseront aisément les plus hautes montagnes. Cependant notre
auteur, qui dans cet endroit ne veut pas s'éloigner de la lettre du livre
sacré, ne donne pas pour cause unique du déluge cette pluie tirée de si loin,
il prend de l'eau partout où il y en a; le grand abîme, comme nous avons

vu, en contient une bonne quantité, la terre à l'approche de la comète aura sans doute éprouvé la force de son attraction, les liquides contenus dans le grand abime auront été agités par un mouvement de flux et de reflux si violent que la croûte superficielle n'aura pu résister, elle se sera fendue en divers endroits, et les eaux de l'intérieur se seront répandues sur sa surface, *et rupti sunt fontes abyssi.*

Mais que faire de ces eaux que la queue de la comète et le grand abime ont fournies si libéralement? Notre auteur n'en est point embarrassé. Dès que la terre, en continuant sa route, se fut éloignée de la comète, l'effet de son attraction, le mouvement de flux et de reflux, cessa dans le grand abime, et dès lors les eaux supérieures s'y précipitèrent avec violence par les mêmes voies qu'elles en étaient sorties, le grand abime absorba toutes les eaux superflues, et se trouva d'une capacité assez grande pour recevoir non-seulement les eaux qu'il avait déjà contenues, mais encore toutes celles que la queue de la comète avait laissées, parce que, dans le temps de son agitation et de la rupture de la croûte, il avait agrandi l'espace en poussant de tous côtés la terre qui l'environnait; ce fut aussi dans ce temps que la figure de la terre, qui jusque-là avait été sphérique, devint elliptique, tant par l'effet de la force centrifuge causée par son mouvement diurne que par l'action de la comète, et cela parce que la terre, en parcourant la queue de la comète, se trouva posée de façon qu'elle présentait les parties de l'équateur à cet astre, et que la force de l'attraction de la comète, concourant avec la force centrifuge de la terre, fit élever les parties de l'équateur avec d'autant plus de facilité que la croûte était rompue et divisée en une infinité d'endroits, et que l'action du flux et du reflux de l'abime poussait plus violemment que partout ailleurs les parties sous l'équateur.

Voilà donc l'histoire de la création, les causes du déluge universel, celles de la longueur de la vie des premiers hommes, et celles de la figure de la terre; tout cela semble n'avoir rien coûté à notre auteur, mais l'arche de Noé parait l'inquiéter beaucoup : comment imaginer en effet qu'au milieu d'un désordre aussi affreux, au milieu de la confusion de la queue d'une comète avec le grand abime, au milieu des ruines de l'orbe terrestre, et dans ces terribles moments où non-seulement les éléments de la terre étaient confondus, mais où il arrivait encore du ciel et du tartare de nouveaux éléments pour augmenter le chaos, comment imaginer que l'arche voguât tranquillement avec sa nombreuse cargaison sur la cime des flots? Ici notre auteur rame et fait de grands efforts pour arriver et pour donner une raison physique de la conservation de l'arche; mais comme il m'a paru qu'elle était insuffisante, mal imaginée et peu orthodoxe, je ne la rapporterai point; il me suffira de faire sentir combien il est dur pour un homme, qui a expliqué de si grandes choses sans avoir recours à une puissance surnaturelle ou au miracle , d'être arrêté par une circonstance particulière ; aussi notre auteur aime mieux risquer de se noyer avec l'arche, que d'attribuer, comme il le devait , à la bonté immédiate du Tout-Puissant la conservation de ce précieux vaisseau.

Je ne ferai qu'une remarque sur ce système dont je viens de faire une exposition fidèle ; c'est que toutes les fois qu'on sera assez téméraire pour vouloir expliquer par des raisons physiques les vérités théologiques, qu'on se permettra d'interpréter dans des vues purement humaines le texte divin des livres sacrés, et que l'on voudra raisonner sur les volontés du Très-Haut et sur l'exécution de ses décrets, on tombera nécessairement dans les ténèbres et dans le chaos où est tombé l'auteur de ce système, qui cependant a été reçu avec grand applaudissement : il ne doutait ni de la vérité du déluge, ni de l'authenticité des livres sacrés ; mais comme il s'en était beaucoup moins occupé que de physique et d'astronomie, il a pris les passages de l'Écriture sainte pour des faits de physique et pour des résultats d'observations astronomiques, et il a si étrangement mêlé la science divine avec nos sciences humaines, qu'il en a résulté la chose du monde la plus extraordinaire, qui est le système que nous venons d'exposer.

ARTICLE III.

DU SYSTÈME DE M. BURNET [a].

Cet auteur est le premier qui ait traité cette matière généralement et d'une manière systématique ; il avait beaucoup d'esprit et était homme de belles-lettres : son ouvrage a eu une grande réputation , et il a été critiqué par quelques savants, entre autres par M. Keill, qui, épluchant cette matière en géomètre, a démontré les erreurs de Burnet dans un traité qui a pour titre : *Examination of the Theory of the Eart*. London, 1734. 2ᵉ édit. Ce même M. Keill a aussi réfuté le système de Whiston, mais il traite ce dernier auteur bien différemment du premier, il semble même qu'il est de son avis dans plusieurs cas, et il regarde comme une chose fort probable le déluge causé par la queue d'une comète. Mais, pour revenir à Burnet, son livre est élégamment écrit, il sait peindre et présenter avec force de grandes images, et mettre sous les yeux des scènes magnifiques. Son plan est vaste , mais l'exécution manque faute de moyens, son raisonnement est petit, ses preuves sont faibles, et sa confiance est si grande qu'il la fait perdre à son lecteur.

Il commence par nous dire qu'avant le déluge la terre avait une forme

a. Thomas Burnet. *Telluris Theoria sacra , orbis nostri originem et mutationes generales quas aut jam subiit , aut olim subiturus est , complectens.* Londini , 1681.

très-différente de celle que nous lui voyons aujourd'hui. C'était d'abord une
masse fluide, un chaos composé de matières de toutes espèces et de toutes
sortes de figures ; les plus pesantes descendirent vers le centre et formèrent
au milieu du globe un corps dur et solide, autour duquel les eaux plus
légères se rassemblèrent et enveloppèrent de tous côtés le globe intérieur ;
l'air et toutes les liqueurs plus légères que l'eau la surmontèrent et l'enveloppèrent aussi dans toute la circonférence : ainsi entre l'orbe de l'air et
celui de l'eau, il se forma un orbe d'huile et de liqueur grasse plus légères
que l'eau ; mais comme l'air était encore fort impur et qu'il contenait une
très-grande quantité de petites particules de matière terrestre, peu à peu
ces particules descendirent, tombèrent sur la couche d'huile, et formèrent
un orbe terrestre mêlé de limon et d'huile, et ce fut là la première terre
habitable et le premier séjour de l'homme. C'était un excellent terrain, une
terre légère, grasse, et faite exprès pour se prêter à la faiblesse des premiers germes. La surface du globe terrestre était donc dans ces premiers
temps égale, uniforme, continue, sans montagnes, sans mers et sans inégalités ; mais la terre ne demeura qu'environ seize siècles dans cet état, car
la chaleur du soleil, desséchant peu à peu cette croûte limoneuse, la fit
fendre d'abord à la surface ; bientôt ces fentes pénétrèrent plus avant et
s'augmentèrent si considérablement avec le temps, qu'enfin elles s'ouvrirent
en entier ; dans un instant toute la terre s'écroula et tomba par morceaux
dans l'abîme d'eau qu'elle contenait, voilà comme se fit le déluge universel.

Mais toutes ces masses de terre en tombant dans l'abîme entraînèrent
une grande quantité d'air, et elles se heurtèrent, se choquèrent, se divi-
sèrent, s'accumulèrent si irrégulièrement, qu'elles laissèrent entre elles de
grandes cavités remplies d'air ; les eaux s'ouvrirent peu à peu les chemins de ces cavités, et, à mesure qu'elles les remplissaient, la surface de la
terre se découvrait dans les parties les plus élevées, enfin il ne resta de l'eau
que dans les parties les plus basses, c'est-à-dire, dans les vastes vallées qui
contiennent la mer ; ainsi notre océan est une partie de l'ancien abîme, le
reste est entré dans les cavités intérieures avec lesquelles communique
l'océan. Les îles et les écueils sont les petits fragments, les continents sont
les grandes masses de l'ancienne croûte ; et, comme la rupture et la chute
de cette croûte se sont faites avec confusion, il n'est pas étonnant de trouver
sur la terre des éminences, des profondeurs, des plaines et des inégalités
de toute espèce.

Cet échantillon du système de Burnet suffit pour en donner une idée ;
c'est un roman bien écrit, et un livre qu'on peut lire pour s'amuser, mais
qu'on ne doit pas consulter pour s'instruire. L'auteur ignorait les principaux
phénomènes de la terre, et n'était nullement informé des observations ; il a
tout tiré de son imagination qui, comme l'on sait, sert volontiers aux dépens
de la vérité.

ARTICLE IV.

DU SYSTÈME DE M. WOODWARD [a].

On peut dire de cet auteur qu'il a voulu élever un monument immense sur une base moins solide que le sable mouvant, et bâtir l'édifice du monde avec de la poussière; car il prétend que dans le temps du déluge il s'est fait une dissolution totale de la terre; la première idée qui se présente après avoir lu son livre, c'est que cette dissolution s'est faite par les eaux du grand abime, qui se sont répandues sur la surface de la terre, et qui ont délayé et réduit en pâte les pierres, les rochers, les marbres, les métaux, etc. Il prétend que l'abime, où cette eau était renfermée, s'ouvrit tout d'un coup à la voix de Dieu, et répandit sur la surface de la terre la quantité énorme d'eau qui était nécessaire pour la couvrir et surmonter de beaucoup les plus hautes montagnes, et que Dieu suspendit la cause de la cohésion des corps, ce qui réduisit tout en poussière, etc. Il ne fait pas attention que, par ces suppositions, il ajoute au miracle du déluge universel d'autres miracles, ou tout au moins des impossibilités physiques qui ne s'accordent ni avec la lettre de la sainte Écriture, ni avec les principes mathématiques de la philosophie naturelle. Mais comme cet auteur a le mérite d'avoir rassemblé plusieurs observations importantes, et qu'il connaissait mieux que ceux qui ont écrit avant lui les matières dont le globe est composé, son système, quoique mal conçu et mal digéré, n'a pas laissé d'éblouir les gens séduits par la vérité de quelques faits particuliers, et peu difficiles sur la vraisemblance des conséquences générales. Nous avons donc cru devoir présenter un extrait de cet ouvrage, dans lequel, en rendant justice au mérite de l'auteur et à l'exactitude de ses observations, nous mettrons le lecteur en état de juger de l'insuffisance de son système et de la fausseté de quelques-unes de ses remarques. M. Woodward dit avoir reconnu par ses yeux que toutes les matières qui composent la terre en Angleterre, depuis sa surface jusqu'aux endroits les plus profonds où il est descendu, étaient disposées par couches, et que dans un grand nombre de ces couches il y a des coquilles et d'autres productions marines; ensuite il ajoute que par ses correspondants et par ses amis il s'est assuré que dans tous les autres pays la terre est composée de même, et qu'on y trouve des coquilles non-seulement dans les plaines et en quelques endroits, mais encore sur les plus hautes montagnes, dans les carrières les plus profondes et en une infinité d'endroits; il a vu que ces couches étaient horizontales et posées les unes sur les autres, comme le seraient des matières transportées par les eaux et déposées en forme de sédiments. Ces remarques générales, qui sont très-vraies, sont suivies d'observations particulières

---

a. Jean Woodward. *An Essay towards the Natural History of the Earth*, etc.

par lesquelles il fait voir évidemment que les fossiles qu'on trouve incorporés dans les couches sont de vraies coquilles et de vraies productions
marines, et non pas des minéraux, des corps singuliers, des jeux de la
nature, etc. A ces observations, quoique en partie faites avant lui, qu'il a
rassemblées et prouvées, il en ajoute d'autres qui sont moins exactes ; il
assure que toutes les matières des différentes couches sont posées les unes
sur les autres dans l'ordre de leur pesanteur spécifique, en sorte que les
plus pesantes sont au-dessous, et les plus légères au-dessus. Ce fait général
n'est point vrai ; on doit arrêter ici l'auteur, et lui montrer les rochers que
nous voyons tous les jours au-dessus des glaises, des sables, des charbons
de terre, des bitumes, et qui certainement sont plus pesants spécifiquement
que toutes ces matières ; car en effet si par toute la terre on trouvait d'abord
les couches de bitume, ensuite celles de craie, puis celles de marne, ensuite
celles de glaise, celles de sable, celles de pierre, celles de marbre, et enfin
les métaux, en sorte que la composition de la terre suivit exactement et
partout la loi de la pesanteur, et que les matières fussent toutes placées dans
l'ordre de leur gravité spécifique, il y aurait apparence qu'elles se seraient
toutes précipitées en même temps, et voilà ce que notre auteur assure avec
confiance, malgré l'évidence du contraire ; car, sans être observateur, il ne
faut qu'avoir des yeux pour être assuré que l'on trouve des matières pesantes
très-souvent posées sur des matières légères, et que par conséquent ces
sédiments ne se sont pas précipités tous en même temps, mais qu'au contraire ils ont été amenés et déposés successivement par les eaux. Comme
c'est là le fondement de son système et qu'il porte manifestement à faux,
nous ne le suivrons plus loin que pour faire voir combien un principe erroné
peut produire de fausses combinaisons et de mauvaises conséquences.
Toutes les matières, dit notre auteur, qui composent la terre, depuis les
sommets des plus hautes montagnes jusqu'aux plus grandes profondeurs
des mines et des carrières, sont disposées par couches, suivant leur pesanteur spécifique ; donc, conclut-il, toute la matière qui compose le globe a
été dissoute et s'est précipitée en même temps. Mais dans quelle matière et
en quel temps a-t-elle été dissoute? dans l'eau et dans le temps du déluge.
Mais il n'y a pas assez d'eau sur le globe pour que cela se puisse, puisqu'il
y a plus de terre que d'eau, et que le fond de la mer est de terre : eh bien,
nous dit-il, il y a de l'eau plus qu'il n'en faut au centre de la terre, il ne
s'agit que de la faire monter, de lui donner tout ensemble la vertu d'un dissolvant universel et la qualité d'un remède préservatif pour les coquilles
qui seules n'ont pas été dissoutes, tandis que les marbres et les rochers l'ont
été ; de trouver ensuite le moyen de faire rentrer cette eau dans l'abîme, et
de faire cadrer tout cela avec l'histoire du déluge ; voilà le système, de la
vérité duquel l'auteur ne trouve pas le moyen de pouvoir douter, car quand
on lui oppose que l'eau ne peut point dissoudre les marbres, les pierres, les

métaux, surtout en quarante jours qu'a duré le déluge, il répond simplement que cependant cela est arrivé; quand on lui demande quelle était donc la vertu de cette eau de l'abime, pour dissoudre toute la terre et conserver en même temps les coquilles, il dit qu'il n'a jamais prétendu que cette eau fût un dissolvant, mais qu'il est clair par les faits que la terre a été dissoute et que les coquilles ont été préservées; enfin lorsqu'on le presse et qu'on lui fait voir évidemment que, s'il n'a aucune raison à donner de ces phénomènes, son système n'explique rien, il dit qu'il n'y a qu'à imaginer que dans le temps du déluge la force de la gravité et de la cohérence de la matière a cessé tout à coup, et qu'au moyen de cette supposition, dont l'effet est fort aisé à concevoir, on explique d'une manière satisfaisante la dissolution de l'ancien monde. Mais, lui dit-on, si la force qui tient unies les parties de la matière a cessé, pourquoi les coquilles n'ont-elles pas été dissoutes comme tout le reste? Ici il fait un discours sur l'organisation des coquilles et des os des animaux, par lequel il prétend prouver que, leur texture étant fibreuse et différente de celle des minéraux, leur force de cohésion est aussi d'un autre genre ; après tout, il n'y a , dit-il, qu'à supposer que la force de la gravité et de la cohérence n'a pas cessé entièrement, mais seulement qu'elle a été diminuée assez pour désunir toutes les parties des minéraux, mais pas assez pour désunir celles des animaux. A tout ceci on ne peut pas s'empêcher de reconnaître que notre auteur n'était pas aussi bon physicien qu'il était bon observateur, et je ne crois pas qu'il soit nécessaire que nous réfutions sérieusement des opinions sans fondement, surtout lorsqu'elles ont été imaginées contre les règles de la vraisemblance, et qu'on n'en a tiré que des conséquences contraires aux lois de la mécanique.

ARTICLE V.

EXPOSITION DE QUELQUES AUTRES SYSTÈMES.

On voit bien que les trois hypothèses, dont nous venons de parler, ont beaucoup de choses communes; elles s'accordent toutes en ce point, que dans le temps du déluge la terre a changé de forme, tant à l'extérieur qu'à l'intérieur : ainsi tous ces spéculatifs n'ont pas fait attention que la terre avant le déluge, étant habitée par les mêmes espèces d'hommes et d'animaux, devait être nécessairement telle, à très-peu près, qu'elle est aujourd'hui; et qu'en effet les livres saints nous apprennent qu'avant le déluge il y avait sur la terre des fleuves, des mers, des montagnes, des forêts et des plantes; que ces fleuves et ces montagnes étaient, pour la plupart, les mêmes, puisque le Tigre et l'Euphrate étaient les fleuves du paradis terrestre; que la montagne d'Arménie, sur laquelle l'arche s'arrêta, était une des plus hautes montagnes du monde au temps du déluge, comme elle l'est encore aujourd'hui; que les mêmes plantes et les mêmes animaux qui existent, existaient alors, puisqu'il y est parlé du serpent, du corbeau, et que la colombe rapporta une branche d'olivier; car, quoique M. de Tournefort prétende qu'il n'y a point d'olivier à plus de 400 lieues du mont Ararath, et qu'il fasse sur cela d'assez mauvaises plaisanteries (*Voyage du Levant*, vol. II, p. 336), il est cependant certain qu'il y en avait en ce lieu dans le temps du déluge, puisque le livre sacré nous en assure, et il n'est pas étonnant que dans un espace de 4000 ans les oliviers aient été détruits dans ces cantons et se soient multipliés dans d'autres; c'est donc à tort et contre la lettre de la Sainte Écriture que ces auteurs ont supposé que la terre était avant le déluge totalement différente de ce qu'elle est aujourd'hui, et cette contradiction de leurs hypothèses avec le texte sacré, aussi bien que leur opposition avec les vérités physiques, doit faire rejeter leurs systèmes, quand même ils seraient d'accord avec quelques phénomènes; mais il s'en faut bien que cela soit ainsi. Burnet, qui a écrit le premier, n'avait pour fonder son système ni observations ni faits. Woodward n'a donné qu'un essai, où il promet beaucoup plus qu'il ne peut tenir : son livre est un projet dont on n'a pas vu l'exécution. On voit seulement qu'il emploie deux observations générales; la première, que la terre est partout composée de matières qui autrefois ont été dans un état de mollesse et de fluidité, qui ont été transportées par les eaux, et qui se sont déposées par couches horizontales; la seconde, qu'il y a des productions marines dans l'intérieur de la terre en une infinité d'endroits. Pour rendre raison de ces faits, il a recours au déluge universel, ou plutôt il paraît ne les donner que comme preuves du déluge, mais il tombe, aussi bien que Burnet, dans des contradictions évidentes; car il n'est pas permis de supposer avec eux qu'avant le déluge il n'y avait point de montagnes, puisqu'il est dit précisément et très-clairement que les eaux surpassèrent de 15 coudées les plus hautes montagnes; d'autre côté, il n'est pas dit que ces eaux aient détruit et dissous ces montagnes; au contraire ces montagnes sont restées en place, et l'arche s'est arrêtée sur celle que les eaux ont laissée la première à découvert. D'ailleurs comment peut-on s'imaginer que, pendant le peu de temps qu'a duré le déluge, les eaux aient pu dissoudre les montagnes et toute la terre? n'est-ce pas une absurdité de dire qu'en quarante jours l'eau a dissous tous les marbres, tous les rochers, toutes les pierres, tous les minéraux? n'est-ce pas une contradiction manifeste que d'admettre cette dissolution totale, et en même temps de dire que les coquilles et les productions marines ont été préservées, et que, tout ayant été détruit et dissous, elles seules ont été conservées, de sorte qu'on les retrouve aujourd'hui entières et les mêmes qu'elles étaient avant le déluge? Je ne craindrai donc pas de dire qu'avec d'excellentes observations Woodward n'a fait qu'un fort mauvais système. Whiston, qui est venu le dernier, a beaucoup enchéri sur les deux autres; mais en donnant une vaste carrière à son imagination, au moins n'est-il pas tombé en contradiction; il dit des choses fort peu croyables, mais du moins elles ne sont ni absolument ni évidemment impossibles. Comme on ignore ce qu'il y a au centre et dans l'intérieur de la terre, il a cru pouvoir supposer que cet intérieur était occupé par un noyau solide, environné d'un fluide pesant et ensuite d'eau sur laquelle la croûte extérieure du globe était soutenue, et dans laquelle les différentes parties de cette croûte se sont enfoncées plus ou moins, à proportion de leur pesanteur ou de leur légèreté relative; ce qui a produit les montagnes et les inégalités de la surface de la terre. Il faut avouer que cet astronome a fait ici une faute de mécanique; il n'a pas songé que la terre, dans cette hypothèse, doit faire voûte de tous côtés, que par conséquent elle ne peut être portée sur l'eau qu'elle contient, et encore moins y enfoncer : à cela près, je ne sache pas qu'il y ait d'autres erreurs de physique dans ce système. Il y en a un grand nombre quant à la métaphysique et à la théologie, mais enfin on ne peut pas nier absolument que la terre, rencontrant la queue d'une comète, lorsque celle-ci s'approche de son périhélie, ne puisse être inondée, surtout lorsqu'on aura accordé à l'auteur que la queue d'une comète peut contenir des vapeurs aqueuses. On ne peut nier non plus, comme une impossibilité absolue, que la queue d'une comète en revenant du périhélie ne puisse brûler la terre, si on suppose, avec l'auteur, que la comète ait passé fort près du soleil, et qu'elle ait été prodigieusement échauffée pendant son passage : il en est de même du reste de ce système, mais, quoiqu'il n'y ait pas d'impossibilité absolue, il y a si peu de probabilité à chaque chose prise séparément, qu'il en résulte une impossibilité pour le tout pris ensemble.

Les trois systèmes, dont nous venons de parler, ne sont pas les seuls ouvrages qui aient été faits sur la théorie de la terre. Il a paru, en 1729, un mémoire de M. Bourguet, imprimé à Amsterdam avec ses Lettres philosophiques sur la formation des sels, etc., dans lequel il donne un échantillon du système qu'il méditait, mais qu'il n'a pas proposé, ayant été prévenu par la mort. Il faut rendre justice à cet auteur, personne n'a mieux rassemblé les phénomènes et les faits, on lui doit même cette belle et grande observation qui est une des clefs de la théorie de la terre, je veux parler de la correspondance des angles des montagnes. Il présente tout ce qui a rapport à ces matières dans un grand ordre, mais, avec tous ces avantages, il parait qu'il n'aurait pas mieux réussi que les autres à faire une histoire physique et raisonnée des changements arrivés au globe, et qu'il était bien éloigné d'avoir trouvé les vraies causes des effets qu'il rapporte; pour s'en convaincre, il ne faut que jeter les yeux sur les propositions qu'il déduit des phénomènes, et qui doivent servir de fondement à sa théorie (Voyez p. 211). Il dit que le globe a pris sa forme dans un même temps, et non pas successivement; que la forme et la disposition du globe supposent nécessairement qu'il a été dans un état de fluidité; que l'état présent de la terre est très-différent de celui dans lequel elle a été pendant plusieurs siècles après sa première formation; que la matière du globe était dès le commencement moins dense qu'elle ne l'a été depuis qu'il a changé de face; que la condensation des parties solides du globe diminua sensiblement avec la vélocité du globe même, de sorte qu'après avoir fait un certain nombre de révolutions sur son axe et autour du soleil, il se trouva tout à coup dans un état de dissolution qui détruisit sa première structure; que cela arriva vers l'équinoxe du printemps; que dans le temps de cette dissolution les coquilles s'introduisirent dans les matières dissoutes; qu'après cette dissolution la terre a pris la forme que nous lui voyons, et qu'aussitôt le feu s'y est mis; qu'il la consume peu à peu et va toujours en augmentant, de sorte qu'elle sera détruite un jour par une explosion terrible, accompagnée d'un incendie général, qui augmentera l'atmosphère du globe et en diminuera le diamètre, et qu'alors la terre, au lieu de couches de sable ou de terre, n'aura que des couches de métal et de minéral calciné, et des montagnes composées d'amalgames de différents métaux. En voilà assez pour faire voir quel était le système que l'auteur méditait. Deviner de cette façon le passé, vouloir prédire l'avenir, et encore deviner et prédire à peu près comme les autres ont prédit et deviné, ne me parait pas être un effort; aussi cet auteur avait beaucoup plus de connaissances et d'érudition que de vues saines et générales, et il m'a paru manquer de cette partie si nécessaire aux physiciens, de cette métaphysique qui rassemble les idées particulières, qui les rend plus générales, et qui élève l'esprit au point où il doit être pour voir l'enchaînement des causes et des effets.

Le fameux Leibnitz donna, en 1683, dans les Actes de Leipsick (p. 40), un projet de système bien différent, sous le titre de *Protogœa*. La terre, selon Bourguet et tous les autres, doit finir par le feu; selon Leibnitz, elle a commencé par là, et a souffert beaucoup plus de changements et de révolutions qu'on ne l'imagine. La plus grande partie de la matière terrestre a été embrasée par un feu violent dans le temps que Moïse dit que la lumière fut séparée des ténèbres. Les planètes, aussi bien que la terre, étaient autrefois des étoiles fixes et lumineuses par elles-mêmes. Après avoir brûlé longtemps, il prétend qu'elles se sont éteintes faute de matière combustible, et qu'elles sont devenues des corps opaques. Le feu a produit par la fonte des matières une croûte vitrifiée, et la base de toute la matière qui compose le globe terrestre est du verre, dont les sables ne sont que

des fragments ; les autres espèces de terre se sont formées du mélange de
ce sable avec des sels fixes et de l'eau, et, quand la croûte fut refroidie,
les parties humides, qui s'étaient élevées en forme de vapeurs, retombèrent
et formèrent les mers. Elles enveloppèrent d'abord toute la surface du globe,
et surmontèrent même les endroits les plus élevés qui forment aujour-
d'hui les continents et les îles. Selon cet auteur, les coquilles et les autres
débris de la mer qu'on trouve partout prouvent que la mer a couvert
toute la terre ; et la grande quantité de sels fixes, de sables et d'autres
matières fondues et calcinées, qui sont renfermées dans les entrailles de la
terre, prouvent que l'incendie a été général, et qu'il a précédé l'existence
des mers. Quoique ces pensées soient dénuées de preuves, elles sont élevées,
et on sent bien qu'elles sont le produit des méditations d'un grand génie.
Les idées ont de la liaison, les hypothèses ne sont pas absolument impossibles, et les conséquences qu'on en peut tirer ne sont pas contradictoires ;
mais le grand défaut de cette théorie, c'est qu'elle ne s'applique point
à l'état présent de la terre, c'est le passé qu'elle explique, et ce passé est
si ancien[1] et nous a laissé si peu de vestiges qu'on peut en dire tout
ce qu'on voudra, et qu'à proportion qu'un homme aura plus d'esprit, il
en pourra dire des choses qui auront l'air plus vraisemblable. Assurer,
comme l'assure Whiston, que la terre a été comète, ou prétendre avec
Leibnitz qu'elle a été soleil[2], c'est dire des choses également possibles
ou impossibles, et auxquelles il serait superflu d'appliquer les règles des
probabilités : dire que la mer a autrefois couvert toute la terre[3], qu'elle
a enveloppé le globe tout entier, et que c'est par cette raison qu'on trouve
des coquilles partout, c'est ne pas faire attention à une chose très-essentielle, qui est l'unité du temps de la création ; car, si cela était, il faudrait
nécessairement dire que les coquillages et les autres animaux, habitants
des mers, dont on trouve les dépouilles dans l'intérieur de la terre,
ont existé les premiers, et longtemps avant l'homme et les animaux
terrestres[4] : or, indépendamment du témoignage des livres sacrés, n'a-t-on
pas raison de croire que toutes les espèces d'animaux et de végétaux sont
à peu près aussi anciennes les unes que les autres ?

1. C'est pourtant ce *passé si ancien* que Buffon nous expliquera plus tard, et avec tant
d'éloquence, dans les *Époques de la nature* : « Comme il s'agit de juger, non-seulement le
« passé moderne, mais le passé le plus ancien, par le seul présent, etc. » (Voyez le *Préambule*
des *Époques de la nature.*)

2. Il oublie ce que lui-même vient de dire : « On peut donc croire, avec quelque vraisem-
« blance, que les planètes ont appartenu au soleil. » (Voyez, ci-devant, p. 79.)

3. Toujours même oubli : « Les eaux ont donc couvert et peuvent encore couvrir successive-
« ment toutes les parties des continents terrestres... » (Voyez, ci-devant, p. 55.)

4. C'est pourtant, encore une fois, ce que lui-même nous dira plus tard ; il nous dira que :
« L'existence des poissons et des crustacés a précédé, *même de fort loin,* celle des animaux
« terrestres » (*Histoire des minéraux,* article : *Pétrifications et fossiles*) ; il nous dira que :
« L'homme a été créé le dernier » (*Époques de la nature,* 5e *Époque*), etc., etc.

M. Scheuchzer, dans une Dissertation qu'il a adressée à l'Académie des Sciences en 1708, attribue, comme Woodward, le changement ou plutôt la seconde formation de la surface du globe au déluge universel; et, pour expliquer celle des montagnes, il dit qu'après le déluge Dieu, voulant faire rentrer les eaux dans les réservoirs souterrains, avait brisé et déplacé de sa main toute-puissante un grand nombre de lits auparavant horizontaux, et les avait élevés sur la surface du globe; toute la Dissertation a été faite pour appuyer cette opinion. Comme il fallait que ces hauteurs ou éminences fussent d'une consistance fort solide, M. Scheuchzer remarque que Dieu ne les tira que des lieux où il y avait beaucoup de pierres; de là vient, dit-il, que les pays, comme la Suisse, où il y en a une grande quantité, sont montagneux, et qu'au contraire ceux qui, comme la Flandre, l'Allemagne, la Hongrie, la Pologne, n'ont que du sable ou de l'argile, même à une assez grande profondeur, sont presque entièrement sans montagnes. (Voyez *l'Hist. de l'Acad.*, 1708, p. 32.)

Cet auteur a eu plus qu'aucun autre le défaut de vouloir mêler la physique avec la théologie, et, quoiqu'il nous ait donné quelques bonnes observations, la partie systématique de ses ouvrages est encore plus mauvaise que celle de tous ceux qui l'ont précédé; il a même fait sur ce sujet des déclamations et des plaisanteries ridicules. Voyez la plainte des poissons, *Piscium querelæ*, etc., sans parler de son gros livre en plusieurs volumes in-folio, intitulé : *Physica sacra*, ouvrage puéril, et qui paraît fait moins pour occuper les hommes que pour amuser les enfants par les gravures et les images qu'on y a entassées à dessein et sans nécessité.

Stenon et quelques autres après lui ont attribué la cause des inégalités de la surface de la terre à des inondations particulières, à des tremblements de terre, à des secousses, des éboulements, etc.; mais les effets de ces causes secondaires n'ont pu produire que quelques légers changements. Nous admettons ces mêmes causes après la cause première qui est le mouvement du flux et reflux, et le mouvement de la mer d'orient en occident; au reste, Stenon ni les autres n'ont pas donné de théorie, ni même de faits généraux sur cette matière. (Voyez la *Diss. de Solido intra solidum*, etc.)

Ray prétend que toutes les montagnes ont été produites par des tremblements de terre, et il a fait un traité pour le prouver; nous ferons voir à l'article des volcans combien peu cette opinion est fondée.

Nous ne pouvons nous dispenser d'observer que la plupart des auteurs dont nous venons de parler, comme Burnet, Whiston et Woodward, ont fait une faute qui nous paraît mériter d'être relevée, c'est d'avoir regardé le déluge comme possible par l'action des causes naturelles, au lieu que l'Écriture Sainte nous le présente comme produit par la volonté immédiate de Dieu; il n'y a aucune cause naturelle qui puisse produire sur la surface entière de la terre la quantité d'eau qu'il a fallu pour couvrir les plus hautes montagnes; et, quand même on pourrait imaginer une cause proportionnée à cet effet, il serait encore impossible de trouver quelque autre cause capable de faire disparaître les eaux; car, en accordant à Whiston que ces eaux sont venues de la queue d'une comète, on doit lui nier qu'il en soit venu du grand abime et qu'elles y soient toutes rentrées, puisque le grand abime étant, selon lui, environné et pressé de tous côtés par la croûte ou l'orbe terrestre, il est impossible que l'attraction de la comète ait pu causer aux fluides contenus dans l'intérieur de cet orbe le moindre mouvement; par conséquent le grand abime n'aura pas éprouvé, comme il le dit, un flux et reflux violent; dès lors il n'en sera pas sorti et il n'y sera pas entré une seule goutte d'eau; et, à moins de supposer que l'eau tombée de la comète a été détruite par miracle, elle serait encore aujourd'hui sur la surface de la terre, couvrant les sommets des plus hautes montagnes. Rien ne caractérise mieux un miracle que l'impossibilité d'en expliquer l'effet par les causes naturelles; nos auteurs ont fait de vains efforts pour rendre raison du déluge; leurs erreurs de physique, au sujet des causes secondes qu'ils emploient, prouvent la vérité du fait tel qu'il est rapporté dans l'Écriture Sainte, et démontrent qu'il n'a pu être opéré que par la cause première, par la volonté de Dieu.

D'ailleurs il est aisé de se convaincre que ce n'est ni dans un seul et même temps, ni par l'effet du déluge que la mer a laissé à découvert les continents que nous habitons; car il est certain, par le témoignage des livres sacrés, que le paradis terrestre était en Asie, et que l'Asie était un continent habité avant le déluge, par conséquent ce n'est pas dans ce temps que les mers ont couvert cette partie considérable du globe. La terre était donc, avant le déluge, telle à peu près qu'elle est aujourd'hui; et cette énorme quantité d'eau, que la justice divine fit tomber sur la terre pour punir l'homme coupable, donna en effet la mort à toutes les créatures, mais elle ne produisit aucun changement à la surface de la terre, elle ne détruisit pas même les plantes, puisque la colombe rapporta une branche d'olivier.

Pourquoi donc imaginer, comme l'ont fait la plupart de nos naturalistes, que cette eau changea totalement la surface du globe jusqu'à mille et deux mille pieds de profondeur? pourquoi veulent-ils que ce soit le déluge qui ait apporté sur la terre les coquilles qu'on trouve à sept ou huit cents pieds dans les rochers et dans les marbres? pourquoi dire que c'est dans ce temps que se sont formées les montagnes et les collines? et comment peut-on se figurer qu'il soit possible que ces eaux aient amené des masses et des bancs de coquilles de cent lieues de longueur? Je ne crois pas qu'on puisse persister dans cette opinion, à moins qu'on n'admette dans le déluge un double miracle, le premier pour l'augmentation des eaux, et le second pour le transport des coquilles; mais comme il n'y a que le premier qui soit rapporté dans l'Écriture Sainte, je ne vois pas qu'il soit nécessaire de faire un article de foi du second.

D'autre côté, si les eaux du déluge, après avoir séjourné au-dessus des plus hautes montagnes, se fussent ensuite retirées tout à coup, elles auraient amené une si grande quantité de limon et d'immondices, que les terres n'auraient point été labourables ni propres à recevoir des arbres et des vignes que plusieurs siècles après cette inondation, comme l'on sait que dans le déluge qui arriva en Grèce le pays submergé fut totalement abandonné et ne put recevoir aucune culture que plus de trois siècles après cette inondation (Voyez *Acta erud. Lips.*, *anno* 1691, p. 100). Aussi doit-on regarder le déluge universel comme un moyen surnaturel dont s'est servi la Toute-Puissance divine pour le châtiment des hommes, et non comme un effet naturel dans lequel tout se serait passé selon les lois de la physique. Le déluge universel est donc un miracle dans sa cause et dans ses effets; on voit clairement, par le texte de l'Écriture Sainte, qu'il a servi uniquement pour détruire l'homme et les animaux, et qu'il n'a changé en aucune façon la terre, puisque après la retraite des eaux les montagnes, et même les arbres, étaient à leur place, et que la surface de la terre était propre à recevoir la culture et à produire des vignes et des fruits. Comment toute la race des poissons, qui n'entra pas dans l'arche, aurait-elle pu être conservée si la terre eût été dissoute dans l'eau, ou seulement si les eaux eussent été assez agitées pour transporter les coquilles des Indes en Europe, etc.?

Cependant cette supposition, que c'est le déluge universel qui a transporté les coquilles de la mer dans tous les climats de la terre, est devenue l'opinion ou plutôt la superstition du commun des naturalistes. Woodward, Scheuchzer et quelques autres appellent ces coquilles pétrifiées les restes du déluge, ils les regardent comme les médailles et les monuments que Dieu nous a laissés de ce terrible événement, afin qu'il ne s'effaçât jamais de la mémoire du genre humain; enfin ils ont adopté cette hypothèse avec tant de respect, pour ne pas dire d'aveuglement, qu'ils ne paraissent s'être occupés qu'à chercher les moyens de concilier l'Écriture Sainte avec leur opinion, et qu'au lieu de se servir de leurs observations et d'en tirer des lumières, ils se sont enveloppés dans les nuages d'une théologie physique, dont l'obscurité et la petitesse dérogent à la clarté et à la dignité de la religion, et ne laissent apercevoir aux incrédules qu'un mélange ridicule d'idées humaines et de faits divins. Prétendre en effet expliquer le déluge universel et ses causes physiques, vouloir nous apprendre le détail de ce qui s'est passé dans le temps de cette grande révolution, deviner quels en ont été les effets, ajouter des faits à ceux du livre sacré, tirer des conséquences de ces faits, n'est-ce pas vouloir mesurer la puissance du Très-Haut? Les merveilles, que sa main bienfaisante opère dans la nature d'une manière uniforme et régulière, sont incompréhensibles, à plus forte raison les coups d'éclat, les miracles doivent nous tenir dans le saisissement et dans le silence.

Mais, diront-ils, le déluge universel étant un fait certain, n'est-il pas permis de raisonner sur les conséquences de ce fait? A la bonne heure; mais il faut que vous commenciez par convenir que le déluge universel n'a pu s'opérer par les puissances physiques, il faut que vous le reconnaissiez comme un effet immédiat de la volonté du Tout-Puissant, il faut que vous vous borniez à en savoir seulement ce que les livres sacrés nous en apprennent, avouer en même temps qu'il ne vous est pas permis d'en savoir davantage, et surtout ne pas mêler une mauvaise physique avec la pureté du Livre saint. Ces précautions qu'exige le respect que nous devons aux décrets de Dieu, étant prises, que reste-t-il à examiner au sujet du déluge? Est-il dit dans l'Écriture Sainte que le déluge ait formé les montagnes? il est dit le contraire : est-il dit que les eaux fussent dans une agitation assez grande pour enlever du fond des mers les coquilles et les transporter par toute la terre? non, l'arche voguait tranquillement sur les flots : est-il dit que la terre souffrit une dissolution totale? point du tout; le récit de l'historien sacré est simple et vrai, celui de ces naturalistes est composé et fabuleux.

ARTICLE VI.

GÉOGRAPHIE.

La surface de la terre n'est pas, comme celle de Jupiter, divisée par bandes alternatives et parallèles à l'équateur, au contraire elle est divisée d'un pôle à l'autre par deux bandes de terre et deux bandes de mer; la première et principale bande est l'ancien continent, dont la plus grande longueur se trouve être en diagonale avec l'équateur, et qu'on doit mesurer en commençant au nord de la Tartarie la plus orientale, de là à la terre qui avoisine le golfe Linchidolin, où les Moscovites vont pêcher des baleines, de là à Tobolsk, de Tobolsk à la mer Caspienne, de la mer Caspienne à la Mecque, de la Mecque à la partie occidentale du pays habité par le peuple de Galles en Afrique, ensuite au Monoemugi, au Monomotapa, et enfin au cap de Bonne-Espérance. Cette ligne, qui est la plus grande longueur de l'ancien continent, est d'environ 3,600 lieues, elle n'est interrompue que par la mer Caspienne et par la mer Rouge, dont les largeurs ne sont pas considérables, et on ne doit pas avoir égard à ces petites interruptions lorsque l'on considère, comme nous le faisons, la surface du globe divisée seulement en quatre parties.

Cette plus grande longueur se trouve en mesurant le continent en diagonale; car, si on le mesure au contraire suivant les méridiens, on verra qu'il n'y a que 2,500 lieues depuis le cap nord de Laponie jusqu'au cap de Bonne-Espérance, et qu'on traverse la mer Baltique dans sa longueur et la mer Méditerranée dans toute sa largeur, ce qui fait une bien moindre longueur et de plus grandes interruptions que par la première route; à l'égard de toutes les autres distances qu'on pourrait mesurer dans l'ancien continent sous les mêmes méridiens, on les trouvera encore beaucoup plus petites que celle-ci, n'y ayant, par exemple, que 1,800 lieues depuis la pointe méridionale de l'île de Ceylan jusqu'à la côte septentrionale de la Nouvelle-Zemble. De même si on mesure le continent parallèlement à l'équateur, on trouvera que la plus grande longueur sans interruption se trouve depuis la côte occidentale de l'Afrique à Trefana, jusqu'à Ningpo sur la côte orientale de la Chine, et qu'elle est environ de 2,800 lieues; qu'une autre longueur sans interruption peut se mesurer depuis la pointe de la Bretagne à Brest jusqu'à la côte de la Tartarie chinoise, et qu'elle est environ de 2,300 lieues; qu'en mesurant depuis Bergen en Norvége jusqu'à la côte de Kamtschatka, il n'y a plus que 1,800 lieues. Toutes ces lignes ont, comme l'on voit, beaucoup moins de longueur que la première; ainsi la plus grande étendue de l'ancien continent est en effet depuis le cap oriental de la Tartarie la plus septentrionale jusqu'au cap de Bonne-Espérance, c'est-à-dire de 3,600 lieues. (Voyez *la première carte de Géographie.*)

Cette ligne peut être regardée comme le milieu de la bande de terre qui compose l'ancien continent, car, en mesurant l'étendue de la surface du terrain des deux côtés de cette ligne, je trouve qu'il y a dans la partie qui est à gauche 2,471,092 $\frac{3}{4}$ lieues carrées, et que, dans la partie qui est à droite de cette ligne, il y a 2,469,687 lieues carrées, ce qui est une égalité singulière, et qui doit faire présumer, avec une très-grande vraisemblance, que cette ligne est le vrai milieu de l'ancien continent, en même temps qu'elle en est la plus grande longueur.

L'ancien continent a donc en tout environ 4,940,780 lieues carrées, ce qui ne fait pas une cinquième partie de la surface totale du globe; et on peut regarder ce continent comme une large bande de terre inclinée à l'équateur d'environ 30 degrés.

A l'égard du nouveau continent, on peut le regarder aussi comme une bande de terre, dont la plus grande longueur doit être prise depuis l'embouchure du fleuve de la Plata jusqu'à cette contrée marécageuse qui s'étend au delà du lac des Assiniboïls; cette route va de l'embouchure du fleuve de la Plata au lac Caracares, de là elle passe chez les Mataguais, chez les Chiriguanes, ensuite à Pocona, à Zongo, de Zongo chez les Zamas, les Marianas, les Moruas, de là à S.-Fé et à Carthagène, puis par le golfe du Mexique à la Jamaïque, à Cuba, tout le long de la péninsule de

la Floride, chez les Apalaches, les Chicachas, de là au fort Saint-Louis ou
Crève-Cœur, au fort le Sueur, et enfin chez les peuples qui habitent au delà
du lac des Assiniboïls, où l'étendue des terres n'a pas encore été reconnue.
(Voyez *la seconde carte de Géographie*.)

Cette ligne, qui n'est interrompue que par le golfe du Mexique, qu'on
doit regarder comme une mer méditerranée, peut avoir environ deux mille
cinq cents lieues de longueur, et elle partage le nouveau continent en deux
parties égales, dont celle qui est à gauche a 1,069,286 $\frac{3}{8}$ lieues carrées de
surface, et celle qui est à droite en a 1,070,926 $\frac{1}{12}$; cette ligne, qui fait le
milieu de la bande du nouveau continent, est aussi inclinée à l'équateur
d'environ 30 degrés, mais en sens opposé, en sorte que celle de l'ancien
continent s'étendant du nord-est au sud-ouest, celle du nouveau s'étend
du nord-ouest au sud-est; et toutes ces terres ensemble, tant de l'ancien
que du nouveau continent, font environ 7,080,993 lieues carrées, ce qui
n'est pas, à beaucoup près, le tiers de la surface totale du globe qui en
contient vingt-cinq millions [1].

On doit remarquer que ces deux lignes qui traversent les continents
dans leurs plus grandes longueurs, et qui les partagent chacun en deux
parties égales, aboutissent toutes les deux au même degré de latitude
septentrionale et australe. On peut aussi observer que les deux continents
font des avances opposées et qui se regardent, savoir, les côtes de l'Afrique
depuis les îles Canaries jusqu'aux côtes de la Guinée, et celles de l'Amérique
depuis la Guiane jusqu'à l'embouchure de Rio-Janeiro.

Il paraît donc que les terres les plus anciennes du globe sont les pays
qui sont aux deux côtés de ces lignes à une distance médiocre, par exemple,
à 200 ou à 250 lieues de chaque côté; et, en suivant cette idée qui est
fondée sur les observations que nous venons de rapporter, nous trouverons
dans l'ancien continent que les terres les plus anciennes de l'Afrique sont
celles qui s'étendent depuis le cap de Bonne-Espérance jusqu'à la mer
Rouge et jusqu'à l'Égypte, sur une largeur d'environ 500 lieues, et que
par conséquent toutes les côtes occidentales de l'Afrique, depuis la Guinée
jusqu'au détroit de Gibraltar, sont des terres plus nouvelles. De même
nous reconnaîtrons qu'en Asie, si on suit la ligne sur la même largeur,
les terres les plus anciennes sont l'Arabie heureuse et déserte, la Perse et
la Géorgie, la Turcomanie et une partie de la Tartarie indépendante,
la Circassie et une partie de la Moscovie, etc., que par conséquent l'Europe
est plus nouvelle, et peut-être aussi la Chine et la partie orientale de la
Tartarie; dans le nouveau continent nous trouverons que la terre Magellanique, la partie orientale du Brésil, du pays des Amazones, de la Guiane

1. « En multipliant la circonférence par le diamètre, on trouve que la surface de la terre est
« de 16,502,400 lieues carrées. » (Maltebrun. *Précis de la Géographie universelle*, t. II, p. 46. —
1836.)

et du Canada sont des pays nouveaux en comparaison du Tucuman, du Pérou, de la terre ferme et des îles du golfe du Mexique, de la Floride, du Mississipi et du Mexique. On peut encore ajouter à ces observations deux faits qui sont assez remarquables; le vieux et le nouveau continent sont presque opposés l'un à l'autre; l'ancien est plus étendu au nord de l'équateur qu'au sud, au contraire le nouveau l'est plus au sud qu'au nord de l'équateur; le centre de l'ancien continent est à 16 ou 18 degrés de latitude nord, et le centre du nouveau est à 16 ou 18 degrés de latitude sud, en sorte qu'ils semblent faits pour se contre-balancer. Il y a encore un rapport singulier entre les deux continents, quoiqu'il me paraisse plus accidentel que ceux dont je viens de parler; c'est que les deux continents seraient chacun partagés en deux parties qui seraient toutes quatre environnées de la mer de tous côtés sans deux petits isthmes, celui de Suez et celui de Panama.

Voilà ce que l'inspection attentive du globe peut nous fournir de plus général sur la division de la terre. Nous nous abstiendrons de faire sur cela des hypothèses et de hasarder des raisonnements qui pourraient nous conduire à de fausses conséquences, mais, comme personne n'avait considéré sous ce point de vue la division du globe, j'ai cru devoir communiquer ces remarques. Il est assez singulier que la ligne, qui fait la plus grande longueur des continents terrestres, les partage en deux parties égales; il ne l'est pas moins que ces deux lignes commencent et finissent aux mêmes degrés de latitude, et qu'elles soient toutes deux inclinées de même à l'équateur. Ces rapports peuvent tenir à quelque chose de général que l'on découvrira peut-être, et que nous ignorons. Nous verrons, dans la suite, à examiner plus en détail les inégalités de la figure des continents; il nous suffit d'observer ici que les pays les plus anciens doivent être les plus voisins de ces lignes, et en même temps les plus élevés, et que les terres plus nouvelles en doivent être les plus éloignées, et en même temps les plus basses. Ainsi en Amérique la terre des Amazones, la Guiane et le Canada seront les parties les plus nouvelles : en jetant les yeux sur la carte de ces pays, on voit que les eaux y sont répandues de tous côtés, qu'il y a un grand nombre de lacs et de très-grands fleuves, ce qui indique encore que ces terres sont nouvelles; au contraire le Tucuman, le Pérou et le Mexique sont des pays très-élevés, fort montueux, et voisins de la ligne qui partage le continent, ce qui semble prouver qu'ils sont plus anciens que ceux dont nous venons de parler. De même toute l'Afrique est très-montueuse, et cette partie du monde est fort ancienne; il n'y a guère que l'Égypte, la Barbarie et les côtes occidentales de l'Afrique jusqu'au Sénégal, qu'on puisse regarder comme de nouvelles terres. L'Asie est aussi une terre ancienne, et peut-être la plus ancienne de toutes, surtout l'Arabie, la Perse et la Tartarie; mais les inégalités de cette vaste partie du monde demandent, aussi bien que celles de l'Europe, un détail que nous renvoyons à un autre article. On pourrait dire en général que l'Europe est un pays nouveau, la tradition sur la migration des peuples et sur l'origine des arts et des sciences paraît l'indiquer; il n'y a pas longtemps qu'elle était encore remplie de marais et couverte de forêts, au lieu que dans les pays très-anciennement habités il y a peu de bois, peu d'eau, point de marais, beaucoup de landes et de bruyères; une grande quantité de montagnes dont les sommets sont secs et stériles, car les hommes détruisent les bois, contraignent les eaux, resserrent les fleuves, dessèchent les marais, et avec le temps ils donnent à la terre une face toute différente de celle des pays inhabités ou nouvellement peuplés.

Les anciens ne connaissaient qu'une très-petite partie du globe; l'Amérique entière, les terres arctiques, la terre australe et Magellanique, une grande partie de l'intérieur de l'Afrique leur étaient entièrement inconnues; ils ne savaient pas que la zone torride était habitée, quoiqu'ils eussent navigué tout autour de l'Afrique, car il y a 2200 ans que Neco, roi d'Égypte, donna des vaisseaux à des Phéniciens qui partirent de la mer Rouge, côtoyèrent l'Afrique, doublèrent le cap de Bonne-Espérance, et, ayant employé deux ans à faire ce voyage, ils entrèrent la troisième année dans le détroit de Gibraltar. (Voyez *Hérodote*, lib. iv.) Cependant les anciens ne connaissaient pas la propriété qu'a l'aimant de se diriger vers les pôles du monde, quoiqu'ils connussent celle qu'il a d'attirer le fer; ils ignoraient la cause générale du flux et du reflux de la mer; ils n'étaient pas sûrs que l'océan environnât le globe sans interruption : quelques-uns à la vérité l'ont soupçonné, mais avec si peu de fondement qu'aucun n'a osé dire ni même conjecturer qu'il était possible de faire le tour du monde. Magellan a été le premier qui l'ait fait en l'année 1519 dans l'espace de 1124 jours. François Drake a été le second en 1577, et il l'a fait en 1056 jours. Ensuite Thomas Cavendish a fait ce grand voyage en 777 jours dans l'année 1586; ces fameux voyageurs ont été les premiers qui aient démontré physiquement la sphéricité et l'étendue de la circonférence de la terre; car les anciens étaient aussi fort éloignés d'avoir une juste mesure de cette circonférence du globe, quoiqu'ils y eussent beaucoup travaillé. Les vents généraux et réglés, et l'usage qu'on en peut faire pour les voyages de long cours, leur étaient aussi absolument inconnus; ainsi on ne doit pas être surpris du peu de progrès qu'ils ont fait dans la géographie, puisque aujourd'hui, malgré toutes les connaissances que l'on a acquises par le secours des sciences mathématiques et par les découvertes des navigateurs, il reste encore bien des choses à trouver et de vastes contrées à découvrir. Presque toutes les terres qui sont du côté du pôle antarctique nous sont inconnues, on sait seulement qu'il y en a, et qu'elles sont séparées de tous les autres continents par l'océan; il reste aussi beaucoup de pays à découvrir du côté du pôle arctique [1], et l'on est obligé d'avouer, avec quelque espèce de regret, que depuis plus d'un siècle l'ardeur pour découvrir de nouvelles terres s'est extrêmement ralentie ; on a préféré, et peut-être avec raison, l'utilité qu'on a trouvée à faire valoir celles qu'on connaissait, à la gloire d'en conquérir de nouvelles.

Cependant la découverte de ces terres australes serait un grand objet de curiosité, et pourrait être utile ; on n'a reconnu de ce côté-là que quelques côtes, et il est fâcheux que les navigateurs qui ont voulu tenter cette découverte en différents temps aient presque toujours été arrêtés par des glaces qui les ont empêchés de prendre terre. La brume, qui est fort considérable dans ces parages, est encore un obstacle : cependant, malgré ces inconvénients, il est à croire qu'en partant du cap de Bonne-Espérance en différentes saisons, on pourrait enfin reconnaître une partie de ces terres, lesquelles jusqu'ici font un monde à part.

Il y aurait encore un autre moyen qui peut-être réussirait mieux ; comme les glaces et les brumes paraissent avoir arrêté tous les navigateurs qui ont entrepris la découverte des terres australes par l'océan atlantique, et que les glaces se sont présentées dans l'été de ces climats aussi bien que dans les autres saisons, ne pourrait-on pas se promettre un meilleur succès en changeant de route ? Il me semble qu'on pourrait tenter d'arriver à ces terres par la mer Pacifique, en partant de Baldivia ou d'un autre port de la côte du Chili, et traversant cette mer sous le 50ᵉ degré de latitude sud. Il n'y a aucune apparence que cette navigation, qui n'a jamais été faite, fût périlleuse, et il est probable qu'on trouverait dans cette traversée de nouvelles terres ; car ce qui nous reste à connaître du côté du pôle austral est si considérable, qu'on peut, sans se tromper, l'évaluer à plus du quart de la superficie du globe, en sorte qu'il peut y avoir dans ces climats un continent terrestre aussi grand que l'Europe, l'Asie et l'Afrique prises toutes trois ensemble.

Comme nous ne connaissons point du tout cette partie du globe, nous ne pouvons pas savoir au juste la proportion qui est entre la surface de la terre et celle de la mer ; seulement, autant qu'on en peut juger par l'inspection de ce qui est connu, il paraît qu'il y a plus de mer que de terre [2].

---

1. Voyez, sur les nouvelles découvertes faites vers les pôles, le grand *Atlas géographique* de M. Brué (Paris. 1836). — « Quant aux pôles mêmes, on ignore s'ils sont placés sur la terre « ferme, ou au milieu d'un océan couvert de glaces. Au nord, on n'a pas dépassé le parallèle « de 80° 55′, et, vers le sud, on n'est allé que jusqu'au parallèle de 78° 10′. » (M. de Humboldt : *Cosmos*, t. I, p. 340.)

2. « Dans l'état actuel de la surface de notre planète, la superficie de la terre ferme est, à celle « de l'élément liquide, dans le rapport de 1 à 2 ¾, ou, d'après Rigaud, dans le rapport de 100 « à 270. Les îles réunies égaleraient à peine la vingt-troisième partie des masses continentales. » (Humboldt : *Cosmos*, t. I, p. 336.)

Si l'on veut avoir une idée de la quantité énorme d'eau que contiennent les mers, on peut supposer une profondeur commune et générale à l'océan, et en ne la faisant que de deux cents toises ou de la dixième partie d'une lieue, on verra qu'il y a assez d'eau pour couvrir le globe entier d'une hauteur de six cents pieds d'eau; et si on veut réduire cette eau dans une seule masse, on trouvera qu'elle fait un globe de plus de soixante lieues de diamètre.

Les navigateurs prétendent que le continent des terres australes est beaucoup plus froid que celui du pôle arctique, mais il n'y a aucune apparence que cette opinion soit fondée, et probablement elle n'a été adoptée des voyageurs, que parce qu'ils ont trouvé des glaces à une latitude où l'on n'en trouve presque jamais dans nos mers septentrionales, mais cela peut venir de quelques causes particulières. On ne trouve plus de glaces dès le mois d'avril en deçà des 67 et 68 degrés de latitude septentrionale, et les sauvages de l'Acadie et du Canada disent que quand elles ne sont pas toutes fondues dans ce mois-là, c'est une marque que le reste de l'année sera froid et pluvieux. En 1725 il n'y eut, pour ainsi dire, point d'été, et il plut presque continuellement; aussi non-seulement les glaces des mers septentrionales n'étaient pas fondues au mois d'avril au 67ᵉ degré, mais même on en trouva au 15 juin vers le 41 ou 42ᵉ degré. (Voyez l'*Hist. de l'Acad.* année 1725.)

On trouve une grande quantité de ces glaces flottantes dans la mer du Nord, surtout à quelque distance des terres; elles viennent de la mer de Tartarie dans celle de la Nouvelle-Zemble et dans les autres endroits de la mer Glaciale. J'ai été assuré, par des gens dignes de foi, qu'un capitaine anglais, nommé Monson, au lieu de chercher un passage entre les terres du nord pour aller à la Chine, avait dirigé sa route droit au pôle et en avait approché jusqu'à deux degrés; que dans cette route il avait trouvé une haute mer sans aucune glace, ce qui prouve que les glaces se forment auprès des terres et jamais en pleine mer; car quand même on voudrait supposer, contre toute apparence, qu'il pourrait faire assez froid au pôle pour que la superficie de la mer fût glacée, on ne concevrait pas mieux comment ces énormes glaces qui flottent pourraient se former, si elles ne trouvaient pas un point d'appui contre les terres, d'où ensuite elles se détachent par la chaleur du soleil. Les deux vaisseaux, que la Compagnie des Indes envoya en 1739 à la découverte des terres australes, trouvèrent des glaces à une latitude de 47 ou 48 degrés, mais ces glaces n'étaient pas fort éloignées des terres, puisqu'ils les reconnurent, sans cependant pouvoir y aborder. (Voyez, sur cela, la *Carte de M. Buache,* 1739.) Ces glaces doivent venir des terres intérieures et voisines du pôle austral, et on peut conjecturer qu'elles suivent le cours de plusieurs grands fleuves dont ces terres inconnues sont arrosées, de même que le fleuve Oby, le Jenisca et les autres grandes rivières qui tombent dans les mers du Nord, entraînent les glaces qui bouchent pendant la plus grande partie de l'année le détroit de Waigats, et rendent inabordable la mer de Tartarie par cette route, tandis qu'au delà de la Nouvelle-Zemble et plus près des pôles où il y a peu de fleuves et de terres, les glaces sont moins communes et la mer est plus navigable; en sorte que, si on voulait encore tenter le voyage de la Chine et du Japon par les mers du Nord, il faudrait peut-être, pour s'éloigner le plus des terres et des glaces, diriger sa route droit au pôle, et chercher les plus hautes mers, où certainement il n'y a que peu ou point de glaces; car on sait que l'eau salée peut sans se geler devenir beaucoup plus froide que l'eau douce glacée[1], et par conséquent le froid excessif du pôle peut bien rendre l'eau de la mer plus froide que la glace, sans que pour cela la surface de la mer se gèle, d'autant plus qu'à 80 ou 82 degrés, la surface de la mer, quoique mêlée de beaucoup de neige et d'eau douce, n'est glacée qu'auprès des côtes. En recueillant les témoignages des voyageurs sur le passage de l'Europe à la Chine par la mer du Nord, il parait qu'il existe, et que, s'il a été si souvent tenté inutilement, c'est parce qu'on a toujours craint de s'éloigner des terres et de s'approcher du pôle; les voyageurs l'ont peut-être regardé comme un écueil.

Cependant Guillaume Barents qui avait échoué, comme bien d'autres, dans son voyage du Nord, ne doutait pas qu'il n'y eût un passage, et que, s'il se fût plus éloigné des terres, il n'eût trouvé une mer libre et sans glaces. Des voyageurs moscovites envoyés par le czar pour reconnaître les mers du Nord, rapportèrent que la Nouvelle-Zemble n'est point une île[2], mais une terre ferme du continent de la Tartarie, et qu'au nord de la Nouvelle-Zemble c'est une mer libre et ouverte. Un voyageur hollandais nous assure que la mer jette de temps en temps, sur la côte de Corée et du Japon, des baleines qui ont sur le dos des harpons anglais et hollandais. Un autre Hollandais avait prétendu avoir été jusque sous le pôle, et il assurait qu'il y faisait aussi chaud qu'il fait à Amsterdam en été. Un Anglais nommé Goulden, qui avait fait plus de trente voyages en Groenland, rapporta au roi Charles II que deux vaisseaux hollandais avec lesquels il faisait voile, n'ayant point trouvé de baleines à la côte de l'île d'Edges, résolurent d'aller plus au nord, et qu'étant de retour au bout de quinze jours, ces Hollandais lui dirent qu'ils avaient été jusqu'au 89e degré de latitude, c'est-à-dire, à un degré du pôle, et que là ils n'avaient point trouvé de glaces, mais une mer libre et ouverte,

1. L'eau de la mer s'épure, en se congelant. « L'eau de la mer, soumise à une basse tempé- « rature, se divise en deux parties : l'une se solidifie d'abord, c'est de l'eau presque pure, tandis « que l'autre reste liquide et retient en dissolution tous les sels solubles .... » (Voyez le *Cours de chimie* de MM. Pelouze et Frémy, t. II, p. 95.)

2. « La *Nouvelle-Zemble*, ou *Nouvelle-Terre*, est composée de deux parties qui en font deux « îles, séparées par un canal étroit, auquel on a donné le nom du navigateur russe *Matochkine*, « qui le découvrit. » (Malte-brun : *Précis de Géog. univ.*).

fort profonde et semblable à celle de la baie de Biscaye, et qu'ils lui montrèrent quatre journaux des deux vaisseaux, qui attestaient la même chose et s'accordaient à fort peu de chose près. Enfin il est rapporté, dans les Transactions philosophiques, que deux navigateurs, qui avaient entrepris de découvrir ce passage, firent une route de 300 lieues à l'orient de la Nouvelle-Zemble, mais qu'étant de retour la Compagnie des Indes, qui avait intérêt que ce passage ne fût pas découvert, empêcha ces navigateurs de retourner. (Voyez le *Recueil des voyages du Nord*, page 200.) Mais la Compagnie des Indes de Hollande crut au contraire qu'il était de son intérêt de trouver ce passage; l'ayant tenté inutilement du côté de l'Europe, elle le fit chercher du côté du Japon, et elle aurait apparemment réussi, si l'empereur du Japon n'eût pas interdit aux étrangers toute navigation du côté des terres de Jesso. Ce passage ne peut donc se trouver qu'en allant droit au pôle au delà de Spitzberg, ou bien en suivant le milieu de la haute mer, entre la Nouvelle-Zemble et Spitzberg, sous le 79ᵉ degré de latitude : si cette mer a une largeur considérable, on ne doit pas craindre de la trouver glacée à cette latitude, et pas même sous le pôle, par les raisons que nous avons alléguées; en effet, il n'y a pas d'exemple qu'on ait trouvé la surface de la mer glacée au large et à une distance considérable des côtes[1]; le seul exemple d'une mer totalement glacée est celui de la mer Noire, elle est étroite et peu salée, et elle reçoit une très-grande quantité de fleuves qui viennent des terres septentrionales et qui y apportent des glaces; aussi elle gèle quelquefois au point que sa surface est entièrement glacée, même à une profondeur considérable, et, si on en croit les historiens, elle gela, du temps de l'empereur Copronyme, de trente coudées d'épaisseur, sans compter vingt coudées de neige qu'il y avait par-dessus la glace : ce fait me paraît exagéré, mais il est sûr qu'elle gèle presque tous les hivers, tandis que les hautes mers, qui sont de mille lieues plus près du pôle, ne gèlent pas; ce qui ne peut venir que de la différence de la salure et du peu de glaces qu'elles reçoivent par les fleuves, en comparaison de la quantité énorme de glaçons qu'ils transportent dans la mer Noire.

Ces glaces, que l'on regarde comme des barrières qui s'opposent à la navigation vers les pôles et à la découverte des terres australes, prouvent seulement qu'il y a de très-grands fleuves dans le voisinage des climats où on les a rencontrées; par conséquent elles nous indiquent aussi qu'il y a de vastes continents d'où ces fleuves tirent leur origine, et on ne doit pas se décourager à la vue de ces obstacles; car, si l'on y fait attention, l'on reconnaitra aisément que ces glaces ne doivent être que dans de certains endroits particuliers, qu'il est presque impossible que dans le cercle entier, que nous pouvons imaginer terminer les terres australes du côté de l'équateur, il y

---

1. Sur cette question, encore débattue, savoir, *si la pleine mer gèle, ou ne gèle pas (du moins d'une manière continue)*, voyez le t. VI du *Bull. de la Soc. de Géogr.*, p. 147.

ait partout de grands fleuves qui charrient des glaces, et que par conséquent il y a grande apparence qu'on réussirait en dirigeant sa route vers quelque autre point de ce cercle. D'ailleurs la description, que nous ont donnée Dampier et quelques autres voyageurs, du terrain de la Nouvelle-Hollande, nous peut faire soupçonner que cette partie du globe qui avoisine les terres australes, et qui peut-être en fait partie, est un pays moins ancien que le reste de ce continent inconnu. La Nouvelle-Hollande est une terre basse, sans eaux, sans montagnes, peu habitée, dont les naturels sont sauvages et sans industrie; tout cela concourt à nous faire penser qu'ils pourraient être dans ce continent à peu près ce que les sauvages des Amazones ou du Paraguay sont en Amérique. On a trouvé des hommes policés, des empires et des rois au Pérou, au Mexique, c'est-à-dire, dans les contrées de l'Amérique les plus élevées, et par conséquent les plus anciennes; les sauvages au contraire se sont trouvés dans les contrées les plus basses et les plus nouvelles : ainsi on peut présumer que dans l'intérieur des terres australes on trouverait aussi des hommes réunis en société dans les contrées élevées, d'où ces grands fleuves qui amènent à la mer ces glaces prodigieuses tirent leur source.

L'intérieur de l'Afrique nous est inconnu[1], presque autant qu'il l'était aux anciens; ils avaient, comme nous, fait le tour de cette presqu'île par mer, mais à la vérité ils ne nous avaient laissé ni cartes ni description de ces côtes. Pline nous dit qu'on avait, dès le temps d'Alexandre, fait le tour de l'Afrique, qu'on avait reconnu dans la mer d'Arabie des débris de vaisseaux espagnols, et que Hannon, général carthaginois, avait fait le voyage depuis Gades jusqu'à la mer d'Arabie, qu'il avait même donné par écrit la relation de ce voyage. Outre cela, dit-il, Cornelius Nepos nous apprend que de son temps un certain Eudoxe, persécuté par le roi Lathurus, fut obligé de s'enfuir; qu'étant parti du golfe Arabique, il était arrivé à Gades, et qu'avant ce temps on commerçait d'Espagne en Éthiopie par la mer. (Voyez Pline, *Hist. nat.* tom. 1, lib. 2.) Cependant, malgré ces témoignages des anciens, on s'était persuadé qu'ils n'avaient jamais doublé le cap de Bonne-Espérance, et l'on a regardé comme une découverte nouvelle cette route que les Portugais ont prise les premiers pour aller aux grandes Indes : on ne sera peut-être pas fâché de voir ce qu'on en croyait dans le ixe siècle.

« On a découvert de notre temps une chose toute nouvelle, et qui était
« inconnue autrefois à ceux qui ont vécu avant nous. Personne ne croyait
« que la mer, qui s'étend depuis les Indes jusqu'à la Chine, eût communica-
« tion avec la mer de Syrie, et on ne pouvait se mettre cela dans l'esprit.
« Voici ce qui est arrivé de notre temps, selon ce que nous en avons appris :

---

1. Voyez, sur les derniers progrès faits dans l'intérieur de l'Afrique, le grand *Atlas géographique* de M. Brué; Paris, 1836. — Voyez aussi M. Jomard : *Coup d'œil sur le progrès et l'état actuel des découvertes dans l'intérieur de l'Afrique* (*Bull. de la Soc. de Géogr.*, t. II, 1re série, p. 239; M. Vivien de Saint-Martin (*Ibid*, t. II, 3e série, p. 370, t. VIII, 3e série, p. 282), etc., etc.

« On a trouvé dans la mer de *Roum* ou Méditerranée les débris d'un vaisseau
« arabe que la tempête avait brisé, et tous ceux qui le montaient étant péris,
« les flots l'ayant mis en pièces, elles furent portées par le vent et par la
« vague jusque dans la mer des Cozars, et de là au canal de la mer Médi-
« terranée, d'où elles furent enfin jetées sur la côte de Syrie. Cela fait voir
« que la mer environne tout le pays de la Chine et de Cila, l'extrémité du
« Turquestan et le pays des Cozars; qu'ensuite elle coule par le détroit
« jusqu'à ce qu'elle baigne la côte de Syrie. La preuve est tirée de la con-
« struction du vaisseau dont nous venons de parler; car il n'y a que les vais-
« seaux de Siraf, dont la fabrique est telle que les bordages ne sont point
« cloués, mais joints ensemble d'une manière particulière, de même que
« s'ils étaient cousus; au lieu que ceux de tous les vaisseaux de la mer Médi-
« terranée et de la côte de Syrie sont cloués, et ne sont pas joints de cette
« manière. » (Voyez les *Anciennes relations des Voyages faits par terre à
la Chine*, pag. 53 et 54.)

Voici ce qu'ajoute le traducteur de cette ancienne relation.

« Abuziel remarque comme une chose nouvelle et fort extraordinaire,
« qu'un vaisseau fut porté de la mer des Indes sur les côtes de Syrie. Pour
« trouver le passage dans la mer Méditerranée, il suppose qu'il y a une
« grande étendue de mer au-dessus de la Chine, qui a communication avec
« la mer des Cozars, c'est-à-dire, de Moscovie. La mer qui est au delà du
« cap des Courants était entièrement inconnue aux Arabes à cause du péril
« extrême de la navigation, et le continent était habité par des peuples si
« barbares, qu'il n'était pas facile de les soumettre, ni même de les civiliser
« par le commerce. Les Portugais ne trouvèrent depuis le cap de Bonne-
« Espérance jusqu'à Soffala aucuns Maures établis, comme ils en trouvèrent
« depuis dans toutes les villes maritimes jusqu'à la Chine. Cette ville était la
« dernière que connaissaient les géographes, mais ils ne pouvaient dire si
« la mer avait communication par l'extrémité de l'Afrique avec la mer de
« Barbarie, et ils se contentaient de la décrire jusqu'à la côte de *Zinge* qui
« est celle de la Cafrerie ; c'est pourquoi nous ne pouvons douter que la pre-
« mière découverte du passage de cette mer par le cap de Bonne-Espérance
« n'ait été faite par les Européens sous la conduite de Vasco de Gama, ou au
« moins quelques années avant qu'il doublât le cap, s'il est vrai qu'il se soit
« trouvé des cartes marines plus anciennes que cette navigation, où le cap
« était marqué sous le nom de *Fronteira da Afriqua*. Antoine Galvan
« témoigne, sur le rapport de Francisco de Sousa Tavares, qu'en 1528
« l'infant dom Fernand lui fit voir une semblable carte qui se trouvait dans
« le monastère d'Acoboca, et qui était faite il y avait 120 ans, peut-être
« sur celle qu'on dit être à Venise dans le trésor de saint Marc, et qu'on
« croit avoir été copiée sur celle de Marc Paolo, qui marque aussi la pointe
« de l'Afrique, selon le témoignage de Ramusio, etc. » L'ignorance de ces

siècles au sujet de la navigation autour de l'Afrique paraîtra peut-être moins singulière que le silence de l'éditeur de cette ancienne relation au sujet des passages d'Hérodote, de Pline, etc., que nous avons cités, et qui prouvent que les anciens avaient fait le tour de l'Afrique.

Quoi qu'il en soit, les côtes de l'Afrique nous sont actuellement bien connues; mais, quelques tentatives qu'on ait faites pour pénétrer dans l'intérieur du pays, on n'a pu parvenir à le connaître assez pour en donner des relations exactes. Il serait cependant fort à souhaiter que par le Sénégal ou par quelque autre fleuve on pût remonter bien avant dans les terres et s'y établir; on y trouverait, selon toutes les apparences, un pays aussi riche en mines précieuses que l'est le Pérou ou le Brésil, car on sait que les fleuves de l'Afrique charrient beaucoup d'or; et comme ce continent est un pays de montagnes très-élevées, et que d'ailleurs il est situé sous l'équateur, il n'est pas douteux qu'il ne contienne, aussi bien que l'Amérique, les mines des métaux les plus pesants, et les pierres les plus compactes et les plus dures.

La vaste étendue de la Tartarie septentrionale et orientale n'a été reconnue que dans ces derniers temps. Si les cartes des Moscovites sont justes, on connaît à présent les côtes de toute cette partie de l'Asie, et il paraît que depuis la pointe de la Tartarie orientale jusqu'à l'Amérique septentrionale, il n'y a guère qu'un espace de quatre ou cinq cents lieues; on a même prétendu tout nouvellement que ce trajet était bien plus court, car dans la *Gazette d'Amsterdam* du 24 janvier 1747, il est dit à l'article de Pétersbourg que M. Stoller avait découvert au delà de Kamtschatka [1] une des îles de l'Amérique septentrionale, et qu'il avait démontré qu'on pouvait y aller des terres de l'empire de Russie par un petit trajet. Des jésuites et d'autres missionnaires ont aussi prétendu avoir reconnu en Tartarie des sauvages qu'ils avaient catéchisés en Amérique, ce qui supposerait en effet que le trajet serait encore bien plus court. (Voyez l'*Histoire de la nouvelle France*, par le père Charlevoix, t. III, p. 30 et 31.) Cet auteur prétend même que les deux continents de l'ancien et du nouveau monde se joignent par le nord [2], et il dit que les dernières navigations des Japonais donnent lieu de juger que le trajet dont nous avons parlé n'est qu'une baie, au-dessus de laquelle on peut passer par terre d'Asie en Amérique; mais cela demande confirmation, car jusqu'à présent on a cru, avec quelque sorte de vraisemblance, que le continent du pôle arctique est séparé en entier des autres continents, aussi bien que celui du pôle antarctique.

L'astronomie et l'art de la navigation sont portés à un si haut point de perfection, qu'on peut raisonnablement espérer d'avoir un jour une con-

1. Le Kamtschatka, presqu'île de l'Asie.

2. « Le détroit de *Béring* (qui sépare les deux continents) a vingt lieues dans sa plus faible « largeur, et quarante dans sa plus grande. » (Maltebrun : *Précis de Géog. univ.*)

naissance exacte de la surface entière du globe. Les anciens n'en connaissaient qu'une assez petite partie, parce que, n'ayant pas la boussole, ils n'osaient se hasarder dans les hautes mers. Je sais bien que quelques gens ont prétendu que les Arabes avaient inventé la boussole, et s'en étaient servis longtemps avant nous pour voyager sur la mer des Indes et commercer jusqu'à la Chine (Voy. l'*Abrégé de l'Hist. des Sarrasins* de Bergeron, p. 119); mais cette opinion m'a toujours paru dénuée de toute vraisemblance, car il n'y a aucun mot dans les langues arabe, turque ou persane qui puisse signifier la boussole, ils se servent du mot italien *bossola*; ils ne savent pas même encore aujourd'hui faire des boussoles ni aimanter les aiguilles, et ils achètent des Européens celles dont ils se servent. Ce que dit le Père Martini au sujet de cette invention ne me paraît guère mieux fondé; il prétend que les Chinois connaissaient la boussole depuis plus de trois mille ans (Voy. *Hist. Sinica*, p. 106); mais si cela est, comment est-il arrivé qu'ils en aient fait si peu d'usage? pourquoi prenaient-ils dans leurs voyages à la Cochinchine une route beaucoup plus longue qu'il n'était nécessaire? pourquoi se bornaient-ils à faire toujours les mêmes voyages dont les plus grands étaient à Java et à Sumatra? et pourquoi n'auraient-ils pas découvert avant les Européens une infinité d'îles abondantes et de terres fertiles dont ils sont voisins, s'ils avaient eu l'art de naviguer en pleine mer? car peu d'années après la découverte de cette merveilleuse propriétés de l'aimant, les Portugais firent de très-grands voyages, ils doublèrent le cap de Bonne-Espérance, ils traversèrent les mers de l'Afrique et des Indes, et tandis qu'ils dirigeaient toutes leurs vues du côté de l'orient et du midi, Christophe Colomb tourna les siennes vers l'occident.

Pour peu qu'on y fit attention, il était fort aisé de deviner qu'il y avait des espaces immenses vers l'occident; car, en comparant la partie connue du globe, par exemple, la distance de l'Espagne à la Chine, et faisant attention au mouvement de révolution ou de la terre ou du ciel, il était aisé de voir qu'il restait à découvrir une bien plus grande étendue vers l'occident que celle qu'on connaissait vers l'orient. Ce n'est donc pas par le défaut des connaissances astronomiques que les anciens n'ont pas trouvé le Nouveau-Monde, mais uniquement par le défaut de la boussole; les passages de Platon et d'Aristote, où ils parlent de terres fort éloignées au delà des colonnes d'Hercule, semblent indiquer que quelques navigateurs avaient été poussés par la tempête jusqu'en Amérique, d'où ils n'étaient revenus qu'avec des peines infinies; et on peut conjecturer que, quand même les anciens auraient été persuadés de l'existence de ce continent par la relation de ces navigateurs, ils n'auraient pas même pensé qu'il fût possible de s'y frayer des routes, n'ayant aucun guide, aucune connaissance de la boussole.

J'avoue qu'il n'est pas absolument impossible de voyager dans les hautes mers sans boussole, et que des gens bien déterminés auraient pu entreprendre d'aller chercher le Nouveau-Monde en se conduisant seulement par les étoiles voisines du pôle. L'astrolabe surtout étant connu des anciens, il pouvait leur venir dans l'esprit de partir de France ou d'Espagne et de faire route vers l'occident, en laissant toujours l'étoile polaire à droite, et en prenant souvent hauteur pour se conduire à peu près sous le même parallèle; c'est sans doute de cette façon que les Carthaginois, dont parle Aristote, trouvèrent le moyen de revenir de ces terres éloignées, en laissant l'étoile polaire à gauche; mais on doit convenir qu'un pareil voyage ne pouvait être regardé que comme une entreprise téméraire, et que par conséquent nous ne devons pas être étonnés que les anciens n'en aient pas même conçu le projet.

On avait déjà découvert du temps de Christophe Colomb les Açores, les Canaries, Madère : on avait remarqué que, lorsque les vents d'ouest avaient régné longtemps, la mer amenait sur les côtes de ces îles des morceaux de bois étrangers, des cannes d'une espèce inconnue, et même des corps morts qu'on reconnaissait à plusieurs signes n'être ni Européens ni Africains. (Voyez l'*Histoire de Saint-Domingue* par le P. Charlevoix, t. I, p. 66 et suivantes.) Colomb lui-même remarqua que du côté de l'ouest il venait certains vents qui ne duraient que quelques jours, et qu'il se persuada être des vents de terre : cependant, quoiqu'il eût sur les anciens tous ces avantages, et la boussole, les difficultés qui restaient à vaincre étaient encore si grandes, qu'il n'y avait que le succès qui pût justifier l'entreprise; car supposons pour un instant que le continent du Nouveau-Monde eût été plus éloigné, par exemple, à 1,000 ou 1,500 lieues plus loin qu'il n'est en effet, chose que Colomb ne pouvait ni savoir ni prévoir, il n'y serait pas arrivé, et peut-être ce grand pays serait-il encore inconnu. Cette conjecture est d'autant mieux fondée que Colomb, quoique le plus habile navigateur de son siècle, fut saisi de frayeur et d'étonnement dans son second voyage au Nouveau-Monde; car, comme la première fois il n'avait trouvé que des îles, il dirigea sa route plus au midi pour tâcher de découvrir une terre ferme, et il fut arrêté par les courants, dont l'étendue considérable et la direction toujours opposée à sa route, l'obligèrent à retourner pour chercher terre à l'occident; il s'imaginait que ce qui l'avait empêché d'avancer du côté du midi n'était pas des courants, mais que la mer allait en s'élevant vers le ciel, et que peut-être l'un et l'autre se touchaient du côté du midi[1] : tant il est vrai que dans les trop grandes entreprises la plus petite circonstance malheureuse peut tourner la tête et abattre le courage.

---

1. « On m'a reproché, dira plus tard Buffon, l'espèce de tort que je fais à la mémoire d'un aussi « grand homme que Cristophe Colomb...... Je souscris de bonne grâce à cette critique, qui me « paraît juste. » (Voyez, plus loin, les *Additions et corrections à l'article Géographie*.)

ARTICLE VII.

SUR LA PRODUCTION DES COUCHES OU LITS DE TERRE.

Nous avons fait voir, dans l'article premier, qu'en vertu de l'attraction démontrée mutuelle entre les parties de la matière, et en vertu de la force centrifuge qui résulte du mouvement de rotation sur son axe, la terre a nécessairement pris la forme d'un sphéroïde dont les diamètres diffèrent d'une 230e partie[1]; et que ce ne peut être que par les changements arrivés à la surface et causés par les mouvements de l'air et des eaux, que cette différence a pu devenir plus grande, comme on prétend le conclure par les mesures prises à l'équateur et au cercle polaire. Cette figure de la terre, qui s'accorde si bien avec les lois de l'hydrostatique et avec notre théorie, suppose que le globe a été dans un état de liquéfaction dans le temps qu'il a pris sa forme, et nous avons prouvé que le mouvement de projection et celui de rotation ont été imprimés en même temps par une même impulsion. On se persuadera facilement que la terre a été dans un état de liquéfaction produite par le feu[2], lorsqu'on fera attention à la nature des matières que renferme le globe, dont la plus grande partie, comme les sables et les glaises, sont des matières vitrifiées ou vitrifiables[3], et lorsque d'un autre côté on réfléchira sur l'impossibilité qu'il y a que la terre ait jamais pu se trouver dans un état de fluidité produite par les eaux, puisqu'il y a infiniment plus de terre que d'eau, et que d'ailleurs l'eau n'a pas la puissance de dissoudre les sables, les pierres et les autres matières dont la terre est composée.

Je vois donc que la terre n'a pu prendre sa figure que dans le temps où elle a été liquéfiée par le feu, et en suivant notre hypothèse je conçois qu'au sortir du soleil la terre n'avait d'autre forme que celle d'un torrent de matières fondues et de vapeurs enflammées, que ce torrent se rassembla par l'attraction mutuelle des parties, et devint un globe auquel le mouvement de rotation donna la figure d'un sphéroïde, et lorsque la terre fut refroidie les vapeurs qui s'étaient d'abord étendues, comme nous voyons s'étendre les queues des comètes, se condensèrent peu à peu, tombèrent en eau sur la surface du globe, et déposèrent en même temps un limon

---

1. Voyez, ci-devant, la note de la page 81.

2. Dans sa *Théorie de la terre*, Buffon ne voyait que la terre *ouvrage de l'eau*. Je l'ai déjà fait remarquer. C'est à partir de cet article-ci, ou, plus exactement, c'est à partir de l'article sur la *Formation des planètes*, que commence sa seconde vue, la vue de la terre *ouvrage du feu*. La terre, *ouvrage du feu*, donnera les deux premières *époques* de la nature; la première: *lorsque la terre et les planètes ont pris leur forme*; la seconde : *lorsque la matière s'étant consolidée a formé la roche intérieure du globe, ainsi que les grandes masses vitrescibles qui sont à sa surface.*

3. Voyez, ci-devant, la note 4 de la page 78.

mêlé de matières sulfureuses et salines, dont une partie s'est glissée par le mouvement des eaux dans les fentes perpendiculaires où elle a produit les métaux et les minéraux, et le reste est demeuré à la surface de la terre et a produit cette terre rougeâtre qui forme la première couche de la terre et qui, suivant les différents lieux, est plus ou moins mêlée de particules animales ou végétales réduites en petites molécules dans lesquelles l'organisation n'est plus sensible.

Ainsi dans le premier état de la terre le globe était, à l'intérieur, composé d'une matière vitrifiée, comme je crois qu'il l'est encore aujourd'hui; au-dessus de cette matière vitrifiée se sont trouvées les parties que le feu aura le plus divisées, comme les sables, qui ne sont que des fragments de verre [1]; et au-dessus de ces sables les parties les plus légères, les pierres ponces, les écumes et les scories de la matière vitrifiée ont surnagé et ont formé les glaises et les argiles : le tout était recouvert d'une couche d'eau [a] de 5 ou 600 pieds d'épaisseur, qui fut produite par la condensation des vapeurs lorsque le globe commença à se refroidir; cette eau déposa partout une couche limoneuse mêlée de toutes les matières qui peuvent se sublimer et s'exhaler par la violence du feu, et l'air fut formé des vapeurs les plus subtiles qui se dégagèrent des eaux par leur légèreté, et les surmontèrent.

Tel était l'état du globe lorsque l'action du flux et reflux, celle des vents et de la chaleur du soleil commencèrent à altérer la surface de la terre. Le mouvement diurne et celui du flux et reflux élevèrent d'abord les eaux sous les climats méridionaux; ces eaux entraînèrent et portèrent vers l'équateur le limon, les glaises, les sables, et, en élevant les parties de l'équateur, elles abaissèrent peut-être peu à peu celles des pôles de cette différence d'environ deux lieues dont nous avons parlé, car les eaux brisèrent bientôt et réduisirent en poussière les pierres-ponces et les autres parties spongieuses de la matière vitrifiée, qui étaient à la surface, elles creusèrent des profondeurs et élevèrent des hauteurs qui dans la suite sont devenues des continents, et elles produisirent toutes les inégalités que nous remarquons à la surface de la terre, et qui sont plus considérables vers l'équateur que partout ailleurs; car les plus hautes montagnes sont entre les tropiques et dans le milieu des zones tempérées, et les plus basses sont au cercle polaire et au delà; puisque l'on a, entre les tropiques, les

a. Cette opinion, que la terre a été entièrement couverte d'eau, est celle de quelques philosophes anciens, et même de la plupart des Pères de l'Église : *In mundi primordio aqua in omnem terram stagnabat*, dit saint Jean Damascène, liv. II, chap. ix. *Terra erat invisibilis, quia erundabat aqua et operiebat terram*, dit saint Ambroise, liv. I, Hexam. chap. viii. *Submersa tellus cùm esset, faciem ejus inundante aquâ, non erat adspectabilis*, dit saint Basile, Homélie 2. Voyez aussi saint Augustin, liv. I de la Genèse, chap. xii.

1. Ce ne sont pas des *fragments de verre*, des *fragments d'un verre* primitivement et naturellement formé ; ce sont des *parties constituantes du verre* artificiel, que nous formons tous les jours.

Cordillères et presque toutes les montagnes du Mexique et du Brésil, les montagnes de l'Afrique, savoir le grand et le petit Atlas, les monts de la Lune, etc., et que d'ailleurs les terres qui sont entre les tropiques sont les plus inégales de tout le globe, aussi bien que les mers, puisqu'il se trouve entre les tropiques beaucoup plus d'îles que partout ailleurs ; ce qui fait voir évidemment que les plus grandes inégalités de la terre se trouvent en effet dans le voisinage de l'équateur[1].

Quelque indépendante que soit ma théorie de cette hypothèse sur ce qui s'est passé dans le temps de ce premier état du globe, j'ai été bien aise d'y remonter dans cet article, afin de faire voir la liaison[2] et la possibilité du système que j'ai proposé et dont j'ai donné le précis dans l'article premier ; on doit seulement remarquer que ma théorie, qui fait le texte de cet ouvrage, ne part pas de si loin[3], que je prends la terre dans un état à peu près semblable à celui où nous la voyons, et que je ne me sers d'aucune des suppositions qu'on est obligé d'employer lorsqu'on veut raisonner sur l'état passé du globe terrestre ; mais comme je donne ici une nouvelle idée au sujet du limon des eaux qui, selon moi, a formé la première couche de terre qui enveloppe le globe, il me paraît nécessaire de donner aussi les raisons sur lesquelles je fonde cette opinion.

Les vapeurs, qui s'élèvent dans l'air, produisent les pluies, les rosées, les feux aériens, les tonnerres et les autres météores[4] ; ces vapeurs sont donc mêlées de particules aqueuses, aériennes, sulfureuses, terrestres, etc., et ce sont ces particules solides et terrestres qui forment le limon dont nous voulons parler. Lorsqu'on laisse déposer de l'eau de pluie, il se forme un sédiment au fond ; lorsque, après avoir ramassé une assez grande quantité de rosée, on la laisse déposer et se corrompre, elle produit une espèce de limon qui tombe au fond du vase ; ce limon est même fort abondant et la rosée en produit beaucoup plus que l'eau de pluie, il est gras, onctueux et rougeâtre.

La première couche, qui enveloppe le globe de la terre, est composée de ce limon mêlé avec des parties de végétaux ou d'animaux détruits, ou bien avec des particules pierreuses ou sablonneuses : on peut remarquer presque partout que la terre labourable est rougeâtre et mêlée plus ou moins de ces différentes matières ; les particules de sable ou de pierre qu'on y trouve sont de deux espèces, les unes grossières et massives, les autres plus fines et quelquefois impalpables ; les plus grosses viennent de la couche

1. Voyez, ci-devant, la note 1 de la page 84.

2. La *liaison*, que Buffon indique ici, entre son *système* et sa *théorie*, entre les deux états successifs du globe, l'état *igné* et l'état *aqueux*, sera magnifiquement développée plus tard. (Voyez les *Époques de la nature*.)

3. Remarque fort juste. (Voyez les notes 2 de la page 120, et 1 de la page 51.)

4. Les *vapeurs* produisent les pluies et les rosées. Les *tonnerres* et les *autres météores* sont des phénomènes électriques, lumineux, ou magnétiques.

inférieure dont on les détache en labourant et en travaillant la terre, ou bien le limon supérieur, en se glissant et en pénétrant dans la couche inférieure qui est de sable ou d'autres matières divisées, forme ces terres qu'on appelle des sables gras; les autres parties pierreuses qui sont plus fines viennent de l'air, tombent comme les rosées et les pluies, et se mêlent intimement au limon; c'est proprement le résidu de la poussière que l'air transporte, que les vents enlèvent continuellement de la surface de la terre, et qui retombe ensuite après s'être imbibée de l'humidité de l'air. Lorsque le limon domine, qu'il se trouve en grande quantité, et qu'au contraire les parties pierreuses et sablonneuses sont en petit nombre, la terre est rougeâtre, pétrissable et très-fertile; si elle est en même temps mêlée d'une quantité considérable de végétaux ou d'animaux détruits, la terre est noirâtre, et souvent elle est encore plus fertile que la première; mais si le limon n'est qu'en petite quantité, aussi bien que les parties végétales ou animales, alors la terre est blanche et stérile, et lorsque les parties sablonneuses, pierreuses ou crétacées, qui composent ces terres stériles et dénuées de limon, sont mêlées d'une assez grande quantité de parties de végétaux ou d'animaux détruits, elles forment les terres noires et légères qui n'ont aucune liaison et peu de fertilité; en sorte que, suivant les différentes combinaisons de ces trois différentes matières, du limon, des parties d'animaux et de végétaux, et des particules de sable et de pierre, les terres sont plus ou moins fécondes et différemment colorées. Nous expliquerons en détail, dans notre discours sur les végétaux [1], tout ce qui a rapport à la nature et à la qualité des différentes terres; mais ici nous n'avons d'autre but que celui de faire entendre comment s'est formée cette première couche qui enveloppe le globe et qui provient du limon des eaux.

Pour fixer les idées, prenons le premier terrain qui se présente, et dans lequel on a creusé assez profondément, par exemple, le terrain de Marly-la-Ville où les puits sont très-profonds; c'est un pays élevé, mais plat et fertile, dont les couches de terre sont arrangées horizontalement. J'ai fait venir des échantillons de toutes ces couches que M. Dalibard, habile botaniste et versé d'ailleurs dans toutes les parties des sciences, a bien voulu faire prendre sous ses yeux, et, après avoir éprouvé toutes ces matières à l'eau-forte, j'en ai dressé la table suivante.

1. Ce *Discours sur les végétaux* n'a point été fait. Le plan de Buffon « embrassait tous les « objets que présente l'Univers. » (Voyez, ci-devant, p. 1.) Buffon n'a pu écrire que la *Théorie de la terre*, les *Époques de la nature*, l'*Histoire des Minéraux*, et, pour ce qui est du *règne animal*, que l'*Histoire de l'Homme*, celle des *Quadrupèdes* et celle des *Oiseaux*.

ÉTAT DES DIFFÉRENTS LITS DE TERRE QUI SE TROUVENT A MARLY-LA-VILLE, JUSQU'A CENT PIEDS DE PROFONDEUR [a].

	Pieds.	Pouces
I Terre franche rougeâtre, mêlée de beaucoup de limon, d'une très-petite quantité de sable vitrifiable, et d'une quantité un peu plus considérable de sable calcinable, que j'appelle *gravier*	13	»
II Terre franche ou limon mêlé de plus de gravier et d'un peu plus de sable vitrifiable	2	6
III Limon mêlé de sable vitrifiable en assez grande quantité, et qui ne faisait que très-peu d'effervescence avec l'eau-forte	3	»
IV Marne dure qui faisait une grande effervescence avec l'eau-forte	2	»
V Pierre marneuse assez dure	4	»
VI Marne en poudre, mêlée de sable vitrifiable	5	»
VII Sable très-fin vitrifiable	1	6
VIII Marne en terre, mêlée d'un peu de sable vitrifiable	3	6
IX Marne dure, dans laquelle on trouve du vrai caillou qui est de la pierre à fusil parfaite	3	6
X Gravier ou poussière de marne	1	
XI Églantine, pierre de la dureté et du grain du marbre, et qui est sonnante.	1	6
XII Gravier marneux	1	6
XIII Marne en pierre dure, dont le grain est fort fin	1	6
XIV Marne en pierre, dont le grain n'est pas si fin	1	6
XV Marne encore plus grenue et plus grossière	2	6
XVI Sable vitrifiable très-fin, mêlé de coquilles de mer fossiles, qui n'ont aucune adhérence avec le sable, et qui ont encore leurs couleurs et leur vernis naturels	1	6
Profondeur	49	

a. La fouille a été faite pour un puits dans un terrain qui appartient actuellement à M. de Pommery.

	Pieds.	Pouces.
De l'autre part..............	49	»
XVII		
Gravier très-menu ou poussière fine de marne.....................	2	»
XVIII		
Marne en pierre dure...	3	6
XIX		
Marne en poudre assez grossière.............................	1	6
XX		
Pierre dure et calcinable comme le marbre.......................	1	»
XXI		
Sable gris vitrifiable, mêlé de coquilles fossiles, et surtout de beaucoup d'huîtres et de spondiles, qui n'ont aucune adhérence avec le sable, et qui ne sont nullement pétrifiées.............................	3	»
XXII		
Sable blanc vitrifiable, mêlé des mêmes coquilles..................	2	»
XXIII		
Sable rayé de rouge et de blanc, vitrifiable, et mêlé des mêmes coquilles.	1	»
XXIV		
Sable plus gros, mais toujours vitrifiable et mêlé des mêmes coquilles..	1	»
XXV		
Sable gris, fin, vitrifiable et mêlé des mêmes coquilles..............	8	6
XXVI		
Sable gras, très-fin, où il n'y a plus que quelques coquilles..........	2	»
XXVII		
Grès...	3	»
XXVIII		
Sable vitrifiable, rayé de rouge et de blanc.......	4	»
XXIX		
Sable blanc, vitrifiable....................................	3	6
XXX		
Sable vitrifiable, rougeâtre.................................	15	»
Profondeur où l'on a cessé de creuser.........	104	

J'ai dit que j'avais éprouvé toutes ces matières à l'eau-forte, parce que, quand l'inspection et la comparaison des matières avec d'autres qu'on connaît ne suffisent pas pour qu'on soit en état de les dénommer et de les ranger dans la classe à laquelle elles appartiennent, et qu'on a peine à se décider par la simple observation, il n'y a pas de moyen plus prompt, et peut-être plus sûr, que d'éprouver avec l'eau-forte les matières terreuses ou lapidifiques; celles que les esprits acides dissolvent sur-le-champ avec chaleur et ébullition sont ordinairement calcinables, celles au contraire qui résistent à ces esprits et sur lesquelles ils ne font aucune impression sont vitrifiables[1].

1. Buffon entend, sans doute, parler ici : d'abord, des *carbonates*, qui se décomposent par les acides avec effervescence ; et, en second lieu, de la *silice*, qui, insoluble dans les acides,

On voit, par cette énumération, que le terrain de Marly-la-Ville a été autrefois un fond de mer qui s'est élevé au moins de 75 pieds, puisqu'on trouve des coquilles à cette profondeur de 75 pieds. Ces coquilles ont été transportées par le mouvement des eaux en même temps que le sable où on les trouve, et le tout est tombé en forme de sédiments qui se sont arrangés de niveau et qui ont produit les différentes couches de sable gris, blanc, rayé de blanc et de rouge, etc., dont l'épaisseur totale est de 15 ou 18 pieds ; toutes les autres couches supérieures jusqu'à la première ont été de même transportées par le mouvement des eaux de la mer, et déposées en forme de sédiment, comme on ne peut en douter, tant à cause de la situation horizontale des couches, qu'à cause des différents lits de sable mêlé de coquilles, et de ceux de marne, qui ne sont que des débris, ou plutôt des détriments de coquilles ; la dernière couche elle-même a été formée presque en entier par le limon dont nous avons parlé, qui s'est mêlé avec une partie de la marne qui était à la surface.

J'ai choisi cet exemple comme le plus désavantageux à notre explication, parce qu'il paraît d'abord fort difficile de concevoir que le limon de l'air et celui des pluies et des rosées aient pu produire une couche de terre franche épaisse de 13 pieds ; mais on doit observer d'abord qu'il est très-rare de trouver, surtout dans les pays un peu élevés, une épaisseur de terre labourable aussi considérable ; ordinairement les terres ont trois ou quatre pieds, et souvent elles n'ont pas un pied d'épaisseur. Dans les plaines environnées de collines cette épaisseur de bonne terre est plus grande, parce que les pluies détachent les terres de ces collines et les entraînent dans les vallées ; mais en ne supposant ici rien de tout cela, je vois que les dernières couches formées par les eaux de la mer sont des lits de marne fort épais ; il est naturel d'imaginer que cette marne avait au commencement une épaisseur encore plus grande, et que des 13 pieds qui composent l'épaisseur de la couche supérieure il y en avait plusieurs de marne lorsque la mer a abandonné ce pays et a laissé le terrain à découvert. Cette marne exposée à l'air se sera fondue par les pluies, l'action de l'air et de la chaleur du soleil y aura produit des gerçures, de petites fentes, et elle aura été altérée par toutes ces causes extérieures au point de devenir une matière divisée et réduite en poussière à la surface, comme nous voyons la marne que nous tirons de la carrière tomber en poudre lorsqu'on la laisse exposée aux injures de l'air : la mer n'aura pas quitté ce terrain si brusquement qu'elle ne l'ait encore recouvert quelquefois, soit par les alternatives du mouvement des marées, soit par l'élévation extraordinaire des eaux dans les gros temps, et elle aura mêlé avec cette couche de marne, de la vase, de la boue et d'autres matières limoneuses ;

---

se fond au feu, et qui, mêlée à d'autres substances (la chaux, la potasse, la soude, l'alumine, etc.), donne le verre.

lorsque le terrain se sera enfin trouvé tout à fait élevé au-dessus des eaux, les plantes auront commencé à y croître, et c'est alors que le limon des pluies et des rosées aura peu à peu coloré et pénétré cette terre, et lui aura donné un premier degré de fertilité que les hommes auront bientôt augmentée par la culture, en travaillant et divisant la surface, et donnant ainsi au limon des rosées et des pluies la facilité de pénétrer plus avant, ce qui à la fin aura produit cette couche de terre franche de 13 pieds d'épaisseur.

Je n'examinerai point ici si la couleur rougeâtre des terres végétales, qui est aussi celle du limon de la rosée et des pluies, ne vient pas du fer qui y est contenu; ce point, qui ne laisse pas que d'être important, sera discuté dans notre discours sur les minéraux : il nous suffit d'avoir exposé notre façon de concevoir la formation de la couche superficielle de la terre, et nous allons prouver par d'autres exemples que la formation des couches intérieures ne peut être que l'ouvrage des eaux.

La surface du globe, dit Woodward, cette couche extérieure sur laquelle les hommes et les animaux marchent, qui sert de magasin pour la formation des végétaux et des animaux, est, pour la plus grande partie, composée de matière végétale ou animale qui est dans un mouvement et dans un changement continuel. Tous les animaux et les végétaux, qui ont existé depuis la création du monde, ont toujours tiré successivement de cette couche la matière qui a composé leur corps, et ils lui ont rendu à leur mort cette matière empruntée; elle y reste, toujours prête à être reprise de nouveau et à servir pour former d'autres corps de la même espèce successivement sans jamais discontinuer; car la matière qui compose un corps est propre et naturellement disposée pour en former un autre de cette espèce. (Voy. *Essai sur l'histoire naturelle de la terre*, page 136.) Dans les pays inhabités, dans les lieux où on ne coupe pas les bois, où les animaux ne broutent pas les plantes, cette couche de terre végétale s'augmente assez considérablement avec le temps; dans tous les bois, et même dans ceux qu'on coupe, il y a une couche de terreau de 6 ou 8 pouces d'épaisseur, qui n'a été formée que par les feuilles, les petites branches et les écorces qui se sont pourries; j'ai souvent observé sur un ancien grand chemin fait, dit-on, du temps des Romains, qui traverse la Bourgogne dans une longue étendue de terrain, qu'il s'est formé, sur les pierres dont ce grand chemin est construit, une couche de terre noire de plus d'un pied d'épaisseur, qui nourrit actuellement des arbres d'une hauteur assez considérable, et cette couche n'est composée que d'un terreau noir formé par les feuilles, les écorces et les bois pourris. Comme les végétaux tirent pour leur nourriture beaucoup plus de substance de l'air et de l'eau qu'ils n'en tirent de la terre, il arrive qu'en pourrissant ils rendent à la terre plus qu'ils n'en ont tiré; d'ailleurs une forêt détermine les eaux de la pluie en arrêtant les vapeurs;

ainsi dans un bois qu'on conserverait bien longtemps sans y toucher, la couche de terre qui sert à la végétation augmenterait considérablement; mais les animaux rendant moins à la terre qu'ils n'en tirent, et les hommes faisant des consommations énormes de bois et de plantes pour le feu et pour d'autres usages, il s'ensuit que la couche de terre végétale d'un pays habité doit toujours diminuer et devenir enfin comme le terrain de l'Arabie Pétrée, et comme celui de tant d'autres provinces de l'Orient, qui est en effet le climat le plus anciennement habité, où l'on ne trouve que du sel et des sables; car le sel fixe des plantes et des animaux reste, tandis que toutes les autres parties se volatilisent.

Après avoir parlé de cette couche de terre extérieure que nous cultivons, il faut examiner la position et la formation des couches intérieures. La terre, dit Woodward, paraît, en quelque endroit qu'on la creuse, composée de couches placées l'une sur l'autre comme autant de sédiments qui seraient tombés successivement au fond de l'eau; les couches qui sont les plus enfoncées sont ordinairement les plus épaisses, et celles qui sont sur celles-ci sont les plus minces par degrés jusqu'à la surface. On trouve des coquilles de mer, des dents et des os de poissons dans ces différentes couches; il s'en trouve non-seulement dans les couches molles, comme dans la craie, l'argile et la marne, mais même dans les couches les plus solides et les plus dures, comme dans celles de pierre, de marbre, etc. Ces productions marines sont incorporées avec la pierre, et, lorsqu'on la rompt et qu'on en sépare la coquille, on observe toujours que la pierre a reçu l'empreinte ou la forme de la surface avec tant d'exactitude, qu'on voit que toutes les parties étaient exactement contiguës et appliquées à la coquille. « Je me suis assuré, dit cet auteur, qu'en France, en Flandre, « en Hollande, en Espagne, en Italie, en Allemagne, en Danemark, en Nor-« vége et en Suède, la pierre et les autres substances terrestres sont dispo-« sées par couches de même qu'en Angleterre; que ces couches sont divisées « par des fentes parallèles; qu'il y a, au dedans des pierres et des autres sub-« stances terrestres et compactes, une grande quantité de coquillages, et « d'autres productions de la mer disposées de la même manière que dans « cette île [a]. J'ai appris que ces couches se trouvaient de même en Barbarie, « en Égypte, en Guinée et dans les autres parties de l'Afrique, dans l'Arabie, « la Syrie, la Perse, le Malabar, la Chine et les autres provinces de l'Asie, « à la Jamaïque, aux Barbades, en Virginie, dans la Nouvelle-Angleterre, au « Brésil, au Pérou et dans les autres parties de l'Amérique. » (*Essai sur l'histoire naturelle de la terre*, pages 4, 41, 42, etc.)

Cet auteur ne dit pas comment et par qui il a appris que les couches de la terre au Pérou contenaient des coquilles; cependant, comme en général

a. En Angleterre.

ses observations sont exactes, je ne doute pas qu'il n'ait été bien informé, et c'est ce qui me persuade qu'on doit trouver des coquilles au Pérou dans les couches de terre, comme on en trouve partout ailleurs; je fais cette remarque à l'occasion d'un doute qu'on a formé depuis peu sur cela, et dont je parlerai tout à l'heure.

Dans une fouille que l'on fit à Amsterdam pour faire un puits, on creusa jusqu'à 232 pieds de profondeur, et on trouva les couches de terre suivantes : 7 pieds de terre végétale ou terre de jardin, 9 pieds de tourbes, 9 pieds de glaise molle, 8 pieds d'arène, 4 de terre, 10 d'argile, 4 de terre, 10 pieds d'arène, sur laquelle on a coutume d'appuyer les pilotis qui soutiennent les maisons d'Amsterdam, ensuite 2 pieds d'argile, 4 de sablon blanc, 5 de terre sèche, 1 de terre molle, 14 d'arène, 8 d'argile mêlée d'arène, 4 d'arène mêlée de coquilles, ensuite une épaisseur de 100 et 2 pieds de glaise, et enfin 31 pieds de sable, où l'on cessa de creuser. (Voyez *Varenii Geograph. general.*, pag. 46.)

Il est rare qu'on fouille aussi profondément sans trouver de l'eau, et ce fait est remarquable en plusieurs choses : 1° il fait voir que l'eau de la mer ne communique pas dans l'intérieur de la terre par voie de filtration ou de stillation, comme on le croit vulgairement; 2° nous voyons qu'on trouve des coquilles à 100 pieds au-dessous de la surface de la terre dans un pays extrêmement bas, et que par conséquent le terrain de la Hollande a été élevé de 100 pieds par les sédiments de la mer ; 3° on peut en tirer une induction que cette couche de glaise épaisse de 102 pieds, et la couche de sable qui est au-dessous dans laquelle on a fouillé à 31 pieds et dont l'épaisseur entière est inconnue, ne sont peut-être pas fort éloignées de la première couche de la vraie terre ancienne et originaire, telle qu'elle était dans le temps de sa première formation et avant que le mouvement des eaux eût changé sa surface. Nous avons dit dans l'article premier que, si l'on voulait trouver la terre ancienne, il faudrait creuser dans les pays du Nord plutôt que vers l'équateur, dans les plaines basses plutôt que dans les montagnes ou dans les terres élevées. Ces conditions se trouvent à peu près rassemblées ici; seulement il aurait été à souhaiter qu'on eût continué cette fouille à une plus grande profondeur, et que l'auteur nous eût appris s'il n'y avait pas de coquilles ou d'autres productions marines dans cette couche de glaise de 102 pieds d'épaisseur et dans celle de sable qui était au-dessous. Cet exemple confirme ce que nous avons dit, savoir, que plus on fouille dans l'intérieur de la terre, plus on trouve les couches épaisses, ce qui s'explique fort naturellement dans notre théorie.

Non-seulement la terre est composée de couches parallèles et horizontales dans les plaines et dans les collines, mais les montagnes même sont en général composées de la même façon; on peut dire que ces couches y sont plus apparentes que dans les plaines, parce que les plaines sont ordinairement recouvertes d'une quantité assez considérable de sable et de terre que les eaux ont amenés, et, pour trouver les anciennes couches, il faut creuser plus profondément dans les plaines que dans les montagnes.

J'ai souvent observé que, lorsqu'une montagne est égale et que son sommet est de niveau, les couches ou lits de pierre qui la composent sont aussi de niveau; mais si le sommet de la montagne n'est pas posé horizontalement, et s'il penche vers l'orient ou vers tout autre côté, les couches de pierre penchent aussi du même côté. J'avais ouï dire à plusieurs personnes que, pour l'ordinaire, les bancs ou lits des carrières penchent un peu du côté du levant, mais, ayant observé moi-même toutes les carrières et toutes les chaines de rochers qui se sont présentées à mes yeux, j'ai reconnu que cette opinion est fausse, et que les couches ou bancs de pierre ne penchent du côté du levant que lorsque le sommet de la colline penche de ce même côté, et qu'au contraire si le sommet s'abaisse du côté du nord, du midi, du couchant ou de tout autre côté, les lits de pierre penchent aussi du côté du nord, du midi, du couchant, etc. Lorsqu'on tire les pierres et les marbres des carrières, on a grand soin de les séparer suivant leur position naturelle, et on ne pourrait pas même les avoir en grand volume si on voulait les couper dans un autre sens; lorsqu'on les emploie, il faut, pour que la maçonnerie soit bonne et pour que les pierres durent longtemps, les poser sur leur *lit de carrière,* c'est ainsi que les ouvriers appellent la couche horizontale ; si, dans la maçonnerie, les pierres étaient posées sur un autre sens, elles se fendraient et ne résisteraient pas aussi longtemps au poids dont elles sont chargées : on voit bien que ceci confirme que les pierres se sont formées par couches parallèles et horizontales, qui se sont successivement accumulées les unes sur les autres, et que ces couches ont composé des masses dont la résistance est plus grande dans ce sens que dans tout autre.

Au reste chaque couche, soit qu'elle soit horizontale ou inclinée, a dans toute son étendue une épaisseur égale, c'est-à-dire, chaque lit d'une matière quelconque, pris à part, a une épaisseur égale dans toute son étendue; par exemple, lorsque, dans une carrière, le lit de pierre dure a 3 pieds d'épaisseur en un endroit, il a ces 3 pieds d'épaisseur partout; s'il a 6 pieds d'épaisseur en un endroit, il en a 6 partout. Dans les carrières autour de Paris le lit de bonne pierre n'est pas épais, et il n'a guère que 18 à 20 pouces d'épaisseur partout; dans d'autres carrières, comme en Bourgogne, la pierre a beaucoup plus d'épaisseur; il en est de même des marbres, ceux dont le lit est le plus épais sont les marbres blancs et noirs, ceux de couleur sont ordinairement plus minces, et je connais des lits d'une pierre fort dure, et dont les paysans se servent en Bourgogne pour couvrir leurs maisons, qui n'ont qu'un pouce d'épaisseur; les épaisseurs des différents lits sont donc différentes, mais chaque lit conserve la même épaisseur dans toute son étendue : en général on peut dire que l'épaisseur des couches horizontales est tellement variée, qu'elle va, depuis une ligne et moins encore, jusqu'à 1, 10, 20, 30 et 100 pieds d'épaisseur ; les carrières anciennes et nouvelles qui sont creusées horizontalement, les boyaux des mines, et les coupes à plomb, en long et en travers, de plusieurs montagnes, prouvent qu'il y a des couches qui ont beaucoup d'étendue en tout sens. « Il est bien prouvé, « dit l'historien de l'Académie, que toutes les pierres ont été une pâte « molle, et, comme il y a des carrières presque partout, la surface de la « terre a donc été dans tous ces lieux, du moins jusqu'à une certaine pro« fondeur, une vase et une bourbe ; les coquillages, qui se trouvent dans « presque toutes les carrières, prouvent que cette vase était une terre « détrempée par l'eau de la mer, et par conséquent la mer a couvert tous « ces lieux-là, et elle n'a pu les couvrir sans couvrir aussi tout ce qui était « de niveau ou plus bas, et elle n'a pu couvrir tous les lieux où il y a « des carrières et tous ceux qui sont de niveau ou plus bas, sans couvrir « toute la surface du globe terrestre. Ici l'on ne considère point encore « les montagnes que la mer aurait dû couvrir aussi, puisqu'il s'y trouve « toujours des carrières et souvent des coquillages : si on les supposait « formées, le raisonnement que nous faisons en deviendrait beaucoup « plus fort. »

« La mer, continue-t-il, couvrait donc toute la terre, et de là vient que « tous les bancs ou lits· de pierre qui sont dans les plaines sont horizon« taux et parallèles entre eux ; les poissons auront été les plus anciens habi« tants du globe, qui ne pouvait encore avoir ni animaux terrestres, ni « oiseaux. Mais comment la mer s'est-elle retirée dans les grands creux, « dans les vastes bassins qu'elle occupe présentement? Ce qui se présente « le plus naturellement à l'esprit, c'est que le globe de la terre, du moins « jusqu'à une certaine profondeur, n'était pas solide partout, mais entre« mêlé de quelques grands creux dont les voûtes se sont soutenues pen« dant un temps, mais enfin sont venues à fondre subitement ; alors les « eaux seront tombées dans ces creux, les auront remplis, et auront laissé « à découvert une partie de la surface de la terre qui sera devenue une « habitation convenable aux animaux terrestres et aux oiseaux : les coquil« lages des carrières s'accordent fort avec cette idée, car, outre qu'il n'a pu « se conserver jusqu'à présent dans les terres que des parties pierreuses « des poissons, on sait qu'ordinairement les coquillages s'amassent en grand « nombre dans certains endroits de la mer, où ils sont comme immo« biles et forment des espèces de rochers, et ils n'auront pu suivre les « eaux qui les auront subitement abandonnés ; c'est par cette dernière « raison que l'on trouve infiniment plus de coquillages que d'arêtes ou « d'empreintes d'autres poissons, et cela même prouve une chute soudaine « de la mer dans ses bassins. Dans le même temps que les voûtes, que

« nous supposons, ont fondu, il est fort possible que d'autres parties de
« la surface du globe se soient élevées, et par la même cause : ce seront là
« les montagnes qui se seront placées sur cette surface avec des carrières
« déjà toutes formées ; mais les lits de ces carrières n'ont pas pu conser-
« ver la direction horizontale qu'ils avaient auparavant, à moins que les
« masses des montagnes ne se fussent élevées précisément selon un axe
« perpendiculaire à la surface de la terre, ce qui n'a pu être que très-
« rare : aussi, comme nous l'avons déjà observé en 1708 (*pag.* 30 *et*
« *suiv.*), les lits des carrières des montagnes sont toujours inclinés à l'ho-
« rizon, mais parallèles entre eux, car ils n'ont pas changé de position
« les uns à l'égard des autres, mais seulement à l'égard de la surface de
« la terre. » (Voyez les *Mémoires de l'Acad.* année 1716, p. 14 et suiv. de
l'Histoire.)

Ces couches parallèles, ces lits de terre ou de pierre, qui ont été formés
par les sédiments des eaux de la mer, s'étendent souvent à des distances
très-considérables, et même on trouve dans les collines séparées par un
vallon les mêmes lits, les mêmes matières, au même niveau. Cette observation, que j'ai faite, s'accorde parfaitement avec celle de l'égalité de la
hauteur des collines opposées dont je parlerai tout à l'heure ; on pourra
s'assurer aisément de la vérité de ces faits, car, dans tous les vallons étroits,
où l'on découvre des rochers, on verra que les mêmes lits de pierre ou de
marbre se trouvent des deux côtés à la même hauteur. Dans une campagne
que j'habite souvent et où j'ai beaucoup examiné les rochers et les carrières, j'ai trouvé une carrière de marbre qui s'étend à plus de 12 lieues
en longueur et dont la largeur est fort considérable, quoique je n'aie pas
pu m'assurer précisément de cette étendue en largeur. J'ai souvent observé
que ce lit de marbre a la même épaisseur partout ; et dans des collines,
séparées de cette carrière par un vallon de 100 pieds de profondeur et d'un
quart de lieue de largeur, j'ai trouvé le même lit de marbre à la même
hauteur ; je suis persuadé qu'il en est de même de toutes les carrières de
pierre ou de marbre où l'on trouve des coquilles, car cette observation n'a
pas lieu dans les carrières de grès. Nous donnerons, dans la suite, les raisons
de cette différence, et nous dirons pourquoi le grès n'est pas disposé,
comme les autres matières, par lits horizontaux, et qu'il est en blocs irréguliers pour la forme et pour la position.

On a de même observé que les lits de terre sont les mêmes des deux
côtés des détroits de la mer, et cette observation, qui est importante, peut
nous conduire à reconnaître les terres et les îles qui ont été séparées du
continent ; elle prouve, par exemple, que l'Angleterre a été séparée de la
France, l'Espagne de l'Afrique, la Sicile de l'Italie, et il serait à souhaiter
qu'on eût fait la même observation dans tous les détroits ; je suis persuadé
qu'on la trouverait vraie presque partout, et pour commencer par le plus

long détroit que nous connaissions, qui est celui de Magellan, nous ne savons pas si les mêmes lits de pierre se trouvent à la même hauteur des deux côtés, mais nous voyons, à l'inspection des cartes particulières de ce détroit, que les deux côtes élevées qui le bornent, forment à peu près, comme les montagnes de la terre, des angles correspondants, et que les angles saillants sont opposés aux angles rentrants dans les détours de ce détroit, ce qui prouve que la terre de Feu doit être regardée comme une partie du continent de l'Amérique; il en est de même du détroit de Forbisher, l'île de Frisland paraît avoir été séparée du continent de Groënland.

Les îles Maldives ne sont séparées les unes des autres que par de petits trajets de mer, de chaque côté desquels se trouvent des bancs et des rochers composés de la même matière; toutes ces îles qui, prises ensemble, ont près de 200 lieues de longueur, ne formaient autrefois qu'une même terre, elles sont divisées en treize provinces que l'on appelle *Atollons*. Chaque atollon contient un grand nombre de petites îles dont la plupart sont tantôt submergées et tantôt à découvert; mais ce qu'il y a de remarquable, c'est que ces treize atollons sont chacun environnés d'une chaîne de rochers de même nature de pierre, et qu'il n'y a que trois ou quatre ouvertures dangereuses par où on peut entrer dans chaque atollon; ils sont tous posés de suite et bout à bout, et il paraît évidemment que ces îles étaient autrefois une longue montagne couronnée de rochers. (Voyez *Voyages de Franç. Pyrard*, vol. I, Paris, 1719, p. 107, etc.)

Plusieurs auteurs, comme Verstegan, Twine, Sommer, et surtout Campbell dans sa description de l'Angleterre, au chapitre de la province de Kent, donnent des raisons très-fortes pour prouver que l'Angleterre était autrefois jointe à la France, et qu'elle en a été séparée par un coup de mer qui, s'étant ouvert cette porte, a laissé à découvert une grande quantité de terres basses et marécageuses tout le long des côtes méridionales de l'Angleterre. Le docteur Wallis fait valoir, comme une preuve de ce fait, la conformité de l'ancien langage des Gallois et des Bretons, et il ajoute plusieurs observations que nous rapporterons dans les articles suivants.

Si l'on considère, en voyageant, la forme des terrains, la position des montagnes et les sinuosités des rivières, on s'apercevra qu'ordinairement les collines opposées sont non-seulement composées des mêmes matières, au même niveau, mais même qu'elles sont à peu près également élevées : j'ai observé cette égalité de hauteur dans les endroits où j'ai voyagé, et je l'ai toujours trouvée la même à très-peu près, des deux côtés, surtout dans les vallons serrés, et qui n'ont tout au plus qu'un quart ou un tiers de lieue de largeur; car, dans les grandes vallées qui ont beaucoup plus de largeur, il est assez difficile de juger exactement de la hauteur des collines et de leur égalité, parce qu'il y a erreur d'optique et erreur de jugement; en regardant une plaine ou tout autre terrain de niveau, qui s'étend fort au loin, il paraît s'élever, et au contraire en voyant de loin des collines elles paraissent s'abaisser : ce n'est pas ici le lieu de donner la raison mathématique de cette différence. D'autre côté, il est fort difficile de juger par le simple coup d'œil où se trouve le milieu d'une grande vallée, à moins qu'il n'y ait une rivière; au lieu que dans les vallons serrés le rapport des yeux est moins équivoque et le jugement plus certain. Cette partie de la Bourgogne qui est comprise entre Auxerre, Dijon, Autun et Bar-sur-Seine, et dont une étendue considérable s'appelle le *bailliage de la Montagne*, est un des endroits les plus élevés de la France; d'un côté de la plupart de ces montagnes qui ne sont que du second ordre, et qu'on ne doit regarder que comme des collines élevées, les eaux coulent vers l'Océan, et de l'autre vers la Méditerranée; il y a des points de partage, comme à Sombernon, Pouilly en Auxois, etc., où on peut tourner les eaux indifféremment vers l'Océan ou vers la Méditerranée : ce pays élevé est entrecoupé de plusieurs petits vallons assez serrés, et presque tous arrosés de gros ruisseaux ou de petites rivières. J'ai mille et mille fois observé la correspondance des angles de ces collines et leur égalité de hauteur, et je puis assurer que j'ai trouvé partout les angles saillants opposés aux angles rentrants, et les hauteurs à peu près égales des deux côtés. Plus on avance dans le pays élevé où sont les points de partage dont nous venons de parler, plus les montagnes ont de hauteur; mais cette hauteur est toujours la même des deux côtés des vallons, et les collines s'élèvent ou s'abaissent également : en se plaçant à l'extrémité des vallons dans le milieu de la largeur, j'ai toujours vu que le bassin du vallon était environné et surmonté de collines dont la hauteur était égale; j'ai fait la même observation dans plusieurs autres provinces de France. C'est cette égalité de hauteur dans les collines qui fait les plaines en montagnes; ces plaines forment, pour ainsi dire, des pays élevés au-dessus d'autres pays; mais les hautes montagnes ne paraissent pas être si égales en hauteur; elles se terminent la plupart en pointes et en pics irréguliers, et j'ai vu, en traversant plusieurs fois les Alpes et l'Apennin, que les angles sont en effet correspondants, mais qu'il est presque impossible de juger à l'œil de l'égalité ou de l'inégalité de hauteur des montagnes opposées, parce que leur sommet se perd dans les brouillards et dans les nues.

Les différentes couches dont la terre est composée ne sont pas disposées suivant l'ordre de leur pesanteur spécifique, souvent on trouve des couches de matières pesantes posées sur des couches de matières plus légères; pour s'en assurer, il ne faut qu'examiner la nature des terres sur lesquelles portent les rochers, et on verra que c'est ordinairement sur des glaises ou sur des sables qui sont spécifiquement moins pesants que la matière du rocher : dans les collines et dans les autres petites élévations on reconnaît facilement la base sur laquelle portent les rochers; mais il n'en est pas de même des grandes montagnes, non-seulement le sommet est de rocher, mais ces rochers portent sur d'autres rochers, il y a montagnes sur montagnes et rochers sur rochers, à des hauteurs si considérables et dans une si grande étendue de terrain, qu'on ne peut guère s'assurer s'il y a de la terre dessous, et de quelle nature est cette terre : on voit des rochers coupés à pic qui ont plusieurs centaines de pieds de hauteur, ces rochers portent sur d'autres, qui peut-être n'en ont pas moins, cependant ne peut-on pas conclure du petit au grand? et puisque les rochers des petites montagnes dont on voit la base portent sur des terres moins pesantes et moins solides que la pierre, ne peut-on pas croire que la base des hautes montagnes est aussi de terre[1]? au reste tout ce que j'ai à prouver ici, c'est qu'il a pu arriver naturellement, par le mouvement des eaux, qu'il se soit accumulé des matières plus pesantes au-dessus des plus légères, et que, si cela se trouve en effet dans la plupart des collines, il est probable que cela est arrivé comme je l'explique dans le texte; mais quand même on voudrait se refuser à mes raisons, en m'objectant que je ne suis pas bien fondé à supposer qu'avant la formation des montagnes, les matières les plus pesantes étaient au-dessous des moins pesantes, je répondrai que je n'assure rien de général à cet égard, parce qu'il y a plusieurs manières dont cet effet a pu se produire, soit que les matières pesantes fussent au-dessous ou au-dessus, ou placées indifféremment, comme nous les voyons aujourd'hui; car pour concevoir comment la mer, ayant d'abord formé une montagne de glaise, l'a ensuite couronnée de rochers, il suffit de faire attention que les sédiments peuvent venir successivement de différents endroits, et qu'ils peuvent être de matières différentes, en sorte que dans un endroit de la mer où les eaux auront déposé d'abord plusieurs sédiments de glaise, il peut très-bien arriver que tout d'un coup au lieu de glaise les eaux apportent des sédiments pierreux, et cela, parce qu'elles auront enlevé du fond ou détaché des côtes toute la glaise, et qu'ensuite elles auront attaqué les rochers, ou bien parce que les premiers sédiments venaient d'un endroit, et les seconds d'un autre. Au reste cela s'accorde parfaitement avec les observations, par lesquelles on reconnait que les lits de terre, de pierre, de gravier, de sable, etc., ne suivent aucune règle dans leur arrangement, ou du moins se trouvent placés indifféremment et comme au hasard les uns au-dessus des autres.

Cependant ce hasard même doit avoir des règles, qu'on ne peut connaître

---

1. La base des hautes montagnes n'est pas de terre. Je n'ai presque pas besoin d'en avertir; et, plus tard, Buffon en avertira lui-même : « Depuis trente-quatre ans que cela est écrit, j'ai « acquis des connaissances et recueilli des faits qui m'ont démontré que les grandes montagnes « composées de matières vitrescibles, et produites par l'action du feu primitif, tiennent « immédiatement à la roche intérieure du globe, laquelle est elle-même un roc vitreux de la « même nature. » (Voyez, plus loin, l'*Addition* sur la *roche intérieure du globe*).

qu'en estimant la valeur des probabilités et la vraisemblance des conjectures. Nous avons vu qu'en suivant notre hypothèse sur la formation du globe, l'intérieur de la terre doit être d'une matière vitrifiée, semblable à nos sables vitrifiables qui ne sont que des fragments de verre, et dont les glaises sont peut-être les scories ou les parties décomposées; dans cette supposition, la terre doit être composée dans le centre, et presque jusqu'à la circonférence extérieure, de verre ou d'une matière vitrifiée qui en occupe presque tout l'intérieur, et au-dessus de cette matière on doit trouver les sables, les glaises et les autres scories de cette matière vitrifiée. Ainsi en considérant la terre dans son premier état, c'était d'abord un noyau de verre ou de matière vitrifiée[1], qui est ou massive comme le verre, ou divisée comme le sable, parce que cela dépend du degré de l'activité du feu qu'elle aura éprouvé; au-dessus de cette matière étaient les sables, et enfin les glaises; le limon des eaux et de l'air a produit l'enveloppe extérieure qui est plus ou moins épaisse suivant la situation du terrain, plus ou moins colorée suivant les différents mélanges du limon, des sables et des parties d'animaux ou de végétaux détruits, et plus ou moins féconde suivant l'abondance ou la disette de ces mêmes parties. Pour faire voir que cette supposition, au sujet de la formation des sables et des glaises, n'est pas aussi gratuite qu'on pourrait l'imaginer, nous avons cru devoir ajouter à ce que nous venons de dire quelques remarques particulières.

Je conçois donc que la terre dans le premier état était un globe, ou plutôt un sphéroïde de matière vitrifiée, de verre, si l'on veut, très-compacte, couvert d'une croûte légère et friable, formée par les scories de la matière en fusion, d'une véritable pierre-ponce : le mouvement et l'agitation des eaux et de l'air brisèrent bientôt et réduisirent en poussière cette croûte de verre spongieuse, cette pierre-ponce qui était à la surface; de là les sables qui, en s'unissant, produisirent ensuite les grès et le roc vif, ou, ce qui est la même chose, les cailloux en grande masse, qui doivent, aussi bien que les cailloux en petite masse, leur dureté, leur couleur ou leur transparence et la variété de leurs accidents, aux différents degrés de pureté et à la finesse du grain des sables qui sont entrés dans leur composition.

Ces mêmes sables[2], dont les parties constituantes s'unissent par le moyen du feu, s'assimilent et deviennent un corps dur très-dense, et d'autant plus transparent que le sable est plus homogène, exposés au contraire

---

1. Sur ces mots de *noyau de verre* ou de *matière vitrifiée*, j'ai déjà fait une remarque générale : c'est qu'il ne faut pas les prendre dans un sens spécial et propre, mais dans le grand sens, qu'y attachait Buffon, de *matière devenue solide*, après avoir été *fondue* par le *feu*. (Voyez, ci-devant, la note 4 de la page 78).

2. Les *sables* sont des *fragments*, des *débris* de roches *quartzeuses*. Les *sables mélangés* sont des *fragments de quartz*, de *mica*, de *feld-spath*, etc., etc.

longtemps à l'air, se décomposent par la désunion et l'exfoliation des petites
lames dont ils sont formés, ils commencent à devenir terre, et c'est ainsi
qu'ils ont pu former les glaises et les argiles[1]. Cette poussière, tantôt d'un
jaune brillant, tantôt semblable à des paillettes d'argent dont on se sert
pour sécher l'écriture, n'est autre chose qu'un sable très-pur, en quelque
façon pourri, presque réduit en ses principes, et qui tend à une décomposition parfaite; avec le temps ces paillettes se seraient atténuées et
divisées au point qu'elles n'auraient plus eu assez d'épaisseur et de surface
pour réfléchir la lumière, et elles auraient acquis toutes les propriétés des
glaises : qu'on regarde au grand jour un morceau d'argile, on y apercevra
une grande quantité de ces paillettes talqueuses, qui n'ont pas encore
entièrement perdu leur forme. Le sable peut donc avec le temps produire
l'argile, et celle-ci en se divisant acquiert de même les propriétés d'un véritable limon, matière vitrifiable[2] comme l'argile et qui est du même genre.

Cette théorie est conforme à ce qui se passe tous les jours sous nos yeux :
qu'on lave du sable sortant de sa minière, l'eau se chargera d'une assez
grande quantité de terre noire, ductile, grasse, de véritable argile. Dans
les villes, où les rues sont pavées de grès, les boues sont toujours noires
et très-grasses, et desséchées elles forment une terre de la même nature
que l'argile. Qu'on détrempe et qu'on lave de même de l'argile prise dans
un terrain où il n'y a ni grès ni cailloux, il se précipitera toujours au
fond de l'eau une assez grande quantité de sable vitrifiable.

Mais ce qui prouve parfaitement que le sable, et même le caillou et le
verre, existent dans l'argile et n'y sont que déguisés[3], c'est que le feu en
réunissant les parties de celle-ci, que l'action de l'air et des autres éléments
avaient peut-être divisées, lui rend sa première forme. Qu'on mette de
l'argile dans un fourneau de réverbère échauffé au degré de la calcination,
elle se couvrira au dehors d'un émail très-dur; si à l'intérieur elle n'est
pas encore vitrifiée, elle aura cependant acquis une très-grande dureté,
elle résistera à la lime et au burin, elle étincellera sous le marteau, elle
aura enfin toutes les propriétés du caillou; un degré de chaleur de plus
la fera couler et la convertira en un véritable verre[4].

L'argile et le sable sont donc des matières parfaitement analogues et du

1. Par *sable*, Buffon entend ici, le *feld-spath*. Les *feld-spaths* sont des *silicates doubles
d'alumine et de potasse* ou de *soude*, ou de *chaux*, etc... L'argile, à l'état pur, n'est qu'un
silicate d'alumine hydraté. L'argile peut donc tirer son origine du *feld-spath*.

2. *Vitrifiable*. Voyez la note 4 de la page 78.

3. Le verre *n'existe pas déguisé* dans l'argile : l'argile est une des substances qui peuvent
servir à le former; et voilà tout.

4. « Si l'argile était entièrement pure, elle serait infusible aux températures les plus élevées
« qu'on peut produire dans les fourneaux; mais la chaux, la potasse et l'oxide de fer qu'elle
« contient toujours lui donnent de la fusibilité. » (Pelouze et Fremy : *Cours de Chimie*, t. II, p. 213.)
On remarquera qu'il ne s'agit ici que du feu des *fourneaux*. De ses nombreuses expériences,
faites avec la chaleur que produit la pile, M. Despretz a cru pouvoir tirer cette conclusion : *Que*

même genre; si l'argile en se condensant peut devenir du caillou, du verre[1], pourquoi le sable en se divisant ne pourrait-il pas devenir de l'argile[2]? Le verre paraît être la véritable terre élémentaire[3], et tous les mixtes un verre déguisé; les métaux, les minéraux, les sels, etc., ne sont qu'une terre vitrescible[4]; la pierre ordinaire, les autres matières qui lui sont analogues, et les coquilles des testacés, des crustacés, etc., sont les seules substances qu'aucun agent connu n'a pu jusqu'à présent vitrifier[5], et les seules qui semblent faire une classe à part. Le feu, en réunissant les parties divisées des premières, en fait une matière homogène, dure et transparente à un certain degré, sans aucune diminution de pesanteur, et à laquelle il n'est plus capable de causer aucune altération; celles-ci au contraire, dans lesquelles il entre une plus grande quantité de principes actifs et volatils, et qui se calcinent, perdent au feu plus du tiers de leur poids, et reprennent simplement la forme de terre, sans autre altération que la désunion de leurs principes : ces matières exceptées, qui ne sont pas en grand nombre, et dont les combinaisons ne produisent pas de grandes variétés dans la nature, toutes les autres substances, et particulièrement l'argile, peuvent être converties en verre, et ne sont essentiellement par conséquent qu'un verre décomposé. Si le feu fait changer promptement de forme à ces substances, en les vitrifiant, le verre lui-même, soit qu'il ait sa nature de verre, ou bien celle de sable ou de caillou, se change naturellement en argile, mais par un progrès lent et insensible,

Dans les terrains où le caillou ordinaire est la pierre dominante, les campagnes en sont ordinairement jonchées; et si le lieu est inculte et que ces cailloux aient été longtemps exposés à l'air sans avoir été remués, leur superficie supérieure est toujours très-blanche, tandis que le côté opposé, qui touche immédiatement à la terre, est très-brun et conserve sa couleur naturelle : si on casse plusieurs de ces cailloux, on reconnaîtra que la blancheur n'est pas seulement au dehors, mais qu'elle pénètre dans

tous les corps sont fusibles et susceptibles d'être volatilisés. » Compte-rendu des séanc. de l'Acad. des Sc., t. XXXIII, p. 185.)

1. *L'argile* se trouvant toujours mêlée, comme il vient d'être dit, avec de la chaux, de la potasse, des oxides de fer, etc., ces bases la rendent fusible dans nos *fourneaux*, et c'est ainsi qu'elle sert à former le verre.

2. Si le *sable*, dont parle Buffon, est le *feld-spath*, le *feld-spath* peut évidemment donner de l'argile par une simple décomposition (Voyez la note 1 de la page précédente); mais si, par sable, Buffon entend le *quartz* (le *quartz* pur est l'*acide silicique*, la *silice pure*), la décomposition du *sable* ne saurait donner de l'*argile*.

3. Il n'y a point de *terre élémentaire*, de *terre* qui ait été *l'élément* primitif de toutes les autres. Le *verre*, dont parle ici Buffon, n'est pas notre verre *artificiel, factice*, notre verre *proprement dit*. C'est l'ensemble des matières terrestres, considérées comme ayant été *fondues*. (Voyez, ci-devant, la note 1 de la page 136.)

4. *Vitrescible*, c'est-à-dire *fusible*.

5. Buffon reconnaîtra plus tard que les *matières calcaires* peuvent aussi être *réduites en verre*, c'est-à-dire *fondues* par le *feu*. (Voy. l'*Addition* sur la *vitrification des matières calcaires*.)

l'intérieur plus ou moins profondément, et y forme une espèce de bande, qui n'a dans de certains cailloux que très-peu d'épaisseur, mais qui dans d'autres occupe presque toute celle du caillou; cette partie blanche est un peu grenue, entièrement opaque, aussi tendre que la pierre, et elle s'attache à la langue comme les bols, tandis que le reste du caillou est lisse et poli, qu'il n'a ni fil ni grain, et qu'il a conservé sa couleur naturelle, sa transparence et sa même dureté; si on met dans un fourneau ce même caillou à moitié décomposé, sa partie blanche deviendra d'un rouge couleur de tuile, et sa partie brune d'un très-beau blanc. Qu'on ne dise point, avec un de nos plus célèbres naturalistes[1], que ces pierres sont des cailloux imparfaits de différents âges, qui n'ont pas encore acquis leur perfection; car pourquoi seraient-ils tous imparfaits? pourquoi le seraient-ils tous du même côté, et du côté qui est exposé à l'air? Il me semble qu'il est aisé de se convaincre que ce sont au contraire des cailloux altérés, décomposés, qui tendent à reprendre la forme et les propriétés de l'argile et du bol dont ils ont été formés. Si c'est conjecturer que de raisonner ainsi, qu'on expose en plein air le caillou le plus caillou (comme parle ce fameux naturaliste), le plus dur et le plus noir, en moins d'une année il changera de couleur à la surface; et, si on a la patience de suivre cette expérience, on lui verra perdre insensiblement et par degré sa dureté, sa transparence et ses autres caractères spécifiques, et approcher de plus en plus chaque jour de la nature de l'argile.

Ce qui arrive au caillou, arrive au sable; chaque grain de sable peut être considéré comme un petit caillou, et chaque caillou comme un amas de grains de sable extrêmement fins et exactement engrenés. L'exemple du premier degré de décomposition du sable se trouve dans cette poudre brillante, mais opaque, *mica*, dont nous venons de parler, et dont l'argile et l'ardoise sont toujours parsemées; les cailloux entièrement transparents, les *quartz*[2], produisent en se décomposant des talcs gras et doux au toucher, aussi pétrissables et ductiles que la glaise, et vitrifiables comme elle, tels que ceux de Venise et de Moscovie; et il me parait que le talc est un terme moyen entre le verre ou le caillou transparent et l'argile, au lieu que le caillou grossier et impur en se décomposant passe à l'argile sans intermède.

Notre verre factice[3] éprouve aussi la même altération, il se décompose à l'air et se pourrit en quelque façon en séjournant dans les terres; d'abord sa superficie s'*irise*, s'écaille, s'exfolie, et en le maniant on s'aperçoit

---

1. Réaumur. Voyez le mémoire de ce grand observateur sur *la nature et la formation des cailloux*. (*Mém. de l'Acad. des sciences*, année 1721, p. 255.)

2. Le *talc* et le *mica* ne peuvent être produits par *la décomposition du quartz*. Le *quartz* est l'acide silicique, la silice pure, comme il vient d'être dit.

3. Buffon lui-même distingue ici, comme on voit, son *verre primitif*, son *verre élémentaire*, de *notre verre factice*. (Voyez, ci-devant, la note 3 de la page 138.)

qu'il s'en détache des paillettes brillantes; mais, lorsque sa décomposition est plus avancée, il s'écrase entre les doigts et se réduit en poudre talqueuse très-blanche et très-fine; l'art a même imité la nature pour la décomposition du verre et du caillou. *Est etiam certa methodus solius aquæ communis ope silices et arenam in liquorem viscosum, eumdemque in sal viride convertendi, et hoc in oleum rubicundum, etc. Solius ignis et aquæ ope speciali experimento durissimos quosque lapides in mucorem resolvo, qui distillatus subtilem spiritum exhibet et oleum nullis laudibus prædicabile.* (Voy. Becher, *Phys. subter.*)

Nous traiterons ces matières encore plus à fond dans notre discours sur les minéraux, et nous nous contenterons d'ajouter ici que les différentes couches qui couvrent le globe terrestre, étant encore actuellement ou de matières que nous pouvons considérer comme vitrifiées, ou de matières analogues au verre, qui en ont les propriétés les plus essentielles, et qui toutes sont vitrescibles, et que d'ailleurs comme il est évident que de la décomposition du caillou et du verre, qui se fait chaque jour sous nos yeux, il résulte une véritable terre argileuse, ce n'est donc pas une supposition précaire ou gratuite, que d'avancer, comme je l'ai fait, que les glaises, les argiles et les sables ont été formés par les scories et les écumes vitrifiées du globe terrestre, surtout lorsqu'on y joint les preuves *à priori*, que nous avons données pour faire voir qu'il a été dans un état de liquéfaction causée par le feu.

ARTICLE VIII.

SUR LES COQUILLES ET LES AUTRES PRODUCTIONS DE LA MER, QU'ON TROUVE DANS L'INTÉRIEUR DE LA TERRE.

J'ai souvent examiné des carrières du haut en bas, dont les bancs étaient remplis de coquilles; j'ai vu des collines entières qui en sont composées, des chaînes de rochers qui en contiennent une grande quantité dans toute leur étendue. Le volume de ces productions de la mer est étonnant, et le nombre de ces dépouilles d'animaux marins est si prodigieux, qu'il n'est guère possible d'imaginer qu'il puisse y en avoir davantage dans la mer; c'est en considérant cette multitude innombrable de coquilles et d'autres productions marines, qu'on ne peut pas douter que notre terre n'ait été pendant un très-long temps un fond de mer peuplé d'autant de coquillages que l'est actuellement l'océan : la quantité en est immense, et naturellement on n'imaginerait pas qu'il y eût dans la mer une multitude aussi grande de ces animaux; ce n'est que par celle des coquilles fossiles et pétrifiées qu'on trouve sur la terre, que nous pouvons en avoir une idée. En effet, il ne faut pas croire, comme se l'imaginent tous les gens qui veulent raisonner sur cela sans avoir rien vu[1], qu'on ne trouve ces coquilles que par hasard, qu'elles sont dispersées çà et là, ou tout au plus par petits tas, comme des coquilles d'huîtres jetées à la porte ; c'est par montagnes qu'on les trouve, c'est par bancs de 100 et de 200 lieues de longueur ; c'est par collines et par provinces qu'il faut les toiser, souvent dans une épaisseur de 50 ou 60 pieds, et c'est d'après ces faits qu'il faut raisonner.

Nous ne pouvons donner sur ce sujet un exemple plus frappant que celui des coquilles de Touraine : voici ce qu'en dit l'historien de l'Académie (année 1720, page 5 et suiv.) : « Dans tous les siècles assez peu éclairés et « assez dépourvus du génie d'observation et de recherche, pour croire que « tout ce qu'on appelle aujourd'hui pierres figurées, et les coquillages même « trouvés dans la terre, étaient des jeux de la nature, ou quelques petits « accidents particuliers, le hasard a dû mettre au jour une infinité de ces « sortes de curiosités que les philosophes même, si c'étaient des philosophes, « ne regardaient qu'avec une surprise ignorante ou une légère attention, « et tout cela périssait sans aucun fruit pour le progrès des connaissances. « Un potier de terre, qui ne savait ni latin ni grec, fut le premier[a] vers la fin « du XVIᵉ siècle qui osa dire dans Paris, et à la face de tous les docteurs, « que les coquilles fossiles étaient de véritables coquilles déposées autrefois « par la mer dans les lieux où elles se trouvaient alors ; que des animaux, et « surtout des poissons, avaient donné aux pierres figurées toutes leurs diffé- « rentes figures, etc., et il défia hardiment toute l'école d'Aristote d'attaquer « ses preuves ; c'est Bernard Palissy, Saintongeois, aussi grand physicien « que la nature seule en puisse former un : cependant son système a dormi « près de cent ans, et le nom même de l'auteur est presque mort. Enfin « les idées de Palissy se sont réveillées dans l'esprit de plusieurs savants, « elles ont fait la fortune qu'elles méritaient, on a profité de toutes les « coquilles, de toutes les pierres figurées que la terre a fournies ; peut-être « seulement sont-elles devenues aujourd'hui trop communes, et les consé- « quences qu'on en tire sont en danger d'être bientôt trop incontestables.

« Malgré cela ce doit être encore une chose étonnante que le sujet des « observations présentes de M. de Réaumur : une masse de 130,680,000 toises « cubiques, enfouie sous terre, qui n'est qu'un amas de coquilles ou de frag- « ments de coquilles sans nul mélange de matière étrangère, ni pierre, ni

---

a. Je ne puis m'empêcher d'observer que le sentiment de Palissy avait été celui des anciens : *Conchulas, arenas, buccinas, calculos varié infectos frequenti solo, quibusdam etiam in montibus reperiri, certum signum maris alluvione eos coopertos locos volunt Herodotus, Plato, Strabo, Seneca, Tertullianus, Plutarchus, Ovidius, et alii.* (Vide Dausqui, *Terra et aqua*, p. 7).

1. Allusion aux plaisanteries de Voltaire. (Voyez l'*Addition sur les coquilles fossiles et pétrifiées*.)

« terre, ni sable; jamais jusqu'à présent les coquilles fossiles n'ont paru en
« cette énorme quantité, et jamais, quoique en une quantité beaucoup moin-
« dre, elles n'ont paru sans mélange. C'est en Touraine que se trouve ce
« prodigieux amas à plus de 36 lieues de la mer : on l'y connaît, parce que
« les paysans de ce canton se servent de ces coquilles qu'ils tirent de terre,
« comme de marne, pour fertiliser leurs campagnes, qui sans cela seraient
« absolument stériles. Nous laissons expliquer à M. de Réaumur comment
« ce moyen assez particulier, et en apparence assez bizarre, leur réussit;
« nous nous renfermons dans la singularité de ce grand tas de coquilles.

« Ce qu'on tire de terre, et qui ordinairement n'y est pas à plus de 8 ou
« 9 pieds de profondeur, ce ne sont que de petits fragments de coquilles,
« très-reconnaissables pour en être des fragments; car ils ont les cannelures
« très-bien marquées, seulement ont-ils perdu leur luisant et leur vernis,
« comme presque tous les coquillages qu'on trouve en terre, qui doivent y
« avoir été longtemps enfouis. Les plus petits fragments, qui ne sont que de
« la poussière, sont encore reconnaissables pour être des fragments de
« coquilles, parce qu'ils sont parfaitement de la même matière que les
« autres, quelquefois il se trouve des coquilles entières. On reconnaît les
« espèces, tant des coquilles entières que des fragments un peu gros : quel-
« ques-unes de ces espèces sont connues sur les côtes de Poitou, d'autres
« appartiennent à des côtes éloignées. Il y a jusqu'à des fragments de plantes
« marines pierreuses [1], telles que des madrépores, des champignons de
« mer, etc. : toute cette matière s'appelle dans le pays du *falun*.

« Le canton qui, en quelque endroit qu'on le fouille, fournit du *falun*,
« a bien neuf lieues carrées de surface. On ne perce jamais la minière de
« falun ou *falunière* au delà de vingt pieds; M. de Réaumur en rapporte les
« raisons, qui ne sont prises que de la commodité des laboureurs et de
« l'épargne des frais; ainsi les falunières peuvent avoir une profondeur
« beaucoup plus grande que celle qu'on leur connaît : cependant nous
« n'avons fait le calcul des 130,680,000 toises cubiques, que sur le pied de
« 18 pieds de profondeur et non pas de vingt, et nous n'avons mis la lieue
« qu'à 2,200 toises; tout a donc été évalué fort bas, et peut-être l'amas de
« coquilles est-il de beaucoup plus grand que nous ne l'avons posé; qu'il
« soit seulement double, combien la merveille augmente-t-elle!

« Dans les faits de physique, de petites circonstances que la plupart des
« gens ne s'aviseraient pas de remarquer, tirent quelquefois à conséquence
« et donnent des lumières. M. de Réaumur a observé que tous les fragments

---

1. *Plantes marines pierreuses* : erreur, que déjà Buffon ne partageait plus. Voyez, dans une
des pages suivantes, le passage : « M. Peyssonel avait observé et reconnu le premier que les
« coraux, les madrépores, etc., devaient leur origine à des animaux, et n'étaient pas des
« plantes, etc. » Les prétendues *plantes marines* sont, en effet, des *animaux*, des *polypes*,
dont le plus connu produit le *corail*.

« de coquilles sont dans leur tas posés sur le plat et horizontalement ; de là
« il a conclu que cette infinité de fragments ne sont pas venus de ce que
« dans le tas, formé d'abord de coquilles entières, les supérieures auraient
« par leur poids brisé les inférieures, car de cette manière il se serait fait
« des écroulements qui auraient donné aux fragments une infinité de posi-
« tions différentes. Il faut que la mer ait apporté dans ce lieu-là toutes ces
« coquilles, soit entières, soit quelques-unes déjà brisées, et, comme elle
« les apportait flottantes, elles étaient posées sur le plat et horizontalement ;
« après qu'elles ont été toutes déposées au rendez-vous commun, l'extrême
« longueur du temps en aura brisé et presque calciné la plus grande partie
« sans déranger leur position.

« Il paraît assez par là qu'elles n'ont pu être apportées que successive-
« ment, et en effet comment la mer voiturerait-elle tout à la fois une si
« prodigieuse quantité de coquilles, et toutes dans une position horizontale ?
« elles ont dû s'assembler dans un même lieu, et par conséquent ce lieu a
« été le fond d'un golfe ou une espèce de bassin.

« Toutes ces réflexions prouvent que, quoiqu'il ait dû rester et qu'il reste
« effectivement sur la terre beaucoup de vestiges du déluge universel rap-
« porté par l'Écriture Sainte, ce n'est point ce déluge qui a produit l'amas
« des coquilles de Touraine, peut-être n'y en a-t-il d'aussi grands amas
« dans aucun endroit du fond de la mer ; mais enfin le déluge ne les en
« aurait pas arrachées, et, s'il l'avait fait, ç'aurait été avec une impétuosité
« et une violence qui n'aurait pas permis à toutes ces coquilles d'avoir une
« même position ; elles ont dû être apportées et déposées doucement, len-
« tement, et par conséquent en un temps beaucoup plus long qu'une année.

« Il faut donc, ou qu'avant, ou qu'après le déluge la surface de la terre
« ait été, du moins en quelques endroits, bien différemment disposée de ce
« qu'elle est aujourd'hui, que les mers et les continents y aient eu un autre
« arrangement, et qu'enfin il y ait eu un grand golfe au milieu de la Tou-
« raine. Les changements, qui nous sont connus depuis le temps des histoires
« ou des fables qui ont quelque chose d'historique, sont à la vérité peu
« considérables, mais ils nous donnent lieu d'imaginer aisément ceux que
« des temps plus longs pourraient amener. M. de Réaumur imagine com-
« ment le golfe de Touraine tenait à l'océan, et quel était le courant qui y
« charriait les coquilles, mais ce n'est qu'une simple conjecture donnée
« pour tenir lieu du véritable fait inconnu, qui sera toujours quelque chose
« d'approchant. Pour parler sûrement sur cette matière, il faudrait avoir
« des espèces de cartes géographiques dressées selon toutes les minières de
« coquillages enfouis en terre : quelle quantité d'observations ne faudrait-il
« pas, et quel temps pour les avoir ! Qui sait cependant si les sciences n'iront
« pas un jour jusque là, du moins en partie ? »

Cette quantité si considérable de coquilles nous étonnera moins, si nous faisons attention à quelques circonstances qu'il est bon de ne pas omettre; la première est que les coquillages se multiplient prodigieusement et qu'ils croissent en fort peu de temps, l'abondance d'individus dans chaque espèce prouve leur fécondité, on a un exemple de cette grande multiplication dans les huîtres : on enlève quelquefois dans un seul jour un volume de ces coquillages de plusieurs toises de grosseur, on diminue considérablement en assez peu de temps les rochers dont on les sépare, et il semble qu'on épuise les autres endroits où on les pêche; cependant l'année suivante on en retrouve autant qu'il y en avait auparavant, on ne s'aperçoit pas que la quantité d'huîtres soit diminuée, et je ne sache pas qu'on ait jamais épuisé les endroits où elles viennent naturellement. Une seconde attention qu'il faut faire, c'est que les coquilles sont d'une substance analogue à la pierre, qu'elles se conservent très-longtemps dans les matières molles, qu'elles se pétrifient aisément dans les matières dures, et que ces productions marines et ces coquilles que nous trouvons sur la terre, étant les dépouilles de plusieurs siècles, elles ont dû former un volume fort considérable.

Il y a, comme on voit, une prodigieuse quantité de coquilles bien conservées dans les marbres, dans les pierres à chaux, dans les craies, dans les marnes, etc.; on les trouve, comme je viens de le dire, par collines et par montagnes, elles font souvent plus de la moitié du volume des matières où elles sont contenues; elles paraissent la plupart bien conservées, d'autres sont en fragments, mais assez gros pour qu'on puisse reconnaître à l'œil l'espèce de coquille à laquelle ces fragments appartiennent, et c'est là où se bornent les observations et les connaissances que l'inspection peut nous donner. Mais je vais plus loin, je prétends que les coquilles sont l'intermède que la nature emploie pour former la plupart des pierres; je prétends que les craies, les marnes et les pierres à chaux ne sont composées que de poussière et de détriments de coquilles[1], que par conséquent la quantité des coquilles détruites est encore infiniment plus considérable que celle des coquilles conservées : on verra dans le discours sur les minéraux les preuves que j'en donnerai; je me contenterai d'indiquer ici le point de vue sous lequel il faut considérer les couches dont le globe est composé. La première couche extérieure est formée du limon de l'air, du sédiment des pluies, des rosées, et des parties végétales ou animales, réduites en particules dans lesquelles l'ancienne organisation n'est pas sensible; les couches intérieures de craie, de marne, de pierre à chaux, de marbre, sont composées de détriments de coquilles et d'autres productions marines, mêlées avec des fragments de coquilles ou avec des coquilles entières, mais les sables vitrifiables et l'argile sont les matières dont l'intérieur du globe est composé; elles ont été vitrifiées dans le temps que le globe a pris sa forme, laquelle

1. Les craies, les marnes, les pierres à chaux existent très-indépendamment des coquilles : elles existaient avant les coquilles.

suppose nécessairement que la matière a été toute en fusion. Le granite, le roc vif, les cailloux et les grès en grande masse, les ardoises, les charbons de terre[1] doivent leur origine au sable et à l'argile, et ils sont aussi disposés par couches ; mais les tufs, les grès et les cailloux qui ne sont pas en grande masse, les cristaux, les métaux, les pyrites, la plupart des minéraux, les soufres, etc., sont des matières dont la formation est nouvelle en comparaison des marbres, des pierres calcinables, des craies, des marnes, et de toutes les autres matières qui sont disposées par couches horizontales, et qui contiennent des coquilles et d'autres débris des productions de la mer.

Comme les dénominations, dont je viens de me servir, pourraient paraître obscures ou équivoques, je crois qu'il est nécessaire de les expliquer. J'entends par le mot d'argile, non-seulement les argiles blanches, jaunes, mais aussi les glaises bleues, molles, dures, feuilletées, etc., que je regarde comme des scories de verre, ou comme du verre décomposé. Par le mot de sable j'entends toujours le sable vitrifiable, et non-seulement je comprends sous cette dénomination le sable fin qui produit les grès, et que je regarde comme de la poussière de verre, ou plutôt de pierre ponce, mais aussi le sable qui provient du grès usé et détruit par le frottement, et encore le sable gros comme du menu gravier, qui provient du granite et du roc vif, qui est aigre, anguleux, rougeâtre, et qu'on trouve assez communément dans le lit des ruisseaux et des rivières qui tirent immédiatement leurs eaux des hautes montagnes, ou de collines qui sont composées de roc vif ou de granite. La rivière d'Armanson qui passe à Semur en Auxois, où toutes les pierres sont du roc vif, charrie une grande quantité de ce sable, qui est gros et fort aigre ; il est de la même nature que le roc vif, et il n'en est en effet que le débris, comme le gravier calcinable n'est que le débris de la pierre de taille ou du moellon. Au reste, le roc vif et le granite sont une seule et même substance[2], mais j'ai cru devoir employer les deux dénominations, parce qu'il y a bien des gens qui en font deux matières différentes : il en est de même des cailloux et des grès en grande masse, je les regarde comme des espèces de rocs vifs ou de granites, et je les appelle cailloux en grande masse, parce qu'ils sont disposés, comme la pierre calcinable, par couches, et pour les distinguer des cailloux et des grès que j'appelle en petites masses, qui sont les cailloux ronds et les grès que l'on trouve *à la chasse*, comme disent les ouvriers, c'est-à-dire, les grès dont les bancs n'ont pas de suite et ne forment pas de carrières continues et qui aient une certaine étendue ; ces grès et ces cailloux sont d'une formation plus nouvelle, et n'ont pas la

----

1. Le *charbon de terre* (la *houille*) diffère absolument des substances parmi lesquelles Buffon le place ici. C'est le produit *fossile* de l'antique végétation du globe.

2. Le *granite* se compose de *quartz* (ou *roc vif*), de *mica* et de *feld-spath*. (Voyez mes notes sur les *Minéraux*.)

même origine que les cailloux et les grès en grande masse, qui sont disposés par couches. J'entends par la dénomination d'ardoise, non-seulement l'ardoise bleue que tout le monde connaît, mais les ardoises blanches, grises, rougeâtres et tous les schistes ; ces matières se trouvent ordinairement au-dessous de l'argile feuilletée, et semblent n'être en effet que de l'argile, dont les différentes petites couches ont pris corps en se desséchant, ce qui a produit les délits qui s'y trouvent. Le charbon de terre, la houille[1], le jais[2] sont des matières qui appartiennent aussi à l'argile, et qu'on trouve sous l'argile feuilletée ou sous l'ardoise. Par le mot de tuf j'entends non-seulement le tuf ordinaire qui paraît troué, et, pour ainsi dire, organisé, mais encore toutes les couches de pierres qui se sont faites par le dépôt des eaux courantes, toutes les stalactites, toutes les incrustations, toutes les espèces de pierres fondantes ; il n'est pas douteux que ces matières ne soient nouvelles et qu'elles ne prennent tous les jours de l'accroissement. Le tuf n'est qu'un amas de matières lapidifiques, dans lesquelles on n'aperçoit aucune couche distincte ; cette matière est disposée ordinairement en petits cylindres creux, irrégulièrement groupés et formés par des eaux gouttières au pied des montagnes ou sur la pente des collines, qui contiennent des lits de marne ou de pierre tendre et calcinable ; la masse totale de ces cylindres, qui font un des caractères spécifiques de cette espèce de tuf, est toujours ou oblique, ou verticale, selon la direction des filets d'eau qui les forment ; ces sortes de carrières parasites n'ont aucune suite, leur étendue est très-bornée en comparaison des carrières ordinaires, et elle est proportionnée à la hauteur des montagnes qui leur fournissent la matière de leur accroissement. Le tuf recevant chaque jour de nouveaux sucs lapidifiques, ces petites colonnes cylindriques qui laissaient entre elles beaucoup d'intervalle se confondent à la fin, et avec le temps le tout devient compacte ; mais cette matière n'acquiert jamais la dureté de la pierre, c'est alors ce qu'Agricola nomme *marga tofacea fistulosa*. On trouve ordinairement dans ce tuf quantité d'impressions de feuilles d'arbres et de plantes de l'espèce de celles que le terrain des environs produit, on y trouve aussi assez souvent des coquilles terrestres très-bien conservées, mais jamais de coquilles de mer. Le tuf est donc certainement une matière nouvelle, qui doit être mise dans la classe des stalactites, des pierres fondantes, des incrustations, etc. ; toutes ces matières nouvelles sont des espèces de pierres parasites qui se forment aux dépens des autres, mais qui n'arrivent jamais à la vraie pétrification.

Le cristal, toutes les pierres précieuses, toutes celles qui ont une figure régulière, même les cailloux en petites masses qui sont formés par couches concentriques, soit que ces sortes de pierre se trouvent dans les fentes

---

1. Voyez la note 1 de la page précédente.
2. *Jais* ou *lignite*. Même remarque que pour le *charbon de terre* ou la *houille*.

perpendiculaires des rochers, ou partout ailleurs, ne sont que des exsudations[1], des cailloux en grande masse, des sucs concrets de ces mêmes matières, des pierres parasites nouvelles, de vraies stalactites de caillou ou de roc vif.

On ne trouve jamais de coquilles ni dans le roc vif ou granite, ni dans le grès, au moins je n'y en ai jamais vu, quoiqu'on en trouve, et même assez souvent, dans le sable vitrifiable duquel ces matières tirent leur origine; ce qui semble prouver que le sable ne peut s'unir pour former du grès ou du roc vif, que quand il est pur, et que s'il est mêlé de substances d'un autre genre, comme sont les coquilles, ce mélange de parties, qui lui sont hétérogènes, en empêche la réunion. J'ai observé, dans le dessein de m'en assurer, ces petites pelotes qui se forment souvent dans les couches de sable mêlé de coquilles, et je n'y ai jamais trouvé aucune coquille; ces pelotes sont un véritable grès, ce sont des concrétions qui se forment dans le sable aux endroits où il n'est pas mêlé de matières hétérogènes, qui s'opposent à la formation des bancs ou d'autres masses plus grandes que ces pelotes.

Nous avons dit qu'on a trouvé à Amsterdam, qui est un pays dont le terrain est fort bas, des coquilles de mer à 100 pieds de profondeur sous terre, et à Marly-la-Ville à 6 lieues de Paris, à 75 pieds : on en trouve de même au fond des mines et dans des bancs de rochers au-dessous d'une hauteur de pierre de 50, 100, 200 et jusqu'à mille pieds d'épaisseur, comme il est aisé de le remarquer dans les Alpes et dans les Pyrénées; il n'y a qu'à examiner de près les rochers coupés à plomb, et on voit que dans les lits inférieurs il y a des coquilles et d'autres productions marines : mais, pour aller par ordre, on en trouve sur les montagnes d'Espagne, sur les Pyrénées, sur les montagnes de France, sur celles d'Angleterre, dans toutes les carrières de marbre en Flandre, dans les montagnes de Gueldre, dans toutes les collines autour de Paris, dans toutes celles de Bourgogne et de Champagne, en un mot dans tous les endroits où le fond du terrain n'est pas de grès ou de tuf; et dans la plupart des lieux dont nous venons de parler, il y a presque dans toutes les pierres plus de coquilles que d'autres matières. J'entends ici par coquilles, non-seulement les dépouilles des coquillages, mais celles des crustacés, comme tèts et pointes d'oursin, et aussi toutes les productions des insectes de mer, comme les madrépores, les coraux, les astroïtes, etc. Je puis assurer, et on s'en convaincra par ses yeux quand on le voudra, que dans la plupart des pierres calcinables et des marbres il y a une si grande quantité de ces productions marines, qu'elles paraissent surpasser en volume la matière qui les réunit.

Mais suivons : on trouve ces productions marines dans les Alpes, même

1. Voyez, ci-devant, la note de la page 5.

au-dessus des plus hautes montagnes, par exemple, au-dessus du mont
Cenis ; on en trouve dans les montagnes de Gênes, dans les Apennins et dans
la plupart des carrières de pierre ou de marbre en Italie. On en voit dans
les pierres dont sont bâtis les plus anciens édifices des Romains ; il y en a
dans les montagnes du Tyrol et dans le centre de l'Italie, au sommet du
mont Paterne près de Boulogne, dans les mêmes endroits qui produisent
cette pierre lumineuse qu'on appelle la pierre de Boulogne : on en trouve
dans les collines de la Pouille, dans celles de la Calabre, en plusieurs
endroits de l'Allemagne et de la Hongrie, et généralement dans tous les
lieux élevés de l'Europe. (Voyez, sur cela, Stenon, Ray, Woodward, etc.)

En Asie et en Afrique les voyageurs en ont remarqué en plusieurs
endroits ; par exemple, sur la montagne de Castravan au-dessus de Barut
il y a un lit de pierre blanche, mince comme de l'ardoise, dont chaque
feuille contient un grand nombre et une grande diversité de poissons ; ils
sont la plupart fort plats et fort comprimés, comme est la fougère fossile,
et ils sont cependant si bien conservés qu'on y remarque parfaitement
jusqu'aux moindres traits des nageoires, des écailles et de toutes les parties
qui distinguent chaque espèce de poisson. On trouve de même beaucoup
d'oursins de mer et de coquilles pétrifiées entre Suez et le Caire, et sur
toutes les collines et les hauteurs de la Barbarie ; la plupart sont exactement
conformes aux espèces qu'on prend actuellement dans la mer Rouge.
(Voyez les *Voyayes de Shaw*, vol. II, p. 70 et 84.) Dans notre Europe on
trouve des poissons pétrifiés en Suisse, en Allemagne, dans la carrière
d'Oningen, etc.

La longue chaîne de montagnes, dit M. Bourguet, qui s'étend d'occident
en orient, depuis le fond du Portugal jusqu'aux parties les plus orientales
de la Chine, celles qui s'étendent collatéralement du côté du nord et du
midi, les montagnes d'Afrique et d'Amérique qui nous sont connues, les
vallées et les plaines de l'Europe, renferment toutes des couches de terre
et de pierres qui sont remplies de coquillages, et de là on peut conclure
pour les autres parties du monde qui nous sont inconnues.

Les îles de l'Europe, celles de l'Asie et de l'Amérique où les Européens
ont eu occasion de creuser, soit dans les montagnes, soit dans les plaines,
fournissent aussi des coquilles, ce qui fait voir qu'elles ont cela de commun
avec les continents qui les avoisinent. (Voyez *Lett. phil. sur la form. des
sels*, p. 205.)

En voilà assez pour prouver qu'en effet on trouve des coquilles de mer,
des poissons pétrifiés et d'autres productions marines presque dans tous les
lieux où on a voulu les chercher, et qu'elles y sont en prodigieuse quantité.
« Il est vrai, dit un auteur anglais (*Tancred Robinson*), qu'il y a eu quelques
« coquilles de mer dispersées çà et là sur la terre par les armées, par les
« habitants des villes et des villages, et que La Loubère rapporte, dans son

« voyage de Siam, que les singes au cap de Bonne-Espérance s'amusent
« continuellement à transporter des coquilles du rivage de la mer au-dessus
« des montagnes, mais cela ne peut pas résoudre la question pourquoi ces
« coquilles sont dispersées dans tous les climats de la terre, et jusque dans
« l'intérieur des plus hautes montagnes, où elles sont posées par lits, comme
« elles le sont dans le fond de la mer. »

En lisant une lettre italienne sur les changements arrivés au globe
terrestre, imprimée à Paris cette année (1746), je m'attendais à y trouver
ce fait rapporté par La Loubère; il s'accorde parfaitement avec les idées de
l'auteur : les poissons pétrifiés ne sont, à son avis, que des poissons rares
rejetés de la table des Romains, parce qu'ils n'étaient pas frais; et à l'égard
des coquilles ce sont, dit-il, les pèlerins de Syrie qui ont rapporté dans le
temps des croisades celles des mers du Levant qu'on trouve actuellement
pétrifiées en France, en Italie et dans les autres États de la chrétienté;
pourquoi n'a-t-il pas ajouté que ce sont les singes qui ont transporté les
coquilles au sommet des hautes montagnes et dans tous les lieux où les
hommes ne peuvent habiter? cela n'eût rien gâté et eût rendu son explication encore plus vraisemblable. Comment se peut-il que des personnes
éclairées, et qui se piquent même de philosophie[1], aient encore des idées
aussi fausses sur ce sujet? nous ne nous contenterons donc pas d'avoir dit
qu'on trouve des coquilles pétrifiées dans presque dans tous les endroits
de la terre où l'on a fouillé, et d'avoir rapporté les témoignages des auteurs
d'histoire naturelle : comme on pourrait les soupçonner d'apercevoir, en vue
de quelques systèmes, des coquilles où il n'y en a point, nous croyons devoir
encore citer les voyageurs qui en ont remarqué par hasard, et dont les
yeux moins exercés n'ont pu reconnaître que les coquilles entières et bien
conservées; leur témoignage sera peut-être d'une plus grande autorité
auprès des gens qui ne sont pas à portée de s'assurer par eux-mêmes de la
vérité des faits, et de ceux qui ne connaissent ni les coquilles, ni les pétrifications, et qui, n'étant pas en état d'en faire la comparaison, pourraient
douter que les pétrifications fussent en effet de vraies coquilles, et que ces
coquilles se trouvassent entassées par millions dans tous les climats de
la terre.

Tout le monde peut voir par ses yeux les bancs de coquilles qui sont
dans les collines des environs de Paris, surtout dans les carrières de pierre,
comme à la Chaussée près de Sèvres, à Issy, à Passy et ailleurs. On trouve
à Villers-Cotterets une grande quantité de pierres lenticulaires, les rochers
en sont même entièrement formés, et elles y sont mêlées sans aucun ordre
avec une espèce de mortier pierreux qui les tient toutes liées ensemble.
A Chaumont on trouve une si grande quantité de coquilles pétrifiées, que

---

1. Voltaire. Voyez la note de la page 141.

toutes les collines, qui ne laissent pas d'être assez élevées, ne paraissent être composées d'autre chose; il en est de même à Courtagnon près de Reims, où le banc de coquilles a près de quatre lieues de largeur sur plusieurs de longueur. Je cite ces endroits, parce qu'ils sont fameux, et que les coquilles y frappent les yeux de tout le monde.

A l'égard des pays étrangers, voici ce que les voyageurs ont observé.

« En Syrie, en Phénicie, la pierre vive, qui sert de base aux rochers du « voisinage de Latikea, est surmontée d'une espèce de craie molle, et c'est « peut-être de là que la ville a pris son nom de *Promontoire-Blanc*. La « Nakoura, nommée anciennement *Scala Tyriorum* ou l'*Échelle des Tyriens*, « est à peu près de la même nature, et l'on y trouve encore, en y creusant, « quantité de toutes sortes de coraux, de coquilles. » (Voyez les *Voyages de Shaw*.)

« On ne trouve sur le mont Sinaï que peu de coquilles fossiles et d'autres « semblables marques du déluge, à moins qu'on ne veuille mettre de ce « nombre le tamarin fossile des montagnes voisines de Sinaï : peut-être « que la matière première dont leurs marbres se sont formés avait une « vertu corrosive et peu propre à les conserver; mais à Corondel, où le « roc approche davantage de la nature de nos pierres de taille, je trouvai « plusieurs coquilles de moules et quelques pétoncles, comme aussi un « hérisson de mer fort singulier, de l'espèce de ceux qu'on appelle *spatagi*, « mais plus rond et plus uni; les ruines du petit village d'Aïn el Mousa, et « plusieurs canaux, qui servaient à y conduire de l'eau, fourmillent de « coquillages fossiles. Les vieux murs de Suez et ce qui nous reste encore « de son ancien port ont été construits des mêmes matériaux qui semblent « tous avoir été tirés d'un même endroit. Entre Suez et le Caire, ainsi « que sur toutes les montagnes, hauteurs et collines de la Libye qui ne « sont pas couvertes de sable, on trouve grande quantité de hérissons de « mer, comme aussi des coquilles bivalves et de celles qui se terminent « en pointe, dont la plupart sont exactement conformes aux espèces qu'on « prend encore aujourd'hui dans la mer Rouge. (*Idem.* t. II, p. 84.) Les « sables mouvants, qui sont dans le voisinage de Ras-Sem dans le royaume « de Barca, couvrent beaucoup de palmiers de hérissons de mer et d'autres « pétrifications que l'on y trouve communément sans cela. Ras-Sem signifie « la tête du poisson et est ce qu'on appelle le village pétrifié, où l'on pré- « tend qu'on trouve des hommes, des femmes et des enfants en diverses « postures et attitudes, qui avec leur bétail, leurs aliments et leurs meubles « ont été convertis en pierre; mais à la réserve de ces sortes de monuments « du déluge, dont il est ici question, et qui ne sont pas particuliers à cet « endroit, tout ce qu'on en dit, sont de vains contes et fable toute pure, « ainsi que je l'ai appris non-seulement par M. Le Maire, qui, dans le temps « qu'il était consul à Tripoli, y envoya plusieurs personnes pour en prendre

« connaissance, mais aussi par des gens graves et de beaucoup d'esprit
« qui ont été eux-mêmes sur les lieux.

« On trouve devant les pyramides certains morceaux de pierres taillées
« par le ciseau de l'ouvrier, et parmi ces pierres on voit des rognures
« qui ont la figure et la grosseur de lentilles, quelques-unes même ressem-
« blent à des grains d'orge à moitié pelés : or on prétend que ce sont
« des restes de ce que les ouvriers mangeaient, qui se sont pétrifiés, ce
« qui ne me paraît pas vraisemblable, etc. » (*Idem.*) Ces lentilles et ces
grains d'orge sont des pétrifications de coquilles connues par tous les
naturalistes sous le nom de pierre lenticulaire.

« On trouve diverses sortes de ces coquillages dont nous avons parlé,
« aux environs de Mastreicht, surtout vers le village de Zichen ou Tichen,
« et à la petite montagne appelée des Huns. » (Voyez le *Voyage de Misson*,
t. III, p. 109.)

« Aux environs de Sienne je n'ai pas manqué de trouver auprès de Cer-
« taldo, selon l'avis que vous m'en avez donné, plusieurs montagnes de
« sable toutes farcies de diverses coquilles. Le Monte-Mario, à un mille de
« Rome, en est tout rempli ; j'en ai remarqué dans les Alpes, j'en ai vu en
« France et ailleurs. Olearius, Stenon, Cambden, Speed et quantité d'autres
« auteurs, tant anciens que modernes, nous rapportent le même phéno-
« mène. » (*Idem*, t. II, p. 312.)

« L'île de Cerigo était anciennement appelée *Porphyris* à cause de la
« quantité de porphyre qui s'en tirait. » (*Voyage de Thévenot*, t. I, p. 25.)
Or on sait que le porphyre est composé de pointes d'oursins réunies par un
ciment pierreux et très-dur.

« Vis-à-vis le village d'Inchené et sur le bord oriental du Nil, je trouvai
« des plantes pétrifiées qui croissent naturellement dans un espace de terre
« qui a environ deux lieues de longueur sur une largeur très-médiocre,
« c'est une production des plus singulières de la nature ; ces plantes res-
« semblent assez au corail blanc qu'on trouve dans la mer Rouge. » (*Voyage
de Paul Lucas*, t. II, p. 380 et 381.)

« On trouve sur le mont Liban des pétrifications de plusieurs espèces,
« et entre autres des pierres plates où l'on trouve des squelettes de pois-
« sons bien conservés et bien entiers, et aussi des châtaignes de la mer
« Rouge avec des petits buissons de corail de la même mer. » (*Idem*, t. III,
p. 326.)

« Sur le mont Carmel nous trouvâmes grande quantité de pierres qui,
« à ce qu'on prétend, ont la figure d'olives, de melons, de pêches et d'autres
« fruits que l'on vend d'ordinaire aux pèlerins, non-seulement comme de
« simples curiosités, mais aussi comme des remèdes contre divers maux.
« Les olives, qui sont les *lapides judaïci* qu'on trouve dans les boutiques
« des droguistes, ont toujours été regardées comme un spécifique pour la

« pierre et la gravelle. » (*Voyages de Shaw*, t. II, p. 70.) Ces *lapides judaïci* sont des pointes d'oursin.

« M. La Roche, médecin, me donna de ces olives pétrifiées, dites *lapis judaïcus*, qui croissent en quantité dans ces montagnes, où l'on trouve, « à ce qu'on m'a dit, d'autres pierres qui représentent parfaitement au « dedans des natures d'hommes et de femmes. » (*Voyage de Monconys*, première partie, p. 334.) Ceci est l'*hysterolithes*.

« En allant de Smyrne à Tauris, lorsque nous fûmes à Tocat, les cha-« leurs étant fort grandes, nous laissâmes le chemin ordinaire du côté du « nord, pour prendre par les montagnes où il y a toujours de l'ombrage « et de la fraîcheur. En bien des endroits nous trouvâmes de la neige et « quantité de très-belle oseille, et sur le haut de quelques-unes de ces mon-« tagnes on trouve des coquilles comme sur le bord de la mer, ce qui est « assez extraordinaire. » (*Tavernier*.)

Voici ce que dit Olearius au sujet des coquilles pétrifiées qu'il a remarquées en Perse et dans les rochers des montagnes où sont taillés les sépulcres, près du village de Pyrmaraüs.

« Nous fûmes trois qui montâmes jusque sur le haut du roc par des « précipices effroyables, nous entr'aidant les uns les autres; nous y trou-« vâmes quatre grandes chambres et au dedans plusieurs niches taillées « dans le roc pour servir de lit; mais ce qui nous surprit le plus, ce fut « que nous trouvâmes dans cette voûte, sur le haut de la montagne, des « coquilles de moules, et en quelques endroits en si grande quantité, « qu'il semblait que toute cette roche ne fût composée que de sable et de « coquilles. En revenant de Perse, nous vîmes le long de la mer Caspie « plusieurs de ces montagnes de coquilles. »

Je pourrais joindre à ce qui vient d'être rapporté beaucoup d'autres citations que je supprime, pour ne pas ennuyer ceux qui n'ont pas besoin de preuves surabondantes, et qui se sont assurés, comme moi, par leurs yeux, de l'existence de ces coquilles dans tous les lieux où on a voulu les chercher.

On trouve en France non-seulement les coquilles de nos côtes, mais encore des coquilles qu'on n'a jamais vues dans nos mers. Il y a même des naturalistes qui prétendent que la quantité de ces coquilles étrangères pétrifiées est beaucoup plus grande que celle des coquilles de notre climat, mais je crois cette opinion mal fondée; car, indépendamment des coquillages qui habitent le fond de la mer et de ceux qui sont difficiles à pêcher, et que par conséquent on peut regarder comme inconnus ou même étrangers, quoiqu'ils puissent être nés dans nos mers, je vois en gros qu'en comparant les pétrifications avec les analogues vivants, il y en a plus de nos côtes que d'autres : par exemple, tous les peignes, la plupart des pétoncles, les moules, les huitres, les glands de mer, la plupart des buccins, les oreilles de mer, les patelles, le cœur-de-bœuf, les nautiles, les oursins à gros tubercules et à grosses pointes, les oursins châtaignes de mer, les étoiles, les dentales, les tubulites, les astroïtes, les cerveaux, les coraux, les madrépores, etc., qu'on trouve pétrifiés en tant d'endroits, sont certainement des productions de nos mers; et, quoiqu'on trouve en grande quantité les cornes d'ammon, les pierres lenticulaires, les pierres judaïques, les columnites, les vertèbres de grandes étoiles, et plusieurs autres pétrifications, comme les grosses vis, le buccin appelé abajour, les sabots, etc., dont l'analogue vivant est étranger ou inconnu, je suis convaincu, par mes observations, que le nombre de ces espèces est petit en comparaison de celui des coquilles pétrifiées de nos côtes[1]: d'ailleurs, ce qui fait le fond de nos marbres et de presque toutes nos pierres à chaux et à bâtir, sont des madrépores, des astroïtes, et toutes ces autres productions formées par les insectes[2] de la mer et qu'on appelait autrefois plantes marines; les coquilles, quelque abondantes qu'elles soient, ne font qu'un petit volume en comparaison de ces productions, qui toutes sont originaires de nos mers et surtout de la Méditerranée.

La mer Rouge est de toutes les mers celle qui produit le plus abondamment des coraux, des madrépores et des plantes marines; il n'y a peut-être point d'endroit qui en fournisse une plus grande variété que le port de Tor : dans un temps calme, il se présente aux yeux une si grande quantité de ces plantes, que le fond de la mer ressemble à une forêt; il y a des madrépores branchus qui ont jusqu'à huit et dix pieds de hauteur: on en trouve beaucoup dans la mer Méditerranée, à Marseille, près des côtes d'Italie et de Sicile; il y en a aussi en quantité dans la plupart des golfes de l'océan, autour des îles, sur les bancs, dans tous les climats tempérés où la mer n'a qu'une profondeur médiocre.

M. Peyssonel avait observé et reconnu le premier que les coraux, les madrépores, etc., devaient leur origine à des animaux, et n'étaient pas des plantes, comme on le croyait et comme leur forme et leur accroissement paraissaient l'indiquer : on a voulu longtemps douter de la vérité de l'observation de M. Peyssonel[3]; quelques naturalistes, trop prévenus de leurs propres opinions, l'ont même rejetée d'abord avec une espèce de dédain; cependant ils ont été obligés de reconnaître depuis peu la découverte de M. Peyssonel, et tout le monde est enfin convenu que ces prétendues plantes marines ne sont autre chose que des ruches, ou plutôt des loges

---

1. Voyez, ci-devant, la note de la page 40.

2. Le mot *insecte* n'avait pas encore l'acception précise qu'il a aujourd'hui. Les animaux dont Buffon parle ici, sous le nom d'*insectes*, sont des *polypes*. (Voyez, ci-devant, la note de la p. 142 .

3. Encore Réaumur. Il est vrai que Réaumur *douta* d'abord de la découverte de Peyssonel; mais il est vrai aussi que personne ne la proclama ensuite plus noblement. (Voyez ses *Mém. pour servir à l'hist. des insectes*, t. VI, p. LXXIV.)

de petits animaux qui ressemblent aux poissons des coquilles en ce qu'ils forment, comme eux, une grande quantité de substance pierreuse dans laquelle ils habitent, comme les poissons dans leurs coquilles[1]; ainsi les plantes marines, que d'abord l'on avait mises au rang des minéraux, ont ensuite passé dans la classe des végétaux, et sont enfin demeurées pour toujours dans celle des animaux.

Il y a des coquillages qui habitent le fond des hautes mers, et qui ne sont jamais jetés sur les rivages; les auteurs les appellent *Pelagiæ*, pour les distinguer des autres qu'ils appellent *Littorales*. Il est à croire que les cornes d'ammon et quelques autres espèces qu'on trouve pétrifiées, et dont on n'a pas encore trouvé les analogues vivants, demeurent toujours dans le fond des hautes mers, et qu'ils ont été remplis du sédiment pierreux dans le lieu même où ils étaient; il peut se faire aussi qu'il y ait eu de certains animaux dont l'espèce a péri; ces coquillages pourraient être du nombre : les os fossiles extraordinaires, qu'on trouve en Sibérie, au Canada, en Irlande et dans plusieurs autres endroits, semblent confirmer cette conjecture[2], car jusqu'ici on ne connaît pas d'animal à qui on puisse attribuer ces os qui, pour la plupart, sont d'une grandeur et d'une grosseur démesurées.

On trouve ces coquilles depuis le haut jusqu'au fond des carrières, on les voit aussi dans des puits beaucoup plus profonds; il y en a au fond des mines de Hongrie. (Voyez Woodward.)

On en trouve à 200 brasses, c'est-à-dire, à mille pieds de profondeur dans des rochers qui bordent l'île de Caldé et dans la province de Pembroke en Angleterre. (Voyez *Ray's Discourses*, p. 178.)

Non-seulement on trouve à de grandes profondeurs et au-dessus des plus hautes montagnes des coquilles pétrifiées, mais on en trouve aussi qui n'ont point changé de nature, qui ont encore le luisant, les couleurs et la légèreté des coquilles de la mer; on trouve des glossopètres et d'autres dents de poisson dans leurs mâchoires, et il ne faut, pour se convaincre entièrement sur ce sujet, que regarder la coquille de mer et celle de terre, et les comparer : il n'y a personne qui, après un examen, même léger, puisse douter un instant que ces coquilles fossiles et pétrifiées ne soient pas les mêmes que celles de la mer; on y remarque les plus petites articulations, et même les perles que l'animal vivant produit; on remarque que les dents de poisson sont polies et usées à l'extrémité, et qu'elles ont servi pendant le temps que l'animal était vivant.

1. Il faut faire, sur le mot *poisson*, la même remarque que sur le mot *insecte*. Ce mot n'avait pas encore l'acception précise qu'il a maintenant. Les animaux à *coquilles* sont des *mollusques*.

2. Cette *conjecture*, vue supérieure d'un pénétrant génie, s'est admirablement vérifiée de nos jours. Cette *conjecture*, entre les mains de Cuvier, nous a donné la science des *êtres perdus* : la paléontologie.

On trouve aussi presque partout, dans la terre, des coquillages de la même espèce, dont les uns sont petits, les autres gros, les uns jeunes, les autres vieux, quelques-uns imparfaits, d'autres entièrement parfaits; on en voit même de petits et de jeunes attachés aux gros.

Le poisson à coquille [1], appelé *Purpura*, a une langue fort longue dont l'extrémité est osseuse et pointue; elle lui sert comme de tarière pour percer les coquilles des autres poissons et pour se nourrir de leur chair; on trouve communément dans les terres des coquilles qui sont percées de cette façon, ce qui est une preuve incontestable qu'elles renfermaient autrefois des poissons vivants, et que ces poissons habitaient dans des endroits où il y avait aussi des coquillages de pourpre qui s'en étaient nourris. (Voyez Woodward, p. 296 et 300.)

Les obélisques de Saint-Pierre-de-Rome, de Saint-Jean-de-Latran, de la place Navone, viennent, à ce qu'on prétend, des pyramides d'Égypte; elles sont de granite rouge, lequel est une espèce de roc vif ou de grès fort dur : cette matière, comme je l'ai dit, ne contient point de coquilles, mais les anciens marbres africains et égyptiens, et les porphyres que l'on a tirés, dit-on, du temple de Salomon et des palais des rois d'Égypte, et que l'on a employés à Rome en différents endroits, sont remplis de coquilles. Le porphyre rouge est composé d'un nombre infini de pointes de l'espèce d'oursin que nous appelons châtaigne de mer; elles sont posées assez près les unes des autres et forment tous les petits points blancs qui sont dans ce porphyre : chacun de ces points blancs laisse voir encore dans son milieu un petit point noir, qui est la section du conduit longitudinal de la pointe de l'oursin. Il y a en Bourgogne, dans un lieu appelé Ficin à trois lieues de Dijon, une pierre rouge tout à fait semblable au porphyre par sa composition, et qui n'en diffère que par la dureté, n'ayant que celle du marbre, qui n'est pas à beaucoup près si grande que celle du porphyre; elle est de même entièrement composée de pointes d'oursins, et elle est très-considérable par l'étendue de son lit de carrière et par son épaisseur; on en a fait de très-beaux ouvrages dans cette province, et notamment les gradins du piédestal de la figure équestre de Louis-le-Grand, qu'on a élevée au milieu de la place-royale à Dijon ; cette pierre n'est pas la seule de cette espèce que je connaisse; il y a dans la même province de Bourgogne, près de la ville de Montbard, une carrière considérable de pierre composée comme le porphyre, mais dont la dureté est encore moindre que celle du marbre; ce porphyre tendre est composé comme le porphyre dur, et il contient même une plus grande quantité de pointes d'oursins et beaucoup moins de matière rouge. Voilà donc les mêmes pointes d'oursins que l'on trouve dans le porphyre ancien d'Égypte et dans les nouveaux porphyres de

---

1 Voyez, ci-devant, la note 1 de la page 154.

Bourgogne, qui ne diffèrent des anciens que par le degré de dureté et par le nombre, plus ou moins grand, des pointes d'oursins qu'ils contiennent.

A l'égard de ce que les curieux appellent du porphyre vert, je crois que c'est plutôt un granite qu'un porphyre[1], il n'est pas composé de pointes d'oursins, comme le porphyre rouge, et sa substance me parait semblable à celle du granite commun. En Toscane, dans les pierres dont étaient bâtis les anciens murs de la ville de Volatera, il y a une grande quantité de coquillages, et cette muraille était faite il y a deux mille cinq cents ans. (Voyez *Stenon in Prodromo diss. de solido intra solidum*, pag. 63.) La plupart des marbres antiques, les porphyres et les autres pierres des plus anciens monuments contiennent donc des coquilles, des pointes d'oursins, et d'autres débris des productions marines, comme les marbres que nous tirons aujourd'hui de nos carrières; ainsi on ne peut pas douter, indépendamment même du témoignage sacré de l'Écriture Sainte, qu'avant le déluge la terre n'ait été composée des mêmes matières dont elle l'est aujourd'hui.

Par tout ce que nous venons de dire, on peut être assuré qu'on trouve des coquilles pétrifiées en Europe, en Asie et en Afrique, dans tous les lieux où le hasard a conduit les observateurs; on en trouve aussi en Amérique, au Brésil, dans le Tucuman, dans les terres Magellaniques, et en si grande quantité dans les îles Antilles, que, au-dessous de la terre labourable, le fond, que les habitants appellent la chaux, n'est autre chose qu'un composé de coquilles, de madrépores, d'astroïtes et d'autres productions de la mer. Ces observations, qui sont certaines, m'auraient fait penser qu'il y a de même des coquilles et d'autres productions marines pétrifiées dans la plus grande partie du continent de l'Amérique, et surtout dans les montagnes, comme l'assure Woodward; cependant M. de la Condamine, qui a demeuré pendant plusieurs années au Pérou, m'a assuré qu'il n'en avait pas vu dans les Cordillères, qu'il en avait cherché inutilement, et qu'il ne croyait pas qu'il y en eût. Cette exception serait singulière, et les conséquences qu'on en pourrait tirer le seraient encore plus; mais j'avoue que, malgré le témoignage de ce célèbre observateur, je doute encore à cet égard, et que je suis très-porté à croire qu'il y a dans les montagnes du Pérou, comme partout ailleurs, des coquilles et d'autres pétrifications marines, mais qu'elles ne se sont pas offertes à ses yeux. On sait qu'en matière de témoignages, deux témoins positifs, qui assurent avoir vu, suffisent pour faire preuve complète, tandis que mille et dix mille témoins négatifs, et qui assurent seulement n'avoir pas vu, ne peuvent que faire naitre un doute léger; c'est par cette raison, et parce que la force de l'analogie m'y contraint, que je persiste à croire qu'on trouvera des coquilles sur les montagnes du Pérou, comme on en trouve presque par-

---

1. Voyez mes notes sur les *Minéraux*.

tout ailleurs, surtout si on les cherche sur la croupe de la montagne et non pas au sommet[1].

Les montagnes les plus élevées sont ordinairement composées, au sommet, de roc vif, de granite, de grès et d'autres matières vitrifiables[2], qui ne contiennent que peu ou point de coquilles. Toutes ces matières se sont formées dans les couches du sable de la mer qui recouvraient le dessus de ces montagnes ; lorsque la mer a laissé à découvert ces sommets de montagnes, les sables ont coulé dans les plaines, où ils ont été entraînés par la chute des eaux des pluies, etc., de sorte qu'il n'est demeuré au-dessus des montagnes que les rochers qui s'étaient formés dans l'intérieur de ces couches de sable. A 200, 300 ou 400 toises plus bas que le sommet de ces montagnes, on trouve souvent des matières toutes différentes de celles du sommet, c'est-à-dire, des pierres, des marbres, et d'autres matières calcinables, lesquelles sont disposées par couches parallèles, et contiennent toutes des coquilles et d'autres productions marines ; ainsi il n'est pas étonnant que M. de la Condamine n'ait pas trouvé de coquilles sur ces montagnes, surtout s'il les a cherchées dans les lieux les plus élevés et dans les parties de ces montagnes qui sont composées de roc vif, de grès ou de sable vitrifiable ; mais, au-dessous de ces couches de sable et de ces rochers qui font le sommet, il doit y avoir dans les Cordillères, comme dans toutes les autres montagnes, des couches horizontales de pierres, de marbres, de terres, etc., où il se trouvera des coquilles ; car dans tous les pays du monde, où l'on a fait des observations, on en a toujours trouvé dans ces couches.

Mais supposons un instant que ce fait soit vrai, et qu'en effet il n'y ait aucune production marine dans les montagnes du Pérou, tout ce qu'on en conclura ne sera nullement contraire à notre théorie, et il pourrait bien se faire, absolument parlant, qu'il y ait sur le globe des parties qui n'aient jamais été sous les eaux de la mer, et surtout des parties aussi élevées que le sont les Cordillères, mais, en ce cas, il y aurait de belles observations à faire sur ces montagnes ; car elles ne seraient pas composées de couches parallèles entre elles, comme toutes les autres le sont : les matières seraient aussi fort différentes de celles que nous connaissons, il n'y aurait point de fentes perpendiculaires, la composition des rochers et des pierres ne ressemblerait point du tout à la composition des rochers et des pierres des autres pays, et enfin nous trouverions dans ces montagnes l'ancienne structure de la terre telle qu'elle était originairement et avant que d'être changée et altérée par le mouvement des eaux ; nous verrions dans ces climats le premier état du globe, les matières anciennes dont il était composé, la forme, la liaison et l'arrangement naturel de la terre, etc. ; mais

1. Voyez, ci-devant, la note 2 de la page 39.
2. *Vitrifiables.* Voyez, ci-devant, la note 4 de la page 78, et la note 2 de la page 137.

c'est trop espérer, et sur des fondements trop légers, et je pense qu'il faut nous borner à croire qu'on y trouvera des coquilles, comme on en trouve partout ailleurs.

A l'égard de la manière dont ces coquilles sont disposées et placées dans les couches de terre ou de pierre, voici ce qu'en dit Woodward. « Tous les coquillages qui se trouvent dans une infinité de couches de « terres et de bancs de rochers, sur les plus hautes montagnes et dans « les carrières et les mines les plus profondes, dans les cailloux de cor- « naline, de chalcédoine, etc., et dans les masses de soufre, de marcassites « et d'autres matières minérales et métalliques, sont remplis de la matière « même qui forme les bancs ou les couches, ou les masses qui les renfer- « ment, et jamais d'aucune matière hétérogène. » (Page 206 et ailleurs.) « La pesanteur spécifique des différentes espèces de sables ne diffère que « très-peu, étant généralement, par rapport à l'eau, comme $2\frac{1}{9}$ ou $2\frac{2}{15}$ à 1, « et les coquilles de pétoncle, qui sont à peu près de la même pesanteur, « s'y trouvent ordinairement renfermées en grand nombre, tandis qu'on « a de la peine à y trouver des écailles d'huîtres, dont la pesanteur « spécifique n'est environ que comme $2\frac{1}{3}$ à 1, de hérissons de mer, dont la « pesanteur n'est que comme 2 ou $2\frac{1}{8}$ à 1, ou d'autres espèces de coquilles « plus légères; mais au contraire dans la craie qui est plus légère que la « pierre, n'étant à la pesanteur de l'eau que comme environ $2\frac{1}{10}$ à 1, on « ne trouve que des coquilles de hérissons de mer et d'autres espèces de « coquilles plus légères. » (Voyez p. 17 et 18.)

Il faut observer que ce que dit ici Woodward ne doit pas être regardé comme règle générale, car on trouve des coquilles plus légères et plus pesantes dans les mêmes matières, par exemple, des pétoncles, des huîtres et des oursins dans les mêmes pierres et dans les mêmes terres, et même on peut voir au cabinet du Roi un pétoncle pétrifié en cornaline et des oursins pétrifiés en agate; ainsi la différence de la pesanteur spécifique des coquilles n'a pas influé, autant que le prétend Woodward, sur le lieu de leur position dans les couches de terre; et la vraie raison pourquoi les coquilles d'oursins et d'autres aussi légères se trouvent plus abondamment dans les craies, c'est que la craie n'est qu'un détriment de coquilles, et que celles des oursins étant plus légères, moins épaisses et plus friables que les autres, elles auront été aisément réduites en poussière et en craie, en sorte qu'il ne se trouve des couches de craie que dans les endroits où il y avait ancien- nement sous les eaux de la mer une grande abondance de ces coquilles légères, dont les débris ont formé la craie dans laquelle nous trouvons celles qui, ayant résisté au choc et aux frottements, se sont conservées tout entières, ou du moins en parties assez grandes pour que nous puis- sions les reconnaître.

Nous traiterons ceci plus à fond dans notre discours sur les minéraux;

contentons-nous seulement d'avertir ici qu'il faut encore donner une modification aux expressions de Woodward : il parait dire qu'on trouve des coquilles dans les cailloux, dans les cornalines, dans les chalcédoines, dans les mines, dans les masses de soufre, aussi souvent et en aussi grand nombre que dans les autres matières, au lieu que la vérité est qu'elles sont très-rares dans toutes les matières vitrifiables ou purement inflammables, et qu'au contraire elles sont en prodigieuse abondance dans les craies, dans les marnes, dans les marbres et dans les pierres, en sorte que nous ne prétendons pas dire ici qu'absolument les coquilles les plus légères sont dans les matières légères, et les plus pesantes dans celles qui sont aussi les plus pesantes, mais seulement qu'en général cela se trouve plus souvent ainsi qu'autrement. A la vérité, elles sont toutes également remplies de la substance même qui les environne, aussi bien celles qu'on trouve dans les couches horizontales que celles qu'on trouve en plus petit nombre dans les matières qui occupent les fentes perpendiculaires, parce qu'en effet les unes et les autres[1] ont été également formées par les eaux ; quoique en différents temps et de différentes façons, les couches horizontales de pierre, de marbre, etc., ayant été formées par les grands mouvements des ondes de la mer, et les cailloux, les cornalines, les chalcédoines et toutes les matières qui sont dans les fentes perpendiculaires ayant été produites par le mouvement particulier d'une petite quantité d'eau chargée de différents sucs lapidifiques, métalliques, etc.; et, dans les deux cas, les matières étaient réduites en poudre fine et impalpable qui a rempli l'intérieur des coquilles si pleinement et si absolument, qu'elle n'y a pas laissé le moindre vide, et qu'elle s'en est fait autant de moules, à peu près comme on voit un cachet se mouler sur le tripoli.

Il y a donc, dans les pierres, dans les marbres, etc., une multitude très-grande de coquilles qui sont entières, belles et si peu altérées, qu'on peut aisément les comparer avec les coquilles qu'on conserve dans les cabinets ou qu'on trouve sur les rivages de la mer ; elles ont précisément la même figure et la même grandeur ; elles sont de la même substance et leur tissu est le même ; la matière particulière qui les compose est la même, elle est disposée et arrangée de la même manière, la direction de leurs fibres et des lignes spirales est la même, la composition des petites lames formées par les fibres est la même dans les unes et les autres ; on voit dans le même endroit les vestiges ou insertions des tendons par le moyen desquels l'animal était attaché et joint à sa coquille, on y voit les mêmes tubercules, les mêmes *stries*, les mêmes cannelures ; enfin, tout est semblable, soit au dedans, soit au dehors de la coquille, dans sa cavité ou sur sa convexité, dans sa substance ou sur sa super-

---

1. *Les unes et les autres :* c'est-à-dire, *les couches horizontales* et *les matières qui occupent les fentes perpendiculaires.* Phrase embarrassée.

licie : d'ailleurs ces coquillages fossiles sont sujets aux mêmes accidents ordinaires que les coquillages de la mer; par exemple, ils sont attachés les plus petits aux plus gros, ils ont des conduits vermiculaires, on y trouve des perles et d'autres choses semblables qui ont été produites par l'animal lorsqu'il habitait sa coquille, leur gravité spécifique est exactement la même que celle de leur espèce qu'on trouve actuellement dans la mer, et par la chimie on y trouve les mêmes choses; en un mot, ils ressemblent exactement à ceux de la mer. (Voyez *Woodward*, page 13.)

J'ai souvent observé moi-même avec une espèce d'étonnement, comme je l'ai déjà dit, des montagnes entières, des chaines de rochers, des bancs énormes de carrières tout composés de coquilles et d'autres débris de productions marines qui y sont en si grande quantité, qu'il n'y a pas à beaucoup près autant de volume dans la matière qui les lie.

J'ai vu des champs labourés dans lesquels toutes les pierres étaient des pétoncles pétrifiés, en sorte qu'en fermant les yeux et ramassant au hasard on pouvait parier de ramasser un pétoncle; j'en ai vu d'entièrement converts de cornes d'ammon, d'autres dont toutes les pierres étaient des cœurs-de-bœuf pétrifiés; et plus on examinera la terre, plus on sera convaincu que le nombre de ces pétrifications est infini, et on en conclura qu'il est impossible que tous les animaux qui habitaient ces coquilles aient existé dans le même temps.

J'ai même fait une observation en cherchant ces coquilles, qui peut être de quelque utilité, c'est que dans tous les pays où l'on trouve dans les champs et dans les terres labourables un très-grand nombre de ces coquilles pétrifiées, comme pétoncles, cœurs-de-bœuf, etc., entières, bien conservées, et totalement séparées, on peut être assuré que la pierre de ces pays est *gélisse*. Ces coquilles ne s'en sont séparées en si grand nombre que par l'action de la gelée, qui détruit la pierre et laisse subsister plus longtemps la coquille pétrifiée.

Cette immense quantité de fossiles marins, que l'on trouve en tant d'endroits, prouve qu'ils n'y ont pas été transportés par un déluge; car on observe plusieurs milliers de gros rochers et des carrières dans tous les pays où il y a des marbres et de la pierre à chaux, qui sont toutes remplies de vertèbres d'étoiles de mer, de pointes d'oursins, de coquillages et d'autres débris de productions marines. Or si ces coquilles, qu'on trouve partout, eussent été amenées sur la terre sèche par un déluge ou par une inondation, la plus grande partie serait demeurée sur la surface de la terre, ou du moins elles ne seraient pas enterrées à une grande profondeur, et on ne les trouverait pas dans les marbres les plus solides à sept ou huit cents pieds de profondeur.

Dans toutes les carrières, ces coquilles font partie de la pierre à l'intérieur, et on en voit quelquefois à l'extérieur qui sont recouvertes de stalactites qui, comme l'on sait, ne sont pas des matières aussi anciennes que la pierre qui contient les coquilles : une seconde preuve que cela n'est point arrivé par un déluge, c'est que les os, les cornes, les ergots, les ongles, etc., ne se trouvent que très-rarement, et peut-être point du tout, renfermés dans les marbres et dans les autres pierres dures, tandis que, si c'était l'effet d'un déluge où tout aurait péri, on y devrait trouver les restes des animaux de la terre aussi bien que ceux des mers. (Voyez *Ray's Discourses*, pag. 178 et suiv.)

C'est, comme nous l'avons dit, une supposition bien gratuite, que de prétendre que toute la terre a été dissoute dans l'eau au temps du déluge ; et on ne peut donner quelque fondement à cette idée, qu'en supposant un second miracle qui aurait donné à l'eau la propriété d'un dissolvant universel, miracle dont il n'est fait aucune mention dans l'Écriture Sainte ; d'ailleurs, ce qui anéantit la supposition et la rend même contradictoire, c'est que toutes les matières, ayant été dissoutes dans l'eau, les coquilles ne l'ont pas été, puisque nous les trouvons entières et bien conservées dans toutes les masses qu'on prétend avoir été dissoutes ; cela prouve évidemment qu'il n'y a jamais eu de telle dissolution, et que l'arrangement des couches horizontales et parallèles ne s'est pas fait en un instant, mais par les sédiments qui se sont amoncelés peu à peu, et qui ont enfin produit des hauteurs considérables par la succession des temps ; car il est évident, pour tous les gens qui se donneront la peine d'observer, que l'arrangement de toutes les matières qui composent le globe est l'ouvrage des eaux ; il n'est donc question que de savoir si cet arrangement a été fait dans le même temps : or nous avons prouvé qu'il n'a pas pu se faire dans le même temps, puisque les matières ne gardent pas l'ordre de la pesanteur spécifique et qu'il n'y a pas eu de dissolution générale de toutes les matières ; donc cet arrangement a été produit par les eaux ou plutôt par les sédiments qu'elles ont déposés dans la succession des temps ; toute autre révolution, tout autre mouvement, toute autre cause aurait produit un arrangement très-différent ; d'ailleurs, un accident particulier, une révolution ou un bouleversement, n'aurait pas produit un pareil effet dans le globe tout entier, et, si l'arrangement des terres et des couches avait pour cause des révolutions particulières et accidentelles, on trouverait les pierres et les terres disposées différemment en différents pays, au lieu qu'on les trouve partout disposées de même par couches parallèles, horizontales, ou également inclinées.

Voici ce que dit à ce sujet l'historien de l'Académie (année 1718, page 3 et suiv.) :

« Des vestiges, très-anciens et en très-grand nombre, d'inondations qui « ont dû être très-étendues [a], et la manière dont on est obligé de concevoir

a. Voyez les *Mémoires*, p. 267.

« que les montagnes se sont formées ″, prouvent assez qu'il est arrivé autre-
« fois à la surface de la terre de grandes révolutions. Autant qu'on en a
« pu creuser, on n'a presque vu que des ruines, des débris, de vastes
« décombres entassés pêle-mêle, et qui par une longue suite de siècles se
« sont incorporés ensemble et unis en une seule masse, le plus qu'il a été
« possible. S'il y a dans le globe de la terre quelque espèce d'organisation
« régulière, elle est plus profonde et par conséquent nous sera toujours
« inconnue, et toutes nos recherches se termineront à fouiller dans les
« ruines de la croûte extérieure. Elles donneront encore assez d'occupation
« aux philosophes.

« M. de Jussieu [1] a trouvé aux environs de Saint-Chaumont dans le Lyon-
« nais une grande quantité de pierres écailleuses ou feuilletées, dont pres-
« que tous les feuillets portaient sur leur superficie l'empreinte, ou d'un
« bout de tige, ou d'une feuille, ou d'un fragment de feuille de quelque
« plante. Les représentations de feuilles étaient toujours exactement éten-
« dues, comme si on avait collé les feuilles sur les pierres avec la main,
« ce qui prouve qu'elles avaient été apportées par de l'eau qui les avait
« tenues en cet état ; elles étaient en différentes situations, et quelquefois
« deux ou trois se croisaient.

« On imagine bien qu'une feuille déposée par l'eau sur une vase molle,
« et couverte ensuite d'une autre vase pareille, imprime sur l'une l'image
« de l'une de ses deux surfaces et sur l'autre l'image de l'autre surface, de
« sorte que ces deux lames de vase, étant durcies et pétrifiées, elles porteront
« chacune l'empreinte d'une face différente. Mais ce qu'on aurait cru devoir
« être n'est pas. Les deux lames ont l'empreinte de la même face de la feuille,
« l'une en relief, l'autre en creux. M. de Jussieu a observé dans toutes
« ces pierres figurées de Saint-Chaumont ce phénomène qui est assez bizarre.
« Nous lui en laissons l'explication pour passer à ce que ces sortes d'obser-
« vations ont de plus général et de plus intéressant.

« Toutes les plantes, gravées dans les pierres de Saint-Chaumont, sont
« des plantes étrangères. Non-seulement elles ne se retrouvent ni dans le
« Lyonnais ni dans le reste de la France, mais elles ne sont que dans les
« Indes orientales et dans les climats chauds de l'Amérique. Ce sont la plu-
« part des plantes capillaires, et souvent en particulier des fougères. Leur
« tissu dur et serré les a rendues plus propres à se graver et à se conserver
« dans les moules autant de temps qu'il a fallu. Quelques feuilles de plantes
« des Indes, imprimées dans des pierres d'Allemagne, ont paru étonnantes
« à feu M. Leibnitz [b] ; voici la merveille infiniment multipliée. Il semble
« même qu'il y ait à cela une certaine affectation de la nature : dans toutes

a. Voyez l'Hist. de 1703, p. 22, de 1706, p. 9, de 1708, p. 34, et de 1716, p. 8, etc.
b. Voyez l'Histoire de 1706, p. 9 et suiv.

1. Antoine de Jussieu, frère aîné du grand botaniste Bernard de Jussieu.

« les pierres de Saint-Chaumont on ne trouve pas une seule plante du pays.

« Il est certain, par les coquillages des carrières et des montagnes, que
« ce pays, ainsi que beaucoup d'autres, a dû autrefois être couvert par
« l'eau de la mer ; mais comment la mer d'Amérique ou celle des Indes
« orientales y est-elle venue?

« On peut, pour satisfaire à plusieurs phénomènes, supposer avec assez
« de vraisemblance que la mer a couvert tout le globe de la terre; mais
« alors il n'y avait point de plantes terrestres, et ce n'est qu'après ce temps-
« là, et lorsque une partie du globe a été découverte, qu'il s'est pu faire
« les grandes inondations qui ont transporté des plantes d'un pays dans
« d'autres fort éloignés.

« M. de Jussieu croit que, comme le lit de la mer hausse toujours par
« les terres, le limon, les sables que les rivières y charrient incessamment,
« des mers, renfermées d'abord entre certaines digues naturelles, sont venues
« à les surmonter et se sont répandues au loin. Que les digues aient elles-
« mêmes été minées par les eaux et s'y soient renversées, ce sera encore
« le même effet, pourvu qu'on les suppose d'une grandeur énorme. Dans
« les premiers temps de la formation de la terre, rien n'avait encore pris
« une forme réglée et arrêtée; il a pu se faire alors des révolutions prodi-
« gieuses et subites dont nous ne voyons plus d'exemples, parce que tout
« est venu à peu près à un état de consistance, qui n'est pourtant pas tel
« que les changements lents et peu considérables qui arrivent ne nous don-
« nent lieu d'en imaginer comme possibles d'autres de même espèce, mais
« plus grands et plus prompts.

« Par quelqu'une de ces grandes révolutions, la mer des Indes, soit orien-
« tales, soit occidentales, aura été poussée jusqu'en Europe, et y aura
« apporté des plantes étrangères flottantes sur ses eaux. Elle les avait
« arrachées en chemin, et les allait déposer doucement dans les lieux où
« l'eau n'était qu'en petite quantité et pouvait s'évaporer. »

ARTICLE IX.

SUR LES INÉGALITÉS DE LA SURFACE DE LA TERRE.

Les inégalités qui sont à la surface de la terre, qu'on pourrait regarder
comme une imperfection à la figure du globe, sont en même temps une
disposition favorable et qui était nécessaire pour conserver la végétation et
la vie sur le globe terrestre : il ne faut, pour s'en assurer, que se prêter
un instant à concevoir ce que serait la terre si elle était égale et régulière
à sa surface ; on verra qu'au lieu de ces collines agréables d'où coulent des

eaux pures qui entretiennent la verdure de la terre, au lieu de ces campagnes riches et fleuries où les plantes et les animaux trouvent aisément leur subsistance, une triste mer couvrirait le globe entier, et qu'il ne resterait à la terre, de tous ses attributs, que celui d'être une planète obscure, abandonnée, et destinée tout au plus à l'habitation des poissons.

Mais indépendamment de la nécessité morale, laquelle ne doit que rarement faire preuve en philosophie, il y a une nécessité physique pour que la terre soit irrégulière à sa surface, et cela, parce qu'en la supposant même parfaitement régulière dans son origine, le mouvement des eaux, les feux souterrains, les vents et les autres causes extérieures auraient nécessairement produit à la longue des irrégularités semblables à celles que nous voyons.

Les plus grandes inégalités sont les profondeurs de l'océan, comparées à l'élévation des montagnes : cette profondeur de l'océan est fort différente, même à de grandes distances des terres ; on prétend qu'il y a des endroits qui ont jusqu'à une lieue de profondeur [1], mais cela est rare, et les profondeurs les plus ordinaires sont depuis 60 jusqu'à 150 brasses. Les golfes et les parages voisins des côtes sont bien moins profonds, et les détroits sont ordinairement les endroits de la mer où l'eau a le moins de profondeur.

Pour sonder les profondeurs de la mer, on se sert ordinairement d'un morceau de plomb de 30 ou 40 livres qu'on attache à une petite corde ; cette manière est fort bonne pour les profondeurs ordinaires, mais lorsqu'on veut sonder de grandes profondeurs on peut tomber dans l'erreur et ne pas trouver de fond où cependant il y en a, parce que la corde, étant spécifiquement moins pesante que l'eau, il arrive, après qu'on en a beaucoup dévidé, que le volume de la sonde et celui de la corde ne pèsent plus qu'autant ou moins qu'un pareil volume d'eau ; dès lors la sonde ne descend plus, et elle s'éloigne en ligne oblique en se tenant toujours à la même hauteur ; ainsi pour sonder de grandes profondeurs, il faudrait une chaîne de fer ou d'autre matière plus pesante que l'eau : il est assez probable que c'est faute d'avoir fait cette attention, que les navigateurs nous disent que la mer n'a pas de fond dans une si grande quantité d'endroits.

En général les profondeurs dans les hautes mers augmentent ou diminuent d'une manière assez uniforme, et ordinairement plus on s'éloigne des côtes, plus la profondeur est grande ; cependant cela n'est pas sans exception, et il y a des endroits au milieu de la mer où l'on trouve des écueils, comme aux Abrolhos dans la mer Atlantique, d'autres où il y a des bancs d'une étendue très-considérable, comme le grand banc, le

1. « La profondeur de la mer et celle de l'océan aérien nous sont également inconnues. Dans « les mers des tropiques, on a sondé jusqu'à 8,220 mètres, environ deux lieues de poste, sans « atteindre le fond. » (M. de Humboldt : *Cosmos*, t. I, p. 355.)

banc appelé *le Borneur* dans notre océan, les bancs et les bas-fonds de l'océan indien, etc.

De même le long des côtes les profondeurs sont fort inégales ; cependant on peut donner comme une règle certaine, que la profondeur de la mer à la côte est toujours proportionnée à la hauteur de cette même côte ; en sorte que, si la côte est fort élevée, la profondeur sera fort grande, et au contraire, si la plage est basse et le terrain plat, la profondeur est fort petite, comme, dans les fleuves, où les rivages élevés annoncent toujours beaucoup de profondeur, et où les grèves et les bords de niveau montrent ordinairement un gué, ou du moins une profondeur médiocre.

Il est encore plus aisé de mesurer la hauteur des montagnes que de sonder les profondeurs des mers, soit au moyen de la géométrie pratique, soit par le baromètre ; cet instrument peut donner la hauteur d'une montagne fort exactement, surtout dans les pays où sa variation n'est pas considérable, comme au Pérou et sous les autres climats de l'équateur : on a mesuré par l'un ou l'autre de ces moyens la hauteur de la plupart des éminences qui sont à la surface du globe ; par exemple, on a trouvé que les plus hautes montagnes de Suisse sont élevées d'environ seize cents toises au-dessus du niveau de la mer plus que le Canigou, qui est une des plus hautes des Pyrénées. (Voyez l'*Hist. de l'Acad.*, 1708, page 24.) Il parait que ce sont les plus hautes de toute l'Europe, puisqu'il en sort une grande quantité de fleuves qui portent leurs eaux dans différentes mers fort éloignées, comme le Pô qui se rend dans la mer Adriatique, le Rhin qui se perd dans les sables en Hollande, le Rhône qui tombe dans la Méditerranée, et le Danube, qui va jusqu'à la mer Noire. Ces quatre fleuves, dont les embouchures sont si éloignées les unes des autres, tirent tous une partie de leurs eaux du mont Saint-Gothard et des montagnes voisines, ce qui prouve que ce point est le plus élevé de l'Europe.

Les plus hautes montagnes de l'Asie sont le mont Taurus, le mont Imaüs, le Caucase et les montagnes du Japon : toutes ces montagnes sont plus élevées que celles de l'Europe ; celles d'Afrique, le grand Atlas et les monts de la Lune, sont au moins aussi hautes que celles de l'Asie, et les plus élevées de toutes sont celles de l'Amérique méridionale, surtout celles du Pérou, qui ont jusqu'à 3000 toises de hauteur au-dessus du niveau de la mer [1]. En général les montagnes entre les tropiques sont plus élevées que

1. Voici les hauteurs de quelques-unes des principales montagnes du globe :

EUROPE.	mètres.	ASIE.	mètres
Mont-Blanc (Alpes)	4,810	Pics les plus élevés de l'Himalaya (Thibet) :	
Mont-Rose (*Idem*)	4,636	Kunchinginga, partie *ouest* (Sikim)	8,588
Fisterahorn (Suisse)	4,362	*Idem* pic *est* (Sikim)	8,481
Jung-Frau (*Idem*)	4,180	Dhawalagiri (Népaul)	8,187
Ortler (Tyrol)	3,908	Juwahir (Kumaôon)	7,824
Etc.		Etc.	

celles des zones tempérées, et celles-ci plus que celles des zones froides, de sorte que plus on approche de l'équateur, et plus les inégalités de la surface de la terre sont grandes; ces inégalités, quoique fort considérables par rapport à nous, ne sont rien quand on les considère par rapport au globe terrestre. Trois mille toises de différence sur trois mille lieues de diamètre, c'est une toise sur une lieue, ou un pied sur deux mille deux cents pieds, ce qui, sur un globe de deux pieds et demi de diamètre, ne fait pas la sixième partie d'une ligne; ainsi la terre, dont la surface nous paraît traversée et coupée par la hauteur énorme des montagnes et par la profondeur affreuse des mers, n'est cependant, relativement à son volume, que très-légèrement sillonnée d'inégalités si peu sensibles, qu'elles ne peuvent causer aucune différence à la figure du globe[1].

Dans les continents, les montagnes sont continues et forment des chaînes; dans les îles, elles paraissent être plus interrompues et plus isolées, et elles s'élèvent ordinairement au-dessus de la mer en forme de cône ou de pyramide, et on les appelle des pics : le pic de Ténériffe dans l'île de Fer est une des plus hautes montagnes de la terre, elle a près d'une lieue et demie de hauteur perpendiculaire au-dessus du niveau de la mer; le pic de Saint-George dans l'une des Açores, le pic d'Adam dans l'île de Ceylan sont aussi fort élevés. Tous ces pics sont composés de rochers entassés les uns sur les autres, et ils vomissent, à leur sommet, du feu, des cendres, du bitume, des minéraux et des pierres; il y a même des îles qui ne sont précisément que des pointes de montagnes, comme l'île Sainte-Hélène, l'île de l'Ascension, la plupart des Canaries et des Açores, et il faut remarquer que dans la plupart des îles, des promontoires et des autres terres avancées dans la mer, la partie du milieu est toujours la plus élevée, et qu'elles sont ordinairement séparées en deux par des chaînes de montagnes qui les partagent dans leur plus grande longueur, comme en Écosse le mont Grans-Bain qui s'étend d'orient en occident et partage l'île de la Grande-Bretagne en deux parties; il en est de même des îles de Sumatra, de Luçon, de Bornéo, de Célèbes, de Cuba et de Saint-Domingue, et aussi de l'Italie qui est traversée dans toute sa longueur par l'Apennin, de la presqu'île de Corée, de celle de Malaye, etc.

Les montagnes, comme l'on voit, diffèrent beaucoup en hauteur : les collines sont les plus basses de toutes, ensuite viennent les montagnes

AFRIQUE.	mètres.	AMÉRIQUE.	mètres.
Pic de Ténériffe	3,710	Nevado de Sorata	6,488
Montagne d'Ambotisméne (Madagascar)	3,507	Nevado de Illimani	6,456
		Chimborazo (Pérou)	6,530
Montagne du Pic (Açores)	2,412	Cayambé (Idem)	5,954
Etc.		Etc.	

(Voyez l'*Ann. du Bur. des Longit.*, année 1851.)

1. Voyez, ci-devant, la note 1 de la page 84.

médiocrement élevées qui sont suivies d'un troisième rang de montagnes encore plus hautes, lesquelles, comme les précédentes, sont ordinairement chargées d'arbres et de plantes, mais qui, ni les unes ni les autres, ne fournissent aucune source, excepté au bas; enfin les plus hautes de toutes les montagnes sont celles sur lesquelles on ne trouve que du sable, des pierres, des cailloux et des rochers dont les pointes s'élèvent souvent jusqu'au-dessus des nues; c'est précisément au pied de ces rochers qu'il y a de petits espaces, de petites plaines, des enfoncements, des espèces de vallons où l'eau de la pluie, la neige et la glace s'arrêtent, et où elles forment des étangs, des marais, des fontaines d'où les fleuves tirent leur origine. (Voyez *Lett. phil. sur la form. des sels,* etc., page 198.)

La forme des montagnes est aussi fort différente : les unes forment des chaînes dont la hauteur est assez égale dans une très-longue étendue de terrain, d'autres sont coupées par des vallons très-profonds; les unes ont des contours assez réguliers, d'autres paraissent au premier coup d'œil irrégulières, autant qu'il est possible de l'être; quelquefois on trouve au milieu d'un vallon ou d'une plaine un monticule isolé; et, de même qu'il y a des montagnes de différentes espèces, il y a aussi de deux sortes de plaines, les unes en pays bas, les autres en montagnes : les premières sont ordinairement partagées par le cours de quelque grosse rivière, les autres, quoique d'une étendue considérable, sont sèches, et n'ont tout au plus que quelque petit ruisseau. Ces plaines en montagnes sont souvent fort élevées, et toujours de difficile accès, elles forment des pays au-dessus des autres pays, comme en Auvergne, en Savoie et dans plusieurs autres pays élevés; le terrain en est ferme et produit beaucoup d'herbes et de plantes odoriférantes, ce qui rend ces dessus de montagnes les meilleurs pâturages du monde.

Le sommet des hautes montagnes est composé de rochers plus ou moins élevés, qui ressemblent, surtout vus de loin, aux ondes de la mer. (Voyez *Lett. phil. sur la form. des sels,* page 196.) Ce n'est pas sur cette observation seule que l'on pourrait assurer, comme nous l'avons fait, que les montagnes ont été formées par les ondes de la mer, et je ne la rapporte que parce qu'elle s'accorde avec toutes les autres; ce qui prouve évidemment que la mer a couvert[1] et formé les montagnes[2], ce sont les coquilles et les autres productions marines qu'on trouve partout en si grande quantité, qu'il n'est pas possible qu'elles aient été transportées de la mer actuelle dans des continents aussi éloignés et à des profondeurs aussi considérables : ce qui le prouve, ce sont les couches horizontales et

---

1. La mer a *couvert* les montagnes avant qu'elles fussent *redressées, soulevées,* avant qu'elles fussent *montagnes.* (Voyez, ci-devant, la note 2 de la page 39.)

2. Voyez, ci-devant, la note de la page 44.

parallèles qu'on trouve partout [1] et qui ne peuvent avoir été formées que
par les eaux, c'est la composition des matières, même les plus dures, comme
de la pierre et du marbre, à laquelle on reconnaît clairement que les
matières étaient réduites en poussière avant la formation de ces pierres et
de ces marbres, et qu'elles se sont précipitées au fond de l'eau en forme
de sédiment; c'est encore l'exactitude avec laquelle les coquilles sont
moulées dans ces matières, c'est l'intérieur de ces mêmes coquilles, qui
est absolument rempli des matières dans lesquelles elles sont renfermées;
et enfin ce qui le démontre incontestablement, ce sont les angles correspondants des montagnes et des collines qu'aucune autre cause que les
courants de la mer n'aurait pu former, c'est l'égalité de la hauteur des
collines opposées et les lits des différentes matières qu'on y trouve à la
même hauteur, c'est la direction des montagnes, dont les chaînes s'étendent
en longueur dans le même sens, comme l'on voit s'étendre les ondes de
la mer.

A l'égard des profondeurs qui sont à la surface de la terre, les plus
grandes sont, sans contredit, les profondeurs de la mer, mais comme elles
ne se présentent point à l'œil, et qu'on n'en peut juger que par la sonde,
nous n'entendons parler ici que des profondeurs de terre ferme, telles que
les profondes vallées que l'on voit entre les montagnes, les précipices
qu'on trouve entre les rochers, les abîmes qu'on aperçoit du haut des
montagnes, comme l'abîme du mont Ararath, les précipices des Alpes,
les vallées des Pyrénées : ces profondeurs sont une suite naturelle de l'élévation des montagnes, elles reçoivent les eaux et les terres qui coulent
de la montagne, le terrain en est ordinairement très-fertile et fort habité.
Pour les précipices qui sont entre les rochers, ils se forment par l'affaissement des rochers, dont la base cède quelquefois plus d'un côté que de
l'autre, par l'action de l'air et de la gelée qui les fait fendre et les sépare,
et par la chute impétueuse des torrents qui s'ouvrent des routes et entraînent tout ce qui s'oppose à leur violence; mais ces abîmes, c'est-à-dire ces
énormes et vastes précipices qu'on trouve au sommet des montagnes, et
au fond desquels il n'est quelquefois pas possible de descendre, quoiqu'ils
aient une demi-lieue ou une lieue de tour, ont été formés par le feu; ces
abîmes étaient autrefois les foyers des volcans, et toute la matière qui y
manque en a été rejetée par l'action et l'explosion de ces feux, qui depuis
se sont éteints faute de matière combustible. L'abîme du mont Ararath,
dont M. de Tournefort donne la description dans son *Voyage du Levant*,
est environné de rochers noirs et brûlés, comme seront quelque jour les
abîmes de l'Etna, du Vésuve et de tous les autres volcans, lorsqu'ils auront
consumé toutes les matières combustibles qu'ils renferment.

1. Voyez, ci-devant, la note 4 de la page 41.

Dans l'histoire naturelle de la province de Stafford en Angleterre, par Plot, il est parlé d'une espèce de gouffre qu'on a sondé jusqu'à la profondeur de deux mille six cents pieds perpendiculaires, sans qu'on y ait trouvé d'eau ; on n'a pu même en trouver le fond, parce que la corde n'était pas assez longue. (Voyez le *Journal des Savants*, année 1680, page 12.)

Les grandes cavités et les mines profondes sont ordinairement dans les montagnes, et elles ne descendent jamais, à beaucoup près, au niveau des plaines ; ainsi nous ne connaissons par ces cavités que l'intérieur de la montagne et point du tout celui du globe.

D'ailleurs, ces profondeurs ne sont pas en effet fort considérables ; Ray assure que les mines les plus profondes n'ont pas un demi-mille de profondeur. La mine de Cotteberg, qui du temps d'Agricola passait pour la plus profonde de toutes les mines connues, n'avait que 2,500 pieds de profondeur perpendiculaire[1]. Il est vrai qu'il y a des trous dans certains endroits, comme celui dont nous venons de parler dans la province de Stafford, ou le Poolshole dans la province de Darby en Angleterre, dont la profondeur est peut-être plus grande ; mais tout cela n'est rien en comparaison de l'épaisseur du globe.

Si les rois d'Égypte, au lieu d'avoir fait des pyramides et élevé d'aussi fastueux monuments de leurs richesses et de leur vanité, eussent fait la même dépense pour sonder la terre et y faire une profonde excavation, comme d'une lieue de profondeur, on aurait peut-être trouvé des matières qui auraient dédommagé de la peine et de la dépense, ou tout au moins on aurait des connaissances qu'on n'a pas sur les matières dont le globe est composé à l'intérieur, ce qui serait peut-être fort utile.

Mais revenons aux montagnes : les plus élevées sont dans les pays méridionaux, et plus on approche de l'équateur, plus on trouve d'inégalités sur la surface du globe ; ceci est aisé à prouver par une courte énumération des montagnes et des îles.

En Amérique, la chaîne des Cordillères[2], les plus hautes montagnes de la terre, est précisément sous l'équateur, et elle s'étend des deux côtés bien loin au delà des cercles qui renferment la zone torride.

En Afrique, les hautes montagnes de la Lune et du Monomotapa, le grand et le petit Atlas, sont sous l'équateur ou n'en sont pas éloignés.

En Asie, le mont Caucase, dont la chaîne s'étend sous différents noms jusqu'aux montagnes de la Chine, est dans toute cette étendue plus voisin de l'équateur que des pôles.

En Europe, les Pyrénées, les Alpes et les montagnes de la Grèce, qui

---

1. « Un puits de mine, actuellement abandonné, à Kuttenberg, en Bohème, était arrivé à « l'énorme profondeur de 1,151 mètres. » (M. de Humboldt : *Cosmos*, t. I, 488.)

2. Voyez, ci-devant, la note de la page 165.

ne sont que la même chaîne, sont encore moins éloignées de l'équateur que des pôles.

Or ces montagnes, dont nous venons de faire l'énumération, sont toutes plus élevées, plus considérables et plus étendues en longueur et en largeur que les montagnes des pays septentrionaux.

A l'égard de la direction de ces chaînes de montagnes, on verra que les Alpes, prises dans toute leur étendue, forment une chaîne qui traverse le continent entier depuis l'Espagne jusqu'à la Chine; ces montagnes commencent aux bords de la mer en Galice, arrivent aux Pyrénées, traversent la France par le Vivarais et l'Auvergne, séparent l'Italie, s'étendent en Allemagne et au-dessus de la Dalmatie jusqu'en Macédoine, et de là se joignent avec les montagnes d'Arménie, le Caucase, le Taurus, l'Imaüs, et s'étendent jusqu'à la mer de Tartarie : de même le mont Atlas traverse le continent entier de l'Afrique d'occident en orient depuis le royaume de Fez jusqu'au détroit de la mer Rouge; les monts de la Lune ont aussi la même direction.

Mais, en Amérique, la direction est toute contraire, et les chaînes des Cordillères et des autres montagnes s'étendent du nord au sud plus que d'orient en occident.

Ce que nous observons ici, sur les plus grandes éminences du globe, peut s'observer aussi sur les plus grandes profondeurs de la mer. Les plus vastes et les plus hautes mers sont plus voisines de l'équateur que des pôles, et il résulte de cette observation que les plus grandes inégalités du globe se trouvent dans les climats méridionaux. Ces irrégularités, qui se trouvent à la surface du globe, sont la cause d'une infinité d'effets ordinaires et extraordinaires; par exemple, entre les rivières de l'Inde et du Gange, il y a une large chersonèse qui est divisée dans son milieu par une chaîne de hautes montagnes que l'on appelle *le Gate,* qui s'étend du nord au sud depuis les extrémités du mont Caucase jusqu'au cap de Comorin; de l'un des côtés est Malabar, et de l'autre Coromandel; du côté de Malabar, entre cette chaîne de montagnes et la mer, la saison de l'été est depuis le mois de septembre jusqu'au mois d'avril, et, pendant tout ce temps, le ciel est serein et sans aucune pluie; de l'autre côté de la montagne, sur la côte de Coromandel, cette même saison est leur hiver, et il y pleut tous les jours en abondance; et du mois d'avril au mois de septembre c'est la saison de l'été, tandis que c'est celle de l'hiver en Malabar; en sorte qu'en plusieurs endroits, qui ne sont guère éloignés que de vingt lieues de chemin, on peut, en croisant la montagne, changer de saison. On dit que la même chose se trouve au cap Razalgat en Arabie, et de même à la Jamaïque, qui est séparée dans son milieu par une chaîne de montagnes dont la direction est de l'est à l'ouest, et que les plantations qui sont au midi de ces montagnes éprouvent la chaleur de l'été, tandis que celles qui sont au nord souffrent la rigueur de l'hiver dans ce même temps. Le Pérou, qui est situé sous la ligne et qui s'étend à environ mille lieues vers le midi, est divisé en trois parties longues et étroites que les habitants du Pérou appellent *Lanos*, *Sierras* et *Andes;* les lanos, qui sont les plaines, s'étendent tout le long de la côte de la mer du Sud; les sierras sont des collines avec quelques vallées, et les andes sont ces fameuses Cordillères, les plus hautes montagnes que l'on connaisse; les lanos ont dix lieues plus ou moins de largeur; dans plusieurs endroits, les sierras ont vingt lieues de largeur et les andes autant, quelquefois plus, quelquefois moins; la largeur est de l'est à l'ouest, et la longueur, du nord au sud. Cette partie du monde[1] a ceci de remarquable : 1° dans les lanos, le long de toute cette côte le vent de sud-ouest souffle constamment, ce qui est contraire à ce qui arrive ordinairement dans la zone torride; 2° il ne pleut ni ne tonne jamais dans les lanos, quoiqu'il y tombe quelquefois un peu de rosée; 3° il pleut presque continuellement sur les andes; 4° dans les sierras, qui sont entre les lanos et les andes, il pleut depuis le mois de septembre jusqu'au mois d'avril.

On s'est aperçu, depuis longtemps, que les chaînes des plus hautes montagnes allaient d'occident en orient; ensuite, après la découverte du Nouveau-Monde, on a vu qu'il y en avait de fort considérables qui tournaient du nord au sud; mais personne n'avait découvert, avant M. Bourguet, la surprenante régularité de la structure de ces grandes masses : il a trouvé, après avoir passé trente fois les Alpes en quatorze endroits différents, deux fois l'Apennin, et fait plusieurs tours dans les environs de ces montagnes et dans le mont Jura, que toutes les montagnes sont formées dans leurs contours à peu près comme les ouvrages de fortification. Lorsque le corps d'une montagne va d'occident en orient, elle forme des avances qui regardent, autant qu'il est possible, le nord et le midi : cette régularité admirable est si sensible dans les vallons, qu'il semble qu'on y marche dans un chemin couvert fort régulier; car si, par exemple, on voyage dans un vallon du nord au sud, on remarque que la montagne qui est à droite forme des avances, ou des angles qui regardent l'orient, et ceux de la montagne du côté gauche regardent l'occident, de sorte que néanmoins les angles saillants de chaque côté répondent réciproquement aux angles rentrants qui leur sont toujours alternativement opposés. Les angles, que les montagnes forment dans les grandes vallées, sont moins aigus, parce que la pente est moins raide et qu'ils sont plus éloignés les uns des autres; et, dans les plaines, ils ne sont sensibles que dans le cours des rivières, qui en occupent ordinairement le milieu; leurs coudes naturels répondent aux avances les plus marquées, ou aux angles les plus avancés des montagnes auxquelles le terrain, où les rivières coulent, va aboutir. Il est étonnant

---

1. Voyez, sur la température, sur la *nature*, et, si je puis ainsi dire, sur la *physionomie* de cette *partie du monde*, M. de Humboldt : *Tableaux de la Nature*, t. I. (Traduction de M. Galuski.)

qu'on n'ait pas aperçu une chose si visible; et lorsque, dans une vallée, la pente de l'une des montagnes qui la bordent, est moins rapide que celle de l'autre, la rivière prend son cours beaucoup plus près de la montagne la plus rapide, et elle ne coule pas dans le milieu. (Voyez *Lett. phil. sur la form. des sels*, p. 181 et 200.)

On peut joindre à ces observations d'autres observations particulières qui les confirment; par exemple, les montagnes de Suisse sont bien plus rapides, et leur pente est bien plus grande du côté du midi que du côté du nord, et plus grande du côté du couchant que du côté du levant; on peut le voir dans la montagne Gemmi, dans le mont Brisé, et dans presque toutes les autres montagnes. Les plus hautes de ce pays sont celles qui séparent la Vallésie et les Grisons de la Savoie, du Piémont et du Tyrol; ces pays sont eux-mêmes une continuation de ces montagnes, dont la chaîne s'étend jusqu'à la Méditerranée et continue même assez loin sous les eaux de cette mer; les montagnes des Pyrénées ne sont aussi qu'une continuation de cette vaste montagne qui commence dans la Vallésie supérieure, et dont les branches s'étendent fort loin au couchant et au midi, en se soutenant toujours à une grande hauteur, tandis qu'au contraire du côté du nord et de l'est ces montagnes s'abaissent par degrés jusqu'à devenir des plaines, comme on le voit par les vastes pays que le Rhin, par exemple, et le Danube arrosent avant que d'arriver à leurs embouchures, au lieu que le Rhône descend avec rapidité vers le midi dans la mer Méditerranée. La même observation, sur le penchant plus rapide des montagnes du côté du midi et du couchant que du côté du nord ou du levant, se trouve vraie dans les montagnes d'Angleterre et dans celles de Norvége; mais la partie du monde où cela se voit le plus évidemment, c'est au Pérou et au Chili; la longue chaîne des Cordillères est coupée très-rapidement du côté du couchant, le long de la mer Pacifique, au lieu que du côté du levant elle s'abaisse par degrés dans de vastes plaines arrosées par les plus grandes rivières du monde. (Voyez *Transact. philosoph. Abr.* vol. VI, part. II, p. 158.)

M. Bourguet, à qui on doit cette belle observation de la correspondance des angles des montagnes, l'appelle, avec raison, la clef de la théorie de la terre; cependant il me paraît que, s'il en eût senti toute l'importance, il l'aurait employée plus heureusement en la liant avec des faits convenables, et qu'il aurait donné une théorie de la terre plus vraisemblable, au lieu que dans son mémoire, dont on a vu l'exposé, il ne présente que le projet d'un système hypothétique dont la plupart des conséquences sont fausses ou précaires. La théorie, que nous avons donnée, roule sur quatre faits principaux, desquels on ne peut pas douter après avoir examiné les preuves qui les constatent : le premier est, que la terre est partout, et jusqu'à des profondeurs considérables, composée de couches parallèles et de

matières qui ont été autrefois dans un état de mollesse ; le second, que la
mer a couvert pendant quelque temps la terre que nous habitons ; le troisième, que les marées et les autres mouvements des eaux produisent des
inégalités dans le fond de la mer ; et le quatrième, que ce sont les courants de la mer qui ont donné aux montagnes la forme de leurs contours,
et la direction correspondante dont il est question.

On jugera, après avoir lu les preuves que contiennent les articles suivants, si j'ai eu tort d'assurer que ces faits, solidement établis, établissent
aussi la vraie théorie de la terre. Ce que j'ai dit dans le texte, au sujet de
la formation des montagnes, n'a pas besoin d'une plus ample explication ;
mais, comme on pourrait m'objecter que je ne rends pas raison de la formation des pics ou pointes de montagnes, non plus que de quelques autres
faits particuliers, j'ai cru devoir ajouter ici les observations et les réflexions
que j'ai faites sur ce sujet.

J'ai tâché de me faire une idée nette et générale de la manière dont sont
arrangées les différentes matières qui composent le globe, et il m'a paru
qu'on pouvait les considérer d'une manière différente de celle dont on les
a vues jusqu'ici ; j'en fais deux classes générales [1] auxquelles je les réduis
toutes : la première est celle des matières que nous trouvons posées par
couches, par lits, par bancs horizontaux ou régulièrement inclinés ; et la
seconde comprend toutes les matières qu'on trouve par amas, par filons,
par veines perpendiculaires et irrégulièrement inclinées. Dans la première
classe sont compris les sables, les argiles, les granites ou le roc vif, les
cailloux et les grès en grande masse, les charbons de terre, les ardoises,
les schistes, etc., et aussi les marnes, les craies, les pierres calcinables, les
marbres, etc. Dans la seconde, je mets les métaux, les minéraux, les
cristaux, les pierres fines, et les cailloux en petites masses ; ces deux classes
comprennent généralement toutes les matières que nous connaissons : les
premières doivent leur origine aux sédiments transportés et déposés par
les eaux de la mer, et on doit distinguer celles qui, étant mises à l'épreuve
du feu, se calcinent et se réduisent en chaux, de celles qui se fondent et
se réduisent en verre ; pour les secondes, elles se réduisent toutes en verre,
à l'exception de celles que le feu consume entièrement par l'inflammation.

Dans la première classe nous distinguerons d'abord deux espèces de
sable : l'une que je regarde comme la matière la plus abondante du globe,
qui est vitrifiable, ou plutôt qui n'est qu'un composé de fragments de
verre ; l'autre, dont la quantité est beaucoup moindre, qui est calcinable
et qu'on doit regarder comme du débris ou de la poussière de pierre, et
qui ne diffère du gravier que par la grosseur des grains. Le sable vitrifiable
est, en général, posé par couches comme toutes les autres matières, mais

1. Voyez, ci-devant, les notes 3 et 4 de la page 41.

ces couches sont souvent interrompues par des masses de rochers de grès,
de roc vif, de caillou, et quelquefois ces matières font aussi des bancs et
des lits d'une grande étendue.

En examinant ce sable et ces matières vitrifiables, on n'y trouve que peu
de coquilles de mer, et celles qu'on y trouve ne sont pas placées par lits,
elles n'y sont que parsemées et comme jetées au hasard ; par exemple, je
n'en ai jamais vu dans les grès ; cette pierre, qui est fort abondante en certains endroits, n'est qu'un composé de parties sablonneuses qui se sont
réunies, on ne la trouve que dans les pays où le sable vitrifiable domine,
et ordinairement les carrières de grès sont dans des collines pointues, dans
des terres sablonneuses, et dans des éminences entrecoupées ; on peut attaquer ces carrières dans tous les sens, et, s'il y a des lits, ils sont beaucoup
plus éloignés les uns des autres que dans les carrières de pierres calcinables, ou de marbres ; on coupe dans le massif de la carrière de grès des
blocs de toutes sortes de dimensions et dans tous les sens, selon le besoin
et la plus grande commodité ; et, quoique le grès soit difficile à travailler,
il n'a cependant qu'un genre de dureté, c'est de résister à des coups violents sans s'éclater ; car le frottement l'use peu à peu et le réduit aisément
en sable, à l'exception de certains clous noirâtres qu'on y trouve et qui
sont d'une matière si dure que les meilleures limes ne peuvent y mordre ;
le roc vif est vitrifiable comme le grès et il est de la même nature, seulement il est plus dur et les parties en sont mieux liées ; il y a aussi plusieurs clous semblables à ceux dont nous venons de parler, comme on peut
le remarquer aisément sur les sommets des hautes montagnes, qui sont
pour la plupart de cette espèce de rocher, et sur lesquels on ne peut pas
marcher un peu de temps sans s'apercevoir que ces clous coupent et déchirent le cuir des souliers. Ce roc vif qu'on trouve au-dessus des hautes
montagnes, et que je regarde comme une espèce de granite, contient une
grande quantité de paillettes talqueuses, et il a tous les genres de dureté,
au point de ne pouvoir être travaillé qu'avec une peine infinie.

J'ai examiné de près la nature de ces clous qu'on trouve dans le grès
et dans le roc vif, et j'ai reconnu que c'est une matière métallique fondue
et calcinée à un feu très-violent, et qui ressemble parfaitement à de certaines matières rejetées par les volcans, dont j'ai vu une grande quantité
étant en Italie, où l'on me dit que les gens du pays les appelaient *schiarri*.
Ce sont des masses noirâtres fort pesantes sur lesquelles le feu, l'eau, ni
la lime ne peuvent faire aucune impression, dont la matière est différente
de celle de la lave ; car celle-ci est une espèce de verre, au lieu que l'autre
paraît plus métallique que vitrée. Les clous du grès et du roc vif ressemblent beaucoup à cette première matière, ce qui semble prouver encore
que toutes ces matières ont été autrefois liquéfiées par le feu.

On voit quelquefois en certains endroits, au plus haut des montagnes, une prodigieuse quantité de blocs d'une grandeur considérable de ce roc vif, mêlé de paillettes talqueuses; leur position est si irrégulière, qu'ils paraissent avoir été lancés et jetés au hasard, et on croirait qu'ils sont tombés de quelque hauteur voisine, si les lieux où on les trouve, n'étaient pas élevés au-dessus de tous les autres lieux; mais leur substance vitrifiable et leur figure anguleuse et carrée, comme celle des rochers de grès, nous découvre une origine commune entre ces matières; ainsi dans les grandes couches de sable vitrifiable il se forme des blocs de grès et de roc vif, dont la figure et la situation ne suivent pas exactement la position horizontale de ces couches; peu à peu les pluies ont entraîné, du sommet des collines et des montagnes, le sable qui les couvrait d'abord, et elles ont commencé par sillonner et découper ces collines dans les intervalles qui se sont trouvés entre les noyaux de grès, comme on voit que sont découpées les collines de Fontainebleau. Chaque pointe de colline répond à un noyau qui fait une carrière de grès, et chaque intervalle a été creusé et abaissé par les eaux, qui ont fait couler le sable dans la plaine : de même les plus hautes montagnes, dont les sommets sont composés de roc vif et terminés par ces blocs anguleux dont nous venons de parler, auront autrefois été recouvertes de plusieurs couches de sable vitrifiable dans lequel ces blocs se seront formés, et, les pluies ayant entraîné tout le sable qui les couvrait et qui les environnait, ils seront demeurés au sommet des montagnes dans la position où ils auront été formés. Ces blocs présentent ordinairement des pointes au-dessus et à l'extérieur; ils vont en augmentant de grosseur à mesure qu'on descend et qu'on fouille plus profondément, souvent même un bloc en rejoint un autre par la base, ce second un troisième, et ainsi de suite en laissant entre eux des intervalles irréguliers; et comme, par la succession des temps, les pluies ont enlevé et entraîné tout le sable qui couvrait ces différents noyaux, il ne reste au-dessus des hautes montagnes que les noyaux mêmes qui forment des pointes plus ou moins élevées, et c'est là l'origine des pics ou des cornes de montagnes.

Car supposons, comme il est facile de le prouver par les productions marines qu'on y trouve, que la chaîne des montagnes des Alpes ait été autrefois couverte des eaux de la mer[1], et qu'au-dessus de cette chaîne de montagnes il y eût une grande épaisseur de sable vitrifiable que l'eau de la mer y avait transporté et déposé, de la même façon et par les mêmes causes qu'elle a déposé et transporté dans les lieux un peu plus bas de ces montagnes une grande quantité de coquillages, et considérons cette couche extérieure de sable vitrifiable comme posée d'abord de niveau et formant un plat pays de sable au-dessus des montagnes des Alpes, lorsqu'elles

---

1. Voyez, ci-devant, la note 1 de la page 167.

étaient encore couvertes des eaux de la mer ; il se sera formé dans cette
épaisseur de sable des noyaux de roc, de grès, de caillou et de toutes les
matières qui prennent leur origine et leur figure dans les sables par une
mécanique à peu près semblable à celle de la cristallisation des sels. Ces
noyaux une fois formés auront soutenu les parties où ils se sont trouvés,
et les pluies auront détaché peu à peu tout le sable intermédiaire, aussi
bien que celui qui les environnait immédiatement ; les torrents, les ruisseaux, en se précipitant du haut de ces montagnes, auront entraîné ces
sables dans les vallons, dans les plaines, et en auront conduit une partie
jusqu'à la mer ; de cette façon le sommet des montagnes se sera trouvé à
découvert, et les noyaux déchaussés auront paru dans toute leur hauteur :
c'est ce que nous appelons aujourd'hui des pics ou des cornes de montagnes, et ce qui a formé toutes ces éminences pointues qu'on voit en tant
d'endroits ; c'est aussi là l'origine de ces roches élevées et isolées qu'on
trouve à la Chine et dans d'autres endroits, comme en Irlande, où on leur
a donné le nom de *Devil's stones* ou *pierres du Diable*, et dont la formation, aussi bien que celle des pics des montagnes, avait toujours paru une
chose difficile à expliquer : cependant l'explication, que j'en donne, est si
naturelle qu'elle s'est présentée d'abord à l'esprit de ceux qui ont vu ces
roches, et je dois citer ici ce qu'en dit le père De Tartre dans les *Lettres
édifiantes :* « De Yan-chuin-yen nous vînmes à Ho-tcheou ; nous rencon-
« trâmes en chemin une chose assez particulière : ce sont des roches d'une
« hauteur extraordinaire et de la figure d'une grosse tour carrée qu'on
« voit plantées au milieu des plus vastes plaines ; on ne sait comment elles
« se trouvent là, si ce n'est que ce furent autrefois des montagnes, et que
« les eaux du ciel, ayant peu à peu fait ébouler la terre qui environnait ces
« masses de pierre, les aient ainsi à la longue escarpées de toutes parts :
« ce qui fortifie la conjecture, c'est que nous en vîmes quelques-unes qui,
« vers le bas, sont encore environnées de terre jusqu'à une certaine hau-
« teur. » (Voyez *Lettr. Édif. rec.* 2, t. 1, p. 135, etc.)

Le sommet des plus hautes montagnes est donc ordinairement composé
de rochers et de plusieurs espèces de granite, de roc vif, de grès et d'autres
matières dures et vitrifiables, et cela souvent jusqu'à deux ou trois cents
toises en descendant ; ensuite on y trouve souvent des carrières de marbre
ou de pierre dure qui sont remplies de coquilles, et dont la matière est
calcinable, comme on peut le remarquer à la grande Chartreuse en Dau-
phiné et sur le mont Cenis, où les pierres et les marbres, qui contiennent
des coquilles, sont à quelques centaines de toises au-dessous des sommets,
des pointes et des pics des plus hautes montagnes, quoique ces pierres
remplies de coquilles soient elles-mêmes à plus de mille toises au-dessus
du niveau de la mer. Ainsi les montagnes, où l'on voit des pointes ou des
pics, sont ordinairement de roc vitrifiable, et celles, dont les sommets sont

plats, contiennent pour la plupart des marbres et des pierres dures remplies de productions marines. Il en est de même des collines lorsqu'elles sont de grès ou de roc vif; elles sont pour la plupart entrecoupées de pointes, d'éminences, de tertres et de cavités, de profondeurs et de petits vallons intermédiaires; au contraire celles qui sont composées de pierres calcinables sont à peu près égales dans toute leur hauteur, et elles ne sont interrompues que par des gorges et des vallons plus grands, plus réguliers, et dont les angles sont correspondants; enfin elles sont couronnées de rochers dont la position est régulière et de niveau.

Quelque différence qui nous paraisse d'abord entre ces deux formes de montagnes, elles viennent cependant toutes deux de la même cause, comme nous venons de le faire voir ; seulement on doit observer que ces pierres calcinables n'ont éprouvé aucune altération, aucun changement depuis la formation des couches horizontales, au lieu que celles de sable vitrifiable ont pu être altérées et interrompues par la production postérieure des rochers et des blocs anguleux qui se sont formés dans l'intérieur de ce sable. Ces deux espèces de montagnes ont des fentes qui sont presque toujours perpendiculaires dans celles de pierres calcinables, et qui paraissent être un peu plus irrégulières dans celles de roc vif et de grès; c'est dans ces fentes qu'on trouve les métaux, les minéraux, les cristaux, les soufres et toutes les matières de la seconde classe, et c'est au-dessous de ces fentes que les eaux se rassemblent pour pénétrer ensuite plus avant et former les veines d'eau qu'on trouve au-dessous de la surface de la terre.

ARTICLE X.

DES FLEUVES.

Nous avons dit que, généralement parlant, les plus grandes montagnes occupent le milieu des continents, que les autres occupent le milieu des îles, des presqu'îles et des terres avancées dans la mer, que dans l'ancien continent les plus grandes chaines de montagnes sont dirigées d'occident en orient, et que celles qui tournent vers le nord ou vers le sud ne sont que des branches de ces chaines principales; on verra de même que les plus grands fleuves sont dirigés comme les plus grandes montagnes [1], et

1. « Une opinion erronée veut que le partage des eaux coïncide toujours avec les montagnes, « et ne fasse qu'un avec elles. De là la conséquence, que là où est un partage d'eaux, là doivent « être aussi des montagnes; ..... cependant, le sens du partage est souvent très-différent de « celui des montagnes : c'est ce qui a lieu dans les montagnes des Pyrénées et des Alpes..... De là « encore la conséquence, que les fleuves longent toujours les montagnes, quoiqu'il arrive « souvent qu'ils les coupent directement : ainsi l'Euphrate, qui prend sa source dans les hautes « plaines de l'Arménie, coupe, au sud, la haute chaine transversale du Taurus. » (Ritter : Géogr. génér. comp., t. I, p. 93, 94, 96. Traduction française.)

qu'il y en a peu qui suivent la direction des branches de ces montagnes : pour s'en assurer et le voir en détail, il n'y a qu'à jeter les yeux sur un globe, et parcourir l'ancien continent depuis l'Espagne jusqu'à la Chine ; on trouvera qu'à commencer par l'Espagne, le Vigo, le Douro, le Tage et la Guadiana vont d'orient en occident, et l'Èbre d'occident en orient, et qu'il n'y a pas une rivière remarquable dont le cours soit dirigé du sud au nord, ou du nord au sud, quoique l'Espagne soit environnée de la mer en entier du côté du midi, et presque en entier du côté du nord. Cette observation, sur la direction des fleuves en Espagne, prouve non-seulement que les montagnes de ce pays sont dirigées d'occident en orient, mais encore que le terrain méridional et qui avoisine le détroit, et celui du détroit même, est une terre plus élevée que les côtes de Portugal ; et de même, du côté du nord, que les montagnes de Galice, des Asturies, etc., ne sont qu'une continuation des Pyrénées, et que c'est cette élévation des terres, tant au nord qu'au sud, qui ne permet pas aux fleuves d'arriver par là jusqu'à la mer.

On verra aussi, en jetant les yeux sur la carte de la France, qu'il n'y a que le Rhône qui soit dirigé du nord au midi, et encore dans près de la moitié de son cours, depuis les montagnes jusqu'à Lyon, est-il dirigé de l'orient vers l'occident ; mais qu'au contraire tous les autres grands fleuves, comme la Loire, la Charente, la Garonne, et même la Seine, ont leur direction d'orient en occident.

On verra de même qu'en Allemagne il n'y a que le Rhin qui, comme le Rhône, a la plus grande partie de son cours du midi au nord, mais que les autres grands fleuves, comme le Danube, la Drave et toutes les grandes rivières qui tombent dans ces fleuves, vont d'occident en orient se rendre dans la mer Noire.

On reconnaîtra que cette mer Noire, que l'on doit plutôt considérer comme un grand lac que comme une mer, a presque trois fois plus d'étendue d'orient en occident que du midi au nord, et que par conséquent sa position est semblable à la direction des fleuves en général ; qu'il en est de même de la mer Méditerranée, dont la longueur d'orient en occident est environ six fois plus grande que sa largeur moyenne, prise du nord au midi.

A la vérité, la mer Caspienne, suivant la carte qui en a été levée par ordre du czar Pierre Ier, a plus d'étendue du midi au nord que d'orient en occident, au lieu que dans les anciennes cartes elle était presque ronde, ou plus large d'orient en occident que du midi au nord ; mais, si l'on fait attention que le lac Aral peut être regardé comme ayant fait partie de la mer Caspienne, dont il n'est séparé que par des plaines de sable, on trouvera encore que la longueur, depuis le bord occidental de la mer Caspienne jusqu'au bord oriental du lac Aral, est plus grande que la longueur depuis le bord méridional jusqu'au bord septentrional de la même mer.

On trouvera de même que l'Euphrate et le golfe Persique sont dirigés d'occident en orient, et que presque tous les fleuves de la Chine vont d'occident en orient : il en est de même de tous les fleuves de l'intérieur de l'Afrique au delà de la Barbarie; ils coulent tous d'orient en occident, et d'occident en orient; il n'y a que les rivières de Barbarie et le Nil qui coulent du midi au nord. A la vérité, il y a de grandes rivières en Asie qui coulent en partie du nord au midi, comme le Don, le Volga, etc.; mais, en prenant la longueur entière de leur cours, on verra qu'ils ne se tournent du côté du midi que pour se rendre dans la mer Noire et dans la mer Caspienne, qui sont des lacs dans l'intérieur des terres.

On peut donc dire en général que dans l'Europe, l'Asie et l'Afrique, les fleuves et les autres eaux méditerranées s'étendent plus d'orient en occident que du nord au sud; ce qui vient de ce que les chaînes des montagnes sont dirigées pour la plupart dans ce sens, et que d'ailleurs le continent entier de l'Europe et de l'Asie est plus large dans ce sens que dans l'autre; car il y a deux manières de concevoir cette direction des fleuves : dans un continent long et étroit, comme est celui de l'Amérique méridionale, et dans lequel il n'y a qu'une chaine principale de montagnes qui s'étend du nord au sud, les fleuves, n'étant retenus par aucune autre chaine de montagnes, doivent couler dans le sens perpendiculaire à celui de la direction des montagnes, c'est-à-dire d'orient en occident, ou d'occident en orient; c'est en effet dans ce sens que coulent toutes les grandes rivières de l'Amérique, parce qu'à l'exception des Cordillères, il n'y a pas de chaines de montagnes fort étendues, et qu'il n'y en a point dont les directions soient parallèles aux Cordillères. Dans l'ancien continent, comme dans le nouveau, la plus grande partie des eaux ont leur plus grande étendue d'occident en orient, et le plus grand nombre des fleuves coulent dans cette direction, mais c'est par une autre raison, c'est qu'il y a plusieurs longues chaines de montagnes parallèles les unes aux autres, dont la direction est d'occident en orient, et que les fleuves et les autres eaux sont obligés de suivre les intervalles qui séparent ces chaines de montagnes; par conséquent une seule chaine de montagnes, dirigée du nord au sud, produira des fleuves dont la direction sera la même que celle des fleuves qui sortiraient de plusieurs chaines de montagnes dont la direction commune serait d'orient en occident, et c'est par cette raison particulière que les fleuves d'Amérique ont cette direction comme ceux de l'Europe, de l'Afrique et de l'Asie.

Pour l'ordinaire, les rivières occupent le milieu des vallées, ou plutôt la partie la plus basse du terrain compris entre les deux collines ou montagnes opposées : si les deux collines qui sont de chaque côté de la rivière ont chacune une pente à peu près égale, la rivière occupe à peu près le milieu du vallon ou de la vallée intermédiaire : que cette vallée soit large ou étroite, si la pente des collines ou des terres élevées, qui sont de chaque côté de la rivière, est égale, la rivière occupera le milieu de la vallée; au contraire si l'une des collines a une pente plus rapide que n'est la pente de la colline opposée, la rivière ne sera plus dans le milieu de la vallée, mais elle sera d'autant plus voisine de la colline la plus rapide, que cette rapidité de pente sera plus grande que celle de la pente de l'autre colline; l'endroit le plus bas du terrain, dans ce cas, n'est plus le milieu de la vallée, il est beaucoup plus près de la colline dont la pente est la plus grande, et c'est par cette raison que la rivière en est aussi plus près. Dans tous les endroits où il y a d'un côté de la rivière des montagnes ou des collines fort rapides, et de l'autre côté des terres élevées en pente douce, on trouvera toujours que la rivière coule au pied de ces collines rapides, et qu'elle les suit dans toutes leurs directions, sans s'écarter de ces collines, jusqu'à ce que de l'autre côté il se trouve d'autres collines dont la pente soit assez considérable pour que le point le plus bas du terrain se trouve plus éloigné qu'il ne l'était de la colline rapide. Il arrive ordinairement que par la succession des temps la pente de la colline la plus rapide diminue et vient à s'adoucir, parce que les pluies entraînent les terres en plus grande quantité, et les enlèvent avec plus de violence sur une pente rapide que sur une pente douce ; la rivière est alors contrainte de changer de lit pour retrouver l'endroit le plus bas du vallon : ajoutez à cela que, comme toutes les rivières grossissent et débordent de temps en temps, elles transportent et déposent des limons en différents endroits, et que souvent il s'accumule des sables dans leur lit, ce qui fait refluer les eaux et en change la direction ; il est assez ordinaire de trouver dans les plaines un grand nombre d'anciens lits de la rivière, surtout si elle est impétueuse et sujette à de fréquentes inondations, et si elle entraîne beaucoup de sable et de limon.

Dans les plaines et dans les larges vallées où coulent les grands fleuves, le fond du lit du fleuve est ordinairement l'endroit le plus bas de la vallée ; mais souvent la surface de l'eau du fleuve est plus élevée que les terres qui sont adjacentes à celles des bords du fleuve. Supposons, par exemple, qu'un fleuve soit à plein bord, c'est-à-dire que les bords et l'eau du fleuve soient de niveau, et que l'eau peu après commence à déborder des deux côtés, la plaine sera bientôt inondée jusqu'à une largeur considérable, et l'on observera que des deux côtés du fleuve les bords seront inondés les derniers, ce qui prouve qu'ils sont plus élevés que le reste du terrain, en sorte que de chaque côté du fleuve, depuis les bords jusqu'à un certain point de la plaine, il y a une pente insensible, une espèce de talus qui fait que la surface de l'eau du fleuve est plus élevée que le terrain de la plaine, surtout lorsque le fleuve est à plein bord. Cette élévation du terrain aux bords des fleuves provient du dépôt du limon dans les inondations : l'eau est communément très-bourbeuse dans les grandes crues des rivières ; lorsqu'elle commence à déborder, elle coule très-lentement par-dessus les bords, elle dépose le limon qu'elle contient, et s'épure, pour ainsi dire, à mesure qu'elle s'éloigne davantage au large dans la plaine ; de même toutes les parties de limon, que le courant de la rivière n'entraîne pas, sont déposées sur les bords, ce qui les élève peu à peu au-dessus du reste de la plaine.

Les fleuves sont, comme l'on sait, toujours plus larges à leur embouchure ; à mesure qu'on avance dans les terres et qu'on s'éloigne de la mer, ils diminuent de largeur, mais ce qui est plus remarquable et peut-être moins connu, c'est que dans l'intérieur des terres, à une distance considérable de la mer, ils vont droit et suivent la même direction dans de grandes longueurs , et à mesure qu'ils approchent de leur embouchure, les sinuosités de leur cours se multiplient. J'ai ouï dire à un voyageur, homme d'esprit et bon observateur [a] , qui a fait plusieurs grands voyages par terre dans la partie de l'ouest de l'Amérique septentrionale, que les voyageurs et même les sauvages ne se trompaient guère sur la distance où ils se trouvaient de la mer ; que pour reconnaître s'ils étaient bien avant dans l'intérieur des terres, ou s'ils étaient dans un pays voisin de la mer, ils suivaient le bord d'une grande rivière, et que, quand la direction de la rivière était droite dans une longueur de quinze ou vingt lieues, ils jugeaient qu'ils étaient fort loin de la mer ; qu'au contraire si la rivière avait des sinuosités et changeait souvent de direction dans son cours, ils étaient assurés de n'être pas fort éloignés de la mer. M. Fabry a vérifié lui-même cette remarque qui lui a été fort utile dans ses voyages, lorsqu'il parcourait des pays inconnus et presque inhabités. Il y a encore une remarque qui peut être utile en pareil cas, c'est que dans les grands fleuves il y a le long des bords un remous considérable, et d'autant plus considérable qu'on est moins éloigné de la mer et que le lit du fleuve est plus large , ce qui peut encore servir d'indice pour juger si l'on est à de grandes ou à de petites distances de l'embouchure ; et, comme les sinuosités des fleuves se multiplient à mesure qu'ils approchent de la mer, il n'est pas étonnant que quelques-unes de ces sinuosités, venant à s'ouvrir, forment des bouches par où une partie des eaux du fleuve arrive à la mer, et c'est une des raisons pourquoi les grands fleuves se divisent ordinairement en plusieurs bras pour arriver à la mer.

Le mouvement des eaux dans le cours des fleuves se fait d'une manière fort différente de celle qu'ont supposée les auteurs qui ont voulu donner des théories mathématiques sur cette matière : non-seulement la surface d'une rivière en mouvement n'est pas de niveau en la prenant d'un bord à l'autre, mais même, selon les circonstances, le courant qui est dans le milieu est considérablement plus élevé ou plus bas que l'eau qui est près des bords ;

[a]. M. Fabry.

lorsqu'une rivière grossit subitement par la fonte des neiges, ou lorsque par quelque autre cause sa rapidité augmente, si la direction de la rivière est droite, le milieu de l'eau, où est le courant, s'élève et la rivière forme une espèce de courbe convexe ou d'élévation très-sensible, dont le plus haut point est dans le milieu du courant; cette élévation est quelquefois fort considérable, et M. Hupeau, habile ingénieur des ponts et chaussées, m'a dit avoir un jour mesuré cette différence de niveau de l'eau du bord de l'Aveyron et de celle du courant, ou du milieu de ce fleuve, et avoir trouvé trois pieds de différence, en sorte que le milieu de l'Aveyron était de trois pieds plus élevé que l'eau du bord. Cela doit en effet arriver toutes les fois que l'eau aura une très-grande rapidité; la vitesse avec laquelle elle est emportée, diminuant l'action de sa pesanteur, l'eau qui forme le courant ne se met pas en équilibre par tout son poids avec l'eau qui est près des bords, et c'est ce qui fait qu'elle demeure plus élevée que celle-ci. D'autre côté, lorsque les fleuves approchent de leur embouchure, il arrive assez ordinairement que l'eau qui est près des bords est plus élevée que celle du milieu, quoique le courant soit rapide; la rivière paraît alors former une courbe concave dont le point le plus bas est dans le plus fort du courant; ceci arrive toutes les fois que l'action des marées se fait sentir dans un fleuve. On sait que dans les grandes rivières le mouvement des eaux occasionné par les marées est sensible à cent ou deux cents lieues de la mer; on sait aussi que le courant du fleuve conserve son mouvement au milieu des eaux de la mer jusqu'à des distances considérables : il y a donc dans ce cas deux mouvements contraires dans l'eau du fleuve; le milieu, qui forme le courant, se précipite vers la mer, et l'action de la marée forme un contre-courant, un remous qui fait remonter l'eau qui est voisine des bords, tandis que celle du milieu descend; et comme alors toute l'eau du fleuve doit passer par le courant qui est au milieu, celle des bords descend continuellement vers le milieu, et descend d'autant plus qu'elle est plus élevée et refoulée avec plus de force par l'action des marées.

Il y a deux espèces de remous dans les fleuves : le premier, qui est celui dont nous venons de parler, est produit par une force vive, telle qu'est celle de l'eau de la mer dans les marées, qui non-seulement s'oppose comme obstacle au mouvement de l'eau du fleuve, mais comme corps en mouvement, et en mouvement contraire et opposé à celui du courant de l'eau du fleuve; ce remous fait un contre-courant d'autant plus sensible que la marée est plus forte; l'autre espèce de remous n'a pour cause qu'une force morte, comme est celle d'un obstacle, d'une avance de terre, d'une île dans la rivière, etc. : quoique ce remous n'occasionne pas ordinairement un contre-courant bien sensible, il l'est cependant assez pour être reconnu, et même pour fatiguer les conducteurs de bateaux sur les rivières; si cette espèce de remous ne fait pas toujours un contre-courant, il produit nécessairement

ce que les gens de rivière appellent une *morte*, c'est-à-dire des eaux
mortes qui ne coulent pas comme le reste de la rivière, mais qui tournoient
de façon que, quand les bateaux y sont entraînés, il faut employer beaucoup
de force pour les en faire sortir. Ces eaux mortes sont fort sensibles, dans
toutes les rivières rapides, au passage des ponts : la vitesse de l'eau augmente, comme l'on sait, à proportion que le diamètre des canaux par où
elle passe diminue, la force qui la pousse étant supposée la même ; la vitesse
d'une rivière augmente donc, au passage d'un pont, dans la raison inverse
de la somme de la largeur des arches à la largeur totale de la rivière, et
encore faut-il augmenter cette raison de celle de la longueur des arches,
ou, ce qui est le même, de la largeur du pont ; l'augmentation de la vitesse
de l'eau étant donc très-considérable en sortant de l'arche d'un pont, celle
qui est à côté du courant est poussée latéralement et de côté contre les bords
de la rivière, et par cette réaction il se forme un mouvement de tournoiement quelquefois très-fort. Lorsqu'on passe sous le pont Saint-Esprit, les
conducteurs sont forcés d'avoir une grande attention à ne pas perdre le fil
du courant de l'eau, même après avoir passé le pont ; car, s'ils laissaient
écarter le bateau à droite ou à gauche, on serait porté contre le rivage avec
danger de périr, ou tout au moins on serait entraîné dans le tournoiement
des eaux mortes, d'où l'on ne pourrait sortir qu'avec beaucoup de peine.
Lorsque ce tournoiement, causé par le mouvement du courant et par le
mouvement opposé du remous, est fort considérable, cela forme une espèce
de petit gouffre ; et l'on voit souvent, dans les rivières rapides, à la chute de
l'eau, au delà des arrière-becs des piles d'un pont, qu'il se forme de ces
petits gouffres ou tournoiements d'eau, dont le milieu paraît être vide et
former une espèce de cavité cylindrique autour de laquelle l'eau tournoie
avec rapidité : cette apparence de cavité cylindrique est produite par l'action
de la force centrifuge, qui fait que l'eau tâche de s'éloigner et s'éloigne en
effet du centre du tourbillon causé par le tournoiement.

Lorsqu'il doit arriver une grande crue d'eau, les gens de rivière s'en
aperçoivent par un mouvement particulier qu'ils remarquent dans l'eau ;
ils disent que la rivière *mouve de fond*, c'est-à-dire que l'eau du fond de la
rivière coule plus vite qu'elle ne coule ordinairement : cette augmentation
de vitesse dans l'eau du fond de la rivière annonce toujours, selon eux, un
prompt et subit accroissement des eaux. Le mouvement et le poids des eaux
supérieures, qui ne sont point encore arrivées, ne laissent pas que d'agir sur
les eaux de la partie inférieure de la rivière, et leur communiquent ce mouvement ; car il faut, à certains égards, considérer un fleuve qui est contenu
et qui coule dans son lit, comme une colonne d'eau contenue dans un tuyau,
et le fleuve entier comme un très-long canal où tous les mouvements doivent se communiquer d'un bout à l'autre. Or, indépendamment du mouvement des eaux supérieures, leur poids seul pourrait faire augmenter la

vitesse de la rivière, et peut-être la faire mouvoir de fond ; car on sait qu'en mettant à l'eau plusieurs bateaux à la fois, on augmente dans ce moment la vitesse de la partie inférieure de la rivière, en même temps qu'on retarde la vitesse de la partie supérieure.

La vitesse des eaux courantes ne suit pas exactement, ni même à beaucoup près, la proportion de la pente : un fleuve, dont la pente serait uniforme et double de la pente d'un autre fleuve, ne devrait, à ce qu'il paraît, couler qu'une fois plus rapidement que celui-ci, mais il coule en effet beaucoup plus vite encore ; sa vitesse, au lieu d'être double, est ou triple, ou quadruple, etc. : cette vitesse dépend beaucoup plus de la quantité d'eau et du poids des eaux supérieures que de la pente ; et, lorsqu'on veut creuser le lit d'un fleuve ou celui d'un égout, etc., il ne faut pas distribuer la pente également sur toute la longueur ; il est nécessaire, pour donner plus de vitesse à l'eau, de faire la pente beaucoup plus forte au commencement qu'à l'embouchure, où elle doit être presque insensible, comme nous le voyons dans les fleuves : lorsqu'ils approchent de leur embouchure, la pente est presque nulle, et cependant ils ne laissent pas de conserver une rapidité d'autant plus grande que le fleuve a plus d'eau, en sorte que dans les grandes rivières, quand même le terrain serait de niveau, l'eau ne laisserait pas de couler, et même de couler rapidement, non-seulement par la vitesse acquise [a], mais encore par l'action et le poids des eaux supérieures. Pour mieux faire sentir la vérité de ce que je viens de dire, supposons que la partie de la Seine qui est entre le Pont-Neuf et le Pont-Royal fût parfaitement de niveau, et que partout elle eût dix pieds de profondeur ; imaginons pour un instant que tout d'un coup on pût mettre à sec le lit de la rivière au-dessous du Pont-Royal et au-dessus du Pont-Neuf ; alors l'eau qui serait entre ces deux ponts, quoique nous l'ayons supposée parfaitement de niveau, coulera des deux côtés en haut et en bas, et continuera de couler jusqu'à ce qu'elle se soit épuisée ; car, quoiqu'elle soit de niveau, comme elle est chargée d'un poids de dix pieds d'épaisseur d'eau, elle coulera des deux côtés avec une vitesse proportionnelle à ce poids, et cette vitesse diminuant toujours à mesure que la quantité d'eau diminuera, elle ne cessera de couler que quand elle aura baissé jusqu'au niveau du fond : le poids de l'eau contribue donc beaucoup à la vitesse de l'eau, et c'est pour cette raison que la plus grande vitesse du courant n'est ni à la surface de l'eau, ni au fond, mais à peu près dans le milieu de la hauteur de l'eau, parce qu'elle est

a. C'est faute d'avoir fait ces réflexions que M. Kuhn dit que la source du Danube est au moins de deux milles d'Allemagne plus élevée que son embouchure ; que la mer Méditerranée est de 6½ milles d'Allemagne plus basse que les sources du Nil ; que la mer Atlantique est plus basse d'un demi-mille que la Méditerranée, etc., ce qui est absolument contraire à la vérité : au reste le principe faux, dont M. Kuhn tire toutes ces conséquences, n'est pas la seule erreur qui se trouve dans cette pièce sur l'origine des fontaines, qui a remporté le prix de l'Académie de Bordeaux en 1741.

produite par l'action du poids de l'eau qui est à la surface, et par la réaction du fond. Il y a même quelque chose de plus, c'est que, si un fleuve avait acquis une très-grande vitesse, il pourrait non-seulement la conserver en traversant un terrain de niveau, mais même il serait en état de surmonter une éminence sans se répandre beaucoup des deux côtés, ou du moins sans causer une grande inondation.

On serait porté à croire que les ponts, les levées et les autres obstacles qu'on établit sur les rivières, diminuent considérablement la vitesse totale du cours de l'eau; cependant cela n'y fait qu'une très-petite différence. L'eau s'élève à la rencontre de l'avant-bec d'un pont; cette élévation fait qu'elle agit davantage par son poids, ce qui augmente la vitesse du courant entre les piles, d'autant plus que les piles sont plus larges et les arches plus étroites, en sorte que le retardement que ces obstacles causent à la vitesse totale du cours de l'eau, est presque insensible. Les coudes, les sinuosités, les terres avancées, les îles ne diminuent aussi que très-peu la vitesse totale du cours de l'eau : ce qui produit une diminution très-considérable dans cette vitesse, c'est l'abaissement des eaux, comme au contraire l'augmentation du volume d'eau augmente cette vitesse plus qu'aucune autre cause.

Si les fleuves étaient toujours à peu près également pleins, le meilleur moyen de diminuer la vitesse de l'eau et de les contenir serait d'en élargir le canal; mais, comme presque tous les fleuves sont sujets à grossir et à diminuer beaucoup, il faut au contraire, pour les contenir, rétrécir leur canal, parce que dans les basses eaux, si le canal est fort large, l'eau qui passe dans le milieu y creuse un lit particulier, y forme des sinuosités, et lorsqu'elle vient à grossir elle suit cette direction qu'elle a prise dans ce lit particulier; elle vient frapper avec force contre les bords du canal, ce qui détruit les levées et cause de grands dommages. On pourrait prévenir en partie ces effets de la fureur de l'eau, en faisant de distance en distance de petits golfes dans les terres, c'est-à-dire en enlevant le terrain de l'un des bords jusqu'à une certaine distance dans les terres, et, pour que ces petits golfes soient avantageusement placés, il faut les faire dans l'angle obtus des sinuosités du fleuve; car alors le courant de l'eau se détourne et tournoie dans ces petits golfes, ce qui en diminue la vitesse. Ce moyen serait peut-être fort bon pour prévenir la chute des ponts dans les endroits où il n'est pas possible de faire des barres auprès du pont; ces barres soutiennent l'action du poids de l'eau, les golfes dont nous venons de parler en diminuent le courant, ainsi tous deux produiraient à peu près le même effet, c'est-à-dire la diminution de la vitesse.

La manière dont se font les inondations mérite une attention particulière : lorsqu'une rivière grossit, la vitesse de l'eau augmente toujours de plus en plus jusqu'à ce que le fleuve commence à déborder; dans cet instant la vitesse de l'eau diminue, ce qui fait que le débordement une fois commencé, il s'ensuit toujours une inondation qui dure plusieurs jours; car, quand même il arriverait une moindre quantité d'eau après le débordement qu'il n'en arrivait auparavant, l'inondation ne laisserait pas de se faire, parce qu'elle dépend beaucoup plus de la diminution de la vitesse de l'eau que de la quantité de l'eau qui arrive : si cela n'était pas ainsi, on verrait souvent les fleuves déborder pour une heure ou deux, et rentrer ensuite dans leur lit, ce qui n'arrive jamais; l'inondation dure au contraire toujours pendant quelques jours, soit que la pluie cesse ou qu'il arrive une moindre quantité d'eau, parce que le débordement a diminué la vitesse, et que par conséquent la même quantité d'eau n'étant plus emportée dans le même temps qu'elle l'était auparavant, c'est comme s'il en arrivait une plus grande quantité. L'on peut remarquer à l'occasion de cette diminution, que, s'il arrive qu'un vent constant souffle contre le courant de la rivière, l'inondation sera beaucoup plus grande qu'elle n'aurait été sans cette cause accidentelle, qui diminue la vitesse de l'eau; comme au contraire, si le vent souffle dans la même direction que suit le courant de la rivière, l'inondation sera bien moindre et diminuera plus promptement. Voici ce que dit M. Granger du débordement du Nil.

« La crue du Nil et son inondation a longtemps occupé les savants; la « plupart n'ont trouvé que du merveilleux dans la chose du monde la plus « naturelle, et qu'on voit dans tous les pays du monde. Ce sont les pluies « qui tombent dans l'Abyssinie et dans l'Éthiopie qui font la croissance et « l'inondation de ce fleuve, mais on doit regarder le vent du nord comme « cause primitive : 1° parce qu'il chasse les nuages qui portent cette pluie « du côté de l'Abyssinie; 2° parce qu'étant le traversier des deux embou-« chures du Nil, il en fait refouler les eaux à contre-mont, et empêche par « là qu'elles ne se jettent en trop grande quantité dans la mer : on s'assure « tous les ans de ce fait lorsque, le vent étant au nord et changeant tout « à coup au sud, le Nil perd dans un jour ce dont il était crû dans quatre. » (*Voyage de Granger*, Paris, 1745, p. 13 et 14.)

Les inondations sont ordinairement plus grandes dans les parties supérieures des fleuves que dans les parties inférieures et voisines de leur embouchure, parce que, toutes choses étant égales d'ailleurs, la vitesse d'un fleuve va toujours en augmentant jusqu'à la mer; et, quoique ordinairement la pente diminue d'autant plus qu'il est plus près de son embouchure, la vitesse cependant est souvent plus grande par les raisons que nous avons rapportées. Le père Castelli, qui a écrit fort sensément sur cette matière, remarque très-bien que la hauteur des levées qu'on a faites pour contenir le Pô va toujours en diminuant jusqu'à la mer, en sorte qu'à Ferrare, qui est à cinquante ou soixante milles de distance de la mer, les levées ont près de vingt pieds de hauteur au-dessus de la surface ordinaire du Pô, au lieu que plus bas, à dix ou douze milles de distance de la mer, les levées n'ont pas douze pieds, quoique le canal du fleuve y soit aussi étroit qu'à Ferrare. (Voyez *Racolta d'autori che trattano del moto dell' acque*, vol. I, p. 123.)

Au reste, la théorie du mouvement des eaux courantes est encore sujette à beaucoup de difficultés et d'obscurités, et il est très-difficile de donner des règles générales qui puissent s'appliquer à tous les cas particuliers: l'expérience est ici plus nécessaire que la spéculation; il faut non-seulement connaître par expérience les effets ordinaires des fleuves en général, mais il faut encore connaître en particulier la rivière à laquelle on a affaire, si l'on veut en raisonner juste et y faire des travaux utiles et durables. Les remarques que j'ai données ci-dessus, sont nouvelles pour la plupart; il serait à désirer qu'on rassemblât beaucoup d'observations semblables, on parviendrait peut-être à éclaircir cette matière, et à donner des règles certaines pour contenir et diriger les fleuves, et prévenir la ruine des ponts, des levées, et les autres dommages que cause la violente impétuosité des eaux.

Les plus grands fleuves de l'Europe sont le Volga, qui a environ 650 lieues de cours depuis Reschow jusqu'à Astracan sur la mer Caspienne ; le Danube, dont le cours est d'environ 450 lieues depuis les montagnes de Suisse jusqu'à la mer Noire ; le Don, qui a 400 lieues de cours depuis la source du Sosna qu'il reçoit, jusqu'à son embouchure dans la mer Noire ; le Niéper, dont le cours est d'euviron 350 lieues, qui se jette aussi dans la mer Noire ; la Duine, qui a environ 300 lieues de cours, et qui va se jeter dans la mer Blanche, etc.

Les plus grands fleuves de l'Asie sont le Hoanho [1] de la Chine, qui a 850 lieues de cours en prenant sa source à Raja-Ribron, et qui tombe dans la mer de la Chine, au midi du golfe de Changi ; le Jenisca [2] de la Tartarie, qui a 800 lieues environ d'étendue, depuis le lac Selinga jusqu'à la mer septentrionale de la Tartarie [3] ; le fleuve Oby, qui en a environ 600, depuis le lac Kila jusque dans la mer du Nord [4], au delà du détroit de Waigats [5] ; le fleuve Amour [6] de la Tartarie orientale, qui a environ 575 lieues de cours, en comptant depuis la source du fleuve Kerlon qui s'y jette, jusqu'à la mer de Kamtschatka où il a son embouchure ; le fleuve Menamcon [7], qui a son embouchure à Poulo-condor, et qu'on peut mesurer depuis la source du Longmu qui s'y jette ; le fleuve Kian [8], dont le cours est environ de 550 lieues, en le mesurant depuis la source de la rivière Kinxa qu'il reçoit, jusqu'à son embouchure dans la mer de la Chine ; le Gange, qui a aussi environ 550 lieues de cours ; l'Euphrate qui en a 500, en le prenant depuis la

1. *Hoang-ho* ou *Rivière Jaune*. — 2. *Jenissei*. — 3. *Mer glaciale*. — 4. *Mer glaciale*.
5. *Waigatch*. — 6. *Saghalien-Oula* ou *Rivière Noire*.
7. *Ménan-Kang* ou *May-Kang* ou *Cambodge*. — 8. *Yang-tseu-Kiang* ou *Rivière Bleue*.

source de la rivière Irma qu'il reçoit ; l'Indus[1], qui a environ 400 lieues de cours, et qui tombe dans la mer d'Arabie à la partie occidentale de Guzerat ; le fleuve Sirderoias[2], qui a une étendue de 400 lieues environ, et qui se jette dans le lac Aral.

Les plus grands fleuves de l'Afrique sont le Sénégal, qui a 1125 lieues environ de cours, en y comprenant le Niger[3] qui n'en est en effet qu'une continuation, et en remontant le Niger jusqu'à la source du Gombarou, qui se jette dans le Niger ; le Nil, dont la longueur est de 970 lieues, et qui prend sa source dans la haute Éthiopie où il fait plusieurs contours : il y a aussi le Zaïre[4] et le Coanza, desquels on connait environ 400 lieues, mais qui s'étendent bien plus loin dans les terres de Monoemugi ; le Couama[5], dont on ne connait aussi qu'environ 400 lieues, et qui vient de plus loin, des terres de la Cafrerie ; le Quilmanci[6], dont le cours entier est de 400 lieues, et qui prend sa source dans le royaume de Gingiro.

Enfin les plus grands fleuves de l'Amérique, qui sont aussi les plus larges fleuves du monde, sont la rivière des Amazones, dont le cours est de plus de 1,200 lieues, si l'on remonte jusqu'au lac qui est près de Guanuco, à 30 lieues de Lima, où le Maragnon[7] prend sa source ; et si l'on remonte jusqu'à la source de la rivière Napo, à quelque distance de Quito, le cours de la rivière des Amazones est de plus de 1,000 lieues. (Voyez le *Voyage de M. de la Condamine*, p. 15 et 16.)

On pourrait dire que le cours du fleuve Saint-Laurent en Canada est de plus de 900 lieues depuis son embouchure en remontant le lac Ontario et le lac Érié, de là au lac Huron, ensuite au lac Supérieur, de là au lac Alemipigo[8], au lac Cristinaux[9], et enfin au lac des Assiniboils[10], les eaux de tous ces lacs tombant des uns dans les autres, et enfin dans le fleuve Saint-Laurent.

Le fleuve du Mississipi a plus de 700 lieues d'étendue depuis son embouchure jusqu'à quelques-unes de ses sources, qui ne sont pas éloignées du du lac des Assiniboils dont nous venons de parler.

Le fleuve de la Plata a plus de 800 lieues de cours, en le remontant depuis son embouchure jusqu'à la source de la rivière Parana qu'il reçoit.

1. Ou *Sind.*
2. *Syr-Déria* ou *Sihoun* ou *Jaxartes.*
3. Le *Niger* et le *Sénégal* sont deux fleuves différents. (Voyez Ritter, t. II, p. 42 et suiv.)
4. Ou le *Congo.*
5. *Cuama* ou *Zambèze.*
6. *Quillimanci.*
7. Le *Maragnon*, c'est-à-dire la première partie de la rivière des *Amazones*, laquelle ne prend, en effet, son nom d'*Amazone* qu'au confluent du *Tunguragua* et de l'*Ucayale.*
8. *Alempignon.*
9. *Kristinaux* ou *Knistinaux.*
10. Ou *Assiniboins.*

Le fleuve Orénoque a plus de 575 lieues de cours, en comptant depuis la source de la rivière Caketa près de Pasto, qui se jette en partie dans l'Orénoque, et coule aussi en partie vers la rivière des Amazones. (Voyez la *Carte de M. de la Condamine.*)

La rivière Madera qui se jette dans celle des Amazones, a plus de 660 ou 670 lieues [1].

Pour savoir à peu près la quantité d'eau que la mer reçoit par tous les fleuves qui y arrivent, supposons que la moitié du globe soit couverte par la mer, et que l'autre moitié soit terre sèche, ce qui est assez juste ; supposons aussi que la moyenne profondeur de la mer, en la prenant dans toute son étendue, soit d'un quart de mille d'Italie, c'est-à-dire d'environ 230 toises, la surface de toute la terre étant de 170,981,012 milles, la surface de la mer est de 85,490,506 milles carrés, qui, étant multipliés par $\frac{1}{4}$, profondeur de la mer, donnent 21,372,626 milles cubiques pour la quantité d'eau contenue dans l'océan tout entier. Maintenant, pour calculer la quantité d'eau que l'océan reçoit des rivières, prenons quelque grand fleuve dont la vitesse et la quantité d'eau nous soient connues, le Pô, par exemple, qui passe en Lombardie et qui arrose un pays de 380 milles de longueur, suivant Riccioli ; sa largeur, avant qu'il se divise en plusieurs bouches pour tomber dans la mer, est de 100 perches de Bologne, ou de 1,000 pieds, et sa profondeur de 10 pieds ; sa vitesse est telle, qu'il parcourt quatre milles dans une heure, ainsi le Pô fournit à la mer 200,000 perches cubiques d'eau en une heure, ou 4,800,000 dans un jour ; mais un mille cubique contient 125,000,000 perches cubiques, ainsi il faut vingt-six jours pour qu'il porte à la mer un mille cubique d'eau ; reste maintenant à déterminer la proportion qu'il y a entre la rivière du Pô et toutes les rivières de la terre prises ensemble, ce qu'il est impossible de faire exactement ; mais, pour le savoir à peu près, supposons que la quantité d'eau, que la mer reçoit par les grandes rivières dans tous les pays, soit proportionnelle à l'étendue et à la surface de ces pays, et que par conséquent le pays, arrosé par le Pô et par les rivières qui y tombent, soit à la surface de toute la terre sèche en même proportion que le Pô est à toutes les rivières de la terre. Or par les cartes les plus exactes le Pô, depuis sa source jusqu'à son embouchure, traverse un pays de 380 milles de longueur, et les rivières qui y tombent de chaque côté viennent de sources et de rivières qui sont à environ 60 milles de distance du Pô ; ainsi ce fleuve, et les rivières qu'il reçoit, arrosent un pays de 380 milles de long et de 120 milles de large, ce qui fait 45,600 milles carrés : mais la surface de toute la terre sèche est de 85,490,506 milles carrés, par conséquent la quantité d'eau que toutes

---

1. J'ai cru devoir rectifier les noms de quelques-uns des principaux fleuves, cités par Buffon, ne fût-ce que pour rendre plus facile au lecteur la rectification de l'*étendue de cours* qu'il leur attribue. (Voyez Ritter, Malte-Brun, M. Brué, etc., etc.)

les rivières portent à la mer sera 1,874 fois plus grande que la quantité que le Pô lui fournit ; mais comme vingt-six rivières comme le Pô fournissent un mille cubique d'eau à la mer par jour, il s'ensuit que dans l'espace d'un an 1,874 rivières comme le Pô fourniront à la mer 26,308 milles cubiques d'eau, et que dans l'espace de 812 ans toutes ces rivières fourniraient à la mer 21,372,626 milles cubiques d'eau, c'est-à-dire autant qu'il y en a dans l'océan, et que par conséquent il ne faudrait que 812 ans pour le remplir. (Voyez J. Keill, *Examinat. of Burnet's Theory*. London, 1734, p. 126 et suiv.)

Il résulte de ce calcul, que la quantité d'eau que l'évaporation enlève de la surface de la mer, que les vents transportent sur la terre, et qui produit tous les ruisseaux et tous les fleuves, est d'environ 245 lignes, ou de 20 à 21 pouces par an, ou d'environ les deux tiers d'une ligne par jour ; ceci est une très-petite évaporation, quand même on la doublerait ou triplerait, afin de tenir compte de l'eau qui retombe sur la mer, et qui n'est pas transportée sur la terre. (Voyez, sur ce sujet, l'écrit de Halley dans les *Trans. philos.*, nº 192, où il fait voir évidemment et par le calcul, que les vapeurs, qui s'élèvent au-dessus de la mer et que les vents transportent sur la terre, sont suffisantes pour former toutes les rivières et entretenir toutes les eaux qui sont à la surface de la terre.)

Après le Nil, le Jourdain est le fleuve le plus considérable qui soit dans le Levant, et même dans la Barbarie ; il fournit à la mer Morte environ six millions de tonnes d'eau par jour : toute cette eau, et au delà, est enlevée par l'évaporation, car en comptant, suivant le calcul de Halley, 6,914 tonnes d'eau qui se réduit en vapeurs sur chaque mille superficiel, on trouve que la mer Morte, qui a 72 milles de long sur 18 milles de large, doit perdre tous les jours par l'évaporation près de neuf millions de tonnes d'eau, c'est-à-dire non-seulement toute l'eau qu'elle reçoit du Jourdain, mais encore celle des petites rivières qui y arrivent des montagnes de Moab et d'ailleurs ; par conséquent elle ne communique avec aucune autre mer par des canaux souterrains. (Voyez les *Voyages de Shaw*, vol. II, page 71.)

Les fleuves les plus rapides de tous sont le Tigre, l'Indus, le Danube, l'Yrtisch en Sibérie, le Malmistra en Cilicie, etc. (Voyez *Varenii Geograph.* p. 178) ; mais, comme nous l'avons dit au commencement de cet article, la mesure de la vitesse des eaux d'un fleuve dépend de deux causes : la première est la pente, et la seconde le poids et la quantité d'eau ; en examinant sur le globe quels sont les fleuves qui ont le plus de pente, on trouvera que le Danube en a beaucoup moins que le Pô, le Rhin et le Rhône, puisque, tirant quelques-unes de ses sources des mêmes montagnes, le Danube a un cours beaucoup plus long qu'aucun de ces trois autres fleuves, et qu'il tombe dans la mer Noire, qui est plus élevée que la Méditerranée, et peut-être plus que l'Océan.

Tous les grands fleuves reçoivent beaucoup d'autres rivières dans toute l'étendue de leur cours : on a compté, par exemple, que le Danube reçoit plus de deux cents, tant ruisseaux que rivières ; mais, en ne comptant que les rivières assez considérables que les fleuves reçoivent, on trouvera que le Danube en reçoit trente ou trente et une, le Volga en reçoit trente-deux ou trente-trois, le Don cinq ou six, le Niéper dix-neuf ou vingt, la Duine onze ou douze ; et de même en Asie le Hoanho reçoit trente-quatre ou trente-cinq rivières, le Jénisca en reçoit plus de soixante, l'Oby tout autant, le fleuve Amour environ quarante, le Kian ou fleuve de Nankin en reçoit environ trente, le Gange plus de vingt, l'Euphrate dix ou onze, etc. En Afrique le Sénégal reçoit plus de vingt rivières, le Nil ne reçoit aucune rivière qu'à plus de cinq cents lieues de son embouchure ; la dernière qui y tombe est le Moraba, et de cet endroit jusqu'à sa source il reçoit environ douze ou treize rivières ; en Amérique le fleuve des Amazones en reçoit plus de soixante, et toutes fort considérables, le fleuve Saint-Laurent environ quarante, en comptant celles qui tombent dans les lacs, le fleuve Mississipi plus de quarante, le fleuve de la Plata plus de cinquante, etc.

Il y a sur la surface de la terre des contrées élevées qui paraissent être des points de partage marqués par la nature pour la distribution des eaux. Les environs du mont Saint-Gothard sont un de ces points en Europe ; un autre point est le pays situé entre les provinces de Belozera et de Vologda en Moscovie, d'où descendent des rivières dont les unes vont à la mer Blanche, d'autres à la mer Noire, et d'autres à la mer Caspienne ; en Asie le pays des Tartares Mogols, d'où il coule des rivières dont les unes vont se rendre dans la mer Tranquille ou mer de la Nouvelle-Zemble, d'autres au golfe Linchidolin, d'autres à la mer de Corée, d'autres à celle de la Chine, et de même le Petit-Thibet, dont les eaux coulent vers la mer de la Chine, vers le golfe de Bengale, vers le golfe de Cambaïe et vers le lac Aral ; en Amérique la province de Quito, qui fournit des eaux à la mer du Sud, à la mer du Nord et au golfe du Mexique.

Il y a dans l'ancien continent environ quatre cent trente fleuves qui tombent immédiatement dans l'Océan ou dans la Méditerranée et la mer Noire, et dans le nouveau continent on ne connaît guère que cent quatre-vingts fleuves qui tombent immédiatement dans la mer ; au reste je n'ai compris dans ce nombre que des rivières grandes au moins comme l'est la Somme en Picardie.

Toutes ces rivières transportent à la mer avec leurs eaux une grande quantité de parties minérales et salines qu'elles ont enlevées des différents terrains par où elles ont passé. Les particules de sel qui, comme l'on sait, se dissolvent aisément, arrivent à la mer avec les eaux des fleuves. Quelques physiciens, et entre autres Halley, ont prétendu que la salure de la mer ne provenait que des sels de la terre que les fleuves y transportent; d'autres ont dit que la salure de la mer était aussi ancienne que la mer même, et que ce sel n'avait été créé que pour l'empêcher de se corrompre, mais on peut croire que l'eau de la mer est préservée de la corruption par l'agitation des vents et par celle du flux et reflux, autant que par le sel qu'elle contient; car, quand on la garde dans un tonneau, elle se corrompt au bout de quelques jours, et Boyle rapporte qu'un navigateur, pris par un calme qui dura treize jours, trouva la mer si infectée au bout de ce temps que, si le calme n'eût cessé, la plus grande partie de son équipage aurait péri. (Vol. III, p. 222.) L'eau de la mer est aussi mêlée d'une huile bitumineuse, qui lui donne un goût désagréable et qui la rend très-malsaine. La quantité de sel que l'eau de la mer contient est d'environ une quarantième partie, et la mer est à peu près également salée partout, au-dessus comme au fond, également sous la ligne et au cap de Bonne-Espérance, quoiqu'il y ait quelques endroits, comme à la côte de Mozambique, où elle est plus salée qu'ailleurs. (Voyez *Boyle,* vol. III, p. 217.) On prétend aussi qu'elle est moins salée dans la zone arctique; cela peut venir de la grande quantité de neige et des grands fleuves qui tombent dans ces mers, et de ce que la chaleur du soleil n'y produit que peu d'évaporation, en comparaison de l'évaporation qui se fait dans les climats chauds.

Quoi qu'il en soit, je crois que les vraies causes de la salure de la mer sont non-seulement les bancs de sel qui ont pu se trouver au fond de la mer et le long des côtes, mais encore les sels mêmes de la terre que les fleuves y transportent continuellement, et que Halley a en quelque raison de présumer qu'au commencement du monde la mer n'était que peu ou point salée, qu'elle l'est devenue par degrés et à mesure que les fleuves y ont amené des sels; que cette salure augmente peut-être tous les jours et augmentera toujours de plus en plus, et que par conséquent il a pu conclure qu'en faisant des expériences pour reconnaître la quantité de sel dont l'eau d'un fleuve est chargée lorsqu'elle arrive à la mer, et qu'en supputant la quantité d'eau que tous les fleuves y portent, on viendrait à connaître l'ancienneté du monde par le degré de la salure de la mer.

Les plongeurs et les pêcheurs de perles assurent, au rapport de Boyle, que plus on descend dans la mer, plus l'eau est froide[1]; que le froid est

---

[1] « Une longue série d'observations thermométriques fort exactes nous a montré que, depuis « l'équateur jusqu'aux parallèles du 48° degré de latitude boréale et australe, la température « *moyenne* de la surface des mers est un peu supérieure à celle de l'atmosphère. Mais la « température décroissant à partir de la surface, à mesure que la profondeur augmente,...... on « comprendra que l'eau, puisée dans la mer à de grandes profondeurs, pendant les voyages de « Kotzebue et de Dupetit-Thouars, n'ait accusé au thermomètre que 2°,8 et 2°,5. Cette température, « presque glaciale, règne même dans les abîmes des mers des tropiques; elle a fait connaître les « courants inférieurs qui se dirigent des deux pôles vers l'équateur. » (*Cosmos,* t. I, p. 355.)

même si grand à une profondeur considérable, qu'ils ne peuvent le souffrir, et que c'est par cette raison qu'ils ne demeurent pas aussi longtemps sous l'eau, lorsqu'ils descendent à une profondeur un peu grande, que quand ils ne descendent qu'à une petite profondeur. Il me paraît que le poids de l'eau pourrait en être la cause aussi bien que le froid, si on descendait à une grande profondeur, comme trois ou quatre cents brasses; mais à la vérité les plongeurs ne descendent jamais à plus de cent pieds ou environ. Le même auteur rapporte que dans un voyage aux Indes orientales, au delà de la ligne, à environ 35 degrés de latitude sud, on laissa tomber une sonde à quatre cents brasses de profondeur, et qu'ayant retiré cette sonde, qui était de plomb et qui pesait environ 30 à 35 livres, elle était devenue si froide, qu'il semblait toucher un morceau de glace. On sait aussi que les voyageurs, pour rafraîchir leur vin, descendent les bouteilles à plusieurs brasses de profondeur dans la mer, et plus on les descend, plus le vin est frais.

Tous ces faits pourraient faire présumer que l'eau de la mer est plus salée au fond qu'à la surface; cependant on a des témoignages contraires, fondés sur des expériences qu'on a faites pour tirer dans des vases, qu'on ne débouchait qu'à une certaine profondeur, de l'eau de la mer, laquelle ne s'est pas trouvée plus salée que celle de la surface[1]; il y a même des endroits où l'eau de la surface étant salée, l'eau du fond se trouve douce, et cela doit arriver dans tous les lieux où il y a des fontaines et des sources qui sortent au fond de la mer, comme auprès de Goa, à Ormuz, et même dans la mer de Naples, où il y a des sources chaudes dans le fond.

Il y a d'autres endroits où l'on a remarqué des sources bitumineuses et des couches de bitume au fond de la mer, et sur la terre il y a une grande quantité de ces sources qui portent le bitume mêlé avec l'eau dans la mer. A la Barbade il y a une source de bitume pur qui coule des rochers jusqu'à la mer; le sel et le bitume sont donc les matières dominantes dans l'eau de la mer, mais elle est encore mêlée de beaucoup d'autres matières; car le goût de l'eau n'est pas le même dans toutes les parties de l'océan; d'ailleurs l'agitation et la chaleur du soleil altèrent le goût naturel que devrait avoir l'eau de la mer, et les couleurs différentes des différentes mers, et des mêmes mers en différents temps, prouvent que l'eau de la mer contient des matières de bien des espèces, soit qu'elle les détache de son propre fond, soit qu'elles y soient amenées par les fleuves.

---

1. « La zone où les eaux de la mer atteignent le maximum de densité (de salure), ne coïncide « ni avec celle du maximum de température, ni avec l'équateur géographique. Les eaux les plus « chaudes paraissent former, au nord et au sud de cette ligne, deux bandes non parallèles. Lenz « a trouvé, dans son voyage autour du monde, que les eaux les plus denses étaient, en mer « calme, par 22° de latitude nord et par 18° de latitude sud; la zone des eaux les moins salées se « trouvait à quelques degrés au sud de l'équateur. » (*Cosmos*, t. I, p. 357.)

Presque tous les pays arrosés par de grands fleuves sont sujets à des inondations périodiques, surtout les pays bas et voisins de leur embouchure, et les fleuves qui tirent leurs sources de fort loin sont ceux qui débordent le plus régulièrement. Tout le monde a entendu parler des inondations du Nil : il conserve dans un grand espace, et fort loin dans la mer, la douceur et la blancheur de ses eaux. Strabon et les autres anciens auteurs ont écrit qu'il avait sept embouchures, mais aujourd'hui il n'en reste que deux qui soient navigables ; il y a un troisième canal qui descend à Alexandrie pour remplir les citernes, et un quatrième canal qui est encore plus petit ; comme on a négligé depuis fort longtemps de nettoyer les canaux, ils se sont comblés : les anciens employaient à ce travail un grand nombre d'ouvriers et de soldats ; et tous les ans, après l'inondation, l'on enlevait le limon et le sable qui étaient dans les canaux ; ce fleuve en charrie une très-grande quantité. La cause du débordement du Nil vient des pluies qui tombent en Éthiopie, elles commencent au mois d'avril, et ne finissent qu'au mois de septembre ; pendant les trois premiers mois les jours sont sereins et beaux, mais dès que le soleil se couche, il pleut jusqu'à ce qu'il se lève, ce qui est accompagné ordinairement de tonnerres et d'éclairs. L'inondation ne commence en Égypte que vers le 17 de juin, elle augmente ordinairement pendant environ quarante jours, et diminue pendant tout autant de temps ; tout le plat pays de l'Égypte est inondé. Mais ce débordement est bien moins considérable aujourd'hui qu'il ne l'était autrefois, car Hérodote nous dit que le Nil était cent jours à croître et autant à décroître ; si le fait est vrai, on ne peut guère en attribuer la cause qu'à l'élévation du terrain que le limon des eaux a haussé peu à peu, et à la diminution de la hauteur des montagnes de l'intérieur de l'Afrique dont il tire sa source : il est assez naturel d'imaginer que ces montagnes ont diminué, parce que les pluies abondantes, qui tombent dans ces climats pendant la moitié de l'année, entraînent les sables et les terres du dessus des montagnes dans les vallons, d'où les torrents les charrient dans le canal du Nil, qui en emporte une bonne partie en Égypte, où il les dépose dans ses débordements.

Le Nil n'est pas le seul fleuve dont les inondations soient périodiques et annuelles : on a appelé la rivière de Pégu le Nil indien, parce que ses débordements se font tous les ans régulièrement ; il inonde ce pays à plus de trente lieues de ses bords, et il laisse, comme le Nil, un limon qui fertilise si fort la terre, que les pâturages y deviennent excellents pour le bétail, et que le riz y vient en si grande abondance, qu'on en charge tous les ans un grand nombre de vaisseaux, sans que le pays en manque. (Voyez *Voyages d'Ovington*, t. II, p. 290.) Le Niger, ou, ce qui revient au même, la partie supérieure du Sénégal [1], déborde aussi comme le Nil, et l'inondation, qui couvre tout le plat pays de la Nigritie, commence à peu près dans

---

1. Voyez, ci-devant, la note 3 de la page 188.

le même temps que celle du Nil, vers le 15 juin ; elle augmente aussi pendant quarante jours : le fleuve de la Plata au Brésil déborde aussi tous les ans, et dans le même temps que le Nil ; le Gange, l'Indus, l'Euphrate et quelques autres débordent aussi tous les ans, mais tous les autres fleuves n'ont pas des débordements périodiques, et quand il arrive des inondations, c'est un effet de plusieurs causes qui se combinent pour fournir une plus grande quantité d'eau qu'à l'ordinaire, et pour retarder en même temps la vitesse du fleuve.

Nous avons dit que dans presque tous les fleuves la pente de leur lit va toujours en diminuant jusqu'à leur embouchure d'une manière assez insensible, mais il y en a dont la pente est très-brusque dans certains endroits, ce qui forme ce qu'on appelle une cataracte, qui n'est autre chose qu'une chute d'eau plus vive que le courant ordinaire du fleuve. Le Rhin, par exemple, a deux cataractes, l'une à Bilefeld et l'autre auprès de Schaffhouse : le Nil en a plusieurs, et entre autres deux qui sont très-violentes et qui tombent de fort haut entre deux montagnes ; la rivière Vologda en Moscovie a aussi deux cataractes auprès de Ladoga ; le Zaïre, fleuve de Congo, commence par une forte cataracte qui tombe du haut d'une montagne ; mais la plus fameuse cataracte est celle de la rivière Niagara en Canada ; elle tombe de cent cinquante-six pieds de hauteur perpendiculaire comme un torrent prodigieux, et elle a plus d'un quart de lieue de largeur ; la brume ou le brouillard, que l'eau fait en tombant, se voit de cinq lieues et s'élève jusqu'aux nues ; il s'y forme un très-bel arc-en-ciel lorsque le soleil donne dessus. Au-dessous de cette cataracte il y a des tournoiements d'eau si terribles, qu'on ne peut y naviguer jusqu'à six milles de distance, et au-dessus de la cataracte la rivière est beaucoup plus étroite qu'elle ne l'est dans les terres supérieures. (Voyez *Transact. philosoph. abr.*, vol. VI, part. 2, pag. 119.) Voici la description qu'en donne le Père Charlevoix :

« Mon premier soin fut de visiter la plus belle cascade qui soit peut-être
« dans la nature, mais je reconnus d'abord que le baron de la Hontan s'était
« trompé sur sa hauteur et sur sa figure, de manière à faire juger qu'il ne
« l'avait point vue.

« Il est certain que si on mesure sa hauteur par les trois montagnes
« qu'il faut franchir d'abord, il n'y a pas beaucoup à rabattre des six cents
« pieds que lui donne la carte de M. Delisle, qui, sans doute, n'a avancé
« ce paradoxe que sur la foi du baron de la Hontan et du P. Hennepin.
« Mais, après que je fus arrivé au sommet de la troisième montagne, j'ob-
« servai que dans l'espace de trois lieues que je fis ensuite jusqu'à cette
« chute d'eau, quoiqu'il faille quelquefois monter, il faut encore plus des-
« cendre, et c'est à quoi ces voyageurs paraissent n'avoir pas fait assez d'at-
« tention. Comme on ne peut approcher la cascade que de côté, ni la voir
« que de profil, il n'est pas aisé d'en mesurer la hauteur avec les instru-

« ments : on a voulu le faire avec une longue corde attachée à une longue
« perche, et, après avoir souvent réitéré cette manière, on n'a trouvé que
« cent quinze ou cent vingt pieds de profondeur; mais il n'est pas possible
« de s'assurer si la perche n'a pas été arrêtée par quelque rocher qui avan-
« çait, car, quoiqu'on l'eût toujours retirée mouillée aussi bien qu'un bout
« de la corde à quoi elle était attachée, cela ne prouve rien, puisque l'eau
« qui se précipite de la montagne rejaillit fort haut en écumant; pour moi,
« après l'avoir considérée de tous les endroits d'où on peut l'examiner à son
« aise, j'estime qu'on ne saurait lui donner moins de cent quarante ou cent
« cinquante pieds.

« Quant à sa figure, elle est en fer à cheval, et elle a environ quatre cents
« pas de circonférence; mais précisément dans son milieu elle est partagée
« en deux par une île fort étroite et d'un demi-quart de lieue de long, qui
« y aboutit. Il est vrai que ces deux parties ne tardent pas à se rejoindre;
« celle qui était de mon côté, et qu'on ne voyait que de profil, a plusieurs
« pointes qui avancent, mais celle que je découvrais en face me parut fort
« unie. Le baron de la Hontan y ajoute un torrent qui vient de l'ouest; il faut
« que dans la fonte des neiges les eaux sauvages viennent se décharger là
« par quelque ravine, etc. » (Tome III, page 332, etc.)

Il y a une autre cataracte à trois lieues d'Albanie [1], dans la province de la
Nouvelle-York, qui a environ cinquante pieds de hauteur perpendiculaire,
et de cette chute d'eau il s'élève aussi un brouillard dans lequel on aperçoit
un léger arc-en-ciel qui change de place à mesure qu'on s'en éloigne ou
qu'on s'en approche. (Voyez *Trans. phil. abr.*, vol. VI, part. 2, page 119.)

En général, dans tous les pays où le nombre d'hommes n'est pas assez
considérable pour former des sociétés policées, les terrains sont plus irréguliers et le lit des fleuves plus étendu, moins égal et rempli de cataractes.
Il a fallu des siècles pour rendre le Rhône et la Loire navigables; c'est en
contenant les eaux, en les dirigeant et en nettoyant le fond des fleuves, qu'on
leur donne un cours assuré; dans toutes les terres où il y a peu d'habitants
la nature est brute et quelquefois difforme.

Il y a des fleuves qui se perdent dans les sables, d'autres qui semblent
se précipiter dans les entrailles de la terre; le Guadalquivir en Espagne,
la rivière de Gottemburg en Suède, et le Rhin même, se perdent dans la
terre. On assure que dans la partie occidentale de l'île Saint-Domingue il y
a une montagne d'une hauteur considérable, au pied de laquelle sont plusieurs cavernes où les rivières et les ruisseaux se précipitent avec tant de
bruit, qu'on l'entend de sept ou huit lieues. (Voyez *Varenii Geograph.
general.*, page 43.)

Au reste, le nombre de ces fleuves qui se perdent dans le sein de la terre
est fort petit, et il n'y a pas d'apparence que ces eaux descendent bien bas

1. *New-Albany.*

dans l'intérieur du globe; il est plus vraisemblable qu'elles se perdent, comme celles du Rhin, en se divisant dans les sables, ce qui est fort ordinaire aux petites rivières qui arrosent les terrains secs et sablonneux; on en a plusieurs exemples en Afrique, en Perse, en Arabie, etc.

Les fleuves du Nord transportent dans les mers une prodigieuse quantité de glaçons qui, venant à s'accumuler, forment ces masses énormes de glace si funestes aux voyageurs; un des endroits de la mer Glaciale où elles sont le plus abondantes, est le détroit de Waigats qui est gelé en entier pendant la plus grande partie de l'année; ces glaces sont formées des glaçons que le fleuve Oby transporte presque continuellement; elles s'attachent le long des côtes, et s'élèvent à une hauteur considérable des deux côtés du détroit, le milieu du détroit est l'endroit qui gèle le dernier, et où la glace est le moins élevée; lorsque le vent cesse de venir du nord et qu'il souffle dans la direction du détroit, la glace commence à fondre et à se rompre dans le milieu, ensuite il s'en détache des côtes de grandes masses qui voyagent dans la haute mer. Le vent, qui pendant tout l'hiver vient du nord et passe sur les terres gelées de la Nouvelle-Zemble, rend le pays arrosé par l'Oby et toute la Sibérie si froids, qu'à Tobolsk même, qui est au 57ᵉ degré, il n'y a point d'arbres fruitiers, tandis qu'en Suède, à Stockholm, et même à de plus hautes latitudes, on a des arbres fruitiers et des légumes; cette différence ne vient pas, comme on l'a cru, de ce que la mer de Laponie est moins froide que celle du détroit, ou de ce que la terre de la Nouvelle-Zemble l'est plus que celle de la Laponie, mais uniquement de ce que la mer Baltique et le golfe de Bothnie adoucissent un peu la rigueur des vents de nord, au lieu qu'en Sibérie il n'y a rien qui puisse tempérer l'activité du froid. Ce que je dis ici est fondé sur de bonnes observations; il ne fait jamais aussi froid sur les côtes de la mer, que dans l'intérieur des terres; il y a des plantes qui passent l'hiver en plein air à Londres, et qu'on ne peut conserver à Paris; et la Sibérie, qui fait un vaste continent où la mer n'entre pas, est par cette raison plus froide que la Suède, qui est environnée de la mer presque de tous côtés.

Le pays du monde le plus froid est le Spitzberg; c'est une terre au 78ᵉ degré de latitude, toute formée de petites montagnes aiguës; ces montagnes sont composées de gravier et de certaines pierres plates, semblables à de petites pierres d'ardoises grises, entassées les unes sur les autres; ces collines se forment, disent les voyageurs, de ces petites pierres et de ces graviers que les vents amoncellent, elles croissent à vue d'œil, et les matelots en découvrent tous les ans de nouvelles : on ne trouve dans ce pays que des rennes, qui paissent une petite herbe fort courte et de la mousse. Au-dessus de ces petites montagnes, et à plus d'une lieue de la mer, on a trouvé un mât qui avait une poulie attachée à un de ses bouts, ce qui a fait penser que la mer passait autrefois sur

ces montagnes, et que ce pays est formé nouvellement; il est inhabité
et inhabitable, le terrain qui forme ces petites montagnes n'a aucune
liaison, et il en sort une vapeur si froide et si pénétrante, qu'on est gelé
pour peu qu'on y demeure.

Les vaisseaux qui vont au Spitzberg pour la pêche de la baleine, y
arrivent au mois de juillet et en partent vers le 15 d'août, les glaces empê-
cheraient d'entrer dans cette mer avant ce temps, et d'en sortir après;
on y trouve des morceaux prodigieux de glaces épaisses de 60, 70 et
80 brasses. Il y a des endroits où il semble que la mer soit glacée jusqu'au
fond; ces glaces, qui sont si élevées au-dessus du niveau de la mer, sont
claires et luisantes comme du verre. (Voyez le *Recueil des voyages du Nord*,
t. I, p. 154.)

Il y a aussi beaucoup de glaces dans les mers du nord de l'Amérique,
comme dans la baie de l'Ascension, dans les détroits de Hudson, de Cumberland, de Davis, de Frobisher, etc. Robert Lade nous assure que les
montagnes de Frisland sont entièrement couvertes de neige, et toutes les
côtes de glace, comme d'un boulevard qui ne permet pas d'en approcher :
« Il est, dit-il, fort remarquable que dans cette mer on trouve des îles de
« glace de plus d'une demi-lieue de tour, extrêmement élevées, et qui ont
« 70 ou 80 brasses de profondeur dans la mer; cette glace, qui est douce,
« est peut-être formée dans les détroits des terres voisines, etc. Ces îles,
« ou montagnes de glace, sont si mobiles, que dans des temps orageux
« elles suivent la course d'un vaisseau comme si elles étaient entraînées
« dans le même sillon; il y en a de si grosses, que leur superficie au-dessus
« de l'eau surpasse l'extrémité des mâts des plus gros navires, etc. » (Voyez
la traduction des *Voyages de Lade, par M. l'abbé Prévot,* t. II, p. 305 et
suiv.)

On trouve, dans le Recueil des voyages qui ont servi à l'établissement de
la Compagnie des Indes de Hollande, un petit journal historique au sujet
des glaces de la Nouvelle-Zemble, dont voici l'extrait : « Au cap de Troost
« le temps fut si embrumé, qu'il fallut amarrer le vaisseau à un banc de
« glace qui avait 36 brasses de profondeur dans l'eau, et environ 16 brasses
« au-dessus, si bien qu'il y avait 52 brasses d'épaisseur.......

« Le 10 d'août les glaces s'étant séparées, les glaçons commencèrent à
« flotter, et alors on remarqua que le gros banc de glace, auquel le vais-
« seau avait été amarré, touchait au fond, parce que tous les autres pas-
« saient au long et le heurtaient sans l'ébranler; on craignit donc de
« demeurer pris dans les glaces, et on tâcha de sortir de ce parage, quoi-
« qu'en passant on trouvât déjà l'eau prise, le vaisseau faisant craquer la
« glace bien loin autour de lui; enfin on aborda un autre banc, où l'on
« porta vite l'ancre de touée, et l'on s'y amarra jusqu'au soir.

« Après le repas, pendant le premier quart, les glaces commencèrent

« à se rompre avec un bruit si terrible, qu'il n'est pas possible de l'expri-
« mer. Le vaisseau avait le cap au courant qui charriait les glaçons, si bien
« qu'il fallut filer du câble pour se retirer; on compta plus de quatre cents
« gros bancs de glace, qui enfonçaient de dix brasses dans l'eau et parais-
« saient de la hauteur de deux brasses au-dessus.

« Ensuite on amarra le vaisseau à un autre banc qui enfonçait de six
« grandes brasses, et l'on y mouilla en croupière. Dès qu'on y fut établi,
« on vit encore un autre banc peu éloigné de cet endroit-là, dont le haut
« s'élevait en pointe, tout de même que la pointe d'un clocher, et il touchait
« le fond de la mer; on s'avança vers ce banc, et l'on trouva qu'il avait
« vingt brasses de haut dans l'eau, et à peu près douze brasses au-dessus.

« Le 11 août on nagea encore vers un autre banc qui avait dix-huit
« brasses de profondeur et dix brasses au-dessus de l'eau.......

« Le 21 les Hollandais entrèrent assez avant dans le port des glaces, et
« y demeurèrent à l'ancre pendant la nuit; le lendemain matin ils se reti-
« rèrent et allèrent amarrer leur bâtiment à un banc de glace, sur lequel
« ils montèrent et dont ils admirèrent la figure, comme une chose très-
« singulière; ce banc était couvert de terre sur le haut, et on y trouva près
« de quarante œufs; la couleur n'en était pas non plus comme celle de la
« glace, elle était d'un bleu céleste. Ceux qui étaient là raisonnèrent beau-
« coup sur cet objet : les uns disaient que c'était un effet de la glace, et
« les autres soutenaient que c'était une terre gelée. Quoi qu'il en fût, ce
« banc était extrèmement haut, il avait environ dix-huit brasses sous l'eau
« et dix brasses au-dessus. » (*Troisième voyage des Hollandais par le
Nord*, t. I, p. 46, etc.)

Wafer rapporte que près de la Terre-de-Feu il a rencontré plusieurs glaces
flottantes très-élevées, qu'il prit d'abord pour des îles. Quelques-unes, dit-il,
paraissaient avoir une lieue ou deux de long, et la plus grosse de toutes
lui parut avoir quatre ou cinq cents pieds de haut. (Voyez le *Voyage de
Wafer* imprimé à la suite de ceux de *Dampier*, t. IV, p. 304.)

Toutes ces glaces, comme je l'ai dit dans l'article VI, viennent des fleuves
qui les transportent dans la mer; celles de la mer de la Nouvelle-Zemble
et du détroit de Waigats viennent de l'Oby, et peut-être du Jénisca et des
autres grands fleuves de la Sibérie et de la Tartarie; celles du détroit de
Hudson viennent de la baie de l'Ascension, où tombent plusieurs fleuves
du nord de l'Amérique; celles de la Terre-de-Feu viennent du continent
austral, et s'il y en a moins sur les côtes de la Laponie septentrionale que
sur celles de la Sibérie et au détroit de Waigats, quoique la Laponie septentrionale soit plus près du pôle, c'est que toutes les rivières de la Laponie
tombent dans le golfe de Bothnie et qu'aucune ne va dans la mer du Nord :
elles peuvent aussi se former dans les détroits où les marées s'élèvent beaucoup plus haut qu'en pleine mer, et où par conséquent les glaçons qui sont

à la surface peuvent s'amonceler et former ces bancs de glace qui ont quelques brasses de hauteur; mais pour celles qui ont quatre ou cinq cents pieds de hauteur, il me parait qu'elles ne peuvent se former ailleurs que contre des côtes élevées, et j'imagine que dans le temps de la fonte des neiges qui couvrent le dessus de ces côtes, il en découle des eaux qui, tombant sur des glaces, se glacent elles-mêmes de nouveau, et augmentent ainsi le volume des premières jusqu'à cette hauteur de quatre ou cinq cents pieds; qu'ensuite dans un été plus chaud, par l'action des vents et par l'agitation de la mer, et peut-être même par leur propre poids, ces glaces collées contre les côtes se détachent et voyagent ensuite dans la mer au gré du vent, et qu'elles peuvent arriver jusque dans les climats tempérés avant que d'être entièrement fondues.

ARTICLE XI.

DES MERS ET DES LACS.

L'océan environne de tous côtés les continents, il pénètre en plusieurs endroits dans l'intérieur des terres, tantôt par des ouvertures assez larges, tantôt par de petits détroits, et il forme des mers méditerranées, dont les unes participent immédiatement à ses mouvements de flux et de reflux, et dont les autres semblent n'avoir rien de commun que la continuité des eaux[1] : nous allons suivre l'océan dans tous ses contours, et faire en même temps l'énumération de toutes les mers méditerranées; nous tâcherons de les distinguer de celles qu'on doit appeler golfes, et aussi de celles qu'on devrait regarder comme des lacs.

La mer qui baigne les côtes occidentales de la France fait un golfe entre les terres de l'Espagne et celles de la Bretagne; ce golfe, que les navigateurs appellent le golfe de Biscaye, est fort ouvert, et la pointe de ce golfe la plus avancée dans les terres est entre Bayonne et Saint-Sébastien : une autre partie du golfe, qui est aussi fort avancée, c'est celle qui baigne les côtes du pays d'Aunis à La Rochelle et à Rochefort; ce golfe commence au cap d'Ortegal et finit à Brest, où commence un détroit entre la pointe de la Bretagne et le cap Lézard; ce détroit, qui d'abord est assez large, fait un petit golfe dans le terrain de la Normandie, dont la pointe la plus

---

1. Lorsque Buffon écrivait ce chapitre, la géographie n'était pas encore assez avancée pour lui fournir des données bien précises. C'est ce qu'on remarque surtout, quand il parle des limites septentrionales et des côtes orientales de l'Asie. Il a conçu la grande vue de la *continuité* des mers. C'est là le point qu'il faut remarquer. Maltebrun, qui avait du génie en géographie, a souvent critiqué Buffon, et en a profité plus souvent encore. Buffon avait beaucoup profité, lui-même, des vues de Buache et du savoir de Varenius.

avancée dans les terres est à Avranches; le détroit continue sur une assez grande largeur jusqu'au Pas-de-Calais où il est fort étroit, ensuite il s'élargit tout à coup fort considérablement, et finit entre le Texel et la côte d'Angleterre à Norwich; au Texel il forme une petite mer méditerranée qu'on appelle Zuiderzée, et plusieurs autres grandes lagunes dont les eaux ont peu de profondeur, aussi bien que celles de Zuiderzée.

Après cela l'océan forme un grand golfe qu'on appelle la mer d'Allemagne [1], et ce golfe, pris dans toute son étendue, commence à la pointe septentrionale de l'Écosse, en descendant tout le long des côtes orientales de l'Écosse et de l'Angleterre jusqu'à Norwich, de là au Texel tout le long des côtes de Hollande et d'Allemagne, de Jutland et de la Norvége jusqu'au-dessus de Bergen; on pourrait même prendre ce grand golfe pour une mer méditerranée, parce que les îles Orcades ferment en partie son ouverture, et semblent être dirigées comme si elles étaient une continuation des montagnes de Norvége. Ce grand golfe forme un large détroit qui commence à la pointe méridionale de la Norvége, et qui continue sur une grande largeur jusqu'à l'île de Séeland, où il se rétrécit tout à coup, et forme entre les côtes de la Suède, les îles du Danemark et de Jutland, quatre petits détroits, après quoi il s'élargit comme un petit golfe, dont la pointe la plus avancée est à Lubeck; de là il continue sur une assez grande largeur jusqu'à l'extrémité méridionale de la Suède, ensuite il s'élargit toujours de plus en plus, et forme la mer Baltique, qui est une mer méditerranée qui s'étend du midi au nord dans une étendue de près de trois cents lieues, en y comprenant le golfe de Bothnie, qui n'est en effet que la continuation de la mer Baltique : cette mer a de plus deux autres golfes, celui de Livonie, dont la pointe la plus avancée dans les terres est auprès de Mittau et de Riga, et celui de Finlande, qui est un bras de la mer Baltique, qui s'étend entre la Livonie et la Finlande jusqu'à Pétersbourg, et communique au lac Ladoga, et même au lac Onéga, qui communique par le fleuve Onéga à la mer Blanche. Toute cette étendue d'eau qui forme la mer Baltique, le golfe de Bothnie, celui de Finlande et celui de Livonie, doit être regardée comme un grand lac qui est entretenu par les eaux des fleuves qu'il reçoit en très-grand nombre, comme l'Oder, la Vistule, le Niémen, le Droine en Allemagne et en Pologne, plusieurs autres rivières en Livonie et en Finlande, d'autres plus grandes encore qui viennent des terres de la Laponie, comme le fleuve de Tornea, les rivières Calis, Lula [2], Pithaa [3], Uma [4], et plusieurs autres encore qui viennent de la Suède; ces fleuves, qui sont assez considérables, sont au nombre de plus de quarante, y compris les rivières qu'ils reçoivent, ce qui ne peut manquer

1. *Mer du Nord.* — J'ai cru devoir placer en note quelques dénominations, plus usitées aujourd'hui, pour mettre le lecteur en état de suivre facilement la marche de Buffon

2. *Lulea.* — 3. *Pithea.* — 4. *Umea.*

de produire une très-grande quantité d'eau, qui est probablement plus que suffisante pour entretenir la mer Baltique : d'ailleurs cette mer n'a aucun mouvement de flux et de reflux, quoiqu'elle soit étroite, elle est aussi fort peu salée ; et si l'on considère le gisement des terres et le nombre des lacs et des marais de la Finlande et de la Suède, qui sont presque contigus à cette mer, on sera très-porté à la regarder, non pas comme une mer, mais comme un grand lac formé dans l'intérieur des terres par l'abondance des eaux, qui ont forcé les passages auprès du Danemark pour s'écouler dans l'océan, comme elles y coulent en effet, au rapport de tous les navigateurs.

Au sortir du grand golfe qui forme la mer d'Allemagne et qui finit au-dessus de Bergen, l'océan suit les côtes de Norvége, de la Laponie suédoise, de la Laponie septentrionale, et de la Laponie moscovite, à la partie orientale de laquelle il forme un assez large détroit qui aboutit à une mer méditerranée, qu'on appelle la mer Blanche. Cette mer peut encore être regardée comme un grand lac, car elle reçoit douze ou treize rivières toutes assez considérables, et qui sont plus que suffisantes pour l'entretenir, et elle n'est que peu salée : d'ailleurs il ne s'en faut presque rien qu'elle n'ait communication avec la mer Baltique en plusieurs endroits, elle en a même une effective avec le golfe de Finlande, car en remontant le fleuve Onéga on arrive au lac de même nom ; de ce lac Onéga il y a deux rivières de communication avec le lac Ladoga ; ce dernier lac communique par un large bras avec le golfe de Finlande, et il y a dans la Laponie suédoise plusieurs endroits dont les eaux coulent presque indifféremment, les unes vers la mer Blanche, les autres vers le golfe de Bothnie, et les autres vers celui de Finlande ; et tout ce pays étant rempli de lacs et de marais, il semble que la mer Baltique et la mer Blanche soient les réceptacles de toutes ces eaux, qui se déchargent ensuite dans la mer Glaciale et dans la mer d'Allemagne.

En sortant de la mer Blanche et en côtoyant l'île de Candenos[1] et les côtes septentrionales de la Russie, on trouve que l'océan fait un petit bras dans les terres à l'embouchure du fleuve Petzora[2] ; ce petit bras, qui a environ quarante lieues de longueur sur huit ou dix de largeur, est plutôt un amas d'eau formé par le fleuve qu'un golfe de la mer, et l'eau y est aussi fort peu salée. Là les terres font un cap avancé et terminé par les petites îles Maurice et d'Orange ; et, entre ces terres et celles qui avoisinent le détroit de Waigats au midi, il y a un petit golfe d'environ trente lieues dans sa plus grande profondeur au dedans des terres ; ce golfe appartient immédiatement à l'océan et n'est pas formé des eaux de la terre : on trouve ensuite le détroit de Waigats, qui est à très-peu près

1. *Kandenoss.*
2. *Petschora.*

sous le 70e degré de latitude nord; ce détroit n'a pas plus de huit ou dix
lieues de longueur, et communique à une mer qui baigne les côtes septentrionales de la Sibérie : comme ce détroit est fermé par les glaces pendant la plus grande partie de l'année, il est assez difficile d'arriver dans la
mer qui est au delà. Le passage de ce détroit a été tenté inutilement par
un grand nombre de navigateurs, et ceux qui l'ont passé heureusement
ne nous ont pas laissé de cartes exactes de cette mer, qu'ils ont appelée
mer Tranquille[1]; il paraît seulement par les cartes les plus récentes, et par
le dernier globe de Senex, fait en 1739 ou 1740, que cette mer Tranquille
pourrait bien être entièrement méditerranée, et ne pas communiquer avec
la grande mer de Tartarie[2], car elle paraît renfermée et bornée au midi par
les terres des Samoyèdes, qui sont aujourd'hui bien connues, et ces terres,
qui la bornent au midi, s'étendent depuis le détroit de Waigats jusqu'à l'embouchure du fleuve Jénisea; au levant elle est bornée par la terre de Jelmorland, au couchant par celle de la Nouvelle-Zemble[3]; et, quoiqu'on ne
connaisse pas l'étendue de cette mer méditerranée du côté du nord et du
nord-est, comme on y connaît des terres non interrompues, il est très-probable que cette mer Tranquille est une mer méditerranée, une espèce de
cul-de-sac fort difficile à aborder et qui ne mène à rien; ce qui le prouve,
c'est qu'en partant du détroit de Waigats on a côtoyé la Nouvelle-Zemble
dans la mer Glaciale tout le long de ses côtes occidentales et septentrionales jusqu'au cap Désiré, qu'après ce cap on a suivi les côtes à l'est de la
Nouvelle-Zemble jusqu'à un petit golfe qui est environ à 75 degrés, où les
Hollandais passèrent un hiver mortel en 1596, qu'au delà de ce petit golfe
on a découvert la terre de Jelmorland en 1664, laquelle n'est éloignée que
de quelques lieues des terres de la Nouvelle-Zemble, en sorte que le seul
petit endroit qui n'ait pas été reconnu est auprès du petit golfe dont nous
venons de parler, et cet endroit n'a peut-être pas trente lieues de longueur;
de sorte que, si la mer Tranquille communique à l'océan, il faut que ce soit
à l'endroit de ce petit golfe, qui est le seul par où cette mer méditerranée
peut se joindre à la grande mer; et comme ce petit golfe est à 75 degrés
nord, et que, quand même la communication existerait, il faudrait toujours
s'élever de cinq degrés vers le nord pour gagner la grande mer, il est clair
que, si l'on veut tenter la route du nord pour aller à la Chine, il vaut beaucoup mieux passer au nord de la Nouvelle-Zemble à 77 ou 78 degrés, où
d'ailleurs la mer est plus libre et moins glacée, que de tenter encore le

1. *Mer de Kara.*

2. *Mer Glaciale arctique.* La *Mer de Kara* communique avec la *Mer Glaciale arctique.* C'est
ici surtout que (ainsi que je l'ai annoncé dans ma note de la page 200) les notions géographiques de Buffon deviennent confuses. Tous ces points, obscurs de son temps, ont été éclaircis
de nos jours. Voyez Ritter, Malte-Brun, M. Brué, etc.)

3. Sur l'erreur de Buffon touchant la *Nouvelle-Zemble*, qu'il supposait tenir au *continent de
la Tartarie*, voyez ma note 2 de la page 113.

chemin du détroit glacé de Waigats, avec l'incertitude de ne pouvoir sortir de cette mer méditerranée.

En suivant donc l'océan tout le long des côtes de la Nouvelle-Zemble et du Jelmorland, on a reconnu ces terres jusqu'à l'embouchure du Chotanga[1], qui est environ au 73e degré ; après quoi l'on trouve un espace d'environ deux cents lieues, dont les côtes ne sont pas encore connues ; on a su seulement, par le rapport des Moscovites qui ont voyagé par terre dans ces climats, que les terres ne sont point interrompues, et leurs cartes y marquent des fleuves et des peuples qu'ils ont appelés *Populi Palati*. Cet intervalle de côtes encore inconnues est depuis l'embouchure du Chotanga jusqu'à celle du Kauvoina, au 66e degré de latitude : là l'océan fait un golfe dont le point le plus avancé dans les terres est à l'embouchure du Len[2], qui est un fleuve très-considérable ; ce golfe est formé par les eaux de l'océan, il est fort ouvert et il appartient à la mer de Tartarie : on l'appelle le golfe Linchidolin, et les Moscovites y pêchent la baleine.

De l'embouchure du fleuve Len on peut suivre les côtes septentrionales de la Tartarie dans un espace de plus de 500 lieues vers l'orient, jusqu'à une grande péninsule ou terre avancée où habitent les peuples Schelates ; cette pointe est l'extrémité la plus septentrionale de la Tartarie la plus orientale, et est elle située sous le 72e degré environ de latitude nord : dans cette longueur de plus de 500 lieues, l'océan ne fait aucune irruption dans les terres, aucun golfe, aucun bras, il forme seulement un coude considérable à l'endroit de la naissance de cette péninsule des peuples Schelates, à l'embouchure du fleuve Korvinea ; cette pointe de terre fait aussi l'extrémité orientale de la côte septentrionale du continent de l'ancien monde, dont l'extrémité occidentale est au cap Nord en Laponie, en sorte que l'ancien continent a environ 1,700 lieues de côtes septentrionales, en y comprenant les sinuosités des golfes, en comptant depuis le cap Nord de Laponie jusqu'à la pointe de la terre des Schelates, et il y a environ 1,100 lieues en naviguant sous le même parallèle.

Suivons maintenant les côtes orientales de l'ancien continent, en commençant à cette pointe de la terre des peuples Schelates, et en descendant vers l'équateur : l'océan fait d'abord un coude entre la terre des peuples Schelates et celle des peuples Tschutschi[3], qui avance considérablement dans la mer ; au midi de cette terre il forme un petit golfe fort ouvert, qu'on appelle le golfe Suetoikret[4], et ensuite un autre plus petit golfe qui avance même comme un bras à 40 ou 50 lieues dans la terre de Kamtschatka ; après quoi l'océan entre dans les terres par un large détroit rempli de plusieurs petites îles, entre la pointe méridionale de la terre de Kamtschatka et la pointe septentrionale de la terre d'Yeço[5], et il forme une

---

1. *Khatanga.* — 2. *Léna.* — 3. *Tchouktchis.* — 4. *Anadyr.* — 5. *Jesso ou Yeso.*

grande mer méditerranée dont il est bon que nous suivions toutes les parties.
La première est la mer de Kamtschatka, dans laquelle se trouve une île très-
considérable qu'on appelle l'Ile Amour ; cette mer de Kamtschatka pousse
un bras dans les terres au nord-est, mais ce petit bras et la mer de Kamtschatka elle-même pourraient bien être, au moins en partie, formés par
l'eau des fleuves qui y arrivent, tant des terres de Kamtschatka, que de
celles de la Tartarie. Quoi qu'il en soit, cette mer de Kamtschatka communique par un très-large détroit avec la mer de Corée, qui fait la seconde
partie de cette mer méditerranée ; et toute cette mer, qui a plus de 600 lieues
de longueur, est bornée à l'occident et au nord par les terres de Corée et
de Tartarie, à l'orient et au midi par celles de Kamtschatka, d'Yeço et du
Japon, sans qu'il y ait d'autre communication avec l'océan que celle du
détroit dont nous avons parlé, entre Kamtschatka et Yeço, car on n'est pas
assuré si celui que quelques cartes ont marqué entre le Japon et la terre
d'Yeço existe réellement, et quand même ce détroit existerait, la mer de
Kamtschatka et celle de Corée ne laisseraient pas d'être toujours regardées
comme formant ensemble une grande mer méditerranée, séparée de l'océan
de tous côtés, et qui ne doit pas être prise pour un golfe, car elle ne communique pas directement avec le grand océan par son détroit méridional
qui est entre le Japon et la Corée ; la mer de la Chine, à laquelle elle communique par ce détroit, est plutôt encore une mer méditerranée qu'un
golfe de l'océan.

Nous avons dit dans le Discours précédent que la mer avait un mouvement constant d'orient en occident [1], et que par conséquent la grande mer
Pacifique fait des efforts continuels contre les terres orientales : l'inspection
attentive du globe confirmera les conséquences que nous avons tirées de
cette observation, car si l'on examine le gisement des terres, à commencer
de Kamtschatka jusqu'à la Nouvelle-Bretagne [2], découverte en 1700 par
Dampier, et qui est à 4 ou 5 degrés de l'équateur latitude sud, on sera
très-porté à croire que l'océan a rongé toutes les terres de ces climats
dans une profondeur de quatre ou cinq cents lieues, que par conséquent
les bornes orientales de l'ancien continent ont été reculées, et qu'il s'étendait autrefois beaucoup plus vers l'orient ; car on remarquera que la Nouvelle-Bretagne et Kamtschatka, qui sont les terres les plus avancées vers
l'orient, sont sous le même méridien ; on observera que toutes les terres
sont dirigées du nord au midi : Kamtschatka fait une pointe d'environ
160 lieues du nord au midi, et cette pointe, qui du côté de l'orient est
baignée par la mer Pacifique, et de l'autre par la mer méditerranée dont
nous venons de parler, est partagée dans cette direction du nord au midi

1. Ce mouvement est surtout sensible sous la zone torride entre les tropiques.
2. Archipel du *Grand Océan équinoxial*, au Nord de la *Nouvelle-Guinée* et au Sud de la
Nouvelle-Irlande.

par une chaîne de montagnes. Ensuite Yeço et le Japon forment une terre dont la direction est aussi du nord au midi dans une étendue de plus de 400 lieues entre la grande mer et celle de Corée, et les chaînes des montagnes d'Yeço et de cette partie du Japon ne peuvent pas manquer d'être dirigées du nord au midi, puisque ces terres, qui ont quatre cents lieues de longueur dans cette direction, n'en ont pas plus de cinquante, soixante, ou cent de largeur dans l'autre direction de l'est à l'ouest; ainsi Kamtschatka, Yeço et la partie orientale du Japon sont des terres qu'on doit regarder comme contiguës et dirigées du nord au sud; et suivant toujours la même direction l'on trouve, après la pointe du cap Ava au Japon, l'île de Barnevelt et trois autres îles qui sont posées les unes au-dessus des autres exactement dans la direction du nord au sud, et qui occupent en tout un espace d'environ cent lieues : on trouve ensuite dans la même direction trois autres îles appelées les îles des Callanos, qui sont encore toutes trois posées les unes au-dessus des autres dans la même direction du nord au sud; après quoi on trouve les îles des Larrons[1] au nombre de quatorze ou quinze, qui sont toutes posées les unes au-dessus des autres dans la même direction du nord au sud, et qui occupent toutes ensemble, y compris les îles des Callanos, un espace de plus de trois cents lieues de longueur dans cette direction du nord au sud, sur une largeur si petite que dans l'endroit où elle est la plus grande, ces îles n'ont pas sept à huit lieues : il me paraît donc que Kamtschatka, Yeço, le Japon oriental, les îles Barnevelt, du Prince, des Callanos et des Larrons, ne sont que la même chaîne de montagnes et les restes de l'ancien pays que l'océan a rongé et couvert peu à peu. Toutes ces contrées ne sont en effet que des montagnes, et ces îles des pointes de montagnes; les terrains moins élevés ont été submergés par l'océan, et, si ce qui est rapporté dans les *Lettres édifiantes* est vrai, et qu'en effet on ait découvert une quantité d'îles qu'on a appelées les Nouvelles-Philippines[2], et que leur position soit réellement telle qu'elle est donnée par le P. Gobien, on ne pourra guère douter que les îles les plus orientales de ces nouvelles Philippines ne soient une continuation[3] de la chaîne de montagnes qui forme les îles des Larrons; car ces îles orientales, au nombre de onze, sont toutes placées les unes au-dessus des autres dans la même direction du nord au sud; elles occupent en longueur un espace de plus de deux cents lieues, et la plus large n'a pas sept ou huit lieues de largeur dans la direction de l'est à l'ouest.

1. *Îles Mariannes.* — 2. *Îles Carolines.*

3. Cette belle idée de chaînes de montagnes, *continuées sous la mer*, qui vient de Buache, et qu'agrandit Buffon, tire une nouvelle force du vrai mécanisme, aujourd'hui connu, de la formation des montagnes. À mesure que l'intérieur du globe se refroidit, il diminue de volume, et sa *croûte* ou son *enveloppe* se *ride*. Ces *ridements*, ces *dislocations*, ces *ruptures* forment les montagnes, lesquelles s'établissent ainsi en cercles ou demi-cercles, par rapport à la surface du

Mais si l'on trouve ces conjectures trop hasardées, et qu'on m'oppose les grands intervalles qui sont entre les îles voisines du cap Ava, du Japon et celles des Callanos, et entre ces îles et celles des Larrons, et encore entre celles des Larrons et les Nouvelles-Philippines, dont en effet le premier est d'environ cent soixante lieues, le second de cinquante ou soixante, et le troisième de près de cent vingt, je répondrai que les chaînes des montagnes s'étendent souvent beaucoup plus loin sous les eaux de la mer, et que ces intervalles sont petits en comparaison de l'étendue de terre que présentent ces montagnes dans cette direction, qui est de plus de onze cents lieues, en les prenant depuis l'intérieur de la presqu'île de Kamtschatka. Enfin si l'on se refuse totalement à cette idée que je viens de proposer au sujet des cinq cents lieues que l'océan doit avoir gagnées sur les côtes orientales du continent, et de cette suite de montagnes que je fais passer par les îles des Larrons, on ne pourra pas s'empêcher de m'accorder au moins que Kamtschatka, Yeço, le Japon, les îles Bongo, Tanaxima, celles de Lequeo-grande, l'île des Rois, celle de Formosa, celle de Vaif, de Bashe, de Babuyanes, la grande île de Luçon, les autres Philippines, Mindanao, Gilolo, etc. ; enfin la Nouvelle-Guinée, qui s'étend jusqu'à la Nouvelle-Bretagne, située sous le même méridien que Kamtschatka, ne fassent une continuité de terre de plus de deux mille deux cents lieues, qui n'est interrompue que par de petits intervalles, dont le plus grand n'a peut-être pas vingt lieues, en sorte que l'océan forme dans l'intérieur des terres du continent oriental un très-grand golfe, qui commence à Kamtschatka et finit à la Nouvelle-Bretagne; que ce golfe est semé d'îles, qu'il est figuré comme le serait tout autre enfoncement que les eaux pourraient faire à la longue en agissant continuellement contre des rivages et des côtes, et que par conséquent on peut conjecturer avec quelque vraisemblance que l'océan, par son mouvement constant d'orient en occident[1], a gagné peu à peu cette étendue sur le continent oriental, et qu'il a de plus formé les mers méditerranées de Kamtschatka, de Corée, de la Chine, et peut-être tout l'archipel des Indes, car la terre et la mer y sont mêlées de façon qu'il paraît évidemment que c'est un pays inondé, duquel on ne voit plus que les éminences et les terres élevées, et dont les terres plus basses sont cachées par les eaux; aussi cette mer n'est-elle pas profonde comme les autres; et les îles innombrables qu'on y trouve ne sont presque toutes que des montagnes.

Si l'on examine maintenant toutes ces mers en particulier, à commencer

globe. (Voyez le remarquable mémoire de M. Élie de Beaumont sur la *corrélation des directions des différents systèmes de montagnes. Compte-Rendu des séan. de l'Acad. des Sc.,* t. XXXI, p. 325.)

1. L'effet *envahissant*, que Buffon attribue, dans tout ce chapitre, au *mouvement constant* de l'océan d'orient en occident serait, dans tous les cas, singulièrement exagéré. On peut douter qu'il ait rien de réel.

au détroit de la mer de Corée vers celle de la Chine, où nous en étions demeurés, on trouvera que cette mer de la Chine forme dans sa partie septentrionale un golfe fort profond, qui commence à l'île Fungma, et se termine à la frontière de la province de Pékin, à une distance d'environ quarante-cinq ou cinquante lieues de cette capitale de l'empire chinois ; ce golfe, dans sa partie la plus intérieure et la plus étroite, s'appelle le golfe de Changi : il est très-probable que ce golfe de Changi et une partie de cette mer de la Chine ont été formés par l'océan, qui a inondé tout le plat pays de ce continent, dont il ne reste que les terres les plus élevées, qui sont les îles dont nous avons parlé ; dans cette partie méridionale sont les golfes de Tunquin et de Siam, auprès duquel est la presqu'île de Malaie formée par une longue chaîne de montagnes, dont la direction est du nord au sud, et les îles Andamans, qui sont une autre chaîne de montagnes dans la même direction, et qui ne paraissent être qu'une suite des montagnes de Sumatra.

L'océan fait ensuite un grand golfe qu'on appelle le golfe de Bengale, dans lequel on peut remarquer que les terres de la presqu'île de l'Inde font une courbe concave vers l'orient, à peu près comme le grand golfe du continent oriental, ce qui semble aussi avoir été produit par le même mouvement de l'océan d'orient en occident : c'est dans cette presqu'île que sont les montagnes de Gates, qui ont une direction du nord au sud jusqu'au cap de Comorin, et il semble que l'île de Ceylan en ait été séparée et qu'elle ait fait autrefois partie de ce continent. Les Maldives ne sont qu'une autre chaîne de montagnes, dont la direction est encore la même, c'est-à-dire, du nord au sud ; après cela est la mer d'Arabie qui est un très-grand golfe, duquel partent quatre bras qui s'étendent dans les terres, les deux plus grands du côté de l'occident, et les deux plus petits du côté de l'orient ; le premier de ces bras du côté de l'orient est le petit golfe de Cambaie, qui n'a guère que 50 à 60 lieues de profondeur, et qui reçoit deux rivières assez considérables, savoir, le fleuve Tapty et la rivière de Baroche, que Pietro-della-Valle appelle le Mehi ; le second bras vers l'orient est cet endroit fameux par la vitesse et la hauteur des marées, qui y sont plus grandes qu'en aucun lieu du monde, en sorte que ce bras, ou ce petit golfe tout entier, n'est qu'une terre, tantôt couverte par le flux, et tantôt découverte par le reflux, qui s'étend à plus de 50 lieues : il tombe dans cet endroit plusieurs grands fleuves, tels que l'Indus, le Padar, etc., qui ont amené une grande quantité de terre et de limon à leurs embouchures, ce qui a peu à peu élevé le terrain du golfe, dont la pente est si douce, que la marée s'étend à une distance extrêmement grande. Le premier bras du golfe Arabique[1] vers l'occident est le golfe Persique, qui a plus de 250 lieues

____

1. Mer d'Oman.

d'étendue dans les terres, et le second est la mer Rouge, qui en a plus
de 680 en comptant depuis l'île de Socotora : on doit regarder ces deux
bras comme deux mers méditerranées, en les prenant au delà des détroits
d'Ormuz et de Babelmandel, et quoiqu'elles soient toutes deux sujettes à
un grand flux et reflux, et qu'elles participent par conséquent au mouvement de l'Océan, c'est parce qu'elles ne sont pas éloignées de l'équateur
où le mouvement des marées est beaucoup plus grand que dans les autres
climats, et que d'ailleurs elles sont toutes deux fort longues et fort étroites :
le mouvement des marées est beaucoup plus violent dans la mer Rouge
que dans le golfe Persique, parce que la mer Rouge, qui est près de trois
fois plus longue et presque aussi étroite que le golfe Persique, ne reçoit
aucun fleuve dont le mouvement puisse s'opposer à celui du flux, au lieu
que le golfe Persique en reçoit de très-considérables à son extrémité la
plus avancée dans les terres. Il paraît ici assez visiblement que la mer
Rouge a été formée par une irruption de l'océan dans les terres ; car si on
examine le gisement des terres au-dessus et au-dessous de l'ouverture qui
lui sert de passage, on verra que ce passage n'est qu'une coupure, et que
de l'un et de l'autre côté de ce passage les côtes suivent une direction
droite et sur la même ligne, la côte d'Arabie depuis le cap Rozalgate jusqu'au cap Fartaque étant dans la même direction que la côte d'Afrique
depuis le cap de Guardafui jusqu'au cap de Sands.

À l'extrémité de la mer Rouge est cette fameuse langue de terre qu'on
appelle l'isthme de Suez, qui fait une barrière aux eaux de la mer Rouge
et empêche la communication des mers. On a vu, dans le Discours précédent, les raisons qui peuvent faire croire que la mer Rouge est plus élevée
que la Méditerranée[1], et que, si l'on coupait l'isthme de Suez, il pourrait
s'ensuivre une inondation et une augmentation de la Méditerranée ; nous
ajouterons à ce que nous avons dit que, quand même on ne voudrait pas
convenir que la mer Rouge fût plus élevée que la Méditerranée, on ne
pourra pas nier qu'il n'y ait aucun flux et reflux dans cette partie de la
Méditerranée voisine des bouches du Nil, et qu'au contraire il y a dans la
mer Rouge un flux et reflux très-considérable et qui élève les eaux de plusieurs pieds, ce qui seul suffirait pour faire passer une grande quantité
d'eau dans la Méditerranée, si l'isthme était rompu. D'ailleurs nous avons
un exemple cité à ce sujet par Varenius, qui prouve que les mers ne sont
pas également élevées dans toutes leurs parties ; voici ce qu'il en dit

1. « La mer *Méditerranée* paraît être au même niveau que l'*Atlantique*, mais on sait qu'à la
« marée basse la mer *Rouge* est de 8 m. 12 c. plus haute que la *Méditerranée*, et de 9 m. 9 à la
« marée haute. » Huot et Malte-brun : *Précis de géogr. univ.* Voyez (*Compte-Rendu des séan.
de l'Acad. des Sci.*, t. V, p. 913) le résultat du nouveau travail, fait par les Académiciens de
Saint-Pétersbourg, touchant la dépression de la mer *Caspienne*. Voyez aussi *Compte-Rendu
des séan. de l'Acad. des Sci.*, t. XV, p. 887 une note de MM. Symon et Alderson, touchant la
dépression de la mer *Morte*.

page 100 de sa Géographie : *Oceanus Germanicus, qui est Atlantici pars, inter Frisiam et Hollandiam se effundens, efficit sinum qui, etsi parvus sit respectu celebrium sinuum maris, tamen et ipse dicitur mare, alluitque Hollandiæ emporium celeberrimum, Amstelodamum. Non procul indè abest lacus Harlemensis, qui etiam mare Harlemense dicitur. Hujus altitudo non est minor altitudine sinûs illius Belgici, quem diximus, et mittit ramum ad urbem Leidam, ubi in varias fossas divaricatur. Quoniam itaque nec lacus hic, neque sinus ille, Hollandici maris inundant adjacentes agros (de naturali constitutione loquor, non ubi tempestatibus urgentur, propter quas aggeres facti sunt) patet indè quòd non sint altiores quàm agri Hollandiæ. At verò Oceanum Germanicum esse altiorem quàm terras hasce experti sunt Leidenses, cùm suscepissent fossam seu alveum ex urbe sua ad Oceani Germanici littora, propè Cattarum vicum perducere (distantia est duorum milliarium) ut, recepto per alveum hunc mari, possent navigationem instituere in Oceanum Germanicum, et hinc in varias terræ regiones. Verùm enimverò cùm magnam jam alvei partem perfecissent, desistere coacti sunt, quoniam tùm demùm per observationem cognitum est Oceani Germanici aquam esse altiorem quàm agrum inter Leidam et littus Oceani illius; undè locus ille, ubi fodere, desierunt, dicitur Het malle Gat. Oceanus itaque Germanicus est aliquantùm altior quàm sinus ille Hollandicus, etc.* Ainsi on peut croire que la mer Rouge est plus haute que la Méditerranée, comme la mer d'Allemagne est plus haute que la mer de Hollande. Quelques anciens auteurs, comme Hérodote et Diodore de Sicile, parlent d'un canal de communication du Nil et de la Méditerranée avec la mer Rouge, et en dernier lieu M. Delisle a donné une carte en 1704, dans laquelle il a marqué un bout de canal qui sort du bras le plus oriental du Nil et qu'il juge devoir être une partie de celui qui faisait autrefois cette communication du Nil avec la mer Rouge. (Voyez les *Mém. de l'Acad. des Sc.*, an. 1704.) Dans la troisième partie du livre qui a pour titre, *Connaissance de l'ancien monde*, imprimé en 1707, on trouve le même sentiment, et il y est dit, d'après Diodore de Sicile, que ce fut Néco roi d'Égypte qui commença ce canal, que Darius roi de Perse le continua, et que Ptolomée II l'acheva et le conduisit jusqu'à la ville d'Arsinoé; qu'il le faisait ouvrir et fermer selon qu'il en avait besoin. Sans que je prétende vouloir nier ces faits, je suis obligé d'avouer qu'ils me paraissent douteux, et je ne sais pas si la violence et la hauteur des marées dans la mer Rouge ne se seraient pas nécessairement communiquées aux eaux de ce canal; il me semble qu'au moins il aurait fallu de grandes précautions pour contenir les eaux, éviter les inondations, et beaucoup de soin pour entretenir ce canal en bon état : aussi les historiens qui nous disent que ce canal a été entrepris et achevé, ne nous disent pas s'il a duré, et les vestiges qu'on prétend en reconnaître aujourd'hui sont peut-être tout ce qui en a jamais été fait. On a

donné à ce bras de l'océan le nom de mer Rouge, parce qu'elle a en effet
cette couleur dans tous les endroits où il se trouve des madrépores sur son
fond[1] : voici ce qui est rapporté dans l'*Histoire générale des Voyages*, tome I,
pages 198 et 199. « Avant que de quitter la mer Rouge Dom Jean examina
« quelles peuvent avoir été les raisons qui ont fait donner ce nom au golfe
« Arabique par les anciens, et si cette mer est en effet différente des autres
« par la couleur; il observa que Pline rapporte plusieurs sentiments sur
« l'origine de ce nom ; les uns le font venir d'un roi nommé Érythros qui
« régna dans ces cantons, et dont le nom en grec signifie *rouge*; d'autres
« se sont imaginé que la réflexion du soleil produit une couleur rougeâtre
« sur la surface de l'eau, et d'autres que l'eau du golfe a naturellement
« cette couleur. Les Portugais, qui avaient déjà fait plusieurs voyages à
« l'entrée des détroits, assuraient que toute la côte d'Arabie étant fort rouge,
« le sable et la poussière qui s'en détachaient, et que le vent poussait dans
« la mer, teignaient les eaux de la même couleur.

« Dom Jean qui, pour vérifier ces opinions, ne cessa point jour et nuit
« depuis son départ de Socotora, d'observer la nature de l'eau et les qua-
« lités des côtes jusqu'à Suez, assure que loin d'être naturellement rouge,
« l'eau est de la couleur des autres mers, et que le sable ou la poussière
« n'ayant rien de rouge non plus, ne donnent point cette teinte à l'eau du
« golfe. La terre sur les deux côtes est généralement brune, et noire même
« en quelques endroits; dans d'autres lieux elle est blanche : ce n'est qu'au
« delà de Suaquen[2], c'est-à-dire sur des côtes où les Portugais n'avaient
« point encore pénétré, qu'il vit en effet trois montagnes rayées de rouge,
« encore étaient-elles d'un roc fort dur, et le pays voisin était de la couleur
« ordinaire.

« La vérité donc est que cette mer, depuis l'entrée jusqu'au fond du
« golfe, est partout de la même couleur, ce qu'il est facile de se démontrer
« à soi-même en puisant de l'eau à chaque lieu; mais il faut avouer aussi
« que dans quelques endroits elle paraît rouge par accident, et dans d'autres
« verte et blanche : voici l'explication de ce phénomène. Depuis Suaquen
« jusqu'à Kossir, c'est-à-dire pendant l'espace de 136 lieues, la mer est
« remplie de bancs et de rochers de corail; on leur donne ce nom, parce
« que leur forme et leur couleur les rendent si semblables au corail, qu'il
« faut une certaine habileté pour ne pas s'y tromper; ils croissent comme
« des arbres, et leurs branches prennent la forme de celles du corail; on en
« distingue deux sortes, l'une blanche et l'autre fort rouge; ils sont cou-

1. L'opinion la plus récente est que la mer *Rouge* doit sa coloration (en ce cas, vraisemblablement périodique) à une *algue microscopique* d'un rouge très-vif. (Voyez, dans le *Compte-
Rendu des séanc. de l'Acad. des Sci.*, t. XIX, p. 172, un mémoire de M. Montagne qui rappelle
les observations de M. Ehrenberg et celles de M. Évenor Dupont.)

2. *Suakem* ou *Saakin*.

« verts en plusieurs endroits d'une espèce de gomme ou de glu verte, et
« dans d'autres lieux, orange foncé. Or l'eau de cette mer étant plus claire
« et plus transparente qu'aucune autre eau du monde, de sorte qu'à
« 20 brasses de profondeur l'œil pénètre jusqu'au fond, surtout depuis
« Suaquen jusqu'à l'extrémité du golfe, il arrive qu'elle paraît prendre la
« couleur des choses qu'elle couvre : par exemple, lorsque les rocs sont
« comme enduits de glu verte, l'eau qui passe par-dessus, paraît d'un
« vert plus foncé que les rocs mêmes, et lorsque le fond est uniquement
« de sable, l'eau paraît blanche ; de même lorsque les rocs sont de corail,
« dans le sens que j'ai donné à ce terme, et que la glu qui les environne
« est rouge ou rougeâtre, l'eau se teint ou plutôt semble se teindre en
« rouge ; ainsi comme les rocs de cette couleur sont plus fréquents que les
« blancs et les verts, Dom Jean conclut qu'on a dû donner au golfe Ara-
« bique le nom de mer Rouge plutôt que celui de mer verte ou blanche ;
« il s'applaudit de cette découverte avec d'autant plus de raison, que la
« méthode par laquelle il s'en était assuré ne pouvait lui laisser aucun
« doute. Il faisait amarrer une flûte contre les rocs dans les lieux qui
« n'avaient point assez de profondeur pour permettre aux vaisseaux d'ap-
« procher, et souvent les matelots pouvaient exécuter ses ordres à leur
« aise, sans avoir la mer plus haut que l'estomac à plus d'une demi-lieue
« des rocs ; la plus grande partie des pierres ou des cailloux qu'ils en
« tiraient, dans les lieux où l'eau paraissait rouge, avaient aussi cette cou-
« leur ; dans l'eau qui paraissait verte, les pierres étaient vertes, et si l'eau
« paraissait blanche, le fond était d'un sable blanc, où l'on n'apercevait
« point d'autre mélange. »

Depuis l'entrée de la mer Rouge au cap Gardafui jusqu'à la pointe de
l'Afrique au cap de Bonne-Espérance, l'océan a une direction assez égale,
et il ne forme aucun golfe considérable dans l'intérieur des terres ; il y a
seulement une espèce d'enfoncement à la côte de Mélinde, qu'on pourrait
regarder comme faisant partie d'un grand golfe, si l'île de Madagascar était
réunie à la terre ferme : il est vrai que cette île, quoique séparée par le
large détroit de Mozambique, paraît avoir appartenu autrefois au continent, car il y a des sables fort hauts et d'une vaste étendue dans ce détroit,
surtout du côté de Madagascar ; ce qui reste de passage absolument libre
dans ce détroit, n'est pas fort considérable.

En remontant la côte occidentale de l'Afrique depuis le cap de Bonne-
Espérance jusqu'au cap Négro, les terres sont droites et dans la même
direction, et il semble que toute cette longue côte ne soit qu'une suite de
montagnes ; c'est au moins un pays élevé qui ne produit, dans une étendue
de plus de 500 lieues, aucune rivière considérable, à l'exception d'une
ou de deux dont on n'a reconnu que l'embouchure ; mais au delà du cap
Négro la côte fait une courbe dans les terres qui, dans toute l'étendue de

cette courbe, paraissent être un pays plus bas que le reste de l'Afrique, et qui est arrosé de plusieurs fleuves dont les plus grands sont le Coanza et le Zaïre. On compte depuis le cap Négro jusqu'au cap Gonzalvez vingt-quatre embouchures de rivières toutes considérables, et l'espace contenu entre ces deux caps est d'environ 420 lieues en suivant les côtes. On peut croire que l'océan a un peu gagné sur ces terres basses de l'Afrique, non pas par son mouvement naturel d'orient en occident, qui est dans une direction contraire à celle qu'exigerait l'effet dont il est question, mais seulement parce que ces terres étant plus basses que toutes les autres, il les aura surmontées et minées presque sans effort. Du cap Gonzalvez au cap des Trois-Pointes l'océan forme un golfe fort ouvert[1] qui n'a rien de remarquable, sinon un cap fort avancé et situé à peu près dans le milieu de l'étendue des côtes qui forment ce golfe : on l'appelle le cap Formosa : il y a aussi trois îles dans la partie la plus méridionale de ce golfe, qui sont les îles Fernandpo, du Prince et de Saint-Thomas; ces îles paraissent être la continuation d'une chaîne de montagnes située entre Rio-del-Rey et le fleuve Jamoer. Du cap des Trois-Pointes au cap Palmas l'océan rentre un peu dans les terres, et du cap Palmas au cap Tagrin il n'y a rien de remarquable dans le gisement des terres; mais auprès du cap Tagrin l'océan fait un très-petit golfe dans les terres de Sierra-Liona, et plus haut un autre encore plus petit où sont les îles Bisagas; ensuite on trouve le cap Vert qui est fort avancé dans la mer, et dont il paraît que les îles du même nom ne sont que la continuation, ou, si l'on veut, celle du cap Blanc, qui est une terre élevée, encore plus considérable et plus avancée que celle du cap Vert. On trouve ensuite la côte montagneuse et sèche qui commence au cap Blanc et finit au cap Bajador; les îles Canaries paraissent être une continuation de ces montagnes; enfin entre les terres du Portugal et de l'Afrique l'océan fait un golfe fort ouvert, au milieu duquel est le fameux détroit de Gibraltar, par lequel l'Océan coule dans la Méditerranée avec une grande rapidité. Cette mer s'étend à près de 900 lieues dans l'intérieur des terres, et elle a plusieurs choses remarquables : premièrement elle ne participe pas d'une manière sensible au mouvement de flux et de reflux, et il n'y a que dans le golfe de Venise, où elle se rétrécit beaucoup, que ce mouvement se fait sentir; on prétend aussi s'être aperçu de quelque petit mouvement à Marseille et à la côte de Tripoli; en second lieu elle contient de grandes îles, celle de Sicile, celles de Sardaigne, de Corse, de Chypre, de Majorque, etc., et l'une des plus grandes presqu'îles du monde, qui est l'Italie : elle a aussi un archipel, ou plutôt c'est de cet archipel de notre mer Méditerranée que les autres amas d'îles ont emprunté ce nom; mais cet archipel de la Méditerranée me paraît appartenir plutôt à la mer Noire,

____

1. Golfe de Guinée.

et il semble que ce pays de la Grèce ait été en partie noyé par les eaux surabondantes de la mer Noire, qui coulent dans la mer de Marmara, et de là dans la mer Méditerranée.

Je sais bien que quelques gens ont prétendu qu'il y avait dans le détroit de Gibraltar un double courant, l'un supérieur, qui portait l'eau de l'Océan dans la Méditerranée, et l'autre inférieur, dont l'effet, disent-ils, est contraire; mais cette opinion est évidemment fausse et contraire aux lois de l'hydrostatique[1] : on a dit de même que dans plusieurs autres endroits il y avait de ces courants inférieurs, dont la direction était opposée à celle du courant supérieur, comme dans le Bosphore, dans le détroit du Sund, etc., et Marsilli[2] rapporte même des expériences qui ont été faites dans le Bosphore et qui prouvent ce fait; mais il y a grande apparence que les expériences ont été mal faites, puisque la chose est impossible et qu'elle répugne à toutes les notions que l'on a sur le mouvement des eaux[3] : d'ailleurs Greaves, dans sa *Pyramidographie*, pag. 101 et 102, prouve par des expériences bien faites qu'il n'y a dans le Bosphore aucun courant inférieur dont la direction soit opposée au courant supérieur : ce qui a pu tromper Marsilli et les autres, c'est que dans le Bosphore, comme dans le détroit de Gibraltar et dans tous les fleuves qui coulent avec quelque rapidité, il y a un remous considérable le long des rivages, dont la direction est ordinairement différente, et quelquefois contraire à celle du courant principal des eaux.

Parcourons maintenant toutes les côtes du nouveau continent, et commençons par le point du cap Holdwith-Hope, situé au 73e degré latitude nord : c'est la terre la plus septentrionale que l'on connaisse dans le nouveau Groenland, elle n'est éloignée du cap Nord de Laponie que d'environ 160 ou 180 lieues; de ce cap on peut suivre la côte du Groenland jusqu'au cercle polaire; là l'océan forme un large détroit entre l'Islande et les terres du Groenland. On prétend que ce pays voisin de l'Islande n'est pas l'ancien Groenland que les Danois possédaient autrefois comme province dépendante de leur royaume; il y avait dans cet ancien Groenland des peuples policés et chrétiens, des évêques, des églises, des villes considérables par leur commerce; les Danois y allaient aussi souvent et aussi aisément que les Espagnols pourraient aller aux Canaries : il existe encore, à ce qu'on assure, des titres et des ordonnances pour les affaires de ce pays, et tout cela n'est pas bien ancien; cependant, sans qu'on puisse deviner comment ni pour-

----

1. « Arago a montré qu'au détroit de Gibraltar, où les eaux de l'Océan Atlantique pénètrent « en produisant un courant superficiel dirigé de l'ouest à l'est, un contre-courant inférieur « déverse les eaux de la Méditerranée dans le Grand Océan, et s'oppose à l'introduction du « courant polaire inférieur. » *Cosmos*, t. I, p. 357.

2. *Marsigli.*

3. Buffon lui-même en citera plus tard un exemple. (Voyez l'*Addition sur le double courant des eaux dans quelques endroits de l'Océan.*)

quoi, ce pays est absolument perdu, et l'on n'a trouvé dans le nouveau Groenland aucun indice de tout ce que nous venons de rapporter : les peuples y sont sauvages, il n'y a aucun vestige d'édifice, pas un mot de leur langue qui ressemble à la langue danoise, enfin, rien qui puisse faire juger que c'est le même pays, il est même presque désert et bordé de glaces pendant la plus grande partie de l'année ; mais comme ces terres sont d'une très-vaste étendue, et que les côtes ont été très-peu fréquentées par les navigateurs modernes, ces navigateurs ont pu manquer le lieu où habitent les descendants de ces peuples policés, ou bien il se peut que les glaces étant devenues plus abondantes dans cette mer, elles empêchent aujourd'hui d'aborder en cet endroit : tout ce pays cependant, à en juger par les cartes, a été côtoyé et reconnu en entier[1], il forme une grande presqu'île à l'extrémité de laquelle sont les deux détroits de Frobisher et l'île de Frisland, où il fait un froid extrême, quoiqu'ils ne soient qu'à la hauteur des Orcades, c'est-à-dire à 60 degrés.

Entre la côte occidentale du Groenland et celle de la terre de Labrador l'océan fait un golfe, et ensuite une grande mer méditerranée, la plus froide de toutes les mers, et dont les côtes ne sont pas encore bien reconnues ; en suivant ce golfe droit au nord on trouve le large détroit de Davis qui conduit à la mer Christiane[2], terminée par la mer de Baffin, qui fait un cul-de-sac dont il paraît qu'on ne peut sortir que pour tomber dans un autre cul-de-sac qui est la baie de Hudson. Le détroit de Cumberland qui peut, aussi bien que celui de Davis, conduire à la mer Christiane, est plus étroit et plus sujet à être glacé ; celui de Hudson, quoique beaucoup plus méridional, est aussi glacé pendant une partie de l'année, et on a remarqué dans ces détroits et dans ces mers méditerranées un mouvement de flux et reflux très-fort, tout au contraire de ce qui arrive dans les mers méditerranées de l'Europe, soit dans la Méditerranée, soit dans la mer Baltique, où il n'y a point de flux et reflux, ce qui ne peut venir que de la différence du mouvement de la mer, qui, se faisant toujours d'orient en occident, occasionne de grandes marées dans les détroits qui sont opposés à cette direction de mouvement, c'est-à-dire dans les détroits dont les ouvertures sont tournées vers l'orient, au lieu que dans ceux de l'Europe, qui présentent leur ouverture à l'occident, il n'y a aucun mouvement : l'océan, par son mouvement général, entre dans les premiers et fuit les derniers, et c'est par cette même raison qu'il y a de violentes marées dans les mers de la Chine, de Corée et de Kamtschatka.

En descendant du détroit de Hudson vers la terre de Labrador, on voit une ouverture étroite, dans laquelle Davis, en 1586, remonta jusqu'à trente

---

1. Ses bornes au nord sont encore ignorées. Le récit de Buffon sur le *vieux Groenland* a quelque chose d'exagéré, mais le fond en est vrai. (Voyez *Mallebrun*, etc.)

2. *Mer de Baffin*. Ici encore les notions précises manquent à Buffon.

lieues, et fit quelque petit commerce avec les habitants; mais personne, que je sache, n'a depuis tenté la découverte de ce bras de mer, et on ne connait de la terre voisine que le pays des Eskimaux : le fort Pontchartrain est la seule habitation et la plus septentrionale de tout ce pays, qui n'est séparé de l'ile de Terre-Neuve que par le petit détroit de Bellisle, qui n'est pas trop fréquenté; et comme la côte orientale de Terre-Neuve est dans la même direction que la côte de Labrador, on doit regarder l'ile de Terre-Neuve comme une partie du continent, de même que l'ile Royale parait être une partie du continent de l'Acadie[1]; le grand banc et les autres bancs sur lesquels on pêche la morue ne sont pas des hauts-fonds, comme on pourrait le croire, ils sont à une profondeur considérable sous l'eau, et produisent dans cet endroit des courants très-violents. Entre le cap Breton et Terre-Neuve est un détroit assez large par lequel on entre dans une petite mer méditerranée qu'on appelle le golfe de Saint-Laurent; cette petite mer a un bras qui s'étend assez considérablement dans les terres, et qui semble n'être que l'embouchure du fleuve Saint-Laurent; le mouvement du flux et reflux est extrêmement sensible dans ce bras de mer, et à Québec même, qui est plus avancé dans les terres, les eaux s'élèvent de plusieurs pieds. Au sortir du golfe de Canada, et en suivant la côte de l'Acadie, on trouve un petit golfe qu'on appelle la baie de Boston, qui fait un petit enfoncement carré dans les terres; mais, avant que de suivre cette côte plus loin, il est bon d'observer que depuis l'ile de Terre-Neuve jusqu'aux iles Antilles les plus avancées, comme la Barbade et Antigoa, et même jusqu'à celles de la Guyane, l'océan fait un très-grand golfe qui a plus de 500 lieues d'enfoncement jusqu'à la Floride; ce golfe du nouveau continent est semblable à celui de l'ancien continent dont nous avons parlé, et tout de même que dans le continent oriental l'océan, après avoir fait un golfe entre les terres de Kamtschatka et de la Nouvelle-Bretagne, forme ensuite une vaste mer méditerranée, qui comprend la mer de Kamtschatka, celle de Corée, celle de la Chine, etc., dans le nouveau continent l'océan, après avoir fait un grand golfe entre les terres de Terre-Neuve et celles de la Guyane, forme une très-grande mer méditerranée qui s'étend depuis les Antilles jusqu'au Mexique; ce qui confirme ce que nous avons dit au sujet des effets du mouvement de l'océan d'orient en occident, car il semble que l'océan ait gagné tout autant de terrain sur les côtes orientales de l'Amérique, qu'il en a gagné sur les côtes orientales de l'Asie; et ces deux grands golfes ou enfoncements que l'océan a formés dans ces deux continents sont sous le même degré de latitude, et à peu près de la même étendue, ce qui fait des rapports ou des convenances singulières, et qui paraissent venir de la même cause.

Si l'on examine la position des iles Antilles, à commencer par celle de la

---

1. *Nouvelle-Écosse.*

Trinité qui est la plus méridienale, on ne pourra guère douter que les îles de la Trinité, de Tabago, de la Grenade, les îles des Granadilles, celles de Saint-Vincent, de la Martinique, de Marie-Galante, de la Desirade, d'Antigoa, de la Barbade, avec toutes les autres îles qui les accompagnent, ne fassent une chaîne de montagnes dont la direction est du sud au nord, comme est celle de l'île de Terre-Neuve et de la terre des Eskimaux. Ensuite la direction de ces îles Antilles est de l'est à l'ouest en commençant à l'île de la Barbade, passant par Saint-Barthélemi, Porto-Rico, Saint-Domingue et l'île de Cube [1], à peu près comme les terres du cap Breton, de l'Acadie, de la Nouvelle-Angleterre; toutes ces îles sont si voisines les unes des autres, qu'on peut les regarder comme une bande de terre non interrompue et comme les parties les plus élevées d'un terrain submergé : la plupart de ces îles ne sont en effet que des pointes de montagnes, et la mer [2] qui est au delà est une vraie mer méditerranée, où le mouvement du flux et reflux n'est guère plus sensible que dans notre mer Méditerranée, quoique les ouvertures qu'elles présentent à l'océan soient directement opposées au mouvement des eaux d'orient en occident, ce qui devrait contribuer à rendre ce mouvement sensible dans le golfe du Mexique; mais, comme cette mer méditerranée est fort large, le mouvement du flux et reflux qui lui est communiqué par l'océan, se répandant sur un aussi grand espace, perd une grande partie de sa vitesse et devient presque insensible à la côte de la Louisiane et dans plusieurs autres endroits.

L'ancien et le nouveau continent paraissent donc tous les deux avoir été rongés par l'océan à la même hauteur et à la même profondeur dans les terres; tous deux ont ensuite une vaste mer méditerranée et une grande quantité d'îles qui sont encore situées à peu près à la même hauteur : la seule différence est que l'ancien continent étant beaucoup plus large que le nouveau, il y a dans la partie occidentale de cet ancien continent une mer méditerranée occidentale qui ne peut pas se trouver dans le nouveau continent; mais il paraît que tout ce qui est arrivé aux terres orientales de l'ancien monde est aussi arrivé de même aux terres orientales du nouveau monde, et que c'est à peu près dans leur milieu et à la même hauteur que s'est faite la plus grande destruction des terres, parce qu'en effet c'est dans ce milieu et près de l'équateur qu'est le plus grand mouvement de l'océan.

Les côtes de la Guyane, comprises entre l'embouchure du fleuve Orénoque et celle de la rivière des Amazones, n'offrent rien de remarquable; mais cette rivière, la plus large de l'univers, forme une étendue d'eau considérable auprès de Coropa [3], avant que d'arriver à la mer par deux bouches différentes qui forment l'île de Caviana. De l'embouchure de la rivière des

1. Cuba. — 2. Mer des Antilles. — 3. Curupa.

Amazones jusqu'au cap Saint-Roch, la côte va presque droit de l'ouest à l'est ; du cap Saint-Roch au cap Saint-Augustin, elle va du nord au sud, et du cap Saint-Augustin à la baie de Tous-les-Saints elle retourne vers l'ouest ; en sorte que cette partie du Brésil fait une avance considérable dans la mer, qui regarde directement une pareille avance de terre que fait l'Afrique en sens opposé. La baie de Tous-les-Saints est un petit bras de l'océan qui a environ cinquante lieues de profondeur dans les terres, et qui est fort fréquenté des navigateurs. De cette baie jusqu'au cap de Saint-Thomas, la côte va droit du nord au midi, et ensuite dans une direction sud-ouest jusqu'à l'embouchure du fleuve de la Plata, où la mer fait un petit bras qui remonte à près de cent lieues dans les terres. De là à l'extrémité de l'Amérique, l'océan paraît faire un grand golfe terminé par les terres voisines de la Terre-de-Feu, comme l'île Falkland, les terres du cap de l'Assomption, l'île Beauchêne et les terres qui forment le détroit de la Roche, découvert en 1671 : on trouve au fond de ce golfe le détroit de Magellan, qui est le plus long de tous les détroits, et où le flux et reflux est extrêmement sensible ; au delà est celui de Le Maire, qui est plus court et plus commode, et enfin le cap Horn, qui est la pointe du continent de l'Amérique méridionale.

On doit remarquer, au sujet de ces pointes formées par les continents, qu'elles sont toutes posées de la même façon ; elles regardent toutes le midi, et la plupart sont coupées par des détroits qui vont de l'orient à l'occident : la première est celle de l'Amérique méridionale, qui regarde le midi ou le pôle austral, et qui est coupée par le détroit de Magellan ; la seconde est celle du Groenland, qui regarde aussi directement le midi, et qui est coupée de même de l'est à l'ouest par les détroits de Frobisher ; la troisième est celle de l'Afrique, qui regarde aussi le midi, et qui a au delà du cap de Bonne-Espérance des bancs et des hauts-fonds qui paraissent en avoir été séparés ; la quatrième est la pointe de la presqu'île de l'Inde, qui est coupée par un détroit qui forme l'île de Ceylan, et qui regarde le midi, comme toutes les autres. Jusqu'ici nous ne voyons pas qu'on puisse donner la raison de cette singularité, et dire pourquoi les pointes de toutes les grandes presqu'îles sont toutes tournées vers le midi, et presque toutes coupées à leurs extrémités par des détroits.

En remontant de la Terre-de-Feu tout le long des côtes occidentales de l'Amérique méridionale, l'océan rentre assez considérablement dans les terres, et cette côte semble suivre exactement la direction des hautes montagnes qui traversent du midi au nord toute l'Amérique méridionale depuis l'équateur jusqu'à la Terre-de-Feu. Près de l'équateur, l'océan fait un golfe assez considérable, qui commence au cap Saint-François et s'étend jusqu'à Panama où est le fameux isthme qui, comme celui de Suez, empêche la communication des deux mers, et sans lesquels il y aurait une séparation entière de l'ancien et du nouveau continent en deux parties ; de là il n'y a rien de remarquable jusqu'à la Californie, qui est une presqu'île fort longue entre les terres de laquelle et celles du nouveau Mexique l'océan fait un bras qu'on appelle la mer Vermeille[1], qui a plus de 200 lieues d'étendue en longueur. Enfin on a suivi les côtes occidentales de la Californie jusqu'au 43e degré ; et à cette latitude, Drake, qui le premier a fait la découverte de la terre qui est au nord de la Californie, et qui l'a appelée Nouvelle Albion, fut obligé, à cause de la rigueur du froid, de changer sa route et de s'arrêter dans une petite baie qui porte son nom, de sorte qu'au delà du 43e ou du 44e degré les mers de ces climats n'ont pas été reconnues, non plus que les terres de l'Amérique septentrionale, dont les derniers peuples qui sont connus sont les Moozemlekis sous le 48e degré, et les Assiniboïls sous le 51e, et les premiers sont beaucoup plus reculés vers l'ouest que les seconds. Tout ce qui est au delà, soit terre, soit mer, dans une étendue de plus de 1,000 lieues en longueur et d'autant en largeur, est inconnu[2], à moins que les Moscovites dans leurs dernières navigations n'aient, comme ils l'ont annoncé, reconnu une partie de ces climats en partant de Kamtschatka, qui est la terre la plus voisine du côté de l'orient.

L'océan environne donc toute la terre sans interruption de continuité[3], et on peut faire le tour du globe en passant à la pointe de l'Amérique méridionale ; mais on ne sait pas encore si l'océan environne de même la partie septentrionale du globe[4], et tous les navigateurs qui ont tenté d'aller d'Europe à la Chine par le nord-est ou par le nord-ouest, ont également échoué dans leurs entreprises.

Les lacs diffèrent des mers méditerranées en ce qu'ils ne tirent aucune eau de l'océan, et qu'au contraire, s'ils ont communication avec les mers, ils leur fournissent des eaux : ainsi la mer Noire, que quelques géographes ont regardée comme une suite de la mer Méditerranée, et par conséquent comme un appendice de l'océan, n'est qu'un lac, parce qu'au lieu de tirer des eaux de la Méditerranée elle lui en fournit, et coule avec rapidité par le Bosphore dans le lac appelé mer de Marmara, et de là par le détroit des Dardanelles dans la mer de Grèce[5]. La mer Noire à environ 250 lieues de longueur sur 100 de largeur, et elle reçoit un grand nombre de fleuves dont les plus considérables sont le Danube, le Niéper[6], le Don[7], le Boh[8], le Donjec[9], etc. Le Don, qui se réunit avec le Donjec, forme, avant que d'arriver à la mer Noire, un lac ou un marais fort considérable qu'on appelle le

1. *Golfe de Californie.*
2. Voyez, sur ces régions, connues aujourd'hui, l'atlas de M. Brué, etc.
3. *Sans interruption de continuité.* Voilà l'idée principale sur laquelle roule tout ce chapitre ; et voici comment Malte-brun en profite : « Il n'y a, sur notre globe, qu'une seule mer, un seul fluide continu, répandu tout autour de la terre..... » (*Précis de géogr. univ.*)
4. Voyez la note 1 de la page 111.
5. *Mer Égée.* — 6. *Dnieper* ou *Borysthène.* — 7. *Tanaïs.* Il se jette dans la mer d'*Azof.*
8. *Boug.* — 9. *Donetz.*

Palus Méotide [1], dont l'étendue est de plus de 100 lieues en longueur, sur 20 ou 25 de largeur. La mer de Marmara, qui est au-dessous de la mer Noire, est un lac plus petit que le Palus Méotide, et il n'a qu'environ 50 lieues de longueur sur 8 ou 9 de largeur.

Quelques anciens, et entre autres Diodore de Sicile, ont écrit que le Pont-Euxin ou la mer Noire n'était autrefois que comme une grande rivière ou un grand lac qui n'avait aucune communication avec la mer de Grèce, mais que ce grand lac s'étant augmenté considérablement avec le temps par les eaux des fleuves qui y arrivent, il s'était enfin ouvert un passage, d'abord du côté des îles Cyanées, et ensuite du côté de l'Hellespont. Cette opinion me paraît assez vraisemblable, et même il est facile d'expliquer le fait; car, en supposant que le fond de la mer Noire fût autrefois plus bas qu'il ne l'est aujourd'hui, on voit bien que les fleuves qui y arrivent auront élevé le fond de cette mer par le limon et les sables qu'ils entraînent, et que par conséquent il a pu arriver que la surface de cette mer se soit élevée assez pour que l'eau ait pu se faire une issue; et comme les fleuves continuent toujours à amener du sable et des terres, et qu'en même temps la quantité d'eau diminue dans les fleuves à proportion que les montagnes dont ils tirent leurs sources s'abaissent, il peut arriver par une longue suite de siècles que le Bosphore se remplisse; mais comme ces effets dépendent de plusieurs causes, il n'est guère possible de donner sur cela quelque chose de plus que de simples conjectures. C'est sur ce témoignage des anciens que M. de Tournefort dit, dans son *Voyage du Levant*, que la mer Noire recevant les eaux d'une grande partie de l'Europe et de l'Asie, après avoir augmenté considérablement, s'ouvrit un chemin par le Bosphore, et ensuite forma la Méditerranée, ou l'augmenta si considérablement que, d'un lac qu'elle était autrefois, elle devint une grande mer, qui s'ouvrit ensuite elle-même un chemin par le détroit de Gibraltar, et que c'est probablement dans ce temps que l'île Atlantide, dont parle Platon, a été submergée. Cette opinion ne peut se soutenir, dès qu'on est assuré que c'est l'Océan qui coule dans la Méditerranée, et non pas la Méditerranée dans l'Océan; d'ailleurs M. de Tournefort n'a pas combiné deux faits essentiels, et qu'il rapporte cependant tous deux: le premier, c'est que la mer Noire reçoit neuf ou dix fleuves, dont il n'y en a pas un qui ne lui fournisse plus d'eau que le Bosphore n'en laisse sortir; le second, c'est que la mer Méditerranée ne reçoit pas plus d'eau par les fleuves que la mer Noire; cependant elle est sept ou huit fois plus grande, et ce que le Bosphore lui fournit ne fait pas la dixième partie de ce qui tombe dans la mer Noire: comment veut-il que cette dixième partie de ce qui tombe dans une petite mer ait formé non-seulement une grande mer, mais encore ait si fort augmenté la quantité des eaux, qu'elles aient ren-

1. *Mer d'Azof.*

versé les terres à l'endroit du détroit pour aller ensuite submerger une île plus grande que l'Europe? Il est aisé de voir que cet endroit de M. de Tournefort n'est pas assez réfléchi. La mer Méditerranée tire au contraire au moins dix fois plus d'eau de l'Océan qu'elle n'en tire de la mer Noire, parce que le Bosphore n'a que 800 pas de largeur dans l'endroit le plus étroit, au lieu que le détroit de Gibraltar en a plus de 3,000 dans l'endroit le plus serré, et qu'en supposant les vitesses égales dans l'un et dans l'autre détroit, celui de Gibraltar a bien plus de profondeur.

M. de Tournefort, qui plaisante sur Polybe au sujet de l'opinion que le Bosphore se remplira, et qui la traite de fausse prédiction, n'a pas fait assez d'attention aux circonstances pour prononcer, comme il le fait, sur l'impossibilité de cet événement. Cette mer, qui reçoit huit ou dix grands fleuves, dont la plupart entraînent beaucoup de terre, de sable et de limon, ne se remplit-elle pas peu à peu? les vents et le courant naturel des eaux vers le Bosphore ne doivent-ils pas y transporter une partie de ces terres amenées par ces fleuves? Il est donc au contraire très-probable que par la succession des temps le Bosphore se trouvera rempli, lorsque les fleuves qui arrivent dans la mer Noire auront beaucoup diminué : or tous les fleuves diminuent de jour en jour, parce que tous les jours les montagnes s'abaissent; les vapeurs qui s'arrêtent autour des montagnes étant les premières sources des rivières, leur grosseur et leur quantité d'eau dépend de la quantité de ces vapeurs, qui ne peut manquer de diminuer à mesure que les montagnes diminuent de hauteur.

Cette mer reçoit à la vérité plus d'eau par les fleuves que la Méditerranée, et voici ce qu'en dit le même auteur : « Tout le monde sait que les « plus grandes eaux de l'Europe tombent dans la mer Noire par le moyen « du Danube, dans lequel se dégorgent les rivières de Souabe, de Franconie, de Bavière, d'Autriche, de Hongrie, de Moravie, de Carinthie, de « Croatie, de Bothnie, de Servie, de Transylvanie, de Valachie; celles de « la Russie noire et de la Podolie se rendent dans la même mer par le « moyen du Niester [1]; celles des parties méridionales et orientales de la « Pologne, de la Moscovie septentrionale, et du pays des Cosaques, y entrent « par le Niéper ou Boristhène; le Tanaïs et le Copa arrivent aussi dans la « mer Noire par le Bosphore cimmérien; les rivières de la Mingrélie, dont « le Phase est la principale, se vident aussi dans la mer Noire, de même « que le Casalmac, le Sangaris et les autres fleuves de l'Asie-Mineure qui « ont leur cours vers le nord; néanmoins le Bosphore de Thrace n'est com-« parable à aucune de ces grandes rivières. » (Voyez *Voyage du Levant de Tournefort*, vol. II, p. 123.)

Tout cela prouve que l'évaporation suffit pour enlever une quantité d'eau

---

1. *Dniester* ou *Tyras*.

très-considérable, et c'est à cause de cette grande évaporation qui se fait sur la Méditerranée, que l'eau de l'Océan coule continuellement pour y arriver par le détroit de Gibraltar. Il est assez difficile de juger de la quantité d'eau que reçoit une mer : il faudrait connaître la largeur, la profondeur et la vitesse de tous les fleuves qui y arrivent, savoir de combien ils augmentent et diminuent dans les différentes saisons de l'année; et quand même tous ces faits seraient acquis, le plus important et le plus difficile reste encore, c'est de savoir combien cette mer perd par l'évaporation; car en la supposant même proportionnelle aux surfaces, on voit bien que dans un climat chaud elle doit être plus considérable que dans un pays froid; d'ailleurs l'eau mêlée de sel et de bitume s'évapore plus lentement que l'eau douce, une mer agitée, plus promptement qu'une mer tranquille, la différence de profondeur y fait aussi quelque chose : en sorte qu'il entre tant d'éléments dans cette théorie de l'évaporation, qu'il n'est guère possible de faire sur cela des estimations qui soient exactes.

L'eau de la mer Noire paraît être moins claire, et elle est beaucoup moins salée que celle de l'Océan. On ne trouve aucune île dans toute l'étendue de cette mer; les tempêtes y sont très-violentes et plus dangereuses que sur l'Océan, parce que toutes les eaux étant contenues dans un bassin qui n'a, pour ainsi dire, aucune issue, elles ont une espèce de mouvement de tourbillon, lorsqu'elles sont agitées, qui bat les vaisseaux de tous les côtés avec une violence insupportable. (Voyez *Voyages de Chardin*, p. 142.)

Après la mer Noire, le plus grand lac de l'univers est la mer Caspienne, qui s'étend du midi au nord sur une longueur d'environ 300 lieues, et qui n'a guère que 50 lieues de largeur en prenant une mesure moyenne. Ce lac reçoit l'un des plus grands fleuves du monde, qui est le Volga, et quelques autres rivières considérables, comme celles de Kur[1], de l'aie, de Gempo; mais ce qu'il y a de singulier, c'est qu'elle n'en reçoit aucune dans toute cette longueur de 300 lieues du côté de l'orient : le pays qui l'avoisine de ce côté est un désert de sable que personne n'avait reconnu jusqu'à ces derniers temps; le czar Pierre Ier y ayant envoyé des ingénieurs pour lever la carte de la mer Caspienne, il s'est trouvé que cette mer avait une figure tout à fait différente de celle qu'on lui donnait dans les cartes géographiques; on la représentait ronde, elle est fort longue et assez étroite; on ne connaissait donc point du tout les côtes orientales de cette mer, non plus que le pays voisin, on ignorait jusqu'à l'existence du lac Aral, qui en est éloigné vers l'orient d'environ 100 lieues, ou, si on connaissait quelques-unes des côtes de ce lac Aral, on croyait que c'était une partie de la mer Caspienne, en sorte qu'avant les découvertes du Czar il y avait dans ce climat un terrain de plus de 300 lieues de longueur sur 100 et 150 de largeur, qui n'était

---

1. *Kour* (Cyrus des anciens).

pas encore connu. Le lac Aral est à peu près de figure oblongue, et peut
avoir 90 ou 100 lieues dans sa plus grande longueur sur 50 ou 60 de largeur; il reçoit deux fleuves très-considérables qui sont le Sirderoias et
l'Oxus, et les eaux de ce lac n'ont aucune issue non plus que celles de la
mer Caspienne; et de même que la mer Caspienne ne reçoit aucun fleuve
du côté de l'orient, le lac Aral n'en reçoit aucun du côté de l'occident, ce
qui doit faire présumer qu'autrefois ces deux lacs n'en formaient qu'un seul,
et que les fleuves ayant diminué peu à peu et ayant amené une très-grande
quantité de sable et de limon, tout le pays qui les sépare aura été formé de
ces sables. Il y a quelques petites îles dans la mer Caspienne, et ses eaux
sont beaucoup moins salées que celles de l'Océan, les tempêtes y sont aussi
fort dangereuses, et les grands bâtiments n'y sont pas d'usage pour la navigation, parce qu'elle est peu profonde et semée de bancs et d'écueils au-dessous de la surface de l'eau : voici ce qu'en dit Pietro-della-Valle, tome III,
page 235. « Les plus grands vaisseaux que l'on voit sur la mer Caspienne
« le long des côtes de la province de Mazande en Perse, où est bâtie la ville
« de Ferhabad, quoiqu'ils les appellent navires, me paraissent plus petits
« que nos tartanes; ils sont fort hauts de bord, enfoncent peu dans l'eau,
« et ont le fond plat; ils donnent aussi cette forme à leurs vaisseaux, non-
« seulement à cause que la mer Caspienne n'est pas profonde à la rade et
« sur les côtes, mais encore parce qu'elle est remplie de bancs de sable, et
« que les eaux sont basses en plusieurs endroits; tellement que si les vais-
« seaux n'étaient fabriqués de cette façon, on ne pourrait pas s'en servir
« sur cette mer. Certainement je m'étonnais, et avec quelque fondement,
« ce me semble, pourquoi ils ne pêchaient à Ferhabad que des saumons
« qui se trouvent à l'embouchure du fleuve, et de certains esturgeons très-
« mal conditionnés, de même que de plusieurs autres sortes de poissons qui
« se rendent à l'eau douce et qui ne valent rien; et comme j'en attribuais
« la cause à l'insuffisance qu'ils ont en l'art de naviguer et de pêcher, ou
« à la crainte qu'ils avaient de se perdre s'ils pêchaient en haute mer, parce
« que je sais d'ailleurs que les Persans ne sont pas d'habiles gens sur cet
« élément, et qu'ils n'entendent presque pas la navigation, le cham d'Es-
« térabad qui fait sa résidence sur le port de mer, et à qui par conséquent
« les raisons n'en sont pas inconnues, par l'expérience qu'il en a, m'en
« débita une, savoir, que les eaux sont si basses à 20 et 30 milles dans la
« mer, qu'il est impossible d'y jeter des filets qui aillent au fond, et d'y
« faire aucune pêche qui soit de la conséquence de celle de nos tartanes;
« de sorte que c'est par cette raison qu'ils donnent à leurs vaisseaux la
« forme que je vous ai marquée ci-dessus, et qu'ils ne les montent d'aucune
« pièce de canon, parce qu'il se trouve fort peu de corsaires et de pirates
« qui courent cette mer. »

Struys, le P. Avril et d'autres voyageurs ont prétendu qu'il y avait dans le voisinage de Kilan deux gouffres où les eaux de la mer Caspienne étaient englouties, pour se rendre ensuite par des canaux souterrains dans le golfe Persique ; De Fer et d'autres géographes ont même marqué ces gouffres sur leurs cartes ; cependant ces gouffres n'existent pas, les gens envoyés par le Czar s'en sont assurés. (Voyez les *Mém. de l'Acad. des Sciences*, année 1721.) Le fait des feuilles de saule qu'on voit en quantité sur le golfe Persique, et qu'on prétendait venir de la mer Caspienne, parce qu'il n'y a pas de saule sur le golfe Persique, étant avancé par les mêmes auteurs, est apparemment aussi peu vrai que celui des prétendus gouffres, et Gemelli-Caréri, aussi bien que les Moscovites, assure que ces gouffres sont absolument imaginaires : en effet si l'on compare l'étendue de la mer Caspienne avec celle de la mer Noire, on trouvera que la première est de près d'un tiers plus petite que la seconde, que la mer Noire reçoit beaucoup plus d'eau que la mer Caspienne, que par conséquent l'évaporation suffit dans l'une et dans l'autre pour enlever toute l'eau qui arrive dans ces deux lacs, et qu'il n'est pas nécessaire d'imaginer des gouffres dans la mer Caspienne plutôt que dans la mer Noire.

Il y a des lacs qui sont comme des mares qui ne reçoivent aucune rivière, et desquels il n'en sort aucune ; il y en a d'autres qui reçoivent des fleuves, et desquels il sort d'autres fleuves, et enfin d'autres qui seulement reçoivent des fleuves. La mer Caspienne et le lac Aral sont de cette dernière espèce ; ils reçoivent les eaux de plusieurs fleuves et les contiennent ; la mer Morte reçoit de même le Jourdain, et il n'en sort aucun fleuve. Dans l'Asie-Mineure, il y a un petit lac de la même espèce qui reçoit les eaux d'une rivière dont la source est auprès de Cogni, et qui n'a, comme les précédents, d'autre voie que l'évaporation pour rendre les eaux qu'il reçoit : il y en a un beaucoup plus grand en Perse, sur lequel est située la ville de Marago [1] ; il est de figure ovale et il a environ 10 ou 12 lieues de longueur sur 6 ou 7 de largeur : il reçoit la rivière de Tauris qui n'est pas considérable. Il y a aussi un pareil petit lac en Grèce à 12 ou 15 lieues de Lépante, ce sont là les seuls lacs de cette espèce qu'on connaisse en Asie ; en Europe il n'y en a pas un qui soit un peu considérable. En Afrique il y en a plusieurs, mais qui sont tous assez petits, comme le lac qui reçoit le fleuve Ghir, celui dans lequel tombe le fleuve Zez, celui qui reçoit la rivière de Touguedout, et celui auquel aboutit le fleuve Tafilet. Ces quatre lacs sont assez près les uns des autres, et ils sont situés vers les frontières de Barbarie près des déserts de Zaara [2] ; il y en a un autre situé dans la contrée de Kovar qui reçoit la rivière du pays de Berdoa. Dans l'Amérique septentrionale, où il y a plus de lacs qu'en aucun pays du monde, on n'en connaît pas un de cette espèce, à moins qu'on ne veuille regarder comme tels deux

____

Maragha. — 2. Sahara.

petits amas d'eau formés par des ruisseaux, l'un auprès de Guatimapo et
l'autre à quelques lieues de Réalnuevo, tous deux dans le Mexique; mais
dans l'Amérique méridionale, au Pérou, il y a deux lacs consécutifs, dont
l'un, qui est le lac Titicaca, est fort grand, qui reçoivent une rivière dont
la source n'est pas éloignée de Cusco, et desquels il ne sort aucune autre
rivière; il y en a un plus petit dans le Tucuman qui reçoit la rivière Salta,
et un autre un peu plus grand dans le même pays, qui reçoit la rivière de
Santiago, et encore trois ou quatre autres entre le Tucuman et le Chili.

Les lacs dont il ne sort aucun fleuve et qui n'en reçoivent aucun, sont
en plus grand nombre que ceux dont je viens de parler; ces lacs ne sont
que des espèces de mares où se rassemblent les eaux pluviales, ou bien ce
sont des eaux souterraines qui sortent en forme de fontaines dans les lieux
bas où elles ne peuvent ensuite trouver d'écoulement; les fleuves qui débordent peuvent aussi laisser dans les terres des eaux stagnantes, qui se conservent ensuite pendant longtemps, et qui ne se renouvellent que dans le
temps des inondations; la mer par de violentes agitations a pu inonder
quelquefois de certaines terres et y former des lacs salés, comme celui de
Harlem et plusieurs autres de la Hollande, auxquels il ne paraît pas qu'on
puisse attribuer une autre origine, ou bien la mer, en abandonnant par
son mouvement naturel de certaines terres, y aura laissé des eaux dans
les lieux les plus bas, qui y ont formé des lacs que l'eau des pluies entretient. Il y a en Europe plusieurs petits lacs de cette espèce, comme en
Irlande, en Jutland, en Italie, dans le pays des Grisons, en Pologne, en
Moscovie, en Finlande, en Grèce; mais tous ces lacs sont très-peu considérables. En Asie il y en a un près de l'Euphrate, dans le désert d'Irac, qui a
plus de 15 lieues de longueur, un autre aussi en Perse, qui est à peu près
de la même étendue que le premier, et sur lequel sont situées les villes de
Kélat, de Tétuan, de Vastan et de Van, un autre petit dans le Chorassan
auprès de Ferrior, un autre petit dans la Tartarie indépendante, qu'on
appelle le lac Lévi, deux autres dans la Tartarie moscovite, un autre à la
Cochinchine, et enfin un à la Chine, qui est assez grand, et qui n'est pas
fort éloigné de Nankin; ce lac cependant communique à la mer voisine par
un canal de quelques lieues. En Afrique il y a un petit lac de cette espèce
dans le royaume de Maroc, un autre près d'Alexandrie, qui paraît avoir
été laissé par la mer, un autre assez considérable, formé par les eaux pluviales dans le désert d'Azarad, environ sous le 30ᵉ degré de latitude, ce
lac a 8 ou 10 lieues de longueur; un autre encore plus grand, sur lequel
est située la ville de Gaoga, sous le 27ᵉ degré; un autre, mais beaucoup
plus petit, près de la ville de Kanum, sous le 30ᵉ degré; un près de l'embouchure de la rivière de Gambia, plusieurs autres dans le Congo à 2 ou
3 degrés de latitude sud, deux autres dans le pays des Cafres, l'un appelé
le lac Rufumbo, qui est médiocre, et l'autre dans la province d'Arbuta, qui

est peut-être le plus grand lac de cette espèce, ayant 25 lieues environ de longueur sur 7 ou 8 de largeur; il y a aussi un de ces lacs à Madagascar, près de la côte orientale, environ sous le 29ᵉ degré de latitude sud.

En Amérique, dans le milieu de la péninsule de la Floride, il y a un de ces lacs, au milieu duquel est une île appelée Serrope; le lac de la ville de Mexico est aussi de cette espèce, et ce lac, qui est à peu près rond, a environ 10 lieues de diamètre; il y en a un autre encore plus grand dans la Nouvelle-Espagne, à 25 lieues de distance ou environ de la côte de la baie de Campêche, et un autre plus petit dans la même contrée près des côtes de la mer du Sud : quelques voyageurs ont prétendu qu'il y avait dans l'intérieur des terres de la Guiane un très-grand lac de cette espèce; ils l'ont appelé le lac d'Or ou le lac Parime, et ils ont raconté des merveilles de la richesse des pays voisins et de l'abondance des paillettes d'or qu'on trouvait dans l'eau de ce lac; ils donnent à ce lac une étendue de plus de 400 lieues de longueur, et de plus de 125 de largeur; il n'en sort, disent-ils, aucun fleuve et il n'y en entre aucun : quoique plusieurs géographes aient marqué ce grand lac sur leurs cartes, il n'est pas certain qu'il existe, et il l'est encore bien moins qu'il existe tel qu'ils nous le représentent.

Mais les lacs les plus ordinaires et les plus communément grands sont ceux qui, après avoir reçu un autre fleuve, ou plusieurs petites rivières, donnent naissance à d'autres grands fleuves : comme le nombre de ces lacs est fort grand, je ne parlerai que des plus considérables, ou de ceux qui auront quelque singularité. En commençant par l'Europe, nous avons en Suisse le lac de Genève, celui de Constance, etc.; en Hongrie, celui de Balaton; en Livonie, un lac qui est assez grand et qui sépare les terres de cette province de celles de la Moscovie; en Finlande, le lac Lapwert qui est fort long et qui se divise en plusieurs bras, le lac Oula qui est de figure ronde; en Moscovie le lac Ladoga qui a plus de 25 lieues de longueur sur plus de 12 de largeur, le lac Onéga qui est aussi long, mais moins large, le lac Ilmen, celui de Bélozéro d'où sort l'une des sources du Volga, l'Iwan-Osero duquel sort l'une des sources du Don; deux autres lacs dont le Vitzogda tire son origine; en Laponie le lac dont sort le fleuve de Kimi, un autre beaucoup plus grand qui n'est pas éloigné de la côte de Wardhus, plusieurs autres desquels sortent les fleuves de Lula, de Pitha, d'Uma, qui tous ne sont pas fort considérables; en Norvége deux autres à peu près de même grandeur que ceux de Laponie; en Suède le lac Véner, qui est grand, aussi bien que le lac Méler sur lequel est situé Stockholm, deux autres lacs moins considérables, dont l'un est près d'Elvédal et l'autre de Lincopin.

Dans la Sibérie et dans la Tartarie moscovite et indépendante, il y a un grand nombre de ces lacs, dont les principaux sont le grand lac Baraba qui a plus de 100 lieues de longueur, et dont les eaux tombent dans l'Irtis; le grand lac Estraguel à la source du même fleuve Irtis; plusieurs autres moins grands à la source du Jénisca; le grand lac Kita à la source de l'Oby ; un autre grand lac à la source de l'Angara; le lac Baïcal qui a plus de 70 lieues de longueur, et qui est formé par le même fleuve Angara ; le lac Péhu d'où sort le fleuve Crack, etc. ; à la Chine et dans la Tartarie chinoise le lac Dalai d'où sort la grosse rivière d'Argus qui tombe dans le fleuve Amour; le lac des Trois-Montagnes d'où sort la rivière Hélum qui tombe dans le même fleuve Amour; les lacs de Cinhal, de Cokmor et de Sorama, desquels sortent les sources du fleuve Hoanho; deux autres grands lacs voisins du fleuve de Nankin, etc.; dans le Tonquin le lac de Guadag qui est considérable; dans l'Inde le lac Chiamat d'où sort le fleuve Laquia et qui est voisin des sources du fleuve Ava, du Longenu, etc. : ce lac a plus de 40 lieues de largeur sur 50 de longueur ; un autre lac à l'origine du Gange, un autre près de Cachemire à l'une des sources du fleuve Indus, etc.

En Afrique, on a le lac Cayar et deux ou trois autres qui sont voisins de l'embouchure du Sénégal, le lac de Guarde et celui de Sigismes, qui tous deux ne font qu'un même lac de forme presque triangulaire, qui a plus de 100 lieues de longueur sur 75 de largeur, et qui contient une île considérable : c'est dans ce lac que le Niger perd son nom, et au sortir de ce lac qu'il traverse, on l'appelle *Sénégal* [1] ; dans le cours du même fleuve, en remontant vers la source, on trouve un autre lac considérable qu'on appelle le lac Bournou, où le Niger quitte encore son nom, car la rivière qui y arrive s'appelle Gambaru ou Gombarow. En Éthiopie, aux sources du Nil, est le grand lac Gambéa qui a plus de 50 lieues de longueur : il y a aussi plusieurs lacs sur la côte de Guinée, qui paraissent avoir été formés par la mer, et il n'y a que peu d'autres lacs d'une grandeur un peu considérable dans le reste de l'Afrique.

L'Amérique septentrionale est le pays des lacs : les plus grands sont le lac Supérieur, qui a plus de 125 lieues de longueur sur 50 de largeur; le lac Huron qui a près de 100 lieues de longueur sur environ 40 de largeur ; le lac des Illinois qui, en y comprenant la baie des Puants, est tout aussi étendu que le lac Huron ; le lac Érié et le lac Ontario, qui ont tous deux plus de 80 lieues de longueur sur 20 ou 25 de largeur; le lac Mistasin au nord de Québec, qui a environ 50 lieues de longueur; le lac Champlain au midi de Québec, qui est à peu près de la même étendue que le lac Mistasin ; le lac Alemipigon et le lac des Christinaux, tous deux au nord du lac Supérieur, sont aussi fort considérables; le lac des Assiniboïls, qui contient plusieurs îles et dont l'étendue en longueur est de plus de 75 lieues; il y en a aussi deux de médiocre grandeur dans le Mexique, indépendamment de celui de Mexico; un autre beaucoup plus grand, appelé le lac Nicaragua, dans la

---

1. Voyez la note 3 de la page 188.

province du même nom : ce lac a plus de 60 ou 70 lieues d'étendue en longueur.

Enfin dans l'Amérique méridionale il y en a un petit à la source du Maragnon, un autre plus grand à la source de la rivière du Paraguai, le lac Titicares dont les eaux tombent dans le fleuve de la Plata, deux autres plus petits dont les eaux coulent aussi vers ce même fleuve, et quelques autres, qui ne sont pas considérables, dans l'intérieur des terres du Chili.

Tous les lacs dont les fleuves tirent leur origine, tous ceux qui se trouvent dans le cours des fleuves ou qui en sont voisins et qui y versent leurs eaux, ne sont point salés ; presque tous ceux au contraire qui reçoivent des fleuves sans qu'il en sorte d'autres fleuves, sont salés, ce qui semble favoriser l'opinion que nous avons exposée au sujet de la salure de la mer [1], qui pourrait bien avoir pour cause les sels que les fleuves détachent des terres, et qu'ils transportent continuellement à la mer ; car l'évaporation ne peut pas enlever les sels fixes, et par conséquent ceux que les fleuves portent dans la mer y restent ; et, quoique l'eau des fleuves paraisse douce, on sait que cette eau douce ne laisse pas de contenir une petite quantité de sel, et par la succession des temps la mer a dû acquérir un degré de salure considérable, qui doit toujours aller en augmentant. C'est ainsi, à ce que j'imagine, que la mer Noire, la mer Caspienne, le lac Aral, la mer Morte, etc., sont devenus salés ; les fleuves qui se jettent dans ces lacs, y ont amené successivement tous les sels qu'ils ont détachés des terres, et l'évaporation n'a pu les enlever. A l'égard des lacs qui sont comme des mares, qui ne reçoivent aucun fleuve et desquels il n'en sort aucun, ils sont ou doux ou salés, suivant leur différente origine : ceux qui sont voisins de la mer sont ordinairement salés, et ceux qui en sont éloignés sont doux, et cela parce que les uns ont été formés par des inondations de la mer, et que les autres ne sont que des fontaines d'eau douce, qui, n'ayant pas d'écoulement, forment une grande étendue d'eau. On voit aux Indes plusieurs étangs et réservoirs faits par l'industrie des habitants, qui ont jusqu'à deux ou trois lieues de superficie, dont les bords sont revêtus d'une muraille de pierre ; ces réservoirs se remplissent pendant la saison des pluies, et servent aux habitants pendant l'été, lorsque l'eau leur manque absolument à cause du grand éloignement où ils sont des fleuves et des fontaines.

Les lacs qui ont quelque chose de particulier, sont la mer Morte, dont les eaux contiennent beaucoup plus de bitume que de sel ; ce bitume, qu'on appelle bitume de Judée, n'est autre chose que de l'asphalte, et aussi quelques auteurs ont appelé la mer Morte lac Asphaltite. Les terres aux environs du lac contiennent une grande quantité de ce bitume : bien des

---

1. On ne sait pas encore, d'une manière précise, quelle est l'origine de la *salure de la mer*. Ce qui est certain, c'est que les eaux des fleuves contiennent à peine quelques atomes *de sel marin (chlorure de sodium)*.

gens se sont persuadé, au sujet de ce lac, des choses semblables à celles
que les poëtes ont écrites du lac d'Averne, que le poisson ne pouvait y vivre,
que les oiseaux qui passaient par-dessus étaient suffoqués, mais ni l'un ni
l'autre de ces lacs ne produit ces funestes effets, ils nourrissent tous deux
du poisson, les oiseaux volent par-dessus, et les hommes s'y baignent sans
aucun danger.

Il y a, dit-on, en Bohême, dans la campagne de Boleslaw, un lac où il y
a des trous d'une profondeur si grande qu'on n'a pu la sonder, et il s'élève
de ces trous des vents impétueux qui parcourent toute la Bohême et qui,
pendant l'hiver, élèvent souvent en l'air des morceaux de glace de plus de
100 livres de pesanteur. (Voyez *Act. Lips.*, an. 1682, pag. 246.) On parle
d'un lac en Islande qui pétrifie; le lac Néagh en Irlande a aussi la même
propriété; mais ces pétrifications, produites par l'eau de ces lacs, ne sont
sans doute autre chose que des incrustations comme celles que fait l'eau
d'Arcueil.

ARTICLE XII.

DU FLUX ET DU REFLUX.

L'eau n'a qu'un mouvement naturel qui lui vient de sa fluidité; elle descend toujours des lieux les plus élevés dans les lieux les plus bas, lorsqu'il
n'y a point de digues ou d'obstacles qui la retiennent ou qui s'opposent à
son mouvement, et lorsqu'elle est arrivée au lieu le plus bas, elle y reste
tranquille et sans mouvement, à moins que quelque cause étrangère et violente ne l'agite et ne l'en fasse sortir. Toutes les eaux de l'océan sont rassemblées dans les lieux les plus bas de la superficie de la terre : ainsi les
mouvements de la mer viennent de causes extérieures. Le principal mouvement est celui du flux et du reflux [1] qui se fait alternativement en sens contraire, et duquel il résulte un mouvement continuel et général de toutes les
mers d'orient en occident ; ces deux mouvements ont un rapport constant
et régulier avec les mouvements de la lune : dans les pleines et dans les nouvelles lunes ce mouvement des eaux d'orient en occident est plus sensible,
aussi bien que celui du flux et du reflux ; celui-ci se fait sentir dans l'intervalle de six heures et demie sur la plupart des rivages, en sorte que le flux
arrive toutes les fois que la lune est au-dessus ou au-dessous du méridien,

---

1. « Ce grand phénomène s'explique complétement dans le système newtonien : *il s'y trouve*
« *ramené dans le cercle des faits nécessaires*..... Un des plus beaux triomphes de l'analyse,
« c'est d'avoir soumis le phénomène des marées à la prévision humaine : grâce à la théorie
« complète de Laplace, on annonce aujourd'hui, dans les éphémérides astronomiques, la hau-
« teur des marées qui doivent arriver à chaque syzygie, et l'on avertit les habitants des côtes de
« dangers qu'ils peuvent courir à ces époques. » (*Cosmos*, t. I, p. 360.)

et le reflux succède toutes les fois que la lune est dans son plus grand éloignement du méridien, c'est-à-dire toutes les fois qu'elle est à l'horizon, soit
à son coucher, soit à son lever. Le mouvement de la mer d'orient en occident est continuel et constant, parce que tout l'océan dans le flux se meut
d'orient en occident, et pousse vers l'occident une très-grande quantité
d'eau, et que le reflux ne paraît se faire en sens contraire qu'à cause de la
moindre quantité d'eau qui est alors poussée vers l'occident[1]; car le flux doit
plutôt être regardé comme une intumescence, et le reflux comme une détumescence des eaux, laquelle, au lieu de troubler le mouvement d'orient en
occident, le produit et le rend continuel, quoique à la vérité il soit plus
fort pendant l'intumescence, et plus faible pendant la détumescence par la
raison que nous venons d'exposer.

Les principales circonstances de ce mouvement sont : 1° qu'il est plus
sensible dans les nouvelles et pleines lunes que dans les quadratures ; dans
le printemps et l'automne il est aussi plus violent que dans les autres temps
de l'année, et il est le plus faible dans le temps des solstices, ce qui s'explique fort naturellement par la combinaison des forces de l'attraction de la
lune et du soleil. (Voyez, sur cela, les *Démonstrations de Newton*.) 2° Les
vents changent souvent la direction et la quantité de ce mouvement, surtout
les vents qui soufflent constamment du même côté ; il en est de même des
grands fleuves qui portent leurs eaux dans la mer, et qui y produisent un
mouvement de courant qui s'étend souvent à plusieurs lieues, et lorsque la
direction du vent s'accorde avec le mouvement général, comme est celui
d'orient en occident, il en devient plus sensible ; on en a un exemple dans la
mer Pacifique, où le mouvement d'orient en occident est constant et très-
sensible. 3° On doit remarquer que, lorsqu'une partie d'un fluide se meut,
toute la masse du fluide se meut aussi : or ; dans le mouvement des marées,
il y a une très-grande partie de l'océan qui se meut sensiblement ; toute
la masse des mers se meut donc en même temps, et les mers sont agitées
par ce mouvement dans toute leur étendue et dans toute leur profondeur.

Pour bien entendre ceci, il faut faire attention à la nature de la force qui
produit le flux et le reflux, et réfléchir sur son action et sur ses effets. Nous
avons dit que la lune agit sur la terre par une force que les uns appellent
attraction, et les autres pesanteur ; cette force d'attraction ou de pesanteur
pénètre le globe de la terre dans toutes les parties de sa masse, elle est exactement proportionnelle à la quantité de matière, et en même temps elle
décroît comme le carré de la distance augmente : cela posé, examinons ce

---

1. « Je pense que tout l'océan se meut de l'est à l'ouest, tant dans le flux que dans le reflux,
« et que la seule différence est que dans son flux il se meut avec plus de violence et en plus
« grande quantité, mais que dans le reflux, ou plus proprement dans le *déflux*, quoiqu'il
« ne se meuve point en sens contraire, il semble pourtant qu'il le fasse. » (Varenius : *Geogr.
gener.* : édition de Newton, 1681.)

qui doit arriver en supposant la lune au méridien d'une plage de la mer. La
surface des eaux, étant immédiatement sous la lune, est alors plus près de
cet astre que toutes les autres parties du globe, soit de la terre, soit de la
mer : dès lors cette partie de la mer doit s'élever vers la lune, en formant
une éminence dont le sommet correspond au centre de cet astre. Pour que
cette éminence puisse se former, il est nécessaire que les eaux, tant de la
surface environnante que du fond de cette partie de la mer, y contribuent,
ce qu'elles font en effet à proportion de la proximité où elles sont de l'astre
qui exerce cette action dans la raison inverse du carré de la distance :
ainsi la surface de cette partie de la mer s'élevant la première, les eaux de
la surface des parties voisines s'élèveront aussi, mais à une moindre hauteur, et les eaux du fond de toutes ces parties éprouveront le même effet et
s'élèveront par la même cause ; en sorte que toute cette partie de la mer
devenant plus haute, et formant une éminence, il est nécessaire que les eaux
de la surface et du fond des parties éloignées, et sur lesquelles cette force
d'attraction n'agit pas, viennent avec précipitation pour remplacer les eaux
qui se sont élevées ; c'est là ce qui produit le flux, qui est plus ou moins
sensible sur les différentes côtes, et qui, comme l'on voit, agite la mer non-
seulement à sa surface, mais jusqu'aux plus grandes profondeurs. Le reflux
arrive ensuite par la pente naturelle des eaux ; lorsque l'astre a passé et
qu'il n'exerce plus sa force, l'eau, qui s'était élevée par l'action de cette
puissance étrangère, reprend son niveau et regagne les rivages et les
lieux qu'elle avait été forcée d'abandonner ; ensuite lorsque la lune
passe au méridien de l'antipode du lieu où nous avons supposé qu'elle a
d'abord élevé les eaux, le même effet arrive ; les eaux, dans cet instant
où la lune est absente et la plus éloignée, s'élèvent sensiblement, autant
que dans le temps où elle est présente et la plus voisine de cette partie de
la mer : dans le premier cas les eaux s'élèvent, parce qu'elles sont plus près
de l'astre que toutes les autres parties du globe ; et dans le second cas c'est
par la raison contraire, elles ne s'élèvent que parce qu'elles en sont plus
éloignées que toutes les autres parties du globe, et l'on voit bien que cela
doit produire le même effet ; car alors les eaux de cette partie, étant moins
attirées que tout le reste du globe, elles s'éloigneront nécessairement du
reste du globe et formeront une éminence dont le sommet répondra au
point de la moindre action, c'est-à-dire au point du ciel directement opposé
à celui où se trouve la lune, ou, ce qui revient au même, au point où elle
était treize heures auparavant, lorsqu'elle avait élevé les eaux la première
fois ; car lorsqu'elle est parvenue à l'horizon, le reflux étant arrivé, la mer
est alors dans son état naturel, et les eaux sont en équilibre et de niveau ;
mais quand la lune est au méridien opposé, cet équilibre ne peut plus subsister, puisque les eaux de la partie opposée à la lune étant à la plus grande
distance où elles puissent être de cet astre, elles sont moins attirées que le

reste du globe, qui, étant intermédiaire, se trouve être plus voisin de la lune, et dès lors leur pesanteur relative, qui les tient toujours en équilibre et de niveau, les pousse vers le point opposé à la lune pour que cet équilibre se conserve. Ainsi dans les deux cas, lorsque la lune est au méridien d'un lieu ou au méridien opposé, les eaux doivent s'élever à très-peu près de la même quantité, et par conséquent s'abaisser et refluer aussi de la même quantité lorsque la lune est à l'horizon, à son coucher ou à son lever. On voit bien qu'un mouvement, dont la cause et l'effet sont tels que nous venons de l'expliquer, ébranle nécessairement la masse entière des mers, et la remue dans toute son étendue et dans toute sa profondeur ; et, si ce mouvement parait insensible dans les hautes mers et lorsqu'on est éloigné des terres, il n'en est cependant pas moins réel ; le fond et la surface sont remués à peu près également, et même les eaux du fond, que les vents ne peuvent agiter comme celles de la surface, éprouvent bien plus régulièrement que celles de la surface cette action, et elles ont un mouvement plus réglé et qui est toujours alternativement dirigé de la même façon.

De ce mouvement alternatif de flux et de reflux il résulte, comme nous l'avons dit, un mouvement continuel de la mer de l'orient vers l'occident, parce que l'astre, qui produit l'intumescence des eaux, va lui-même d'orient en occident [1], et qu'agissant successivement dans cette direction, les eaux suivent le mouvement de l'astre dans la même direction. Ce mouvement de la mer d'orient en occident est très-sensible dans tous les détroits : par exemple, au détroit de Magellan le flux élève les eaux à près de 20 pieds de hauteur, et cette intumescence dure six heures, au lieu que le reflux ou la détumescence ne dure que deux heures (voyez le *Voyage de Narbrough*), et l'eau coule vers l'occident ; ce qui prouve évidemment que le reflux n'est pas égal au flux, et que de tous deux il résulte un mouvement vers l'occident, mais beaucoup plus fort dans le temps du flux que dans celui du reflux ; et c'est pour cette raison que, dans les hautes mers éloignées de toute terre, les marées ne sont sensibles que par le mouvement général qui en résulte, c'est-à-dire par ce mouvement d'orient en occident.

Les marées sont plus fortes et elles font hausser et baisser les eaux bien plus considérablement dans la zone torride entre les tropiques, que dans le reste de l'océan ; elles sont aussi beaucoup plus sensibles dans les lieux qui s'étendent d'orient en occident, dans les golfes qui sont longs et étroits, et sur les côtes où il y a des iles et des promontoires ; le plus grand flux qu'on connaisse est, comme nous l'avons dit dans l'article précédent, à l'une des embouchures du fleuve Indus, où les eaux s'élèvent de 30 pieds ; il est aussi fort remarquable auprès de Malaye, dans le détroit de la Sonde, dans la

---

1. « Je tiens pour certain, disait Christophe Colomb, dans son livre de loch, que les eaux de « la mer se meuvent, comme le ciel, de l'est à l'ouest (*las aguas van con los cielos*) ; » c'est-à-dire selon le mouvement diurne apparent du soleil, de la lune et de tous les astres

mer Rouge, dans la baie de Nelson, à 55 degrés de latitude septentrionale, où il s'élève à 15 pieds, à l'embouchure du fleuve Saint-Laurent, sur les côtes de la Chine, sur celles du Japon, à Panama, dans le golfe de Bengale, etc.

Le mouvement de la mer d'orient en occident est très-sensible dans de certains endroits ; les navigateurs l'ont souvent observé en allant de l'Inde à Madagascar et en Afrique ; il se fait sentir aussi avec beaucoup de force dans la mer Pacifique, et entre les Moluques et le Brésil ; mais les endroits où ce mouvement est le plus violent sont les détroits qui joignent l'océan à l'océan ; par exemple, les eaux de la mer sont portées avec une si grande force d'orient en occident par le détroit de Magellan, que ce mouvement est sensible même à une grande distance dans l'Océan Atlantique, et on prétend que c'est ce qui a fait conjecturer à Magellan qu'il y avait un détroit par lequel les deux mers avaient une communication. Dans le détroit des Manilles et dans tous les canaux qui séparent les îles Maldives, la mer coule d'orient en occident, comme aussi dans le golfe du Mexique entre Cuba et Jucatan ; dans le golfe de Paria ce mouvement est si violent, qu'on appelle le détroit la Gueule du Dragon ; dans la mer de Canada ce mouvement est aussi très-violent, aussi bien que dans la mer de Tartarie et dans le détroit de Waigats, par lequel l'océan, en coulant avec rapidité d'orient en occident, charrie des masses énormes de glace de la mer de Tartarie dans la mer du nord de l'Europe. La mer Pacifique coule de même d'orient en occident par les détroits du Japon ; la mer du Japon coule vers la Chine ; l'Océan Indien coule vers l'occident dans le détroit de Java et par les détroits des autres îles de l'Inde. On ne peut donc pas douter que la mer n'ait un mouvement constant et général d'orient en occident, et l'on est assuré que l'Océan Atlantique coule vers l'Amérique, et que la mer Pacifique s'en éloigne, comme on le voit évidemment au cap des Courants entre Lima et Panama. (Voyez *Varenii Geogr. general.*, p. 119.)

Au reste, les alternatives du flux et du reflux sont régulières et se font de six heures et demie en six heures et demie sur la plupart des côtes de la mer, quoiqu'à différentes heures, suivant le climat et la position des côtes ; ainsi les côtes de la mer sont battues continuellement des vagues, qui enlèvent à chaque fois de petites parties de matières qu'elles transportent au loin, et qui se déposent au fond ; et de même les vagues portent sur les plages basses des coquilles, des sables qui restent sur les bords, et qui, s'accumulant peu à peu par couches horizontales, forment, à la fin, des dunes et des hauteurs aussi élevées que des collines, et qui sont en effet des collines tout à fait semblables aux autres collines, tant par leur forme que par leur composition intérieure : ainsi la mer apporte beaucoup de productions marines sur les plages basses, et elle emporte au loin toutes les matières qu'elle peut enlever des côtes élevées contre lesquelles elle agit, soit dans le temps du flux, soit dans le temps des orages et des grands vents.

Pour donner une idée de l'effort que fait la mer agitée contre les hautes côtes, je crois devoir rapporter un fait qui m'a été assuré par une personne très-digne de foi, et que j'ai cru d'autant plus facilement, que j'ai vu moi-même quelque chose d'approchant. Dans la principale des îles Orcades, il y a des côtes composées de rochers coupés à plomb et perpendiculaires à la surface de la mer, en sorte qu'en se plaçant au-dessus de ces rochers, on peut laisser tomber un plomb jusqu'à la surface de l'eau, en mettant la corde au bout d'une perche de 9 pieds. Cette opération, que l'on peut faire dans le temps que la mer est tranquille, a donné la mesure de la hauteur de la côte, qui est de 200 pieds. La marée dans cet endroit est fort considérable, comme elle l'est ordinairement dans tous les endroits où il y a des terres avancées et des îles; mais lorsque le vent est fort, ce qui est très-ordinaire en Écosse, et qu'en même temps la marée monte, le mouvement est si grand et l'agitation si violente, que l'eau s'élève jusqu'au sommet des rochers qui bordent la côte, c'est-à-dire à 200 pieds de hauteur, et qu'elle y tombe en forme de pluie; elle jette même à cette hauteur des graviers et des pierres qu'elle détache du pied des rochers, et quelques-unes de ces pierres, au rapport du témoin oculaire que je cite ici, sont plus larges que la main.

J'ai vu moi-même dans le port de Livourne, où la mer est beaucoup plus tranquille, et où il n'y a point de marée, une tempête, au mois de décembre 1731, où l'on fut obligé de couper les mâts de quelques vaisseaux qui étaient à la rade, dont les ancres avaient quitté; j'ai vu, dis-je, l'eau de la mer s'élever au-dessus des fortifications, qui me parurent avoir une élévation très-considérable au-dessus des eaux, et comme j'étais sur celles qui sont les plus avancées, je ne pus regagner la ville sans être mouillé de l'eau de la mer beaucoup plus qu'on ne peut l'être par la pluie la plus abondante.

Ces exemples suffisent pour faire entendre avec quelle violence la mer agit contre les côtes; cette violente agitation détruit, use [a], ronge et diminue peu à peu le terrain des côtes; la mer emporte toutes ces matières et les laisse tomber dès que le calme a succédé à l'agitation. Dans ces temps d'orages l'eau de la mer, qui est ordinairement la plus claire de toutes les eaux, est trouble et mêlée des différentes matières que le mouvement des eaux détache des côtes et du fond; et la mer rejette alors sur les rivages une infinité de choses qu'elle apporte de loin, et qu'on ne trouve jamais qu'après les grandes tempêtes, comme de l'ambre gris sur les côtes occidentales de l'Irlande, de l'ambre jaune sur celles de Poméranie, des cocos

a. Une chose assez remarquable sur les côtes de Syrie et de Phénicie, c'est qu'il paraît que les rochers qui sont le long de cette côte, ont été anciennement taillés en beaucoup d'endroits en forme d'auges de deux ou trois annes de longueur, et larges à proportion, pour y recevoir l'eau de la mer et en faire du sel par l'évaporation, mais, nonobstant la dureté de la pierre, ces auges sont à l'heure qu'il est presque entièrement usées et aplanies par le battement continuel des vagues. (Voyez les *Voyages de Shaw*, vol. II, p. 69.)

sur les côtes des Indes, etc., et quelquefois des pierres ponces et d'autres
pierres singulières. Nous pouvons citer à cette occasion un fait rapporté dans
les *Nouveaux Voyages aux îles de l'Amérique* : « Étant à Saint-Domingue,
« dit l'auteur, on me donna entre autres choses quelques pierres légères
« que la mer amène à la côte quand il a fait de grands vents de sud; il y en
« avait une de 2 pieds et demi de long sur 18 pouces de large et environ
« 1 pied d'épaisseur, qui ne pesait pas tout à fait 5 livres; elle était blanche
« comme la neige, bien plus dure que les pierres ponces, d'un grain fin,
« ne paraissant point du tout poreuse, et cependant, quand on la jetait
« dans l'eau, elle bondissait comme un ballon qu'on jette contre terre; à
« peine enfonçait-elle un demi-travers de doigt; j'y fis faire quatre trous de
« tarière pour y planter quatre bâtons et soutenir deux petites planches
« légères qui renfermaient les pierres dont je la chargeais; j'ai eu le plaisir
« de lui en faire porter une fois 160 livres, et une autre fois trois poids de
« fer de 50 livres pièce; elle servait de chaloupe à mon nègre qui se met-
« tait dessus et allait se promener autour de la cave. » (Tome V, p. 260.)
Cette pierre devait être une pierre ponce d'un grain très-fin et serré, qui
venait de quelque volcan, et que la mer avait transportée, comme elle
transporte l'ambre gris, les cocos, la pierre ponce ordinaire, les graines
des plantes, les roseaux, etc.; on peut voir sur cela les *Discours* de Ray :
c'est principalement sur les côtes d'Irlande et d'Écosse qu'on a fait des
observations de cette espèce. La mer par son mouvement général d'orient
en occident doit porter sur les côtes de l'Amérique les productions de nos
côtes; et ce n'est peut-être que par des mouvements irréguliers, et que
nous ne connaissons pas, qu'elle apporte sur nos rivages les productions
des Indes orientales et occidentales; elle apporte aussi des productions du
nord : il y a grande apparence que les vents entrent pour beaucoup dans
les causes de ces effets. On a vu souvent, dans les hautes mers et dans un
très-grand éloignement des côtes, des plages entières couvertes de pierres
ponces; on ne peut guère soupçonner qu'elles puissent venir d'ailleurs que
des volcans des îles ou de la terre ferme, et ce sont apparemment les courants qui les transportent au milieu des mers. Avant qu'on connût la partie
méridionale de l'Afrique, et dans le temps où on croyait que la mer des
Indes n'avait aucune communication avec notre Océan, on commença à la
soupçonner par un indice de cette nature.

Le mouvement alternatif du flux et du reflux, et le mouvement constant
de la mer d'orient en occident, offrent différents phénomènes dans les différents climats; ces mouvements se modifient différemment suivant le gisement des terres et la hauteur des côtes : il y a des endroits où le mouvement
général d'orient en occident n'est pas sensible; il y en a d'autres où la mer
a même un mouvement contraire, comme sur la côte de Guinée, mais ces
mouvements contraires au mouvement général sont occasionnés par les

vents, par la position des terres, par les eaux des grands fleuves et par la disposition du fond de la mer ; toutes ces causes produisent des courants qui altèrent et changent souvent tout à fait la direction du mouvement général dans plusieurs endroits de la mer ; mais comme ce mouvement des mers d'orient en occident est le plus grand, le plus général et le plus constant, il doit aussi produire les plus grands effets, et, tout pris ensemble, la mer doit avec le temps gagner du terrain vers l'occident et en laisser vers l'orient, quoiqu'il puisse arriver que sur les côtes où le vent d'ouest souffle pendant la plus grande partie de l'année, comme en France, en Angleterre, la mer gagne du terrain vers l'orient. Mais encore une fois, ces exceptions particulières ne détruisent pas l'effet de la cause générale.

ARTICLE XIII.

DES INÉGALITÉS DU FOND DE LA MER ET DES COURANTS.

On peut distinguer les côtes de la mer en trois espèces : 1° les côtes élevées qui sont de rochers et de pierres dures, coupées ordinairement à plomb à une hauteur considérable, et qui s'élèvent quelquefois à 7 ou 800 pieds ; 2° les basses côtes, dont les unes sont unies et presque de niveau avec la surface de la mer, et dont les autres ont une élévation médiocre et sont souvent bordées de rochers à fleur d'eau, qui forment des brisants et rendent l'approche des terres fort difficile ; 3° les dunes, qui sont des côtes formées par les sables que la mer accumule, ou que les fleuves déposent : ces dunes forment des collines plus ou moins élevées.

Les côtes d'Italie sont bordées de marbres et de pierres de plusieurs espèces, dont on distingue de loin les différentes carrières ; les rochers qui forment la côte, paraissent à une très-grande distance comme autant de piliers de marbre qui sont coupés à plomb. Les côtes de France depuis Brest jusqu'à Bordeaux sont presque partout environnées de rochers à fleur d'eau qui forment des brisants ; il en est de même de celles d'Angleterre, d'Espagne et de plusieurs autres côtes de l'Océan et de la Méditerranée, qui sont bordées de rochers et de pierres dures, à l'exception de quelques endroits dont on a profité pour faire les baies, les ports et les havres.

La profondeur de l'eau le long des côtes est ordinairement d'autant plus grande que ces côtes sont plus élevées, et d'autant moindre qu'elles sont plus basses ; l'inégalité du fond de la mer le long des côtes correspond aussi ordinairement à l'inégalité de la surface du terrain des côtes : je dois citer ici ce qu'en dit un célèbre navigateur.

« J'ai toujours remarqué que dans les endroits où la côte est défendue
« par des rochers escarpés, la mer y est très-profonde, et qu'il est rare d'y

« pouvoir ancrer, et au contraire dans les lieux où la terre penche du côté
« de la mer, quelque élevée qu'elle soit plus avant dans le pays, le fond y
« est bon, et par conséquent l'ancrage : à proportion que la côte penche ou
« est escarpée près de la mer, à proportion trouvons-nous aussi communé-
« ment que le fond pour ancrer est plus ou moins profond ou escarpé ; aussi
« mouillons-nous plus près ou plus loin de la terre, comme nous jugeons
« à propos, car il n'y a point, que je sache, de côte au monde, ou dont
« j'aie entendu parler, qui soit d'une hauteur égale et qui n'ait des hauts et
« des bas. Ce sont ces hauts et ces bas, ces montagnes et ces vallées qui
« font les inégalités des côtes et des bras de mer, des petites baies et des
« havres, etc., où l'on peut ancrer sûrement, parce que telle est la surface
« de la terre, tel est ordinairement le fond qui est couvert d'eau ; ainsi l'on
« trouve plusieurs bons havres sur les côtes où la terre borne la mer par
« des rochers escarpés, et cela parce qu'il y a des pentes spacieuses entre
« ces rochers ; mais dans les lieux où la pente d'une montagne ou d'un
« rocher n'est pas à quelque distance en terre d'une montagne à l'autre, et
« que, comme sur la côte de Chili et du Pérou, le penchant va du côté de la
« mer ou est dedans, que la côte est perpendiculaire ou fort escarpée depuis
« les montagnes voisines, comme elle est en ces pays-là depuis les montagnes
« d'Andes, qui règnent le long de la côte, la mer y est profonde, et pour
« des havres ou bras de mer il n'y en a que peu ou point : toute cette côte
« est trop escarpée pour y ancrer, et je ne connais point de côtes où il y ait
« si peu de rades commodes aux vaisseaux. Les côtes de Galice, de Portu-
« gal, de Norvége, de Terre-Neuve, etc., sont comme la côte du Pérou et
« des hautes îles de l'Archipelague, mais moins dépourvues de bons havres.
« Là où il y a de petits espaces de terre, il y a de bonnes baies aux extrémités
« de ces espaces, dans les lieux où ils s'avancent dans la mer, comme sur la
« côte de Caracos, etc. ; les îles de Jean Fernando, de Sainte-Hélène, etc.,
« sont des terres hautes dont la côte est profonde. Généralement parlant,
« tel est le fond qui parait au-dessus de l'eau, tel est celui que l'eau couvre,
« et pour mouiller sûrement il faut ou que le fond soit au niveau, ou que sa
« pente soit bien peu sensible ; car s'il est escarpé l'ancre glisse et le vais-
« seau est emporté. De là vient que nous ne nous mettons jamais en devoir
« de mouiller dans les lieux où nous voyons les terres hautes et des monta-
« gnes escarpées qui bornent la mer : aussi étant à vue des îles des États,
« proche de la terre Del Fuego, avant que d'entrer dans les mers du sud,
« nous ne songeâmes seulement pas à mouiller après que nous eûmes vu
« la côte, parce qu'il nous parut près de la mer des rochers escarpés ; cepen-
« dant il peut y avoir de petits havres où des barques ou autres petits bâti-
« ments peuvent mouiller, mais nous ne nous mîmes pas en peine de les
« chercher.

« Comme les côtes hautes et escarpées ont ceci d'incommode qu'on n'y

« mouille que rarement, elles ont aussi ceci de commode qu'on les découvre
« de loin et qu'on en peut approcher sans danger : aussi est-ce pour cela
« que nous les appelons côtes hardies, ou, pour parler plus naturellement,
« côtes exhaussées ; mais pour les terres basses on ne les voit que de fort
« près, et il y a plusieurs lieux dont on n'ose approcher de peur d'échouer
« avant que de les apercevoir ; d'ailleurs il y a en plusieurs des bancs qui
« forment par le concours des grosses rivières, qui des terres basses se
« se jettent dans la mer.

« Ce que je viens de dire, qu'on mouille d'ordinaire sûrement près des
« terres basses, peut se confirmer par plusieurs exemples. Au midi de la
« baie de Campêche les terres sont basses pour la plupart, aussi peut-on
« ancrer tout le long de la côte, et il y a des endroits à l'orient de la ville
« de Campêche où vous avez autant de brasses d'eau que vous êtes éloigné
« de la terre, c'est-à-dire, depuis 9 à 10 lieues de distance, jusqu'à ce que
« vous en soyez à 4 lieues, et de là jusqu'à la côte la profondeur va toujours
« en diminuant. La baie de Honduras est encore un pays bas, et continue de
« même tout le long de là aux côtes de Porto-Bello et de Carthagène, jus-
« qu'à ce qu'on soit à la hauteur de Sainte-Marthe ; de là le pays est encore
« bas jusque vers la côte de Caracos, qui est haute. Les terres des environs
« de Surinam sur la même côte sont basses, et l'ancrage y est bon ; il en
« est de même de là à la côte de Guinée. Telle est aussi la baie de Panama,
« et les livres de pilotage ordonnent aux pilotes d'avoir toujours la sonde à
« la main et de ne pas approcher d'une telle profondeur, soit de nuit, soit
« de jour. Sur les mêmes mers, depuis les hautes terres de Guatimala en
« Mexique jusqu'à Californie, la plus grande partie de la côte est basse,
« aussi y peut-on mouiller sûrement. En Asie la côte de la Chine, les baies
« de Siam et de Bengale, toute la côte de Coromandel et la côte des environs
« de Malaga, et près de là l'île de Sumatra du même côté, la plupart de ces
« côtes sont basses et bonnes pour ancrer, mais à côté de l'occident de
« Sumatra les côtes sont escarpées et hardies : telles sont aussi la plupart
« des îles situées à l'orient de Sumatra, comme les îles de Bornéo, de Célè-
« bes, de Gilolo, et quantité d'autres îles de moindre considération, qui
« sont dispersées par-ci par-là sur ces mers, et qui ont de bonnes rades avec
« plusieurs fonds bas ; mais les îles de l'océan de l'Inde orientale, surtout
« l'ouest de ces îles, sont des terres hautes et escarpées, principalement
« les parties occidentales, non-seulement de Sumatra, mais aussi de Java,
« de Timor, etc. On n'aurait jamais fait si l'on voulait produire tous les
« exemples qu'on pourrait trouver ; on dira seulement en général qu'il
« est rare que les côtes hautes soient sans eaux profondes, et au contraire
« les terres basses et les mers peu creuses se trouvent presque toujours en-
« semble. » *Voyage de Dampier autour du monde*, t. II, p. 176 et suiv.

On est donc assuré qu'il y a des inégalités dans le fond de la mer, et des montagnes très-considérables, par les observations que les navigateurs ont faites avec la sonde. Les plongeurs assurent aussi qu'il y a d'autres petites inégalités formées par des rochers, et qu'il fait fort froid dans les vallées de la mer. En général, dans les grandes mers les profondeurs augmentent, comme nous l'avons dit, d'une manière assez uniforme, en s'éloignant ou en s'approchant des côtes. Par la carte que M. Buache a dressée de la partie de l'océan comprise entre les côtes d'Afrique et d'Amérique, et par les coupes qu'il donne de la mer depuis le cap Tagrin jusqu'à la côte de Rio-Grande il paraît qu'il y a des inégalités dans tout l'océan comme sur la terre; que les Abrolhos, où il y a des vigies et où l'on voit quelques rochers à fleur d'eau, ne sont que des sommets de très-grosses et de très-grandes montagnes, dont l'île Dauphine est une des plus hautes pointes; que les îles du cap Vert ne sont de même que des sommets de montagnes [1]; qu'il y a un grand nombre d'écueils dans cette mer, où l'on est obligé de mettre des vigies; qu'ensuite le terrain, tout autour de ces Abrolhos, descend jusqu'à des profondeurs inconnues, et aussi autour des îles.

A l'égard de la qualité des différents terrains qui forment le fond de la mer, comme il est impossible de l'examiner de près, et qu'il faut s'en rapporter aux plongeurs et à la sonde, nous ne pouvons rien dire de bien précis; nous savons seulement qu'il y a des endroits couverts de bourbe et de vase à une grande épaisseur, et sur lesquels les ancres n'ont point de tenue : c'est probablement dans ces endroits que se dépose le limon des fleuves; dans d'autres endroits ce sont des sables semblables aux sables que nous connaissons, et qui se trouvent de même de différente couleur et de différente grosseur, comme nos sables terrestres; dans d'autres ce sont des coquillages amoncelés, des madrépores, des coraux et d'autres productions animales, lesquelles commencent à s'unir, à prendre corps et à former des pierres; dans d'autres ce sont des fragments de pierre, des graviers, et même souvent des pierres toutes formées et des marbres; par exemple, dans les îles Maldives on ne bâtit qu'avec de la pierre dure que l'on tire sous les eaux à quelques brasses de profondeur. A Marseille on tire de très-beau marbre du fond de la mer; j'en ai vu plusieurs échantillons; et bien loin que la mer altère et gâte les pierres et les marbres, nous prouverons, dans notre *Discours* sur les minéraux, que c'est dans la mer qu'ils se forment [2] et qu'ils se conservent, au lieu que le soleil, la terre, l'air et l'eau des pluies les corrompent et les détruisent.

Nous ne pouvons donc pas douter que le fond de la mer ne soit composé comme la terre que nous habitons, puisqu'en effet on y trouve les mêmes matières, et qu'on tire de la surface du fond de la mer les mêmes choses que nous tirons de la surface de la terre ; et de même qu'on trouve au fond

[1] Voyez, ci-devant, la note 3 de la page 206.

2. Voyez mes notes sur les *minéraux*.

de la mer de vastes endroits couverts de coquillages, de madrépores et d'autres ouvrages des insectes de la mer, on trouve aussi sur la terre une infinité de carrières et de bancs de craie et d'autres matières remplies de ces mêmes coquillages, de ces madrépores, etc. : en sorte qu'à tous égards les parties découvertes du globe ressemblent à celles qui sont couvertes par les eaux, soit pour la composition et pour le mélange des matières, soit par les inégalités de la superficie.

C'est à ces inégalités du fond de la mer qu'on doit attribuer l'origine des courants [1] ; car on sent bien que, si le fond de l'océan était égal et de niveau, il n'y aurait dans la mer d'autre courant que le mouvement général d'orient en occident, et quelques autres mouvements qui auraient pour cause l'action des vents et qui en suivraient la direction ; mais une preuve certaine que la plupart des courants sont produits par le flux et le reflux, et dirigés par les inégalités du fond de la mer, c'est qu'ils suivent régulièrement les marées et qu'ils changent de direction à chaque flux et à chaque reflux. Voyez, sur cet article, ce que dit Pietro-della-Valle, au sujet des courants du golfe de Cambaie (vol. VI, pag. 363), et le rapport de tous les navigateurs, qui assurent unanimement que dans les endroits où le flux et le reflux de la mer est le plus violent et le plus impétueux, les courants y sont aussi plus rapides.

Ainsi on ne peut pas douter que le flux et le reflux ne produisent des courants dont la direction suit toujours celle des collines ou des montagnes opposées entre lesquelles ils coulent. Les courants qui sont produits par les vents, suivent aussi la direction de ces mêmes collines qui sont cachées sous l'eau, car ils ne sont presque jamais opposés directement au vent qui les produit, non plus que ceux qui ont le flux et reflux pour cause, ne suivent pas pour cela la même direction.

Pour donner une idée nette de la production des courants, nous observerons d'abord qu'il y en a dans toutes les mers, que les uns sont plus rapides et les autres plus lents, qu'il y en a de fort étendus, tant en longueur qu'en largeur, et d'autres qui sont plus courts et plus étroits ; que la même cause, soit le vent, soit le flux et le reflux, qui produit ces courants, leur donne à chacun une vitesse et une direction souvent très-différente ; qu'un vent de nord, par exemple, qui devrait donner aux eaux un mouvement général vers le sud, dans toute l'étendue de la mer où il exerce son action, produit au contraire un grand nombre de courants séparés les uns des autres et bien différents en étendue et en direction ; quel-

---

1. « Les *courants océaniques* dépendent du concours presque simultané d'un grand nombre
« de causes... : la propagation successive de la marée dans son mouvement autour du globe, la
« durée et la force des vents régnants, les variations que la pesanteur spécifique des eaux de la
« mer éprouve suivant la latitude, la profondeur, la température et le degré de salure, enfin les
« variations *horaires* de la pression atmosphérique. » (*Cosmos*, t. I, p. 360.)

ques-uns vont droit au sud, d'autres au sud-est, d'autres au sud-ouest; les uns sont fort rapides, d'autres sont lents, il y en a de plus et moins forts, de plus et moins larges, de plus et moins étendus, et cela dans une variété de combinaisons si grande, qu'on ne peut leur trouver rien de commun que la cause qui les produit; et lorsqu'un vent contraire succède, comme cela arrive souvent dans toutes les mers, et régulièrement dans l'Océan Indien, tous ces courants prennent une direction opposée à la première, et suivent en sens contraire les mêmes routes et le même cours, en sorte que ceux qui allaient au sud vont au nord, ceux qui coulaient vers le sud-est vont au nord-ouest, etc., et ils ont la même étendue en longueur et en largeur, la même vitesse, etc., et leur cours au milieu des autres eaux de la mer se fait précisément de la même façon qu'il se ferait sur la terre entre deux rivages opposés et voisins, comme on le voit aux Maldives et entre toutes les îles de la mer des Indes, où les courants vont comme les vents pendant six mois dans une direction, et pendant six autres mois dans la direction opposée : on a fait la même remarque sur les courants qui sont entre les bancs de sable et entre les hauts-fonds; et en général tous les courants, soit qu'ils aient pour cause le mouvement du flux et du reflux, ou l'action des vents, ont chacun constamment la même étendue, la même largeur et la même direction dans tout leur cours, et ils sont très-différents les uns des autres en longueur, en largeur, en rapidité et en direction, ce qui ne peut venir que des inégalités des collines, des montagnes et des vallées qui sont au fond de la mer, comme l'on voit qu'entre deux îles le courant suit la direction des côtes aussi bien qu'entre les bancs de sable, les écueils et les hauts-fonds. On doit donc regarder les collines et les montagnes du fond de la mer comme les bords qui contiennent et qui dirigent les courants, et dès lors un courant est un fleuve [1] dont la largeur est déterminée par celle de la vallée dans laquelle il coule, dont la rapidité dépend de la force qui le produit, combinée avec le plus ou le moins de largeur de l'intervalle par où il doit passer, et enfin dont la direction est tracée par la position des collines et des inégalités entre lesquelles il doit prendre son cours [2].

Ceci étant entendu, nous allons donner une raison palpable de ce fait singulier dont nous avons parlé, de cette correspondance des angles des montagnes et des collines, qui se trouve partout, et qu'on peut observer dans tous les pays du monde. On voit, en jetant les yeux sur les ruisseaux, les rivières et toutes les eaux courantes, que les bords qui les contiennent

---

1. « Les courants présentent, au milieu des mers, un singulier spectacle : leur largeur est « déterminée; ils traversent l'Océan comme des fleuves dont les rives seraient formées par les « eaux en repos. Leur mouvement contraste avec l'immobilité des eaux voisines, surtout lorsque « de longues couches de varecs, entraînées par le courant, permettent d'en apprécier la vitesse. » *Cosmos.* t. I, p. 360.)

2. Voyez ci-après, la note de la page 277.

forment toujours des angles alternativement opposés; de sorte que, quand un fleuve fait un coude, l'un des bords du fleuve forme d'un côté une avance ou un angle rentrant dans les terres, et l'autre bord forme au contraire une pointe ou un angle saillant hors des terres, et que dans toutes les sinuosités de leur cours cette correspondance des angles alternativement opposés se trouve toujours; elle est en effet fondée sur les lois du mouvement des eaux et l'égalité de l'action des fluides, et il nous serait facile de démontrer la cause de cet effet, mais il nous suffit ici qu'il soit général et universellement reconnu, et que tout le monde puisse s'assurer par ses yeux que toutes les fois que le bord d'une rivière fait une avance dans les terres, que je suppose à main gauche, l'autre bord fait au contraire une avance hors des terres à main droite.

Dès lors les courants de la mer, qu'on doit regarder comme de grands fleuves [1] ou des eaux courantes, sujettes aux mêmes lois que les fleuves de la terre, formeront de même dans l'étendue de leur cours plusieurs sinuosités dont les avances ou les angles seront rentrants d'un côté et saillants de l'autre côté; et, comme les bords de ces courants sont les collines et les montagnes qui se trouvent au-dessous ou au-dessus de la surface des eaux, ils auront donné à ces éminences cette même forme qu'on remarque aux bords des fleuves : ainsi on ne doit pas s'étonner que nos collines et nos montagnes, qui ont été autrefois couvertes des eaux de la mer et qui ont été formées par le sédiment des eaux [2], aient pris par le mouvement des courants cette figure régulière, et que tous les angles en soient alternativement opposés; elles ont été les bords des courants ou des fleuves de la mer, elles ont donc nécessairement pris une figure et des directions semblables à celles des bords des fleuves de la terre, et par conséquent toutes les fois que le bord à main gauche aura formé un angle rentrant, le bord à main droite aura formé un angle saillant, comme nous l'observons dans toutes les collines opposées.

Cela seul, indépendamment des autres preuves que nous avons données, suffirait pour faire voir que la terre de nos continents a été autrefois sous les eaux de la mer [3]; et l'usage que je fais de cette observation de la correspondance des angles des montagnes et la cause que j'en assigne me paraissent être des sources de lumière et de démonstration dans le sujet dont il est question; car ce n'était point assez que d'avoir prouvé que les couches extérieures de la terre ont été formées par les sédiments de la mer, que les montagnes se sont élevées par l'entassement successif de ces mêmes sédi-

---

1. Les courants, véritables fleuves qui sillonnent les mers, sont de deux sortes : les uns por-
« tent les eaux chaudes vers les hautes latitudes, les autres ramènent les eaux froides vers
« l'équateur. Le fameux courant de l'Océan Atlantique, le *Gulf-Stream...*, appartient à la pre-
« mière classe, etc. » *Cosmos*, t. I, p. 362.

2. Voyez la note de la page 44. — 3. Voyez la note 1 de la page 167.

ments, qu'elles sont composées de coquilles et d'autres productions marines, il fallait encore rendre raison de cette régularité de figure des collines dont les angles sont correspondants, et en trouver la vraie cause, que personne jusqu'à présent n'avait même soupçonnée [1], et qui cependant, étant réunie avec les autres, forme un corps de preuves aussi complet qu'on puisse en avoir en physique, et fournit une théorie appuyée sur des faits et indépendante de toute hypothèse sur un sujet qu'on n'avait jamais tenté par cette voie, et sur lequel il paraissait avoué qu'il était permis, et même nécessaire, de s'aider d'une infinité de suppositions et d'hypothèses gratuites, pour pouvoir dire quelque chose de conséquent et de systématique.

Les principaux courants de l'océan [2] sont ceux qu'on a observés dans la mer Atlantique près de la Guinée ; ils s'étendent depuis le cap Vert jusqu'à la baie de Fernandopo ; leur mouvement est d'occident en orient, et il est contraire au mouvement général de la mer qui se fait d'orient en occident : ces courants sont fort violents, en sorte que les vaisseaux peuvent venir en deux jours de Moura à Rio-de-Bénin, c'est-à-dire faire une route de plus de 150 lieues, et il leur faut six ou sept semaines pour y retourner ; ils ne peuvent même sortir de ces parages qu'en profitant des vents orageux qui s'élèvent tout à coup dans ces climats ; mais il y a des saisons entières pendant lesquelles ils sont obligés de rester, la mer étant continuellement calme, à l'exception du mouvement des courants qui est toujours dirigé vers les côtes dans cet endroit : ces courants ne s'étendent guère qu'à 20 lieues de distance des côtes. Auprès de Sumatra il y a des courants rapides qui coulent du midi vers le nord, et qui probablement ont formé le golfe qui est entre Malaye et l'Inde : on trouve des courants semblables entre l'île de Java et la terre de Magellan ; il y a aussi de très-grands courants entre le cap de Bonne-Espérance et l'île de Madagascar, et surtout sur la côte d'Afrique, entre la terre de Natal et le Cap ; dans la mer Pacifique, sur les côtes du Pérou et du reste de l'Amérique, la mer se meut du midi au nord, et il y règne constamment un vent de midi qui semble être la cause de ces courants ; on observe le même mouvement du midi au nord sur les côtes du Brésil, depuis le cap Saint-Augustin jusqu'aux îles Antilles, à l'embouchure du détroit des Manilles, aux Philippines et au Japon dans le port de Kibuxia. (Voyez *Varen. Geogr. gener.*, p. 140.)

Il y a des courants très-violents dans la mer voisine des îles Maldives, et entre ces îles ces courants coulent, comme je l'ai dit, constamment pendant six mois d'orient en occident, et rétrogradent pendant les six autres mois d'occident en orient [3] ; ils suivent la direction des vents moussons, et il est

---

1. Oubli singulier ! Buffon a souvent cité Bourguet. Voyez les pages 37, 100, etc.
2. Voyez, sur les *courants* de l'océan, le *Manuel Géologique* de M. de La Bêche ; traduction française, p. 114.
3. Voyez M. de La Bêche (ouv. cit.), p. 123.

probable qu'ils sont produits par ces vents qui, comme l'on sait, soufflent dans cette mer six mois de l'est à l'ouest, et six mois en sens contraire.

Au reste, nous ne faisons ici mention que des courants dont l'étendue et la rapidité sont fort considérables ; car il y a dans toutes les mers une infinité de courants que les navigateurs ne reconnaissent qu'en comparant la route qu'ils ont faite avec celle qu'ils auraient dû faire, et ils sont souvent obligés d'attribuer à l'action de ces courants la dérive de leur vaisseau. Le flux et le reflux, les vents et toutes les autres causes qui peuvent donner de l'agitation aux eaux de la mer, doivent produire des courants, lesquels seront plus ou moins sensibles dans les différents endroits. Nous avons vu que le fond de la mer est, comme la surface de la terre, hérissé de montagnes, semé d'inégalités et coupé par des bancs de sable : dans tous ces endroits montueux et entrecoupés les courants seront violents ; dans les lieux plats où le fond de la mer se trouvera de niveau, ils seront presque insensibles ; la rapidité du courant augmentera à proportion des obstacles que les eaux trouveront, ou plutôt du rétrécissement des espaces par lesquels elles tendent à passer. Entre deux chaînes de montagnes qui seront dans la mer, il se formera nécessairement un courant qui sera d'autant plus violent que ces deux montagnes seront plus voisines : il en sera de même entre deux bancs de sable ou entre deux îles voisines ; aussi remarque-t-on dans l'Océan Indien, qui est entrecoupé d'une infinité d'îles et de bancs, qu'il y a partout des courants très-rapides qui rendent la navigation de cette mer fort périlleuse ; ces courants ont, en général, des directions semblables à celles des vents ou du flux et du reflux qui les produisent.

Non-seulement toutes les inégalités du fond de la mer doivent former des courants [1], mais les côtes mêmes doivent faire un effet en partie semblable. Toutes les côtes font refouler les eaux à des distances plus ou moins considérables, ce refoulement des eaux est une espèce de courant que les circonstances peuvent rendre continuel et violent ; la position oblique d'une côte, le voisinage d'un golfe ou de quelque grand fleuve, un promontoire, en un mot tout obstacle particulier qui s'oppose au mouvement général produira toujours un courant : or, comme rien n'est plus irrégulier que le fond et les bords de la mer, on doit donc cesser d'être surpris du grand nombre de courants qu'on y trouve presque partout.

Au reste, tous ces courants ont une largeur déterminée et qui ne varie point : cette largeur du courant dépend de celle de l'intervalle qui est entre les deux éminences qui lui servent de lit. Les courants coulent dans la mer comme les fleuves coulent sur la terre, et ils y produisent des effets semblables ; ils forment leur lit, ils donnent aux éminences, entre lesquelles ils coulent, une figure régulière et dont les angles sont correspondants : ce

---

1. Les inégalités du fond de la mer ne *forment pas les courants* ; elles ne peuvent avoir qu'un effet : celui de contribuer à les diriger.

sont en un mot ces courants qui ont creusé nos vallées, figuré nos montagnes [1], et donné à la surface de notre terre, lorsqu'elle était sous l'eau de la mer, la forme qu'elle conserve encore aujourd'hui.

Si quelqu'un doutait de cette correspondance des angles des montagnes, j'oserais en appeler aux yeux de tous les hommes, surtout lorsqu'ils auront lu ce qui vient d'être dit : je demande seulement qu'on examine, en voyageant, la position des collines opposées et les avances qu'elles font dans les vallons, on se convaincra par ses yeux que le vallon était le lit, et les collines les bords des courants, car les côtés opposés des collines se correspondent exactement, comme les deux bords d'un fleuve. Dès que les collines à droite du vallon font une avance, les collines à gauche du vallon font une gorge ; ces collines ont aussi, à très-peu près, la même élévation, et il est très-rare de voir une grande inégalité de hauteur dans deux collines opposées et séparées par un vallon : je puis assurer que plus j'ai regardé les contours et les hauteurs des collines, plus j'ai été convaincu de la correspondance des angles, et de cette ressemblance qu'elles ont avec les lits et les bords des rivières, et c'est par des observations réitérées sur cette régularité surprenante et sur cette ressemblance frappante, que mes premières idées sur la théorie de la terre me sont venues : qu'on ajoute à cette observation celle des couches parallèles et horizontales et celle des coquillages répandus dans toute la terre et incorporés dans toutes les différentes matières, et on verra s'il peut y avoir plus de probabilité dans un sujet de cette espèce.

ARTICLE XIV.

DES VENTS RÉGLÉS.

Rien ne paraît plus irrégulier et plus variable que la force et la direction des vents dans nos climats ; mais il y a des pays où cette irrégularité n'est pas si grande, et d'autres où le vent souffle constamment dans la même direction et presque avec la même force.

Quoique les mouvements de l'air dépendent d'un grand nombre de causes, il y en a cependant de principales dont on peut estimer les effets, mais il est difficile de juger des modifications que d'autres causes secondaires peuvent y apporter. La plus puissante de toutes ces causes est la chaleur du soleil [2], laquelle produit successivement une raréfaction considérable dans les

---

1. Ainsi, selon Buffon, ce sont, tour à tour, les *courants* qui *creusent nos vallées*, qui *figurent nos montagnes*, et ce sont les *montagnes* (les *montagnes sous-marines*) qui *forment les courants*.

2. « Tous les phénomènes dont l'ensemble constitue l'état du ciel, doivent être attribués, en « grande partie, à la puissance calorifique des rayons du soleil. Il en résulte que la direction « des vents, la hauteur du baromètre, les changements de température, l'état hygrométrique « de l'air, sont des phénomènes connexes..... » (*Cosmos*, t. I, p. 274.)

différentes parties de l'atmosphère, ce qui fait le vent d'est, qui souffle constamment entre les tropiques, où la raréfaction est la plus grande.

La force d'attraction du soleil, et même celle de la lune sur l'atmosphère, sont des causes dont l'effet est insensible en comparaison de celle dont nous venons de parler ; il est vrai que cette force produit dans l'air un mouvement semblable à celui du flux et du reflux dans la mer, mais ce mouvement n'est rien en comparaison des agitations de l'air qui sont produites par la raréfaction, car il ne faut pas croire que l'air, parce qu'il a du ressort et qu'il est huit cents fois plus léger que l'eau[1], doive recevoir par l'action de la lune un mouvement de flux fort considérable : pour peu qu'on y réfléchisse, on verra que ce mouvement n'est guère plus considérable que celui du flux et du reflux des eaux de la mer ; car la distance à la lune étant supposée la même, une mer d'eau ou d'air, ou de telle autre matière fluide qu'on voudra imaginer, aura à peu près le même mouvement, parce que la force qui produit ce mouvement pénètre la matière et est proportionnelle à sa quantité ; ainsi une mer d'eau, d'air ou de vif-argent s'élèverait à peu près à la même hauteur par l'action du soleil et de la lune, et dès lors on voit que le mouvement que l'attraction des astres peut causer dans l'atmosphère n'est pas assez considérable pour produire une grande agitation[a] ; et, quoiqu'elle doive causer un léger mouvement de l'air d'orient en occident, ce mouvement est tout à fait insensible en comparaison de celui que la chaleur du soleil doit produire en raréfiant l'air ; et, comme la raréfaction sera toujours plus grande dans les endroits où le soleil est au zénith, il est clair que le courant d'air doit suivre le soleil et former un vent constant et général d'orient en occident : ce vent souffle continuellement sur la mer dans la zone torride et dans la plupart des endroits de la terre entre les tropiques ; c'est le même vent que nous sentons au lever du soleil, et en général les vents d'est sont bien plus fréquents et bien plus impétueux que les vents d'ouest ; ce vent général d'orient en occident s'étend même au delà des tropiques, et il souffle si constamment dans la mer Pacifique, que les navires qui vont d'Acapulco aux Philippines font cette route, qui est de plus de 2,700 lieues, sans aucun risque, et, pour ainsi dire, sans avoir besoin d'être dirigés : il en est de même de la mer Atlantique entre l'Afrique et le Brésil, ce vent général y souffle constamment ; il se fait sentir aussi entre les Philippines et l'Afrique, mais d'une manière moins constante, à cause des îles et des différents obstacles qu'on rencontre dans cette mer, car il souffle pendant les mois de janvier, février, mars et avril, entre la côte de Mozambique et l'Inde ; mais pendant les autres mois il cède à d'autres vents ; et

a. L'effet de cette cause a été déterminé géométriquement dans différentes hypothèses et calculé par M. d'Alembert. (Voyez *Réflexions sur la cause générale des vents.* Paris, 1747.)

1. A la température de 0°, l'air pèse 13 décigrammes pour chaque décimètre cube, c'est-à-dire 770 fois moins que l'eau distillée.

quoique ce vent d'est soit moins sensible sur les côtes qu'en pleine mer,
et encore moins dans le milieu des continents que sur les côtes de la mer,
cependant il y a des lieux où il souffle presque continuellement, comme sur
les côtes orientales du Brésil, sur les côtes de Loango en Afrique, etc.

Ce vent d'est, qui souffle continuellement sous la ligne, fait que, lorsqu'on
part d'Europe pour aller en Amérique, on dirige le cours du vaisseau du
nord au sud dans la direction des côtes d'Espagne et d'Afrique jusqu'à
20 degrés en deçà de la ligne, où l'on trouve ce vent d'est qui vous porte
directement sur les côtes d'Amérique ; et de même dans la mer Pacifique
l'on fait en deux mois le voyage de Callao ou d'Acapulco aux Philippines à
la faveur de ce vent d'est, qui est continuel ; mais le retour des Philippines
à Acapulco est plus long et plus difficile. A 28 ou 30 degrés de ce côté-ci de
la ligne, on trouve des vents d'ouest assez constants, et c'est pour cela que
les vaisseaux qui reviennent des Indes occidentales en Europe ne prennent
pas la même route pour aller et pour revenir ; ceux qui viennent de la Nouvelle-Espagne font voile le long des côtes et vers le nord jusqu'à ce qu'ils
arrivent à la Havane dans l'île de Cuba, et de là ils gagnent du côté du nord
pour trouver les vents d'ouest qui les amènent aux Açores et ensuite en
Espagne ; de même, dans la mer du Sud, ceux qui reviennent des Philippines
ou de la Chine au Pérou ou au Mexique gagnent le nord jusqu'à la hauteur
du Japon, et naviguent sous ce parallèle jusqu'à une certaine distance de
Californie, d'où, en suivant la côte de la Nouvelle-Espagne, ils arrivent à
Acapulco. Au reste ces vents d'est ne soufflent pas toujours du même point,
mais en général ils sont au sud-est depuis le mois d'avril jusqu'au mois de
novembre, et ils sont au nord-est depuis novembre jusqu'en avril.

Le vent d'est contribue par son action à augmenter le mouvement général
de la mer d'orient en occident ; il produit aussi des courants qui sont
constants et qui ont leur direction, les uns de l'est à l'ouest, les autres de
l'est au sud-ouest ou au nord-ouest, suivant la direction des éminences et
des chaînes de montagnes qui sont au fond de la mer, dont les vallées ou
les intervalles qui les séparent servent de canaux à ces courants ; de même
les vents alternatifs, qui soufflent tantôt de l'est et tantôt de l'ouest, produisent aussi des courants qui changent de direction en même temps que ces
vents en changent aussi.

Les vents qui soufflent constamment pendant quelques mois sont ordinairement suivis de vents contraires, et les navigateurs sont obligés d'attendre
celui qui leur est favorable ; lorsque ces vents viennent à changer, il y a
plusieurs jours, et quelquefois un mois ou deux de calme ou de tempêtes
dangereuses.

Ces vents généraux, causés par la raréfaction de l'atmosphère, se combinent différemment par différentes causes dans différents climats [1] : dans

1. « La différence de température, entre les contrées équinoxiales et les contrées polaires,

la partie de la mer Atlantique, qui est sous la zone tempérée, le vent du nord souffle presque constamment pendant les mois d'octobre, novembre, décembre et janvier ; c'est pour cela que ces mois sont les plus favorables pour s'embarquer lorsqu'on veut aller de l'Europe aux Indes, afin de passer la ligne à la faveur de ces vents, et l'on sait par expérience que les vaisseaux qui partent au mois de mars d'Europe n'arrivent quelquefois pas plus tôt au Brésil que ceux qui partent au mois d'octobre suivant. Le vent de nord règne presque continuellement pendant l'hiver dans la Nouvelle-Zemble et dans les autres côtes septentrionales : le vent de midi souffle pendant le mois de juillet au cap Vert, c'est alors le temps des pluies, ou l'hiver de ces climats ; au cap de Bonne-Espérance le vent de nord-ouest souffle pendant le mois de septembre ; à Patna dans l'Inde, ce même vent de nord-ouest souffle pendant les mois de novembre, décembre et janvier, et il produit de grandes pluies ; mais les vents d'est soufflent pendant les neuf autres mois. Dans l'Océan Indien, entre l'Afrique et l'Inde, et jusqu'aux îles Moluques, les vents moussons règnent d'orient en occident depuis janvier jusqu'au commencement de juin, et les vents d'occident commencent aux mois d'août et de septembre, et pendant l'intervalle de juin et de juillet il y a de très-grandes tempêtes, ordinairement par des vents de nord ; mais sur les côtes ces vents varient davantage qu'en pleine mer.

Dans le royaume de Guzarate et sur les côtes de la mer voisine, les vents de nord soufflent depuis le mois de mars jusqu'au mois de septembre, et pendant les autres mois de l'année il règne presque toujours des vents de midi. Les Hollandais, pour revenir de Java, partent ordinairement au mois de janvier et de février par un vent d'est qui se fait sentir jusqu'à 18 degrés de latitude australe, et ensuite ils trouvent des vents de midi qui les portent jusqu'à Sainte-Hélène. (Voyez *Varen. Geogr. gener.*, cap. XX.)

Il y a des vents réglés qui sont produits par la fonte des neiges ; les anciens Grecs les ont observés. Pendant l'été les vents de nord-ouest, et pendant l'hiver ceux de sud-est se font sentir en Grèce, dans la Thrace, dans la Macédoine, dans la mer Égée et jusqu'en Égypte et en Afrique ; on remarque des vents de même espèce dans le Congo, à Guzarate, à l'extrémité de l'Afrique, qui sont tous produits par la fonte des neiges. Le flux et le reflux de la mer produisent aussi des vents réglés qui ne durent que quelques heures ; et dans plusieurs endroits on remarque des vents qui viennent de terre pendant la nuit et de la mer pendant le jour, comme sur les côtes de la Nouvelle-Espagne, sur celles de Congo, à la Havane, etc.

« engendre deux courants opposés, l'un dans les hautes régions de l'atmosphère, l'autre à la « surface du globe..... C'est de la lutte de ces deux courants, c'est du lieu où le courant supérieur « retombe et atteint la surface, c'est de leur pénétration réciproque, que dépendent les plus « importantes variations de la pression atmosphérique, les changements de température dans « les couches d'air, la précipitation des vapeurs aqueuses condensées, et même la formation et « les figures variées que prennent les nuages. » (*Cosmos*, t. I, p. 375.)

Les vents de nord sont assez réglés dans les climats des cercles polaires ; mais plus on approche de l'équateur, plus ces vents de nord sont faibles, ce qui est commun aux deux pôles.

Dans l'Océan Atlantique et Éthiopique, il y a un vent d'est général entre les tropiques, qui dure toute l'année sans aucune variation considérable, à l'exception de quelques petits endroits où il change suivant les circonstances et la position des côtes : 1° auprès de la côte d'Afrique, aussitôt que vous avez passé les îles Canaries, vous êtes sûr de trouver un vent frais de nord-est à environ 28 degrés de latitude nord ; ce vent passe rarement le nord-est ou le nord-nord-est, et il vous accompagne jusqu'à 10 degrés latitude nord, à environ 100 lieues de la côte de Guinée, où l'on trouve au 4e degré latitude nord les calmes et tornados ; 2° ceux qui vont aux îles Caribes trouvent, en approchant de l'Amérique, que ce même vent de nord-est tourne de plus en plus à l'est, à mesure qu'on approche davantage ; 3° les limites de ces vents variables dans cet Océan sont plus grandes sur les côtes d'Amérique que sur celles d'Afrique. Il y a dans cet Océan un endroit où les vents de sud et de sud-ouest sont continuels, savoir, tout le long de la côte de Guinée dans un espace d'environ 500 lieues, depuis Sierra-Leona jusqu'à l'île de Saint-Thomas : l'endroit le plus étroit de cette mer est depuis la Guinée jusqu'au Brésil, où il n'y a qu'environ 500 lieues ; cependant les vaisseaux qui partent de la Guinée ne dirigent pas leur cours droit au Brésil, mais ils descendent du côté du sud, surtout lorsqu'ils partent aux mois de juillet et d'août, à cause des vents de sud-est qui règnent dans ce temps. (Voyez *Trans. phil. Abr.*, t. II, p. 129.)

Dans la mer Méditerranée, le vent souffle de la terre vers la mer au coucher du soleil, et au contraire de la mer vers la terre au lever, en sorte que le matin c'est un vent du levant, et le soir un vent du couchant ; le vent du midi qui est pluvieux, et qui souffle ordinairement à Paris, en Bourgogne et en Champagne au commencement de novembre, et qui cède à une bise douce et tempérée, produit le beau temps qu'on appelle vulgairement l'été de la Saint-Martin. (Voyez le *Traité des Eaux* de M. Mariotte.)

Le docteur Lister, d'ailleurs bon observateur, prétend que le vent d'est général qui se fait sentir entre les tropiques pendant toute l'année n'est produit que par la respiration de la plante appelée lentille de mer, qui est extrêmement abondante dans ces climats, et que la différence des vents sur la terre ne vient que de la différente disposition des arbres et des forêts, et il donne très-sérieusement cette ridicule imagination pour cause des vents, en disant qu'à l'heure de midi le vent est plus fort, parce que les plantes ont plus chaud et respirent l'air plus souvent, et qu'il souffle d'orient en occident, parce que toutes les plantes font un peu le tournesol, et respirent toujours du côté du soleil. (Voyez *Trans. philos.*, n° 156.)

D'autres auteurs, dont les vues étaient plus saines, ont donné pour cause de ce vent constant le mouvement de la terre sur son axe ; mais cette opinion n'est que spécieuse, et il est facile de faire comprendre aux gens, même les moins initiés en mécanique, que tout fluide qui environnerait la terre ne pourrait avoir aucun mouvement particulier en vertu de la rotation du globe, que l'atmosphère ne peut avoir d'autre mouvement que celui de cette même rotation, et que, tout tournant ensemble et à la fois, ce mouvement de rotation est aussi insensible dans l'atmosphère qu'il l'est à la surface de la terre.

La principale cause de ce mouvement constant est, comme nous l'avons dit, la chaleur du soleil : on peut voir sur cela le *Traité* de Halley dans les *Trans. philos.* ; et, en général, toutes les causes qui produiront dans l'air une raréfaction, ou une condensation considérable, produiront des vents dont les directions seront toujours directes ou opposées aux lieux où sera la plus grande raréfaction ou la plus grande condensation.

La pression des nuages, les exhalaisons de la terre, l'inflammation des météores, la résolution des vapeurs en pluies, etc., sont aussi des causes qui toutes produisent des agitations considérables dans l'atmosphère : chacune de ces causes, se combinant de différentes façons, produit des effets différents ; il me paraît donc qu'on tenterait vainement de donner une théorie des vents, et qu'il faut se borner à travailler à en faire l'histoire : c'est dans cette vue que j'ai rassemblé des faits qui pourront y servir.

Si nous avions une suite d'observations sur la direction, la force et la variation des vents dans les différents climats, si cette suite d'observations était exacte et assez étendue pour qu'on pût voir d'un coup d'œil le résultat de ces vicissitudes de l'air dans chaque pays, je ne doute pas qu'on n'arrivât à ce degré de connaissance dont nous sommes encore si fort éloignés, à une méthode par laquelle nous pourrions prévoir et prédire les différents états du ciel et la différence des saisons ; mais il n'y a pas assez longtemps qu'on fait des observations météorologiques ; il y en a beaucoup moins qu'on les fait avec soin, et il s'en écoulera peut-être beaucoup avant qu'on sache en employer les résultats, qui sont cependant les seuls moyens que nous ayons pour arriver à quelque connaissance positive sur ce sujet[1].

Sur la mer les vents sont plus réguliers que sur la terre, parce que la mer est un espace libre, et dans lequel rien ne s'oppose à la direction du vent ; sur la terre, au contraire, les montagnes, les forêts, les villes, etc., forment des obstacles qui font changer la direction des vents, et qui souvent produisent des vents contraires aux premiers. Ces vents réfléchis par les

---

1. Dès 1771, Lambert donna le moyen d'arriver *à quelque connaissance positive sur ce sujet*. Il se servit du baromètre pour déterminer la pression atmosphérique correspondante à chaque aire de vent. Trente ans plus tard, ce travail fut continué par Burckardt, par Ramond ; il l'a été, de nos jours, par MM. de Buch, Dove, Kaemtz, etc. De ces observations réunies ont été formées ces tables, connues sous le nom de *roses barométriques des vents*.

montagnes se font sentir dans toutes les provinces qui en sont voisines, avec une impétuosité souvent aussi grande que celle du vent direct qui les produit; ils sont aussi très-irréguliers, parce que leur direction dépend du contour, de la hauteur et de la situation des montagnes qui les réfléchissent. Les vents de mer soufflent avec plus de force et plus de continuité que les vents de terre; ils sont aussi beaucoup moins variables et durent plus longtemps : dans les vents de terre, quelque violents qu'ils soient, il y a des moments de rémission et quelquefois des instants de repos; dans ceux de mer, le courant d'air est constant et continuel sans aucune interruption : la différence de ces effets dépend de la cause que nous venons d'indiquer.

En général, sur la mer les vents d'est et ceux qui viennent des pôles sont plus forts que les vents d'ouest et que ceux qui viennent de l'équateur; dans les terres, au contraire, les vents d'ouest et de sud sont plus ou moins violents que les vents d'est et de nord, suivant la situation des climats. Au printemps et en automne les vents sont plus violents qu'en été ou en hiver, tant sur mer que sur terre; on peut en donner plusieurs raisons : 1° le printemps et l'automne sont les saisons des plus grandes marées, et par conséquent les vents que ces marées produisent, sont plus violents dans ces deux saisons; 2° le mouvement que l'action du soleil et de la lune produit dans l'air, c'est-à-dire le flux et le reflux de l'atmosphère, est aussi plus grand dans la saison des équinoxes; 3° la fonte des neiges au printemps, et la résolution des vapeurs que le soleil a élevées pendant l'été, qui retombent en pluies abondantes pendant l'automne, produisent, ou du moins augmentent les vents; 4° le passage du chaud au froid, ou du froid au chaud, ne peut se faire sans augmenter et diminuer considérablement le volume de l'air, ce qui seul doit produire de très-grands vents.

On remarque souvent dans l'air des courants contraires : on voit des nuages qui se meuvent dans une direction, et d'autres nuages, plus élevés ou plus bas que les premiers, qui se meuvent dans une direction contraire; mais cette contrariété de mouvement ne dure pas longtemps, et n'est ordinairement produite que par la résistance de quelque nuage à l'action du vent et par la répulsion du vent direct, qui règne seul dès que l'obstacle est dissipé.

Les vents sont plus violents dans les lieux élevés que dans les plaines; et plus on monte dans les hautes montagnes, plus la force du vent augmente jusqu'à ce qu'on soit arrivé à la hauteur ordinaire des nuages, c'est-à-dire à environ un quart ou un tiers de lieue de hauteur perpendiculaire; au delà de cette hauteur le ciel est ordinairement serein, au moins pendant l'été, et le vent diminue : on prétend même qu'il est tout à fait insensible au sommet des plus hautes montagnes; cependant la plupart de ces sommets, et même les plus élevés, étant couverts de glace et de neige, il est naturel de penser que cette région de l'air est agitée par les vents dans le temps de la chute de ces neiges; ainsi ce ne peut être que pendant l'été que les vents ne s'y font pas sentir : ne pourrait-on pas dire qu'en été les vapeurs légères qui s'élèvent au sommet de ces montagnes retombent en rosée, au lieu qu'en hiver elles se condensent, se gèlent et retombent en neige ou en glace, ce qui peut produire en hiver des vents au-dessus de ces montagnes, quoiqu'il n'y en ait point en été?

Un courant d'air augmente de vitesse comme un courant d'eau lorsque l'espace de son passage se rétrécit; le même vent, qui ne se fait sentir que médiocrement dans une plaine large et découverte, devient violent en passant par une gorge de montagne, ou seulement entre deux bâtiments élevés, et le point de la plus violente action du vent est au-dessus de ces mêmes bâtiments ou de la gorge de la montagne; l'air, étant comprimé par la résistance de ces obstacles, a plus de masse, plus de densité, et, la même vitesse subsistant, l'effort ou le coup du vent, le *momentum* en devient beaucoup plus fort. C'est ce qui fait qu'auprès d'une église ou d'une tour les vents semblent être beaucoup plus violents qu'ils ne le sont à une certaine distance de ces édifices. J'ai souvent remarqué que le vent réfléchi par un bâtiment isolé ne laissait pas d'être bien plus violent que le vent direct qui produisait ce vent réfléchi, et, lorsque j'en ai cherché la raison, je n'en ai pas trouvé d'autre que celle que je viens de rapporter : l'air chassé se comprime contre le bâtiment et se réfléchit, non-seulement avec la vitesse qu'il avait auparavant, mais encore avec plus de masse, ce qui rend en effet son action beaucoup plus violente.

A ne considérer que la densité de l'air, qui est plus grande à la surface de la terre que dans tout autre point de l'atmosphère, on serait porté à croire que la plus grande action du vent devrait être aussi à la surface de la terre, et je crois que cela est en effet ainsi toutes les fois que le ciel est serein ; mais lorsqu'il est chargé de nuages, la plus violente action du vent est à la hauteur de ces nuages, qui sont plus denses que l'air, puisqu'ils tombent en forme de pluie ou de grêle. On doit donc dire que la force du vent doit s'estimer, non-seulement par sa vitesse, mais aussi par la densité de l'air, de quelque cause que puisse provenir cette densité, et qu'il doit arriver souvent qu'un vent qui n'aura pas plus de vitesse qu'un autre vent, ne laissera pas de renverser des arbres et des édifices, uniquement parce que l'air poussé par ce vent sera plus dense. Ceci fait voir l'imperfection des machines qu'on a imaginées pour mesurer la vitesse du vent.

Les vents particuliers, soit qu'ils soient directs ou réfléchis, sont plus violents que les vents généraux. L'action interrompue des vents de terre dépend de cette compression de l'air, qui rend chaque bouffée beaucoup plus violente qu'elle ne le serait si le vent soufflait uniformément; quelque fort que soit un vent continu, il ne causera jamais les désastres que produit la fureur de ces vents qui soufflent, pour ainsi dire, par accès : nous en donnerons des exemples dans l'article qui suit.

On pourrait considérer les vents et leurs différentes directions sous des points de vue généraux, dont on tirerait peut-être des inductions utiles : par exemple, il me paraît qu'on pourrait diviser les vents par zones[1], que le vent d'est, qui s'étend à environ 25 ou 30 degrés de chaque côté de l'équateur, doit être regardé comme exerçant son action tout autour du globe dans la zone torride; le vent de nord souffle presque aussi constamment dans la zone froide que le vent d'est dans la zone torride, et on a reconnu qu'à la Terre-de-Feu et dans les endroits les moins éloignés du pôle austral où l'on est parvenu, le vent vient aussi du pôle; ainsi l'on peut dire que, le vent d'est occupant la zone torride, les vents de nord occupent les zones froides; et à l'égard des zones tempérées, les vents qui y règnent ne sont, pour ainsi dire, que des courants d'air, dont le mouvement est composé de ceux de ces deux vents principaux qui doivent produire tous les vents dont la direction tend à l'occident; et à l'égard des vents d'ouest, dont la direction tend à l'orient, et qui règnent souvent dans la zone tempérée, soit dans la mer Pacifique, soit dans l'Océan Atlantique, on peut les regarder comme des vents réfléchis par les terres de l'Asie et de l'Amérique, mais dont la première origine est due aux vents d'est et de nord.

Quoique nous ayons dit que, généralement parlant, le vent d'est règne tout autour du globe à environ 25 ou 30 degrés de chaque côté de l'équateur, il est cependant vrai que dans quelques endroits il s'étend à une bien moindre distance, et que sa direction n'est pas partout de l'est à l'ouest; car en deçà de l'équateur il est un peu est-nord-est, et au delà de l'équateur il est est-sud-est, et plus on s'éloigne de l'équateur, soit au nord, soit au sud, plus la direction du vent est oblique : l'équateur est la ligne sous laquelle la direction du vent de l'est à l'ouest est le plus exacte; par exemple, dans l'Océan Indien le vent général d'orient en occident ne s'étend guère au delà de 15 degrés : en allant de Goa au cap de Bonne-Espérance, on ne trouve ce vent d'est qu'au delà de l'équateur, environ au 12e degré de latitude sud, et il ne se fait pas sentir en deçà de l'équateur; mais lorsqu'on est arrivé à ce 12e degré de latitude sud, on a ce vent jusqu'au 28e degré latitude sud. Dans la mer qui sépare l'Afrique de l'Amérique, il y a un intervalle qui est depuis le 4e degré de latitude nord jusqu'au 10e ou 11e degré de latitude nord, où ce vent général n'est pas sensible; mais au delà de ce 10e ou 11e degré ce vent règne et s'étend jusqu'au 30e degré.

Il y a aussi beaucoup d'exceptions à faire au sujet des vents moussons[2],

---

1. Voyez la note de la page 250.

1. « Les *moussons* changent toujours quelque temps après les équinoxes ; elles soufflent constamment vers l'hémisphère où est le soleil. Donc l'action de cet astre sur l'atmosphère en est visiblement une des causes principales. » (*Abrégé de la géogr. univ.* de Maltebrun : 4e édition.)

dont le mouvement est alternatif : les uns durent plus ou moins longtemps, les autres s'étendent à de plus grandes ou à de moindres distances, les autres sont plus ou moins réguliers, plus ou moins violents. Nous rapporterons ici, d'après Varénius, les principaux phénomènes de ces vents. « Dans « l'Océan Indien, entre l'Afrique et l'Inde jusqu'aux Moluques, les vents « d'est commencent à régner au mois de janvier, et durent jusqu'au com- « mencement de juin ; au mois d'août ou de septembre commence le mou- « vement contraire, et les vents d'ouest règnent pendant trois ou quatre « mois ; dans l'intervalle de ces moussons, c'est-à-dire à la fin de juin, au « mois de juillet et au commencement d'août, il n'y a sur cette mer aucun « vent fait, et on éprouve de violentes tempêtes qui viennent du septentrion.

« Ces vents sont sujets à de plus grandes variations en approchant des « terres, car les vaisseaux ne peuvent partir de la côte de Malabar, non plus « que des autres ports de la côte occidentale de la presqu'île de l'Inde, pour « aller en Afrique, en Arabie, en Perse, etc., que depuis le mois de janvier « jusqu'au mois d'avril ou de mai ; car dès la fin de mai et pendant les mois « de juin, de juillet et d'août, il se fait de si violentes tempêtes par les vents « de nord ou de nord-est, que les vaisseaux ne peuvent tenir à la mer ; au « contraire, de l'autre côté de cette presqu'île, c'est-à-dire, sur la mer qui « baigne la côte de Coromandel, on ne connaît point ces tempêtes.

« On part de Java, de Ceylan et de plusieurs endroits au mois de sep- « tembre pour aller aux îles Moluques, parce que le vent d'occident com- « mence alors à souffler dans ces parages ; cependant lorsqu'on s'éloigne de « l'équateur à 15 degrés de latitude australe, on perd ce vent d'ouest et on « retrouve le vent général, qui est dans cet endroit un vent de sud-est. On « part de même de Cochin, pour aller à Malaca, au mois de mars, parce « que les vents d'ouest commencent à souffler dans ce temps : ainsi ces vents « d'occident se font sentir en différents temps dans la mer des Indes ; on « part, comme l'on voit, dans un temps pour aller de Java aux Moluques, « dans un autre temps pour aller de Cochin à Malaca, dans un autre pour « aller de Malaca à la Chine, et encore dans un autre pour aller de la Chine « au Japon.

« A Banda, les vents d'occident finissent à la fin de mars, il règne des « vents variables et des calmes pendant le mois d'avril, au mois de mai les « vents d'orient recommencent avec une grande violence ; à Ceylan, les « vents d'occident commencent vers le milieu du mois de mars et durent « jusqu'au commencement d'octobre que reviennent les vents d'est, ou plu- « tôt d'est-nord-est ; à Madagascar, depuis le milieu d'avril jusqu'à la fin « de mai, on a des vents de nord et de nord-ouest, mais aux mois de février « et de mars ce sont des vents d'orient et de midi ; de Madagascar au cap « de Bonne-Espérance, le vent du nord et les vents collatéraux soufflent « pendant les mois de mars et d'avril ; dans le golfe de Bengale, le vent de

« midi se fait sentir avec violence après le 20 d'avril, auparavant il règne
« dans cette mer des vents de sud-ouest ou de nord-ouest ; les vents d'ouest
« sont aussi très-violents dans la mer de la Chine pendant les mois de juin et
« de juillet, c'est aussi la saison la plus convenable pour aller de la Chine au
« Japon ; mais, pour revenir du Japon à la Chine, ce sont les mois de février
« et de mars qu'on préfère, parce que les vents d'est ou de nord-est règnent
« alors dans cette mer.

« Il y a des vents qu'on peut regarder comme particuliers à de certaines
« côtes : par exemple, le vent de sud est presque continuel sur les côtes du
« Chili et du Pérou ; il commence au 46ᵉ degré ou environ de latitude sud,
« et il s'étend jusqu'au delà de Panama, ce qui rend le voyage de Lima à
« Panama beaucoup plus aisé à faire et plus court que le retour. Les vents
« d'occident soufflent presque continuellement, ou du moins très-fréquem-
« ment, sur les côtes de la terre Magellanique, aux environs du détroit de
« Le Maire ; sur la côte de Malabar, les vents de nord et de nord-ouest
« règnent presque continuellement ; sur la côte de Guinée, le vent de nord-
« ouest est aussi fort fréquent, et à une certaine distance de cette côte en
« pleine mer on retrouve le vent de nord-est ; les vents d'occident règnent
« sur les côtes du Japon aux mois de novembre et de décembre. »

Les vents alternatifs ou périodiques dont nous venons de parler sont des
vents de mer ; mais il y a aussi des vents de terre qui sont périodiques et
qui reviennent, ou dans une certaine saison, ou à de certains jours, ou
même à de certaines heures ; par exemple, sur la côte de Malabar, depuis le
mois de septembre jusqu'au mois d'avril, il souffle un vent de terre qui vient
du côté de l'orient ; ce vent commence ordinairement à minuit et finit à
midi, et il n'est plus sensible dès qu'on s'éloigne à 12 ou 15 lieues de la
côte, et depuis midi jusqu'à minuit il règne un vent de mer qui est fort
faible et qui vient de l'occident : sur la côte de la Nouvelle-Espagne en Amérique, et sur celle de Congo en Afrique, il règne des vents de terre pendant
la nuit et des vents de mer pendant le jour ; à la Jamaïque, les vents soufflent
de tous côtés à la fois pendant la nuit, et les vaisseaux ne peuvent alors y
arriver sûrement, ni en sortir avant le jour.

En hiver, le port de Cochin est inabordable, et il ne peut en sortir aucun
vaisseau, parce que les vents y soufflent avec une telle impétuosité, que les
bâtiments ne peuvent pas tenir à la mer, et que d'ailleurs le vent d'ouest,
qui y souffle avec fureur, amène à l'embouchure du fleuve de Cochin une
si grande quantité de sable, qu'il est impossible aux navires, et même aux
barques, d'y entrer pendant six mois de l'année ; mais les vents d'est qui
soufflent pendant les six autres mois repoussent ces sables dans la mer et
rendent libre l'entrée de la rivière. Au détroit de Babel-Mandel, il y a des
vents de sud-est qui y règnent tous les ans dans la même saison, et qui sont
toujours suivis de vents de nord-ouest. A Saint-Domingue, il y a deux vents

différents qui s'élèvent régulièrement presque chaque jour : l'un, qui est un vent de mer, vient du côté de l'orient et il commence à 10 heures du matin ; l'autre, qui est un vent de terre et qui vient de l'occident, s'élève à six ou sept heures du soir et dure toute la nuit. Il y aurait plusieurs autres faits de cette espèce à tirer des voyageurs, dont la connaissance pourrait peut-être nous conduire à donner une histoire des vents, qui serait un ouvrage très-utile pour la navigation et pour la physique.

ARTICLE XV.

DES VENTS IRRÉGULIERS, DES OURAGANS, DES TROMBES, ET DE QUELQUES AUTRES PHÉNOMÈNES CAUSÉS PAR L'AGITATION DE LA MER ET DE L'AIR.

Les vents sont plus irréguliers sur terre que sur mer, et plus irréguliers dans les pays élevés que dans les pays de plaines. Les montagnes, non-seulement changent la direction des vents, mais même elles en produisent qui sont ou constants ou variables suivant les différentes causes : la fonte des neiges qui sont au-dessus des montagnes produit ordinairement des vents constants qui durent quelquefois assez longtemps ; les vapeurs qui s'arrêtent contre les montagnes et qui s'y accumulent produisent des vents variables qui sont très-fréquents dans tous les climats, et il y a autant de variations dans ces mouvements de l'air, qu'il y a d'inégalités sur la surface de la terre. Nous ne pouvons donc donner sur cela que des exemples, et rapporter les faits qui sont avérés ; et comme nous manquons d'observations suivies sur la variation des vents, et même sur celle des saisons dans les différents pays, nous ne prétendons pas expliquer toutes les causes de ces différences, et nous nous bornerons à indiquer celles qui nous paraîtront les plus naturelles et les plus probables.

Dans les détroits, sur toutes les côtes avancées, à l'extrémité et aux environs de tous les promontoires, des presqu'îles et des caps, et dans tous les golfes étroits, les orages sont fréquents ; mais il y a outre cela des mers beaucoup plus orageuses que d'autres. L'Océan Indien, la mer du Japon, la mer Magellanique, celle de la côte d'Afrique au delà des Canaries, et de l'autre côté vers la terre de Natal, la mer Rouge, la mer Vermeille, sont toutes fort sujettes aux tempêtes ; l'Océan Atlantique est aussi plus orageux que le Grand Océan, qu'on a appelé, à cause de sa tranquillité, *mer Pacifique ;* cependant cette mer Pacifique n'est absolument tranquille qu'entre les tropiques et jusqu'au quart environ des zones tempérées ; et plus on approche des pôles, plus elle est sujette à des vents variables dont le changement subit cause souvent des tempêtes.

Tous les continents terrestres sont sujets à des vents variables qui produisent souvent des effets singuliers : dans le royaume de Cachemire, qui est environné des montagnes du Caucase, on éprouve à la montagne Pire-Penjale des changements soudains; on passe, pour ainsi dire, de l'été à l'hiver en moins d'une heure; il y règne deux vents directement opposés, l'un de nord et l'autre de midi, que, selon Bernier, on sent successivement en moins de deux cents pas de distance. La position de cette montagne doit être singulière et mériterait d'être observée. Dans la presqu'île de l'Inde, qui est traversée du nord au sud par les montagnes de Gate, on a l'hiver d'un côté de ces montagnes, et l'été de l'autre côté dans le même temps, en sorte que sur la côte de Coromandel l'air est serein, et tranquille et fort chaud, tandis qu'à celle de Malabar, quoique sous la même latitude, les pluies, les orages, les tempêtes, rendent l'air aussi froid qu'il peut l'être dans ce climat, et au contraire, lorsqu'on a l'été à Malabar, on a l'hiver à Coromandel. Cette même différence se trouve des deux côtés du cap de Rosalgate en Arabie : dans la partie de la mer qui est au nord du cap, il règne une grande tranquillité, tandis que dans la partie qui est au sud on éprouve de violentes tempêtes. Il en est encore de même dans l'île de Ceylan : l'hiver et les grands vents se font sentir dans la partie septentrionale de l'île, tandis que dans les parties méridionales il fait un très-beau temps d'été; et au contraire, quand la partie septentrionale jouit de la douceur de l'été, la partie méridionale à son tour est plongée dans un air sombre, orageux et pluvieux : cela arrive, non-seulement dans plusieurs endroits du continent des Indes, mais aussi dans plusieurs îles : par exemple, à Céram, qui est une longue île dans le voisinage d'Amboine, on a l'hiver dans la partie septentrionale de l'île, et l'été en même temps dans la partie méridionale, et l'intervalle qui sépare les deux saisons n'est pas de trois ou quatre lieues.

En Égypte, il règne souvent pendant l'été des vents du midi qui sont si chauds qu'ils empêchent la respiration; ils élèvent une si grande quantité de sable, qu'il semble que le ciel est couvert de nuages épais; ce sable est si fin et il est chassé avec tant de violence, qu'il pénètre partout, et même dans les coffres les mieux fermés : lorsque ces vents durent plusieurs jours ils causent des maladies épidémiques, et souvent elles sont suivies d'une grande mortalité. Il pleut très-rarement en Égypte; cependant tous les ans il y a quelques jours de pluie pendant les mois de décembre, janvier et février; il s'y forme aussi des brouillards épais qui y sont plus fréquents que les pluies, surtout aux environs du Caire; ces brouillards commencent au mois de novembre et continuent pendant l'hiver; ils s'élèvent avant le lever du soleil : pendant toute l'année il tombe une rosée si abondante, lorsque le ciel est serein, qu'on pourrait la prendre pour une petite pluie.

Dans la Perse, l'hiver commence en novembre et dure jusqu'en mars; le froid y est assez fort pour y former de la glace, et il tombe beaucoup de neige dans les montagnes et souvent un peu dans les plaines : depuis le mois de mars jusqu'au mois de mai il s'élève des vents qui soufflent avec force et qui ramènent la chaleur; du mois de mai au mois de septembre le ciel est serein, et la chaleur de la saison est modérée pendant la nuit par des vents frais qui s'élèvent tous les soirs et qui durent jusqu'au lendemain matin, et en automne il se fait des vents qui, comme ceux du printemps, soufflent avec force; cependant quoique ces vents soient assez violents, il est rare qu'ils produisent des ouragans et des tempêtes; mais il s'élève souvent pendant l'été, le long du golfe Persique, un vent très-dangereux que les habitants appellent Samyel, et qui est encore plus chaud et plus terrible que celui d'Égypte dont nous venons de parler; ce vent est suffocant et mortel, son action est presque semblable à celle d'un tourbillon de vapeur enflammée, et on ne peut en éviter les effets lorsqu'on s'y trouve malheureusement enveloppé. Il s'élève aussi sur la mer Rouge, en été, et sur les terres de l'Arabie, un vent de même espèce qui suffoque les hommes et les animaux et qui transporte une si grande quantité de sable, que bien des gens prétendent que cette mer se trouvera comblée avec le temps par l'entassement successif des sables qui y tombent. Il y a souvent de ces nuées de sable, en Arabie, qui obscurcissent l'air et qui forment des tourbillons dangereux. A la Vera-Cruz, lorsque le vent de nord souffle, les maisons de la ville sont presque enterrées sous le sable qu'un vent pareil amène : il s'élève aussi des vents chauds en été à Négapatam dans la presqu'île de l'Inde, aussi bien qu'à Pétapouli[1] et à Mazulipatam; ces vents brûlants, qui font périr les hommes, ne sont heureusement pas de longue durée, mais ils sont violents, et plus ils ont de vitesse et plus ils sont brûlants, au lieu que tous les autres vents rafraîchissent d'autant plus qu'ils ont plus de vitesse; cette différence ne vient que du degré de chaleur de l'air : tant que la chaleur de l'air est moindre que celle du corps des animaux, le mouvement de l'air est rafraîchissant; mais, si la chaleur de l'air est plus grande que celle du corps, alors le mouvement de l'air ne peut qu'échauffer et brûler. A Goa, l'hiver, ou plutôt le temps des pluies et des tempêtes, est aux mois de mai, de juin et de juillet : sans cela les chaleurs y seraient insupportables.

Le cap de Bonne-Espérance est fameux par ses tempêtes et par le nuage singulier qui les produit : ce nuage ne paraît d'abord que comme une petite tache ronde dans le ciel, et les matelots l'ont appelé OEil-de-bœuf; j'imagine que c'est parce qu'il se soutient à une très-grande hauteur qu'il paraît si petit. De tous les voyageurs qui ont parlé de ce nuage, Kolbe me paraît être celui qui l'a examiné avec le plus d'attention; voici ce qu'il en dit (tome I, page 224 et suiv.) : « Le nuage qu'on voit sur les montagnes de la « Table, ou du Diable, ou du Vent, est composé, si je ne me trompe, d'une

____

1. *Pétapilly*

« infinité de petites particules poussées, premièrement contre les mon-
« tagnes du cap, qui sont à l'est, par les vents d'est qui règnent pendant
« presque toute l'année dans la zone torride ; ces particules ainsi poussées
« sont arrêtées dans leur cours par ces hautes montagnes et se ramassent
« sur leur côté oriental ; alors elles deviennent visibles et y forment de petits
« monceaux ou assemblages de nuages, qui, étant incessamment poussés
« par le vent d'est, s'élèvent au sommet de ces montagnes ; ils n'y restent
« pas longtemps tranquilles et arrêtés ; contraints d'avancer, ils s'engouf-
« frent entre les collines qui sont devant eux, où ils sont serrés et pressés
« comme dans une manière de canal ; le vent les presse au-dessous, et
« les côtés opposés de deux montagnes les retiennent à droite et à gauche ;
« lorsqu'en avançant toujours ils parviennent au pied de quelque montagne
« où la campagne est un peu plus ouverte, ils s'étendent, se déploient et
« deviennent de nouveau invisibles ; mais bientôt ils sont chassés sur les
« montagnes par les nouveaux nuages qui sont poussés derrière eux, et
« parviennent ainsi, avec beaucoup d'impétuosité, sur les montagnes les
« plus hautes du cap, qui sont celles du Vent et de la Table, où règne alors
« un vent tout contraire ; là il se fait un conflit affreux, ils sont poussés
« par derrière et repoussés par devant, ce qui produit des tourbillons hor-
« ribles, soit sur les hautes montagnes dont je parle, soit dans la vallée de
« la Table, où ces nuages voudraient se précipiter. Lorsque le vent de nord-
« ouest a cédé le champ de bataille, celui de sud-est augmente et continue
« de souffler avec plus ou moins de violence pendant son semestre ; il se
« renforce pendant que le nuage de l'Œil-de-bœuf est épais, parce que les
« particules qui viennent s'y amasser par derrière s'efforcent d'avancer ; il
« diminue lorsqu'il est moins épais, parce qu'alors moins de particules
« pressent par derrière ; il baisse entièrement lorsque le nuage ne paraît
« plus, parce qu'il n'y vient plus de l'est de nouvelles particules, ou qu'il
« n'en arrive pas assez ; le nuage enfin ne se dissipe point, ou plutôt paraît
« toujours à peu près de même grosseur, parce que de nouvelles matières
« remplacent par derrière celles qui se dissipent par devant.

« Toutes ces circonstances du phénomène conduisent à une hypothèse
« qui en explique bien toutes les parties : 1° Derrière la montagne de la
« Table on remarque une espèce de sentier ou une traînée de légers brouil-
« lards blancs, qui, commençant sur la descente orientale de cette montagne,
« aboutit à la mer et occupe dans son étendue les montagnes de Pierre. Je
« me suis très-souvent occupé à contempler cette traînée qui, suivant moi,
« était causée par le passage rapide des particules dont je parle, depuis les
« montagnes de Pierre jusqu'à celle de la Table.

« Ces particules, que je suppose, doivent être extrêmement embarrassées
« dans leur marche par les fréquents chocs et contre-chocs causés non-
« seulement par les montagnes, mais encore par les vents de sud et d'est

« qui règnent aux lieux circonvoisins du cap; c'est ici ma seconde observa-
« tion : j'ai déjà parlé des deux montagnes qui sont situées sur les pointes de
« la baie Falzo ou fausse baie, l'une s'appelle la Lèvre-Pendante et l'autre
« Norvége. Lorsque les particules que je conçois sont poussées sur ces
« montagnes par les vents d'est, elles en sont repoussées par les vents de
« sud, ce qui les porte sur les montagnes voisines; elles y sont arrêtées
« pendant quelque temps et y paraissent en nuages, comme elles le faisaient
« sur les deux montagnes de la baie Falso et même un peu davantage. Ces
« nuages sont souvent fort épais sur la Hollande hottentote, sur les mon-
« tagnes de Stellenbosch, de Drakenstein et de Pierre; mais surtout sur la
« montagne de la Table et sur celle du Diable.

« Enfin, ce qui confirme mon opinion est que constamment deux ou trois
« jours avant que les vents de sud-est soufflent, on aperçoit sur la Tête-du-
« Lion de petits nuages noirs qui la couvrent; ces nuages sont, suivant moi,
« composés des particules dont j'ai parlé; si le vent de nord-ouest règne
« encore lorsqu'elles arrivent, elles sont arrêtées dans leur course, mais
« elles ne sont jamais chassées fort loin jusqu'à ce que le vent de sud-est
« commence. »

Les premiers navigateurs qui ont approché du cap de Bonne-Espérance
ignoraient les effets de ces nuages funestes, qui semblent se former lentement, tranquillement et sans aucun mouvement sensible dans l'air, et qui
tout d'un coup lancent la tempête et causent un orage qui précipite les
vaisseaux dans le fond de la mer, surtout lorsque les voiles sont déployées.
Dans la terre de Natal, il se forme aussi un petit nuage semblable à l'OEil-de-
bœuf du cap de Bonne-Espérance, et de ce nuage il sort un vent terrible et
qui produit les mêmes effets; dans la mer qui est entre l'Afrique et l'Amérique, surtout sous l'équateur et dans les parties voisines de l'équateur, il
s'élève très-souvent de ces espèces de tempêtes; près de la côte de Guinée,
il se fait quelquefois trois ou quatre de ces orages en un jour; ils sont causés
et annoncés, comme ceux du cap de Bonne-Espérance, par de petits nuages
noirs; le reste du ciel est ordinairement fort serein et la mer tranquille.
Le premier coup de vent qui sort de ces nuages est furieux, et ferait périr
les vaisseaux en pleine mer, si l'on ne prenait pas auparavant la précaution
de caler les voiles; c'est principalement aux mois d'avril, de mai et de juin
qu'on éprouve ces tempêtes sur la mer de Guinée, parce qu'il n'y règne
aucun vent réglé dans cette saison; et plus bas, en descendant à Loango,
la saison de ces orages sur la mer voisine des côtes de Loango est celle des
mois de janvier, février, mars et avril. De l'autre côté de l'Afrique, au cap
de Gardafu, il s'élève de ces espèces de tempêtes au mois de mai, et les
nuages qui les produisent sont ordinairement au nord, comme ceux du cap
de Bonne-Espérance.

Toutes ces tempêtes sont donc produites par des vents qui sortent d'un

nuage et qui ont une direction, soit du nord au sud, soit du nord-est au sud-
ouest, etc.; mais il y a d'autres espèces de tempêtes que l'on appelle des
ouragans, qui sont encore plus violentes que celles-ci, et dans lesquelles les
vents semblent venir de tous les côtés; ils ont un mouvement de tourbillon
et de tournoiement auquel rien ne peut résister. Le calme précède ordinairement ces horribles tempêtes, et la mer paraît alors aussi unie qu'une
glace; mais dans un instant la fureur des vents élève les vagues jusqu'aux
nues. Il y a des endroits dans la mer où l'on ne peut pas aborder, parce
que alternativement il y a toujours ou des calmes ou des ouragans de cette
espèce; les Espagnols ont appelé ces endroits calmes et tornados : les plus
considérables sont auprès de la Guinée à 2 ou 3 degrés latitude nord; ils
ont environ 300 ou 350 lieues de longueur sur autant de largeur, ce qui
fait un espace de plus de 100,000 lieues carrées; le calme ou les orages sont
presque continuels sur cette côte de Guinée, et il y a des vaisseaux qui y ont
été retenus trois mois sans pouvoir en sortir.

Lorsque les vents contraires arrivent à la fois dans le même endroit,
comme à un centre, ils produisent ces tourbillons et ces tournoiements d'air
par la contrariété de leur mouvement, comme les courants contraires produisent dans l'eau des gouffres ou des tournoiements; mais lorsque ces
vents trouvent en opposition d'autres vents qui contre-balancent de loin leur
action, alors ils tournent autour d'un grand espace dans lequel il règne un
calme perpétuel, et c'est ce qui forme les calmes dont nous parlons, et
desquels il est souvent impossible de sortir. Ces endroits de la mer sont
marqués sur les globes de Sénex, aussi bien que les directions des différents
vents qui règnent ordinairement dans toutes les mers. A la vérité, je serais
porté à croire que la contrariété seule des vents ne pourrait pas produire
cet effet, si la direction des côtes et la forme particulière du fond de la mer
dans ces endroits n'y contribuaient pas; j'imagine donc que les courants
causés en effet par les vents, mais dirigés par la forme des côtes et des inégalités du fond de la mer, viennent tous aboutir dans ces endroits, et que
leurs directions opposées et contraires forment les tornados en question
dans une plaine environnée de tous côtés d'une chaîne de montagnes.

Les gouffres ne paraissent être autre chose que des tournoiements d'eau
causés par l'action de deux ou de plusieurs courants opposés; l'Euripe, si
fameux par la mort d'Aristote[1], absorbe et rejette alternativement les eaux
sept fois en vingt-quatre heures : ce gouffre est près des côtes de la Grèce.
Le Carybde, qui est près du détroit de Sicile, rejette et absorbe les eaux
trois fois en vingt-quatre heures : au reste, on n'est pas trop sûr du nombre
de ces alternatives de mouvement dans ces gouffres. Le docteur Plàcentia,
dans son Traité qui a pour titre l'*Egeo redivivo*, dit que l'Euripe a des mou-

1. *Si fameux par la mort d'Aristote.....* Pure fable. Ce grand homme mourut de maladie,
à l'âge de soixante-trois ans.

vements irréguliers pendant dix-huit ou dix-neuf jours de chaque mois, et des mouvements réguliers pendant onze jours; qu'ordinairement il ne grossit que d'un pied et rarement de deux pieds; il dit aussi que les auteurs ne s'accordent pas sur le flux et le reflux de l'Euripe; que les uns disent qu'il se fait deux fois, d'autres sept, d'autres onze, d'autres douze, d'autres quatorze fois en vingt-quatre heures, mais que Loirius, l'ayant examiné de suite pendant un jour entier, il l'avait observé à chaque six heures d'une manière évidente et avec un mouvement si violent, qu'à chaque fois il pouvait faire tourner alternativement les roues d'un moulin.

Le plus grand gouffre que l'on connaisse est celui de la mer de Norvége; on assure qu'il a plus de vingt lieues de circuit; il absorbe pendant six heures tout ce qui est dans son voisinage, l'eau, les baleines, les vaisseaux, et rend ensuite pendant autant de temps tout ce qu'il a absorbé.

Il n'est pas nécessaire de supposer dans le fond de la mer des trous et des abîmes qui engloutissent continuellement les eaux, pour rendre raison de ces gouffres; on sait que, quand l'eau a deux directions contraires, la composition de ces mouvements produit un tournoiement circulaire et semble former un vide dans le centre de ce mouvement, comme on peut l'observer dans plusieurs endroits auprès des piles qui soutiennent les arches des ponts, surtout dans les rivières rapides; il en est de même des gouffres de la mer, ils sont produits par le mouvement de deux ou de plusieurs courants contraires; et comme le flux et le reflux sont la principale cause des courants, en sorte que pendant le flux ils sont dirigés d'un côté et que pendant le reflux ils vont en sens contraire, il n'est pas étonnant que les gouffres qui résultent de ces courants attirent et engloutissent pendant quelques heures tout ce qui les environne, et qu'ils rejettent ensuite pendant tout autant de temps tout ce qu'ils ont absorbé.

Les gouffres ne sont donc que des tournoiements d'eau qui sont produits par des courants opposés[1], et les ouragans ne sont que des tourbillons ou tournoiements d'air produits par des vents contraires; ces ouragans sont communs dans la mer de la Chine et du Japon, dans celle des îles Antilles et en plusieurs autres endroits de la mer, surtout auprès des terres avancées et des côtes élevées, mais ils sont encore plus fréquents sur la terre, et les effets en sont quelquefois prodigieux. « J'ai vu, dit Bellarmin, je ne « le croirais pas si je ne l'eusse pas vu, une fosse énorme creusée par le « vent, et toute la terre de cette fosse emportée sur un village, en sorte que « l'endroit d'où la terre avait été enlevée paraissait un trou épouvantable, « et que le village fut entièrement enterré par cette terre transportée. »

---

1. En effet, lorsque deux courants, d'une direction contraire et d'une force égale, se rencontrent dans un passage étroit, ils tournent jusqu'à ce qu'ils se réunissent, et que l'un des deux s'échappe; c'est ce qu'on appelle aujourd'hui *tournants* et que Buffon appelait *gouffres* ou *tournoiements*.

(Bellarminus, *De ascensu mentis in Deum*.) On peut voir, dans l'*Histoire de l'Académie des Sciences* et dans les *Transactions philosophiques*, le détail des effets de plusieurs ouragans qui paraissent inconcevables, et qu'on aurait de la peine à croire, si les faits n'étaient attestés par un grand nombre de témoins oculaires, véridiques et intelligents.

Il en est de même des trombes, que les navigateurs ne voient jamais sans crainte et sans admiration : ces trombes sont fort fréquentes auprès de certaines côtes de la Méditerranée, surtout lorsque le ciel est fort couvert et que le vent souffle en même temps de plusieurs côtés ; elles sont plus communes près des caps de Laodicée, de Greego et de Carmel que dans les autres parties de la Méditerranée. La plupart de ces trombes sont autant de cylindres d'eau qui tombent des nues, quoiqu'il semble quelquefois, surtout quand on est à quelque distance, que l'eau de la mer s'élève en haut [1]. (Voyez les *Voyages de Shaw*, vol. II, p. 56.)

Mais il faut distinguer deux espèces de trombes : la première, qui est la trombe dont nous venons de parler, n'est autre chose qu'une nuée épaisse, comprimée, resserrée et réduite en un petit espace par des vents opposés et contraires, lesquels, soufflant en même temps de plusieurs côtés, donnent à la nuée la forme d'un tourbillon cylindrique, et font que l'eau tombe tout à la fois sous cette forme cylindrique ; la quantité d'eau est si grande et la chute en est si précipitée, que, si malheureusement une de ces trombes tombait sur un vaisseau, elle le briserait et le submergerait dans un instant. On prétend, et cela pourrait être fondé, qu'en tirant sur la trombe plusieurs coups de canon chargés à boulet, on la rompt, et que cette commotion de l'air la fait cesser assez promptement [2] ; cela revient à l'effet des cloches qu'on sonne pour écarter les nuages [3] qui portent le tonnerre et la grêle.

L'autre espèce de trombe s'appelle typhon ; et plusieurs auteurs ont confondu le typhon avec l'ouragan, surtout en parlant des tempêtes de la mer de la Chine, qui est en effet sujette à tous deux ; cependant ils ont des causes bien différentes. Le typhon ne descend pas des nuages comme la première espèce de trombe, il n'est pas uniquement produit par le tournoiement des vents comme l'ouragan, il s'élève de la mer vers le ciel avec une grande violence, et, quoique ces typhons ressemblent aux tourbillons qui s'élèvent sur la

1. « Au-dessous d'un nuage épais, la mer s'agite de mouvements violents, les flots s'élèvent « avec rapidité vers la masse d'eau agitée ; y étant arrivés, ils se dissipent en vapeurs aqueuses, « et s'élèvent en tourbillonnant, suivant une spirale, vers le nuage. Cette colonne conique et « ascendante est rencontrée par une autre colonne descendante qui, du centre de la nue, se « approche vers la colonne marine et s'y réunit..... Toute la colonne se présente comme un cylindre « creux... » (*Abrégé de géogr. univ. de Malte-Brun.*)

2. La *trombe* étant due, en grande partie, à l'*action des vents*, on conçoit qu'une forte *commotion de l'air* puisse la rompre.

3. *Pour écarter les nuages.* Franklin n'avait pas encore prouvé que la *foudre* n'est qu'une *étincelle électrique.* Sa belle expérience est du mois de juin 1752. Les *métaux* sont les meilleurs *conducteurs de l'électricité.*

terre en tournoyant, ils ont une autre origine. On voit souvent, lorsque les vents sont violents et contraires, les ouragans élever des tourbillons de sable, de terre, et souvent ils enlèvent et transportent dans ce tourbillon les maisons, les arbres, les animaux. Les typhons de mer, au contraire, restent dans la même place, et ils n'ont pas d'autre cause que celle des feux souterrains, car la mer est alors dans une grande ébullition et l'air est si fort rempli d'exhalaisons sulfureuses, que le ciel paraît caché d'une croûte couleur de cuivre, quoiqu'il n'y ait aucun nuage et qu'on puisse voir à travers ces vapeurs le soleil et les étoiles : c'est à ces feux souterrains qu'on peut attribuer la tiédeur de la mer de la Chine en hiver, où ces typhons sont très-fréquents. (Voyez *Acta erud. Lips. Suppl.*, t. I, p. 405.)

Nous allons donner quelques exemples de la manière dont ils se produisent : Voici ce que dit Thévenot dans son *Voyage du Levant* : « Nous vîmes « des trombes dans le golfe Persique entre les îles Quésomo, Laréca et « Ormus. Je crois que peu de personnes ont considéré les trombes avec « toute l'attention que j'ai faite dans la rencontre dont je viens de parler, « et peut-être qu'on n'a jamais fait les remarques que le hasard m'a donné « lieu de faire ; je les exposerai avec toute la simplicité dont je fais profession « dans tout le récit de mon voyage, afin de rendre les choses plus sensibles « et plus aisées à comprendre.

« La première qui parut à nos yeux était du côté du nord ou tramontane, « entre nous et l'île Quésomo, à la portée d'un fusil du vaisseau ; nous « avions alors la proue à grec-levant ou nord-est. Nous aperçûmes d'abord « en cet endroit l'eau qui bouillonnait et était élevée de la surface de la mer « d'environ un pied ; elle était blanchâtre, et au-dessus paraissait comme « une fumée noire un peu épaisse, de manière que cela ressemblait proprement « à un tas de paille où l'on aurait mis le feu, mais qui ne ferait encore « que fumer ; cela faisait un bruit sourd semblable à celui d'un torrent qui « court, avec beaucoup de violence, dans un profond vallon ; mais ce bruit « était mêlé d'un autre un peu plus clair, semblable à un fort sifflement de « serpents ou d'oies ; un peu après nous vîmes comme un canal obscur qui « avait assez de ressemblance à une fumée qui va montant aux nues en « tournant avec beaucoup de vitesse, et ce canal paraissait gros comme le « doigt, et le même bruit continuait toujours. Ensuite la lumière nous en « ôta la vue, et nous connûmes que cette trombe était finie, parce que nous « vîmes que cette trombe ne s'élevait plus, et ainsi la durée n'avait pas été « de plus d'un demi-quart-d'heure. Celle-là finie, nous en vîmes une autre « du côté du midi, qui commença de la même manière qu'avait fait la pré- « cédente ; presque aussitôt il s'en fit une semblable à côté de celle-ci vers « le couchant, et incontinent après une troisième à côté de cette seconde ; « la plus éloignée des trois pouvait être à portée du mousquet ; loin de nous, « elles paraissaient toutes trois comme trois tas de paille hauts d'un pied et

« demi ou de deux, qui fumaient beaucoup et faisaient même bruit que la
« première. Ensuite nous vîmes tout autant de canaux qui venaient depuis
« les nues sur ces endroits où l'eau était élevée, et chacun de ces canaux
« était large par le bout qui tenait à la nue, comme le large bout d'une
« trompette, et faisait la même figure (pour l'expliquer intelligiblement)
« que peut faire la mamelle ou la tette d'un animal tirée perpendiculaire-
« ment par quelques poids. Ces canaux paraissaient blancs d'une blancheur
« blafarde, et je crois que c'était l'eau qui était dans ces canaux transparents
« qui les faisait paraître blancs ; car apparemment ils étaient déjà formés
« avant que de tirer de l'eau, selon qu'on peut juger par ce qui suit, et lors-
« qu'ils étaient vides ils ne paraissaient pas, de même qu'un canal de verre
« fort clair, exposé au jour devant nos yeux à quelque distance, ne paraît
« pas s'il n'est rempli de quelque liqueur teinte. Ces canaux n'étaient pas
« droits, mais courbés en quelques endroits, même ils n'étaient pas per-
« pendiculaires ; au contraire, depuis les nues où ils paraissaient entés
« jusqu'aux endroits où ils tiraient l'eau, ils étaient fort inclinés ; et ce qui
« est de plus particulier, c'est que la nue où était attachée la seconde de
« ces trois, ayant été chassée du vent, ce canal la suivit sans se rompre et
« sans quitter le lieu où il tirait l'eau, et passant derrière le canal de la
« première, ils furent quelque temps croisés comme en sautoir ou en croix
« de Saint-André. Au commencement ils étaient tous trois gros comme le
« doigt, si ce n'est auprès de la nue qu'ils étaient plus gros, comme j'ai
« déjà remarqué ; mais dans la suite celui de la première de ces trois se
« grossit considérablement : pour ce qui est des deux autres, je n'en ai
« autre chose à dire, car la dernière formée ne dura guère davantage
« qu'avait duré celle que nous avions vue du côté du nord. La seconde du
« côté du midi dura environ un quart d'heure, mais la première de ce
« même côté dura un peu davantage, et ce fut celle qui nous donna le plus
« de crainte ; et c'est de celle-là qu'il me reste encore quelque chose à dire.
« D'abord son canal était gros comme le doigt, ensuite il se fit gros comme
« le bras, et après comme la jambe, et enfin comme un gros tronc d'arbre,
« autant qu'un homme pourrait embrasser. Nous voyions distinctement
« au travers de ce corps transparent l'eau qui montait en serpentant un
« peu, et quelquefois il diminuait un peu de grosseur, tantôt par le haut et
« tantôt par le bas : pour lors il ressemblait justement à un boyau rempli
« de quelque matière fluide que l'on presserait avec les doigts, ou par haut
« pour faire descendre cette liqueur, ou par bas pour la faire monter, et
« je me persuadai que c'était la violence du vent qui faisait ces changements,
« faisant monter l'eau fort vite lorsqu'il pressait le canal par le bas, et la
« faisant descendre lorsqu'il le pressait par le haut. Après cela il diminua
« tellement de grosseur qu'il était plus menu que le bras, comme un boyau
« qu'on allonge en le tirant perpendiculairement ; ensuite il retourna gros

« comme la cuisse, après il redevint fort menu, enfin je vis que l'eau élevée
« sur la superficie de la mer commençait à s'abaisser, et le bout du canal,
« qui lui touchait, s'en sépara et s'étrécit, comme si on l'eût lié, et alors la
« lumière, qui nous parut par le moyen d'un nuage qui se détourna, m'en
« ôta la vue ; je ne laissai pas de regarder encore quelque temps si je ne
« le reverrais point, parce que j'avais remarqué que par trois ou quatre
« fois le canal de la seconde de ce même côté du midi nous avait paru se
« rompre par le milieu, et incontinent après nous le revoyions entier, et ce
« n'était que la lumière qui nous en cachait la moitié ; mais j'eus beau
« regarder avec toute l'attention possible, je ne revis plus celui-ci, et il ne
« se fit plus de trombe, etc.

« Ces trombes sont fort dangereuses sur mer ; car si elles viennent sur
« un vaisseau elles se mêlent dans les voiles : en sorte que quelquefois elles
« l'enlèvent, et le laissant ensuite retomber, elles le coulent à fond, et cela
« arrive particulièrement quand c'est un petit vaisseau ou une barque ;
« tout au moins si elles n'enlèvent pas un vaisseau elles rompent toutes
« les voiles ou bien laissent tomber dedans toute l'eau qu'elles tiennent, ce
« qui le fait souvent couler à fond. Je ne doute point que ce ne soit par de
« semblables accidents que plusieurs des vaisseaux dont on n'a jamais eu
« de nouvelles ont été perdus, puisqu'il n'y a que trop d'exemples de ceux
« que l'on a su de certitude avoir péri de cette manière. »

Je soupçonne qu'il y a plusieurs illusions d'optique dans les phénomènes
que ce voyageur nous raconte ; mais j'ai été bien aise de rapporter les
faits tels qu'il a cru les voir, afin qu'on puisse ou les vérifier, ou du moins
les comparer avec ceux que rapportent les autres voyageurs. Voici la
description qu'en donne Le Gentil dans son *Voyage autour du monde :* « A
« onze heures du matin, l'air étant chargé de nuages, nous vîmes autour
« de notre vaisseau, à un quart de lieue environ de distance, six trombes
« de mer qui se formèrent avec un bruit sourd, semblable à celui que fait
« l'eau en coulant dans des canaux souterrains ; ce bruit s'accrut peu à peu,
« et ressemblait au sifflement que font les cordages d'un vaisseau lorsqu'un
« vent impétueux s'y mêle. Nous remarquâmes d'abord l'eau qui bouillon-
« nait et qui s'élevait au-dessus de la surface de la mer d'environ un pied
« et demi ; il paraissait au-dessus de ce bouillonnement un brouillard, ou
« plutôt une fumée épaisse d'une couleur pâle, et cette fumée formait une
« espèce de canal qui montait à la nue.

« Les canaux ou manches de ces trombes se pliaient selon que le vent
« emportait les nues auxquelles ils étaient attachés, et malgré l'impulsion
« du vent, non-seulement ils ne se détachaient pas, mais encore il semblait
« qu'ils allongeassent pour les suivre, en s'étrécissant et se grossissant à
« mesure que le nuage s'élevait ou se baissait.

« Ces phénomènes nous causèrent beaucoup de frayeur, et nos matelots,

« au lieu de s'enhardir, fomentaient leur peur par les contes qu'ils débitaient.
« Si ces trombes, disaient-ils, viennent à tomber sur notre vaisseau elles
« l'enlèveront, et le laissant ensuite retomber, elles le submergeront ; d'au-
« tres, et ceux-ci étaient les officiers, répondaient d'un ton décisif qu'elles
« n'enlèveraient pas le vaisseau, mais que venant à le rencontrer sur leur
« route, cet obstacle romprait la communication qu'elles avaient avec l'eau
« de la mer, et qu'étant pleines d'eau, toute l'eau qu'elles renfermaient
« tomberait perpendiculairement sur le tillac du vaisseau et le briserait.

« Pour prévenir ce malheur on amena les voiles et on chargea le canon,
« les gens de mer prétendant que le bruit du canon agitant l'air, fait crever
« les trombes et les dissipe ; mais nous n'eûmes pas besoin de recourir à ce
« remède ; quand elles eurent couru pendant dix minutes autour du vais-
« seau, les unes à un quart de lieue, les autres à une moindre distance,
« nous vîmes que les canaux s'étrécissaient peu à peu, qu'ils se détachèrent
« de la superficie de la mer, et qu'enfin ils se dissipèrent. » (T. I, p. 191.)

Il paraît, par la description que ces deux voyageurs donnent des trombes,
qu'elles sont produites, au moins en partie, par l'action d'un feu ou d'une
flamme qui s'élève du fond de la mer avec une grande violence, et qu'elles
sont fort différentes de l'autre espèce de trombe qui est produite par l'action
des vents contraires, et par la compression forcée et la résolution subite
d'un ou de plusieurs nuages, comme le décrit M. Shaw (t. II, p. 56) : « Les
« trombes, dit-il, que j'ai eu occasion de voir m'ont paru autant de cylindres
« d'eau qui tombaient des nuées, quoique par la réflexion des colonnes qui
« descendent ou par les gouttes qui se détachent de l'eau qu'elles contien-
« nent et qui tombent, il semble quelquefois, surtout quand on en est à
« quelque distance, que l'eau s'élève de la mer en haut. Pour rendre raison
« de ce phénomène on peut supposer que les nuées étant assemblées dans
« un même endroit par des vents opposés, ils les obligent, en les pressant
« avec violence, de se condenser et de descendre en tourbillons. »

Il reste beaucoup de faits à acquérir avant qu'on puisse donner une explication complète de ces phénomènes[1] ; il me paraît seulement que, s'il y a sous
les eaux de la mer des terrains mêlés de soufre, de bitume et de minéraux,
comme l'on n'en peut guère douter, on peut concevoir que, ces matières,
venant à s'enflammer, produisent une grande quantité d'air[a], comme en
produit la poudre à canon ; que cette quantité d'air, nouvellement généré et
prodigieusement raréfie, s'échappe et monte avec rapidité, ce qui doit élever
l'eau et peut produire ces trombes qui s'élèvent de la mer vers le ciel ; et de
même, si, par l'inflammation des matières sulfureuses que contient un

a. Voyez l'Analyse de l'air de M. Hales, et le Traité de l'Artillerie de M. Robins.

1. L'explication complète de ces phénomènes n'a point été donnée encore. Quelques physiciens se sont attachés, dans ces derniers temps, à étudier le rôle que paraît y jouer l'électricité. Voyez surtout Peltier : Traité des trombes. — 1840.)

nuage, il se forme un courant d'air qui descende perpendiculairement du nuage vers la mer, toutes les parties aqueuses que contient le nuage peuvent suivre le courant d'air et former une trombe qui tombe du ciel sur la mer ; mais il faut avouer que l'explication de cette espèce de trombe, non plus que celle que nous avons donnée par le tournoiement des vents et la compression des nuages, ne satisfait pas encore à tout, car on aura raison de nous demander pourquoi l'on ne voit pas plus souvent sur la terre, comme sur la mer, de ces espèces de trombes qui tombent perpendiculairement des nuages.

L'*Histoire de l'Académie*, année 1727, fait mention d'une trombe de terre qui parut à Capestang près de Béziers : c'était une colonne assez noire qui descendait d'une nue jusqu'à terre, et diminuait toujours de largeur en approchant de la terre, où elle se terminait en pointe ; elle obéissait au vent qui soufflait de l'ouest au sud-ouest ; elle était accompagnée d'une espèce de fumée fort épaisse et d'un bruit pareil à celui d'une mer fort agitée, arrachant quantité de rejetons d'olivier, déracinant des arbres et jusqu'à un gros noyer, qu'elle transporta jusqu'à quarante ou cinquante pas, et marquant son chemin par une large trace bien battue où trois carrosses de front auraient passé ; il parut une autre colonne de la même figure, mais qui se joignit bientôt à la première, et, après que le tout eut disparu, il tomba une grande quantité de grêle.

Cette espèce de trombe paraît être encore différente des deux autres ; il n'est pas dit qu'elle contînt de l'eau, et il semble, tant par ce que je viens d'en rapporter, que par l'explication qu'en a donnée M. Audoque lorsqu'il a fait part de l'observation de ce phénomène à l'Académie, que cette trombe n'était qu'un tourbillon de vent épaissi et rendu visible par la poussière et les vapeurs condensées qu'il contenait. (Voyez l'*Hist. de l'Acad.*, an. 1727, p. 4 et suiv.) Dans la même histoire, année 1741, il est parlé d'une trombe vue sur le lac de Genève : c'était une colonne dont la partie supérieure aboutissait à un nuage assez noir, et dont la partie inférieure, qui était plus étroite, se terminait un peu au-dessus de l'eau. Ce météore ne dura que quelques minutes, et dans le moment qu'il se dissipa on aperçut une vapeur épaisse qui montait de l'endroit où il avait paru, et là même les eaux du lac bouillonnaient et semblaient faire effort pour s'élever. L'air était fort calme pendant le temps que parut cette trombe, et lorsqu'elle se dissipa il ne s'ensuivit ni vent ni pluie. « Avec tout ce que nous savons déjà, dit l'historien de l'Académie, sur les trombes marines, ne serait-ce pas une preuve de plus qu'elles ne se forment point par le seul conflit des vents, et qu'elles sont presque toujours produites par quelque éruption de vapeurs souterraines, ou même de volcans, dont on sait d'ailleurs que le fond de la mer n'est pas exempt ? Les tourbillons d'air et les ouragans, qu'on croit communément être la cause de ces sortes de phénomènes, pourraient donc bien n'en être que l'effet ou une suite accidentelle. ». Voyez l'*Hist. de l'Acad.*, an. 1741, p. 20.)

ARTICLE XVI.

DES VOLCANS ET DES TREMBLEMENTS DE TERRE.

Les montagnes ardentes, qu'on appelle volcans, renferment dans leur sein le soufre, le bitume[1] et les matières qui servent d'aliment à un feu souterrain, dont l'effet, plus violent que celui de la poudre ou du tonnerre, a de tout temps étonné, effrayé les hommes, et désolé la terre : un volcan est un canon d'un volume immense, dont l'ouverture a souvent plus d'une demi-lieue; cette large bouche à feu vomit des torrents de fumée et de flammes, des fleuves de bitume, de soufre et de métal fondu, des nuées de cendres et de pierres, et quelquefois elle lance à plusieurs lieues de distance des masses de rochers énormes, et que toutes les forces humaines réunies ne pourraient pas mettre en mouvement; l'embrasement est si terrible, et la quantité des matières ardentes, fondues, calcinées, vitrifiées, que la montagne rejette est si abondante qu'elles enterrent les villes, les forêts, couvrent les campagnes de cent et de deux cents pieds d'épaisseur, et forment quelquefois des collines et des montagnes qui ne sont que des monceaux de ces matières entassées. L'action de ce feu est si grande, la force de l'explosion est si violente qu'elle produit par sa réaction des secousses assez fortes pour ébranler et faire trembler la terre, agiter la mer, renverser les montagnes, détruire les villes et les édifices les plus solides à des distances même très-considérables.

Ces effets, quoique naturels, ont été regardés comme des prodiges, et quoiqu'on voie en petit des effets du feu assez semblables à ceux des volcans, le grand, de quelque nature qu'il soit, a si fort le droit de nous étonner que je ne suis pas surpris que quelques auteurs aient pris ces montagnes

1. Le *bitume* et le *soufre* ne se trouvent pas dans la lave même des volcans; mais le *soufre* se trouve, presque toujours, dans le voisinage des *volcans*, ou dans les terrains que les *volcans* traversent; le *bitume* ne se trouve que dans quelques terrains volcaniques. (Voyez, ci-devant, la note de la page 59.) Les produits volcaniques sont des *silicates* de *magnésie*, d'*alumine*, de *chaux*, de *potasse*, de *soude*, des *oxides de fer* et de *manganèse*. Les roches, qui résultent de l'association de ces principes, sont le *quartz*, le *feld-spath*, le *mica*, l'*amphibole*, le *pyroxène*. Ces minéraux, ces roches, se trouvent dans les produits volcaniques de toutes les époques : seulement les roches de *quartz*, de *feld-spath* et de *mica* (les *granites*) sont plus abondantes dans les produits les plus anciens; le *feld-spath sodique*, l'*albite* (*trachytes*), dans les produits des volcans éteints; et les roches *pyroxéniques* (*basaltes*), dans les plus modernes. Dans les produits des volcans modernes, on trouve, de plus, du *cuivre*, du *plomb*, de l'*arsenic*, du *selenium*. (Voyez M. Constant Prévost : article *Volcan* du *Dict. univ. d'hist. nat.*) — « D'abord, le volcan vomit des scories incandescentes, des courants de lave « formée de trachyte, de pyroxène, d'obsidienne, etc., sous forme de cendres, accompagnées « d'un dégagement considérable de vapeurs d'eau presque toujours pures. — Plus tard, le « volcan devient solfatare : les vapeurs d'eau qu'il émet sont mélangées d'hydrogène sulfuré et « d'acide carbonique. Enfin, le cratère lui-même se refroidit entièrement, et il ne s'en exhale « plus que du gaz acide carbonique. » (*Cosmos*, t. I, p. 281.)

pour les soupiraux d'un feu central[1], et le peuple pour les bouches de l'enfer. L'étonnement produit la crainte, et la crainte fait naître la superstition : les habitants de l'île d'Islande croient que les mugissements de leur volcan sont les cris des damnés, et que ses éruptions sont les effets de la fureur et du désespoir de ces malheureux.

Tout cela n'est cependant que du bruit, du feu et de la fumée : il se trouve dans une montagne des veines de soufre, de bitume et d'autres matières inflammables; il s'y trouve en même temps des minéraux, des pyrites qui peuvent fermenter[2], et qui fermentent en effet toutes les fois qu'elles sont exposées à l'air ou à l'humidité; il s'en trouve ensemble une très-grande quantité, le feu s'y met et cause une explosion proportionnée à la quantité des matières enflammées, et dont les effets sont aussi plus ou moins grands dans la même proportion; voilà ce que c'est qu'un volcan pour un physicien, et il lui est facile d'imiter l'action de ces feux souterrains, en mêlant ensemble une certaine quantité de soufre et de limaille de fer qu'on enterre à une certaine profondeur, et de faire ainsi un petit volcan dont les effets sont les mêmes, proportion gardée, que ceux des grands, car il s'enflamme par la seule fermentation, il jette la terre et les pierres dont il est couvert, et il fait de la fumée, de la flamme et des explosions.

Il y a en Europe trois fameux volcans, le mont Etna en Sicile, le mont Hécla en Islande, et le mont Vésuve en Italie près de Naples. Le mont Etna[3] brûle depuis un temps immémorial, ses éruptions sont très-violentes, et les matières qu'il rejette si abondantes qu'on peut y creuser jusqu'à 68 pieds de profondeur, où l'on a trouvé des pavés de marbre et des vestiges d'une ancienne ville qui a été couverte et enterrée sous cette épaisseur de terre rejetée, de la même façon que la ville d'Héraclée a été couverte par les matières rejetées du Vésuve. Il s'est formé de nouvelles bouches de feu dans l'Etna en 1650, 1669 et en d'autres temps : on voit les flammes et les fumées de ce volcan depuis Malte, qui en est à 60 lieues; il s'en élève continuellement de la fumée, et il y a des temps où cette montagne ardente vomit avec impétuosité des flammes et des matières de toute espèce. En 1537, il y eut une éruption de ce volcan qui causa un tremblement de terre dans toute la Sicile pendant douze jours, et qui renversa un très-grand nombre de maisons et d'édifices; il ne cessa que par l'ouverture d'une nouvelle bouche à feu[4] qui brûla tout à cinq lieues aux environs de la montagne;

1. Dans la théorie actuelle, les *volcans* ne sont, en effet, que les *soupiraux d'un feu central*. Voyez les notes des pages 57 et 58.)

2. Voyez la note de la p. 59.

3. Voyez une savante description de l'*Etna*, dans M. Lyell : *Principes de géologie*, t. III, page 137.)

4. « Les volcans actifs doivent être regardés comme des soupapes de sûreté pour les contrées « voisines. Si l'ouverture du volcan se bouche, si la communication de l'intérieur avec l'atmo- « sphère se trouve interrompue, le danger augmente, les contrées voisines sont menacées de « secousses prochaines. » *Cosmos*, t. I, p. 251.)

les cendres rejetées par le volcan étaient si abondantes et lancées avec
tant de force, qu'elles furent portées jusqu'en Italie, et des vaisseaux qui
étaient éloignés de la Sicile en furent incommodés. Farelli décrit fort au
long les embrasements de cette montagne, dont il dit que le pied a 100 lieues
de circuit.

Ce volcan a maintenant deux bouches principales : l'une est plus étroite
que l'autre; ces deux ouvertures fument toujours, mais on n'y voit jamais
de feu que dans le temps des éruptions; on prétend qu'on a trouvé des
pierres qu'il a lancées jusqu'à soixante mille pas.

En 1683, il arriva un terrible tremblement en Sicile, causé par une violente éruption de ce volcan; il détruisit entièrement la ville de Catanéa et
fit périr plus de 60,000 personnes dans cette ville seule, sans compter ceux
qui périrent dans les autres villes et villages voisins.

L'Hécla lance ses feux à travers les glaces et les neiges d'une terre gelée;
ses éruptions sont cependant aussi violentes que celles de l'Etna et des
autres volcans des pays méridionaux. Il jette beaucoup de cendres, des
pierres ponces, et quelquefois, dit-on, de l'eau bouillante; on ne peut pas
habiter à six lieues de distance de ce volcan, et toute l'île d'Islande est fort
abondante en soufre. On peut voir l'histoire des violentes éruptions de
l'Hécla dans Dithmar Bleffken.

Le mont Vésuve, à ce que disent les historiens, n'a pas toujours brûlé,
et il n'a commencé que du temps du septième consulat de Tite Vespasien
et de Flavius Domitien : le sommet s'étant ouvert, ce volcan rejeta d'abord
des pierres et des rochers, et ensuite du feu et des flammes en si grande
abondance, qu'elles brûlèrent deux villes voisines, et des fumées si épaisses
qu'elles obscurcissaient la lumière du soleil. Pline, voulant considérer cet
incendie de trop près, fut étouffé par la fumée. (Voyez l'*Épître* de Pline le
jeune à Tacite.) Dion Cassius rapporte que cette éruption du Vésuve fut si
violente, qu'il jeta des cendres et des fumées sulfureuses en si grande quantité et avec tant de force, qu'elles furent portées jusqu'à Rome, et même,
au delà de la mer Méditerranée, en Afrique et en Égypte. L'une des deux
villes, qui fut couverte des matières rejetées par ce premier incendie du
Vésuve, est celle d'Héraclée[1], qu'on a retrouvée dans ces derniers temps à
plus de 60 pieds de profondeur sous ces matières, dont la surface était
devenue, par la succession du temps, une terre labourable et cultivée. La
relation de la découverte d'Héraclée est entre les mains de tout le monde:
il serait seulement à désirer que quelqu'un, versé dans l'histoire naturelle
et la physique, prît la peine d'examiner les différentes matières qui composent cette épaisseur de terrain de 60 pieds, qu'il fît en même temps
attention à la disposition et à la situation de ces mêmes matières, aux

_____

1. *Herculanum.*

altérations qu'elles ont produites ou souffertes elles-mêmes, à la direction qu'elles ont suivie, à la dureté qu'elles ont acquise, etc.

Il y a apparence que Naples est situé sur un terrain creux et rempli de minéraux brûlants, puisque le Vésuve et la Solfatare semblent avoir des communications intérieures; car, quand le Vésuve brûle, la Solfatare jette des flammes, et lorsqu'il cesse la Solfatare cesse aussi. La ville de Naples est à peu près à égale distance entre les deux.

Une des dernières et des plus violentes éruptions du Vésuve a été celle de l'année 1737; la montagne vomissait par plusieurs bouches de gros torrents de matières métalliques fondues et ardentes qui se répandaient dans la campagne et s'allaient jeter dans la mer. M. de Montealègre, qui communiqua cette relation à l'Académie des Sciences, observa avec horreur un de ces fleuves de feu, et vit que son cours était de 6 ou 7 milles depuis sa source jusqu'à la mer, sa largeur de 50 ou 60 pas, sa profondeur de 25 ou 30 palmes, et dans certains fonds ou vallées de 120; la matière qu'il roulait était semblable à l'écume qui sort du fourneau d'une forge, etc. (Voyez l'*Hist. de l'Acad.*, an. 1737, p. 7 et 8.)

En Asie, surtout dans les îles de l'Océan Indien, il y a un grand nombre de volcans : l'un des plus fameux est le mont Albours auprès du mont Taurus à 8 lieues de Hérat; son sommet fume continuellement, et il jette fréquemment des flammes et d'autres matières en si grande abondance que toute la campagne aux environs est couverte de cendres. Dans l'île de Ternate, il y a un volcan qui rejette beaucoup de matière semblable à la pierre ponce. Quelques voyageurs prétendent que ce volcan est plus enflammé et plus furieux dans le temps des équinoxes que dans les autres saisons de l'année, parce qu'il règne alors de certains vents qui contribuent à embraser la matière qui nourrit ce feu depuis tant d'années. (Voyez les *Voyages d'Argensola*, t. I, p. 21.) L'île de Ternate n'a que sept lieues de tour et n'est qu'un sommet de montagne; on monte toujours depuis le rivage jusqu'au milieu de l'île, où le volcan s'élève à une hauteur très-considérable et à laquelle il est très-difficile de parvenir. Il coule plusieurs ruisseaux d'eau douce qui descendent sur la croupe de cette même montagne, et, lorsque l'air est calme et que la saison est douce, ce gouffre embrasé est dans une moindre agitation que quand il fait des grands vents et des orages. (Voyez le *Voyage* de Schouten.) Ceci confirme ce que j'ai dit dans le *Discours* précédent, et semble prouver évidemment que le feu qui consume les volcans, ne vient pas de la profondeur de la montagne, mais du sommet, ou du moins d'une profondeur assez petite, et que le foyer de l'embrasement n'est pas éloigné du sommet du volcan[1]; car, si cela n'était pas ainsi, les grands vents ne pourraient pas contribuer à leur embrasement. Il y a quelques autres volcans dans les Moluques. Dans l'une des îles

---

1. Voyez, ci-devant, la note de la p. 58.

Maurices, à 70 lieues des Moluques, il y a un volcan dont les effets sont aussi violents que ceux de la montagne de Ternate. L'île de Sorea, l'une des Moluques, était autrefois habitée; il y avait au milieu de cette île un volcan, qui était une montagne très-élevée. En 1693, ce volcan vomit du bitume et des matières enflammées en si grande quantité qu'il se forma un lac ardent qui s'étendit peu à peu, et toute l'île fut abîmée et disparut. (Voyez *Trans. Phil. Abr.*, v. II, p. 391.) Au Japon il y a aussi plusieurs volcans, et dans les îles voisines du Japon les navigateurs ont remarqué plusieurs montagnes dont les sommets jettent des flammes pendant la nuit et de la fumée pendant le jour. Aux îles Philippines, il y a aussi plusieurs montagnes ardentes. Un des plus fameux volcans des îles de l'Océan Indien, et en même temps un des plus nouveaux, est celui qui est près de la ville de Panarucan dans l'île de Java; il s'est ouvert en 1586, on n'avait pas mémoire qu'il eût brûlé auparavant, et à la première éruption il poussa une énorme quantité de soufre, de bitume et de pierres. La même année le mont Gounapi dans l'île de Banda, qui brûlait seulement depuis dix-sept ans, s'ouvrit et vomit avec un bruit affreux des rochers et des matières de toute espèce. Il y a encore quelques autres volcans dans les Indes, comme à Sumatra et dans le nord de l'Asie au delà du fleuve Jéniscéa et de la rivière de Pésida; mais ces deux derniers volcans ne sont pas bien reconnus.

En Afrique, il y a une montagne, ou plutôt une caverne appelée Beni-Guazeval, auprès de Fez, qui jette toujours de la fumée et quelquefois des flammes. L'une des îles du cap Vert, appelée l'Ile de Fuogue [1], n'est qu'une grosse montagne qui brûle continuellement; ce volcan rejette, comme les autres, beaucoup de cendres et de pierres; et les Portugais, qui ont plusieurs fois tenté de faire des habitations dans cette île, ont été contraints d'abandonner leur projet par la crainte des effets du volcan. Aux Canaries, le pic de Ténériffe, autrement appelé la montagne de Teyde, qui passe pour être l'une des plus hautes montagnes de la terre, jette du feu, des cendres et de grosses pierres; du sommet coulent des ruisseaux de soufre fondu, du côté du sud, à travers les neiges; ce soufre se coagule bientôt et forme des veines dans la neige, qu'on peut distinguer de fort loin.

En Amérique, il y a un très-grand nombre de volcans, et surtout dans les montagnes du Pérou et du Mexique : celui d'Aréquipa est un des plus fameux; il cause souvent des tremblements de terre, plus communs dans le Pérou que dans aucun autre pays du monde. Le volcan de Carrapa et celui de Malahallo sont, au rapport des voyageurs, les plus considérables après celui d'Aréquipa; mais il y en a beaucoup d'autres dont on n'a pas une connaissance exacte. M. Bouguer, dans la relation qu'il a donnée de son voyage au Pérou dans le volume des Mémoires de l'Académie de l'année 1744,

---

1. *Fuego.*

fait mention de deux volcans, l'un appelé Cotopaxi, et l'autre Pichincha ; le premier est à quelque distance, et l'autre est très-voisin de la ville de Quito : il a même été témoin d'un incendie du Cotopaxi, en 1742, et de l'ouverture qui se fit dans cette montagne d'une nouvelle bouche à feu. Cette éruption ne fit cependant d'autre mal que celui de fondre les neiges de la montagne et de produire ainsi des torrents d'eau si abondants, qu'en moins de trois heures ils inondèrent un pays de 18 lieues d'étendue, et renversèrent tout ce qui se trouva sur leur passage.

Au Mexique, il y a plusieurs volcans dont les plus considérables sont Popochampèche et Popocatepec : ce fut auprès de ce dernier volcan que Cortès passa pour aller au Mexique, et il y eut des Espagnols qui montèrent jusqu'au sommet, où ils virent la bouche du volcan, qui a environ une demi-lieue de tour. On trouve aussi de ces montagnes de soufre à la Guadeloupe, à Tercère et dans les autres îles des Açores ; et, si on voulait mettre au nombre des volcans toutes les montagnes qui fument ou desquelles il s'élève même des flammes, on pourrait en compter plus de soixante[1] ; mais nous n'avons parlé que de ces volcans redoutables auprès desquels on n'ose habiter, et qui rejettent des pierres et des matières minérales à une grande distance.

Ces volcans, qui sont en si grand nombre dans les Cordillères, causent, comme je l'ai dit, des tremblements de terre presque continuels, ce qui empêche qu'on y bâtisse avec de la pierre au-dessus du premier étage ; et, pour ne pas risquer d'être écrasés, les habitants de ces parties du Pérou ne construisent les étages supérieurs de leurs maisons qu'avec des roseaux et du bois léger. Il y a aussi dans ces montagnes plusieurs précipices et de larges ouvertures dont les parois sont noires et brûlées, comme dans le précipice du mont Ararat en Arménie, qu'on appelle l'Abîme : ces abîmes sont les bouches des anciens volcans qui se sont éteints.

Il y a eu dernièrement un tremblement de terre à Lima, dont les effets ont été terribles : la ville de Lima et le port de Callao ont été presque entièrement abîmés, mais le mal a encore été plus considérable au Callao. La mer a couvert de ses eaux tous les édifices, et par conséquent noyé tous les habitants, il n'est resté qu'une tour ; de vingt-cinq vaisseaux qu'il y avait dans ce port, il y en a eu quatre qui ont été portés à une lieue dans les terres, et le reste a été englouti par la mer. A Lima, qui est une très-grande ville, il n'est resté que vingt-sept maisons sur pied, il y a eu un

---

1. On en compte plus de cent soixante-dix aujourd'hui, et je ne parle que des *volcans en activité*. Les *volcans éteints* sont beaucoup plus nombreux encore. « Les extrémités des chaînes « volcaniques du Nouveau-Continent sont reliées entre elles, dit M. de Humboldt, par des com- « munications souterraines, et les preuves nombreuses qui justifient cette assertion rappellent « une parole bien remarquable de Sénèque : « Un cratère n'est que l'issue des forces volcaniques « qui agissent à une grande profondeur. » *Cosmos*, t. I, p. 275.

grand nombre de personnes qui ont été écrasées, surtout des moines et des religieuses, parce que leurs édifices sont plus exhaussés, et qu'ils sont construits de matières plus solides que les autres maisons : ce malheur est arrivé dans le mois d'octobre 1746, pendant la nuit ; la secousse a duré quinze minutes.

Il y avait autrefois, près du port de Pisco au Pérou, une ville célèbre située sur le rivage de la mer, mais elle fut presque entièrement ruinée et désolée par le tremblement de terre qui arriva le 19 octobre 1682 ; car la mer, ayant quitté ses bornes ordinaires, engloutit cette ville malheureuse, qu'on a tâché de rétablir un peu plus loin à un bon quart de lieue de la mer.

Si l'on consulte les historiens et les voyageurs, on y trouvera des relations de plusieurs tremblements de terre et d'éruptions de volcans, dont les effets ont été aussi terribles que ceux que nous venons de rapporter. Posidonius, cité par Strabon dans son premier livre, rapporte qu'il y avait une ville en Phénicie située auprès de Sidon, qui fut engloutie par un tremblement de terre, et avec elle le territoire voisin et les deux tiers même de la ville de Sidon, et que cet effet ne se fit pas subitement, de sorte qu'il donna le temps à la plupart des habitants de fuir ; que ce tremblement s'étendit presque par toute la Syrie et jusqu'aux îles Cyclades, et en Eubée où les fontaines d'Aréthuse tarirent tout à coup et ne reparurent que plusieurs jours après par de nouvelles sources éloignées des anciennes, et ce tremblement ne cessa pas d'agiter l'île tantôt dans un endroit, tantôt dans un autre, jusqu'à ce que la terre se fût ouverte dans la campagne de Lépante et qu'elle eût rejeté une grande quantité de terre et de matières enflammées. Pline, dans son premier livre, ch. LXXXIV, rapporte que sous le règne de Tibère il arriva un tremblement de terre qui renversa douze villes d'Asie ; et, dans son second livre, ch. LXXXIII, il fait mention dans les termes suivants d'un prodige causé par un tremblement de terre : *Factum est semel quod equidem in Etruscæ disciplinæ voluminibus inveni ingens terrarum portentum Lucio Marco, Sex. Julio Coss. in agro Mutinensi. Namque montes duo inter se concurrerunt crepitu maximo adsultantes, recedentesque, inter eos flamma, fumoque in cælum exeunte interdiu, spectante e via Æmilia magna equitum Romanorum, familiarumque et viatorum multitudine. Eo concursu villæ omnes elisæ, animalia permulta, quæ intra fuerant, exanimata sunt, etc.* Saint Augustin, lib. II, *de Miraculis*, cap. III, dit que, par un très-grand tremblement de terre, il y eut cent villes renversées dans la Libye. Du temps de Trajan, la ville d'Antioche et une grande partie du pays adjacent furent abîmées par un tremblement de terre ; et du temps de Justinien, en 528, cette ville fut une seconde fois détruite par la même cause avec plus de 49,000 de ses habitants ; et 60 ans après, du temps de saint Grégoire, elle essuya un troisième tremblement avec perte de 60,000 de ses habitants. Du temps de

Saladin, en 1182, la plupart des villes de Syrie et du royaume de Jérusalem furent détruites par la même cause. Dans la Pouille et dans la Calabre, il est arrivé plus de tremblements de terre qu'en aucune autre partie de l'Europe. Du temps du pape Pie II, toutes les églises et les palais de Naples furent renversés, et il y eut près de 30,000 personnes de tuées, et tous les habitants qui restèrent furent obligés de demeurer sous des tentes jusqu'à ce qu'ils eussent rétabli leurs maisons. En 1629, il y eut des tremblements de terre dans la Pouille qui firent périr 7,000 personnes; et, en 1638, la ville de Sainte-Euphémie fut engloutie, et il n'est resté en sa place qu'un lac de fort mauvaise odeur. Raguse et Smyrne furent aussi presque entièrement détruites. Il y eut, en 1692, un tremblement de terre qui s'étendit en Angleterre, en Hollande, en Flandre, en Allemagne, en France, et qui se fit sentir principalement sur les côtes de la mer et auprès des grandes rivières; il ébranla au moins 2,600 lieues carrées; il ne dura que deux minutes : le mouvement était plus considérable dans les montagnes que dans les vallées. (Voyez *Ray's Discourses*, p. 272.) En 1688, le 10ᵉ de juillet, il y eut un tremblement de terre à Smyrne qui commença par un mouvement d'occident en orient; le château fut renversé d'abord, ses quatre murs s'étant entr'ouverts et enfoncés de six pieds dans la mer; ce château, qui était un isthme, est à présent une véritable île éloignée de la terre d'environ 100 pas, dans l'endroit où la langue de terre a manqué; les murs qui étaient du couchant au levant sont tombés, ceux qui allaient du nord au sud sont restés sur pied; la ville, qui est à dix milles du château, fut renversée presque aussitôt; on vit en plusieurs endroits des ouvertures à la terre, on entendit divers bruits souterrains, il y eut de cette manière cinq ou six secousses jusqu'à la nuit, la première dura environ une demi-minute; les vaisseaux qui étaient à la rade furent agités, le terrain de la ville a baissé de deux pieds; il n'est resté qu'environ le quart de la ville, et principalement les maisons qui étaient sur des rochers; on a compté 15 ou 20 mille personnes accablées par ce tremblement de terre. (Voyez l'*Hist. de l'Acad. des Sciences*, an. 1688.) En 1695, dans un tremblement de terre qui se fit sentir à Boulogne en Italie, on remarqua comme une chose particulière que les eaux devinrent troubles un jour auparavant. (Voyez l'*Hist. de l'Acad.*, an. 1696.)

« Il se fit un si grand tremblement de terre à Tercère, le 4 mai 1614, « qu'il renversa en la ville d'Angra onze églises et neuf chapelles sans les « maisons particulières, et en la ville de Praya il fut si effroyable, qu'il n'y « demeura presque pas une maison debout; et le 16 juin 1628 il y eut un « si horrible tremblement dans l'île de Saint-Michel, que proche de là la « mer s'ouvrit et fit sortir de son sein, en un lieu où il y avait plus de « 150 toises d'eau, une île qui avait plus d'une lieue et demie de long et « plus de 60 toises de haut. » (Voyez les *Voyages* de Mandelslo.) « Il s'en

« était fait un autre en 1591, qui commença le 26 de juillet et dura dans
« l'île de Saint-Michel jusqu'au 12 du mois suivant; Tercère et Fayal furent
« agitées le lendemain avec tant de violence qu'elles paraissaient tourner;
« mais ces affreuses secousses n'y recommencèrent que quatre fois, au lieu
« qu'à Saint-Michel elles ne cessèrent point un moment pendant plus de
« quinze jours; les insulaires, ayant abandonné leurs maisons qui tombaient
« d'elles-mêmes à leurs yeux, passèrent tout ce temps exposés aux injures
« de l'air. Une ville entière, nommée *Villa-Franca*, fut renversée jusqu'aux
« fondements, et la plupart de ses habitants écrasés sous les ruines. Dans
« plusieurs endroits, les plaines s'élevèrent en collines, et dans d'autres
« quelques montagnes s'aplanirent ou changèrent de situation; il sortit de
« la terre une source d'eau vive qui coula pendant quatre jours et qui parut
« ensuite sécher tout d'un coup; l'air et la mer, encore plus agités, reten-
« tissaient d'un bruit qu'on aurait pris pour le mugissement de quantité de
« bêtes féroces; plusieurs personnes mouraient d'effroi; il n'y eut point de
« vaisseaux dans les ports mêmes qui ne souffrissent des atteintes dange-
« reuses, et ceux qui étaient à l'ancre ou à la voile, à 20 lieues aux environs
« des îles, furent encore plus maltraités. Les tremblements de terre sont
« fréquents aux Açores : vingt ans auparavant il en était arrivé un dans l'île
« de Saint-Michel, qui avait renversé une montagne fort haute. » (Voyez
Hist. génér. des Voyag., t. I, p. 325.) « Il s'en fit un à Manille au mois de
« septembre 1627, qui aplanit une des deux montagnes qu'on appelle *Car-
« vallos*, dans la province de Cagayan : en 1645 la troisième partie de la
« ville fut ruinée par un pareil accident, et trois cents personnes y péri-
« rent; l'année suivante elle en souffrit encore un autre; les vieux Indiens
« disent qu'ils étaient autrefois plus terribles, et qu'à cause de cela on ne
« bâtissait les maisons que de bois, ce que font aussi les Espagnols, depuis
« le premier étage.

« La quantité de volcans qui se trouvent dans l'île confirme ce qu'on
« a dit jusqu'à présent, parce qu'en certains temps ils vomissent des
« flammes, ébranlent la terre et font tous ces effets que Pline attribue à
« ceux d'Italie, c'est-à-dire de faire changer de lit aux rivières et retirer
« les mers voisines, de remplir de cendres tous les environs, et d'envoyer
« des pierres fort loin avec un bruit semblable à celui du canon. » (Voyez
le *Voyage* de Gemelli Careri, p. 129.)

« L'an 1646, la montagne de l'île de Machian se fendit avec des bruits
« et un fracas épouvantables, par un terrible tremblement de terre, acci-
« dent qui est fort ordinaire en ces pays-là; il sortit tant de feux par cette
« fente qu'ils consumèrent plusieurs négreries avec les habitants et tout
« ce qui y était; on voyait encore, l'an 1685, cette prodigieuse fente, et
« apparemment elle subsiste toujours; on la nommait l'ornière de Machian,
« parce qu'elle descendait du haut au bas de la montagne comme un chemin

« qui y aurait été creusé, mais qui de loin ne paraissait être qu'une ornière. »
(Voyez l'*Histoire de la Conquête des Moluques*, t. III, p. 318.)

L'*Histoire de l'Académie* fait mention, dans les termes suivants, des tremblements de terre qui se sont faits en Italie en 1702 et 1703 : « Les tremble-
« ments commencèrent en Italie au mois d'octobre 1702, et continuèrent
« jusqu'au mois de juillet 1703; les pays qui en ont le plus souffert, et
« qui sont aussi ceux par où ils commencèrent, sont la ville de Norcia avec
« ses dépendances dans l'État ecclésiastique et la province de l'Abruzze :
« ces pays sont contigus et situés au pied de l'Apennin du côté du midi.

« Souvent les tremblements ont été accompagnés de bruits épouvantables
« dans l'air, et souvent aussi on a entendu ces bruits sans qu'il y ait eu
« de tremblements, le ciel étant même fort serein. Le tremblement du
« 2 février 1703, qui fut le plus violent de tous, fut accompagné, du moins
« à Rome, d'une grande sérénité du ciel et d'un grand calme dans l'air;
« il dura à Rome une demi-minute, et à Aquila, capitale de l'Abruzze,
« trois heures. Il ruina toute la ville d'Aquila, ensevelit 5,000 personnes
« sous les ruines, et fit un grand ravage dans les environs.

« Communément les balancements de la terre ont été du nord au sud,
« ou à peu près, ce qui a été remarqué par le mouvement des lampes des
« églises.

« Il s'est fait dans un champ deux ouvertures, d'où il est sorti avec vio-
« lence une grande quantité de pierres qui l'ont entièrement couvert et
« rendu stérile; après les pierres, il s'élança de ces ouvertures deux jets
« d'eau qui surpassaient beaucoup en hauteur les arbres de cette cam-
« pagne, qui durèrent un quart d'heure et inondèrent jusqu'aux campagnes
« voisines : cette eau est blanchâtre, semblable à l'eau de savon, et n'a
« aucun goût.

« Une montagne qui est près de Sigillo, bourg éloigné d'Aquila de vingt-
« deux milles, avait sur son sommet une plaine assez grande environnée
« de rochers qui lui servaient comme de murailles. Depuis le tremblement
« du 2 février, il s'est fait à la place de cette plaine un gouffre de largeur
« inégale, dont le plus grand diamètre est de 25 toises, et le moindre de 20 :
« on n'a pu en trouver le fond, quoiqu'on ait été jusqu'à 300 toises. Dans
« le temps que se fit cette ouverture on en vit sortir des flammes, et ensuite
« une très-grosse fumée qui dura trois jours avec quelques interruptions.

« A Gênes, le 1ᵉʳ et le 2 juillet 1703, il y eut deux petits tremblements;
« le dernier ne fut senti que par des gens qui travaillaient sur le môle; en
« même temps la mer dans le port s'abaissa de six pieds, en sorte que les
« galères touchèrent le fond, et cette basse mer dura près d'un quart d'heure.

« L'eau soufrée, qui est dans le chemin de Rome à Tivoli, s'est diminuée
« de deux pieds et demi de hauteur, tant dans le bassin que dans le fossé.

« En plusieurs endroits de la plaine appelée le Testine, il y avait des sources

« et des ruisseaux d'eau qui formaient des marais impraticables; tout s'est
« séché. L'eau du lac appelé l'Enfer a diminué aussi de trois pieds en hau-
« teur; à la place des anciennes sources qui ont tari, il en est sorti de nou-
« velles environ à une lieue des premières, en sorte qu'il y a apparence que
« ce sont les mêmes eaux qui ont changé de route. » Page 10, année 1704.)

Le même tremblement de terre, qui en 1538 forma le Monte di Cenere auprès de Pouzzol, remplit en même temps le lac Lucrin de pierres, de terres et de cendres; de sorte qu'actuellement ce lac est un terrain marécageux. (Voyez *Ray's Discourses*, p. 12.)

Il y a des tremblements de terre qui se font sentir au loin dans la mer. M. Shaw rapporte qu'en 1724 étant à bord de *la Gazelle*, vaisseau algérien de 50 canons, on sentit trois violentes secousses l'une après l'autre, comme si à chaque fois on avait jeté d'un endroit fort élevé un poids de 20 ou 30 tonneaux sur le lest; cela arriva dans un endroit de la Méditerranée où il y avait plus de 200 brasses d'eau; il rapporte aussi que d'autres avaient senti des tremblements de terre bien plus considérables en d'autres endroits, et un entre autres à 40 lieues ouest de Lisbonne. Voyez les *Voyages* de Shaw, v. I, p. 303.

Schouten, en parlant d'un tremblement de terre qui se fit aux îles Moluques, dit que les montagnes furent ébranlées, et que les vaisseaux qui étaient à l'ancre sur 30 et 40 brasses se tourmentèrent comme s'ils se fussent donné des culées sur le rivage, sur des rochers ou sur des bancs. « L'expérience, continue-t-il, nous apprend tous les jours que la même « chose arrive en pleine mer où l'on ne trouve point de fond, et que, quand « la terre tremble, les vaisseaux viennent tout d'un coup à se tourmenter « jusque dans les endroits où la mer était tranquille. » (Voyez t. VI, p. 103.)
Le Gentil, dans son *Voyage autour du monde*, parle des tremblements de terre dont il a été témoin, dans les termes suivants : « J'ai, dit-il, fait quel « ques remarques sur ces tremblements de terre; la première est qu'une « demi-heure avant que la terre s'agite, tous les animaux paraissent saisis « de frayeur, les chevaux hennissent, rompent leurs licols et fuient de « l'écurie, les chiens aboient, les oiseaux épouvantés et presque étourdis « entrent dans les maisons, les rats et les souris sortent de leurs trous, etc.; « la seconde est que les vaisseaux qui sont à l'ancre sont agités si violem « ment qu'il semble que toutes les parties dont ils sont composés vont se « désunir, les canons sautent sur leurs affûts, et les mâts par cette agitation « rompent leurs haubans : c'est ce que j'aurais eu de la peine à croire si « plusieurs témoignages unanimes ne m'en avaient convaincu. Je conçois « bien que le fond de la mer est une continuation de la terre, que si cette « terre est agitée elle communique son agitation aux eaux qu'elle porte ; « mais ce que je ne conçois pas, c'est ce mouvement irrégulier du vais « seau dont tous les membres et les parties prises séparément participent à

« cette agitation, comme si tout le vaisseau faisait partie de la terre et qu'il
« ne nageât pas dans une matière fluide ; son mouvement devrait être tout
« au plus semblable à celui qu'il éprouverait dans une tempête ; d'ailleurs,
« dans l'occasion où je parle, la surface de la mer était unie et ses flots
« n'étaient point élevés ; toute l'agitation était intérieure, parce que le vent
« ne se mêla point au tremblement de terre. La troisième remarque est
« que si la caverne de la terre où le feu souterrain est renfermé va du sep-
« tentrion au midi, et si la ville est pareillement située dans sa longueur du
« septentrion au midi, toutes les maisons sont renversées, au lieu que si
« cette veine ou caverne fait son effet en prenant la ville par sa largeur, le
« tremblement de terre fait moins de ravage, etc. » (Voyez le *Nouveau*
Voyage autour du Monde de M. Le Gentil, t. I, p. 172 et suiv.)

Il arrive que dans les pays sujets au tremblement de terre, lorsqu'il se
fait un nouveau volcan, les tremblements de terre finissent et ne se font
sentir que dans les éruptions violentes du volcan, comme on l'a observé
dans l'île Saint-Christophe. (Voyez *Phil. Trans. Abr.*, v. II, p. 392.)

Ces énormes ravages, produits par les tremblements de terre, ont fait
croire à quelques naturalistes que les montagnes et les inégalités de la surface du globe n'étaient que le résultat des effets de l'action des feux souterrains, et que toutes les irrégularités que nous remarquons sur la terre
devaient être attribuées à ces secousses violentes et aux bouleversements
qu'elles ont produits ; c'est, par exemple, le sentiment de Ray : il croit que
toutes les montagnes ont été formées par des tremblements de terre ou par
l'explosion des volcans, comme le mont di-Cenere, l'Ile Nouvelle près de
Santorin, etc. ; mais il n'a pas pris garde que ces petites élévations, formées
par l'éruption d'un volcan ou par l'action d'un tremblement de terre, ne
sont pas intérieurement composées de couches horizontales, comme le sont
toutes les autres montagnes[1] ; car, en fouillant dans le mont di-Cenere, on
trouve les pierres calcinées, les cendres, les terres brûlées, le mâchefer,
les pierres ponces, tous mêlés et confondus comme dans un monceau de
décombres. D'ailleurs, si les tremblements de terre et les feux souterrains
eussent produit les grandes montagnes de la terre, comme les Cordillères,
le mont Taurus, les Alpes, etc., la force prodigieuse qui aurait élevé ces
masses énormes aurait en même temps détruit une grande partie de la surface du globe, et l'effet du tremblement aurait été d'une violence inconcevable, puisque les plus fameux tremblements de terre dont l'histoire fasse
mention n'ont pas eu assez de force pour élever des montagnes : par exemple,
il y eut du temps de Valentinien Ier un tremblement de terre qui se fit sentir
dans tout le monde connu, comme le rapporte Ammian Marcellin (lib. XXVI,

1. Voyez la note 4 de la page 41.

cap. xiv), et cependant il n'y eut aucune montagne élevée par ce grand tremblement [1].

Il est cependant vrai qu'en calculant on pourrait trouver qu'un tremblement de terre assez violent pour élever les plus hautes montagnes ne le serait pas assez pour déplacer le reste du globe.

Car supposons pour un instant que la chaîne des hautes montagnes, qui traverse l'Amérique méridionale depuis la pointe des terres Magellaniques jusqu'aux montagnes de la Nouvelle-Grenade et au golfe de Darien, ait été élevée tout à la fois et produite par un tremblement de terre, et voyons par le calcul l'effet de cette explosion. Cette chaîne de montagnes a environ 1,700 lieues de longueur et communément 40 lieues de largeur, y compris les Sierras, qui sont des montagnes moins élevées que les Andes; la surface de ce terrain est donc de 68,000 lieues carrées; je suppose que l'épaisseur de la matière déplacée par le tremblement est d'une lieue, c'est-à-dire que la hauteur moyenne de ces montagnes, prise du sommet jusqu'au pied, ou plutôt jusqu'aux cavernes qui dans cette hypothèse doivent les supporter, n'est que d'une lieue, ce qu'on m'accordera facilement, alors je dis que la force de l'explosion ou du tremblement de terre aura élevé, à une lieue de hauteur, une quantité de terre égale à 68,000 lieues cubiques : or, l'action étant égale à la réaction, cette explosion aura communiqué au reste du globe la même quantité de mouvement; mais le globe entier est de 12,310,523,801 lieues cubiques, dont, ôtant 68,000, il reste 12,310,455,801 lieues cubiques dont la quantité de mouvement aura été égale à celle de 68,000 lieues cubiques élevées à une lieue; d'où l'on voit que la force, qui aura été assez grande pour déplacer 68,000 lieues cubiques et les pousser à une lieue, n'aura pas déplacé d'un pouce le reste du globe.

Il n'y aurait donc pas d'impossibilité absolue à supposer que les montagnes ont été élevées par des tremblements de terre [2], si leur composition

1. « La puissance volcanique intervient dans les tremblements de terre ; mais cette puissance, « universellement répandue comme la chaleur centrale de la planète, s'élève rarement, et seule- « ment en quelques points isolés, jusqu'à produire des phénomènes d'éruption. Les masses « liquéfiées de basalte, de mélaphyre et de grunstein qui surgissent de l'intérieur, remplissent « peu à peu les fissures et finissent par fermer toute issue aux vapeurs. Alors ces vapeurs « s'accumulent, leur tension s'accroît, et leur réaction contre l'écorce terrestre peut s'exercer de « trois manières différentes : ou elles ébranlent le sol, ou elles le soulèvent brusquement, ou elles « font varier lentement la différence de niveau entre les continents et les mers. Cette dernière « action ne devient sensible qu'après de longues années ; elle a été observée, pour la première « fois, sur une étendue considérable de la Suède. » (*Cosmos*, t. I, p. 242.)

2. Voyez la note de la page 56. « Les tremblements de terre soulèvent, au-dessus de leur « ancien niveau, des pays entiers, tels que le côté du Chili, en novembre 1822, et Ulla-Bund, « en juin 1819, après le tremblement de terre de Cuth. » (*Cosmos*, t. I, p. 239.) — « Si l'on admet « que la grande pyramide d'Égypte, considérée comme une masse sans vide intérieur, pèse, « suivant une estimation qui a été déjà donnée, six millions de tonneaux, on arrive à cette « conséquence, que la quantité de roche, ajoutée au continent américain par le tremblement de « terre du Chili, a surpassé 100,000 pyramides. » M. Lyell : *Principes de géologie*, t. III. p. 288.)

intérieure aussi bien que leur forme extérieure n'étaient pas évidemment
l'ouvrage des eaux de la mer [1]. L'intérieur est composé de couches régulières et parallèles remplies de coquilles; l'extérieur a une figure dont les
angles sont partout correspondants : est-il croyable que cette composition
uniforme et cette forme régulière aient été produites par des secousses
irrégulières et des explosions subites?

Mais, comme cette opinion a prévalu chez quelques physiciens, et qu'il
nous paraît que la nature et les effets des tremblements de terre ne sont
pas bien entendus, nous croyons qu'il est nécessaire de donner sur cela
quelques idées qui pourront servir à éclaircir cette matière.

La terre ayant subi de grands changements à sa surface, on trouve, même
à des profondeurs considérables, des trous, des cavernes, des ruisseaux
souterrains et des endroits vides qui se communiquent quelquefois par des
fentes et des boyaux. Il y a de deux espèces de cavernes : les premières
sont celles qui sont produites par l'action des feux souterrains et des volcans;
l'action du feu soulève, ébranle et jette au loin les matières supérieures, et
en même temps elle divise, fend et dérange celles qui sont à côté, et produit
ainsi des cavernes, des grottes, des trous et des anfractuosités; mais cela
ne se trouve ordinairement qu'aux environs des hautes montagnes où sont
les volcans; et ces espèces de cavernes, produites par l'action du feu, sont
plus rares que les cavernes de la seconde espèce, qui sont produites par les
eaux. Nous avons vu que les différentes couches qui composent le globe
terrestre à sa surface, sont toutes interrompues par des fentes perpendiculaires dont nous expliquerons l'origine dans la suite. Les eaux des pluies
et des vapeurs, en descendant par ces fentes perpendiculaires, se rassemblent sur la glaise et forment des sources et des ruisseaux ; elles cherchent
par leur mouvement naturel toutes les petites cavités et les petits vides, et
elles tendent toujours à couler et à s'ouvrir des routes, jusqu'à ce qu'elles
trouvent une issue; elles entraînent en même temps les sables, les terres,
les graviers et les autres matières qu'elles peuvent diviser, et peu à peu elles
se font des chemins ; elles forment dans l'intérieur de la terre des espèces
de petites tranchées ou de canaux qui leur servent de lit; elles sortent enfin
soit à la surface de la terre, soit dans la mer, en forme de fontaines : les
matières qu'elles entraînent laissent des vides dont l'étendue peut être fort
considérable, et ces vides forment des grottes et des cavernes dont l'origine
est, comme l'on voit, bien différente de celle des cavernes produites par les
tremblements de terre.

Il y a deux espèces de tremblements de terre, les uns causés par l'action
des feux souterrains et par l'explosion des volcans, qui ne se font sentir qu'à
de petites distances et dans les temps que les volcans agissent, ou avant

1. Voyez les notes 1 et 4 de la page 41.

qu'ils s'ouvrent : lorsque les matières qui forment les feux souterrains viennent à fermenter, à s'échauffer et à s'enflammer[1], le feu fait effort de tous côtés, et, s'il ne trouve pas naturellement des issues, il soulève la terre et se fait un passage en la rejetant, ce qui produit un volcan dont les effets se répètent et durent à proportion de la quantité des matières inflammables. Si la quantité des matières qui s'enflamment est peu considérable, il peut arriver un soulèvement et une commotion, un tremblement de terre, sans que pour cela il se forme un volcan ; l'air, produit et raréfié par le feu souterrain, peut aussi trouver de petites issues par où il s'échappera, et dans ce cas il n'y aura encore qu'un tremblement sans éruption et sans volcan ; mais lorsque la matière enflammée est en grande quantité et qu'elle est resserrée par des matières solides et compactes, alors il y a commotion et volcan ; mais toutes ces commotions ne font que la première espèce des tremblements de terre, et elles ne peuvent ébranler qu'un petit espace. Une éruption très-violente de l'Etna causera, par exemple, un tremblement de terre dans toute l'île de Sicile, mais il ne s'étendra jamais à des distances de 3 ou 400 lieues. Lorsque dans le mont Vésuve il s'est formé quelques nouvelles bouches à feu, il s'est fait en même temps des tremblements de terre à Naples et dans le voisinage du volcan ; mais ces tremblements n'ont jamais ébranlé les Alpes, et ne se sont pas communiqués en France ou aux autres pays éloignés du Vésuve. Ainsi les tremblements de terre produits par l'action des volcans sont bornés à un petit espace[2] : c'est proprement l'effet de la réaction du feu, et ils ébranlent la terre, comme l'explosion d'un magasin à poudre produit une secousse et un tremblement sensible à plusieurs lieues de distance.

Mais il y a une autre espèce de tremblement de terre bien différente pour les effets et peut-être pour les causes ; ce sont les tremblements qui se font sentir à de grandes distances, et qui ébranlent une longue suite de terrain sans qu'il paraisse aucun nouveau volcan ni aucune éruption. On a des exemples de tremblements qui se sont fait sentir en même temps en Angleterre, en France, en Allemagne jusqu'en Hongrie ; ces tremblements s'étendent toujours beaucoup plus en longueur qu'en largeur, ils ébranlent une bande ou une zone de terrain avec plus ou moins de violence en différents endroits, et ils sont presque toujours accompagnés d'un bruit semblable à celui d'une grosse voiture qui roulerait avec rapidité.

Pour bien entendre quelles peuvent être les causes de cet tremblement, il faut se souvenir que toutes les matières inflammables et capables d'explosion produisent, comme la poudre, par l'inflammation, une grande quantité d'air ; que cet air, produit par le feu, est dans l'état d'une très-grande raréfaction, et que, par l'état de compression où il se trouve dans

1. Voyez les notes des pages 59 et 269.
2. Voyez les notes 1 et 2 de la page 281.

le sein de la terre, il doit produire des effets très-violents. Supposons donc qu'à une profondeur très-considérable, comme à cent ou deux cents toises, il se trouve des pyrites et d'autres matières sulfureuses, et que, par la fermentation produite par la filtration des eaux ou par d'autres causes, elles viennent à s'enflammer, et voyons ce qui doit arriver : d'abord ces matières ne sont pas disposées régulièrement par couches horizontales, comme le sont les matières anciennes qui ont été formées par le sédiment des eaux ; elles sont, au contraire, dans les fentes perpendiculaires, dans les cavernes au pied de ces fentes et dans les autres endroits où les eaux peuvent agir et pénétrer. Ces matières, venant à s'enflammer, produiront une grande quantité d'air dont le ressort comprimé dans un petit espace, comme celui d'une caverne, non-seulement ébranlera le terrain supérieur, mais cherchera des routes pour s'échapper et se mettre en liberté. Les routes qui se présentent sont les cavernes et les tranchées formées par les eaux et par les ruisseaux souterrains ; l'air raréfié se précipitera avec violence dans tous ces passages qui lui sont ouverts, et il formera un vent furieux dans ces routes souterraines, dont le bruit se fera entendre à la surface de la terre, et en accompagnera l'ébranlement et les secousses. Ce vent souterrain, produit par le feu, s'étendra tout aussi loin que les cavités ou tranchées souterraines, et causera un tremblement plus ou moins violent à mesure qu'il s'éloignera du foyer et qu'il trouvera des passages plus ou moins étroits ; ce mouvement se faisant en longueur, l'ébranlement se fera de même, et le tremblement se fera sentir dans une longue zone de terrain ; cet air ne produira aucune éruption, aucun volcan, parce qu'il aura trouvé assez d'espace pour s'étendre, ou bien parce qu'il aura trouvé des issues et qu'il sera sorti en forme de vent et de vapeur. Et quand même on ne voudrait pas convenir qu'il existe en effet des routes souterraines par lesquelles cet air et ces vapeurs souterraines peuvent passer, on conçoit bien que dans le lieu même où se fait la première explosion, le terrain étant soulevé à une hauteur considérable, il est nécessaire que celui qui avoisine ce lieu se divise et se fende horizontalement pour suivre le mouvement du premier, ce qui suffit pour faire des routes qui, de proche en proche, peuvent communiquer le mouvement à une très-grande distance : cette explication s'accorde avec tous les phénomènes. Ce n'est pas dans le même instant ni à la même heure qu'un tremblement de terre se fait sentir en deux endroits distants, par exemple, de cent ou de deux cents lieues ; il n'y a point de feu ni d'éruption au dehors par ces tremblements qui s'étendent au loin, et le bruit, qui les accompagne presque toujours, marque le mouvement progressif de ce vent souterrain. On peut encore confirmer ce que nous venons de dire, en le liant avec d'autres faits ; on sait que les mines exhalent des vapeurs : indépendamment des vents produits par le courant des eaux, on y remarque souvent des courants d'un air malsain et de vapeurs suffocantes ; on sait aussi qu'il y a sur la terre des trous, des abîmes, des lacs profonds, qui produisent des vents, comme le lac de Boleslaw en Bohême, dont nous avons parlé.

Tout ceci bien entendu, je ne vois pas trop comment on peut croire que les tremblements de terre ont pu produire des montagnes, puisque la cause même de ces tremblements sont des matières minérales et sulfureuses qui ne se trouvent ordinairement que dans les fentes perpendiculaires des montagnes et dans les autres cavités de la terre, dont le plus grand nombre a été produit par les eaux ; que ces matières, en s'enflammant, ne produisent qu'une explosion momentanée et des vents violents qui suivent les routes souterraines des eaux ; que la durée des tremblements n'est en effet que momentanée à la surface de la terre, et que par conséquent leur cause n'est qu'une explosion et non pas un incendie durable, et qu'enfin ces tremblements qui ébranlent un grand espace, et qui s'étendent à des distances très-considérables, bien loin d'élever des chaînes de montagnes, ne soulèvent pas la terre d'une quantité sensible et ne produisent pas la plus petite colline dans toute la longueur de leur cours.

Les tremblements de terre sont, à la vérité, bien plus fréquents dans les endroits où sont les volcans qu'ailleurs, comme en Sicile et à Naples. On sait, par les observations faites en différents temps, que les plus violents tremblements de terre arrivent dans le temps des grandes éruptions des volcans ; mais ces tremblements ne sont pas ceux qui s'étendent le plus loin, et ils ne pourraient jamais produire une chaîne de montagnes.

On a quelquefois observé que les matières rejetées de l'Etna, après avoir été refroidies pendant plusieurs années, et ensuite humectées par l'eau des pluies, se sont rallumées et ont jeté des flammes avec une explosion assez violente, qui produisait même une espèce de petit tremblement.

En 1669, dans une furieuse éruption de l'Etna, qui commença le 11 mars, le sommet de la montagne baissa considérablement, comme tous ceux qui avaient vu cette montagne avant cette éruption s'en aperçurent (voyez *Trans. Phil. Abr.*, vol. II, p. 387), ce qui prouve que le feu du volcan vient plutôt du sommet que de la profondeur intérieure de la montagne. Borelli est du même sentiment, et il dit précisément « que le feu des volcans « ne vient pas du centre ni du pied de la montagne, mais qu'au contraire « il sort du sommet et ne s'allume qu'à une très-petite profondeur. » (Voyez Borelli, *de Incendiis montis Ætnæ*.)

Le mont Vésuve a souvent rejeté dans ses éruptions une grande quantité d'eau bouillante. M. Ray, dont le sentiment est que le feu des volcans vient d'une très-grande profondeur, dit que c'est de l'eau de la mer qui communique aux cavernes intérieures du pied de cette montagne ; il en donne pour preuve la sécheresse et l'aridité du sommet du Vésuve, et le mouvement de la mer, qui, dans le temps de ces violentes éruptions, s'éloigne des côtes, et diminue au point d'avoir laissé quelquefois à sec le port de Naples ; mais, quand ces faits seraient bien certains, ils ne prouveraient pas d'une manière solide que le feu des volcans vient d'une grande profondeur, car l'eau qu'ils rejettent est certainement l'eau des pluies qui pénètre par les fentes, et qui se ramasse dans les cavités de la montagne[1] : on voit découler des eaux vives et des ruisseaux du sommet des volcans, comme il en découle des autres montagnes élevées ; et, comme elles sont creuses et qu'elles ont été plus ébranlées que les autres montagnes, il n'est pas étonnant que les eaux se ramassent dans les cavernes qu'elles contiennent dans leur intérieur, et que ces eaux soient rejetées dans le temps des éruptions avec les autres matières ; à l'égard du mouvement de la mer, il provient uniquement de la secousse communiquée aux eaux par l'explosion, ce qui doit les faire affluer ou refluer, suivant les différentes circonstances.

Les matières que rejettent les volcans, sortent le plus souvent sous la forme d'un torrent de minéraux fondus, qui inonde tous les environs de ces montagnes ; ces fleuves de matières liquéfiées s'étendent même à des distances considérables, et, en se refroidissant, ces matières, qui sont en fusion, forment des couches horizontales ou inclinées qui, pour la position, sont semblables aux couches formées par les sédiments des eaux ; mais il est fort aisé de distinguer ces couches produites par l'expansion des matières rejetées des volcans, de celles qui ont pour origine les sédiments de la mer : 1° parce que ces couches ne sont pas d'égale épaisseur partout ; 2° parce qu'elles ne contiennent que des matières qu'on reconnait évidemment avoir été calcinées, vitrifiées ou fondues ; 3° parce qu'elles ne s'étendent pas à une grande distance. Comme il y a au Pérou un grand nombre de volcans, et que le pied de la plupart des montagnes des Cordillères est recouvert de ces matières rejetées par ces volcans, il n'est pas étonnant qu'on ne trouve pas de coquilles marines dans ces couches de terre ; elles ont été calcinées et détruites par l'action du feu, mais je suis persuadé que si l'on creusait dans la terre argileuse qui, selon M. Bouguer, est la terre ordinaire de la vallée de Quito, on y trouverait des coquilles, comme l'on en trouve partout ailleurs, en supposant que cette terre soit vraiment de l'argile, et qu'elle ne soit pas, comme celle qui est au pied des montagnes, un terrain formé par les matières rejetées des volcans.

On a souvent demandé pourquoi les volcans se trouvent tous dans les hautes montagnes[2] : je crois avoir satisfait en partie à cette question dans le

----

1. *L'eau des pluies qui se ramasse dans les cavités de la montagne.* Ce serait une bien petite cause pour un grand effet. La source de l'énorme quantité d'eau vomie par certains volcans, est très-probablement dans les énormes masses d'eaux souterraines, que le fond des volcans traverse : « Il est une classe singulière de volcans, tels que le Galoung-goung de Java, qui ne vomissent point de lave, mais qui lancent des torrents de vase délayée ou d'eau bouillante... » *Cosmos*, t. I, p. 281.

2. « Cette hauteur est si variable, que certains cratères ont à peine l'élévation au-dessus d'une simple colline : tel est le volcan de Gosima, l'une des Kouriles japonaises »..... Il m'a semblé que

Discours précédent; mais, comme je ne suis pas entré dans un assez grand détail, j'ai cru que je ne devais pas finir cet article sans développer davantage ce que j'ai dit sur ce sujet.

Les pics ou les pointes des montagnes étaient autrefois recouvertes et environnées de sables et de terres que les eaux pluviales ont entraînés dans les vallées; il n'est resté que les rochers et les pierres qui formaient le noyau de la montagne; ce noyau, se trouvant à découvert et déchaussé jusqu'au pied, aura encore été dégradé par les injures de l'air, la gelée en aura détaché de grosses et de petites parties qui auront roulé au bas; en même temps elle aura fait fendre plusieurs rochers au sommet de la montagne; ceux qui forment la base de ce sommet se trouvant découverts, et n'étant plus appuyés par les terres qui les environnaient, auront un peu cédé, et en s'écartant les uns des autres ils auront formé de petits intervalles : cet ébranlement des rochers inférieurs n'aura pu se faire sans communiquer aux rochers supérieurs un mouvement plus grand, ils se seront fendus ou écartés les uns des autres. Il se sera donc formé dans ce noyau de montagne une infinité de petites et de grandes fentes perpendiculaires, depuis le sommet jusqu'à la base des rochers inférieurs; les pluies auront pénétré dans toutes ces fentes, et elles auront détaché dans l'intérieur de la montagne toutes les parties minérales et toutes les autres matières qu'elles auront pu enlever ou dissoudre; elles auront formé des pyrites, des soufres et d'autres matières combustibles, et lorsque, par la succession des temps, ces matières se seront accumulées en grande quantité, elles auront fermenté, et en s'enflammant elles auront produit les explosions et les autres effets des volcans. Peut-être aussi y avait-il dans l'intérieur de la montagne des amas de ces matières minérales déjà formées avant que les pluies pussent y pénétrer; dès qu'il se sera fait des ouvertures et des fentes qui auront donné passage à l'eau et à l'air, ces matières se seront enflammées et auront formé un volcan : aucun de ces mouvements ne pouvant se faire dans les plaines, puisque tout est en repos et que rien ne peut se déplacer, il n'est pas surprenant qu'il n'y ait aucun volcan dans les plaines[1], et qu'ils se trouvent tous en effet dans les hautes montagnes.

Lorsqu'on a ouvert des minières de charbon de terre, que l'on trouve

---

« L'activité des volcans était en raison inverse de leur *hauteur*..... Il ne faut donc pas s'étonner si le plus petit de tous, le *Stromboli*, est en pleine activité depuis le temps d'Homère. » *Cosmos.* t. I. p. 259.

1. Un *volcan* n'est qu'une communication de l'*intérieur* du globe avec l'*atmosphère*. Il faut donc, pour que cette communication s'établisse, que la pression, exercée par les *couches extérieures*, par les *couches solides* du globe, soit vaincue. Ces *couches* sont *soulevées*. La *montagne* précède le *volcan*. Les *matières intérieures* s'ouvrent enfin un passage, et le *volcan* est formé. Quelquefois, un intervalle plus ou moins long sépare la formation de la *montagne* de celle du *volcan*; d'autres fois, la *montagne* et le *volcan* font éruption tout ensemble, comme cela s'est vu pour le *Jorullo* au Mexique : « Le volcan de *Jorullo* a surgi, le 29 septembre 1759, à 513 mètres au-dessus des plaines environnantes. » *Cosmos.* t. I, p. 275.)

ordinairement dans l'argile à une profondeur considérable, il est arrivé quelquefois que le feu s'est mis à ces matières; il y a même des mines de charbon en Écosse, en Flandre, etc., qui brûlent continuellement depuis plusieurs années : la communication de l'air suffit pour produire cet effet; mais ces feux, qui se sont allumés dans ces mines, ne produisent que de légères explosions, et ils ne forment pas des volcans, parce que, tout étant solide et plein dans ces endroits, le feu ne peut pas être excité, comme celui des volcans dans lesquels il y a des cavités et des vides où l'air pénètre, ce qui doit nécessairement étendre l'embrasement et peut augmenter l'action du feu au point où nous la voyons lorsqu'elle produit les terribles effets dont nous avons parlé.

ARTICLE XVII.

DES ILES NOUVELLES, DES CAVERNES, DES FENTES PERPENDICULAIRES, ETC.

Les îles nouvelles se forment de deux façons, ou subitement par l'action des feux souterrains, ou lentement par le dépôt du limon des eaux. Nous parlerons d'abord de celles qui doivent leur origine à la première de ces deux causes. Les anciens historiens et les voyageurs modernes rapportent à ce sujet des faits, de la vérité desquels on ne peut guère douter. Sénèque assure que de son temps l'île de Thérasie[a] parut tout à coup à la vue des mariniers. Pline rapporte qu'autrefois il y eut treize îles dans la mer Méditerranée qui sortirent en même temps du fond des eaux, et que Rhodes et Délos sont les principales de ces treize îles nouvelles; mais il paraît, par ce qu'il en dit, et par ce qu'en disent aussi Ammian Marcellin, Philon, etc., que ces treize îles n'ont pas été produites par un tremblement de terre, ni par une explosion souterraine : elles étaient auparavant cachées sous les eaux, et la mer en s'abaissant a laissé, disent-ils, ces îles à découvert; Délos avait même le nom de Pelagia, comme ayant autrefois appartenu à la mer. Nous ne savons donc pas si l'on doit attribuer l'origine de ces treize îles nouvelles à l'action des feux souterrains ou à quelque autre cause qui aurait produit un abaissement et une diminution des eaux dans la mer Méditerranée; mais Pline rapporte que l'île d'Hiéra, près de Thérasie, a été formée de masses ferrugineuses et de terres lancées du fond de la mer; et, dans le chapitre LXXXIX, il parle de plusieurs autres îles formées de la même façon; nous avons sur tout cela des faits plus certains et plus nouveaux.

Le 23 mai 1707, au lever du soleil, on vit de cette même île de Thérasie

---

a. Aujourd'hui Santorin.

ou de Santorin, à deux ou trois milles en mer, comme un rocher flottant; quelques gens curieux y allèrent, et trouvèrent que cet écueil, qui était sorti du fond de la mer, augmentait sous leurs pieds, et ils en rapportèrent de la pierre ponce et des huîtres que le rocher, qui s'était élevé du fond de la mer, tenait encore attachées à sa surface. Il y avait eu un petit tremblement de terre à Santorin deux jours auparavant la naissance de cet écueil : cette nouvelle île augmenta considérablement jusqu'au 14 juin sans accident, et elle avait alors un demi-mille de tour et 20 à 30 pieds de hauteur; la terre était blanche et tenait un peu de l'argile; mais après cela la mer se troubla de plus en plus, il s'en éleva des vapeurs qui infectaient l'île de Santorin, et le 16 juillet on vit 17 ou 18 rochers sortir à la fois du fond de la mer; ils se réunirent. Tout cela se fit avec un bruit affreux qui continua plus de deux mois, et des flammes qui s'élevaient de la nouvelle île; elle augmentait toujours en circuit et en hauteur, et les explosions lançaient toujours des rochers et des pierres à plus de sept milles de distance. L'île de Santorin elle-même a passé chez les anciens pour une production nouvelle, et, en 726, 1427 et 1573, elle a reçu des accroissements, et il s'est formé de petites îles auprès de Santorin. (Voyez l'*Hist. de l'Acad.*, 1708, p. 23 et suiv.) Le même volcan qui du temps de Sénèque a formé l'île de Santorin, a produit, du temps de Pline, celle d'Hiéra ou de Volcanelle, et de nos jours[1] a formé l'écueil dont nous venons de parler.

Le 10 octobre 1720, on vit auprès de l'île de Tercère un feu assez considérable s'élever de la mer : des navigateurs s'en étant approchés par ordre du gouverneur, ils aperçurent le 19 du même mois une île qui n'était que feu et fumée, avec une prodigieuse quantité de cendres jetées au loin, comme par la force d'un volcan, avec un bruit pareil à celui du tonnerre. Il se fit en même temps un tremblement de terre qui se fit sentir dans les lieux circonvoisins, et on remarqua sur la mer une grande quantité de pierres ponces, surtout autour de la nouvelle île : ces pierres ponces voyagent, et on en a quelquefois trouvé une grande quantité dans le milieu même des grandes mers. (Voyez *Trans. Phil. Abr.*, v. VI, part. II, p. 154.) L'*Histoire de l'Académie*, année 1721, dit, à l'occasion de cet événement, qu'après un tremblement de terre dans l'île de Saint-Michel, l'une des Açores, il a paru à 28 lieues au large, entre cette île et la Tercère, un torrent de feu qui a donné naissance à deux nouveaux écueils. (Page 26.) Dans le volume de l'année suivante, 1722, on trouve le détail qui suit.

« M. De l'Isle a fait savoir à l'Académie plusieurs particularités de la nou-
« velle île entre les Açores, dont nous n'avions dit qu'un mot en 1721,
« p. 26 : il les avait tirées d'une lettre de M. de Montagnac, consul à Lisbonne.

---

1. *De nos jours* aussi (le 2 juillet 1831), nous avons vu paraître (mais d'une apparition qui ne fut qu'éphémère) la petite île *Julia* ou *Ferdinandea*, dans la mer de Sicile, entre les côtes méridionales de Sciacca et l'île volcanique de Pantellaria.

« Un vaisseau où il était, mouilla, le 18 septembre 1721, devant la forte-
« resse de la ville de Saint-Michel, qui est dans l'île du même nom, et
« voici ce qu'on apprit d'un pilote du port.

« La nuit du 7 au 8 décembre 1720, il y eut un grand tremblement de
« terre dans la Tercère et dans Saint-Michel, distantes l'une de l'autre de
« 28 lieues, et l'île neuve sortit : on remarqua en même temps que la pointe
« de l'île de Pic, qui en était à 30 lieues, et qui auparavant jetait du feu,
« s'était affaissée et n'en jetait plus; mais l'île neuve jetait continuellement
« une grosse fumée, et effectivement elle fut vue du vaisseau où était M. de
« Montagnac, tant qu'il en fut à portée. Le pilote assura qu'il avait fait
« dans une chaloupe le tour de l'île en l'approchant le plus qu'il avait pu.
« Du côté du sud il jeta la sonde et fila 60 brasses sans trouver fond; du
« côté de l'ouest il trouva les eaux fort changées, elles étaient d'un blanc
« bleu et vert, qui semblait du bas-fond, et qui s'étendait à deux tiers de
« lieue; elle paraissait vouloir bouillir; au nord-ouest qui était l'endroit
« d'où sortait la fumée, il trouva 15 brasses d'eau fond de gros sable; il
« jeta une pierre à la mer et il vit, à l'endroit où elle était tombée, l'eau
« bouillir et sauter en l'air avec impétuosité; le fond était si chaud, qu'il
« fondit deux fois de suite le suif qui était au bout du plomb; le pilote
« observa encore de ce côté-là que la fumée sortait d'un petit lac borné
« d'une dune de sable; l'île est à peu près ronde et assez haute pour être
« aperçue de 7 à 8 lieues dans un temps clair.

« On a appris depuis par une lettre de M. Adrien, consul de la nation
« française dans l'île de Saint-Michel, en date du mois de mars 1722, que
« l'île neuve avait considérablement diminué, et qu'elle était presque à
« fleur d'eau; de sorte qu'il n'y avait pas d'apparence qu'elle subsistât
« encore longtemps. » (Page 12.)

On est donc assuré par ces faits et par un grand nombre d'autres semblables à ceux-ci, qu'au-dessous même des eaux de la mer les matières
inflammables renfermées dans le sein de la terre agissent et font des explosions violentes. Les lieux où cela arrive sont des espèces de volcans qu'on
pourrait appeler sous-marins [1], lesquels ne diffèrent des volcans ordinaires
que par le peu de durée de leur action et le peu de fréquence de leurs effets;
car on conçoit bien que le feu s'étant une fois ouvert un passage, l'eau doit
y pénétrer et l'éteindre : l'île nouvelle laisse nécessairement un vide que
l'eau doit remplir, et cette nouvelle terre, qui n'est composée que des
matières rejetées par le volcan marin, doit ressembler en tout au Monte-di-
Cenere, et aux autres éminences que les volcans terrestres ont formées en
plusieurs endroits; or, dans le temps du déplacement causé par la violence
de l'explosion, et pendant ce mouvement, l'eau aura pénétré dans la plu-

1. Voyez les notes 1 et 2 de la page suivante.

part des endroits vides, et elle aura éteint pour un temps ce feu souterrain. C'est apparemment par cette raison que ces volcans sous-marins agissent plus rarement que les volcans ordinaires, quoique les causes de tous les deux soient les mêmes, et que les matières qui produisent et nourrissent ces feux souterrains puissent se trouver sous les terres couvertes par la mer en aussi grande quantité que sous les terres qui sont à découvert.

Ce sont ces mêmes feux souterrains ou sous-marins qui sont la cause de toutes ces ébullitions des eaux de la mer, que les voyageurs ont remarquées en plusieurs endroits, et des trombes dont nous avons parlé; ils produisent aussi des orages et des tremblements qui ne sont pas moins sensibles sur la mer que sur la terre[1]. Ces îles, qui ont été formées par ces volcans sous-marins, sont ordinairement composées de pierres ponces et de rochers calcinés, et ces volcans produisent, comme ceux de la terre, des tremblements et des commotions très-violentes.

On a aussi vu souvent des feux s'élever de la surface des eaux; Pline nous dit que le lac de Trasimène a paru enflammé sur toute sa surface. Agricola rapporte que, lorsqu'on jette une pierre dans le lac de Denstat en Thuringe, il semble, lorsqu'elle descend dans l'eau, que ce soit un trait de feu.

Enfin, la quantité de pierres ponces que les voyageurs nous assurent avoir rencontrées dans plusieurs endroits de l'Océan et de la Méditerranée, prouve qu'il y a au fond de la mer des volcans semblables à ceux que nous connaissons[2], et qui ne diffèrent ni par les matières qu'ils rejettent, ni par la violence des explosions, mais seulement par la rareté et par le peu de continuité de leurs effets : tout, jusqu'aux volcans, se trouve au fond des mers comme à la surface de la terre.

Si même on y fait attention, l'on trouvera plusieurs rapports entre les volcans de terre et les volcans de mer : les uns et les autres ne se trouvent que dans les sommets des montagnes[3]. Les îles des Açores et celles de l'Ar-

---

1. « Si l'on pouvait avoir des nouvelles de l'état journalier de la surface terrestre tout entière, « on serait bientôt convaincu que cette surface est toujours agitée par des secousses, en quelques- « uns de ses points, et qu'elle est incessamment soumise à la réaction de la masse intérieure. » (*Cosmos*, t. I, p. 237.)

2. Sans doute. Encore une fois, la force qui produit les *volcans* se fait sentir partout. « Longtemps on n'a vu dans la *vulcanicité* la réaction de l'intérieur d'une planète contre « son écorce qu'un phénomène isolé, qu'une force locale..... Il était réservé à la géognosie « nouvelle de se placer à un point de vue plus élevé.... La partie minéralogique de la géognosie « structure et succession des couches terrestres, et l'étude géographique de la forme des con- « tinents et des archipels soulevés au-dessus du niveau de la mer, viennent se relier à une seule « et même doctrine, celle de la *vulcanicité*. » *Cosmos*, t. I, p. 282.)

3. « Ou bien les volcans s'élèvent du fond de la mer sous forme d'îles et comme des cônes isolés, « et alors on observe généralement, à côté et dans la même direction, une chaîne de montagnes « primitives, dont la base semble indiquer la situation des volcans; ou bien ils s'élèvent sur la

chipel ne sont que des pointes de montagnes dont les unes s'élèvent au-dessus de l'eau, et les autres sont au-dessous. On voit, par la relation de la nouvelle île des Açores[1], que l'endroit d'où sortait la fumée n'était qu'à 15 brasses de profondeur sous l'eau, ce qui, étant comparé avec les profondeurs ordinaires de l'océan, prouve que cet endroit même est un sommet de montagne. On en peut dire tout autant du terrain de la nouvelle île auprès de Santorin : il n'était pas à une grande profondeur sous les eaux, puisqu'il y avait des huîtres attachées aux rochers qui s'élevèrent. Il paraît aussi que ces volcans de mer ont quelquefois, comme ceux de terre, des communications souterraines, puisque le sommet du volcan du pic de Saint-George, dans l'île de Pic, s'abaissa lorsque la nouvelle île des Açores s'éleva[2]. On doit encore observer que ces nouvelles îles ne paraissent jamais qu'auprès des anciennes, et qu'on n'a point d'exemple qu'il s'en soit élevé de nouvelles dans les hautes mers : on doit donc regarder le terrain où elles sont comme une continuation de celui des îles voisines ; et, lorsque ces îles ont des volcans, il n'est pas étonnant que le terrain qui en est voisin contienne des matières propres à en former, et que ces matières viennent à s'enflammer, soit par la seule fermentation, soit par l'action des vents souterrains.

Au reste, les îles produites par l'action du feu et des tremblements de terre sont en petit nombre[3], et ces événements sont rares ; mais il y a un nombre infini d'îles nouvelles produites par les limons, les sables et les

« crête même des montagnes primitives et en forment les plus hautes sommités..... Si l'on « considère les chaînes de montagnes comme des masses qui se sont élevées à travers une « grande faille, on comprendra facilement ces deux modes de gisement des volcans. Dans l'un « des cas, la masse volcanique trouve une fissure toute formée, par laquelle elle peut s'élever et « se répandre à la surface de la terre : alors les volcans forment le sommet de la chaîne primitive ; « dans l'autre, les masses primitives, qui recouvrent la faille, opposent un obstacle trop consi « dérable à la sortie des matières volcaniques ; le mélaphyre se fait alors jour par une fissure « qu'il détermine au pied de la chaîne primitive : .. la masse volcanique se soulève, dans ce « cas, au pied de la chaîne primitive. » (Léopold de Buch : *Descript. des îles Canaries*, p. 324. — Trad. franç.)

1. A 15 milles ouest de l'île Saint-Michel, l'une des Açores, parut, en 1638, une île nouvelle, qui, après quelques années, s'enfonça. En 1719, il s'en forma une autre, qui disparut en 1723. Enfin, en 1811, une troisième s'éleva, qui présentait un cratère bien formé, d'où sortait un courant d'eau chaude : celle-ci fut nommée *Sabrina*. L'île *Sabrina* s'enfonça peu à peu et disparut en 1812.

2. « L'île de Pico, celles de Saint-Georges, Saint-Michel, Terceire, et jusqu'à Flores et Corvo, « sont situées l'une derrière l'autre, exactement dans la même direction. On ne peut s'empêcher « de reconnaître dans cette disposition une bande volcanique, analogue à celle qui traverse « l'Islande, une sorte d'immense faille, remplie par des roches en partie cachées dans la pro « fondeur de la mer. » M. de Buch : *Descript. des îles Canaries*, p. 351. — Trad. franç.)

3. Elles sont en très-grand nombre, au contraire. Les *Canaries*, les *Açores*, les îles *Santorin*, *Therasia*, etc., les *Kouriles*, etc., etc., sont autant d'*îles produites par le feu et les tremblements de terre*. « Nous avons vu, sous nos yeux, des îles se soulever du fond de la mer, et, si « on suit les nouvelles découvertes des navigateurs dans la mer du Sud, on ne pourra se refuser « de reconnaître qu'il s'est produit, de nos jours, un nombre considérable d'îles nouvelles, qui « se sont soulevées jusque près de la surface de la mer, ou même jusqu'au dessus de cette « surface. » (M. de Buch : *Descript. des îles Canaries*, p. 325. — Trad. franç.)

terres que les eaux des fleuves ou de la mer entraînent et transportent en différents endroits [1]. A l'embouchure de toutes les rivières il se forme des amas de terre et des bancs de sable dont l'étendue devient souvent assez considérable pour former des îles d'une grandeur médiocre. La mer, en se retirant et en s'éloignant de certaines côtes, laisse à découvert les parties les plus élevées du fond, ce qui forme autant d'îles nouvelles; et de même, en s'étendant sur de certaines plages, elle en couvre les parties les plus basses, et laisse paraître les plus élevées qu'elle n'a pu surmonter, ce qui fait encore autant d'îles [2]; et on remarque en conséquence qu'il y a fort peu d'îles dans le milieu des mers, et qu'elles sont presque toutes dans le voisinage des continents où la mer les a formées, soit en s'éloignant, soit en s'approchant de ces différentes contrées.

L'eau et le feu, dont la nature est si différente et même si contraire, produisent donc des effets semblables, ou du moins qui nous paraissent être tels, indépendamment des productions particulières de ces deux éléments, dont quelques-unes se ressemblent au point de s'y méprendre, comme le cristal et le verre, l'antimoine naturel et l'antimoine fondu [3], les pépites naturelles des mines et celles qu'on fait artificiellement par la fusion, etc. Il y a dans la nature une infinité de grands effets que l'eau et le feu produisent, qui sont assez semblables pour qu'on ait de la peine à les distinguer. L'eau, comme on l'a vu, a produit les montagnes et formé la plupart des îles, le feu a élevé quelques collines et quelques îles; il en est de même des cavernes, des fentes, des ouvertures, des gouffres, etc. : les unes ont pour origine les feux souterrains, et les autres les eaux, tant souterraines que superficielles [4].

Les cavernes se trouvent dans les montagnes, et peu ou point du tout dans les plaines; il y en a beaucoup dans les îles de l'Archipel et dans plusieurs autres îles, et cela parce que les îles ne sont, en général, que des dessus de montagnes. Les cavernes se forment, comme les précipices, par l'affaissement des rochers, ou, comme les abîmes, par l'action du feu; car, pour faire d'un précipice ou d'un abîme une caverne, il ne faut qu'imaginer des rochers contre-butés et faisant voûte par-dessus, ce qui doit arriver très-

---

1. C'est toujours l'idée de la terre, *ouvrage de l'eau*, qui revient sous une autre forme, et toujours Buffon exagère l'importance qu'il attribue à l'action des eaux.

2. Cela est vrai. Mais le déplacement de la mer dépend lui-même d'un soulèvement ou d'un affaissement du sol. — Voyez la note de la page 65.

3. Voyez mes notes sur les *minéraux*.

4. Les *cavernes* ont, pour origine, les ruptures causées par les *feux souterrains*, par les *tremblements de terre*; elles sont agrandies, ensuite, par l'action des *eaux souterraines*. M. Desnoyers, dans un article très-remarquable, rapproche ingénieusement les caractères des fentes, des filons, des fissures, des *cavernes* et des autres anfractuosités intérieures, de ceux des inégalités de la surface extérieure du sol, et il appelle, avec raison, les *cols*, les *brèches*, les *défilés*, les *vallées de déchirement*, des *cavernes à ciel ouvert*. *Dict. univ. d'hist. nat.*, art. *Grottes*.

souvent lorsqu'ils viennent à être ébranlés et déracinés. Les cavernes peuvent être produites par les mêmes causes qui produisent les ouvertures, les ébranlements et les affaissements des terres, et ces causes sont les explosions des volcans, l'action des vapeurs souterraines et les tremblements de terre ; car ils font des bouleversements et des éboulements qui doivent nécessairement former des cavernes, des trous, des ouvertures et des anfractuosités de toute espèce.

La caverne de Saint-Patrice, en Irlande, n'est pas aussi considérable qu'elle est fameuse ; il en est de même de la grotte du Chien en Italie, et de celle qui jette du feu dans la montagne de Beni-Guazeval, au royaume de Fez. Dans la province de Darby en Angleterre, il y a une grande caverne fort considérable et beaucoup plus grande que la fameuse caverne de Bauman, auprès de la forêt Noire, dans le pays de Brunswick. J'ai appris, par une personne aussi respectable par son mérite que par son nom (milord comte de Morton), que cette grande caverne, appelée Devel's-Hole, présente d'abord une ouverture fort considérable, comme celle d'une très-grande porte d'église ; que par cette ouverture il coule un gros ruisseau ; qu'en avançant, la voûte de la caverne se rabaisse si fort qu'en un certain endroit on est obligé pour continuer sa route de se mettre sur l'eau du ruisseau dans des baquets fort plats, où on se couche pour passer sous la voûte de la caverne, qui est abaissée dans cet endroit au point que l'eau touche presque à la voûte ; mais, après avoir passé cet endroit, la voûte se relève et on voyage encore sur la rivière jusqu'à ce que la voûte se rabaisse de nouveau et touche à la superficie de l'eau, et c'est là le fond de la caverne et la source du ruisseau qui en sort ; il grossit considérablement dans de certains temps, et il amène et amoncèle beaucoup de sable dans un endroit de la caverne qui forme comme un cul-de-sac dont la direction est différente de celle de la caverne principale.

Dans la Carniole, il y a une caverne auprès de Potpéchio, qui est fort spacieuse et dans laquelle on trouve un grand lac souterrain. Près d'Adelsperg, il y a une caverne dans laquelle on peut faire deux milles d'Allemagne de chemin, et où on trouve des précipices très-profonds. (*Voyez Act. erud. Lips.*, an. 1689, p. 558.) Il y a aussi de grandes cavernes et de belles grottes sous les montagnes de Mendipp en Galles ; on trouve des mines de plomb auprès de ces cavernes, et des chênes enterrés à quinze brasses de profondeur. Dans la province de Glocester, il y a une très-grande caverne qu'on appelle Pen-park-hole, au fond de laquelle on trouve de l'eau à trente-deux brasses de profondeur ; on y trouve aussi des filons de mine de plomb.

On voit bien que la caverne de Devel's-Hole et les autres, dont il sort de grosses fontaines ou des ruisseaux, ont été creusées et formées par les eaux, qui ont emporté les sables et les matières divisées qu'on trouve entre les rochers et les pierres, et on aurait tort de rapporter l'origine de ces cavernes aux éboulements et aux tremblements de terre.

Une des plus singulières et des plus grandes cavernes que l'on connaisse est celle d'Antiparos, dont M. de Tournefort nous a donné une ample description : on trouve d'abord une caverne rustique d'environ trente pas de largeur, partagée par quelques piliers naturels; entre les deux piliers qui sont sur la droite il y a un terrain en pente douce, et ensuite jusqu'au fond de la même caverne une pente plus rude d'environ vingt pas de longueur ; c'est le passage pour aller à la grotte ou caverne intérieure, et ce passage n'est qu'un trou fort obscur par lequel on ne saurait entrer qu'en se baissant, et au secours des flambeaux. On descend d'abord dans un précipice horrible à l'aide d'un câble que l'on prend la précaution d'attacher tout à l'entrée; on se coule dans un autre bien plus effroyable dont les bords sont fort glissants, et qui répondent sur la gauche à des abîmes profonds. On place sur les bords de ces gouffres une échelle au moyen de laquelle on franchit, en tremblant, un rocher tout à fait coupé à plomb; on continue à glisser par des endroits un peu moins dangereux ; mais dans le temps qu'on se croit en pays praticable, le pas le plus affreux vous arrête tout court, et on s'y casserait la tête, si on n'était averti ou arrêté par ses guides; pour le franchir, il faut se couler sur le dos le long d'un gros rocher, et descendre une échelle qu'il faut y porter exprès; quand on est arrivé au bas de l'échelle on se roule quelque temps encore sur des rochers, et enfin on arrive dans la grotte. On compte trois cents brasses de profondeur depuis la surface de la terre; la grotte parait avoir quarante brasses de hauteur sur cinquante de large : elle est remplie de belles et grandes stalactites de différentes formes, tant au-dessus de la voûte que sur le terrain d'en bas. (Voyez le *Voyage du Levant*, pag. 188 et suiv.)

Dans la partie de la Grèce appelée Livadie (Achaia des anciens), il y a une grande caverne dans une montagne, qui était autrefois fort fameuse par les oracles de Trophonius, entre le lac de Livadia et la mer voisine, qui, dans l'endroit le plus près, en est à quatre milles : il y a quarante passages souterrains à travers le rocher, sous une haute montagne, par où les eaux du lac s'écoulent. (Voyez *Géographie* de Gordon, édit. de Londres, 1735, page 179.)

Dans tous les volcans, dans tous les pays qui produisent du soufre, dans toutes les contrées qui sont sujettes aux tremblements de terre, il y a des cavernes : le terrain de la plupart des îles de l'Archipel est caverneux presque partout; celui des îles de l'Océan Indien, principalement celui des îles Moluques, ne parait être soutenu que sur des voûtes et des concavités. Celui des îles Açores, celui des îles Canaries, celui des îles du cap Vert, et en général le terrain de presque toutes les petites îles, est à l'intérieur creux et caverneux en plusieurs endroits, parce que ces îles ne sont, comme nous l'avons dit, que des pointes de montagnes où il s'est fait des éboulements considérables, soit par l'action des volcans, soit par celle des eaux, des gelées et des autres injures de l'air. Dans les Cordillères, où il y a plusieurs volcans et où les tremblements de terre sont fréquents, il y a aussi un grand nombre de cavernes, de même que dans le volcan de l'île de Banda, dans le mont Ararat, qui est un ancien volcan, etc.

Le fameux labyrinthe de l'île de Candie n'est pas l'ouvrage de la nature toute seule : M. de Tournefort assure que les hommes y ont beaucoup travaillé, et on doit croire que cette caverne n'est pas la seule que les hommes aient augmentée; ils en forment même tous les jours de nouvelles en fouillant les mines et les carrières, et, lorsqu'elles sont abandonnées pendant un très-long espace de temps, il n'est pas fort aisé de reconnaître si ces excavations ont été produites par la nature ou faites de la main des hommes. On connaît des carrières qui sont d'une étendue très-considérable, celle de Maëstricht, par exemple, où l'on dit que 50,000 personnes peuvent se réfugier, et qui est soutenue par plus de mille piliers qui ont vingt ou vingt-quatre pieds de hauteur; l'épaisseur de terre et de rocher qui est au-dessus est de plus de vingt-cinq brasses : il y a dans plusieurs endroits de cette carrière de l'eau et de petits étangs où on peut abreuver du bétail, etc. (*Voyez* *Trans. Phil. Abr.*, vol. II, p. 463.) Les mines de sel de Pologne forment des excavations encore plus grandes que celle-ci; il y a ordinairement de vastes carrières auprès de toutes les grandes villes, mais nous n'en parlerons pas ici en détail; d'ailleurs les ouvrages des hommes, quelque grands qu'ils puissent être, ne tiendront jamais qu'une bien petite place dans l'histoire de la nature.

Les volcans et les eaux, qui produisent les cavernes à l'intérieur, forment aussi à l'extérieur des fentes, des précipices et des abîmes. A Cajéta [1] en Italie, il y a une montagne qui autrefois a été séparée par un tremblement de terre, de façon qu'il semble que la division en a été faite par la main des hommes. Nous avons déjà parlé de l'ornière de l'île de Machian, de l'abîme du mont Ararat, de la porte des Cordillères et de celle des Thermopyles, etc.; nous pouvons y ajouter la porte de la montagne des Troglodytes en Arabie, celle des Échelles en Savoie, que la nature n'avait fait qu'ébaucher, et que Victor-Amédée a fait achever; les eaux produisent, aussi bien que les feux souterrains, des affaissements de terre considérables, des éboulements, des chutes de rochers, des renversements de montagnes dont nous pouvons donner plusieurs exemples.

« Au mois de juin 1714 une partie de la montagne de Diablerets, en Valais, « tomba subitement et tout à la fois entre deux et trois heures après midi, « le ciel étant fort serein; elle était de figure conique; elle renversa cin-

J. Goet.

« quante-cinq cabanes de paysans, écrasa quinze personnes et plus de cent
« bœufs et vaches, et beaucoup plus de menu bétail, et couvrit de ces débris
« une bonne lieue carrée ; il y eut une profonde obscurité causée par la
« poussière ; les tas de pierres amassés en bas sont hauts de plus de trente
« perches, qui sont apparemment des perches du Rhin de dix pieds ; ces
« amas ont arrêté des eaux qui forment de nouveaux lacs fort profonds ; il
« n'y a dans tout cela nul vestige de matière bitumineuse, ni de soufre, ni
« de chaux cuite, ni par conséquent de feu souterrain : apparemment la base
« de ce grand rocher s'était pourrie d'elle-même et réduite en poussière. »
(*Hist. de l'Acad. des Scienc.*, p. 1, an. 1713.)

On a un exemple remarquable de ces affaissements dans la province de
Kent auprès de Folkstone ; les collines des environs ont baissé de distance
en distance par un mouvement insensible et sans aucun tremblement de
terre. Ces collines sont à l'intérieur de rochers de pierre et de craie ; par
cet affaissement elles ont jeté dans la mer des rochers et des terres qui en
étaient voisines : on peut voir la relation de ce fait bien attesté dans les
Transactions philosoph. Abr., vol. IV, p. 250.

En 1618, la ville de Pleurs en Valteline fut enterrée sous les rochers, au
pied desquels elle était située. En 1678, il y eut une grande inondation en
Gascogne, causée par l'affaissement de quelques morceaux de montagnes
dans les Pyrénées, qui firent sortir les eaux qui étaient contenues dans les
cavernes souterraines de ces montagnes. En 1680, il en arriva encore une
plus grande en Irlande, qui avait aussi pour cause l'affaissement d'une
montagne dans des cavernes remplies d'eau. On peut concevoir aisément
la cause de tous ces effets ; on sait qu'il y a des eaux souterraines en une
infinité d'endroits ; ces eaux entraînent peu à peu les sables et les terres à
travers lesquelles elles passent, et par conséquent elles peuvent détruire
peu à peu la couche de terre sur laquelle porte une montagne, et cette
couche de terre qui lui sert de base, venant à manquer plutôt d'un
côté que de l'autre, il faut que la montagne se renverse, ou si cette base
manque à peu près également partout, la montagne s'affaisse sans se renverser.

Après avoir parlé des affaissements, des éboulements et de tout ce qui
n'arrive, pour ainsi dire, que par accident dans la nature, nous ne devons
pas passer sous silence une chose qui est plus générale, plus ordinaire et
plus ancienne : ce sont les fentes perpendiculaires que l'on trouve dans
toutes les couches de terre. Ces fentes sont sensibles et aisées à reconnaître
non-seulement dans les rochers, dans les carrières de marbre et de pierre,
mais encore dans les argiles et dans les terres de toute espèce qui n'ont pas
été remuées, et on peut les observer dans toutes les coupes un peu profondes des terrains, et dans toutes les cavernes et les excavations ; je les
appelle fentes perpendiculaires, parce que ce n'est jamais que par accident

lorsqu'elles sont obliques, comme les couches horizontales ne sont inclinées que par accident. Woodward et Ray parlent de ces fentes, mais d'une manière confuse, et ils ne les appellent pas fentes perpendiculaires, parce qu'ils croient qu'elles peuvent être indifféremment obliques ou perpendiculaires, et aucun auteur n'en a expliqué l'origine; cependant il est visible que ces fentes ont été produites, comme nous l'avons dit dans le *Discours* précédent, par le desséchement des matières [1] qui composent les couches horizontales; de quelque manière que ce desséchement soit arrivé, il a dû produire des fentes perpendiculaires; les matières qui composent les couches n'ont pas pu diminuer de volume sans se fendre de distance en distance dans une direction perpendiculaire à ces mêmes couches. Je comprends cependant, sous ce nom de fentes perpendiculaires, toutes les séparations naturelles des rochers, soit qu'ils se trouvent dans leur position originaire, soit qu'ils aient un peu glissé sur leur base, et que par conséquent ils se soient un peu éloignés les uns des autres; lorsqu'il est arrivé quelque mouvement considérable à des masses de rochers, ces fentes se trouvent quelquefois posées obliquement, mais c'est parce que la masse est elle-même oblique, et avec un peu d'attention il est toujours fort aisé de reconnaître que ces fentes sont, en général, perpendiculaires aux couches horizontales, surtout dans les carrières de marbre, de pierre à chaux, et dans toutes les grandes chaînes de rocher.

L'intérieur des montagnes est principalement composé de pierres et de rochers dont les différents lits sont parallèles; on trouve souvent entre les lits horizontaux de petites couches d'une matière moins dure que la pierre, et les fentes perpendiculaires sont remplies de sable, de cristaux, de minéraux, de métaux, etc. Ces dernières matières sont d'une formation plus nouvelle que celle des lits horizontaux dans lesquels on trouve des coquilles marines. Les pluies ont peu à peu détaché les sables et les terres du dessus des montagnes, et elles ont laissé à découvert les pierres et les autres matières solides, dans lesquelles on distingue aisément les couches horizontales et les fentes perpendiculaires; dans les plaines, au contraire, les eaux des pluies et les fleuves ayant amené une quantité considérable de terre, de sable, de gravier et d'autres matières divisées, il s'en est formé des couches de tuf, de pierre molle et fondante, de sable et de gravier arrondi, de terre mêlée de végétaux; ces couches ne contiennent point de coquilles marines, ou du moins n'en contiennent que des fragments qui ont été détachés des montagnes avec les graviers et les terres : il faut distinguer avec soin ces nouvelles couches des anciennes, où l'on trouve presque toujours un grand nombre de coquilles entières et posées dans leur situation naturelle.

1. Voyez la note de la page 56.

Si l'on veut observer l'ordre et la distribution intérieure des matières dans une montagne composée, par exemple, de pierres ordinaires ou de matières lapidifiques calcinables, on trouve ordinairement sous la terre végétale une couche de gravier : ce gravier est de la nature et de la couleur de la pierre qui domine dans ce terrain, et sous le gravier on trouve de la pierre; lorsque la montagne est coupée par quelque tranchée ou par quelque ravine profonde, on distingue aisément tous les bancs, toutes les couches dont elle est composée; chaque couche horizontale est séparée par une espèce de joint qui est aussi horizontal, et l'épaisseur de ces bancs ou de ces couches horizontales augmente ordinairement à proportion qu'elles sont plus basses, c'est-à-dire plus éloignées du sommet de la montagne; on reconnaît aussi que des fentes à peu près perpendiculaires divisent toutes ces couches et les coupent verticalement. Pour l'ordinaire, la première couche, le premier lit qui se trouve sous le gravier, et même le second, sont non-seulement plus minces que les lits qui forment la base de la montagne, mais ils sont aussi divisés par des fentes perpendiculaires, si fréquentes qu'ils ne peuvent fournir aucun morceau de longueur, mais seulement du moellon; ces fentes perpendiculaires qui sont en si grand nombre à la superficie, et qui ressemblent parfaitement aux gerçures d'une terre qui se serait desséchée, ne parviennent pas toutes, à beaucoup près, jusqu'au pied de la montagne; la plupart disparaissent insensiblement à mesure qu'elles descendent, et au bas il ne reste qu'un certain nombre de ces fentes perpendiculaires qui coupent encore plus à plomb qu'à la superficie les bancs inférieurs, qui ont aussi plus d'épaisseur que les bancs supérieurs.

Ces lits de pierre ont souvent, comme je l'ai dit, plusieurs lieues d'étendue sans interruption; on retrouve aussi presque toujours la même nature de pierre dans la montagne opposée, quoiqu'elle en soit séparée par une gorge ou par un vallon, et les lits de pierre ne disparaissent entièrement que dans les lieux où la montagne s'abaisse et se met au niveau de quelque grande plaine. Quelquefois entre la première couche de terre végétale et celle de gravier on en trouve une de marne, qui communique sa couleur et ses autres caractères aux deux autres; alors les fentes perpendiculaires des carrières qui sont au-dessous sont remplies de cette marne, qui y acquiert une dureté presque égale en apparence à celle de la pierre; mais en l'exposant à l'air elle se gerce, elle s'amollit, et elle devient grasse et ductile.

Dans la plupart des carrières, les lits qui forment le dessus ou le sommet de la montagne sont de pierre tendre, et ceux qui forment la base de la montagne sont de pierre dure : la première est ordinairement blanche, d'un grain si fin qu'à peine il peut être aperçu; la pierre devient plus grenue et plus dure à mesure qu'on descend, et la pierre des bancs les plus bas est non-seulement plus dure que celle des lits supérieurs, mais elle est aussi plus serrée, plus compacte et plus pesante ; son grain est fin et brillant, et souvent elle est aigre et se casse presque aussi net que le caillou.

Le noyau d'une montagne est donc composé de différents lits de pierre, dont les supérieurs sont de pierre tendre et les inférieurs de pierre dure, le noyau pierreux est toujours plus large à la base et plus pointu ou plus étroit au sommet ; on peut en attribuer la cause à ces différents degrés de dureté que l'on trouve dans les lits de pierre ; car, comme ils deviennent d'autant plus durs qu'ils s'éloignent davantage du sommet de la montagne, on peut croire que les courants et les autres mouvements des eaux, qui ont creusé les vallées et donné la figure aux contours des montagnes, auront usé latéralement les matières dont la montagne est composée, et les auront dégradées d'autant plus qu'elles auront été plus molles ; en sorte que les couches supérieures étant les plus tendres, auront souffert la plus grande diminution sur leur largeur, et auront été usées latéralement plus que les autres ; les couches suivantes auront résisté un peu davantage, et celles de la base étant plus anciennes, plus solides, et formées d'une matière plus compacte et plus dure, auront été plus en état que toutes les autres de se défendre contre l'action des causes extérieures, et elles n'auront souffert que peu ou point de diminution latérale par le frottement des eaux : c'est là l'une des causes auxquelles on peut attribuer l'origine de la pente des montagnes ; cette pente sera devenue encore plus douce à mesure que les terres du sommet et les graviers auront coulé et auront été entraînés par les eaux des pluies, et c'est par ces deux raisons que toutes les collines et les montagnes, qui ne sont composées que de pierres calcinables ou d'autres matières lapidifiques calcinables, ont une pente qui n'est jamais aussi rapide que celle des montagnes composées de roc vif et de caillou en grande masse, qui sont ordinairement coupées à plomb à des hauteurs très-considérables, parce que dans ces masses de matières vitrifiables les lits supérieurs, aussi bien que les lits inférieurs, sont d'une très-grande dureté, et qu'ils ont tous également résisté à l'action des eaux qui n'a pu les user qu'également du haut en bas, et leur donner par conséquent une pente perpendiculaire ou presque perpendiculaire.

Lorsque au-dessus de certaines collines dont le sommet est plat et d'une assez grande étendue, on trouve d'abord de la pierre dure sous la couche de terre végétale, on remarquera, si l'on observe les environs de ces collines, que ce qui paraît en être le sommet ne l'est pas en effet, et que ce dessus de colline n'est que la continuation de la pente insensible de quelque colline plus élevée ; car, après avoir traversé cet espace de terrain on trouve d'autres éminences qui s'élèvent plus haut, et dont les couches supérieures sont de pierre tendre et les inférieures de pierre dure ; c'est le prolongement de ces dernières couches qu'on retrouve au-dessus de la première colline.

Lorsqu'au contraire on ouvre une carrière à peu près au sommet d'une montagne et dans un terrain qui n'est surmonté d'aucune hauteur considérable, on n'en tire ordinairement que de la pierre tendre, et il faut fouiller très-profondément pour trouver la pierre dure; ce n'est jamais qu'entre ces lits de pierre dure que l'on trouve des bancs de marbres; ces marbres sont diversement colorés par les terres métalliques que les eaux pluviales introduisent dans les couches par infiltration, après les avoir détachées des autres couches supérieures; et on peut croire que dans tous les pays où il y a de la pierre on trouverait des marbres [1] si l'on fouillait assez profondément pour arriver aux bancs de pierre dure; *quoto enim loco non suum marmor invenitur?* dit Pline; c'est en effet une pierre bien plus commune qu'on ne le croit, et qui ne diffère des autres pierres que par la finesse du grain, qui la rend plus compacte et susceptible d'un poli brillant, qualité qui lui est essentielle et de laquelle elle a tiré sa dénomination chez les anciens.

Les fentes perpendiculaires des carrières et les joints des lits de pierre sont souvent remplis et incrustés de certaines concrétions, qui sont tantôt transparentes, comme le cristal, et d'une figure régulière, et tantôt opaques et terreuses; l'eau coule par les fentes perpendiculaires et elle pénètre même le tissu serré de la pierre; les pierres qui sont poreuses s'imbibent d'une si grande quantité d'eau que la gelée les fait fendre et éclater. Les eaux pluviales en criblant à travers les lits d'une carrière et pendant le séjour qu'elles font dans les couches de marne, de pierre, de marbre, en détachent les molécules les moins adhérentes et les plus fines, et se chargent de toutes les matières qu'elles peuvent enlever ou dissoudre. Ces eaux coulent d'abord le long des fentes perpendiculaires, elles pénètrent ensuite entre les lits de pierre, elles déposent entre les joints horizontaux aussi bien que dans les fentes perpendiculaires les matières qu'elles ont entraînées, et elles y forment des congélations différentes, suivant les différentes matières qu'elles déposent : par exemple, lorsque ces eaux gouttières criblent à travers la marne, la craie ou la pierre tendre, la matière qu'elles déposent n'est aussi qu'une marne très-pure et très-fine qui se pelotonne ordinairement dans les fentes perpendiculaires des rochers sous la forme d'une substance poreuse, molle, ordinairement fort blanche et très-légère, que les naturalistes ont appelée *Lac lunæ* ou *Medulla saxi* [2].

Lorsque ces filets d'eau chargée de matière lapidifique s'écoulent par les joints horizontaux des lits de pierre tendre ou de craie, cette matière s'attache à la superficie des blocs de pierre et elle y forme une croûte écailleuse, blanche, légère et spongieuse; c'est cette espèce de matière que quelques

1. Voyez mes notes sur les *minéraux*.
2. Voyez la note suivante.

auteurs ont nommée Agaric minéral [1], par sa ressemblance avec l'agaric végétal. Mais si la matière des couches a un certain degré de dureté, c'est-à-dire si les lits de la carrière sont de pierre dure ordinaire, de pierre propre à faire de la bonne chaux, le filtre étant alors plus serré, l'eau en sortira chargée d'une matière lapidifique plus pure, plus homogène, et dont les molécules pourront s'engrainer plus exactement, s'unir plus intimement, et alors il s'en formera des congélations qui auront à peu près la dureté de la pierre et un peu de transparence, et l'on trouvera dans ces carrières, sur la superficie des blocs, des incrustations pierreuses disposées en ondes, qui remplissent entièrement les joints horizontaux.

Dans les grottes et dans les cavités des rochers, qu'on doit regarder comme les bassins et les égouts des fentes perpendiculaires [2], la direction diverse des filets d'eau qui charrient la matière lapidifique donne aux concrétions qui en résultent des formes différentes : ce sont ordinairement des culs-de-lampe et des cônes renversés qui sont attachés à la voûte, ou bien ce sont des cylindres creux et très-blancs formés par des couches presque concentriques à l'axe du cylindre, et ces congélations descendent quelquefois jusqu'à terre et forment dans ces lieux souterrains des colonnes et mille autres figures aussi bizarres que les noms qu'il a plu aux naturalistes de leur donner : tels sont ceux de stalactites, stélegmites, ostéocolles, etc.

Enfin, lorsque ces sucs concrets sortent immédiatement d'une matière très-dure, comme des marbres et des pierres dures, la matière lapidifique que l'eau charrie étant aussi homogène qu'elle peut l'être, et l'eau en ayant, pour ainsi dire, plutôt dissous que détaché les petites parties constituantes, elle prend en s'unissant une figure constante et régulière, elle forme des colonnes à pans, terminées par une pointe triangulaire, qui sont transparentes et composées de couches obliques : c'est ce qu'on appelle Sparr ou Spalt [3]. Ordinairement cette matière est transparente et sans couleur, mais quelquefois aussi elle est colorée lorsque la pierre dure ou le marbre dont elle sort contient des parties métalliques. Ce sparr a le degré de dureté de la pierre, il se dissout, comme la pierre, par les esprits acides, il se calcine au même degré de chaleur : ainsi on ne peut pas douter que ce ne soit de la vraie pierre, mais qui est devenue parfaitement homogène ; on pourrait même dire que c'est de la pierre pure et élémentaire, de la pierre qui est sous sa forme propre et spécifique.

Cependant la plupart des naturalistes [4] regardent cette matière comme une substance distincte et existante indépendamment de la pierre, c'est leur

1. Variété de *carbonate de chaux* : anciennement nommée *agaric minéral*, *lait de lune*, *moelle de pierre*, etc.

2. Remarque très-juste. (Voyez la note 4 de la page 293.)

3. Concrétion de chaux *carbonatée*.

4. Nouvelle allusion ironique au mémoire de Réaumur sur la *Formation des cailloux*. Voyez la note 1 de la p. 139.

suc lapidifique ou cristallin qui, selon eux, lie non-seulement les parties de la pierre ordinaire, mais même celles du caillou. Ce suc, disent-ils, augmente la densité des pierres par des infiltrations réitérées, il les rend chaque jour plus pierres qu'elles n'étaient, et il les convertit enfin en véritable caillou ; et lorsque ce suc s'est fixé en sparr, il reçoit par des infiltrations réitérées de semblables sucs encore plus épurés qui en augmentent la densité et la dureté ; en sorte que cette matière ayant été successivement sparr, verre, ensuite cristal, elle devient diamant : ainsi toutes les pierres, selon eux, tendent à devenir caillou, et toutes les matières transparentes à devenir diamant.

Mais si cela est, pourquoi voyons-nous que dans de très-grands cantons, dans des provinces entières, ce suc cristallin ne forme que de la pierre, et que dans d'autres provinces il ne forme que du caillou? Dira-t-on que ces deux terrains ne sont pas aussi anciens l'un que l'autre, que ce suc n'a pas eu le temps de circuler et d'agir aussi longtemps dans l'un que dans l'autre? cela n'est pas probable. D'ailleurs, d'où ce suc peut-il venir? S'il produit les pierres et les cailloux, qu'est-ce qui peut le produire lui-même? Il est aisé de voir qu'il n'existe pas indépendamment de ces matières, qui seules peuvent donner à l'eau qui les pénètre cette qualité pétrifiante [1], toujours relativement à leur nature et à leur caractère spécifique : en sorte que dans les pierres elle forme du sparr, et dans les cailloux du cristal ; et il y a autant de différentes espèces de ce suc qu'il y a de matières différentes qui peuvent le produire et desquelles il peut sortir. L'expérience est parfaitement d'accord avec ce que nous disons ; on trouvera toujours que les eaux *gouttières* des carrières de pierres ordinaires forment des concrétions tendres et calcinables comme ces pierres le sont ; qu'au contraire celles qui sortent du roc vif et du caillou forment des congélations dures et vitrifiables, et qui ont toutes les autres propriétés du caillou, comme les premières ont toutes celles de la pierre ; et les eaux qui ont pénétré des lits de matières minérales et métalliques donnent lieu à la production des pyrites, des marcassites et des grains métalliques.

Nous avons dit qu'on pouvait diviser toutes les matières en deux grandes classes et par deux caractères généraux : les unes sont vitrifiables, les autres sont calcinables ; l'argile et le caillou, la marne et la pierre, peuvent être regardés comme les deux extrêmes de chacune de ces classes, dont les intervalles sont remplis par la variété presque infinie des mixtes, qui ont toujours pour base l'une ou l'autre de ces matières.

Les matières de la première classe ne peuvent jamais acquérir la nature et les propriétés de celles de l'autre : la pierre, quelque ancienne qu'on la suppose, sera toujours aussi éloignée de la nature du caillou, que l'argile l'est de la marne : aucun agent connu ne sera jamais capable de les faire

---

1. Voyez la note de la page 5. Le plaisir qu'il trouve à critiquer Réaumur, conduit ici Buffon à une opinion très-juste sur le prétendu *suc pétrifiant*.

sortir du cercle de combinaisons propres à leur nature; les pays où il n'y a que des marbres et de la pierre, n'auront jamais que des marbres et de la pierre, aussi certainement que ceux où il n'y a que du grès, du caillou, du roc vif, n'auront jamais de la pierre ou du marbre.

Si l'on veut observer l'ordre et la distribution des matières dans une colline composée de matières vitrifiables, comme nous l'avons fait tout à l'heure dans une colline composée de matières calcinables, on trouvera ordinairement sous la première couche de terre végétale un lit de glaise ou d'argile, matière vitrifiable et analogue au caillou, et qui n'est, comme je l'ai dit, que du sable vitrifiable décomposé; ou bien on trouve sous la terre végétale une couche de sable vitrifiable : ce lit d'argile ou de sable répond au lit de gravier qu'on trouve dans les collines composées de matières calcinables; après cette couche d'argile ou de sable on trouve quelques lits de grès qui le plus souvent n'ont pas plus d'un demi-pied d'épaisseur, et qui sont divisés en petits morceaux par une infinité de fentes perpendiculaires, comme le moellon du 3ᵉ lit de la colline composée de matières calcinables. Sous ce lit de grès on en trouve plusieurs autres de la même matière, et aussi des couches de sable vitrifiable, et le grès devient plus dur et se trouve en plus gros blocs à mesure que l'on descend. Au-dessous de ces lits de grès on trouve une matière très-dure que j'ai appelée du roc vif, ou du caillou en grande masse : c'est une matière très-dure, très-dense, qui résiste à la lime, au burin, à tous les esprits acides, beaucoup plus que n'y résiste le sable vitrifiable et même le verre en poudre, sur lesquels l'eau-forte paraît avoir quelque prise. Cette matière, frappée avec un autre corps dur, jette des étincelles, et elle exhale une odeur de soufre très-pénétrante : j'ai cru devoir appeler cette matière du caillou en grande masse; il est ordinairement stratifié sur d'autres lits d'argile, d'ardoise, de charbon de terre et de sable vitrifiable d'une très-grande épaisseur, et ces lits de cailloux en grande masse répondent encore aux couches de matières dures et aux marbres qui servent de base aux collines composées de matières calcinables.

L'eau, en coulant par les fentes perpendiculaires et en pénétrant les couches de ces sables vitrifiables, de ces grès, de ces argiles, de ces ardoises, se charge des parties les plus fines et les plus homogènes de ces matières, et elle en forme plusieurs concrétions différentes, telles que les talcs [1], les amiantes [2] et plusieurs autres matières qui ne sont que des productions de ces stillations de matières vitrifiables, comme nous l'expliquerons dans notre *Discours* sur les minéraux.

Le caillou, malgré son extrême dureté et sa grande densité, a aussi, comme le marbre ordinaire et comme la pierre dure, ses exsudations, d'où résultent des stalactites de différentes espèces, dont les variétés dans la

---

1. *Silicates de magnésie.*
2. *Variété d'asbeste.* (Voyez mes notes sur les *Minéraux.*)

transparence, les couleurs et la configuration, sont relatives à la différente nature du caillou qui les produit, et participent aussi des différentes matières métalliques ou hétérogènes qu'il contient : le cristal de roche, toutes les pierres précieuses, blanches ou colorées [1], et même le diamant [2], peuvent être regardés comme des stalactites de cette espèce. Les cailloux en petite masse, dont les couches sont ordinairement concentriques, sont aussi des stalactites et des pierres parasites du caillou en grande masse, et la plupart des pierres fines opaques ne sont que des espèces de caillou ; les matières du genre vitrifiable produisent, comme l'on voit, une aussi grande variété de concrétions que celles du genre calcinable ; et ces concrétions produites par les cailloux sont presque toutes des pierres dures et précieuses, au lieu que celles de la pierre calcinable ne sont que des matières tendres et qui n'ont aucune valeur.

On trouve les fentes perpendiculaires dans le roc et dans les lits de caillou en grande masse, aussi bien que dans les lits de marbre et de pierre dure : souvent même elles y sont plus larges, ce qui prouve que cette matière, en prenant corps, s'est encore plus desséchée que la pierre : l'une et l'autre de ces collines dont nous avons observé les couches, celle de matières calcinables et celle de matières vitrifiables, sont soutenues tout au-dessous sur l'argile ou sur le sable vitrifiable, qui sont les matières communes et générales dont le globe est composé, et que je regarde comme les parties les plus légères, comme les scories de la matière vitrifiée dont il est rempli à l'intérieur ; ainsi toutes les montagnes et toutes les plaines ont pour base commune l'argile ou le sable. On voit par l'exemple du puits d'Amsterdam, par celui de Marly-la-Ville, qu'on trouve toujours, au plus profond, du sable vitrifiable : j'en rapporterai d'autres exemples dans mon *Discours* sur les minéraux.

On peut observer dans la plupart des rochers découverts que les parois des fentes perpendiculaires se correspondent aussi exactement que celles d'un morceau de bois fendu, et cette correspondance se trouve aussi bien dans les fentes étroites que dans les plus larges. Dans les grandes carrières de l'Arabie, qui sont presque toutes de granite, ces fentes ou séparations perpendiculaires sont très-sensibles et très-fréquentes, et quoiqu'il y en ait qui aient jusqu'à vingt et trente aunes de large, cependant les côtés se rapportent exactement et laissent une profonde cavité entre les deux. (Voyez *Voyage* de Shaw, vol. II, page 83.) Il est assez ordinaire de trouver dans les fentes perpendiculaires des coquilles rompues en deux, de manière que chaque morceau demeure attaché à la pierre de chaque côté de la fente : ce qui fait voir que ces coquilles étaient placées dans le solide de la couche

---

1. Voyez mes notes sur les *minéraux*.

2. Le *Diamant* n'est que du *carbone*, cristallisé et dans un état particulier de condensation moléculaire.

horizontale lorsqu'elle était continue, et avant que la fente s'y fût faite. (Voyez Voodward, page 298.)

Il y a de certaines matières dans lesquelles les fentes perpendiculaires sont fort larges, comme dans les carrières que cite M. Shaw ; c'est peut-être ce qui fait qu'elles y sont moins fréquentes ; dans les carrières de roc vif et de granite les pierres peuvent se tirer en très-grandes masses : nous en connaissons des morceaux, comme les grands obélisques et les colonnes qu'on voit à Rome en tant d'endroits, qui ont plus de 60, 80, 100 et 150 pieds de longueur sans aucune interruption ; ces énormes blocs sont tous d'une seule pierre continue. Il paraît que ces masses de granite ont été travaillées dans la carrière même, et qu'on leur donnait telle épaisseur que l'on voulait, à peu près comme nous voyons que dans les carrières de grès qui sont un peu profondes on tire des blocs de telle épaisseur que l'on veut. Il y a d'autres matières où ces fentes perpendiculaires sont fort étroites ; par exemple, elles sont fort étroites dans l'argile, dans la marne, dans la craie ; elles sont au contraire plus larges dans les marbres et dans la plupart des pierres dures. Il y en a qui sont imperceptibles et qui sont remplies d'une matière à peu près semblable à celle de la masse où elles se trouvent, et qui cependant interrompent la continuité des pierres, c'est ce que les ouvriers appellent des *poils ;* lorsqu'ils débitent un grand morceau de pierre et qu'ils le réduisent à une petite épaisseur, comme à un demi-pied, la pierre se casse dans la direction de ce poil : j'ai souvent remarqué , dans le marbre et dans la pierre, que ces poils traversent le bloc tout entier ; ainsi ils ne diffèrent des fentes perpendiculaires que parce qu'il n'y a pas solution totale de continuité. Ces espèces de fentes sont remplies d'une matière transparente , et qui est du vrai sparr. Il y a un grand nombre de fentes considérables entre les différents rochers qui composent les carrières de grès ; cela vient de ce que ces rochers portent souvent sur des bases moins solides que celles des marbres ou des pierres calcinables, qui portent ordinairement sur des glaises, au lieu que les grès ne sont le plus souvent appuyés que sur du sable extrêmement fin : aussi y a-t-il beaucoup d'endroits où l'on ne trouve pas les grès en grande masse ; et dans la plupart des carrières où l'on tire le bon grès, on peut remarquer qu'il est en cubes et en parallélipipèdes posés les uns sur les autres d'une manière assez irrégulière, comme dans les collines de Fontainebleau, qui de loin paraissent être des ruines de bâtiments. Cette disposition irrégulière vient de ce que la base de ces collines est de sable, et que les masses de grès se sont éboulées, renversées et affaissées les unes sur les autres, surtout dans les endroits où on a travaillé autrefois pour tirer du grès, ce qui a formé un grand nombre de fentes et d'intervalles entre les blocs ; et si on y veut faire attention, on remarquera dans tous les pays de sable et de grès qu'il y a des morceaux de rochers et de grosses pierres dans le milieu des vallons et des plaines en très-grande quantité, au lieu que dans les pays de marbre et de pierre dure, ces morceaux dispersés et qui ont roulé du dessus des collines et du haut des montagnes sont fort rares, ce qui ne vient que de la différente solidité de la base sur laquelle portent ces pierres, et de l'étendue des bancs de marbre et des pierres calcinables, qui est plus considérable que celle des grès.

ARTICLE XVIII.

DE L'EFFET DES PLUIES, DES MARÉCAGES, DES BOIS SOUTERRAINS, DES EAUX SOUTERRAINES.

Nous avons dit que les pluies, et les eaux courantes qu'elles produisent, détachent continuellement du sommet et de la croupe des montagnes les sables, les terres, les graviers, etc., et qu'elles les entraînent dans les plaines, d'où les rivières et les fleuves en charrient une partie dans les plaines plus basses, et souvent jusqu'à la mer; les plaines se remplissent donc successivement et s'élèvent peu à peu, et les montagnes diminuent tous les jours et s'abaissent continuellement, et dans plusieurs endroits on s'est aperçu de cet abaissement. Joseph Blancanus rapporte sur cela des faits qui étaient de notoriété publique dans son temps, et qui prouvent que les montagnes s'étaient abaissées au point que l'on voyait des villages et des châteaux de plusieurs endroits d'où on ne pouvait pas les voir autrefois. Dans la province de Darby, en Angleterre, le clocher du village Craih n'était pas visible en 1572 depuis une certaine montagne, à cause de la hauteur d'une autre montagne interposée, laquelle s'étend en Hopton et Wirksworth, et 80 ou 100 ans après on voyait ce clocher et même une partie de l'église. Le docteur Plot donne un exemple pareil d'une montagne entre Sibbertoft et Ashby, dans la province de Northampton. Les eaux entraînent non-seulement les parties les plus légères des montagnes, comme la terre, le sable, le gravier et les petites pierres, mais elles roulent même de très-gros rochers, ce qui en diminue considérablement la hauteur; en général, plus les montagnes sont hautes et plus leur pente est raide, plus les rochers y sont coupés à pic. Les plus hautes montagnes du pays de Galles ont des rochers extrêmement droits et fort nus; on voit les copeaux de ces rochers (si on peut se servir de ce nom) en gros monceaux à leurs pieds; ce sont les gelées et les eaux qui les séparent et les entraînent. Ainsi ce ne sont pas seulement les montagnes de sable et de terre que les pluies rabaissent, mais, comme l'on voit, elles attaquent les rochers les plus durs, et en entraînent les fragments jusque dans les vallées. Il arriva dans la vallée de Nant-Phrancon, en 1685, qu'une partie d'un gros rocher qui ne portait que sur une base étroite, ayant été minée par les eaux, tomba et se rompit en plusieurs morceaux avec plus d'un millier d'autres pierres, dont la plus grosse fit en descendant une tranchée considérable jusque dans la plaine, où elle continua à cheminer dans une petite prairie, et traversa une petite rivière de l'autre côté de laquelle elle s'arrêta. C'est à de pareils accidents qu'on doit attribuer l'origine de toutes les grosses pierres que l'on trouve ordinairement çà et là dans les vallées voisines des montagnes. On doit se souvenir, à l'occasion de cette observation, de ce que nous avons dit dans l'article précédent, savoir, que ces rochers et ces grosses pierres dispersées sont bien plus communes dans les pays dont les montagnes sont de sable et de grès que dans ceux où elles sont de marbre et de glaise, parce que le sable qui sert de base au rocher est un fondement moins solide que la glaise.

Pour donner une idée de la quantité de terre que les pluies détachent des montagnes et qu'elles entraînent dans les vallées, nous pouvons citer un fait rapporté par le docteur Plot : il dit, dans son *Histoire naturelle de Staffort*, qu'on a trouvé dans la terre, à 18 pieds de profondeur, un grand nombre de pièces de monnaie frappées du temps d'Édouard IV, c'est-à-dire 200 ans auparavant, en sorte que ce terrain, qui est marécageux, s'est augmenté d'environ un pied en onze ans, ou d'un pouce et un douzième par an. On peut encore faire une observation semblable sur des arbres enterrés à 17 pieds de profondeur, au-dessous desquels on a trouvé des médailles de Jules César : ainsi les terres, amenées du dessus des montagnes dans les plaines par les eaux courantes, ne laissent pas d'augmenter très-considérablement l'élévation du terrain des plaines.

Ces graviers, ces sables et ces terres que les eaux détachent des montagnes et qu'elles entraînent dans les plaines, y forment des couches qu'il ne faut pas confondre avec les couches anciennes et originaires de la terre. On doit mettre dans la classe de ces nouvelles couches, celles de tuf, de pierre molle, de gravier et de sable dont les grains sont lavés et arrondis; on doit y rapporter aussi les couches de pierre qui se sont faites par une espèce de dépôt et d'incrustation : toutes ces couches ne doivent pas leur origine au mouvement et aux sédiments des eaux de la mer. On trouve dans ces tufs et dans ces pierres molles et imparfaites une infinité de végétaux, de feuilles d'arbres, de coquilles terrestres ou fluviatiles, de petits os d'animaux terrestres, et jamais de coquilles ni d'autres productions marines, ce qui prouve évidemment, aussi bien que leur peu de solidité, que ces couches se sont formées sur la surface de la terre sèche, et qu'elles sont bien plus nouvelles que les marbres et les autres pierres qui contiennent des coquilles, et qui se sont formées autrefois dans la mer. Les tufs et toutes ces pierres nouvelles paraissent avoir de la dureté et de la solidité lorsqu'on les tire; mais, si on veut les employer, on trouve que l'air et les pluies les dissolvent bientôt; leur substance est même si différente de la vraie pierre que, lorsqu'on les réduit en petites parties et qu'on en veut faire du sable, elles se convertissent bientôt en une espèce de terre et de boue; les stalactites et les autres concrétions pierreuses, que M. de Tournefort prenait pour des marbres qui avaient végété [1], ne sont pas de vraies pierres, non plus que celles qui sont formées par des incrustations. Nous avons déjà fait voir que les tufs ne sont pas de l'ancienne formation, et qu'on ne doit pas les ranger dans la classe des pierres. Le tuf est une matière imparfaite, différente de la pierre et de la terre, et qui tire son origine de toutes deux par le moyen de l'eau des pluies, comme les incrustations pierreuses tirent la leur du dépôt des eaux de certaines fontaines: ainsi les couches de ces matières ne sont pas anciennes et n'ont pas été formées, comme les autres, par le sédiment des eaux de la mer; les couches de tourbes doivent être aussi regardées comme des couches nouvelles qui ont été produites par l'entassement successif des arbres et des autres végétaux à demi pourris, et qui ne se sont conservés que parce qu'ils se sont trouvés dans des terres bitumineuses qui les ont empêchés de se corrompre en entier. On ne trouve dans toutes ces nouvelles couches de tuf, ou de pierre molle, ou de pierre formée par des dépôts, ou de tourbes, aucune production marine, mais on y trouve au contraire beaucoup de végétaux, d'os d'animaux terrestres, de coquilles fluviatiles et terrestres, comme on peut le voir dans les prairies de la province de Northampton, auprès d'Ashby, où l'on a trouvé un grand nombre de coquilles d'escargots, avec des plantes, des herbes et plusieurs coquilles fluviatiles, bien conservées à quelques pieds de profondeur sous terre, sans aucunes coquilles marines. (Voyez *Trans. Phil. Abr.*, vol. IV, p. 271.) Les eaux qui roulent sur la surface de la terre, ont formé toutes ces nouvelles couches en changeant souvent de lit et en se répandant de tous côtés; une partie de ces eaux pénètre à l'intérieur et coule à travers les fentes des rochers et des pierres; et ce qui fait qu'on ne trouve point d'eau dans les pays élevés, non plus qu'au-dessus des collines, c'est parce que toutes les hauteurs de la terre sont ordinairement composées de pierres et de rochers, surtout vers le sommet. Il faut, pour trouver de l'eau, creuser dans la pierre et dans le rocher jusqu'à ce qu'on parvienne à la base, c'est-à-dire à la glaise ou à la terre ferme sur laquelle portent ces rochers, et on ne trouve point d'eau tant que l'épaisseur de pierre n'est pas percée jusqu'au-dessous, comme je l'ai observé dans plusieurs puits creusés dans les lieux élevés; et lorsque la hauteur des rochers, c'est-à-dire l'épaisseur de la pierre qu'il faut percer est fort considérable, comme dans les hautes montagnes, où les rochers

---

1. *Les stalactites* sont des *carbonates de chaux*, comme les *marbres*. — Tournefort croyait, en effet, que les pierres étaient des plantes qui végétaient : « Il semble, dit spirituellement Fontenelle, qu'autant qu'il pouvait, il transformait tout en ce qu'il aimait le mieux. »

ont souvent plus de mille pieds d'élévation, il est impossible d'y faire des puits, et par conséquent d'avoir de l'eau. Il y a même de grandes étendues de terre où l'eau manque absolument, comme dans l'Arabie-Pétrée, qui est un désert où il ne pleut jamais, où des sables brûlants couvrent toute la surface de la terre, où il n'y a presque point de terre végétale, où le peu de plantes qui s'y trouvent languissent ; les sources et les puits y sont si rares, que l'on n'en compte que cinq depuis le Caire jusqu'au mont Sinaï, encore l'eau en est-elle amère et saumâtre.

Lorsque les eaux qui sont à la surface de la terre ne peuvent trouver d'écoulement, elles forment des marais et des marécages. Les plus fameux marais de l'Europe sont ceux de Moscovie à la source du Tanaïs, ceux de Finlande, où sont les grands marais Savolax et Énasak ; il y en a aussi en Hollande, en Westphalie et dans plusieurs autres pays bas : en Asie, on a les marais de l'Euphrate, ceux de la Tartarie, le Palus Méotide ; cependant, en général, il y en a moins en Asie et en Afrique qu'en Europe, mais l'Amérique n'est, pour ainsi dire, qu'un marais continu dans toutes ses plaines. Cette grande quantité de marais est une preuve de la nouveauté du pays et du petit nombre des habitants, encore plus que du peu d'industrie.

Il y a de très-grands marécages en Angleterre dans la province de Lincoln près de la mer, qui a perdu beaucoup de terrain d'un côté et en a gagné de l'autre. On trouve dans l'ancien terrain une grande quantité d'arbres qui y sont enterrés au-dessous du nouveau terrain amené par les eaux ; on en trouve de même en grande quantité en Écosse, à l'embouchure de la rivière Ness. Auprès de Bruges en Flandre, en fouillant à 40 ou 50 pieds de profondeur, on trouve une très-grande quantité d'arbres aussi près les uns des autres que dans une forêt ; les troncs, les rameaux et les feuilles sont si bien conservés qu'on distingue aisément les différentes espèces d'arbres. Il y a 500 ans que cette terre, où l'on trouve des arbres, était une mer, et avant ce temps-là on n'a point de mémoire ni de tradition que jamais cette terre eût existé : cependant il est nécessaire que cela ait été ainsi dans le temps que ces arbres ont crû et végété ; ainsi le terrain, qui dans les temps les plus reculés était une terre ferme couverte de bois, a été ensuite couvert par les eaux de la mer, qui y ont amené 40 ou 50 pieds d'épaisseur de terre, et ensuite ces eaux se sont retirées. On a de même trouvé une grande quantité d'arbres souterrains à Youle dans la province d'York, à douze milles au-dessous de la ville, sur la rivière Humber ; il y en a qui sont si gros qu'on s'en sert pour bâtir, et on assure, peut-être mal à propos, que ce bois est aussi durable et d'aussi bon service que le chêne ; on en coupe en petites baguettes et en longs copeaux que l'on envoie vendre dans les villes voisines, et les gens s'en servent pour allumer leur pipe. Tous ces arbres paraissent rompus, et les troncs sont séparés de leurs racines, comme des arbres que la violence d'un ouragan ou d'une inondation aurait cassés et emportés ; ce bois ressemble beaucoup au sapin, il a la même odeur lorsqu'on le brûle, et fait des charbons de la même espèce. (Voyez *Trans. phil.* n° 228.) Dans l'île de Man, on trouve dans un marais qui a six milles de long et trois milles de large, appelé Curragh, des arbres souterrains qui sont des sapins, et, quoiqu'ils soient à 18 ou 20 pieds de profondeur, ils sont cependant fermes sur leurs racines. (Voyez *Ray's Disc.*, page 232.) On en trouve ordinairement dans tous les grands marais, dans les fondrières et dans la plupart des endroits marécageux, dans les provinces de Sommerset, de Chester, de Lancastre, de Stafford. Il y a de certains endroits où l'on trouve des arbres sous terre qui ont été coupés, sciés, équarris et travaillés par les hommes : on y a même trouvé des cognées et des serpes, et entre Bermingham et Brumley dans la province de Lincoln, il y a des collines élevées de sable fin et léger que les pluies et les vents emportent et transportent en laissant à sec et à découvert des racines de grands sapins, où l'impression de la cognée paraît encore aussi fraîche que si elle venait d'être faite. Ces collines se seront sans doute formées, comme les dunes, par des amas de sable que la mer a apporté et accumulé, et sur lesquels ces sapins auront pu croître ; ensuite ils auront été recouverts par d'autres sables qui y auront été amenés, comme les premiers, par des inondations ou par des vents violents. On trouve aussi une grande quantité de ces arbres souterrains dans les terres marécageuses de Hollande, dans la Frise et auprès de Groningue, et c'est de là que viennent les tourbes qu'on brûle dans tout le pays.

On trouve dans la terre une infinité d'arbres grands et petits de toute espèce, comme sapins, chênes, bouleaux, hêtres, ifs, aubépins, saules, frênes ; dans les marais de Lincoln, le long de la rivière d'Ouse, et dans la province d'York en Hatfield-Chace, ces arbres sont droits et plantés comme on les voit dans une forêt. Les chênes sont fort durs, et on en emploie dans les bâtiments, où ils durent fort longtemps[a] ; les frênes sont tendres et tombent en poussière, aussi bien que les saules ; on en trouve qui ont été équarris, d'autres sciés, d'autres percés, avec des cognées rompues, et des haches dont la forme ressemble à celle des couteaux de sacrifice. On y trouve aussi des noisettes, des glands et des cônes de sapins en grande quantité. Plusieurs autres endroits marécageux de l'Angleterre et de l'Irlande sont remplis de troncs d'arbres, aussi bien que les marais de France et de Suisse, de Savoie et d'Italie. (Voyez *Trans. Phil. Abr.*, vol. IV, p. 218, etc.)

Dans la ville de Modène et à quatre milles aux environs, en quelque endroit qu'on fouille, lorsqu'on est parvenu à la profondeur de 63 pieds et qu'on a percé la terre à 5 pieds de profondeur de plus avec une tarière,

---

a. Je doute beaucoup de la vérité de ce fait : tous les arbres qu'on tire de la terre, au moins tous ceux que j'ai vus, soit chênes, soit autres, perdent, en se desséchant, toute la solidité qu'ils paraissent avoir d'abord, et ne doivent jamais être employés dans les bâtiments.

l'eau jaillit avec une si grande force, que le puits se remplit en fort peu de temps presque jusqu'au-dessus; cette eau coule continuellement et ne diminue ni n'augmente par la pluie ou par la sécheresse. Ce qu'il y a de remarquable dans ce terrain, c'est que, lorsqu'on est parvenu à 14 pieds de profondeur, on trouve les décombrements et les ruines d'une ancienne ville, des rues pavées, des planchers, des maisons, différentes pièces de mosaïque; après quoi on trouve une terre assez solide et qu'on croirait n'avoir jamais été remuée; cependant au-dessous on trouve une terre humide et mêlée de végétaux, et à 26 pieds des arbres tout entiers, comme des noisetiers avec les noisettes dessus, et une grande quantité de branches et de feuilles d'arbres; à 28 pieds on trouve une craie tendre mêlée de beaucoup de coquillages, et ce lit a 11 pieds d'épaisseur; après quoi on retrouve encore des végétaux, des feuilles et des branches, et ainsi alternativement de la craie et une terre mêlée de végétaux jusqu'à la profondeur de 63 pieds, à laquelle profondeur est un lit de sable mêlé de petit gravier et de coquilles semblables à celles qu'on trouve sur les côtes de la mer d'Italie : ces lits successifs de terre marécageuse et de craie se trouvent toujours dans le même ordre, en quelque endroit qu'on fouille, et quelquefois la tarière trouve de gros troncs d'arbres qu'il faut percer, ce qui donne beaucoup de peine aux ouvriers; on y trouve aussi des os, du charbon de terre, des cailloux et des morceaux de fer. Ramazzini, qui rapporte ces faits, croit que le golfe de Venise s'étendait autrefois jusqu'à Modène et au delà, et que, par la succession des temps, les rivières, et peut-être les inondations de la mer, ont formé successivement ce terrain.

Je ne m'étendrai pas davantage ici sur les variétés que présentent ces couches de nouvelle formation ; il suffit d'avoir montré qu'elles n'ont pas d'autres causes que les eaux courantes ou stagnantes qui sont à la surface de la terre, et qu'elles ne sont jamais aussi dures ni aussi solides que les couches anciennes qui se sont formées sous les eaux de la mer.

ARTICLE XIX.

DES CHANGEMENTS DE TERRES EN MERS, ET DE MERS EN TERRES.

Il paraît, par ce que nous avons dit dans les articles I, VII, VIII et IX, qu'il est arrivé au globe terrestre de grands changements qu'on peut regarder comme généraux, et il est certain, par ce que nous avons rapporté dans les autres articles, que la surface de la terre a souffert des altérations particulières : quoique l'ordre, ou plutôt la succession de ces altérations ou de ces changements particuliers ne nous soit pas bien connue, nous en

connaissons cependant les causes principales, nous sommes même en état
d'en distinguer les différents effets ; et, si nous pouvions rassembler tous les
indices et tous les faits que l'histoire naturelle et l'histoire civile nous fournissent au sujet des révolutions arrivées à la surface de la terre, nous ne
doutons pas que la théorie que nous avons donnée n'en devint bien plus
plausible.

L'une des principales causes des changements qui arrivent sur la terre,
c'est le mouvement de la mer, mouvement qu'elle a éprouvé de tout temps ;
car, dès la création, il y a eu le soleil, la lune, la terre, les eaux, l'air, etc. ·
dès lors le flux et le reflux, le mouvement d'orient en occident, celui des
vents et des courants se sont fait sentir, les eaux ont eu dès lors les mêmes
mouvements que nous remarquons aujourd'hui dans la mer ; et quand
même on supposerait que l'axe du globe aurait eu une autre inclinaison [1],
et que les continents terrestres aussi bien que les mers auraient eu une autre
disposition, cela ne détruit point le mouvement du flux et du reflux, non
plus que la cause et l'effet des vents ; il suffit que l'immense quantité d'eau
qui remplit le vaste espace des mers se soit trouvée rassemblée quelque part
sur le globe de la terre, pour que le flux et le reflux, et les autres mouvements de la mer, aient été produits.

Lorsqu'une fois on a commencé à soupçonner qu'il se pouvait bien que
notre continent eût autrefois été le fond d'une mer, on se le persuade bientôt
à n'en pouvoir douter [2] ; d'un côté ces débris de la mer qu'on trouve partout, de l'autre la situation horizontale des couches de la terre, et enfin
cette disposition des collines et des montagnes qui se correspondent, me
paraissent autant de preuves convaincantes ; car, en considérant les plaines,
les vallées, les collines, on voit clairement que la surface de la terre a été
figurée par les eaux ; en examinant l'intérieur des coquilles qui sont renfermées dans les pierres, on reconnait évidemment que ces pierres se sont
formées par le sédiment des eaux, puisque les coquilles sont remplies de
la matière même de la pierre qui les environne ; et enfin en réfléchissant
sur la forme des collines dont les angles saillants répondent toujours aux
angles rentrants des collines opposées, on ne peut pas douter que cette
direction ne soit l'ouvrage des courants de la mer : à la vérité, depuis que
notre continent est découvert, la forme de la surface a un peu changé, les
montagnes ont diminué de hauteur, les plaines se sont élevées, les angles
des collines sont devenus plus obtus, plusieurs matières entraînées par les
fleuves se sont arrondies, il s'est formé des couches de tuf, de pierre molle,

---

1. « Toute hypothèse, fondée sur un déplacement considérable des pôles à la surface de la
« terre, doit être rejetée :.... La figure du sphéroïde terrestre, et la position de son axe de rotation
« sur sa surface, n'ont subi que de légères variations. » Laplace : *Exposition du système du
monde*, t. II, p. 138 et 139.

2. Voyez la note 2 de la page 39 et la note 1 de la page 41.

de gravier, etc.; mais l'essentiel est demeuré, la forme ancienne se reconnaît encore, et je suis persuadé que tout le monde peut se convaincre par ses yeux de tout ce que nous avons dit à ce sujet, et que quiconque aura bien voulu suivre nos observations et nos preuves, ne doutera pas que la terre n'ait été autrefois sous les eaux de la mer, et que ce ne soient les courants de la mer qui aient donné à la surface de la terre la forme que nous voyons [1].

Le mouvement principal des eaux de la mer est, comme nous l'avons dit, d'orient en occident : aussi il nous paraît que la mer a gagné sur les côtes orientales, tant de l'ancien que du nouveau continent, un espace d'environ 500 lieues [2]. On doit se souvenir des preuves que nous en avons données dans l'article xi, et nous pouvons y ajouter que tous les détroits qui joignent les mers sont dirigés d'orient en occident : le détroit de Magellan, les deux détroits de Frobisher, celui de Hudson, le détroit de l'île de Ceylan, ceux de la mer de Corée et de Kamtschatka ont tous cette direction et paraissent avoir été formés par l'irruption des eaux qui, étant poussées d'orient en occident, se sont ouvert ces passages dans la même direction dans laquelle elles éprouvent aussi un mouvement plus considérable que dans toutes les autres directions; car il y a dans tous ces détroits des marées très-violentes, au lieu que dans ceux qui sont situés sur les côtes occidentales, comme l'est celui de Gibraltar, celui du Sund, etc., le mouvement des marées est presque insensible.

Les inégalités du fond de la mer changent la direction du mouvement des eaux; elles ont été produites successivement par les sédiments de l'eau et par les matières qu'elle a transportées, soit par son mouvement de flux et de reflux, soit par d'autres mouvements; car nous ne donnons pas pour cause unique de ces inégalités le mouvement du flux et du reflux, nous avons seulement donné cette cause comme la principale et la première, parce qu'elle est la plus constante et qu'elle agit sans interruption; mais on doit aussi admettre comme cause l'action des vents; ils agissent même à la surface de l'eau avec une tout autre violence que les marées, et l'agitation qu'ils communiquent à la mer est bien plus considérable pour les effets extérieurs; elle s'étend même à des profondeurs considérables, comme on le voit par les matières qui se détachent, par la tempête, du fond des mers, et qui ne sont presque jamais rejetées sur les rivages que dans les temps d'orages.

Nous avons dit qu'entre les tropiques, et même à quelques degrés au delà, il règne continuellement un vent d'est : ce vent, qui contribue au mouvement général de la mer d'orient en occident, est aussi ancien que le flux et le reflux, puisqu'il dépend du cours du soleil et de la raréfaction

1. Voyez la note 1 de la page 245.
2. Voyez la note de la page 207.

de l'air, produite par la chaleur de cet astre. Voilà donc deux causes de mouvement réunies, et plus grandes sous l'équateur que partout ailleurs : la première, le flux et le reflux, qui, comme l'on sait, est plus sensible dans les climats méridionaux ; et la seconde, le vent d'est qui souffle continuellement dans ces mêmes climats. Ces deux causes ont concouru, depuis la formation du globe, à produire les mêmes effets, c'est-à-dire à faire mouvoir les eaux d'orient en occident, et à les agiter avec plus de force dans cette partie du monde que dans toutes les autres ; c'est pour cela que les plus grandes inégalités de la surface du globe se trouvent entre les tropiques. La partie de l'Afrique comprise entre ces deux cercles n'est, pour ainsi dire, qu'un groupe de montagnes dont les différentes chaînes s'étendent, pour la plupart, d'orient en occident, comme on peut s'en assurer en considérant la direction des grands fleuves de cette partie de l'Afrique : il en est de même de la partie de l'Asie et de celle de l'Amérique qui sont comprises entre les tropiques, et l'on doit juger de l'inégalité de la surface de ces climats par la quantité de hautes montagnes et d'îles qu'on y trouve.

De la combinaison du mouvement général de la mer d'orient en occident, de celui du flux et du reflux, de celui que produisent les courants, et encore de celui que forment les vents, il a résulté une infinité de différents effets, tant sur le fond de la mer que sur les côtes et les continents [1]. Varénius dit qu'il est très-probable que les golfes et les détroits ont été formés par l'effort réitéré de l'océan contre les terres ; que la mer Méditerranée, les golfes d'Arabie, de Bengale et de Cambaye, ont été formés par l'irruption des eaux, aussi bien que les détroits entre la Sicile et l'Italie, entre Ceylan et l'Inde, entre la Grèce et l'Eubée, et qu'il en est de même du détroit des Manilles, de celui de Magellan et de celui de Danemark ; qu'une preuve des irruptions de l'océan sur les continents, qu'une preuve qu'il a abandonné différents terrains, c'est qu'on ne trouve que très-peu d'îles dans le milieu des grandes mers, et jamais un grand nombre d'îles voisines les unes des autres ; que dans l'espace immense qu'occupe la mer Pacifique à peine trouve-t-on deux ou trois petites îles vers le milieu ; que dans le vaste Océan Atlantique, entre l'Afrique et le Brésil, on ne trouve que les petites îles de Sainte-Hélène et de l'Ascension, mais que toutes les îles sont auprès des grands continents, comme les îles de l'Archipel auprès du continent de l'Europe

1. « Parmi les causes qui ont déterminé l'émersion ou l'immersion des basses terres, et les « contours actuels des continents, les plus influentes sont la force élastique des vapeurs renfer- « mées dans l'intérieur de la terre, les variations brusques de la température de certaines « couches épaisses du sol, le refroidissement séculaire et irrégulier de l'écorce et du noyau du « globe, d'où proviennent les rides et les plissements de la surface solide, etc., etc..... C'est un « fait, aujourd'hui reconnu, que l'émersion des continents est due à un soulèvement effectif, « occasionné par une dépression réelle du niveau général des mers. » (*Cosmos*, t. I, p. 344.)

et de l'Asie, les Canaries auprès de l'Afrique, toutes les îles de la mer des Indes auprès du continent oriental, les îles Antilles auprès de celui de l'Amérique, et qu'il n'y a que les Açores qui soient fort avancées dans la mer entre l'Europe et l'Amérique.

Les habitants de Ceylan disent que leur île a été séparée de la presqu'île de l'Inde par une irruption de l'océan, et cette tradition populaire est assez vraisemblable; on croit aussi que l'île de Sumatra a été séparée de Malaye : le grand nombre d'écueils et de bancs de sable qu'on trouve entre deux semble le prouver. Les Malabares assurent que les îles Maldives faisaient partie du continent de l'Inde, et en général on peut croire que toutes les îles orientales ont été séparées des continents par une irruption de l'océan. (Voyez *Varen. Geogr.*, p. 203, 217 et 220.)

Il paraît qu'autrefois l'île de la Grande-Bretagne faisait partie du continent, et que l'Angleterre tenait à la France[1] : les lits de terre et de pierre, qui sont les mêmes des deux côtés du Pas-de-Calais, le peu de profondeur de ce détroit, semblent l'indiquer. En supposant, dit le docteur Wallis, comme tout paraît l'indiquer, que l'Angleterre communiquait autrefois à la France par un isthme au-dessous de Douvres et de Calais, les grandes mers des deux côtés battaient les côtes de cet isthme, par un flux impétueux, deux fois en 24 heures; la mer d'Allemagne, qui est entre l'Angleterre et la Hollande, frappait cet isthme du côté de l'est, et la mer de France du côté de l'ouest : cela suffit avec le temps pour user et détruire une langue de terre étroite, telle que nous supposons qu'était autrefois cet isthme : le flux de la mer de France agissant avec une grande violence, non-seulement contre l'isthme, mais aussi contre les côtes de France et d'Angleterre, doit nécessairement, par le mouvement des eaux, avoir enlevé une grande quantité de sable, de terre, de vase, de tous les endroits contre lesquels la mer agissait; mais étant arrêtée dans son courant par cet isthme, elle ne doit pas avoir déposé, comme on pourrait le croire, des sédiments contre l'isthme, mais elle les aura transportés dans la grande plaine qui forme actuellement le marécage de Romne[2], qui a quatorze milles de long sur huit de large; car quiconque a vu cette plaine ne peut pas douter qu'elle n'ait été autrefois sous les eaux de la mer, puisque dans les hautes marées elle serait encore en partie inondée sans les digues de Dimchurch,

La mer d'Allemagne doit avoir agi de même contre l'isthme et contre les côtes d'Angleterre et de Flandre, et elle aura emporté les sédiments en Hollande et en Zélande, dont le terrain, qui était autrefois sous les eaux, s'est élevé de plus de 40 pieds; de l'autre côté, sur la côte d'Angleterre, la

---

1. Sur cette opinion, si vraisemblable, de l'ancienne jonction de l'Angleterre à la France, voyez M. Lyell : *Principes de géolog.*, t. II, p. 280.

2. *Romney.* « Rye, située au sud du marais de Romney, fut jadis emportée par la mer; ... « depuis elle a été rebâtie, etc. » (Lyell, *Principes de géolog.*, t. II, p. 2.5.)

mer d'Allemagne devait occuper cette large vallée où coule actuellement
la rivière de Sture, à plus de vingt milles de distance, à commencer par
Sandwich, Cantorbéry, Chattam, Chilham, jusqu'à Absford, et peut-être
plus loin; le terrain est actuellement beaucoup plus élevé qu'il ne l'était
autrefois, puisqu'à Chattam on a trouvé les os d'un hippopotame enterrés à
17 pieds de profondeur, des ancres de vaisseaux et des coquilles marines.

Or, il est très-vraisemblable que la mer peut former de nouveaux terrains
en y apportant les sables, la terre, la vase, etc.; car nous voyons sous nos
yeux que dans l'île d'Okney, qui est adjacente à la côte marécageuse de
Romne, il y avait un terrain bas toujours en danger d'être inondé par la
rivière Rother, mais en moins de 60 ans la mer a élevé ce terrain considérablement en y amenant à chaque flux et reflux une quantité considérable
de terre et de vase; et en même temps elle a creusé si fort le canal par où
elle entre, qu'en moins de 50 ans la profondeur de ce canal est devenue
assez grande pour recevoir de gros vaisseaux, au lieu qu'auparavant c'était
un gué où les hommes pouvaient passer.

La même chose est arrivée auprès de la côte de Norfolk, et c'est de
cette façon que s'est formé le banc de sable qui s'étend obliquement depuis
la côte de Norfolk vers la côte de Zélande; ce banc est l'endroit où les
marées de la mer d'Allemagne et de la mer de France se rencontrent
depuis que l'isthme a été rompu, et c'est là où se déposent les terres et les
sables entraînés des côtes : on ne peut pas dire si avec le temps ce banc
de sable ne formera pas un nouvel isthme, etc. (Voyez *Trans. Phil. Abr.*,
vol. IV, p. 227.)

Il y a grande apparence, dit Ray, que l'île de la Grande-Bretagne était
autrefois jointe à la France et faisait partie du continent; on ne sait point
si c'est par un tremblement de terre, ou par une irruption de l'océan, ou
par le travail des hommes, à cause de l'utilité et de la commodité du passage, ou par d'autres raisons; mais ce qui prouve que cette île faisait
partie du continent, c'est que les rochers et les côtes des deux côtés sont
de même nature et composés des mêmes matières, à la même hauteur, en
sorte que l'on trouve le long des côtes de Douvres les mêmes lits de pierre
et de craie que l'on trouve entre Calais et Boulogne; la longueur de ces
rochers le long de ces côtes est à très-peu près la même de chaque côté,
c'est-à-dire d'environ six milles; le peu de largeur du canal, qui dans cet
endroit n'a pas plus de vingt-quatre milles anglais de largeur, et le peu de
profondeur, en égard à la mer voisine, font croire que l'Angleterre a été
séparée de la France par accident; on peut ajouter à ces preuves qu'il y
avait autrefois des loups et même des ours dans cette île, et il n'est pas à
présumer qu'ils y soient venus à la nage, ni que les hommes aient transporté ces animaux nuisibles; car, en général, on trouve les animaux nuisibles des continents dans toutes les îles qui en sont fort voisines, et jamais

dans celles qui en sont éloignées, comme les Espagnols l'ont observé lors-qu'ils sont arrivés en Amérique. (Voyez *Ray's Disc.*, p. 208.)

Du temps de Henri Ier, roi d'Angleterre, il arriva une grande inondation dans une partie de la Flandre par une irruption de la mer; en 1446, une pareille irruption[1] fit périr plus de 10,000 personnes sur le territoire de Dordrecht, et plus de 100,000 autour de Dullart[2], en Frise et en Zélande, et il y eut dans ces deux provinces plus de deux ou trois cents villages de submergés; on voit encore les sommets de leurs tours et les pointes de leurs clochers qui s'élèvent un peu au-dessus des eaux.

Sur les côtes de France, d'Angleterre, de Hollande, d'Allemagne, de Prusse, la mer s'est éloignée en beaucoup d'endroits. Hubert Thomas dit, dans sa description du pays de Liége, que la mer environnait autrefois les murailles de la ville de Tongres, qui maintenant en est éloignée de 35 lieues, ce qu'il prouve par plusieurs bonnes raisons, et, entre autres, il dit qu'on voyait encore de son temps les anneaux de fer dans les murailles auxquelles on attachait les vaisseaux qui y arrivaient. On peut encore regarder comme des terres abandonnées par la mer, en Angleterre, les grands marais de Lincoln et l'île d'Ély, en France la Crau de la Provence; et même la mer s'est éloignée assez considérablement à l'embouchure du Rhône depuis l'année 1665. En Italie il s'est formé de même un terrain considérable à l'embouchure de l'Arne[3], et Ravenne[4], qui autrefois était un port de mer des Exarques, n'est plus une ville maritime; toute la Hollande paraît être un terrain nouveau, où la surface de la terre est presque de niveau avec le fond de la mer[5], quoique le pays se soit considérablement élevé et s'élève tous les jours par les limons et les terres que le Rhin, la Meuse, etc., y amènent; car autrefois on comptait que le terrain de la Hollande était en plusieurs endroits de 30 pieds plus bas que le fond de la mer.

On prétend qu'en l'année 860 la mer, dans une tempête furieuse, amena vers la côte une si grande quantité de sables qu'ils fermèrent l'embouchure du Rhin auprès de Catt, et que ce fleuve inonda tout le pays, renversa les arbres et les maisons, et se jeta dans le lit de la Meuse. En 1421, il y eut une autre inondation qui sépara la ville de Dordrecht de la terre ferme,

---

1. C'est par de pareilles irruptions successives qu'a été formé le Zuyderzée.

2. *Dollard.*

3. *L'Arno.*

4. « Ravenne se trouve actuellement à plus de 7,000 mètres de l'eau salée. Malgré cette retraite « apparente de la mer, on a cité des faits tendant à prouver que le niveau de l'Adriatique se serait « élevé par rapport à celui de la cathédrale de Ravenne..... Mais Venise, avec ses quais, aux- « quels on n'a rien changé, avec ses *lidi* qui seraient si facilement détruits par une élévation de « la mer, Venise est un monument irréfragable de la complète invariabilité du niveau de l'Adria- « tique. Il est arrivé simplement que la lagune de Ravenne a été comblée jusqu'à son propre « *lido*, et a entièrement disparu. » (M. Elie de Beaumont : *Leçons de géolog. pratiq.*, p. 336.)

5. Le sol de plusieurs parties de la Hollande est à 24 pieds au-dessous des hautes marées ordinaires.

submergea soixante-douze villages, plusieurs châteaux, noya 100,000 âmes, et fit périr une infinité de bestiaux. La digue de l'Yssel se rompit, en 1638, par quantité de glaces que le Rhin entraînait, qui, ayant bouché le passage de l'eau, firent une ouverture de quelques toises à la digue, et une partie de la province fut inondée avant qu'on eût pu réparer la brèche; en 1682, il y eut une pareille inondation dans la province de Zélande, qui submergea plus de trente villages et causa la perte d'une infinité de monde et de bestiaux qui furent surpris la nuit par les eaux. Ce fut un bonheur pour la Hollande que le vent de sud-est gagna sur celui qui lui était opposé; car la mer était si enflée que les eaux étaient de 18 pieds plus hautes que les terres les plus élevées de la province, à la réserve des dunes. (Voyez les *Voyages hist. de l'Europe*, t. V, p. 70.)

Dans la province de Kent, en Angleterre, il y avait à Hythe un port qui s'est comblé malgré tous les soins que l'on a pris pour l'empêcher, et malgré la dépense qu'on a faite plusieurs fois pour le vider : on y trouve une multitude étonnante de galets et de coquillages apportés par la mer dans l'étendue de plusieurs milles, qui s'y sont amoncelés autrefois, et qui de nos jours ont été recouverts par de la vase et de la terre sur laquelle sont actuellement des pâturages; d'autre côté, il y a des terres fermes que la mer avec le temps vient à gagner et à couvrir, comme les terres de Goodwin, qui appartenaient à un seigneur de ce nom, et qui à présent ne sont plus que des sables couverts par les eaux de la mer; ainsi la mer gagne en plusieurs endroits du terrain, et en perd dans d'autres; cela dépend de la différente situation des côtes et des endroits où le mouvement des marées s'arrête, où les eaux transportent d'un endroit à l'autre les terres, les sables, les coquilles, etc. (Voyez *Trans. Phil. Abr.*, vol. IV, p. 234.)

Sur la montagne de Stella, en Portugal, il y a un lac dans lequel on a trouvé des débris de vaisseaux, quoique cette montagne soit éloignée de la mer de plus de 12 lieues. (Voyez la *Géographie* de Gordon, édition de Londres, 1733, p. 149. Sabinus, dans ses *Commentaires sur les Métamorphoses d'Ovide*, dit qu'il paraît, par les monuments de l'histoire, qu'en l'année 1460 on trouva dans une mine des Alpes un vaisseau avec ses ancres.

Ce n'est pas seulement en Europe que nous trouverons des exemples de ces changements de mer en terre, et de terre en mer; les autres parties du monde nous en fourniraient peut-être de plus remarquables et en plus grand nombre si on les avait bien observées.

Calicut a été autrefois une ville célèbre et la capitale d'un royaume de même nom; ce n'est aujourd'hui qu'une grande bourgade mal bâtie et assez déserte; la mer, qui depuis un siècle a beaucoup gagné sur cette côte, a submergé la meilleure partie de l'ancienne ville avec une belle forteresse de pierre de taille qui y était; les barques mouillent aujourd'hui sur leurs ruines, et le port est rempli d'un grand nombre d'écueils qui paraissent dans les basses marées et sur lesquels les vaisseaux font assez souvent naufrage. (Voyez *Lett. édif.*, Recueil II, p. 187.)

La province de Jucatan [1], péninsule dans le golfe du Mexique, a fait autrefois partie de la mer; cette pièce de terre s'étend dans la mer à 100 lieues en longueur depuis le continent, et n'a pas plus de 25 lieues dans sa plus grande largeur; la qualité de l'air y est tout à fait chaude et humide : quoiqu'il n'y ait ni ruisseaux ni rivières dans un si long espace, l'eau est partout si proche, et l'on trouve, en ouvrant la terre, un si grand nombre de coquillages, qu'on est porté à regarder cette vaste étendue comme un lieu qui a fait autrefois partie de la mer.

Les habitants de Malabar prétendent qu'autrefois les îles Maldives étaient attachées au continent des Indes, et que la violence de la mer les en a séparées; le nombre de ces îles est si grand, et quelques-uns des canaux qui les séparent sont si étroits, que les beauprés des vaisseaux qui y passent font tomber les feuilles des arbres de l'un et de l'autre côté; et en quelques endroits un homme vigoureux se tenant à une branche d'arbre peut sauter dans une autre île. (Voyez les *Voyages des Hollandais aux Indes orientales*, p. 274.) Une preuve que le continent des Maldives était autrefois une terre sèche, ce sont les cocotiers qui sont au fond de la mer : il s'en détache souvent des cocos qui sont rejetés sur le rivage par la tempête; les Indiens en font grand cas et leur attribuent les mêmes vertus qu'au bézoard.

On croit qu'autrefois l'île de Ceylan était unie au continent et en faisait partie, mais que les courants, qui sont extrêmement rapides en beaucoup d'endroits des Indes, l'ont séparée et en ont fait une île; on croit la même chose à l'égard des îles de Rammanakoiel et de plusieurs autres. (Voyez *Voyages des Hollandais aux Indes orientales*, t. VI, p. 485.) Ce qu'il y a de certain, c'est que l'île de Ceylan a perdu 30 ou 40 lieues de terrain du côté du nord-ouest, que la mer a gagnées successivement.

Il paraît que la mer a abandonné depuis peu une grande partie des terres avancées et des îles de l'Amérique; on vient de voir que le terrain de Jucatan n'est composé que de coquilles; il en est de même des basses terres de la Martinique et des autres îles Antilles. Les habitants ont appelé le fond de leur terrain la *chaux*, parce qu'ils font de la chaux avec ces coquilles, dont on trouve les bancs immédiatement au-dessous de la terre végétale; nous pouvons rapporter ici ce qui est dit dans les *Nouveaux Voyages aux îles de l'Amérique*. « La chaux que l'on trouve par toute la grande terre de « la Guadeloupe, quand on fouille dans la terre, est de même espèce que « celle que l'on pêche à la mer; il est difficile d'en rendre raison. Serait-il « possible que toute l'étendue du terrain qui compose cette île ne fût, dans

1. Yucatan.

« les siècles passés, qu'un haut-fond rempli de plantes de chaux[1], qui, ayant
« beaucoup crû et rempli les vides qui étaient entre elles occupés par l'eau,
« ont enfin haussé le terrain et obligé l'eau à se retirer et à laisser à sec
« toute la superficie? Cette conjecture, tout extraordinaire qu'elle parait
« d'abord, n'a pourtant rien d'impossible, et deviendra même assez vrai-
« semblable à ceux qui l'examineront sans prévention ; car enfin, en sui-
« vant le commencement de ma supposition, ces plantes ayant crû et rempli
« tout l'espace que l'eau occupait se sont enfin étouffées l'une l'autre ; les
« parties supérieures se sont réduites en poussière et en terre, les oiseaux
« y ont laissé tomber les graines de quelques arbres qui ont germé et
« produit ceux que nous y voyons, et la nature y en fait germer d'autres
« qui ne sont pas d'une espèce commune aux autres endroits, comme les
« bois marbrés et violets, et il ne serait pas indigne de la curiosité des gens
« qui y demeurent de faire fouiller en différents endroits pour connaître
« quel en est le sol, jusqu'à quelle profondeur on trouve cette pierre à
« chaux, en quelle situation elle est répandue sous l'épaisseur de la terre,
« et autres circonstances qui pourraient ruiner ou fortifier ma conjecture. »

Il y a quelques terrains qui tantôt sont couverts d'eau, et tantôt sont
découverts, comme plusieurs iles en Norvége, en Écosse, aux Maldives,
au golfe de Cambaye, etc. La mer Baltique a gagné peu à peu une grande
partie de la Poméranie, elle a couvert et ruiné le fameux port de Vineta :
de même, la mer de Norvége a formé plusieurs petites iles, et s'est avancée
dans le continent ; la mer d'Allemagne s'est avancée en Hollande auprès
de Catt, en sorte que les ruines d'une ancienne citadelle des Romains,
qui était autrefois sur la côte, sont actuellement fort avant dans la mer.
Les marais de l'ile d'Ély en Angleterre, la Crau en Provence, sont au
contraire, comme nous l'avons dit, des terrains que la mer a abandonnés.
Les dunes ont été formées par des vents de mer qui ont jeté sur le rivage
et accumulé des terres, des sables, des coquillages, etc. Par exemple, sur
les côtes occidentales de France, d'Espagne et d'Afrique, il règne des vents
d'ouest durables et violents, qui poussent avec impétuosité les eaux vers
le rivage, sur lequel il s'est formé des dunes dans quelques endroits ; de
même les vents d'est, lorsqu'ils durent longtemps, chassent si fort les
eaux des côtes de la Syrie et de la Phénicie, que les chaines de rochers qui
sont couvertes d'eau pendant les vents d'ouest, demeurent alors à sec : au
reste, les dunes ne sont pas composées de pierres et de marbres, comme
les montagnes qui se sont formées dans le fond de la mer, parce qu'elles
n'ont pas été assez longtemps dans l'eau. Nous ferons voir dans le *Discours*
sur les minéraux que la pétrification s'opère au fond de la mer[2], et que

----

1. *Madrépores.*
2. Voyez mes notes sur les *minéraux.*

les pierres qui se forment dans la terre sont bien différentes de celles qui se sont formées dans la mer.

Comme je mettais la dernière main à ce *Traité de la théorie de la terre*, que j'ai composé en 1744, j'ai reçu, de la part de M. Barrère, sa *Dissertation sur l'origine des pierres figurées*, et j'ai été charmé de me trouver d'accord avec cet habile naturaliste au sujet de la formation des dunes et du séjour que la mer a fait autrefois sur la terre que nous habitons ; il rapporte plusieurs changements arrivés aux côtes de la mer. Aigues-Mortes, qui est actuellement à plus d'une lieue et demie de la mer, était un port du temps de saint Louis ; Psalmodi était une île en 815, et aujourd'hui il est dans la terre ferme à plus de 2 lieues de la mer ; il en est de même de Maguelone : la plus grande partie du vignoble d'Agde était, il y a quarante ans, couverte par les eaux de la mer ; et, en Espagne, la mer s'est retirée considérablement depuis peu de Blanes, de Badalona, vers l'embouchure de la rivière Vobregat, vers le cap de Tortosa, le long des côtes de Valence, etc.

La mer peut former des collines et élever des montagnes de plusieurs façons différentes, d'abord par des transports de terre, de vase, de coquilles d'un lieu à un autre, soit par son mouvement naturel de flux et de reflux, soit par l'agitation des eaux causée par les vents ; en second lieu par des sédiments des parties impalpables qu'elle aura détachées des côtes et de son fond, et qu'elle pourra transporter et déposer à des distances considérables, et enfin par des sables, des coquilles, de la vase et des terres que les vents de mer poussent souvent contre les côtes, ce qui produit des dunes et des collines que les eaux abandonnent peu à peu, et qui deviennent des parties du continent. Nous en avons un exemple dans nos dunes de Flandre et dans celles de Hollande, qui ne sont que des collines composées de sable et de coquilles que des vents de mer ont poussées vers la terre. M. Barrère en cite un autre exemple qui m'a paru mériter de trouver place ici : « L'eau de la mer, par son mouvement, détache de « son sein une infinité de plantes, de coquillages, de vase, de sable, que « les vagues poussent continuellement vers les bords, et que les vents « impétueux de mer aident à pousser encore ; or tous ces différents corps « ajoutés au premier atterrissement y forment plusieurs nouvelles couches « ou monceaux qui ne peuvent servir qu'à accroître le lit de la terre, à « l'élever, à former des dunes, des collines, par des sables, des terres, « des pierres amoncelées, en un mot à éloigner davantage le bassin de la « mer et à former un nouveau continent.

« Il est visible que des alluvions ou des atterrissements successifs ont « été faits par le même mécanisme depuis plusieurs siècles, c'est-à-dire « par des dépositions réitérées de différentes matières, atterrissements qui « ne sont pas de pure convenance ; j'en trouve les preuves dans la nature

« même, c'est-à-dire dans différents lits de coquilles fossiles et d'autres
« productions marines qu'on remarque dans le Roussillon, auprès du village
« de Nalliac, éloigné de la mer d'environ sept ou huit lieues : ces lits de
« coquilles, qui sont inclinés de l'ouest à l'est sous différents angles, sont
« séparés les uns des autres par des bancs de sable et de terre, tantôt d'un
« pied et demi, tantôt de deux à trois pieds d'épaisseur; ils sont comme
« saupoudrés de sel lorsque le temps est sec, et forment ensemble des
« coteaux de la hauteur de plus de vingt-cinq à trente toises ; or une longue
« chaîne de coteaux si élevés n'a pu se former qu'à la longue, à différentes
« reprises et par la succession des temps, ce qui pourrait être aussi un
« effet du déluge ou du bouleversement universel, qui a dû tout confondre,
« mais qui cependant n'aura pas donné une forme réglée à ces différentes
« couches de coquilles fossiles qui auraient dû être assemblées sans aucun
« ordre. »

Je pense sur cela comme M. Barrère; seulement je ne regarde pas les
atterrissements comme la seule manière dont les montagnes ont été formées, et je crois pouvoir assurer au contraire que la plupart des éminences que nous voyons à la surface de la terre ont été formées dans
la mer même, et cela par plusieurs raisons qui m'ont toujours paru convaincantes : premièrement, parce qu'elles ont entre elles cette correspondance d'angles saillants et rentrants, qui suppose nécessairement la cause
que nous avons assignée, c'est-à-dire le mouvement des courants de la
mer; en second lieu, parce que les dunes et les collines qui se forment
des matières que la mer amène sur ses bords ne sont pas composées de
marbres et de pierres dures, comme les collines ordinaires; les coquilles
n'y sont ordinairement que fossiles, au lieu que dans les autres montagnes la pétrification est entière; d'ailleurs les bancs de coquilles, les couches
de terre ne sont pas aussi horizontales dans les dunes que dans les collines
composées de marbre et de pierre dure; ces bancs y sont plus ou moins
inclinés, comme dans les collines de Nalliac, au lieu que dans les collines
et dans les montagnes qui se sont formées sous les eaux par les sédiments
de la mer, les couches sont toujours parallèles et très-souvent horizontales,
les matières y sont pétrifiées aussi bien que les coquilles. J'espère faire
voir que les marbres et les autres matières calcinables, qui presque toutes
sont composées de madrépores, d'astroïtes et de coquilles, ont acquis au
fond de la mer le degré de dureté et de perfection que nous leur connaissons; au contraire, les tufs, les pierres molles et toutes les matières pierreuses, comme les incrustations, les stalactites, etc., qui sont aussi calcinables et qui se sont formées dans la terre depuis que notre continent est
découvert, ne peuvent acquérir ce degré de dureté et de pétrification des
marbres ou des pierres dures.

On peut voir dans l'*Histoire de l'Académie*, année 1707, les observations de M. Saulmon au sujet des galets qu'on trouve dans plusieurs endroits : ces galets sont des cailloux ronds et plats et toujours fort polis, que la mer pousse sur les côtes. A Bayeux et à Brutel, qui est à une lieue de la mer, on trouve du galet en creusant des caves ou des puits; les montagnes de Bonneuil, de Broye et du Quesnoy, qui sont à environ dix-huit lieues de la mer, sont toutes couvertes de galets; il y en a aussi dans la vallée de Clermont en Beauvoisis. M. Saulmon rapporte encore qu'un trou de seize pieds de profondeur, percé directement et horizontalement dans la falaise du Tréport, qui est toute de moellon, a disparu en 30 ans, c'est-à-dire que la mer a miné dans la falaise cette épaisseur de seize pieds; en supposant qu'elle avance toujours également, elle minerait mille toises ou une petite demi-lieue de moellon en douze mille ans.

Les mouvements de la mer sont donc les principales causes des changements qui sont arrivés et qui arrivent sur la surface du globe; mais cette cause n'est pas unique; il y en a beaucoup d'autres moins considérables qui contribuent à ces changements : les eaux courantes, les fleuves, les ruisseaux, la fonte des neiges, les torrents, les gelées, etc., ont changé considérablement la surface de la terre; les pluies ont diminué la hauteur des montagnes, les rivières et les ruisseaux ont élevé les plaines, les fleuves ont rempli la mer à leur embouchure, la fonte des neiges et les torrents ont creusé des ravines dans les gorges et dans les vallons, les gelées ont fait fendre les rochers et les ont détachés des montagnes. Nous pourrions citer une infinité d'exemples des différents changements que toutes ces causes ont occasionnés. Varénius dit que les fleuves transportent dans la mer une grande quantité de terre qu'ils déposent à plus ou moins de distance des côtes, en raison de leur rapidité; ces terres tombent au fond de la mer et y forment d'abord de petits bancs, qui, s'augmentant tous les jours, font des écueils, et enfin forment des iles qui deviennent fertiles et habitées : c'est ainsi que se sont formées les iles du Nil, celles du fleuve Saint-Laurent, l'ile de Landa, située à la côte d'Afrique près de l'embouchure du fleuve Coanza, les iles de Norvége, etc. (*Voyez Varenii Geogr. gen.*, p. 214.) On peut y ajouter l'ile de Trong-Ming à la Chine, qui s'est formée peu à peu des terres que le fleuve de Nankin entraine et dépose à son embouchure : cette ile est fort considérable, elle a plus de vingt lieues de longueur sur cinq ou six de largeur. (*Voyez Lettres édif. Recueil XI,* page 234.)

Le Pô, le Trento, l'Athésis et les autres rivières de l'Italie amènent une grande quantité de terres dans les lagunes de Venise, surtout dans le temps des inondations, en sorte que peu à peu elles se remplissent; elles sont déjà sèches en plusieurs endroits dans le temps du reflux, et il n'y a plus que les canaux, que l'on entretient avec une grande dépense, qui aient un peu de profondeur.

A l'embouchure du Nil, à celle du Gange et de l'Inde [1], à celle de la rivière de la Plata au Brésil, à celle de la rivière de Nankin à la Chine, et à l'embouchure de plusieurs autres fleuves, on trouve des terres et des sables accumulés. La Loubère, dans son *Voyage de Siam,* dit que les bancs de sable et de terre augmentent tous les jours à l'embouchure des grandes rivières de l'Asie, par les limons et les sédiments qu'elles y apportent, en sorte que la navigation de ces rivières devient tous les jours plus difficile, et deviendra un jour impossible : on peut dire la même chose des grandes rivières de l'Europe, et surtout du Volga, qui a plus de 70 embouchures dans la mer Caspienne, du Danube, qui en a sept dans la mer Noire, etc.

Comme il pleut très-rarement en Égypte, l'inondation régulière du Nil vient des torrents qui y tombent, dans l'Éthiopie; il charrie une très-grande quantité de limon, et ce fleuve a non-seulement apporté sur le terrain de l'Égypte plusieurs milliers de couches annuelles, mais même il a jeté bien avant dans la mer [2] les fondements d'une alluvion qui pourra former avec le temps un nouveau pays, car on trouve avec la sonde, à plus de vingt lieues de distance de la côte, le limon du Nil au fond de la mer, qui augmente tous les ans. La Basse-Égypte, où est maintenant le Delta, n'était autrefois qu'un golfe de la mer. (Voyez Diodore de Sicile, lib. iii. Aristote, liv. i^er *des Météores,* chap. xiv. Hérodote, § 4, 5, etc.) Homère nous dit que l'île de Pharos était éloignée de l'Égypte d'un jour et d'une nuit de chemin, et l'on sait qu'aujourd'hui elle est presque contiguë. Le sol, en Égypte, n'a pas la même profondeur de bon terrain partout : plus on approche de la mer et moins il y a de profondeur; près des bords du Nil il y a quelquefois trente pieds et davantage de profondeur de bonne terre, tandis qu'à l'extrémité de l'inondation il n'y a pas sept pouces. Toutes les villes de la Basse-Égypte ont été bâties sur des levées et sur des éminences faites à la main. (Voyez le *Voyage* de M. Shaw, vol. II, p. 185 et 186.) La ville de Damiette est aujourd'hui éloignée de la mer de plus de dix milles; et du temps de saint Louis, en 1243, c'était un port de mer. La ville de Fooah, qui était il y a trois cents ans à l'embouchure de la branche Canopique du Nil, en est présentement à plus de sept milles de distance : depuis quarante ans, la mer s'est retirée d'une demi-lieue de devant Rosette, etc. (*Idem,* p. 173 et 188.)

Il est aussi arrivé des changements à l'embouchure de tous les grands fleuves de l'Amérique, et même de ceux qui ont été découverts nouvelle-

1. L'*Indus.*
2. Ces prolongements de certains *Deltas* dans la mer sont ce que M. Élie de Beaumont appelle l s *Deltas marins* : « phénomène curieux, dit-il, et beaucoup plus rare qu'on ne le « pense généralement. » (Voyez s s *Leçons de géolog. pratiq.*) Quelques grands fleuves ont pu seuls prolonger ainsi leur *Delta* dans la mer : le Nil, le Rhône, le Pô, le Mississipi. L'Escaut, la Meuse, le Rhin, etc., ne l'ont point fait encore.

ment. Le P. Charlevoix, en parlant du fleuve Mississipi, dit qu'à l'embouchure de ce fleuve, au-dessous de la Nouvelle-Orléans, le terrain forme une pointe de terre qui ne paraît pas fort ancienne, car, pour peu qu'on y creuse, on trouve de l'eau, et que la quantité de petites îles qu'on a vues se former nouvellement à toutes les embouchures de ce fleuve ne laissent aucun doute que cette langue de terre ne se soit formée de la même manière. Il paraît certain, dit-il, que quand M. de La Salle descendit [a] le Mississipi jusqu'à la mer, l'embouchure de ce fleuve n'était pas telle qu'on la voit aujourd'hui [1].

Plus on approche de la mer, ajoute-t-il, plus cela devient sensible; la barre n'a presque point d'eau dans la plupart des petites issues que le fleuve s'est ouvertes, et qui ne se sont si fort multipliées, que par le moyen des arbres qui y sont entraînés par le courant, et dont un seul arrêté par ses branches ou par ses racines dans un endroit où il y a un peu de profondeur, en arrête mille, j'en ai vu, dit-il, à 200 lieues d'ici [b], des amas dont un seul aurait rempli tous les chantiers de Paris; rien alors n'est capable de les détacher; le limon que charrie le fleuve leur sert de ciment et les couvre peu à peu; chaque inondation en laisse une nouvelle couche, et après dix ans au plus les lianes et les arbrisseaux commencent à y croître : c'est ainsi que se sont formées la plupart des pointes et des îles qui font si souvent changer de cours au fleuve. (Voyez les *Voyages* du P. Charlevoix, t. III, p. 410.)

Cependant tous les changements que les fleuves occasionnent sont assez lents, et ne peuvent devenir considérables qu'au bout d'une longue suite d'années; mais il est arrivé des changements brusques et subits par les inondations et les tremblements de terre. Les anciens prêtres égyptiens, 600 ans avant la naissance de Jésus-Christ, assuraient, au rapport de Platon dans le *Timée*, qu'autrefois il y avait une grande île auprès des colonnes d'Hercule, plus grande que l'Asie et la Libye prises ensemble, qu'on appelait *Atlantide*, que cette grande île fut inondée et abîmée sous les eaux de la mer après un grand tremblement de terre. *Traditur Atheniensis civitas restitisse olim innumeris hostium copiis quæ ex Atlantico mari profectæ, propè cunctam Europam Asiamque obsederunt : tunc enim fretum illud navigabile, habens in ore et quasi vestibulo ejus insulam quas Herculis Columnas cognominant : ferturque insula illa Libyâ simul et Asiâ major fuisse, per quam ad alias proximas insulas patebat aditus, atque ex insulis ad omnem continentem è conspectu jacentem vero mari vicinam : sed intrà os ipsum portas angusto sinu traditur, pelagus illud rerum mare. terra quoque illa verè erat continens, etc. Post hæc ingenti terræ motu jugique diei unius et*

a. Il y a des géographes qui prétendent que M. de La Salle n'a jamais descendu le Mississipi.
b. De la Nouvelle-Orléans.

1. Voyez la note 2 de la page 325.

noctis illuvione factum est, ut terra dehiscens omnes illos bellicosos absorberet, et Atlantis insula sub vasto gurgite mergeretur. (Plato in Timœo.)
Cette ancienne tradition n'est pas absolument contre toute vraisemblance : les terres qui ont été absorbées par les eaux sont peut-être celles qui joignaient l'Irlande aux Açores, et celles-ci au continent de l'Amérique ; car on trouve en Irlande les mêmes fossiles, les mêmes coquillages et les mêmes productions marines que l'on trouve en Amérique, dont quelques-unes sont différentes de celles qu'on trouve dans le reste de l'Europe.

Eusèbe rapporte deux témoignages au sujet des déluges, dont l'un est de Melon, qui dit que la Syrie avait été autrefois inondée dans toutes les plaines ; l'autre est d'Abidenus, qui dit que du temps du roi Sisithrus il y eut un grand déluge qui avait été prédit par Saturne. Plutarque (*de Solertia animalium*), Ovide et les autres mythologistes parlent du déluge de Deucalion, qui s'est fait, dit-on, en Thessalie, environ 700 ans après le déluge universel. On prétend aussi qu'il y en a eu un plus ancien dans l'Attique, du temps d'Ogygès, environ 230 ans avant celui de Deucalion. Dans l'année 1095, il y eut un déluge en Syrie qui noya une infinité d'hommes. (Voyez Alsted. *Chron.*, chap. xxv.) En 1164, il y en eut un si considérable dans la Frise que toutes les côtes maritimes furent submergées avec plusieurs milliers d'hommes. (Voyez Krank [1], lib. v, cap. iv.) En 1218, il y eut une autre inondation qui fit périr près de 100,000 hommes, aussi bien qu'en 1530. Il y a plusieurs autres exemples de ces grandes inondations, comme celle de 1604 en Angleterre, etc.

Une troisième cause de changement sur la surface du globe sont les vents impétueux : non-seulement ils forment des dunes et des collines sur les bords de la mer et dans le milieu des continents, mais souvent ils arrêtent et font rebrousser les rivières, ils changent la direction des fleuves, ils enlèvent les terres cultivées, les arbres, ils renversent les maisons, ils inondent, pour ainsi dire, des pays tout entiers. Nous avons un exemple de ces inondations de sable en France sur les côtes de Bretagne : l'*Histoire de l'Académie*, année 1722, en fait mention dans les termes suivants.

« Aux environs de Saint-Paul de Léon, en Basse-Bretagne, il y a sur la
« mer un canton qui avant l'an 1666 était habité et ne l'est plus à cause
« d'un sable qui le couvre jusqu'à une hauteur de plus de 20 pieds, et qui
« d'année en année s'avance et gagne du terrain. A compter de l'époque
« marquée, il a gagné plus de six lieues, et il n'est plus qu'à une demi-lieue
« de Saint-Paul ; de sorte que, selon les apparences, il faudra abandonner
« cette ville. Dans le pays submergé, on voit encore quelques pointes de
« clochers et quelques cheminées qui sortent de cette mer de sable : les
« habitants des villages enterrés ont eu du moins le loisir de quitter leurs
« maisons pour aller mendier. (Page 7.)

1. *Krantz.*

« C'est le vent d'est ou de nord qui avance cette calamité; il élève ce
« sable, qui est très-fin, et le porte en si grande quantité et avec tant de
« vitesse que M. Deslandes, à qui l'Académie doit cette observation, dit
« qu'en se promenant dans ce pays-là pendant que le vent charriait, il était
« obligé de secouer de temps en temps son chapeau et son habit, parce qu'il
« les sentait appesantis : de plus, quand ce vent est violent il jette ce sable
« par-dessus un petit bras de mer jusque dans Roscof, petit port assez
« fréquenté par les vaisseaux étrangers; le sable s'élève dans les rues de
« cette bourgade jusqu'à deux pieds, et on l'enlève par charretées. On peut
« remarquer, en passant, qu'il y a dans ce sable beaucoup de parties ferru-
« gineuses qui se reconnaissent au couteau aimanté.

« L'endroit de la côte qui fournit tout ce sable est une plage qui s'étend
« depuis Saint-Paul jusque vers Plouescat, c'est-à-dire un peu plus de
« quatre lieues, et qui est presque au niveau de la mer lorsqu'elle est pleine.
« La disposition des lieux est telle qu'il n'y a que le vent d'est ou de nord-est
« qui ait la direction nécessaire pour porter le sable dans les terres. Il est
« aisé de concevoir comment le sable porté et accumulé par le vent en un
« endroit est repris ensuite par le même vent et porté plus loin, et qu'ainsi
« le sable peut avancer en submergeant le pays, tant que la minière qui le
« fournit en fournira de nouveau; car sans cela le sable, en avançant,
« diminuerait toujours de hauteur et cesserait de faire du ravage. Or, il
« n'est que trop possible que la mer jette ou dépose longtemps de nouveau
« sable dans cette plage d'où le vent l'enlève; il est vrai qu'il faut qu'il
« soit toujours aussi fin pour être aisément enlevé.

« Le désastre est nouveau, parce que la plage qui fournit le sable n'en
« avait pas encore une assez grande quantité pour s'élever au-dessus de la
« surface de la mer, ou peut-être parce que la mer n'a abandonné cet
« endroit et ne l'a laissé découvert que depuis un temps : elle a eu quelque
« mouvement sur cette côte ; elle vient présentement dans le flux une demi-
« lieue en deçà de certaines roches qu'elle ne passait pas autrefois.

« Ce malheureux canton, inondé d'une façon si singulière, justifie ce que
« les anciens et les modernes rapportent des tempêtes de sable excitées en
« Afrique, qui ont fait périr des villes et même des armées. »

M. Shaw nous dit que les ports de Laodicée et de Jébilée, de Tortose, de
Rowadse, de Tripoli, de Tyr, d'Acre, de Jaffa, sont tous remplis et comblés
des sables qui y ont été charriés par les grandes vagues qu'on a sur cette
côte de la Méditerranée lorsque le vent d'ouest souffle avec violence. (*Voyez*
Voyages de Shaw, vol. II.)

Il est inutile de donner un plus grand nombre d'exemples des altérations
qui arrivent sur la terre; le feu, l'air et l'eau y produisent des changements
continuels, et qui deviennent très-considérables avec le temps : non-seulement il y a des causes générales dont les effets sont périodiques et réglés,

par lesquels la mer prend successivement la place de la terre et abandonne
la sienne, mais il y a une grande quantité de causes particulières qui contribuent à ces changements et qui produisent des bouleversements, des
inondations, des affaissements, et la surface de la terre, qui est ce que nous
connaissons de plus solide, est sujette, comme tout le reste de la nature, à
des vicissitudes perpétuelles.

CONCLUSION.

Il paraît certain, par les preuves que nous avons données (art. vii et viii),
que les continents terrestres ont été autrefois couverts par les eaux de la
mer; il paraît tout aussi certain (art. xii) que le flux et le reflux, et les
autres mouvements des eaux, détachent continuellement des côtes et du
fond de la mer des matières de toute espèce, et des coquilles qui se déposent ensuite quelque part et tombent au fond de l'eau comme des sédiments,
et que c'est là l'origine des couches parallèles et horizontales qu'on trouve
partout. Il paraît (art. ix) que les inégalités du globe n'ont pas d'autre
cause que celle du mouvement des eaux de la mer, et que les montagnes
ont été produites par l'amas successif et l'entassement des sédiments dont
nous parlons, qui ont formé les différents lits dont elles sont composées.
Il est évident que les courants qui ont suivi d'abord la direction de ces
inégalités leur ont donné ensuite à toutes la figure qu'elles conservent encore
aujourd'hui (art. xiii), c'est-à-dire cette correspondance alternative des
angles saillants toujours opposés aux angles rentrants. Il paraît de même
(art. viii et xviii) que la plus grande partie des matières que la mer a détachées de son fond et de ses côtes étaient en poussière lorsqu'elles se sont
précipitées en forme de sédiments, et que cette poussière impalpable a
rempli l'intérieur des coquilles absolument et parfaitement, lorsque ces
matières se sont trouvées ou de la nature même des coquilles, ou d'une
autre nature analogue. Il est certain (art. xvii) que les couches horizontales
qui ont été produites successivement par le sédiment des eaux, et qui étaient
d'abord dans un état de mollesse, ont acquis de la dureté à mesure qu'elles
se sont desséchées, et que ce desséchement a produit des fentes perpendiculaires qui traversent les couches horizontales.

Il n'est pas possible de douter, après avoir vu les faits qui sont rapportés
dans les art. x, xi, xiv, xv, xvi, xvii, xviii et xix, qu'il ne soit arrivé une
infinité de révolutions, de bouleversements, de changements particuliers et
d'altérations sur la surface de la terre, tant par le mouvement naturel des
eaux de la mer que par l'action des pluies, des gelées, des eaux courantes,
des vents, des feux souterrains, des tremblements de terre, des inonda-

tions, etc., et que par conséquent la mer n'ait pu prendre successivement la place de la terre, surtout dans les premiers temps après la création où les matières terrestres étaient beaucoup plus molles qu'elles ne le sont aujourd'hui. Il faut cependant avouer que nous ne pouvons juger que très-imparfaitement de la succession des révolutions naturelles ; que nous jugeons encore moins de la suite des accidents, des changements et des altérations ; que le défaut des monuments historiques nous prive de la connaissance des faits : il nous manque de l'expérience et du temps ; nous ne faisons pas réflexion que ce temps qui nous manque ne manque point à la nature ; nous voulons rapporter à l'instant de notre existence les siècles passés et les âges à venir, sans considérer que cet instant, la vie humaine, étendue même autant qu'elle peut l'être par l'histoire, n'est qu'un point dans la durée, un seul fait dans l'histoire des faits de Dieu [1].

1. Ici se termine une magnifique conception.

Dans le *Discours* sur la *Théorie de la Terre*, Buffon semble avoir tout indiqué, et l'on travaille, depuis un siècle, sur le plan qu'il a tracé.

On peut dire, des *Preuves*, qu'elles sont les études d'un grand génie. C'est là que j'ai placé quelques notes, que mon respect pour l'admirable suite des idées et la beauté constante du style m'avait fait écarter du *Discours*.

Nous laissons ici Buffon, dominé par ses premières vues sur l'action des *eaux*, auxquelles il attribue trop. Nous le retrouverons, dans les *Époques de la Nature* (son chef-d'œuvre), touchant de plus près aux idées qui règnent aujourd'hui sur le rôle, beaucoup plus important, qu'il faut attribuer au *feu*.

Ses *Additions* et ses *Corrections*, que nous allons voir, sont (à l'exception de deux ou trois articles, qui seront indiqués au lecteur) des morceaux de peu d'importance, ou des concessions faites aux amours-propres contemporains.

ADDITIONS ET CORRECTIONS [1]

PREUVES DE LA THÉORIE DE LA TERRE.

ADDITIONS

A L'ARTICLE QUI A POUR TITRE : DE LA FORMATION DES PLANÈTES.

I. — *Sur la distance de la terre au soleil.*

J'ai dit, page 66, « que la terre est située à trente millions de lieues du soleil, » et c'était en effet l'opinion commune des astronomes en 1745, lorsque j'ai écrit ce Traité de la *formation des planètes*; mais de nouvelles observations, et surtout la dernière, faite en 1769, du passage de Vénus sur le disque du soleil, nous ont démontré que cette distance de trente millions doit être augmentée de trois ou quatre millions de lieues [2]; et c'est par cette raison que, dans les deux mémoires de la partie hypothétique de cet ouvrage, j'ai toujours compté trente-trois millions de lieues et non pas trente, pour la distance moyenne de la terre au soleil. Je suis obligé de faire cette remarque, afin qu'on ne me mette pas en opposition avec moi-même.

Je dois encore remarquer que, non-seulement on a reconnu par les nouvelles observations que le soleil était à quatre millions de lieues de plus de distance de la terre, mais aussi qu'il était plus volumineux d'un sixième, et que par conséquent le volume entier des planètes n'est guère que la huit centième partie de celui du soleil, et non pas la six cent cinquantième partie, comme je l'ai avancé, d'après les connaissances que nous avions en 1745 sur ce sujet ; cette différence en moins rend d'autant plus plausible la possibilité de cette projection de la matière des planètes hors du soleil.

II. — *Sur la matière du soleil et des planètes.*

J'ai dit, page 69, « que la matière opaque qui compose le corps des planètes fut réellement séparée de la matière lumineuse qui compose le soleil. »

Cela pourrait induire en erreur : car la matière des planètes, au sortir du soleil, était aussi lumineuse que la matière même de cet astre ; et les planètes ne sont devenues opaques, ou pour mieux dire obscures, que quand leur état d'incandescence a cessé. J'ai déterminé la durée de cet état d'incandescence dans plusieurs matières que j'ai soumises à l'expérience, et j'en ai conclu, par analogie, la durée de l'incandescence de chaque planète dans le premier mémoire de la partie hypothétique [3].

Au reste, comme le torrent de la matière projetée par la comète hors du corps du soleil a traversé l'immense atmosphère de cet astre, il en a entraîné les parties volatiles, aériennes et aqueuses qui forment aujourd'hui les atmosphères et les mers des

---

1. Ces *Additions et Corrections* forment la seconde partie du cinquième volume des *Suppléments* de l'édition in-4 de l'Imprimerie royale, volume publié en 1778.

2. Voyez, ci-devant, la note de la page 66.

3. On trouvera la PARTIE HYPOTHÉTIQUE rapprochée (dans cette édition) des ÉPOQUES DE LA NATURE, comme Buffon l'en avait rapprochée lui-même.

planètes. Ainsi l'on peut dire qu'à tous égards la matière dont sont composées les planètes est la même que celle du soleil, et qu'il n'y a d'autre différence que par le degré de chaleur, extrême dans le soleil, et plus ou moins attiédie dans les planètes, suivant le rapport composé de leur épaisseur et de leur densité.

III. — *Sur le rapport de la densité des planètes avec leur vitesse.*

J'ai dit, page 75, « qu'en suivant la proportion de ces rapports, la densité du globe de la terre ne devrait être que comme $206 \frac{7}{16}$ au lieu d'être 400. »

Cette densité de la terre, qui se trouve ici trop grande relativement à la vitesse de son mouvement autour du soleil, doit être un peu diminuée[1], par une raison qui m'avait échappé; c'est que la lune, qu'on doit regarder ici comme faisant corps avec la terre, est moins dense dans la raison de 702 à 1000, et que le globe lunaire faisant $\frac{1}{49}$ du volume du globe terrestre, il faut par conséquent diminuer la densité 400 de la terre, d'abord dans la raison de 1000 à 702, ce qui nous donnerait 281, c'est-à-dire, 119 de diminution sur la densité 400, si la lune était aussi grosse que la terre; mais, comme elle n'en fait ici que la 49ᵉ partie, cela ne produit qu'une diminution de $\frac{119}{49}$ ou $2\frac{4}{9}$; et par conséquent la densité de notre globe relativement à sa vitesse, au lieu de $206\frac{7}{16}$, doit être estimée $206\frac{7}{16} + 2\frac{4}{9}$, c'est-à-dire, à peu près 209. D'ailleurs l'on doit présumer que notre globe était moins dense au commencement qu'il ne l'est aujourd'hui, et qu'il l'est devenu beaucoup plus, d'abord par le refroidissement, et ensuite par l'affaissement des vastes cavernes dont son intérieur était rempli: cette opinion s'accorde avec la connaissance que nous avons des bouleversements qui sont arrivés, et qui arrivent encore tous les jours à la surface du globe, et jusqu'à d'assez grandes profondeurs. Ce fait aide même à expliquer comment il est possible que les eaux de la mer aient autrefois été supérieures de deux mille toises aux parties de la terre actuellement habitée; car ces eaux la couvriraient encore si, par de grands affaissements, la surface de la terre ne s'était abaissée en différents endroits pour former les bassins de la mer et les autres réceptacles des eaux, tels qu'ils sont aujourd'hui[2].

Si nous supposons le diamètre du globe terrestre de 2863 lieues[3], il en avait deux de plus lorsque les eaux le couvraient à 2000 toises de hauteur. Cette différence du volume de la terre donne $\frac{1}{477}$ d'augmentation pour sa densité, par le seul abaissement des eaux: on peut même doubler et peut-être tripler cette augmentation de densité ou cette diminution de volume du globe, par l'affaissement et les éboulements des montagnes, et par le remblai des vallées; en sorte que depuis la chute des eaux sur la terre, on peut raisonnablement présumer qu'elle a augmenté de plus d'un centième de densité.

IV. — *Sur le rapport donné par Newton entre la densité des planètes et le degré de chaleur qu'elles ont à supporter.*

J'ai dit, page 76, « que, malgré la confiance que méritent les conjectures de Newton, la densité des planètes a plus de rapport avec leur vitesse qu'avec le degré de chaleur qu'elles ont à supporter. »

Par l'estimation que nous avons faite, dans les mémoires précédents, de l'action de la chaleur solaire sur chaque planète, on a dû remarquer que cette chaleur solaire est en général si peu considérable qu'elle n'a jamais pu produire qu'une très-légère différence sur la densité de chaque planète; car l'action de cette chaleur solaire, qui est faible en elle-même, n'influe sur la densité des matières planétaires qu'à la surface même des

---

1. Sur la *densité de la terre*, voyez la note 2 de la page suivante.
2. Voyez la note de la page 65 et la note 1 de la page 167
3. Voyez la note 1 de la page 35

planètes ; et elle ne peut agir sur la matière qui est dans l'intérieur des globes planétaires, puisque cette chaleur solaire ne peut pénétrer qu'à une très-petite profondeur. Ainsi la densité totale de la masse entière de la planète n'a aucun rapport avec cette chaleur qui lui est envoyée du soleil [1].

Dès lors il me paraît certain que la densité des planètes ne dépend en aucune façon du degré de chaleur qui leur est envoyée du soleil, et qu'au contraire cette densité des planètes doit avoir un rapport nécessaire avec leur vitesse, laquelle dépend d'un autre rapport, qui me paraît immédiat, c'est celui de leur distance au soleil. Nous avons vu que les parties les plus denses se sont moins éloignées que les parties les moins denses, dans le temps de la projection générale. Mercure, qui est composé des parties les plus denses de la matière projetée hors du soleil, est resté dans le voisinage de cet astre ; tandis que Saturne, qui est composé des parties les plus légères de cette même matière projetée, s'en est le plus éloigné. Et comme les planètes les plus distantes du soleil circulent autour de cet astre avec plus de vitesse que les planètes les plus voisines, il s'ensuit que leur densité a un rapport médiat avec leur vitesse, et plus immédiat avec leur distance au soleil. Les distances des six planètes au soleil, sont comme

$$4, \quad 7, \quad 10, \quad 15, \quad 52, \quad 95.$$

Leurs densités comme 2040, 1270, 1000, 730, 292, 184.

Et si l'on suppose les densités [2] en raison inverse des distances, elles seront 2040, 1160, 889½, 660, 210, 159 ; ce dernier rapport entre leurs densités respectives est peut-être plus réel que le premier, parce qu'il me paraît fondé sur la cause physique qui a dû produire la différence de densité dans chaque planète.

ADDITIONS ET CORRECTIONS

A L'ARTICLE QUI A POUR TITRE : GÉOGRAPHIE.

I. — *Sur l'étendue des continents terrestres.*

Page 106 et suivantes, j'ai dit que la ligne « que l'on peut tirer dans la plus grande longueur de l'ancien continent, est d'environ 3,600 lieues [3]. » J'ai entendu des lieues comme on les compte aux environs de Paris, de 2,000 ou 2,100 toises chacune, et qui sont d'environ 27 au degré.

Au reste, dans cet article de géographie générale, j'ai tâché d'apporter l'exactitude que demandent des sujets de cette espèce ; néanmoins il s'y est glissé quelques petites erreurs et quelques négligences. Par exemple, 1° je n'ai pas donné les noms adoptés ou imposés par les Français à plusieurs contrées de l'Amérique ; j'ai suivi en tout les globes anglais faits par Senex, de deux pieds de diamètre, sur lesquels les cartes que j'ai données ont été copiées exactement. Les Anglais sont plus justes que nous à l'égard des nations qui leur sont indifférentes ; ils conservent à chaque pays le nom originaire ou celui que leur a donné le premier qui les a découverts. Au contraire, nous donnons souvent nos noms français à tous les pays où nous abordons, et c'est de là que vient l'obscurité de la nomenclature géographique dans notre langue. Mais comme les lignes qui traversent les deux continents dans leur plus grande longueur sont bien indiquées dans mes cartes par les deux points extrêmes et par plusieurs autres points intermédiaires, dont les noms sont généralement adoptés, il ne peut y avoir sur cela aucune équivoque essentielle.

---

1. Voyez mes notes sur les *Époques de la nature.*
2. Sur la *densité des planètes*, voyez les *Leçons de Cosmographie* de M. Faye, p. 333.
3. Voyez la note de la page 108.

2° J'ai aussi négligé de donner le détail du calcul de la superficie des deux continents, parce qu'il est aisé de le vérifier sur un grand globe. Mais comme on a paru désirer ce calcul, le voici⁴ tel que M. Robert de Vaugondi me l'a remis dans le temps. On verra

a. Calcul de notre continent par lieues géométriques carrées, le degré d'un grand cercle étant de vingt-cinq lieues.

14ᵈ	14ᵈ	14ᵈ	14ᵈ	14ᵈ	
5 E 78,750	8 D 80,937	10½ C 100,625	12° B 113,750	13½ A 120,312½	14ᵈ

CALCUL DE LA MOITIÉ A GAUCHE.

$A \times 3 =$ .... 360,937 ½
$A \times 3\frac{1}{4} =$ .... 421,093 ¾
$B \times 3\frac{1}{4} =$ 398,125
$B \times 4 =$ 455,000
$C \times 2 =$ 201,250
$C \times 3 =$ 301,875
$D \times 1 =$ .... 80,937 ½
$D \times 2 =$ 161,875
$E \times 1 =$ 78,750
$E \times ''\frac{1}{2} =$ 41,250
                                      ――――――――
                                      2,471,092 ¾

CALCUL DE LA MOITIÉ A DROITE.

$A \times 3 =$ .... 360,937 ½
$A \times 1 =$ .... 120,312 ½
$B \times 1 =$ 113,750
$B \times 4\frac{1}{2} =$ .... 492,916 ⅔
$C \times 1 =$ 100,625
$C \times 4\frac{1}{2} =$ .... 436,041 ½
$D \times 1 =$ .... 80,937 ½
$D \times 4\frac{1}{2} =$ 360,729
$E \times 1 =$ 78,750
$E \times 4\frac{1}{2} =$ .... 334,687 ½
                                      ――――――――
                                      2,469,687

De .... 2,471,092 ¾
Otez 2,469,687
Différence .... 1,405 ¾ } qui ne fait presque qu'un degré et demi en carré.

Calcul du continent de l'Amérique, suivant les mêmes mesures que les présentes.

CALCUL DE LA MOITIÉ A GAUCHE.

$D \times 2 =$ 161,965
$C \times 2 =$ 201,250
$B \times 2 =$ 227,500
$A \times ''\frac{1}{2} =$ .... 60,156 ½
$A \times ''\frac{2}{3} =$ .... 80,208 ½
$B \times ''\frac{3}{4} =$ 91,000
$C \times 1\frac{1}{4} =$ .... 125,801 ¼
$D \times 2 =$ 121,706
                                      ――――――――
                                      1,069,286 ¾

CALCUL DE LA MOITIÉ A DROITE.

$D \times 2\frac{1}{3} =$ .... 215,833 ½
$C \times 2\frac{1}{4} =$ .... 225,106 ¼
$A \times ''\frac{1}{2} =$ .... 24,062 ½
$A \times 1\frac{1}{4} =$ 111,375
$B \times 2 =$ 227,500
$C \times 2\frac{1}{2} =$ 218,670
$D \times ''\frac{1}{3} =$ 15,250
                                      ――――――――
                                      1,07?,926 ¼

De .... 1,070,926 ¼
Otez .... 1,069,286 ¾
Différence .... 1,639 ½ qui ne fait que la valeur de 1½ en carré.

Superficie du nouveau continent 2,140,213
Superficie de l'ancien continent 4,940,780

Total .... 7,080,993 lieues carrées.

qu'il en résulte, en effet, que dans la partie qui est à gauche de la ligne de partage, il y a 2,471,092 ½ lieues carrées, et 2,469,687 lieues carrées dans la partie qui est à droite de la même ligne, et que par conséquent l'ancien continent contient en tout environ 4,940,780 lieues carrées, ce qui ne fait pas une cinquième partie de la surface entière du globe.

Et de même, la partie à gauche de la ligne de partage dans le nouveau continent contient 1,069,286 ½ lieues carrées, et celle qui est à droite de la même ligne en contient 1,070,926 ⅟, en tout 2,140,213 lieues environ : ce qui ne fait pas la moitié de la surface de l'ancien continent. Et les deux continents ensemble ne contenant que 7,080,993 lieues carrées, leur superficie ne fait pas à beaucoup près le tiers de la surface totale du globe, qui est environ de 26 millions de lieues carrées [1].

3° J'aurais dû donner la petite différence d'inclinaison qui se trouve entre les deux lignes qui partagent les deux continents ; je me suis contenté de dire qu'elles étaient l'une et l'autre inclinées à l'équateur d'environ 30 degrés et en sens opposés : ceci n'est en effet qu'un environ, celle de l'ancien continent l'étant d'un peu plus de 30 degrés, et celle du nouveau l'étant un peu moins. Si je me fusse expliqué comme je viens de le faire, j'aurais évité l'imputation qu'on m'a faite d'avoir tiré deux lignes d'inégale longueur sous le même angle entre deux parallèles ; ce qui prouverait, comme l'a dit un critique anonyme [a], que je ne sais pas les éléments de la géométrie.

4° J'ai négligé de distinguer la Haute et la Basse-Égypte ; en sorte que dans les pages 108 et 109, il y a une apparence de contradiction : il semble que dans le premier de ces endroits l'Égypte soit mise au rang des terres les plus anciennes, tandis que dans le second je la mets au rang des plus nouvelles. J'ai eu tort de n'avoir pas, dans ce passage, distingué, comme je l'ai fait ailleurs, la Haute-Égypte, qui est en effet une terre très-ancienne, de la Basse-Égypte, qui est au contraire une terre très-nouvelle.

II. — *Sur la forme des continents.*

Voici ce que dit sur la figure des continents l'ingénieux auteur [2] de l'*Histoire philosophique et politique des deux Indes* :

« On croit être sûr aujourd'hui que le nouveau continent n'a pas la moitié de la sur-« face du nôtre ; leur figure, d'ailleurs, offre des ressemblances singulières... Ils « paraissent former comme deux bandes de terre qui partent du pôle arctique, et vont « se terminer au midi, séparées à l'est et à l'ouest par l'océan qui les environne. Quels « que soient et la structure de ces deux bandes, et le balancement ou la symétrie qui « règne dans leur figure, on voit bien que leur équilibre ne dépend pas de leur position : « c'est l'inconstance de la mer qui fait la solidité de la terre. Pour fixer le globe sur « sa base, il fallait, ce me semble, un élément qui, flottant sans cesse autour de notre « planète, pût contre-balancer par sa pesanteur toutes les autres substances, et par sa « fluidité ramener cet équilibre que le combat et le choc des autres éléments auraient « pu renverser. L'eau, par la mobilité de sa nature et par sa gravité tout ensemble, « est infiniment propre à entretenir cette harmonie et ce balancement des parties du « globe autour de son centre...

« Si les eaux qui baignent encore les entrailles du nouvel hémisphère n'en avaient « pas inondé la surface, l'homme y aurait de bonne heure coupé les bois, desséché les « marais, consolidé un sol pâteux..., ouvert une issue aux vents et donné des digues

a. Lettres à un Américain.

1. Voyez la note de la page 108.
2. Raynal.

« aux fleuves; le climat y eût déjà changé. Mais un hémisphère en friche et dépeuplé
« ne peut annoncer qu'un monde récent, lorsque la mer voisine de ces côtes serpente
« encore sourdement dans ses veines *. »

Nous observerons à ce sujet que, quoiqu'il y ait plus d'eau sur la surface de l'Amérique que sur celle des autres parties du monde, on ne doit pas en conclure qu'une mer intérieure soit contenue dans les entrailles de cette nouvelle terre. On doit se borner à inférer de cette grande quantité de lacs, de marais, de larges fleuves, que l'Amérique n'a été peuplée qu'après l'Asie, l'Afrique et l'Europe, où les eaux stagnantes sont en bien moins grande quantité : d'ailleurs, il y a mille autres indices qui démontrent qu'en général on doit regarder le continent de l'Amérique comme une terre nouvelle dans laquelle la nature n'a pas eu le temps d'acquérir toutes ses forces, ni celui de les manifester par une très-nombreuse population.

III. — *Sur les terres australes, page* 111.

J'ajouterai à ce que j'ai dit des terres australes, que depuis quelques années on a fait de nouvelles tentatives pour y aborder et qu'on en a même découvert quelques points après être parti, soit du cap de Bonne-Espérance, soit de l'île de France, mais que ces nouveaux voyageurs ont également trouvé des brumes, de la neige et des glaces dès le 46 ou le 47ᵉ degré. Après avoir conféré avec quelques-uns d'entre eux et ayant pris d'ailleurs toutes les informations que j'ai pu recueillir, j'ai vu qu'ils s'accordent sur ce fait, et que tous ont également trouvé des glaces à des latitudes beaucoup moins élevées qu'on n'en trouve dans l'hémisphère boréal ; ils ont aussi tous également trouvé des brumes à ces mêmes latitudes où ils ont rencontré des glaces, et cela dans la saison même de l'été de ces climats : il est donc très-probable qu'au-delà du 50ᵉ degré on chercherait en vain des terres tempérées dans cet hémisphère austral, où le refroidissement glacial s'est étendu beaucoup plus loin que dans l'hémisphère boréal. La brume est un effet produit par la présence ou par le voisinage des glaces ; c'est un brouillard épais, une espèce de neige très-fine, suspendue dans l'air et qui le rend obscur : elle accompagne souvent les grandes glaces flottantes, et elle est perpétuelle sur les plages glacées.

Au reste, les Anglais ont fait tout nouvellement le tour de la Nouvelle-Hollande et de la Nouvelle-Zélande. Ces terres australes [1] sont d'une étendue plus grande que l'Europe entière : celles de la Zélande sont divisées en plusieurs îles, mais celles de la Nouvelle-Hollande doivent plutôt être regardées comme une partie du continent de l'Asie [2], que comme une île du continent austral ; car la Nouvelle-Hollande n'est séparée que par un petit détroit de la terre des Papous ou Nouvelle-Guinée, et tout l'Archipel, qui s'étend depuis les Philippines vers le sud jusqu'à la terre d'Arnheim dans la Nouvelle-Hollande, et jusqu'à Sumatra et Java, vers l'occident et le midi, paraît autant appartenir à ce continent de la Nouvelle-Hollande, qu'au continent de l'Asie méridionale.

M. le capitaine Cook, qu'on doit regarder comme le plus grand navigateur de ce siècle, et auquel l'on est redevable d'un nombre infini de nouvelles découvertes, a non-seulement donné la carte des côtes de la Zélande et de la Nouvelle-Hollande, mais il a encore reconnu une grande étendue de mer dans la partie australe voisine de l'Amérique : il est parti de la pointe même de l'Amérique le 30 janvier 1769, et il a parcouru un grand

a. Histoire politique et philosophique. Amsterdam, 1772, t. VI, p. 282 et suiv.

1. *Ces terres australes* forment, par leur ensemble, ce qu'on appelle aujourd'hui l'Océanie.

2. Par sa *nature*, la *Nouvelle-Hollande* n'appartient point à l'Asie. (Voyez mes notes sur les *Animaux propres à chacun des deux continents*.)

espace sous le 60e degré, sans avoir trouvé des terres. On peut voir, dans la carte qu'il en a donnée, l'étendue de mer qu'il a reconnue, et sa route démontre que, s'il existe des terres dans cette partie du globe, elles sont fort éloignées du continent de l'Amérique, puisque la Nouvelle-Zélande, située entre le 35e et le 45e degré de latitude, en est elle-même très-éloignée ; mais il faut espérer que quelques autres navigateurs, marchant sur les traces du capitaine Cook, chercheront à parcourir ces mers australes sous le 50e degré, et qu'on ne tardera pas à savoir si ces parages immenses, qui ont plus de deux mille lieues d'étendue, sont des terres ou des mers ; néanmoins je ne présume pas qu'au-delà du 50e degré, les régions australes soient assez tempérées pour que leur découverte pût nous être utile [1].

IV. — *Sur l'invention de la boussole, page 118.*

Au sujet de l'invention de la boussole, je dois ajouter que, par le témoignage des auteurs chinois dont MM. Le Roux et de Guignes ont fait l'extrait, il paraît certain que la propriété qu'a le fer aimanté de se diriger vers les pôles a été très-anciennement connue des Chinois. La forme de ces premières boussoles était une figure d'homme qui tournait sur un pivot et dont le bras droit montrait toujours le midi. Le temps de cette invention, suivant certaines chroniques de la Chine, est 1115 ans avant l'ère chrétienne, et 2700 ans selon d'autres. (Voyez l'*Extrait des Annales de la Chine*, par MM. Le Roux et de Guignes.) Mais malgré l'ancienneté de cette découverte, il ne paraît pas que les Chinois en aient jamais tiré l'avantage de faire de longs voyages.

Homère, dans l'*Odyssée*, dit que les Grecs se servirent de l'aimant pour diriger leur navigation lors du siége de Troie ; et cette époque est à peu près la même que celle des chroniques chinoises. Ainsi l'on ne peut guère douter que la direction de l'aimant vers le pôle, et même l'usage de la boussole pour la navigation, ne soient des connaissances anciennes, et qui datent de trois mille ans au moins [2].

V. — *Sur la découverte de l'Amérique.*

Page 119, sur ce que j'ai dit de la découverte de l'Amérique, un critique, plus judicieux que l'auteur des *Lettres à un Américain*, m'a reproché l'espèce de tort que je fais à la mémoire d'un aussi grand homme que Christophe Colomb : *c'est*, dit-il, *le confondre avec ses matelots, que de penser qu'il a pu croire que la mer s'élevait vers le ciel, et que peut-être l'un et l'autre se touchaient du côté du midi.* Je souscris de bonne grâce à cette critique, qui me paraît juste ; j'aurais dû atténuer ce fait que j'ai tiré de quelque relation ; car il est à présumer que ce grand navigateur devait avoir une notion très-distincte de la figure du globe, tant par ses propres voyages que par ceux des Portugais au cap de Bonne-Espérance et aux Indes orientales. Cependant on sait que Colomb, lorsqu'il fut arrivé aux terres du nouveau continent, se croyait peu éloigné de celles de l'orient de l'Asie : comme l'on n'avait pas encore fait le tour du monde, il ne pouvait en connaître la circonférence et ne jugeait pas la terre aussi étendue qu'elle l'est en effet. D'ailleurs, il faut avouer que ce premier navigateur vers l'occident ne pouvait qu'être étonné de voir qu'au-dessous des Antilles il ne lui était pas possible de gagner les plages de midi, et qu'il était continuellement repoussé : cet obstacle subsiste encore aujourd'hui ; on ne peut aller des Antilles à la Guyane dans

---

1. Voyez, sur le dernier voyage du capitaine Cook, sur celui de La Pérouse, etc., etc., l'Abrégé de la *Géogr. univ.*, de *Malte-brun*, 1818.

2. Date assez exacte. L'Europe doit l'usage de la boussole aux Arabes, qui l'avaient, eux-mêmes, emprunté aux Chinois.

aucune saison, tant les courants sont rapides et constamment dirigés de la Guyane à ces îles. Il faut deux mois pour le retour, tandis qu'il ne faut que cinq ou six jours pour venir de la Guyane aux Antilles ; pour retourner, on est obligé de prendre le large à une très-grande distance du côté de notre continent, d'où l'on dirige sa navigation vers la terre ferme de l'Amérique méridionale. Ces courants rapides et constants de la Guyane aux Antilles sont si violents qu'on ne peut les surmonter à l'aide du vent ; et, comme cela est sans exemple dans la mer Atlantique, il n'est pas surprenant que Colomb qui cherchait à vaincre ce nouvel obstacle, et qui, malgré toutes les ressources de son génie et de ses connaissances dans l'art de la navigation, ne pouvait avancer vers ces plages du midi, n'ait pensé qu'il y avait quelque chose de très-extraordinaire et peut-être une élévation plus grande dans cette partie de la mer que dans aucune autre ; car ces courants de la Guyane aux Antilles coulent réellement avec autant de rapidité que s'ils descendaient d'un lieu plus élevé pour arriver à un endroit plus bas.

Les rivières, dont le mouvement peut causer les courants de Cayenne aux Antilles, sont :

1° Le fleuve des Amazones, dont l'impétuosité est très-grande, l'embouchure large de soixante-dix lieues, et la direction plus au nord qu'au sud.

2° La rivière Ouassa, rapide et dirigée de même, et d'à peu près une lieue d'embouchure.

3° L'Oyapok, encore plus rapide que l'Ouassa et venant de plus loin, avec une embouchure à peu près égale.

4° L'Aprouak, à peu près de même étendue de cours et d'embouchure que l'Ouassa.

5° La rivière Kaw, qui est plus petite, tant de cours que d'embouchure, mais très-rapide, quoiqu'elle ne vienne que d'une savane noyée à vingt-cinq ou trente lieues de la mer.

6° L'Oyak, qui est une rivière très-considérable, qui se sépare en deux branches à son embouchure, pour former l'île de Cayenne : cette rivière Oyak en reçoit une autre à vingt ou vingt-cinq lieues de distance, qu'on appelle l'Oraput, laquelle est très-impétueuse et qui prend sa source dans une montagne de rochers, d'où elle descend par des torrents très-rapides.

7° L'un des bras de l'Oyak se réunit près de son embouchure avec la rivière de Cayenne, et ces deux rivières réunies ont plus d'une lieue de largeur ; l'autre bras de l'Oyak n'a guère qu'une demi-lieue.

8° La rivière de Kourou, qui est très-rapide et qui a plus d'une demi-lieue de largeur vers son embouchure, sans compter le Macousia, qui ne vient pas de loin, mais qui ne laisse pas de fournir beaucoup d'eau.

9° Le Sinamari, dont le lit est assez serré, mais qui est d'une grande impétuosité et qui vient de fort loin.

10° Le fleuve Maroni, dans lequel on a remonté très-haut, quoiqu'il soit de la plus grande rapidité : il a plus d'une lieue d'embouchure, et c'est après l'Amazone le fleuve qui fournit la plus grande quantité d'eau ; son embouchure est nette, au lieu que les embouchures de l'Amazone et de l'Orénoque sont semées d'une grande quantité d'îles.

11° Les rivières de Surinam, de Berbiché et d'Essequebé, et quelques autres jusqu'à l'Orénoque, qui, comme l'on sait, est un fleuve très-grand. Il paraît que c'est de leurs limons accumulés et des terres que ces rivières ont entraînées des montagnes que sont formées toutes les parties basses de ce vaste continent, dans le milieu duquel on ne trouve que quelques montagnes, dont la plupart ont été des volcans, et qui sont trop peu élevées pour que les neiges et les glaces puissent couvrir leurs sommets.

Il paraît donc que c'est par le concours de tous les courants de ce grand nombre de fleuves que s'est formé le courant général de la mer depuis Cayenne aux Antilles, ou plutôt depuis l'Amazone : et ce courant général dans ces parages s'étend peut-être à plus de soixante lieues de distance de la côte orientale de la Guyane.

ADDITIONS

A L'ARTICLE QUI A POUR TITRE : DE LA PRODUCTION DES COUCHES OU LITS DE TERRE.
(Page 420.)

I. — *Sur les couches ou lits de terre en différents endroits.*

Nous avons quelques exemples des fouilles et des puits, dans lesquels on a observé les différentes natures des couches ou lits de terre jusqu'à de certaines profondeurs ; celle du puits d'Amsterdam, qui descendait à 232 pieds, celle du puits de Marly-la-Ville jusqu'à 100 pieds ; et nous pourrions en citer plusieurs autres exemples, si les observateurs étaient d'accord dans leur nomenclature : mais les uns appellent marne ce qui n'est en effet que de l'argile blanche ; les autres nomment cailloux des pierres calcaires arrondies ; ils donnent le nom de sable à du gravier calcaire ; au moyen de quoi l'on ne peut tirer aucun fruit de leurs recherches, ni de leurs longs Mémoires sur ces matières, parce qu'il y a partout incertitude sur la nature des substances dont ils parlent : nous nous bornerons donc aux exemples suivants.

Un bon observateur a écrit à un de mes amis, dans les termes suivants, sur les couches de terre dans le voisinage de Toulon : « Il existe ici, dit-il, un immense dépôt pierreux « qui occupe toute la pente de la chaîne de montagnes que nous avons au nord de la « ville de Toulon, qui s'étend dans la vallée au levant et au couchant, dont une partie « forme le sol de la vallée et va se perdre dans la mer : cette matière lapidifique est « appelée vulgairement saffre, et c'est proprement ce tuf que les naturalistes appellent « *marga tophacea fistulosa*. M. Guettard m'a demandé des éclaircissements sur ce « saffre pour en faire usage dans ses mémoires, et quelques morceaux de cette matière « pour la connaître ; je lui ai envoyé les uns et les autres, et je crois qu'il en a été con- « tent, car il m'en a remercié : il vient même de me marquer qu'il reviendra en Pro- « vence et à Toulon au commencement de mai......... Quoi qu'il en soit, M. Guettard « n'aura rien de nouveau à dire sur ce dépôt, car M. de Buffon a tout dit à ce sujet « dans son premier volume de l'*Histoire naturelle*, à l'article des *Preuves de la Théorie* « *de la terre*, et il semble qu'en faisant cet article il avait sous les yeux les montagnes « de Toulon et leur croupe.

« A la naissance de cette croupe, qui est d'un tuf plus ou moins dur, on trouve dans « de petites cavités du noyau de la montagne quelques mines de très-beau sable, qui « sont probablement ces pelotes dont parle M. de Buffon. En cassant en d'autres endroits « la superficie du noyau, nous trouvons en abondance des coquilles de mer incorporées « avec la pierre....... J'ai plusieurs de ces coquilles dont l'émail est assez bien conservé ; « je les enverrai quelque jour à M. de Buffon [a]. »

M. Guettard, qui a fait par lui-même plus d'observations en ce genre qu'aucun autre naturaliste, s'exprime dans les termes suivants, en parlant des montagnes qui environnent Paris.

« Après la terre labourable, qui n'est tout au plus que de deux ou trois pieds, est

---

[a]. Lettre de M. Bessy à M. Guenaud de Montbeillard. Toulon, 16 avril 1775.

« placé un banc de sable, qui a depuis quatre et six pieds jusqu'à vingt pieds, et souvent
« même jusqu'à trente de hauteur ; ce banc est communément rempli de pierres de la
« nature de la pierre meulière....... Il y a des cantons où l'on rencontre dans ce banc
« sableux des masses de grès isolées.

« Au-dessous de ce sable, on trouve un tuf qui peut avoir depuis dix ou douze jusqu'à
« trente, quarante et même cinquante pieds ; ce tuf n'est cependant pas communément
« d'une seule épaisseur, et il est assez souvent coupé par différents lits de fausse marne,
« de marne glaiseuse, de cos, que les ouvriers appellent tripoli, ou de bonne marne, et
« même de petits bancs de pierres assez dures....... Sous ce banc de tuf commencent
« ceux qui donnent la pierre à bâtir : ces bancs varient par la hauteur ; ils n'ont guère
« d'abord qu'un pied ; il s'en trouve dans des cantons trois ou quatre au-dessus l'un de
« l'autre ; ils en précèdent un qui peut être d'environ dix pieds, et dont les surfaces et
« l'intérieur sont parsemés de noyaux ou d'empreintes de coquilles ; il est suivi d'un
« autre qui peut avoir quatre pieds ; il porte sur un de sept à huit, ou plutôt sur deux
« de trois ou quatre. Après ces bancs il y en a plusieurs autres qui sont petits, et qui
« peuvent former en tout un massif de trois toises au moins ; ce massif est suivi des
« glaises, avant lesquelles cependant on perce un lit de sable.

« Ce sable est rougeâtre et terreux ; il a d'épaisseur deux, deux et demi et trois pieds ;
« il est noyé d'eau ; il a après lui un banc de fausse glaise bleuâtre, c'est-à-dire d'une
« terre glaiseuse mêlée de sable ; l'épaisseur de ce banc peut avoir deux pieds ; celui qui
« le suit est au moins de cinq, et d'une glaise noire, lisse, dont les cassures sont bril-
« lantes presque comme du jayet ; et enfin cette glaise noire est suivie de la glaise
« bleue, qui forme un banc de cinq à six pieds d'épaisseur. Dans ces différentes glaises
« on trouve des pyrites blanchâtres d'un jaune pâle et de différentes figures...... L'eau
« qui se trouve au-dessous de toutes ces glaises empêche de pénétrer plus avant....

« Le terrain des carrières du canton de Moxouris, au haut du faubourg Saint-Mar-
« ceau, est disposé de la manière suivante :

		Pieds.	Pouces.
« 1o La terre labourable, d'un pied d'épaisseur.....................................		1	»
« 2o Le tuf, deux toises.....................................		12	»
« 3o Le sable, deux à trois toises.....................................		18	»
« 4o Des terres jaunâtres, de deux toises.....................................		12	»
« 5o Le tripoli, c'est-à-dire, des terres blanches, grasses, fermes, qui se durcis-			
« sent au soleil et qui marquent, comme la craie, de quatre à cinq toises.		30	»
« 6o Du cailloutage ou mélange de sable gras, de deux toises.................		12	»
« 7o De la roche ou rochette, depuis un pied jusqu'à deux.....................		2	»
« 8o Une espèce de bas-appareil ou qui a peu de hauteur, d'un pied jusqu'à deux.		2	»
« 9o Deux moies de banc blanc, de chacune six, sept à huit pouces...........		1	»
« 10o Le souchet, de dix-huit pouces jusqu'à vingt, en y comprenant son bousin.		1	6
« 11o Le banc franc, depuis quinze, dix-huit, jusqu'à trente pouces............		1	6
« 12o Le Liais férault, de dix à douze pouces.....................................		1	»
« 13o Le banc vert, d'un pied jusqu'à vingt pouces...............................		1	6
« 14o Les lambourdes, qui forment deux bancs, un de dix-huit pouces et l'autre de			
« deux pieds.....................................		3	6
« 15o Plusieurs petits bancs de lambourdes bâtardes ou moins bonnes que les lam-			
« bourdes ci-dessus ; ils précèdent la nappe d'eau ordinaire des puits : cette			
« nappe est celle que ceux qui fouillent la terre à pots sont obligés de			
« passer pour tirer cette terre ou glaise à poterie, laquelle est entre deux			
« eaux, c'est-à-dire, entre cette nappe dont je viens de parler....., et une			
« autre beaucoup plus considérable, qui est au-dessous. »			
En tout................		99	» a.

a. *Mémoires de l'Académie des Sciences*, année 1756

Au reste, je ne rapporte cet exemple que faute d'autres; car on voit combien il laisse d'incertitudes sur la nature des différentes terres. On ne peut donc trop exhorter les observateurs à désigner plus exactement la nature des matières dont ils parlent, et à distinguer au moins celles qui sont vitrescibles ou calcaires, comme dans l'exemple suivant.

Le sol de la Lorraine est partagé en deux grandes zones toutes différentes et bien distinctes : l'orientale, que couvre la chaîne des Vosges, montagnes primitives, toutes composées de matières vitrifiables et cristallisées, granites, porphyres, jaspes et quartz, jetés par blocs et par groupes, et non par lits et par couches. Dans toute cette chaîne on ne trouve pas le moindre vestige de productions marines, et les collines qui en dérivent sont de sable vitrifiable. Quand elles finissent, et sur une lisière suivie dans toute la ligne de leur chute, commence l'autre zone toute calcaire, toute en couches horizontales, toute remplie ou plutôt formée de corps marins. (*Note communiquée à M. de Buffon par M. l'abbé Bexon*, le 15 mars 1777.)

Les bancs et les lits de terre du Pérou sont parfaitement horizontaux et se répondent quelquefois de fort loin dans les différentes montagnes : la plupart de ces montagnes ont deux ou trois cents toises de hauteur, et elles sont presque toujours inaccessibles ; elles sont souvent escarpées comme des murailles, et c'est ce qui permet de voir leurs lits horizontaux dont ces escarpements présentent l'extrémité. Lorsque le hasard a voulu que quelqu'une fût ronde et qu'elle se trouve absolument détachée des autres, chacun de ces lits est devenu comme un cylindre très-plat et comme un cône tronqué qui n'a que très-peu de hauteur, et ces différents lits, placés les uns au-dessous des autres et distingués par leur couleur et par les divers talus de leur contour, ont souvent donné au tout la forme d'un ouvrage artificiel et fait avec la plus grande régularité. On voit dans ces pays-là les montagnes y prendre continuellement l'aspect d'anciens et somptueux édifices, de chapelles, de châteaux, de dômes. Ce sont quelquefois des fortifications formées de longues courtines, munies de boulevards. Il est difficile, en distinguant tous ces objets et la manière dont leurs couches se répondent, de douter que le terrain ne se soit abaissé tout autour ; il paraît que ces montagnes, dont la base était plus solidement appuyée, sont restées comme des espèces de témoins et de monuments qui indiquent la hauteur qu'avait anciennement le sol de ces contrées [a].

La montagne des Oiseaux, appelée en arabe *Gebelteir*, est si égale du haut en bas, l'espace d'une demi-lieue, qu'elle semble plutôt un mur régulier bâti par la main des hommes que non pas un rocher fait ainsi par la nature. Le Nil la touche par un très-long espace, et elle est éloignée de quatre journées et demie du Caire dans l'Égypte supérieure [b].

Je puis ajouter à ces observations une remarque faite par la plupart des voyageurs, c'est que dans les Arabies le terrain est d'une nature très-différente ; la partie la plus voisine du mont Liban n'offre que des rochers tranchés et culbutés, et c'est ce qu'on appelle l'Arabie-Pétrée ; c'est de cette contrée, dont les sables ont été enlevés par le mouvement des eaux, que s'est formé le terrain stérile de l'Arabie-Déserte ; tandis que les limons plus légers et toutes les bonnes terres ont été portées plus loin dans la partie que l'on appelle l'Arabie-Heureuse. Au reste, les revers dans l'Arabie-Heureuse sont, comme partout ailleurs, plus escarpés vers la mer d'Afrique, c'est-à-dire vers l'occident, que vers la mer Rouge, qui est à l'orient.

II. — *Sur la roche intérieure du globe.*

J'ai dit, page 134, que « dans les collines et dans les autres élévations, on reconnaît

a. Bouguer, *Figure de la Terre*, p. 89 et suiv.
b. Voyage du P. Vansleb.

facilement la base sur laquelle portent les rochers; mais qu'il n'en est pas de même des grandes montagnes, que non-seulement leur sommet est de roc vif, de granite, etc., mais que ces rochers portent sur d'autres rochers, à des profondeurs si considérables et dans une si grande étendue de terrain, qu'on ne peut guère s'assurer s'il y a de la terre dessous, et de quelle nature est cette terre; on voit des rochers coupés à pic qui ont plusieurs centaines de pieds de hauteur, ces rochers portent sur d'autres, qui peut-être n'en ont pas moins; cependant ne peut-on pas conclure du petit au grand? et puisque les rochers des petites montagnes dont on voit la base portent sur des terres moins pesantes et moins solides que la pierre, ne peut-on pas croire que la base des hautes montagnes est aussi de terre? »

J'avoue que cette conjecture, tirée de l'analogie, n'était pas assez fondée : depuis trente-quatre ans que cela est écrit, j'ai acquis des connaissances et recueilli des faits qui m'ont démontré que les grandes montagnes, composées de matières vitrescibles et produites par l'action du feu primitif, tiennent immédiatement à la roche intérieure du globe, laquelle est elle-même un roc vitreux de la même nature : ces grandes montagnes en font partie et ne sont que les prolongements ou éminences qui se sont formées à la surface du globe dans le temps de sa consolidation; on doit donc les regarder comme des parties constitutives de la première masse de la terre, au lieu que les collines et les petites montagnes, qui portent sur des argiles ou sur des sables vitrescibles, ont été formées par un autre élément, c'est-à-dire par le mouvement et le sédiment des eaux dans un temps bien postérieur à celui de la formation des grandes montagnes produites par le feu primitif [a]. C'est dans ces pointes ou parties saillantes qui forment le noyau des montagnes que se trouvent les filons des métaux. Et ces montagnes ne sont pas les plus hautes de toutes, quoiqu'il y en ait de fort élevées qui contiennent des mines; mais la plupart de celles où on les trouve sont d'une hauteur moyenne et toutes sont arrangées uniformément, c'est-à-dire par des élévations insensibles qui tiennent à une chaîne de montagnes considérable, et qui sont coupées de temps en temps par des vallées [1].

III. — *Sur la vitrification des matières calcaires.*

J'ai dit, page 137, « que les matières calcaires sont les seules qu'aucun feu connu n'a pu jusqu'à présent vitrifier, et les seules qui semblent à cet égard faire une classe à part, toutes les autres matières du globe pouvant être réduites en verre.

Je n'avais pas fait alors les expériences par lesquelles je me suis assuré depuis que les matières calcaires peuvent, comme toutes les autres, être réduites en verre; il ne faut, en effet, pour cela qu'un feu plus violent que celui de nos fourneaux ordinaires.

a. L'intérieur des différentes montagnes primitives, que j'ai pénétrées par les puits et galeries des mines, à des profondeurs considérables de douze et quinze cents pieds, est partout composé de roc vif vitreux, dans lequel il se trouve de légères anfractuosités irrégulières, d'où il sort de l'eau, des dissolutions vitrioliques et métalliques : en sorte qu'on peut conclure que tout le noyau de ces montagnes est un roc vif, adhérant à la masse primitive du globe, quoique l'on voie sur leur flanc, du côté des vallées, des masses de terre argileuse, des bancs de pierres calcaires, à des hauteurs assez considérables; mais ces masses d'argile et ces bancs calcaires sont des résidus du remblai des concavités de la terre, dans lesquelles les eaux ont creusé les vallées, et qui sont de la seconde époque de la nature. Note communiquée par M. de Grignon, à M. de Buffon, le 6 août 1777.

1. Ce paragraphe est un de ceux qui doivent fixer l'attention du lecteur. Il faut le rapprocher des paragraphes III, IV et V de l'article intitulé : *Additions sur les inégalités de la surface de la terre.* (Voyez la note de la page 353.)

On réduit la pierre calcaire en verre au foyer d'un bon miroir ardent ; d'ailleurs M. Darcet, savant chimiste, a fondu du spath calcaire, sans addition d'aucune autre matière, aux fourneaux à faire de la porcelaine de M. le comte de Lauragais, mais ces opérations n'ont été faites que plusieurs années après la publication de ma *Théorie de la Terre*. On savait seulement que dans les hauts-fourneaux qui servent à fondre la mine de fer, le laitier spumeux, blanc et léger, semblable à de la pierre ponce, qui sort de ces fourneaux lorsqu'ils sont trop échauffés, n'est qu'une matière vitrée qui provient de la castine ou matière calcaire qu'on jette au fourneau pour aider à la fusion de la mine de fer : la seule différence qu'il y ait à l'égard de la vitrification entre les matières calcaires et les matières vitrescibles, c'est que celles-ci sont immédiatement vitrifiées par la violente action du feu, au lieu que les matières calcaires passent par l'état de calcination et forment de la chaux avant de se vitrifier ; mais elles se vitrifient comme les autres, même au feu de nos fourneaux, dès qu'on les mêle avec des matières vitrescibles, surtout avec celles qui, comme l'aubue ou terre limoneuse, coulent le plus aisément au feu. On peut donc assurer, sans craindre de se tromper, que généralement toutes les matières du globe peuvent retourner à leur première origine en se réduisant ultérieurement en verre, pourvu qu'on leur administre le degré de feu nécessaire à leur vitrification.

ADDITIONS ET CORRECTIONS

A L'ARTICLE QUI A POUR TITRE : SUR LES COQUILLAGES ET AUTRES PRODUCTIONS MARINES QU'ON TROUVE DANS L'INTÉRIEUR DE LA TERRE.

I. — *Des coquilles fossiles et pétrifiées.*

Sur ce que j'ai écrit, page 149, au sujet de la Lettre italienne, dans laquelle il est dit que « ce sont les pèlerins et autres qui, dans le temps des croisades, ont rapporté de Syrie les coquilles que nous trouvons dans le sein de la terre en France, etc. », on a pu trouver, comme je le trouve moi-même, que je n'ai pas traité M. de Voltaire assez sérieusement : j'avoue que j'aurais mieux fait de laisser tomber cette opinion que de la relever par une plaisanterie, d'autant que ce n'est pas mon ton, et que c'est peut-être la seule qui soit dans mes écrits. M. de Voltaire est un homme qui, par la supériorité de ses talents, mérite les plus grands égards. On m'apporta cette lettre italienne dans le temps même que je corrigeais la feuille de mon livre où il en est question ; je ne lus cette lettre qu'en partie, imaginant que c'était l'ouvrage de quelque érudit d'Italie qui, d'après ses connaissances historiques, n'avait suivi que son préjugé, sans consulter la nature ; et ce ne fut qu'après l'impression de mon volume sur la *Théorie de la Terre*, qu'on m'assura que la lettre était de M. de Voltaire : j'eus regret alors à mes expressions. Voilà la vérité : je la déclare autant pour M. de Voltaire que pour moi-même et pour la postérité, à laquelle je ne voudrais pas laisser douter de la haute estime que j'ai toujours eue pour un homme aussi rare et qui fait tant d'honneur à son siècle.

L'autorité de M. de Voltaire ayant fait impression sur quelques personnes, il s'en est trouvé qui ont voulu vérifier par elles-mêmes si les objections contre les coquilles avaient quelque fondement, et je crois devoir donner ici l'extrait d'un mémoire qui m'a été envoyé et qui me paraît n'avoir été fait que dans cette vue.

En parcourant différentes provinces du royaume et même de l'Italie, « j'ai vu, dit le P. « Chabenat, des pierres figurées de toutes parts, et dans certains endroits en si grande « quantité, et arrangées de façon qu'on ne peut s'empêcher de croire que ces parties

« de la terre n'aient autrefois été le lit de la mer. J'ai vu des coquillages de toute espèce,
« et qui sont parfaitement semblables à leurs analogues vivants. J'en ai vu de la même
« figure et de la même grandeur : cette observation m'a paru suffisante pour me per-
« suader que tous ces individus étaient de différents âges, mais qu'ils étaient de la
« même espèce. J'ai vu des cornes d'ammon depuis un demi-pouce jusqu'à près de trois
« pieds de diamètre. J'ai vu des pétoncles de toutes grandeurs, d'autres bivalves et des
« univalves également. J'ai vu outre cela des bélemnites, des champignons de mer, etc.
« La forme et la quantité de toutes ces pierres figurées nous prouvent presque invin-
« ciblement qu'elles étaient autrefois des animaux qui vivaient dans la mer. La coquille
« surtout dont elles sont couvertes semble ne laisser aucun doute, parce que, dans
« certaines, elle se trouve aussi luisante, aussi fraîche et aussi naturelle que dans les
« vivants ; si elle était séparée du noyau, on ne croirait pas qu'elle fût pétrifiée. Il n'en
« est pas de même de plusieurs autres pierres figurées que l'on trouve dans cette vaste
« et belle plaine qui s'étend depuis Montauban jusqu'à Toulouse, depuis Toulouse
« jusqu'à Alby et dans les endroits circonvoisins : toute cette vaste plaine est couverte
« de terre végétale depuis l'épaisseur d'un demi-pied jusqu'à deux ; ensuite on trouve
« un lit de gros gravier, de la profondeur d'environ deux pieds ; au-dessous du lit
« de gros gravier est un lit de sable fin, à peu près de la même profondeur ; et au-
« dessous du sable fin, on trouve le roc. J'ai examiné attentivement le gros gravier ; je
« l'examine tous les jours, j'y trouve une infinité de pierres figurées de la même forme
« et de différentes grandeurs. J'y ai vu beaucoup d'holothuries et d'autres pierres de
« forme régulière, et parfaitement ressemblantes. Tout ceci semblait me dire fort intel-
« ligiblement que ce pays-ci avait été anciennement le lit de la mer, qui, par quelque
« révolution soudaine, s'en est retirée et y a laissé ses productions comme dans beaucoup
« d'autres endroits. Cependant je suspendais mon jugement à cause des objections de
« M. de Voltaire. Pour y répondre, j'ai voulu joindre l'expérience à l'observation. »

Le P. Chabenat rapporte ensuite plusieurs expériences pour prouver que les coquilles
qui se trouvent dans le sein de la terre sont de la même nature que celles de la mer.
Je ne les rapporte pas ici, parce qu'elles n'apprennent rien de nouveau, et que personne ne doute de cette identité de nature entre les coquilles fossiles et les coquilles
marines. Enfin le P. Chabenat conclut et termine son mémoire en disant : « On ne
« peut donc pas douter que toutes ces coquilles, qui se trouvent dans le sein de la terre,
« ne soient de vraies coquilles et des dépouilles des animaux de la mer qui couvrait
« autrefois toutes ces contrées, et que par conséquent les objections de M. de Voltaire
« ne soient mal fondées [a] »

II. — Sur les lieux où l'on a trouvé des coquilles.

Page 152. Il me serait facile d'ajouter à l'énumération des amas de coquilles qui
se trouvent dans toutes les parties du monde un très-grand nombre d'observations
particulières qui m'ont été communiquées depuis trente-quatre ans. J'ai reçu des lettres des îles de l'Amérique, par lesquelles on m'assure que presque dans toutes on
trouve des coquilles dans leur état de nature ou pétrifiées dans l'intérieur de la terre,
et souvent sous la première couche de la terre végétale. M. de Bougainville a trouvé
aux îles Malouines des pierres qui se divisent par feuillets, sur lesquelles on remarquait des empreintes de coquilles fossiles d'une espèce inconnue dans ces mers [b]. J'ai

a. Mémoire manuscrit sur les pierres figurées, par le P. Chabenat. Montauban, ce 8
octobre 1773.

b. Voyage autour du Monde, t. I, p. 100.

reçu des lettres de plusieurs endroits des grandes Indes et de l'Afrique, où l'on me marque les mêmes choses. Don Ulloa nous apprend (tome III, p. 314 de son *Voyage*) qu'au Chili, dans le terrain qui s'étend depuis Talca Guano jusqu'à la Conception, l'on trouve des coquilles de différentes espèces en très-grande quantité et sans aucun mélange de terre, et que c'est avec ces coquilles que l'on fait de la chaux. Il ajoute que cette particularité ne serait pas si remarquable, si l'on ne trouvait ces coquilles que dans les lieux bas et dans d'autres parages sur lesquels la mer aurait pu les couvrir ; mais ce qu'il y a de singulier, dit-il, c'est que les mêmes tas de coquilles se trouvent dans les collines à 50 toises de hauteur au-dessus du niveau de la mer. Je ne rapporte pas ce fait comme singulier, mais seulement comme s'accordant avec tous les autres, et comme étant le seul qui me soit connu sur les coquilles fossiles de cette partie du monde, où je suis très-persuadé qu'on trouverait, comme partout ailleurs, des pétrifications marines, à des hauteurs bien plus grandes que 50 toises au-dessus du niveau de la mer ; car le même Don Ulloa a trouvé depuis des coquilles pétrifiées dans les montagnes du Pérou, à plus de 2,000 toises de hauteur ; et, selon M. Kalm, on voit des coquillages, dans l'Amérique septentrionale, sur les sommets de plusieurs montagnes ; il dit en avoir vu lui-même sur le sommet de la montagne Bleue. On en trouve aussi dans les craies des environs de Montréal, dans quelques pierres qui se tirent près du lac Champlain en Canada [a] , et encore dans les parties les plus septentrionales de ce nouveau continent, puisque les Groënlandais croient que le monde a été noyé par un déluge, et qu'ils citent, pour garants de cet événement, les coquilles et les os de baleine qui couvrent les montagnes les plus élevées de leur pays [b].

Si de là on passe en Sibérie, on trouvera également des preuves de l'ancien séjour des eaux de la mer sur tous nos continents. Près de la montagne de Jéniseïk on voit d'autres montagnes moins élevées, sur le sommet desquelles on trouve des amas de coquilles bien conservées dans leur forme et leur couleur naturelles : ces coquilles sont toutes vides, et quelques-unes tombent en poudre dès qu'on les touche ; « la mer de cette contrée n'en fournit plus de semblables » ; les plus grandes ont un pouce de large, d'autres sont très-petites [c].

Mais je puis encore citer des faits qu'on sera bien plus à portée de vérifier : chacun dans sa province n'a qu'à ouvrir les yeux ; il verra des coquilles dans tous les terrains d'où l'on tire de la pierre pour faire de la chaux ; il en trouvera aussi dans la plupart des glaises, quoiqu'en général ces productions marines y soient en bien plus petite quantité que dans les matières calcaires.

Dans le territoire de Dunkerque, au haut de la montagne des Récollets, près celle de Cassel, à 400 pieds du niveau de la basse mer, on trouve un lit de coquillages horizontalement placés et si fortement entassés que la plus grande partie en sont brisés, et par-dessus ce lit, une couche de 7 ou 8 pieds de terre et plus ; c'est à six lieues de distance de la mer, et ces coquilles sont de la même espèce que celles qu'on trouve actuellement dans la mer [d].

Au mont Gannelon près d'Anet, à quelque distance de Compiègne , il y a plusieurs carrières de très-belles pierres calcaires, entre les différents lits desquelles il se trouve du gravier, mêlé d'une infinité de coquilles ou de portions de coquilles marines trèslégères et fort friables : on y trouve aussi des lits d'huîtres ordinaires de la plus belle conservation, dont l'étendue est de plus de cinq quarts de lieue en longueur. Dans

a. *Mémoires de l'Académie des Sciences*, année 1752, p. 194.

b. Voyage de M. Krantz. *Histoire générale des Voyages*, t. XIX, p. 105.

c. Relation de MM. Gmelin et Muller. *Histoire générale des Voyages*, t. XVIII, p. 342.

d. Mémoire pour la subdélégation de Dunkerque, relativement à l'histoire naturelle de ce canton.

l'une de ces carrières, il se trouve trois lits de coquilles dans différents états : dans deux de ces lits, elles sont réduites en parcelles, et on ne peut en reconnaître les espèces, tandis que, dans le troisième lit, ce sont des huîtres qui n'ont souffert d'autre altération qu'une sécheresse excessive : la nature de la coquille, l'émail et la figure, sont les mêmes que dans l'analogue vivant ; mais ces coquilles ont acquis de la légèreté et se détachent par feuillets ; ces carrières sont au pied de la montagne et un peu en pente. En descendant dans la plaine, on trouve beaucoup d'huîtres, qui ne sont ni changées, ni dénaturées, ni desséchées comme les premières ; elles ont le même poids et le même émail que celles que l'on tire tous les jours de la mer [a].

Aux environs de Paris, les coquilles marines ne sont pas moins communes que dans les endroits qu'on vient de nommer. Les carrières de Bougival, où l'on tire de la marne, fournissent une espèce d'huîtres d'une moyenne grandeur : on pourrait les appeler huîtres tronquées, ailées et lisses, parce qu'elles ont le talon aplati et qu'elles sont comme tronquées en devant. Près Belleville, où l'on tire du grès, on trouve une masse de sable dans la terre, qui contient des corps branchus, qui pourraient bien être du corail ou des madrépores devenus grès : ces corps marins ne sont pas dans le sable même, mais dans les pierres qui contiennent aussi des coquilles de différents genres, telles que des vis, des univalves et des bibalves [b].

La Suisse n'est pas moins abondante en corps marins fossiles que la France et les autres contrées dont on vient de parler ; on trouve au mont Pilate, dans le canton de Lucerne, des coquillages de mer pétrifiés, des arêtes et des carcasses de poissons. C'est au-dessous de la Corne du Dôme où l'on en rencontre le plus ; on y a aussi trouvé du corail, des pierres d'ardoise qui se lèvent aisément par feuillets, dans lesquelles on trouve presque toujours un poisson. Depuis quelques années, on a même trouvé des crânes entiers et des mâchoires de poissons garnies de leurs dents [c].

M. Altman observe que dans une des parties les plus élevées des Alpes, aux environs de Grindelwald, où se forment les fameux Gletchers [1], il y a de très-belles carrières de marbre, qu'il a fait graver sur une des planches qui représentent ces montagnes. Ces carrières de marbre ne sont qu'à quelques pas de distance du Gletcher ; ces marbres sont de différentes couleurs : il y en a du jaspé, du blanc, du jaune, du rouge, du vert ; on transporte l'hiver ces marbres sur des traîneaux, par-dessus les neiges, jusqu'à Underseen, où on les embarque pour les mener à Berne par le lac de Thoune, et ensuite par la rivière d'Aar [d] ; ainsi les marbres et les pierres calcaires se trouvent, comme l'on voit, à une très-grande hauteur dans cette partie des Alpes.

M. Cappeler, en faisant des recherches sur le mont Grimsel (dans les Alpes), a observé que les collines et monts peu élevés qui confinent aux vallées sont en bonne partie composés de pierre de taille ou pierre mollasse, d'un grain plus ou moins fin et plus ou moins serré. Les sommités des monts sont composées, pour la plupart, de pierres à chaux de différentes couleurs et dureté : les montagnes plus élevées que ces rochers calcaires, sont composées de granites et d'autres pierres qui paraissent tenir de la nature du granite et de celle de l'émeri. C'est dans ces pierres graniteuses que se fait la première génération du cristal de roche, au lieu que, dans les bancs de pierre à chaux qui sont au-dessous, l'on ne trouve que des concrétions calcaires et des spaths. En général, on a remarqué sur toutes les coquilles, soit fossiles, soit pétrifiées, qu'il

a. Extrait d'une lettre de M. Leschevin à M. de Buffon. Compiègne, le 8 octobre 1772.

b. Mémoire de M. Guettard. *Académie des Sciences*, année 1764, p. 192.

c. Promenade au mont Pilate. *Journal étranger*, mois de mars 1756.

d. *Essai de la description des Alpes glaciales*, par M. Altman.

1. Ou *Glaciers*.

y a certaines espèces qui se rencontrent constamment ensemble, tandis que d'autres ne se trouvent jamais dans ces mêmes endroits. Il en est de même dans la mer, où certaines espèces de ces animaux testacés se tiennent constamment ensemble, de même que certaines plantes croissent toujours ensemble à la surface de la terre ".

On a prétendu trop généralement qu'il n'y avait point de coquilles ni d'autres productions de la mer sur les plus hautes montagnes. Il est vrai qu'il y a plusieurs sommets et un grand nombre de pics qui ne sont composés que de granites et de roches vitrescibles dans lesquels on n'aperçoit aucun mélange, aucune empreinte de coquilles ni d'aucun autre débris de productions marines; mais il y a un bien plus grand nombre de montagnes, et même quelques-unes fort élevées, où l'on trouve de ces débris marins. M. Costa, professeur d'anatomie et de botanique en l'Université de Perpignan, a trouvé, en 1774, sur la montagne de Nas, située au midi de la Cerdagne espagnole, l'une des plus hautes parties des Pyrénées, à quelques toises au-dessous du sommet de cette montagne, une très-grande quantité de pierres lenticulées, c'est-à-dire des blocs composés de pierres lenticulaires, et ces blocs étaient de différentes formes et de différents volumes; les plus gros pouvaient peser quarante ou cinquante livres. Il a observé que la partie de la montagne où ces pierres lenticulaires se trouvent, semblait s'être affaissée; il vit en effet dans cet endroit une dépression irrégulière, oblique, très-inclinée à l'horizon, dont une des extrémités regarde le haut de la montagne, et l'autre le bas. Il ne put apercevoir distinctement les dimensions de cet affaissement à cause de la neige qui le recouvrait presque partout, quoique ce fût au mois d'août. Les bancs de pierres qui environnent ces pierres lenticulées, ainsi que ceux qui sont immédiatement au-dessous, sont calcaires jusqu'à plus de cent toises toujours en descendant : cette montagne de Nas, à en juger par le coup d'œil, semble aussi élevée que le Canigou; elle ne présente nulle part aucune trace de volcan.

Je pourrais citer cent et cent autres exemples de coquilles marines trouvées dans une infinité d'endroits, tant en France que dans les différentes provinces de l'Europe; mais ce serait grossir inutilement cet ouvrage de faits particuliers déjà trop multipliés, et dont on ne peut s'empêcher de tirer la conséquence très-évidente, que nos terres actuellement habitées ont autrefois été, et pendant fort longtemps, couvertes par les mers.

Je dois seulement observer, et on vient de le voir, qu'on trouve ces coquilles marines dans des états différents : les unes pétrifiées, c'est-à-dire moulées sur une matière pierreuse, et les autres dans leur état naturel, c'est-à-dire telles qu'elles existent dans la mer. La quantité de coquilles pétrifiées, qui ne sont proprement que des pierres figurées par les coquilles, est infiniment plus grande que celle des coquilles fossiles, et ordinairement on ne trouve pas les unes et les autres ensemble ni même dans les lieux contigus. Ce n'est guère que dans le voisinage et à quelques lieues de distance de la mer que l'on trouve des lits de coquilles dans leur état de nature, et ces coquilles sont communément les mêmes que dans les mers voisines : c'est au contraire dans les terres plus éloignées de la mer et sur les plus hautes collines que l'on trouve presque partout des coquilles pétrifiées, dont un grand nombre d'espèces n'appartiennent point à nos mers, et dont plusieurs même n'ont aucun analogue vivant : ce sont ces espèces anciennes dont nous avons parlé, qui n'ont existé que dans les temps de la grande chaleur du globe. De plus de cent espèces de cornes d'ammon que l'on pourrait compter, dit un de nos savants académiciens, et qui se trouvent en France aux environs de Paris, de Rouen, de Dive, de Langres et de Lyon, dans les Cévennes, en Provence et en Poitou, en Angleterre, en

<hr>

a. *Lettres philosophiques* de M. Bourguet. *Bibliothèque raisonnée*, mois d'avril, mai et juin 1730.

Allemagne et dans d'autres contrées de l'Europe, il n'y en a qu'une seule espèce nommée *nautilus papyraceus* qui se trouve dans nos mers, et cinq à six espèces qui naissent dans les mers étrangères *a*.

III. — *Sur les grandes volutes appelées cornes d'ammon, et sur quelques grands ossements d'animaux terrestres.*

J'ai dit, page 154, « qu'il est à croire que les cornes d'ammon et quelques autres espèces qu'on trouve pétrifiées, et dont on n'a pas encore trouvé les analogues vivants, demeurent toujours dans le fond des hautes mers, et qu'elles ont été remplies du sédiment pierreux dans le lieu même où elles étaient; qu'il peut se faire aussi qu'il y ait eu de certains animaux dont l'espèce a péri, et que ces coquillages pourraient être du nombre; que les os fossiles extraordinaires qu'on trouve en Sibérie, au Canada, en Irlande et dans plusieurs autres endroits, semblent confirmer cette conjecture; car, jusqu'ici, on ne connaît pas d'animal à qui on puisse attribuer ces os qui, pour la plupart, sont d'une grandeur et d'une grosseur démesurée. »

J'ai deux observations essentielles à faire sur ce passage : la première, c'est que ces cornes d'ammon, qui paraissent faire un genre plutôt qu'une espèce[1] dans la classe des animaux à coquilles, tant elles sont différentes les unes des autres par la forme et la grandeur, sont réellement les dépouilles d'autant d'espèces qui ont péri et ne subsistent plus[2]; j'en ai vu de si petites qu'elles n'avaient pas une ligne, et d'autres si grandes qu'elles avaient plus de trois pieds de diamètre : des observateurs dignes de foi m'ont assuré en avoir vu de beaucoup plus grandes encore, et, entre autres, une de huit pieds de diamètre sur un pied d'épaisseur. Ces différentes cornes d'ammon paraissent former des espèces distinctement séparées; les unes sont plus, les autres moins aplaties; il y en a de plus ou de moins cannelées, toutes spirales, mais différemment terminées tant à leur centre qu'à leurs extrémités; et ces animaux, si nombreux autrefois, ne se trouvent plus dans aucune de nos mers; ils ne nous sont connus que par leurs dépouilles, dont je ne puis mieux représenter le nombre immense que par un exemple que j'ai tous les jours sous les yeux. C'est dans une minière de fer en grain près d'Étivey, à trois lieues de mes forges de Buffon, minière qui est ouverte il y a plus de cent cinquante ans, et dont on a tiré depuis ce temps tout le minerai qui s'est consommé à la forge d'Aisy; c'est là, dis-je, que l'on voit une si grande quantité de ces cornes d'ammon entières et en fragments, qu'il semble que la plus grande partie de la minière a été modelée dans ces coquilles. La mine de Conflans, en Lorraine, qui se traite au fourneau de Saint-Loup, en Franche-Comté, n'est de même composée que de bélemnites et de cornes d'ammon : ces dernières coquilles ferrugineuses sont de grandeurs si différentes qu'il y en a du poids, depuis un gros jusqu'à deux cents livres *b*. Je pourrais citer d'autres endroits où elles sont également abondantes. Il en est de même des bélemnites, des pierres lenticulaires et de quantité d'autres coquillages dont on ne retrouve point aujourd'hui les analogues vivants dans aucune région de la mer, quoiqu'elles soient presque universellement répandues sur la surface entière de la terre. Je suis persuadé que toutes ces espèces, qui n'existent plus, ont autrefois subsisté pendant tout le temps que la tempé-

a. Mémoires de l'Académie des Sciences, année 1722, p. 242.

b. Mémoires de physique de M. de Grignon, p. 378.

1. Les *ammonites* ou *cornes d'ammon* font, en effet, un *genre*, et qui compte aujourd'hui plus de 300 espèces. Il est vrai que le nombre de ces espèces sera peut-être réduit d'un tiers, lorsque, comme le remarque très-bien M. Al. D'Orbigny, on aura fait la part des différences qui ne doivent être attribuées qu'aux différents âges de chaque individu.

2. Le *genre* entier des *ammonites* est, en effet, *fossile*.

rature du globe et des eaux de la mer était plus chaude qu'elle ne l'est aujourd'hui, et qu'il pourra de même arriver, à mesure que le globe se refroidira, que d'autres espèces actuellement vivantes cesseront de se multiplier et périront, comme ces premières ont péri, par le refroidissement.

La seconde observation, c'est que quelques-uns de ces ossements énormes, que je croyais[1] appartenir à des animaux inconnus, et dont je supposais les espèces perdues, nous ont paru néanmoins, après les avoir scrupuleusement examinés, appartenir à l'espèce de l'éléphant et à celle de l'hippopotame; mais, à la vérité, à des éléphants et des hippopotames plus grands que ceux du temps présent. Je ne connais dans les animaux terrestres qu'une seule espèce perdue[2], c'est celle de l'animal[3] dont j'ai fait dessiner les dents molaires avec leurs dimensions[4]; les autres grosses dents et grands ossements que j'ai pu recueillir ont appartenu à des éléphants et à des hippopotames.

ADDITIONS

A L'ARTICLE QUI A POUR TITRE : DES INÉGALITÉS DE LA SURFACE DE LA TERRE.

I. — *Sur la hauteur des montagnes.*

Nous avons dit, page 169, que « les plus hautes montagnes du globe sont les Cordillères[5], en Amérique, surtout dans la partie de ces montagnes qui est située sous l'équateur et entre les tropiques. » Nos mathématiciens envoyés au Pérou et quelques autres observateurs en ont mesuré les hauteurs au-dessus du niveau de la mer du Sud, les uns géométriquement, les autres par le moyen du baromètre, qui, n'étant pas sujet à de grandes variations dans ce climat, donne une mesure presque aussi exacte que celle de la trigonométrie. Voici le résultat de leurs observations.

HAUTEUR DES MONTAGNES LES PLUS ÉLEVÉES DE LA PROVINCE DE QUITO AU PÉROU.

	Toises.
Cota-catché, au nord de Quito	2,570
Cayambé-orcou, sous l'équateur	3,030
Pitchincha, volcan en 1539, 1577 et 1660	2,430
Antisana, volcan en 1590	3,020
Sinchoulogoa, volcan en 1660	2,570
Illinica, présumé volcan	2,717
Coto-Paxi, volcan en 1533, 1742 et 1744	2 950
Chimboraço, volcan : on ignore l'époque de son éruption	3.220
Cargavi-Raso, volcan écroulé en 1698	2,450
Touzourazoa, volcan en 1641	2,620
El-altar, l'une des montagnes appelées *Coillanes*	2,730
Sanguaï, volcan actuellement enflammé depuis 1728	2,680

1. Quand il *croyait* cela, Buffon avait raison. Ces *ossements énormes* appartiennent, pour la plupart, à des *animaux* dont les *genres* même sont *inconnus*: ils appartiennent tous à des *espèces perdues*. Les *éléphants* et les *hippopotames* fossiles sont très-différents des *éléphants* et des *hippopotames* vivants, mais ce qui est à remarquer, par rapport à une autre vue de Buffon, ils ne sont pas toujours plus *grands*. (Voyez mes notes sur les *Époques de la nature*.)

2. C'est de cette *seule espèce*, démontrée *perdue* par Buffon, qu'est parti Cuvier pour reconnaître ce nombre d'*espèces perdues*, déjà immense, et qui s'accroît sans cesse.

3. Cet animal est le *mastodonte*. (Voyez mes notes sur les *Époques de la nature*.)

4. Voyez ces *dents* représentées dans une des planches jointes aux *Notes justificatives* des *Époques de la nature*.

5. Voyez la note de la page 165.

En comparant ces mesures des montagnes de l'Amérique méridionale avec celles de notre continent, on verra qu'elles sont, en général, élevées d'un quart de plus que celles de l'Europe, et que presque toutes ont été ou sont encore des volcans embrasés, tandis que celles de l'intérieur de l'Europe, de l'Asie et de l'Afrique, même celles qui sont les plus élevées, sont tranquilles depuis un temps immémorial. Il est vrai que dans plusieurs de ces dernières montagnes on reconnaît assez évidemment l'ancienne existence des volcans, tant par les précipices dont les parois sont noires et brûlées que par la nature des matières qui environnent ces précipices, et qui s'étendent sur la croupe de ces montagnes; mais comme elles sont situées dans l'intérieur des continents, et maintenant très-éloignées des mers, l'action de ces feux souterrains, qui ne peut produire de grands effets que par le choc de l'eau, a cessé lorsque les mers se sont éloignées; et c'est par cette raison que dans les Cordillères, dont les racines bordent pour ainsi dire la mer du Sud, la plupart des pics sont des volcans actuellement agissants, tandis que depuis très-longtemps les volcans d'Auvergne, du Vivarais, du Languedoc et ceux d'Allemagne, de la Suisse, etc., en Europe, ceux du mont Ararat, en Asie, et ceux du mont Atlas, en Afrique, sont absolument éteints.

La hauteur à laquelle les vapeurs se glacent est d'environ 2,400 toises sous la zone torride, et, en France, de 1,500 toises de hauteur; les cimes des hautes montagnes surpassent quelquefois cette ligne de 8 à 900 toises, et toute cette hauteur est couverte de neiges qui ne fondent jamais : les nuages (qui s'élèvent le plus haut) ne les surpassent ensuite que de 3 à 400 toises, et n'excèdent par conséquent le niveau des mers que d'environ 3,600 toises : ainsi, s'il y avait des montagnes plus hautes encore, on leur verrait, sous la zone torride, une ceinture de neige à 2,400 toises au-dessus de la mer, qui finirait à 3,500 ou 3,600 toises, non par la cessation du froid, qui devient toujours plus vif à mesure qu'on s'élève, mais parce que les vapeurs n'iraient pas plus haut *a*.

M. de Keralio, savant physicien, a recueilli toutes les mesures prises par différentes personnes sur la hauteur des montagnes dans plusieurs contrées.

En Grèce, M. Bernoulli a déterminé la hauteur de l'Olympe à 1,017 toises; ainsi la neige n'y est pas constante, non plus que sur le Pélion en Thessalie, le Cathadylium et le Cyllenou; la hauteur de ces monts n'atteint pas le degré de la glace. M. Bouguer donne 2,500 toises de hauteur au pic de Ténériffe, dont le sommet est toujours couvert de neige. L'Etna, les monts norvégiens, l'Hémus, l'Athos, l'Atlas, le Caucase, et plusieurs autres, tels que le mont Ararat, le Taurus, le Libanon, sont en tout temps couverts de neige à leurs sommets.

	Toises.
Selon Pontoppidan, les plus hauts monts de Norvège, ont......	3,000

Nota. Cette mesure, ainsi que la suivante, ne paraissent exactes.

Selon M. Brovallius, les plus hauts monts de Suède ont........	2,333

SELON LES MÉMOIRES DE L'ACADÉMIE ROYALE DES SCIENCES (ANNÉE 1718) LES PLUS HAUTES MONTAGNES DE FRANCE SONT LES SUIVANTES :

Le Cantal..	984
Le mont Ventoux.......................................	1,036
Le Canigou des Pyrénées...............................	1,441
Le Mousset..	1,253
Le Saint-Barthélemy...................................	1,184
Le mont d'Or en Auvergne, volcan éteint...............	1,048

a. *Mémoires de l'Académie des Sciences,* année 1744.

SELON M. NEEDHAM, LES MONTAGNES DE SAVOIE ONT EN HAUTEUR :

Le couvent du grand Saint-Bernard	1,241
Le Roc au sud-ouest de ce mont	1,274
Le mont Saxène	1,282
L'Allée-Blanche	1,249
Le mont Tourné	1,683
Selon M. Facio de Duiller, le Mont-Blanc ou la Montagne maudite a	2,213

Il est certain que les principales montagnes de Suisse sont plus hautes que celles de France, d'Espagne, d'Italie et d'Allemagne : plusieurs savants ont déterminé comme il suit la hauteur de ces montagnes.

Suivant M. Mikhéli, la plupart de ces montagnes, comme le Grimselberg, le Wetterhorn, le Schrekhorn, l'Eighess-schnéeberg, le Ficherhorn, le Stroubel, le Fourke, le Loukmanier, le Crispalt, le Mougle, la cime du Baduts et du Gothard, ont de 2,400 à 2,750 toises de hauteur au-dessus du niveau de la mer; mais je soupçonne que ces mesures données par M. Mikhéli sont trop fortes, d'autant qu'elles excèdent de moitié celles qu'ont données MM. Cassini, Scheuchzer et Mariotte, qui pourraient bien être trop faibles, mais non pas à cet excès : et ce qui fonde mon doute, c'est que, dans les régions froides et tempérées où l'air est toujours orageux, le baromètre est sujet à trop de variations, même inconnues des physiciens, pour qu'ils puissent compter sur les résultats qu'il présente.

II. — *Sur la direction des montagnes.*

J'ai dit, page 170, que « la direction des grandes montagnes est du nord au sud en Amérique, et d'occident en orient dans l'ancien continent ». Cette dernière assertion doit être modifiée, car, quoiqu'il paraisse au premier coup d'œil qu'on puisse suivre les montagnes de l'Espagne jusqu'à la Chine en passant des Pyrénées en Auvergne, aux Alpes, en Allemagne, en Macédoine, au Caucase, et autres montagnes de l'Asie jusqu'à la mer de Tartarie, et quoiqu'il semble de même que le mont Atlas partage d'occident en orient le continent de l'Afrique, cela n'empêche pas que le milieu de cette grande presqu'île ne soit une chaîne continue de hautes montagnes qui s'étend depuis le mont Atlas aux monts de la Lune, et des monts de la Lune jusqu'aux terres du cap de Bonne-Espérance; en sorte que l'Afrique doit être considérée comme composée de montagnes qui en occupent le milieu dans toute sa longueur, et qui sont disposées du nord au sud et dans la même direction que celles de l'Amérique. Les parties de l'Atlas qui s'étendent depuis le milieu et des deux côtés vers l'occident et vers l'orient, ne doivent être considérées que comme des branches de la chaîne principale; il en sera de même de la partie des monts de la Lune qui s'étend vers l'occident et vers l'orient : ce sont des montagnes collatérales de la branche principale qui occupe l'intérieur, c'est-à-dire le milieu de l'Afrique, et, s'il n'y a point de volcans dans cette prodigieuse étendue de montagnes, c'est parce que la mer est des deux côtés fort éloignée du milieu de cette vaste presqu'île, tandis qu'en Amérique la mer est très-voisine du pied des hautes montagnes, et qu'au lieu de former le milieu de la presqu'île de l'Amérique méridionale, elles sont au contraire toutes situées à l'occident, et que l'étendue des basses terres est en entier du côté de l'orient.

La grande chaîne des Cordillères n'est pas la seule, dans le nouveau continent, qui soit dirigée du nord au sud; car dans le terrain de la Guyane, à environ cent cinquante lieues de Cayenne, il y a aussi une chaîne d'assez hautes montagnes qui court également du nord au sud; cette montagne est si escarpée du côté qui regarde Cayenne, qu'elle est pour ainsi dire inaccessible; ce revers à-plomb de la chaîne de montagnes semble indiquer qu'il y a de l'autre côté une pente douce, et une bonne terre : aussi la tradition du pays, ou plutôt le témoignage des Espagnols, est qu'il y a au delà de cette montagne des nations de sauvages réunis en assez grand nombre ; on a dit aussi qu'il y avait une mine d'or dans ces montagnes et un lac où l'on trouvait des paillettes d'or, mais ce fait ne s'est pas confirmé.

En Europe, la chaîne de montagnes, qui commence en Espagne, passe en France, en Allemagne et en Hongrie, se partage en deux grandes branches, dont l'une s'étend en Asie par les montagnes de la Macédoine, du Caucase, etc., et l'autre branche passe de la Hongrie dans la Pologne, la Russie, et s'étend jusqu'aux sources du Volga et du Borysthène ; et, se prolongeant encore plus loin, elle gagne une autre chaîne de montagnes en Sibérie qui aboutit enfin à la mer du Nord à l'occident du fleuve Oby. Ces chaînes de montagnes doivent être regardées comme un sommet presque continu, dans lequel plusieurs grands fleuves prennent leurs sources : les uns, comme le Tage, la Doure en Espagne, la Garonne, la Loire en France, le Rhin en Allemagne, se jettent dans l'Océan ; les autres, comme l'Oder, la Vistule, le Niemen, se jettent dans la mer Baltique ; enfin d'autres fleuves, comme la Doine, tombent dans la mer Blanche, et le fleuve Petzora dans la mer Glaciale. Du côté de l'orient, cette même chaîne de montagnes donne naissance à l'Yeucar et l'Èbre en Espagne, au Rhône en France, au Pô en Italie qui tombent dans la mer Méditerranée ; au Danube et au Don qui se perdent dans la mer Noire, et enfin au Volga qui tombe dans la mer Caspienne.

Le sol de la Norvége est plein de rochers et de groupes de montagnes. Il y a cependant des plaines fort unies de six, huit et dix milles d'étendue. La direction des montagnes n'est point à l'ouest ou l'est, comme celle des autres montagnes de l'Europe ; elles vont au contraire, comme les Cordillères, du sud au nord [a].

Dans l'Asie méridionale, depuis l'île de Ceylan et le cap Comorin, il s'étend une chaîne de montagnes qui sépare le Malabar de Coromandel, traverse le Mogol, regagne le mont Caucase, se prolonge dans le pays des Kalmouks et s'étend jusqu'à la mer du Nord à l'occident du fleuve Irtis. On en trouve une autre qui s'étend de même du nord au sud jusqu'au cap Razalgat en Arabie, et qu'on peut suivre à quelque distance de la mer Rouge jusqu'à Jérusalem : elle environne l'extrémité de la mer Méditerranée et la pointe de la mer Noire, et de là s'étend par la Russie jusqu'au même point de la mer du Nord.

On peut aussi observer que les montagnes de l'Indostan et celles de Siam courent du sud au nord, et vont également se réunir aux rochers du Thibet et de la Tartarie. Ces montagnes offrent de chaque côté des saisons différentes : à l'ouest on a six mois de pluie, tandis qu'on jouit à l'est du plus beau soleil [b].

Toutes les montagnes de Suisse, c'est-à-dire celles de la Vallésie et des Grisons, celles de la Savoie, du Piémont et du Tyrol, forment une chaîne qui s'étend du nord au sud jusqu'à la Méditerranée. Le mont Pilate, situé dans le canton de Lucerne, à peu près dans le centre de la Suisse, forme une chaîne d'environ quatorze lieues qui s'étend du nord au sud jusque dans le canton de Berne.

On peut donc dire qu'en général les plus grandes éminences du globe sont disposées du nord au sud, et que celles qui courent dans d'autres directions ne doivent être regardées que comme des branches collatérales de ces premières montagnes ; et c'est en partie par cette disposition des montagnes primitives, que toutes les pointes des continents se présentent dans la direction du nord au sud, comme on le voit à la pointe de l'Afrique, à celle de l'Amérique, à celle de Californie, à celle du Groënland, au cap Comorin, à Sumatra, à la Nouvelle-Hollande, etc., ce qui paraît indiquer, comme

a. Histoire naturelle de Norwège, par Pontoppidan. *Journal étranger*, mois d'août 1755.
b. *Histoire philosophique et politique*, t. II, p. 46.

nous l'avons déjà dit, que toutes les eaux sont venues en plus grande quantité du pôle austral que du pôle boréal.

Si l'on consulte une nouvelle mappemonde dans laquelle on a représenté autour du pôle arctique toutes les terres des quatre parties du monde, à l'exception d'une pointe de l'Amérique, et autour du pôle antarctique, toutes les mers et le peu de terres qui composent l'hémisphère pris dans ce sens, on reconnaîtra évidemment qu'il y a eu beaucoup plus de bouleversements dans ce second hémisphère que dans le premier, et que la quantité des eaux y a toujours été et y est encore bien plus considérable que dans notre hémisphère. Tout concourt donc à prouver que les plus grandes inégalités du globe se trouvent dans les parties méridionales, et que la direction la plus générale des montagnes primitives est du nord au sud plutôt que d'orient en occident dans toute l'étendue de la surface du globe.

III. — *Sur la formation des montagnes.*

Toutes les vallées et tous les vallons de la surface de la terre, ainsi que toutes les montagnes et collines, ont eu deux causes primitives : la première est le feu, et la seconde l'eau. Lorsque la terre a pris sa consistance, il s'est élevé à sa surface un grand nombre d'aspérités, il s'est fait des boursouflures comme dans un bloc de verre ou de métal fondu : cette première cause a donc produit les premières et les plus hautes montagnes qui tiennent par leur base à la roche intérieure du globe, et sous lesquelles, comme partout ailleurs, il a dû se trouver des cavernes qui se sont affaissées en différents temps ; mais sans considérer ce second événement de l'affaissement des cavernes, il est certain que, dans le premier temps où la surface de la terre s'est consolidée, elle était sillonnée partout de profondeurs et d'éminences uniquement produites par l'action du premier refroidissement. Ensuite lorsque les eaux se sont dégagées de l'atmosphère, ce qui est arrivé dès que la terre a cessé d'être brûlante au point de les rejeter en vapeurs, ces mêmes eaux ont couvert toute la surface de la terre actuellement habitée jusqu'à la hauteur de deux mille toises ; et pendant leur long séjour sur nos continents, le mouvement du flux et du reflux et celui des courants ont changé la disposition et la forme des montagnes et des vallées primitives. Ces mouvements auront formé des collines dans les vallées ; ils auront recouvert et environné de nouvelles couches de terre le pied et les croupes des montagnes, et les courants auront creusé des sillons, des vallons dont tous les angles se correspondent : c'est à ces deux causes, dont l'une est bien plus ancienne que l'autre, qu'il faut rapporter la forme extérieure que nous présente la surface de la terre [1]. Ensuite, lorsque les mers se sont abaissées, elles ont produit des escarpements du côté de l'occident où elles s'écoulaient le plus rapidement, et ont laissé des pentes douces du côté de l'orient.

Les éminences qui ont été formées par le sédiment et les dépôts de la mer ont une structure bien différente de celles qui doivent leur origine au feu primitif : les premières sont toutes disposées par couches horizontales et contiennent une infinité de productions marines ; les autres, au contraire, ont une structure moins régulière et ne renferment aucun indice de productions de la mer ; ces montagnes de première et de seconde formation n'ont rien de commun que les fentes perpendiculaires qui se trouvent dans les unes comme dans les autres, mais ces fentes sont un effet commun de

---

1. Cet article, et les deux suivants, sont singulièrement remarquables. On peut les regarder comme le résumé le plus net de l'ensemble des idées de Buffon sur les *changements du globe*. Buffon y pose clairement les deux causes (*dont l'une est bien plus ancienne que l'autre*) qui ont produit ces grands *changements*. Trente-quatre ans de méditations et d'études avaient complété et mûri ses vues : l'auteur de la *Théorie de la terre* était devenu l'auteur des *Époques de la nature*.

deux causes bien différentes. Les matières vitrescibles, en se refroidissant, ont diminué de volume et se sont par conséquent fendues de distance en distance; celles qui sont composées de matières calcaires amenées par les eaux se sont fendues par le desséchement.

J'ai observé plusieurs fois, sur les collines isolées, que le premier effet des pluies est de dépouiller peu à peu leur sommet et d'en entraîner les terres qui forment au pied de la colline une zone uniforme et très-épaisse de bonne terre, tandis que le sommet est devenu chauve et dépouillé dans son contour : voilà l'effet que produisent et doivent produire les pluies, mais une preuve qu'il y a eu une autre cause qui avait précédemment disposé les matières autour de la colline, c'est que dans toutes, et même dans celles qui sont isolées, il y a toujours un côté où le terrain est meilleur; elles sont escarpées d'une part et en pente douce de l'autre, ce qui prouve l'action et la direction du mouvement des eaux d'un côté plus que de l'autre.

IV. — *Sur la dureté que certaines matières acquièrent par le feu aussi bien que par l'eau.*

J'ai dit page 174, « qu'on trouve dans les grès des espèces de clous d'une matière métallique, noirâtre, qui paraît avoir été fondue à un feu très-violent ». Cela semble indiquer que les grandes masses de grès doivent leur origine à l'action du feu primitif. J'avais d'abord pensé que cette matière ne devait sa dureté et la réunion de ses parties qu'à l'intermède de l'eau ; mais je me suis assuré depuis que l'action du feu produit le même effet, et je puis citer sur cela des expériences qui d'abord m'ont surpris et que j'ai répétées assez souvent pour n'en pouvoir douter.

Expériences.

J'ai fait broyer des grès de différents degrés de dureté, et je les ai fait tamiser en poudre plus ou moins fine pour m'en servir à couvrir les cémentations dont je me sers pour convertir le fer en acier : cette poudre de grès répandue sur le cément, et amoncelée en forme de dôme de trois ou quatre pouces d'épaisseur, sur une caisse de trois pieds de longueur et deux pieds de largeur, ayant subi l'action d'un feu violent dans mes fourneaux d'aspiration pendant plusieurs jours et nuits de suite sans interruption, n'était plus de la poussière de grès, mais une masse solide que l'on était obligé de casser pour découvrir la caisse qui contenait le fer converti en acier boursouflé ; en sorte que l'action du feu sur cette poudre de grès en a fait des masses aussi solides que le grès de médiocre qualité qui ne sonne point sous le marteau. Cela m'a démontré que le feu peut tout aussi bien que l'eau avoir aggluttiné les sables vitrescibles, et avoir par conséquent formé les grandes masses de grès qui composent le noyau de quelques-unes de nos montagnes.

Je suis donc très-persuadé que toute la matière vitrescible dont est composée la roche intérieure du globe, et les noyaux de ses grandes éminences extérieures, ont été produits par l'action du feu primitif, et que les eaux n'ont formé que les couches inférieures et accessoires qui enveloppent ces noyaux, et qui sont toutes posées par couches parallèles, horizontales ou également inclinées, et dans lesquelles on trouve des débris de coquilles et d'autres productions de la mer [1].

Ce n'est pas que je prétende exclure l'intermède de l'eau pour la formation des grès et de plusieurs autres matières vitrescibles; je suis, au contraire, porté à croire que le sable vitrescible peut acquérir de la consistance et se réunir en masses plus ou moins

---

1. Voyez la note 3 de la page 11.

dures par le moyen de l'eau, peut-être encore plus aisément que par l'action du feu ; et c'est seulement pour prévenir les objections qu'on ne manquerait pas de faire, si l'on imaginait que j'attribue uniquement à l'intermède de l'eau la solidité et la consistance du grès et des autres matières composées de sable vitrescible. Je dois même observer que les grès qui se trouvent à la superficie ou à peu de profondeur dans la terre ont tous été formés par l'intermède de l'eau ; car l'on remarque des ondulations et des tournoiements à la surface supérieure des masses de ces grès, et l'on y voit quelquefois des impressions de plantes et de coquilles. Mais on peut distinguer les grès formés par le sédiment des eaux de ceux qui ont été produits par le feu ; ceux-ci sont d'un plus gros grain et s'égrainent plus facilement que les grès dont l'agrégation des parties est due à l'intermède de l'eau. Ils sont plus serrés, plus compactes, les grains qui les composent ont des angles plus vifs, et, en général, ils sont plus solides et plus durs que les grès coagulés par le feu.

Les matières ferrugineuses prennent un très-grand degré de dureté par le feu, puisque rien n'est si dur que la fonte de fer, mais elles peuvent aussi acquérir une dureté considérable par l'intermède de l'eau : je m'en suis assuré en mettant une bonne quantité de limaille de fer dans des vases exposés à la pluie ; cette limaille a formé des masses si dures qu'on ne pouvait les casser qu'au marteau.

La roche vitreuse qui compose la masse de l'intérieur du globe est plus dure que le verre ordinaire, mais elle ne l'est pas plus que certaines laves de volcans et beaucoup moins que la fonte de fer, qui n'est cependant que du verre mêlé de parties ferrugineuses. Cette grande dureté de la roche du globe indique assez que ce sont les parties les plus fixes de toute la matière qui se sont réunies, et que, dès le temps de leur consolidation, elles ont pris la consistance et la dureté qu'elles ont encore aujourd'hui. L'on ne peut donc pas argumenter contre mon hypothèse de la vitrification générale, en disant que les matières réduites en verre par le feu de nos fourneaux sont moins dures que la roche du globe, puisque la fonte de fer, quelques laves ou basaltes, et même certaines porcelaines, sont plus dures que cette roche, et néanmoins ne doivent, comme elle, leur dureté qu'à l'action du feu. D'ailleurs, les éléments du fer et des autres minéraux qui donnent de la dureté aux matières liquéfiées par le feu ou atténuées par l'eau existaient, ainsi que les terres fixes, dès le temps de la consolidation du globe ; et j'ai déjà dit qu'on ne devait pas regarder la roche de son intérieur comme du verre pur [1], semblable à celui que nous faisons avec du sable et du salin, mais comme un produit vitreux mêlé des matières les plus fixes et les plus capables de soutenir la grande et longue action du feu primitif, dont nous ne pouvons comparer les grands effets que de loin avec le petit effet de nos feux de fourneaux ; et néanmoins cette comparaison, quoique désavantageuse, nous laisse apercevoir clairement ce qu'il peut y avoir de commun dans les effets du feu primitif et dans les produits de nos feux, et nous démontre en même temps que le degré de dureté dépend moins de celui du feu que de la combinaison des matières soumises à son action.

V. — *Sur l'inclinaison des couches de la terre dans les montagnes.*

J'ai dit, page 40, que « dans les plaines les couches de la terre sont exactement horizontales, et qu'il n'y a que dans les montagnes où elles soient inclinées, comme ayant été formées par des sédiments déposés sur une base inclinée, c'est-à-dire sur un terrain penchant. »

Non-seulement les couches de matières calcaires sont horizontales dans les plaines, mais elles le sont aussi dans toutes les montagnes où il n'y a point eu de bouleversement

1. Voyez la note 3 de la page 139 et la note 3 de la page 138.

par les tremblements de terre ou par d'autres causes accidentelles ; et, lorsque ces couches sont inclinées, c'est que la montagne elle-même s'est inclinée tout en bloc et qu'elle a été contrainte de pencher d'un côté par la force d'une explosion souterraine, ou par l'affaissement d'une partie du terrain qui lui servait de base. L'on peut donc dire qu'en général toutes les couches formées par le dépôt et le sédiment des eaux sont horizontales, comme l'eau l'est toujours elle-même, à l'exception de celles qui ont été formées sur une base inclinée, c'est-à-dire sur un terrain penchant, comme se trouvent la plupart des mines de charbon de terre.

La couche la plus extérieure et superficielle de la terre, soit en plaine, soit en montagne, n'est composée que de terre végétale, dont l'origine est due aux sédiments de l'air, aux dépôts des vapeurs et des rosées, et aux détriments successifs des herbes, des feuilles et des autres parties des végétaux décomposés. Cette première couche ne doit point être ici considérée ; elle suit partout les pentes et les courbures du terrain, et présente une épaisseur plus ou moins grande, suivant les différentes circonstances locales *a*. Cette couche de terre végétale est ordinairement bien plus épaisse dans les vallons que sur les collines ; et sa formation est postérieure aux couches primitives du globe, dont les plus anciennes et les plus intérieures ont été formées par le feu, et les plus nouvelles et les plus extérieures ont été formées par les matières transportées et déposées en forme de sédiments par le mouvement des eaux. Celles-ci sont, en général, toutes horizontales, et ce n'est que par des causes particulières qu'elles paraissent quelquefois inclinées [1]. Les bancs de pierres calcaires sont ordinairement horizontaux ou légèrement inclinés ; et, de toutes les substances calcaires, la craie est celle dont les bancs conservent le plus exactement la position horizontale. Comme la craie n'est qu'une poussière des détriments calcaires, elle a été déposée par les eaux dont le mouvement était tranquille et les oscillations réglées ; tandis que les matières qui n'étaient que brisées et en plus gros volume ont été transportées par les courants et déposées par le remous des eaux ; en sorte que leurs bancs ne sont pas parfaitement horizontaux comme ceux de la craie. Les falaises de la mer en Normandie sont composées de couches horizontales de craie si régulièrement coupées à plomb qu'on les prendrait de loin pour des murs de fortification. L'on voit entre les couches de craie des petits lits de pierre à fusil noire, qui tranchent sur le blanc de la craie : c'est là l'origine des veines noires dans les marbres blancs.

Indépendamment des collines calcaires, dont les bancs sont légèrement inclinés et dont la position n'a point varié, il y en a grand nombre d'autres qui ont penché par différents accidents et dont toutes les couches sont fort inclinées. On en a de grands exemples dans plusieurs endroits des Pyrénées où l'on en voit qui sont inclinées de 45, 50 et même 60 degrés au-dessous de la ligne horizontale, ce qui semble prouver qu'il s'est fait de grands changements dans ces montagnes par l'affaissement des cavernes souterraines sur lesquelles leur masse était autrefois appuyée.

---

a. Il y a quelques montagnes dont la surface à la cime est absolument nue, et ne présente que le roc vif ou le granite, sans aucune végétation que dans les petites fentes, où le vent a porté et accumulé les particules de terre qui flottent dans l'air. On assure qu'à quelque distance de la rive gauche du Nil, en remontant ce fleuve, la montagne composée de granite, de porphyre et de jaspe, s'étend à plus de vingt lieues en longueur, sur une largeur peut-être aussi grande, et que la surface entière de la cime de cette énorme carrière est absolument dénuée de végétaux, ce qui forme un vaste désert, que ni les animaux ni les oiseaux, ni même les insectes, ne peuvent fréquenter. Mais ces exceptions particulières et locales ne doivent point être ici considérées.

1. Voyez la note 3 de la page 41.

VI. — *Sur les pics des montagnes.*

J'ai tâché d'expliquer, page 176, comment les pics des montagnes ont été dépouillés des sables vitrescibles qui les environnaient au commencement, et mon explication ne pèche qu'en ce que j'ai attribué la première formation des rochers qui forment le noyau de ces pics à l'intermède de l'eau, au lieu qu'on doit l'attribuer à l'action du feu : ces pics ou cornes de montagnes ne sont que des prolongements et des pointes de la roche intérieure du globe, lesquelles étaient environnées d'une grande quantité de scories et de poussière de verre ; ces matières divisées auront été entraînées dans les lieux infé-rieurs par les mouvements de la mer dans le temps qu'elle a fait retraite, et ensuite les pluies et les torrents des eaux courantes auront encore sillonné du haut en bas les mon-tagnes, et auront par conséquent achevé de dépouiller les masses de roc vif qui formaient les éminences du globe, et qui par ce dépouillement sont demeurées nues et telles que nous les voyons encore aujourd'hui. Je puis dire, en général, qu'il n'y a aucun autre changement à faire dans toute ma *Théorie de la Terre* que celui de la composition des premières montagnes qui doivent leur origine au feu primitif, et non pas à l'intermède de l'eau, comme je l'avais conjecturé, parce que j'étais alors persuadé, par l'autorité de Woodward et de quelques autres naturalistes, que l'on avait trouvé des coquilles au-dessus des sommets de toutes les montagnes ; au lieu que, par des observations plus récentes, il paraît qu'il n'y a pas de coquilles sur les plus hauts sommets [1], mais seule-ment jusqu'à la hauteur de deux mille toises au-dessus du niveau des mers : d'où il résulte qu'elle n'a peut-être pas surmonté ces hauts sommets ou du moins qu'elle ne les a baignés que pendant un petit temps, en sorte qu'elle n'a formé que les collines et les montagnes calcaires qui sont toutes au-dessous de cette hauteur de deux mille toises.

ADDITIONS

A L'ARTICLE QUI A POUR TITRE : DES FLEUVES.

I. — *Observations qu'il faut ajouter à celles que j'ai données sur la théorie des eaux courantes.*

Page 187, au sujet de la théorie des eaux courantes, je vais ajouter une observation nouvelle, que j'ai faite depuis que j'ai établi des usines, où la différente vitesse de l'eau peut se reconnaître assez exactement. Sur neuf roues qui composent le mouvement de ces usines, dont les unes reçoivent leur impulsion par une colonne d'eau de deux ou trois pieds, et les autres de cinq à six pieds de hauteur, j'ai été assez surpris d'abord de voir que toutes ces roues tournaient plus vite la nuit que le jour, et que la diffé-rence était d'autant plus grande que la colonne d'eau était plus haute et plus large. Par exemple, si l'eau a six pieds de chute, c'est-à-dire si le bief près de la vanne a six pieds de hauteur d'eau et que l'ouverture de la vanne ait deux pieds de hauteur, la roue tournera, pendant la nuit, d'un dixième et quelquefois d'un neuvième plus vite que pendant le jour ; et s'il y a moins de hauteur d'eau, la différence entre la vitesse pendant la nuit et pendant le jour sera moindre, mais toujours assez sensible pour être reconnue. Je me suis assuré de ce fait en mettant des marques blanches sur les roues, et en comptant avec une montre à secondes le nombre de leurs révolutions

---

1. Voyez la note 2 de la page 39.

dans un même temps, soit la nuit, soit le jour, et j'ai constamment trouvé, par un très-grand nombre d'observations, que le temps de la plus grande vitesse des roues était l'heure la plus froide de la nuit, et qu'au contraire celui de la moindre vitesse était le moment de la plus grande chaleur du jour : ensuite, j'ai de même reconnu que la vitesse de toutes les roues est généralement plus grande en hiver qu'en été. Ces faits, qui n'ont été remarqués par aucun physicien, sont importants dans la pratique. La théorie en est bien simple : cette augmentation de vitesse dépend uniquement de la densité de l'eau, laquelle augmente par le froid et diminue par le chaud ; et comme il ne peut passer que le même volume par la vanne, il se trouve que ce volume d'eau, plus dense pendant la nuit et en hiver qu'il ne l'est pendant le jour ou en été, agit avec plus de masse sur la roue, et lui communique par conséquent une plus grande quantité de mouvement. Ainsi, toutes choses étant égales d'ailleurs, on aura moins de perte à faire chômer ces usines à l'eau pendant la chaleur du jour, et à les faire travailler pendant la nuit. J'ai vu, dans mes forges, que cela ne laissait pas d'influer d'un douzième sur le produit de la fabrication du fer.

Une seconde observation, c'est que de deux roues, l'une plus voisine que l'autre du bief, mais du reste parfaitement égales, et toutes deux mues par une égale quantité d'eau qui passe par des vannes égales, celle des roues qui est la plus voisine du bief tourne toujours plus vite que l'autre, qui en est plus éloignée, et à laquelle l'eau ne peut arriver qu'après avoir parcouru un certain espace dans le courant particulier qui aboutit à cette roue. On sent bien que le frottement de l'eau contre les parois de ce canal doit en diminuer la vitesse, mais cela seul ne suffit pas pour rendre raison de la différence considérable qui se trouve entre le mouvement de ces deux roues : elle provient, en premier lieu, de ce que l'eau contenue dans ce canal cesse d'être pressée latéralement, comme elle l'est en effet lorsqu'elle entre par la vanne du bief et qu'elle frappe immédiatement les aubes de la roue ; secondement, cette inégalité de vitesse, qui se mesure sur la distance du bief à ces roues, vient encore de ce que l'eau qui sort d'une vanne n'est pas une colonne qui ait les dimensions de la vanne ; car l'eau forme dans son passage un cône irrégulier, d'autant plus déprimé sur les côtés, que la masse d'eau dans le bief a plus de largeur. Si les aubes de la roue sont très-près de la vanne, l'eau s'y applique presque à la hauteur de l'ouverture de la vanne ; mais si la roue est plus éloignée du bief, l'eau s'abaisse dans le coursier et ne frappe plus les aubes de la roue à la même hauteur ni avec autant de vitesse que dans le premier cas ; et ces deux causes réunies produisent cette diminution de vitesse dans les roues qui sont éloignées du bief.

II. — *Sur la salure de la mer, page 192.*

Au sujet de la salure de la mer, il y a deux opinions, qui toutes deux sont fondées et en partie vraies : Halley attribue la salure de la mer uniquement aux sels de la terre que les fleuves y transportent [1], et pense même qu'on peut reconnaître l'ancienneté du monde par le degré de cette salure des eaux de la mer. Leibnitz croit, au contraire, que le globe de la terre ayant été liquéfié par le feu, les sels et les autres parties empyreumatiques ont produit avec les vapeurs aqueuses une eau lixivielle et salée, et que par conséquent la mer avait son degré de salure dès le commencement. Les opinions de ces deux grands physiciens, quoique opposées, doivent être réunies, et peuvent même s'accorder avec la mienne. Il est en effet très-probable que l'action du feu, combinée avec celle de l'eau, a fait la dissolution de toutes les matières salines qui se sont trouvées à la surface de la terre dès le commencement, et que par conséquent le

1. Voyez la note de la page 228.

premier degré de salure de la mer provient de la cause indiquée par Leibnitz ; mais cela n'empêche pas que la seconde cause, désignée par Halley, n'ait aussi très-considérablement influé sur le degré de la salure actuelle de la mer, qui ne peut manquer d'aller toujours en augmentant, parce qu'en effet les fleuves ne cessent de transporter à la mer une grande quantité de sels fixes, que l'évaporation ne peut enlever : ils restent donc mêlés avec la masse des eaux qui, dans la mer, se trouvent généralement d'autant plus salées, qu'elles sont plus éloignées de l'embouchure des fleuves, et que la chaleur du climat y produit une plus grande évaporation. La preuve que cette seconde cause y fait peut-être autant et plus que la première, c'est que tous les lacs dont il sort des fleuves ne sont point salés, tandis que presque tous ceux qui reçoivent des fleuves, sans qu'ils en sortent, sont imprégnés de sel. La mer Caspienne, le lac Aral, la mer Morte, etc., ne doivent leur salure qu'aux sels que les fleuves y transportent, et que l'évaporation ne peut enlever. (Voyez p. 228.)

III. — *Sur les cataractes perpendiculaires.*

J'ai dit, page 195, que la cataracte de la rivière de Niagara au Canada était la plus fameuse, et qu'elle tombait de 156 pieds de hauteur perpendiculaire. J'ai depuis été informé [a] qu'il se trouve en Europe une cataracte qui tombe de 300 pieds de hauteur : c'est celle de Terni, petite ville sur la route de Rome à Bologne. Elle est formée par la rivière de Vélino, qui prend sa source dans les montagnes de l'Abruzze. Après avoir passé par Riette, ville frontière du royaume de Naples, elle se jette dans le lac de Luco, qui paraît entretenu par des sources abondantes, car elle en sort plus forte qu'elle n'y est entrée, et va jusqu'au pied de la montagne del-Marmore, d'où elle se précipite par un saut perpendiculaire de 300 pieds ; elle tombe comme dans un abîme, d'où elle s'échappe avec une espèce de fureur. La rapidité de sa chute brise ses eaux avec tant d'effort contre les rochers et sur le fond de cet abîme qu'il s'en élève une vapeur humide, sur laquelle les rayons du soleil forment des arcs-en-ciel qui sont très-variés ; et lorsque le vent du midi souffle et rassemble ce brouillard contre la montagne, au lieu de plusieurs petits arcs-en-ciel, on n'en voit plus qu'un seul qui couronne toute la cascade.

ADDITIONS ET CORRECTIONS

A L'ARTICLE QUI A POUR TITRE : DES MERS ET DES LACS.

I. — *Sur les limites de la mer du Sud, pages 205 et 206.*

La mer du Sud, qui, comme l'on sait, a beaucoup plus d'étendue en largeur que la mer Atlantique, paraît être bornée par deux chaînes de montagnes qui se correspondent jusqu'au delà de l'équateur. La première de ces chaînes est celle des montagnes de Californie, du Nouveau Mexique, de l'isthme de Panama et des Cordillères du Pérou, du Chili, etc. ; l'autre est la chaîne de montagnes qui s'étend depuis le Kamtschatka, et passe par Yeço, par le Japon, et s'étend jusqu'aux îles des Larrons et même aux Nouvelles-Philippines. La direction de ces chaînes de montagnes, qui paraissent être les anciennes limites de la mer Pacifique, est précisément du nord au sud ; en sorte que l'ancien continent était borné à l'orient par l'une de ces chaînes, et le nouveau conti-

---

a. Note communiquée à M. de Buffon par M. Frestaye, conseiller au conseil supérieur de Saint-Domingue.

nent par l'autre. Leur séparation s'est faite dans le temps où les eaux, arrivant du pôle austral, ont commencé à couler entre ces deux chaines de montagnes qui semblent se réunir, ou du moins se rapprocher de très-près vers les contrées septentrionales ; et ce n'est pas le seul indice qui nous démontre l'ancienne réunion des deux continents vers le nord : d'ailleurs, cette continuité des deux continents entre le Kamtschatka et les terres les plus occidentales de l'Amérique paraît maintenant prouvée par les nouvelles découvertes des navigateurs qui ont trouvé sous ce même parallèle une grande quantité d'îles voisines les unes des autres ; en sorte qu'il ne reste que peu ou point d'espaces de mer entre cette partie orientale de l'Asie et la partie occidentale de l'Amérique sous le cercle polaire.

II. — *Sur le double courant des eaux dans quelques endroits de l'océan* page 214.

J'ai dit trop généralement et assuré trop positivement « qu'il ne se trouvait pas dans la mer des endroits où les eaux eussent un courant inférieur opposé et dans une direction contraire au mouvement du courant supérieur. » J'ai reçu depuis des informations qui semblent prouver que cet effet existe et peut même se démontrer dans de certaines plages de la mer; les plus précises sont celles que M. Deslandes, habile navigateur, a eu la bonté de me communiquer par ses lettres des 6 décembre 1770 et 5 novembre 1773, dont voici l'extrait :

« Dans votre *Théorie de la Terre*, art. XI, *Des mers et des lacs*, vous dites que
« quelques personnes ont prétendu qu'il y avait dans le détroit de Gibraltar un double
« courant, supérieur et inférieur, dont l'effet est contraire; mais que ceux qui ont eu
« de pareilles opinions auront sans doute pris des remous, qui se forment au rivage
« par la rapidité de l'eau, pour un courant véritable, et que c'est une hypothèse mal
« fondée. C'est d'après la lecture de ce passage que je me détermine à vous envoyer
« mes observations à ce sujet.

« Deux mois après mon départ de France, je pris connaissance de terre entre les
« caps Gonzalvès et de Sainte-Catherine ; la force des courants dont la direction est
« au nord-nord-ouest, suivant exactement le gisement des terres qui sont ainsi situées,
« m'obligea de mouiller. Les vents généraux dans cette partie sont du sud-sud-est,
« sud-sud-ouest et sud-ouest ; je fus deux mois et demi dans l'attente inutile de quel-
« que changement, faisant presque tous les jours de vains efforts pour gagner du côté
« de Loango où j'avais affaire. Pendant ce temps j'ai observé que la mer descendait
« dans la direction ci-dessus avec sa force, depuis une demie jusqu'à une lieue à
« l'heure, et qu'à de certaines profondeurs les courants remontaient en dessous avec
« au moins autant de vitesse qu'ils descendaient en dessus.

« Voici comme je me suis assuré de la hauteur de ces différents courants. Étant
« mouillé par huit brasses d'eau, la mer extrêmement claire, j'ai attaché un plomb de
« trente livres au bout d'une ligne ; à environ deux brasses de ce plomb j'ai mis une
« serviette liée à la ligne par un de ses coins, laissant tomber le plomb dans l'eau.
« Aussitôt que la serviette y entrait, elle prenait la direction du premier courant ;
« continuant à l'observer, je la faisais descendre. D'abord que je m'apercevais que le
« courant n'agissait plus, j'arrêtais ; pour lors elle flottait indifféremment autour de la
« ligne. Il y avait donc dans cet endroit interruption de cours. Ensuite baissant ma
« serviette à un pied plus bas, elle prenait une direction contraire à celle qu'elle avait
« auparavant. Marquant la ligne à la surface de l'eau, il y avait trois brasses de dis-
« tance à la serviette : d'où j'ai conclu, après différents examens, que, sur les huit

« brasses d'eau, il y en avait trois qui couraient sur le nord-nord-ouest, et cinq en
« sens contraire sur le sud-sud-est.

« Réitérant l'expérience le même jour, jusqu'à cinquante brasses, étant à la distance
« de six à sept lieues de terre, j'ai été surpris de trouver la colonne d'eau courant sur
« la mer, plus profonde à raison de la hauteur du fond. Sur cinquante brasses, j'en ai
« estimé de douze à quinze dans la première direction : ce phénomène n'a pas eu lieu
« pendant deux mois et demi que j'ai été sur cette côte, mais bien à peu près un
« mois en différents temps. Dans les interruptions, la marée descendait en total dans
« le golfe de Guinée.

« Cette division des courants me fit naître l'idée d'une machine qui, coulée jusqu'au
« courant inférieur, présentant une grande surface, aurait entraîné mon navire contre
« les courants supérieurs ; j'en fis l'épreuve en petit sur un canot, et je parvins à faire
« équilibre entre l'effet de la marée supérieure joint à l'effet du vent sur le canot, et
« l'effet de la marée inférieure sur la machine. Les moyens me manquèrent pour faire
« de plus grandes tentatives. Voilà, Monsieur, un fait évidemment vrai, et que tous
« les navigateurs qui ont été dans ces climats peuvent vous confirmer.

« Je pense que les vents sont pour beaucoup dans les causes générales de ces effets,
« ainsi que les fleuves qui se déchargent dans la mer le long de cette côte, charroyant
« une grande quantité de terre dans le golfe de Guinée : enfin le fond de cette partie,
« qui oblige par sa pente la marée de rétrograder lorsque l'eau étant parvenue à un
« certain niveau se trouve pressée par la quantité nouvelle qui la charge sans cesse,
« pendant que les vents agissent en sens contraire sur la surface, la contraint en partie
« de conserver son cours ordinaire. Cela me paraît d'autant plus probable que la mer
« entre de tous côtés dans ce golfe, et n'en sort que par des révolutions qui sont fort
« rares. La lune n'a aucune part apparente dans ceci, cela arrivant indifféremment
« dans tous ses quartiers.

« J'ai eu occasion de me convaincre de plus en plus que la seule pression de l'eau
« parvenue à son niveau, jointe à l'inclinaison nécessaire du fond, sont les seules et
« uniques causes qui produisent ce phénomène. J'ai éprouvé que ces courants n'ont
« lieu qu'à raison de la pente plus ou moins rapide du rivage, et j'ai tout lieu de croire
« qu'ils ne se font sentir qu'à douze ou quinze lieues au large, qui est l'éloignement
« le plus grand le long de la côte d'Angole, où l'on puisse se promettre avoir fond.....
« Quoique sans moyens certains de pouvoir m'assurer que les courants du large n'é-
« prouvent pas un pareil changement, voici la raison qui me semble l'assurer. Je
« prends pour exemple une de mes expériences faite par une hauteur de fond moyenne,
« telle que trente-cinq brasses d'eau ; j'éprouvais, jusqu'à la hauteur de cinq à six
« brasses, le cours dirigé dans le nord-nord-ouest. En faisant couler davantage, comme
« de deux à trois brasses, ma ligne tendait à l'ouest-nord-ouest ; ensuite trois ou quatre
« brasses de profondeur de plus me l'amenaient à l'ouest-sud-ouest , puis au sud-ouest
« et au sud ; enfin, à vingt-cinq et vingt-six brasses au sud-sud-est, et, jusqu'au fond,
« au sud-est et à l'est-sud-est, d'où j'ai tiré les conséquences suivantes, que je pouvais
« comparer l'océan entre l'Afrique et l'Amérique à un grand fleuve dont le cours est
« presque continuellement dirigé dans le nord-ouest ; que, dans son cours, il transporte
« un sable ou limon qu'il dépose sur ses bords, lesquels, se trouvant rehaussés, aug-
« mentent le volume d'eau, ou, ce qui est la même chose, élèvent son niveau et l'obli-
« gent de rétrograder selon la pente du rivage. Mais il y a un premier effort qui le
« dirigeait d'abord ; il ne retourne donc pas directement, mais obéissant encore au
« premier mouvement, ou cédant avec peine à ce dernier obstacle, il doit nécessaire-
« ment décrire une courbe plus ou moins allongée, jusqu'à ce qu'il rencontre ce courant
« du milieu avec lequel il peut se réunir en partie, ou qui lui sert de point d'appui

« pour suivre la direction contraire que lui impose le fond. Comme il faut considérer
« la masse d'eau en mouvement continuel, le fond subira toujours les premiers chan-
« gements comme étant plus près de la cause et plus pressé, et il ira en sens contraire
« du courant supérieur, pendant qu'à des hauteurs différentes il n'y sera pas encore
« parvenu. Voilà, Monsieur, quelles sont mes idées. Au reste, j'ai tiré parti plusieurs
« fois de ces courants inférieurs, et moyennant une machine que j'ai coulée à diffé-
« rentes profondeurs, selon la hauteur du fond où je me trouvais, j'ai remonté contre
« le courant supérieur. J'ai éprouvé que dans un temps calme, avec une surface trois
« fois plus grande que la proue noyée du vaisseau, on peut faire d'un tiers à une demi-
« lieue par heure. Je me suis assuré de cela plusieurs fois, tant par ma hauteur en
« latitude que par des bateaux que je mouillais, dont je me trouvais fort éloigné dans
« une heure, et enfin par la distance des pointes le long de la terre. »

Ces observations de M. Deslandes me paraissent décisives, et j'y souscris avec plaisir :
je ne puis même assez le remercier de nous avoir démontré que mes idées sur ce sujet
n'étaient justes que pour le général, mais que dans quelques circonstances elles souf-
fraient des exceptions. Cependant il n'en est pas moins certain que l'Océan s'est ouvert
la porte du détroit de Gibraltar, et que par conséquent l'on ne peut douter que la mer
Méditerranée n'ait en même temps pris une grande augmentation par l'éruption de
l'Océan. J'ai appuyé cette opinion, non-seulement sur le courant des eaux de l'Océan
dans la Méditerranée, mais encore sur la nature du terrain et la correspondance des
mêmes couches de terre des deux côtés du détroit, ce qui a été remarqué par plusieurs
navigateurs instruits. « L'irruption qui a formé la Méditerranée est visible et évidente,
« ainsi que celle de la mer Noire par le détroit des Dardanelles, où le courant est
« toujours très-violent, et les angles saillants et rentrants des deux bords, très-marqués,
« ainsi que la ressemblance des couches de matières, qui sont les mêmes des deux
« côtés [a]. »

Au reste, l'idée de M. Deslandes, qui considère la mer entre l'Afrique et l'Amérique
comme un grand fleuve dont le cours est dirigé vers le nord-ouest, s'accorde parfaitement avec ce que j'ai établi sur le mouvement des eaux venant du pôle austral, en plus
grande quantité que du pôle boréal.

III. — *Sur les parties septentrionales de la mer Atlantique.*

A la vue des îles et des golfes qui se multiplient ou s'agrandissent autour du Groënland, il est difficile, disent les navigateurs, de ne pas soupçonner que la mer ne refoule,
pour ainsi dire, des pôles vers l'équateur. Ce qui peut autoriser cette conjecture, c'est
que le flux, qui monte jusqu'à 18 pieds au cap des États, ne s'élève que de 8 pieds à la
baie de Disko, c'est-à-dire à 10 degrés plus haut de latitude nord [b].

Cette observation des navigateurs, jointe à celle de l'article précédent, semble confirmer encore ce mouvement des mers depuis les régions australes aux septentrionales
où elles sont contraintes, par l'obstacle des terres, de refouler ou refluer vers les plages
du midi.

Dans la baie d'Hudson, les vaisseaux ont à se préserver des montagnes de glace
auxquelles des navigateurs ont donné quinze à dix-huit cents pieds d'épaisseur, et qui,
étant formées par un hiver permanent de cinq à six ans dans de petits golfes éternelle-
ment remplis de neige, en ont été détachées par les vents de nord-ouest ou par quelque
cause extraordinaire.

Le vent du nord-ouest, qui règne presque continuellement durant l'hiver et très-

a. Fragment d'une lettre écrite à M. de Buffon, en 1772.
b. *Histoire générale des Voyages*, t. XIX, p. 2.

souvent en été, excite dans la baie même des tempêtes effroyables. Elles sont d'autant plus à craindre que les bas-fonds y sont très-communs. Dans les contrées qui bordent cette baie, le soleil ne se lève, ne se couche jamais sans un grand cône de lumière : lorsque ce phénomène a disparu, l'aurore boréale en prend la place. Le ciel y est rarement serein : et dans le printemps et dans l'automne, l'air est habituellement rempli de brouillards épais, et, durant l'hiver, d'une infinité de petites flèches glaciales sensibles à l'œil. Quoique les chaleurs de l'été soient assez vives durant deux mois ou six semaines, le tonnerre et les éclairs sont rares [a].

La mer, le long des côtes de Norvége, qui sont bordées par des rochers, a ordinairement depuis cent jusqu'à quatre cents brasses de profondeur, et les eaux sont moins salées que dans les climats plus chauds. La quantité de poissons huileux dont cette mer est remplie la rend grasse, au point d'en être presque inflammable. Le flux n'y est point considérable ; et la plus haute marée n'y est que de huit pieds [b].

On a fait, dans ces dernières années, quelques observations sur la température des terres et des eaux dans les climats les plus voisins du pôle boréal.

« Le froid commence dans le Groënland à la nouvelle année, et devient si perçant « aux mois de février et de mars que les pierres se fendent en deux, et que la mer « fume comme un four, surtout dans les baies. Cependant le froid n'est pas aussi sen- « sible au milieu de ce brouillard épais que sous un ciel sans nuages : car dès qu'on « passe des terres à cette atmosphère de fumée qui couvre la surface et le bord des « eaux, on sent un air plus doux et le froid moins vif, quoique les habits et les cheveux « y soient bientôt hérissés de bruine et de glaçons. Mais aussi cette fumée cause plutôt « des engelures qu'un froid sec ; et dès qu'elle passe de la mer dans une atmosphère « plus froide, elle se change en une espèce de verglas, que le vent disperse dans l'ho- « rizon, et qui cause un froid si piquant qu'on ne peut sortir au grand air, sans risquer « d'avoir les pieds et les mains entièrement gelés. C'est dans cette saison que l'on voit « glacer l'eau sur le feu avant de bouillir ; c'est alors que l'hiver pave un chemin de glace « sur la mer, entre les îles voisines, et dans les baies et les détroits...

« La plus belle saison du Groënland est l'automne ; mais sa durée est courte, et « souvent interrompue par des nuits de gelée très-froides. C'est à peu près dans ces « temps-là que, sous une atmosphère noircie de vapeurs, on voit les brouillards, qui se « gèlent quelquefois jusqu'au verglas, former sur la mer comme un tissu glacé de toile « d'araignées, et dans les campagnes charger l'air d'atomes luisants, ou le hérisser de « glaçons pointus, semblables à de fines aiguilles.

« On a remarqué plus d'une fois que le temps et la saison prennent dans le Groën- « land une température opposée à celle qui règne dans toute l'Europe ; en sorte que, si « l'hiver est très-rigoureux dans les climats tempérés, il est doux au Groënland, et très- « vif en cette partie du nord, quand il est le plus modéré dans nos contrées. A la fin de « 1739, l'hiver fut si doux à la baie de Disko, que les oies passèrent, au mois de jan- « vier suivant, de la zone tempérée dans la glaciale, pour y chercher un air plus « chaud ; et qu'en 1740, on ne vit point de glace à Disko jusqu'au mois de mars, tan- « dis qu'en Europe elle regna constamment depuis octobre jusqu'au mois de mai...

« De même, l'hiver de 1763, qui fut extrêmement froid dans toute l'Europe, se fit si « peu sentir au Groënland, qu'on y a vu quelquefois des étés moins doux [c]. »

Les voyageurs nous assurent que, dans ces mers voisines du Groënland, il y a des montagnes de glaces flottantes très-hautes, et d'autres glaces flottantes comme des radeaux, qui ont plus de 200 toises de longueur sur 60 ou 80 de largeur ; mais ces

a. *Histoire philosophique et politique*, t. VI, p. 308 et 309.
b. *Histoire naturelle de Norvège*, par Pontoppidan. *Journal étranger*, août 1755.
c. *Histoire générale des Voyages*, t. XIX, p. 20 et suiv.

glaces, qui forment des plaines immenses sur la mer, n'ont communément que 9 à 12 pieds d'épaisseur. Il paraît qu'elles se forment immédiatement sur la surface de la mer dans la saison la plus froide, au lieu que les autres glaces flottantes et très-élevées viennent de la terre, c'est-à-dire des environs des montagnes et des côtes, d'où elles ont été détachées et roulées dans la mer par les fleuves. Ces dernières glaces entraînent beaucoup de bois, qui sont ensuite jetés par la mer sur les côtes orientales du Groënland : il paraît que ces bois ne peuvent venir que de la terre de Labrador, et non pas de la Norvége, parce que les vents du nord-est, qui sont très-violents dans ces contrées, repousseraient ces bois, comme les courants qui portent du sud au détroit de Davis et à la baie d'Hudson arrêteraient tout ce qui peut venir de l'Amérique aux côtes du Groënland.

La mer commence à charroyer des glaces au Spitzberg dans les mois d'avril et de mai ; elles viennent au détroit de Davis en très-grande quantité, partie de la Nouvelle-Zemble, et la plupart le long de la côte orientale du Groënland, portées de l'est à l'ouest, suivant le mouvement général de la mer ".

L'on trouve, dans le voyage du capitaine Phipps, les indices et les faits suivants.

« Dès 1527, Robert Thorne, marchand de Bristol, fit naître l'idée d'aller aux Indes « orientales par le pôle boréal... Cependant on ne voit pas qu'on ait formé aucune « expédition pour les mers du cercle polaire avant 1607, lorsque Henri Hudson fut « envoyé par plusieurs marchands de Londres à la découverte du passage à la Chine et « au Japon par le pôle boréal... Il pénétra jusqu'au 80" 23', et il ne put aller plus « loin...

« En 1609, sir Thomas Smith fut sur la côte méridionale de Spitzberg, et il apprit, « par des gens qu'il avait envoyés à terre, que les lacs et les mares d'eau n'étaient pas « tous gelés (c'était le 26 mai), et que l'eau en était douce. Il dit aussi qu'on arriverait « aussitôt au pôle de ce côté que par tout autre chemin qu'on pourrait trouver, parce « que le soleil produit une grande chaleur dans ce climat, et parce que les glaces ne « sont pas d'une grosseur aussi énorme que celles qu'il avait vues vers le 73e degré. « Plusieurs autres voyageurs ont tenté des voyages au pôle pour y découvrir ce passage, « mais aucun n'a réussi... »

Le 5 juillet, M. Phipps vit des glaces en quantité vers le 79⁰ 34' de latitude ; le temps était brumeux ; et le 6 juillet, il continua sa route jusqu'au 79° 59' 39", entre la terre du Spitzberg et les glaces : le 7 il continua de naviguer entre des glaces flottantes, en cherchant une ouverture au nord par où il aurait pu entrer dans une mer libre ; mais la glace ne formait qu'une seule masse au nord-nord-ouest, et au 80⁰ 36' la mer était entièrement glacée ; en sorte que toutes les tentatives de M. Phipps pour trouver un passage ont été infructueuses.

« Pendant que nous essuyions, dit ce navigateur, une violente rafale, le 12 sep-« tembre, le docteur Irving mesura la température de la mer dans cet état d'agitation, « et il trouva qu'elle était beaucoup plus chaude que celle de l'atmosphère : cette obser-« vation est d'autant plus intéressante qu'elle est conforme à un passage des *Questions* « *naturelles* de Plutarque, où il dit que la mer devient chaude, lorsqu'elle est agitée « par les flots...

« Ces rafales sont aussi ordinaires au printemps qu'en automne ; il est donc probable « que si nous avions mis à la voile plus tôt, nous aurions eu en allant le temps aussi « mauvais qu'il l'a été à notre retour. » Et comme M. Phipps est parti d'Angleterre à la fin de mai, il croit qu'il a profité de la saison la plus favorable pour son expédition.

« Enfin, continue-t-il, si la navigation au pôle était praticable, il y avait la plus

<hr>

a. *Histoire générale des Voyages*, t. XIX, p. 14 et suiv.

« grande probabilité de trouver, après le solstice, la mer ouverte au nord, parce qu'alors
« la chaleur des rayons du soleil a produit tout son effet, et qu'il reste d'ailleurs une
« assez grande portion d'été pour visiter les mers qui sont au nord et à l'ouest du
« Spitzberg [a]. »

Je suis entièrement du même avis que cet habile navigateur, et je ne crois pas que l'expédition au pôle puisse se renouveler avec succès, ni qu'on arrive jamais au delà du 82 ou 83e degré [1]. On assure qu'un vaisseau du port de Whilby, vers la fin du mois d'avril 1774, a pénétré jusqu'au 80e degré sans trouver de glaces assez fortes pour gêner la navigation. On cite aussi un capitaine Robinson, dont le journal fait foi qu'en 1773 il a atteint le 81° 30′. Et enfin on cite un vaisseau de guerre hollandais, qui protégeait les pêcheurs de cette nation, et qui s'est avancé, dit-on, il y a cinquante ans jusqu'au 88e degré. Le docteur Campbell, ajoute-t-on, tenait ce fait d'un certain docteur Daillie, qui était à bord du vaisseau et qui professait la médecine à Londres en 1745 [b]. C'est probablement le même navigateur que j'ai cité moi-même sous le nom du capitaine Mouton ; mais je doute beaucoup de la réalité de ce fait, et je suis maintenant très-persuadé qu'on tenterait vainement d'aller au delà du 82 ou 83e degré, et que, si le passage par le nord est possible, ce ne peut être qu'en prenant la route de la baie d'Hudson.

Voici ce que dit à ce sujet le savant et ingénieux auteur de l'*Histoire des deux Indes :*
« La baie d'Huds n a été longtemps regardée, et on la regarde encore comme la
« route la plus courte de l'Europe aux Indes orientales et aux contrées les plus riches
« de l'Asie.

« Ce fut Cabot qui, le premier, eut l'idée d'un passage par le nord-ouest à la mer du
« Sud. Ses succès se terminèrent à la découverte de l'île de Terre-Neuve. On vit entrer
« dans la carrière après lui un grand nombre de navigateurs anglais... Ces mémorables
« et hardies expéditions eurent plus d'éclat que d'utilité. La plus heureuse ne donna
« pas la moindre conjecture sur le but qu'on se proposait... On croyait enfin que c'était
« courir après des chimères, lorsque la découverte de la baie d'Hudson ranima les
« espérances prêtes à s'éteindre.

« A cette époque une ardeur nouvelle fait recommencer les travaux, et enfin arrive
« la fameuse expédition de 1746, d'où l'on voit sortir quelques clartés après des ténè-
« bres profondes qui duraient depuis deux siècles. Sur quoi les derniers navigateurs
« fondent-ils de meilleures espérances ? D'après quelles expériences osent-ils former
« leurs conjectures ? C'est ce qui mérite une discussion.

« Trois vérités dans l'histoire de la nature doivent passer désormais pour démontrées.
« La première est que les marées viennent de l'Océan, et qu'elles entrent plus ou moins
« avant dans les autres mers, à proportion que ces divers canaux communiquent avec
« le grand réservoir par des ouvertures plus ou moins considérables : d'où il s'ensuit
« que ce mouvement périodique n'existe point ou ne se fait presque pas sentir dans la
« Méditerranée , dans la Baltique et dans les autres golfes qui leur ressemblent. La
« seconde vérité de fait est que les marées arrivent plus tard et plus faibles dans les
« lieux éloignés de l'Océan que dans les endroits qui le sont moins. La troisième est
« que les vents violents qui soufflent avec la marée la font remonter au delà de ses
« bornes ordinaires, et qu'ils la retardent en la diminuant, lorsqu'ils soufflent dans un
« sens contraire.

a. Voyage au Pôle boréal en 1773, traduit de l'anglais. Paris, 1775, p. 1 et suiv.
b. Gazette de Littérature, etc., du 9 août 1774, no 61.

1. Les dernières explorations dans ces régions glacées ont été faites par les capitaines Ross, Parry, Franklin. En 1821, le 85e degré de longitude fut le terme de la navigation du capitaine Parry. (Voyez l'article *Histoire de la géographie*, p. 30. — *Abrégé de la géogr. univ. de Maltebrun.*)

« D'après ces principes, il est constant que si la baie d'Hudson était un golfe enclavé
« dans des terres, et qu'il ne fût ouvert qu'à la mer Atlantique, la marée y devrait être
« peu marquée, qu'elle devrait s'affaiblir en s'éloignant de sa source, et qu'elle devrait
« perdre de sa force lorsqu'elle aurait à lutter contre les vents. Or il est prouvé par des
« observations faites avec la plus grande intelligence, avec la plus grande précision,
« que la marée s'élève à une grande hauteur dans toute l'étendue de la baie. Il est
« prouvé qu'elle s'élève à une plus grande hauteur au fond de la baie que dans le
« détroit même ou au voisinage. Il est prouvé que cette hauteur augmente encore lors-
« que les vents opposés au détroit se font sentir. Il doit donc être prouvé que la baie
« d'Hudson a d'autres communications avec l'océan que celle qu'on a déjà trouvée.

« Ceux qui ont cherché à expliquer des faits si frappants, en supposant une commu-
« nication de la baie d'Hudson avec celle de Baffin, avec le détroit de Davis, se sont
« manifestement égarés. Ils ne balanceraient pas à abandonner leur conjecture, qui n'a
« d'ailleurs aucun fondement, s'ils voulaient faire attention que la marée est beaucoup
« plus basse dans le détroit de Davis, dans la baie de Baffin, que dans celle
« d'Hudson.

« Si les marées qui se font sentir dans le golfe dont il s'agit ne peuvent venir ni de
« l'Océan Atlantique, ni d'aucune autre mer septentrionale où elles sont toujours beau-
« coup plus faibles, on ne pourra s'empêcher de penser qu'elles doivent avoir leur
« source dans la mer du Sud. Ce système doit tirer un grand appui d'une vérité incon-
« testable : c'est que les plus hautes marées qui se fassent remarquer sur ces côtes sont
« toujours causées par les vents du nord-ouest qui soufflent directement contre ce
« détroit.

« Après avoir constaté, autant que la nature le permet, l'existence d'un passage si
« longtemps et si inutilement désiré, il reste à déterminer dans quelle partie de la baie
« il doit se trouver. Tout invite à croire que le Welcombe, à la côte occidentale, doit
« fixer les efforts dirigés jusqu'ici de toutes parts sans choix et sans méthode. On y
« voit le fond de la mer à la profondeur de onze brasses : c'est un indice que l'eau y
« vient de quelque océan, parce qu'une semblable transparence est incompatible avec
« des décharges de rivières, de neiges fondues et de pluies. Des courants, dont on ne
« saurait expliquer la violence qu'en les faisant partir de quelque mer occidentale,
« tiennent ce lieu débarrassé de glaces, tandis que le reste du golfe en est entièrement
« couvert. Enfin les baleines, qui cherchent constamment dans l'arrière-saison à se
« retirer dans les climats plus chauds, s'y trouvent en fort grand nombre à la fin de
« l'été, ce qui paraît indiquer un chemin pour se rendre, non à l'ouest septentrional,
« mais à la mer du Sud.

« Il est raisonnable de conjecturer que le passage est court. Toutes les rivières, qui
« se perdent dans la côte occidentale de la baie d'Hudson, sont faibles et petites, ce
« qui paraît prouver qu'elles ne viennent pas de loin, et que par conséquent les terres
« qui séparent les deux mers ont peu d'étendue : cet argument est fortifié par la force
« et la régularité des marées. Partout où le flux et le reflux observent des temps à
« peu près égaux, avec la seule différence qui est occasionnée par le retardement de la
« lune dans son retour au méridien, on est assuré de la proximité de l'océan d'où vien-
« nent ces marées. Si le passage est court, et qu'il ne soit pas avancé dans le nord,
« comme tout l'indique, on doit présumer qu'il n'est pas difficile ; la rapidité des cou-
« rants qu'on observe dans ces parages, et qui ne permettent pas aux glaces de s'y
« arrêter, ne peut que donner du poids à cette conjecture [a]. »

Je crois, avec cet excellent écrivain, que, s'il existe en effet un passage praticable,

a. *Histoire philosophique et politique*, t. VI, p. 121 et suiv.

ce ne peut être que dans le fond de la baie d'Hudson, et qu'on le tenterait vainement par la baie de Baffin dont le climat est trop froid et dont les côtes sont glacées, surtout vers le nord; mais ce qui doit faire douter encore beaucoup de l'existence de ce passage par le fond de la baie d'Hudson, ce sont les terres que Béring et Tschirikow ont découvertes en 1741 sous la même latitude que la baie d'Hudson, car ces terres semblent faire partie du grand continent de l'Amérique, qui paraît continu sous cette même latitude jusqu'au cercle polaire; ainsi ce ne serait qu'au-dessous du 55ᵉ degré que ce passage pourrait aboutir à la mer du Sud.

IV. — *Sur la mer Caspienne*, page 222.

A tout ce que j'ai dit pour prouver que la mer Caspienne n'est qu'un lac qui n'a point de communication avec l'Océan et qui n'en a jamais fait partie, je puis ajouter une réponse que j'ai reçue de l'Académie de Pétersbourg à quelques questions que j'avais faites au sujet de cette mer.

« Augusto 1748, octobr. 5, etc. Cancellaria Academiæ Scientiarum mandavit, ut « Astrachanensis Gubernii Cancellaria responderet ad sequentia. 1. Sunt ne vortices in « mari Caspico, nec ne? 2. Quæ genera piscium illud inhabitant? Quomodo appellan- « tur? Et an marini tantùm aut et fluviatiles ibidem reperiantur? 3. Qualia genera « concharum? Quæ species ostrearum et cancrorum occurrunt? 4. Quæ genera marina- « rum avium in ipso mari aut circa illud versantur? ad quæ Astrachensis Cancellaria « d. 13 mart., 1749, sequentibus respondit.

« Ad 1, in mari Caspico vortices occurrunt nusquam : hinc est, quòd nec in mappis « marinis extant, nec ab ullo officialium rei navalis visi esse perhibentur.

« Ad 2, pisces Caspium mare inhabitant: Acipenseres, Sturioli (Gmelin), Siruli¹, « Cyprini clavati, Bramæ, Percæ, Cyprini ventre acuto, ignoti alibi pisces, Tincæ, Sal- « mones, qui, ut è mari fluvios intrare, ita et in mare è fluviis remeare solent;

« Ad 3, Conchæ in littoribus maris obviæ quidem sunt, sed parvæ, candidæ, aut ex « unâ parte rubræ. Cancri ad littora observantur magnitudine fluviatilibus similes; « Ostreæ autem et Capita Medusæ visa sunt nusquam;

« Ad 4, aves marinæ quæ circa mare Caspium versantur sunt Anseres vulgares et « rubri, Pelicani, Cygni, Anates rubræ et nigricantes Aquilæ, Corvi aquatici, Grues, « Plateæ, Ardeæ albæ, cinereæ et nigricantes, Ciconiæ albæ gruibus similes, Karawaiki « (ignotum avis nomen), Larorum variæ species, Sturni nigri et lateribus albis instar « picarum, Phasiani, Anseres parvi nigricantes, Tudaki (ignotum avis nomen) albo « colore præditi. »

Ces faits, qui sont précis et authentiques, confirment pleinement ce que j'ai avancé, savoir, que la mer Caspienne n'a aucune communication souterraine avec l'Océan, et ils prouvent de plus qu'elle n'en a jamais fait partie, puisqu'on n'y trouve point d'huîtres ni d'autres coquillages de mer, mais seulement les espèces de ceux qui sont dans les rivières. On ne doit donc regarder cette mer que comme un grand lac formé dans le milieu des terres par les eaux des fleuves, puisqu'on n'y trouve que les mêmes poissons et les mêmes coquillages qui habitent les fleuves, et point du tout ceux qui peuplent l'Océan ou la Méditerranée.

V. — *Sur les lacs salés de l'Asie.*

Dans la contrée des Tartares Ufiens, ainsi appelés parce qu'ils habitent les bords de la rivière d'Uf, il se trouve, dit M. Pallas, des lacs dont l'eau est aujourd'hui salée et

---

1. Ou *Siluri.*

qui ne l'était pas autrefois. Il dit la même chose d'un lac près de Miacs, dont l'eau était ci-devant douce et qui est actuellement salée.

L'un des lacs les plus fameux, par la quantité de sel qu'on en tire, est celui qui se trouve vers les bords de la rivière Isel, et que l'on nomme Soratschya. Le sel en est en général amer ; la médecine l'emploie comme un bon purgatif : deux onces de ce sel forment une dose très-forte. Vers Kurtenegsch, les bas-fonds se couvrent d'un sel amer qui s'élève comme un tapis de neige à deux pouces de hauteur ; le lac salé de Korjackof fournit annuellement trois cent mille pieds cubiques de sel [a] : le lac de Jennu en donne aussi en abondance.

Dans les voyages de MM. de l'Académie de Pétersbourg, il est fait mention du lac salé de Jamuscha, en Sibérie ; ce lac, qui est à peu près rond, n'a qu'environ neuf lieues de circonférence. Ses bords sont couverts de sel, et le fond est revêtu de cristaux de sel. L'eau est salée au suprème degré ; et, quand le soleil y donne, le lac paraît rouge comme une belle aurore. Le sel est blanc comme neige et se forme en cristaux cubiques. Il y en a une quantité si prodigieuse, qu'en peu de temps on pourrait en charger un grand nombre de vaisseaux, et dans les endroits où l'on en prend, on en retrouve d'autre cinq à six jours après. Il suffit de dire que les provinces de Tobolsk et Jéniseïk en sont approvisionnées, et que ce lac suffirait pour fournir cinquante provinces semblables. La couronne s'en est réservé le commerce, de même que celui de toutes les autres salines. Ce sel est d'une bonté parfaite ; il surpasse tous les autres en blancheur, et on n'en trouve nulle part d'aussi propre pour saler la viande. Dans le midi de l'Asie, on trouve aussi des lacs salés : un près de l'Euphrate, un autre près de Barra. Il y en a encore, à ce qu'on dit, près d'Haleb et dans l'île de Chypre à Larneca : ce dernier est voisin de la mer. La vallée de sel de Barra, n'étant pas loin de l'Euphrate, pourrait être labourée, si l'on en faisait couler les eaux dans ce fleuve, et que le terrain fût bon ; mais à présent cette terre rend un bon sel pour la cuisine, et même en si grande quantité que les vaisseaux de Bengale le chargent en retour pour lest [b].

ADDITIONS ET CORRECTIONS

I. — *Sur la nature et la qualité des terrains du fond de la mer. page* 239.

M. l'abbé Dicquemare, savant physicien, a fait sur ce sujet des réflexions et quelques observations particulières qui me paraissent s'accorder parfaitement avec ce que j'en ai dit dans ma *Théorie de la Terre.*

« Les entretiens avec des pilotes de toutes langues, la discussion des cartes et des « sondes écrites, anciennes et récentes, l'examen des corps qui s'attachent à la sonde, « l'inspection des rivages, des bancs, celle des couches qui forment l'intérieur de la « terre, jusqu'à une profondeur à peu près semblable à la longueur des lignes des « sondes les plus ordinaires, quelques réflexions sur ce que la physique, la cosmogra-« phie et l'histoire naturelle ont de plus analogue avec cet objet, nous ont fait soup-« çonner, nous ont même persuadé, dit M. l'abbé Dicquemare, *qu'il doit exister, dans* « *bien des parages, deux fonds différents, dont l'un recouvre souvent l'autre par*

---

a. Le pied cubique pèse trente-cinq livres, de seize onces chacune.
b. *Description de l'Arabie,* par M. Niebuhr, p. 2.

« intervalles. *Le fond ancien ou permanent, qu'on peut nommer fond général, et
« le fond accidentel ou particulier.* Le premier, qui doit faire la base d'un tableau
« général, est le sol même du bassin de la mer. Il est composé des mêmes couches que
« nous trouvons partout dans le sein de la terre, telles que la marne, la pierre, la
« glaise, le sable, les coquillages, que nous voyons disposés horizontalement, d'une
« épaisseur égale, sur une fort grande étendue... Ici, ce sera un fond de marne ; là, un
« de glaise, de sable, de roches. Enfin, le nombre des fonds généraux qu'on peut dis-
« cerner par la sonde, ne va guère qu'à six ou sept espèces. Les plus étendues et les
« plus épaisses de ces couches, se trouvant découvertes ou coupées en biseau, forment
« dans la mer de grands espaces, où l'on doit reconnaître le fond général, indépen-
« damment de ce que les courants et autres circonstances peuvent y déposer d'étranger
« à sa nature. Il est encore des fonds permanents, dont nous n'avons point parlé : ce
« sont ces étendues immenses de madrépores, de coraux, qui recouvrent souvent un
« fond de rochers, et ces bancs d'une énorme étendue de coquillages, que la prompte
« multiplication ou d'autres causes y a accumulés ; ils y sont comme par peuplades.
« Une espèce paraît occuper une certaine étendue ; l'espace suivant est occupé par une
« autre, comme on le remarque à l'égard des coquilles fossiles, dans une grande partie
« de l'Europe, et peut-être partout. Ce sont même ces remarques sur l'intérieur de la
« terre, et des lieux où la mer découvre beaucoup, où l'on voit toujours une espèce
« dominer comme par cantons, qui nous ont mis à portée de conclure sur la prodigieuse
« quantité des individus, et sur l'épaisseur des bancs du fond de la mer, dont nous ne
« pouvons guère connaître par la sonde que la superficie.
« *Le fond accidentel ou particulier.....* est composé d'une quantité prodigieuse de
« pointes d'oursins de toutes espèces, que les marins nomment *pointes d'aleines ;* de
« fragments de coquilles, quelquefois pourries ; de crustacés, de madrépores, de plantes
« marines, de pyrites, de granites arrondis par le frottement, de particules de nacre, de
« mica, peut-être même de talc, auxquels ils donnent des noms conformes à l'appa-
« rence ; quelques coquilles entières, mais en petite quantité, et comme semées dans
« des étendues médiocres ; de petits cailloux, quelques cristaux, des sables colorés,
« un léger limon, etc. Tous ces corps, disséminés par les courants, l'agitation de la
« mer, etc., provenant en partie des fleuves, des éboulements de falaises, et autres
« causes accidentelles, ne recouvrent souvent qu'imparfaitement le fond général qui se
« représente à chaque instant, quand on sonde fréquemment dans les mêmes parages...
« J'ai remarqué que, *depuis près d'un siècle, une grande partie des fonds généraux*
« *du golfe de Gascogne et de la Manche n'ont presque pas changé,* ce qui fonde
« encore mon opinion sur les deux fonds *a*. »

II. — *Sur les courants de la mer*, page 224.

On doit ajouter, à l'énumération des courants de la mer, le fameux courant de
Moschœ, Mosche ou *Male* [1], sur les côtes de Norvége, dont un savant suédois nous a
donné la description dans les termes suivants :

« Ce courant, qui a pris son nom du rocher de Moschensicle, situé entre les
« deux îles de Lofœde et de Woerœn, s'étend à quatre milles vers le sud et vers le
« nord.

« Il est extrêmement rapide, surtout entre le rocher de Mosche et la pointe de

a. *Journal de physique*, par M. l'abbé Rozier. Mois de décembre 1773, p. 438 et suiv.
1. Gouffre de Maelstrom ou Moskestrom.

« Lofœde[1]; mais plus il s'approche des deux îles de Woerœn et de Roest, moins il a de
« rapidité. Il achève son cours du nord au sud en six heures, puis du sud au nord en
« autant de temps.

« Ce courant est si rapide qu'il fait un grand nombre de petits tournants, que les
« habitants du pays ou les Norvégiens appellent *Gargamer*.

« Son cours ne suit point celui des eaux de la mer dans leur flux et dans leur reflux :
« il y est plutôt tout contraire. Lorsque les eaux de l'océan montent, elles vont du sud
« au nord, et alors le courant va du nord au sud; lorsque la mer se retire elle va du
« nord au sud, et pour lors le courant va du sud au nord.

« Ce qu'il y a de plus remarquable, c'est que, tant en allant qu'en revenant, il ne
« décrit pas une ligne droite, ainsi que les autres courants qu'on trouve dans quelques
« détroits, où les eaux de la mer montent et descendent; mais il va en ligne circulaire.

« Quand les eaux de la mer ont monté à moitié, celles du courant vont au sud-
« sud-est. Plus la mer s'élève, plus il se tourne vers le sud; de là il se tourne vers le
« sud-ouest, et du sud-ouest vers l'ouest.

« Lorsque les eaux de la mer ont entièrement monté, le courant va vers le nord-
« ouest, et ensuite vers le nord : vers le milieu du reflux, il recommence son cours, après
« l'avoir suspendu pendant quelques moments...

« Le principal phénomène qu'on y observe est son retour par l'ouest du sud-sud-est
« vers le nord, ainsi que du nord vers le sud-est. S'il ne revenait pas par le même
« chemin, il serait fort difficile et presque impossible de passer de la pointe de Lofœde
« aux deux grandes îles de Woerœn et de Roest. Il y a cependant aujourd'hui deux
« paroisses qui seraient nécessairement sans habitants, si le courant ne prenait pas le
« chemin que je viens de dire; mais, comme il le prend en effet, ceux qui veulent passer
« de la pointe de Lofœde à ces deux îles attendent que la mer ait monté à moitié, parce
« qu'alors le courant se dirige vers l'ouest : lorsqu'ils veulent revenir de ces îles vers la
« pointe de Lofœde, ils attendent le mi-reflux, parce qu'alors le courant est dirigé vers
« le continent; ce qui fait qu'on passe avec beaucoup de facilité....... Or, il n'y a point
« de courant sans pente; et ici l'eau monte d'un côté et descend de l'autre.....

« Pour se convaincre de cette vérité, il suffit de considérer qu'il y a une petite langue
« de terre qui s'étend à seize milles de Norvége dans la mer, depuis la pointe de Lofœde,
« qui est le plus à l'ouest, jusqu'à celle de Loddinge, qui est la plus orientale. Cette
« petite langue de terre est environnée par la mer; et, soit pendant le flux, soit pendant
« le reflux, les eaux y sont toujours arrêtées, parce qu'elles ne peuvent avoir d'issue
« que par six petits détroits ou passages qui divisent cette langue de terre en autant de
« parties. Quelques-uns de ces détroits ne sont larges que d'un demi-quart de mille, et
« quelquefois moitié moins; ils ne peuvent donc contenir qu'une petite quantité d'eau.

« Ainsi, lorsque la mer monte, les eaux qui vont vers le nord s'arrêtent en grande partie
« au sud de cette langue de terre : elles sont donc bien plus élevées vers le sud que
« vers le nord. Lorsque la mer se retire et va vers le sud, il arrive pareillement que les
« eaux s'arrêtent en grande partie au nord de cette langue de terre, et sont par consé-
« quent bien plus hautes vers le nord que vers le sud.

« Les eaux arrêtées de cette manière, tantôt au nord, tantôt au sud, ne peuvent
« trouver d'issue qu'entre la pointe de Lofœde et de l'île de Woerœn, et qu'entre cette
« île et celle de Roest.

« La pente qu'elles ont, lorsqu'elles descendent, cause la rapidité du courant; et,
« par la même raison, cette rapidité est plus grande vers la pointe de Lofœde que par-

---

1. *Loffoden*, groupe d'îles de l'Océan Glacial arctique. C'est entre les îles *Vœræn* et *Mos-
kenæsöe* qu'est le dangereux gouffre de *Maelstrom*.

« tout ailleurs. Comme cet endroit est plus près de l'endroit où les eaux s'arrêtent, la
« pente y est aussi plus forte; et plus les eaux du courant s'étendent vers les îles de
« Woeren et de Roest, plus il perd de sa vitesse.....

« Après cela, il est aisé de concevoir pourquoi ce courant est toujours diamétralement
« opposé à celui des eaux de la mer. Rien ne s'oppose à celles-ci, soit qu'elles montent,
« soit qu'elles descendent : au lieu que celles qui sont arrêtées au-dessus de la pointe de
« Lofode ne peuvent se mouvoir ni en ligne droite, ni au-dessus de cette même pointe
« tant que la mer n'est point descendue plus bas et n'a pas, en se retirant, emmené les
« eaux que celles qui sont arrêtées au-dessus de Lofode doivent remplacer.....

« Au commencement du flux et du reflux, les eaux de la mer ne peuvent pas détourner
« celles du courant : mais, lorsqu'elles ont monté ou descendu à moitié, elles ont assez
« de force pour changer sa direction. Comme il ne peut alors se tourner vers l'est,
« parce que l'eau est toujours stable près de la pointe de Lofode, ainsi que je l'ai déjà
« dit, il faut nécessairement qu'il aille vers l'ouest où l'eau est plus basse [a]. » Cette
explication me paraît bonne et conforme aux vrais principes de la théorie des eaux
courantes.

Nous devons encore ajouter ici la description du fameux courant de Carybde et Scylla,
près de la Sicile, sur lequel M. Brydone a fait nouvellement des observations qui semblent prouver que sa rapidité et la violence de tous ses mouvements est fort diminuée.

« Le fameux rocher de Scylla est sur la côte de la Calabre, le cap Pélore sur celle de
« Sicile, et le célèbre détroit du Phare court entre les deux. L'on entend, à quelques
« milles de distance de l'entrée du détroit, le mugissement du courant; il augmente à
« mesure qu'on s'approche, et en plusieurs endroits l'eau forme de grands tournants,
« lors même que tout le reste de la mer est uni comme une glace. Les vaisseaux sont
« attirés par ces tournants d'eau; cependant on court peu de danger quand le temps
« est calme: mais, si les vagues rencontrent ces tournants violents, elles forment une
« mer terrible. Le courant porte directement vers le rocher de Scylla : il est à environ
« un mille de l'entrée du Phare. Il faut convenir que réellement ce fameux Scylla n'ap-
« proche pas de la description formidable qu'Homère en a faite; le passage n'est pas
« aussi prodigieusement étroit ni aussi difficile qu'il le représente : il est probable que,
« depuis ce temps, il s'est fort élargi, et que la violence du courant a diminué en même
« proportion. Le rocher a près de 200 pieds d'élévation; on y trouve plusieurs cavernes
« et une espèce de fort bâti au sommet. Le fanal est à présent sur le cap Pélore. L'en-
« trée du détroit entre ce cap et la Coda-di-Volpe, en Calabre, paraît avoir à peine un
« mille de largeur; son canal s'élargit, et il a quatre milles auprès de Messine, qui est
« éloignée de douze milles de l'entrée du détroit. Le célèbre gouffre ou tournant de
« Carybde est près de l'entrée du havre de Messine : il occasionne souvent dans l'eau un
« mouvement si irrégulier que les vaisseaux ont beaucoup de peine à y entrer. Aristote
« fait une longue et terrible description de ce passage difficile [b]. Homère, Lucrèce,
« Virgile, et plusieurs autres poètes, l'ont décrit comme un objet qui inspirait la plus
« grande terreur. Il n'est certainement pas si formidable aujourd'hui, et il est très-
« probable que le mouvement des eaux, depuis ce temps, a émoussé les pointes escarpées
« des rochers, et détruit les obstacles qui resserraient les flots. Le détroit s'est élargi
« considérablement dans cet endroit. Les vaisseaux sont néanmoins obligés de ranger
« la côte de Calabre de très-près, afin d'éviter l'attraction violente occasionnée par le
« tournoiement des eaux : et, lorsqu'ils sont arrivés à la partie la plus étroite et la plus
« rapide du détroit, entre le cap Pélore et Scylla, ils sont en grand danger d'être jetés

a. Description du Malstrom, par M. de Kerguelen, Journal étranger, tom. II, 1758, p. 25.
b. Aristote, De admirandis, cap. 125.

« directement contre ce rocher. De là vient le proverbe : *incidit in Scyllam cupiens*
« *vitare Charybdin*. On a placé un autre fanal pour avertir les marins qu'ils approchent
« de Carybde, comme le fanal du cap Pelore les avertit qu'ils approchent de Scylla [a]. »

ADDITIONS

A L'ARTICLE QUI A POUR TITRE : DES VENTS RÉGLÉS.

I. — *Sur le vent réfléchi, page 252.*

Je dois rapporter ici une observation qui me paraît avoir échappé à l'attention des
physiciens, quoique tout le monde soit en état de la vérifier : c'est que le vent réfléchi
est plus violent que le vent direct, et d'autant plus qu'on est plus près de l'obstacle
qui le renvoie. J'en ai fait nombre de fois l'expérience, en approchant d'une tour qui a
près de cent pieds de hauteur et qui se trouve située au nord, à l'extrémité de mon
jardin, à Montbard. Lorsqu'il souffle un grand vent de midi, on se sent fortement
poussé jusqu'à trente pas de la tour; après quoi il y a un intervalle de cinq ou six pas
où l'on cesse d'être poussé et où le vent, qui est réfléchi par la tour, fait pour ainsi
dire équilibre avec le vent direct. Après cela, plus on approche de la tour et plus le
vent qui en est réfléchi est violent; il vous repousse en arrière avec beaucoup plus de
force que le vent direct ne vous poussait en avant. La cause de cet effet, qui est général, et dont on peut faire l'épreuve contre tous les grands bâtiments, contre les collines coupées à plomb, etc., n'est pas difficile à trouver. L'air, dans le vent direct,
n'agit que par sa vitesse et sa masse ordinaire; dans le vent réfléchi, la vitesse est un
peu diminuée, mais la masse est considérablement augmentée par la compression que
l'air souffre contre l'obstacle qui le réfléchit ; et, comme la quantité de tout mouvement
est composée de la vitesse multipliée par la masse, cette quantité est bien plus grande
après la compression qu'auparavant. C'est une masse d'air ordinaire qui vous pousse
dans le premier cas, et c'est une masse d'air une ou deux fois plus dense qui vous
repousse dans le second cas.

II. — *Sur l'état de l'air au-dessus des hautes montagnes.*

Il est prouvé, par des observations constantes et mille fois réitérées, que plus on
s'élève au-dessus du niveau de la mer ou des plaines, plus la colonne du mercure des
baromètres descend, et que par conséquent le poids de la colonne d'air diminue d'autant plus qu'on s'élève plus haut; et comme l'air est un fluide élastique et compressible, tous les physiciens ont conclu de ces expériences du baromètre que l'air est
beaucoup plus comprimé et plus dense dans les plaines qu'il ne l'est au-dessus des
montagnes. Par exemple, si le baromètre, étant à 27 pouces dans la plaine, tombe à
18 pouces au haut de la montagne, ce qui fait un tiers de différence dans le poids de
la colonne d'air, on a dit que la compression de cet élément, étant toujours proportionnelle au poids incombant, l'air du haut de la montagne est en conséquence d'un tiers
moins dense que celui de la plaine, puisqu'il est comprimé par un poids moindre d'un
tiers. Mais de fortes raisons me font douter de la vérité de cette conséquence, qu'on a
regardée comme légitime et même naturelle.

Faisons pour un moment abstraction de cette compressibilité de l'air que plusieurs
causes peuvent augmenter, diminuer, détruire ou compenser : supposons que l'atmosphère soit également dense partout; si son épaisseur n'était que de trois lieues, il est

[a] *Voyage en Sicile*, par M. Brydone, t. I, p. 46 et suiv.

sûr qu'en s'élevant à une lieue, c'est-à-dire de la plaine au haut de la montagne, le baromètre, étant chargé d'un tiers de moins, descendrait de 27 pouces à 18. Or l'air, quoique compressible, me paraît être également dense à toutes les hauteurs [1], et voici les faits et les réflexions sur lesquels je fonde cette opinion :

1° Les vents sont aussi puissants, aussi violents au-dessus des plus hautes montagnes que dans les plaines les plus basses; tous les observateurs sont d'accord sur ce fait. Or si l'air y était d'un tiers moins dense, leur action serait d'un tiers plus faible, et tous les vents ne seraient que des zéphyrs à une lieue de hauteur, ce qui est absolument contraire à l'expérience.

2° Les aigles et plusieurs autres oiseaux, non-seulement volent au sommet des plus hautes montagnes, mais même ils s'élèvent encore au-dessus à de grandes hauteurs [2]. Or je demande s'ils pourraient exécuter leur vol ni même se soutenir dans un fluide qui serait une fois moins dense, et si le poids de leur corps, malgré tous leurs efforts, ne les ramènerait pas en bas ?

3° Tous les observateurs qui ont grimpé au sommet des plus hautes montagnes conviennent qu'on y respire aussi facilement que partout ailleurs, et que la seule incommodité qu'on y ressent est celle du froid, qui augmente à mesure qu'on s'élève plus haut. Or si l'air était d'un tiers moins dense au sommet des montagnes, la respiration de l'homme et des oiseaux, qui s'élèvent encore plus haut, serait non-seulement gênée, mais arrêtée, comme nous le voyons dans la machine pneumatique dès qu'on en a pompé le quart ou le tiers de la masse de l'air contenu dans le récipient.

4° Comme le froid condense l'air autant que la chaleur le raréfie, et qu'à mesure qu'on s'élève sur les hautes montagnes, le froid augmente d'une manière très-sensible, n'est-il pas nécessaire que les degrés de la condensation de l'air suivent le rapport du degré du froid ? et cette condensation peut égaler et même surpasser celle de l'air des plaines où la chaleur qui émane de l'intérieur de la terre est bien plus grande qu'au sommet des montagnes, qui sont les pointes les plus avancées et les plus refroidies de la masse du globe. Cette condensation de l'air par le froid dans les hautes régions de l'atmosphère doit donc compenser la diminution de densité produite par la diminution de la charge ou poids incombant, et par conséquent l'air doit être aussi dense sur les sommets froids des montagnes que dans les plaines. Je serais même porté à croire que l'air y est plus dense, puisqu'il semble que les vents y soient plus violents et que les oiseaux qui volent au-dessus de ces sommets de montagnes semblent se soutenir dans les airs d'autant plus aisément qu'ils s'élèvent plus haut.

De là je pense qu'on peut conclure que l'air libre est à peu près également dense à toutes les hauteurs, et que l'atmosphère aérienne ne s'étend pas à beaucoup près aussi haut qu'on l'a determiné, en ne considérant l'air que comme une masse élastique, comprimée par le poids incombant : ainsi l'épaisseur totale de notre atmosphère pourrait bien

1. La *densité* de l'air décroît à mesure que l'on s'élève. C'est ce que le *baromètre* démontre, avec précision. C'est ce que démontrait aussi la fameuse expérience, imaginée par Pascal, du ballon à demi rempli d'air, qui se gonfle, à mesure que l'on s'éleva sur le Puy-de-Dôme.

2. « J'ai vu, sur le Chimborazo, dit M. de Humboldt, le baromètre descendre à 13 pouces « 11 lignes 2 10. M. Gay-Lussac a respiré pendant un quart d'heure sous une pression de « 12 pouces 1 ligne 7 10. Sans doute l'homme éprouve, à une telle hauteur, un état d'angoisse « et d'épuisement très-pénible..... Le condor, au contraire, paraît accomplir aussi facilement « ses fonctions respiratoires sous une pression de 12 pouces que sous une pression de 28. » (*Tableaux de la nature*, t. II, p. 47 Traduction de M. Galusky.) C'est qu'en effet le poumon des *oiseaux* diffère beaucoup de celui de l'*homme*. Il est percé de trous, comme un crible. Il est traversé par l'air, qui se répand dans tout le corps, et jusque dans l'intérieur des os. L'*oiseau* peut toujours, à son gré, ou se débarrasser de cet air, ou en remplir toutes les *cavités* de son corps, qui lui sont comme autant de *poumons accessoires*.

n'être que de trois lieues[1] au lieu de quinze ou vingt comme l'ont dit les physiciens[a].

Nous concevons à l'entour de la terre une première couche de l'atmosphère, qui est remplie des vapeurs qu'exhale ce globe, tant par sa chaleur propre que par celle du soleil. Dans cette couche, qui s'étend à la hauteur des nuages, la chaleur que répandent les exhalaisons du globe produit et soutient une raréfaction qui fait équilibre à la pression de la masse d'air supérieur, de manière que la couche basse de l'atmosphère n'est point aussi dense qu'elle le devrait être à proportion de la pression qu'elle éprouve ; mais à la hauteur où cette raréfaction cesse, l'air subit toute la condensation que lui donne le froid de cette région[2] où la chaleur émanée du globe est fort atténuée, et cette condensation paraît même être plus grande que celle que peut imprimer sur les régions inférieures, soutenues par la raréfaction, le poids des couches supérieures : c'est du moins ce que semble prouver un autre phénomène qui est la condensation et la suspension des nuages dans la couche élevée où nous les voyons se tenir. Au-dessous de cette moyenne région, dans laquelle le froid et la condensation commencent, les vapeurs s'élèvent sans être visibles, si ce n'est dans quelques circonstances où une partie de cette couche froide paraît se rabattre jusqu'à la surface de la terre, et où la chaleur émanée de la terre, éteinte pendant quelques moments par des pluies, se ranimant avec plus de force, les vapeurs s'épaississent à l'entour de nous en brumes et en brouillards ; sans cela elles ne deviennent visibles que lorsqu'elles arrivent à cette région où le froid les condense en flocons, en nuages, et par là même arrête leur ascension : leur gravité, augmentée à proportion qu'elles sont devenues plus denses, les établissant dans un équilibre qu'elles ne peuvent plus franchir. On voit que les nuages sont généralement plus élevés en été, et constamment encore plus élevés dans les climats chauds : c'est que dans cette saison et dans ces climats la couche de l'évaporation de la terre a plus de hauteur ; au contraire, dans les plages glaciales des pôles, où cette évaporation de la chaleur du globe est beaucoup moindre, la couche dense de l'air paraît toucher à la surface de la terre et y retenir les nuages qui ne s'élèvent plus, et enveloppent ces parages d'une brume perpétuelle.

III. — *Sur quelques vents qui varient régulièrement.*

Il y a de certains climats et de certaines contrées particulières où les vents varient, mais constamment et régulièrement, les uns au bout de six mois, les autres après quelques semaines, et enfin d'autres du jour à la nuit, ou du soir au matin. J'ai dit, p. 255, « qu'à Saint-Domingue il y a deux vents différents qui s'élèvent régulière-

[a]. Alhazen, par la durée des crépuscules, a prétendu que la hauteur de l'atmosphère est de 44,331 toises. Kepler, par cette même durée, lui donne 11,110 toises.

M. de La Hire, en partant de la réfraction horizontale de 32 minutes, établit le terme moyen de la hauteur de l'atmosphère à 34,585 toises.

M. Mariotte, par ses expériences sur la compressibilité de l'air, donne à l'atmosphère plus de 30 mille toises.

Cependant, en ne prenant pour l'atmosphère que la partie de l'air où s'opère la réfraction, ou du moins presque la totalité de la réfraction, M. Bouguer ne trouve que 5,135 toises, c'est-à-dire, deux lieues et demie ou trois lieues ; et je crois ce résultat plus certain et mieux fondé que tous les autres.

[1]. La *hauteur* de l'atmosphère est de 16 lieues environ. C'est ce qui résulte, à peu près également, des observations faites sur la *raréfaction de l'air* (voyez la note 1 de la page précédente), et des observations faites sur la *durée des crépuscules*. (Voyez, ci-dessus, la note de Buffon.)

[2]. Voyez, sur le *refroidissement des couches supérieures de l'atmosphère*, qu'un savant très illustre, M. Poisson, a supposé beaucoup plus grand encore, ses notes sur les *Époques de la nature.*

ment presque chaque jour, que l'un est un vent de mer qui vient de l'orient, et
que l'autre est un vent de terre qui vient de l'occident. » M. Fresnaye m'a écrit que je
n'avais pas été exactement informé : « Les deux vents réguliers, dit-il, qui soufflent à
« Saint-Domingue, sont tous deux des vents de mer, et soufflent l'un de l'est le matin,
« et l'autre de l'ouest le soir, qui n'est que le même vent renvoyé. Comme il est évi-
« dent que c'est le soleil qui le cause, il y a un moment de bourrasque que tout le
« monde remarque entre une heure et deux l'après-midi. Lorsque le soleil a décliné,
« raréfiant l'air de l'ouest, il chasse dans l'est les nuages que le vent du matin avait
« confinés dans la partie opposée. Ce sont ces nuages renvoyés qui, depuis avril et
« mai jusque vers l'automne, donnent dans la partie du Port-au-Prince les pluies
« réglées qui viennent constamment de l'est. Il n'y a pas d'habitant qui ne prédise la
« pluie du soir entre six et neuf heures, lorsque, suivant leur expression, la brise a été
« renvoyée. Le vent d'ouest ne dure pas toute la nuit, il tombe régulièrement vers le
« soir, et c'est lorsqu'il a cessé que les nuages poussés à l'orient ont la liberté de
« tomber, dès que leur poids excède un pareil volume d'air : le vent que l'on sent la
« nuit est exactement un vent de terre qui n'est ni de l'est ni de l'ouest, mais dépend
« de la projection de la côte. Au Port-au-Prince, ce vent du midi est d'un froid intolé-
« rable dans les mois de janvier et de février : comme il traverse la ravine de la rivière
« froide, il y est modifié *a*. »

IV. — *Sur les lavanges.*

Dans les hautes montagnes il y a des vents accidentels qui sont produits par des
causes particulières, et notamment par les lavanges. Dans les Alpes, aux environs des
glacières, on distingue plusieurs espèces de lavanges : les unes sont appelées lavanges
venteuses, parce qu'elles produisent un grand vent ; elles se forment lorsqu'une neige
nouvellement tombée vient à être mise en mouvement, soit par l'agitation de l'air, soit
en fondant par-dessous au moyen de la chaleur intérieure de la terre : alors la neige
se pelotonne, s'accumule et tombe en coulant en grosses masses vers le vallon, ce qui
cause une grande agitation dans l'air, parce qu'elle coule avec rapidité et en très-grand
volume ; et les vents que ces masses produisent sont si impétueux, qu'ils renversent
tout ce qui s'oppose à leur passage, jusqu'à rompre de gros sapins. Ces lavanges couvrent d'une neige très-fine tout le terrain auquel elles peuvent atteindre, et cette poudre
de neige voltige dans l'air au caprice des vents, c'est-à-dire sans direction fixe, ce qui
rend ces neiges dangereuses pour les gens qui se trouvent alors en campagne, parce
qu'on ne sait pas trop de quel côté tourner pour les éviter, car en peu de moments on
se trouve enveloppé et même entièrement enfoui dans la neige.

Une autre espèce de lavanges, encore plus dangereuses que la première, sont celles
que les gens du pays appellent schlaglauwen, c'est-à-dire lavanges frappantes ; elles ne
surviennent pas aussi rapidement que les premières, et néanmoins elles renversent
tout ce qui se trouve sur leur passage, parce qu'elles entraînent avec elles une grande
quantité de terres, de pierres, de cailloux, et même des arbres tout entiers, en sorte
qu'en passant et en arrivant dans le vallon, elles tracent un chemin de destruction en
écrasant tout ce qui s'oppose à leur passage. Comme elles marchent moins rapidement
que les lavanges qui ne sont que de neige, on les évite plus aisément : elles s'annoncent
de loin, car elles ébranlent pour ainsi dire les montagnes et les vallons par leur poids
et leur mouvement, qui causent un bruit égal à celui du tonnerre.

Au reste, il ne faut qu'une très-petite cause pour produire ces terribles effets ; il

a. Note communiquée à M. de Buffon par M. Fresnaye, conseiller au conseil de Saint-
Domingue, en date du 10 mars 1777.

suffit de quelques flocons de neige tombés d'un arbre ou d'un rocher, ou même du son des cloches, du bruit d'une arme à feu, pour que quelques portions de neige se détachent du sommet, se pelotonnent et grossissent en descendant jusqu'à devenir une masse aussi grosse qu'une petite montagne.

Les habitants des contrées sujettes aux lavanges ont imaginé des précautions pour se garantir de leurs effets; ils placent leurs bâtiments contre quelques petites éminences qui puissent rompre la force de la lavange; ils plantent aussi des bois derrière leurs habitations. On peut voir au mont Saint-Gothard une forêt de forme triangulaire, dont l'angle aigu est tourné vers le mont, et qui semble plantée exprès pour détourner les lavanges et les éloigner du village d'Urseren et des bâtiments situés au pied de la montagne; et il est défendu sous de grosses peines de toucher à cette forêt, qui est, pour ainsi dire, la sauvegarde du village. On voit de même, dans plusieurs autres endroits, des murs de précaution dont l'angle aigu est opposé à la montagne, afin de rompre et détourner les lavanges. Il y a une muraille de cette espèce à Davis, au pays des Grisons, au-dessus de l'église du milieu, comme aussi vers les bains de Leuk ou Louèche en Valais. On voit dans ce même pays des Grisons, et dans quelques autres endroits, dans les gorges de montagne, des voûtes de distance en distance, placées à côté du chemin et taillées dans le roc, qui servent aux passagers de refuge contre les lavanges [a].

ADDITIONS

À L'ARTICLE QUI A POUR TITRE : DES VENTS IRRÉGULIERS, DES TROMBES, ETC.

I. — *Sur la violence des vents du midi dans quelques contrées septentrionales.*

Les voyageurs russes ont observé, qu'à l'entrée du territoire de Milim, il y a sur le bord de la Lena, à gauche, une grande plaine entièrement couverte d'arbres renversés, et que tous ces arbres sont couchés du sud au nord en ligne droite, sur une étendue de plusieurs lieues; en sorte que tout ce district, autrefois couvert d'une épaisse forêt, est aujourd'hui jonché d'arbres dans cette même direction du sud au nord : cet effet des vents méridionaux dans le Nord a aussi été remarqué ailleurs.

Dans le Groënland, principalement en automne, il règne des vents si impétueux, que les maisons s'en ébranlent et se fendent; les tentes et les bateaux en sont emportés dans les airs. Les Groënlandais assurent même que, quand ils veulent sortir pour mettre leurs canots à l'abri, ils sont obligés de ramper sur le ventre, de peur d'être le jouet des vents. En été, on voit s'élever de semblables tourbillons qui bouleversent les flots de la mer et font pirouetter les bateaux. Les plus fières tempêtes viennent du sud, tournent au nord et s'y calment : c'est alors que la glace des baies est enlevée de son lit, et se disperse sur la mer en monceaux [b].

II. — *Sur les trombes.*

M. de la Nux, que j'ai déjà eu occasion de citer plusieurs fois dans mon ouvrage, et qui a demeuré plus de quarante ans dans l'île de Bourbon, s'est trouvé à portée de voir un grand nombre de trombes, sur lesquelles il a bien voulu me communiquer ses observations, que je crois devoir donner ici par extrait.

a. Histoire naturelle Helvétique, par Scheuchzer, t. 1, p. 155 et suiv.
b. Histoire générale des Voyages, t. XVIII, p. 22.

Les trombes que cet observateur a vues se sont formées : 1° dans des jours calmes et des intervalles de passage du vent de la partie du nord à celle du sud, quoiqu'il en ait vu une qui s'est formée avant ce passage du vent à l'autre, et dans le courant même d'un vent de nord, c'est-à-dire assez longtemps avant que ce vent eût cessé ; le nuage duquel cette trombe dépendait, et auquel elle tenait, était encore violemment poussé ; le soleil se montrait en même temps derrière lui, eu égard à la direction du vent : c'était le 6 janvier, vers les onze heures du matin.

2° Ces trombes se sont formées pendant le jour dans des nuées détachées, fort épaisses en apparence, bien plus étendues que profondes, et bien terminées par-dessous, parallèlement à l'horizon, le dessous de ces nuées paraissant toujours fort noir.

3° Toutes ces trombes se sont montrées d'abord sous la forme de cônes renversés, dont les bases étaient plus ou moins larges.

4° De ces différentes trombes, qui s'annonçaient par ces cônes renversés, et qui quelquefois tenaient au même nuage, quelques-unes n'ont pas eu leur entier effet : les unes se sont dissipées à une petite distance du nuage, les autres sont descendues vers la surface de la mer, et en apparence fort près, sous la forme d'un long cône aplati, très-étroit et pointu par le bas. Dans le centre de ce cône, et sur toute sa longueur, régnait un canal blanchâtre, transparent, et d'un tiers environ du diamètre du cône, dont les deux côtés étaient fort noirs, surtout dans le commencement de leur apparence.

Elles ont été observées d'un point de l'île de Bourbon, élevé de 150 toises au-dessus du niveau de la mer, et elles étaient pour la plupart à trois, quatre ou cinq lieues de distance de l'endroit de l'observation, qui était la maison même de l'observateur.

Voici la description détaillée de ces trombes.

Quand le bout de la *manche*, qui pour lors est fort pointu, est descendu environ au quart de la distance du nuage à la mer, on commence à voir sur l'eau, qui d'ordinaire est calme et d'un blanc transparent, une petite noirceur circulaire, effet du frémissement (ou tournoiement) de l'eau : à mesure que la pointe de cette manche descend, l'eau bouillonne, et d'autant plus que cette pointe approche de plus près la surface de la mer, et l'eau de la mer s'élève successivement en tourbillon, à plus ou moins de hauteur, et d'environ 20 pieds dans les plus grosses trombes. Le bout de la manche est toujours au-dessus du tourbillon, dont la grosseur est proportionnée à celle de la trombe qui le fait mouvoir. Il ne paraît pas que le bout de la manche atteigne jusqu'à la surface de la mer, autrement qu'en se joignant au tourbillon qui s'élève.

On voit quelquefois sortir du même nuage de gros et de petits cônes de trombes ; il y en a qui ne paraissent que comme des filets, d'autres un peu plus forts. Du même nuage, on voit sortir assez souvent dix ou douze petites trombes toutes complètes, dont la plupart se dissipent très-près de leur sortie, et remontent visiblement à leur nuage : dans ce dernier cas, la manche s'élargit tout à coup jusqu'à l'extrémité inférieure, et ne paraît plus qu'un cylindre suspendu au nuage, déchiré par en bas, et de peu de longueur.

Les trombes à large base, c'est-à-dire les grosses trombes, s'élargissent insensiblement dans toute leur longueur, et par le bas, qui paraît s'éloigner de la mer et se rapprocher de la nue. Le tourbillon qu'elles excitent sur l'eau diminue peu à peu, et bientôt la manche de cette trombe s'élargit dans sa partie inférieure et prend une forme presque cylindrique : c'est dans cet état que, des deux côtés élargis du canal, on voit comme de l'eau entrer en tournoyant vivement et abondamment dans le nuage ; et c'est enfin par le raccourcissement successif de cette espèce de cylindre que finit l'apparence de la trombe.

Les plus grosses trombes se dissipent le moins vite ; quelques-unes des plus grosses durent plus d'une demi-heure.

On voit assez ordinairement tomber de fortes ondées, qui sortent du même endroit du nuage d'où sont sorties et auxquelles tiennent encore quelquefois les trombes ; ces ondées cachent souvent aux yeux celles qui ne sont pas encore dissipées. J'en ai vu, dit M. de la Nux, deux le 26 octobre 1755, très-distinctement, au milieu d'une ondée qui devint si forte, qu'elle m'en déroba la vue.

Le vent, ou l'agitation de l'air inférieur sous la nuée, ne rompt ni les grosses ni les petites trombes ; seulement cette impulsion les détourne de la perpendiculaire : les plus petites forment des courbes très-remarquables, et quelquefois des sinuosités, en sorte que leur extrémité, qui aboutissait à l'eau de la mer, était fort éloignée de l'aplomb de l'autre extrémité, qui était dans le nuage.

On ne voit plus de nouvelles trombes se former lorsqu'il est tombé de la pluie des nuages d'où elles partent.

« Le 14 juin de l'année 1756, sur les quatre heures après-midi, j'étais, dit M. de la
« Nux, au bord de la mer, élevé de vingt à vingt-cinq pieds au-dessus de son niveau. Je
« vis sortir d'un même nuage douze à quatorze trombes complètes, dont trois seulement
« considérables, et surtout la dernière. Le canal du milieu de la manche était si trans-
« parent, qu'à travers je voyais les nuages que derrière elle, à mon égard, le soleil
« éclairait. Le nuage, magasin de tant de trombes, s'étendait à peu près du sud-est au
« nord-ouest, et cette grosse trombe, dont il s'agit uniquement ici, me restait vers le
« sud-sud-ouest ; le soleil était déjà fort bas, puisque nous étions dans les jours les plus
« courts. Je ne vis point d'ondées tomber du nuage : son élévation pouvait être de cinq
« ou six cents toises au plus. »

Plus le ciel est chargé de nuages, et plus il est aisé d'observer les trombes et toutes les apparences qui les accompagnent.

M. de la Nux pense, peut-être avec raison, que ces trombes ne sont que des portions visqueuses du nuage, qui sont entraînées par différents tourbillons, c'est-à-dire par des tournoiements de l'air supérieur engouffré dans les masses des nuées dont le nuage total est composé.

Ce qui paraît prouver que ces trombes sont composées de parties visqueuses, c'est leur ténacité, et pour ainsi dire leur cohérence ; car elles font des inflexions et des courbures, même en sens contraire, sans se rompre. Si cette matière des trombes n'était pas visqueuse, pourrait-on concevoir comment elles se courbent et obéissent aux vents sans se rompre ? Si toutes les parties n'étaient pas fortement adhérentes entre elles, le vent les dissiperait, ou, tout au moins, les ferait changer de forme ; mais, comme cette forme est constante dans les trombes grandes et petites, c'est un indice presque certain de la ténacité visqueuse de la matière qui les compose.

Ainsi le fond de la matière des trombes est une substance visqueuse contenue dans les nuages, et chaque trombe est formée par un tourbillon d'air qui s'engouffre entre les nuages, et, boursouflant le nuage inférieur, le perce et descend avec son enveloppe de matière visqueuse. Et comme les trombes qui sont complètes descendent depuis le nuage jusque sur la surface de la mer, l'eau frémira, bouillonnera, tourbillonnera à l'endroit vers lequel le bout de la trombe sera dirigé, par l'effet de l'air qui sort de l'extrémité de la trombe comme du tuyau d'un soufflet : les effets de ce soufflet sur la mer augmenteront à mesure qu'il s'en approchera et que l'orifice de cette espèce de tuyau, s'il vient à s'élargir, laissera sortir plus d'air.

On a cru, mal à propos, que les trombes enlevaient l'eau de la mer et qu'elles en ren-fermaient une grande quantité ; ce qui a fortifié ce préjugé, ce sont les pluies, ou plutôt les averses, qui tombent souvent aux environs des trombes. Le canal du milieu de toutes les trombes est toujours transparent, de quelque côté qu'on les regarde : si l'eau de la mer paraît monter, ce n'est pas dans ce canal, mais seulement dans ses côtés ;

presque toutes les trombes souffrent des inflexions, et ces inflexions se font souvent en sens contraire, en forme d'S, dont la tête est au nuage et la queue à la mer. Les espèces de trombes dont nous venons de parler ne peuvent donc contenir de l'eau, ni pour la verser à la mer, ni pour la monter au nuage : ainsi ces trombes ne sont à craindre que par l'impétuosité de l'air qui sort de leur orifice inférieur ; car il paraîtra certain à tous ceux qui auront occasion d'observer ces trombes qu'elles ne sont composées que d'un air engouffré dans un nuage visqueux, et déterminé par son tournoiement vers la surface de la mer.

M. de la Nux a vu des trombes autour de l'île de Bourbon dans les mois de janvier, mai, juin, octobre, c'est-à-dire en toutes saisons ; il en a vu dans des temps calmes et pendant de grands vents ; mais néanmoins on peut dire que ces phénomènes ne se montrent que rarement, et ne se montrent guère que sur la mer, parce que la viscosité des nuages ne peut provenir que des parties bitumineuses et grasses que la chaleur du soleil et les vents enlèvent à la surface des eaux de la mer, et qui se trouvent rassemblées dans des nuages assez voisins de sa surface ; c'est par cette raison qu'on ne voit pas de pareilles trombes sur la terre, où il n'y a pas, comme sur la surface de la mer, une abondante quantité de parties bitumineuses et huileuses que l'action de la chaleur pourrait en détacher[1]. On en voit cependant quelquefois sur la terre, et même à de grandes distances de la mer, ce qui peut arriver lorsque les nuages visqueux sont poussés rapidement par un vent violent de la mer vers les terres. M. de Grignon a vu, au mois de juin 1768, en Lorraine, près de Vauvillier, dans les coteaux qui sont une suite de l'empiétement des Vosges, une trombe très-bien formée ; elle avait environ 50 toises de hauteur ; sa forme était celle d'une colonne, et elle communiquait à un gros nuage fort épais et poussé par un ou plusieurs vents violents qui faisaient tourner rapidement la trombe et produisaient des éclairs et des coups de tonnerre. Cette trombe ne dura que sept ou huit minutes et vint se briser sur la base du coteau, qui est élevé de cinq ou six cents pieds[a].

Plusieurs voyageurs ont parlé des trombes de mer, mais personne ne les a si bien observées que M. de la Nux. Par exemple, ces voyageurs disent qu'il s'élève au-dessus de la mer une fumée noire lorsqu'il se forme quelques trombes ; nous pouvons assurer que cette apparence est trompeuse et ne dépend que de la situation de l'observateur : s'il est placé dans un lieu assez élevé pour que le tourbillon qu'une trombe excite sur l'eau ne surpasse pas à ses yeux l'horizon sensible, il ne verra que de l'eau s'élever et retomber en pluie, sans aucun mélange de fumée ; et on le reconnaîtra avec la dernière évidence, si le soleil éclaire le lieu du phénomène.

Les trombes, dont nous venons de parler, n'ont rien de commun avec les bouillonnements et les fumées que les feux sous-marins excitent quelquefois, et dont nous avons fait mention ailleurs ; ces trombes ne renferment ni n'excitent aucune fumée ; elles sont assez rares partout : seulement, les lieux de la mer où l'on en voit le plus souvent sont les plages des climats chauds, et en même temps celles où les calmes sont ordinaires et où les vents sont les plus inconstants : elles sont peut-être aussi plus fréquentes près les îles et vers les côtes que dans la pleine mer.

a. Note communiquée par M. de Grignon à M. de Buffon, le 6 août 1777.

1. Voyez, sur les *trombes*, la note 1 de la page 263 et la note de la page 267. Quant à la *viscosité des nuages*, due aux *parties bitumineuses* des eaux de la mer, il faut se rappeler ce que Buffon a dit, p. 103, six du[?]..., que «les sels et le bitume sont les matières dominantes dans l'eau» de la mer. Le sel est la matière qui *domine partout dans l'eau de la mer*; le *bitume* n'y abonde qu[e] dans certains endroits.

ADDITIONS

I. — *Sur les tremblements de terre.*

Il y a deux causes qui produisent les tremblements de terre : la première est l'affaissement subit des cavités de la terre, et la seconde, encore plus fréquente et plus violente que la première, est l'action des feux souterrains[1].

Lorsqu'une caverne s'affaisse dans le milieu des continents, elle produit par sa chute une commotion qui s'étend à une plus ou moins grande distance, selon la quantité du mouvement donné par la chute de cette masse à la terre, et à moins que le volume n'en soit fort grand et ne tombe de très-haut, sa chute ne produira pas une secousse assez violente pour qu'elle se fasse ressentir à de grandes distances ; l'effet en est borné aux environs de la caverne affaissée ; et, si le mouvement se propage plus loin, ce n'est que par de petits trémoussements et de légères trépidations.

Comme la plupart des montagnes primitives reposent sur des cavernes, parce que dans le moment de la consolidation ces éminences ne se sont formées que par des boursouflures[2] ; il s'est fait, et il se fait encore de nos jours des affaissements dans ces montagnes toutes les fois que les voûtes des cavernes minées par les eaux ou ébranlées par quelque tremblement viennent à s'écrouler ; une portion de la montagne s'affaisse en bloc, tantôt perpendiculairement, mais plus souvent en s'inclinant beaucoup et quelquefois même en culbutant : on en a des exemples frappants dans plusieurs parties des Pyrénées où les couches de la terre, jadis horizontales, sont souvent inclinées de plus de 45 degrés ; ce qui démontre que la masse entière de chaque portion de montagne, dont les bancs sont parallèles entre eux, a penché tout en bloc, et s'est assise dans le moment de l'affaissement sur une base inclinée de 45 degrés ; c'est la cause la plus générale de l'inclinaison des couches dans les montagnes. C'est par la même raison que l'on trouve souvent, entre deux éminences voisines, des couches qui descendent de la première et remontent à la seconde, après avoir traversé le vallon ; ces couches sont horizontales et gisent à la même hauteur dans les deux collines opposées, entre lesquelles la caverne s'étant écroulée, la terre s'est affaissée, et le vallon s'est formé sans autre dérangement dans les couches de la terre que le plus ou moins d'inclinaison, suivant la profondeur du vallon et la pente des deux coteaux correspondants.

C'est là le seul effet sensible de l'affaissement des cavernes dans les montagnes et dans les autres parties des continents terrestres ; mais toutes les fois que cet effet arrive dans le sein de la mer, où les affaissements doivent être plus fréquents que sur la terre, puisque l'eau mine continuellement les voûtes dans tous les endroits où elles soutiennent le fond de la mer, alors ces affaissements, non-seulement dérangent et font pencher les couches de la terre, mais ils produisent encore un autre effet sensible en faisant baisser le niveau des mers ; sa hauteur s'est déjà déprimée de deux mille toises par ces affaissements successifs depuis la première occupation des eaux : et comme toutes les cavernes sous-marines ne sont pas encore, à beaucoup près, entièrement écroulées, il est plus que probable que l'espace des mers, s'approfondissant de plus en plus, se rétrécira par la surface, et que par conséquent l'étendue de tous les continents

---

1. Ces *feux souterrains* sont la *première*, ou plutôt, la *seule cause*. (Voyez la note de la page 56.) Les *affaissements des cavités de la terre*, et jusqu'à la formation même de ces *cavités*, dépendent des *feux souterrains*, du *feu central*. (Voyez la note 4 de la page 293.)

2. Voyez la note de la page 44. Voyez aussi les notes sur les *Époques de la Nature*.

terrestres continuera toujours d'augmenter par la retraite et l'abaissement des eaux.

Une seconde cause, plus puissante que la première, concourt avec elle pour produire le même effet ; c'est la rupture et l'affaissement des cavernes par l'effort des feux sous-marins. Il est certain qu'il ne se fait aucun mouvement, aucun affaissement dans le fond de la mer que sa surface ne baisse ; et si nous considérons, en général, les effets des feux souterrains, nous reconnaîtrons que dès qu'il y a du feu la commotion de la terre ne se borne point à de simples trépidations ; mais que l'effort du feu soulève, entr'ouvre la mer et la terre par des secousses violentes et réitérées, qui non-seulement renversent et détruisent les terres voisines, mais encore ébranlent celles qui sont éloignées, et ravagent ou bouleversent tout ce qui se trouve sur la route de leur direction.

Ces tremblements de terre, causés par les feux souterrains, précèdent ordinairement les éruptions des volcans et cessent avec elles, et quelquefois même au moment où ce feu renfermé s'ouvre un passage dans les flancs de la terre et porte sa flamme dans les airs. Souvent aussi ces tremblements épouvantables continuent tant que les éruptions durent ; ces deux effets sont intimement liés ensemble, et jamais il ne se fait une grande éruption dans un volcan, sans qu'elle ait été précédée, ou du moins accompagnée d'un tremblement de terre ; au lieu que très-souvent on ressent des secousses même assez violentes sans éruption de feu : ces mouvements, où le feu n'a point de part, proviennent non-seulement de la première cause que nous avons indiquée, c'est-à-dire de l'écroulement des cavernes, mais aussi de l'action des vents et des orages souterrains. On a nombre d'exemples de terres soulevées ou affaissées par la force de ces vents intérieurs. M. le chevalier Hamilton, homme aussi respectable par son caractère qu'admirable par l'étendue de ses connaissances et de ses recherches en ce genre, m'a dit avoir vu entre Trente et Vérone, près du village de Roveredo, plusieurs monticules composés de grosses masses de pierres calcaires, qui ont été évidemment soulevées par diverses explosions causées par des vents souterrains ; il n'y a pas le moindre indice de l'action du feu sur ces rochers ni sur leurs fragments ; tout le pays des deux côtés du grand chemin, dans une longueur de près d'une lieue, a été bouleversé de place en place par ces prodigieux efforts des vents souterrains. Les habitants disent que cela est arrivé tout à coup par l'effet d'un tremblement de terre.

Mais la force du vent, quelque violent qu'on puisse le supposer, ne me paraît pas une cause suffisante pour produire d'aussi grands effets ; et, quoiqu'il n'y ait aucune apparence de feu dans ces monticules soulevés par la commotion de la terre, je suis persuadé que ces soulèvements se sont faits par des explosions électriques de la foudre souterraine, et que les vents intérieurs n'y ont contribué qu'en produisant ces orages électriques dans les cavités de la terre. Nous réduirons donc à trois causes tous les mouvements convulsifs de la terre : la première et la plus simple est l'affaissement subit des cavernes ; la seconde, les orages et les coups de foudre souterraine ; et la troisième, l'action et les efforts des feux allumés dans l'intérieur du globe [1] : il me paraît qu'il est aisé de rapporter à l'une de ces trois causes tous les phénomènes qui accompagnent ou suivent les tremblements de terre.

Si les mouvements de la terre produisent quelquefois des éminences, ils forment encore plus souvent des gouffres. Le 15 octobre 1773, il s'est ouvert un gouffre sur le territoire du bourg Induno, dans les États de Modène, dont la cavité a plus de quatre cents brasses de largeur sur deux cents de profondeur [a]. En 1726, dans la partie sep-

a. *Journal historique et politique*, 10 décembre 1773, art. Milan.

1. De ces trois causes, la seule vraie est celle des *feux allumés dans l'intérieur du globe*. Le grand progrès actuel de la *théorie du globe* est d'avoir ramené tous ces phénomènes, les *tremblements de terre*, l'*affaissement*, la *formation des cavernes*, le *soulèvement des montagnes*, les *volcans*, etc., à une seule et première cause : le *feu central*.

tentrionale de l'Islande, une montagne d'une hauteur considérable s'enfonça en une nuit par un tremblement de terre, et un lac très-profond prit sa place ; dans la même nuit, à une lieue et demie de distance, un ancien lac dont on ignorait la profondeur fut entièrement desséché, et son fond s'éleva de manière à former un monticule assez haut que l'on voit encore aujourd'hui[a]. Dans les mers voisines de la Nouvelle-Bretagne, les tremblements de terre, dit M. de Bougainville, ont de terribles conséquences pour la navigation. Les 7 juin, 12 et 27 juillet 1768, il y en a eu trois à Boëro, et le 22 de ce même mois un à la Nouvelle-Bretagne. Quelquefois ces tremblements anéantissent des îles et des bancs de sable connus ; quelquefois aussi ils en créent où il n'y en avait pas[b].

Il y a des tremblements de terre qui s'étendent très-loin, et toujours plus en longueur qu'en largeur : l'un des plus considérables est celui qui se fit ressentir au Canada en 1663 ; il s'étendit sur plus de deux cents lieues de longueur et cent lieues de largeur, c'est-à-dire sur plus de 20 mille lieues superficielles. Les effets du dernier tremblements de terre du Portugal se sont fait, de nos jours, ressentir encore plus loin. M. le chevalier de Saint-Sauveur, commandant pour le roi à Meruris, a dit à M. de Gensanne qu'en se promenant à la rive gauche de la Jouante, en Languedoc, le ciel devint tout à coup fort noir, et qu'un moment après il aperçut, au bas du coteau qui est à la rive droite de cette rivière, un globe de feu qui éclata d'une manière terrible : il sortit de l'intérieur de la terre un tas de rochers considérable, et toute cette chaîne de montagnes se fendit depuis Meruis jusqu'à Florac, sur près de six lieues de longueur. Cette fente a dans certains endroits plus de deux pieds de largeur, et elle est en partie comblée[c]. Il y a d'autres tremblements de terre qui semblent se faire sans secousses et sans grande émotion. Kolbe rapporte que le 24 septembre 1707, depuis huit heures du matin jusqu'à dix heures, la mer monta sur la contrée du cap de Bonne-Espérance et en descendit sept fois de suite et avec une telle vitesse que d'un moment à l'autre la plage était alternativement couverte et découverte par les eaux[d].

Je puis ajouter au sujet des effets des tremblements de terre et de l'éboulement des montagnes par l'affaissement des cavernes, quelques faits assez récents et qui sont bien constatés. En Norvége, un promontoire appelé Hammers-Fields, tomba tout à coup en entier[e]. Une montagne fort élevée et presque adjacente à celle de Chimborazo, l'une des plus hautes des Cordillères dans la province de Quito, s'écroula tout à coup. Le fait avec ses circonstances est rapporté dans les mémoires de MM. de la Condamine et Bouguer. Il arrive souvent de pareils éboulements et de grands affaissements dans les îles des Indes méridionales. À Gamma-Canore, où les Hollandais ont un établissement, une haute montagne s'écroula tout à coup en 1673 par un temps calme et fort beau, ce qui fut suivi d'un tremblement de terre qui renversa les villages d'alentour où plusieurs milliers de personnes périrent[f]. Le 11 août 1772, dans l'île de Java, province de Chéribou, l'une des plus riches possessions des Hollandais, une montagne d'environ trois lieues de circonférence s'abîma tout à coup, s'enfonçant et se relevant alternativement comme les flots de la mer agitée ; en même temps elle laissait échapper une quantité prodigieuse de globes de feu qu'on apercevait de très-loin, et qui jetaient une lumière aussi vive que celle du jour. Toutes les plantations et trente-neuf nègreries ont été englouties avec deux mille cent quarante habitants, sans compter les étrangers[g].

a. *Mélanges intéressants*, t. I, p. 138.

b. *Voyage autour du Monde*, t. II, p. 278.

c. *Histoire naturelle du Languedoc*, par M. de Gensanne, t. I, p. 231.

d. *Description du cap de Bonne-Espérance*, t. II, p. 257.

e. *Histoire naturelle de Norvége*, par Pontoppidan ; *Journal étranger*, mois d'... 1755.

f. *Histoire générale des Voyages*, t. XVII, p. 54.

g. Voyez la *Gazette de France*, 21 mai 1773, article de la Haye.

Nous pourrions recueillir plusieurs autres exemples de l'affaissement des terres et de l'écroulement des montagnes par la rupture des cavernes, par les secousses des tremblements de terre et par l'action des volcans ; mais nous en avons dit assez pour qu'on ne puisse contester les inductions et les conséquences générales que nous avons tirées de ces faits particuliers.

II. — *Des volcans.*

Les anciens nous ont laissé quelques notices des volcans qui leur étaient connus, et particulièrement de l'Etna et du Vésuve. Plusieurs observateurs savants et curieux ont de nos jours examiné de plus près la forme et les effets de ces volcans ; mais la première chose qui frappe en comparant ces descriptions, c'est qu'on doit renoncer à transmettre à la postérité la topographie exacte et constante de ces montagnes ardentes ; leur forme s'altère et change, pour ainsi dire, chaque jour ; leur surface s'élève ou s'abaisse en différents endroits ; chaque éruption produit de nouveaux gouffres ou des éminences nouvelles : s'attacher à décrire tous ces changements, c'est vouloir suivre et représenter les ruines d'un bâtiment incendié ; le Vésuve de Pline et l'Etna d'Empédocle présentaient une face et des aspects différents de ceux qui nous sont aujourd'hui si bien représentés par MM. Hamilton et Brydone ; et, dans quelques siècles, ces descriptions récentes ne ressembleront plus à leur objet. Après la surface des mers, rien sur le globe n'est plus mobile et plus inconstant que la surface des volcans ; mais de cette inconstance même et de cette variation de mouvements et de formes, on peut tirer quelques conséquences générales en réunissant les observations particulières.

Exemples des changements arrivés dans les volcans.

La base de l'Etna peut avoir soixante lieues de circonférence, et sa hauteur perpendiculaire est d'environ deux mille toises au-dessus du niveau de la mer Méditerranée. On peut donc regarder cette énorme montagne comme un cône obtus, dont la superficie n'a guère moins de trois cents lieues carrées : cette superficie conique est partagée en quatre zones placées concentriquement les unes au-dessus des autres. La première et la plus large s'étend à plus de six lieues, toujours en montant doucement, depuis le point le plus éloigné de la base de la montagne, et cette zone de six lieues de largeur est peuplée et cultivée presque partout. La ville de Catane et plusieurs villages se trouvent dans cette première enceinte, dont la superficie est de plus de deux cent vingt lieues carrées ; tout le fond de ce vaste terrain n'est que de la lave ancienne et moderne qui a coulé des différents endroits de la montagne où se sont faites les explosions des feux souterrains, et la surface de cette lave, mêlée avec les cendres rejetées par ces différentes bouches à feu, s'est convertie en une bonne terre, actuellement semée de grains et plantée de vignobles, à l'exception de quelques endroits où la lave, encore trop récente, ne fait que commencer à changer de nature et présente quelques espaces dénués de terre. Vers le haut de cette zone, on voit déjà plusieurs *cratères* ou coupes plus ou moins larges et profondes, d'où sont sorties les matières qui ont formé les terrains au-dessous.

La seconde zone commence au-dessus de six lieues (depuis le point le plus éloigné dans la circonférence de la montagne), cette seconde zone a environ deux lieues de largeur en montant, la pente en est plus rapide partout que celle de la première zone, et cette rapidité augmente à mesure qu'on s'élève et qu'on s'approche du sommet ; cette seconde zone, de deux lieues de largeur, peut avoir en superficie quarante ou quarante-cinq lieues carrées : de magnifiques forêts couvrent toute cette étendue et semblent former un beau collier de verdure à la tête blanche et chenue de ce respectable mont.

Le fond du terrain de ces belles forêts n'est néanmoins que de la lave et des cendres converties par le temps en terres excellentes, et ce qui est encore plus remarquable, c'est l'inégalité de la surface de cette zone : elle ne présente partout que des collines, ou plutôt des montagnes, toutes produites par les différentes éruptions du sommet de l'Etna et des autres bouches à feu qui sont au-dessous de ce sommet, et dont plusieurs ont autrefois agi dans cette zone, actuellement couverte de forêts.

Avant d'arriver au sommet, et après avoir passé les belles forêts qui recouvrent la croupe de cette montagne, on traverse une troisième zone où il ne croît que de petits végétaux ; cette région est couverte de neige en hiver, qui fond pendant l'été ; mais ensuite on trouve la ligne de neige permanente, qui marque le commencement de la quatrième zone et s'étend jusqu'au sommet de l'Etna ; ces neiges et ces glaces occupent environ deux lieues en hauteur, depuis la région des petits végétaux jusqu'au sommet, lequel est également couvert de neige et de glace : il est exactement d'une figure conique, et l'on voit dans son intérieur le grand cratère du volcan, duquel il sort continuellement des tourbillons de fumée. L'intérieur de ce cratère est en forme de cône renversé, s'élevant également de tous côtés ; il n'est composé que de cendres et d'autres matières brûlées, sorties de la bouche du volcan, qui est au centre du cratère. L'extérieur de ce sommet est fort escarpé ; la neige y est couverte de cendres, et il y fait un très-grand froid. Sur le côté septentrional de cette région de neige, il y a plusieurs petits lacs qui ne dégèlent jamais. En général, le terrain de cette dernière zone est assez égal et d'une même pente, excepté dans quelques endroits, et ce n'est qu'au-dessous de cette région de neige qu'il se trouve un grand nombre d'inégalités, d'éminences et de profondeurs, produites par les éruptions, et que l'on voit les collines et les montagnes plus ou moins nouvellement formées et composées de matières rejetées par ces différentes bouches à feu.

Le cratère du sommet de l'Etna, en 1770, avait, selon M. Brydone, plus d'une lieue de circonférence, et les auteurs anciens et modernes lui ont donné des dimensions très-différentes ; néanmoins tous ces auteurs ont raison, parce que toutes les dimensions de cette bouche à feu ont changé, et tout ce que l'on doit inférer de la comparaison des différentes descriptions qu'on en a faites, c'est que le cratère, avec ses bords, s'est éboulé quatre fois depuis six ou sept cents ans. Les matériaux dont il est formé retombent dans les entrailles de la montagne, d'où ils sont ensuite rejetés par de nouvelles éruptions qui forment un autre cratère, lequel s'augmente et s'élève par degrés jusqu'à ce qu'il retombe de nouveau dans le même gouffre du volcan.

Ce haut sommet de la montagne n'est pas le seul endroit où le feu souterrain ait fait éruption ; on voit dans tout le terrain qui forme les flancs et la croupe de l'Etna, et jusqu'à de très-grandes distances du sommet, plusieurs autres cratères qui ont donné passage au feu et qui sont environnés de morceaux de rochers qui en sont sortis dans différentes éruptions. On peut même compter plusieurs collines, toutes formées par l'éruption de ces petits volcans qui environnent le grand ; chacune de ces collines offre à son sommet une coupe ou cratère, au milieu duquel on voit la bouche ou plutôt le gouffre profond de chacun de ces volcans particuliers. Chaque éruption de l'Etna a produit une nouvelle montagne ; et peut-être, dit M. Brydone, que leur nombre servirait mieux que toute autre méthode à déterminer celui des éruptions de ce fameux volcan.

La ville de Catane, qui est au bas de la montagne, a souvent été ruinée par le torrent des laves qui sont sorties du pied de ces nouvelles montagnes, lorsqu'elles se sont formées. En montant de Catane à Nicolosi, on parcourt douze milles de chemin dans un terrain formé d'anciennes laves et dans lequel on voit des bouches de volcans éteints, qui sont à présent des terres couvertes de blé, de vignobles et de vergers. Les laves qui forment cette région proviennent de l'éruption de ces petites montagnes qui sont répandues partout sur les flancs de l'Etna ; elles sont toutes, sans exception, d'une figure régulière, soit hémisphérique, soit conique ; chaque éruption crée ordinairement une de ces montagnes : ainsi l'action des feux souterrains ne s'élève pas toujours jusqu'au sommet de l'Etna ; souvent ils ont éclaté sur la croupe, et pour ainsi dire jusqu'au pied de cette montagne ardente. Ordinairement, chacune de ces éruptions du flanc de l'Etna produit une montagne nouvelle composée des rochers, des pierres et des cendres lancées par la force du feu ; et le volume de ces montagnes nouvelles est plus ou moins énorme, à proportion du temps qu'a duré l'éruption : si elle se fait en peu de jours, elle ne produit qu'une colline d'environ une lieue de circonférence à la base sur trois ou quatre cents pieds de hauteur perpendiculaire ; mais si l'éruption a duré quelques mois, comme celle de 1669, elle produit alors une montagne considérable de deux ou trois lieues de circonférence sur neuf cents ou mille pieds d'élévation, et toutes ces collines enfantées par l'Etna, qui a douze mille pieds de hauteur, ne paraissent être que de petites éminences faites pour accompagner la majesté de la mère montagne.

Dans le Vésuve, qui n'est qu'un très-petit volcan en comparaison de l'Etna, les éruptions des flancs de la montagne sont rares et les laves sortent ordinairement du cratère qui est au sommet, au lieu que dans l'Etna les éruptions se sont faites bien plus souvent par les flancs de la montagne que par son sommet, et les laves sont sorties de chacune de ces montagnes formées par des éruptions sur les côtés de l'Etna. M. Brydone dit, d'après M. Recupero, que les masses de pierres lancées par l'Etna s'élèvent si haut qu'elles emploient 21 secondes de temps à descendre et retomber à terre, tandis que celles du Vésuve tombent en 9 secondes, ce qui donne 1.215 pieds pour la hauteur à laquelle s'élèvent les pierres lancées par le Vésuve, et 6,615 pieds pour la hauteur à laquelle montent celles qui sont lancées par l'Etna ; d'où l'on pourrait conclure, si les observations sont justes, que la force de l'Etna est à celle du Vésuve comme 441 sont à 81, c'est-à-dire cinq à six fois plus grande. Et ce qui prouve d'une manière démonstrative que le Vésuve n'est qu'un très-faible volcan en comparaison de l'Etna, c'est que celui-ci paraît avoir enfanté d'autres volcans plus grands que le Vésuve : « Assez près de « la *Caverne des Chèvres*, dit M. Brydone, on voit deux des plus belles montagnes « qu'ait enfantées l'Etna ; chacun des cratères de ces deux montagnes est beaucoup plus « large que celui du Vésuve ; ils sont à présent remplis par des forêts de chênes et « revêtus jusqu'à une grande profondeur d'un sol très-fertile ; le fond du sol est com- « posé de laves dans cette région comme dans toutes les autres, depuis le pied de la « montagne jusqu'au sommet. La montagne conique, qui forme le sommet de l'Etna et « contient son cratère, a plus de trois lieues de circonférence ; elle est extrêmement « rapide, et couverte de neige et de glace en tout temps. Ce grand cratère a plus d'une « lieue de circonférence en dedans, et il forme une excavation qui ressemble à un vaste « amphithéâtre ; il en sort des nuages de fumée qui ne s'élèvent point en l'air, mais « roulent vers le bas de la montagne : le cratère est si chaud, qu'il est très-dangereux « d'y descendre. La grande bouche du volcan est près du centre du cratère ; quelques- « uns des rochers lancés par le volcan hors de son cratère sont d'une grandeur « incroyable : le plus gros qu'ait vomi le Vésuve est de forme ronde et a environ « 12 pieds de diamètre ; ceux de l'Etna sont bien plus considérables et proportionnés à « la différence qui se trouve entre les deux volcans. »

Comme toute la partie qui environne le sommet de l'Etna présente un terrain égal, sans collines ni vallées jusqu'à plus de deux lieues de distance en descendant, et qu'on y voit encore aujourd'hui les ruines de la tour du philosophe Empédocle, qui vivait quatre cents ans avant l'ère chrétienne, il y a toute apparence que, depuis ce temps, le grand cratère du sommet de l'Etna n'a fait que peu ou point d'éruptions ; la force du feu a donc diminué, puisqu'il n'agit plus avec violence au sommet, et que toutes les éruptions modernes se sont faites dans les régions plus basses de la montagne : cependant, depuis quelques siècles, les dimensions de ce grand cratère du sommet de l'Etna ont souvent changé : on le voit par les mesures qu'en ont données les auteurs siciliens en différents temps; quelquefois il s'est écroulé, ensuite il s'est reformé en s'élevant peu à peu jusqu'à ce qu'il s'écroulât de nouveau. Le premier de ces écroulements bien constatés est arrivé en 1157, un second en 1329, un troisième en 1444, et le dernier en 1669. Mais je ne crois pas qu'on doive en conclure, avec M. Brydone, que dans peu le cratère s'écroulera de nouveau; l'opinion que cet effet doit arriver tous les cent ans ne me paraît pas assez fondée, et je serais au contraire très-porté à présumer que, le feu n'agissant plus avec la même violence au sommet de ce volcan, ses forces ont diminué et continueront à s'affaiblir à mesure que la mer s'éloignera davantage; il l'a déjà fait reculer de plusieurs milles par ses propres forces; il en a construit les digues et les côtes par ses torrents de laves; et d'ailleurs on sait, par la diminution de la rapidité du Carybde et du Scylla et par plusieurs autres indices, que la mer de Sicile a considérablement baissé depuis deux mille cinq cents ans : ainsi l'on ne peut guère douter qu'elle ne continue à s'abaisser, et que par conséquent l'action des volcans voisins ne se ralentisse, en sorte que le cratère de l'Etna pourra rester très-longtemps dans son état actuel, et que, s'il vient à retomber dans ce gouffre, ce sera peut-être pour la dernière fois. Je crois encore pouvoir présumer que, quoique l'Etna doive être regardé comme une des montagnes primitives du globe à cause de sa hauteur et de son immense volume, et que très-anciennement il ait commencé d'agir dans le temps de la retraite générale des eaux, son action a néanmoins cessé après cette retraite, et qu'elle ne s'est renouvelée que dans des temps assez modernes, c'est-à-dire lorsque la mer Méditerranée, s'étant élevée par la rupture du Bosphore et de Gibraltar, a inondé les terres entre la Sicile et l'Italie, et s'est approchée de la base de l'Etna. Peut-être la première des éruptions nouvelles de ce fameux volcan est-elle encore postérieure à cette époque de la nature. « Il me paraît évident, dit M. Brydone, que l'Etna ne brûlait pas au siècle « d'Homère ni même longtemps auparavant; autrement il serait impossible que ce « poëte eût tant parlé de la Sicile sans faire mention d'un objet si remarquable. » Cette réflexion de M. Brydone est très-juste; ainsi ce n'est qu'après le siècle d'Homère qu'on doit dater les nouvelles éruptions de l'Etna; mais on peut voir par les tableaux poétiques de Pindare, de Virgile, et par les descriptions des autres auteurs anciens et modernes, combien en dix-huit ou dix-neuf cents ans la face entière de cette montagne et des contrées adjacentes a subi de changements et d'altérations par les tremblements de terre, par les éruptions, par les torrents de laves, et enfin par la formation de la plupart des collines et des gouffres produits par tous ces mouvements. Au reste, j'ai tiré les faits que je viens de rapporter de l'excellent ouvrage de M. Brydone, et j'estime assez l'auteur pour croire qu'il ne trouvera pas mauvais que je ne sois pas de son avis sur la puissance de l'aspiration des volcans et sur quelques autres conséquences qu'il a cru devoir tirer des faits; personne, avant M. Brydone, ne les avait si bien observés et si clairement présentés, et tous les savants doivent se réunir pour donner à son ouvrage les éloges qu'il mérite.

Les torrents de verre en fusion, auxquels on a donné le nom de *laves*, ne sont pas, comme on pourrait le croire, le premier produit de l'éruption d'un volcan : ces éruptions s'annoncent ordinairement par un tremblement de terre plus ou moins violent, premier effet de l'effort du feu qui cherche à sortir et à s'échapper au dehors; bientôt il s'échappe en effet et s'ouvre une route dont il élargit l'issue en projetant au dehors les rochers et toutes les terres qui s'opposaient à son passage; ces matériaux, lancés à une grande distance, retombent les uns sur les autres et forment une éminence plus ou moins considérable, à proportion de la durée et de la violence de l'éruption. Comme toutes les terres rejetées sont pénétrées de feu, et la plupart converties en cendres ardentes, l'éminence qui en est composée est une montagne de feu solide dans laquelle s'achève la vitrification d'une grande partie de la matière par le fondant des cendres ; dès lors cette matière fondue fait effort pour s'écouler, et la lave éclate et jaillit ordinairement au pied de la nouvelle montagne qui vient de la produire[1] ; mais dans les petits volcans, qui n'ont pas assez de force pour lancer au loin les matières qu'ils rejettent, la lave sort du haut de la montagne. On voit cet effet dans les éruptions du Vésuve ; la lave semble s'élever jusque dans le cratère ; le volcan vomit auparavant des pierres et des cendres qui, retombant à plomb sur l'ancien cratère, ne font que l'augmenter ; et c'est à travers cette matière additionnelle nouvellement tombée que la lave s'ouvre une issue : ces deux effets, quoique différents en apparence, sont néanmoins les mêmes ; car dans un petit volcan qui, comme le Vésuve, n'a pas assez de puissance pour enfanter de nouvelles montagnes en projetant au loin les matières qu'il rejette, toutes retombent sur le sommet ; elles en augmentent la hauteur, et c'est au pied de cette nouvelle couronne de matière que la lave s'ouvre un passage pour s'écouler. Ce dernier effort est ordinairement suivi du calme du volcan ; les secousses de la terre au dedans, les projections au dehors cessent dès que la lave coule ; mais les torrents de ce verre en fusion produisent des effets encore plus étendus, plus désastreux que ceux du mouvement de la montagne dans son éruption ; ces fleuves de feu ravagent, détruisent et même dénaturent la surface de la terre ; il est comme impossible de leur opposer une digue ; les malheureux habitants de Catane en ont fait la triste expérience. Comme leur ville avait souvent été détruite en totalité ou en partie par les torrents de lave, ils ont construit de très-fortes murailles de 55 pieds de hauteur : environnés de ces remparts ils se croyaient en sûreté ; les murailles résistèrent en effet au feu et au poids du torrent, mais cette résistance ne servit qu'à le gonfler, il s'éleva jusqu'au-dessus de ces remparts, retomba sur la ville et détruisit tout qui se trouva sur son passage.

Ces torrents de lave ont souvent une demi-lieue et quelquefois jusqu'à deux lieues de largeur : « La dernière lave que nous avons traversée, dit M. Brydone, avant d'arriver « à Catane, est d'une si vaste étendue que je croyais qu'elle ne finirait jamais ; elle n'a « certainement pas moins de six ou sept milles de large, et elle paraît être en plusieurs « endroits d'une profondeur énorme ; elle a chassé en arrière les eaux de la mer à plus « d'un mille et a formé un large promontoire élevé et noir, devant lequel il y a beau- « coup d'eau ; cette lave est stérile et n'est couverte que de très-peu de terreau : cepen- « dant elle est ancienne, car, au rapport de Diodore de Sicile, cette même lave a été « vomie par l'Etna au temps de la seconde guerre punique. Lorsque Syracuse était assié- « gée par les Romains, les habitants de Taurominum envoyèrent un détachement « secourir les assiégés ; les soldats furent arrêtés dans leur marche par ce torrent de « lave qui avait déjà gagné la mer avant leur arrivée au pied de la montagne, il leur « coupa entièrement le passage........ Ce fait, confirmé par d'autres auteurs et même « par des inscriptions et des monuments, s'est passé il y a deux mille ans, et cependant « cette lave n'est encore couverte que de quelques végétaux parsemés, et elle est abso- « lument incapable de produire du blé et des vins ; il y a seulement quelques gros « arbres dans les crevasses qui sont remplies d'un bon terreau. La surface des laves « devient avec le temps un sol très-fertile.

« En allant en Piémont, continue M. Brydone, nous passâmes sur un large pont con- « struit entièrement de lave ; près de là, la rivière se prolonge à travers une autre lave « qui est très-remarquable, et probablement une des plus anciennes qui soit sortie de

---

1. La *lave* est le produit direct des *volcans*. Les *matériaux*, lancés à une grande distance, peuvent bien former des *éminences*, mais ne produisent pas la *lave*.

« l'Etna ; le courant, qui est extrêmement rapide, l'a rongée en plusieurs endroits jus-
« qu'à la profondeur de 50 ou 60 pieds ; et, selon M. Recupero, son cours occupe une
« longueur d'environ 40 milles : elle est sortie d'une éminence très-considérable sur le
« côté septentrional de l'Etna ; et, comme elle a trouvé quelques vallées qui sont à l'est,
« elle a pris son cours de ce côté, elle interrompt la rivière d'Alcantara à diverses
« reprises, et enfin elle arrive à la mer près de l'embouchure de cette rivière. La ville
« de Jaci et toutes celles de cette côte sont fondées sur des rochers immenses de laves,
« entassés les uns sur les autres, et qui sont en quelques endroits d'une hauteur sur-
« prenante ; car il paraît que ces torrents enflammés se durcissent en rochers dès qu'ils
« sont arrivés à la mer... De Jaci à Catane on ne marche que sur la lave ; elle a formé
« toute cette côte, et, en beaucoup d'endroits, les torrents de lave ont repoussé la mer
« à plusieurs milles en arrière de ses anciennes limites..... A Catane, près d'une voûte
« qui est à présent à 30 pieds de profondeur, on voit un endroit escarpé où l'on dis-
« tingue plusieurs couches de lave avec une de terre très-épaisse sur la surface de cha-
« cune. S'il faut deux mille ans pour former sur la lave une légère couche de terre, il a
« dû s'écouler un temps plus considérable entre chacune des éruptions qui ont donné
« naissance à ces couches. On a percé à travers sept laves séparées, placées les unes sur
« les autres, et dont la plupart sont couvertes d'un lit épais de bon terreau ; ainsi la
« plus basse de ces couches paraît s'être formée il y a quatorze mille ans... En 1669, la
« lave forma un promontoire à Catane, dans un endroit où il y avait plus de 50 pieds
« de profondeur d'eau, et ce promontoire est élevé de 50 autres pieds au-dessus du
« niveau actuel de la mer. Ce torrent de lave sortit au-dessus de Montpelieri, vint
« frapper contre cette montagne, se partagea ensuite en deux branches, et ravagea tout
« le pays qui est entre Montpelieri et Catane, dont elle escalada les murailles avant de
« se verser dans la mer ; elle forma plusieurs collines où il y avait autrefois des vallées,
« et combla un lac étendu et profond, dont on n'aperçoit pas aujourd'hui le moindre
« vestige..... La côte de Catane à Syracuse est partout éloignée de 30 milles au moins
« du sommet de l'Etna, et néanmoins cette côte, dans une longueur de près de 10 lieues,
« est formée des laves de ce volcan ; la mer a été repoussée fort loin, en laissant des
« rochers élevés et des promontoires de laves, qui défient la fureur des flots et leur
« présentent des limites qu'ils ne peuvent franchir. Il y avait dans le siècle de Virgile
« un beau port au pied de l'Etna ; il n'en reste aucun vestige aujourd'hui ; c'est proba-
« blement celui qu'on a appelé mal à propos le port d'Ulysse : on montre aujourd'hui
« le lieu de ce port à 3 ou 4 milles dans l'intérieur du pays ; ainsi la lave a gagné toute
« cette étendue sur la mer et a formé tous ces nouveaux terrains... L'étendue de cette
« contrée, couverte de laves et d'autres matières brûlées, est, selon M. Recupero, de
« 183 milles en circonférence, et ce cercle augmente encore à chaque grande éruption. »

Voilà donc une terre d'environ 300 lieues superficielles, toute couverte ou formée
par les projections des volcans, dans laquelle, indépendamment du pic de l'Etna, l'on
trouve d'autres montagnes en grand nombre, qui toutes ont leurs cratères propres, et
nous démontrent autant de volcans particuliers : il ne faut donc pas regarder l'Etna
comme un seul volcan, mais comme un assemblage, une gerbe de volcans, dont la
plupart sont éteints ou brûlent d'un feu tranquille, et quelques autres en petit nombre
agissent encore avec violence. Le haut sommet de l'Etna ne jette maintenant que des
fumées, et depuis très-longtemps il n'a fait aucune projection au loin, puisqu'il est
partout environné d'un terrain sans inégalités à plus de 2 lieues de distance, et qu'au-
dessous de cette haute région couverte de neige, on voit une large zone de grandes
forêts, dont le sol est une bonne terre de plusieurs pieds d'épaisseur : cette zone inférieure est, à la vérité, semée d'inégalités, et présente des éminences, des vallons, des
collines et même d'assez grosses montagnes ; mais comme presque toutes ces inégalités

sont couvertes d'une grande épaisseur de terre, et qu'il faut une longue succession de temps pour que les matières volcanisées se convertissent en terre végétale, il me paraît qu'on peut regarder le sommet de l'Etna et les autres bouches à feu qui l'environnaient, jusqu'à 4 ou 5 lieues au-dessous, comme des volcans presque éteints, ou du moins assoupis depuis nombre de siècles ; car les éruptions dont on peut citer les dates depuis deux mille cinq cents ans, se sont faites dans la région plus basse, c'est-à-dire à 5, 6 et 7 lieues de distance du sommet. Il me paraît donc qu'il y a eu deux âges différents pour les volcans de la Sicile : le premier, très-ancien, où le sommet de l'Etna a commencé d'agir, lorsque la mer universelle a laissé ce sommet à découvert et s'est abaissée à quelques centaines de toises au-dessous ; c'est dès lors que se sont faites les premières éruptions qui ont produit les laves du sommet et formé les collines qui se trouvent au-dessous dans la région des forêts ; mais ensuite, les eaux, ayant continué de baisser, ont totalement abandonné cette montagne, ainsi que toutes les terres de la Sicile et des continents adjacents ; et, après cette entière retraite des eaux, la Méditerranée n'était qu'un lac d'assez médiocre étendue, et ses eaux étaient très-éloignées de la Sicile et de toutes les contrées dont elle baigne aujourd'hui les côtes. Pendant tout ce temps, qui a duré plusieurs milliers d'années, la Sicile a été tranquille, l'Etna et les autres anciens volcans qui environnent son sommet ont cessé d'agir, et ce n'est qu'après l'augmentation de la Méditerranée [1] par les eaux de l'Océan et de la mer Noire, c'est-à-dire, après la rupture de Gibraltar et du Bosphore, que les eaux sont venues attaquer de nouveau les montagnes de l'Etna par leur base, et qu'elles ont produit les éruptions modernes et récentes, depuis le siècle de *Pindare* jusqu'à ce jour, car ce poëte est le premier qui ait parlé des éruptions des volcans de la Sicile. Il en est de même du Vésuve : il a fait longtemps partie des volcans éteints de l'Italie, qui sont en très-grand nombre, et ce n'est qu'après l'augmentation de la mer Méditerranée que, les eaux s'en étant rapprochées, ses éruptions se sont renouvelées. La mémoire des premières, et même de toutes celles qui avaient précédé le siècle de Pline, était entièrement oblitérée ; et l'on ne doit pas en être surpris, puisqu'il s'est passé peut-être plus de dix mille ans depuis la retraite entière des mers jusqu'à l'augmentation de la Méditerranée, et qu'il y a ce même intervalle de temps entre la première action du Vésuve et son renouvellement. Toutes ces considérations semblent prouver que les feux souterrains ne peuvent agir avec violence que quand ils sont assez voisins des mers pour éprouver un choc contre un grand volume d'eau [2] : quelques autres phénomènes particuliers paraissent encore démontrer cette vérité. On a vu quelquefois les volcans rejeter une grande quantité d'eau et aussi des torrents de bitume. Le P. de la Torré, très-habile physicien, rapporte que, le 10 mars 1755, il sortit du pied de la montagne de l'Etna un large torrent d'eau qui inonda les campagnes d'alentour. Ce torrent roulait

---

1. C'est dans la sixième de ses *Époques de la nature* que Buffon développe ses idées sur la *formation de la Méditerranée*. Voyez mes notes sur cette *Époque*.

2. Voyez mes notes précédentes sur les *volcans*. La situation de la plupart des *volcans* suffit pour prouver que le *voisinage de la mer* n'est pas une condition nécessaire de l'*activité volcanique*. « Dans l'Asie centrale, presque à égale distance de la mer Glaciale et de l'Océan Indien « 273 et 285 myriamètres, s'élend une grande chaîne de montagnes volcaniques, le Thian-chan « *Montagnes Célestes*, dont font partie le Péchan, qui vomit de la lave, la solfatare d'Urum- « tsi, et le volcan encore actif du Turfan (*Hotson*). Le Péchan est situé à 250 myriamètres de la « mer Caspienne... Enfin, parmi les quatre grandes chaînes parallèles, l'Altaï, le Thian-chan, « le Kuen-lun et l'Himalaya, qui traversent de l'est à l'ouest le continent asiatique, ce sont les « deux chaînes intérieures, situées à 297 et à 134 myriamètres de toute mer, qui possèdent des « volcans vomissant du feu comme l'Etna et le Vésuve, exhalant des vapeurs ammoniacales « comme les volcans de Guatimala, tandis qu'il n'en existe aucun dans la chaîne la plus voisine « de la mer, dans l'Himalaya. » (*Cosmos*, t. I, p. 278.)

une quantité de sable si considérable qu'elle remplit une plaine très-étendue. Ces eaux étaient fort chaudes. Les pierres et les sables, laissés dans la campagne, ne différaient en rien des pierres et du sable qu'on trouve dans la mer. Ce torrent d'eau fut immédiatement suivi d'un torrent de matière enflammée qui sortit de la même ouverture[a].

Cette même éruption de 1755 s'annonça, dit M. d'Arthenay, par un si grand embrasement qu'il éclairait plus de 24 milles de pays du côté de Catane; les explosions furent bientôt si fréquentes que dès le 3 mars on apercevait une nouvelle montagne au-dessus du sommet de l'ancienne, de la même manière que nous l'avons vu au Vésuve dans ces derniers temps. Enfin les jurats de Mascali ont mandé le 12 que le 9 du même mois les explosions devinrent terribles; que la fumée augmenta à tel point que tout le ciel en fut obscurci; qu'à l'entrée de la nuit il commença à pleuvoir un déluge de petites pierres, pesant jusqu'à trois onces, dont tout le pays et les cantons circonvoisins furent inondés; qu'à cette pluie affreuse, qui dura plus de cinq quarts d'heure, en succéda une autre de cendres noires qui continua toute la nuit; que le lendemain, sur les huit heures du matin, le sommet de l'Etna vomit un fleuve d'eau comparable au Nil; que les anciennes laves les plus impraticables par leurs montuosités, leurs coupures et leurs pointes, furent en un clin d'œil converties par ce torrent en une vaste plaine de sable; que l'eau, qui heureusement n'avait coulé que pendant un demi-quart d'heure, était très-chaude; que les pierres et les sables qu'elle avait charriés avec elle ne différaient en rien des pierres et du sable de la mer; qu'après l'inondation, il était sorti de la même bouche un petit ruisseau de feu qui coula pendant vingt-quatre heures; que le 11, à un mille environ au-dessous de cette bouche, il se fit une crevasse par où déboucha une lave qui pouvait avoir 100 toises de largeur et 2000 d'étendue, et qu'elle continuait son cours au travers de la campagne le jour même que M. d'Arthenay écrivait cette relation[b].

Voici ce que dit M. Brydone au sujet de cette éruption : « Une partie des belles forêts « qui composent la seconde région de l'Etna fut détruite, en 1755, par un très-singu- « lier phénomène. Pendant une éruption du volcan, un immense torrent d'eau bouil- « lante sortit, *à ce qu'on imagine*, du grand cratère de la montagne en se répandant « en un instant sur sa base, en renversant et détruisant tout ce qu'il rencontra dans sa « course : les traces de ce torrent étaient encore visibles (en 1770); le terrain commen- « çait à recouvrer sa verdure et sa végétation, qui ont paru quelque temps avoir été « anéanties; le sillon que ce torrent d'eau a laissé semble avoir environ un mille et « demi de largeur, et davantage en quelques endroits. Les gens éclairés du pays « croient communément que le volcan a quelque communication avec la mer, et qu'il « éleva cette eau par une force de succion; mais, dit M. Brydone, l'absurdité de cette « opinion est trop évidente pour avoir besoin d'être réfutée; la force de succion seule, « même en supposant un vide parfait, ne pourrait jamais élever l'eau à plus de 33 ou « 34 pieds, ce qui est égal au poids d'une colonne d'air dans toute la hauteur de l'atmo- « sphère. » Je dois observer que M. Brydone me paraît se tromper ici, puisqu'il confond la force du poids de l'atmosphère avec la force de succion produite par l'action du feu : celle de l'air, lorsqu'on fait le vide, est en effet limitée à moins de 34 pieds, mais la force de succion ou d'aspiration du feu n'a point de bornes; elle est dans tous les cas proportionnelle à l'activité et à la quantité de la chaleur qui l'a produite, comme on le voit dans les fourneaux où l'on adapte des tuyaux aspiratoires. Ainsi l'opinion *des gens éclairés du pays*, loin d'être absurde, me paraît bien fondée; il est nécessaire que les

a. Histoire du mont Vésuve, par le P. J. M. de la Torré. *Journal étranger*, mois de janvier 1756, p. 203 et suiv.

b. Mémoires des savants étrangers, imprimés comme suite des *Mémoires de l'Académie des Sciences*, t. IV, p. 147 et suiv.

cavités des volcans communiquent avec la mer ; sans cela ils ne pourraient vomir ces immenses torrents d'eau ni même faire aucune éruption, puisque aucune puissance, à l'exception de l'eau choquée contre le feu, ne peut produire d'aussi violents effets [1].

Le volcan Pacayita, nommé *volcan de l'eau* par les Espagnols, jette des torrents d'eau dans toutes ses éruptions ; la dernière détruisit, en 1773, la ville de Guatimala, et les torrents d'eau et de laves descendirent jusqu'à la mer du Sud.

On a observé sur le Vésuve qu'il vient de la mer un vent qui pénètre dans la montagne ; le bruit qui se fait entendre dans certaines cavités, comme s'il passait quelque torrent par-dessous, cesse aussitôt que les vents de terre soufflent ; et on s'aperçoit en même temps que les exhalaisons de la bouche du Vésuve deviennent beaucoup moins considérables, au lieu que lorsque le vent vient de la mer ce bruit semblable à un torrent recommence, ainsi que les exhalaisons de flammes et de fumée, les eaux de la mer s'insinuant aussi dans la montagne, tantôt en grande, tantôt en petite quantité ; et il est arrivé plusieurs fois à ce volcan de rendre en même temps de la cendre et de l'eau [a].

Un savant, qui a comparé l'état moderne du Vésuve avec son état actuel, rapporte que, pendant l'intervalle qui précéda l'éruption de 1631, l'espèce d'entonnoir que forme l'intérieur du Vésuve s'était revêtu d'arbres et de verdure ; que la petite plaine qui le terminait était abondante en excellents pâturages ; qu'en partant du bord supérieur du gouffre, on avait un mille à descendre pour arriver à cette plaine, et qu'elle avait vers son milieu un autre gouffre dans lequel on descendait, également pendant un mille, par des chemins étroits et tortueux qui conduisaient dans un espace plus vaste, entouré de cavernes, d'où il sortait des *vents si impétueux et si froids qu'il était impossible d'y résister*. Suivant le même observateur, la sommité du Vésuve avait alors 5 milles de circonférence. Après cela, on ne doit point être étonné que quelques physiciens aient avancé que ce qui semble former aujourd'hui deux montagnes n'en était qu'une autrefois ; que le volcan était au centre, mais que le côté méridional, s'étant éboulé par l'effet de quelque éruption, il avait formé ce vallon qui sépare le Vésuve du mont *Somma* [b].

M. Steller observe que les volcans de l'Asie septentrionale sont presque toujours isolés, qu'ils ont à peu près la même croûte ou surface, et qu'on trouve toujours des lacs sur le sommet et des eaux chaudes au pied des montagnes où les volcans se sont éteints : « C'est, dit-il, une nouvelle preuve de la correspondance que la nature a mise entre la « mer, les montagnes, les volcans et les eaux chaudes ; on trouve nombre de sources « de ces eaux chaudes dans différents endroits du Kamtschatka [c]. » L'île de Sjauw, à 40 lieues de Ternate, a un volcan dont on voit souvent sortir de l'eau, des cendres, etc. [d]. Mais il est inutile d'accumuler ici des faits en plus grand nombre pour prouver la communication des volcans avec la mer ; la violence de leurs éruptions serait seule suffisante pour le faire présumer, et le fait général de la situation près de la mer de tous les volcans actuellement agissants achève de le démontrer. Cependant, comme quelques physiciens ont nié la réalité et même la possibilité de cette communication des volcans à la mer, je ne dois pas laisser échapper un fait que nous devons à feu M. de la Condamine, homme aussi véridique qu'éclairé. Il dit « qu'étant monté au sommet du « Vésuve le 4 juin 1755, et même sur les bords de l'entonnoir qui s'est formé autour de « la bouche du volcan depuis sa dernière explosion, il aperçut dans le gouffre, à environ

a. Description historique et philosophique du Vésuve, par M. l'abbé Mecati. *Journal étranger*, mois d'octobre 1754.

b. Observations sur le Vésuve, par M. d'Arthenay. *Savants étrangers*, t. IV, p. 147 et suiv.

c. *Histoire générale des Voyages*, t. XIX, p. 258.

d. *Histoire générale des Voyages*, t. XVII, p. 54.

1. Voyez la note 2 de la page 389.

« 40 toises de profondeur, une grande cavité en voûte vers le nord de la montagne ; il
« fit jeter de grosses pierres dans cette cavité, et il compta à sa montre 12 secondes
« avant qu'on cessât de les entendre rouler : à la fin de leur chute, on crut entendre
« un bruit semblable à celui que ferait une pierre en tombant dans un bourbier ; et,
« quand on n'y jetait rien, on entendait un bruit semblable à celui des flots agités *. »
Si la chute de ces pierres jetées dans le gouffre s'était faite perpendiculairement et sans
obstacle, on pourrait conclure des 12 secondes de temps une profondeur de 2,160 pieds,
ce qui donnerait au gouffre du Vésuve plus de profondeur que le niveau de la mer ;
car, selon le P. de la Torré, cette montagne n'avait en 1753 que 1,677 pieds d'élévation
au-dessus de la surface de la mer ; et cette élévation est encore diminuée depuis ce
temps : il paraît donc hors de doute que les cavernes de ce volcan descendent au-dessous du niveau de la mer, et que par conséquent il peut avoir communication avec
elle.

J'ai reçu, d'un témoin oculaire et bon observateur, une note bien faite et détaillée sur
l'état du Vésuve, le 15 juillet de cette même année 1753 : je vais la rapporter, comme
pouvant servir à fixer les idées sur ce que l'on doit présumer et craindre des effets de
ce volcan, dont la puissance me paraît être bien affaiblie.

« Rendu au pied du Vésuve, distant de Naples de deux lieues, on monte pendant
« une heure et demie sur des ânes, et l'on en emploie autant pour faire le reste du
« chemin à pied ; c'en est la partie la plus escarpée et la plus fatigante : on se tient à la
« ceinture de deux hommes qui précèdent, et l'on marche dans les cendres et dans les
« pierres anciennement élancées.

« Chemin faisant, on voit les laves des différentes éruptions : la plus ancienne qu'on
« trouve, dont l'âge est incertain, mais à qui la tradition donne deux cents ans, est de
« couleur de gris de fer et a toutes les apparences d'une pierre ; elle s'emploie actuelle-
« ment pour le pavé de Naples et pour certains ouvrages de maçonnerie. On en trouve
« d'autres, qu'on dit être de soixante, de quarante et de vingt ans ; la dernière est de
« l'année 1752..... Ces différentes laves, à l'exception de la plus ancienne, ont de loin
« l'apparence d'une terre brune, noirâtre, raboteuse, plus ou moins fraîchement labou-
« rée. Vue de près, c'est une matière absolument semblable à celle qui reste du fer
« épuré dans les fonderies ; elle est plus ou moins composée de terre et de minéral fer-
« rugineux, et approche plus ou moins de la pierre.

« Arrivé à la cime qui, avant les éruptions, était solide, on trouve un premier bassin
« dont la circonférence, dit-on, a 2 milles d'Italie, et dont la profondeur paraît avoir
« 40 pieds, entouré d'une croûte de terre de cette même hauteur, qui va en s'épaisis-
« sant vers sa base et dont le bord supérieur a 2 pieds de largeur. Le fond de ce premier
« bassin est couvert d'une matière jaune, verdâtre, sulfureuse, durcie et chaude, sans
« être ardente, qui par différentes crevasses laisse sortir de la fumée.

« Dans le milieu de ce premier bassin, on en voit un second qui a environ moitié de
« la circonférence du premier, et pareillement la moitié de sa profondeur : son fond est
« couvert d'une matière brune, noirâtre, telle que les laves les plus fraîches qui se
« trouvent sur la route.

« Dans ce second bassin, s'élève un monticule, creux dans son intérieur, ouvert dans
« sa cime, et pareillement ouvert depuis sa cime jusqu'à sa base vers le côté de la
« montagne où l'on monte. Cette ouverture latérale peut avoir à la cime 20 pieds, et à
« la base 4 pieds de largeur : la hauteur du monticule est environ de 40 pieds ; le dia-
« mètre de sa base peut en avoir autant, et celui de l'ouverture de sa cime la moitié.

a. Voyage en Italie, par M. de la Condamine. *Mémoires de l'Académie des Sciences*, an. 1757,
p. 371 et suiv.

« Cette base, élevée au-dessus du second bassin d'environ 20 pieds, forme un troi-
« sième bassin actuellement rempli d'une matière liquide et ardente, dont le coup d'œil
« est entièrement semblable au métal fondu qu'on voit dans les fourneaux d'une fon-
« derie : cette matière bouillonne continuellement avec violence ; son mouvement a l'ap-
« parence d'un lac médiocrement agité, et le bruit qu'il produit est semblable à celui
« des vagues.

« De minute en minute, il se fait de cette matière des élans, comme ceux d'un gros
« jet d'eau ou de plusieurs jets d'eau réunis ensemble ; ces élans produisent une gerbe
« ardente qui s'élève à la hauteur de 30 à 40 pieds, et retombe en différents arcs, partie
« dans son propre bassin, partie dans le fond du second bassin couvert de la matière
« noire : c'est la lueur réfléchie de ces jets ardents, quelquefois peut-être l'extrémité
« supérieure de ces jets même, qu'on voit depuis Naples pendant la nuit. Le bruit, que
« font ces élans dans leur élévation et dans leur chute, paraît composé de celui que fait
« un feu d'artifice en partant, et de celui que produisent les vagues de la mer poussées
« par un vent violent contre un rocher.

« Ces bouillonnements entremêlés de ces élans produisent un transvasement conti-
« nuel de cette matière. Par l'ouverture de 4 pieds, qui se trouve à la base du monticule,
« on voit couler sans discontinuer un ruisseau ardent, de la largeur de l'ouverture,
« qui dans un canal incliné et avec un mouvement moyen descend dans le second bas-
« sin, couvert de matière noire, s'y divise en plusieurs ruisselets encore ardents, s'y
« arrête et s'y éteint.

« Ce ruisseau ardent est actuellement une nouvelle lave, qui ne coule que depuis huit
« jours ; et, si elle continue et augmente, elle produira avec le temps un nouveau dégor-
« gement dans la plaine, semblable à celui qui se fit il y a deux ans : le tout est accom-
« pagné d'une épaisse fumée qui n'a point l'odeur du soufre, mais celle précisément
« que répand un fourneau où l'on cuit des tuiles.

« On peut sans aucun danger faire le tour de la cime sur le bord de la croûte, parce
« que le monticule creusé, d'où partent les jets ardents, est assez distant des bords pour
« ne laisser rien à craindre : on peut pareillement, sans danger, descendre dans le pre-
« mier bassin ; on pourrait même se tenir sur les bords du second, si la réverbération
« de la matière ardente ne l'empêchait.

« Voilà l'état actuel du Vésuve, ce 15 juillet 1753 : il change sans cesse de forme et
« d'aspect ; il ne jette actuellement point de pierres, et l'on n'en voit sortir aucune
« flamme [a]. »

Cette observation semble prouver évidemment que le siége de l'embrasement de ce
volcan, et peut-être de tous les autres volcans, n'est pas à une grande profondeur dans
l'intérieur de la montagne [1], et qu'il n'est pas nécessaire de supposer leur foyer au niveau
de la mer ou plus bas, et de faire partir de là l'explosion dans le temps des éruptions :
il suffit d'admettre des cavernes et des fentes perpendiculaires au-dessous, ou plutôt
à côté du foyer, lesquelles servent de tuyaux d'aspiration et de ventilateurs au fourneau
du volcan.

M. de la Condamine, qui a eu plus qu'aucun autre physicien les occasions d'observer
un grand nombre de volcans dans les Cordillères, a aussi examiné le mont Vésuve et
toutes les terres adjacentes.

« Au mois de juin 1755, le sommet du Vésuve formait, dit-il, un entonnoir ouvert
« dans un amas de cendres, de pierres calcaires et de soufre, qui brûlait encore de
« distance en distance, qui teignait le sol de sa couleur, et qui s'exhalait par diverses

---

a. Note communiquée à M. de Buffon, et envoyée de Naples, au mois de septembre 1753

1. Voyez la note de la page 58.

« crevasses, dans lesquelles la chaleur était assez grande pour enflammer en peu de
« temps un bâton enfoncé à quelques pieds dans ces fentes.

« Les éruptions de ce volcan sont fréquentes depuis plusieurs années ; et, chaque fois
« qu'il lance des flammes et vomit des matières liquides, la forme extérieure de la mon-
« tagne et sa hauteur reçoivent des changements considérables… Dans une petite plaine
« à mi-côte, entre la montagne de cendres et de pierres sorties du volcan, est une
« enceinte demi-circulaire de rochers escarpés de 200 pieds de haut, qui bordent cette
« petite plaine du côté du nord. On peut voir, d'après les soupiraux récemment ouverts
« dans les flancs de la montagne, les endroits par où se sont échappés, dans le temps
« de sa dernière éruption, les torrents de lave dont tout ce vallon est rempli.

« Ce spectacle présente l'apparence de flots métalliques refroidis et congelés ; on peut
« s'en former une idée imparfaite, en imaginant une mer d'une matière épaisse et
« tenace dont les vagues commenceraient à se calmer. Cette mer avait ses îles : ce sont
« des masses isolées, semblables à des rochers creux et spongieux, ouverts en arcades
« et en grottes bizarrement percées, sous lesquelles la matière ardente et liquide s'était
« fait des dépôts ou des réservoirs qui ressemblaient à des fourneaux. Ces grottes, leurs
« voûtes et leurs piliers….. étaient chargés de scories suspendues en forme de grappes
« irrégulières de toutes les couleurs et de toutes les nuances…..

« Toutes les montagnes ou coteaux des environs de Naples seront visiblement recon-
« nus à l'examen pour des amas de matières vomies par des volcans qui n'existent plus,
« et dont les éruptions antérieures aux histoires ont vraisemblablement formé les ports
« de Naples et de Pouzzol. Ces mêmes matières se reconnaissent sur toute la route de
« Naples à Rome, et aux portes de Rome même…..

« Tout l'intérieur de la montagne de Frascati……… la chaîne de collines qui s'étend
« de cet endroit à Grotta-Ferrata, à Castelgandolfo, jusqu'au lac d'Albano, la montagne
« de Tivoli en grande partie, celle de Caprarola, de Viterbe, etc., sont composées de
« divers lits de pierres calcinées, de cendres pures, de scories, de matières semblables
« au mâchefer, à la terre cuite, à la lave proprement dite, enfin toutes pareilles à celles
« dont est composé le sol de Portici et à celles qui sont sorties des flancs du Vésuve
« sous tant de formes différentes….. Il faut donc nécessairement que toute cette partie
« de l'Italie ait été bouleversée par des volcans…..

« Le lac d'Albano, dont les bords sont semés de matières calcinées, n'est que la
« bouche d'un ancien volcan, etc….. La chaîne des volcans de l'Italie s'étend jusqu'en
« Sicile, et offre encore un assez grand nombre de foyers visibles sous différentes
« formes ; en Toscane, les exhalaisons de Firenzuola, les eaux thermales de Pise ; dans
« l'État ecclésiastique, celles de Viterbe, de Norcia, de Nocera, etc. ; dans le royaume
« de Naples, celles d'Ischia, la Solfatara, le Vésuve ; en Sicile et dans les îles voisines,
« l'Etna, les volcans de Lipari, Stromboli, etc. : d'autres volcans de la même chaîne,
« éteints ou épuisés de temps immémorial, n'ont laissé que des résidus, qui, bien qu'ils
« ne frappent pas toujours au premier aspect, n'en sont pas moins reconnaissables aux
« yeux attentifs *a….. »

« Il est vraisemblable, dit M. l'abbé Mecati, que dans les siècles passés le royaume
« de Naples avait, outre le Vésuve, plusieurs autres volcans…..

« Le mont Vésuve, dit le P. de la Torré, semble une partie détachée de cette chaîne
« de montagnes qui, sous le nom d'Apennins, divise toute l'Italie dans sa longueur…..

« Ce volcan est composé de trois monts différents, l'un est le Vésuve proprement dit ;
« les deux autres sont les monts Somma et d'Ottajano. Ces deux derniers, placés plus

---

a. *Voyage en Italie*, par M. de la Condamine. *Académie des Sciences*, année 1757, p. 371
jusqu'à 379.

« occidentalement, forment une espèce de demi-cercle autour du Vésuve, avec lequel
« ils ont des racines communes.

« Cette montagne était autrefois entourée de campagnes fertiles, et couverte elle-même
« d'arbres et de verdure, excepté sa cime qui était plate et stérile, et où l'on voyait plu-
« sieurs cavernes entr'ouvertes. Elle était environnée de quantité de rochers qui en ren-
« daient l'accès difficile, et dont les pointes, qui étaient fort hautes, cachaient le vallon
« élevé qui se trouve entre le Vésuve et les monts Somma et d'Ottajano. La cime du
« Vésuve, qui s'est abaissée depuis considérablement, se faisant alors beaucoup plus
« remarquer, il n'est pas étonnant que les anciens aient cru qu'il n'avait qu'un sommet...

« La largeur du vallon est, dans toute son étendue, de 2,220 pieds de Paris, et sa
« longueur équivaut à peu près à sa largeur.....; il entoure la moitié du Vésuve....., et il
« est, ainsi que tous les côtés du Vésuve, rempli de sable brûlé et de petites pierres
« ponces. Les rochers, qui s'étendent des monts Somma et Ottajano, offrent tout au plus
« quelques brins d'herbes, tandis que ces monts sont extérieurement couverts d'arbres et
« de verdure. Ces rochers paraissent au premier coup d'œil des pierres brûlées ; mais
« en les observant attentivement, on voit qu'ils sont, ainsi que les rochers de ces autres
« montagnes, composés de lits de pierres naturelles, de terre couleur de châtaigne, de
« craie et de pierres blanches qui ne paraissent nullement avoir été liquéfiées par le feu...

« On voit, tout autour du Vésuve, les ouvertures qui s'y sont faites en différents temps,
« et par lesquelles sortent les laves : ces torrents de matières, qui sortent quelquefois
« des flancs, et qui tantôt courent sur la croupe de la montagne, se répandent dans les
« campagnes et quelquefois jusqu'à la mer, et s'endurcissent comme une pierre, lorsque
« la matière vient à se refroidir.....

« A la cime du Vésuve, on ne voit qu'une espèce d'ourlet ou de rebord de 4 à 5 palmes
« de large qui, prolongé autour de la cime, décrit une circonférence de 5,624 pieds de
« Paris. On peut marcher commodément sur ce rebord. Il est tout couvert d'un sable
« brûlé qui est rouge en quelques endroits, et sous lequel on trouve des pierres partie
« naturelles, partie calcinées... On remarque, dans deux élévations de ce rebord, des
« lits de pierres naturelles, arrangées comme dans toutes les montagnes; ce qui
« détruit le sentiment de ceux qui regardent le Vésuve comme une montagne qui s'est
« élevée peu à peu au-dessus du plan du vallon.....

« La profondeur du gouffre où la matière bouillonne est de 543 pieds : pour la hau-
« teur de la montagne, depuis sa cime jusqu'au niveau de la mer, elle est de 1,677 pieds,
« qui font le tiers d'un mille d'Italie.

« Cette hauteur a vraisemblablement été plus considérable. Les éruptions, qui ont
« changé la forme extérieure de la montagne, en ont aussi diminué l'élévation par les
« parties qu'elles ont détachées du sommet et qui ont roulé dans le gouffre a. »

D'après tous ces exemples, si nous considérons la forme extérieure que nous présente
la Sicile et les autres terres ravagées par le feu, nous reconnaîtrons évidemment qu'il
n'existe aucun volcan simple et purement isolé [1]. La surface de ces contrées offre partout

a. Histoire du mont Vésuve, par le P. de la Torré. *Journal étranger*, janvier 1756, p. 182
jusqu'à 208.

1. Vue générale très-remarquable. « Les traditions qui parlent des volcans de Guimard, de
« Garachico, de ceux de Chio et de San-Iago, ne désignent, par ces noms, que des éruptions isolées
« du Pic de Ténériffe... Les volcans peuvent être rangés en deux classes : les volcans cen-
« traux et les chaînes volcaniques. Les premiers forment toujours le centre d'un grand nombre
« d'éruptions qui ont lieu autour d'eux... Les seconds se trouvent, d'ordinaire, à peu de distance
« les uns des autres, et dans une même direction, comme les cheminées d'une grande faille,
« et en effet ils ne sont rien autre chose. » (Léop. de Buch : *Descrip. des îles Canaries*, p. 319
« et p. 324. Traduc. franç.)

une suite et quelquefois une gerbe de volcans. On vient de le voir au sujet de l'Etna, et nous pouvons en donner un second exemple dans l'Hécla : l'Islande, comme la Sicile, n'est en grande partie qu'un groupe de volcans, et nous allons le prouver par les observations.

L'Islande entière ne doit être regardée que comme une vaste montagne parsemée de cavités profondes, cachant dans son sein des amas de minéraux, de matières vitrifiées et bitumineuses, et s'élevant de tous côtés, du milieu de la mer qui la baigne, en forme d'un cône court et écrasé. Sa surface ne présente à l'œil que des sommets de montagnes blanchis par des neiges et des glaces, et plus bas l'image de la confusion et du bouleversement. C'est un énorme monceau de pierres et de rochers brisés, quelquefois poreux et à demi calcinés, effrayants par la noirceur et les traces de feu qui y sont empreintes. Les fentes et les creux de ces rochers ne sont remplis que d'un sable rouge et quelquefois noir ou blanc; mais, dans les vallées que les montagnes forment entre elles, on trouve des plaines agréables [a].

La plupart des jokuts [1], qui sont des montagnes de médiocre hauteur, quoique couvertes de glaces, et qui sont dominées par d'autres montagnes plus élevées, sont des volcans qui de temps à autre jettent des flammes et causent des tremblements de terre; on en compte une vingtaine dans toute l'île [2]. Les habitants des environs de ces montagnes ont appris par leurs observations que, lorsque les glaces et la neige s'élèvent à une hauteur considérable, et qu'elles ont bouché les cavités par lesquelles il est anciennement sorti des flammes, on doit s'attendre à des tremblements de terre, qui sont suivis immanquablement d'éruptions de feu. C'est par cette raison qu'à présent les Islandais craignent que les jokuts, qui jetèrent des flammes en 1728 dans le canton de Skaftfield, ne s'enflamment bientôt, la glace et la neige s'étant accumulées sur leur sommet, et paraissant fermer les soupiraux qui favorisent les exhalaisons de ces feux souterrains.

En 1721, le jokut appelé *Koëtlegau*, à 5 ou 6 lieues à l'ouest de la mer, auprès de la baie de Portland, s'enflamma après plusieurs secousses de tremblement de terre. Cet incendie fondit des morceaux de glace d'une grosseur énorme, d'où se formèrent des torrents impétueux qui portèrent fort loin l'inondation avec la terreur, et entraînèrent jusqu'à la mer des quantités prodigieuses de terres, de sable et de pierres. Les masses solides de glace, et l'immense quantité de terre, de pierres et de sable qu'emporta cette inondation, comblèrent tellement la mer qu'à un demi-mille des côtes il s'en forma une petite montagne qui paraissait encore au-dessus de l'eau en 1750. On peut juger combien cette inondation amena de matières à la mer, puisqu'elle la fit remonter ou plutôt reculer à 12 milles au delà de ses anciennes côtes.

La durée entière de cette inondation fut de trois jours, et ce ne fut qu'après ce temps qu'on put passer au pied des montagnes comme auparavant.....

L'Hécla, que l'on a toujours regardé comme un des plus fameux volcans de l'univers à cause de ses éruptions terribles, est aujourd'hui un des moins dangereux de l'Islande. Les monts de Koëtlegan, dont on vient de parler, et le mont Krafle, ont fait récemment autant de ravages que l'Hécla en faisait autrefois. On remarque que ce dernier volcan n'a jeté des flammes que dix fois dans l'espace de huit cents ans, savoir, dans les années 1104, 1157, 1222, 1300, 1341, 1362, 1389, 1558, 1636, et pour la dernière fois

a. *Introduction à l'Histoire du Danemarck.*

1. On *Jockuls.*

2. « Cette île est tellement recouverte dans toutes ses parties de bouches volcaniques qu'on est « accoutumé à ne la considérer dans toute son étendue que comme un vaste volcan. Ebenezer « Henderson y a compté 29 volcans distincts... Cependant la position du cône principal se laisse « facilement reconnaître... » M. de Buch : ouv. cité, p. 348.

en 1693. Cette éruption commença le 13 février et continua jusqu'au mois d'août suivant. Tous les autres incendies n'ont de même duré que quelques mois. Il faut donc observer que l'Hécla ayant fait les plus grands ravages au XIVe siècle, à quatre reprises différentes, a été tout à fait tranquille pendant le XVe, et a cessé de jeter du feu pendant cent soixante ans. Depuis cette époque, il n'a fait qu'une seule éruption au XVIe siècle et deux au XVIIe. Actuellement on n'aperçoit sur ce volcan ni feu ni fumée, ni exhalaisons. On y trouve seulement dans quelques petits creux, ainsi que dans beaucoup d'autres endroits de l'île, de l'eau bouillante, des pierres, du sable et des cendres.

En 1726, après quelques secousses de tremblement de terre, qui ne furent sensibles que dans les cantons du nord, le mont Krafle commença à vomir, avec un fracas épouvantable, de la fumée, du feu, des cendres et des pierres : cette éruption continua pendant deux ou trois ans sans faire aucun dommage, parce que tout retombait sur ce volcan ou autour de sa base.

En 1728, le feu s'étant communiqué à quelques montagnes situées près du Krafle, elles brûlèrent pendant plusieurs semaines; lorsque les matières minérales qu'elles renfermaient furent fondues, il s'en forma un ruisseau de feu qui coula fort doucement vers le sud, dans les terrains qui sont au-dessous de ces montagnes : ce ruisseau brûlant s'alla jeter dans un lac, à trois lieues du mont Krafle, avec un grand bruit, et en formant un bouillonnement et un tourbillon d'écume horrible. La lave ne cessa de couler qu'en 1729, parce qu'alors vraisemblablement la matière qui la formait était épuisée. Ce lac fut rempli d'une grande quantité de pierres calcinées qui firent considérablement élever ses eaux; il a environ 20 lieues de circuit, et il est situé à une pareille distance de la mer. On ne parlera pas des autres volcans d'Islande; il suffit d'avoir fait remarquer les plus considérables [a].

On voit, par cette description, que rien ne ressemble plus aux volcans secondaires de l'Etna que les jokuts de l'Hécla; que, dans tous deux, le haut sommet est tranquille; que celui du Vésuve s'est prodigieusement abaissé [1], et que probablement ceux de l'Etna et de l'Hécla étaient autrefois beaucoup plus élevés qu'ils ne le sont aujourd'hui.

Quoique la topographie des volcans dans les autres parties du monde ne nous soit pas aussi bien connue que celle des volcans d'Europe, nous pouvons néanmoins juger, par analogie et par la conformité de leurs effets, qu'ils se ressemblent à tous égards : tous sont situés dans les îles ou sur le bord des continents [2]; presque tous sont environnés de volcans secondaires; les uns sont agissants, les autres éteints ou assoupis; et ceux-ci sont en bien plus grand nombre, même dans les Cordillères, qui paraissent être le domaine le plus ancien des volcans. Dans l'Asie méridionale, les îles de la Sonde, les Moluques et les Philippines, ne retracent que destruction par le feu et sont encore pleines de volcans; les îles du Japon en contiennent de même un assez grand nombre, c'est le pays de l'univers qui est aussi le plus sujet aux tremblements de terre; il y a des fontaines chaudes en beaucoup d'endroits; la plupart des îles de l'Océan Indien et de toutes les mers de ces régions orientales ne nous présentent que des pics et des sommets isolés qui vomissent le feu, que des côtes et des rivages tranchés, restes d'anciens continents qui ne sont plus : il arrive même encore souvent aux navigateurs d'y rencontrer des parties qui s'affaissent journellement; et l'on y a vu des îles entières disparaître

a. *Histoire générale des Voyages*, t. XVIII, p. 9, 10, et 11.

1. « Le Vésuve est sorti tout formé du sein de la terre,... et, depuis cette époque, sa hauteur « n'a pas cessé de décroître... En 1834, il était réduit à un seul pic, tellement affaibli par les fuma- « rolles qui le traversent qu'on doit s'attendre qu'à une des éruptions prochaines, toute cette « cime retombera dans l'intérieur, ou sera lancée dans les airs... » (M. de Buch : ouv. cité, page 342.)

2. Voyez la note 2 de la page 389.

ou s'engloutir avec leurs volcans sous les eaux. Les mers de la Chine sont chaudes, preuve de la forte effervescence des bassins maritimes en cette partie; les ouragans y sont affreux ; on y remarque souvent des trombes; les tempêtes sont toujours annoncées par un bouillonnement général et sensible des eaux, et par divers météores et autres exhalaisons dont l'atmosphère se charge et se remplit.

Le volcan de Ténériffe a été observé par le docteur Thomas Heberden, qui a résidé plusieurs années au bourg d'Oratava, situé au pied du pic : il trouva en y allant quelques grosses pierres, dispersées de tous côtés à plusieurs lieues du sommet de cette montagne ; les unes paraissaient entières; d'autres semblaient avoir été brûlées et jetées à cette distance par le volcan ; en montant la montagne, il vit encore des rochers brûlés qui étaient dispersés en assez grosses masses.

« En avançant, dit-il, nous arrivâmes à la fameuse grotte de Zegds, qui est envi-
« ronnée de tous côtés par des masses énormes de rochers brûlés.....

« A un quart de lieue plus haut, nous trouvâmes une plaine sablonneuse, du milieu
« de laquelle s'élève une pyramide de sable ou de cendres jaunâtres, que l'on appelle
« *le pain de sucre*. Autour de sa base, on voit sans cesse transpirer des vapeurs fuli-
« gineuses : de là jusqu'au sommet, il peut y avoir un demi-quart de lieue; mais la
« montée en est très-difficile, par sa hauteur escarpée et le peu d'assiette qu'on trouve
« dans tout ce terrain.....

« Cependant nous parvînmes à ce qu'on appelle *la chaudière :* cette ouverture a 12
« ou 15 pieds de profondeur; ses côtés, se rétrécissant toujours jusqu'au fond, forment
« une concavité qui ressemble à un cône tronqué dont la base serait renversée... ; la
« terre en est fort chaude; et d'environ vingt soupiraux, comme d'autant de chemi-
« minées, s'exhale une fumée ou vapeur épaisse dont l'odeur est très-sulfureuse : il
« semble que tout le sol soit mêlé ou poudré de soufre, ce qui lui donne une surface
« brillante et colorée.....

« On aperçoit une couleur verdâtre, mêlée d'un jaune brillant comme de l'or, presque
« sur toutes les pierres qu'on trouve aux environs : une autre partie peu étendue de ce
« pain de sucre est blanche comme la chaux; et une autre plus basse ressemble à de
« l'argile rouge qui serait couverte de sel.

« Au milieu d'un autre rocher, nous découvrîmes un trou qui n'avait pas plus de
« 2 pouces de diamètre, d'où procédait un bruit pareil à celui d'un volume considé-
« rable d'eau qui bouillirait sur un grand feu *a*. »

Les Açores, les Canaries, les îles du cap Vert, l'île de l'Ascension, les Antilles, qui paraissent être les restes des anciens continents qui réunissaient nos contrées à l'Amérique, ne nous offrent presque toutes que des pays brûlés ou qui brûlent encore. Les volcans, anciennement submergés avec les contrées qui les portaient, excitent sous les eaux des tempêtes si terribles que dans une de ces tourmentes, arrivée aux Açores, le suif des sondes se fondait par la chaleur du fond de la mer

III. — *Des volcans éteints.*

Le nombre des volcans éteints est sans comparaison beaucoup plus grand que celui des volcans actuellement agissants [1]. On peut même assurer qu'il s'en trouve en très-grande quantité dans presque toutes les parties de la terre. Je pourrais citer ceux que M. de la Condamine a remarqués dans les Cordillères, ceux que M. Fresnaye a observés

a. Observation faite au pic de Ténériffe, par le docteur Heberden. *Journal étranger*, mois de novembre 1754, p. 136 jusqu'à 142.

1. Voyez la note de la page 273.

à Saint-Domingue *a*, dans le voisinage du Port-au-Prince, ceux du Japon et des autres îles orientales et méridionales de l'Asie, dont presque toutes les contrées habitées ont autrefois été ravagées par le feu : mais je me bornerai à donner pour exemple ceux de l'île de France et de l'île de Bourbon, que quelques voyageurs instruits ont reconnus d'une manière évidente.

« Le terrain de l'île de France est recouvert, dit M. l'abbé de la Caille, d'une quantité « prodigieuse de pierres de toutes sortes de grosseur, dont la couleur est cendrée noire ; « une grande partie est criblée de trous ; elles contiennent la plupart beaucoup de fer, « et la surface de la terre est couverte de mines de ce métal : on y trouve aussi beaucoup « de pierres ponces, surtout sur la côte nord de l'île, des laves ou espèces de laitier de « fer, des grottes profondes et d'autres vestiges manifestes de volcans éteints.....

« L'île de Bourbon, continue M. l'abbé de la Caille, quoique plus grande que l'île de « France, n'est cependant qu'une grosse montagne qui est comme fendue dans toute sa « hauteur en trois endroits différents. Son sommet est couvert de bois et inhabité, et sa « pente, qui s'étend jusqu'à la mer, est défrichée et cultivée dans les deux tiers de son « contour : le reste est recouvert de laves d'un volcan qui brûle lentement et sans bruit ; « il ne paraît même un peu ardent que dans la saison des pluies.....

« L'île de l'Ascension est visiblement formée et brûlée par un volcan : elle est cou-« verte d'une terre rouge, semblable à de la brique pilée ou à de la glaise brûlée..... « L'île est composée de plusieurs montagnes d'élévation moyenne, comme de 100 à « 150 toises : il y en a une plus grosse qui est au sud-est de l'île, haute d'environ « 400 toises... ; son sommet est double et allongé, mais toutes les autres sont terminées « en cône assez parfait et couvertes de terre rouge ; la terre et une partie des mon-« tagnes sont jonchées d'une quantité prodigieuse de roches criblées d'une infinité de « trous, de pierres calcaires et fort légères, dont un grand nombre ressemble à du lai-« tier ; quelques-unes sont recouvertes d'un vernis blanc sale, tirant sur le vert ; il y a « aussi beaucoup de pierres ponces *b*. »

Le célèbre Cook dit que, dans une excursion que l'on fit dans l'intérieur de l'île d'Otahiti, on trouva que les rochers avaient été brûlés comme ceux de Madère, et que toutes les pierres portaient des marques incontestables du feu ; qu'on aperçoit aussi des traces de feu dans l'argile qui est sur les collines ; et que l'on peut supposer qu'Otahiti et nombre d'îles voisines sont les débris d'un continent qui a été englouti par l'explosion d'un feu souterrain *c*. Philippe Carteret dit qu'une des îles de la Reine-Charlotte, située vers le 11° 10' de latitude sud, est d'une hauteur prodigieuse et d'une figure conique, que son sommet a la forme d'un entonnoir, dont on voit sortir de la fumée, mais point de flammes, et que sur le côté le plus méridional de la terre de la Nouvelle-Bretagne se trouvent trois montagnes, de l'une desquelles il sort une grosse colonne de fumée *d*.

L'on trouve des basaltes à l'île de Bourbon, où le volcan, quoique affaibli, est encore agissant ; à l'île de France, où tous les feux sont éteints ; à Madagascar, où il y a des volcans agissants et d'autres éteints. Mais, pour ne parler que des basaltes qui se trouvent en Europe, on sait, à n'en pouvoir douter, qu'il y en a des masses considé-rables en Irlande, en Angleterre, en Auvergne, en Saxe sur les bords de l'Elbe, en Misnie sur la montagne de Cottener, à Marienbourg, à Weilbourg, dans le comté de Nassau, à Lauterbach, à Bitlstein, dans plusieurs endroits de la Hesse, dans la Lusace, dans la Bohême, etc. Ces basaltes sont les plus belles laves qu'aient produites les vol-cans qui sont actuellement éteints dans toutes ces contrées ; mais nous nous contente-

a. Note envoyée à M. de Buffon par M. Fresnaye, 10 mars 1777.
b. Mémoires de l'Académie des Sciences, année 1754, p. 111, 121 et 126.
c. Voyage autour du Monde, par le capitaine Cook, t. II, p. 431.
d. Voyage autour du Monde, par Philippe Carteret, t. I, p. 250 et 275.

rons de donner ici l'extrait des descriptions détaillées des volcans éteints qui se trouvent
en France.

« Les montagnes d'Auvergne, dit M. Guettard, qui ont été, à ce que je crois, autre-
« fois des volcans...., sont celles de Volvic à deux lieues de Riom, du Puy-de-Dôme
« proche Clermont, et du mont d'Or. Le volcan de Volvic a formé par ses laves diffé-
« rents lits posés les uns sur les autres, qui composent ainsi des masses énormes, dans
« lesquelles on a pratiqué des carrières qui fournissent de la pierre à plusieurs endroits
« assez éloignés de Volvic... Ce fut à Moulins que je vis les laves pour la première
« fois...; et, étant à Volvic, je reconnus que la montagne n'était presque qu'un com-
« posé de différentes matières qui sont jetées dans les éruptions des volcans...

« La figure de cette montagne est conique; sa base est formée par des rochers de
« granite gris-blanc ou d'une couleur de rose pâle...; le reste de la montagne n'est
« qu'un amas de pierres ponces, noirâtres ou rougeâtres, entassées les unes sur les
« autres, sans ordre ni liaison...; aux deux tiers de la montagne, on rencontre des
« espèces de rochers irréguliers, hérissés de pointes informes contournées en tout
« sens, de couleur rouge-obscur, ou d'un noir sale et mat, et d'une substance dure
« et solide, sans avoir de trous comme les pierres ponces...; avant d'arriver au sommet,
« on trouve un trou large de quelques toises, d'une forme conique, et qui approche
« d'un entonnoir... La partie de la montagne qui est au nord et à l'est m'a paru n'être
« que de pierres ponces...; les bancs de pierres de Volvic suivent l'inclinaison de la
« montagne, et semblent se continuer sur cette montagne et avoir communication avec
« ceux que les ravins mettent à découvert un peu au-dessous du sommet... : ces pierres
« sont d'un gris de fer qui semble se charger d'une fleur blanche, qu'on dirait en sortir
« comme une efflorescence; elles sont dures, quoique spongieuses et remplies de
« petits trous irréguliers.

« La montagne du Puy-de-Dôme n'est qu'une masse de matière qui annonce
« les effets les plus terribles du feu le plus violent...; dans les endroits qui ne sont
« point couverts de plantes et d'arbres, on ne marche que parmi des pierres ponces,
« sur des quartiers de laves, et dans une espèce de gravier ou de sable, formé par une
« sorte de mâchefer, et par de très-petites pierres ponces mêlées de cendres.....

« Ces montagnes présentent plusieurs pics, qui ont tous une cavité moins large au
« fond qu'à l'ouverture... : un de ces pics, le chemin qui y conduit et tout l'espace qui
« se trouve de là jusqu'au Puy-de-Dôme, ne sont qu'un amas de pierres ponces; et il
« en est de même pour ce qui est des autres pics, qui sont au nombre de quinze ou
« seize, placés sur la même ligne du sud au nord, et qui ont tous des entonnoirs.....

« Le sommet du pic du mont d'Or est un rocher d'une pierre d'un blanc cendré
« tendre, semblable à celle du sommet des montagnes de cette terre volcanisée; elle
« est seulement un peu moins légère que celle du Puy-de-Dôme. Si je n'ai pas trouvé
« sur cette montagne des vestiges de volcan en aussi grande quantité qu'aux deux
« autres, cela vient en grande partie de ce que le mont d'Or est plus couvert, dans
« toute son étendue, de plantes et de bois que la montagne de Volvic et le Puy-de-
« Dôme...; cependant la partie sud-ouest est presque entièrement découverte et n'est
« remplie que de pierres et de rochers qui me paraissent avoir été exempts des effets
« du feu.....

« Mais la pointe du mont d'Or est un cône pareil à ceux de Volvic et du Puy-de-
« Dôme : à l'est de cette pointe est le pic *du Capucin*, qui affecte également la figure
« conique, mais la sienne n'est pas aussi régulière que celle des précédents : il semble
« même que ce pic ait plus souffert dans sa composition; tout y paraît plus irrégulier,
« plus rompu, plus brisé... Il y a encore plusieurs pics, dont la base est appuyée sur
« le dos de la montagne : ils sont tous dominés par le mont d'Or, dont la hauteur est

« de 509 toises... : le pic du mont d'Or est très-raide ; il finit en une pointe de 15 ou
« 20 pieds de large en tout sens.....

« Plusieurs montagnes entre Thiers et Saint-Chaumont ont une figure conique, ce
« qui me fit penser, dit M. Guettard, qu'elles pouvaient avoir brûlé. Quoique je n'aie
« pas été à Pontgibault, j'ai des preuves que les montagnes de ce canton sont des vol-
« cans éteints ; j'en ai reçu des morceaux de laves qu'il était facile de reconnaître pour
« tels par les points jaunes et noirâtres d'une matière vitrifiée, qui est le caractère le
« plus certain d'une pierre de volcan [a]. »

Le même M. Guettard et M. Faujas ont trouvé sur la rive gauche du Rhône, et
assez avant dans le pays, de très-gros fragments de basaltes en colonnes.... En remontant dans le Vivarais, ils ont trouvé, dans un torrent, un amas prodigieux de matières de
volcan, qu'ils ont suivi jusqu'à sa source : il ne leur a pas été difficile de reconnaître le
volcan ; c'est une montagne fort élevée, sur le sommet de laquelle ils ont trouvé la
bouche d'environ 80 pieds de diamètre ; la lave est partie visiblement du dessous de
cette bouche ; elle a coulé en grandes masses par les ravins l'espace de sept ou huit
mille toises ; la matière s'est amoncelée toute brûlante en certains endroits : venant
ensuite à s'y figer, elle s'est gercée et fendue dans toute sa hauteur, et a laissé toute la
plaine couverte d'une quantité innombrable de colonnes, depuis 15 jusqu'à 30 pieds de
hauteur, sur environ 7 pouces de diamètre [b].

« Ayant été me promener à Montferrier, dit M. Montet, village éloigné de Mont-
« pellier d'une lieue..., je trouvai quantité de pierres noires détachées les unes des
« autres, de différentes figures et grosseurs... ; et, les ayant comparées avec d'autres qui
« sont certainement l'ouvrage des volcans..., je les trouvai de même nature que ces
« dernières ; ainsi je ne doutai point que ces pierres de Montferrier ne fussent elles-
« mêmes une lave très-dure ou une matière fondue par un volcan, éteint depuis un
« temps immémorial. Toute la montagne de Montferrier est parsemée de ces pierres ou
« laves ; le village en est bâti en partie, et les rues en sont pavées.... Ces pierres pré-
« sentent pour la plupart, à leur surface, de petits trous ou de petites porosités qui
« annoncent bien qu'elles sont formées d'une matière fondue par un volcan ; on trouve
« cette lave répandue dans toutes les terres qui avoisinent Montferrier....

« Du côté de Pézenas, les volcans éteints sont en grand nombre.... ; toute la contrée
« en est remplie, principalement depuis le cap d'Agde, qui est lui-même un volcan
« éteint, jusqu'au pied de la masse des montagnes qui commencent à 5 lieues au nord de
« cette côte, et sur le penchant ou à peu de distance desquelles sont situés les villages
« de Livran, Péret, Fontès, Néliez, Gabian, Faugères. On trouve, en allant du midi
« au nord, une espèce de cordon ou de chapelet fort remarquable, qui commence au
« cap d'Agde, et qui comprend les monts de Saint-Thibéry et le Causse (montagnes
« situées au milieu des plaines de Bressan), le pic de la tour de Valros, dans le terri-
« toire de ce village, le pic de Montredon au territoire de Tourbes, et celui de Sainte-
« Marthe, auprès du prieuré royal de Cassan, dans le territoire de Gabian ; il part en-
« core du pied de la montagne, à la hauteur du village de Fontès, une longue et large
« masse qui finit au midi auprès de la grange de Prés.... et qui est terminée, dans la
« direction du levant au couchant, entre le village de Caus et celui de Nizas... Ce canton
« a cela de remarquable qu'il n'est presque qu'une masse de lave, et qu'on observe au
« milieu une bouche ronde d'environ 200 toises de diamètre, aussi reconnaissable
« qu'il soit possible, qui a formé un étang qu'on a depuis desséché, au moyen d'une
« profonde saignée faite entièrement dans une lave dure et formée par couches, ou
« plutôt par ondes immédiatement contiguës...

a. Mémoires de l'Académie des Sciences, année 1752, p. 27 jusqu'à 58.
b. Journal de physique, par M. l'abbé Rozier. Mois de décembre 1775, p. 516.

« On trouve, dans tous ces endroits, de la lave et des pierres ponces : presque toute la
« ville de Pézenas est pavée de lave ; le rocher d'Agde n'est que de la lave très-dure , et
« toute cette ville est bâtie et pavée de cette lave, qui est très-noire.... Presque tout le
« territoire de Gabian , où l'on voit la fameuse fontaine de pétrole , est parsemé de
« laves et de pierres ponces.

« On trouve aussi au Causse de Basan et de Saint-Thibéry une quantité considérable
« de basaltes..., qui sont ordinairement des prismes à six faces , de 10 à 11 pieds de
« long.... Ces basaltes se trouvent dans un endroit où les vestiges d'un ancien volcan
« sont on ne peut pas plus reconnaissables.

« Les bains de Balaruc... nous offrent partout les débris d'un volcan éteint ; les
« pierres qu'on y rencontre ne sont que des pierres ponces de différentes grosseurs....

« Dans tous les volcans que j'ai examinés , j'ai remarqué que la matière ou les pierres
« qu'ils ont vomies sont sous différentes formes : les unes sont en masse contiguë, très-
« dures et pesantes, comme le rocher d'Agde ; d'autres , comme celles de Montferrier
« et la lave de Tourbes, ne sont point en masses , ce sont des pierres détachées , d'une
« pesanteur et d'une dureté considérables ". »

M. Villet, de l'Académie de Marseille, m'a envoyé, pour le Cabinet du Roi, quelques
échantillons de laves et d'autres matières trouvées dans les volcans éteints de Provence ,
et il m'écrit qu'à une lieue de Toulon on voit évidemment les vestiges d'un ancien volcan, et qu'étant descendu dans une ravine au pied de cet ancien volcan de la montagne
d'Ollioules, il fut frappé, à l'aspect d'un rocher détaché du haut, de voir qu'il était
calciné ; qu'après en avoir brisé quelques morceaux , il trouva dans l'intérieur des
parties sulfureuses si bien caractérisées , qu'il ne douta plus de l'ancienne existence de
ces volcans éteints aujourd'hui [b].

M. Valmont de Bomare a observé , dans le territoire de Cologne , les vestiges de plusieurs volcans éteints.

Je pourrais citer un très-grand nombre d'autres exemples qui tous concourent à prouver
que le nombre des volcans éteints est peut-être cent fois plus grand que celui des
volcans actuellement agissants , et l'on doit observer qu'entre ces deux états, il y a ,
comme dans tous les autres effets de la nature, des états mitoyens , des degrés et des
nuances dont on ne peut saisir que les principaux points. Par exemple , les solfatares
ne sont ni des volcans agissants ni des volcans éteints, et semblent participer des deux [1].
Personne ne les a mieux décrites qu'un de nos savants académiciens , M. Fougeroux de
Bondaroy, et je vais rapporter ici ses principales observations.

« La solfatare située à quatre milles de Naples à l'ouest et à deux milles de la mer,
« est fermée par des montagnes qui l'entourent de tous côtés. Il faut monter pendant
« environ une demi-heure avant que d'y arriver. L'espace compris entre les montagnes
« forme un bassin d'environ 1.200 pieds de longueur sur 800 pieds de largeur. Il est
« dans un fond par rapport à ces montagnes, sans cependant être aussi bas que le ter-
« rain qu'on a été obligé de traverser pour y arriver. La terre, qui forme le fond de ce
« bassin , est un sable très-fin, uni et battu ; le terrain est sec et aride, les plantes n'y
« croissent point ; la couleur du sable est jaunâtre... Le soufre qui s'y trouve en grande
« quantité , réuni avec ce sable , sert sans doute à le colorer.

« Les montagnes qui terminent la plus grande partie du bassin, n'offrent que des
« rochers dépouillés de terre et de plantes ; les uns fendus, dont les parties sont brûlées
« et calcinées , et qui tous n'offrent aucun arrangement et n'ont aucun ordre dans leur

a. *Mémoires de l'Académie des Sciences*, année 1760, p. 466 jusqu'à 473.

b. *Lettre de M. Villet à M. de Buffon. Marseille , le 8 mai 1775.*

1. Voyez la note de la page 269.

« position... Ils sont recouverts d'une plus ou moins grande quantité de soufre qui se
« sublime dans cette partie de la montagne, et dans celle du bassin qui en est proche.

« Le côté opposé... offre un meilleur terrain... aussi n'y voit-on pas de fourneaux
« pareils à ceux dont nous allons parler, et qui se trouvent communément dans la
« partie que l'on vient de décrire.

« Dans plusieurs endroits du fond du bassin, on voit des ouvertures, des fenêtres
« ou des bouches d'où il sort de la fumée, accompagnée d'une chaleur qui brûlerait
« vivement les mains, mais qui n'est pas assez grande pour allumer du papier...

« Les endroits voisins donnent une chaleur qui se fait sentir à travers les souliers, et
« il s'en exhale une odeur de soufre désagréable... ; si l'on fait entrer dans le terrain un
« morceau de bois pointu, il sort aussitôt une vapeur, une fumée pareille à celle qu'ex-
« halent les fentes naturelles...

« Il se sublime, par les ouvertures, du soufre en petite quantité, et un sel connu
« sous le nom de sel *ammoniac*, et qui en a les caractères...

« On trouve, sur plusieurs des pierres qui environnent la solfatare, des filets d'alun
« qui y a fleuri naturellement... Enfin on retire encore du soufre de la solfatare... : cette
« substance est contenue dans des pierres de couleur grisâtre, parsemées de parties
« brillantes, qui dénotent celles du soufre cristallisées entre celles de la pierre... ; et ces
« pierres sont aussi quelquefois chargées d'alun...

« En frappant du pied dans le milieu du bassin, on reconnaît aisément que le ter-
« rain en est creux en-dessous.

« Si l'on traverse le côté de la montagne le plus garni de fourneaux et qu'on la des-
« cende, on trouve des laves, des pierres ponces, des écumes de volcan, etc. ; enfin,
« tout ce qui, par comparaison avec les matières que donne aujourd'hui le Vésuve,
« peut démontrer que la solfatare a formé la bouche d'un volcan.....

« Le bassin de la solfatare a souvent changé de forme ; on peut conjecturer qu'il en
« prendra encore d'autres, différentes de celle qu'il offre aujourd'hui : ce terrain se
« mine et se creuse tous les jours ; il forme maintenant une voûte qui couvre un
« abîme... ; si cette voûte venait à s'affaisser, il est probable que, se remplissant d'eau,
« elle produirait un lac *a*. »

M. Fougeroux de Bondaroy a aussi fait plusieurs observations sur les solfatares de
quelques autres endroits de l'Italie.

« J'ai été, dit-il, jusqu'à la source d'un ruisseau que l'on passe entre Rome et Tivoli,
« et dont l'eau a une forte odeur de foie de soufre... ; elle forme deux petits lacs
« d'environ 40 toises dans leur plus grande étendue.....

« L'un de ces lacs, suivant la corde que nous avons été obligé de filer, a, en certains
« endroits, jusqu'à 60, 70 ou 80 brasses...... On voit sur ces eaux plusieurs petites îles
« flottantes qui changent quelquefois de place... ; elles sont produites par des plantes
« réduites en une espèce de tourbe, sur lesquelles les eaux, quoique corrosives, n'ont
« plus de prise.....

« J'ai trouvé la chaleur de ces eaux de 20 degrés, tandis que le thermomètre à l'air libre
« était à 18 degrés ; ainsi les observations que nous avons faites n'indiquent qu'une
« très-faible chaleur dans ces eaux... ; elles exhalent une odeur fort désagréable... ; et
« cette vapeur change la couleur des végétaux et celle du cuivre *b*. »

« La solfatare de Viterbe, dit M. l'abbé Mazéas, n'a une embouchure que de trois à
« quatre pieds ; ses eaux bouillonnent et exhalent une odeur de foie de soufre et pétri-
« fient aussi leurs canaux, comme celles de Tivoli... ; leur chaleur est au degré de l'eau

a. *Mémoires de l'Académie des Sciences*, année 1765, p. 267 jusqu'à 283.
b. *Mémoires de l'Académie des Sciences*, année 1770, p. 1 jusqu'à 7.

« bouillante, quelquefois au-dessous...; des tourbillons de fumée qui s'en élèvent
« quelquefois annoncent une chaleur plus grande; et néanmoins le fond du bassin est
« tapissé des mêmes plantes qui croissent au fond des lacs et des marais; ces eaux
« produisent du vitriol dans les terrains ferrugineux, etc. [a].

« Dans plusieurs montagnes de l'Apennin, et principalement dans celles qui sont sur le
« chemin de Bologne à Florence, on trouve des feux, ou simplement des vapeurs, qui
« n'ont besoin que de l'approche d'une flamme pour brûler elles-mêmes....

« Les feux de la montagne Génida, proche Pietramala, sont placés à différentes
« hauteurs de la montagne, sur laquelle on compte quatre bouches à feu qui jettent
« des flammes...: un de ces feux est dans un espace circulaire entouré de buttes...; la
« terre y paraît brûlée, et les pierres sont plus noires que celles des environs; il en
« sort çà et là une flamme bleue, vive, ardente, claire, qui s'élève à 3 ou 4 pieds de
« hauteur...; mais, au delà de l'espace circulaire, on ne voit aucun feu, quoique à plus
« de 60 pieds du centre des flammes, on s'aperçoive encore de la chaleur que conserve
« le terrain.....

« Le long d'une fente ou crevasse voisine du feu, on entend un bruit sourd comme
« serait celui d'un vent qui traverserait un souterrain...; près de ce lieu, on trouve
« deux sources d'eaux chaudes... Ce terrain, dans lequel le feu existe depuis du temps,
« n'est ni enfoncé ni relevé...; on ne voit près du foyer aucune pierre de volcan, ni
« rien qui puisse annoncer que ce feu ait jeté; cependant des monticules près de cet
« endroit rassemblent tout ce qui peut prouver qu'ils ont été anciennement formés
« ou au moins changés par les volcans... En 1767, on ressentit même des secousses
« de tremblement de terre dans les environs, sans que le feu changeât, ni qu'il donnât
« plus ou moins de fumée.....

« Environ à dix lieues de Modène, dans un endroit appelé Barigazzo, il y a encore
« cinq ou six bouches où paraissent des flammes dans certains temps qui s'éteignent
« par un vent violent : il y a aussi des vapeurs qui demandent l'approche d'un corps
« enflammé pour prendre feu..... Mais, malgré les restes non équivoques d'anciens vol-
« cans éteints, qui subsistent dans la plupart de ces montagnes, les feux qui s'y voient
« aujourd'hui ne sont point de nouveaux volcans qui s'y forment, puisque ces feux ne
« jettent aucune substance de volcans [b]. »

Les eaux thermales [1], ainsi que les fontaines de pétrole et des autres bitumes et huiles
terrestres, doivent être regardées comme une autre nuance entre les volcans éteints et
les volcans en action : lorsque les feux souterrains se trouvent voisins d'une mine de
charbon, ils la mettent en distillation, et c'est là l'origine de la plupart des sources de
bitume; ils causent de même la chaleur des eaux thermales qui coulent dans leur
voisinage; mais ces feux souterrains brûlent tranquillement aujourd'hui; on ne reconnaît leurs anciennes explosions que par les matières qu'ils ont autrefois rejetées : ils ont
cessé d'agir lorsque les mers s'en sont éloignées; et je ne crois pas, comme je l'ai dit,
qu'on ait jamais à craindre le retour de ces funestes explosions, puisqu'il y a toute
raison de penser que la mer se retirera toujours de plus en plus [2].

a. *Mémoires des Savants étrangers*, t. V, p. 325.

b. Mémoire sur le pétrole, par M. Fougeroux de Bondaroy, dans ceux de *l'Académie des Sciences*, année 1770, p. 43 et suiv.

1. Les *eaux thermales* doivent, en effet, leur température aux *feux souterrains*. Cette température croît à mesure que l'on descend. (Voyez mes notes sur les *Époques de la nature*.)

2. Voyez la note 3 de la page 423.

IV. — *Des laves et basaltes.*

A tout ce que nous venons d'exposer au sujet des volcans, nous ajouterons quelques considérations sur le mouvement des laves, sur le temps nécessaire à leur refroidissement et sur celui qu'exige leur conversion en terre végétale.

La lave qui s'écoule ou jaillit du pied des éminences formées par les matières que le volcan vient de rejeter, est un verre impur en liquéfaction [1], et dont la matière tenace et visqueuse n'a qu'une demi-fluidité : ainsi les torrents de cette matière vitrifiée coulent lentement en comparaison des torrents d'eau, et néanmoins ils arrivent souvent à d'assez grandes distances ; mais il y a dans ces torrents de feu un mouvement de plus que dans les torrents d'eau ; ce mouvement tend à soulever toute la masse qui coule, et il est produit par la force expansive de la chaleur dans l'intérieur du torrent embrasé ; la surface extérieure se refroidissant la première, le feu liquide continue à couler au-dessous, et comme l'action de la chaleur se fait en tout sens, ce feu, qui cherche à s'échapper, soulève les parties supérieures déjà consolidées et souvent les force à s'élever perpendiculairement ; c'est de là que proviennent ces grosses masses de lave en forme de rochers qui se trouvent dans le cours de presque tous les torrents où la pente n'est pas rapide. Par l'effort de cette chaleur intérieure, la lave fait souvent des explosions, sa surface s'entr'ouvre, et la matière liquide jaillit de l'intérieur et forme ces masses élevées au-dessus du niveau du torrent. Le P. de la Torre est, je crois, le premier qui ait remarqué ce mouvement intérieur dans les laves ardentes, et ce mouvement est d'autant plus violent qu'elles ont plus d'épaisseur et que la pente est plus douce ; c'est un effet général et commun dans toutes les matières liquéfiées par le feu, et dont on peut donner des exemples que tout le monde est à portée de vérifier dans les forges [a]. Si l'on observe les gros lingots de fonte de fer qu'on appelle *gueuses*, qui coulent dans un moule ou canal dont la pente est presque horizontale, on s'apercevra aisément qu'elles tendent à se courber en effet d'autant plus qu'elles ont plus d'épaisseur [b]. Nous avons démontré par les expériences rapportées dans les mémoires sur la *durée de l'incandescence* [2], que les temps de la consolidation sont à très-peu près proportionnels aux épaisseurs, et que la surface de ces lingots étant déjà consolidée, l'intérieur en est encore liquide : c'est cette chaleur intérieure qui soulève et fait bomber le lingot ; et, si son épaisseur était

---

a. La lave des fourneaux à fondre le fer subit les mêmes effets : lorsque cette matière vitreuse coule lentement sur la *dame*, et qu'elle s'accumule à sa base, on voit se former des éminences, qui sont des bulles de verre concaves, sous une forme hémisphérique. Ces bulles crèvent, lorsque la force expansive est très-active, et que la matière a moins de fluidité ; alors il en sort avec bruit un jet rapide de flamme ; lorsque cette matière vitreuse est assez adhérente pour souffrir une grande dilatation, ces bulles, qui se forment à sa surface, prennent un volume de 8 à 10 pouces de diamètre, sans se crever ; lorsque la vitrification en est moins achevée, et qu'elle a une consistance visqueuse et tenace, ces bulles occupent peu de volume, et la matière, en s'affaissant sur elle-même, forme des éminences concaves, que l'on nomme *yeux-de-crapaud*. Ce qui se passe ici en petit dans le *laitier* des fourneaux de forge, arrive en grand dans les laves des volcans.

b. Je ne parle pas ici des autres causes particulières qui souvent occasionnent la courbure des lingots de fonte : par exemple, lorsque la fonte n'est pas bien fluide, lorsque le moule est trop humide, ils se courbent beaucoup plus, parce que ces causes concourent à augmenter l'effet de la première ; ainsi l'humidité de la terre, sur laquelle coulent les torrents de la lave, aide encore à la chaleur intérieure à en soulever la masse, et à la faire éclater en plusieurs endroits par des explosions suivies de ces jets de matière dont nous avons parlé.

1. Voyez la note 4 de la page 78.
2. On trouvera ces *Mémoires* dans le volume qui contiendra les *Époques de la nature.*

plus grande, il y aurait, comme dans les torrents de lave, des explosions, des ruptures à la surface et des jets perpendiculaires de matière métallique poussée au dehors par l'action du feu renfermé dans l'intérieur du lingot. Cette explication, tirée de la nature même de la chose, ne laisse aucun doute sur l'origine de ces éminences qu'on trouve fréquemment dans les vallées et les plaines que les laves ont parcourues et couvertes.

Mais lorsque, après avoir coulé de la montagne et traversé les campagnes, la lave toujours ardente arrive aux rivages de la mer, son cours se trouve tout à coup arrêté, le torrent de feu se jette comme un ennemi puissant et fait d'abord reculer les flots ; mais l'eau, par son immensité, par sa froide résistance et par la puissance de saisir et d'éteindre le feu, consolide en peu d'instants la matière du torrent, qui dès lors ne peut aller plus loin, mais s'élève, se charge de nouvelles couches, et forme un mur à-plomb, de la hauteur duquel le torrent de lave tombe alors perpendiculairement, et s'applique contre le mur à-plomb qu'il vient de former : c'est par cette chute et par le saisissement de la matière ardente, que se forment les prismes de basalte *a* et leurs colonnes articulées. Ces prismes sont ordinairement à cinq, six ou sept faces, et quelquefois à quatre ou à trois, comme aussi à huit ou neuf faces ; leurs colonnes sont formées par la chute perpendiculaire de la lave dans les flots de la mer, soit qu'elle tombe du haut des rochers de la côte, soit qu'elle forme elle-même le mur à-plomb qui produit sa chute perpendiculaire : dans tous les cas, le froid et l'humidité de l'eau qui saisissent cette matière toute pénétrée de feu, consolidant les surfaces au moment même de sa chute, les faisceaux qui tombent du torrent de lave dans la mer s'appliquent les uns contre les autres ; et, comme la chaleur intérieure des faisceaux tend à les dilater, ils se font une résistance réciproque, et il arrive le même effet que dans le renflement des pois, ou plutôt des graines cylindriques, qui seraient pressées dans un vaisseau clos rempli d'eau qu'on ferait bouillir ; chacune de ces graines deviendrait hexagone par la compression réciproque ; et, de même, chaque faisceau de lave devient à plusieurs faces par la dilatation et la résistance réciproques : et lorsque la résistance des faisceaux environnants est plus forte que la dilatation du faisceau environné, au lieu de devenir hexagone, il n'est que de trois, quatre ou cinq faces : au contraire, si la dilatation du faisceau environné est plus forte que la résistance de la matière environnante, il prend sept, huit ou neuf faces, toujours sur sa longueur, ou plutôt sur sa hauteur perpendiculaire.

Les articulations transversales de ces colonnes prismatiques sont produites par une cause encore plus simple : les faisceaux de lave ne tombent pas comme une gouttière régulière et continue, ni par masses égales : pour peu donc qu'il y ait d'intervalle dans la chute de la matière, la colonne, à demi consolidée à sa surface supérieure, s'affaisse en creux par le poids de la masse qui survient, et qui dès lors se moule en convexe dans la concavité de la première ; et c'est ce qui forme les espèces d'articulations qui se trouvent dans la plupart de ces colonnes prismatiques ; mais lorsque la lave tombe dans l'eau par une chute égale et continue, alors la colonne de basalte est aussi continue dans toute sa hauteur, et l'on n'y voit point d'articulations. De même, lorsque, par une explosion, il s'élance du torrent de lave quelques masses isolées, ces masses prennent alors une figure globuleuse ou elliptique, ou même tortillée en forme de câbles ; et l'on peut rappeler à cette explication simple toutes les formes sous lesquelles se présentent les basaltes et les laves figurées.

C'est à la rencontre du torrent de lave avec les flots et à sa prompte consolidation, qu'on doit attribuer l'origine de ces côtes hardies qu'on voit dans toutes les mers qui

---

a. Je n'examinerai point ici l'origine de ce nom *basalte*, que M. Desmarets, savant naturaliste, de l'Académie des Sciences, croit avoir été donné par les anciens à deux pierres de nature différente ; et je ne parle ici que du *basalte lave*, qui est en forme de colonnes prismatiques.

sont au pied des volcans. Les anciens remparts de basalte, qu'on trouve aussi dans l'intérieur des continents, démontrent la présence de la mer et son voisinage des volcans [1] dans le temps que leurs laves ont coulé. Nouvelle preuve qu'on peut ajouter à toutes celles que nous avons données de l'ancien séjour des eaux sur toutes les terres actuellement habitées.

Les torrents de lave ont depuis cent jusqu'à deux et trois mille toises de largeur, et quelquefois cent cinquante et même deux cents pieds d'épaisseur ; et comme nous avons trouvé, par nos expériences [2], que le temps du refroidissement du verre est à celui du refroidissement du fer comme 132 sont à 236, et que les temps respectifs de leur consolidation sont à peu près dans ce même rapport, il est aisé d'en conclure que, pour consolider une épaisseur de dix pieds de verre ou de lave, il faut $201\frac{11}{59}$ minutes, puisqu'il faut 360 minutes pour la consolidation de dix pieds d'épaisseur de fer ; par conséquent, il faut 4028 minutes ou 67 heures 8 minutes pour la consolidation de deux cents pieds d'épaisseur de lave : et, par la même règle, on trouvera qu'il faut environ onze fois plus de temps, c'est-à-dire 30 jours $\frac{1}{2}$, ou un mois, pour que la surface de cette lave de deux cents pieds d'épaisseur soit assez froide pour qu'on puisse la toucher ; d'où il résulte qu'il faut un an pour refroidir une lave de deux cents pieds d'épaisseur assez pour qu'on puisse la toucher sans se brûler à un pied de profondeur, et qu'à dix pieds de profondeur elle sera encore assez chaude au bout de dix ans pour qu'on ne puisse la toucher, et cent ans pour être refroidie au même point jusqu'au milieu de son épaisseur. M. Brydone rapporte qu'après plus de quatre ans, la lave qui avait coulé en 1766, au pied de l'Etna, n'était pas encore refroidie ; il dit aussi «avoir vu une couche « de lave de quelques pieds, produite par l'éruption du Vésuve, qui resta rouge de cha- « leur au centre, longtemps après que la surface fut refroidie, et qu'en plongeant un « bâton dans ses crevasses, il prenait feu à l'instant, quoiqu'il n'y eût au dehors aucune « apparence de chaleur. » Massa, auteur sicilien, digne de foi, dit « qu'étant à « Catane, huit ans après la grande éruption de 1669, il trouva qu'en plusieurs endroits « la lave n'était pas encore froide [a].

M. le chevalier Hamilton laissa tomber des morceaux de bois sec dans une fente de lave du Vésuve, vers la fin d'avril 1771 ; ils furent enflammés dans l'instant, quoique cette lave fût sortie du volcan le 19 octobre 1767 : elle n'avait point de communication avec le foyer du volcan, et l'endroit où il fit cette expérience était éloigné au moins de quatre milles de la bouche d'où cette lave avait jailli. Il est très-persuadé qu'il faut bien des années avant qu'une lave de l'épaisseur de celle-ci (d'environ deux cents pieds) se refroidisse.

Je n'ai pu faire des expériences sur la consolidation et le refroidissement qu'avec des boulets de quelques pouces de diamètre ; le seul moyen de faire ces expériences plus en grand serait d'observer les laves et de comparer les temps employés à leur consolidation et refroidissement selon leurs différentes épaisseurs ; je suis persuadé que ces observations confirmeraient la loi que j'ai établie pour le refroidissement depuis l'état de fusion jusqu'à la température actuelle, et quoiqu'à la rigueur ces nouvelles observations ne soient pas nécessaires pour confirmer ma théorie, elles serviraient à remplir le grand intervalle qui se trouve entre un boulet de canon et une planète [3].

Il nous reste à examiner la nature des laves et à démontrer qu'elles se convertissent, avec le temps, en une terre fertile, ce qui nous rappelle l'idée de la première conver-

a. *Voyage en Sicile*, t. I, p. 213.

1. Voyez la note 2 de la page 389.

2. Voyez les *Mémoires* sur la *durée de l'incandescence*, indiqués dans la note 2 de la page 405.

3. Voyez les *Mémoires de Buffon*, cités dans la note précédente.

sion des scories du verre primitif qui couvraient la surface entière du globe après sa consolidation.

« On ne comprend pas sous le nom de laves, dit M. de La Condamine, toutes les
« matières sorties de la bouche d'un volcan, telles que les cendres, les pierres ponces,
« le gravier, le sable, mais seulement celles qui, réduites par l'action du feu dans un
« état de liquidité, forment en se refroidissant des masses solides dont la dureté sur-
« passe celle du marbre. Malgré cette restriction, on conçoit qu'il y aura encore bien
« des espèces de laves, selon le différent degré de fusion du mélange, selon qu'il parti-
« cipera plus ou moins du métal, et qu'il sera plus ou moins intimement uni avec
« diverses matières. J'en distingue surtout trois espèces, et il y en a bien d'intermé-
« diaires. La lave la plus pure ressemble, quand elle est polie, à une pierre d'un gris
« sale et obscur ; elle est lisse, dure, pesante, parsemée de petits fragments semblables
« à du marbre noir et de points blanchâtres ; elle paraît contenir des parties métal-
« liques ; elle ressemble au premier coup d'œil à la serpentine, lorsque la couleur de la
« lave ne tire point sur le vert ; elle reçoit un assez beau poli, plus ou moins vif dans
« ses différentes parties ; on en fait des tables, des chambranles de cheminée, etc.

« La lave la plus grossière est inégale et raboteuse ; elle ressemble fort à des scories
« de forge ou écumes de fer. La lave la plus ordinaire tient un milieu entre ces deux
« extrêmes ; c'est celle que l'on voit répandue en grosses masses sur les flancs du Vésuve
« et dans les campagnes voisines. Elle y a coulé par torrents ; elle a formé en se refroi-
« dissant des masses semblables à des rochers ferrugineux et rouillés, et souvent épais
« de plusieurs pieds. Ces masses sont interrompues et souvent recouvertes par des
« amas de cendres et de matières calcinées... C'est sous plusieurs lits alternatifs de
« laves, de cendres et de terre, dont le total fait une croûte de 60 à 80 pieds d'épais-
« seur, qu'on a trouvé des temples, des portiques, des statues, un théâtre, une ville
« entière, etc. " »

« Presque toujours, dit M. Fougeroux de Bondaroy, immédiatement après l'éruption
« d'une terre brûlée ou d'une espèce de cendre..., le Vésuve jette la lave... ; elle coule
« par les fentes qui sont faites à la montagne...

« La matière minérale enflammée, fondue et coulante, ou la lave proprement dite,
« sort par les fentes ou crevasses avec plus ou moins d'impétuosité, et en plus ou
« moins grande quantité, suivant la force de l'éruption ; elle se répand à une distance
« plus ou moins grande, suivant son degré de fluidité, et suivant la pente de la mon-
« tagne qu'elle suit, qui retarde plus ou moins son refroidissement...

« Celle qui garnit maintenant une partie du terrain dans le bas de la montagne, et
« qui descend quelquefois jusqu'au pied de Portici...., forme de grandes masses dures,
« pesantes et hérissées de pointes sur leur surface supérieure ; la surface qui porte sur
« le terrain est plus plate : comme ces morceaux sont les uns sur les autres, ils ressem-
« blent un peu aux flots de la mer ; quand les morceaux sont plus grands et plus
« amoncelés, ils prennent la figure des rochers.....

« En se refroidissant, la lave affecte différentes formes..... La plus commune est
« en tables plus ou moins grandes ; quelques morceaux ont jusqu'à six, sept et huit
« pieds de dimensions ; elle s'est ainsi cassée et rompue en cessant d'être liquide et en
« se refroidissant ; c'est cette espèce de laves dont la superficie est hérissée de pointes...

« La seconde espèce ressemble à de gros cordages ; elle se trouve toujours proche
« l'ouverture, paraît s'être figée promptement et avoir roulé avant de s'être durcie ; elle
« est moins pesante que celle de la première espèce ; elle est aussi plus fragile, moins
« dure et plus bitumineuse ; en la cassant, on voit que sa substance est moins serrée
« que dans la première.....

a. *Mémoires de l'Académie des Sciences*, année 1757, p. 374 et suiv.

« On trouve au haut de la montagne une troisième espèce de lave, qui est brillante,
« disposée en filets qui quelquefois se croisent ; elle est lourde et d'un rouge violet... Il
« y a des morceaux qui sont sonores et qui ont la figure de stalactites... Enfin on
« trouve à certaines parties de la montagne des laves qui affectent une forme sphé-
« rique, et qui paraissent avoir roulé : on conçoit aisément comment la forme de ces
« laves peut varier suivant une infinité de circonstances, etc. [a] »

Il entre des matières de toute espèce dans la composition des laves ; on a tiré du
fer et un peu de cuivre de celles du sommet du Vésuve ; il y en a même quelques-unes
d'assez métalliques pour conserver la flexibilité du métal ; j'ai vu de grandes tables de
laves de deux pouces d'épaisseur, travaillées et polies comme des tables de marbre,
se courber par leur propre poids ; j'en ai vu d'autres qui pliaient sous une forte
charge, mais qui reprenaient le plan horizontal par leur élasticité.

Toutes les laves étant réduites en poudre sont, comme le verre, susceptibles d'être
converties par l'intermède de l'eau, d'abord en argile, et peuvent devenir ensuite,
par le mélange des poussières et des détriments de végétaux, d'excellents terrains.
Ces faits sont démontrés par les belles et grandes forêts qui environnent l'Etna, qui
toutes sont sur un fond de lave recouvert d'une bonne terre de plusieurs pieds d'épaisseur : les cendres se convertissent encore plus vite en terre que les poudres de verre
et de lave ; on voit, dans la cavité des cratères des anciens volcans actuellement
éteints, des terrains fertiles ; on en trouve de même sur le cours de tous les anciens
torrents de lave. Les dévastations causées par les volcans sont donc limitées par le
temps ; et, comme la nature tend toujours plus à produire qu'à détruire, elle répare
dans l'espace de quelques siècles les dévastations du feu sur la terre, et lui rend sa
fécondité en se servant même de matériaux lancés pour la destruction.

ADDITIONS

A L'ARTICLE QUI A POUR TITRE : DES CAVERNES.

Sur les cavernes formées par le feu primitif, page 293.

Je n'ai parlé, dans ma *Théorie de la Terre*, que de deux sortes de cavernes, les unes
produites par le feu des volcans et les autres par le mouvement des eaux souterraines :
ces deux espèces de cavernes ne sont pas situées à de grandes profondeurs ; elles sont
même nouvelles, en comparaison des autres cavernes bien plus vastes et bien plus
anciennes qui ont dû se former dans le temps de la consolidation du globe[1] ; car c'est dès
lors que se sont faites les éminences et les profondeurs de sa superficie, et toutes les
boursouflures et cavités de son intérieur, surtout dans les parties voisines de la surface.
Plusieurs de ces cavernes produites par le feu primitif, après s'être soutenues pendant
quelque temps, se sont ensuite fendues par le refroidissement successif qui diminue le
volume de toute matière ; bientôt elles se seront écroulées, et, par leur affaissement, elles
ont formé les bassins actuels de la mer, où les eaux, qui étaient autrefois très-élevées
au-dessus de ce niveau, se sont écoulées et ont abandonné les terres qu'elles couvraient

a. *Mémoires de l'Académie des Sciences*, année 1763, p. 75 et suiv.

1. Voyez la note 4 de la page 293. Le lecteur peut s'apercevoir, en comparant cet article des
Additions à l'article des *Preuves* auquel il se rapporte, combien les idées de Buffon se sont
modifiées et agrandies. On sent ici que Buffon comprend tous les effets du *feu primitif*, et qu'il
va déjà écrire les *Époques de la nature*.

dans le commencement : il est plus que probable qu'il subsiste encore aujourd'hui dans
l'intérieur du globe un certain nombre de ces anciennes cavernes, dont l'affaissement
pourra produire de semblables effets, en abaissant quelques espaces du globe, qui deviendront dès lors de nouveaux réceptacles pour les eaux ; et, dans ce cas, elles abandon-
neront en partie le bassin qu'elles occupent aujourd'hui pour couler par leur pente
naturelle dans ces endroits plus bas. Par exemple, on trouve des bancs de coquilles
marines sur les Pyrénées jusqu'à 1,500 toises de hauteur au-dessus du niveau de la mer
actuelle. Il est donc bien certain que les eaux, dans le temps de la formation de ces
coquilles, étaient de 1,500 toises plus élevées qu'elles ne le sont aujourd'hui ; mais, lorsqu'au bout d'un temps les cavernes qui soutenaient les terres de l'espace où gît actuellement l'Océan Atlantique se sont affaissées, les eaux qui couvraient les Pyrénées et
l'Europe entière auront coulé avec rapidité pour remplir ces bassins, et auront par conséquent laissé à découvert toutes les terres de cette partie du monde. La même chose
doit s'entendre de tous les autres pays : il paraît qu'il n'y a que les sommets des plus
hautes montagnes auxquels les eaux de la mer n'aient jamais atteint, parce qu'ils ne
présentent aucun débris des productions marines [1] et ne donnent pas des indices aussi
évidents du séjour des mers ; néanmoins comme quelques-unes des matières dont ils
sont composés, quoique toutes du genre vitrescible, semblent n'avoir pris leur solidité,
leur consistance et leur dureté que par l'intermède et le gluten de l'eau, et qu'elles
paraissent s'être formées, comme nous l'avons dit, dans les masses de sable ou de
poussière de verre qui étaient autrefois aussi élevées que ces pics de montagnes, et que
les eaux des pluies ont, par succession de temps, entraînées à leur pied, on ne doit pas
prononcer affirmativement que les eaux de la mer ne se soient jamais trouvées qu'au
niveau où l'on trouve des coquilles ; elles ont pu être encore plus élevées, même avant
le temps où leur température a permis aux coquilles d'exister [2]. La plus grande hauteur
à laquelle s'est trouvée la mer universelle ne nous est pas connue ; mais c'est en savoir
assez que de pouvoir assurer que les eaux étaient élevées de 1,500 ou 2,000 toises au-
dessus de leur niveau actuel, puisque les coquilles se trouvent à 1,500 toises dans les
Pyrénées, et à 2,000 toises dans les Cordillères.

Si tous les pics des montagnes étaient formés de verre solide [3] ou d'autres matières
produites immédiatement par le feu, il ne serait pas nécessaire de recourir à l'autre
cause, c'est-à-dire au séjour des eaux, pour concevoir comment elles ont pris leur consistance ; mais la plupart de ces pics ou pointes de montagnes paraissent être composés de matières qui, quoique vitrescibles, ont pris leur solidité et acquis leur nature
par l'intermède de l'eau. On ne peut donc guère décider si le feu primitif seul a produit
leur consistance actuelle, ou si l'intermède et le gluten de l'eau de la mer n'ont pas
été nécessaires pour achever l'ouvrage du feu et donner à ces masses vitrescibles la
nature qu'elles nous présentent aujourd'hui. Au reste, cela n'empêche pas que le feu
primitif [4], qui d'abord a produit les plus grandes inégalités sur la surface du globe, n'ait
eu la plus grande part à l'établissement des chaînes de montagnes qui en traversent la
surface, et que les noyaux de ces grandes montagnes ne soient tous des produits de
l'action du feu, tandis que les contours de ces mêmes montagnes n'ont été disposés et
travaillés par les eaux que dans des temps subséquents ; en sorte que c'est sur ces

1. Voyez la note 2 de la page 39.
2. Voyez mes notes sur la IIIᵉ *Époque de la nature*.
3. Voyez mes notes sur les *minéraux*.
4. Voici, enfin, l'idée juste et complète. « Le feu primitif a produit les grandes inégalités de la
« surface du globe ; les *noyaux* des grandes montagnes sont tous des produits de l'action du
« feu ; les *contours* des montagnes n'ont été disposés et travaillés par les eaux que dans des
« temps subséquents..... »

mêmes contours, et à de certaines hauteurs, que l'on trouve des dépôts de coquilles et d'autres productions de la mer.

Si l'on veut se former une idée nette des plus anciennes cavernes, c'est-à-dire de celles qui ont été formées par le feu primitif, il faut se représenter le globe terrestre dépouillé de toutes ses eaux et de toutes les matières qui en recouvrent la surface jusqu'à la profondeur de 1,000 ou 1,200 pieds. En séparant par la pensée cette couche extérieure de terre et d'eau, le globe nous présentera la forme qu'il avait à peu près dans les premiers temps de sa consolidation. La roche vitrescible, ou, si l'on veut, le verre fondu, en compose la masse entière; et cette matière, en se consolidant et se refroidissant, a formé, comme toutes les autres matières fondues, des éminences, des profondeurs, des cavités, des boursouflures dans toute l'étendue de la surface du globe. Ces cavités intérieures formées par le feu sont les cavernes primitives, et se trouvent en bien plus grand nombre vers les contrées du Midi [1] que dans celles du Nord, parce que le mouvement de rotation qui a élevé ces parties de l'équateur avant la consolidation y a produit un plus grand déplacement de la matière, et, en retardant cette même consolidation, aura concouru avec l'action du feu pour produire un plus grand nombre de boursouflures et d'inégalités dans cette partie du globe que dans toute autre. Les eaux venant des pôles n'ont pu gagner ces contrées méridionales, encore brûlantes, que quand elles ont été refroidies; les cavernes qui les soutenaient s'étant successivement écroulées, la surface s'est abaissée et rompue en mille et mille endroits. Les plus grandes inégalités du globe se trouvent par cette raison dans les climats méridionaux : les cavernes primitives y sont encore en plus grand nombre que partout ailleurs; elles y sont aussi situées plus profondément, c'est-à-dire peut-être jusqu'à cinq et six lieues de profondeur, parce que la matière du globe a été remuée jusqu'à cette profondeur par le mouvement de rotation dans le temps de sa liquéfaction. Mais les cavernes qui se trouvent dans les hautes montagnes ne doivent pas toutes leur origine à cette même cause du feu primitif : celles qui gisent le plus profondément au-dessous de ces montagnes sont les seules qu'on puisse attribuer à l'action de ce premier feu; les autres, plus extérieures et plus élevées dans la montagne, ont été formées par des causes secondaires, comme nous l'avons exposé. Le globe, dépouillé des eaux et des matières qu'elles ont transportées, offre donc à sa surface un sphéroïde bien plus irrégulier qu'il ne nous paraît l'être avec cette enveloppe. Les grandes chaînes de montagnes, leurs pics, leurs cornes, ne nous présentent peut-être pas aujourd'hui la moitié de leur hauteur réelle; toutes sont attachées par leur base à la roche vitrescible qui fait le fond du globe et sont de la même nature. Ainsi, l'on doit compter trois espèces de cavernes produites par la nature : les premières, en vertu de la puissance du feu primitif; les secondes, par l'action des eaux; et les troisièmes, par la force des feux souterrains [2]; et chacune de ces cavernes, différentes par leur origine, peuvent être distinguées et reconnues à l'inspection des matières qu'elles contiennent ou qui les environnent.

1. Voyez mes notes sur la Ve *Époque de la nature.*

2. Buffon distingue toujours le *feu primitif* des *feux souterrains* (du *feu des volcans*) La science actuelle a ramené le phénomène des *volcans* à n'être qu'un des effets du *feu primitif.* (Voyez mes notes précédentes sur les *volcans.*)

ADDITIONS

A L'ARTICLE QUI A POUR TITRE : DE L'EFFET DES PLUIES — DES MARÉCAGES —
DES BOIS SOUTERRAINS — DES EAUX SOUTERRAINES (PAGE 307).

I. — Sur l'éboulement et le déplacement de quelques terrains.

La rupture des cavernes et l'action des feux souterrains sont les principales causes des grands éboulements de la terre[1], mais souvent il s'en fait aussi par de plus petites causes; la filtration des eaux, en délayant les argiles sur lesquelles portent les rochers de presque toutes les montagnes calcaires, a souvent fait pencher ces montagnes et causé des éboulements assez remarquables pour que nous devions en donner ici quelques exemples.

« En 1757, dit M. Perronet, une partie du terrain qui se trouve situé à mi-côte avant « d'arriver au château de Croix-Fontaine, s'entr'ouvrit en nombre d'endroits et s'éboula « successivement par parties; le mur de terrasse qui retenait le pied de ces terres fut « renversé, et on fut obligé de transporter plus loin le chemin qui était établi le long « du mur..... Ce terrain était porté sur une base de terre inclinée. » Ce savant et premier ingénieur de nos ponts et chaussées cite un autre accident de même espèce arrivé en 1733 à Pardines, près d'Issoire en Auvergne : le terrain, sur environ 400 toises de longueur et 300 toises de largeur, descendit sur une prairie assez éloignée, avec les maisons, les arbres et ce qui était dessus. Il ajoute que l'on voit quelquefois des parties considérables de terrain emportées, soit par des réservoirs supérieurs d'eau dont les digues viennent à se rompre, ou par une fonte subite de neiges. En 1757, au village de Guet, à dix lieues de Grenoble, sur la route de Briançon, tout le terrain, lequel est en pente, glissa et descendit en un instant vers le Drac, qui en est éloigné d'environ un tiers de lieue; la terre se fendit dans le village, et la partie qui a glissé se trouve de 6, 8 et 9 pieds plus basse qu'elle n'était; ce terrain était posé sur un rocher assez uni, et incliné à l'horizon d'environ 40 degrés[a].

Je puis ajouter à ces exemples un autre fait, dont j'ai eu tout le temps d'être témoin, et qui m'a même occasionné une dépense assez considérable. Le tertre isolé sur lequel sont situés la ville et le vieux château de Montbard est élevé de 140 pieds au-dessus de la rivière, et la côte la plus rapide est celle du nord-est : ce tertre est couronné de rochers calcaires dont les bancs pris ensemble ont 54 pieds d'épaisseur; partout ils portent sur un massif de glaise, qui par conséquent a jusqu'à la rivière 66 pieds d'épaisseur; mon jardin, environné de plusieurs terrasses, est situé sur le sommet de ce tertre; une partie du mur, longue de 25 à 26 toises, de la dernière terrasse du côté du nord-est, où la pente est la plus rapide, a glissé tout d'une pièce en faisant refouler le terrain inférieur; et il serait descendu jusqu'au niveau du terrain voisin de la rivière, si l'on n'eût pas prévenu son mouvement progressif en le démolissant : ce mur avait 7 pieds d'épaisseur, et il était fondé sur la glaise. Ce mouvement se fit très-lentement; je reconnus évidemment qu'il n'était occasionné que par le suintement des eaux; toutes celles qui tombent sur la plate-forme du sommet de ce tertre pénètrent par les fentes des rochers jusqu'à 54 pieds sur le massif de glaise qui leur sert de base : on en est assuré par les deux puits qui sont sur la plate-forme et qui ont en effet 54 pieds de profondeur; ils sont pratiqués du haut en bas dans les bancs calcaires. Toutes les eaux plu-

---

a. *Histoire de l'Académie des Sciences*, année 1769, p. 234 et suiv.

1. Voyez la note de la page 381.

viales qui tombent sur cette plate-forme et sur les terrasses adjacentes se rassemblent donc sur le massif d'argile ou glaise auquel aboutissent les fentes perpendiculaires de ces rochers : elles forment de petites sources en différents endroits, qui sont encore clairement indiquées par plusieurs puits, tous abondants et creusés au-dessous de la couronne des rochers : et dans tous les endroits où l'on tranche ce massif d'argile par des fossés, on voit l'eau suinter et venir d'en haut : il n'est donc pas étonnant que des murs, quelque solides qu'ils soient, glissent sur le premier banc de cette argile humide, s'ils ne sont pas fondés à plusieurs pieds au-dessous, comme je l'ai fait faire en les reconstruisant. Néanmoins la même chose est encore arrivée du côté du nord-ouest de ce tertre, où la pente est plus douce et sans sources apparentes : on avait tiré de l'argile à 12 ou 15 pieds de distance d'un gros mur épais de 11 pieds sur 35 de hauteur et 12 toises de longueur ; ce mur est construit de très-bons matériaux, et il subsiste depuis plus de neuf cents ans ; cette tranchée où l'on tirait de l'argile, et qui ne descendait pas à plus de 4 à 5 pieds, a néanmoins fait faire un mouvement à cet énorme mur ; il penche d'environ 15 pouces sur sa hauteur perpendiculaire, et je n'ai pu le retenir et prévenir sa chute que par des piliers buttants de 7 à 8 pieds de saillie sur autant d'épaisseur, fondés à 14 pieds de profondeur.

De ces faits particuliers, j'ai tiré une conséquence générale dont aujourd'hui on ne fera pas autant de cas que l'on en aurait fait dans les siècles passés : c'est qu'il n'y a pas un château ou forteresse située sur des hauteurs, qu'on ne puisse aisément faire couler dans la plaine ou vallée, au moyen d'une simple tranchée de 10 ou 12 pieds de profondeur sur quelques toises de largeur, en pratiquant cette tranchée à une petite distance des derniers murs, et choisissant pour l'établir le côté où la pente est la plus rapide. Cette manière, dont les anciens ne se sont pas doutés, leur aurait épargné bien des béliers et d'autres machines de guerre, et aujourd'hui même on pourrait s'en servir avantageusement dans plusieurs cas : je me suis convaincu par mes yeux, lorsque ces murs ont glissé, que si la tranchée qu'on a faite pour les reconstruire n'eût pas été promptement remplie de forte maçonnerie, les murs anciens et les deux tours qui subsistent encore en bon état depuis neuf cents ans, et dont l'une a 125 pieds de hauteur, auraient coulé dans le vallon avec les rochers sur lesquels ces tours et ces murs sont fondés ; et comme toutes nos collines composées de pierres calcaires portent généralement sur un fond d'argile, dont les premiers lits sont toujours plus ou moins humectés par les eaux qui filtrent dans les fentes des rochers et descendent jusqu'à ce premier lit d'argile, il me paraît certain qu'en éventant cette argile, c'est-à-dire en exposant à l'air par une tranchée ces premiers lits imbibés des eaux, la masse entière des rochers et du terrain qui porte sur ce massif d'argile coulerait en glissant sur le premier lit et descendrait jusque dans la tranchée en peu de jours, surtout dans un temps de pluie. Cette manière de démanteler une forteresse est bien plus simple que tout ce qu'on a pratiqué jusqu'ici, et l'expérience m'a démontré que le succès en est certain.

II. — *Sur la tourbe, page* 309

On peut ajouter à ce que j'ai dit sur les tourbes les faits suivants :

Dans les châtellenies et subdélégations de Bergues-Saint-Winock, Furnes et Bourbourg, on trouve de la tourbe à trois ou quatre pieds sous terre ; ordinairement ces lits de tourbes ont deux pieds d'épaisseur et sont composés de bois pourris, d'arbres même entiers, avec leurs branches et leurs feuilles dont on connaît l'espèce, et particulièrement de coudriers, qu'on reconnaît à leurs noisettes encore existantes, entremêlées de différentes espèces de roseaux faisant corps ensemble.

D'où viennent ces lits de tourbes qui s'étendent depuis Bruges par tout le plat pays de la Flandre jusqu'à la rivière d'Aa, entre les dunes et les terres élevées des environs de Bergues, etc.? Il faut que dans les siècles reculés, lorsque la Flandre n'était qu'une vaste forêt, une inondation subite de la mer ait submergé tout le pays, et en se retirant ait déposé tous les arbres, bois et roseaux qu'elle avait déracinés et détruits dans cet espace de terrain, qui est le plus bas de la Flandre, et que cet événement soit arrivé vers le mois d'août ou septembre, puisqu'on trouve encore les feuilles aux arbres, ainsi que les noisettes aux coudriers. Cette inondation doit avoir été bien longtemps avant la conquête que fit Jules César de cette province, puisque les écrits des Romains, depuis cette époque, n'en ont pas fait mention[a].

Quelquefois on trouve des végétaux dans le sein de la terre, qui sont dans un état différent de celui de la tourbe ordinaire : par exemple, au mont Ganelou, près de Compiègne, on voit d'un côté de la montagne les carrières de belles pierres et les huîtres fossiles dont nous avons parlé, et de l'autre côté de la montagne on trouve à mi-côte un lit de feuilles de toutes sortes d'arbres, et aussi des roseaux, des goëmons, le tout mêlé ensemble et renfermé dans la vase; lorsqu'on remue ces feuilles, on retrouve la même odeur de marécage qu'on respire sur le bord de la mer, et ces feuilles conservent cette odeur pendant plusieurs années. Au reste, elles ne sont point détruites; on peut en reconnaître aisément les espèces : elles n'ont que de la sécheresse et sont liées faiblement les unes aux autres par la vase[b].

« On reconnaît, dit M. Guettard, deux espèces de tourbes : les unes sont compo-
« sées de plantes marines, les autres de plantes terrestres ou qui viennent dans les
« prairies. On suppose que les premières ont été formées dans le temps que la mer
« recouvrait la partie de la terre qui est maintenant habitée; on veut que les secondes
« se soient accumulées sur celles-ci. On imagine, suivant ce système, que les courants
« portaient dans des bas-fonds, formés par les montagnes qui étaient élevées dans la
« mer, les plantes marines qui se détachaient des rochers, et qui, ayant été ballottées par
« les flots, se déposaient dans des lieux profonds.

« Cette production de tourbes n'est certainement pas impossible; la grande quantité
« de plantes qui croissent dans la mer paraît bien suffisante pour former ainsi des
« tourbes : les Hollandais même prétendent que la bonté des leurs ne vient que de ce
« qu'elles sont ainsi produites, et qu'elles sont pénétrées du bitume dont les eaux de la
« mer sont chargées.....

« Les tourbières de Villeroy sont placées dans la vallée où coule la rivière d'Essonne;
« la partie de cette vallée peut s'étendre depuis Boissy jusqu'à Escharcon..... C'est
« même vers Boissy qu'on a commencé à tirer des tourbes;... mais celles que l'on
« fouille auprès d'Escharcon sont les meilleures.....

« Les prairies où les tourbières sont ouvertes sont assez mauvaises; elles sont rem-
« plies de joncs, de roseaux, de prêles et autres plantes qui croissent dans les mauvais
« prés; on fouille ces prés jusqu'à la profondeur de 8 à 10 pieds... Après la couche qui
« forme actuellement le sol de la prairie est placé un lit de tourbe d'environ un pied;
« il est rempli de plusieurs espèces de coquilles fluviatiles et terrestres.....

« Ce banc de tourbe qui renferme les coquilles est communément terreux; ceux qui
« le suivent sont à peu près de la même épaisseur, et d'autant meilleurs qu'ils sont

a. Mémoire pour la subdélégation de Dunkerque, relativement à l'histoire naturelle de ce canton.

b. Lettre de M. Leschevin à M. de Buffon : Compiègne, 8 août 1772. C'est la seconde fois, et ce ne sera pas la dernière, que j'aurai occasion de citer M. Leschevin, chef des bureaux de la Maison du Roi, qui, par son goût pour l'histoire naturelle et par amitié pour moi, m'a facilité des correspondances et procuré des observations et des morceaux rares pour l'augmentation du Cabinet du Roi.

« plus profonds ; les tourbes qu'ils fournissent sont d'un brun noir, lardées de roseaux,
« de joncs, de cypéroïdes et autres plantes qui viennent dans les prés ; on ne voit point
« de coquilles dans ces bancs.....

« On a quelquefois rencontré dans la masse des tourbes des souches de saules et de
« peupliers, et quelques racines de ces arbres ou de quelques autres semblables ; on a
« découvert du côté d'Escharcon un chêne enseveli à 9 pieds de profondeur ; il était
« noir et presque pourri ; il s'est consommé à l'air ; un autre a été rencontré du côté
« de Roissy à la profondeur de deux pieds entre la terre et la tourbe. On a encore
« vu, près d'Escharcon, des bois de cerfs ; ils étaient enfouis jusqu'à trois ou quatre
« pieds....

« Il y a aussi des tourbes dans les environs d'Étampes, et peut-être aussi abondam-
« ment qu'auprès de Villeroy ; ces tourbes ne sont point mousseuses, ou le sont très-
« peu ; leur couleur est d'un beau noir, elles ont de la pesanteur, elles brûlent bien au
« feu ordinaire, et il n'y a guère lieu de douter qu'on n'en pût faire de très-bon
« charbon.....

« Les tourbières des environs d'Étampes ne sont, pour ainsi dire, qu'une continuité
« de celles de Villeroy ; en un mot, toutes les prairies qui sont renfermées entre les
« gorges où la rivière d'Étampes coule sont probablement remplies de tourbe. On en
« doit, à ce que je crois, dire autant de celles qui sont arrosées par la rivière d'Essonne ;
« celles de ces prairies que j'ai parcourues m'ont fait voir les mêmes plantes que celles
« d'Étampes et de Villeroy *a*. »

Au reste, selon l'auteur, il y a en France encore nombre d'endroits où l'on pourrait
tirer de la tourbe comme à Bourneuille, à Croué, auprès de Beauvais, à Bruneval, aux
environs de Péronne, dans le diocèse de Troyes en Champagne, etc. : et cette matière
combustible serait d'un grand secours, si l'on en faisait usage dans les endroits qui manquent de bois.

Il y a aussi des tourbes près Vitry-le-Français, dans des marais le long de la Marne ;
ces tourbes sont bonnes et contiennent une grande quantité de cupules de gland : le
marais de Saint-Gon, aux environs de Châlons, n'est aussi qu'une tourbière considérable que l'on sera obligé d'exploiter dans la suite, par la disette des bois *b*.

III. — *Sur les Bois souterrains pétrifiés et charbonifiés, page* 310.

« Dans les terres du duc de Saxe-Cobourg, qui sont sur les frontières de la Fran-
« conie et de la Saxe, à quelques lieues de la ville de Cobourg même, on a trouvé à une
« petite profondeur des arbres entiers pétrifiés à un tel point de perfection, qu'en les
« travaillant on trouve que cela fait une pierre aussi belle et aussi dure que l'agate. Les
« princes de Saxe en ont donné quelques morceaux à M. Schœpflin, qui en a envoyé deux
« à M. de Buffon pour le Cabinet du Roi : on a fait de ces bois pétrifiés des vases et
« autres beaux ouvrages *c*. »

On trouve aussi du bois qui n'a point changé de nature, à d'assez grandes profondeurs dans la terre. M. du Verny, officier d'artillerie, m'en a envoyé des échantillons,
avec le détail suivant : « La ville de la Fère, où je suis actuellement en garnison, fait
« travailler, depuis le 15 du mois d'août de cette année 1753, à chercher de l'eau par
« le moyen de la tarière : lorsqu'on fut parvenu à 39 pieds au-dessous du sol, on
« trouva un lit de marne, que l'on a continué de percer jusqu'à 121 pieds ; ainsi, à 160

a. Mémoires de l'Académie des Sciences, année 1761, p. 380 jusqu'à 397.
b. Note communiquée à M. de Buffon par M. Geizrou, le 6 août 1777.
c. Lettre de M. Schœpflin, Strasbourg, 24 septembre 1746.

« pieds de profondeur, on a trouvé, deux fois consécutives, la tarière remplie d'une
« marne mêlée d'une très-grande quantité de fragments de bois, que tout le monde a
« reconnus pour être du chêne. Je vous en envoie deux échantillons : les jours suivants,
« on a trouvé toujours la même marne, mais moins mêlée de bois, et on en a trouvé
« jusqu'à la profondeur de 210 pieds, où l'on a cessé le travail [a]. »

« On trouve, dit M. Justi, des morceaux de bois pétrifiés d'une prodigieuse gran-
« deur, dans le pays de Cobourg, qui appartient à une branche de la maison de Saxe ;
« et dans les montagnes de Misnie, on a tiré de la terre des arbres entiers, qui étaient
« entièrement changés en une très-belle agate. Le Cabinet impérial de Vienne renferme
« un grand nombre de pétrifications en ce genre. Un morceau destiné pour ce même
« Cabinet était d'une circonférence qui égalait celle d'un gros billot de boucherie : la
« partie qui avait été bois était changée en une très-belle agate d'un gris-noir ; et, au
« lieu de l'écorce, on voyait régner tout autour du tronc une bande d'une très-belle
« agate blanche...

« L'empereur aujourd'hui régnant... a souhaité qu'on découvrît quelque moyen pour
« fixer l'âge des pétrifications..... Il donna ordre à son ambassadeur à Constantinople
« de demander la permission de faire retirer du Danube un des piliers du pont de
« Trajan, qui est à quelques milles au-dessous de Belgrade : cette permission ayant été
« accordée, on retira un de ces piliers, que l'on présumait devoir être pétrifié par les
« eaux du Danube ; mais on reconnut que la pétrification était très-peu avancée pour
« un espace de temps si considérable. Quoiqu'il se fût passé plus de seize siècles depuis
« que le pilier en question était dans le Danube, elle n'y avait pénétré tout au plus
« qu'à l'épaisseur de trois quarts de pouce, et même à quelque chose de moins : le
« reste du bois, peu différent de l'ordinaire, ne commençait qu'à se calciner.

« Si de ce fait seul on pouvait tirer une juste conséquence pour toutes les autres
« pétrifications, on en conclurait que la nature a eu besoin peut-être de cinquante
« mille ans pour changer en pierre des arbres de la grosseur de ceux qu'on a trouvés
« pétrifiés en différents endroits ; mais il peut fort bien arriver qu'en d'autres lieux le
« concours de plusieurs causes opère la pétrification plus promptement...

« On a vu à Vienne une bûche pétrifiée, qui était venue des montagnes Carpathes en
« Hongrie, sur laquelle paraissaient distinctement les hachures qui y avaient été faites
« avant sa pétrification ; et ces mêmes hachures étaient si peu altérées par le change-
« ment arrivé au bois, qu'on y remarquait qu'elles avaient été faites avec un tranchant
« qui avait une petite brèche...

« Au reste, il paraît que le bois pétrifié est beaucoup moins rare dans la nature qu'on
« ne le pense communément, et qu'en bien des endroits, il ne manque, pour le décou-
« vrir, que l'œil d'un naturaliste curieux. J'ai vu auprès de Mansfeld une grande quan-
« tité de bois de chêne pétrifié, dans un endroit où beaucoup de gens passent tous les
« jours, sans apercevoir ce phénomène. Il y avait des bûches entièrement pétrifiées,
« dans lesquelles on reconnaissait très-distinctement les anneaux formés par la crois-
« sance annuelle du bois, l'écorce, l'endroit de la coupe, et toutes les marques du bois
« de chêne [b]. »

M. Clozier, qui a trouvé différentes pièces de bois pétrifié, sur les collines aux environs d'Étampes, et particulièrement sur celle de Saint-Symphorien, a jugé que ces
différents morceaux de bois pouvaient provenir de quelques souches pétrifiées qui étaient
dans ces montagnes : en conséquence, il a fait faire des fouilles sur la montagne de
Saint-Symphorien, dans un endroit qu'on lui avait indiqué ; et, après avoir creusé la

[a]. Lettre de M. Brosse du Verny. La Fère, 14 novembre 1754.
[b]. *Journal étranger*, mois d'octobre 1756, p. 160 et suiv.

terre de plusieurs pieds, il vit d'abord une racine de bois pétrifiée, qui le conduisit à la souche d'un arbre de même nature.

Cette racine, depuis son commencement jusqu'au tronc où elle était attachée, avait au moins, dit-il, cinq pieds de longueur : il y en avait cinq autres qui y tenaient aussi, mais moins longues...

Les moyennes et petites racines n'ont pas été bien pétrifiées, ou du moins leur pétrification était si friable qu'elles sont restées dans le sable où était la souche, en une espèce de poussière ou de cendre. Il y a lieu de croire que, lorsque la pétrification s'est communiquée à ces racines, elles étaient presque pourries, et que les parties ligneuses qui les composaient, étant trop désunies par la pourriture, n'ont pu acquérir la solidité requise pour une vraie pétrification...

La souche porte, dans son plus gros, près de 6 pieds de circonférence ; à l'égard de sa hauteur, elle porte, dans sa partie la plus élevée, 3 pieds 8 à 10 pouces ; son poids est au moins de cinq à six cents livres. La souche, ainsi que les racines, ont conservé toutes les apparences du bois, comme écorce, aubier, bois dur, pourriture, trous de petits et gros vers, excréments de ces mêmes vers : toutes ces différentes parties pétrifiées, mais d'une pétrification moins dure et moins solide que le corps ligneux, qui était bien sain lorsqu'il a été saisi par les parties pétrifiantes. Ce corps ligneux est changé en un vrai caillou de différentes couleurs, rendant beaucoup de feu étant frappé avec le fer trempé, et sentant, après qu'il a été frappé ou frotté, une très-forte odeur de soufre...

Ce tronc d'arbre pétrifié était couché presque horizontalement... Il était couvert de plus de quatre pieds de terre, et la grande racine était en dessus et n'était enfoncée que de deux pieds dans la terre *a*.

M. l'abbé Mazéas, qui a découvert à un demi-mille de Rome, au delà de la porte du Peuple, une carrière de bois pétrifié, s'exprime dans les termes suivants :

« Cette carrière de bois pétrifié, dit-il, forme une suite de collines en face de Monte-
« Mario, située de l'autre côté du Tibre... : parmi ces morceaux de bois entassés les
« uns sur les autres d'une manière irrégulière, les uns sont simplement sous la forme
« d'une terre durcie, et ce sont ceux qui se trouvent dans un terrain léger, sec, et qui
« ne paraît nullement propre à la pourriture des végétaux ; les autres sont pétrifiés et
« ont la couleur, le brillant et la dureté de l'espèce de résine cuite, connue dans nos
« boutiques sous le nom de colophane ; ces bois pétrifiés se trouvent dans un terrain
« de même espèce que le précédent, mais plus humide ; les uns et les autres sont par
« faitement bien conservés : tous se réduisent par la calcination en une véritable terre,
« aucun ne donnant de l'alun, soit en les traitant au feu, soit en les combinant avec
« l'acide vitriolique *b*. »

M. Dumonchau, docteur en médecine et très-habile physicien à Douai, a bien voulu m'envoyer, pour le Cabinet du Roi, un morceau d'un arbre pétrifié, avec le détail historique suivant :

« La pièce de bois pétrifié que j'ai l'honneur de vous envoyer a été cassée à un tronc
« d'arbre trouvé à plus de 150 pieds de profondeur en terre... En creusant, l'année
« dernière (1754), un puits pour sonder du charbon, à Notre-Dame-au-Bois, village
« situé entre Condé, Saint-Amand, Mortagne et Valenciennes, on a trouvé à environ
« 600 toises de l'Escaut, après avoir passé trois niveaux d'eau, d'abord 7 pieds de
« rochers ou de pierre dure que les charbonniers nomment en leur langage *tourtia* ;
« ensuite, étant parvenu à une terre marécageuse, on a rencontré, comme je viens de

a. *Mémoires des Savants étrangers*, t. II, p. 598 jusqu'à 604.
b. *Mémoires des Savants étrangers*, t. V, p. 388.

I.

« le dire, à 150 pieds de profondeur, un tronc d'arbre de deux pieds de diamètre, qui
« traversait le puits que l'on creusait, ce qui fit qu'on ne put pas en mesurer la lon-
« gueur; il était appuyé sur un gros grès, et bien des curieux voulant avoir de ce bois
« on en détacha plusieurs morceaux du tronc. La petite pièce que j'ai l'honneur de
« vous envoyer, fut coupée d'un morceau qu'on donna à M. Laurent, savant mé-
« canicien...

« Ce bois paraît plutôt charbonnifié que pétrifié: comment un arbre se trouve-t-il si
« avant dans la terre? est-ce que le terrain où on l'a trouvé a été jadis aussi bas? Si
« cela est, comment ce terrain aurait-il pu augmenter ainsi de 150 pieds? d'où serait
« venue toute cette terre?

« Les sept pieds de *tourtia* que M. Laurent a observés, se trouvant répandus de
« même dans tous les autres puits à charbon de dix lieues à la ronde, sont donc une
« production postérieure à ce grand amas supposé de terre.

« Je vous laisse, Monsieur, la chose à décider, vous vous êtes assez familiarisé avec
« la nature pour en comprendre les mystères les plus cachés : ainsi je ne doute pas que
« vous n'expliquiez ceci aisément ». »

M. Fougeroux de Bondaroy, de l'Académie royale des sciences, rapporte plusieurs
faits sur les bois pétrifiés, dans un mémoire qui mérite des éloges, et dont voici l'extrait :

« Toutes les pierres fibreuses et qui ont quelque ressemblance avec le bois ne sont
« pas du bois pétrifié, mais il y en a beaucoup d'autres qu'on aurait tort de ne pas
« regarder comme telles, surtout si l'on y remarque l'organisation propre aux végé-
« taux.....

« On ne manque pas d'observations qui prouvent que le bois peut se convertir en
« pierre, au moins aussi aisément que plusieurs autres substances qui éprouvent incon-
« testablement cette transmutation; mais il n'est pas aisé d'expliquer comment elle se
« fait; j'espère qu'on me permettra de hasarder sur cela quelques conjectures que je
« tâcherai d'appuyer sur des observations.

« On trouve des bois qui, étant, pour ainsi dire, à demi pétrifiés, s'éloignent peu de
« la pesanteur du bois; ils se divisent aisément par feuillets ou même par filaments,
« comme certains bois pourris: d'autres, plus pétrifiés, ont le poids, la dureté et l'opa-
« cité de la pierre de taille; d'autres, dont la pétrification est encore plus parfaite,
« prennent le même poli que le marbre, pendant que d'autres acquièrent celui des
« belles agates orientales. J'ai un très-beau morceau qui a été envoyé de la Martinique
« à M. Duhamel, qui est changé en une très-belle sardoine; enfin on en trouve de
« converti en ardoise. Dans ces morceaux, on en trouve qui ont tellement conservé
« l'organisation du bois qu'on y découvre avec la loupe tout ce qu'on pourrait voir
« dans un morceau de bois non pétrifié.

« Nous en avons trouvé qui sont encroûtés par une mine de fer sableuse, et d'autres
« sont pénétrés d'une substance qui, étant plus chargée de soufre et de vitriol, les rap-
« proche de l'état de pyrites ; quelques-uns sont, pour ainsi dire, lardés par une mine
« de fer très-pure, d'autres sont traversés par des veines d'agate très-noire.

« On trouve des morceaux de bois dont une partie est convertie en pierre et l'autre
« en agate; la partie qui n'est convertie qu'en pierre est tendre, tandis que l'autre a la
« dureté des pierres précieuses.

« Mais comment certains morceaux, quoique convertis en agate très-dure, conser-
« vent-ils des caractères d'organisation très-sensibles, les cercles concentriques, les
« insertions, l'extrémité des tuyaux destinés à porter la sève, la distinction de l'écorce,
« de l'aubier et du bois? Si l'on imaginait que la substance végétale fût entièrement

a. Lettre de M. Dumonchau à M. de Buffon. Douai, 29 janvier 1755.

« détruite, ils ne devraient représenter qu'une agate sans les caractères d'organisation
« dont nous parlons ; si, pour conserver cette apparence d'organisation, on voulait que
« le bois subsistât et qu'il n'y eût que les pores qui fussent remplis par le suc pétri-
« fiant, il semble que l'on pourrait extraire de l'agate les parties végétales : cependant
« je n'ai pu y parvenir en aucune manière. Je pense donc que les morceaux dont il
« s'agit ne contiennent aucune partie qui ait conservé la nature du bois ; et, pour rendre
« sensible mon idée, je prie qu'on se rappelle que, si on distille à la cornue un mor-
« ceau de bois, le charbon qui restera après la distillation ne pèsera pas un sixième du
« poids du morceau de bois ; si on brûle le charbon, on n'en obtiendra qu'une très-
« petite quantité de cendre, qui diminuera encore quand on en aura retiré les sels
« lixiviels.

« Cette petite quantité de cendre étant la partie vraiment fixe, l'analyse chimique
« dont je viens de tracer l'idée prouve assez bien que les parties fixes d'un morceau de
« bois sont réellement très-peu de chose, et que la plus grande portion de matière qui
« constitue un morceau de bois est destructible et peut être enlevée peu à peu par l'eau,
« à mesure que le bois se pourrit.....

« Maintenant, si l'on conçoit que la plus grande partie du bois est détruite, que le
« squelette ligneux qui reste est formé par une terre légère et perméable au suc
« pétrifiant, sa conversion en pierre, en agate, en sardoine, ne sera pas plus difficile à
« concevoir que celle d'une terre bolaire, crétacée, ou de toute autre nature : toute la
« différence consistera en ce que cette terre végétale ayant conservé une apparence d'or-
« ganisation, le suc pétrifiant se moulera dans ses pores, s'introduira dans ses molé-
« cules terreuses, en conservant néanmoins le même caractère..... " »

Voici encore quelques faits et quelques observations qu'on doit ajouter aux précédentes. En août 1773, à Montigni-sur-Braine, bailliage de Châlons, vicomté d'Auxonne,
en creusant le puits de la cure, on a trouvé, à 33 pieds de profondeur, un arbre couché
sur son flanc, dont on n'a pu découvrir l'espèce. Les terres supérieures ne paraissent
pas avoir été touchées de main d'homme, d'autant que les lits semblent être intacts,
car on trouve au-dessous du terrain un lit de terre glaise de 8 pieds, ensuite un lit de
sable de 10 pieds, après cela un lit de terre grasse d'environ 6 à 7 pieds, ensuite un
autre lit de terre grasse pierreuse de 4 à 5 pieds, ensuite un lit de sable noir de
3 pieds ; enfin l'arbre était dans la terre grasse. La rivière de Braine est au levant de
cet endroit et n'en est éloignée que d'une portée de fusil : elle coule dans une prairie
de 80 pieds plus basse que l'emplacement de la cure [b].

M. de Grignon m'a informé que, sur les bords de la Marne, près Saint-Dizier, l'on
trouve un lit de bois pyriteux, dont on reconnaît l'organisation : ce lit de bois est situé
sous un banc de grès qui est recouvert d'une couche de pyrites en gâteaux, surmontée
d'un banc de pierre calcaire, et le lit de bois pyriteux porte sur une glaise noirâtre.

Il a aussi trouvé, dans les fouilles qu'il a faites pour la découverte de la ville souterraine de Châtelet, des instruments de fer qui avaient eu des manches de bois, et il a
observé que ce bois était devenu une véritable mine de fer du genre des hématites :
l'organisation du bois n'était pas détruite, mais il était cassant et d'un tissu aussi serré
que celui de l'hématite dans toute son épaisseur. Ces instruments de fer à manche de
bois avaient été enfouis dans la terre pendant seize ou dix-sept cents ans, et la conversion du bois en hématite s'est faite par la décomposition du fer, qui peu à peu a rempli
tous les pores du bois.

<hr>

a. *Mémoires de l'Académie des Sciences*, année 1759, p. 431 jusqu'à 452.
b. Lettre de Mme la comtesse de Clermont-Montoison à M. de Buffon.

IV. — *Sur les ossements que l'on trouve quelquefois dans l'intérieur de la terre.*

« Dans la paroisse du Haux, pays d'entre deux mers, à demi-lieue du port de Lan-
« goiran, une pointe de rocher haute de 11 pieds se détacha d'un coteau, qui avait
« auparavant 30 pieds de hauteur ; et par sa chute elle répandit dans le vallon une
« grande quantité d'ossements ou de fragments d'ossements d'animaux, quelques-uns
« pétrifiés. Il est indubitable qu'ils en sont, mais il est très-difficile de déterminer à
« quels animaux ils appartiennent : le plus grand nombre sont des dents, quelques-
« unes peut-être de bœuf ou de cheval, mais la plupart trop grandes ou trop grosses
« pour en être, sans compter la différence de figure : il y a des os de cuisses ou de
« jambes et même un fragment de bois de cerf ou d'élan ; le tout était enveloppé de
« terre commune et enfermé entre deux lits de roche. Il faut nécessairement concevoir
« que des cadavres d'animaux ayant été jetés dans une roche creuse, et leurs chairs
« s'étant pourries, il s'est formé par-dessus cet amas une roche de 11 pieds de haut, ce
« qui a demandé une longue suite de siècles.....

« MM. de l'Académie de Bordeaux, qui ont examiné toute cette matière en
« habiles physiciens..., ont trouvé qu'un grand nombre de fragments mis à un feu très-
« vif sont devenus d'un beau bleu de turquoise ; que quelques petites parties en ont pris
« la consistance, et que, taillées par un lapidaire, elles en ont le poli... Il ne faut pas
« oublier que des os qui appartenaient visiblement à différents animaux ont également
« bien réussi à devenir turquoises [a]. »

« Le 28 janvier 1760, on trouva auprès de la ville d'Aix, en Provence, dit M. Guet-
« tard, à 160 toises au-dessus des bains des eaux minérales, des ossements renfermés
« dans un rocher de pierre grise à sa superficie ; cette pierre ne formait point de lits et
« n'était point feuilletée, c'était une masse continue et entière.....

« Après avoir, par le moyen de la poudre, pénétré à 5 pieds de profondeur dans l'in-
« térieur de cette pierre, on y trouva une grande quantité d'ossements humains de
« toutes les parties du corps, savoir, des mâchoires et leurs dents, des os du bras, de
« la cuisse, des jambes, des côtes, des rotules, et plusieurs autres mêlées confusé-
« ment et dans le plus grand désordre. Les crânes entiers ou divisés en petites parties
« semblent y dominer.

« Outre ces ossements humains, on en a rencontré plusieurs autres par morceaux
« qu'on ne peut attribuer à l'homme ; ils sont dans certains endroits ramassés par pelo-
« tons ; ils sont épars dans d'autres.....

« Lorsqu'on a creusé jusqu'à la profondeur de quatre pieds et demi, on a rencontré six
« têtes humaines dans une situation inclinée. De cinq de ces têtes, on a conservé l'occiput
« avec ses adhérences, à l'exception des os de la face : cet occiput était en partie incrusté
« dans la pierre, son intérieur en était rempli, et cette pierre en avait pris la forme. La
« sixième tête est dans son entier du côté de la face, qui n'a reçu aucune altération ;
« elle est large à proportion de sa longueur : on y distingue la forme des joues char-
« nues ; les yeux sont fermés, assez longs, mais étroits : le front est un peu large, le
« nez fort aplati, mais bien formé ; la ligne du milieu un peu marquée, la bouche bien
« faite et fermée, ayant la lèvre supérieure un peu forte, relativement à l'inférieure ; le
« menton est bien proportionné, et les muscles du total sont très-articulés ; la couleur
« de cette tête est rougeâtre et ressemble assez bien aux têtes de tritons, imaginées par
« les peintres ; sa substance est semblable à celle de la pierre où elle a été trouvée ; elle
« n'est, à proprement parler, que le masque de la tête naturelle..... »

a. *Histoire de l'Académie des Sciences*, année 1719, p. 24.

La relation ci-dessus a été envoyée par M. le baron de Gaillard-Lonjumeau à madame de Boisjourdain, qui l'a ensuite fait parvenir à M. Guettard, avec quelques morceaux des ossements en question. On peut douter avec raison que ces prétendues têtes humaines soient réellement des têtes d'hommes [1] : « Car tout ce qu'on voit dans cette carrière, dit « M. de Longjumeau, annonce qu'elle s'est formée de débris de corps qui ont été brisés, « et qui ont dû être ballottés et roulés dans les flots de la mer, dans le temps que ces « os se sont amoncelés ; ces amas ne se faisant qu'à la longue, et n'étant surtout recou- « verts de matière pierreuse que successivement, on ne conçoit pas aisément comment « il pourrait s'être formé un masque sur la face de ces têtes, les chairs n'étant pas long- « temps à se corrompre, lors surtout que les corps sont ensevelis sous les eaux : on peut « donc très-raisonnablement croire que ces prétendues têtes humaines n'en sont réel- « lement point... ; il y a même tout lieu de penser que les os qu'on croit appartenir à « l'homme sont ceux des squelettes de poissons dont on a trouvé les dents, et dont « quelques-unes étaient enclavées dans les mêmes quartiers de pierre qui renfermaient « les os qu'on dit être humains.

« Il paraît que les amas d'os des environs d'Aix sont semblables à ceux que M. Borda « a fait connaître depuis quelques années, et qu'il a trouvés près de Dax, en Gascogne. « Les dents qu'on a découvertes à Aix paraissent, par la description qu'on en donne, « être semblables à celles qui ont été trouvées à Dax, et dont une mâchoire inférieure « était encore garnie : on ne peut douter que cette mâchoire ne soit celle d'un gros pois- « son.... Je pense donc que les os de la carrière d'Aix sont semblables à ceux qui ont « été découverts à Dax.... et que ces ossements, quels qu'ils soient, doivent être rappor- « tés à des squelettes de poissons plutôt qu'à des squelettes humains.....

« Une des têtes en question avait environ sept pouces et demi de longueur, sur trois « de largeur et quelques lignes de plus ; sa forme est celle d'un globe allongé, aplati à « sa base, plus gros à l'extrémité postérieure qu'à l'extrémité antérieure, divisé suivant « sa largeur, et de haut en bas, par sept ou huit bandes larges, depuis sept jusqu'à « douze lignes : chaque bande est elle-même divisée en deux parties égales par un léger « sillon ; elles s'étendent depuis la base jusqu'au sommet : dans cet endroit, celles « d'un côté sont séparées de celles du côté opposé, par un autre sillon plus profond, « et qui s'élargit insensiblement depuis la partie antérieure jusqu'à la partie posté- « rieure.

« A cette description, on ne peut reconnaître le noyau d'une tête humaine ; les os de « la tête de l'homme ne sont pas divisés en bandes, comme l'est le corps dont il s'agit : « une tête humaine est composée de quatre os principaux, dont on ne retrouve pas la « forme dans le noyau dont on a donné la description ; elle n'a pas intérieurement une « crête qui s'étende longitudinalement depuis sa partie antérieure jusqu'à sa partie pos- « térieure, qui la divise en deux parties égales, et qui ait pu former le sillon sur la par- « tie supérieure du noyau pierreux.

« Ces considérations me font penser que ce corps est plutôt celui d'un nautile que « celui d'une tête humaine. En effet, il y a des nautiles qui sont séparés en bandes « ou boucliers, comme ce noyau : ils ont un canal ou siphon qui règne dans la lon- « gueur de leur courbure, qui les sépare en deux et qui en aura formé le sillon pier- « reux, etc. ». »

Je suis très-persuadé, ainsi que M. le baron de Lonjumeau, que ces prétendues têtes

---

a. Mémoires de l'Académie des Sciences, année 1760, p. 209 jusqu'à 218.

1. Récit trop puéril pour arrêter, un moment, le lecteur. Mais, ce qui est bien digne de remarque, c'est qu'on n'a point encore trouvé, même au moment où j'écris ceci, d'os humain véritablement fossile. (Voyez mes notes sur la Ve Époque de la nature.)

n'ont jamais appartenu à des hommes, mais à des animaux du genre des phoques, des loutres marines et des grands lions marins et ours marins[1]. Ce n'est pas seulement à Aix ou à Dax que l'on trouve sur les rochers et dans les cavernes des têtes et des ossements de ces animaux : S. A. le prince Margrave d'Anspach[2], actuellement régnant, et qui joint au goût des belles connaissances la plus grande affabilité, a eu la bonté de me donner, pour le Cabinet du Roi, une collection d'ossements tirés des cavernes de Gaillenreute[3], dans son margraviat de Bareith. M. Daubenton a comparé ces os avec ceux de l'ours commun : ils en diffèrent en ce qu'ils sont beaucoup plus grands; la tête et les dents sont plus longues et plus grosses, et le museau plus allongé et plus renflé que dans nos plus grands ours[4]. Il y a aussi dans cette collection, dont ce noble prince a bien voulu me gratifier, une petite tête que ses naturalistes avaient désignée sous le nom de *tête du petit phoca*[5] *de M. de Buffon;* mais comme l'on ne connaît pas assez la forme et la structure des têtes de lions marins, d'ours marins et de tous les grands et petits phoques, nous croyons devoir encore suspendre notre jugement sur les animaux auxquels ces ossements fossiles ont appartenu.

ADDITIONS

À L'ARTICLE QUI A POUR TITRE : DES CHANGEMENTS DE MER EN TERRE, PAGE 312.

Au sujet des changements de mer en terre, on verra, en parcourant les côtes de France, qu'une partie de la Bretagne, de la Picardie, de la Flandre et de la Basse-Normandie, ont été abandonnées par la mer assez récemment, puisqu'on y trouve des amas d'huîtres et d'autres coquilles fossiles dans le même état qu'on les tire aujourd'hui de la mer voisine. Il est très-certain que la mer perd sur les côtes de Dunkerque : on en a l'expérience depuis un siècle. Lorsqu'on construisit les jetées de ce port en 1670, le fort de Bonne-Espérance, qui terminait une de ces jetées, fut bâti sur pilotis, bien au delà de la laisse de la basse mer; actuellement la plage s'est avancée au delà de ce

---

1. « Buffon se figurait que les ossements fossiles des environs d'Aix devaient appartenir à des « *animaux du genre des phoques, à des loutres marines, à de grands lions marins et ours « marins.* Mais aujourd'hui qu'il est si amplement démontré que les ossements des mammifères « renfermés dans un si grand nombre de couches proviennent d'habitants d'une terre qu'une ou « plusieurs grandes inondations ont détruites, on doit s'attendre à trouver parmi eux très-peu « de débris d'animaux marins. » (Cuvier : *Recherches sur les ossements fossiles,* t. V, page 232.)

2. « Le secours le plus riche dont j'aie joui, dira plus tard M. Cuvier, c'est la collection très- « considérable et très-bien conservée d'ossements de *Gaylenreuth,* donnée à Buffon par le der- « nier Margrave d'Anspach... » (*Rech. sur les oss. foss.,* t. IV, page 346.)

3. *Gaylenreuth.* La plus fameuse des cavernes où l'on ait trouvé des ossements fossiles. On a reconnu, parmi les débris d'animaux de la caverne de *Gaylenreuth,* des *ours,* des *hyènes,* des *tigres,* des *loups,* des *renards,* des *gloutons,* des *putois,* et même quelques herbivores, comme des *cerfs* et des *chevreuils,* etc. Ce qui surtout y abonde, ce sont les *carnassiers,* et particulièrement les *ours.* Tous ces animaux diffèrent de ceux d'aujourd'hui. Ils attestent l'antique existence d'un monde qui n'est plus.

4. Ce sont les ossements de l'*Ursus spelæus.*

5. « Les naturalistes du Margrave d'Anspach prétendirent déterminer l'espèce d'une partie « des os des cavernes de Franconie, et les attribuèrent au *petit phoque de Buffon,* qui est, « comme nous l'avons vu, une *otarie (phoque à oreilles extérieures)* des mers antarctiques. » (Cuvier : *Recherches sur les oss. foss.,* t. V, page 232.)

fort de près de 300 toises. En 1714, lorsqu'on creusa le nouveau port de Mardik, on avait également porté les jetées jusqu'au delà de la laisse de la basse mer ; présentement, il se trouve au delà une plage de plus de 500 toises à sec à marée basse. Si la mer continue à perdre, insensiblement Dunkerque, comme Aiguemortes [1], ne sera plus un port de mer ; et cela pourra arriver dans quelques siècles. La mer ayant perdu si considérablement de notre connaissance, combien n'a-t-elle pas dû perdre depuis que le monde existe [a]?

Il suffit de jeter les yeux sur la Saintonge maritime, pour être persuadé qu'elle a été ensevelie sous les eaux. L'océan qui la couvrait ayant abandonné ces terres, la Charente le suivit à mesure qu'il faisait retraite et forma dès lors une rivière dans les lieux même où elle n'était auparavant qu'un grand lac ou un marais. Le pays d'Aunis a été autrefois submergé par la mer et par les eaux stagnantes des marais ; c'est une des terres les plus nouvelles de la France ; il y a lieu de croire que ce terrain n'était encore qu'un marais, vers la fin du XIVe siècle [b].

Il paraît donc que l'Océan a baissé de plusieurs pieds depuis quelques siècles sur toutes nos côtes, et si l'on examine celles de la Méditerranée depuis le Roussillon jusqu'en Provence, on reconnaîtra que cette mer a fait aussi retraite à peu près dans la même proportion ; ce qui semble prouver que toutes les côtes d'Espagne et de Portugal se sont, comme celles de France, étendues en circonférence. On a fait la même remarque en Suède [2] où quelques physiciens ont prétendu, d'après leurs observations, que, dans quatre mille ans, à dater de ce jour, la Baltique, dont la profondeur n'est guère que de trente brasses, sera une terre découverte et abandonnée par les eaux.

Si l'on faisait de semblables observations dans tous les pays du monde, je suis persuadé qu'on trouverait généralement que la mer se retire de toutes parts [3]. Les mêmes causes, qui ont produit sa première retraite et son abaissement successif, ne sont pas absolument anéanties ; la mer était dans le commencement élevée de plus de deux mille toises au-dessus de son niveau actuel ; les grandes boursouflures de la surface du globe, qui se sont écroulées les premières, ont fait baisser les eaux, d'abord rapidement ; ensuite, à mesure que d'autres cavernes moins considérables se sont affaissées, la mer se sera proportionnellement déprimée, et, comme il existe encore un assez grand nombre de cavités qui ne sont pas écroulées, et que de temps en temps cet effet doit arriver, soit par l'action des volcans, soit par la seule force de l'eau, soit par l'effort des tremblements de terre, il me semble qu'on peut prédire, sans craindre de se tromper, que les mers se retireront de plus en plus avec le temps, en s'abaissant en-

<hr>

a. Mémoire pour la subdélégation de Dunkerque, relativement à l'histoire naturelle de ce canton.

b. Extrait de l'*Histoire de la Rochelle*, art. 2 et 3.

1. *Aigues-Mortes* explique *Dunkerque*. « On répète dans tous les éléments de géologie que la « ville d'*Aigues-Mortes*, autrefois connue par son port de mer, est aujourd'hui éloignée de la « mer de plus d'une lieue. Il est certain, en effet, qu'Aigues-Mortes est à plus d'une lieue de « la plage, et que les vaisseaux n'y peuvent plus aborder aujourd'hui. Saint Louis s'y embarqua « pour ses deux croisades... Mais lorsqu'on a conclu que, depuis l'époque de Saint Louis, la « mer s'était retirée, depuis Aigues-Mortes jusqu'à la plage actuelle, on s'est trompé : la mer « n'a pas reculé, mais le canal d'Aigues-Mortes à la mer s'est oblitéré. » (Élie de Beaumont : *Leçons de géologie*, page 384.) — Voyez, de plus, la note 4 de la page 318.

2. Voyez la note 1 de la page 281.

3. On peut en douter. Il est difficile d'admettre qu'indépendamment de *causes cosmiques*, c'est-à-dire des *soulèvements* ou des *affaissements* du sol, dont nous avons parlé tant de fois, la *mer* puisse éprouver autre chose que des *retraites* locales et temporaires.

core au-dessous de leur niveau actuel, et que par conséquent l'étendue des continents terrestres ne fera qu'augmenter avec les siècles[1].

---

1. J'ai longtemps hésité avant de placer ces *Additions* à la suite de la *Théorie de la terre*. Trente-quatre années séparent ces deux études. « Depuis trente-quatre ans que cela est écrit, « dit Buffon lui-même en parlant de la *Théorie de la terre*, j'ai acquis des connaissances et « recueilli des faits... (Voyez page 342). » J'ai pensé que le lecteur ne pouvait être prévenu trop tôt des modifications profondes que ces *connaissances acquises* et ces *faits recueillis* (lent et fécond travail) devaient apporter dans les idées de Buffon.

Buffon ajoute plus loin. « Je puis dire qu'il n'y a aucun autre changement à faire dans toute « ma *Théorie de la terre* que celui de la composition des premières montagnes qui doivent leur « origine au feu primitif, et non pas à l'intermède de l'eau, comme je l'avais alors conjecturé... « (*Additions*, page 357). »

Buffon veut défendre ici sa *Théorie de la terre*, mais il diminue le mérite de ses *Époques de la nature*.

M. Cuvier dit très-bien, à propos des *Époques de la nature* : « L'auteur y présente dans un « style vraiment sublime, et avec une force de talent faite pour subjuguer, une deuxième *théorie* « *de la terre* assez différente de celle qu'il avait tracée dans ses premiers volumes, quoiqu'il « n'ait d'abord l'air que de vouloir défendre et développer celle-ci. (*Biograph. univers.*) »

Buffon a non-seulement reconnu, comme il vient de le dire, que « les premières montagnes « doivent leur origine au feu primitif, et non pas à l'intermède de l'eau... (*Additions*, « page 357); » mais il a reconnu que « les grandes montagnes, composées de matières vitres- « cibles et produites par le feu primitif, tiennent immédiatement à la roche intérieure du globe... « (*Additions*, page 342); » que « toutes les vallées et tous les vallons de la surface de la terre, « ainsi que toutes les montagnes et collines, ont eu deux causes primitives : la première le feu, « et la seconde l'eau... (*Additions*, page 353); » que « les éminences, qui ont été formées par « le sédiment et les dépôts de la mer, ont une structure bien différente de celles qui doivent leur « origine au feu primitif : les premières étant toutes disposées par couches horizontales, et con- « tenant une infinité de productions marines, les autres, au contraire, ayant une structure « moins régulière, et ne renfermant aucun indice de productions de la mer... (*Additions*, « page 353); » que « les cavernes, les plus vastes et les plus anciennes, ont dû se former dans « le temps de la consolidation du globe,... et être produites par le feu primitif... (*Additions*, « page 409); » etc., etc., etc.

Buffon a donc eu, sur la formation du globe, deux théories très-différentes, et il a grand tort de vouloir s'en défendre; car c'est là une de ses gloires. Buffon est le seul homme peut-être qui, après avoir donné une *théorie*, résumé brillant de tous les travaux faits au moment où il l'écrivait, ait eu le courage de profiter ensuite des travaux nouveaux que cette *théorie* même avait fait naître, pour en donner une autre.

HISTOIRE DES ANIMAUX [1]

CHAPITRE PREMIER

Dans la foule d'objets que nous présente ce vaste globe dont nous venons de faire la description, dans le nombre infini des différentes productions dont sa surface est couverte et peuplée, les animaux tiennent le premier rang, tant par la conformité qu'ils ont avec nous, que par la supériorité que nous leur connaissons sur les êtres végétants ou inanimés. Les animaux ont par leurs sens, par leur forme, par leur mouvement, beaucoup plus de rapports avec les choses qui les environnent que n'en ont les végétaux. Ceux-ci, par leur développement, par leur figure, par leur accroissement et par leurs différentes parties, ont aussi un plus grand nombre de rapports avec les objets extérieurs que n'en ont les minéraux ou les pierres, qui n'ont aucune sorte de vie ou de mouvement; et c'est par ce plus grand nombre de rapports que l'animal est réellement au-dessus du végétal, et le végétal au-dessus du minéral. Nous-mêmes, à ne considérer que la partie matérielle de notre être, nous ne sommes au-dessus des animaux que par quelques rapports de plus, tels que ceux que nous donnent la langue et la main; et, quoique les ouvrages du Créateur soient en eux-mêmes tous également parfaits, l'animal est, selon notre façon d'apercevoir, l'ouvrage le plus complet de la nature, et l'homme en est le chef-d'œuvre.

En effet, que de ressorts, que de forces, que de machines et de mouvements sont renfermés dans cette petite partie de matière qui compose le corps d'un animal! Que de rapports, que d'harmonie, que de correspondance entre les parties! Combien de combinaisons, d'arrangements, de causes, d'effets, de principes, qui tous concourent au même but, et que nous ne connaissons que par des résultats si difficiles à comprendre qu'ils n'ont cessé d'être des merveilles que par l'habitude que nous avons prise de n'y point réfléchir!

Cependant, quelque admirable que cet ouvrage nous paraisse, ce n'est pas dans l'individu qu'est la plus grande merveille; c'est dans la succes-

---

1. Cette Histoire des animaux forme la première partie du second volume de l'édition in-4o de l'Imprimerie royale, volume publié en 1749.

sion, dans le renouvellement et dans la durée des espèces que la nature paraît tout à fait inconcevable. Cette faculté de produire son semblable, qui réside dans les animaux et dans les végétaux, cette espèce d'unité toujours subsistante et qui paraît éternelle, cette vertu procréatrice qui s'exerce perpétuellement sans se détruire jamais, est pour nous un mystère dont il semble qu'il ne nous est pas permis de sonder la profondeur.

Car la matière inanimée, cette pierre, cette argile qui est sous nos pieds, a bien quelques propriétés : son existence seule en suppose un très-grand nombre, et la matière la moins organisée ne laisse pas que d'avoir, en vertu de son existence, une infinité de rapports avec toutes les autres parties de l'univers. Nous ne dirons pas, avec quelques philosophes, que la matière, sous quelque forme qu'elle soit, connaît son existence et ses facultés relatives : cette opinion tient à une question de métaphysique que nous ne nous proposons pas de traiter ici ; il nous suffira de faire sentir que, n'ayant pas nous-mêmes la connaissance de tous les rapports que nous pouvons avoir avec les objets extérieurs, nous ne devons pas douter que la matière inanimée n'ait infiniment moins de cette connaissance, et que d'ailleurs nos sensations ne ressemblant en aucune façon aux objets qui les causent, nous devons conclure par analogie que la matière inanimée n'a ni sentiment, ni sensation, ni conscience d'existence, et que de lui attribuer quelques-unes de ces facultés, ce serait lui donner celle de penser, d'agir et de sentir à peu près dans le même ordre et de la même façon que nous pensons, agissons et sentons, ce qui répugne autant à la raison qu'à la religion.

Nous devons donc dire qu'étant formés de terre et composés de poussière, nous avons en effet avec la terre et la poussière des rapports communs qui nous lient à la matière en général, telles sont l'étendue, l'impénétrabilité, la pesanteur, etc. ; mais comme nous n'apercevons pas ces rapports purement matériels, comme ils ne font aucune impression au dedans de nous-mêmes, comme ils subsistent sans notre participation, et qu'après la mort ou avant la vie ils existent et ne nous affectent point du tout, on ne peut pas dire qu'ils fassent partie de notre être ; c'est donc l'organisation, la vie, l'âme, qui fait proprement notre existence ; la matière, considérée sous ce point de vue, en est moins le sujet que l'accessoire : c'est une enveloppe étrangère dont l'union nous est inconnue et la présence nuisible [1], et cet ordre de pensées, qui constitue notre être, en est peut-être tout à fait indépendant.

Nous existons donc sans savoir comment, et nous pensons sans savoir pourquoi ; mais, quoi qu'il en soit de notre manière d'être ou de sentir,

---

1. *Dont l'union nous est inconnue et la présence nuisible.* Quelle noble pensée, et qu'elle est admirablement exprimée !

quoi qu'il en soit de la vérité ou de la fausseté, de l'apparence ou de la réalité de nos sensations, les résultats de ces mêmes sensations n'en sont pas moins certains par rapport à nous. Cet ordre d'idées, cette suite de pensées qui existe au dedans de nous-mêmes, quoique fort différente des objets qui les causent, ne laisse pas que d'être l'affection la plus réelle de notre individu, et de nous donner des relations avec les objets extérieurs, que nous pouvons regarder comme des rapports réels, puisqu'ils sont invariables et toujours les mêmes relativement à nous : ainsi nous ne devons pas douter que les différences ou les ressemblances, que nous apercevons entre les objets, ne soient des différences et des ressemblances certaines et réelles dans l'ordre de notre existence par rapport à ces mêmes objets. Nous pouvons donc légitimement nous donner le premier rang dans la nature ; nous devons ensuite donner la seconde place aux animaux, la troisième aux végétaux, et enfin la dernière aux minéraux [1] ; car quoique nous ne distinguions pas bien nettement les qualités que nous avons en vertu de notre animalité, de celles que nous avons en vertu de la spiritualité de notre âme, nous ne pouvons guère douter que les animaux étant doués, comme nous, des mêmes sens, possédant les mêmes principes de vie et de mouvement, et faisant une infinité d'actions semblables aux nôtres, ils n'aient avec les objets extérieurs des rapports du même ordre que les nôtres, et que par conséquent nous ne leur ressemblions réellement à bien des égards. Nous différons beaucoup des végétaux ; cependant nous leur ressemblons plus qu'ils ne ressemblent aux minéraux, et cela parce qu'ils ont une espèce de forme vivante, une organisation animée, semblable en quelque façon à la nôtre, au lieu que les minéraux n'ont aucun organe.

Pour faire donc l'histoire de l'animal, il faut d'abord reconnaître avec exactitude l'ordre général des rapports qui lui sont propres, et distinguer ensuite les rapports qui lui sont communs avec les végétaux et les minéraux. L'animal n'a de commun avec le minéral que les qualités de la matière prise généralement ; sa substance a les mêmes propriétés virtuelles, elle est étendue, pesante, impénétrable comme tout le reste de la matière, mais son économie est toute différente. Le minéral n'est qu'une matière brute, inactive, insensible, n'agissant que par la contrainte des lois de la mécanique, n'obéissant qu'à la force généralement répandue dans l'univers, sans organisation, sans puissance, dénuée de toutes facultés, même de celle de se reproduire, substance informe, faite pour être foulée aux pieds

---

1. Buffon va développer, en termes souvent magnifiques, les caractères des trois *règnes de la nature*. Linné avait dit, avec sa concision énergique :

Naturalia dividuntur in regna naturæ tria : lapideum, vegetabile, animale.

Lapides crescunt.

Vegetabilia crescunt et vivunt.

Animalia crescunt, vivunt et sentiunt.

par les hommes et les animaux, laquelle, malgré le nom de métal précieux, n'en est pas moins méprisée par le sage, et ne peut avoir qu'une valeur arbitraire, toujours subordonnée à la volonté et dépendante de la convention des hommes. L'animal réunit toutes les puissances de la nature, les forces qui l'animent lui sont propres et particulières : il veut, il agit, il se détermine, il opère, il communique par ses sens avec les objets les plus éloignés ; son individu est un centre où tout se rapporte, un point où l'univers entier se réfléchit, un monde en raccourci : voilà les rapports qui lui sont propres ; ceux qui lui sont communs avec les végétaux sont les facultés de croître, de se développer, de se reproduire et de se multiplier.

La différence la plus apparente entre les animaux et les végétaux paraît être cette faculté de se mouvoir et de changer de lieu, dont les animaux sont doués, et qui n'est pas donnée aux végétaux : il est vrai que nous ne connaissons aucun végétal qui ait le mouvement progressif, mais nous voyons plusieurs espèces d'animaux, comme les huîtres, les galle-insectes, etc., auxquelles ce mouvement paraît avoir été refusé ; cette différence n'est donc pas générale et nécessaire [1].

Une différence plus essentielle pourrait se tirer de la faculté de sentir, qu'on ne peut guère refuser aux animaux, et dont il semble que les végétaux soient privés ; mais ce mot *sentir* renferme un si grand nombre d'idées qu'on ne doit pas le prononcer avant que d'en avoir fait l'analyse ; car, si par sentir nous entendons seulement faire une action de mouvement à l'occasion d'un choc ou d'une résistance, nous trouverons que la plante appelée *sensitive* est capable de cette espèce de sentiment, comme les animaux ; si au contraire on veut que sentir signifie apercevoir et comparer des perceptions, nous ne sommes pas sûrs que les animaux aient cette espèce de sentiment ; et si nous accordons quelque chose de semblable aux chiens, aux éléphants, etc., dont les actions semblent avoir les mêmes causes que les nôtres, nous le refuserons à une infinité d'espèces d'animaux, et surtout à ceux qui nous paraissent être immobiles et sans action. Si on voulait que les huîtres, par exemple, eussent du sentiment comme les chiens, mais à un degré fort inférieur, pourquoi n'accorderait-on pas aux végétaux ce même sentiment dans un degré encore au-dessous? Cette différence entre les animaux et les végétaux non-seulement n'est pas générale, mais même n'est pas bien décidée [2].

Une troisième différence paraît être dans la manière de se nourrir : les animaux, par le moyen de quelques organes extérieurs, saisissent les choses

---

1. Certains animaux, il est vrai, n'ont pas le *mouvement progressif* ; mais ceux-là même ont tous des *mouvements propres*, des muscles *irritables et contractiles*, etc.

2. La *sensibilité* des végétaux — supposé qu'ils en aient une — sera du moins, comme le dit Buffon, fort au-dessous de celle des animaux. Dans les animaux eux-mêmes, la *sensibilité* croît et s'étend à mesure que l'organisation s'élève.

qui leur conviennent, ils vont chercher leur pâture, ils choisissent leurs aliments ; les plantes, au contraire, paraissent être réduites à recevoir la nourriture que la terre veut bien leur fournir ; il semble que cette nourriture soit toujours la même, aucune diversité dans la manière de se la procurer, aucun choix dans l'espèce : l'humidité de la terre est leur seul aliment. Cependant si l'on fait attention à l'organisation et à l'action des racines et des feuilles, on reconnaitra bientôt que ce sont là les organes extérieurs dont les végétaux se servent pour pomper la nourriture, on verra que les racines se détournent d'un obstacle ou d'une veine de mauvais terrain pour aller chercher la bonne terre, que même ces racines se divisent, se multiplient, et vont jusqu'à changer de forme pour procurer de la nourriture à la plante ; la différence entre les animaux et les végétaux ne peut donc pas s'établir sur la manière dont ils se nourrissent.

Cet examen nous conduit à reconnaitre évidemment qu'il n'y a aucune différence absolument essentielle et générale entre les animaux et les végétaux, mais que la nature descend par degrés et par nuances imperceptibles d'un animal qui nous parait le plus parfait à celui qui l'est le moins, et de celui-ci au végétal. Le polype d'eau douce sera, si l'on veut, le dernier des animaux et la première des plantes [1].

En effet, après avoir examiné les différences, si nous cherchons les ressemblances des animaux et des végétaux, nous en trouverons d'abord une qui est générale et très-essentielle, c'est la faculté commune à tous deux de se reproduire, faculté qui suppose plus d'analogies et de choses semblables que nous ne pouvons l'imaginer, et qui doit nous faire croire que, pour la nature, les animaux et les végétaux sont des êtres à peu près du même ordre.

Une seconde ressemblance peut se tirer du développement de leurs parties, propriété qui leur est commune, car les végétaux ont, aussi bien que les animaux, la faculté de croitre, et si la manière dont ils se développent est différente, elle ne l'est pas totalement ni essentiellement, puisqu'il y a dans les animaux des parties très-considérables, comme les os, les cheveux, les ongles, les cornes, etc., dont le développement est une vraie végétation, et que dans les premiers temps de sa formation le fœtus végète plutôt qu'il ne vit.

Une troisième ressemblance, c'est qu'il y a des animaux qui se reproduisent comme les plantes, et par les mêmes moyens : la multiplication des pucerons, qui se fait sans accouplement, est semblable à celle des plantes par les graines [2], et celle des polypes, qui se fait en les coupant, ressemble à la multiplication des arbres par boutures.

1. Le polype est un animal. Il ne peut être la *première des plantes.*
2. Ce que la multiplication des *pucerons* a de particulier, c'est qu'un seul *accouplement* y suffit pour plusieurs générations.

On peut donc assurer, avec plus de fondement encore, que les animaux et les végétaux sont des êtres du même ordre, et que la nature semble avoir passé des uns aux autres par des nuances insensibles, puisqu'ils ont entre eux des ressemblances essentielles et générales, et qu'ils n'ont aucune différence qu'on puisse regarder comme telle.

Si nous comparons maintenant les animaux aux végétaux par d'autres faces, par exemple, par le nombre, par le lieu, par la grandeur, par la forme, etc., nous en tirerons de nouvelles inductions.

Le nombre des espèces d'animaux est beaucoup plus grand que celui des espèces de plantes; car, dans le seul genre des insectes, il y a peut-être un plus grand nombre d'espèces, dont la plupart échappent à nos yeux, qu'il n'y a d'espèces de plantes visibles sur la surface de la terre. Les animaux même se ressemblent en général beaucoup moins que les plantes, et c'est cette ressemblance entre les plantes qui fait la difficulté de les reconnaître et de les ranger; c'est là ce qui a donné naissance aux méthodes de botanique, auxquelles on a, par cette raison, beaucoup plus travaillé qu'à celles de la zoologie, parce que les animaux ayant en effet entre eux des différences bien plus sensibles que n'en ont les plantes entre elles, ils sont plus aisés à reconnaître et à distinguer, plus faciles à nommer et à décrire.

D'ailleurs, il y a encore un avantage pour reconnaître les espèces d'animaux et pour les distinguer les unes des autres, c'est qu'on doit regarder comme la même espèce celle qui, au moyen de la copulation, se perpétue et conserve la similitude de cette espèce, et comme des espèces différentes celles qui, par les mêmes moyens, ne peuvent rien produire ensemble [1]; de sorte qu'un renard sera une espèce différente d'un chien, si en effet par la copulation d'un mâle et d'une femelle de ces deux espèces il ne résulte rien, et quand même il en résulterait un animal mi-parti, une espèce de mulet, comme ce mulet ne produirait rien, cela suffirait pour établir que le renard et le chien ne seraient pas de la même espèce, puisque nous avons supposé que, pour constituer une espèce, il fallait une production continue, perpétuelle, invariable, semblable, en un mot, à celle des autres animaux. Dans les plantes on n'a pas le même avantage, car, quoiqu'on ait prétendu y reconnaître des sexes [2] et qu'on ait établi des divisions de genres par les parties de la fécondation, comme cela n'est ni aussi certain ni aussi apparent que dans les animaux, et que d'ailleurs la production des plantes se fait de plusieurs autres façons, où les sexes n'ont point de part et où les parties de la fécondation ne sont pas nécessaires, on n'a pu employer avec

---

1. Cette définition de l'espèce, donnée par Buffon, est excellente. C'est la vraie.

2. On n'a point *prétendu* y reconnaître des *sexes*, on les y a reconnus. Au temps même de Buffon, la découverte des *sexes* dans les plantes (la plus belle découverte de la botanique) était complètement démontrée; mais c'était Linné qui venait de la démontrer.

succès cette idée, et ce n'est que sur une analogie mal entendue [1] qu'on a prétendu que cette méthode sexuelle [2] devait nous faire distinguer toutes les espèces différentes de plantes; mais nous renvoyons l'examen du fondement de ce système à notre histoire des végétaux [3].

Le nombre des espèces d'animaux est donc plus grand que celui des espèces de plantes, mais il n'en est pas de même du nombre d'individus dans chaque espèce : dans les animaux, comme dans les plantes, le nombre d'individus est beaucoup plus grand dans le petit que dans le grand; l'espèce des mouches est peut-être cent millions de fois plus nombreuse que celle de l'éléphant, et de même, il y a en général beaucoup plus d'herbes que d'arbres, plus de chiendent que de chênes; mais si l'on compare la quantité d'individus des animaux et des plantes, espèce à espèce, on verra que chaque espèce de plante est plus abondante que chaque espèce d'animal : par exemple, les quadrupèdes ne produisent qu'un petit nombre de petits, et dans des intervalles de temps assez considérables; les arbres, au contraire, produisent tous les ans une grande quantité d'arbres de leur espèce. On pourra me dire que ma comparaison n'est pas exacte, et que pour la rendre telle il faudrait pouvoir comparer la quantité de graines que produit un arbre avec la quantité de germes que peut contenir la semence d'un animal, et que peut-être on trouverait alors que les animaux sont encore plus abondants en germes que les végétaux; mais si l'on fait attention qu'il est possible, en ramassant avec soin toutes les graines d'un arbre, par exemple, d'un orme, et en les semant, d'avoir une centaine de milliers de petits ormes de la production d'une seule année, on m'avouera aisément que, quand on prendrait le même soin pour fournir à un cheval toutes les juments qu'il pourrait saillir en un an, les résultats seraient fort différents dans la production de l'animal et dans celle du végétal. Je n'examine donc pas la quantité des germes, premièrement parce que dans les animaux nous ne la connaissons pas, et en second lieu parce que dans les végétaux il y a peut-être de même des germes séminaux comme dans les animaux, et que la graine n'est point un germe, mais une production aussi parfaite que l'est le fœtus d'un animal, à laquelle, comme à celui-ci, il ne manque qu'un plus grand développement.

On pourrait encore m'opposer ici la prodigieuse multiplication de certaines espèces d'insectes, comme celle des abeilles : chaque femelle produit trente ou quarante mille mouches; mais il faut observer que je parle du général des animaux comparé au général des plantes; et d'ailleurs cet exemple des abeilles, qui peut-être est celui de la plus grande multiplication que nous connaissions dans les animaux, ne fait pas une preuve contre ce

1. Nouvelle allusion à Linné.
2. Le *système sexuel* de Linné.
3. Voyez la note de la page 123.

que nous avons dit ; car, de trente ou quarante mille mouches que la mère abeille produit, il n'y en a qu'un très-petit nombre de femelles, quinze cents ou deux mille mâles, et tout le reste ne sont que des mulets, ou plutôt des mouches neutres, sans sexe et incapables de produire.

Il faut avouer que dans les insectes, les poissons, les coquillages, il y a des espèces qui paraissent être extrêmement abondantes : les huîtres, les harengs, les puces, les hannetons, etc., sont peut-être en aussi grand nombre que les mousses et les autres plantes les plus communes; mais, à tout prendre, on remarquera aisément que la plus grande partie des espèces d'animaux est moins abondante en individus que les espèces de plantes ; et de plus on observera. qu'en comparant la multiplication des espèces de plantes entre elles, il n'y a pas des différences aussi grandes dans le nombre des individus que dans les espèces d'animaux, dont les uns engendrent un nombre prodigieux de petits, et d'autres n'en produisent qu'un très-petit nombre, au lieu que dans les plantes le nombre des productions est toujours fort grand dans toutes les espèces.

Il parait, par ce que nous venons de dire, que les espèces les plus viles, les plus abjectes, les plus petites à nos yeux, sont les plus abondantes en individus, tant dans les animaux que dans les plantes; à mesure que les espèces d'animaux nous paraissent plus parfaites, nous les voyons réduites à un moindre nombre d'individus. Pourrait-on croire que de certaines formes de corps, comme celles des quadrupèdes et des oiseaux, de certains organes pour la perfection du sentiment, coûteraient plus à la nature que la production du vivant et de l'organisé qui nous parait si difficile à concevoir?

Passons maintenant à la comparaison des animaux et des végétaux pour le lieu, la grandeur et la forme. La terre est le seul lieu où les végétaux puissent subsister; le plus grand nombre s'élève au-dessus de la surface du terrain, et y est attaché par des racines qui le pénètrent à une petite profondeur; quelques-uns, comme les truffes, sont entièrement couverts de terre; quelques autres, en petit nombre, croissent sur les eaux, mais tous ont besoin, pour exister, d'être placés à la surface de la terre[1] : les animaux, au contraire, sont bien plus généralement répandus; les uns habitent la surface, les autres l'intérieur de la terre; ceux-ci vivent au fond des mers, ceux-là les parcourent à une hauteur médiocre; il y en a dans l'air, dans l'intérieur des plantes, dans le corps de l'homme et des autres animaux, dans les liqueurs; on en trouve jusque dans les pierres (les dails[2]).

Par l'usage du microscope on prétend avoir découvert un très-grand

---

1. Les *Algues* (les *Algues submergées*, les *Phycées*) vivent toutes, soit dans les eaux douces, soit dans la mer.

2. Les *dails* ou *pholades* se percent, par un mécanisme très-particulier, des trous dans les pierres, mais ne *vivent* pas dans les pierres.

nombre de nouvelles espèces d'animaux fort différentes entre elles ; il peut paraître singulier qu'à peine on ait pu reconnaitre une ou deux espèces de plantes nouvelles par le secours de cet instrument [1] ; la petite mousse produite par la moisissure est peut-être la seule plante microscopique dont on ait parlé ; on pourrait donc croire que la nature s'est refusée à produire de très-petites plantes, tandis qu'elle s'est livrée avec profusion à faire naitre des animalcules ; mais nous pourrions nous tromper en adoptant cette opinion sans examen, et notre erreur pourrait bien venir en partie de ce qu'en effet les plantes se ressemblant beaucoup plus que les animaux, il est plus difficile de les reconnaitre et d'en distinguer les espèces, en sorte que cette moisissure, que nous ne prenons que pour une mousse infiniment petite, pourrait être une espèce de bois ou de jardin qui serait peuplé d'un grand nombre de plantes très-différentes, mais dont les différences échappent à nos yeux.

Il est vrai qu'en comparant la grandeur des animaux et des plantes elle paraitra assez inégale ; car il y a beaucoup plus loin de la grosseur d'une baleine à celle d'un de ces prétendus animaux microscopiques que du chêne le plus élevé à la mousse dont nous parlions tout à l'heure ; et quoique la grandeur ne soit qu'un attribut purement relatif, il est cependant utile de considérer les termes extrêmes où la nature semble s'être bornée. Le grand parait être assez égal dans les animaux et dans les plantes ; une grosse baleine et un gros arbre sont d'un volume qui n'est pas fort inégal, tandis qu'en petit on a cru voir des animaux dont un millier réunis n'égalerait pas en volume la petite plante de la moisissure.

Au reste, la différence la plus générale et la plus sensible entre les animaux et les végétaux est celle de la forme : celle des animaux, quoique variée à l'infini, ne ressemble point à celle des plantes ; et quoique les polypes, qui se reproduisent comme les plantes, puissent être regardés comme faisant la nuance entre les animaux et les végétaux, non-seulement par la façon de se reproduire, mais encore par la forme extérieure, on peut cependant dire que la figure de quelque animal que ce soit est assez différente de la forme extérieure d'une plante, pour qu'il soit difficile de s'y tromper. Les animaux peuvent, à la vérité, faire des ouvrages qui ressemblent à des plantes ou à des fleurs, mais jamais les plantes ne produiront rien de semblable à un animal ; et ces insectes [2] admirables, qui produisent

---

1. On en connait aujourd'hui un grand nombre. Toute la tribu des *Palmellées* (parmi les *Algues*) ne se compose que de *plantes microscopiques*. Le *Protococcus atlanticus* n'a que 1 300 de millimètre. Ce *Protococcus*, si petit, est presque un géant, relativement à quelques autres *Protococcus* et à quelques *Palmella*, qui n'ont pas un millième de millimètre. (Voyez, dans le *Dict. univer. d'hist. nat.*, l'arti le *Phycologie* de M. Montagne.) C'est le *Protococcus atlanticus* qui teint en rouge les eaux de l'océan (dans des espaces souvent fort étendus), comme une autre algue microscopique (le *Trichodesmium Ehrenbergii*) colore les eaux de la mer Rouge. (Voyez la note 1 de la page 211.)

2. Voyez la note 2 de la page 154.

et travaillent le corail, n'auraient pas été méconnus et pris pour des fleurs, si, par un préjugé mal fondé, on n'eût pas regardé le corail comme une plante. Ainsi les erreurs où l'on pourrait tomber en comparant la forme des plantes à celle des animaux, ne porteront jamais que sur un petit nombre de sujets qui font la nuance entre les deux ; et plus on fera d'observations, plus on se convaincra qu'entre les animaux et les végétaux le Créateur n'a pas mis de terme fixe, que ces deux genres d'êtres organisés ont beaucoup plus de propriétés communes que de différences réelles, que la production de l'animal ne coûte pas plus, et peut-être moins à la nature que celle du végétal, qu'en général la production des êtres organisés ne lui coûte rien, et qu'enfin le vivant et l'animé, au lieu d'être un degré métaphysique des êtres, est une propriété physique de la matière.

CHAPITRE II

DE LA REPRODUCTION EN GÉNÉRAL.

Examinons de plus près cette propriété commune à l'animal et au végétal, cette puissance de produire son semblable, cette chaîne d'existences successives d'individus qui constitue l'existence réelle de l'espèce[1] ; et sans nous attacher à la génération de l'homme ou à celle d'une espèce particulière d'animal, voyons en général les phénomènes de la reproduction, rassemblons des faits pour nous donner des idées, et faisons l'énumération des différents moyens dont la nature fait usage pour renouveler les êtres organisés. Le premier moyen, et, selon nous, le plus simple de tous, est de rassembler dans un être une infinité d'êtres organiques semblables, et de composer tellement sa substance qu'il n'y ait pas une partie qui ne contienne un germe de la même espèce, et qui par conséquent ne puisse elle-même devenir un tout semblable à celui dans lequel elle est contenue. Cet appareil paraît d'abord supposer une dépense prodigieuse et entraîner la profusion ; cependant ce n'est qu'une magnificence assez ordinaire à la nature, et qui se manifeste même dans des espèces communes et inférieures, telles que sont les vers, les polypes, les ormes, les saules, les groseilliers et plusieurs autres plantes et insectes dont chaque partie contient un tout, qui, par le seul développement, peut devenir une plante ou un insecte. En considérant sous ce point de vue les êtres organisés et leur reproduction, un individu n'est qu'un tout uniformément organisé dans toutes ses parties intérieures, un composé d'une infinité de figures semblables et de parties similaires, un assemblage de germes ou de petits individus de la même

---

1. Beau complément de la définition de l'espèce. Voyez la note 1 de la page 450.

espèce, lesquels peuvent tous se développer de la même façon, suivant les circonstances, et former de nouveaux touts composés comme le premier [1].

En approfondissant cette idée, nous allons trouver aux végétaux et aux animaux un rapport avec les minéraux que nous ne soupçonnions pas : les sels et quelques autres minéraux sont composés de parties semblables entre elles et semblables au tout qu'elles composent; un grain de sel marin est un cube composé d'une infinité d'autres cubes que l'on peut reconnaître distinctement au microscope [a]; ces petits cubes sont eux-mêmes composés d'autres cubes qu'on aperçoit avec un meilleur microscope, et l'on ne peut guère douter que les parties primitives et constituantes de ce sel ne soient aussi des cubes d'une petitesse qui échappera toujours à nos yeux, et même à notre imagination. Les animaux et les plantes, qui peuvent se multiplier et se reproduire par toutes leurs parties, sont des corps organisés composés d'autres corps organiques semblables, dont les parties primitives et constituantes sont aussi organiques et semblables, et dont nous discernons à l'œil la quantité accumulée, mais dont nous ne pouvons apercevoir les parties primitives que par le raisonnement et par l'analogie que nous venons d'établir.

Cela nous conduit à croire qu'il y a dans la nature une infinité de parties organiques actuellement existantes, vivantes, et dont la substance est la même que celle des êtres organisés, comme il y a une infinité de particules brutes semblables aux corps bruts que nous connaissons, et que comme il faut peut-être des millions de petits cubes de sel accumulés pour faire l'individu sensible d'un grain de sel marin, il faut aussi des millions de parties organiques semblables au tout pour former un seul des germes que contient l'individu d'un orme ou d'un polype ; et comme il faut séparer, briser et dissoudre un cube de sel marin pour apercevoir, au moyen de la cristallisation, les petits cubes dont il est composé, il faut de même séparer les parties d'un orme ou d'un polype pour reconnaître ensuite, au moyen de la végétation ou du développement, les petits ormes ou les petits polypes contenus dans ces parties.

a. « Hæ tam parvæ quàm magnæ figuræ (salium) ex magno solùm numero minorum particu-
« larum quæ eamdem figuram habent, sunt conflatæ, sicuti mihi sæpè licuit observare, cùm
« aquam an aliam aut communem in qua sal contentum liquatum erat, intueor per microscopium,
« quòd ex ea prodeunt elegantes, parvæ ac quadrangulares figuræ adeò exiguæ, ut mille earum
« myriades magnitudinem arenæ crassioris non æquent. Quæ salis minutæ particulæ, quàm
« primùm oculis conspicio, magnitudine ab omnibus lateribus crescunt, suam tamen elegantem
« superficiem quadrangularem retinent sphæræ... Figuræ hæ salinæ cavitate donatæ sunt, etc. »
Voyez Leeuwenhoeck, Arc. Nat., t. 1, page 3.

1. Cette idée d'un *tout*, composé d'une infinité de petits *touts*, semblables à lui, a été suggérée à Buffon par les belles expériences de Trembley sur les *polypes*. Un *polype* étant coupé par morceaux, chaque morceau reproduit un nouveau *polype*. Voilà le fait. Pour expliquer ce fait, Buffon suppose une infinité de petits *touts*, de petits *individus*, de *germes* ; mais une supposition n'explique pas un *fait*. (Voyez mon *Histoire des travaux et des idées de Buffon*).

La difficulté de se prêter à cette idée ne peut venir que d'un préjugé fortement établi dans l'esprit des hommes : on croit qu'il n'y a de moyens de juger du composé que par le simple, et que, pour connaître la constitution organique d'un être, il faut le réduire à des parties simples et non organiques, en sorte qu'il paraît plus aisé de concevoir comment un cube est nécessairement composé d'autres cubes, que de voir qu'il soit possible qu'un polype soit composé d'autres polypes. Mais examinons avec attention et voyons ce qu'on doit entendre par le simple et par le composé ; nous trouverons qu'en cela, comme en tout, le plan de la nature est bien différent du canevas de nos idées.

Nos sens, comme l'on sait, ne nous donnent pas des notions exactes et complètes des choses que nous avons besoin de connaître : pour peu que nous voulions estimer, juger, comparer, peser, mesurer, etc., nous sommes obligés d'avoir recours à des secours étrangers, à des règles, à des principes, à des usages, à des instruments, etc. Tous ces adminicules sont des ouvrages de l'esprit humain, et tiennent plus ou moins à la réduction ou à l'abstraction de nos idées ; cette abstraction, selon nous, est le simple des choses, et la difficulté de les réduire à cette abstraction fait le composé. L'étendue, par exemple, étant une propriété générale et abstraite de la matière, n'est pas un sujet fort composé ; cependant, pour en juger, nous avons imaginé des étendues sans profondeur, d'autres étendues sans profondeur et sans largeur, et même des points qui sont des étendues sans étendue. Toutes ces abstractions sont des échafaudages pour soutenir notre jugement, et combien n'avons-nous pas brodé sur ce petit nombre de définitions qu'emploie la géométrie! nous avons appelé simple tout ce qui se réduit à ces définitions, et nous appelons composé tout ce qui ne peut s'y réduire aisément, et de là un triangle, un carré, un cercle, un cube, etc., sont pour nous des choses simples, aussi bien que toutes les courbes dont nous connaissons les lois et la composition géométrique ; mais tout ce que nous ne pouvons pas réduire à ces figures et à ces lois abstraites nous paraît composé ; nous ne faisons pas attention que ces lignes, ces triangles, ces pyramides, ces cubes, ces globules et toutes ces figures géométriques n'existent que dans notre imagination, que ces figures ne sont que notre ouvrage, et qu'elles ne se trouvent peut-être pas dans la nature, ou tout au moins que, si elles s'y trouvent, c'est parce que toutes les formes possibles s'y trouvent, et qu'il est peut-être plus difficile et plus rare de trouver dans la nature les figures simples d'une pyramide équilatérale, ou d'un cube exact, que les formes composées d'une plante ou d'un animal : nous prenons donc partout l'abstrait pour le simple, et le réel pour le composé. Dans la nature, au contraire, l'abstrait n'existe point, rien n'est simple et tout est composé, nous ne pénétrerons jamais dans la structure intime des choses ; dès lors nous ne pouvons guère prononcer sur ce qui est plus ou moins composé; nous n'avons d'autre moyen de le reconnaître que par le plus ou le moins de rapport que chaque chose paraît avoir avec nous et avec le reste de l'univers, et c'est suivant cette façon de juger que l'animal est à notre égard plus composé que le végétal, et le végétal plus que le minéral. Cette notion est juste par rapport à nous; mais nous ne savons pas si dans la réalité les uns ne sont pas aussi simples ou aussi composés que les autres, et nous ignorons si un globule ou un cube coûte plus ou moins à la nature qu'un germe ou une partie organique quelconque : si nous voulions absolument faire sur cela des conjectures, nous pourrions dire que les choses les plus communes, les moins rares et les plus nombreuses sont celles qui sont les plus simples; mais alors les animaux seraient peut-être ce qu'il y aurait de plus simple, puisque le nombre de leurs espèces excède de beaucoup celui des espèces de plantes ou de minéraux.

Mais sans nous arrêter plus longtemps à cette discussion, il suffit d'avoir montré que les idées que nous avons communément du simple et du composé sont des idées d'abstraction, qu'elles ne peuvent pas s'appliquer à la composition des ouvrages de la nature, et que lorsque nous voulons réduire tous les êtres à des éléments de figure régulière, ou à des particules prismatiques, cubiques, globuleuses, etc., nous mettons ce qui n'est que dans notre imagination à la place de ce qui est réellement; que les formes des parties constituantes des différentes choses nous sont absolument inconnues, et que par conséquent nous pouvons supposer et croire qu'un être organisé est tout composé de parties organiques semblables[1], aussi bien que nous supposons qu'un cube est composé d'autres cubes : nous n'avons, pour en juger, d'autre règle que l'expérience; de la même façon que nous voyons qu'un cube de sel marin est composé d'autres cubes, nous voyons aussi qu'un orme n'est qu'un composé d'autres petits ormes, puisqu'en prenant un bout de branche ou un bout de racine, ou un morceau de bois séparé du tronc, ou la graine, il en vient également un orme; il en est de même des polypes et de quelques autres espèces d'animaux qu'on peut couper et séparer dans tous les sens en différentes parties pour les multiplier; et puisque notre règle pour juger est la même, pourquoi jugerions-nous différemment?

Il me paraît donc très-vraisemblable, par les raisonnements que nous venons de faire[2], qu'il existe réellement dans la nature une infinité de petits êtres organisés, semblables en tout aux grands êtres organisés qui figurent dans le monde, que ces petits êtres organisés sont composés de parties

1. Voyez la note de la page 435.

2. *Par les raisonnements que nous venons de faire...* Dans tout ce *système* sur la génération, Buffon ne *fait* que trop de *raisonnements*, j'entends de raisonnements qui ne tiennent qu'à une manière vague de se figurer les choses.

organiques vivantes qui sont communes aux animaux et aux végétaux,
que ces parties organiques sont des parties primitives et incorruptibles,
que l'assemblage de ces parties forme à nos yeux des êtres organisés, et
que par conséquent la reproduction ou la génération n'est qu'un changement de forme qui se fait et s'opère par la seule addition de ces parties
semblables, comme la destruction de l'être organisé se fait par la division
de ces mêmes parties. On n'en pourra pas douter lorsqu'on aura vu les
preuves que nous en donnons dans les chapitres suivants : d'ailleurs, si
nous réfléchissons sur la manière dont les arbres croissent, et si nous
examinons comment, d'une quantité qui est si petite, ils arrivent à un
volume si considérable, nous trouverons que c'est par la simple addition
de petits êtres organisés semblables entre eux et au tout. La graine produit
d'abord un petit arbre qu'elle contenait en raccourci; au sommet de ce
petit arbre il se forme un bouton qui contient le petit arbre de l'année
suivante, et ce bouton est une partie organique semblable au petit arbre
de la première année; au sommet du petit arbre de la seconde année il se
forme de même un bouton qui contient le petit arbre de la troisième année;
et ainsi de suite tant que l'arbre croit en hauteur, et même tant qu'il végète,
il se forme, à l'extrémité de toutes les branches, des boutons qui contiennent en raccourci de petits arbres semblables à celui de la première
année : il est donc évident que les arbres sont composés de petits êtres organisés semblables, et que l'individu total est formé par l'assemblage d'une
multitude de petits individus semblables.

Mais, dira-t-on, tous ces petits êtres organisés semblables étaient-ils contenus dans la graine et l'ordre de leur développement y était-il tracé? car
il paraît que le germe, qui s'est développé la première année, est surmonté
par un autre germe semblable, lequel ne se développe qu'à la seconde
année, que celui-ci l'est de même d'un troisième qui ne se doit développer qu'à la troisième année, et que par conséquent la graine contient
réellement les petits êtres organisés qui doivent former des boutons ou de
petits arbres au bout de cent et de deux cents ans, c'est-à-dire jusqu'à la
destruction de l'individu; il paraît de même que cette graine contient non-
seulement tous les petits êtres organisés qui doivent constituer un jour l'individu, mais encore toutes les graines, tous les individus, et toutes les
graines des graines, et toute la suite d'individus jusqu'à la destruction de
l'espèce.

C'est ici la principale difficulté et le point que nous allons examiner avec
le plus d'attention. Il est certain que la graine produit, par le seul développement du germe qu'elle contient, un petit arbre la première année, et
que ce petit arbre était en raccourci dans ce germe; mais il n'est pas également certain que le bouton qui est le germe pour la seconde année, et
que les germes des années suivantes, non plus que tous les petits êtres

organisés et les graines qui doivent se succéder jusqu'à la fin du monde ou jusqu'à la destruction de l'espèce, soient tous contenus dans la première graine; cette opinion suppose un progrès à l'infini, et fait de chaque individu actuellement existant une source de générations à l'infini. La première graine contenait toutes les plantes de son espèce qui se sont déjà multipliées, et qui doivent se multiplier à jamais; le premier homme contenait actuellement et individuellement tous les hommes qui ont paru et qui paraîtront sur la terre; chaque graine, chaque animal peut aussi se multiplier et produire à l'infini, et par conséquent contient, aussi bien que la première graine ou le premier animal, une postérité infinie [1]. Pour peu que nous nous laissions aller à ces raisonnements, nous allons perdre le fil de la vérité dans le labyrinthe de l'infini, et au lieu d'éclaircir et de résoudre la question, nous n'aurons fait que l'envelopper et l'éloigner; c'est mettre l'objet hors de la portée de ses yeux, et dire ensuite qu'il n'est pas possible de le voir.

Arrêtons-nous un peu sur ces idées de progrès et de développement à l'infini : d'où nous viennent-elles? que nous représentent-elles? l'idée de l'infini ne peut venir que de l'idée du fini; c'est ici un infini de succession, un infini géométrique, chaque individu est une unité, plusieurs individus font un nombre fini, et l'espèce est le nombre infini; ainsi de la même façon que l'on peut démontrer que l'infini géométrique n'existe point, on s'assurera que le progrès ou le développement à l'infini n'existe point non plus; que ce n'est qu'une idée d'abstraction, un retranchement à l'idée du fini, auquel on ôte les limites qui doivent nécessairement terminer toute grandeur [a], et que par conséquent on doit rejeter de la philosophie toute opinion qui conduit nécessairement à l'idée de l'existence actuelle de l'infini géométrique ou arithmétique.

Il faut donc que les partisans de cette opinion se réduisent à dire que leur infini de succession et de multiplication n'est en effet qu'un nombre indéterminable ou indéfini, un nombre plus grand qu'aucun nombre dont nous puissions avoir une idée, mais qui n'est point infini, et, cela étant entendu, il faut qu'ils nous disent que la première graine, ou une graine quelconque, d'un orme, par exemple, qui ne pèse pas un grain, contient en effet et réellement toutes les parties organiques qui doivent former cet orme, et tous les autres arbres de cette espèce qui paraîtront à jamais sur

a. On peut voir la démonstration que j'en ai donnée dans la préface de la traduction des *Fluxions de Newton*, page 7 et suiv.

1. *Postérité infinie*, contenue dans chaque *premier animal* ou chaque *première graine*. C'est bien ainsi que l'entendait Leibnitz. Chaque *premier être* renfermait en lui-même, suivant Leibnitz, toute sa *postérité*, toute la *suite infinie* des êtres qu'il devait produire. C'est là son fameux système de la *préexistence des germes*; système que M. Cuvier appelle très-bien un *mystère*, et dont pourtant il a dit : « Les méditations les plus profondes, comme les observations les plus délicates, n'aboutissent qu'au mystère de la préexistence des germes. » (*Règne anim.*, t. I, p. 17).

la surface de la terre; mais par cette réponse que nous expliquent-ils? n'est-ce pas couper le nœud au lieu de le délier, éluder la question quand il faut la résoudre?

Lorsque nous demandons comment on peut concevoir que se fait la reproduction des êtres, et qu'on nous répond que dans le premier être cette reproduction était toute faite, c'est non-seulement avouer qu'on ignore comment elle se fait, mais encore renoncer à la volonté de le concevoir. On demande comment un être produit son semblable, on répond c'est qu'il était tout produit; peut-on recevoir cette solution? car qu'il n'y ait qu'une génération de l'un à l'autre, ou qu'il y en ait un million, la chose est égale, la même difficulté reste, et, bien loin de la résoudre, en l'éloignant on y joint une nouvelle obscurité par la supposition qu'on est obligé de faire du nombre indéfini de germes tous contenus dans un seul.

J'avoue qu'il est ici plus aisé de détruire que d'établir, et que la question de la reproduction est peut-être de nature à ne pouvoir jamais être pleinement résolue; mais dans ce cas on doit chercher si elle est telle en effet, et pourquoi nous devons la juger de cette nature : en nous conduisant bien dans cet examen, nous en découvrirons tout ce qu'on peut en savoir, ou tout au moins nous reconnaîtrons nettement pourquoi nous devons l'ignorer.

Il y a des questions de deux espèces, les unes qui tiennent aux causes premières, les autres qui n'ont pour objet que les effets particuliers : par exemple, si l'on demande pourquoi la matière est impénétrable, on ne répondra pas, ou bien on répondra par la question même, en disant, la matière est impénétrable par la raison qu'elle est impénétrable, et il en sera de même de toutes les qualités générales de la matière; pourquoi est-elle étendue, pesante, persistante dans son état de mouvement ou de repos? on ne pourra jamais répondre que par la question même; elle est telle, parce qu'en effet elle est telle, et nous ne serons pas étonnés que l'on ne puisse pas répondre autrement, si nous y faisons attention; car nous sentirons bien que, pour donner la raison d'une chose, il faut avoir un sujet différent de la chose, duquel sujet on puisse tirer cette raison : or toutes les fois qu'on nous demandera la raison d'une cause générale, c'est-à-dire, d'une qualité qui appartient généralement à tout, dès lors nous n'avons point de sujet à qui elle n'appartienne point, par conséquent rien qui puisse nous fournir une raison, et dès lors il est démontré qu'il est inutile de la chercher, puisqu'on irait par là contre la supposition, qui est que la qualité est générale, qu'elle appartient à tout.

Si l'on demande au contraire la raison d'un effet particulier, on la trouvera toujours dès qu'on pourra faire voir clairement que cet effet particulier dépend immédiatement des causes premières dont nous venons de parler, et la question sera résolue toutes les fois que nous pourrons répondre que l'effet dont il s'agit tient à un effet plus général, et, soit qu'il y tienne immédiatement ou qu'il y tienne par un enchaînement d'autres effets, la question sera également résolue, pourvu qu'on voie clairement la dépendance de ces effets les uns des autres, et les rapports qu'ils ont entre eux.

Mais si l'effet particulier dont on demande la raison ne nous paraît pas dépendre de ces effets généraux, si non-seulement il n'en dépend pas, mais même s'il ne paraît avoir aucune analogie avec les autres effets particuliers, dès lors cet effet étant seul de son espèce, et n'ayant rien de commun avec les autres effets, rien au moins qui nous soit connu, la question est insoluble, parce que, pour donner la raison d'une chose, il faut avoir un sujet duquel on la puisse tirer, et que, n'y ayant ici aucun sujet connu qui ait quelque rapport avec celui que nous voulons expliquer, il n'y a rien dont on puisse tirer cette raison que nous cherchons : ceci est le contraire de ce qui arrive lorsqu'on demande la raison d'une cause générale; on ne la trouve pas, parce que tout a les mêmes qualités, et au contraire on ne trouve pas la raison de l'effet isolé dont nous parlons, parce que rien de connu n'a les mêmes qualités; mais la différence qu'il y a entre l'un et l'autre, c'est qu'il est démontré, comme on l'a vu, qu'on ne peut pas trouver la raison d'un effet général, sans quoi il ne serait pas général, au lieu qu'on peut espérer de trouver un jour la raison d'un effet isolé, par la découverte de quelque autre effet relatif au premier, que nous ignorons et qu'on pourra trouver ou par hasard ou par des expériences.

Il y a encore une autre espèce de question qu'on pourrait appeler question de fait : par exemple, pourquoi y a-t-il des arbres? pourquoi y a-t-il des chiens? pourquoi y a-t-il des puces, etc. ? Toutes ces questions de fait sont insolubles, car ceux qui croient y répondre par des causes finales ne font pas attention qu'ils prennent l'effet pour la cause : le rapport que ces choses ont avec nous n'influant point du tout sur leur origine, la convenance morale ne peut jamais devenir une raison physique.

Aussi faut-il distinguer avec soin les questions où l'on emploie *le pourquoi*, de celles où l'on doit employer *le comment*, et encore de celles où l'on ne doit employer que *le combien*. Le pourquoi est toujours relatif à la cause de l'effet ou au fait même, le comment est relatif à la façon dont arrive l'effet, et le combien n'a de rapport qu'à la mesure de cet effet.

Tout ceci étant bien entendu, examinons maintenant la question de la reproduction des êtres. Si l'on nous demande pourquoi les animaux et les végétaux se reproduisent, nous reconnaîtrons bien clairement que cette demande étant une question de fait, elle est dès lors insoluble, et qu'il est inutile de chercher à la résoudre ; mais si on demande comment les animaux et les végétaux se reproduisent, nous croirons y satisfaire en faisant l'histoire de la génération de chaque animal en particulier, et de la reproduction de chaque végétal aussi en particulier; mais lorsque après avoir parcouru toutes les manières d'engendrer son semblable, nous aurons remarqué que toutes ces histoires de la génération, accompagnées même des observations les plus exactes, nous apprennent seulement les faits sans nous indiquer les causes, et que les moyens apparents dont la nature se sert pour la reproduction ne nous paraissent avoir aucun rapport avec les effets qui en résultent, nous serons obligés de changer la question, et nous serons réduits à demander, quel est donc le moyen caché que la nature peut employer pour la reproduction des êtres?

Cette question, qui est la vraie, est, comme l'on voit, bien différente de la première et de la seconde; elle permet de chercher et d'imaginer, et dès lors elle n'est pas insoluble, car elle ne tient pas immédiatement à une cause générale; elle n'est pas non plus une pure question de fait, et, pourvu qu'on puisse concevoir un moyen de reproduction, l'on y aura satisfait : seulement il est nécessaire que ce moyen qu'on imaginera dépende des causes principales, ou du moins qu'il n'y répugne pas, et plus il aura de rapports avec les autres effets de la nature, mieux il sera fondé.

Par la question même il est donc permis de faire des hypothèses [1], et de choisir celle qui nous paraîtra avoir le plus d'analogie avec les autres phénomènes de la nature; mais il faut exclure du nombre de celles que nous pourrions employer toutes celles qui supposent la chose faite, par exemple, celle par laquelle on supposerait que dans le premier germe tous les germes de la même espèce étaient contenus, ou bien qu'à chaque reproduction il y a une nouvelle création, que c'est un effet immédiat de la volonté de Dieu, et cela, parce que ces hypothèses se réduisent à des questions de fait, dont il n'est pas possible de trouver les raisons : il faut aussi rejeter toutes les hypothèses qui auraient pour objet les causes finales, comme celles où l'on dirait que la reproduction se fait pour que le vivant remplace le mort, pour que la terre soit toujours également couverte de végétaux et peuplée d'animaux, pour que l'homme trouve abondamment sa subsistance, etc., parce que ces hypothèses, au lieu de rouler sur les causes physiques de l'effet qu'on cherche à expliquer, ne portent que sur des rapports arbitraires et sur des convenances morales; en même temps il faut se défier de ces axiomes absolus, de ces proverbes de physique que tant de gens ont mal à propos employés comme principes : par exemple, il ne se fait point de fécondation hors du corps,

---

1. *Il est permis de faire des hypothèses :* aussi Buffon ne s'en fait-il point faute. Il vient d'imaginer une infinité de *petits touts* semblables au *grand tout*. Il imaginera bientôt des *moules intérieurs*, puis des *molécules organiques*, puis il voudra que ses *molécules organiques* soient les *animalcules spermatiques*, etc.

nulla fœcundatio extra corpus, tout vivant vient d'un œuf, toute génération suppose des sexes, etc. Il ne faut jamais prendre ces maximes dans un
sens absolu, et il faut penser qu'elles signifient seulement que cela est
ordinairement de cette façon plutôt que d'une autre.

Cherchons donc une hypothèse qui n'ait aucun des défauts dont nous
venons de parler, et par laquelle on ne puisse tomber dans aucun des
inconvénients que nous venons d'exposer; et si nous ne réussissons pas à
expliquer la mécanique dont se sert la nature pour opérer la reproduction,
au moins nous arriverons à quelque chose de plus vraisemblable que ce
qu'on a dit jusqu'ici.

De la même façon que nous pouvons faire des moules par lesquels nous
donnons à l'extérieur des corps telle figure qu'il nous plaît, supposons
que la nature puisse faire des moules par lesquels elle donne non-seulement la figure extérieure, mais aussi la forme intérieure, ne serait-ce
pas un moyen par lequel la reproduction pourrait être opérée [1]?

Considérons d'abord sur quoi cette supposition est fondée; examinons
si elle ne renferme rien de contradictoire, et ensuite nous verrons quelles
conséquences on en peut tirer. Comme nos sens ne sont juges que de
l'extérieur des corps, nous comprenons nettement les affections extérieures et les différentes figures des surfaces, et nous pouvons imiter la
nature et rendre les figures extérieures par différentes voies de représentation, comme la peinture, la sculpture et les moules. Mais quoique nos
sens ne soient juges que des qualités extérieures, nous n'avons pas laissé
de reconnaître qu'il y a dans les corps des qualités intérieures, dont quelques-unes sont générales, comme la pesanteur; cette qualité ou cette
force n'agit pas relativement aux surfaces, mais proportionnellement aux
masses, c'est-à-dire à la quantité de matière. Il y a donc dans la nature
des qualités, même fort actives, qui pénètrent les corps jusque dans les
parties les plus intimes : nous n'aurons jamais une idée nette de ces
qualités, parce que, comme je viens de le dire, elles ne sont pas extérieures, et que par conséquent elles ne peuvent pas tomber sous nos sens;
mais nous pouvons en comparer les effets, et il nous est permis d'en tirer
des analogies pour rendre raison des effets de qualités du même genre.

Si nos yeux, au lieu de ne nous représenter que la surface des choses,
étaient conformés de façon à nous représenter l'intérieur des corps,
nous aurions alors une idée nette de cet intérieur, sans qu'il nous fût
possible d'avoir par ce même sens aucune idée des surfaces. Dans cette
supposition, les moules pour l'intérieur, que j'ai dit qu'emploie la nature,
nous seraient aussi faciles à voir et à concevoir que nous le sont les moules
pour l'extérieur, et même les qualités qui pénètrent l'intérieur des corps

---

1. Nous verrons, tout à l'heure, que le *moule intérieur* n'est que le *corps* même de l'animal.

seraient les seules dont nous aurions des idées claires ; celles qui ne s'exer-
ceraient que sur les surfaces nous seraient inconnues, et nous aurions
dans ce cas des voies de représentation pour imiter l'intérieur des corps,
comme nous en avons pour imiter l'extérieur : ces moules intérieurs,
que nous n'aurons jamais, la nature peut les avoir, comme elle a les
qualités de la pesanteur, qui en effet pénètrent à l'intérieur ; la supposition de ces moules est donc fondée sur de bonnes analogies ; il reste à
examiner si elle ne renferme aucune contradiction.

On peut nous dire que cette expression, *moule intérieur*, paraît d'abord
renfermer deux idées contradictoires [1], que celle du moule ne peut se rapporter qu'à la surface, et que celle de l'intérieur doit ici avoir rapport à
la masse ; c'est comme si on voulait joindre ensemble l'idée de la surface
et l'idée de la masse, et on dirait tout aussi bien une surface massive
qu'un moule intérieur.

J'avoue que, quand il faut représenter des idées qui n'ont pas encore
été exprimées, on est obligé de se servir quelquefois de termes qui
paraissent contradictoires, et c'est par cette raison que les philosophes ont
souvent employé dans ces cas des termes étrangers, afin d'éloigner de l'esprit l'idée de contradiction qui peut se présenter, en se servant de termes
usités et qui ont une signification reçue ; mais nous croyons que cet
artifice est inutile, dès qu'on peut faire voir que l'opposition n'est que
dans les mots, et qu'il n'y a rien de contradictoire dans l'idée : or je dis
que toutes les fois qu'il y a unité dans l'idée, il ne peut y avoir contradiction, c'est-à-dire, toutes les fois que nous pouvons nous former une idée
d'une chose, si cette idée est simple, elle ne peut être composée, elle ne
peut renfermer aucune autre idée, et par conséquent elle ne contiendra
rien d'opposé, rien de contraire.

Les idées simples sont non-seulement les premières appréhensions qui
nous viennent par les sens, mais encore les premières comparaisons que
nous faisons de ces appréhensions ; car, si l'on y fait réflexion, l'on sentira bien que la première appréhension elle-même est toujours une comparaison : par exemple, l'idée de la grandeur d'un objet ou de son éloignement renferme nécessairement la comparaison avec une unité de
grandeur ou de distance ; ainsi lorsqu'une idée ne renferme qu'une comparaison l'on doit la regarder comme simple, et dès lors comme ne
contenant rien de contradictoire. Telle est l'idée du moule intérieur ; je
connais dans la nature une qualité qu'on appelle pesanteur [2], qui pénètre

---

1. Évidemment, *Intérieur* et *moule* sont deux *idées contradictoires*, et tous les raisonnements de Buffon ne sauraient qu'y faire.

2. La *pesanteur* est une *force*. Le *moule* est une *forme*. On ne peut conclure d'une *force* à
une *forme*, et, de ce qu'il y a des *forces* qui pénètrent l'*intérieur des corps*, qu'il y a aussi des
moules intérieurs.

les corps à l'intérieur, je prends l'idée du moule intérieur relativement à cette qualité; cette idée n'enferme donc qu'une comparaison, et par conséquent aucune contradiction.

Voyons maintenant les conséquences qu'on peut tirer de cette supposition; cherchons aussi les faits qu'on peut y joindre; elle deviendra d'autant plus vraisemblable que le nombre des analogies sera plus grand, et, pour nous faire mieux entendre, commençons par développer, autant que nous pourrons, cette idée des moules intérieurs, et par expliquer comment nous entendons qu'elle nous conduira à concevoir les moyens de la reproduction.

La nature, en général, me paraît tendre beaucoup plus à la vie qu'à la mort : il semble qu'elle cherche à organiser les corps autant qu'il est possible; la multiplication des germes, qu'on peut augmenter presqu'à l'infini, en est une preuve, et l'on pourrait dire, avec quelque fondement, que, si la matière n'est pas toute organisée, c'est que les êtres organisés se détruisent les uns les autres; car nous pouvons augmenter, presque autant que nous voulons, la quantité des êtres vivants et végétants, et nous ne pouvons pas augmenter la quantité des pierres ou des autres matières brutes; cela paraît indiquer que l'ouvrage le plus ordinaire de la nature est la production de l'organique, que c'est là son action la plus familière, et que sa puissance n'est pas bornée à cet égard.

Pour rendre ceci sensible, faisons le calcul de ce qu'un seul germe pourrait produire, si l'on mettait à profit toute sa puissance productrice; prenons une graine d'orme qui ne pèse pas la centième partie d'une once : au bout de cent ans elle aura produit un arbre dont le volume sera, par exemple, de dix toises cubes; mais, dès la dixième année, cet arbre aura rapporté un millier de graines qui, étant toutes semées, produiront un millier d'arbres, lesquels, au bout de cent ans, auront aussi un volume égal à dix toises cubes chacun; ainsi, en cent dix ans, voilà déjà plus de dix milliers de toises cubes de matière organique; dix ans après il y en aura 10 millions de toises, sans y comprendre les dix milliers d'augmentation par chaque année, ce qui ferait encore cent milliers de plus, et dix ans encore après il y en aura 10,000,000,000,000 de toises cubiques; ainsi, en cent trente ans, un seul germe produirait un volume de matière organisée de mille lieues cubiques, car une lieue cubique ne contient que 10,000,000,000 toises cubes, à très-peu près, et dix ans après un volume de mille fois mille, c'est-à-dire d'un million de lieues cubiques, et dix ans après un million de fois un million, c'est-à-dire 1,000,000,000,000 lieues cubiques de matière organisée; en sorte qu'en cent cinquante ans le globe terrestre tout entier pourrait être converti en matière organique d'une seule espèce. La puissance active de la nature ne serait arrêtée que par la résistance des matières qui, n'étant pas toutes de l'espèce qu'il faudrait qu'elles fussent pour être susceptibles de cette organisation, ne se convertiraient pas en substance organique, et cela même nous prouve que la nature ne tend pas à faire du brut, mais de l'organique, et que, quand elle n'arrive pas à ce but, ce n'est que parce qu'il y a des inconvénients qui s'y opposent. Ainsi il paraît que son principal dessein est en effet de produire des corps organisés et d'en produire le plus qu'il est possible, car ce que nous avons dit de la graine d'orme peut se dire de tout autre germe, et il serait facile de démontrer que si, à commencer d'aujourd'hui, on faisait éclore tous les œufs de toutes les poules, et que pendant trente ans on eût soin de faire éclore de même tous ceux qui viendraient, sans détruire aucun de ces animaux, au bout de ce temps il y en aurait assez pour couvrir la surface entière de la terre, en les mettant tous près les uns des autres.

En réfléchissant sur cette espèce de calcul, on se familiarisera avec cette idée singulière que l'organique est l'ouvrage le plus ordinaire de la nature, et apparemment celui qui lui coûte le moins ; mais je vais plus loin : il me paraît que la division générale qu'on devrait faire de la matière est *matière vivante* et *matière morte*, au lieu de dire *matière organisée* et *matière brute*; le brut n'est que le mort, je pourrais le prouver par cette quantité énorme de coquilles et d'autres dépouilles des animaux vivants qui font la principale substance des pierres, des marbres, des craies et des marnes, des terres, des tourbes, et de plusieurs autres matières que nous appelons *brutes*, et qui ne sont que les débris et les parties mortes d'animaux ou de végétaux[1] ; mais une réflexion, qui me paraît être bien fondée, le fera peut-être mieux sentir.

Après avoir médité sur l'activité qu'a la nature pour produire des êtres organisés, après avoir vu que sa puissance à cet égard n'est pas bornée en elle-même, mais qu'elle est seulement arrêtée par des inconvénients et des obstacles extérieurs, après avoir reconnu qu'il doit exister une infinité de parties organiques vivantes qui doivent produire le vivant, après avoir montré que le vivant est ce qui coûte le moins à la nature, je cherche quelles sont les causes principales de la mort et de la destruction, et je vois qu'en général les êtres qui ont la puissance de convertir la matière en leur propre substance, et de s'assimiler les parties des autres êtres, sont les plus grands destructeurs. Le feu, par exemple, a tant d'activité qu'il tourne en sa propre substance presque toute la matière qu'on lui présente ; il s'assimile et se rend propres toutes les choses combustibles ; aussi est-il le plus grand moyen de destruction qui nous soit connu. Les animaux semblent participer aux qualités de la flamme ; leur chaleur intérieure est une espèce de feu : aussi, après la flamme, les animaux sont les plus grands destructeurs, et ils assimilent et tournent en leur substance toutes les matières qui peuvent leur servir d'aliments ; mais quoique ces deux causes de des-

1. Voyez la note de la page 155.

truction soient très-considérables, et que leurs effets tendent perpétuellement à l'anéantissement de l'organisation des êtres, la cause qui la
reproduit est infiniment plus puissante et plus active, et il semble qu'elle
emprunte, de la destruction même, des moyens pour opérer la reproduction,
puisque l'assimilation, qui est une cause de mort, est en même temps un
moyen nécessaire pour produire le vivant.

Détruire un être organisé n'est, comme nous l'avons dit, que séparer
les parties organiques dont il est composé : ces mêmes parties restent séparées jusqu'à ce qu'elles soint réunies par quelque puissance active; mais
quelle est cette puissance? celle que les animaux et les végétaux ont de
s'assimiler la matière qui leur sert de nourriture n'est-elle pas la même,
ou du moins n'a-t-elle pas beaucoup de rapport avec celle qui doit opérer
la reproduction?

CHAPITRE III.

DE LA NUTRITION ET DU DÉVELOPPEMENT.

Le corps d'un animal est une espèce de moule[1] intérieur, dans lequel la
matière qui sert à son accroissement se modèle et s'assimile au total; de
manière que, sans qu'il arrive aucun changement à l'ordre et à la proportion
des parties, il en résulte cependant une augmentation dans chaque partie
prise séparément, et c'est cette augmentation de volume qu'on appelle
développement, parce qu'on a cru en rendre raison en disant que l'animal
étant formé en petit comme il l'est en grand, il n'était pas difficile de concevoir que ses parties se développaient à mesure qu'une matière accessoire
venait augmenter proportionnellement chacune de ces parties.

Mais cette même augmentation, ce développement, si on veut en avoir
une idée nette, comment peut-il se faire, si ce n'est en considérant le corps
de l'animal, et même chacune de ses parties qui doivent se développer,
comme autant de moules intérieurs qui ne reçoivent la matière accessoire
que dans l'ordre qui résulte de la position de toutes leurs parties? et ce qui
prouve que ce développement ne peut pas se faire, comme on se le persuade
ordinairement, par la seule addition aux surfaces, et qu'au contraire il
s'opère par une susception intime et qui pénètre la masse, c'est que dans la
partie qui se développe le volume et la masse augmentent proportionnellement et sans changer de forme; dès lors il est nécessaire que la matière qui
sert à ce développement pénètre, par quelque voie que ce puisse être, l'intérieur de la partie et la pénètre dans toutes les dimensions; et cependant

1. *Le corps de l'animal est le moule.* (Voyez la note de la page 443.)

il est en même temps tout aussi nécessaire que cette pénétration de substance se fasse dans un certain ordre et avec une certaine mesure, telle qu'il n'arrive pas plus de substance à un point de l'intérieur qu'à un autre point, sans quoi certaines parties du tout se développeraient plus vite que d'autres, et dès lors la forme serait altérée. Or, que peut-il y avoir qui prescrive en effet à la matière accessoire cette règle, et qui la contraigne à arriver également et proportionnellement à tous les points de l'intérieur, si ce n'est le moule intérieur ?

Il nous paraît donc certain que le corps de l'animal ou du végétal est un moule intérieur qui a une forme constante, mais dont la masse et le volume peuvent augmenter proportionnellement, et que l'accroissement, ou, si l'on veut, le développement de l'animal ou du végétal, ne se fait que par l'extension de ce moule dans toutes ses dimensions extérieures et intérieures, que cette extension se fait par l'intussusception d'une matière accessoire et étrangère qui pénètre dans l'intérieur, qui devient semblable à la forme et identique avec la matière du moule.

Mais de quelle nature est cette matière que l'animal ou le végétal assimile à sa substance ? quelle peut être la force ou la puissance qui donne à cette matière l'activité et le mouvement nécessaires pour pénétrer le moule intérieur ? et, s'il existe une telle puissance, ne serait-ce pas par une puissance semblable que le moule intérieur lui-même pourrait être reproduit ?

Ces trois questions renferment, comme l'on voit, tout ce qu'on peut demander sur ce sujet, et me paraissent dépendre les unes des autres, au point que je suis persuadé qu'on ne peut pas expliquer d'une manière satisfaisante la reproduction de l'animal et du végétal, si l'on n'a pas une idée claire de la façon dont peut s'opérer la nutrition : il faut donc examiner séparément ces trois questions, afin d'en comparer les conséquences.

La première, par laquelle on demande de quelle nature est cette matière que le végétal assimile à sa substance, me paraît être en partie résolue par les raisonnements que nous avons faits, et sera pleinement démontrée par des observations que nous rapporterons dans les chapitres suivants. Nous ferons voir qu'il existe dans la nature une infinité de parties organiques vivantes [1], que les êtres organisés sont composés de ces parties organiques, que leur production ne coûte rien à la nature, puisque leur existence est constante et invariable, que les causes de destruction ne font que les séparer sans les détruire : ainsi la matière que l'animal ou le végétal assimile à sa substance est une matière organique qui est de la même nature que celle de l'animal ou du végétal, laquelle par conséquent peut en augmenter

---

1. Après les *petits touts*, après les *moules*, voici les *parties organiques vivantes*, les *molécules organiques*.

la masse et le volume sans en changer la forme et sans altérer la qualité
de la matière du moule, puisqu'elle est en effet de la même forme et de la
même qualité que celle qui le constitue; ainsi dans la quantité d'aliments
que l'animal prend pour soutenir sa vie et pour entretenir le jeu de ses
organes, et dans la sève que le végétal tire par ses racines et par ses feuilles,
il y en a une grande partie qu'il rejette par la transpiration, les sécrétions
et les autres voies excrétoires, et il n'y en a qu'une petite portion qui serve
à la nourriture intime des parties et à leur développement : il est très-vraisemblable qu'il se fait dans le corps de l'animal ou du végétal une séparation des parties brutes de la matière des aliments et des parties organiques,
que les premières sont emportées par les causes dont nous venons de parler,
qu'il n'y a que les parties organiques qui restent dans le corps de l'animal
ou du végétal, et que la distribution s'en fait au moyen de quelque puissance active qui les porte à toutes les parties dans une proportion exacte,
et telle qu'il n'en arrive ni plus ni moins qu'il ne faut pour que la nutrition,
l'accroissement ou le développement se fassent d'une manière à peu près
égale.

C'est ici la seconde question : quelle peut être la puissance active qui fait
que cette matière organique pénètre le moule intérieur et se joint, ou plutôt
s'incorpore intimement avec lui? Il paraît, par ce que nous avons dit dans
le chapitre précédent, qu'il existe dans la nature des forces, comme celle
de la pesanteur, qui sont relatives à l'intérieur de la matière, et qui n'ont
aucun rapport avec les qualités extérieures des corps, mais qui agissent
sur les parties les plus intimes et qui les pénètrent dans tous les points;
ces forces, comme nous l'avons prouvé, ne pourront jamais tomber sous
nos sens, parce que leur action se faisant sur l'intérieur des corps, et nos
sens ne pouvant nous représenter que ce qui se fait à l'extérieur, elles ne
sont pas du genre des choses que nous puissions apercevoir; il faudrait
pour cela que nos yeux, au lieu de nous représenter les surfaces, fussent
organisés de façon à nous représenter les masses des corps, et que notre
vue pût pénétrer dans leur structure et dans la composition intime de la
matière; il est donc évident que nous n'aurons jamais d'idée nette de ces
forces pénétrantes, ni de la manière dont elles agissent; mais en même
temps il n'est pas moins certain qu'elles existent, que c'est par leur moyen
que se produisent la plus grande partie des effets de la nature, et qu'on
doit en particulier leur attribuer l'effet de la nutrition et du développement,
puisque nous sommes assurés qu'il ne se peut faire qu'au moyen de la
pénétration intime du moule intérieur; car de la même façon que la force
de la pesanteur pénètre l'intérieur de toute matière, de même la force qui
pousse ou qui attire les parties organiques de la nourriture pénètre aussi
dans l'intérieur des corps organisés et les y fait entrer par son action; et
comme ces corps ont une certaine forme que nous avons appelée le *moule*

intérieur[1], les parties organiques, poussées par l'action de la force pénétrante, ne peuvent y entrer que dans un certain ordre relatif à cette forme, ce qui par conséquent ne la peut pas changer, mais seulement en augmenter toutes les dimensions, tant extérieures qu'intérieures, et produire ainsi l'accroissement des corps organisés et leur développement; et si dans ce corps organisé, qui se développe par ce moyen, il se trouve une ou plusieurs parties semblables au tout, cette partie ou ces parties, dont la forme intérieure et extérieure est semblable à celle du corps entier, seront celles qui opéreront la reproduction.

Nous voici à la troisième question : n'est-ce pas par une puissance semblable que le moule intérieur lui-même est reproduit? Non-seulement c'est une puissance semblable, mais il paraît que c'est la même puissance qui cause le développement et la reproduction; car il suffit que, dans le corps organisé qui se développe, il y ait quelque partie semblable au tout, pour que cette partie puisse un jour devenir elle-même un corps organisé tout semblable à celui dont elle fait actuellement partie : dans le point où nous considérons le développement du corps entier, cette partie, dont la forme intérieure et extérieure est semblable à celle du corps entier, ne se développant que comme partie dans ce premier développement, elle ne présentera pas à nos yeux une figure sensible que nous puissions comparer actuellement avec le corps entier; mais si on la sépare de ce corps et qu'elle trouve de la nourriture, elle commencera à se développer comme corps entier, et nous offrira bientôt une forme semblable, tant à l'extérieur qu'à l'intérieur, et deviendra par ce second développement un être de la même espèce que le corps dont elle aura été séparée; ainsi dans les saules et dans les polypes, comme il y a plus de parties organiques semblables au tout que d'autres parties, chaque morceau de saule ou de polype qu'on retranche du corps entier devient un saule ou un polype par ce second développement.

Or un corps organisé dont toutes les parties seraient semblables à lui-même, comme ceux que nous venons de citer, est un corps dont l'organisation est la plus simple de toutes, comme nous l'avons dit dans le premier chapitre, car ce n'est que la répétition de la même forme, et une composition de figures semblables toutes organisées de même, et c'est par cette raison que les corps les plus simples, les espèces les plus imparfaites sont celles qui se reproduisent le plus aisément et le plus abondamment; au lieu que si un corps organisé ne contient que quelques parties semblables à lui-même, alors il n'y a que ces parties qui puissent arriver au second développement, et par conséquent la reproduction ne sera ni aussi facile ni aussi abondante dans ces espèces qu'elle l'est dans celles dont toutes

---

1. *Une certaine forme* que nous avons appelée le *moule intérieur*. Le *moule intérieur* n'est donc, encore une fois, que la *forme* même des parties : c'est donc la *forme* des parties qui maintient la *forme* des parties.

les parties sont semblables au tout; mais aussi l'organisation de ces corps sera plus composée que celle des corps dont toutes les parties sont semblables, parce que le corps entier sera composé de parties, à la vérité toutes organiques, mais différemment organisées, et plus il y aura dans le corps organisé de parties différentes du tout, et différentes entre elles, plus l'organisation de ce corps sera parfaite et plus la reproduction sera difficile.

Se nourrir, se développer et se reproduire sont donc les effets d'une seule et même cause; le corps organisé se nourrit par les parties des aliments qui lui sont analogues, il se développe par la susception intime des parties organiques qui lui conviennent, et il se reproduit parce qu'il contient quelques parties organiques qui lui ressemblent. Il reste maintenant à examiner si ces parties organiques, qui lui ressemblent, sont venues dans le corps organisé par la nourriture, ou bien si elles y étaient auparavant. Si nous supposons qu'elles y étaient auparavant, nous retombons dans le progrès à l'infini des parties ou germes semblables contenus les uns dans les autres, et nous avons fait voir l'insuffisance et les difficultés de cette hypothèse; ainsi nous pensons que les parties semblables au tout arrivent au corps organisé par la nourriture, et il nous paraît qu'on peut, après ce qui a été dit, concevoir la manière dont elles arrivent et dont les molécules organiques qui doivent les former peuvent se réunir.

Il se fait, comme nous l'avons dit, une séparation de parties dans la nourriture : celles qui ne sont pas organiques, et qui par conséquent ne sont point analogues à l'animal ou au végétal, sont rejetées hors du corps organisé par la transpiration et par les autres voies excrétoires; celles qui sont organiques restent et servent au développement et à la nourriture du corps organisé; mais dans ces parties organiques il doit y avoir beaucoup de variété, et des espèces de parties organiques très-différentes les unes des autres; et comme chaque partie du corps organisé reçoit les espèces qui lui conviennent le mieux, et dans un nombre et une proportion assez égale, il est très-naturel d'imaginer que le superflu de cette matière organique qui ne peut pas pénétrer les parties du corps organisé, parce qu'elles ont reçu tout ce qu'elles pouvaient recevoir, que ce superflu, dis-je, soit renvoyé de toutes les parties du corps dans un ou plusieurs endroits communs, où toutes ces molécules organiques se trouvant réunies, elles forment de petits corps organisés semblables au premier, et auxquels il ne manque que les moyens de se développer; car toutes les parties du corps organisé renvoyant des parties organiques, semblables à celles dont elles sont elles-mêmes composées, il est nécessaire que de la réunion de toutes ces parties il résulte un corps organisé semblable au premier[1] : cela étant entendu, ne peut-on pas dire que c'est

---

1. Tout à l'heure encore, c'était l'hypothèse des *germes*, des *petits êtres*; et, le *germe* admis,

par cette raison que dans le temps de l'accroissement et du développement les corps organisés ne peuvent encore produire ou ne produisent que peu, parce que les parties qui se développent absorbent la quantité entière des molécules organiques qui leur sont propres, et que n'y ayant point de parties superflues, il n'y en a point de renvoyées de chaque partie du corps, et par conséquent il n'y a encore aucune reproduction.

Cette explication de la nutrition et de la reproduction ne sera peut-être pas reçue de ceux qui ont pris pour fondement de leur philosophie de n'admettre qu'un certain nombre de principes mécaniques, et de rejeter tout ce qui ne dépend pas de ce petit nombre de principes. C'est là, diront-ils, cette grande différence qui est entre la vieille philosophie et celle d'aujourd'hui ; il n'est plus permis de supposer des causes, il faut rendre raison de tout par les lois de la mécanique, et il n'y a de bonnes explications que celles qu'on en peut déduire ; et comme celle que vous donnez de la nutrition et de la reproduction n'en dépend pas, nous ne devons pas l'admettre. J'avoue que je pense bien différemment de ces philosophes ; il me semble qu'en n'admettant qu'un certain nombre de principes mécaniques, ils n'ont pas senti combien ils rétrécissaient la philosophie, et ils n'ont pas vu que, pour un phénomène qu'on pourrait y rapporter, il y en avait mille qui en étaient indépendants.

L'idée de ramener l'explication de tous les phénomènes à des principes mécaniques est assurément grande et belle ; ce pas est le plus hardi qu'on pût faire en philosophie, et c'est Descartes qui l'a fait ; mais cette idée n'est qu'un projet, et ce projet est-il fondé ? Quand même il le serait, avons-nous les moyens de l'exécuter ? Ces principes mécaniques sont l'étendue de la matière, son impénétrabilité, son mouvement, sa figure extérieure, sa divisibilité, la communication du mouvement par la voie de l'impulsion, par l'action des ressorts, etc. Les idées particulières de chacune de ces qualités de la matière nous sont venues par les sens, et nous les avons regardées comme principes, parce que nous avons reconnu qu'elles étaient générales, c'est-à-dire, qu'elles appartenaient ou pouvaient appartenir à toute la matière ; mais devons-nous assurer que ces qualités soient les seules que la matière ait en effet, ou plutôt ne devons-nous pas croire que ces

---

L'hypothèse n'avait plus de difficulté. Le *germe* n'avait qu'à se développer pour reproduire le *premier être.*

Après les *germes,* sont venus les *moules.* Le corps de l'animal étant le *moule,* « les parties « organiques, poussées par l'action de la *force pénétrante,* ne peuvent y entrer que dans un « certain ordre relatif à cette forme » Buffon, page 150 ; » et cela se concevait encore.

Mais ici comment, de la seule *réunion* des *parties organiques,* « toutes différentes les unes des « autres, » puisque chacune est semblable à la partie qui la *renvoie,* pourra-t-il *résulter un corps organisé* semblable au premier? Où sera la *forme préexistante,* où sera le *moule?* (Voyez mon *Histoire des travaux et des idées de Buffon.*

qualités, que nous prenons pour des principes, ne sont autre chose que des façons de voir? et ne pouvons-nous pas penser que si nos sens étaient autrement conformés, nous reconnaîtrions dans la matière des qualités très-différentes de celles dont nous venons de faire l'énumération? Ne vouloir admettre dans la matière que les qualités que nous lui connaissons me paraît une prétention vaine et mal fondée; la matière peut avoir beaucoup d'autres qualités générales que nous ignorerons toujours; elle peut en avoir d'autres que nous découvrirons, comme celle de la pesanteur, dont on a dans ces derniers temps fait une qualité générale, et avec raison, puisqu'elle existe également dans toute la matière que nous pouvons toucher, et même dans celle que nous sommes réduits à ne connaître que par le rapport de nos yeux : chacune de ces qualités générales deviendra un nouveau principe tout aussi mécanique qu'aucun des autres, et l'on ne donnera jamais l'explication ni des uns, ni des autres. La cause de l'impulsion, ou de tel autre principe mécanique reçu, sera toujours aussi impossible à trouver que celle de l'attraction ou de telle autre qualité générale qu'on pourrait découvrir; et dès lors n'est-il pas très-raisonnable de dire que les principes mécaniques ne sont autre chose que les effets généraux que l'expérience nous a fait remarquer dans toute la matière, et que toutes les fois qu'on découvrira, soit par des réflexions, soit par des comparaisons, soit par des mesures ou des expériences, un nouvel effet général, on aura un nouveau principe mécanique qu'on pourra employer avec autant de sûreté et d'avantage qu'aucun des autres.

Le défaut de la philosophie d'Aristote était d'employer comme causes tous les effets particuliers; celui de celle de Descartes est de ne vouloir employer comme causes qu'un petit nombre d'effets généraux, en donnant l'exclusion à tout le reste. Il me semble que la philosophie sans défaut serait celle où l'on n'emploierait pour causes que des effets généraux, mais où l'on chercherait en même temps à en augmenter le nombre, en tâchant de généraliser les effets particuliers.

J'ai admis, dans mon explication du développement et de la reproduction, d'abord les principes mécaniques reçus, ensuite celui de la force pénétrante de la pesanteur qu'on est obligé de recevoir, et par analogie j'ai cru pouvoir dire qu'il y avait d'autres forces pénétrantes qui s'exerçaient dans les corps organisés, comme l'expérience nous en assure. J'ai prouvé par des faits que la matière tend à s'organiser, et qu'il existe un nombre infini de parties organiques ; je n'ai donc fait que généraliser les observations, sans avoir rien avancé de contraire aux principes mécaniques, lorsqu'on entendra par ce mot ce que l'on doit entendre en effet, c'est-à-dire, les effets généraux de la nature.

CHAPITRE IV.

DE LA GÉNÉRATION DES ANIMAUX.

Comme l'organisation de l'homme et des animaux est la plus parfaite et la plus composée, leur reproduction est aussi la plus difficile et la moins abondante ; car j'excepte ici de la classe des animaux ceux qui, comme les polypes d'eau douce, les vers, etc., se reproduisent de leurs parties séparées, comme les arbres se reproduisent de boutures, ou les plantes par leurs racines divisées et par caïeux ; j'en excepte encore les pucerons et les autres espèces qu'on pourrait trouver, qui se multiplient d'eux-mêmes et sans copulation : il me paraît que la reproduction des animaux qu'on coupe, celle des pucerons, celle des arbres par les boutures, celle des plantes par racines ou par caïeux, sont suffisamment expliquées par ce que nous avons dit dans le chapitre précédent ; car, pour bien entendre la manière de cette reproduction, il suffit de concevoir que dans la nourriture que ces êtres organisés tirent, il y a des molécules organiques de différentes espèces, que, par une force semblable à celle qui produit la pesanteur, ces molécules organiques pénètrent toutes les parties du corps organisé, ce qui produit le développement et fait la nutrition, que chaque partie du corps organisé, chaque moule intérieur n'admet que les molécules organiques qui lui sont propres, et enfin que quand le développement et l'accroissement sont presque faits en entier, le surplus des molécules organiques qui y servait auparavant est renvoyé de chacune des parties de l'individu dans un ou plusieurs endroits, où, se trouvant toutes rassemblées, elles forment par leur réunion un ou plusieurs petits corps organisés qui doivent être tous semblables au premier individu, puisque chacune des parties de cet individu a renvoyé les molécules organiques qui leur étaient les plus analogues, celles qui auraient servi à son développement, s'il n'eût pas été fait, celles qui par leur similitude peuvent servir à la nutrition, celles enfin qui ont à peu près la même forme organique que ces parties elles-mêmes ; ainsi dans toutes les espèces où un seul individu produit son semblable, il est aisé de tirer l'explication de la reproduction de celle du développement et de la nutrition. Un puceron, par exemple, ou un oignon reçoit par la nourriture des molécules organiques et des molécules brutes ; la séparation des unes et des autres se fait dans le corps de l'animal ou de la plante ; tous deux rejettent par différentes voies excrétoires les parties brutes, les molécules organiques restent ; celles qui sont les plus analogues à chaque partie du puceron ou de l'oignon pénètrent ces parties qui sont autant de moules intérieurs

différents les uns des autres, et qui n'admettent par conséquent que les
molécules organiques qui leur conviennent; toutes les parties du corps
du puceron et de celui de l'oignon se développent par cette intussusception des molécules qui leur sont analogues; et lorsque ce développement est à un certain point, que le puceron a grandi et que l'oignon a
grossi assez pour être un puceron adulte et un oignon formé, la quantité de molécules organiques qu'ils continuent à recevoir par la nourriture, au lieu d'être employée au développement de leurs différentes parties, est renvoyée de chacune de ces parties dans un ou plusieurs endroits
de leurs corps, où ces molécules organiques se rassemblent et se réunissent
par une force semblable à celle qui leur faisait pénétrer les différentes
parties du corps de ces individus; elles forment par leur réunion un ou
plusieurs petits corps organisés, entièrement semblables au puceron ou à
l'oignon; et lorsque ces petits corps organisés sont formés, il ne leur
manque plus que les moyens de se développer, ce qui se fait dès qu'ils se
trouvent à portée de la nourriture : les petits pucerons sortent du corps de
leur père et la cherchent sur les feuilles des plantes; on sépare de l'oignon
son caïeu, et il la trouve dans le sein de la terre.

Mais comment appliquerons-nous ce raisonnement à la génération de
l'homme et des animaux qui ont des sexes, et pour laquelle il est nécessaire
que deux individus concourent? On entend bien, par ce qui vient d'être
dit, comment chaque individu peut produire son semblable, mais on ne
conçoit pas comment deux individus, l'un mâle et l'autre femelle, en
produisent un troisième qui a constamment l'un ou l'autre de ces sexes;
il semble même que la théorie qu'on vient de donner nous éloigne de
l'explication de cette espèce de génération, qui cependant est celle qui
nous intéresse le plus.

Avant que de répondre à cette demande, je ne puis m'empêcher d'observer qu'une des premières choses qui m'aient frappé lorsque j'ai commencé à faire des réflexions suivies sur la génération, c'est que tous ceux
qui ont fait des recherches et des systèmes sur cette matière se sont uniquement attachés à la génération de l'homme et des animaux; ils ont rapporté
à cet objet toutes leurs idées, et n'ayant considéré que cette génération
particulière, sans faire attention aux autres espèces de générations que la
nature nous offre, ils n'ont pu avoir d'idées générales sur la reproduction; et comme la génération de l'homme et des animaux est de toutes
les espèces de générations la plus compliquée, ils ont eu un grand désavantage dans leurs recherches, parce que non-seulement ils ont attaqué
le point le plus difficile et le phénomène le plus compliqué, mais encore
parce qu'ils n'avaient aucun sujet de comparaison dont il leur fût possible
de tirer la solution de la question : c'est à cela principalement que je crois
devoir attribuer le peu de succès de leurs travaux sur cette matière; au

lieu que je suis persuadé que par la route que j'ai prise on peut arriver à expliquer d'une manière satisfaisante les phénomènes de toutes les espèces de générations.

Celle de l'homme va nous servir d'exemple : je le prends dans l'enfance, et je conçois que le développement ou l'accroissement des différentes parties de son corps se faisant par la pénétration intime des molécules organiques analogues à chacune de ses parties, toutes ces molécules organiques sont absorbées dans le premier âge et entièrement employées au développement, que par conséquent il n'y en a que peu ou point de superflues, tant que le développement n'est pas achevé, et que c'est pour cela que les enfants sont incapables d'engendrer ; mais lorsque le corps a pris la plus grande partie de son accroissement, il commence à n'avoir plus besoin d'une aussi grande quantité de molécules organiques pour se développer ; le superflu de ces mêmes molécules organiques est donc renvoyé de chacune des parties du corps dans des réservoirs destinés à les recevoir ; ces réservoirs sont les testicules et les vésicules séminales : c'est alors que commence la puberté, dans le temps, comme on voit, où le développement du corps est à peu près achevé ; tout indique alors la surabondance de la nourriture, la voix change et grossit, la barbe commence à paraître, plusieurs autres parties du corps se couvrent de poil, celles qui sont destinées à la génération prennent un prompt accroissement, la liqueur séminale arrive et remplit les réservoirs qui lui sont préparés, et, lorsque la plénitude est trop grande, elle force, même sans aucune provocation et pendant le sommeil, la résistance des vaisseaux qui la contiennent pour se répandre au dehors ; tout annonce donc dans le mâle une surabondance de nourriture dans le temps que commence la puberté ; celle de la femelle est encore plus précoce, et cette surabondance y est même plus marquée par cette évacuation périodique qui commence et finit en même temps que la puissance d'engendrer, par le prompt accroissement du sein, et par un changement dans les parties de la génération, que nous expliquerons dans la suite [a].

Je pense donc que les molécules organiques renvoyées de toutes les parties du corps dans les testicules et dans les vésicules séminales du mâle, et dans les testicules ou dans telle autre partie qu'on voudra de la femelle, y forment la liqueur séminale, laquelle, dans l'un et l'autre sexe, est, comme l'on voit, une espèce d'extrait de toutes les parties du corps : ces molécules organiques, au lieu de se réunir et de former dans l'individu même de petits corps organisés semblables au grand, comme dans le puceron et dans l'oignon, ne peuvent ici se réunir en effet que quand les liqueurs séminales des deux sexes se mêlent ; et lorsque dans le mélange qui s'en fait il se trouve plus de molécules organiques du mâle que de la femelle, il

<hr>

a. Voyez ci-après, l'Histoire naturelle de l'homme, chap. II.

en résulte un mâle ; au contraire, s'il y a plus de particules organiques de la femelle que du mâle, il se forme une petite femelle.

Au reste, je ne dis pas que dans chaque individu mâle et femelle les molécules organiques renvoyées de toutes les parties du corps ne se réunissent pas pour former dans ces mêmes individus de petits corps organisés : ce que je dis c'est que lorsqu'ils sont réunis, soit dans le mâle, soit dans la femelle, tous ces petits corps organisés ne peuvent pas se développer d'eux-mêmes, qu'il faut que la liqueur du mâle rencontre celle de la femelle, et qu'il n'y a en effet que ceux qui se forment dans le mélange des deux liqueurs séminales qui puissent se développer ; ces petits corps mouvants, auxquels on a donné le nom d'animaux spermatiques, qu'on voit au microscope dans la liqueur séminale de tous les animaux mâles, sont peut-être de petits corps organisés provenant de l'individu qui les contient, mais qui d'eux-mêmes ne peuvent se développer ni rien produire ; nous ferons voir qu'il y en a de semblables dans la liqueur séminale des femelles ; nous indiquerons l'endroit où l'on trouve cette liqueur de la femelle ; mais quoique la liqueur du mâle et celle de la femelle contiennent toutes deux des espèces de petits corps vivants et organisés, elles ont besoin l'une de l'autre pour que les molécules organiques qu'elles contiennent puissent se réunir et former un animal.

On pourrait dire qu'il est très-possible, et même fort vraisemblable, que les molécules organiques ne produisent d'abord par leur réunion qu'une espèce d'ébauche de l'animal, un petit corps organisé, dans lequel il n'y a que les parties essentielles qui soient formées ; nous n'entrerons pas actuellement dans le détail de nos preuves à cet égard ; nous nous contenterons de remarquer que les prétendus animaux spermatiques dont nous venons de parler pourraient bien n'être que très-peu organisés ; qu'ils ne sont, tout au plus, que l'ébauche d'un être vivant ; ou, pour le dire plus clairement, ces prétendus animaux ne sont que les parties organiques vivantes dont nous avons parlé [1], qui sont communes aux animaux et aux végétaux, ou, tout au plus, ils ne sont que la première réunion de ces parties organiques.

Mais revenons à notre principal objet. Je sens bien qu'on pourra me faire des difficultés particulières du même genre que la difficulté générale, à laquelle j'ai répondu dans le chapitre précédent. Comment concevez-vous, me dira-t-on, que les particules organiques superflues puissent être renvoyées de toutes les parties du corps, et ensuite qu'elles puissent se réunir lorsque les liqueurs séminales des deux sexes sont mêlées ? D'ailleurs, est-on sûr que ce mélange se fasse ? n'a-t-on pas même prétendu que la femelle ne fournissait aucune liqueur vraiment séminale ? est-il certain que celle du mâle entre dans la matrice ? etc.

---

1. Voyez la note de la page 442.

Je réponds à la première question que, si l'on a bien entendu ce que j'ai dit au sujet de la pénétration du moule intérieur par les molécules organiques dans la nutrition ou le développement, on concevra facilement que ces molécules organiques, ne pouvant plus pénétrer les parties qu'elles pénétraient auparavant, elles seront nécessitées de prendre une autre route, et par conséquent d'arriver quelque part, comme dans les testicules et les vésicules séminales, et qu'ensuite elles se peuvent réunir pour former un petit être organisé, par la même puissance qui leur faisait pénétrer les différentes parties du corps auxquelles elles étaient analogues; car vouloir, comme je l'ai dit, expliquer l'économie animale et les différents mouvements du corps humain, soit celui de la circulation du sang ou celui des muscles, etc., par les seuls principes mécaniques auxquels les modernes voudraient borner la philosophie, c'est précisément la même chose que si un homme, pour rendre compte d'un tableau, se faisait boucher les yeux et nous racontait tout ce que le toucher lui ferait sentir sur la toile du tableau; car il est évident que ni la circulation du sang, ni le mouvement des muscles, ni les fonctions animales, ne peuvent s'expliquer par l'impulsion ni par les autres lois de la mécanique ordinaire; il est tout aussi évident que la nutrition, le développement et la reproduction se font par d'autres lois. Pourquoi donc ne veut-on pas admettre des forces pénétrantes et agissantes sur les masses des corps, puisque d'ailleurs nous en avons des exemples dans la pesanteur des corps, dans les attractions magnétiques, dans les affinités chimiques? et comme nous sommes arrivés, par la force des faits et par la multitude et l'accord constant et uniforme des observations, au point d'être assurés qu'il existe dans la nature des forces qui n'agissent pas par la voie d'impulsion, pourquoi n'emploierions-nous pas ces forces comme principes mécaniques? pourquoi les exclurions-nous de l'explication des phénomènes que nous savons qu'elles produisent? pourquoi veut-on se réduire à n'employer que la force d'impulsion? n'est-ce pas vouloir juger du tableau par le toucher? n'est-ce pas vouloir expliquer les phénomènes de la masse par ceux de la surface, la force pénétrante par l'action superficielle? n'est-ce pas vouloir se servir d'un sens, tandis que c'est un autre qu'il faut employer? n'est-ce pas enfin borner volontairement sa faculté de raisonner sur autre chose que sur les effets qui dépendent de ce petit nombre de principes mécaniques auxquels on s'est réduit?

Mais ces forces étant une fois admises, n'est-il pas très-naturel d'imaginer que les parties les plus analogues seront celles qui se réuniront et se lieront ensemble intimement; que chaque partie du corps s'appropriera les molécules les plus convenables, et que du superflu de toutes ces molécules il se formera une matière séminale qui contiendra réellement toutes les molécules nécessaires pour former un petit corps organisé, semblable en tout à celui dont cette matière séminale est l'extrait? une force toute semblable à

celle qui était nécessaire pour les faire pénétrer dans chaque partie et produire le développement, ne suffit-elle pas pour opérer la réunion de ces
molécules organiques, et les assembler en effet en forme organisée et
semblable à celle du corps dont elles sont extraites?

Je conçois donc que dans les aliments que nous prenons il y a une grande
quantité de molécules organiques, et cela n'a pas besoin d'être prouvé, puisque nous ne vivons que d'animaux ou de végétaux, lesquels sont des êtres
organisés : je vois que dans l'estomac et les intestins il se fait une séparation
des parties grossières et brutes qui sont rejetées par les voies excrétoires ;
le chyle, que je regarde comme l'aliment divisé, et dont la dépuration est
commencée, entre dans les veines lactées, et de là est porté dans le sang
avec lequel il se mêle ; le sang transporte ce chyle dans toutes les parties du
corps ; il continue à se dépurer, par le mouvement de la circulation, de tout
ce qui lui restait de molécules non organiques ; cette matière brute et étrangère est chassée par ce mouvement, et sort par les voies des sécrétions et
de la transpiration ; mais les molécules organiques restent, parce qu'en
effet elles sont analogues au sang, et que dès lors il y a une force d'affinité
qui les retient. Ensuite, comme toute la masse du sang passe plusieurs fois
dans toute l'habitude du corps, je conçois que dans ce mouvement de circulation continuelle chaque partie du corps attire à soi les molécules les
plus analogues, et laisse aller celles qui le sont le moins ; de cette façon
toutes les parties se développent et se nourrissent, non pas, comme on le
dit ordinairement, par une simple addition de parties et par une augmentation superficielle, mais par une pénétration intime, produite par une
force qui agit dans tous les points de la masse ; et lorsque les parties du
corps sont au point de développement nécessaire, et qu'elles sont presque
entièrement remplies de ces molécules analogues, comme leur substance
est devenue plus solide, je conçois qu'elles perdent la faculté d'attirer ou
de recevoir ces molécules, et alors la circulation continuera de les emporter
et de les présenter successivement à toutes les parties du corps, lesquelles
ne pouvant plus les admettre, il est nécessaire qu'il s'en fasse un dépôt
quelque part, comme dans les testicules et les vésicules séminales. Ensuite
cet extrait du mâle, étant porté dans l'individu de l'autre sexe, se mêle
avec l'extrait de la femelle, et, par une force semblable à la première, les
molécules qui se conviennent le mieux se réunissent, et forment par cette
réunion un petit corps organisé semblable à l'un ou à l'autre de ces individus, auquel il ne manque plus que le développement qui se fait ensuite
dans la matrice de la femelle.

La seconde question, savoir si la femelle a en effet une liqueur séminale,
demande un peu de discussion : quoique nous soyons en état d'y satisfaire
pleinement, j'observerai, avant tout, comme une chose certaine, que la
manière dont se fait l'émission de la semence de la femelle est moins mar

quée que dans le mâle ; car cette émission se fait ordinairement en dedans : *Quod intrà se semen jacit, fœmina vocatur; quod in hac jacit, mas*, dit Aristote, art. 18 *de Animalibus*. Les anciens, comme l'on voit, doutaient si peu que les femelles eussent une liqueur séminale, que c'était par la différence de l'émission de cette liqueur qu'ils distinguaient le mâle de la femelle; mais les physiciens, qui ont voulu expliquer la génération par les œufs ou par les animaux spermatiques, ont insinué que les femelles n'avaient point de liqueur séminale, que comme elles répandent différentes liqueurs on a pu se tromper si l'on a pris pour la liqueur séminale quelques-unes de ces liqueurs, et que la supposition des anciens sur l'existence d'un liqueur séminale dans la femelle était destituée de tout fondement : cependant cette liqueur existe[1], et, si l'on en a douté, c'est qu'on a mieux aimé se livrer à l'esprit de système que de faire des observations, et que d'ailleurs il n'était pas aisé de reconnaître précisément quelles parties servent de réservoir à cette liqueur séminale de la femelle; celle qui part des glandes, qui sont au col de la matrice et aux environs de l'orifice de l'urètre, n'a pas de réservoir marqué, et comme elle s'écoule au dehors, on pourrait croire qu'elle n'est pas la liqueur prolifique, puisqu'elle ne concourt pas à la formation du fœtus, qui se fait dans la matrice; la vraie liqueur séminale de la femelle doit avoir un autre réservoir, et elle réside en effet dans une autre partie, comme nous le ferons voir; elle est même assez abondante, quoiqu'il ne soit pas nécessaire qu'elle soit en grande quantité, non plus que celle du mâle, pour produire un embryon ; il suffit qu'une petite quantité de cette liqueur mâle puisse entrer dans la matrice, soit par son orifice, soit à travers le tissu membraneux de cette partie, pour pouvoir former un fœtus, si cette liqueur mâle rencontre la plus petite goutte de la liqueur femelle; ainsi les observations de quelques anatomistes, qui ont prétendu que la liqueur séminale du mâle n'entrait point dans la matrice, ne font rien contre ce que nous avons dit, d'autant plus que d'autres anatomistes, fondés sur d'autres observations, ont prétendu le contraire : mais tout ceci sera discuté et développé avantageusement dans la suite.

Après avoir satisfait aux objections, voyons les raisons qui peuvent servir de preuves à notre explication. La première se tire de l'analogie qu'il y a entre le développement et la reproduction; l'on ne peut pas expliquer le développement d'une manière satisfaisante, sans employer les forces pénétrantes et les affinités ou attractions que nous avons employées pour expliquer la formation des petits êtres organisés semblables aux grands. Une seconde analogie, c'est que la nutrition et la reproduction sont toutes deux non-seulement produites par la même cause efficiente, mais encore par la même cause matérielle ; ce sont les parties organiques

---

1. Voyez, ci-après, les notes du chapitre vi.

de la nourriture qui servent à toutes deux, et la preuve que c'est le superflu de la matière qui sert au développement qui est le sujet matériel de la reproduction, c'est que le corps ne commence à être en état de produire que quand il a fini de croître ; et l'on voit tous les jours dans les chiens et les autres animaux, qui suivent plus exactement que nous les lois de la nature, que tout leur accroissement est pris avant qu'ils cherchent à se joindre, et dès que les femelles deviennent en chaleur ou que les mâles commencent à chercher la femelle, leur développement est achevé en entier, ou du moins presque en entier : c'est même une remarque pour connaître si un chien grossira ou non, car on peut être assuré que, s'il est en état d'engendrer, il ne croîtra presque plus.

Une troisième raison qui me paraît prouver que c'est le superflu de la nourriture qui forme la liqueur séminale, c'est que les eunuques et tous les animaux mutilés grossissent plus que ceux auxquels il ne manque rien ; la surabondance de la nourriture, ne pouvant être évacuée faute d'organes, change l'habitude de leurs corps ; les hanches et les genoux des eunuques grossissent, la raison m'en paraît évidente : après que leur corps a pris l'accroissement ordinaire, si les molécules organiques superflues trouvaient une issue, comme dans les autres hommes, cet accroissement n'augmenterait pas davantage ; mais comme il n'y a plus d'organes pour l'émission de la liqueur séminale, cette même liqueur, qui n'est que le superflu de la matière qui servait à l'accroissement, reste et cherche encore à développer davantage les parties : or on sait que l'accroissement des os se fait par les extrémités qui sont molles et spongieuses, et que, quand les os ont une fois pris de la solidité, ils ne sont plus susceptibles de développement ni d'extension ; et c'est par cette raison que ces molécules superflues ne continuent à développer que les extrémités spongieuses des os, ce qui fait que les hanches, les genoux, etc., des eunuques grossissent considérablement, parce que les extrémités sont en effet les dernières parties qui s'ossifient.

Mais ce qui prouve plus fortement que tout le reste la vérité de notre explication, c'est la ressemblance des enfants à leurs parents : le fils ressemble, en général, plus à son père qu'à sa mère, et la fille plus à sa mère qu'à son père, parce qu'un homme ressemble plus à un homme qu'à une femme, et qu'une femme ressemble plus à une femme qu'à un homme pour l'habitude totale du corps ; mais pour les traits et pour les habitudes particulières, les enfants ressemblent tantôt au père, tantôt à la mère, quelquefois même ils ressemblent à tous deux ; ils auront, par exemple, les yeux du père et la bouche de la mère, ou le teint de la mère et la taille du père, ce qu'il est impossible de concevoir, à moins d'admettre que les deux parents ont contribué à la formation du corps de l'enfant, et que par conséquent il y a eu un mélange des deux liqueurs séminales.

J'avoue que je me suis fait à moi-même beaucoup de difficultés sur les ressemblances, et qu'avant que j'eusse examiné mûrement la question de la génération, je m'étais prévenu de certaines idées d'un système mixte où j'employais les vers spermatiques et les œufs des femelles, comme premières parties organiques qui formaient le point vivant, auquel par des forces d'attractions je supposais, comme Harvey, que les autres parties venaient se joindre dans un ordre symétrique et relatif; et comme dans ce système il me semblait que je pouvais expliquer d'une manière vraisemblable tous les phénomènes, à l'exception des ressemblances, je cherchais des raisons pour les combattre et pour en douter, et j'en avais même trouvé de très-spécieuses, et qui m'ont fait illusion longtemps, jusqu'à ce qu'ayant pris la peine d'observer moi-même, et avec toute l'exactitude dont je suis capable, un grand nombre de familles, et surtout les plus nombreuses, je n'ai pu résister à la multiplicité des preuves, et ce n'est qu'après m'être pleinement convaincu à cet égard, que j'ai commencé à penser différemment et à tourner mes vues du côté que je viens de les présenter.

D'ailleurs, quoique j'eusse trouvé des moyens pour échapper aux arguments qu'on m'aurait faits au sujet des mulâtres, des métis et des mulets, que je croyais devoir regarder, les uns comme des variétés superficielles, et les autres comme des monstruosités, je ne pouvais m'empêcher de sentir que toute explication où l'on ne peut rendre raison de ces phénomènes ne pouvait être satisfaisante. Je crois n'avoir pas besoin d'avertir combien cette ressemblance aux parents, ce mélange de parties de la même espèce dans les métis, ou de deux espèces différentes dans les mulets, confirment mon explication.

Je vais maintenant en tirer quelques conséquences. Dans la jeunesse, la liqueur séminale est moins abondante, quoique plus provocante; sa quantité augmente jusqu'à un certain âge, et cela parce qu'à mesure qu'on avance en âge les parties du corps deviennent plus solides, admettent moins de nourriture, en renvoient par conséquent une plus grande quantité, ce qui produit une plus grande abondance de liqueur séminale: aussi lorsque les organes extérieurs ne sont pas usés, les personnes du moyen âge, et même les vieillards, engendrent plus aisément que les jeunes gens; ceci est évident dans le genre végétal, plus un arbre est âgé, plus il produit de fruit ou de graine, par la même raison que nous venons d'exposer.

Les jeunes gens qui s'épuisent, et qui par des irritations forcées déterminent vers les organes de la génération une plus grande quantité de liqueur séminale qu'il n'en arriverait naturellement, commencent par cesser de croître; ils maigrissent et tombent enfin dans le marasme, et cela parce qu'ils perdent par des évacuations trop souvent réitérées la substance nécessaire à leur accroissement et à la nutrition de toutes les parties de leur corps.

Ceux dont le corps est maigre sans être décharné, ou charnu sans être gras, sont beaucoup plus vigoureux que ceux qui deviennent gras; et dès que la surabondance de la nourriture a pris cette route et qu'elle commence à former de la graisse, c'est toujours aux dépens de la quantité de la liqueur séminale et des autres facultés de la génération. Aussi lorsque non-seulement l'accroissement de toutes les parties du corps est entièrement achevé, mais que les os sont devenus solides dans toutes leurs parties, que les cartilages commencent à s'ossifier, que les membranes ont pris toute la solidité qu'elles pouvaient prendre, que toutes les fibres sont devenues dures et raides, et qu'enfin toutes les parties du corps ne peuvent presque plus admettre de nourriture, alors la graisse augmente considérablement, et la quantité de la liqueur séminale diminue, parce que le superflu de la nourriture s'arrête dans toutes les parties du corps, et que les fibres, n'ayant presque plus de souplesse et de ressort, ne peuvent plus le renvoyer, comme auparavant, dans les réservoirs de la génération.

La liqueur séminale non-seulement devient, comme je l'ai dit, plus abondante jusqu'à un certain âge, mais elle devient aussi plus épaisse, et sous le même volume elle contient une plus grande quantité de matière, par la raison que l'accroissement du corps diminuant toujours à mesure qu'on avance en âge, il y a une plus grande surabondance de nourriture, et par conséquent une masse plus considérable de liqueur séminale. Un homme accoutumé à observer, et qui ne m'a pas permis de le nommer, m'a assuré que, volume pour volume, la liqueur séminale est près d'une fois plus pesante que le sang, et par conséquent plus pesante spécifiquement qu'aucune autre liqueur du corps.

Lorsqu'on se porte bien, l'évacuation de la liqueur séminale donne de l'appétit, et on sent bientôt le besoin de réparer par une nourriture nouvelle la perte de l'ancienne : d'où l'on peut conclure que la pratique de mortification la plus efficace contre la luxure est l'abstinence et le jeûne.

Il me reste beaucoup d'autres choses à dire sur ce sujet, que je renvoie au chapitre de l'histoire de l'homme; mais, avant que de finir celui-ci, je crois devoir faire encore quelques observations. La plupart des animaux ne cherchent la copulation que quand leur accroissement est pris presque en entier; ceux qui n'ont qu'un temps pour le rut ou pour le frai n'ont de liqueur séminale que dans ce temps. Un habile observateur[a] a vu se former sous ses yeux non-seulement cette liqueur

a. M. Needham : *New microscopical Discoveries.* London, 1745.

dans la laite du calmar, mais même les petits corps mouvants et organisés en forme de pompe[1], les animaux spermatiques, et la laite elle-même ; il n'y en a point dans la laite jusqu'au mois d'octobre, qui est le temps du frai du calmar sur les côtes de Portugal, où il a fait cette observation ; et dès que le temps du frai est passé, on ne voit plus ni liqueur séminale ni vers spermatiques dans la laite qui se ride, se dessèche et s'oblitère, jusqu'à ce que, l'année suivante, le superflu de la nourriture vient former une nouvelle laite et la remplir comme l'année précédente. Nous aurons occasion de faire voir dans l'histoire du cerf les différents effets du rut ; le plus général est l'exténuation de l'animal, et dans les espèces d'animaux dont le rut ou le frai n'est pas fréquent et ne se fait qu'à de grands intervalles de temps, l'exténuation du corps est d'autant plus grande que l'intervalle du temps est plus considérable.

Comme les femmes sont plus petites et plus faibles que les hommes, qu'elles sont d'un tempérament plus délicat et qu'elles mangent beaucoup moins, il est assez naturel d'imaginer que le superflu de la nourriture n'est pas aussi abondant dans les femmes que dans les hommes, surtout ce superflu organique qui contient une si grande quantité de matière essentielle ; dès lors elles auront moins de liqueur séminale ; cette liqueur sera aussi plus faible et aura moins de substance que celle de l'homme ; et puisque la liqueur séminale des femelles contient moins de parties organiques que celle des mâles, ne doit-il pas résulter du mélange des deux liqueurs un plus grand nombre de mâles que de femelles ? C'est aussi ce qui arrive, et dont on croyait qu'il était impossible de donner une raison. Il naît environ un seizième d'enfants mâles de plus que de femelles, et on verra dans la suite que la même cause produit le même effet dans toutes les espèces d'animaux sur lesquelles on a pu faire cette observation.

CHAPITRE V.

EXPOSITION DES SYSTÈMES SUR LA GÉNÉRATION.

Platon, dans le *Timée*, explique non-seulement la génération de l'homme, des animaux, des plantes, des éléments, mais même celle du ciel et des dieux, par des simulacres réfléchis et par des images extraites de la Divinité créatrice, lesquelles par un mouvement harmonique se sont arrangées selon les propriétés des nombres dans l'ordre le plus

---

1. Petits *étuis* qui, dans le *calmar* et les autres mollusques *Céphalopodes*, contiennent la *liqueur prolifique*, et qui, sitôt qu'ils touchent l'eau, éclatent, en répandant la *liqueur* dont ils sont remplis.

parfait. L'univers, selon lui, est un exemplaire de la Divinité ; le temps, l'espace, le mouvement, la matière, sont des images de ses attributs; les causes secondes et particulières sont des dépendances des qualités numériques et harmoniques de ces simulacres. Le monde est l'animal par excellence, l'être animé le plus parfait; pour avoir la perfection complète il était nécessaire qu'il contint tous les autres animaux, c'est-à-dire toutes les représentations possibles et toutes les formes imaginables de la faculté créatrice : nous sommes l'une de ces formes. L'essence de toute génération consiste dans l'unité d'harmonie du nombre trois, ou du triangle : celui qui engendre, celui dans lequel on engendre, et celui qui est engendré. La succession des individus dans les espèces n'est qu'une image fugitive de l'éternité immuable de cette harmonie triangulaire, prototype universel de toutes les existences et de toutes les générations; c'est pour cela qu'il a fallu deux individus pour en produire un troisième, c'est là ce qui constitue l'ordre essentiel du père et de la mère, et la relation du fils.

Ce philosophe est un peintre d'idées [1]; c'est une âme qui, dégagée de la matière, s'élève dans le pays des abstractions, perd de vue les objets sensibles, n'aperçoit, ne contemple et ne rend que l'intellectuel. Une seule cause, un seul but, un seul moyen, font le corps entier de ses perceptions : Dieu comme cause, la perfection comme but, les représentations harmoniques comme moyens. Quelle idée plus sublime! quel plan de philosophie plus simple! quelles vues plus nobles! mais quel vide! quel désert de spéculations! Nous ne sommes pas en effet de pures intelligences, nous n'avons pas la puissance de donner une existence réelle aux objets dont notre âme est remplie ; liés à la matière, ou plutôt dépendants de ce qui cause nos sensations, le réel ne sera jamais produit par l'abstrait. Je réponds à Platon dans sa langue : « Le Créateur « réalise tout ce qu'il conçoit, ses perceptions engendrent l'existence ; l'être « créé n'aperçoit au contraire qu'en retranchant à la réalité, et le néant « est la production de ses idées. »

Rabaissons-nous donc sans regret à une philosophie plus matérielle, et, en nous tenant dans la sphère où la nature semble nous avoir confinés, examinons les démarches téméraires et le vol rapide de ces esprits qui veulent en sortir. Toute cette philosophie pythagoricienne, purement intellectuelle, ne roule que sur deux principes, dont l'un est faux et l'autre précaire; ces deux principes sont la puissance réelle des abstractions, et l'existence actuelle des causes finales. Prendre les nombres pour des êtres réels, dire que l'unité numérique est un individu général, qui nonseulement représente en effet tous les individus, mais même qui peut leur communiquer l'existence, prétendre que cette unité numérique a de plus

1. *Un peintre d'idées!...* Que cette expression est belle, et qu'on pourrait bien, dans plus d'un cas, l'appliquer à Buffon lui-même!

l'exercice actuel de la puissance d'engendrer réellement une autre unité numérique à peu près semblable à elle-même, constituer par là deux individus, deux côtés d'un triangle, qui ne peuvent avoir de lien et de perfection que par le troisième côté de ce triangle, par un troisième individu qu'ils engendrent nécessairement ; regarder les nombres, les lignes géométriques, les abstractions métaphysiques, comme des causes efficientes, réelles et physiques, en faire dépendre la formation des éléments, la génération des animaux et des plantes, et tous les phénomènes de la nature, me paraît être le plus grand abus qu'on pût faire de la raison, et le plus grand obstacle qu'on pût mettre à l'avancement de nos connaissances. D'ailleurs, quoi de plus faux que de pareilles suppositions? J'accorderai, si l'on veut, au divin Platon et au presque divin Malebranche (car Platon l'eût regardé comme son simulacre en philosophie) que la matière n'existe pas réellement, que les objets extérieurs ne sont que des effigies idéales de la faculté créatrice, que nous voyons tout en Dieu : en peut-il résulter que nos idées soient du même ordre que celles du Créateur, qu'elles puissent en effet produire des existences? Ne sommes-nous pas dépendants de nos sensations? Que les objets qui les causent soient réels ou non, que cette cause de nos sensations existe au dehors ou au dedans de nous, que ce soit dans Dieu ou dans la matière que nous voyons tout, que nous importe? en sommes-nous moins sûrs d'être affectés toujours de la même façon par de certaines causes, et toujours d'une autre façon par d'autres? Les rapports de nos sensations n'ont-ils pas une suite, un ordre d'existence, et un fondement de relation nécessaire entre eux? C'est donc cela qui doit constituer les principes de nos connaissances, c'est là l'objet de notre philosophie, et tout ce qui ne se rapporte point à cet objet sensible est vain, inutile et faux dans l'application. La supposition d'une harmonie triangulaire peut-elle faire la substance des éléments? la forme du feu est-elle, comme le dit Platon, un triangle aigu, et la lumière et la chaleur des propriétés de ce triangle? L'air et l'eau sont-ils des triangles rectangles et équilatéraux? et la forme de l'élément terrestre est-elle un carré, parce qu'étant le moins parfait des quatre éléments, il s'éloigne du triangle autant qu'il est possible, sans cependant en perdre l'essence? Le père et la mère n'engendrent-ils un enfant que pour terminer un triangle? Ces idées platoniciennes, grandes au premier coup d'œil, ont deux aspects bien différents : dans la spéculation elles semblent partir de principes nobles et sublimes, dans l'application elles ne peuvent arriver qu'à des conséquences fausses et puériles.

Est-il bien difficile en effet de voir que nos idées ne viennent que par les sens, que les choses que nous regardons comme réelles et comme existantes sont celles dont nos sens nous ont toujours rendu le même témoignage dans toutes les occasions, que celles que nous prenons pour certaines sont celles qui arrivent et qui se présentent toujours de la même façon ; que cette façon dont elles se présentent ne dépend pas de nous, non plus que la forme sous laquelle elles se présentent ; que par conséquent nos idées, bien loin de pouvoir être les causes des choses, n'en sont que les effets, et des effets très-particuliers, des effets d'autant moins semblables à la chose particulière, que nous les généralisons davantage ; qu'enfin nos abstractions mentales ne sont que des êtres négatifs, qui n'existent, même intellectuellement, que par le retranchement que nous faisons des qualités sensibles aux êtres réels?

Dès lors, ne voit-on pas que les abstractions ne peuvent jamais devenir des principes ni d'existence ni de connaissances réelles, qu'au contraire ces connaissances ne peuvent venir que des résultats de nos sensations comparés, ordonnés et suivis, que ces résultats sont ce qu'on appelle l'expérience, source unique de toute science réelle, que l'emploi de tout autre principe est un abus, et que tout édifice bâti sur des idées abstraites est un temple élevé à l'erreur?

Le faux porte en philosophie une signification bien plus étendue qu'en morale. Dans la morale, une chose est fausse uniquement parce qu'elle n'est pas de la façon dont on la représente ; le faux métaphysique consiste non-seulement à n'être pas de la façon dont on le représente, mais même à ne pouvoir être d'une façon quelconque ; c'est dans cette espèce d'erreur du premier ordre que sont tombés les platoniciens, les sceptiques et les égoïstes, chacun selon les objets qu'ils ont considérés : aussi leurs fausses suppositions ont-elles obscurci la lumière naturelle de la vérité, offusqué la raison, et retardé l'avancement de la philosophie.

Le second principe employé par Platon et par la plupart des spéculatifs que je viens de citer, principe même adopté du vulgaire et de quelques philosophes modernes, sont les causes finales : cependant pour réduire ce principe à sa juste valeur, il ne faut qu'un moment de réflexion ; dire qu'il y a de la lumière parce que nous avons des yeux, qu'il y a des sons parce que nous avons des oreilles, ou dire que nous avons des oreilles et des yeux parce qu'il y a de la lumière et des sons, n'est-ce pas dire la même chose, ou plutôt que dit-on [1]? trouvera-t-on jamais rien par cette voie d'explication? ne voit-on pas que ces causes finales ne sont que des rapports arbitraires et des abstractions morales, lesquelles devraient encore imposer moins que les abstractions métaphysiques? car leur origine est moins noble et plus mal

---

1. Assurément, dire cela serait ne rien dire ; mais dire, ou plutôt prouver que tout est disposé, dans l'œil, pour *voir*, et, dans l'oreille, pour *entendre*, est-ce aussi ne rien dire? **Et si** tout est disposé dans l'œil pour *voir* et dans l'oreille pour *entendre*, chaque *cause* est donc disposée pour sa *fin* : il y a donc des *causes finales*. L'œil, dit admirablement Linné, prouve le *dessein médité* de celui qui a fait l'œil, et qui sans doute *voyait* ; l'oreille prouve *l'intention finale* de celui qui a fait l'oreille, et qui *entendait* : *Nam qui aurem formavit, nonne audiret, et qui oculum fecit, nonne is videret?*

imaginée, et quoique Leibnitz les ait élevées au plus haut point sous le nom de raison suffisante, et que Platon les ait représentées par le portrait le plus flatteur sous le nom de la perfection, cela ne peut pas leur faire perdre à nos yeux ce qu'elles ont de petit et de précaire : en connait-on mieux la nature et ses effets quand on sait que rien ne se fait sans une raison suffisante, ou que tout se fait en vue de la perfection? Qu'est-ce que la raison suffisante? qu'est-ce que la perfection? ne sont-ce pas des êtres moraux créés par des vues purement humaines? Ne sont-ce pas des rapports arbitraires que nous avons généralisés? sur quoi sont-ils fondés? sur des convenances morales, lesquelles, bien loin de pouvoir rien produire de physique et de réel, ne peuvent qu'altérer la réalité et confondre les objets de nos sensations, de nos perceptions et de nos connaissances avec ceux de nos sentiments, de nos passions et de nos volontés.

Il y aurait beaucoup de choses à dire sur ce sujet, aussi bien que sur celui des abstractions métaphysiques; mais je ne prétends pas faire ici un traité de philosophie, et je reviens à la physique que les idées de Platon sur la génération universelle m'avaient fait oublier. Aristote, aussi grand philosophe que Platon, et bien meilleur physicien, au lieu de se perdre comme lui dans la région des hypothèses, s'appuie au contraire sur des observations, rassemble des faits, et parle une langue plus intelligible : la matière, qui n'est qu'une capacité de recevoir les formes, prend dans la génération une forme semblable à celle des individus qui la fournissent; et à l'égard de la génération particulière des animaux qui ont des sexes, son sentiment est que le mâle fournit seul le principe prolifique, et que la femelle ne donne rien qu'on puisse regarder comme tel. (Voyez *Arist. de gen.*, lib. I, cap. xx, et lib. II, cap. IV.) Car quoiqu'il dise ailleurs, en parlant des animaux en général, que la femelle répand une liqueur séminale au dedans de soi-même, il paraît qu'il ne regarde pas cette liqueur séminale comme un principe prolifique, et cependant, selon lui, la femelle fournit toute la matière nécessaire à la génération; cette matière est le sang menstruel qui sert à la formation, au développement et à la nourriture du fœtus, mais le principe efficient existe seulement dans la liqueur séminale du mâle, laquelle n'agit pas comme matière, mais comme cause. Averroès, Avicenne, et plusieurs autres philosophes qui ont suivi le sentiment d'Aristote, ont cherché des raisons pour prouver que les femelles n'avaient point de liqueur prolifique; ils ont dit que comme les femelles avaient la liqueur menstruelle, et que cette liqueur était nécessaire et suffisante à la génération, il ne paraissait pas naturel de leur en accorder une autre, et qu'on pouvait penser que ce sang menstruel est en effet la seule liqueur fournie par les femelles pour la génération, puisqu'elle commençait à paraître dans le temps de la puberté, comme la liqueur séminale du mâle commence aussi à paraître dans ce temps : d'ailleurs, disent-ils, si la femelle a réellement une liqueur séminale et prolifique, comme celle du mâle, pourquoi les femelles ne produisent-elles pas d'elles-mêmes et sans l'approche du mâle, puisqu'elles contiennent le principe prolifique aussi bien que la matière nécessaire pour la nourriture et pour le développement de l'embryon? cette dernière raison me semble être la seule qui mérite quelque attention. Le sang menstruel paraît être en effet nécessaire à l'accomplissement de la génération, c'est-à-dire à l'entretien, à la nourriture et au développement du fœtus, mais il peut bien n'avoir aucune part à la première formation qui doit se faire par le mélange de deux liqueurs également prolifiques; les femelles peuvent donc avoir, comme les mâles, une liqueur séminale prolifique pour la formation de l'embryon, et elles auront de plus ce sang menstruel pour la nourriture et le développement du fœtus; mais il est vrai qu'on serait assez porté à imaginer que la femelle ayant en effet une liqueur séminale qui est un extrait, comme nous l'avons dit, de toutes les parties de son corps, et ayant de plus tous les moyens nécessaires pour le développement, elle devrait produire d'elle-même des femelles sans communication avec le mâle; il faut même avouer que cette raison métaphysique, que donnent les Aristotéliciens pour prouver que les femelles n'ont point de liqueur prolifique, peut devenir l'objection la plus considérable qu'on puisse faire contre tous les systèmes de la génération, et en particulier contre notre explication : voici cette objection.

Supposons, me dira-t-on, comme vous croyez l'avoir prouvé, que ce soit le superflu des molécules organiques semblables à chaque partie du corps, qui, ne pouvant plus être admis dans ces parties pour les développer, en est renvoyé dans les testicules et les vésicules séminales du mâle, pourquoi, par les forces d'affinité que vous avez supposées, ne forment-elles pas là de petits êtres organisés semblables en tout au mâle? et de même pourquoi les molécules organiques, renvoyées de toutes les parties du corps de la femelle dans les testicules ou dans la matrice de la femelle, ne forment-elles pas aussi des corps organisés semblables en tout à la femelle? et si vous me répondez qu'il y a apparence que les liqueurs séminales du mâle et de la femelle contiennent en effet chacune des embryons tout formés, que la liqueur du mâle ne contient que des mâles, que celle de la femelle ne contient que des femelles, mais que tous ces petits êtres organisés périssent faute de développement, et qu'il n'y a que ceux qui se forment actuellement par le mélange des deux liqueurs séminales qui puissent se développer et venir au monde, n'aura-t-on pas raison de vous demander pourquoi cette voie de génération, qui est la plus compliquée, la plus difficile et la moins abondante en production, est celle que la nature a préférée et préfère d'une manière si marquée que presque tous les animaux se multiplient par cette voie de la communication du mâle avec la femelle? car, à l'exception du puceron [1], du polype d'eau douce et des autres animaux qui peuvent se multiplier d'eux-mêmes ou par la division et la séparation des parties de leur corps, tous les autres animaux ne peuvent produire leur semblable que par la communication de deux individus.

Je me contenterai de répondre à présent que la chose étant en effet telle qu'on vient de le dire, les animaux, pour la plus grande partie, ne se produisant qu'au moyen du concours du mâle et de la femelle, l'objection devient une question de fait, à laquelle, comme nous l'avons dit dans le chapitre II, il n'y a d'autre solution à donner que celle du fait même. Pourquoi les animaux se produisent-ils par le concours des deux sexes? La réponse est, parce qu'ils se produisent en effet ainsi; mais, insistera-t-on, c'est la voie de reproduction la plus compliquée, même suivant votre explication. Je l'avoue, mais cette voie la plus compliquée pour nous est apparemment la plus simple pour la nature; et si, comme nous l'avons remarqué, il faut regarder comme le plus simple dans la nature ce qui arrive le plus souvent, cette voie de génération sera dès lors la plus simple, ce qui n'empêche pas que nous ne devions la juger comme la plus composée, parce que nous ne la jugeons pas en elle-même, mais seulement par rapport à nos idées et suivant les connaissances que nos sens et nos réflexions peuvent nous en donner.

Au reste, il est aisé de voir que ce sentiment particulier des Aristotéliciens, qui prétendaient que les femelles n'avaient aucune liqueur prolifique, ne peut pas subsister, si l'on fait attention aux ressemblances des enfants à la mère, des mulets à la femelle qui les produit, des métis et des mulâtres qui tous prennent autant et souvent plus de la mère que du père; si d'ailleurs on pense que les organes de la génération des femelles sont, comme ceux des mâles, conformés de façon à préparer et recevoir la liqueur séminale, on se persuadera facilement que cette liqueur doit exister, soit qu'elle réside dans les vaisseaux spermatiques, ou dans les testicules, ou dans les cornes de la matrice, ou que ce soit cette liqueur qui, lorsqu'on la provoque, sort par les lacunes de Graaf, tant aux environs du col de la matrice qu'aux environs de l'orifice externe de l'urètre.

Mais il est bon de développer ici plus en détail les idées d'Aristote au sujet de la génération des animaux, parce que ce grand philosophe est celui de tous les anciens qui a le plus écrit sur cette matière et qui l'a traitée le plus généralement. Il distingue les animaux en trois espèces : les uns qui ont du sang, et qui, à l'exception, dit-il, de quelques-uns, se multiplient tous par la copulation; les autres, qui n'ont point de sang [2], qui, étant mâles et femelles en même temps, produisent d'eux-mêmes et sans copulation, et enfin ceux qui viennent de pourriture et qui ne doivent

---

1. Voyez la note 2 de la page 429.
2. *Qui n'ont point de sang*, c'est-à-dire qui n'ont pas le *sang rouge*, dont le *sang est blanc*

pas leur origine à des parents de même espèce qu'eux. A mesure que j'exposerai ce que dit Aristote, je prendrai la liberté de faire les remarques nécessaires, et la première sera qu'on ne doit point admettre cette division; car, quoiqu'en effet toutes les espèces d'animaux qui ont du sang soient composées de mâles et de femelles, il n'est peut-être pas également vrai que les animaux qui n'ont point de sang soient pour la plupart en même temps mâles et femelles; car nous ne connaissons guère que le limaçon sur la terre, et les vers [1], qui soient dans ce cas, et qui soient en effet mâles et femelles, et nous ne pouvons pas assurer que tous les coquillages [2] aient les deux sexes à la fois, aussi bien que tous les autres animaux qui n'ont point de sang : c'est ce que l'on verra dans l'histoire particulière de ces animaux; et à l'égard de ceux qu'il dit provenir de la pourriture, comme il n'en fait pas l'énumération, il y aurait bien des exceptions à faire, car la plupart des espèces que les anciens croyaient engendrées par la pourriture, viennent ou d'un œuf ou d'un ver, comme les observateurs modernes s'en sont assurés [3].

Il fait ensuite une seconde division des animaux, savoir, ceux qui ont la faculté de se mouvoir progressivement, comme de marcher, de voler, de nager, et ceux qui ne peuvent se mouvoir progressivement. Tous ces animaux qui se meuvent et qui ont du sang ont des sexes; mais ceux qui, comme les huitres, sont adhérents, ou qui ne se meuvent presque pas, n'ont point de sexe [4] et sont à cet égard comme les plantes [5]; ce n'est, dit-il, que par la grandeur ou par quelque autre différence qu'on les a distingués en mâles et femelles. J'avoue qu'on n'est pas encore assuré que les coquillages aient des sexes; il y a dans l'espèce des huitres des individus féconds et d'autres individus qui ne le sont pas; les individus féconds se distinguent à cette bordure déliée qui environne le corps de l'huitre, et on les appelle les mâles [a]. Il nous manque sur cela beaucoup d'observations qu'Aristote pouvait avoir, mais dont il me parait qu'il donne ici un résultat trop général.

Mais suivons. Le mâle, selon Aristote, renferme le principe du mouvement génératif, et la femelle contient le matériel de la génération. Les organes qui servent à la fonction qui doit la précéder sont différents sui-

a. Voyez l'observation de M. Deslandes dans son *Traité de la marine*. Paris, 1747.

1. Le *limaçon* et le *ver de terre* sont, en effet, *hermaphrodites;* mais beaucoup d'autres animaux le sont aussi.

2. Tous les *coquillages* n'ont pas, il est vrai, *les deux sexes à la fois*, ne sont pas *hermaphrodites :* c'est pourtant le cas le plus général parmi les *coquillages*.

3. *La plupart des espèces que les anciens croyaient engendrées par la pourriture viennent d'un œuf ou d'un ver*. Elles viennent toutes d'un œuf : le ver lui-même vient d'un œuf (soit qu'on entende par ver les vers proprement dits, ou bien la *chenille*, la *larve des insectes*).

4. Les huitres sont *hermaphrodites*.

5. Les *plantes* ont des *sexes*. (Voyez la note 2 de la page 430).

vant les différentes espèces d'animaux : les principaux sont les testicules dans les mâles, et la matrice dans les femelles. Les quadrupèdes, les oiseaux et les cétacés ont des testicules; les poissons et les serpents en sont privés; mais ils ont deux conduits propres à recevoir la semence et à la préparer, et de même que ces parties essentielles sont doubles dans les mâles, les parties essentielles à la génération sont aussi doubles dans les femelles; ces parties servent dans les mâles à arrêter le mouvement de la portion du sang qui doit former la semence; il le prouve par l'exemple des oiseaux, dont les testicules se gonflent considérablement dans la saison de leurs amours, et qui après cette saison diminuent si fort qu'on a peine à les trouver.

Tous les animaux quadrupèdes, comme les chevaux, les bœufs, etc., qui sont couverts de poil, et les poissons cétacés, comme les dauphins et les baleines, sont vivipares[1]; mais les animaux *cartilagineux*[2] et les vipères ne sont pas vraiment vivipares, parce qu'ils produisent d'abord un œuf au dedans d'eux-mêmes, et ce n'est qu'après s'être développés dans cet œuf que les petits sortent vivants. Les animaux ovipares sont de deux espèces, ceux qui produisent des œufs parfaits, comme les oiseaux, les lézards, les tortues, etc. ; les autres qui ne produisent que des œufs imparfaits[3], comme les poissons, dont les œufs s'augmentent et se perfectionnent après qu'ils ont été répandus dans l'eau par la femelle, et à l'exception des oiseaux, dans les autres espèces d'animaux ovipares, les femelles sont ordinairement plus grandes que les mâles, comme dans les poissons, les lézards, etc.

Après avoir exposé ces variétés générales dans les animaux, Aristote commence à entrer en matière, et il examine d'abord le sentiment des anciens philosophes qui prétendaient que la semence, tant du mâle que de la femelle, provenait de toutes les parties de leur corps, et il se déclare contre ce sentiment, parce que, dit-il, quoique les enfants ressemblent assez souvent à leurs pères et mères, ils ressemblent aussi quelquefois à leurs aïeux, et que d'ailleurs ils ressemblent à leur père et à leur mère par la voix, par les cheveux, par les ongles, par leur maintien et par leur manière de marcher : or la semence, dit-il, ne peut pas venir des cheveux, de la voix, des ongles ou d'une qualité extérieure, comme est celle de

« 1. Les mamelles appartiennent, dit Aristote, à tout animal parfaitement vivipare, à ceux, « par exemple, qui ont des poils, comme l'homme, le cheval, etc., et aux cétacés, comme « le dauphin, le phoque, la baleine : ceux-ci ont, de même que les premiers, des mamelles et « du lait. » (*Histoire des animaux*, liv. III).

2. Les *animaux cartilagineux*, c'est-à-dire les *poissons cartilagineux* ou *chondroptérygiens*, dont plusieurs sont, en effet, *vivipares*, ou, plus exactement (et comme l'explique très-bien ici Buffon, d'après Aristote), *ovo-vivipares* : par exemple, les *requins*, les *milandres*, les *émissoles*, etc., etc. Plusieurs poissons *osseux* sont aussi *vivipares* : les *anableps*, quelques *blennies*, etc.

3. *Œufs imparfaits*. Tout œuf est *parfait*, c'est-à-dire *complet*, au moment où il est pondu : seulement les œufs des poissons ordinaires ne sont fécondés qu'après sa ponte.

marcher; donc les enfants ne ressemblent pas à leurs parents parce que la semence vient de toutes les parties de leurs corps, mais par d'autres raisons. Il me semble qu'il n'est pas nécessaire d'avertir ici de quelle faiblesse sont ces dernières raisons que donne Aristote pour prouver que la semence ne vient pas de toutes les parties du corps : j'observerai seulement qu'il m'a paru que ce grand homme cherchait exprès les moyens de s'éloigner du sentiment des philosophes qui l'avaient précédé; et je suis persuadé que quiconque lira son *Traité de la génération* avec attention reconnaîtra que le dessein formé de donner un système nouveau et différent de celui des anciens l'oblige à préférer toujours, et dans tous les cas, les raisons les moins probables, et à éluder, autant qu'il peut, la force des preuves, lorsqu'elles sont contraires à ses principes généraux de philosophie; car les deux premiers livres semblent n'être faits que pour tâcher de détruire ce sentiment des anciens, et on verrra bientôt que celui qu'il veut y substituer est beaucoup moins fondé.

Selon lui, la liqueur séminale du mâle est un excrément du dernier aliment, c'est-à-dire du sang, et les menstrues sont dans les femelles un excrément sanguin, le seul qui serve à la génération; les femelles, dit-il, n'ont point d'autre liqueur prolifique, il n'y a donc point de mélange de celle du mâle avec celle de la femelle, et il prétend le prouver, parce qu'il y a des femmes qui conçoivent sans aucun plaisir, que ce n'est pas le plus grand nombre de femmes qui répandent de la liqueur à l'extérieur dans la copulation, qu'en général celles qui sont brunes et qui ont l'air hommasse ne répandent rien, dit-il, et cependant n'engendrent pas moins que celles qui sont blanches et dont l'air est plus féminin, qui répandent beaucoup; ainsi, conclut-il, la femme ne fournit rien pour la génération que le sang menstruel : ce sang est la matière de la génération, et la liqueur séminale du mâle n'y contribue pas comme matière, mais comme forme; c'est la cause efficiente, c'est le principe du mouvement, elle est à la génération ce que le sculpteur est au bloc de marbre; la liqueur du mâle est le sculpteur, le sang menstruel le marbre, et le fœtus est la figure. Aucune partie de la semence du mâle ne peut donc servir comme matière à la génération, mais seulement comme cause motrice qui communique le mouvement aux menstrues qui sont la seule matière; ces menstrues reçoivent de la semence du mâle une espèce d'âme qui donne la vie; cette âme n'est ni matérielle ni immatérielle; elle n'est pas immatérielle, parce qu'elle ne pourrait agir sur la matière; elle n'est pas matérielle, parce qu'elle ne peut pas entrer comme matière dans la génération, dont toute la matière sont les menstrues; c'est, dit notre philosophe, un esprit dont la substance est semblable à celle de l'élément des étoiles. Le cœur est le premier ouvrage de cette âme, il contient en lui-même le principe de son accroissement, et il a la puissance d'arranger les autres membres; les menstrues contiennent

en *puissance* toutes les parties du fœtus; l'âme ou l'esprit de la semence du
mâle commence à *réduire à l'acte*, à l'effet, le cœur, et lui communique le
pouvoir de réduire aussi à l'*acte* ou à l'effet les autres viscères, et de réaliser
ainsi successivement toutes les parties de l'animal. Tout cela paraît fort
clair à notre philosophe; il lui reste seulement un doute, c'est de savoir si
le cœur est réalisé avant le sang qu'il contient, ou si le sang qui fait mouvoir le cœur est réalisé le premier, et il avait en effet raison de douter; car,
quoiqu'il ait adopté le sentiment que c'est le cœur qui existe le premier,
Harvey a depuis prétendu, par des raisons de la même espèce que celles
que nous venons de donner d'après Aristote, que ce n'était pas le cœur,
mais le sang qui le premier se réalisait.

Voilà quel est le système que ce grand philosophe nous a donné sur la
génération. Je laisse à imaginer si celui des anciens qu'il rejette, et contre
lequel il s'élève à tout moment, pouvait être plus obscur, ou même, si l'on
veut, plus absurde que celui-ci. Cependant ce même système que je viens
d'exposer fidèlement a été suivi par la plus grande partie des savants, et on
verra tout à l'heure qu'Harvey non-seulement avait adopté les idées d'Aristote, mais même qu'il y en a encore ajouté de nouvelles, et dans le même
genre, lorsqu'il a voulu expliquer le mystère de la génération : comme ce
système fait corps avec le reste de la philosophie d'Aristote, où la forme et
la matière sont les grands principes, où les âmes végétatives et sensitives
sont les êtres actifs de la nature, où les causes finales sont des objets réels,
je ne suis point étonné qu'il ait été reçu par tous les auteurs scholastiques;
mais il est surprenant qu'un médecin et un bon observateur, tel qu'était
Harvey, ait suivi le torrent, tandis que dans le même temps tous les médecins suivaient le sentiment d'Hippocrate et de Galien, que nous exposerons
dans la suite.

Au reste, il ne faut pas prendre une idée désavantageuse d'Aristote par
l'exposition que nous venons de faire de son système sur la génération;
c'est comme si l'on voulait juger Descartes par son *Traité de l'homme*[1];
les explications que ces deux philosophes donnent de la formation du fœtus
ne sont pas des théories ou des systèmes au sujet de la génération seule,
ce ne sont pas des recherches particulières qu'ils ont faites sur cet objet, ce
sont plutôt des conséquences qu'ils ont voulu tirer chacun de leurs principes philosophiques. Aristote admettait, comme Platon, les causes finales
et efficientes; ces causes efficientes sont les âmes sensitives et végétatives,
lesquelles donnent la forme à la matière qui d'elle-même n'est qu'une capacité de recevoir les formes, et comme dans la génération la femelle donne
la matière la plus abondante, qui est celle des menstrues, et que d'ailleurs
il répugnait à son système des causes finales que ce qui peut se faire par

______

1. Ou Buffon lui-même par son *système* sur la *génération*.

un seul soit opéré par plusieurs, il a voulu que la femelle contînt seule la matière nécessaire à la génération; et ensuite, comme un autre de ces principes était que la matière d'elle-même est informe, et que la forme est un être distinct et séparé de la matière, il a dit que le mâle fournissait la forme, et que par conséquent il ne fournissait rien de matériel.

Descartes au contraire, qui n'admettait en philosophie qu'un petit nombre de principes mécaniques, a cherché à expliquer la formation du fœtus par ces mêmes principes, et il a cru pouvoir comprendre et faire entendre aux autres comment, par les seules lois du mouvement, il pouvait se faire un être vivant et organisé : il différait, comme l'on voit, d'Aristote dans les principes qu'il employait, mais tous deux, au lieu de chercher à expliquer la chose en elle-même, au lieu de l'examiner sans prévention et sans préjugés, ne l'ont au contraire considérée que dans le point de vue relatif à leur système de philosophie et aux principes généraux qu'ils avaient établis, lesquels ne pouvaient pas avoir une heureuse application à l'objet présent de la génération, parce qu'elle dépend en effet, comme nous l'avons fait voir, de principes tout différents. Je ne dois pas oublier de dire que Descartes différait encore d'Aristote, en ce qu'il admet le mélange des liqueurs séminales des deux sexes, qu'il croit que le mâle et la femelle fournissent tous deux quelque chose de matériel pour la génération, et que c'est par la fermentation occasionnée par le mélange de ces deux liqueurs séminales que se fait la formation du fœtus.

Il parait que si Aristote eût voulu oublier son système général de philosophie, pour raisonner sur la génération comme sur un phénomène particulier et indépendant de son système, il aurait été capable de nous donner tout ce qu'on pouvait espérer de meilleur sur cette matière; car il ne faut que lire son traité pour reconnaitre qu'il n'ignorait aucun des faits anatomiques, aucune observation, et qu'il avait des connaissances très-approfondies sur toutes les parties accessoires à ce sujet, et d'ailleurs un génie élevé tel qu'il le faut pour rassembler avantageusement les observations et généraliser les faits.

Hippocrate, qui vivait sous Perdiccas, c'est-à-dire environ cinquante ou soixante ans avant Aristote, a établi une opinion qui a été adoptée par Galien, et suivie en tout ou en partie par le plus grand nombre des médecins jusque dans les derniers siècles : son sentiment était que le mâle et la femelle avaient chacun une liqueur prolifique. Hippocrate voulait même de plus que dans chaque sexe il y eût deux liqueurs séminales, l'une plus forte et plus active, l'autre plus faible et moins active. (Voyez *Hippocrates*, *lib. de Genitura*, p. 129, et *lib. de Diæta*, p. 198. Lugd. Bat., t. I, 1665.) La plus forte liqueur séminale du mâle, mêlée avec la plus forte liqueur séminale de la femelle, produit un enfant mâle, et la plus faible liqueur séminale du mâle, mêlée avec la plus faible liqueur séminale de la femelle, produit une femelle; de sorte que le mâle et la femelle contiennent chacun, selon lui, une semence mâle et une semence femelle. Il appuie cette hypothèse sur le fait suivant, savoir, que plusieurs femmes qui d'un premier mari n'ont produit que des filles, d'un second ont produit des garçons, et que ces mêmes hommes, dont les premières femmes n'avaient produit que des filles, ayant pris d'autres femmes, ont engendré des garçons. Il me paraît que, quand même ce fait serait bien constaté, il ne serait pas nécessaire, pour en rendre raison, de donner au mâle et à la femelle deux espèces de liqueur séminale, l'une mâle et l'autre femelle; car on peut concevoir aisément que les femmes, qui de leurs premiers maris n'ont produit que des filles, et avec d'autres hommes ont produit des garçons, étaient seulement telles qu'elles fournissaient plus de parties propres à la génération avec leur premier mari qu'avec le second, ou que le second mari était tel qu'il fournissait plus de parties propres à la génération avec la seconde femme qu'avec la première; car lorsque dans l'instant de la formation du fœtus les molécules organiques du mâle sont plus abondantes que celles de la femelle, il en résulte un mâle, et lorsque ce sont les molécules organiques de la femelle qui abondent le plus, il en résulte une femelle, et il n'est point étonnant qu'avec certaines femmes un homme ait du désavantage à cet égard, tandis qu'il aura de la supériorité avec d'autres femmes.

Ce grand médecin prétend que la semence du mâle est une sécrétion des parties les plus fortes et les plus essentielles de tout ce qu'il y a d'humide dans le corps humain; il explique même d'une manière assez satisfaisante comment se fait cette sécrétion : « Venæ et nervi, dit-il, ab omni corpore « in pudendum vergunt, quibus dum aliquantulùm teruntur, et calescunt « ac implentur, velut pruritus incidit, ex hoc toti corpori voluptas ac cali- « ditas accidit; quum verò pudendum teritur et homo movetur, humidum « in corpore calescit ac diffunditur, et à motu conquassatur ac spumescit, « quemadmodum alii humores omnes conquassati spumescunt.

« Sic autem in homine ab humido spumescente id quod robustissimum « est ac pinguissimum secernitur, et ad medullam spinalem venit; tendunt « enim in hanc ex omni corpore viæ, et diffundunt ex cerebro in lumbos ac « in totum corpus et in medullam : et ex ipsa medulla procedunt viæ, ut et « ad ipsam humidum perferatur et ex ipsa secedat; postquam autem ad « hanc medullam genitura pervenerit, procedit ad renes, hac enim viâ « tendit per venas; et si renes fuerint exulcerati, aliquando etiam sanguis « defertur : à renibus autem transit per medios testes in pudendum, pro- « cedit autem non quà urina, verùm alia ipsi via est illi contigua, etc. » (Voyez la traduction de Fœsius, t. I, p. 129.) Les anatomistes trouveront sans doute qu'Hippocrate s'égare dans cette route qu'il trace à la liqueur séminale, mais cela ne fait rien à son sentiment qui est que la semence vient de toutes les parties du corps, et qu'il en vient en particulier beau-

coup de la tête, parce que, dit-il, ceux auxquels on a coupé les veines
auprès des oreilles ne produisent plus qu'une semence faible et assez souvent inféconde. La femme a aussi une liqueur séminale qu'elle répand,
tantôt en dedans et dans l'intérieur de la matrice, tantôt en dehors et à
l'extérieur, lorsque l'orifice interne de la matrice s'ouvre plus qu'il ne faut.
La semence du mâle entre dans la matrice où elle se mêle avec celle de la
femelle, et comme l'un et l'autre ont chacun deux espèces de semences,
l'une forte et l'autre faible, si tous deux ont fourni leur semence forte il en
résulte un mâle, si, au contraire, ils n'ont donné tous deux que leur
semence faible il n'en résulte qu'une femelle; et si dans le mélange il y a
plus de parties de la liqueur du père que de celles de la liqueur de la mère,
l'enfant ressemblera plus au père qu'à la mère, et au contraire : on pouvait
lui demander qu'est-ce qui arrive lorsque l'un fournit sa semence faible
et l'autre sa semence forte? je ne vois pas ce qu'il pourrait répondre, et
cela seul suffit pour faire rejeter cette opinion de l'existence de deux
semences dans chaque sexe.

Voici comment se fait, selon lui, la formation du fœtus : les liqueurs
séminales se mêlent d'abord dans la matrice, elles s'y épaississent par la
chaleur du corps de la mère, le mélange reçoit et tire l'esprit de la chaleur,
et lorsqu'il en est tout rempli, l'esprit trop chaud sort au dehors, mais par
la respiration de la mère il arrive un esprit froid, et alternativement il entre
un esprit froid et il sort un esprit chaud dans le mélange, ce qui lui donne
la vie et fait naître une pellicule à la surface du mélange, qui prend une
forme ronde, parce que les esprits, agissant du milieu comme centre, étendent également de tous côtés le volume de cette matière. J'ai vu, dit ce
grand médecin, un fœtus de six jours; c'était une bulle de liqueur enveloppée d'une pellicule; la liqueur était rougeâtre et la pellicule était semée de
vaisseaux, les uns sanguins, les autres blancs, au milieu de laquelle était
une petite éminence que j'ai cru être les vaisseaux ombilicaux par où le
fœtus reçoit l'esprit de la respiration de la mère et la nourriture : peu à peu
il se forme une autre enveloppe de la même façon que la première pellicule
s'est formée. Le sang menstruel qui est supprimé fournit abondamment à
la nourriture, et ce sang fourni par la mère au fœtus se coagule par degrés
et devient chair; cette chair s'articule à mesure qu'elle croit; et c'est l'esprit qui donne cette forme à la chair. Chaque chose va prendre sa place,
les parties solides vont aux parties solides, celles qui sont humides vont
aux parties humides, chaque chose cherche celle qui lui est semblable, et
le fœtus est enfin entièrement formé par ces causes et ces moyens.

Ce système est moins obscur et plus raisonnable que celui d'Aristote,
parce que Hippocrate cherche à expliquer la chose particulière par des
raisons particulières, et qu'il n'emprunte de la philosophie de son temps
qu'un seul principe général, savoir, que le chaud et le froid produisent

des esprits, et que ces esprits ont la puissance d'ordonner et d'arranger la matière; il a vu la génération plus en médecin qu'en philosophe, Aristote l'a expliquée plutôt en métaphysicien qu'en naturaliste : c'est ce qui fait que les défauts du système d'Hippocrate sont particuliers et moins apparents, au lieu que ceux du système d'Aristote sont des erreurs générales et évidentes.

Ces deux grands hommes ont eu chacun leurs sectateurs : presque tous les philosophes scolastiques, en adoptant la philosophie d'Aristote, ont aussi reçu son système sur la génération; presque tous les médecins ont suivi le sentiment d'Hippocrate, et il s'est passé dix-sept ou dix-huit siècles sans qu'il ait rien paru de nouveau sur ce sujet. Enfin au renouvellement des sciences, quelques anatomistes tournèrent leurs vues sur la génération, et Fabrice d'Aquapendente fut le premier qui s'avisa de faire des expériences et des observations suivies sur la fécondation et le développement des œufs de poule. Voici en substance le résultat de ses observations.

Il distingue deux parties dans la matrice de la poule, l'une supérieure et l'autre inférieure, et il appelle la partie supérieure l'ovaire : ce n'est proprement qu'un assemblage d'un très-grand nombre de petits jaunes d'œufs de figure ronde, dont la grandeur varie depuis la grosseur d'un grain de moutarde jusqu'à celle d'une grosse noix ou d'une nèfle; ces petits jaunes sont attachés les uns aux autres, ils forment un corps qui ressemble assez bien à une grappe de raisin, ils tiennent à un pédicule commun comme les grains tiennent à la grappe. Les plus petits de ces œufs sont blancs, et ils prennent de la couleur à mesure qu'ils grossissent.

Ayant examiné ces jaunes d'œufs après la communication du coq avec la poule, il n'a pas aperçu de différence sensible, il n'a vu de semence du mâle dans aucune partie de ces œufs, il croit que tous les œufs, et l'ovaire lui-même, deviennent féconds par une émanation spiritueuse qui sort de la semence du mâle, et il dit que c'est afin que cet esprit fécondant se conserve mieux que la nature a placé à l'orifice externe de la vulve des oiseaux une espèce de voile ou de membrane qui permet, comme une valvule, l'entrée de cet esprit séminal dans les espèces d'oiseaux, comme les poules, où il n'y a point d'intromission, et celle du membre génital dans les espèces où il y a intromission, mais en même temps cette valvule qui ne peut pas s'ouvrir de dedans en dehors empêche que cette liqueur et l'esprit qu'elle contient ne puisse ressortir ou s'évaporer.

Lorsque l'œuf s'est détaché du pédicule commun, il descend peu à peu par un conduit tortueux dans la partie inférieure de la matrice; ce conduit est rempli d'une liqueur assez semblable à celle du blanc d'œuf, et c'est aussi dans cette partie que les œufs commencent à s'envelopper de cette liqueur blanche, de la membrane qui la contient, des deux cordons (*cha-*

laza, qui traversent le blanc et se joignent au jaune, et même de la coquille qui se forme la dernière en fort peu de temps, et seulement avant la ponte. Ces cordons, selon notre auteur, sont la partie de l'œuf qui est fécondée par l'esprit séminal du mâle[1], et c'est là où le fœtus commence à se corporifier; l'œuf est non-seulement la vraie matrice, c'est-à-dire le lieu de la formation du poulet, mais c'est de l'œuf que dépend aussi toute la génération; l'œuf la produit comme agent, il y fournit comme matière, comme organe et comme instrument; la matière des cordons est la substance de la formation, le blanc et le jaune sont la nourriture, et l'esprit séminal du mâle est la cause efficiente. Cet esprit communique à la matière des cordons d'abord une faculté altératrice, ensuite une qualité formatrice, et enfin une qualité augmentatrice, etc.

Les observations de Fabrice d'Aquapendente ne l'ont pas conduit, comme l'on voit, à une explication bien claire de la génération. Dans le même temps à peu près que cet anatomiste s'occupait à ces recherches, c'est-à-dire vers le milieu et la fin du XVIe siècle, le fameux Aldrovande (*Voyez son Ornithologie.*) faisait aussi des observations sur les œufs, mais, comme dit fort bien Harvey (p. 43), il paraît avoir suivi l'autorité d'Aristote beaucoup plus que l'expérience; les descriptions qu'il donne du poulet dans l'œuf ne sont point exactes. Volcher Coïter, l'un de ses disciples, réussit mieux que son maître, et Parisanus, médecin de Venise, ayant travaillé aussi sur la même matière, ils ont donné chacun une description du poulet dans l'œuf, qu'Harvey préfère à toutes les autres.

Ce fameux anatomiste, auquel on est redevable d'avoir mis hors de doute la question de la circulation du sang, que quelques observateurs avaient à la vérité soupçonnée auparavant et même annoncée, a fait un traité fort étendu sur la génération. Il vivait au commencement et vers le milieu du dernier siècle, et il était médecin du roi d'Angleterre Charles Ier. Comme il fut obligé de suivre ce prince malheureux dans le temps de sa disgrâce, il perdit avec ses meubles et ses autres papiers ce qu'il avait fait sur la génération des insectes; et il paraît qu'il composa de mémoire ce qu'il nous a laissé sur la génération des oiseaux et des quadrupèdes. Je vais rendre compte de ses observations, de ses expériences et de son système.

Harvey prétend que l'homme et tous les animaux viennent d'un œuf[2], que le premier produit de la conception dans les vivipares est une espèce d'œuf[3], et que la seule différence qu'il y ait entre les vivipares et les ovipares, c'est que les fœtus des premiers prennent leur origine, acquièrent

---

1. Erreur d'Aquapendente, bientôt corrigée par Harvey. Les *chalazes* ne servent pas à la génération. Aristote le savait déjà; et Buffon va nous le dire.

2. Et il avait raison. Tous les animaux viennent d'un œuf.

3. Et il avait plus raison qu'il ne croyait : l'œuf des vivipares n'est pas seulement une *espèce d'œuf*, c'est un *véritable œuf*.

leur accroissement, et arrivent à leur développement entier dans la matrice, au lieu que les fœtus des ovipares prennent à la vérité leur première origine dans le corps de la mère, où ils ne sont encore qu'œufs, et que ce n'est qu'après être sortis du corps de la mère, et au dehors, qu'ils deviennent réellement des fœtus ; et il faut remarquer, dit-il, que, dans les animaux ovipares, les uns gardent leurs œufs au dedans d'eux-mêmes jusqu'à ce qu'ils soient parfaits, comme les oiseaux, les serpents et les quadrupèdes ovipares, les autres répandent ces œufs avant qu'ils soient parfaits, comme les poissons à écailles, les crustacés, les testacés et les poissons mous. Les œufs que ces animaux répandent au dehors ne sont que les principes des véritables œufs[1] ; ils acquièrent du volume et de la substance, des membranes et du blanc, en attirant à eux la matière qui les environne, et ils la tournent en nourriture : il en de même, ajoute-t-il, des insectes, par exemple, des chenilles, lesquelles, selon lui, ne sont que des œufs imparfaits[2] qui cherchent leur nourriture, et qui au bout d'un certain temps arrivent à l'état de chrysalide[3], qui est un œuf parfait ; et il y a encore une autre différence dans les ovipares, c'est que les poules et les autres oiseaux ont des œufs de différente grosseur, au lieu que les poissons, les grenouilles, etc., qui les répandent avant qu'ils soient parfaits les ont tous de la même grosseur. Seulement il observe que dans les pigeons qui ne pondent que deux œufs, tous les petits œufs qui restent dans l'ovaire sont de la même grandeur, et qu'il n'y a que les deux qui doivent sortir qui soient beaucoup plus gros que les autres, au lieu que dans les poules il y en a de toute grosseur, depuis le plus petit atome presque invisible jusqu'à la grosseur d'une nèfle. Il observe aussi que dans les poissons cartilagineux, comme la raie, il n'y a que deux œufs qui grossissent et mûrissent en même temps ; ils descendent des deux cornes de la matrice, et ceux qui restent dans l'ovaire sont, comme dans les poules, de différente grosseur : il dit en avoir vu plus de cent dans l'ovaire d'une raie.

Il fait ensuite l'exposition anatomique des parties de la génération de la poule, et il observe que dans tous les oiseaux la situation de l'orifice de l'anus et de la vulve est contraire à la situation de ces parties dans les autres animaux ; les oiseaux ont en effet l'anus en devant, et la vulve en arrière[a] ; et à l'égard de celles du coq, il prétend que cet animal n'a point de verge, quoique les oies et les canards en aient de fort apparentes ; l'autruche surtout en a une de la grosseur d'une langue de cerf ou de celle d'un petit bœuf ; il dit donc qu'il n'y a point d'intromission, mais seulement un simple attouchement, un frottement extérieur des parties du

<hr>

a. La plupart de tous ces faits sont tirés d'Aristote.

1. Voyez la note 3 de la page 472.

2. *Les chenilles sont des fœtus, des larves d'insectes, et non pas des œufs.*

3. *L'état de chrysalide est un état de fœtus, de larve. La chrysalide n'est donc pas un œuf.*

coq et de la poule, et il croit que dans tous les petits oiseaux qui, comme les moineaux, ne se joignent que pour quelques moments, il n'y a point d'intromission ni de vraie copulation.

Les poules produisent des œufs sans coq, mais en plus petit nombre, et ces œufs, quoique parfaits, sont inféconds; il ne croit pas, comme c'est le sentiment des gens de la campagne, qu'en deux ou trois jours d'habitude avec le coq la poule soit fécondée au point que tous les œufs qu'elle doit produire pendant toute l'année soient tous féconds; seulement il dit avoir fait cette expérience sur une poule séparée du coq depuis vingt jours[1], dont l'œuf se trouva fécond, comme ceux qu'elle avait pondus auparavant. Tant que l'œuf est attaché à son pédicule, c'est-à-dire à la grappe commune, il tire sa nourriture par les vaisseaux de ce pédicule commun; mais dès qu'il s'en détache, il la tire par intussusception de la liqueur blanche qui remplit les conduits dans lesquels il descend, et tout, jusqu'à la coquille, se forme par ce moyen.

Les deux cordons (*chalazæ*), qu'Aquapendente regardait comme le germe ou la partie produite par la semence du mâle, se trouvent aussi bien dans les œufs inféconds que la poule produit sans communication avec le coq que dans les œufs féconds, et Harvey remarque très-bien que ces parties de l'œuf ne viennent pas du mâle, et qu'elles ne sont pas celles qui sont fécondées. La partie de l'œuf qui est fécondée est très-petite; c'est un petit cercle blanc qui est sur la membrane du jaune, qui y forme une petite tache semblable à une cicatrice de la grandeur d'une lentille environ; c'est dans ce petit endroit que se fait la fécondation, c'est là où le poulet doit naître et croître; toutes les autres parties de l'œuf ne sont faites que pour celle-ci[2]. Harvey remarque aussi que cette cicatricule se trouve dans tous les œufs féconds ou inféconds, et il dit que ceux qui veulent qu'elle soit produite par la semence du mâle se trompent; elle est de la même grandeur et de la même forme dans les œufs frais et dans ceux qu'on a gardés longtemps; mais dès qu'on veut les faire éclore et que l'œuf reçoit un degré de chaleur convenable, soit par la poule qui le couve, soit par le moyen du fumier ou d'un four, on voit bientôt cette petite tache s'augmenter et se dilater à peu près comme la prunelle de l'œil : voilà le premier changement qui arrive au bout de quelques heures de chaleur ou d'incubation.

Lorsque l'œuf a été échauffé pendant vingt-quatre heures, le jaune qui auparavant était au centre du blanc monte vers la cavité qui est au gros bout de l'œuf; la chaleur faisant évaporer à travers la coquille la partie la

---

1. D'après des observations récentes, le nombre des œufs qui, dans les poules et les femelles des canards, peuvent être fécondés en une seule fois est de cinq, de six et tout au plus de sept. (*Voyez Compte-rendu des séances de l'Académie des sciences*, t. XXX, page 771.)

2. La *cicatricule* est, en effet, la partie essentielle de l'œuf, la partie où se trouve le *germe du nouvel être*. C'est une des belles observations faites par Harvey.

plus liquide du blanc, cette cavité du gros bout devient plus grande, et la
partie la plus pesante du blanc tombe dans la cavité du petit bout de l'œuf;
la cicatricule ou la tache qui est au milieu de la tunique du jaune s'élève
avec le jaune et s'applique à la membrane de la cavité du gros bout; cette
tache est alors de la grandeur d'un petit pois, et on y distingue un point
blanc dans le milieu, et plusieurs cercles concentriques dont ce point paraît
être le centre.

Au bout de deux jours ces cercles sont plus visibles et plus grands, et
la tache paraît divisée concentriquement par ces cercles en deux, et quelquefois en trois parties de différentes couleurs; il y a aussi un peu de protubérance à l'extérieur, et elle a à peu près la figure d'un petit œil dans la
pupille duquel il y aurait un point blanc ou une petite cataracte. Entre ces
cercles est contenue par une membrane très-délicate une liqueur plus claire
que le cristal, qui paraît être une partie dépurée du blanc de l'œuf; la tache,
qui est devenue une bulle, paraît alors comme si elle était placée plus dans
le blanc que dans la membrane du jaune. Pendant le troisième jour, cette
liqueur transparente et cristalline augmente à l'intérieur, aussi bien que la
petite membrane qui l'environne. Le quatrième jour on voit à la circonférence de la bulle une petite ligne de sang couleur de pourpre, et à peu de
distance du centre de la bulle on aperçoit un point, aussi couleur de sang,
qui bat; il paraît comme une petite étincelle à chaque diastole, et disparaît
à chaque systole; de ce point animé partent deux petits vaisseaux sanguins
qui vont aboutir à la membrane qui enveloppe la liqueur cristalline; ces
petits vaisseaux jettent des rameaux dans cette liqueur, et ces petits rameaux
sanguins partent tous du même endroit, à peu près comme les racines d'un
arbre partent du tronc; c'est dans l'angle que ces racines forment avec le
tronc, et dans le milieu de la liqueur, qu'est le point animé.

Vers la fin du quatrième jour ou au commencement du cinquième, le
point animé est déjà augmenté de façon qu'il paraît être devenu une petite
vésicule remplie de sang, et il pousse et tire alternativement ce sang, et dès
le même jour on voit très-distinctement cette vésicule se partager en deux
parties qui forment comme deux vésicules, lesquelles alternativement poussent chacune le sang et se dilatent, et de même alternativement elles repoussent le sang et se contractent; on voit alors autour du vaisseau sanguin,
le plus court des deux dont nous avons parlé, une espèce de nuage qui,
quoique transparent, rend plus obscure la vue de ce vaisseau; d'heure en
heure ce nuage s'épaissit, s'attache à la racine du vaisseau sanguin, et
paraît comme un petit globe qui pend de ce vaisseau; ce petit globe s'allonge et paraît partagé en trois parties : l'une est orbiculaire et plus grande
que les deux autres, et on y voit paraître l'ébauche des yeux et de la
tête entière, et dans le reste de ce globe allongé on voit au bout du cinquième jour l'ébauche des vertèbres.

Le sixième jour les trois bulles de la tête paraissent plus clairement; on voit les tuniques des yeux, et en même temps les cuisses et les ailes, et ensuite le foie, les poumons, le bec; le fœtus commence à se mouvoir et à étendre la tête, quoiqu'il n'ait encore que les viscères intérieurs, car le thorax, l'abdomen et toutes les parties extérieures du devant du corps lui manquent; à la fin de ce jour, ou au commencement du septième, on voit paraître les doigts des pieds, le fœtus ouvre le bec et le remue, les parties antérieures du corps commencent à recouvrir les viscères; le septième jour le poulet est entièrement formé, et ce qui lui arrive dans la suite, jusqu'à ce qu'il sorte de l'œuf, n'est qu'un développement de toutes les parties qu'il a acquises dans ces sept premiers jours; au quatorzième ou au quinzième jour les plumes paraissent; il sort enfin, en rompant la coquille avec son bec, au vingt et unième jour.

Ces expériences d'Harvey sur le poulet dans l'œuf paraissent, comme l'on voit, avoir été faites avec la dernière exactitude; cependant on verra dans la suite qu'elles sont imparfaites [1], et qu'il y a bien de l'apparence qu'il est tombé lui-même dans le défaut qu'il reproche aux autres, d'avoir fait ses expériences dans la vue d'une hypothèse mal fondée, et dans l'idée où il était, d'après Aristote, que le cœur était le point animé qui paraît le premier; mais avant que de porter sur cela notre jugement, il est bon de rendre compte de ses autres expériences et de son système.

Tout le monde sait que c'est sur un grand nombre de biches et de daines qu'Harvey a fait ces expériences; elles reçoivent le mâle vers la mi-septembre: quelques jours après l'accouplement, les cornes de la matrice deviennent plus charnues et plus épaisses, et en même temps plus fades et plus mollasses, et on remarque dans chacune des cavités des cornes de la matrice cinq caroncules ou verrues molles. Vers le 26 ou le 28 de septembre, la matrice s'épaissit encore davantage, les cinq caroncules se gonflent, et alors elles sont à peu près de la forme et de la grosseur du bout de la mamelle d'une nourrice; en les ouvrant avec un scalpel, on trouve qu'elles sont remplies d'une infinité de petits points blancs. Harvey prétend avoir remarqué qu'il n'y avait alors, non plus que dans le temps qui suit immédiatement celui de l'accouplement, aucune altération, aucun changement dans les ovaires ou testicules de ces femelles [2], et que jamais il n'a vu ni pu trouver une seule goutte de la semence du mâle dans la matrice, quoiqu'il ait fait beaucoup d'expériences et de recherches pour découvrir s'il y en était entré.

1. Aristote observait déjà le *développement du poulet* dans l'œuf. D'Aristote (en ne citant ici que les auteurs principaux), il faut venir à Fabrice d'Aquapendente, et puis à Harvey. Après Harvey, il faut placer Malpighi, surtout Haller, dont les observations en ce genre marquent une époque, puis Vicq-d'Azyr, etc., etc.

2. Harvey n'a pas su reconnaître l'œuf dans l'*ovaire* des mammifères. C'est là ce qui constitue la véritable lacune de ses belles études sur la *génération*.

Vers la fin d'octobre ou au commencement de novembre, lorsque les femelles se séparent des mâles, l'épaisseur des cornes de la matrice commence à diminuer, et la surface intérieure de leur cavité se tuméfie et paraît enflée, les parois intérieures se touchent et paraissent collées ensemble, les caroncules subsistent, et le tout est si mollasse qu'on ne peut y toucher, et ressemble à la substance de la cervelle. Vers le 13 ou 14 de novembre, Harvey dit qu'il aperçut des filaments, comme ceux des toiles d'araignée, qui traversaient les cavités des cornes de la matrice, et celle de la matrice même ; ces filaments partaient de l'angle supérieur des cornes, et par leur multiplication formaient une espèce de membrane ou tunique vide. Un jour ou deux après, cette tunique ou ce sac se remplit d'une matière blanche, aqueuse et gluante : ce sac n'est adhérent à la matrice que par une espèce de mucilage, et l'endroit où il l'est le plus sensiblement, c'est à la partie supérieure où se forme alors l'ébauche du placenta. Dans le troisième mois, ce sac contient un embryon long de deux travers de doigt, et il contient aussi un autre sac intérieur qui est l'amnios, lequel renferme une liqueur transparente et cristalline, dans laquelle nage le fœtus. Ce n'était d'abord qu'un point animé, comme dans l'œuf de la poule ; tout le reste se conduit et s'achève comme il l'a dit au sujet du poulet : la seule différence est que les yeux paraissent beaucoup plus tôt dans le poulet que dans les vivipares ; le point animé paraît vers le 19 ou 20 de novembre dans les biches et dans les daines ; dès le lendemain ou le surlendemain on voit paraître le corps oblong qui contient l'ébauche du fœtus ; six ou sept jours après il est formé au point d'y reconnaître les sexes et tous les membres, mais l'on voit encore le cœur et tous les viscères à découvert, et ce n'est qu'un jour ou deux après que le thorax et l'abdomen viennent les couvrir : c'est le dernier ouvrage, c'est le toit à l'édifice.

De ces expériences, tant sur les poules que sur les biches, Harvey conclut que tous les animaux femelles ont des œufs, que dans ces œufs il se fait une séparation d'une liqueur transparente et cristalline contenue par une tunique (l'*amnios*), et qu'une autre tunique extérieure (le *chorion*, contient le reste de la liqueur de l'œuf, et enveloppe l'œuf tout entier ; que dans la liqueur cristalline la première chose qui paraît est un point sanguin et animé ; qu'en un mot, le commencement de la formation des vivipares se fait de la même façon que celle des ovipares ; et voici comment il explique la génération des uns et des autres.

La génération est l'ouvrage de la matrice, jamais il n'y entre de semence du mâle ; la matrice conçoit le fœtus par une espèce de contagion que la liqueur du mâle lui communique, à peu près comme l'aimant communique au fer la vertu magnétique ; non-seulement cette contagion masculine agit sur la matrice, mais elle se communique même à tout le corps féminin, qui est fécondé en entier, quoique dans toute la femelle il n'y ait que la

matrice qui ait la faculté de concevoir le fœtus, comme le cerveau a seul
la faculté de concevoir les idées, et ces deux conceptions se font de la
même façon : les idées que conçoit le cerveau sont semblables aux images
des objets qu'il reçoit par les sens ; le fœtus, qui est l'idée de la matrice,
est semblable à celui qui le produit, et c'est par cette raison que le fils
ressemble au père, etc.

Je me garderai bien de suivre plus loin notre anatomiste, et d'exposer
toutes les branches de ce système : ce que je viens de dire suffit pour en
juger ; mais nous avons des remarques importantes à faire sur ces expériences. La manière dont il les a données peut imposer, il paraît les avoir
répétées un grand nombre de fois, il semble qu'il ait pris toutes les précautions nécessaires pour voir, et on croirait qu'il a tout vu, et qu'il a bien
vu : cependant je me suis aperçu que dans l'exposition il règne de l'incertitude et de l'obscurité ; ses observations sont rapportées de mémoire, et il
semble, quoiqu'il dise souvent le contraire, qu'Aristote l'a guidé plus que
l'expérience ; car, à tout prendre, il a vu dans les œufs tout ce qu'Aristote
a dit, et n'a pas vu beaucoup au delà ; la plupart des observations essentielles qu'il rapporte avaient été faites avant lui ; on en sera bientôt convaincu, si l'on veut donner un peu d'attention à ce qui va suivre.

Aristote savait que les cordons (*chalazæ*) ne servaient en rien à la génération du poulet dans l'œuf[1] : « Quæ ad principium lutei grandines hærent,
« nil conferunt ad generationem, ut quidam suspicantur. » (*Hist. Anim.*,
lib. vi, cap. ii.) Parisanus, Volcher Coiter, Aquapendente, etc., avaient
remarqué la cicatricule, aussi bien qu'Harvey. Aquapendente croyait qu'elle
ne servait à rien, mais Parisanus prétendait qu'elle était formée par la
semence du mâle, ou du moins que le point blanc qu'on remarque dans le
milieu de la cicatricule était la semence du mâle qui devait produire le
poulet : « Estque, dit-il, illud galli semen albà et tenuissimà tunicà obduc-
« tum, quod substat duabus communibus toti ovo membranis, etc. » Ainsi
la seule découverte qui appartienne ici à Harvey en propre, c'est d'avoir
observé que cette cicatricule se trouve aussi bien dans les œufs inféconds
que dans les œufs féconds ; car les autres avaient observé, comme lui, la
dilatation des cercles, l'accroissement du point blanc, et il paraît même
que Parisanus avait vu le tout beaucoup mieux que lui. Voilà tout ce qui
arrive dans les deux premiers jours de l'incubation, selon Harvey ; ce qu'il
dit du troisième jour n'est, pour ainsi dire, que la répétition de ce qu'a dit
Aristote (*Hist. anim.*, lib. vi, cap. iv). « Per id tempus ascendit jam
« vitellus ad superiorem partem ovi acutiorem, ubi et principium ovi est
« et fœtus excluditur ; corque ipsum apparet in albumine sanguinei puncti,
« quod punctum salit et movet sese instar quasi animatum ; ab eo meatus

---

1. Voyez la note 1 de la page 479.

« venarum specie duo sanguine pleni, flexuosi, qui, crescente fœtu,
« feruntur in utramque tunicam ambientem, ac membrana sanguineas
« fibras habens eo tempore albumen continet sub meatibus illis venarum
« similibus; ac paulò post discernitur corpus pusillum initio, omninò et
« candidum, capite conspicuo, atque in eo oculis maximè turgidis qui diu
« sic permanent, serò enim parvi fiunt ac considunt. In parte autem cor-
« poris inferiore nullum extat membrum per initia, quod respondeat supe-
« rioribus. Meatus autem illi qui à corde prodeunt, alter ad circumdantem
« membranam tendit, alter ad luteum, officio umbilici. »

Harvey fait un procès à Aristote sur ce qu'il dit que le jaune de l'œuf
monte vers la partie la plus aiguë, vers le petit bout de l'œuf, et sur cela
seul cet anatomiste conclut qu'Aristote n'avait rien vu de ce qu'il rapporte
au sujet de la formation du poulet dans l'œuf, que seulement il avait été
assez bien informé des faits, et qu'il les tenait apparemment de quelque bon
observateur. Je remarquerai qu'Harvey a tort de faire ce reproche à Aristote, et d'assurer généralement, comme il le fait, que le jaune monte toujours vers le gros bout de l'œuf; car cela dépend uniquement de la position
de l'œuf dans le temps qu'il est couvé; le jaune monte toujours au plus
haut, comme plus léger que le blanc, et si le gros bout est en bas, le jaune
montera vers le petit bout, comme au contraire si le petit bout est en bas,
le jaune montera vers le gros bout. Guillaume Langly, médecin de Dordrecht, qui a fait en 1655, c'est-à-dire quinze ou vingt ans après Harvey,
des observations sur les œufs couvés, a fait le premier cette remarque.
(Voyez Will. Langly, *Observ. editæ à Justo Schradero*, Amst. 1674.) Les
observations de Langly ne commencent qu'après vingt-quatre heures d'incubation, et elles ne nous apprennent presque rien de plus que celles
d'Harvey.

Mais, pour revenir au passage que nous venons de citer, on voit que la
liqueur cristalline, le point animé, les deux membranes, les deux vaisseaux
sanguins, etc., sont donnés par Aristote précisément comme Harvey les a
vus; aussi cet anatomiste prétend que le point animé est le cœur, que ce
cœur est le premier formé, que les viscères et les autres membres viennent
ensuite s'y joindre : tout cela a été dit par Aristote, vu par Harvey, et
cependant tout cela n'est pas conforme à la vérité; il ne faut, pour s'en
assurer, que répéter les mêmes expériences sur les œufs, ou seulement lire
avec attention celles de Malpighi (*Malpighii pullus in ovo*) qui ont été
faites environ trente-cinq ou quarante ans après celles d'Harvey.

Cet excellent observateur a examiné avec attention la cicatricule qui,
en effet, est la partie essentielle de l'œuf[1], il a trouvé cette cicatricule grande
dans tous les œufs féconds, et petite dans les œufs inféconds, et ayant exa-

---

1. Voyez la note 2 de la page 481.

miné cette cicatricule dans des œufs frais et qui n'avaient pas encore été couvés, il a reconnu que le point blanc dont parle Harvey, et qui, selon lui, devient le point animé, est une petite bourse ou une bulle qui nage dans une liqueur contenue par le premier cercle, et dans le milieu de cette bulle il a vu l'embryon[1]; la membrane de cette petite bourse, qui est l'amnios, étant très-mince et transparente, lui laissait voir aisément le fœtus qu'elle enveloppait. Malpighi conclut avec raison de cette première observation que le fœtus existe dans l'œuf avant même qu'il ait été couvé, et que ses premières ébauches ont déjà jeté des racines profondes. Il n'est pas nécessaire de faire sentir ici combien cette expérience est opposée au sentiment d'Harvey, et même à ses expériences; car Harvey n'a rien vu de formé ni d'ébauché pendant les deux premiers jours de l'incubation, et au troisième jour le premier indice du fœtus est, selon lui, un point animé qui est le cœur, au lieu qu'ici l'ébauche du fœtus existe en entier dans l'œuf avant qu'il ait été couvé[2], chose qui, comme l'on voit, est bien différente, et qui est en effet d'une conséquence infinie, tant par elle-même que par les inductions qu'on en doit tirer pour l'explication de la génération.

Après s'être assuré de ce fait important, Malpighi a examiné avec la même attention la cicatricule des œufs inféconds que la poule produit sans avoir eu de communication avec le mâle; cette cicatricule, comme je l'ai dit, est plus petite que celle qu'on trouve dans les œufs féconds; elle a souvent des circonscriptions irrégulières, et un tissu qui quelquefois est différent dans les cicatricules de différents œufs : assez près de son centre, au lieu d'une bulle qui renferme le fœtus, il y a un corps globuleux comme une mole, qui ne contient rien d'organisé, et qui étant ouvert ne présente rien de différent de la mole même, rien de formé ni d'arrangé; seulement cette mole a des appendices qui sont remplis d'un suc assez épais, quoique transparent, et cette masse informe est enveloppée et environnée de plusieurs cercles concentriques.

Après six heures d'incubation, la cicatricule des œufs féconds a déjà augmenté considérablement; on reconnaît aisément dans son centre la bulle formée par la membrane *amnios*, remplie d'une liqueur dans le milieu de laquelle on voit distinctement nager la tête du poulet jointe à l'épine du dos; six heures après, tout se distingue plus clairement, parce que tout a grossi; on reconnaît sans peine la tête et les vertèbres de l'épine. Six heures encore après, c'est-à-dire au bout de dix-huit heures d'incubation, la tête a grossi et l'épine s'est allongée, et au bout de vingt-quatre heures la tête du poulet paraît s'être recourbée, et l'épine du dos paraît toujours de cou-

---

1. *Il a vu l'embryon.* Rien n'est moins certain. *L'embryon* n'est visible qu'après les premiers effets de l'incubation.

2. Sans doute, quoiqu'il y soit encore invisible : *l'incubation*, c'est-à-dire la *chaleur* (car l'incubation peut être artificielle) n'est qu'une condition extérieure du développement.

jour blanchâtre ; les vertèbres sont disposées des deux côtés du milieu de l'épine, comme de petits globules, et presque dans le même temps on voit paraître le commencement des ailes, la tête, le col et la poitrine s'allongent ; après trente heures d'incubation il ne paraît rien de nouveau, mais tout s'est augmenté, et surtout la membrane *amnios*; on remarque autour de cette membrane les vaisseaux ombilicaux qui sont d'une couleur obscure ; au bout de trente-huit heures, le poulet étant devenu plus fort, montre une tête assez grosse dans laquelle on distingue trois vésicules entourées de membranes qui enveloppent aussi l'épine du dos, à travers lesquelles on voit cependant très-bien les vertèbres. Au bout de quarante heures c'était, dit notre observateur, une chose admirable que de voir le poulet vivant dans la liqueur enfermée par l'amnios ; l'épine du dos s'était épaissie, la tête s'était courbée, les vésicules du cerveau étaient moins découvertes, les premières ébauches des yeux paraissaient, le cœur battait et le sang circulait déjà. Malpighi donne ici la description des vaisseaux et de la route du sang, et il croit avec raison que, quoique le cœur ne batte pas avant les trente-huit ou quarante heures d'incubation, il ne laisse pas d'exister auparavant, comme tout le reste du corps du poulet, et en examinant séparément le cœur dans une chambre assez obscure, il n'a jamais vu qu'il produisit la moindre étincelle de lumière, comme Harvey paraît l'insinuer.

Au bout de deux jours on voit la bulle ou la membrane amnios remplie d'une liqueur assez abondante dans laquelle est le poulet ; la tête, composée de vésicules, est courbée, l'épine du dos s'est allongée, et les vertèbres paraissent s'allonger aussi, le cœur, qui pend hors de la poitrine, bat trois fois de suite, car l'humeur qu'il contient est poussée de la veine par l'oreillette dans les ventricules du cœur, des ventricules dans les artères, et enfin dans les vaisseaux ombilicaux. Il remarque qu'ayant alors séparé le poulet du blanc de son œuf, le mouvement du cœur ne laissa pas de continuer et de durer un jour entier. Après deux jours et quatorze heures, ou soixante-deux heures d'incubation, le poulet, quoique devenu plus fort, demeure toujours la tête penchée dans la liqueur contenue par l'amnios ; on voit des veines et des artères qui arrosent les vésicules du cerveau, on voit les linéaments des yeux et ceux de la moelle de l'épine qui s'étend le long des vertèbres, et tout le corps du poulet est comme enveloppé d'une partie de cette liqueur qui a pris alors plus de consistance que le reste. Au bout de trois jours le corps du poulet paraît courbé ; on voit dans la tête, outre les deux yeux, cinq vésicules remplies d'humeur, lesquelles dans la suite forment le cerveau ; on voit aussi les premières ébauches des cuisses et des ailes ; le corps commence à prendre de la chair, la prunelle des yeux se distingue, et on peut déjà reconnaître le cristallin et l'humeur vitrée. Après le quatrième jour, les vésicules du cerveau s'approchent de plus en plus les unes des autres, les éminences des vertèbres s'élèvent davantage, les ailes et les cuisses deviennent plus solides à mesure qu'elles s'allongent, tout le corps est recouvert d'une chair onctueuse, on voit sortir de l'abdomen les vaisseaux ombilicaux; le cœur est caché en dedans, parce que la capacité de la poitrine est fermée par une membrane fort mince. Après le cinquième jour et à la fin du sixième les vésicules du cerveau commencent à se couvrir; la moelle de l'épine s'étant divisée en deux parties commence à prendre de la solidité et à s'avancer le long du tronc, les ailes et les cuisses s'allongent, et les pieds s'étendent; le bas-ventre est fermé et tuméfié; on voit le foie fort distinctement, il n'est pas encore rouge, mais de blanchâtre qu'il était auparavant il est alors devenu de couleur obscure; le cœur bat dans ses deux ventricules; le corps du poulet est recouvert de la peau, et l'on y distingue déjà les points de la naissance des plumes. Le septième jour la tête du poulet est fort grosse; le cerveau paraît recouvert de ses membranes; le bec se voit très-bien entre les deux yeux; les ailes, les cuisses et les pieds ont acquis leur figure parfaite; le cœur paraît alors être composé de deux ventricules, comme de deux bulles contiguës et réunies à la partie supérieure avec le corps des oreillettes, et on remarque deux mouvements successifs dans les ventricules aussi bien que dans les oreillettes; c'est comme s'il y avait deux cœurs séparés.

Je ne suivrai pas plus loin Malpighi : le reste n'est qu'un développement plus grand des parties, qui se fait jusqu'au vingt et unième jour que le poulet casse sa coquille après avoir *pipé;* le cœur est le dernier à prendre la forme qu'il doit avoir, et à se réunir en deux ventricules; car le poumon paraît à la fin du neuvième jour, il est alors de couleur blanchâtre, et le dixième jour les muscles des ailes paraissent, les plumes sortent, et ce n'est qu'au onzième jour qu'on voit des artères, qui auparavant étaient éloignées du cœur, s'y attacher, comme les doigts à la main, et qu'il est parfaitement conformé et réuni en deux ventricules.

On est maintenant en état de juger sainement de la valeur des expériences d'Harvey [1]; il y a grande apparence que ce fameux anatomiste ne s'est pas servi de microscope, qui à la vérité n'était pas perfectionné de son temps, car il n'aurait pas assuré, comme il l'a fait, que la cicatricule d'un œuf infécond et celle d'un œuf fécond n'avaient aucune différence [2]; il n'aurait pas dit que la semence du mâle ne produit aucune altération dans l'œuf,

---

1. Buffon *n'en juge pas sainement.* Il repousse ici Harvey, qui a dit que *tout animal vient d'un œuf;* il repoussera tout à l'heure Graaf, qui a reconnu *l'œuf des vivipares* jusque dans *l'ovaire.* Il faut, à tout prix, que le *système des œufs* disparaisse et cède la place au système des *molécules organiques.*

Au reste, pour se faire une idée complète du *développement du poulet dans l'œuf,* aux observations des auteurs que j'ai déjà cités (Voyez la note 1 de la page 483) il faut ajouter les observations de plusieurs anatomistes ou physiologistes de nos jours, particulièrement celles de M. Baër. (Voyez ce dernier travail dans le *Traité de physiologie* de M. Burdach, t. III, page 202. Traduc. française.)

2. Voyez la note 1 de la page 487.

et qu'elle ne forme rien dans cette cicatricule ; il n'aurait pas dit qu'on ne voit rien avant la fin du troisième jour, et que ce qui paraît le premier est un point animé dans lequel il croit que s'est changé le point blanc ; il aurait vu que ce point blanc était une bulle qui contient l'ouvrage entier de la génération, et que toutes les parties du fœtus y sont ébauchées au moment que la poule a eu communication avec le coq ; il aurait reconnu de même que sans cette communication elle ne contient qu'une mole informe qui ne peut devenir animée, parce qu'en effet elle n'est pas organisée comme un animal, et que ce n'est que quand cette mole, qu'on doit regarder comme un assemblage des parties organiques de la semence de la femelle, est pénétrée par les parties organiques de la semence du mâle qu'il en résulte un animal, qui dès ce moment est formé, mais dont le mouvement est encore imperceptible, et ne se découvre qu'au bout de quarante heures d'incubation ; il n'aurait pas assuré que le cœur est formé le premier, que les autres parties viennent s'y joindre par juxtaposition, puisqu'il est évident, par les observations de Malpighi, que les ébauches de toutes les parties sont toutes formées d'abord, mais que ces parties paraissent à mesure qu'elles se développent ; enfin s'il eût vu ce que Malpighi a vu, il n'aurait pas dit affirmativement qu'il ne restait aucune impression de la semence du mâle dans les œufs, et que ce n'était que par contagion qu'ils sont fécondés, etc.

Il est bon de remarquer aussi que ce que dit Harvey au sujet des parties de la génération du coq n'est point exact ; il semble assurer que le coq n'a point de membre génital et qu'il n'y a point d'intromission : cependant il est certain que cet animal a deux verges au lieu d'une [1], et qu'elles agissent toutes deux en même temps dans l'acte du coït, qui est au moins une forte compression, si ce n'est pas un vrai accouplement avec intromission. (Voyez Regn. Graaf, p. 242.) C'est par ce double organe que le coq répand la liqueur séminale dans la matrice de la poule.

Comparons maintenant les expériences qu'Harvey a faites sur les biches avec celles de Graaf sur les femelles des lapins ; nous verrons que, quoique Graaf croie, comme Harvey, que tous les animaux viennent d'un œuf, il y a une grande différence dans la façon dont ces deux anatomistes ont vu les premiers degrés de la formation, ou plutôt du développement du fœtus des vivipares.

Après avoir fait tous ses efforts pour établir, par plusieurs raisonnements tirés de l'anatomie comparée, que les testicules des femelles vivipares sont de vrais ovaires [2], Graaf explique comment les œufs qui se détachent de ces

---

1. Plus exactement : *deux conduits déférents.*

2 Et c'est bien ce qu'ils sont en effet. — Il fallait d'abord reconnaître que tous les animaux viennent d'un *œuf*; et c'est ce qu'a fait Harvey. Il fallait ensuite reconnaître et suivre l'œuf des *vivipares* jusque dans l'*ovaire* (Harvey n'avait su le reconnaître que dans la *matrice* : et c'est ce qu'a fait Graaf. Il fallait enfin reconnaître dans la *vésicule*, dans l'œuf de Graaf, l'œuf proprement dit, le vrai *œuf*, et c'est ce que vient de faire M. Bœr.

ovaires tombent dans les cornes de la matrice, et ensuite il rapporte ce qu'il a observé sur une lapine qu'il a disséquée une demi-heure après l'accouplement. Les cornes de la matrice, dit-il, étaient plus rouges, il n'y avait aucun changement aux ovaires, non plus qu'aux œufs qu'ils contiennent, et il n'y avait aucune apparence de semence du mâle, ni dans le vagin, ni dans la matrice, ni dans les cornes de la matrice.

Ayant disséqué une autre lapine six heures après l'accouplement, il observa que les follicules ou enveloppes qui, selon lui, contiennent les œufs dans l'ovaire, étaient devenues rougeâtres; il ne trouva de semence du mâle ni dans les ovaires, ni ailleurs. Vingt-quatre heures après l'accouplement, il en disséqua une troisième, et il remarqua dans l'un des ovaires trois, et dans l'autre cinq follicules altérés; car de clairs et limpides qu'ils sont auparavant, ils étaient devenus opaques et rougeâtres. Dans une autre, disséquée vingt-sept heures après l'accouplement, les cornes de la matrice et les conduits supérieurs qui y aboutissent étaient encore plus rouges, et l'extrémité de ces conduits enveloppait l'ovaire de tous côtés. Dans une autre qu'il ouvrit quarante heures après l'accouplement, il trouva dans l'un des ovaires sept, et dans l'autre trois follicules altérés. Cinquante-deux heures après l'accouplement il en disséqua une autre, dans les ovaires de laquelle il trouva un follicule altéré dans l'un, et quatre follicules altérés dans l'autre; et ayant examiné de près et ouvert ces follicules, il y trouva une matière presque glanduleuse dans le milieu de laquelle il y avait une petite cavité où il ne remarqua aucune liqueur sensible, ce qui lui fit soupçonner que la liqueur limpide et transparente que ces follicules contiennent ordinairement, et qui est enveloppée, dit-il, de ses propres membranes, pouvait en avoir été chassée et séparée par une espèce de rupture; il chercha donc cette matière dans les conduits qui aboutissent aux cornes de la matrice, et dans ces cornes mêmes, mais il n'y trouva rien; il reconnut seulement que la membrane intérieure des cornes de la matrice était fort enflée. Dans une autre, disséquée trois jours après l'accouplement, il observa que l'extrémité supérieure du conduit qui aboutit aux cornes de la matrice embrassait étroitement de tous côtés l'ovaire; et l'ayant séparée de l'ovaire, il remarqua dans l'ovaire droit trois follicules un peu plus grands et plus durs qu'auparavant; et ayant cherché avec grand soin dans les conduits dont nous avons parlé, il trouva, dit-il, dans le conduit qui est à droite un œuf, et dans la corne droite de la matrice deux autres œufs, si petits qu'ils n'étaient pas plus gros que des grains de moutarde; ces petits œufs avaient chacun deux membranes qui les enveloppaient, et l'intérieur était rempli d'une liqueur très-limpide. Ayant examiné l'autre ovaire, il y aperçut quatre follicules altérés; mais des quatre il y en avait trois qui étaient plus blancs et qui avaient aussi un peu de liqueur limpide dans leur milieu, tandis que le quatrième était plus obscur et ne contenait aucune liqueur, ce qui lui fit juger que l'œuf s'était séparé de ce dernier follicule ; et en effet, ayant cherché dans le conduit qui y répond et dans la corne de la matrice à laquelle ce conduit aboutit, il trouva un œuf dans l'extrémité supérieure de la corne, et cet œuf était absolument semblable à ceux qu'il avait trouvés dans la corne droite. Il dit que les œufs qui sont séparés de l'ovaire sont plus de dix fois plus petits que ceux qui y sont encore attachés[1], et il croit que cette différence vient de ce que les œufs, lorsqu'ils sont dans les ovaires, renferment encore une autre matière qui est cette substance glanduleuse qu'il a remarquée dans les follicules. On verra tout à l'heure combien cette opinion est éloignée de la vérité.

Quatre jours après l'accouplement, il en ouvrit une autre, et il trouva dans l'un des ovaires quatre, et dans l'autre ovaire trois follicules vides d'œufs ; et dans les cornes correspondantes à ces ovaires il trouva ces quatre œufs d'un côté, et les trois autres de l'autre ; ces œufs étaient plus gros que les premiers qu'il avait trouvés trois jours après l'accouplement ; ils étaient à peu près de la grosseur du plus petit plomb dont on se sert pour tirer aux petits oiseaux [a], et il remarqua que dans ces œufs la membrane intérieure était séparée de l'extérieure, et qu'il paraissait comme un second œuf dans le premier. Dans une autre, qui fut disséquée cinq jours après l'accouplement, il trouva dans les ovaires six follicules vides, et autant d'œufs dans la matrice, à laquelle ils étaient si peu adhérents qu'on pouvait, en soufflant dessus, les faire aller où on voulait ; ces œufs étaient de la grosseur du plomb qu'on appelle communément du plomb à lièvre ; la membrane intérieure y était bien plus apparente que dans les précédents. En ayant ouvert une autre six jours après l'accouplement, il trouva dans l'un des ovaires six follicules vides, mais seulement cinq œufs dans la corne correspondante de la matrice ; ces cinq œufs étaient tous cinq comme accumulés dans un petit monceau ; dans l'autre ovaire, il vit quatre follicules vides, et dans la corne correspondante de la matrice il ne trouva qu'un œuf. (Je remarquerai en passant que Graaf a eu tort de prétendre que le nombre des œufs, ou plutôt des fœtus, répondait toujours au nombre des cicatrices ou follicules vides de l'ovaire [2], puisque ses propres observations prouvent le contraire.) Ces œufs étaient de la grosseur du gros plomb à giboyer, ou d'une petite chevrotine. Sept jours après l'accouplement, ayant ouvert une autre lapine, notre anatomiste trouva dans les ovaires

a. Cette comparaison de la grosseur des œufs avec celle du plomb moulé n'est mise ici que pour en donner une idée juste, et pour éviter de faire graver la planche de Graaf, où ces œufs sont représentés dans leurs différents états.

1. *Plus petits que ceux qui y sont encore attachés.* Et c'est ce qui doit être : ce que Graaf prend pour l'*œuf* dans l'*ovaire*, c'est l'*œuf*, plus la *vésicule* ou *enveloppe* qui le contient. L'*œuf, dix fois plus petit*, est le véritable *œuf*, dégagé de son *enveloppe.*

2. L'un de ces nombres répond, en effet, à l'autre ; car tout *œuf* vient d'un *follicule*, qu'il a laissé *vide.*

quelques follicules vides, plus grands, plus rouges et plus durs que tous
ceux qu'il avait observés auparavant, et il aperçut alors autant de tumeurs
transparentes, ou, si l'on veut, autant de cellules dans différents endroits
de la matrice, et les ayant ouvertes, il en tira les œufs qui étaient gros
comme des petites balles de plomb, appelées vulgairement des postes ; la
membrane intérieure était plus apparente qu'elle ne l'avait encore été, et
au dedans de cette membrane il n'aperçut rien qu'une liqueur très-limpide : les prétendus œufs, comme l'on voit, avaient en très-peu de temps
tiré du dehors une grande quantité de liqueur, et s'étaient attachés à la
matrice. Dans une autre, qu'il disséqua huit jours après l'accouplement, il
trouva dans la matrice les tumeurs ou cellules qui contiennent les œufs,
mais ils étaient trop adhérents, il ne put les en détacher. Dans une autre,
qu'il ouvrit neuf jours après l'accouplement, il trouva les cellules qui contiennent les œufs fort augmentées, et dans l'intérieur de l'œuf, qui ne peut
plus se détacher, il vit la membrane intérieure contenant à l'ordinaire une
liqueur très-claire, mais il aperçut dans le milieu de cette liqueur un petit
nuage délié. Dans une autre, disséquée dix jours après l'accouplement, ce
petit nuage s'était épaissi et formait un corps oblong de la figure d'un petit
ver. Enfin douze jours après l'accouplement, il reconnut distinctement
l'embryon qui, deux jours auparavant, ne présentait que la figure d'un
corps oblong ; il était même si apparent qu'on pouvait en distinguer les
membres : dans la région de la poitrine il aperçut deux points sanguins et
deux autres points blancs, et dans l'abdomen une substance mucilagineuse
un peu rougeâtre. Quatorze jours après l'accouplement, la tête de l'embryon
était grosse et transparente, les yeux proéminents, la bouche ouverte,
l'ébauche des oreilles paraissait, l'épine du dos, de couleur blanchâtre,
était recourbée vers le sternum, il en sortait de chaque côté de petits vaisseaux sanguins dont les ramifications s'étendaient sur le dos et jusqu'aux
pieds ; les deux points sanguins avaient grossi considérablement et se
présentaient comme les ébauches des ventricules du cœur ; à côté de ces
deux points sanguins on voyait deux points blancs qui étaient les ébauches
des poumons ; dans l'abdomen on voyait l'ébauche du foie qui était rougeâtre, et un petit corpuscule tortillé comme un fil, qui était celle de l'estomac et des intestins : après cela ce n'est plus qu'un accroissement et un
développement de toutes ces parties, jusqu'au trente et unième jour, que la
femelle du lapin met bas ses petits.

De ces expériences Graaf conclut que toutes les femelles vivipares ont des
œufs, que ces œufs sont contenus dans les testicules qu'il appelle ovaires [1],
qu'ils ne peuvent s'en détacher qu'après avoir été fécondés par la semence
du mâle, et il dit qu'on se trompe lorsqu'on croit que dans les femmes et
les filles il se détache très-souvent des œufs de l'ovaire : il paraît persuadé

1. Voyez la note 2 de la page 490.

que jamais les œufs ne se séparent de l'ovaire qu'après leur fécondation par la liqueur séminale du mâle [1], ou plutôt par l'esprit de cette liqueur, parce que, dit-il, la substance glanduleuse, au moyen de laquelle les œufs sortent de leurs follicules, n'est produite qu'après une copulation qui doit avoir été féconde. Il prétend aussi que tous ceux qui ont cru avoir vu des œufs de deux ou trois jours déjà gros se sont trompés, parce que les œufs, selon lui, restent plus de temps dans l'ovaire, quoique fécondés, et qu'au lieu d'augmenter d'abord, ils diminuent au contraire jusqu'à devenir dix fois plus petits qu'ils n'étaient, et que ce n'est que quand ils sont descendus des ovaires dans la matrice, qu'ils commencent à reprendre de l'accroissement.

En comparant ces observations avec celles d'Harvey, on reconnaîtra aisément que les premiers et principaux faits lui avaient échappé; et quoiqu'il y ait plusieurs erreurs dans les raisonnements et plusieurs fautes dans les expériences de Graaf, cependant cet anatomiste, aussi bien que Malpighi, ont tous deux mieux vu qu'Harvey [2]; ils sont assez d'accord sur le fond des observations, et tous deux ils sont contraires à Harvey : celui-ci ne s'est pas aperçu des altérations qui arrivent à l'ovaire; il n'a pas vu dans la matrice les petits globules qui contiennent l'œuvre de la génération, et que Graaf appelle des œufs; il n'a pas même soupçonné que le fœtus pouvait être tout entier dans cet œuf; et quoique ses expériences nous donnent assez exactement ce qui arrive dans le temps de l'accroissement du fœtus, elles ne nous apprennent rien, ni du moment de la fécondation, ni du premier développement. Schrader, médecin hollandais, qui a fait un extrait fort ample du livre d'Harvey, et qui avait une grande vénération pour cet anatomiste, avoue lui-même qu'il ne faut pas s'en fier à Harvey sur beaucoup de choses, et surtout sur ce qu'il dit des premiers temps de la fécondation, et qu'en effet le poulet est dans l'œuf avant l'incubation, et que c'est Joseph de Aromatariis qui l'a observé le premier, etc. (Voyez *Obs. Justi Schraderi*, Amst. 1674, *in præfatione*.) Au reste, quoiqu'Harvey ait prétendu que tous les animaux venaient d'un œuf, il n'a pas cru que les testicules des femmes continssent des œufs : ce n'est que par une comparaison du sac qu'il croyait avoir vu se former dans la matrice des vivipares avec le revêtement et l'accroissement des œufs dans celle des ovipares, qu'il a dit que tous venaient d'un œuf, et il n'a fait que répéter à cet égard ce qu'Aristote avait dit avant lui. Le premier qui ait découvert les prétendus œufs dans les ovaires des femelles est Stenon : dans la dissection qu'il fit d'un chien de mer femelle, il vit, dit-il, des œufs dans les testicules, quoique cet animal

---

1. En quoi il se trompait. On sait aujourd'hui que la *ponte spontanée* est la loi générale des *vivipares*, aussi bien que des *ovipares*. (Voyez l'ouvrage de M. Pouchet sur l'*Ovulation spontanée des mammifères*.)

2. Sur plusieurs de ces points en effet, Graaf et Malpighi ont mieux vu qu'Harvey, mais ils venaient après Harvey.

soit, comme l'on sait, vivipare ; et il ajoute qu'il ne doute pas que les testicules des femmes ne soient analogues aux ovaires des ovipares, soit que
les œufs des femmes tombent, de quelque façon que ce puisse être, dans la
matrice, soit qu'il n'y tombe que la matière contenue dans ces œufs. Cependant, quoique Stenon soit le premier auteur de la découverte de ces prétendus œufs, Graaf a voulu se l'attribuer, et Swammerdam la lui a dis-
putée, même avec aigreur ; il a prétendu que Van-Horn avait aussi reconnu
ces œufs avant Graaf : il est vrai qu'on peut reprocher à ce dernier d'avoir
assuré positivement plusieurs choses que l'expérience a démenties, et
d'avoir prétendu qu'on pouvait juger du nombre des fœtus contenus dans
la matrice par le nombre des cicatrices ou follicules vides de l'ovaire, ce qui
n'est point vrai, comme on peut le voir par les expériences de Verrheyen
(t. II, chap. III, édit. de Bruxelles, 1710), par celles de M. Méry (*Hist. de
l'Acad.*, 1701), et par quelques-unes des propres expériences de Graaf, où,
comme nous l'avons remarqué, il s'est trouvé moins d'œufs dans la matrice
que de cicatrices sur les ovaires[1]. D'ailleurs, nous ferons voir que ce qu'il
dit sur la séparation des œufs et sur la manière dont ils descendent dans la
matrice n'est point exact, que même il n'est point vrai que ces œufs existent
dans les testicules des femelles, qu'on ne les a jamais vus, que ce qu'on voit
dans la matrice n'est point un œuf, et que rien n'est plus mal fondé que les
systèmes qu'on a voulu établir sur les observations de ce fameux anatomiste.

Cette prétendue découverte des œufs dans les testicules des femelles
attira l'attention de la plupart des autres anatomistes ; ils ne trouvèrent
cependant que des vésicules dans les testicules de toutes les femelles vivipares sur lesquelles ils purent faire des observations, mais ils n'hésitèrent
pas à regarder ces vésicules comme des œufs ; ils donnèrent aux testicules
le nom d'ovaires, et aux vésicules qu'ils contiennent le nom d'œufs ; ils
dirent aussi, comme Graaf, que dans le même ovaire ces œufs sont de différentes grosseurs, que les plus gros dans les ovaires des femmes ne sont pas
de la grosseur d'un petit pois, qu'ils sont très-petits dans les jeunes personnes de quatorze ou quinze ans, mais que l'âge et l'usage des hommes
les fait grossir ; qu'on en peut compter plus de vingt dans chaque ovaire ;
que ces œufs sont fécondés dans l'ovaire par la partie spiritueuse de la
liqueur séminale du mâle, qu'ensuite ils se détachent et tombent dans la
matrice par les trompes de Fallope, où le fœtus est formé de la substance
intérieure de l'œuf, et le placenta de la matière extérieure ; que la substance
glanduleuse qui n'existe dans l'ovaire qu'après une copulation féconde
ne sert qu'à comprimer l'œuf et à le faire sortir hors de l'ovaire, etc.
Mais Malpighi, ayant examiné les choses de plus près, me paraît avoir fait à
l'égard de ces anatomistes ce qu'il avait fait à l'égard d'Harvey au sujet

---

[1]. C'est que quelques-uns des *œufs*, détachés des *ovaires*, ont *avorté* et se sont perdus.

du poulet dans l'œuf : il a été beaucoup plus loin qu'eux, et quoiqu'il ait corrigé plusieurs erreurs avant même qu'elles fussent reçues, la plupart des physiciens n'ont pas laissé d'adopter le sentiment de Graaf et des anatomistes dont nous venons de parler, sans faire attention aux observations de Malpighi, qui cependant sont très-importantes, et auxquelles son disciple Valisnieri a donné beaucoup de poids.

Valisnieri est de tous les naturalistes celui qui a parlé le plus à fond sur le sujet de la génération ; il a rassemblé tout ce qu'on avait découvert avant lui sur cette matière, et ayant lui-même, à l'exemple de Malpighi, fait un nombre infini d'observations, il me parait avoir prouvé bien clairement que les vésicules qu'on trouve dans les testicules de toutes les femelles ne sont pas des œufs, que jamais ces vésicules ne se détachent du testicule, et qu'elles ne sont autre chose que les réservoirs d'une lymphe ou d'une liqueur qui doit contribuer, dit-il, à la génération et à la fécondation d'un autre œuf, ou de quelque chose de semblable à un œuf, qui contient le fœtus tout formé. Nous allons rendre compte des expériences et des remarques de ces deux auteurs, auxquelles on ne saurait donner trop d'attention.

Malpighi, ayant examiné un grand nombre de testicules de vaches et de quelques autres femelles d'animaux, assure avoir trouvé dans tous ces testicules des vésicules de différentes grosseurs, soit dans les femelles encore fort jeunes, soit dans les femelles adultes ; ces vésicules sont toutes enveloppées d'une membrane assez épaisse, dans l'intérieur de laquelle il y a des vaisseaux sanguins, et elles sont remplies d'une espèce de lymphe ou de liqueur qui se durcit et se caille par la chaleur du feu, comme le blanc d'œuf.

Avec le temps on voit croître un corps ferme et jaune[1] qui est adhérent au testicule, qui est proéminent, et qui augmente si fort qu'il devient de la grandeur d'une cerise, et qu'il occupe la plus grande partie du testicule. Ce corps est composé de plusieurs petits lobes anguleux dont la position est assez irrégulière, et il est couvert d'une tunique semée de vaisseaux sanguins et de nerfs. L'apparence et la forme intérieure de ce corps jaune ne sont pas toujours les mêmes, mais elles varient en différents temps ; lorsqu'il n'est encore que de la grosseur d'un grain de millet, il a à peu près la forme d'un paquet globuleux dont l'intérieur ne parait être que comme un tissu variqueux. Très-souvent on remarque une enveloppe extérieure qui est composée de la substance même du corps jaune, autour des vésicules du testicule.

---

1. La *vésicule* qui contenait l'*œuf*, après s'être rompue pour laisser échapper cet *œuf*, se *gonfle* d'abord et puis se *cicatrise*. La *vésicule* gonflée est le *corps jaune*. Aussi le nombre des *cicatrices*, le nombre des *corps jaunes*, que l'on trouve dans l'*ovaire*, donne-t-il presque toujours (c'est-à-dire sauf le cas indiqué dans la note précédente) le nombre des *œufs* que l'on trouve dans la *matrice*.

Lorsque ce corps jaune est devenu à peu près de la grandeur d'un pois, il a la figure d'une poire, et en dedans vers son centre il a une petite cavité remplie de liqueur; quand il est parvenu à la grosseur d'une cerise, il contient une cavité pleine de liqueur. Dans quelques-uns de ces corps jaunes, lorsqu'ils sont parvenus à leur entière maturité, on voit, dit Malpighi, vers le centre un petit œuf avec ces appendices, de la grosseur d'un grain de millet, et lorsqu'ils ont jeté leur œuf on voit ces corps épuisés et vides; ils ressemblent alors à un canal caverneux, dans lequel on peut introduire un stylet, et la cavité qu'ils renferment et qui s'est vidée est de la grandeur d'un pois. On remarquera ici que Malpighi dit n'avoir vu que quelquefois un œuf de la grosseur d'un grain de millet dans quelques-uns de ces corps jaunes; on verra, par ce que nous rapporterons dans la suite, qu'il s'est trompé, et qu'il n'y a jamais d'œuf dans cette cavité, ni rien qui y ressemble. Il croit que l'usage de ce corps jaune et glanduleux, que la nature produit et fait paraître dans de certains temps, est de conserver l'œuf et de le faire sortir du testicule, qu'il appelle l'ovaire, et peut-être de contribuer à la génération même de l'œuf; par conséquent, dit-il, les vésicules de l'ovaire qu'on y remarque en tout temps, et qui en tout temps aussi sont de différentes grandeurs, ne sont pas les véritables œufs qui doivent être fécondés, et ces vésicules ne servent qu'à la production du corps jaune où l'œuf doit se former. Au reste, quoique ce corps jaune ne se trouve pas en tout temps et dans tous les testicules, on en trouve cependant toujours les premières ébauches, et notre observateur en a trouvé des indices dans de jeunes génisses nouvellement nées, dans des vaches qui étaient pleines, dans des femmes grosses, et il conclut, avec raison, que ce corps jaune et glanduleux n'est pas, comme l'a cru Graaf, un effet de la fécondation : selon lui cette substance jaune produit les œufs inféconds qui sortent de l'ovaire sans qu'il y ait communication avec le mâle, et aussi les œufs féconds lorsqu'il y a eu communication [1]; de là ces œufs tombent dans les trompes, et tout le reste s'exécute comme Graaf l'a décrit.

Ces observations de Malpighi font voir que les testicules des femelles ne sont pas de vrais ovaires, comme la plupart des anatomistes le croyaient de son temps, et le croient encore aujourd'hui; que les vésicules qu'ils contiennent ne sont pas des œufs, que jamais ces vésicules ne sortent du testicule pour tomber dans la matrice, et que ces testicules sont, comme ceux du mâle, des espèces de réservoirs qui contiennent une liqueur qu'on doit regarder comme une semence de la femelle encore imparfaite [2], qui se per-

---

1. Le *corps jaune* n'est pas précisément un *effet de la fécondation*, comme l'a cru *Graaf*. Encore moins produit-il l'*œuf*, comme le dit Malpighi. Le *corps jaune* est l'*effet de la rupture* de la vésicule qui contenait l'*œuf*. (Voyez la note précédente.)

2. Ici Buffon se trompe en tout; et, pour avoir le vrai, il suffit de prendre le contre-pied de ce qu'il dit : Les *testicules* des femelles sont de *vrais ovaires*: les *vésicules* qu'ils contiennent sont

fectionne dans le corps jaune et glanduleux, en remplit ensuite la cavité intérieure, et se répand lorsque le corps glanduleux a acquis une entière maturité; mais avant que de décider ce point important, il faut encore rapporter les observations de Valisnieri. On reconnaîtra que, quoique Malpighi et Valisnieri aient tous deux fait de bonnes observations, ils ne les ont pas poussées assez loin, et qu'ils n'ont pas tiré de ce qu'ils ont fait les conséquences que leurs observations produisaient naturellement, parce qu'étant tous deux fortement prévenus du système des œufs et du fœtus préexistant dans l'œuf, le premier croyait avoir vu l'œuf dans la liqueur contenue dans la cavité du corps jaune, et le second, n'ayant jamais pu y voir cet œuf, n'a pas laissé de croire qu'il y était, parce qu'il fallait bien qu'il fût quelque part, et qu'il ne pouvait être nulle part ailleurs.

Valisnieri commença ses observations en 1692 sur des testicules de truie: ces testicules ne sont pas composés comme ceux des vaches, des brebis, des juments, des chiennes, des ânesses, des chèvres ou des femmes, et comme ceux de beaucoup d'autres animaux femelles vivipares, car ils ressemblent à une petite grappe de raisin; les grains sont ronds, proéminents en dehors; entre ces grains il y en a de plus petits qui sont de la même espèce que les grands, et qui n'en diffèrent que parce qu'ils ne sont pas arrivés à leur maturité: ces grains ne paraissent pas être enveloppés d'une membrane commune, ils sont, dit-il, dans les truies, ce que sont dans les vaches les corps jaunes que Malpighi a observés; ils sont ronds, d'une couleur qui tire sur le rouge, leur surface est parsemée de vaisseaux sanguins comme les œufs des ovipares, et tous ces grains ensemble forment une masse plus grosse que l'ovaire. On peut, avec un peu d'adresse et en coupant la membrane tout autour, séparer un à un ces grains et les tirer de l'ovaire, où ils laissent chacun leur niche.

Ces corps glanduleux ne sont pas absolument de la même couleur dans toutes les truies; dans les unes ils sont plus rouges, dans d'autres ils sont plus clairs, et il y en a de toute grosseur, depuis la plus petite jusqu'à celle d'un grain de raisin; en les ouvrant on trouve dans leur intérieur une cavité triangulaire, plus ou moins grande, remplie d'une lymphe ou liqueur très-limpide, qui se caille par le feu, et devient blanche comme celle qui est contenue dans les vésicules. Valisnieri espérait trouver l'œuf dans quelques-unes de ces cavités, et surtout dans celles qui étaient les plus grandes, mais il ne le trouva pas, quoiqu'il le cherchât avec grand soin, d'abord dans tous les corps glanduleux des ovaires de quatre truies différentes, et ensuite dans une infinité d'autres ovaires de truies et d'autres animaux; jamais il ne put trouver l'œuf que Malpighi dit

des *œufs* (ou, plus exactement, renferment les vrais *œufs*); ces *œufs* sortent des *ovaires* pour tomber dans la *matrice*; enfin, ces *testicules* ne sont point comme ceux des *mâles*, et la *femelle* n'a point de *semence*.

avoir trouvé une fois ou deux : mais voyons la suite des observations.

Au-dessous de ces corps glanduleux on voit les vésicules de l'ovaire qui sont en plus grand ou en plus petit nombre, selon et à mesure que les corps glanduleux sont plus gros ou plus petits, car à mesure que les corps glanduleux grossissent, les vésicules diminuent. Les unes de ces vésicules sont grosses comme une lentille, et les autres comme un grain de millet; dans les testicules crus on pourrait en compter vingt, trente ou trente-cinq, mais lorsqu'on les fait cuire on en voit un plus grand nombre, et elles sont si adhérentes dans l'intérieur du testicule, et si fortement attachées avec des fibres et des vaisseaux membraneux qu'il n'est pas possible de les séparer du testicule sans rupture des uns ou des autres.

Ayant examiné les testicules d'une truie qui n'avait pas encore porté, il y trouva, comme dans les autres, les corps glanduleux, et dans leur intérieur la cavité triangulaire remplie de lymphe, mais jamais d'œufs ni dans les unes ni dans les autres : les vésicules de cette truie qui n'avait pas porté étaient en plus grand nombre que celles des testicules des truies qui avaient déjà porté ou qui étaient pleines. Dans les testicules d'une autre truie qui était pleine, et dont les petits étaient déjà gros, notre observateur trouva deux corps glanduleux des plus grands, qui étaient vides et affaissés, et d'autres plus petits qui étaient dans l'état ordinaire; et, ayant disséqué plusieurs autres truies pleines, il observa que le nombre des corps glanduleux était toujours plus grand que celui des fœtus, ce qui confirme ce que nous avons dit au sujet des observations de Graaf, et nous prouve qu'elles ne sont point exactes à cet égard, ce qu'il appelle follicules de l'ovaire n'étant que les corps glanduleux dont il est ici question, et leur nombre étant toujours plus grand que celui des fœtus. Dans les ovaires d'une jeune truie qui n'avait que quelques mois, les testicules étaient d'une grosseur convenable, et semés de vésicules assez gonflées; entre ces vésicules on voyait la naissance de quatre corps glanduleux dans l'un des testicules, et de sept autres corps glanduleux dans l'autre testicule.

Après avoir fait ces observations sur les testicules des truies, Valisnieri répéta celles de Malpighi sur les testicules des vaches, et il trouva que tout ce qu'il avait dit était conforme à la vérité; seulement Valisnieri avoue qu'il n'a jamais pu trouver l'œuf que Malpighi croyait avoir aperçu une fois ou deux dans la cavité intérieure du corps glanduleux, et les expériences multipliées que Valisnieri rapporte sur les testicules des femelles de plusieurs espèces d'animaux, qu'il faisait à dessein de trouver l'œuf, sans jamais avoir pu y réussir, auraient dû le porter à douter de l'existence de cet œuf prétendu; cependant on verra que, contre ses propres expériences, le préjugé où il était du système des œufs lui a fait admettre l'existence de cet œuf, qu'il n'a jamais vu et que jamais personne ne verra[1].

---

1. *Que jamais personne ne verra.* Et qu'aujourd'hui tout le monde a vu.

On peut dire qu'il n'est guère possible de faire un plus grand nombre d'expériences, ni de les faire mieux qu'il les a faites; car il ne s'est pas borné à celles que nous venons de rapporter, il en a fait plusieurs sur les testicules des brebis, et il observe comme une chose particulière à cette espèce d'animal qu'il n'y a jamais plus de corps glanduleux sur les testicules que de fœtus dans la matrice ; dans les jeunes brebis qui n'ont pas porté, il n'y a qu'un corps glanduleux dans chaque testicule, et lorsque ce corps est épuisé, il s'en forme un autre, et si une brebis ne porte qu'un seul fœtus dans sa matrice, il n'y a qu'un seul corps glanduleux dans les testicules ; si elle a deux fœtus, elle a aussi deux corps glanduleux : ce corps occupe la plus grande partie du testicule, et après qu'il est épuisé et qu'il s'est évanoui, il en pousse un autre qui doit servir à une autre génération.

Dans les testicules d'une ânesse il trouva des vésicules grosses comme de petites cerises, ce qui prouve évidemment que ces vésicules ne sont pas les œufs, puisque étant de cette grosseur, quand même elles pourraient se détacher du testicule, elles ne pourraient pas entrer dans les cornes de la matrice, qui sont, dans cet animal, trop étroites pour les recevoir.

Les testicules des chiennes, des louves et des renards femelles ont à l'extérieur une enveloppe ou une espèce de capuchon ou de bourse produite par l'expansion de la membrane qui environne la corne de la matrice. Dans une chienne qui commençait à entrer en chaleur, et que le mâle n'avait pas encore approchée, Valisnieri trouva que cette bourse qui recouvre le testicule, et qui n'y est point adhérente, était baignée intérieurement d'une liqueur semblable à du petit-lait ; il y trouva deux corps glanduleux dans le testicule droit, qui avaient environ deux lignes de diamètre, et qui tenaient presque toute l'étendue de ce testicule. Ces corps glanduleux avaient chacun un petit mamelon dans lequel on voyait très-distinctement une fente d'environ une demi-ligne de largeur, de laquelle il sortait, sans qu'il fût besoin de presser le mamelon, une liqueur semblable à du petit-lait assez clair, et lorsqu'on le pressait il en sortait une plus grande quantité, ce qui fit soupçonner à notre observateur que cette liqueur était la même que celle qu'il avait trouvée dans l'intérieur du capuchon. Il souffla dans cette fente par le moyen d'un petit tuyau, et dans l'instant le corps glanduleux se gonfla dans toutes ses parties, et y ayant introduit un fil de soie il pénétra aisément jusqu'au fond ; il ouvrit ces corps glanduleux dans le sens que le fil de soie y était entré, et il trouva dans leur intérieur une cavité considérable qui communiquait à la fente, et qui contenait aussi beaucoup de liqueur. Valisnieri espérait toujours qu'il pourrait enfin être assez heureux pour y trouver l'œuf, mais quelque recherche qu'il fit et quelque attention qu'il eût à regarder de tous côtés, il ne put jamais l'apercevoir, ni dans l'un, ni dans l'autre de ces deux corps glanduleux. Au reste, il crut avoir remarqué que l'extrémité de leur mamelon par où s'écoulait la liqueur était resserrée par un sphincter qui, comme dans la vessie, servait à fermer ou à ouvrir le canal du mamelon; il trouva aussi dans le testicule gauche deux corps glanduleux et les mêmes cavités, les mêmes mamelons, les mêmes canaux et la même liqueur qui en distille; cette liqueur ne sortait pas seulement par cette extrémité du mamelon, mais aussi par une infinité d'autres petits trous de la circonférence du mamelon; et n'ayant pu trouver l'œuf ni dans cette liqueur, ni dans la cavité qui la contient, il fit cuire deux de ces corps glanduleux, espérant que par ce moyen il pourrait reconnaître l'œuf, *après lequel*, dit-il, *je soupirais ardemment;* mais ce fut en vain, car il ne trouva rien.

Ayant fait ouvrir une autre chienne qui avait été couverte depuis quatre ou cinq jours, il ne trouva aucune différence aux testicules; il y avait trois corps glanduleux faits comme les précédents, et qui de même laissaient distiller de la liqueur par les mamelons. Il chercha l'œuf avec grand soin partout, et il ne put le trouver ni dans ce corps glanduleux, ni dans les autres, qu'il examina avec la plus grande attention, et même à la loupe et au microscope; il a reconnu seulement, avec ce dernier instrument, que ces corps glanduleux sont une espèce de lacis de vaisseaux formés d'un nombre infini de petites vésicules globuleuses qui servent à filtrer la liqueur qui remplit la cavité et qui sort par l'extrémité du mamelon.

Il ouvrit ensuite une autre chienne qui n'était pas en chaleur, et ayant essayé d'introduire de l'air entre le testicule et le capuchon qui le couvre, il vit que ce capuchon se dilatait très-considérablement, comme se dilate une vessie enflée d'air. Ayant enlevé ce capuchon, il trouva sur le testicule trois corps glanduleux, mais ils étaient sans mamelon, sans fente apparente, et il n'en distillait aucune liqueur.

Dans une autre chienne qui avait mis bas deux mois auparavant et qui avait fait cinq petits chiens, il trouva cinq corps glanduleux, mais fort diminués de volume, et qui commençaient à s'oblitérer, sans produire de cicatrices; il restait encore dans leur milieu une petite cavité, mais elle était sèche et vide de toute liqueur.

Non content de ces expériences et de plusieurs autres que je ne rapporte pas, Valisnieri, qui voulait absolument trouver le prétendu œuf, appela les meilleurs anatomistes de son pays, entre autres M. Morgagni, et ayant ouvert une jeune chienne qui était en chaleur pour la première fois, et qui avait été couverte trois jours auparavant, ils reconnurent les vésicules des testicules, les corps glanduleux, leurs mamelons, leur canal et la liqueur qui en découle et qui est aussi dans leur cavité intérieure, mais jamais ils ne virent d'œuf dans aucun de ces corps glanduleux : il fit ensuite des expériences, dans le même dessein, sur des chamois femelles, sur des renards femelles, sur des chattes, sur un grand nombre de souris, etc.; il trouva dans les testicules de tous ces animaux toujours les vésicules, souvent les corps glanduleux et la liqueur qu'ils contiennent, mais jamais il ne trouva d'œuf.

Enfin voulant examiner les testicules des femmes, il eut occasion d'ouvrir une jeune paysanne mariée depuis quelques années, qui s'était tuée en tombant d'un arbre ; quoiqu'elle fût d'un bon tempérament et que son mari fût robuste et de bon âge, elle n'avait point eu d'enfants ; il chercha si la cause de la stérilité de cette femme ne se découvrirait pas dans les testicules, et il trouva en effet que les vésicules étaient toutes remplies d'une matière noirâtre et corrompue.

Dans les testicules d'une fille de dix-huit ans qui avait été élevée dans un couvent, et qui, selon toutes les apparences, était vierge, il trouva le testicule droit un peu plus gros que le gauche ; il était de figure ovoïde, et sa superficie était un peu inégale ; cette inégalité était produite par la protubérance de cinq ou six vésicules de ce testicule, qui avançaient au dehors. On voyait du côté de la trompe une de ces vésicules qui était plus proéminente que les autres, et dont le mamelon avançait au dehors, à peu près comme dans les femelles des animaux lorsque commence la saison de leurs amours. Ayant ouvert cette vésicule, il en sortit un jet de lymphe ; il y avait autour de cette vésicule une matière glanduleuse en forme de demi-lune et d'une couleur jaune tirant sur le rouge ; il coupa transversalement le reste de ce testicule, où il vit beaucoup de vésicules remplies d'une liqueur limpide, et il remarqua que la trompe correspondante à ce testicule était fort rouge et un peu plus grosse que l'autre, comme il l'avait observé plusieurs fois sur les matrices des femelles d'animaux, lorsqu'elles sont en chaleur.

Le testicule gauche était aussi sain que le droit, mais il était plus blanc et plus uni à sa surface ; car quoiqu'il y eût quelques vésicules un peu proéminentes, il n'y en avait cependant aucune qui sortît en forme de mamelon ; elles étaient toutes semblables les unes aux autres et sans matière glanduleuse, et la trompe correspondante n'était ni gonflée, ni rouge.

Dans une petite fille de cinq ans il trouva les testicules avec leurs vésicules, leurs vaisseaux sanguins, leurs fibres et leurs nerfs.

Dans les testicules d'une femme de soixante ans il trouva quelques vésicules et les vestiges de l'ancienne substance glanduleuse, qui étaient comme autant de gros points d'une matière de couleur jaune-brune et obscure.

De toutes ces observations, Valisnieri conclut que l'ouvrage de la génération se fait dans les testicules de la femelle, qu'il regarde toujours comme des ovaires, quoiqu'il n'y ait jamais trouvé d'œufs, et qu'il ait démontré au contraire que les vésicules ne sont pas des œufs ; il dit aussi qu'il n'est pas nécessaire que la semence du mâle entre dans la matrice pour féconder l'œuf ; il suppose que cet œuf sort par le mamelon du corps glanduleux après qu'il a été fécondé dans l'ovaire, que de là il tombe dans la trompe, où il ne s'attache pas d'abord, qu'il descend et s'augmente peu à peu, et qu'enfin il s'attache à la matrice. Il ajoute qu'il est persuadé que l'œuf est caché dans la cavité du corps glanduleux, et que c'est là où se fait tout l'ouvrage de la fécondation, quoique, dit-il, ni moi ni aucun des anatomistes en qui j'ai eu pleine confiance n'ayons jamais vu ni trouvé cet œuf [1].

Selon lui, l'esprit de la semence du mâle monte à l'ovaire, pénètre l'œuf, et donne le mouvement au fœtus qui est préexistant dans cet œuf. Dans l'ovaire de la première femme étaient contenus des œufs qui non-seulement renfermaient en petit tous les enfants qu'elle a faits ou qu'elle pouvait faire, mais encore toute la race humaine, toute sa postérité jusqu'à l'extinction de l'espèce. Que si nous ne pouvons pas concevoir ce développement infini et cette petitesse extrême des individus contenus les uns dans les autres à l'infini, c'est, dit-il, la faute de notre esprit, dont nous reconnaissons tous les jours la faiblesse : il n'en est pas moins vrai que tous les animaux qui ont été, sont et seront, ont été créés tous à la fois, et tous renfermés dans les premières femelles. La ressemblance des enfants à leurs parents ne vient, selon lui, que de l'imagination de la mère ; la force de cette imagination est si grande et si puissante sur le fœtus qu'elle peut produire des taches, des monstruosités, des dérangements de parties, des accroissements extraordinaires, aussi bien que des ressemblances parfaites.

Ce système des œufs, par lequel, comme l'on voit, on ne rend raison de rien, et qui est si mal fondé, aurait cependant emporté les suffrages unanimes de tous les physiciens, si dans les premiers temps qu'on a voulu l'établir, on n'eût pas fait un autre système fondé sur la découverte des animaux spermatiques.

Cette découverte, qu'on doit à Leeuwenhoek et à Hartsoëker, a été confirmée par Andry, Valisnieri, Bourguet, et par plusieurs autres observateurs. Je vais rapporter ce qu'ils ont dit de ces animaux spermatiques qu'ils ont trouvés dans la liqueur séminale de tous les animaux mâles : ils sont en si grand nombre, que la semence parait en être composée en entier, et Leeuwenhoek prétend en avoir vu plusieurs milliers dans une goutte plus petite que le plus petit grain de sable. On les trouve, disent ces observateurs, en nombre prodigieux dans tous les animaux mâles, et on n'en trouve aucun dans les femelles, mais dans les mâles on les trouve, soit dans la semence répandue au dehors par les voies ordinaires, soit dans

---

1. Dans tout ce résumé, que Buffon vient de nous présenter, des observations de Graaf, de Malpighi, de Valisnieri, etc., il règne beaucoup d'obscurité. On ne distinguait pas encore assez nettement les *vésicules* à l'état naturel, des *vésicules* à l'état de *corps jaunes*. Presque partout les détails précis manquaient ; et, quant à l'*œuf* même, je l'ai déjà dit : l'*œuf* des *vivipares* n'a été véritablement reconnu que de nos jours. et par M. Baër. (Voyez la note 2 de la page 490.)

celle qui est contenue dans les vésicules séminales qu'on a ouvertes dans
des animaux vivants. Il y en a moins dans la liqueur contenue dans les testicules que dans celle des vésicules séminales, parce qu'apparemment la
semence n'y est pas encore entièrement perfectionnée. Lorsqu'on expose
cette liqueur de l'homme à une chaleur, même médiocre, elle s'épaissit, le
mouvement de tous ces animaux cesse assez promptement; mais si on la
laisse refroidir, elle se délaie et les animaux conservent leur mouvement
longtemps, et jusqu'à ce que la liqueur vienne à s'épaissir par le desséchement ; plus la liqueur est délayée, plus le nombre de ces animalcules parait
s'augmenter, et s'augmente en effet au point qu'on peut réduire et décomposer, pour ainsi dire, toute la substance de la semence en petits animaux,
en la mêlant avec quelque liqueur délayante, comme avec de l'eau ; et lorsque le mouvement de ces animalcules est prêt à finir, soit à cause de la
chaleur, soit par le desséchement, ils paraissent se rassembler de plus près,
et ils ont un mouvement commun de tourbillon dans le centre de la petite
goutte qu'on observe, et ils semblent périr tous dans le même instant, au
lieu que dans un plus grand volume de liqueur on les voit aisément périr
successivement.

Ces animalcules sont, disent-ils, de différente figure dans les différentes
espèces d'animaux ; cependant ils sont tous longs, menus et sans membres,
ils se meuvent avec rapidité et en tout sens; la matière qui contient ces
animaux est, comme je l'ai dit, beaucoup plus pesante que le sang. De la
semence de taureau a donné à Verrheyen, par la chimie, d'abord du
phlegme, ensuite une quantité assez considérable d'huile fétide, mais peu
de sel volatil en proportion, et beaucoup plus de terre qu'il n'aurait cru.
(Voyez *Verrheyen : Sup. anat.*, t. II, p. 69.) Cet auteur parait surpris de ce
qu'en rectifiant la liqueur distillée il ne put en tirer des esprits ; et comme
il était persuadé que la semence en contient une grande quantité, il attribue
leur évaporation à leur trop grande subtilité ; mais ne peut-on pas croire,
avec plus de fondement, qu'elle n'en contient que peu ou point du tout? La
consistance de cette matière et son odeur n'annoncent pas qu'il y ait des
esprits ardents, qui d'ailleurs ne se trouvent en abondance que dans les
liqueurs fermentées; et à l'égard des esprits volatils, on sait que les cornes,
les os et les autres parties solides des animaux en donnent plus que toutes
les liqueurs du corps animal. Ce que les anatomistes ont donc appelé esprits
séminaux, *aura seminalis*, pourrait bien ne pas exister, et certainement ce
ne sont pas ces esprits qui agitent les particules qu'on voit se mouvoir dans
les liqueurs séminales; mais pour qu'on soit plus en état de prononcer sur
la nature de la semence et sur celle des animaux spermatiques, nous allons
rapporter les principales observations qu'on a faites sur ce sujet.

Leeuwenhoeck ayant observé la semence du coq y vit des animaux semblables par la figure aux anguilles de rivière, mais si petits qu'il prétend

que cinquante mille de ces animalcules n'égalent pas la grosseur d'un grain de sable ; dans la semence du rat, il en faut plusieurs milliers pour faire l'épaisseur d'un cheveu, etc. Cet excellent observateur était persuadé que la substance entière de la semence n'est qu'un amas de ces animaux ; il a observé ces animalcules dans la semence de l'homme, des animaux quadrupèdes, des oiseaux, des poissons, des coquillages, des insectes ; ceux de la semence de la sauterelle sont longuets et fort menus ; ils paraissent attachés, dit-il, par leur extrémité supérieure, et leur autre extrémité, qu'il appelle leur queue, a un mouvement très-vif, comme serait celui de la queue d'un serpent dont la tête et la partie supérieure du corps seraient immobiles. Lorsqu'on observe la semence dans des temps où elle n'est pas encore parfaite, par exemple, quelque temps avant que les animaux cherchent à se joindre, il prétend avoir vu les mêmes animalcules, mais sans aucun mouvement, au lieu que, quand la saison de leurs amours est arrivée, ces animalcules se remuent avec une grande vivacité.

Dans la semence de la grenouille mâle il les vit d'abord imparfaits et sans mouvement, et quelque temps après il les trouva vivants ; ils sont si petits qu'il en faut, dit-il, dix mille pour égaler la grosseur d'un seul œuf de la grenouille femelle. Au reste, ceux qu'il trouva dans les testicules de la grenouille n'étaient pas vivants, mais seulement ceux qui étaient dans la liqueur séminale en grand volume, où ils prenaient peu à peu la vie et le mouvement.

Dans la semence de l'homme et dans celle du chien, il prétend avoir vu des animaux de deux espèces, qu'il regarde, les uns comme mâles et les autres comme femelles, et ayant enfermé dans un petit verre de la semence de chien, il dit que le premier jour il mourut un grand nombre de ces petits animaux, que le second et le troisième jour il en mourut encore plus, qu'il en restait fort peu de vivants le quatrieme jour, mais qu'ayant répété cette observation une seconde fois sur la semence du même chien, il y trouva encore au bout de sept jours des animalcules vivants, dont quelques-uns nageaient avec autant de vitesse qu'ils nagent ordinairement dans la semence nouvellement extraite de l'animal, et qu'ayant ouvert une chienne qui avait été couverte trois fois par le même chien quelque temps avant l'observation, il ne put apercevoir avec les yeux seuls, dans l'une des cornes de la matrice, aucune liqueur séminale du mâle, mais qu'au moyen du microscope il y trouva les animaux spermatiques du chien, qu'il les trouva aussi dans l'autre corne de la matrice, et qu'ils étaient en très-grande quantité dans cette partie de la matrice qui est voisine du vagin, ce qui, dit-il, prouve évidemment que la liqueur séminale du mâle était entrée dans la matrice, ou du moins que les animaux spermatiques du chien y étaient arrivés par leur mouvement, qui peut leur faire parcourir quatre ou cinq pouces de chemin en une demi-heure. Dans la matrice d'une femelle de lapin qui venait de recevoir le mâle, il observa aussi une quantité infinie de ces animaux spermatiques du mâle; il dit que le corps de ces animaux est rond, qu'ils ont de longues queues et qu'ils changent souvent de figure, surtout lorsque la matière humide, dans laquelle ils nagent, s'évapore et se dessèche.

Ceux qui prirent la peine de répéter les observations de Leeuwenhoek les trouvèrent assez conformes à la vérité; mais il y en eut qui voulurent encore enchérir sur ses découvertes, et Dalenpatius[1] ayant observé la liqueur séminale de l'homme prétendit non-seulement y avoir trouvé des animaux semblables aux têtards qui doivent devenir des grenouilles, dont le corps lui parut à peu près gros comme un grain de froment, dont la queue était quatre ou cinq fois plus longue que le corps, qui se mouvaient avec une grande agilité et frappaient avec la queue la liqueur dans laquelle ils nageaient, mais, chose plus merveilleuse, il vit un de ces animaux se développer ou plutôt quitter son enveloppe; ce n'était plus un animal, c'était un corps humain dont il distingua très-bien, dit-il, les deux jambes, les deux bras, la poitrine et la tête, à laquelle l'enveloppe servait de capuchon. (Voyez *Nouvelles de la Répub. des lettres,* année 1699, page 552.) Mais par les figures mêmes que cet auteur a données de ce prétendu embryon qu'il a vu sortir de son enveloppe, il est évident que le fait est faux; il a cru voir ce qu'il dit, mais il s'est trompé, car cet embryon, tel qu'il le décrit, aurait été plus formé au sortir de son enveloppe et en quittant sa condition de ver spermatique, qu'il ne l'est en effet au bout d'un mois ou de cinq semaines dans la matrice même de la mère; aussi cette observation de Dalenpatius, au lieu d'avoir été confirmée par d'autres observations, a été rejetée de tous les naturalistes, dont les plus exacts et les plus exercés à observer, n'ont vu dans cette liqueur de l'homme que de petits corps ronds ou oblongs qui paraissaient avoir de longues queues, mais sans autre organisation extérieure, sans membres, comme sont aussi ces petits corps dans la semence de tous les autres animaux.

On pourrait dire que Platon avait deviné ces animaux spermatiques qui deviennent des hommes; car il dit à la fin du *Timée,* page 1088, trad. de Marc Ficin : « Vulva quoque matrixque in fœminis eâdem ratione ani-
« mal avidum generandi, quando procul à fœtu per ætatis florem, aut ultrà
« diutiùs detinetur, ægrè fert moram ac plurimùm indignatur, passimque
« per corpus oberrans, meatus spiritûs intercludit, respirare non sinit,
« extremis vexat angustiis, morbis denique omnibus præmit, quousque
« utrorumque cupido amorque quasi ex arboribus fœtum fructumve pro-
« ducunt, ipsum deinde decerpunt, et in matricem velut agrum inspargunt :

---

1. *Dalenpatius* : anagramme de *Plantadeius* (Plantade, de la Société royale de Montpellier). L'écrit de Plantade n'était qu'une plaisanterie : comment se fait-il que Buffon l'ait pris au sérieux?

« hinc animalia primùm talia, ut nec propter parvitatem videantur, nec-
« dum appareant formata, concipiunt ; mox quæ conflaverant, explicant,
« ingentia intùs enutriunt, demùm educunt in lucem, animaliumque gene-
« rationem perficiunt. » Hippocrate, dans son traité *de Diœta*, paraît insinuer aussi que les semences d'animaux sont remplies d'animalcules ; Démocrite parle de certains vers qui prennent la figure humaine ; Aristote dit
que les premiers hommes sortirent de la terre sous la forme de vers ; mais
ni l'autorité de Platon, d'Hippocrate, de Démocrite et d'Aristote, ni l'observation de Dalenpatius, ne feront recevoir cette idée que ces vers spermatiques sont de petits hommes cachés sous une enveloppe [1], car elle est
évidemment contraire à l'expérience et à toutes les autres observations.

Valisnieri et Bourguet, que nous avons cités, ayant fait ensemble des
observations sur la semence d'un lapin, y virent de petits vers dont l'une
des extrémités était plus grosse que l'autre ; ils étaient fort vifs, ils partaient
d'un endroit pour aller à un autre, et frappaient la liqueur de leur queue ;
quelquefois ils s'élevaient, quelquefois ils s'abaissaient, d'autres fois ils se
tournaient en rond et se contournaient comme des serpents ; enfin, dit
Valisnieri, je reconnus clairement qu'ils étaient de vrais animaux : « e gli
« riconobbi, e gli giudicai senza dubitamento alcuno per veri, verissimi,
« arciverissimi vermi. » (Voyez *Opere del Cav. Valisnieri*, t. II, p. 105,
1ª col.) Cet auteur, qui était prévenu du système des œufs, n'a pas laissé
d'admettre les vers spermatiques et de les reconnaître, comme l'on voit,
pour de vrais animaux.

M. Andry, ayant fait des observations sur ces vers spermatiques de
l'homme, prétend qu'ils ne se trouvent que dans l'âge propre à la génération ; que dans la première jeunesse et dans la grande vieillesse ils n'existent point ; que dans les sujets incommodés de maladies vénériennes on
n'en trouve que peu, et qu'ils y sont languissants et morts pour la plupart ;
que dans les parties de la génération des impuissants on n'en voit aucun
qui soit en vie ; que ces vers dans l'homme ont la tête, c'est-à-dire l'une
des extrémités, plus grosse, par rapport à l'autre extrémité, qu'elle ne
l'est dans les autres animaux ; ce qui s'accorde, dit-il, avec la figure du
fœtus et de l'enfant, dont la tête en effet est beaucoup plus grosse, par
rapport au corps, que celle des adultes, et il ajoute que les gens qui font
trop d'usage des femmes n'ont ordinairement que très-peu ou point du
tout de ces animaux.

Leeuwenhoek, Andry et plusieurs autres s'opposèrent donc de toutes
leurs forces au système des œufs ; ils avaient découvert dans la semence
de tous les mâles des animalcules vivants ; ils prouvaient que ces animal-

1. *Dalenpatius* n'avait eu qu'un objet, et c'était précisément de se moquer de l'*idée* (que
Buffon a bien raison de se refuser à *recevoir*) : « que les vers spermatiques sont de petits
« hommes cachés sous une enveloppe. »

cules ne pouvaient pas être regardés comme des habitants de cette liqueur, puisque leur volume était plus grand que celui de la liqueur même; que d'ailleurs on ne trouvait rien de semblable ni dans le sang, ni dans les autres liqueurs du corps des animaux; ils disaient que les femelles ne fournissant rien de pareil, rien de vivant, il était évident que la fécondité qu'on leur attribuait appartenait au contraire aux mâles; qu'il n'y avait que dans la semence de ceux-ci où l'on vit quelque chose de vivant, que ce qu'on y voyait était de vrais animaux, et que ce fait tout seul avançait plus l'explication de la génération que tout ce qu'on avait imaginé auparavant, puisqu'en effet ce qu'il y a de plus difficile à concevoir dans la génération c'est la production du vivant, que tout le reste est accessoire, et qu'ainsi on ne pouvait pas douter que ces petits animaux ne fussent destinés à devenir des hommes ou des animaux parfaits de chaque espèce; et lorsqu'on opposait aux partisans de ce système qu'il ne paraissait pas naturel d'imaginer que de plusieurs millions d'animalcules, qui tous pouvaient devenir un homme, il n'y en eût qu'un seul qui eût cet avantage; lorsqu'on leur demandait pourquoi cette profusion inutile de germes d'hommes, ils répondaient que c'était la magnificence ordinaire de la nature; que dans les plantes et dans les arbres on voyait bien que de plusieurs millions de graines qu'ils produisent naturellement il n'en réussit qu'un très-petit nombre, et qu'ainsi on ne devait point être étonné de celui des animaux spermatiques, quelque prodigieux qu'il fût. Lorsqu'on leur objectait la petitesse infinie du ver spermatique, comparé à l'homme, ils répondaient par l'exemple de la graine des arbres, de l'orme, par exemple, laquelle comparée à l'individu parfait est aussi fort petite; et ils ajoutaient, avec assez de fondement, des raisons métaphysiques par lesquelles ils prouvaient que le grand et le petit n'étant que des relations, le passage du petit au grand ou du grand au petit s'exécute par la nature avec encore plus de facilité que nous n'en avons à le concevoir.

D'ailleurs, disaient-ils, n'a-t-on pas des exemples très-fréquents de transformation dans les insectes? ne voit-on pas de petits vers aquatiques devenir des animaux ailés par un simple dépouillement de leur enveloppe, laquelle cependant était leur forme extérieure et apparente? les animaux spermatiques, par une pareille transformation, ne peuvent-ils pas devenir des animaux parfaits? Tout concourt donc, concluaient-ils, à favoriser ce système sur la génération, et à faire rejeter le système des œufs; et si l'on veut absolument, disaient quelques-uns, que dans les femelles des vivipares il y ait des œufs comme dans celles des ovipares, ces œufs dans les unes et dans les autres ne seront que la matière nécessaire à l'accroissement du ver spermatique, il entrera dans l'œuf par le pédicule qui l'attachait à l'ovaire, il y trouvera une nourriture préparée pour lui, tous les vers qui n'auront pas été assez heureux pour rencontrer cette ouverture

du pédicule de l'œuf périront, celui qui seul aura enfilé ce chemin arrivera
à sa transformation : c'est par cette raison qu'il existe un nombre prodigieux de ces petits animaux; la difficulté de rencontrer un œuf et ensuite
l'ouverture du pédicule de cet œuf ne peut être compensée que par le
nombre infini des vers; il y a un million, si l'on veut, à parier contre un,
qu'un tel ver spermatique ne rencontrera pas le pédicule de l'œuf, mais
aussi il y a un million de vers; dès lors il n'y a plus qu'un à parier contre
un que le pédicule de l'œuf sera enfilé par un de ces vers; et lorsqu'il y
est une fois entré et qu'il s'est logé dans l'œuf, un autre ne peut plus y
entrer, parce que, disaient-ils, le premier ver bouche entièrement le passage, ou bien il y a une soupape à l'entrée du pédicule qui peut jouer
lorsque l'œuf n'est pas absolument plein, mais lorsque le ver a achevé de
remplir l'œuf la soupape ne peut plus s'ouvrir, quoique poussée par un
second ver; cette soupape d'ailleurs est fort bien imaginée, parce que
s'il prend envie au premier ver de ressortir de l'œuf elle s'oppose à son
départ, il est obligé de rester et de se transformer; le ver spermatique est
alors le vrai fœtus, la substance de l'œuf le nourrit, les membranes de cet
œuf lui servent d'enveloppe, et lorsque la nourriture contenue dans l'œuf
commence à lui manquer il s'applique à la peau intérieure de la matrice et tire
ainsi sa nourriture du sang de la mère, jusqu'à ce que, par son poids et par
l'augmentation de ses forces, il rompe enfin ses liens pour venir au monde.

Par ce système, ce n'est plus la première femme qui renfermait toutes
les races passées, présentes et futures, mais c'est le premier homme qui
en effet contenait toute sa postérité; les germes préexistants ne sont plus
des embryons sans vie renfermés comme de petites statues dans des œufs
contenus à l'infini les uns dans les autres, ce sont de petits animaux, de
petits homoncules organisés et actuellement vivants, tous renfermés les
uns dans les autres, auxquels il ne manque rien, et qui deviennent des
animaux parfaits et des hommes par un simple développement aidé d'une
transformation semblable à celle que subissent les insectes avant que d'arriver à leur état de perfection.

Comme ces deux systèmes des vers spermatiques et des œufs partagent
aujourd'hui les physiciens, et que tous ceux qui ont écrit nouvellement
sur la génération ont adopté l'une ou l'autre de ces opinions, il nous
paraît nécessaire de les examiner avec soin, et de faire voir que non-seulement elles sont insuffisantes pour expliquer les phénomènes de la génération, mais encore qu'elles sont appuyées sur des suppositions dénuées
de toute vraisemblance.

Toutes les deux supposent le progrès à l'infini, qui, comme nous l'avons
dit, est moins une supposition raisonnable qu'une illusion de l'esprit : un
ver spermatique est plus de mille millions de fois plus petit qu'un homme;
si donc nous supposons que la grandeur de l'homme soit prise pour l'unité,

la grandeur du ver spermatique ne pourra être exprimée que par la fraction $\frac{1}{1000000000}$, c'est-à-dire par un nombre de dix chiffres; et comme l'homme est au ver spermatique de la première génération en même raison que ce ver est au ver spermatique de la seconde génération, la grandeur, ou plutôt la petitesse du ver spermatique de la seconde génération, ne pourra être exprimée que par un nombre composé de dix-neuf chiffres, et par la même raison la petitesse du ver spermatique de la troisième génération ne pourra être exprimée que par un nombre de vingt-huit chiffres, celle du ver spermatique de la quatrième génération sera exprimée par un nombre de trente-sept chiffres, celle du ver spermatique de la cinquième génération par un nombre de quarante-six chiffres, et celle du ver spermatique de la sixième génération par un nombre de cinquante-cinq chiffres. Pour nous former une idée de la petitesse représentée par cette fraction, prenons les dimensions de la sphère de l'univers depuis le soleil jusqu'à Saturne, en supposant le soleil un million de fois plus gros que la terre et éloigné de Saturne de mille fois le diamètre solaire; nous trouverons qu'il ne faut que quarante-cinq chiffres pour exprimer le nombre des lignes cubiques contenues dans cette sphère, et en réduisant chaque ligne cubique en mille millions d'atomes, il ne faut que cinquante-quatre chiffres pour en exprimer le nombre; par conséquent l'homme serait plus grand, par rapport au ver spermatique de la sixième génération, que la sphère de l'univers ne l'est par rapport au plus petit atome de matière qu'il soit possible d'apercevoir au microscope. Que sera-ce si on pousse ce calcul seulement à la dixième génération? la petitesse sera si grande que nous n'aurons aucun moyen de la faire sentir; il me semble que la vraisemblance de cette opinion disparaît à mesure que l'objet s'évanouit. Ce calcul peut s'appliquer aux œufs comme aux vers spermatiques, et le défaut de vraisemblance est commun aux deux systèmes : on dira sans doute que, la matière étant divisible à l'infini, il n'y a point d'impossibilité dans cette dégradation de grandeur, et que quoiqu'elle ne soit pas vraisemblable, parce qu'elle s'éloigne trop de ce que notre imagination nous représente ordinairement, on doit cependant regarder comme possible cette division de la matière à l'infini, puisque par la pensée on peut toujours diviser en plusieurs parties un atome, quelque petit que nous le supposions. Mais je réponds qu'on se fait sur cette divisibilité à l'infini la même illusion que sur toutes les autres espèces d'infinis géométriques ou arithmétiques : ces infinis ne sont tous que des abstractions de notre esprit et n'existent pas dans la nature des choses; et si l'on veut regarder la divisibilité de la matière à l'infini comme un infini absolu, il est encore plus aisé de démontrer qu'elle ne peut exister dans ce sens; car si une fois nous supposons le plus petit atome possible, par notre supposition même cet atome sera nécessairement indivisible, puisque s'il était divisible ce ne serait pas le

plus petit atome possible, ce qui serait contraire à la supposition. Il me
parait donc que toute hypothèse où l'on admet un progrès à l'infini doit
être rejetée, non-seulement comme fausse, mais encore comme dénuée
de toute vrai-semblance ; et comme le système des œufs et celui des vers
spermatiques supposent ce progrès on ne doit pas les admettre.

Une autre grande difficulté qu'on peut faire contre ces deux systèmes,
c'est que dans celui des œufs, la première femme contenait des œufs mâles
et des œufs femelles ; que les œufs mâles ne contenaient pas d'autres œufs
mâles, ou plutôt ne contenaient qu'une génération de mâles, et qu'au contraire les œufs femelles contenaient des milliers de générations d'œufs mâles
et d'œufs femelles, de sorte que dans le même temps et dans la même
femme il y a toujours un certain nombre d'œufs capables de se développer
à l'infini, et un autre nombre d'œufs qui ne peuvent se développer qu'une
fois ; et de même, dans l'autre système, le premier homme contenait des
vers spermatiques, les uns mâles et les autres femelles ; tous les vers
femelles n'en contiennent pas d'autres, tous les vers mâles au contraire
en contiennent d'autres, les uns mâles et les autres femelles, à l'infini, et
dans le même homme et en même temps il faut qu'il y ait des vers qui doivent se développer à l'infini, et d'autres vers qui ne doivent se développer
qu'une fois : je demande s'il y a aucune apparence de vraisemblance dans
ces suppositions.

Une troisième difficulté contre ces deux systèmes, c'est la ressemblance
des enfants, tantôt au père, tantôt à la mère, et quelquefois à tous les deux
ensemble, et les marques évidentes des deux espèces dans les mulets et
dans les animaux mi-partis. Si le ver spermatique de la semence du père
doit être le fœtus, comment se peut-il que l'enfant ressemble à la mère ? et
si le fœtus est préexistant dans l'œuf de la mère, comment se peut-il que
l'enfant ressemble à son père ? et si le ver spermatique d'un cheval ou l'œuf
d'une ânesse contient le fœtus, comment se peut-il que le mulet participe
de la nature du cheval et de celle de l'ânesse ?

Ces difficultés générales, qui sont invincibles, ne sont pas les seules qu'on
puisse faire contre ces systèmes, il y en a de particulières qui ne sont pas
moins fortes ; et pour commencer par le système des vers spermatiques,
ne doit-on pas demander à ceux qui les admettent et qui imaginent que ces
vers se transforment en hommes, comment ils entendent que se fait cette
transformation, et leur objecter que celle des insectes n'a et ne peut avoir
aucun rapport avec celle qu'ils supposent ? car le ver qui doit devenir mouche, ou la chenille qui doit devenir papillon, passe par un état mitoyen, qui
est celui de la chrysalide, et lorsqu'il sort de la chrysalide il est entièrement formé, il a acquis sa grandeur totale et toute la perfection de sa forme,
et il est dès lors en état d'engendrer ; au lieu que dans la prétendue transformation du ver spermatique en homme, on ne peut pas dire qu'il y ait

un état de chrysalide [1], et quand même on en supposerait un pendant les premiers jours de la conception, pourquoi la production de cette chrysalide supposée n'est-elle pas un homme adulte et parfait, et qu'au contraire ce n'est qu'un embryon encore informe auquel il faut un nouveau développement? On voit bien que l'analogie est ici violée, et que bien loin de confirmer cette idée de la transformation du ver spermatique, elle la détruit lorsqu'on prend la peine de l'examiner.

D'ailleurs, le ver qui doit se transformer en mouche vient d'un œuf, cet œuf est le produit de la copulation des deux sexes, de la mouche mâle et de la mouche femelle, et il renferme le fœtus ou le ver qui doit ensuite devenir chrysalide, et arriver enfin à son état de perfection, à son état de mouche, dans lequel seul l'animal a la faculté d'engendrer, au lieu que le ver spermatique n'a aucun principe de génération, il ne vient pas d'un œuf [2]; et quand même on accorderait que la semence peut contenir des œufs d'où sortent les vers spermatiques, la difficulté restera toujours la même; car ces œufs supposés n'ont pas pour principe d'existence la copulation des deux sexes, comme dans les insectes : par conséquent la production supposée, non plus que le développement prétendu des vers spermatiques, ne peuvent être comparés à la production et au développement des insectes, et bien loin que les partisans de cette opinion puissent tirer avantage de la transformation des insectes, elle me parait au contraire détruire le fondement de leur explication.

Lorsqu'on fait attention à la multitude innombrable des vers spermatiques, et au très-petit nombre de fœtus qui en résulte, et qu'on oppose aux physiciens prévenus de ce système la profusion énorme et inutile qu'ils sont obligés d'admettre, ils répondent, comme je l'ai dit, par l'exemple des plantes et des arbres, qui produisent un très-grand nombre de graines assez inutilement pour la propagation ou la multiplication de l'espèce, puisque de toutes ces graines il n'y en a que fort peu qui produisent des plantes et des arbres, et que tout le reste semble être destiné à l'engrais de la terre ou à la nourriture des animaux; mais cette comparaison n'est pas tout à fait juste, parce qu'il est de nécessité absolue que tous les vers spermatiques périssent, à l'exception d'un seul, au lieu qu'il n'est pas également nécessaire que toutes les graines périssent, et que d'ailleurs en servant de

1. Et quand même *il y en aurait un*, que ferait cela? On est peiné de voir Buffon combattre si gravement d'aussi vains systèmes, et surtout la *prétendue transformation du ver spermatique en homme.*

« Vous demandez, disait Voltaire, comment les mulets, qui sont engendrés, n'engendrent « point.....; et comment les séministes, les ovistes, les animalculistes, expliquent la formation « de ces métis.

« Je vous répondrai qu'ils ne l'expliquent point du tout. »

2. On ne sait pas encore comment les *animalcules spermatiques* se reproduisent. Mais très-certainement ils ont *un principe de génération;* et, très-certainement aussi, Buffon n'arrivera pas à en faire ses *molécules organiques.*

nourriture à d'autres corps organisés, elles servent au développement et à
la reproduction des animaux, lorsqu'elles ne deviennent pas elles-mêmes
des végétaux, au lieu qu'on ne voit aucun usage des vers spermatiques,
aucun but auquel on puisse rapporter leur multitude prodigieuse. Au reste,
je ne fais cette remarque que pour rapporter tout ce qu'on a dit ou pu dire
sur cette matière, car j'avoue qu'une raison tirée des causes finales n'éta-
blira ni ne détruira jamais un système en physique.

Une autre objection que l'on a faite contre l'opinion des vers spermatiques, c'est qu'ils semblent être en nombre assez égal dans la semence
de toutes les espèces d'animaux, au lieu qu'il paraîtrait naturel que dans les
espèces où le nombre des fœtus est fort abondant, comme dans les poissons, les insectes, etc., le nombre des vers spermatiques fût aussi fort
grand; et il semble que dans les espèces où la génération est moins abondante, comme dans l'homme, les quadrupèdes, les oiseaux, etc., le nombre
des vers dût être plus petit; car s'ils sont la cause immédiate de la production, pourquoi n'y a-t-il aucune proportion entre leur nombre et celui des
fœtus? D'ailleurs, il n'y a pas de différence proportionnelle dans la grandeur de la plupart des espèces de vers spermatiques, ceux des gros animaux
sont aussi petits que ceux des plus petits animaux; le cabillau et l'éperlan
ont des animaux spermatiques également petits; ceux de la semence d'un
rat et ceux de la liqueur séminale d'un homme sont à peu près de la même
grosseur, et lorsqu'il y a de la différence dans la grandeur de ces animaux
spermatiques, elle n'est point relative à la grandeur de l'individu; le calmar, qui n'est qu'un poisson assez petit, a des vers spermatiques plus de
cent mille fois plus gros [1] que ceux de l'homme ou du chien, autre preuve
que ces vers ne sont pas la cause immédiate et unique de la génération.

Les difficultés particulières qu'on peut faire contre le système des œufs
sont aussi très-considérables : si le fœtus est préexistant dans l'œuf avant
la communication du mâle et de la femelle, pourquoi dans les œufs que la
poule produit sans avoir eu le coq, ne voit-on pas le fœtus aussi bien que
dans les œufs qu'elle produit après la copulation avec le coq[2]? Nous avons
rapporté ci-devant les observations de Malpighi, faites sur des œufs frais
sortant du corps de la poule, et qui n'avaient pas encore été couvés; il a
toujours trouvé le fœtus dans ceux que produisaient les poules qui avaient
reçu le coq, et dans ceux des poules vierges ou séparées du coq depuis longtemps, il n'a jamais trouvé qu'une mole dans la cicatricule; il est donc bien
clair que le fœtus n'est pas préexistant dans l'œuf, mais qu'au contraire il
ne s'y forme que quand la semence du mâle l'a pénétré.

Une autre difficulté contre ce système, c'est que non-seulement on ne
voit pas le fœtus dans les œufs des ovipares avant la conjonction des sexes,

<hr>

1. Voyez la note de la page 464.
2. Voyez la note 1 de la page 487.

mais même on ne voit pas d'œufs dans les vivipares[1] : les physiciens, qui prétendent que le ver spermatique est le fœtus sous une enveloppe, sont au moins assurés de l'existence des vers spermatiques ; mais ceux qui veulent que le fœtus soit préexistant dans l'œuf, non-seulement imaginent cette préexistence, mais même ils n'ont aucune preuve de l'existence de l'œuf ; au contraire il y a probabilité presque équivalente à la certitude, que ces œufs n'existent pas dans les vivipares, puisqu'on a fait des milliers d'expériences pour tâcher de les découvrir, et qu'on n'a jamais pu les trouver.

Quoique les partisans du système des œufs ne s'accordent point au sujet de ce que l'on doit regarder comme le vrai œuf dans les testicules des femelles, ils veulent cependant tous que la fécondation se fasse immédiatement dans ce testicule qu'ils appellent l'ovaire, sans faire attention que, si cela était, on trouverait la plupart des fœtus dans l'abdomen, au lieu de les trouver dans la matrice ; car le pavillon, ou l'extrémité supérieure de la trompe étant, comme l'on sait, séparée du testicule, les prétendus œufs doivent tomber souvent dans l'abdomen, et on y trouverait souvent des fœtus : or on sait que ce cas est extrêmement rare ; je ne sais pas même s'il est vrai que cela soit jamais arrivé par l'effet que nous supposons, et je pense que les fœtus qu'on a trouvés dans l'abdomen étaient sortis, ou des trompes de la matrice, ou de la matrice même, par quelque accident.

Les difficultés générales et communes aux deux systèmes ont été senties par un homme d'esprit qui me paraît avoir mieux raisonné que tous ceux qui ont écrit avant lui sur cette matière ; je veux parler de l'auteur de la *Vénus physique*, imprimée en 1745 ; ce traité, quoique fort court, rassemble plus d'idées philosophiques[2] qu'il n'y en a dans plusieurs gros volumes sur la génération : comme ce livre est entre les mains de tout le monde, je n'en ferai pas l'analyse, il n'en est pas même susceptible ; la précision avec laquelle il est écrit ne permet pas qu'on en fasse un extrait ; tout ce que je puis dire, c'est qu'on y trouvera des vues générales qui ne s'éloignent pas infiniment des idées que j'ai données, et que cet auteur est le premier qui ait commencé à se rapprocher de la vérité dont on était plus loin que jamais depuis qu'on avait imaginé les œufs et découvert les animaux spermatiques. Il ne nous reste plus qu'à rendre compte de quelques expériences particulières, dont les unes ont paru favorables et les autres contraires à ces systèmes.

On trouve, dans l'*Histoire de l'Académie des Sciences*, année 1701, quelques difficultés proposées par M. Méry contre le système des œufs. Cet habile anatomiste soutenait, avec raison, que les vésicules qu'on trouve dans les testicules des femelles ne sont pas des œufs, qu'elles sont adhé-

---

1. Voyez mes notes précédentes sur les *œufs des vivipares*.

2. Buffon trouve les *idées*, *rassemblées* dans ce livre, *philosophiques*, et nous en donne naïvement la raison ; c'est qu'elles *ne s'éloignent pas infiniment* des siennes. Voltaire n'en jugeait pas ainsi. On sait combien il s'est moqué de Maupertuis et de ses systèmes ; et, ici du moins, il avait raison.

rentes à la substance intérieure du testicule, et qu'il n'est pas possible
qu'elles s'en séparent naturellement, que quand même elles pourraient se
séparer de la substance intérieure du testicule elles ne pourraient pas encore
en sortir, parce que la membrane commune qui enveloppe tout le testicule
est d'un tissu trop serré pour qu'on puisse concevoir qu'une vésicule, ou un
œuf rond et mollasse pût s'ouvrir un passage à travers cette forte membrane ; et comme la plus grande partie des physiciens et des anatomistes
étaient alors prévenus en faveur du système des œufs, et que les expériences
de Graaf leur avaient imposé au point qu'ils étaient persuadés, comme cet
anatomiste l'avait dit, que les cicatricules qu'on trouve dans les testicules
des femelles étaient les niches des œufs, et que le nombre de ces cicatricules
marquait celui des fœtus, M. Méry fit voir des testicules de femme où il y
avait une très-grande quantité de ces cicatricules, ce qui, dans le système
de ces physiciens, aurait supposé dans cette femme une fécondité inouïe.
Ces difficultés excitèrent les autres anatomistes de l'Académie, qui étaient
partisans des œufs, à faire de nouvelles recherches ; M. Duverney examina
et disséqua des testicules de vaches et de brebis ; il prétendit que les vésicules étaient les œufs, parce qu'il y en avait qui étaient plus ou moins adhérentes à la substance du testicule, et qu'on devait croire que dans le
temps de la parfaite maturité elles s'en détachaient totalement, puisqu'en
introduisant de l'air et en soufflant dans l'intérieur du testicule, l'air passait entre ces vésicules et les parties voisines. M. Méry répondit seulement
que cela ne faisait pas une preuve suffisante, puisque jamais on n'avait vu
ces vésicules entièrement séparées du testicule : au reste, M. Duverney
remarqua sur les testicules le corps glanduleux, mais il ne le reconnut pas
pour une partie essentielle et nécessaire à la génération ; il le prit au contraire pour une excroissance accidentelle et parasite, à peu près, dit-il,
comme sont sur les chênes les noix de galle, les champignons, etc.
M. Littre, dont apparemment la prévention pour le système des œufs était
encore plus forte que celle de M. Duverney, prétendit non-seulement que
les vésicules étaient des œufs, mais même il assura avoir reconnu dans
l'une de ces vésicules, encore adhérente et placée dans l'intérieur du testicule, un fœtus bien formé, dans lequel il distingua, dit-il, très-bien la tête
et le tronc ; il en donna même les dimensions. Mais outre que cette merveille ne s'est jamais offerte qu'à ses yeux[1], et qu'aucun autre observateur
n'a jamais rien aperçu de semblable, il suffit de lire son Mémoire (année
1701, page 111) pour reconnaître combien cette observation est douteuse.
Par son propre exposé on voit que la matrice était squirreuse et le testicule
entièrement vicié ; on voit que la vésicule ou l'œuf qui contenait le prétendu
fœtus était plus petit que d'autres vésicules ou œufs qui ne contenaient

1. Ce n'était point *une merveille. Pareil cas s'est offert à beaucoup d'autres yeux.* Buffon
parle ici de choses qui lui étaient trop étrangères

rien, etc. Aussi Valisnieri, quoique partisan, et partisan très-zélé du système des œufs, mais en même temps homme très-véridique, a-t-il rappelé cette observation de M. Littre et celles de M. Duverney à un examen sévère qu'elles n'étaient pas en état de subir.

Une expérience fameuse en faveur des œufs est celle de Nuck; il ouvrit une chienne trois jours après l'accouplement, il tira l'une des cornes de la matrice et la lia en la serrant dans son milieu, en sorte que la partie supérieure du conduit ne pouvait plus avoir de communication avec la partie inférieure; après quoi il remit cette corne de la matrice à sa place et ferma la plaie, dont la chienne ne parut être que légèrement incommodée : au bout de vingt-un jours il la rouvrit et il trouva deux fœtus dans la partie supérieure, c'est-à-dire entre le testicule et la ligature, et dans la partie inférieure de cette corne il n'y avait aucun fœtus; dans l'autre corne de la matrice, qui n'avait pas été serrée par une ligature, il en trouva trois qui étaient régulièrement disposés, ce qui prouve, dit-il, que le fœtus ne vient pas de la semence du mâle, mais qu'au contraire il existe dans l'œuf de la femelle. On sent bien qu'en supposant que cette expérience qui n'a été faite qu'une fois, et sur laquelle par conséquent on ne doit pas trop compter[1], en supposant, dis-je, que cette expérience fût toujours suivie du même effet, on ne serait point en droit d'en conclure que la fécondation se fait dans l'ovaire, et qu'il s'en détache des œufs qui contiennent le fœtus tout formé; elle prouverait seulement que le fœtus peut se former dans les parties supérieures des cornes de la matrice aussi bien que dans les inférieures, et il paraît très-naturel d'imaginer que la ligature comprimant et resserrant les cornes de la matrice dans leur milieu oblige les liqueurs séminales, qui sont dans les parties inférieures, à s'écouler au dehors, et détruit ainsi l'ouvrage de la génération dans ces parties inférieures.

Voilà, à très-peu près, où en sont demeurés les anatomistes et les physiciens au sujet de la génération : il me reste à exposer ce que mes propres recherches et mes expériences m'ont appris de nouveau; on jugera si le système que j'ai donné n'approche pas infiniment plus de celui de la nature qu'aucun de ceux dont je viens de rendre compte.

Au Jardin du Roi, le 6 février 1746.

CHAPITRE VI.

EXPÉRIENCES AU SUJET DE LA GÉNÉRATION.

Je réfléchissais souvent sur les systèmes que je viens d'exposer, et je me confirmais tous les jours de plus en plus dans l'opinion que ma théorie

---

1. C'est une expérience *sur laquelle on peut compter*. Elle a été *faite plus d'une fois*, et toujours a été *suivie du même effet*.

était infiniment plus vraisemblable qu'aucun de ces systèmes ; je commençai
dès lors à soupçonner que je pourrais peut-être parvenir à reconnaître les
parties organiques vivantes, dont je pensais que tous les animaux et les
végétaux tiraient leur origine. Mon premier soupçon fut que les animaux
spermatiques qu'on voyait dans la semence de tous les mâles pouvaient
bien n'être que ces parties organiques [1], et voici comment je raisonnais. Si
tous les animaux et les végétaux contiennent une infinité de parties organiques vivantes, on doit trouver ces mêmes parties organiques dans leur
semence, et on doit les y trouver en bien plus grande quantité que dans
aucune autre substance, soit animale, soit végétale, parce que la semence
n'étant que l'extrait de tout ce qu'il y a de plus analogue à l'individu et
de plus organique, elle doit contenir un très-grand nombre de molécules
organiques, et les animalcules qu'on voit dans la semence des mâles ne
sont peut-être que ces mêmes molécules organiques vivantes, ou du moins
ils ne sont que la première réunion ou le premier assemblage de ces molécules ; mais, si cela est, la semence de la femelle doit contenir, comme
celle du mâle, des molécules organiques vivantes et à peu près semblables
à celles du mâle, et l'on doit par conséquent y trouver, comme dans celle
du mâle, des corps en mouvement, des animaux spermatiques ; et de
même, puisque les parties organiques vivantes sont communes aux animaux et aux végétaux, on doit aussi les trouver dans les semences des
plantes, dans le nectareum, dans les étamines, qui sont les parties les plus
substantielles de la plante, et qui contiennent les molécules organiques
nécessaires à la reproduction. Je songeai donc sérieusement à examiner
au microscope les liqueurs séminales des mâles et des femelles, et les
germes des plantes, et je fis sur cela un plan d'expériences : je pensai en
même temps que le réservoir de la semence des femelles pouvait bien être
la cavité du corps glanduleux, dans laquelle Valisnieri et les autres avaient
inutilement cherché l'œuf. Après avoir réfléchi sur ces idées pendant plus
d'un an, il me parut qu'elles étaient assez fondées pour mériter d'être
suivies ; enfin je me déterminai à entreprendre une suite d'observations
et d'expériences qui demandait beaucoup de temps. J'avais fait connaissance avec M. Needham, fort connu de tous les naturalistes par les excellentes observations microscopiques qu'il a fait imprimer en 1745. Cet
habile homme, si recommandable par son mérite, m'avait été recommandé
par M. Folkes, président de la Société royale de Londres. M'étant lié
d'amitié avec lui, je crus que je ne pouvais mieux faire que de lui communiquer mes idées, et comme il avait un excellent microscope, plus commode et meilleur qu'aucun des miens, je le priai de me le prêter pour faire
mes expériences ; je lui lus toute la partie de mon ouvrage qu'on vient de

---

1. C'est-à-dire *que les molécules organiques*. Voyez la note de la page 442.

voir, et en même temps je lui dis que je croyais avoir trouvé le vrai réservoir de la semence dans les femelles, que je ne doutais pas que la liqueur contenue dans la cavité du corps glanduleux ne fût la vraie liqueur séminale des femelles, que j'étais persuadé qu'on trouverait dans cette liqueur, en l'observant au microscope, des animaux spermatiques comme dans la semence des mâles, et que j'étais très-fort porté à croire qu'on trouverait aussi des corps en mouvement dans les parties les plus substantielles des végétaux, comme dans tous les germes des amandes des fruits, dans le nectareum, etc., et qu'il y avait grande apparence que ces animaux spermatiques, qu'on avait découverts dans les liqueurs séminales du mâle, n'étaient que le premier assemblage des parties organiques qui devaient être en bien plus grand nombre dans cette liqueur que dans toutes les autres substances qui composent le corps animal. M. Needham me parut faire cas de ces idées, et il eut la bonté de me prêter son microscope; il voulut même être présent à quelques-unes de mes observations. Je communiquai en même temps à MM. Daubenton, Gueneau et Dalibard mon système et mon projet d'expériences, et quoique je sois fort exercé à faire des observations et des expériences d'optique, et que je sache bien distinguer ce qu'il y a de réel ou d'apparent dans ce que l'on voit au microscope, je crus que je ne devais pas m'en fier à mes yeux seuls, et j'engageai M. Daubenton à m'aider; je le priai de voir avec moi. Je ne puis trop publier combien je dois à son amitié, d'avoir bien voulu quitter ses occupations ordinaires pour suivre avec moi pendant plusieurs mois les expériences dont je vais rendre compte; il m'a fait remarquer un grand nombre de choses qui m'auraient peut-être échappé : dans des matières aussi délicates, où il est si aisé de se tromper, on est fort heureux de trouver quelqu'un qui veuille bien non-seulement vous juger, mais encore vous aider. M. Needham, M. Dalibard et M. Gueneau ont vu une partie des choses que je vais rapporter, et M. Daubenton les a toutes vues aussi bien que moi.

Les personnes, qui ne sont pas fort habituées à se servir du microscope, trouveront bon que je mette ici quelques remarques qui leur seront utiles lorsqu'elles voudront répéter ces expériences ou en faire de nouvelles. On doit préférer les microscopes doubles dans lesquels on regarde les objets du haut en bas aux microscopes simples et doubles dans lesquels on regarde l'objet contre le jour et horizontalement; ces microscopes doubles ont un miroir plan ou concave qui éclaire les objets par-dessous : on doit se servir par préférence du miroir concave, lorsqu'on observe avec la plus forte lentille. Leeuwenhoek, qui sans contredit a été le plus grand et le plus infatigable de tous les observateurs au microscope, ne s'est cependant servi, à ce qu'il paraît, que de microscopes simples, avec lesquels il regardait les objets contre le jour ou contre la lumière d'une chandelle; si cela est, comme l'estampe qui est à la tête de son livre paraît l'indiquer, il a fallu une assiduité et une patience inconcevables pour se tromper aussi peu qu'il l'a fait sur la quantité presque infinie de choses qu'il a observées d'une manière si désavantageuse. Il a légué à la Société de Londres tous ses microscopes; M. Needham m'a assuré que le meilleur ne fait pas autant d'effet que la plus forte lentille de celui dont je me suis servi, et avec laquelle j'ai fait toutes mes observations. Si cela est, il est nécessaire de faire remarquer que la plupart des gravures que Leeuwenhoek a données des objets microscopiques, surtout celles des animaux spermatiques, les représentent beaucoup plus gros et plus longs qu'il ne les a vus réellement, ce qui doit induire en erreur; et que ces prétendus animaux de l'homme, du chien, du lapin, du coq, etc., qu'on trouve gravés dans les *Transactions philosophiques*, n° 141, et dans Leeuwenhoek, t. I, p. 161, et qui ont ensuite été copiés par Valisnieri, par M. Baker, etc., paraissent au microscope beaucoup plus petits qu'ils ne le sont dans les gravures qui les représentent. Ce qui rend les microscopes dont nous parlons préférables à ceux avec lesquels on est obligé de regarder les objets contre le jour, c'est qu'ils sont plus stables que ceux-ci, le mouvement de la main avec laquelle on tient le microscope produisant un petit tremblement qui fait que l'objet paraît vacillant et ne présente jamais qu'un instant la même partie. Outre cela, il y a toujours dans les liqueurs un mouvement causé par l'agitation de l'air extérieur, soit qu'on les observe à l'un ou à l'autre de ces microscopes, à moins qu'on ne mette la liqueur entre deux plaques de verre ou de talc très-minces, ce qui ne laisse pas de diminuer un peu la transparence, et d'allonger beaucoup le travail manuel de l'observation; mais le microscope qu'on tient horizontalement, et dont les porte-objets sont verticaux, a un inconvénient de plus, c'est que les parties les plus pesantes de la liqueur qu'on observe descendent au bas de la goutte par leur poids, par conséquent il y a trois mouvements, celui du tremblement de la main, celui de l'agitation du fluide par l'action de l'air, et encore celui des parties de la liqueur qui descendent en bas, et il peut résulter une infinité de méprises de la combinaison de ces trois mouvements, dont la plus grande et la plus ordinaire est de croire que de certains petits globules qu'on voit dans ces liqueurs se meuvent par un mouvement qui leur est propre et par leurs propres forces, tandis qu'ils ne font qu'obéir à la force composée de quelques-unes des trois causes dont nous venons de parler.

Lorsqu'on vient de mettre une goutte de liqueur sur le porte-objet du microscope double dont je me suis servi, quoique ce porte-objet soit posé horizontalement, et par conséquent dans la situation la plus avantageuse, on ne laisse pas de voir dans la liqueur un mouvement commun qui entraîne du même côté tout ce qu'elle contient : il faut attendre que le fluide soit en équilibre et sans mouvement pour observer, car il arrive souvent que comme ce mouvement du fluide entraîne plusieurs globules et qu'il forme une espèce de courant dirigé d'un certain côté, il se fait ou d'un côté ou de l'autre de ce courant, et quelquefois de tous les deux, une espèce de remous qui renvoie quelques-uns de ces globules dans une direction très-différente de celle des autres; l'œil de l'observateur se fixe alors sur ce globule qu'il voit suivre seul une route différente de celle des autres, et il croit voir un animal, ou du moins un corps qui se meut de soi-même, tandis qu'il ne doit son mouvement qu'à celui du fluide; et comme les liqueurs sont sujettes à se dessécher et à s'épaissir par la circonférence de la goutte, il faut tâcher de mettre la lentille au-dessus du centre de la goutte, et il faut que la goutte soit assez grosse et qu'il y ait une aussi grande quantité de liqueur qu'il se pourra, jusqu'à ce que l'on s'aperçoive que si on en prenait davantage il n'y aurait plus assez de transparence pour bien voir ce qui y est.

Avant que de compter absolument sur les observations qu'on fait, et même avant que d'en faire, il faut bien connaître son microscope; il n'y en a aucun dans les verres desquels il n'y ait quelques taches, quelques bulles, quelques fils et d'autres défectuosités qu'il faut reconnaître exactement, afin que ces apparences ne se présentent pas comme si c'étaient des objets réels et inconnus; il faut aussi apprendre à connaître l'effet que fait la poussière imperceptible qui s'attache aux verres du microscope; on s'assurera du produit de ces deux causes en observant son microscope à vide un grand nombre de fois.

Pour bien observer, il faut que le point de vue ou le foyer du microscope ne tombe pas précisément sur la surface de la liqueur, mais un peu au-dessous. On ne doit pas compter autant sur ce que l'on voit se passer à la surface, que sur ce que l'on voit à l'intérieur de la liqueur; il y a souvent des bulles à la surface qui ont des mouvements irréguliers qui sont produits par le contact de l'air.

On voit beaucoup mieux à la lumière d'une ou de deux bougies basses, qu'au plus grand et au plus beau jour, pourvu que cette lumière ne soit point agitée; et pour éviter cette agitation, il faut mettre une espèce de petit paravent sur la table, qui enferme de trois côtés les lumières et le microscope.

On voit souvent des corps qui paraissent noirs et opaques devenir transparents, et même se peindre de différentes couleurs, ou former des anneaux concentriques et colorés, ou des iris sur leur surface, et d'autres corps qu'on a d'abord vus transparents ou colorés devenir noirs et obscurs; ces changements ne sont pas réels, et ces apparences ne dépendent que de l'obliquité sous laquelle la lumière tombe sur ces corps, et de la hauteur du plan dans lequel ils se trouvent.

Lorsqu'il y a dans une liqueur des corps qui se meuvent avec une grande vitesse, surtout lorsque ces corps sont à la surface, ils forment par leur

mouvement une espèce de sillon dans la liqueur, qui paraît suivre le corps
en mouvement, et qu'on serait porté à prendre pour une queue; cette
apparence m'a trompé quelquefois dans les commencements, et j'ai reconnu
bien clairement mon erreur lorsque ces petits corps venaient à en rencontrer d'autres qui les arrêtaient, car alors il n'y avait plus aucune apparence de queue. Ce sont là les petites remarques que j'ai faites, et que
j'ai cru devoir communiquer à ceux qui voudraient faire usage du microscope sur les liqueurs.

Première expérience.

J'ai fait tirer des vésicules séminales d'un homme mort de mort violente,
dont le cadavre était récent et encore chaud, toute la liqueur qui y était
contenue; et l'ayant fait mettre dans un cristal de montre couvert, j'en
ai pris une goutte assez grosse avec un cure-dent, et je l'ai mise sur le
porte-objet d'un très-bon microscope double, sans y avoir ajouté de l'eau
et sans aucun mélange. La première chose qui s'est présentée étaient des
vapeurs qui montaient de la liqueur vers la lentille et qui l'obscurcissaient.
Ces vapeurs s'élevaient de la liqueur séminale, qui était encore chaude, et
il fallut essuyer trois ou quatre fois la lentille avant que de pouvoir rien
distinguer. Ces vapeurs étant dissipées, je vis d'abord (*pl.* 1, *fig.* 1) des
filaments assez gros, qui dans de certains endroits se ramifiaient et paraissaient s'étendre en différentes branches, et dans d'autres endroits ils se
pelotonnaient et s'entremêlaient. Ces filaments me parurent très-clairement
agités intérieurement d'un mouvement d'ondulation, et ils paraissaient être
des tuyaux creux qui contenaient quelque chose de mouvant. Je vis très-
distinctement (*pl.* 1, *fig.* 2) deux de ces filaments, qui étaient joints suivant
leur longueur, se séparer dans leur milieu et agir l'un à l'égard de l'autre
par un mouvement d'ondulation ou de vibration, à peu près comme celui
de deux cordes tendues qui seraient attachées et jointes ensemble par les
deux extrémités, et qu'on tirerait par leur milieu, l'une à gauche et l'autre
à droite, et qui feraient des vibrations par lesquelles cette partie du milieu
se rapprocherait et s'éloignerait alternativement; ces filaments étaient
composés de globules qui se touchaient et ressemblaient à des chapelets. Je
vis ensuite (*pl.* 1, *fig.* 3) des filaments qui se boursouflaient et se gonflaient dans de certains endroits, et je reconnus qu'à côté de ces endroits
gonflés il sortait des globules et de petits ovales qui avaient (*pl.* 1, *fig.* 4)
un mouvement distinct d'oscillation, comme celui d'un pendule qui serait
horizontal : ces petits corps étaient en effet attachés au filament par un
petit filet qui s'allongeait peu à peu à mesure que le petit corps se mouvait,
et enfin je vis ces petits corps se détacher entièrement du gros filament,
et emporter après eux le petit filet par lequel ils étaient attachés. Comme

cette liqueur était fort épaisse, et que les filaments étaient trop près les uns des autres pour que je pusse les distinguer aussi clairement que je le désirais, je délayai avec de l'eau de pluie pure et dans laquelle je m'étais assuré qu'il n'y avait point d'animaux, une autre goutte de la liqueur séminale; je vis alors (*pl.* 1, *fig.* 5) les filaments bien séparés, et je reconnus très-distinctement le mouvement des petits corps dont je viens de parler; il se faisait plus librement, ils paraissaient nager avec plus de vitesse, et traînaient leur filet plus légèrement, et si je ne les avais pas vus se séparer des filaments et en tirer leur filet, j'aurais pris dans cette seconde observation le corps mouvant pour un animal, et le filet pour la queue de l'animal. J'observai donc avec grande attention un des filaments d'où ces petits corps mouvants sortaient, il était plus de trois fois plus gros que ces petits corps; j'eus la satisfaction de voir deux de ces petits corps qui se détachaient avec peine, et qui entraînaient chacun un filet fort délié et fort long qui empêchait leur mouvement, comme je le dirai dans la suite.

Cette liqueur séminale était d'abord fort épaisse, mais elle prit peu à peu de la fluidité; en moins d'une heure elle devint assez fluide pour être presque transparente; à mesure que cette fluidité augmentait, les phénomènes changeaient, comme je vais le dire.

II.

Lorsque la liqueur séminale est devenue plus fluide, on ne voit plus les filaments dont j'ai parlé; mais les petits corps qui se meuvent paraissent en grand nombre (*pl.* 1, *fig.* 6); ils ont pour la plupart un mouvement d'oscillation comme celui d'un pendule; ils tirent après eux un long filet; on voit clairement qu'ils font effort pour s'en débarrasser; leur mouvement de progression en avant est fort lent, ils font des oscillations à droite et à gauche : le mouvement d'un bateau, retenu sur une rivière rapide par un câble attaché à un point fixe, représente assez bien le mouvement de ces petits corps, à l'exception que les oscillations du bateau se font toujours dans le même endroit, au lieu que les petits corps avancent peu à peu au moyen de ces oscillations, mais ils ne se tiennent pas toujours sur le même plan, ou, pour parler plus clairement, ils n'ont pas, comme un bateau, une base large et plate qui fait que les mêmes parties sont toujours à peu près dans le même plan; on les voit au contraire, à chaque oscillation, prendre un mouvement de roulis très-considérable, en sorte qu'outre leur mouvement d'oscillation horizontale, qui est bien marqué, ils en ont un de balancement vertical, ou de roulis, qui est aussi très-sensible : ce qui prouve que ces petits corps sont de figure globuleuse, ou du moins que leur partie inférieure n'a pas une base plate assez étendue pour les maintenir dans la même position.

III.

Au bout de deux ou trois heures, lorsque la liqueur est encore devenue plus fluide, on voit (*pl.* 2, *fig.* 7) une plus grande quantité de ces petits corps qui se meuvent; ils paraissent être plus libres, les filets qu'ils traînent après eux sont devenus plus courts qu'ils ne l'étaient auparavant; aussi leur mouvement progressif commence-t-il à être plus direct, et leur mouvement d'oscillation horizontale est fort diminué; car plus les filets qu'ils traînent sont longs, plus grand est l'angle de leur oscillation, c'est-à-dire qu'ils font d'autant plus de chemin de droite à gauche, et d'autant moins de chemin en avant, que les filets qui les retiennent et qui les empêchent d'avancer sont plus longs, et à mesure que ces filets diminuent de longueur, le mouvement d'oscillation diminue et le mouvement progressif augmente; celui du balancement vertical subsiste et se reconnaît toujours, tant que celui de progression ne se fait pas avec une grande vitesse : or jusqu'ici, pour l'ordinaire, ce mouvement de progression est encore assez lent, et celui de balancement est fort sensible.

IV.

Dans l'espace de cinq ou six heures la liqueur acquiert presque toute la fluidité qu'elle peut avoir sans se décomposer, on voit alors (*pl.* 2, *fig.* 8) la plupart de ces petits corps mouvants entièrement dégagés du filet qu'ils traînaient; ils sont de figure ovale et se meuvent progressivement avec une assez grande vitesse; ils ressemblent alors plus que jamais à des animaux qui ont des mouvements en avant, en arrière et en tout sens. Ceux qui ont encore des queues, ou plutôt qui traînent encore leur filet, paraissent être beaucoup moins vifs que les autres; et parmi ces derniers, qui n'ont plus de filet, il y en a qui paraissent changer de figure et de grandeur; les uns sont ronds, la plupart ovales, quelques autres ont les deux extrémités plus grosses que le milieu, et on remarque encore à tous un mouvement de balancement et de roulis.

V

Au bout de douze heures la liqueur avait déposé au bas, dans le cristal de montre, une espèce de matière gélatineuse blanchâtre, ou plutôt couleur de cendre, qui avait de la consistance, et la liqueur qui surnageait était presque aussi claire que de l'eau; seulement elle avait une teinte bleuâtre, et ressemblait très-bien à de l'eau claire dans laquelle on aurait mêlé un peu de savon; cependant elle conservait toujours de la viscosité, et elle filait lorsqu'on en prenait une goutte et qu'on la voulait détacher du reste de la liqueur; les petits corps mouvants sont alors dans une grande activité, ils sont tous débarrassés de leur filet, la plupart sont ovales, il y en a de ronds, ils se meuvent en tous sens, et plusieurs tournent sur leur centre. J'en ai vu changer de figure sous mes yeux, et d'ovales devenir globuleux ; j'en ai vu se diviser, se partager, et d'un seul ovale ou d'un globule en former deux ; ils avaient d'autant plus d'activité et de mouvement qu'ils étaient plus petits.

VI.

Vingt-quatre heures après, la liqueur séminale avait encore déposé une plus grande quantité de matière gélatineuse ; je voulus délayer cette matière avec de l'eau pour l'observer, mais elle ne se mêla pas aisément, et il faut un temps considérable pour qu'elle se ramollisse et se divise dans l'eau. Les petites parties que j'en séparai paraissaient opaques et composées d'une infinité de tuyaux, qui formaient une espèce de lacis où l'on ne remarquait aucune disposition régulière et pas le moindre mouvement ; mais il y en avait encore dans la liqueur claire, on y voyait quelques corps en mouvement ; ils étaient, à la vérité, en moindre quantité ; le lendemain il y en avait encore quelques-uns, mais après cela je ne vis plus dans cette liqueur que des globules sans aucune apparence de mouvement.

Je puis assurer que chacune de ces observations a été répétée un très-grand nombre de fois et suivie avec toute l'exactitude possible, et je suis persuadé que ces filets, que ces corps en mouvement traînent après eux, ne sont pas une queue ou un membre qui leur appartienne et qui fasse partie de leur individu, car ces queues n'ont aucune proportion avec le reste du corps ; elles sont de longueur et de grosseur fort différentes, quoique les corps mouvants soient à peu près de la même grosseur dans le même temps ; les unes de ces queues occupent une étendue très-considérable dans le champ du microscope, et d'autres sont fort courtes ; le globule est embarrassé dans son mouvement d'autant plus que cette queue est plus longue ; quelquefois même il ne peut avancer ni sortir de sa place, et il n'a qu'un mouvement d'oscillation de droite à gauche ou de gauche à droite lorsque cette queue est fort longue : on voit clairement qu'ils paraissent faire des efforts pour s'en débarrasser.

VII.

Ayant pris de la liqueur séminale dans un autre cadavre humain, récent et encore chaud, elle ne paraissait d'abord être à l'œil simple qu'une matière mucilagineuse presque coagulée et très-visqueuse ; je ne voulus cependant pas y mêler de l'eau, et en ayant mis une goutte assez grosse sur le porte-objet du microscope, elle se liquéfia d'elle-même et sous mes yeux; elle était d'abord comme condensée, et elle paraissait former un tissu assez serré, composé de filaments (*pl. 2, fig. 9*) d'une longueur et d'une grosseur considérables, qui paraissaient naître de la partie la plus épaisse de la liqueur. Ces filaments se séparaient à mesure que la liqueur devenait plus fluide, et, enfin, ils se divisaient en globules qui avaient de l'action et qui paraissaient d'abord n'avoir que très-peu de force pour se mettre en mouvement, mais dont les forces semblaient augmenter à mesure qu'ils s'éloignaient du filament, dont il paraissait qu'ils faisaient beaucoup d'effort pour se débarrasser et pour se dégager, et auquel ils étaient attachés par un filet qu'ils en tiraient et qui tenait à leur partie postérieure; ils se formaient ainsi lentement chacun des queues de différentes longueurs, dont quelques-unes étaient si minces et si longues qu'elles n'avaient aucune proportion avec le corps de ces globules; ils étaient tous d'autant plus embarrassés que ces filets ou ces queues étaient plus longues; l'angle de leur mouvement d'oscillation, de gauche à droite et de droite à gauche, était aussi toujours d'autant plus grand que la longueur de ces filets était aussi plus grande, et leur mouvement de progression d'autant plus sensible que ces espèces de queues étaient plus courtes.

VIII.

Ayant suivi ces observations pendant quatorze heures presque sans interruption, je reconnus que ces filets ou ces espèces de queues allaient toujours en diminuant de longueur, et devenaient si minces et si déliées qu'elles cessaient d'être visibles à leurs extrémités successivement, en sorte que ces queues, diminuant peu à peu par leurs extrémités, disparaissaient enfin entièrement; c'était alors que les globules cessaient absolument d'avoir un mouvement d'oscillation horizontale, et que leur mouvement progressif était direct, quoiqu'ils eussent toujours un mouvement de balancement vertical, comme le roulis d'un vaisseau : cependant ils se mouvaient progressivement, à peu près en ligne droite, et il n'y en avait aucun qui eût une queue; ils étaient alors ovales, transparents, et tout à fait semblables aux prétendus animaux qu'on voit dans l'eau d'huitre au six ou septième jour, et encore plus à ceux qu'on voit dans la gelée de veau rôti au bout du quatrième jour, comme nous le dirons dans la suite en parlant des expériences que M. Needham a bien voulu faire en conséquence de mon système, et qu'il a poussées aussi loin que je pouvais l'attendre de la sagacité de son esprit et de son habileté dans l'art d'observer au microscope.

IX.

Entre la dixième et la onzième heure de ces observations, la liqueur étant alors fort fluide, tous ces globules me paraissaient (*pl. 2, fig. 10*)

venir du même côté et en foule ; ils traversaient le champ du microscope
en moins de quatre secondes de temps ; ils étaient rangés les uns contre
les autres, ils marchaient sur une ligne de sept ou huit de front, et se suc-
cédaient sans interruption, comme des troupes qui défilent. J'observai ce
spectacle singulier pendant plus de cinq minutes, et comme ce courant
d'animaux ne finissait point, j'en voulus chercher la source, et ayant remué
légèrement mon microscope, je reconnus que tous ces globules mouvants
sortaient d'une espèce de mucilage (*pl.* 2, *fig.* 11) ou de lacis de filaments
qui les produisaient continuellement sans interruption, et beaucoup plus
abondamment et plus vite que ne les avaient produits les filaments dix
heures auparavant : il y avait encore une différence remarquable entre ces
espèces de corps mouvants produits dans la liqueur épaisse, et ceux-ci qui
étaient produits dans la même liqueur, mais devenue fluide ; c'est que ces
derniers ne tiraient point de filets après eux, qu'ils n'avaient point de queue,
que leur mouvement était plus prompt, et qu'ils allaient en troupeau comme
des moutons qui se suivent. J'observai longtemps le mucilage d'où ils sortaient et où ils prenaient naissance, et je le vis diminuer sous mes yeux et
se convertir successivement en globules mouvants, jusqu'à diminution de
plus de moitié de son volume ; après quoi la liqueur s'étant trop desséchée,
ce mucilage devint obscur dans son milieu, et tous les environs étaient
marqués et divisés par de petits filets qui formaient (*pl.* 2, *fig.* 12) des intervalles carrés à peu près comme un parquet, et ces petits filets paraissaient
être formés des corps ou des cadavres de ces globules mouvants qui s'étaient
réunis par le desséchement, non pas en une seule masse, mais en filets
longs, disposés régulièrement, dont les intervalles étaient quadrangulaires ;
ces filets faisaient un réseau assez semblable à une toile d'araignée sur
laquelle la rosée se serait attachée en une infinité de petits globules.

X.

J'avais bien reconnu, par les observations que j'ai rapportées les premières, que ces petits corps mouvants changeaient de figure, et je croyais
m'être aperçu qu'en général ils diminuaient tous de grandeur, mais je n'en
étais pas assez certain pour pouvoir l'assurer. Dans ces dernières observations, à la douzième et treizième heure je le reconnus plus clairement,
mais en même temps j'observai que, quoiqu'ils diminuassent considérablement de grandeur ou de volume, ils augmentaient en pesanteur spécifique,
surtout lorsqu'ils étaient prêts à finir de se mouvoir, ce qui arrivait presque
tout à coup, et toujours dans un plan différent de celui dans lequel ils se
mouvaient, car lorsque leur action cessait, ils tombaient au fond de la
liqueur et y formaient un sédiment couleur de cendre, que l'on voyait à
l'œil nu, et qui au microscope paraissait n'être composé que de globules

attachés les uns aux autres, quelquefois en filets, et d'autres fois en groupes, mais presque toujours d'une manière régulière, le tout sans aucun mouvement.

XI.

Ayant pris de la liqueur séminale d'un chien, qu'il avait fournie par une émission naturelle en assez grande quantité, j'observai que cette liqueur était claire, et qu'elle n'avait que peu de ténacité. Je la mis, comme les autres dont je viens de parler, dans un cristal de montre, et l'ayant examinée tout de suite au microscope sans y mêler de l'eau, j'y vis (*pl.* 3, *fig.* 13) des corps mouvants presque entièrement semblables à ceux de la liqueur de l'homme ; ils avaient des filets ou des queues toutes pareilles, ils étaient aussi à peu près de la même grosseur, en un mot ils ressemblaient presque aussi parfaitement qu'il est possible à ceux que j'avais vus dans la liqueur humaine (*pl.* 2, *fig.* 7) liquéfiée pendant deux ou trois heures. Je cherchai dans cette liqueur du chien les filaments que j'avais vus dans l'autre, mais ce fut inutilement ; j'aperçus seulement quelques filets longuets et très-déliés, entièrement semblables à ceux qui servaient de queues à ces globules ; ces filets ne tenaient point à des globules, et ils étaient sans mouvement. Les globules en mouvement et qui avaient des queues me parurent aller plus vite et se remuer plus vivement que ceux de la liqueur séminale de l'homme, ils n'avaient presque point de mouvement d'oscillation horizontale, mais toujours un mouvement de balancement vertical ou de roulis ; ces corps mouvants n'étaient pas en fort grand nombre, et quoique leur mouvement progressif fût plus fort que celui des corps mouvants de la liqueur de l'homme, il n'était cependant pas rapide, et il leur fallait un petit temps bien marqué pour traverser le champ du microscope. J'observai cette liqueur d'abord continuellement pendant trois heures, et je n'y aperçus aucun changement et rien de nouveau : après quoi je l'observai de temps à autre successivement pendant quatre jours, et je remarquai que le nombre des corps mouvants diminuait peu à peu ; le quatrième jour il y en avait encore, mais en très-petit nombre, et souvent je n'en trouvais qu'un ou deux dans une goutte entière de liqueur. Dès le second jour, le nombre de ceux qui avaient une queue était plus petit que celui de ceux qui n'en avaient plus ; le troisième jour il y en avait peu qui eussent des queues ; cependant au dernier jour il en restait encore quelques-uns qui en avaient ; la liqueur avait alors déposé au fond un sédiment blanchâtre qui paraissait être composé de globules sans mouvement, et de plusieurs petits filets qui me parurent être les queues séparées des globules ; il y en avait aussi d'attachés à des globules qui paraissaient être les cadavres de ces petits animaux (*pl.* 3, *fig.* 14), mais dont la forme était cependant différente de celle que je leur venais de voir lorsqu'ils étaient en mouvement, car le globule paraissait plus large et comme entr'ouvert, et ils étaient plus gros que les globules mouvants, et aussi que les globules sans mouvement qui étaient au fond et qui étaient séparés de leurs queues.

XII.

Ayant pris une autre fois de la liqueur séminale du même chien, qu'il avait fournie de même par une émission naturelle, je revis les premiers phénomènes que je viens de décrire; mais (*pl.* 3, *fig.* 15) je vis de plus dans une des gouttes de cette liqueur une partie mucilagineuse qui produisait des globules mouvants, comme dans l'expérience IX, et ces globules formaient un courant, et allaient de front et comme en troupeau. Je m'attachai à observer ce mucilage; il me parut animé intérieurement d'un mouvement de gonflement qui produisait de petites boursouflures dans différentes parties assez éloignées les unes des autres, et c'était de ces parties gonflées dont on voyait tout à coup sortir des globules mouvants avec une vitesse à peu près égale et une même direction de mouvement. Le corps de ces globules n'était pas différent de celui des autres, mais quoiqu'ils sortissent immédiatement du mucilage, ils n'avaient cependant point de queues. J'observai que plusieurs de ces globules changeaient de figure, ils s'allongeaient considérablement et devenaient longs comme de petits cylindres; après quoi les deux extrémités du cylindre se boursouflaient, et ils se divisaient en deux autres globules, tous deux mouvants, et qui suivaient la même direction que celle qu'ils avaient lorsqu'ils étaient réunis, soit sous la forme de cylindre, soit sous la forme précédente de globule.

XIII.

Le petit verre qui contenait cette liqueur ayant été renversé par accident, je pris une troisième fois de la liqueur du même chien; mais soit qu'il fût fatigué par des émissions trop réitérées, soit par d'autres causes que j'ignore, la liqueur séminale ne contenait rien du tout; elle était transparente et visqueuse comme la lymphe du sang, et l'ayant observée dans le moment et une heure, deux heures, trois heures et jusqu'à vingt-quatre heures après, elle n'offrit rien de nouveau, sinon beaucoup de gros globules obscurs; il n'y avait aucun corps mouvant, aucun mucilage, rien, en un mot, de semblable à ce que j'avais vu les autres fois.

XIV.

Je fis ensuite ouvrir un chien et je fis séparer les testicules et les vaisseaux qui y étaient adhérents, pour répéter les mêmes observations, mais

je remarquai qu'il n'y avait point de vésicules séminales, et apparemment
dans ces animaux la semence passe directement des testicules dans l'urètre.
Je ne trouvai que très-peu de liqueur dans les testicules, quoique le chien
fût adulte et vigoureux, et qu'il ne fût pas encore mort dans le temps que
l'on cherchait cette liqueur. J'observai au microscope la petite quantité que
je pus ramasser avec le gros bout d'un cure-dent ; il n'y avait point de corps
en mouvement semblables à ceux que j'avais vus auparavant ; on y voyait
seulement une grande quantité de très-petits globules dont la plupart
étaient sans mouvement, et dont quelques-uns, qui étaient les plus petits
de tous, avaient entre eux différents petits mouvements d'approximation
que je ne pus pas suivre, parce que les gouttes de liqueur que je pouvais
ramasser étaient si petites qu'elles se desséchaient deux ou trois minutes
après qu'elles avaient été mises sur le porte-objet.

XV.

Ayant mis infuser les testicules de ce chien, que j'avais fait couper chacun
en deux parties, dans un bocal de verre où il y avait assez d'eau pour les
couvrir, et ayant fermé exactement ce bocal, j'ai observé trois jours après
cette infusion que j'avais faite dans le dessein de reconnaître si la chair ne
contient pas des corps en mouvement. Je vis, en effet (*pl.* 3, *fig.* 16), dans
l'eau de cette infusion une grande quantité de corps mouvants de figure
globuleuse et ovale, et semblables à ceux que j'avais vus dans la liqueur
séminale du chien, à l'exception qu'aucun de ces corps n'avait de filets ; ils
se mouvaient en tous sens, et même avec assez de vitesse. J'observai longtemps ces corps qui paraissaient animés ; j'en vis plusieurs changer de
figure sous mes yeux, j'en vis qui s'allongeaient, d'autres qui se raccour-
cissaient, d'autres, et cela fréquemment, qui se gonflaient aux deux extrémités ; presque tous paraissaient tourner sur leur centre ; il y en avait de
plus petits et de plus gros, mais tous étaient en mouvement ; et, à les prendre
en totalité, ils étaient de la grosseur et de la figure de ceux que j'ai décrits
dans la quatrième expérience.

XVI.

Le lendemain le nombre de ces globules mouvants était encore augmenté, mais je crus m'apercevoir qu'ils étaient plus petits, leur mouvement
était aussi plus rapide et encore plus irrégulier ; ils avaient une autre apparence pour la forme et pour l'allure de leur mouvement, qui paraissait être
plus confus. Le surlendemain et les jours suivants il y eut toujours des corps
en mouvement dans cette eau, jusqu'au vingtième jour ; leur grosseur diminuait tous les jours, et, enfin, diminua si fort que je cessai de les apercevoir

uniquement à cause de leur petitesse; car le mouvement n'avait pas cessé, et les derniers, que j'avais beaucoup de peine à apercevoir au dix-neuvième et vingtième jour, se mouvaient avec autant et même plus de rapidité que jamais. Il se forma au dessus de l'eau une espèce de pellicule qui ne paraissait composée que des enveloppes de ces corps en mouvement, et dont toute la substance paraissait être un lacis de tuyaux, de petits filets, de petites écailles, etc., toutes sans aucun mouvement; cette pellicule et ces corps mouvants n'avaient pu venir dans la liqueur par le moyen de l'air extérieur, puisque le bocal avait toujours été très-soigneusement bouché.

XVII.

J'ai fait ouvrir successivement, et à différents jours, dix lapins pour observer et examiner avec soin leur liqueur séminale : le premier n'avait pas une goutte de cette liqueur, ni dans les testicules, ni dans les vésicules séminales; dans le second je n'en trouvai pas davantage, quoique je me fusse cependant assuré que ce second lapin était adulte, et qu'il fût même le père d'une nombreuse famille; je n'en trouvai point encore dans le troisième, qui était cependant aussi dans le cas du second. Je m'imaginai qu'il fallait peut-être approcher ces animaux de leur femelle pour exciter et faire naître la semence, et je fis acheter des mâles et des femelles que l'on mit deux à deux dans des espèces de cages où ils pouvaient se voir et se faire des caresses, mais où il ne leur était pas possible de se joindre. Cela ne me réussit pas d'abord, car on en ouvrit encore deux où je ne trouvai pas plus de liqueur séminale que dans les trois premiers; cependant le sixième que je fis ouvrir en avait une grande abondance; c'était un gros lapin blanc qui paraissait fort vigoureux; je lui trouvai dans les vésicules séminales autant de liqueur congelée qu'il en pouvait tenir dans une petite cuillère à café; cette matière ressemblait à de la gelée de viande, elle était d'un jaune citron et presque transparente; l'ayant examinée au microscope, je vis cette matière épaisse se résoudre lentement et par degrés en filaments et en gros globules dont plusieurs paraissaient attachés les uns aux autres comme des grains de chapelet, mais je ne leur remarquai aucun mouvement bien distinct; seulement comme la matière se liquéfiait elle formait une espèce de courant par lequel ces globules et ces filaments paraissaient tous être entraînés du même côté : je m'attendais à voir prendre à cette matière un plus grand degré de fluidité, mais cela n'arriva pas; après qu'elle se fut un peu liquéfiée, elle se dessécha, et je ne pus jamais voir autre chose que ce que je viens de dire, en observant cette matière sans addition; je la mêlai donc avec de l'eau, mais ce fut encore sans succès d'abord, car l'eau ne la pénétrait pas tout de suite et semblait ne pouvoir la délayer.

XVIII.

Ayant fait ouvrir un autre lapin, je n'y trouvai qu'une très-petite quantité de matière séminale, qui était d'une couleur et d'une consistance différentes de celle dont je viens de parler ; elle était à peine colorée de jaune, et plus fluide que celle-là ; comme il n'y en avait que très-peu, et que je craignais qu'elle ne se desséchât trop promptement, je fus forcé de la mêler avec de l'eau ; dès la première observation, je ne vis pas les filaments ni les chapelets que j'avais vus dans l'autre, mais je reconnus sur-le-champ les gros globules, et je vis de plus qu'ils avaient tous un mouvement de tremblement et comme d'inquiétude ; ils avaient aussi un mouvement de progression, mais fort lent ; quelques-uns tournaient aussi autour de quelques autres, et la plupart paraissaient tourner sur leur centre. Je ne pus pas suivre cette observation plus loin, parce que je n'avais pas une assez grande quantité de cette liqueur séminale, qui se dessécha promptement.

XIX.

Ayant fait chercher dans un autre lapin, on n'y trouva rien du tout, quoiqu'il eût été depuis quelques jours aussi voisin de sa femelle que les autres ; mais dans les vésicules séminales d'un autre on trouva presque autant de liqueur congelée que dans celui de l'observation XVII. Cette liqueur congelée, que j'examinai d'abord de la même façon, ne me découvrit rien de plus, en sorte que je pris le parti de mettre infuser toute la quantité que j'en avais pu rassembler dans une quantité presque double d'eau pure, et, après avoir secoué violemment et souvent la petite bouteille où ce mélange était contenu, je le laissai reposer pendant dix minutes ; après quoi j'observai cette infusion en prenant toujours à la surface de la liqueur les gouttes que je voulais examiner : j'y vis les mêmes gros globules dont j'ai parlé, mais en petit nombre et entièrement détachés et séparés, et même fort éloignés les uns des autres ; ils avaient différents mouvements d'approximation les uns à l'égard des autres, mais ces mouvements étaient si lents qu'à peine étaient-ils sensibles. Deux ou trois heures après il me parut que ces globules avaient diminué de volume et que leur mouvement était devenu plus sensible ; ils paraissaient tous tourner sur leurs centres, et quoique leur mouvement de tremblement fût bien plus marqué que celui de progression, cependant on apercevait clairement qu'ils changeaient tous de place irrégulièrement les uns par rapport aux autres ; il y en avait même quelques-uns qui tournaient lentement autour des autres. Six ou sept heures après, les globules étaient encore devenus plus petits et leur action était augmentée ; ils me parurent être en beaucoup plus grand nombre, et tous leurs mouvements étaient sensibles. Le lendemain il y avait dans cette liqueur une multitude prodigieuse de globules en mouvement, et ils étaient au moins trois fois plus petits qu'ils ne m'avaient paru d'abord. J'observai ces globules tous les jours plusieurs fois pendant huit jours ; il me parut qu'il y en avait plusieurs qui se joignaient et dont le mouvement finissait après cette union, qui cependant ne paraissait être qu'une union superficielle et accidentelle ; il y en avait de plus gros, de plus petits, la plupart étaient ronds et sphériques, les autres étaient ovales, d'autres étaient longuets ; les plus gros étaient les plus transparents, les plus petits étaient presque noirs ; cette différence ne provenait pas des accidents de la lumière, car dans quelque plan et dans quelque situation que ces petits globules se trouvassent ils étaient toujours noirs ; leur mouvement était bien plus rapide que celui des gros, et ce que je remarquai le plus clairement et le plus généralement sur tous, ce fut leur diminution de grosseur, en sorte qu'au huitième jour ils étaient si petits que je ne pouvais presque plus les apercevoir ; et, enfin, ils disparurent absolument à mes yeux sans avoir cessé de se mouvoir.

<h3 style="text-align:center">XX.</h3>

Enfin ayant obtenu avec assez de peine de la liqueur séminale d'un autre lapin, telle qu'il la fournit à sa femelle, avec laquelle il ne reste pas plus d'une minute en copulation, je remarquai qu'elle était beaucoup plus fluide que celle qui avait été tirée des vésicules séminales, et les phénomènes qu'elle offrit étaient aussi fort différents, car il y avait (*pl.* 3, *fig.* 17) dans cette liqueur les globules en mouvement dont j'ai parlé, et des filaments sans mouvement, et encore des espèces de globules avec des filets ou des queues, et qui ressemblaient assez à ceux de l'homme et du chien, seulement ils me parurent plus petits et beaucoup plus agiles ; ils traversaient en un instant le champ du microscope ; leurs filets ou leurs queues me parurent être beaucoup plus courtes que celles de ces autres animaux spermatiques, et j'avoue que, quelque soin que je me sois donné pour les bien examiner, je ne suis pas sûr que quelques-unes de ces queues ne fussent pas de fausses apparences produites par le sillon que ces globules mouvants formaient dans la liqueur qu'ils traversaient avec trop de rapidité pour pouvoir les bien observer ; car d'ailleurs cette liqueur, quoique assez fluide, se desséchait fort promptement.

<h3 style="text-align:center">XXI.</h3>

Je voulus ensuite examiner la liqueur séminale du bélier, mais comme je n'étais pas à portée d'avoir de ces animaux vivants, je m'adressai à un boucher, auquel je recommandai de m'apporter sur-le-champ les testicules et les autres parties de la génération des béliers qu'il tuerait ; il m'en fournit à différents jours, au moins de douze ou treize différents béliers, sans qu'il me fût possible de trouver dans les épididymes, non plus que dans les vésicules séminales, assez de liqueur pour pouvoir la bien observer ; dans les petites gouttes que je pouvais ramasser, je ne vis que des globules sans mouvement. Comme je faisais ces observations au mois de mars, je pensai que cette saison n'était pas celle du rut des béliers, et qu'en répétant les mêmes observations au mois d'octobre, je pourrais trouver alors la liqueur séminale dans les vaisseaux, et les corps mouvants dans la liqueur. Je fis couper plusieurs testicules en deux dans leur plus grande longueur, et ayant ramassé avec le gros bout d'un cure-dent la petite quantité de liqueur qu'on pouvait en exprimer, cette liqueur ne m'offrit, comme celle des épididymes, que des globules de différente grosseur et qui n'avaient aucun mouvement : au reste, tous ces testicules étaient fort sains, et tous étaient au moins aussi gros que des œufs de poule.

XXII.

Je pris trois de ces testicules de trois différents béliers, je les fis couper chacun en quatre parties, je mis chacun des testicules ainsi coupés en quatre dans un bocal de verre avec autant d'eau seulement qu'il en fallait pour les couvrir, et je bouchai exactement les bocaux avec du liége et du parchemin ; je laissai cette chair infuser ainsi pendant quatre jours, après quoi j'examinai au microscope la liqueur de ces trois infusions, je les trouvai toutes remplies d'une infinité de corps en mouvement, dont la plupart étaient ovales et les autres globuleux ; ils étaient assez gros, et ils ressemblaient à ceux dont j'ai parlé (exp. VIII). Leur mouvement n'était pas brusque, ni incertain, ni fort rapide, mais égal, uniforme et continu dans toutes sortes de directions ; tous ces corps en mouvement étaient à peu près de la même grosseur dans chaque liqueur, mais ils étaient plus gros dans l'une, un peu moins gros dans l'autre, et plus petits dans la troisième ; aucun n'avait de queue, il n'y avait ni filaments ni filets dans cette liqueur où le mouvement de ces petits corps s'est conservé pendant quinze à seize jours ; ils changeaient souvent de figure et semblaient se dévétir successivement de leur tunique extérieure ; ils devenaient aussi tous les jours plus petits, et je ne les perdis de vue au seizième jour que par leur petitesse extrême ; car le mouvement subsistait toujours lorsque je cessai de les apercevoir.

XXIII.

Au mois d'octobre suivant je fis ouvrir un bélier qui était en rut, et je trouvai une assez grande quantité de liqueur séminale dans l'un des épididymes ; l'ayant examiné sur-le-champ au microscope, j'y vis une multitude innombrable de corps mouvants ; ils étaient en si grande quantité que toute la substance de la liqueur paraissait en être composée en entier ; comme elle était trop épaisse pour pouvoir bien distinguer la forme de ces corps mouvants, je la délayai avec un peu d'eau, mais je fus surpris de voir que l'eau avait arrêté tout à coup le mouvement de tous ces corps ; je les voyais très-distinctement dans la liqueur, mais ils étaient tous absolument immobiles : ayant répété plusieurs fois cette même observation, je m'aperçus que l'eau qui, comme je l'ai dit, délaie très-bien les liqueurs séminales de l'homme, du chien, etc., au lieu de délayer la semence du bélier, semblait au contraire la coaguler ; elle avait peine à se mêler avec cette liqueur, ce qui me fit conjecturer qu'elle pouvait être de la nature du suif, que le froid coagule et durcit ; et je me confirmai bientôt dans cette opinion, car ayant fait ouvrir l'autre épididyme où je comptais trouver de la liqueur, je n'y trouvai qu'une matière coagulée, épaissie et opaque ; le peu de temps pendant lequel ces parties avaient été exposées à l'air avait suffi pour refroidir et coaguler la liqueur séminale qu'elles contenaient.

XXIV.

Je fis donc ouvrir un autre bélier, et pour empêcher la liqueur séminale de se refroidir et de se figer, je laissai les parties de la génération dans le corps de l'animal, que l'on couvrait avec des linges chauds ; avec ces précautions il me fut aisé d'observer un très-grand nombre de fois la liqueur séminale dans son état de fluidité ; elle était remplie d'un nombre infini de corps en mouvement (*pl.* 3, *fig.* 18), ils étaient tous oblongs, et ils se remuaient en tous sens ; mais dès que la goutte de liqueur qui était sur le porte-objet du microscope était refroidie, le mouvement de tous ces corps cessait dans un instant, de sorte que je ne pouvais les observer que pendant une minute ou deux. J'essayai de délayer la liqueur avec de l'eau chaude, le mouvement des petits corps dura quelque temps de plus, c'est-à-dire, trois ou quatre minutes. La quantité de ces corps mouvants était si grande dans cette liqueur, quoique délayée, qu'ils se touchaient presque tous les uns les autres ; ils étaient tous de la même grosseur et de la même figure, aucun n'avait de queue, leur mouvement n'était pas fort rapide, et lorsque par la coagulation de la liqueur ils venaient à s'arrêter, ils ne changeaient pas de forme.

XXV.

Comme j'étais persuadé non-seulement par ma théorie, mais aussi par l'examen que j'avais fait des observations et des découvertes de tous ceux qui avaient travaillé avant moi sur cette matière, que la femelle a, aussi bien que le mâle, une liqueur séminale et vraiment prolifique, et que je ne doutais pas que le réservoir de cette liqueur ne fût la cavité du corps glanduleux du testicule, où les anatomistes prévenus de leur système avaient voulu trouver l'œuf, je fis acheter plusieurs chiens et plusieurs chiennes, et quelques lapins mâles et femelles que je fis garder et nourrir tous séparément les uns des autres. Je parlai à un boucher pour avoir les portières de toutes les vaches et de toutes les brebis qu'il tuerait ; je l'engageai à me les apporter dans le moment même que la bête viendrait d'expirer ; je m'assurai d'un chirurgien pour faire les dissections nécessaires ; et afin d'avoir un objet de comparaison pour la liqueur de la femelle, je commençai par observer de nouveau la liqueur séminale d'un chien, qu'il avait fournie par une émission naturelle ; j'y trouvai (*pl. 4, fig.* 19) les mêmes corps en mouvement que j'y avais observés auparavant ; ces corps traînaient après eux des filets qui ressemblaient à des queues[1] dont ils avaient peine à se débarrasser ; ceux dont les queues étaient les plus courtes se mouvaient avec plus d'agilité que les autres ; ils avaient tous, plus ou moins, un mouvement de balancement vertical ou de roulis, et en général leur mouvement progressif, quoique fort sensible et très-marqué, n'était pas d'une grande rapidité.

XXVI.

Pendant que j'étais occupé à cette observation, l'on disséquait une chienne vivante qui était en chaleur depuis quatre ou cinq jours, et que le mâle n'avait point approchée. On trouva aisément les testicules qui sont aux extrémités des cornes de la matrice ; ils étaient à peu près gros comme des avelines : ayant examiné l'un de ces testicules, j'y trouvai un corps glanduleux, rouge, proéminent et gros comme un pois ; ce corps glanduleux ressemblait parfaitement à un petit mamelon, et il y avait au dehors de ce corps glanduleux une fente très-visible, qui était formée par deux lèvres dont l'une avançait en dehors un peu plus que l'autre ; ayant entr'ouvert cette fente avec un stylet, nous en vîmes dégoutter de la liqueur que nous recueillîmes pour la porter au microscope, après avoir recommandé au chirurgien de remettre les testicules dans le corps de l'animal qui était encore vivant, afin de les tenir chaudement. J'examinai donc cette liqueur au microscope, et du premier coup d'œil j'eus la satisfaction d'y voir (*pl. 4,*

---

1. Le corps des *animalcules spermatiques* se termine, en effet, par un *filet* ou par une *queue.* On a repris bien des fois, depuis Buffon, l'étude de ces petits êtres ; on a reproduit d'anciennes conjectures ; on en a ajouté de nouvelles, et M. Cuvier a dit, avec raison, qu'il était peu d'animaux « sur lesquels on eût fondé plus d'hypothèses, et de plus bizarres » (*Règne animal,* t. III, p. 326).

fig. 20) des corps mouvants avec des queues, qui étaient presque absolument semblables à ceux que je venais de voir dans la liqueur séminale du chien. MM. Needham et Daubenton, qui observèrent après moi, furent si surpris de cette ressemblance, qu'ils ne pouvaient se persuader que ces animaux spermatiques ne fussent pas ceux du chien que nous venions d'observer; ils crurent que j'avais oublié de changer de porte-objet, et qu'il avait pu rester de la liqueur du chien, ou bien que le cure-dent avec lequel nous avions ramassé plusieurs gouttes de cette liqueur de la chienne pouvait avoir servi auparavant à celle du chien. M. Needham prit donc lui-même un autre porte-objet, un autre cure-dent, et ayant été chercher de la liqueur dans la fente du corps glanduleux, il l'examina le premier et y revit les mêmes animaux, les mêmes corps en mouvement, et il se convainquit avec moi non-seulement de l'existence de ces animaux spermatiques dans la liqueur séminale de la femelle, mais encore de leur ressemblance avec ceux de la liqueur séminale du mâle [1]. Nous revîmes au moins dix fois de suite et sur différentes gouttes les mêmes phénomènes, car il y avait une assez bonne quantité de liqueur séminale dans ce corps glanduleux, dont la fente pénétrait dans une cavité profonde de près de trois lignes.

XXVII.

Ayant ensuite examiné l'autre testicule, j'y trouvai un corps glanduleux dans son état d'accroissement; mais ce corps n'était pas mûr, il n'y avait point de fente à l'extérieur, il était bien plus petit et bien moins rouge que le premier, et l'ayant ouvert avec un scalpel je n'y trouvai aucune liqueur; il y avait seulement une espèce de petit pli dans l'intérieur, que je jugeai être l'origine de la cavité qui doit contenir la liqueur. Ce second testicule avait quelques vésicules lymphatiques très-visibles à l'extérieur; je perçai l'une de ces vésicules avec une lancette, et il en jaillit une liqueur claire et limpide que j'observai tout de suite au microscope; elle ne contenait rien de semblable à celle du corps glanduleux, c'était une matière claire, composée de très-petits globules qui étaient sans aucun mouvement; ayant répété souvent cette observation, comme on le verra dans la suite, je m'assurai que cette liqueur que renferment les vésicules n'est qu'une espèce de lymphe qui ne contient rien d'animé, rien de semblable à ce que l'on voit dans la semence de la femelle, qui se forme et qui se perfectionne dans le corps glanduleux.

1. Le *testicule*, ou, pour parler plus exactement, l'*ovaire* de la femelle ne contient point d'*animalcules spermatiques*. Toutes ces expériences de Buffon sur les prétendus *animalcules spermatiques* de la femelle doivent être rejetées. L'*ovaire* de la femelle ne contient que l'*œuf*, que l'*ovule*.

XXVIII.

Quinze jours après je fis ouvrir une autre chienne qui était en chaleur depuis sept ou huit jours, et qui n'avait pas été approchée par le mâle : je fis chercher les testicules ; ils sont contigus aux extrémités des cornes de la matrice ; ces cornes sont fort longues, leur tunique extérieure enveloppe les testicules, et ils paraissent recouverts de cette membrane comme d'un capuchon. Je trouvai sur chaque testicule un corps glanduleux en pleine maturité ; le premier que j'examinai était entr'ouvert, et il avait un conduit ou un canal qui pénétrait dans le testicule et qui était rempli de la liqueur séminale ; le second était un peu plus proéminent et plus gros, et la fente ou le canal qui contenait la liqueur était au-dessous du mamelon qui sortait au dehors. Je pris de ces deux liqueurs, et les ayant comparées je les trouvai tout à fait semblables ; cette liqueur séminale de la femelle est au moins aussi liquide que celle du mâle ; ayant ensuite examiné au microscope ces deux liqueurs tirées des deux testicules, j'y trouvai (*pl. 4, fig.* 21) les mêmes corps en mouvement ; je revis à loisir les mêmes phénomènes que j'avais vus auparavant dans la liqueur séminale [1] de l'autre chienne ; je vis de plus plusieurs globules qui se remuaient très-vivement, qui tâchaient de se dégager du mucilage qui les environnait, et qui emportaient après eux des filets ou des queues ; il y en avait une aussi grande quantité que dans la semence du mâle.

XXIX.

J'exprimai de ces deux corps glanduleux toute la liqueur qu'ils contenaient, et l'ayant rassemblée et mise dans un petit cristal de montre il y en eut une quantité suffisante pour suivre ces observations pendant quatre ou cinq heures ; je remarquai qu'elle faisait un petit dépôt au bas, ou du moins que la liqueur s'y épaississait un peu. Je pris une goutte de cette liqueur plus épaisse que l'autre, et l'ayant mise au microscope, je reconnus (*pl. 4, fig.* 22) que la partie mucilagineuse de la semence s'était condensée, et qu'elle formait comme un tissu continu ; au bord extérieur de ce tissu, et dans une étendue assez considérable de sa circonférence, il y avait un torrent ou un courant qui paraissait composé de globules qui coulaient avec rapidité ; ces globules avaient des mouvements propres, ils étaient même très-vifs, très-actifs, et ils paraissaient être absolument dégagés de leur enveloppe mucilagineuse et de leurs queues ; ceci ressemblait si bien au

1. Buffon veut trouver une *liqueur séminale* dans la *femelle* : il veut que cette *liqueur* contienne des *animalcules spermatiques* : il veut que cette *liqueur* soit produite par le *corps glanduleux*. La *femelle* n'a point de *liqueur séminale*, point d'*animalcules spermatiques* par conséquent ; et, quant au *corps glanduleux*, ou *corps jaune*, on se souvient qu'il n'est que la *vésicule de l'ovaire*, vésicule qui s'est *gonflée* après avoir jeté son œuf. (Voyez la note de la page 496.)

cours du sang lorsqu'on l'observe dans les petites veines transparentes, que quoique la rapidité de ce courant de globules de la semence fût plus grande, et que de plus ces globules eussent des mouvements propres et particuliers, je fus frappé de cette ressemblance, car ils paraissaient non-seulement être animés par leurs propres forces, mais encore être poussés par une force commune, et comme contraints de se suivre en troupeau. Je conclus, de cette observation et de la IXe et XIIe, que quand le fluide commence à se coaguler ou à s'épaissir, soit par le desséchement ou par quelques autres causes, ces globules actifs rompent et déchirent les enveloppes mucilagineuses dans lesquelles ils sont contenus, et qu'ils s'échappent du côté où la liqueur est demeurée plus fluide. Ces corps mouvants n'avaient alors ni filets ni rien de semblable à des queues; ils étaient pour la plupart ovales et paraissaient un peu aplatis par-dessous, car ils n'avaient aucun mouvement de roulis, du moins qui fût sensible.

<h2 style="text-align:center">XXX.</h2>

Les cornes de la matrice étaient à l'extérieur mollasses, et elles ne paraissaient pas être remplies d'aucune liqueur; je les fis ouvrir longitudinalement et je n'y trouvai qu'une très-petite quantité de liqueur; il y en avait cependant assez pour qu'on pût la ramasser avec un cure-dent. J'observai cette liqueur au microscope; c'était la même que celle que j'avais exprimée des corps glanduleux du testicule, car elle était pleine de globules actifs qui se mouvaient de la même façon et qui étaient absolument semblables en tout à ceux que j'avais observés dans la liqueur tirée immédiatement du corps glanduleux; aussi ces corps glanduleux sont posés de façon qu'ils versent aisément cette liqueur sur les cornes de la matrice, et je suis persuadé que tant que la chaleur des chiennes dure, et peut-être encore quelque temps après, il y a une stillation ou un dégouttement continuel de cette liqueur, qui tombe du corps glanduleux dans les cornes de la matrice, et que cette stillation dure jusqu'à ce que le corps glanduleux ait épuisé les vésicules du testicule auxquelles il correspond; alors il s'affaisse peu à peu, il s'efface, et il ne laisse qu'une petite cicatrice rougeâtre qu'on voit à l'extérieur du testicule.

<h2 style="text-align:center">XXXI.</h2>

Je pris cette liqueur séminale qui était dans l'une des cornes de la matrice et qui contenait des corps mouvants ou des animaux spermatiques, semblables à ceux du mâle, et ayant pris en même temps de la liqueur séminale d'un chien, qu'il venait de fournir par une émission naturelle, et qui contenait aussi, comme celle de la femelle, des corps en mouvement, j'essayai de mêler ces deux liqueurs en prenant une petite goutte de chacune, et ayant examiné ce mélange au microscope, je ne vis rien de nouveau, la liqueur étant toujours la même, les corps en mouvement les mêmes ; ils étaient tous si semblables qu'il n'était pas possible de distinguer ceux du mâle et ceux de la femelle ; seulement je crus m'apercevoir que leur mouvement était un peu ralenti, mais à cela près je ne vis pas que ce mélange eût produit la moindre altération dans la liqueur.

XXXII.

Ayant fait disséquer une autre chienne qui était jeune, qui n'avait pas porté, et qui n'avait point encore été en chaleur, je ne trouvai sur l'un des testicules qu'une petite protubérance solide, que je reconnus aisément pour être l'origine d'un corps glanduleux qui commençait à pousser, et qui aurait pris son accroissement dans la suite, et sur l'autre testicule je ne vis aucun indice du corps glanduleux ; la surface de ces testicules était lisse et unie, et on avait peine à y voir à l'extérieur les vésicules lymphatiques, que je trouvai cependant fort aisément en faisant séparer les tuniques qui revêtent ces testicules ; mais ces vésicules n'étaient pas considérables, et ayant observé la petite quantité de liqueur que je pus ramasser dans ces testicules avec le cure-dent, je ne vis que quelques petits globules sans aucun mouvement, et quelques globules, beaucoup plus gros et plus aplatis, que je reconnus aisément pour être les globules du sang dont cette liqueur était, en effet, un peu mêlée.

XXXIII.

Dans une autre chienne qui était encore plus jeune et qui n'avait que trois ou quatre mois, il n'y avait sur les testicules aucune apparence du corps glanduleux, ils étaient blancs à l'extérieur, unis, sans aucune protubérance, et recouverts de leur capuchon comme les autres ; il y avait quelques petites vésicules, mais qui ne me parurent contenir que peu de liqueur, et même la substance intérieure des testicules ne paraissait être que de la chair assez semblable à celle d'un ris de veau, et à peine pouvait-on remarquer quelques vésicules à l'extérieur, ou plutôt à la circonférence de cette chair. J'eus la curiosité de comparer l'un de ces testicules avec celui d'un jeune chien de même grosseur à peu près que la chienne ; ils me parurent tout à fait semblables à l'intérieur [1], la substance de la chair était, pour ainsi dire, de la même nature. Je ne prétends pas contredire par cette remarque ce que les anatomistes nous ont dit au sujet des testicules des mâles, qu'ils assurent n'être qu'un peloton de vaisseaux qu'on peut dévider,

---

1. *Tout à fait semblables... Rien n'est, au contraire, plus dissemblable. Comme l'assurent les anatomistes, le testicule des mâles n'est qu'un peloton de vaisseaux qu'on peut dévider.*

et qui sont fort menus et fort longs ; je dis seulement que l'apparence de la substance intérieure des testicules des femelles est semblable à celle des testicules des mâles, lorsque les corps glanduleux n'ont pas encore poussé.

XXXIV.

On m'apporta une portière de vache qu'on venait de tuer, et comme il y avait près d'une demi-lieue de l'endroit où on l'avait tuée jusque chez moi, on enveloppa cette portière dans des linges chauds, et on la mit dans un panier sur un lapin vivant, qui était lui-même couché sur du linge au fond du panier ; de cette manière elle était, lorsque je la reçus, presque aussi chaude qu'au sortir du corps de l'animal. Je fis d'abord chercher les testicules, que nous n'eûmes pas de peine à trouver ; ils sont gros comme de petits œufs de poule, ou au moins comme des œufs de gros pigeons ; l'un de ces testicules avait un corps glanduleux gros comme un gros pois, qui était protubérant au dehors du testicule, à peu près comme un petit mamelon ; mais ce corps glanduleux n'était pas percé, il n'y avait ni fente ni ouverture à l'extérieur, il était ferme et dur ; je le pressai avec les doigts, il n'en sortit rien ; je l'examinai de près, et à la loupe, pour voir s'il n'avait pas quelque petite ouverture imperceptible : je n'en aperçus aucune, il avait cependant de profondes racines dans la substance intérieure du testicule. J'observai, avant que de faire entamer ce testicule, qu'il y avait deux autres corps glanduleux à d'assez grandes distances du premier ; mais ces corps glanduleux ne commençaient encore qu'à pousser ; ils étaient dessous la membrane commune du testicule, ils n'étaient guère plus gros que de grosses lentilles ; leur couleur était d'un blanc jaunâtre, au lieu que celui qui paraissait avoir percé la membrane du testicule, et qui était au dehors, était d'un rouge couleur de rose. Je fis ouvrir longitudinalement ce dernier corps glanduleux qui approchait, comme l'on voit, beaucoup plus de sa maturité que les autres [1] ; j'examinai avec grande attention l'ouverture qu'on venait de faire, et qui séparait ce corps glanduleux par son milieu, je reconnus qu'il y avait au fond une petite cavité ; mais ni cette cavité, ni tout le reste de la substance de ce corps glanduleux ne contenait aucune liqueur : je jugeai donc qu'il était encore assez éloigné de son entière maturité.

XXXV.

L'autre testicule n'avait aucun corps glanduleux qui fût proéminent au dehors, et qui eût percé la membrane commune qui recouvre le testicule ;

1. *Approchait plus de sa maturité que les autres.* Buffon prend toujours le *corps glandu-leux* pour un corps qui va donner son fruit ; et c'est, au contraire, la *capsule*, restée vide, du fruit qui a été produit. (Voyez la note de la page 537.)

il y avait seulement deux petits corps glanduleux qui commençaient à
naître et à former chacun une petite protubérance au-dessous de cette
membrane ; je les ouvris tous les deux avec la pointe du scalpel, il n'en
sortit aucune liqueur, c'étaient des corps durs, blanchâtres, un peu teints
de jaune : on y voyait à la loupe quelques petits vaisseaux sanguins. Ces deux
testicules avaient chacun quatre ou cinq vésicules lymphatiques, qu'il était
très-aisé de distinguer à leur surface ; il paraissait que la membrane qui
recouvre le testicule était plus mince dans l'endroit où étaient ces vésicules, et elle était comme transparente : cela me fit juger que ces vésicules
contenaient une bonne quantité de liqueur claire et limpide ; et en effet,
en ayant percé une dans son milieu avec la pointe d'une lancette, la liqueur
jaillit à quelques pouces de distance, et ayant percé de même les autres
vésicules, je ramassai une assez grande quantité de cette liqueur pour pouvoir l'observer aisément et à loisir, mais je n'y découvris rien du tout ;
cette liqueur est une lymphe pure, très-transparente, et dans laquelle je ne
vis que quelques globules très-petits, et sans aucune sorte de mouvement :
après quelques heures j'examinai de nouveau cette liqueur des vésicules ;
elle me parut être la même, il n'y avait rien de différent, si ce n'est un peu
moins de transparence dans quelques parties de la liqueur ; je continuai à
l'examiner pendant deux jours, jusqu'à ce qu'elle fût desséchée, et je n'y
reconnus aucune altération, aucun changement, aucun mouvement.

XXXVI.

Huit jours après on m'apporta deux autres portières de vaches qui
venaient d'être tuées, et qu'on avait enveloppées et transportées de la même
façon que la première ; on m'assura que l'une était d'une jeune vache qui
n'avait pas encore porté, et que l'autre était d'une vache qui avait fait plusieurs veaux, et qui cependant n'était pas vieille. Je fis d'abord chercher les
testicules de cette vache qui avait porté, et je trouvai sur l'un de ces testicules un corps glanduleux, gros et rouge comme une bonne cerise ; ce
corps paraissait un peu mollasse à l'extrémité de son mamelon ; j'y distinguai
très-aisément trois petits trous où il était facile d'introduire un crin : ayant
un peu pressé ce corps glanduleux avec les doigts, il en sortit une petite
quantité de liqueur que je portai sur-le-champ au microscope, et j'eus la
satisfaction d'y voir (*pl. 4, fig. 22*) des globules mouvants, mais différents
de ceux que j'avais vus dans les autres liqueurs séminales : ces globules
étaient petits et obscurs ; leur mouvement progressif, quoique fort distinct et fort aisé à reconnaître, était cependant fort lent, la liqueur n'était
pas épaisse ; ces globules mouvants n'avaient aussi aucune apparence de
queues ou de filets, et ils n'étaient pas à beaucoup près tous en mouvement,
il y en avait un bien plus grand nombre qui paraissaient très-semblables

aux autres, et qui cependant n'avaient aucun mouvement. Voilà tout ce que je pus voir dans cette liqueur que ce corps glanduleux m'avait fournie; comme il n'y en avait qu'une très-petite quantité qui se dessécha bien vite je voulus presser une seconde fois le corps glanduleux, mais il ne me fournit qu'une quantité de liqueur encore plus petite et mêlée d'un peu de sang; j'y revis les petits globules en mouvement, et leur diamètre, comparé à celui des globules du sang qui était mêlé dans cette liqueur, me parut être au moins quatre fois plus petit que celui de ces globules sanguins.

XXXVII.

Ce corps glanduleux était situé à l'une des extrémités du testicule, du côté de la corne de la matrice, et la liqueur qu'il préparait et qu'il rendait devait tomber dans cette corne : cependant ayant fait ouvrir cette corne de la matrice, je n'y trouvai point de liqueur dont la quantité fût sensible. Ce corps glanduleux pénétrait fort avant dans le testicule, et en occupait plus du tiers de la substance intérieure; je le fis ouvrir et séparer en deux longitudinalement, j'y trouvai une cavité assez considérable, mais entièrement vide de liqueur : il y avait sur le même testicule, à quelque distance du gros corps glanduleux, un autre petit corps de même espèce, mais qui commençait encore à naître, et qui formait sous la membrane de ce testicule une petite protubérance de la grosseur d'une bonne lentille; il y avait aussi deux petites cicatrices, à peu près de la même grosseur d'une lentille, qui formaient deux petits enfoncements, mais très-superficiels; ils étaient d'un rouge foncé · ces cicatrices étaient celles des anciens corps glanduleux qui s'étaient oblitérés. Ayant ensuite examiné l'autre testicule de cette même vache qui avait porté, j'y comptai quatre cicatrices et trois corps glanduleux, dont le plus avancé avait percé la membrane; il n'était encore que d'un rouge couleur de chair, et gros comme un pois; il était ferme et sans aucune ouverture à l'extrémité, et il ne contenait encore aucune liqueur; les deux autres étaient sous la membrane, et quoique gros comme de petits pois, ils ne paraissaient pas encore au dehors, ils étaient plus durs que le premier, et leur couleur était plus orangée que rouge. Il ne restait sur le premier testicule que deux ou trois vésicules lymphatiques[1] bien apparentes, parce que le corps glanduleux de ce testicule, qui était arrivé à son entière maturité, avait épuisé les autres vésicules, au lieu que sur le second testicule où le corps glanduleux n'avait encore pris que le quart de son accroissement, il y avait un beaucoup plus grand nombre de vésicules lymphatiques; j'en comptai huit à l'extérieur de ce testicule, et ayant examiné au microscope la liqueur de ces vésicules de l'un et de

---

1. *Vésicules lymphatiques. Vésicules*, prises pour les *œufs* mêmes par Graaf, et contenant le véritable *œuf*, entouré d'une sorte de *lymphe*. (Voyez la not. 2 de la page 490.)

l'autre testicule, je ne vis qu'une matière fort transparente et qui ne contenait rien de mouvant, rien de semblable à ce que je venais de voir dans la liqueur du corps glanduleux.

XXXVIII.

J'examinai ensuite les testicules de l'autre vache qui n'avait pas porté ; ils étaient cependant aussi gros, et peut-être un peu plus gros que ceux de la vache qui avait porté ; mais il est vrai qu'il n'y avait point de cicatrice ni sur l'un ni sur l'autre de ces testicules ; l'un était même absolument lisse, sans protubérance et fort blanc ; on distinguait seulement à sa surface plusieurs endroits plus clairs et moins opaques que le reste, et c'étaient les vésicules lymphatiques qui y étaient en grand nombre : on pouvait en compter aisément jusqu'à quinze, mais il n'y avait aucun indice de la naissance des corps glanduleux. Sur l'autre testicule je reconnus les indices de deux corps glanduleux, dont l'un commençait à naître, et l'autre était déjà gros comme un petit pois un peu aplati ; ils étaient tous deux recouverts de la membrane commune du testicule, comme le sont tous les corps glanduleux dans le temps qu'ils commencent à se former ; il y avait aussi sur ces testicules un grand nombre de vésicules lymphatiques ; j'en fis sortir avec la lancette de la liqueur[1] que j'examinai et qui ne contenait rien du tout[2], et ayant percé avec la même lancette les deux petits corps glanduleux il n'en sortit que du sang.

XXXIX.

Je fis couper chacun de ces testicules en quatre parties, tant ceux de la vache qui n'avait pas porté que ceux de la vache qui avait porté, et les ayant mis chacun séparément dans des bocaux, j'y versai autant d'eau pure qu'il en fallait pour les couvrir, et après avoir bouché bien exactement les bocaux, je laissai cette chair infuser pendant six jours ; après quoi ayant examiné au microscope l'eau de ces infusions, j'y vis (*pl.* 4, *fig.* 23) une quantité innombrable de petits globules mouvants ; ils étaient tous, et dans toutes ces infusions, extrêmement petits, fort actifs, tournant la plupart en rond et sur leur centre ; ce n'était, pour ainsi dire, que des atomes, mais qui se mouvaient avec une prodigieuse rapidité et en tout sens. Je les observai de temps à autre pendant trois jours, ils me parurent toujours devenir plus petits, et, enfin, ils disparurent à mes yeux, par leur extrême petitesse, le troisième jour.

---

1. C'était la *lymphe* qui entourait l'*œuf*.

2. *Qui ne contenait rien du tout...* pour Buffon. qui n'y cherchait que des *animalcules spermatiques*. On n'avait pas encore reconnu l'*œuf*, que cette *liqueur* enveloppe.

XL.

On m'apporta les jours suivants trois autres portières de vaches qui venaient d'être tuées. Je fis d'abord chercher les testicules pour voir s'il ne s'en trouverait pas quelqu'un dont le corps glanduleux fût en parfaite maturité; dans deux de ces portières je ne trouvai sur les testicules que des corps glanduleux en accroissement, les uns plus gros, les autres plus petits, les uns plus, les autres moins colorés. On n'avait pu me dire si ces vaches avaient porté ou non, mais il y avait grande apparence que toutes avaient été plusieurs fois en chaleur, car il y avait des cicatrices en assez grand nombre sur tous ces testicules. Dans la troisième portière je trouvai un testicule sur lequel il y avait un corps glanduleux gros comme une cerise et fort rouge; il était gonflé et me parut être en maturité; je remarquai à son extrémité un petit trou[1] qui était l'orifice d'un canal rempli de liqueur; ce canal aboutissait à la cavité intérieure, qui en était aussi remplie : je pressai un peu ce mamelon avec les doigts, et il en sortit assez de liqueur pour pouvoir l'observer un peu à loisir. Je retrouvai (*pl. 4, fig. 24*) dans cette liqueur des globules mouvants qui paraissaient être absolument semblables à ceux que j'avais vus auparavant dans la liqueur que j'avais exprimée de même du corps glanduleux d'une autre vache dont j'ai parlé art. xxxvi; il me parut seulement qu'ils étaient en plus grande quantité, et que leur mouvement progressif était moins lent; ils me parurent aussi plus gros, et les ayant considérés longtemps j'en vis qui s'allongeaient et qui changeaient de figure; j'introduisis ensuite un stylet très-fin dans le petit trou du corps glanduleux, il y pénétra aisément à plus de quatre lignes de profondeur, et ayant ouvert le long du stylet ce corps glanduleux, je trouvai la cavité intérieure remplie de liqueur; elle pouvait en contenir en tout deux grosses gouttes. Cette liqueur m'offrit au microscope les mêmes phénomènes, les mêmes globules en mouvement, mais je ne vis jamais dans cette liqueur, non plus que dans celle que j'avais observée auparavant (art. xxxvi), ni filaments, ni filets, ni queues à ces globules[2]. La liqueur des vésicules que j'observai ensuite ne m'offrit rien de plus que ce que j'avais déjà vu les autres fois; c'était toujours une matière presque entièrement transparente et qui ne contenait rien de mouvant : j'aurais bien désiré d'avoir de la semence de taureau pour la comparer avec celle de la vache, mais les gens à qui je m'étais adressé pour cela me manquèrent de parole.

---

1. C'est par ce *petit trou* qu'est sorti l'œuf.

2. Ces *globules*, si curieusement observés par Buffon, ne peuvent être que les *granules*, produits par la *vésicule de l'ovaire* après la sortie de l'œuf. (Voyez l'ouvrage de M. Pouchet sur l'*Ovulation spontanée*.)

XLI.

On m'apporta encore, à différentes fois, plusieurs autres portières de vaches; je trouvai dans les unes les testicules chargés de corps glanduleux presque mûrs; dans les testicules de quelques autres je vis que les corps glanduleux étaient dans différents états d'accroissement, et je ne remarquai rien de nouveau, sinon que dans deux testicules de deux vaches différentes je vis le corps glanduleux dans son état d'affaissement; la base de l'un de ces corps glanduleux était aussi large que la circonférence d'une cerise, et cette base n'avait pas encore diminué de largeur, mais l'extrémité du mamelon était mollasse, ridée et abattue; on y reconnaissait aisément deux petits trous par où la liqueur s'était écoulée. J'y introduisis avec assez de peine un petit crin, mais il n'y avait plus de liqueur dans le canal, non plus que dans la cavité intérieure, qui était encore sensible, comme je le reconnus en faisant fendre avec un scalpel ce corps glanduleux; l'affaissement du corps glanduleux commence donc par la partie la plus extérieure, par l'extrémité du mamelon; il diminue de hauteur d'abord, et ensuite il commence à diminuer en largeur, comme je l'observai sur un autre testicule où ce corps glanduleux était diminué de près des trois quarts; il était presque entièrement abattu, ce n'était, pour ainsi dire, qu'une peau d'un rouge obscur qui était vide et ridée; et la substance du testicule qui l'environnait à sa base avait resserré la circonférence de cette base et l'avait déjà réduite à plus de moitié de son diamètre.

XLII.

Comme les testicules des femelles de lapin sont petits et qu'il s'y forme plusieurs corps glanduleux qui sont aussi fort petits, je n'ai pu rien observer exactement au sujet de leur liqueur séminale, quoique j'aie fait ouvrir plusieurs de ces femelles devant moi; j'ai seulement reconnu que les testicules des lapines sont dans des états très-différents les uns des autres, et qu'aucun de ceux que j'ai vus ne ressemble parfaitement à ce que Graaf a fait graver; car les corps glanduleux n'enveloppent pas les vésicules lymphatiques, et je ne leur ai jamais vu une extrémité pointue comme il la dépeint; mais je n'ai pas assez suivi ce détail anatomique pour en rien dire de plus.

XLIII.

J'ai trouvé, sur quelques-uns des testicules de vaches que j'ai examinés, des espèces de vessies pleines d'une liqueur transparente et limpide; j'en ai remarqué trois qui étaient dans différents états : la plus grosse était grosse comme un gros pois, et attachée à la membrane extérieure du testicule par un pédicule membraneux et fort; une autre un peu plus petite était encore attachée de même par un pédicule plus court; et la troisième, qui était à peu près de la même grosseur que la seconde, paraissait n'être qu'une vésicule lymphatique beaucoup plus éminente que les autres. J'imagine donc que ces espèces de vessies qui tiennent au testicule, ou qui s'en séparent quelquefois, qui aussi deviennent quelquefois d'une grosseur très-considérable, et que les anatomistes ont appelées des hydatides[1], pourraient bien être de la même nature que les vésicules lymphatiques du testicule; car, ayant examiné au microscope la liqueur que contiennent ces vessies, je la trouvai entièrement semblable à celle des vésicules lymphatiques du testicule; c'était une liqueur transparente, homogène, et qui ne contenait rien de mouvant. Au reste, je ne prétends pas dire que toutes les hydatides que l'on trouve, ou dans la matrice, ou dans les autres parties de l'abdomen, soient semblables à celles-ci; je dis seulement qu'il m'a paru que celles que j'ai vues attachées aux testicules semblaient tirer leur origine des vésicules lymphatiques et qu'elles étaient en apparence de la même nature.

XLIV.

Dans ce même temps je fis des observations sur de l'eau d'huîtres, sur de l'eau où l'on avait fait bouillir du poivre, et sur de l'eau où l'on avait simplement fait tremper du poivre, et encore sur de l'eau où j'avais mis infuser de la graine d'œillet; les bouteilles qui contenaient ces infusions étaient exactement bouchées. Au bout de deux jours je vis dans l'eau d'huîtres une grande quantité de corps ovales et globuleux qui semblaient nager comme des poissons dans un étang, et qui avaient toute l'apparence d'être des animaux; cependant ils n'ont point de membres, et pas même de queues; ils étaient alors transparents, gros et fort visibles; je les ai vus changer de figure sous mes yeux, je les ai vus devenir successivement plus petits pendant sept ou huit jours de suite qu'ils ont duré, et que je les ai observés tous les jours; et, enfin, j'ai vu dans la suite, avec M. Needham, des animaux si semblables dans une infusion de gelée de veau rôti, qui avait aussi été bouchée très-exactement, que je suis persuadé que ce ne sont pas de vrais animaux[2], au moins dans l'acception reçue de ce terme, comme nous l'expliquerons dans la suite.

L'infusion d'œillet m'offrit au bout de quelques jours un spectacle que je ne pouvais me lasser de regarder; la liqueur était remplie d'une multitude innombrable de globules mouvants, et qui paraissaient animés

---

1. Les *hydatides* (les vraies *hydatides*) sont des *animaux parasites*, des animaux de l'ordre des *vers intestinaux*. (Voyez Cuvier, *Règne animal*, t. III, p. 271.)

2. Les *animaux* de toutes ces infusions (de poivre, d'œillet, d'huître, de veau, etc.) sont des *animaux infusoires*, de vrais animaux, mais très-différents des *animaux spermatiques*.

comme ceux des liqueurs séminales et de l'infusion de la chair des animaux; ces globules étaient même assez gros les premiers jours, et dans un grand mouvement, soit sur eux-mêmes autour de leur centre, soit en droite ligne, soit en ligne courbe, les uns autour des autres; cela dura plus de trois semaines; ils diminuèrent de grandeur peu à peu, et ne disparurent que par leur extrême petitesse.

Je vis la même chose, mais plus tard, dans l'eau de poivre bouillie, et encore la même chose, mais encore plus tard, dans celle qui n'avait pas bouilli. Je soupçonnai dès lors que ce qu'on appelle fermentation pouvait bien n'être que l'effet du mouvement de ces parties organiques des animaux et des végétaux, et pour voir quelle différence il y avait entre cette espèce de fermentation et celle des minéraux[1], je mis au microscope un tant soit peu de poudre de pierre sur laquelle on versa une petite goutte d'eau forte, ce qui produisit des phénomènes tout différents; c'étaient de grosses bulles qui montaient à la surface et qui obscurcissaient dans un instant la lentille du microscope, c'était une dissolution de parties grossières et massives qui tombaient à côté et qui demeuraient sans mouvement, et il n'y avait rien qu'on pût comparer en aucune façon avec ce que j'avais vu dans les infusions d'œillet et de poivre.

XLV.

J'examinai la liqueur séminale qui remplit les laites de différents poissons, de la carpe, du brochet, du barbeau : je faisais tirer la laite tandis qu'ils étaient vivants, et ayant observé avec beaucoup d'attention ces différentes liqueurs, je n'y vis pas autre chose que ce que j'avais vu dans l'infusion d'œillet, c'est-à-dire une grande quantité de petits globules obscurs en mouvement; je me fis apporter plusieurs autres de ces poissons vivants, et ayant comprimé seulement en pressant un peu avec les doigts la partie du ventre de ces poissons par laquelle ils répandent cette liqueur, j'en obtins, sans faire aucune blessure à l'animal, une assez grande quantité pour l'observer, et j'y vis de même une infinité de globules en mouvement qui étaient tous obscurs, presque noirs et fort petits.

XLVI.

Avant que de finir ce chapitre, je vais rapporter les expériences de M. Needham sur la semence d'une espèce de seiches, appelées calmar. Cet habile observateur ayant cherché les animaux spermatiques dans les laites de plusieurs poissons différents, les a trouvés d'une grosseur très-considérable dans la laite du calmar; ils ont trois et quatre lignes de longueur,

1. Voyez la note de la page 59.

vus à l'œil simple. Pendant tout l'été qu'il disséqua des calmars à Lisbonne, il ne trouva aucune apparence de laite, aucun réservoir qui lui parût destiné à recevoir la liqueur séminale, et ce ne fut que vers le milieu de décembre qu'il commença à apercevoir les premiers vestiges d'un nouveau vaisseau rempli d'un suc laiteux. Ce réservoir augmenta, s'étendit, et le suc laiteux ou la semence qu'il contenait y était répandu assez abondamment. En examinant cette semence au microscope, M. Needham n'aperçut dans cette liqueur que de petits globules opaques qui nageaient dans une espèce de matière séreuse, sans aucune apparence de vie ; mais ayant examiné quelque temps après la laite d'un autre calmar et la liqueur qu'elle contenait, il y trouva des parties organiques toutes formées dans plusieurs endroits du réservoir, et ces parties organiques n'étaient autre chose que de petits ressorts faits en spirale (*a b, pl.* 1, *fig.* 5) et renfermés dans une espèce d'étui transparent[1]. Ces ressorts lui parurent dès la première fois aussi parfaits qu'ils le sont dans la suite : seulement il arrive qu'avec le temps le ressort se resserre et forme une espèce de vis, dont les pas sont d'autant plus serrés que le temps de l'action de ces ressorts est plus prochain. La tête de l'étui dont nous venons de parler est une espèce de valvule qui s'ouvre en dehors, et par laquelle on peut faire sortir tout l'appareil qui est contenu dans l'étui ; il contient de plus une autre valvule *b*, un barillet *c*, et une substance spongieuse *d e*. Ainsi toute la machine consiste en un étui extérieur *a*, *fig.* 2, transparent et cartilagineux, dont l'extrémité supérieure est terminée par une tête arrondie qui n'est formée que par l'étui lui-même, qui se contourne et fait office de valvule. Dans cet étui extérieur est contenu un tuyau transparent qui renferme le ressort dont nous avons parlé, une soupape, un barillet et une substance spongieuse ; la vis occupe la partie supérieure du tuyau et de l'étui, le piston et le barillet sont placés au milieu, et la substance spongieuse occupe la partie inférieure. Ces machines pompent la liqueur laiteuse, la substance spongieuse qu'elles contiennent s'en remplit, et avant que l'animal fraie, toute la laite n'est plus qu'un composé de ces parties organiques qui ont absolument pompé et desséché la liqueur laiteuse ; aussitôt que ces petites machines sortent du corps de l'animal et qu'elles sont dans l'eau ou dans l'air, elles agissent (*pl.* 5, *fig.* 2 et 3), le ressort monte, suivi de la soupape, du barillet et du corps spongieux qui contient la liqueur, et dès que le ressort et le tuyau qui le contient commencent à sortir hors de l'étui, ce ressort se plie, et cependant tout l'appareil qui reste en dedans continue à se mouvoir jusqu'à ce que le ressort, la soupape et le barillet soient entièrement sortis ; dès que cela est fait, tout le reste saute dehors en un instant, et la liqueur laiteuse qui avait été pompée et qui était contenue dans le corps spongieux s'écoule par le barillet.

1. Voyez la note de la page 464.

Comme cette observation est très-singulière et qu'elle prouve incontestablement que les corps mouvants qui se trouvent dans la laite du calmar ne
sont pas des animaux, mais de simples machines, des espèces de pompes,
j'ai cru devoir rapporter ici ce qu'en dit M. Needham, ch. vi [a].

« Lorsque les petites machines sont, dit-il, parvenues à leur entière
« maturité, plusieurs agissent dans le moment qu'elles sont en plein air,
« cependant la plupart peuvent être placées commodément pour être vues
« au microscope avant que leur action commence ; et même pour qu'elle
« s'exécute il faut humecter avec une goutte d'eau l'extrémité supérieure
« de l'étui extérieur, qui commence alors à se développer, pendant que les
« deux petits ligaments qui sortent hors de l'étui se contournent et s'entor-
« tillent en différentes façons. En même temps la vis monte lentement, les
« volutes qui sont à son bout supérieur se rapprochent et agissent contre
« le sommet de l'étui ; cependant celles qui sont plus bas avancent aussi et
« semblent être continuellement suivies par d'autres qui sortent du piston ;
« je dis qu'elles semblent être suivies, parce que je ne crois pas qu'elles le
« soient effectivement : ce n'est qu'une simple apparence produite par la
« nature du mouvement de la vis. Le piston et le barillet se meuvent aussi
« suivant la même direction, et la partie inférieure qui contient la semence
« s'étend en longueur et se meut en même temps vers le haut de l'étui, ce
« qu'on remarque par le vide qu'elle laisse au fond. Dès que la vis, avec le
« tube dans lequel elle est renfermée, commence à paraître hors de l'étui,
« elle se plie, parce qu'elle est retenue par ses deux ligaments ; et cepen-
« dant tout l'appareil intérieur continue à se mouvoir lentement, et par
« degrés, jusqu'à ce que la vis, le piston et le barillet soient entièrement
« sortis : quand cela est fait, tout le reste saute dehors en un moment ; le
« le piston *b* se sépare (*pl.* 5, *fig.* 2) du barillet *c* ; le ligament apparent, qui
« est au-dessous de ce dernier, se gonfle et acquiert un diamètre égal à
« celui de la partie spongieuse qui le suit : celle-ci, quoique beaucoup plus
« large que dans l'étui, devient encore cinq fois plus longue qu'auparavant ;
« le tube qui renferme le tout s'étrécit dans son milieu, et forme ainsi deux
« espèces de nœuds *d*, *e* (*pl.* 5, *fig.* 2 et 3), distants environ d'un tiers de
« sa longueur de chacune de ses extrémités ; ensuite la semence s'écoule
« par le barillet *c* (*fig.* 2), et elle est composée de petits globules opaques,
« qui nagent dans une matière séreuse, sans donner aucun signe de vie, et
« qui sont précisément tels que j'ai dit les avoir vus, lorsqu'ils étaient répan-
« dus dans le réservoir de la laite [b]. Dans la figure, la partie comprise entre

a. Voyez *Nouvelles découvertes faites avec le microscope* par M. Needham. Leyde, 1747,
page 53.

b. Je dois remarquer que M. Needham n'avait pas alors suivi ces globules assez loin, car, s'il
les eût observés attentivement, il aurait sans doute reconnu qu'ils viennent à prendre de la vie,
ou plutôt de l'activité et du mouvement, comme toutes les autres parties organiques des semences

« les deux nœuds *d*, *e*, paraît être frangée : quand on l'examine avec atten-
« tion, l'on trouve que ce qui la fait paraître telle, c'est que la substance
« spongieuse qui est en dedans du tube est rompue et séparée en par-
« celles à peu près égales ; les phénomènes suivants prouveront cela
« clairement.

« Quelquefois il arrive que la vis et le tube se rompent précisément au-
« dessus du piston *b*, lequel reste dans le barillet *c*, *fig.* 3 ; alors le tube se
« ferme en un moment et prend une figure conique en se contractant,
« autant qu'il est possible, par-dessus l'extrémité de la vis *f* ; cela démontre
« qu'il est très-élastique en cet endroit, et la manière dont il s'accommode
« à la figure de la substance qu'il renferme, lorsque celle-ci souffre le
« moindre changement, prouve qu'il l'est également partout ailleurs. »

M. Needham dit ensuite qu'on serait porté à croire que l'action de toute
cette machine serait due au ressort de la vis ; mais il prouve par plusieurs
expériences que la vis ne fait au contraire qu'obéir à une force qui réside
dans la partie spongieuse ; dès que la vis est séparée du reste, elle cesse
d'agir et elle perd toute son activité. L'auteur fait ensuite des réflexions sur
cette singulière machine.

« Si j'avais vu, dit-il, les animalcules qu'on prétend être dans la semence
« d'un animal vivant, peut-être serais-je en état de déterminer si ce sont
« réellement des créatures vivantes, ou simplement des machines prodi-
« gieusement petites, et qui sont en miniature ce que les vaisseaux du
« calmar sont en grand. »

Par cette analogie et par quelques autres raisonnements, M. Needham
conclut qu'il y a grande apparence que les vers spermatiques des autres animaux ne sont que des corps organisés, et des espèces de machines semblables à celles-ci, dont l'action se fait en différents temps ; car, dit-il,
supposons que dans le nombre prodigieux de vers spermatiques qu'on voit
en même temps dans le champ du microscope, il y en ait seulement quelques
milliers qui agissent et se développent en même temps, cela suffira pour
nous faire croire qu'ils sont tous vivants : concevons de même, ajoute-t-il,
que le mouvement de chacun de ces vers spermatiques dure, comme celui
des machines du calmar, environ une demi-minute ; alors, comme il y
aura succession d'action et de machines les unes aux autres, cela pourra
durer longtemps, et les prétendus animaux paraîtront mourir successivement. D'ailleurs, pourquoi le calmar seul n'aurait-il dans sa semence que

animales ; et de même, si dans ce temps il eût observé la première liqueur laiteuse dans les vers
qu'il a eus depuis, d'après ma théorie que je lui ai communiquée, je ne doute pas, et il le
croit lui-même, qu'il aurait vu entre ces globules quelque mouvement d'approximation, puisque
les machines se sont formées de l'assemblage de ces globules ; car on doit observer que les ressorts, qui sont les parties qui paraissent les premières, sont entièrement détachés du vaisseau
séminal qui les contient, et qu'ils nagent librement dans la liqueur, ce qui prouve qu'ils sont
formés immédiatement de cette même liqueur.

des machines, tandis que tous les autres animaux auraient des vers spermatiques, de vrais animaux? L'analogie est ici d'une si grande force, qu'il ne paraît pas possible de s'y refuser. M. Needham remarque encore très-bien que les observations mêmes de Leeuwenhoek semblent indiquer que les vers spermatiques ont beaucoup de ressemblance avec les corps organisés de la semence du calmar. J'ai pris, dit Leeuwenhoek en parlant de la semence du cabillau, ces corps ovales pour ceux des animalcules qui étaient crevés et distendus, parce qu'ils étaient quatre fois plus gros que les corps des animalcules lorsqu'ils étaient en vie; et dans un autre endroit, j'ai remarqué, dit-il, en parlant de la semence du chien, que ces animaux changent souvent de figure, surtout quand la liqueur dans laquelle ils nagent s'évapore; leur mouvement progressif ne s'étend pas au delà du diamètre d'un cheveu. (Voyez Leeuwenhoek, *Arc. nat.*, pages 306, 309 et 319.)

Tout cela étant pesé et examiné, M. Needham a conjecturé que les prétendus animaux spermatiques pouvaient bien n'être en effet que des espèces de machines naturelles, des corps bien plus simplement organisés que le corps d'un animal. J'ai vu à son microscope, et avec lui, ces mêmes machines de la laite du calmar, et on peut être assuré que la description qu'il en a donnée est très-fidèle et très-exacte. Ces observations nous font donc voir que la semence est composée de parties qui cherchent à s'organiser, qu'elle produit en effet dans elle-même des corps organisés, mais que ces corps organisés ne sont pas encore des animaux ni des corps organisés semblables à l'individu qui les produit. On pourrait croire que ces corps organisés ne sont que des espèces d'instruments qui servent à perfectionner la liqueur séminale et à la pousser avec force, et que c'est par cette action vive et intérieure qu'elle pénètre plus intimement la liqueur de la femelle.

CHAPITRE VII.

COMPARAISON DE MES OBSERVATIONS AVEC CELLES
DE M. LEEUWENHOEK.

Quoique j'aie fait les observations que je viens de rapporter avec toute l'attention dont je suis capable, quoique je les aie répétées un très-grand nombre de fois, je suis persuadé qu'il m'a encore échappé bien des choses que d'autres pourront apercevoir; je n'ai dit que ce que j'ai vu, revu, et ce que tout le monde pourra voir, comme moi, avec un peu d'art et beaucoup de patience. J'ai même évité, afin d'être libre de préjugés, de me remplir la mémoire de ce que les autres observateurs ont dit avoir vu dans ces liqueurs; j'ai cru que par là je serais plus assuré de n'y voir en effet que ce qui y est, et ce n'est qu'après avoir fait et avoir rédigé mes observations, comme l'on vient de le voir, que j'ai voulu les comparer à celles des autres, et surtout à celles de Leeuwenhoek.

Je n'ai garde de me comparer moi-même à ce célèbre observateur, ni de prétendre avoir plus d'habileté qu'il n'en a eu dans l'art d'observer au microscope : il suffit de dire qu'il a passé sa vie entière à faire des microscopes et à s'en servir, qu'il a fait des observations continuelles pendant plus de soixante ans, pour faire tomber les prétentions de ceux qui voudraient se mettre au-dessus de lui dans ce genre, et pour faire sentir en même temps combien je suis éloigné d'en avoir de pareilles.

Cependant, quelque autorité que ces considérations puissent donner aux découvertes de ce fameux microscopiste, il est permis de les examiner, et encore plus de comparer ses propres observations avec les siennes. La vérité ne peut que gagner à cet examen, et on reconnaîtra que nous le faisons ici sans aucune partialité, et dans la vue seule d'établir quelque chose de fixe et de certain sur la nature de ces corps en mouvement qu'on voit dans les liqueurs séminales.

Au mois de novembre 1677, Leeuwenhoek, qui avait déjà communiqué à la Société royale de Londres plusieurs observations microscopiques sur le nerf optique, sur le sang, sur la sève de quelques plantes, sur la texture des arbres, sur l'eau de pluie, etc., écrivit à milord Brouncker, président de la Société, dans les termes suivants [a] : « Postquam Exc. dominus Pro-
« fessor Cranen me visitatione sua saepiùs honorarat, litteris rogavit Domino
« Ham cognato suo, quasdam observationum mearum videndas darem. Hic
« dominus Ham me secundò invisens, secum in laguncula vitrea semen
« viri, gonorrhæa laborantis, spontè destillatum, attulit, dicens, se post
« paucissimas temporis minutias (cùm materia illa jam in tantùm esset
« resoluta ut fistulæ vitreæ immitti posset, animalcula viva in eo observasse,
« quæ caudata et ultrà 24 horas non viventia judicabat : idem referebat se
« animalcula observasse mortua post sumptam ab ægroto terebinthinam.
« Materiam prædicatam fistulæ vitreæ immissam, præsente domino Ham,
« observavi, quasdamque in ea creaturas viventes, at post decursum 2 aut
« 3 horarum eamdem solus materiam observans, mortuas vidi.

« Eamdem materiam (semen virile) non ægroti alicujus, non diuturnâ
« conservatione corruptam, vel post aliquot momenta fluidiorem factam,
« sed sani viri statim post ejectionem, ne interlabentibus quidem sex arte-
« riæ pulsibus, saepiusculè observavi, tantamque in ea viventium animal-
« culorum multitudinem vidi, ut interdum plura quàm 1000 in magnitu-
« dine arenæ sese moverent; non in toto semine, sed in materia fluida

____

a. Voyez *Trans. Phil.*, n° 141, page 1041.

« crassiori adhærente, ingentem illam animalculorum multitudinem obser-
« vavi : in crassiori verò seminis materia quasi sine motu jacebant, quod
« indè provenire mihi imaginabar, quòd materia illa crassa ex tam variis
« cohæreat partibus, ut animalcula in ea se movere nequirent ; minora
« globulis sanguini ruborem adferentibus hæc animalcula erant, ut judi-
« cem, millena millia arenam grandiorem magnitudine non æquatura.
« Corpora eorum rotunda, anteriora obtusa, posteriora fermè in aculeum
« desinentia habebant ; caudà tenui longitudine corpus quinquies sexiesvè
« excedente, et pellucidà, crassitiem verò ad 25 partem corporis habente
« prædita erant, adeò ut ea quoad figuram cum cyclaminis minoribus,
« longam caudam habentibus, optimè comparare queam : motu caudæ
« serpentino, aut ut anguillæ in aqua natantis progrediebantur ; in materia
« verò aliquantulùm crassiori caudam octies deciesvè quidem evibrabant
« antequam latitudinem capilli procedebant. Interdum imaginabar me inter-
« noscere posse adhuc varias in corpore horum animalculorum partes,
« quia verò continuò eas videre nequibant, de iis tacebo. His animalculis
« minora adhuc animalcula, quibus non nisi globuli figuram attribuere
« possum, permista erant.

« Memini me ante tres aut quatuor annos, rogatu domini Oldenburg
« B. M. semen virile observasse et prædicta animalia pro globulis habuisse ;
« sed quia fastidiebam ab ulteriori inquisitione, et magis quidem à des-
« criptione, tunc temporis eam omisi. Jam quoad partes ipsas, ex quibus
« crassam seminis materiam, quoad majorem sui partem consistere sæpiùs
« cum admiratione observavi, ea sunt tam varia ac multa vasa, imò in tanta
« multitudine hæc vasa vidi, ut credam me in unica seminis gutta plura
« observasse quam anatomico per integrum diem subjectum aliquod secanti
« occurrant. Quibus visis, firmiter credebam nulla in corpore humano jam
« formato esse vasa, quæ in semine virili bene constituto non reperiantur.
« Cùm materia hæc per momenta quædam aëri fuisset exposita, prædicta
« vasorum multitudo in aquosam magnis oleaginosis globulis permistam
« materiam mutabatur, etc. »

Le secrétaire de la Société royale répondit à cette lettre de M. Leeuwenhoek qu'il serait bon de faire des observations semblables sur la semence
des animaux, comme sur celle des chiens, des chevaux et d'autres, non-
seulement pour mieux juger de la première découverte, mais aussi pour
reconnaître les différences qui pourraient se trouver, tant dans le nombre
que dans la figure de ces animalcules ; et par rapport aux vaisseaux de la
partie la plus épaisse de la liqueur séminale, il lui marquait qu'on doutait
beaucoup de ce qu'il en avait dit, que ce n'étaient peut-être que des filaments ; « quæ tibi videbatur vasorum congeries, fortassis seminis sunt
« quædam filamenta, haud organicè constructa, sed dum permearunt vasa
« generationi inservientia in istiusmodi figuram elongata. Non dissimili

« modo ac sæpiùs notatus sum salivam crassiorem ex glandularum fau-
« cium foraminibus editam, quasi è convolutis fibrillis constantem. » (Voyez
la réponse du secrétaire de la Société à la lettre de Leeuwenhoek, dans les
Trans. phil., n° 141, p. 1043.)

Leeuwenhoek répondit, le 18 mars 1678, en ces termes : « Si quandò
« canes coeunt marem à fœmina statim seponas, materia quædam tennis et
« aquosa (lympha scilicet spermatica) à pene solet paulatim extillare ; hanc
« materiam numerosissimis animalculis repletam aliquoties vidi, eorum
« magnitudine quæ in semine virili conspiciuntur, quibus particulæ globu-
« lares aliquot quinquagies majores permiscebantur.

« Quod ad vasorum in crassiori seminis virilis portione spectabilium
« observationem attinet, dennò non semel iteratam, saltem mihimetipsi
« comprobasse videor ; meque omninò persuasum habeo, cuniculi, canis,
« felis, arterias venasvè fuisse à peritissimo anatomico haud unquam
« magis perspicuè observatas, quàm mihi vasa in semini virili, ope per-
« spicilli, in conspectum venere.

« Cùm mihi prædicta vasa primùm innotuere, statim etiam pituitam,
« tum et salivam perspicillo applicavi ; verùm hic minimè existentia ani-
« malia frustrà quæsivi.

« A cuniculorum coïtu lymphæ spermaticæ guttulam unam et alteram,
« è femella extillantem, examini subjeci, ubi animalia prædictorum similia,
« sed longè pauciora, comparuere. Globuli item quàm plurimi, plerique
« magnitudine animalium, iisdem permisti sunt.

« Horum animalium aliquot etiam delineationes transmisi ; figura 1
« (*pl.* 6, *fig.* 1) exprimit eorum aliquot vivum (in semine cuniculi arbitror)
« eâque formà quà videbatur, dum aspicientem me versùs tendit. A B C
« capitulum cum trunco indicant ; C D ejusdem caudam, quam pariter ut
« suam anguilla internatandum vibrat. Horum nullena millia, quantùm
« conjectare est, arenulæ majoris molem vix superant : (*Planche* 6, *figures* 2,
« 3, 4.) sunt ejusdem generis animalia, sed jam emortua.

« (*Planche* 6, *figure* 5) delineatur vivum animalculum quemadmodùm
« in semine canino sese aliquoties mihi attentiùs intuenti exhibuit. E F G
« caput cum trunco indigitant ; G H ejusdem caudam. (*Planche* 6, *figures* 6,
« 7, 8) alia sunt in semine canino quæ motu et vità privantur, qualium
« etiam vivorum numerum adeò ingentem vidi, ut judicarem portionem
« lymphæ spermaticæ arenulæ mediocri respondentem, eorum ut minimùm
« decena millia continere. »

Par une autre lettre écrite à la Société royale, le 31 mai 1678, Leeuwenhoek ajoute ce qui suit : « Seminis canini tantillum microscopio applicatum
« iterùm contemplatus sum, in eoque anteà descripta animalia numerosissimè
« conspexi. Aqua pluvialis pari quantitate adjecta, iisdem confestim mor-
« tem accersit. Ejusdem seminis canini portiunculà in vitreo tubulo unciæ

« partem duodecimalem crasso servatâ, sex et tringita horarum spatio con-
« tenta animalia vitâ destituta pleraque, reliqua moribunda videbantur.

« Quò de vasorum in semine genitali existentia magis constaret, delinea-
« tionem aliqualem mitto, ut in figura A B C D E (*pl. 6, fig. 9*), quibus lit-
« teris circumscriptum spatium arenulam mediocrem vix superat. »

J'ai cru devoir rapporter tout au long ce que Leeuwenhoek écrivit d'abord
dans les premiers temps de la découverte des animaux spermatiques; je
l'ai copié dans les *Transactions philosophiques*, parce que dans le recueil
entier des ouvrages de Leeuwenhoek en quatre volumes in-4°, il se trouve
quelque différence que je ferai remarquer, et que dans des matières de
cette espèce les premières observations que l'on a faites sans aucune vue
de système sont toujours celles qui sont décrites le plus fidèlement, et
sur lesquelles par conséquent on doit le plus compter. On verra qu'aussitôt
que cet habile observateur se fut formé un système au sujet des animaux
spermatiques, il commença à varier, même dans les choses essentielles.

Il est aisé de voir, par les dates que nous venons de citer, qu'Hartsoeker
n'est pas le premier qui ait publié la découverte des animaux spermatiques;
il n'est pas sûr qu'il soit en effet le premier auteur de cette découverte,
comme plusieurs écrivains l'ont assuré. On trouve dans le *Journal des
Savants* du 15 août 1678, page 331, l'extrait d'une lettre de M. Huguens
au sujet d'une nouvelle espèce de microscope fait d'une seule petite boule
de verre, avec lequel il dit avoir vu des animaux dans de l'eau où on
avait fait tremper du poivre pendant deux ou trois jours, comme Leeuwenhoek l'avait observé auparavant avec de semblables microscopes, mais
dont les boules ou lentilles n'étaient pas si petites. Huguens ajoute que ce
qu'il a observé de particulier dans cette eau de poivre est que toute sorte de
poivre ne donne pas une même espèce d'animaux, ceux de certains poivres
étant beaucoup plus gros que ceux des autres, soit que cela vienne de la
vieillesse du poivre ou de quelque autre cause qu'on pourra découvrir
avec le temps. Il y a encore d'autres graines qui engendrent de semblables
animaux, comme la coriande. J'ai vu, continue-t-il, la même chose dans de
la sève de bouleau après l'avoir gardée cinq ou six jours. Il y en a qui en ont
observé dans l'eau où l'on a fait tremper des noix muscades et de la can-
nelle, et apparemment on en découvrira en bien d'autres matières. On
pourrait dire que ces animaux s'engendrent par quelque corruption ou fermentation; mais il y en a, ajoute-t-il, d'une autre sorte qui doivent avoir
un autre principe, comme sont ceux qu'on découvre avec ce microscope
dans la semence dés animaux, lesquels semblent être nés avec elle, et qui
sont en si grande quantité qu'il semble qu'elle en est presque toute
composée; ils sont tous d'une matière transparente, ils ont un mouvement fort vite, et leur figure est semblable à celle qu'ont les grenouilles
avant que leurs pieds soient formés. Cette dernière découverte, qui a été

faite en Hollande pour la première fois, me paraît fort importante, etc.

M. Huguens ne nomme pas, comme l'on voit, dans cette lettre l'auteur de la découverte, et il n'y est question ni de Leeuwenhoek, ni d'Hartsoeker par rapport à cette découverte ; mais on trouve dans le Journal du 29 août de la même année l'extrait d'une lettre de M. Hartsoeker, dans laquelle il donne la manière d'arrondir à la lampe ces petites boules de verre, et l'auteur du Journal dit : « De cette manière, outre les observations « dont nous avons déjà parlé, il a découvert encore nouvellement que « dans l'urine qu'on garde quelques jours, il s'y engendre de petits ani- « maux qui sont encore beaucoup plus petits que ceux qu'on voit dans « l'eau de poivre, et qui ont la figure de petites anguilles ; il en a trouvé « dans la semence du coq, qui ont paru à peu près de cette même figure, « qui est fort différente, comme l'on voit, de celle qu'ont ces petits animaux « dans la semence des autres qui ressemblent, comme nous l'avons remar- « qué, à des grenouilles naissantes. » Voilà tout ce qu'on trouve dans le *Journal des Savants* au sujet de cette découverte ; l'auteur paraît l'attri- buer à Hartsoeker, mais si l'on fait réflexion sur la manière incertaine dont elle y est présentée, sur la manière assurée et détaillée dont Leeuwenhoek la donne dans sa lettre écrite et publiée près d'un an auparavant, on ne pourra pas douter qu'il ne soit en effet le premier qui ait fait cette obser- vation ; il la revendique aussi, comme un bien qui lui appartient, dans une lettre qu'il écrivit à l'occasion des *Essais de dioptrique* d'Hartsoeker, qui parurent vingt ans après. Ce dernier s'attribue dans ce livre la première découverte de ces animaux ; Leeuwenhoek s'en plaint hautement, et il fait entendre qu'Hartsoeker a voulu lui enlever la gloire de cette découverte, dont il avait fait part en 1677, non-seulement à milord Brouncker et à la Société royale de Londres, mais même à M. Constantin Huguens, père du fameux Huguens que nous venons de citer : cependant Hartsoeker soutint toujours qu'il avait fait cette découverte en 1674 à l'âge de dix-huit ans ; il dit qu'il n'avait pas osé la communiquer d'abord, mais qu'en 1676 il en fit part à son maître de mathématiques et à un autre ami, de sorte que la contestation n'a jamais été bien décidée. Quoi qu'il en soit, on ne peut pas ôter à Leeuwenhoek la première invention de cette espèce de microscope, dont les lentilles sont des boules de verre faites à la lampe ; on ne peut pas nier qu'Hartsoeker n'eût appris cette manière de faire des microscopes de Leeuwenhoek même, chez lequel il alla pour le voir observer ; enfin il paraît que si Leeuwenhoek n'a pas été le premier qui ait fait cette découverte, il est celui qui l'a suivie le plus loin et qui l'a le plus accréditée ; mais revenons à ses observations.

Je remarquerai : 1° que ce qu'il dit du nombre et du mouvement de ces prétendus animalcules est vrai, mais que la figure de leur corps ou de cette partie qu'il regarde comme la tête et le tronc du corps n'est pas toujours telle qu'il la décrit ; quelquefois cette partie qui précède la queue est toute ronde ou globuleuse, d'autres fois elle est allongée, souvent elle parait aplatie, quelquefois elle parait plus large que longue, etc. ; et à l'égard de la queue, elle est aussi très-souvent beaucoup plus grosse ou plus petite qu'il ne le dit ; le mouvement de flexion ou de vibration, *motus serpentinus*, qu'il donne à cette queue, et au moyen duquel il prétend que l'animalcule nage et avance progressivement dans ce fluide, ne m'a jamais paru tel qu'il le décrit. J'ai vu plusieurs de ces corps mouvants faire huit ou dix oscillations de droite à gauche, ou de gauche à droite, avant que d'avancer en effet de l'épaisseur d'un cheveu, et même je leur en ai vu faire un beaucoup plus grand nombre sans avancer du tout, parce que cette queue, au lieu de les aider à nager, est au contraire un filet engagé dans les filaments ou dans le mucilage, ou même dans la matière épaisse de la liqueur ; ce filet retient le corps mouvant comme un fil accroché à un clou retient la balle d'un pendule, et il m'a paru que quand cette queue ou ce filet avait quelque mouvement, ce n'était que comme un fil qui se plie ou se courbe un peu à la fin d'une oscillation. J'ai vu ces filets ou ces queues tenir aux filaments que Leeuwenhoek appelle des vaisseaux, *vasa* ; je les ai vus s'en séparer après plusieurs efforts réitérés du corps en mouvement ; je les ai vus s'allonger d'abord, ensuite diminuer, et enfin disparaître totalement : ainsi je crois être fondé à regarder ces queues comme des parties accidentelles, comme une espèce d'enveloppe au corps mouvant, et non pas comme une partie essentielle, une espèce de membre du corps de ces prétendus animaux. Mais ce qu'il y a de plus remarquable ici, c'est que Leeuwenhoek dit précisément dans cette lettre à milord Brouncker que, outre ces animaux qui avaient des queues, il y avait aussi dans cette liqueur des animaux plus petits qui n'avaient pas d'autre figure que celle d'un globule : « His animal- « culis (caudatis scilicet) minora adhuc animalcula, quibus non nisi glo- « buli figuram attribuere possum, permista erant. » C'est la vérité ; cependant après que Leeuwenhoek eut avancé que ces animaux étaient le seul principe efficient de la génération, et qu'ils devaient se transformer en hommes, après qu'il eut fait son système, il n'a regardé comme des animaux que ceux qui avaient des queues ; et comme il ne convenait pas à ses vues que des animaux qui doivent se métamorphoser en hommes n'eussent pas une forme constante et une unité d'espèce, il ne fait plus mention dans la suite de ces globules mouvants, de ces plus petits animaux qui n'ont point de queues, et j'ai été fort surpris lorsque j'ai comparé la copie de cette même lettre qu'il a publiée plus de vingt ans après, et qui est dans son troisième volume, page 58, car, au lieu des mots que nous venons de citer, on trouve ceux-ci, page 62 : « Animalculis hisce permista jacebant aliæ minu- « tiores particulæ, quibus non aliam quam globulorum seu sphæricam « figuram assignare queo ; » ce qui est, comme l'on voit, fort différent. Une

particule de matière à laquelle il n'attribue pas de mouvement est fort différente d'un animalcule, et il est étonnant que Leeuwenhoek, en se copiant
lui-même, ait changé cet article essentiel. Ce qu'il ajoute immédiatement
après mérite aussi attention ; il dit qu'il s'est souvenu qu'à la prière de
M. Oldenburg il avait observé cette liqueur trois ou quatre ans auparavant, et qu'alors il avait pris ces animalcules pour des globules : c'est qu'en
effet il y a des temps où ces prétendus animalcules ne sont que des globules, des temps où ce ne sont que des globules sans presque aucun mouvement sensible, d'autres temps où ce sont des globules en grand mouvement, des temps où ils ont des queues, d'autres où ils n'en ont point. Il dit,
en parlant en général des animaux spermatiques, t. III, p. 371, « Ex hisce
« meis observationibus cogitare cœpi, quamvis antehàc de animalculis in
« seminibus masculinis agens scripserim me in illis caudas non detexisse,
« fieri tamen posse ut illa animalcula æquè caudis fuerint instructa ac nunc
« comperi de animalculis in gallorum gallinaceorum semine masculino : »
autre preuve qu'il a vu souvent les prétendus animaux spermatiques de
toute espèce sans queues.

On doit remarquer en second lieu que les filaments dont nous avons
parlé, et que l'on voit dans la liqueur séminale avant qu'elle soit liquéfiée,
avaient été reconnus par Leeuwenhoek, et que dans le temps de ses premières observations, lorsqu'il n'avait point encore fait d'hypothèse sur les
animaux spermatiques, ces filaments lui parurent des veines, des nerfs et
des artères, qu'il croyait fermement que toutes ces parties et tous les vaisseaux du corps humain se voyaient dans la liqueur séminale aussi clairement qu'un anatomiste les voit en faisant la dissection d'un corps, et qu'il
persistait dans ce sentiment malgré les représentations qu'Oldenburg lui
faisait à ce sujet de la part de la Société royale ; mais dès qu'il eut songé à
transformer en hommes ces prétendus animaux spermatiques, il ne parla
plus des vaisseaux qu'il avait observés ; et au lieu de les regarder comme
les nerfs, les artères et les veines du corps humain déjà tout formés dans
la semence, il ne leur attribue pas même la fonction qu'ils ont réellement,
qui est de produire ces corps mouvants, et il dit, tome I, page 7 : « Quid
« fiet de omnibus illis particulis seu corpusculis præter illa animalcula
« semini virili hominum inhærentibus ? Olim et priusquàm hæc scriberem,
« in ea sententia fui prædictas strias vel vasa ex testiculis principium secum
« ducere, etc. ; » et dans un autre endroit il dit que, s'il a écrit autrefois
quelque chose au sujet de ces vaisseaux qu'on trouve dans la semence, il
ne faut y faire aucune attention : en sorte que ces vaisseaux qu'il regardait
dans le temps de sa découverte comme les nerfs, les veines et les artères du
corps qui devait être formé, ne lui parurent dans la suite que des filaments
inutiles, et auxquels il n'attribue aucun usage, auxquels même il ne veut
pas qu'on fasse attention.

Nous observerons en troisième lieu que si l'on compare les figures 1, 2, 3 et 4 (*pl.* 6 et 7), que nous avons fait ici représenter comme elles le sont dans les *Transactions philosophiques*, avec celles que Leeuwenhoek fit graver plusieurs années après, on y trouve une différence aussi grande qu'elle peut l'être dans des corps aussi peu organisés, surtout les figures 2, 3 et 4 des animaux morts du lapin : il en est de même de ceux du chien, je les ai fait représenter afin qu'on puisse en juger aisément. De tout cela nous pouvons conclure que Leeuwenhoek n'a pas toujours vu les mêmes choses ; que les corps mouvants qu'il regardait comme des animaux lui ont paru sous des formes différentes, et qu'il n'a varié dans ce qu'il en dit que dans la vue d'en faire des espèces constantes d'hommes ou d'animaux. Non-seulement il a varié dans le fond de l'observation, mais même sur la manière de la faire, car il dit expressément que toutes les fois qu'il a voulu bien voir les animaux spermatiques, il a toujours délayé cette liqueur avec de l'eau, afin de séparer et diviser davantage la liqueur, et de donner plus de mouvement à ces animalcules (voyez t. III, p. 92 et 93), et cependant il dit dans cette première lettre à milord Brouncker, qu'ayant mêlé de l'eau de pluie en quantité égale avec de la liqueur séminale d'un chien, dans laquelle, lorsqu'il l'examinait sans mélange, il venait de voir une infinité d'animalcules vivants, cette eau qu'il mêla leur causa la mort ; ainsi les premières observations de Leeuwenhoek ont été faites, comme les miennes, sans mélange, et il parait qu'il ne s'est avisé de mêler de l'eau avec la liqueur que longtemps après, puisqu'il croyait avoir reconnu, par le premier essai qu'il en avait fait, que cette eau faisait périr les animalcules, ce qui cependant n'est point vrai ; je crois seulement que le mélange de l'eau dissout les filaments très-promptement, car je n'ai vu que fort peu de ces filaments dans toutes les observations que j'ai faites, lorsque j'avais mêlé de l'eau avec la liqueur.

Lorsque Leeuwenhoek se fut une fois persuadé que les animaux spermatiques se transformaient en hommes ou en animaux[1], il crut remarquer dans les liqueurs séminales de chaque espèce d'animal deux sortes d'animaux spermatiques, les uns mâles et les autres femelles, et cette différence de sexe servait, selon lui, non-seulement à la génération de ces animaux entre eux, mais aussi à la production des mâles et des femelles qui doivent venir au monde, ce qu'il était assez difficile de concevoir par la simple transformation, si ces animaux spermatiques n'avaient pas eu auparavant différents sexes. Il parle de ces animalcules mâles et femelles dans sa lettre imprimée dans les *Transactions philosophiques*, n° 143, et dans plusieurs

---

1. *Leeuwenhoek, qui s'est persuadé que les animaux spermatiques se transforment en hommes ou en animaux, ressemble beaucoup à Buffon, qui se persuade que les animaux spermatiques sont les molécules organiques. Les animaux spermatiques ne sont pas de petits hommes, et il n'y a pas de molécules organiques.*

autres endroits (voyez tome I, page 163, et tome III, page 101 du recueil de ses ouvrages); mais nulle part il ne donne la description ou les différences de ces animaux mâles et femelles, lesquels n'ont en effet jamais existé que dans son imagination.

Le fameux Boerhaave ayant demandé à Leeuwenhoek s'il n'avait pas observé dans les animaux spermatiques différents degrés d'accroissement et de grandeur, Leeuwenhoek lui répond qu'ayant fait disséquer un lapin, il a pris la liqueur qui était dans les épididymes, et qu'il a vu et fait voir à deux autres personnes une infinité d'animaux vivants : « Incredibilem, « *dit-il*, viventium animaleulorum numerum conspexerunt, cùm hæc ani- « malcula scypho imposita vitreo et illic emortua, in rariores ordines dis- « parassem, et per continuos aliquot dies sæpius visu examinassem, quædam « ad justam magnitudinem nondum excrevisse adverti. Ad hæc quasdam « observavi particulas perexiles et oblongas, alias aliis majores, et, quan- « tum oculis apparebat, caudâ destitutas; quas quidem particulas non nisi « animalcula esse credidi, quæ ad justam magnitudinem non excrevissent. » (Voyez tome IV, pages 280 et 281.) Voilà donc des animaux de plusieurs grandeurs différentes, voilà des animaux avec des queues, et des animaux sans queues, ce qui s'accorde beaucoup mieux avec nos observations qu'a- vec le propre système de Leeuwenhoek ; nous différons seulement sur cet article, en ce qu'il dit que ces particules oblongues et sans queues étaient de jeunes animalcules qui n'avaient pas encore pris leur juste accroisse- ment, et qu'au contraire j'ai vu ces prétendus animaux naître avec des queues ou des filets, et ensuite les perdre peu à peu.

Dans la même lettre à Boerhaave il dit, tome IV, page 28, qu'ayant fait apporter chez lui les testicules encore chauds d'un bélier qui venait d'être tué, il vit, dans la liqueur qu'il en tira, les animalcules aller en troupeau comme vont les moutons. « A tribus circiter annis testes arietis, adhuc « calentes, ad ædes meas deferri curaveram ; cùm igitur materiam ex epi- « didymibus eductam, ope microscopii contemplarer, non sine ingenti « voluptate advertebam animalcula omnia, quotquot innatabant semini « masculino, eundem natando cursum tenere, ità nimirùm ut quo itinere « priora prænatarent, eodem posteriora subsequerentur, adeó ut hisce « animalculis quasi sit ingenitum, quod oves factitare videmus, scilicet ut « præcedentium vestigiis grex universus incedat. » Cette observation que Leeuwenhoek a faite en 1713, car sa lettre est de 1716, qu'il regarde comme une chose singulière et nouvelle, me prouve qu'il n'avait jamais examiné les liqueurs séminales des animaux avec attention et assez long- temps de suite pour nous donner des résultats bien exacts; Leeuwenhoek avait soixante-onze ans en 1713, il y avait plus de quarante-cinq ans qu'il observait au microscope, il y en avait trente-six qu'il avait publié la décou- verte des animaux spermatiques, et cependant il voyait pour la première fois dans la liqueur séminale du bélier ce qu'on voit dans toutes les liqueurs séminales, et ce que j'ai vu plusieurs fois et que j'ai rapporté dans le sixième chapitre, article IX de la semence de l'homme, article XII de celle du chien, et article XXIX au sujet de la semence de la chienne. Il n'est pas nécessaire de recourir au naturel des moutons, et de transporter leur instinct aux animaux spermatiques du bélier, pour expliquer le mouvement de ces animalcules qui vont en troupeau, puisque ceux de l'homme, ceux du chien et ceux de la chienne vont de même, et que ce mouvement dépend uniquement de quelques circonstances particulières, dont la principale est que toute la matière fluide de la semence soit d'un côté, tandis que la partie épaisse est de l'autre; car alors tous les corps en mouvement se dégagent du mucilage du même côté, et suivent la même route dans la partie la plus fluide de la liqueur.

Dans une autre lettre, écrite la même année à Boerhaave (voyez t. VI, p. 304 et suiv.), il rapporte d'autres observations qu'il a faites sur les béliers, et il dit qu'il a vu dans la liqueur prise dans les vaisseaux déférents des troupeaux d'animalcules qui allaient tous d'un côté, et d'autres troupeaux qui revenaient d'un autre côté et en sens contraire; que dans celle des épididymes il avait vu une prodigieuse quantité de ces animaux vivants; qu'ayant coupé les testicules en deux, il n'avait point trouvé d'animaux dans la liqueur qui en suintait, mais que ceux des épididymes étaient en si grand nombre et tellement amoncelés qu'il avait peine à en distinguer le corps et la queue, et il ajoute, « neque illud in unica epidi-« dymum parte, sed et in aliis quas præcideram partibus, observavi. Ad « hæc, in quadam parastatarum resecta portione complura vidi animalcula « quæ necdum in justam magnitudinem adoleverant, nam et corpuscula « illis exiliora et caudæ triplo breviores erant quàm adultis. Ad hæc, caudas « non habebant desinentes in mucronem, quales tamen adultis esse passim « comperio. Prætereà in quamdam parastatarum portionem incidi, ani-« malculis, quantùm discernere potui, destitutam, tantùm illi quædam « perexiguæ inerant particulæ, partim longiores partim breviores, sed « altera sui extremitate crassiunculæ; istas particulas in animalcula trans-« ituras esse non dubitabam. » Il est aisé de voir par ce passage que Leeuwenhoek a vu, en effet, dans cette liqueur séminale ce que j'ai vu dans toutes, c'est à-dire des corps mouvants de différentes grosseurs, de figures différentes, dont les mouvements étaient aussi différents; et d'en conclure que tout cela convient beaucoup mieux à des particules organiques en mouvement qu'à des animaux.

Il paraît donc que les observations de Leeuwenhoek ne sont nullement contraires aux miennes, et quoiqu'il en ait tiré des conséquences très-différentes[1]

1. Voyez la note de la page 559.

de celles que j'ai cru devoir tirer des miennes, il n'y a que peu d'opposition dans les faits, et je suis persuadé que si des personnes attentives se donnent la peine de faire de pareilles observations, elles n'auront pas de peine à reconnaître d'où proviennent ces différences, et qu'elles verront en même temps que je n'ai rien avancé qui ne soit entièrement conforme à la vérité : pour les mettre plus en état de décider, j'ajouterai quelques remarques que j'ai faites et qui pourront leur être utiles.

On ne voit pas toujours dans la liqueur séminale de l'homme les filaments dont j'ai parlé; il faut pour cela l'examiner dans le moment qu'elle vient d'être tirée du corps, et encore arrivera-t-il que de trois ou quatre fois il n'y en aura qu'une où l'on verra de ces filaments; quelquefois la liqueur séminale ne présente, surtout lorsqu'elle est fort épaisse, que de gros globules, qu'on peut même distinguer avec une loupe ordinaire; en les regardant ensuite au microscope on les voit gros comme de petites oranges, et ils sont fort opaques, un seul tient souvent le champ entier du microscope. La première fois que je vis ces globules, je crus d'abord que c'étaient quelques corps étrangers qui étaient tombés dans la liqueur séminale; mais en ayant pris différentes gouttes et ayant toujours vu la même chose, les mêmes globules, et ayant considéré cette liqueur entière avec une loupe, je reconnus qu'elle était toute composée de ces gros globules. J'en cherchai au microscope un des plus ronds et d'une telle grosseur que son centre étant dans le milieu du champ du microscope je pouvais en même temps en voir la circonférence entière, et je l'observai ensuite fort longtemps; d'abord il était absolument opaque; peu de temps après je vis se former sur sa surface, à environ la moitié de la distance du centre à la circonférence, un bel anneau lumineux et coloré, qui dura plus d'une demi-heure, et qui ensuite approcha du centre du globule par degrés, et alors le centre du globule était éclairé et coloré, tandis que tout le reste était opaque. Cette lumière, qui éclairait le centre du globule, ressemblait alors à celle que l'on voit dans les grosses bulles d'air qui se trouvent assez ordinairement dans toutes les liqueurs : le gros globule que j'observais prit un peu d'aplatissement et en même temps un petit degré de transparence, et l'ayant examiné pendant plus de trois heures de suite, je n'y vis aucun autre changement, aucune apparence de mouvement, ni intérieur, ni extérieur. Je crus qu'en mêlant cette liqueur avec de l'eau ces globules pourraient changer; ils changèrent en effet, mais ils ne me présentèrent qu'une liqueur transparente et comme homogène, où il n'y avait rien de remarquable. Je laissai la liqueur séminale se liquéfier d'elle-même, et l'ayant examinée au bout de six heures, de douze heures, et de plus de vingt-quatre heures, je ne vis plus qu'une liqueur fluide, transparente, homogène, dans laquelle il n'y avait aucun mouvement ni aucun corps sensible. Je ne rapporte cette observation que comme une espèce d'avertissement, et pour qu'on sache qu'il y a des temps où on ne voit rien dans la liqueur séminale de ce qu'on y voit dans d'autres temps.

Quelquefois tous les corps mouvants paraissent avoir des queues, surtout dans la liqueur de l'homme et du chien; leur mouvement alors n'est point du tout rapide, et il paraît toujours se faire avec effort; si on laisse dessécher la liqueur, on voit cette queue ou ce filet s'attacher le premier, et l'extrémité antérieure continue pendant quelque temps à faire des oscillations, après quoi le mouvement cesse partout, et on peut conserver ces corps dans cet état de desséchement pendant longtemps; ensuite si on y mêle une petite goutte d'eau, leur figure change et ils se réduisent en plusieurs petits globules qui m'ont paru quelquefois avoir de petits mouvements, tant d'approximation entre eux que de trépidation et de tournoiement sur eux-mêmes autour de leurs centres.

Ces corps mouvants de la liqueur séminale de l'homme, ceux de la liqueur séminale du chien, et encore ceux de la chienne, se ressemblent au point de s'y méprendre, surtout lorsqu'on les examine dans le moment que la liqueur vient de sortir du corps de l'animal. Ceux du lapin m'ont paru plus petits et plus agiles; mais ces différences ou ressemblances viennent autant des états différents ou semblables dans lesquels la liqueur se trouve au moment de l'observation, que de la nature même de la liqueur, qui doit être en effet différente dans les différentes espèces d'animaux. Par exemple, dans celle de l'homme, j'ai vu des stries ou de gros filaments qui se trouvaient comme on le voit dans la *planche* 1, *figure* 3, etc., et j'ai vu les corps mouvants se séparer de ces filaments, où il m'a paru qu'ils prenaient naissance; mais je n'ai rien vu de semblable dans celle du chien; au lieu de filaments ou de stries séparées, c'est ordinairement un mucilage dont le tissu est plus serré et dans lequel on ne distingue qu'avec peine quelques parties filamenteuses, et ce mucilage donne naissance aux corps en mouvement, qui sont cependant semblables à ceux de l'homme.

Le mouvement de ces corps dure plus longtemps dans la liqueur du chien que dans celle de l'homme, et il est aussi plus aisé de s'assurer sur celle du chien du changement de forme dont nous avons parlé. Dans le moment que cette liqueur sort du corps de l'animal, on verra que les corps en mouvement ont pour la plupart des queues; douze heures, ou vingt-quatre heures, ou trente-six heures après, on trouvera que tous ces corps en mouvement, ou presque tous, ont perdu leurs queues : ce ne sont plus alors que des globules un peu allongés, des ovales en mouvement, et ce mouvement est souvent plus rapide que dans le premier temps.

Les corps mouvants ne sont pas immédiatement à la surface de la liqueur, ils y sont plongés; on voit ordinairement à la surface quelques grosses bulles d'air transparentes et qui sont sans aucun mouvement; quelquefois, à la vérité, ces bulles se remuent et paraissent avoir un mouvement de progression ou de circonvolution; mais ce mouvement leur est communiqué par celui de la liqueur que l'air extérieur agite, et qui d'elle-même, en se liquéfiant, a un mouvement général, quelquefois d'un côté, quelquefois de l'autre, et souvent de tous côtés. Si l'on approche la lentille un peu plus qu'il ne faut, les corps en mouvement paraissent plus gros qu'auparavant; au contraire ils paraissent plus petits si on éloigne le verre, et ce n'est que par l'expérience qu'on peut apprendre à bien juger du point de vue, et à saisir toujours le même. Au-dessous des corps en mouvement on en voit souvent d'autres beaucoup plus petits qui sont plongés plus profondément dans la liqueur, et qui ne paraissent être que comme des globules, dont souvent le plus grand nombre est en mouvement; et j'ai remarqué généralement que dans le nombre infini de globules qu'on voit dans toutes ces liqueurs, ceux qui sont fort petits, et qui sont en mouvement, sont ordinairement noirs, ou plus obscurs que les autres, et que ceux qui sont extrêmement petits et transparents n'ont que peu ou point de mouvement; il semble aussi qu'ils pèsent spécifiquement plus que les autres, car ils sont toujours au-dessous, soit des autres globules, soit des corps en mouvement dans la liqueur.

CHAPITRE VIII.

RÉFLEXIONS SUR LES EXPÉRIENCES PRÉCÉDENTES.

J'étais donc assuré, par les expériences que je viens de rapporter, que les femelles ont, comme les mâles, une liqueur séminale qui contient des corps en mouvement[1]; je m'étais confirmé de plus en plus dans l'opinion que ces corps en mouvement ne sont pas de vrais animaux, mais seulement des parties organiques vivantes; je m'étais convaincu que ces parties existent non-seulement dans les liqueurs séminales des deux sexes, mais dans la chair même des animaux et dans les germes des végétaux : et pour reconnaitre si toutes les parties des animaux et tous les germes des végétaux contenaient aussi des parties organiques vivantes[2], je fis faire des infusions de la chair de différents animaux et de plus de vingt espèces de graines de différentes plantes; je mis cette chair et ces graines dans de petites bouteilles exactement bouchées, dans lesquelles je mettais assez d'eau pour recouvrir d'un demi-pouce environ les chairs ou les graines ; et les ayant ensuite observées quatre ou cinq jours après les avoir mises en infusion, j'eus la satisfaction de trouver dans toutes ces mêmes parties organiques en mouve-

1. Voyez la note de la page 536.
2. Voyez la note 2 de la page 546.

ment; les unes paraissaient plus tôt, les autres plus tard; quelques-unes
conservaient leur mouvement pendant des mois entiers, d'autres cessaient
plus tôt; les unes produisaient d'abord de gros globules en mouvement,
qu'on aurait pris pour des animaux, et qui changeaient de figure, se séparaient et devenaient successivement plus petits; les autres ne produisaient
que de petits globules fort actifs, et dont les mouvements étaient très-
rapides, les autres produisaient des filaments qui s'allongeaient et semblaient végéter, et qui ensuite se gonflaient et laissaient sortir des milliers
de globules en mouvement; mais il est inutile de grossir ce livre du détail
de mes observations sur les infusions des plantes, parce que M. Needham
les a suivies avec beaucoup plus de soin que je n'aurais pu le faire moi-
même, et que cet habile naturaliste doit donner incessamment au public
le recueil des découvertes qu'il a faites sur cette matière : je lui avais lu le
traité précédent, et j'avais très-souvent raisonné avec lui sur cette matière,
et en particulier sur la vraisemblance qu'il y avait que nous trouverions
dans les germes des amandes des fruits, et dans les autres parties les plus
substantielles des végétaux, des corps en mouvement, des parties organiques vivantes, comme dans la semence des animaux mâles et femelles. Cet
excellent observateur trouva que ces vues étaient assez fondées et assez
grandes pour mériter d'être suivies : il commença à faire des observations
sur toutes les parties des végétaux, et je dois avouer que les idées que je lui
ai données sur ce sujet ont plus fructifié entre ses mains qu'elles n'auraient
fait entre les miennes; je pourrais en citer d'avance plusieurs exemples,
mais je me bornerai à un seul, parce que j'ai ci-devant indiqué le fait dont
il est question, et que je vais rapporter.

Pour s'assurer si les corps mouvants qu'on voit dans les infusions de la
chair des animaux étaient de véritables animaux, ou si c'étaient seulement, comme je le prétendais, des parties organiques mouvantes, M. Needham pensa qu'il n'y avait qu'à examiner le résidu de la viande rôtie, parce
que le feu devait détruire les animaux, et qu'au contraire si ces corps mouvants n'étaient pas des animaux, on devait les y retrouver comme on les
trouve dans la viande crue. Ayant donc pris de la gelée de veau et d'autres
viandes grillées et rôties, il les examina au microscope après les avoir laissées infuser pendant quelques jours dans de l'eau qui était contenue dans
de petites bouteilles bouchées avec grand soin, et il trouva dans toutes des
corps mouvants en grande quantité : il me fit voir plusieurs fois quelques-
unes de ces infusions, et entre autres celle de gelée de veau, dans laquelle
il y avait des espèces de corps en mouvement si parfaitement semblables
à ceux qu'on voit dans les liqueurs séminales de l'homme, du chien et de la
chienne, dans le temps qu'ils n'ont plus de filets ou de queues, que je ne
pouvais me lasser de les regarder; on les aurait pris pour de vrais animaux;
et quoique nous les vissions s'allonger, changer de figure et se décomposer,

leur mouvement ressemblait si fort au mouvement d'un animal qui nage, que quiconque les verrait pour la première fois, et sans savoir ce qui a été dit précédemment, les prendrait pour des animaux. Je n'ajouterai qu'un mot à ce sujet, c'est que M. Needham s'est assuré par une infinité d'observations que toutes les parties des végétaux contiennent des parties organiques mouvantes, ce qui confirme ce que j'ai dit et étend encore la théorie que j'ai établie au sujet de la composition des êtres organisés et au sujet de leur reproduction.

Tous les animaux, mâles ou femelles, tous ceux qui sont pourvus des deux sexes ou qui en sont privés, tous les végétaux, de quelques espèces qu'ils soient, tous les corps en un mot vivants ou végétants, sont donc composés de parties organiques vivantes qu'on peut démontrer aux yeux de tout le monde ; ces parties organiques sont en plus grande quantité dans les liqueurs séminales des animaux, dans les germes des amandes des fruits, dans les graines, dans les parties les plus substantielles de l'animal ou du végétal, et c'est de la réunion de ces parties organiques, renvoyées de toutes les parties du corps de l'animal ou du végétal, que se fait la reproduction, toujours semblable à l'animal ou au végétal dans lequel elle s'opère, parce que la réunion de ces parties organiques ne peut se faire qu'au moyen du moule intérieur, c'est-à-dire dans l'ordre que produit la forme du corps de l'animal ou du végétal[1], et c'est en quoi consiste l'essence de l'unité et de la continuité des espèces, qui dès lors ne doivent jamais s'épuiser, et qui d'elles-mêmes dureront autant qu'il plaira à celui qui les a créées de les laisser subsister.

Mais avant que de tirer des conséquences générales du système que je viens d'établir, je dois satisfaire à plusieurs choses particulières qu'on pourrait me demander, et en même temps en rapporter d'autres qui serviront à mettre cette matière dans un plus grand jour.

On me demandera sans doute pourquoi je ne veux pas que ces corps mouvants qu'on trouve dans les liqueurs séminales soient des animaux, puisque tous ceux qui les ont observés les ont regardés comme tels, et que Leeuwenhoek et les autres observateurs s'accordent à les appeler animaux, qu'il ne parait même pas qu'ils aient eu le moindre doute, le moindre scrupule sur cela. On pourra me dire aussi qu'on ne conçoit pas trop ce que

---

1. On voit, par ce résumé de Buffon, combien, à mesure qu'il écrit, ses idées se modifient et changent. Il avait commencé par imaginer une infinité de petits *touts*, de *germes*, semblables à l'*être total*. Des *germes* il passe aux *molécules organiques*. Les *molécules organiques* le conduisent à supposer un *moule intérieur* (avec les *germes*, il pouvait se passer de *moule* : la *forme* était donnée ; avec de simples *molécules*, de simples *parties vivantes*, il lui faut des *moules* qui donnent la *forme*). Bientôt il croit voir, dans les *animalcules spermatiques*, les *molécules organiques*, base actuelle de tout le système ; « et l'on peut, dit-il, les démontrer « aux yeux de tout le monde. » Enfin, il retranche autant qu'il peut l'animalité aux *animalcules spermatiques* pour les réduire à n'être que des *parties vivantes*, que des *molécules organiques*.

c'est que des parties organiques vivantes, à moins que de les regarder comme des animalcules, et que de supposer qu'un animal est composé de petits animaux est à peu près la même chose que de dire qu'un être organisé est composé de parties organiques vivantes. Je vais tâcher de répondre à ces questions d'une manière satisfaisante.

Il est vrai que presque tous les observateurs se sont accordés à regarder comme des animaux les corps mouvants des liqueurs séminales, et qu'il n'y a guère que ceux qui, comme Verheyen, ne les avaient pas observées avec de bons microscopes, qui ont cru que le mouvement qu'on voyait dans ces liqueurs pouvait provenir des esprits de la semence qu'ils supposaient être en grande agitation; mais il n'est pas moins certain, tant par mes observations que par celles de M. Needham sur la semence du calmar, que ces corps en mouvement des liqueurs séminales sont des êtres plus simples et moins organisés que les animaux.

Le mot *animal*, dans l'acception où nous le prenons ordinairement, représente une idée générale, formée des idées particulières qu'on s'est faites de quelques animaux particuliers : toutes les idées générales renferment des idées différentes qui approchent ou diffèrent plus ou moins les unes des autres, et par conséquent aucune idée générale ne peut être exacte ni précise ; l'idée générale que nous nous sommes formée de l'animal sera, si vous voulez, prise principalement de l'idée particulière du chien, du cheval, et d'autres bêtes qui nous paraissent avoir de l'intelligence, de la volonté, qui semblent se déterminer et se mouvoir suivant cette volonté, et qui de plus sont composées de chair et de sang, qui cherchent et prennent leur nourriture, qui ont des sens, des sexes et la faculté de se reproduire. Nous joignons donc ensemble une grande quantité d'idées particulières, lorsque nous nous formons l'idée générale que nous exprimons par le mot *animal*, et l'on doit observer que dans le grand nombre de ces idées particulières, il n'y en a pas une qui constitue l'essence de l'idée générale; car il y a, de l'aveu de tout le monde, des animaux qui paraissent n'avoir aucune intelligence, aucune volonté, aucun mouvement progressif; il y en a qui n'ont ni chair ni sang, et qui ne paraissent être qu'une glaire congelée; il y en a qui ne peuvent chercher leur nourriture, et qui ne la reçoivent que de l'élément qu'ils habitent; enfin il y en a qui n'ont point de sens, pas même celui du toucher, au moins à un degré qui nous soit sensible; il y en a qui n'ont point de sexes, ou qui les ont tous deux, et il ne reste de général à l'animal que ce qui lui est commun avec le végétal, c'est-à-dire la faculté de se reproduire. C'est donc du tout ensemble qu'est composée l'idée générale, et ce tout étant composé de parties différentes, il y a nécessairement entre ces parties des degrés et des nuances; un insecte, dans ce sens, est quelque chose de moins animal qu'un chien; une huitre est encore moins animal qu'un insecte; une ortie de mer, ou un polype

d'eau douce, l'est encore moins qu'une huitre; et comme la nature va par
nuances insensibles, nous devons trouver des êtres qui sont encore moins
animaux qu'une ortie de mer ou un polype. Nos idées générales ne sont
que des méthodes artificielles que nous nous sommes formées pour rassembler une grande quantité d'objets dans le même point de vue, et elles ont
comme les méthodes artificielles dont nous avons parlé (*Discours* 1), le
défaut de ne pouvoir jamais tout comprendre; elles sont de même opposées à la marche de la nature, qui se fait uniformément, insensiblement et
toujours particulièrement : en sorte que c'est pour vouloir comprendre un
trop grand nombre d'idées particulières dans un seul mot, que nous n'avons
plus une idée claire de ce que ce mot signifie, parce que ce mot étant reçu,
on s'imagine que ce mot est une ligne qu'on peut tirer entre les productions
de la nature, que tout ce qui est au-dessus de cette ligne est en effet *animal*,
et que tout ce qui est au-dessous ne peut être que *végétal*, autre mot aussi
général que le premier, qu'on emploie de même comme une ligne de séparation entre les corps organisés et les corps bruts. Mais, comme nous l'avons
déjà dit plus d'une fois, ces lignes de séparation n'existent point dans la
nature : il y a des êtres qui ne sont ni animaux, ni végétaux, ni minéraux,
et qu'on tenterait vainement de rapporter aux uns ou aux autres : par
exemple, lorsque M. Trembley, cet auteur célèbre de la découverte des
animaux qui se multiplient par chacune de leurs parties détachées, coupées ou séparées, observa pour la première fois le polype de la lentille
d'eau, combien employa-t-il de temps pour reconnaitre si ce polype était
un animal ou une plante! et combien n'eut-il pas sur cela de doutes et d'incertitudes ! C'est qu'en effet le polype de la lentille n'est peut-être ni l'un
ni l'autre, et que tout ce qu'on en peut dire, c'est qu'il approche un peu
plus de l'animal que du végétal; et comme on veut absolument que tout
être vivant soit un animal ou une plante, on croirait n'avoir pas bien
connu un être organisé, si on ne le rapportait pas à l'un ou l'autre de ces
noms généraux, tandis qu'il doit y avoir, et qu'en effet il y a une grande
quantité d'êtres organisés qui ne sont ni l'un ni l'autre. Les corps mouvants que l'on trouve dans les liqueurs séminales, dans la chair infusée des
animaux et dans les graines et les autres parties infusées des plantes, sont
de cette espèce; on ne peut pas dire que ce soient des animaux, on ne peut
pas dire que ce soient des végétaux, et assurément on dira encore moins
que ce sont des minéraux.

On peut donc assurer, sans crainte de trop avancer, que la grande division des productions de la nature en *animaux*, *végétaux* et *minéraux*, ne
contient pas tous les êtres matériels : il existe, comme on vient de le voir,
des corps organisés qui ne sont pas compris dans cette division. Nous avons
dit que la marche de la nature se fait par des degrés nuancés et souvent
imperceptibles; aussi passe-t-elle, par des nuances insensibles, de l'animal

au végétal ; mais du végétal au minéral le passage est brusque, et cette loi de n'aller que par degrés nuancés parait se démentir. Cela m'a fait soupçonner qu'en examinant de près la nature, on viendrait à découvrir des êtres intermédiaires, des corps organisés qui, sans avoir, par exemple, la puissance de se reproduire comme les animaux et les végétaux, auraient cependant une espèce de vie et de mouvement ; d'autres êtres qui, sans être des animaux ou des végétaux, pourraient bien entrer dans la constitution des uns et des autres ; et enfin d'autres êtres qui ne seraient que le premier assemblage des molécules organiques dont j'ai parlé dans les chapitres précédents.

Je mettrais volontiers dans la première classe de ces espèces d'êtres les œufs, comme en étant le genre le plus apparent. Ceux des poules et des autres oiseaux femelles tiennent, comme on sait, à un pédicule commun, et ils tirent leur origine et leur premier accroissement du corps de l'animal ; mais dans ce temps qu'ils sont attachés à l'ovaire, ce ne sont pas encore de vrais œufs, ce ne sont que des globes jaunes qui se séparent de l'ovaire dès qu'ils sont parvenus à un certain degré d'accroissement ; lorsqu'ils viennent à se séparer, ce ne sont encore que des globes jaunes, mais des globes dont l'organisation intérieure est telle qu'ils tirent de la nourriture, qu'ils la tournent en leur substance, et qu'ils s'approprient la lymphe dont la matrice de la poule est baignée, et qu'en s'appropriant cette liqueur ils forment le blanc, les membranes, et enfin la coquille. L'œuf, comme l'on voit, a une espèce de vie et d'organisation, un accroissement, un développement et une forme qu'il prend de lui-même et par ses propres forces ; il ne vit pas comme l'animal, il ne végète pas comme la plante, il ne se reproduit pas comme l'un et l'autre ; cependant il croît, il agit à l'extérieur et il s'organise. Ne doit-on pas dès lors regarder l'œuf comme un être qui fait une classe à part, et qui ne doit se rapporter ni aux animaux, ni aux minéraux [1] ? car si l'on prétend que l'œuf n'est qu'une production animale destinée pour la nourriture du poulet, et si l'on veut le regarder comme une partie de la poule, une partie d'animal, je répondrai que les œufs, soit qu'ils soient fécondés ou non, soit qu'ils contiennent ou non des poulets, s'organisent toujours de la même façon, que même la fécondation n'y change qu'une partie presque invisible, que dans tout le reste l'organisation de l'œuf est toujours la même, qu'il arrive à sa perfection et à l'accomplissement de sa forme, tant extérieure qu'intérieure, soit qu'il contienne le poulet ou non, et que par conséquent c'est un être qu'on peut bien considérer à part et en lui-même.

1. *L'œuf n'est point un être qui fasse une classe à part*, et qui *ne se rapporte ni aux animaux ni aux minéraux*. L'œuf est tout simplement le *nouvel animal*, le *nouvel être*, plus ou moins enveloppé, selon les classes, dans ses organes *temporaires* ou *provisoires*; car toutes les parties de l'œuf sont des organes *provisoires* du *fœtus*: l'*amnios* est la peau du *fœtus*; l'*allantoïde* est sa vessie; la *membrane ombilicale*, son *intestin*, etc.

Ce que je viens de dire paraîtra bien plus clair, si on considère la formation et l'accroissement des œufs de poisson : lorsque la femelle les répand dans l'eau, ce ne sont encore, pour ainsi dire, que des ébauches d'œufs; ces ébauches, séparées totalement du corps de l'animal et flottantes dans l'eau, attirent à elles et s'approprient les parties qui leur conviennent, et croissent ainsi par intussusception; de la même façon que l'œuf de la poule acquiert des membranes et du blanc dans la matrice où il flotte, de même les œufs de poisson acquièrent d'eux-mêmes des membranes et du blanc dans l'eau où ils sont plongés, et soit que le mâle vienne les féconder en répandant dessus la liqueur de sa laite, ou qu'ils demeurent inféconds faute d'avoir été arrosés de cette liqueur, ils n'arrivent pas moins, dans l'un et l'autre cas, à leur entière perfection. Il me semble donc qu'on doit regarder les œufs en général comme des corps organisés qui, n'étant ni animaux ni végétaux, font un genre à part.

Un second genre d'êtres de la même espèce sont les corps organisés qu'on trouve dans la semence de tous les animaux, et qui, comme ceux de la laite du calmar, sont plutôt des machines naturelles que des animaux. Ces êtres sont proprement le premier assemblage qui résulte des molécules organiques dont nous avons tant parlé; ils sont peut-être même les parties organiques qui constituent les corps organisés des animaux. On les a trouvés dans la semence de tous les animaux, parce que la semence n'est, en effet, que le résidu de toutes les molécules organiques que l'animal prend avec les aliments; c'est, comme nous l'avons dit, ce qu'il y a de plus analogue à l'animal même, ce qu'il y a de plus organique dans la nourriture qui fait la matière de la semence, et par conséquent on ne doit pas être étonné d'y trouver des corps organisés.

Pour reconnaître clairement que ces corps organisés ne sont pas de vrais animaux, il n'y a qu'à réfléchir sur ce que nous présentent les expériences précédentes : les corps mouvants que j'ai observés dans les liqueurs séminales ont été pris pour des animaux, parce qu'ils ont un mouvement progressif, et qu'on a cru leur remarquer une queue; mais si on fait attention d'un côté à la nature de ce mouvement progressif qui, quand il est une fois commencé, finit tout à coup sans jamais se renouveler, et de l'autre à la nature de ces queues, qui ne sont que des filets que le corps en mouvement tire après lui, on commencera à douter, car un animal va quelquefois lentement, quelquefois vite; il s'arrête et se repose quelquefois dans son mouvement; ces corps mouvants, au contraire, vont toujours de même dans le même temps; je ne les ai jamais vus s'arrêter et se remettre en mouvement; ils continuent d'aller et de se mouvoir progressivement sans jamais se reposer, et lorsqu'ils s'arrêtent une fois, c'est pour toujours. Je demande si cette espèce de mouvement continu et sans aucun repos est un mouvement ordinaire aux animaux, et si cela ne doit pas nous faire douter que ces corps en mouvement soient de vrais animaux. De même il parait qu'un animal, quel qu'il soit, doit avoir une forme constante et des membres distincts; ces corps mouvants, au contraire, changent de forme à tout instant, ils n'ont aucun membre distinct, et leur queue ne parait être qu'une partie étrangère à leur individu; dès lors doit-on croire que ces corps mouvants soient en effet des animaux? On voit dans ces liqueurs des filaments qui s'allongent et qui semblent végéter; ils se gonflent ensuite et produisent des corps mouvants; ces filaments seront, si l'on veut, des espèces de végétaux, mais les corps mouvants qui en sortent ne seront pas des animaux, car jamais l'on n'a vu de végétal produire un animal : ces corps mouvants se trouvent aussi bien dans les germes des plantes que dans la liqueur séminale des animaux; on les trouve dans toutes les substances végétales ou animales; ces corps mouvants ne sont donc pas des animaux : ils ne se produisent pas par les voies de la génération; ils n'ont pas d'espèce constante; ils ne peuvent donc être ni des animaux, ni des végétaux. Que seront-ils donc? On les trouve partout, dans la chair des animaux, dans la substance des végétaux; on les trouve en plus grand nombre dans les semences des uns et des autres : n'est-il pas naturel de les regarder comme des parties organiques vivantes qui composent l'animal ou le végétal, comme des parties qui ayant du mouvement et une espèce de vie doivent produire par leur réunion des êtres mouvants et vivants, et former les animaux et les végétaux?

Mais, pour laisser sur cela le moins de doute que nous pourrons, examinons les observations des autres. Peut-on dire que les machines actives que M. Needham a trouvées dans la laite du calmar soient des animaux? pourrait-on croire que les œufs qui sont des machines actives d'une autre espèce soient aussi des animaux? et si nous jetons les yeux sur la représentation de presque tous les corps en mouvement que Leeuwenhoek a vus au microscope dans une infinité de différentes matières, ne reconnaitrons-nous pas, même à la première inspection, que ces corps ne sont pas des animaux, puisque aucun d'eux n'a de membre, et qu'ils sont tous, ou des globules, ou des ovales plus ou moins allongés, plus ou moins aplatis? Si nous examinons ensuite ce que dit ce célèbre observateur lorsqu'il décrit le mouvement de ces prétendus animaux, nous ne pourrons plus douter qu'il n'ait eu tort de les regarder comme tels, et nous nous confirmerons de plus en plus dans notre opinion, que ce sont seulement des parties organiques en mouvement. Nous en rapporterons ici plusieurs exemples. Leeuwenhoek donne (tome I, page 51) la figure des corps mouvants qu'il a observés dans la liqueur des testicules d'une grenouille mâle. Cette figure ne représente rien qu'un corps menu, long et pointu par l'une des extrémités, et voici ce qu'il en dit : « Uno tempore caput (c'est ainsi qu'il appelle l'extré-
« mité la plus grosse de ce corps mouvant) crassius mihi apparebat alio;

« plerumque agnoscebam animalculum haud ulteriùs quàm à capite ad
« medium corpus, ob caudæ tenuitatem, et cùm idem animalculum paulò
« vehementiùs moveretur (quod tamen tardè fiebat) quasi volumine quo-
« dam circà caput ferebatur. Corpus ferè carebat motu, cauda tamen in
« tres quatuorve flexus volvebatur. » Voilà le changement de forme que
j'ai dit avoir observé, voilà le mucilage dont le corps mouvant fait effort
pour se dégager, voilà une lenteur dans le mouvement lorsque ces corps ne
sont pas dégagés de leur mucilage, et, enfin, voilà un animal, selon Leeuwenhoek, dont une partie se meut et l'autre demeure en repos, dont l'une
est vivante et l'autre morte; car il dit plus bas, « movebant posteriorem
« solùm partem; quæ ultima, morti vicina esse judicabam. » Tout cela,
comme l'on voit, ne convient guère à un animal, et s'accorde avec ce que
j'ai dit, à l'exception que je n'ai jamais vu la queue ou le filet se mouvoir
que par l'agitation du corps qui le tire, ou bien par un mouvement intérieur que j'ai vu dans les filaments lorsqu'ils se gonflent pour produire des
corps en mouvement. Il dit ensuite, page 52, en parlant de la liqueur
séminale du cabillau : « Non est putandum omnia animalcula in semine
« aselli contenta uno eodemque tempore vivere, sed illa potiùs tantùm
« vivere quæ exitui seu partui viciniora sunt, quæ et copiosiori humido
« innatant præ reliquis vita carentibus, adhuc in crassa materia, quam
« humor eorum efficit, jacentibus. » Si ce sont des animaux, pourquoi
n'ont-ils pas tous vie? pourquoi ceux qui sont dans la partie la plus liquide
sont-ils vivants, tandis que ceux qui sont dans la partie la plus épaisse de
la liqueur ne le sont pas? Leeuwenhoek n'a pas remarqué que cette matière
épaisse, dont il attribue l'origine à l'humeur de ces animalcules, n'est, au
contraire, autre chose qu'une matière mucilagineuse qui les produit. En
délayant avec de l'eau cette matière mucilagineuse, il aurait fait vivre tous
ces animalcules, qui cependant, selon lui, ne doivent vivre que longtemps
après; souvent même ce mucilage n'est qu'un amas de ces corps qui doivent se mettre en mouvement dès qu'ils peuvent se séparer, et par conséquent cette matière épaisse, au lieu d'être une humeur que ces animaux
produisent, n'est, au contraire, que les animaux eux-mêmes, ou plutôt
c'est, comme nous venons de le dire, la matière qui contient et qui produit
les parties organiques qui doivent se mettre en mouvement. En parlant de
la semence du coq, Leeuwenhoek dit, page 5 de sa lettre écrite à Grew :
« Contemplando materiam (seminalem) animadverti ibidem tantam abun-
« dantiam viventium animalium, ut ea stuperem; forma seu externa figura
« sua nostrates anguillas fluviatiles referebant, vehementissimà agitatione
« movebantur; quibus tamen substrati videbantur multi et admodùm exiles
« globuli, item multæ plan-ovales figuræ, quibus etiam vita posset attribui,
« et quidem propter earumdem commotiones; sed existimabam omnes hasce
« commotiones et agitationes provenire ab animalculis, sicque etiam res se

« habebat; attamen ego non opinione solùm, sed etiam ad veritatem mihi
« persuadeo has particulas planam et ovalem figuram habentes, esse quæ-
« dam animalcula inter se ordine suo disposita et mixta, vitàque adhuc
« carentia. » Voilà donc dans la même liqueur séminale des animalcules de
différentes formes, et je suis convaincu, par mes propres observations, que
si Leeuwenhoek eût observé exactement les mouvements de ces ovales, il
aurait reconnu qu'ils se remuaient par leur propre force, et que par conséquent ils étaient vivants aussi bien que les autres. Il est visible que ceci
s'accorde parfaitement avec ce que nous avons dit; ces corps mouvants
sont des parties organiques qui prennent différentes formes, et ce ne sont
pas des espèces constantes d'animaux, car, dans le cas présent, si les corps
qui ont la figure d'une anguille sont les vrais animaux spermatiques dont
chacun est destiné à devenir un coq, ce qui suppose une organisation bien
parfaite et une forme bien constante, que seront les autres qui ont une
figure ovale, et à quoi serviront-ils? Il dit un peu plus bas qu'on pourrait
concevoir que ces ovales seraient les mêmes animaux que les anguilles, en
supposant que le corps de ces anguilles fût tortillé et rassemblé en spirale;
mais alors comment concevra-t-on qu'un animal, dont le corps est ainsi
contraint, puisse se mouvoir sans s'étendre? Je crois donc que ces ovales
n'étaient autre chose que les parties organiques séparées de leur filet, et
que les anguilles étaient ces mêmes parties qui trainaient leur filet, comme
je l'ai vu plusieurs fois dans d'autres liqueurs séminales.

Au reste, Leeuwenhoek, qui croyait que tous ces corps mouvants étaient
des animaux, qui avait établi sur cela un système, qui prétendait que ces
animaux spermatiques devaient devenir des hommes et des animaux, n'avait
garde de soupçonner que ces corps mouvants ne fussent, en effet, que des
machines naturelles, des parties organiques en mouvement; car il ne doutait pas (voyez t. I, p. 67) que ces animaux spermatiques ne continssent en
petit le grand animal, et il dit : « Progeneratio animalis ex animalculo in
« seminibus masculinis omni exceptione major est; nam etiamsi in animal-
« culo ex semine masculo, unde ortum est, figuram animalis conspicere
« nequeamus, attamen satis superque certi esse possumus figuram animalis
« ex quà animal ortum est, in animalculo quod in semine masculo repe-
« ritur, conclusam jacere sive esse : et quanquam mihi sæpiùs, conspectis
« animalculis in semine masculo animalis, imaginatus fuerim me posse
« dicere, en ibi caput, en ibi humeros, en ibi femora; attamen cùm ne
« minima quidem certitudine de iis judicium ferre potuerim, hucusque
« certi quid statuere supersedeo, donec tale animal, cujus semina mascula
« tam magna erunt, ut in iis figuram creaturæ ex quà provenit, agnoscere
« queam, invenire secunda nobis concedat fortuna. » Ce hasard heureux
que Leeuwenhoek désirait, et n'a pas eu, s'est offert à M. Needham. Les animaux spermatiques du calmar ont trois ou quatre lignes de longueur à l'œil

simple ; il est extrêmement aisé d'en voir toute l'organisation et toutes les parties, mais ce ne sont pas de petits calmars, comme l'aurait voulu Leeuwenhoeck ; ce ne sont pas même des animaux, quoiqu'ils aient du mouvement ; ce ne sont, comme nous l'avons dit, que des machines[1] qu'on doit regarder comme le premier produit de la réunion des parties organiques en mouvement.

Quoique Leeuwenhoeck n'ait pas eu l'avantage de se détromper de cette façon, il avait cependant observé d'autres phénomènes qui auraient dû l'éclairer ; par exemple, il avait remarqué (voyez t. I, p. 160) que les animaux spermatiques du chien changeaient souvent de figure, surtout lorsque la liqueur dans laquelle ils nageaient était sur le point de s'évaporer entièrement ; il avait observé que ces prétendus animaux avaient une ouverture à la tête lorsqu'ils étaient morts, et que cette ouverture n'existait point pendant leur vie ; il avait vu que la partie qu'il regardait comme la tête de l'animal était pleine et arrondie lorsqu'il était vivant, et, qu'au contraire, elle était affaissée et aplatie après la mort : tout cela devait le conduire à douter que ces corps mouvants fussent de vrais animaux, et en effet, cela convient mieux à une espèce de machine qui se vide, comme celle du calmar, qu'à un animal qui se meut.

J'ai dit que ces corps mouvants, ces parties organiques ne se meuvent pas comme se mouvraient des animaux, qu'il n'y a jamais aucun intervalle de repos dans leur mouvement. Leeuwenhoeck l'a observé tout de même, et il le remarque précisément, tome I, page 168 : « Quotiescumque, *dit-il*, ani- « malcula in semine masculo animalium fuerim contemplatus, attamen illa « se unquam ad quietem contulisse, me numquam vidisse, mihi dicendum « est, si modo sat fluidæ superesset materiæ in quâ sese commodè movere « poterant ; at eadem in continuo manent motu, et tempore quo ipsis « moriendum appropinquante, motus magis magisque deficit usquedùm « nullus prorsùs motus in illis agnoscendus sit. » Il me paraît qu'il est difficile de concevoir qu'il puisse exister des animaux qui, dès le moment de leur naissance jusqu'à celui de leur mort, soient dans un mouvement continuel et très-rapide, sans le plus petit intervalle de repos ; et comment imaginer que ces prétendus animaux du chien, par exemple, que Leeuwenhoeck a vus, après le septième jour, en mouvement aussi rapide qu'ils l'étaient au sortir du corps de l'animal, aient conservé pendant ce temps un mouvement dont la vitesse est si grande qu'il n'y a point d'animaux sur la terre qui aient assez de force pour se mouvoir ainsi pendant une heure, surtout si l'on fait attention à la résistance qui provient tant de la densité que de la ténacité de la liqueur dans laquelle ces prétendus animaux se meuvent ? Cette espèce de mouvement continu convient au contraire à des par-

---

1. Ces *machines* ne sont que les *étuis* qui contiennent la *liqueur séminale*. (Voyez la note de la page 461.)

ties organiques qui, comme des machines artificielles, produisent dans un temps leur effet d'une manière continue, et qui s'arrêtent ensuite lorsque cet effet est produit.

Dans le grand nombre d'observations que Leeuwenhoek a faites, il a sans doute vu souvent ces prétendus animaux sans queues ; il le dit même en quelques endroits, et il tâche d'expliquer ce phénomène par quelque supposition ; par exemple (tome II, page 150) il dit en parlant de la semence du merlus : « Ubi verò ad lactium accederem observationem, in iis partibus « quas animalcula esse censebam, neque vitam neque caudam dignoscere « potui ; cujus rei rationem esse existimabam, quòd quandiù animalcula « natando loca sua perfectè mutare non possunt, tam diù etiam cauda con- « cinnè circà corpus maneat ordinata, quòdque ideò singula animalcula « rotundum repræsentent corpusculum. » Il me parait qu'il eût été plus simple de dire, comme cela est en effet, que les animaux spermatiques de ce poisson ont des queues dans un temps et n'en ont point dans d'autres, que de supposer que cette queue est tortillée si exactement autour de leur corps, que cela leur donne la figure d'un globule. Ceci ne doit-il pas nous porter à croire que Leeuwenhoek n'a fixé ses yeux que sur les corps mouvants auxquels il voyait des queues ; qu'il ne nous a donné la description que des corps mouvants qu'il a vus dans cet état ; qu'il a négligé de nous les décrire lorsqu'ils étaient sans queues, parce qu'alors, quoiqu'ils fussent en mouvement, il ne les regardait pas comme des animaux, et c'est ce qui fait que presque tous les animaux spermatiques qu'il a dépeints se ressemblent, et qu'ils ont tous des queues, parce qu'il ne les a pris pour de vrais animaux que lorsqu'ils sont en effet dans cet état, et que quand il les a vus sous d'autres formes il a cru qu'ils étaient encore imparfaits, ou bien qu'ils étaient près de mourir, ou même qu'ils étaient morts. Au reste, il parait par mes observations que bien loin que le prétendu animalcule déploie sa queue, d'autant plus qu'il est plus en état de nager, comme le dit ici Leeuwenhoek, il perd au contraire successivement les parties extrêmes de sa queue à mesure qu'il nage plus promptement, et qu'enfin cette queue qui n'est qu'un corps étranger, un filet que le corps en mouvement traîne, disparait entièrement au bout d'un certain temps.

Dans un autre endroit (tome III, page 93) Leeuwenhoek, en parlant des animaux spermatiques de l'homme, dit : « Aliquando etiam animadverti « inter animalcula particulas quasdam minores et subrotundas, cù m verò « se ea aliquoties eo modo oculis meis exhibuerint, ut mihi imaginarer eas « exiguis instructas esse caudis, cogitare cœpi an non hæ fortè particulæ « forent animalcula recens nata ; certum enim mihi est ea etiam animalcula « per generationem provenire, vel ex mole minuscula ad adultam proce- « dere quantitatem : et quis scit an non ea animalcula, ubi moriuntur, alio- « rum animalculorum nutrioni atque augmini inserviant ? » Il parait, par ce passage, que Leeuwenhoek a vu dans la liqueur séminale de l'homme des animaux sans queues aussi bien que des animaux avec des queues, et qu'il est obligé de supposer que ces animaux qui n'avaient point de queues étaient nouvellement nés et n'étaient point encore adultes. J'ai observé tout le contraire, car les corps en mouvement ne sont jamais plus gros que lorsqu'ils se séparent du filament, c'est-à-dire, lorsqu'ils commencent à se mouvoir et lorsqu'ils sont entièrement débarrassés de leur enveloppe, ou, si l'on veut, du mucilage qui les environne ; ils sont plus petits, et d'autant plus petits qu'ils demeurent plus longtemps en mouvement. A l'égard de la génération de ces animaux, de laquelle Leeuwenhoek dit dans cet endroit qu'il est certain, je suis persuadé que toutes les personnes qui voudront se donner la peine d'observer avec soin les liqueurs séminales trouveront qu'il n'y a aucun indice de génération d'animal par un autre animal, ni même d'accouplement ; tout ce que cet habile observateur dit ici est avancé sur de pures suppositions ; il est aisé de le lui prouver en ne se servant que de ses propres observations : par exemple, il remarque fort bien (tome III, page 98) que les laites de certains poissons, comme du cabillau, se remplissent peu à peu de liqueur séminale, et qu'ensuite après que le poisson a répandu cette liqueur, ces laites se dessèchent, se rident, et ne sont plus qu'une membrane sèche et dénuée de toute liqueur. « Eo tempore, *dit-il*, « quo asellus major lactes suos emisit, rugæ illæ, seu tortiles lactium partes, « usque adeò contrahuntur, ut nihil præter pelliculas seu membranas esse « videantur. » Comment entend-il donc que cette membrane sèche, dans laquelle il n'y a plus ni liqueur séminale ni animaux, puisse reproduire des animaux de la même espèce l'année suivante? S'il y avait une vraie génération dans ces animaux, c'est-à-dire si l'animal était produit par l'animal, il ne pourrait pas y avoir cette interruption qui, dans la plupart des poissons, est d'une année entière ; aussi pour se tirer de cette difficulté il dit un peu plus bas : « Necessariò statuendum erit, ut asellus major semen suum « emiserit, in lactibus etiamnum multùm materiæ seminalis gignendis ani- « malculis aptæ remansisse, ex quà materià plura oportet provenire ani- « malcula seminalia quàm anno proximè elapso emissa fuerant. » On voit bien que cette supposition, qu'il reste de la matière séminale dans les laites pour produire les animaux spermatiques de l'année suivante est absolument gratuite, et d'ailleurs contraire aux observations par lesquelles on reconnait évidemment que la laite n'est dans cet intervalle qu'une membrane mince et absolument desséchée. Mais comment répondre à ce que l'on peut opposer encore ici en faisant voir qu'il y a des poissons, comme le calmar, dont non-seulement la liqueur séminale se forme de nouveau tous les ans, mais même le réservoir qui la contient, la laite elle-même? Pourra-t-on dire alors qu'il reste dans la laite de la matière séminale pour produire les animaux de l'année suivante, tandis qu'il ne reste pas même de laite, et qu'après l'émission entière de la liqueur séminale, la laite elle-même s'oblitère entièrement et disparaît, et que l'on voit sous ses yeux une nouvelle laite se former l'année suivante ? Il est donc très-certain que ces prétendus animaux spermatiques ne se multiplient pas, comme les autres animaux, par les voies de la génération, ce qui seul suffirait pour faire présumer que ces parties qui se meuvent dans les liqueurs séminales ne sont pas de vrais animaux. Aussi Leeuwenhoek qui, dans l'endroit que nous venons de citer, dit qu'il est certain que les animaux spermatiques se multiplient et se propagent par la génération, avoue cependant dans un autre endroit (tome I, page 26) que la manière dont se produisent ces animaux est fort obscure, et qu'il laisse à d'autres le soin d'éclaircir cette matière : « Persuadebam « mihi, *dit-il* (en parlant des animaux spermatiques du loir), hæcce animal- « cula ovibus prognasci, quia diversa in orbem jacentia et in semet convo- « luta videbam ; sed unde, quæso, primam illorum originem derivabimus? « An animo nostro concipiemus horum animalculorum semen jam pro- « creatum esse in ipsâ generatione, hocque semen tam diù in testiculis « hominum hærere, usquedùm ad annum ætatis decimum-quartum vel « decimum-quintum aut sextum pervenerint, eademque animalcula tùm « demum vita donari, vel in justam staturam excrevisse, illoque temporis « articulo generandi maturitatem adesse? sed hæc lampada aliis trado. » Je ne crois pas qu'il soit nécessaire de faire de plus grandes réflexions sur ce que dit ici Leeuwenhoek ; il a vu dans la semence du loir des animaux spermatiques sans queues et ronds : « in semet convoluta, » dit-il, parce qu'il supposait toujours qu'ils devaient avoir des queues ; et à l'égard de la génération de ces prétendus animaux, on voit que bien loin d'être certain, comme il le dit ailleurs, que ces animaux se propagent par la génération, il paraît ici convaincu du contraire. Mais lorsqu'il eut observé la génération des pucerons, et qu'il se fut assuré (voyez tome II, page 499 et suiv. , et tome III, page 271) qu'ils engendrent d'eux-mêmes et sans accouplement, il saisit cette idée pour expliquer la génération des animaux spermatiques : « Quemadmodum, *dit-il*, animalcula hæc quæ pediculorum anteà nomine « designavimus (*les pucerons*) dùm adhuc in utero materno latent, jam « prædita sunt materia seminali ex quâ ejusdem generis proditura sunt « animalcula, pari ratione cogitare licet animalcula in seminibus mascu- « linis ex animalium testiculis non migrare, seu ejici, quin post se relin- « quant minuta animalcula, aut saltem materiam seminalem ex quâ iterùm « alia ejusdem generis animalcula proventura sunt, idque absque coïtu, « eâdem ratione quâ supradicta animalcula generari observavimus. » Ceci est, comme l'on voit, une nouvelle supposition qui ne satisfait pas plus que les précédentes ; car on n'entend pas mieux par cette comparaison de la génération de ces animalcules avec celle du puceron, comment ils ne se trouvent dans la liqueur séminale de l'homme que lorsqu'il est parvenu à l'âge de quatorze ou quinze ans ; on n'en sait pas plus d'où ils viennent, on n'en conçoit pas mieux comment ils se renouvellent tous les ans dans les poissons, etc. ; et il me paraît que quelques efforts que Leeuwenhoek ait faits pour établir la génération de ces prétendus animaux spermatiques sur quelque chose de probable, cette matière est demeurée dans une entière obscurité, et y serait peut-être demeurée perpétuellement, si les expériences précédentes ne nous avaient appris que ces animaux spermatiques ne sont pas des animaux, mais des parties organiques mouvantes qui sont contenues dans la nourriture que l'animal prend et qui se trouvent en grande abondance dans la liqueur séminale, qui est l'extrait le plus pur et le plus organique de cette nourriture.

Leeuvenhoek avoue en quelques endroits qu'il n'a pas toujours trouvé des animaux dans les liqueurs séminales des mâles ; par exemple, dans celle du coq, qu'il a observée très-souvent, il n'a vu des animaux spermatiques en forme d'anguilles qu'une seule fois ; et plusieurs années après il ne les vit plus sous la figure d'une anguille (voyez t. III, p. 370), mais avec une grosse tête et une queue que son dessinateur ne pouvait pas voir. Il dit aussi (t. III, p. 306) qu'une année il ne put trouver dans la liqueur séminale tirée de la laite d'un cabillaud des animaux vivants ; tout cela venait de ce qu'il voulait trouver des queues à ces animaux, et que quand il voyait de petits corps en mouvement et qui n'avaient que la forme de petits globules, il ne les regardait pas comme des animaux ; c'est cependant sous cette forme qu'on les voit le plus généralement, et qu'ils se trouvent le plus souvent dans les substances animales ou végétales. Il dit, dans le même endroit, qu'ayant pris toutes les précautions possibles pour faire voir à un dessinateur les animaux spermatiques du cabillaud, qu'il avait lui-même vus si distinctement tant de fois, il ne put jamais en venir à bout : « Non solùm, « *dit-il*, ob eximiam eorum exilitatem, sed etiam quòd eorum corpora adeò « essent fragilia, ut corpuscula passìm dirumperentur ; unde factum fuit « ut nonnisi rarò, nec sine attentissimâ observatione animadverterem par- « ticulas planas atque ovorum in morem longas, in quibus ex parte caudas « dignoscere licebat ; particulas has oviformes existimavi animalcula esse « dirupta, quòd particulæ hæ diruptæ quadruplò ferè viderentur majores « corporibus animalculorum vivorum. » Lorsqu'un animal, de quelque espèce qu'il soit, cesse de vivre, il ne change pas, comme ceux-ci, subitement de forme ; de long comme un fil il ne devient pas rond comme une boule ; il ne devient pas non plus quatre fois plus gros après sa mort qu'il ne l'était pendant sa vie ; rien de ce que dit ici Leeuwenhoek ne convient à des animaux ; tout convient, au contraire, à des espèces de machines qui, comme celles du calmar, se vident après avoir fait leurs fonctions. Mais suivons encore cette observation : il dit qu'il a vu ces animaux spermatiques du cabillaud sous des formes différentes, « multa apparebant ani-

« maleula sphæram pellucidam repræsentantia; » il les a vus de différentes
grosseurs, « hæc animalcula minori videbantur mole, quàm ubi eadem
« antehàc in tubo vitreo rotundo examinaveram. » Il n'en faut pas davantage pour faire voir qu'il n'y a point ici d'espèce ni de forme constante, et
que par conséquent il n'y a point d'animaux, mais seulement des parties
organiques en mouvement qui prennent en effet, par leurs différentes
combinaisons, des formes et des grandeurs différentes. Ces parties organiques mouvantes se trouvent en grande quantité dans l'extrait et dans
les résidus de la nourriture : la matière qui s'attache aux dents, et qui,
dans les personnes saines, a la même odeur que la liqueur séminale, doit
être regardée comme un résidu de la nourriture; aussi y trouve-t-on une
grande quantité de ces prétendus animaux, dont quelques-uns ont des
queues et ressemblent à ceux de la liqueur séminale. M. Baker en a fait
graver quatre espèces différentes, dont aucune n'a de membres, et qui
toutes sont des espèces de cylindres, d'ovales, ou de globules sans queues,
ou de globules avec des queues : pour moi je suis persuadé, après les avoir
examinées, qu'aucune de ces espèces ne sont de vrais animaux, et que ce
ne sont, comme dans la semence, que les parties organiques et vivantes
de la nourriture qui se présentent sous des formes différentes. Leeuwenhoek, qui ne savait à quoi attribuer l'origine de ces prétendus animaux de
cette matière qui s'attache aux dents, suppose qu'ils viennent de certaines
nourritures où il y en a, comme du fromage; mais on les trouve également
dans ceux qui mangent du fromage et dans ceux qui n'en mangent point,
et, d'ailleurs, ils ne ressemblent en aucune façon aux mites, non plus
qu'aux autres petites bêtes qu'on voit dans le fromage corrompu. Dans un
autre endroit il dit que ces animaux des dents peuvent venir de l'eau de
citerne que l'on boit, parce qu'il a observé des animaux semblables dans
l'eau du ciel, surtout dans celle qui a séjourné sur des toits couverts ou
bordés de plomb, où l'on trouve un grand nombre d'espèces d'animaux
différents; mais nous ferons voir, lorsque nous donnerons l'histoire des
animaux microscopiques, que la plupart de ces animaux qu'on trouve dans
l'eau de pluie ne sont que des parties organiques mouvantes qui se divisent,
qui se rassemblent, qui changent de forme et de grandeur, et qu'on peut
enfin faire mouvoir et rester en repos, ou vivre et mourir, aussi souvent
qu'on le veut.

La plupart des liqueurs séminales se délaient d'elles-mêmes, et deviennent plus liquides à l'air et au froid qu'elles ne le sont au sortir du corps
de l'animal; au contraire elles s'épaississent lorsqu'on les approche du feu et
qu'on leur communique un degré, même médiocre, de chaleur. J'ai exposé
quelques-unes de ces liqueurs à un froid assez violent, en sorte qu'au toucher elles étaient aussi froides que de l'eau prête à se glacer; ce froid n'a
fait aucun mal aux prétendus animaux, ils continuaient à se mouvoir avec

la même vitesse et aussi longtemps que ceux qui n'y avaient pas été exposés ;
ceux au contraire qui avaient souffert un peu de chaleur cessaient de se
mouvoir, parce que la liqueur s'épaississait. Si ces corps en mouvement
étaient des animaux, ils seraient donc d'une complexion et d'un tempérament tout différent de tous les autres animaux, dans lesquels une chaleur
douce et modérée ne fait qu'entretenir la vie et augmenter les forces et le
mouvement, que le froid arrête et détruit.

Mais voilà peut-être trop de preuves contre la réalité de ces prétendus
animaux, et on pourra trouver que nous nous sommes trop étendus sur ce
sujet. Je ne puis cependant m'empêcher de faire une remarque dont on
peut tirer quelques conséquences utiles, c'est que ces prétendus animaux
spermatiques, qui ne sont en effet que les parties organiques vivantes de la
nourriture, existent non-seulement dans les liqueurs séminales des deux
sexes et dans le résidu de la nourriture qui s'attache aux dents, mais qu'on
les trouve aussi dans le chyle et dans les excréments. Leeuwenhoek, les
ayant rencontrés dans les excréments des grenouilles et de plusieurs autres
animaux qu'il disséquait, en fut d'abord fort surpris, et ne pouvant concevoir d'où venaient ces animaux, qui étaient entièrement semblables à ceux
des liqueurs séminales qu'il venait d'observer, il s'accuse lui-même de
maladresse et dit qu'apparemment en disséquant l'animal il aura ouvert
avec le scalpel les vaisseaux qui contiennent la semence, et qu'elle se sera
sans doute mêlée avec les excréments ; mais ensuite les ayant trouvés dans
les excréments de quelques autres animaux, et même dans les siens, il ne
sait plus quelle origine leur attribuer. J'observerai que Leeuwenhoek ne
les a jamais trouvés dans ses excréments que quand ils étaient liquides :
toutes les fois que son estomac ne faisait pas ses fonctions et qu'il était
dévoyé, il y trouvait de ces animaux, mais lorsque la coction de la nourriture se faisait bien et que les excréments étaient durs, il n'y en avait aucun,
quoiqu'il les délayât avec de l'eau, ce qui semble s'accorder parfaitement
avec tout ce que nous avons dit ci-devant ; car il est aisé de comprendre
que, lorsque l'estomac et les intestins font bien leurs fonctions, les excréments ne sont que le marc de la nourriture, et que tout ce qu'il y avait de
vraiment nourrissant et d'organique est entré dans les vaisseaux qui servent à nourrir l'animal, que par conséquent on ne doit point trouver alors
de ces molécules organiques dans ce marc, qui est principalement composé des parties brutes de la nourriture et des récréments du corps, qui
ne sont aussi que des parties brutes ; au lieu que si l'estomac et les intestins
laissent passer la nourriture sans la digérer assez pour que les vaisseaux
qui doivent recevoir ces molécules organiques puissent les admettre, ou
bien, ce qui est encore plus probable, s'il y a trop de relâchement ou de
tension dans les parties solides de ces vaisseaux, et qu'ils ne soient pas dans
l'état où il faut qu'ils soient pour pomper la nourriture, alors elle passe

avec les parties brutes, et on trouve les molécules organiques vivantes dans les excréments; d'où l'on peut conclure que les gens qui sont souvent dévoyés doivent avoir moins de liqueur séminale que les autres, et que ceux au contraire dont les excréments sont moulés et qui vont rarement à la garde-robe sont les plus vigoureux et les plus propres à la génération.

Dans tout ce que j'ai dit jusqu'ici j'ai toujours supposé que la femelle fournissait, aussi bien que le mâle, une liqueur séminale, et que cette liqueur séminale était aussi nécessaire à l'œuvre de la génération que celle du mâle. J'ai tâché d'établir (chapitre 1er) que tout corps organisé doit contenir des parties organiques vivantes. J'ai prouvé (chapitres ii et iii) que la nutrition et la reproduction s'opèrent par une seule et même cause, que la nutrition se fait par la pénétration intime de ces parties organiques dans chaque partie du corps, et que la reproduction s'opère par le superflu de ces mêmes parties organiques rassemblées dans quelque endroit où elles sont renvoyées de toutes les parties du corps. J'ai expliqué (chapitre iv) comment on doit entendre cette théorie dans la génération de l'homme et des animaux qui ont des sexes. Les femelles étant donc des êtres organisés comme les mâles elles doivent aussi, comme je l'ai établi, avoir quelques réservoirs où le superflu des parties organiques soit renvoyé de toutes les parties de leur corps; ce superflu ne peut pas y arriver sous une autre forme que sous celle d'une liqueur, puisque c'est un extrait de toutes les parties du corps, et cette liqueur est ce que j'ai toujours appelé la semence de la femelle.

Cette liqueur n'est pas, comme le prétend Aristote, une matière inféconde par elle-même, et qui n'entre ni comme matière, ni comme forme, dans l'ouvrage de la génération; c'est au contraire une matière prolifique, et aussi essentiellement prolifique que celle du mâle, qui contient les parties caractéristiques du sexe féminin, que la femelle seule peut produire, comme celle du mâle contient les parties qui doivent former les organes masculins, et chacune de ces liqueurs contient en même temps toutes les autres parties organiques qu'on peut regarder comme communes aux deux sexes, ce qui fait que par leur mélange la fille peut ressembler à son père, et le fils à sa mère. Cette liqueur n'est pas composée, comme le dit Hippocrate, de deux liqueurs, l'une forte qui doit servir à produire des mâles, et l'autre faible qui doit former les femelles; cette supposition est gratuite, et d'ailleurs je ne vois pas comment on peut concevoir que dans une liqueur qui est l'extrait de toutes les parties du corps de la femelle, il y ait des parties qui puissent produire des organes que la femelle n'a pas, c'est-à-dire, les organes du mâle.

Cette liqueur doit arriver par quelque voie dans la matrice des animaux qui portent et nourrissent leur fœtus au dedans de leur corps, ou bien elle doit se répandre sur d'autres parties dans les animaux qui n'ont point de vraie matrice; ces parties sont les œufs, qu'on peut regarder comme des matrices portatives, et que l'animal jette au dehors. Ces matrices contiennent chacune une petite goutte de cette liqueur prolifique de la femelle, dans l'endroit qu'on appelle la cicatricule; lorsqu'il n'y a pas eu de communication avec le mâle, cette goutte de liqueur prolifique se rassemble sous la figure d'une petite mole, comme l'a observé Malpighi, et quand cette liqueur prolifique de la femelle, contenue dans la cicatricule, a été pénétrée par celle du mâle, elle produit un fœtus qui tire sa nourriture des sucs de cette matrice dans laquelle il est contenu.

Les œufs, au lieu d'être des parties qui se trouvent généralement dans toutes les femelles [1], ne sont donc au contraire que des parties que la nature a employées pour remplacer la matrice dans les femelles qui sont privées de cet organe [2]: au lieu d'être les parties actives et essentielles à la première fécondation, les œufs ne servent que comme parties passives et accidentelles à la nutrition du fœtus déjà formé par le mélange des liqueurs des deux sexes dans un endroit de cette matrice, comme le sont les fœtus dans quelque endroit de la matrice des vivipares; au lieu d'être des êtres existants de tout temps, renfermés à l'infini les uns dans les autres, et contenant des millions de millions de fœtus mâles et femelles, les œufs sont au contraire des corps qui se forment du superflu d'une nourriture plus grossière et moins organique que celle qui produit la liqueur séminale et prolifique; c'est dans les femelles ovipares quelque chose d'équivalent, non-seulement à la matrice, mais même aux menstrues des vivipares.

Ce qui doit achever de nous convaincre que les œufs doivent être regardés comme des parties destinées par la nature à remplacer la matrice dans les animaux qui sont privés de ce viscère, c'est que ces femelles produisent des œufs indépendamment du mâle. De la même façon que la matrice existe dans les vivipares, comme partie appartenante au sexe féminin, les poules qui n'ont point de matrice ont des œufs qui la remplacent: ce sont plusieurs matrices qui se produisent successivement, et qui existent dans ces femelles nécessairement et indépendamment de l'acte de la génération et de la communication avec le mâle. Prétendre que le fœtus est préexistant dans ces œufs, et que ces œufs sont contenus à l'infini les uns dans les autres, c'est à peu près comme si l'on prétendait que le fœtus est préexistant dans la matrice, et que toutes les matrices étaient renfermées les unes dans les autres, et toutes dans la matrice de la première femelle.

Les anatomistes ont pris le mot *œuf* dans des acceptions diverses, et ont

1. *Les œufs se trouvent dans toutes les femelles.* Les femelles vivipares elles-mêmes produisent des œufs, comme nous l'avons vu; et rien de plus juste que le mot fameux d'Harvey, que Buffon va bientôt citer: *Omnia ex ovo.*

2. On ne peut dire que d'une manière métaphorique: *que les œufs remplacent la matrice.* Ils contiennent, dans les *ovipares*, les matériaux de la nutrition du fœtus, matériaux que le fœtus tire de la *matrice* (ou, plus exactement, du sang de la mère), dans les *vivipares.*

entendu des choses différentes par ce nom. Lorsqu'Harvey a pris pour devise : *Omnia ex ovo*, il entendait par l'œuf des vivipares le sac qui renferme le fœtus et tous ses appendices ; il croyait avoir vu se former cet œuf ou ce sac sous ses yeux après la copulation du mâle et de la femelle ; cet œuf ne venait pas de l'ovaire ou du testicule de la femelle ; il a même soutenu qu'il n'avait pas remarqué la moindre altération à ce testicule [1], etc. On voit bien qu'il n'y a rien ici qui soit semblable à ce que l'on entend ordinairement par le mot d'œuf, si ce n'est que la figure d'un sac peut être celle d'un œuf, comme celle d'un œuf peut être celle d'un sac. Harvey, qui a disséqué tant de femelles vivipares, n'a, dit-il, jamais aperçu d'altération aux testicules ; il les regarde même comme de petites glandes qui sont tout à fait inutiles à la génération (voyez Harvey, *Exercit.* 64 et 65), tandis que ces testicules sont des parties fort considérables dans la plupart des femelles, et qu'il y arrive des changements et des altérations très-marquées, puisqu'on peut voir dans les vaches croître le corps glanduleux depuis la grosseur d'un grain de millet jusqu'à celle d'une grosse cerise : ce qui a trompé ce grand anatomiste, c'est que ce changement n'est pas à beaucoup près si marqué dans les biches et dans les daines. Conrad Peyer, qui a fait plusieurs observations sur les testicules des daines, dit : « Exigui « quidem sunt damarum testiculi, sed post coitum fœcundum in alterutro « eorum papilla, sive tuberculum fibrosum semper succrescit ; scrofis autem « prægnantibus tanta accidit testiculorum mutatio, ut mediocrem quoque « attentionem fugere nequeat. » (*Vide Conradi Peyeri Merycologia.*) Cet auteur croit, avec quelque raison, que la petitesse des testicules des daines et des biches est cause de ce qu'Harvey n'y a pas remarqué de changements, mais il est lui-même dans l'erreur en ce qu'il dit que ces changements qu'il y a remarqués, et qui avaient échappé à Harvey, n'arrivent qu'après une copulation féconde.

Il paraît d'ailleurs qu'Harvey s'est trompé sur plusieurs autres choses essentielles ; il assure que la semence du mâle n'entre pas dans la matrice de la femelle, et même qu'elle ne peut pas y entrer, et cependant Verheyen a trouvé une grande quantité de semence du mâle dans la matrice d'une vache disséquée seize heures après l'accouplement. (Voyez Verheyen, *Sup. anat.*, *Tract.* V, *cap.* III.) Le célèbre Ruysch assure avoir disséqué la matrice d'une femme qui ayant été surprise en adultère fut assassinée sur-le-champ, et avoir trouvé non-seulement dans la cavité de la matrice, mais aussi dans les deux trompes, une bonne quantité de la liqueur séminale du mâle. (Voyez Ruysch, *Thes. anat.*, pag. 90, tab. VI, fig. 1.) Valisnieri assure que Fallope et d'autres anatomistes ont aussi trouvé, comme Ruysch, de la semence du mâle dans la matrice de plusieurs femmes. On ne peut donc

---

1. Voyez la note 2 de la page 483.

guère douter, après le témoignage positif de ces grands anatomistes, qu'Harvey ne se soit trompé sur ce point important, surtout si l'on ajoute à ces témoignages celui de Leeuwenhock, qui assure avoir trouvé de la semence du mâle dans la matrice d'un très-grand nombre de femelles de toute espèce, qu'il a disséquées après l'accouplement.

Une autre erreur de fait est ce que dit Harvey (*cap.* xvi, n° 7) au sujet d'une fausse couche du second mois, dont la masse était grosse comme un œuf de pigeon, mais encore sans aucun fœtus formé, tandis qu'on est assuré par le témoignage de Ruysch et de plusieurs autres anatomistes, que le fœtus est toujours reconnaissable, même à l'œil simple, dans le premier mois. L'*Histoire de l'Académie* fait mention d'un fœtus de vingt et un jours, et nous apprend qu'il était cependant formé en entier, et qu'on en distinguait aisément toutes les parties. Si l'on ajoute à ces autorités celle de Malpighi, qui a reconnu le poulet dans la cicatricule immédiatement après que l'œuf fut sorti du corps de la poule et avant qu'il eût été couvé[1], on ne pourra pas douter que le fœtus ne soit formé et n'existe dès le premier jour et immédiatement après la copulation[2], et par conséquent on ne doit donner aucune croyance à tout ce qu'Harvey dit au sujet des parties qui viennent s'ajuster les unes auprès des autres par juxtaposition, puisqu'au contraire elles sont toutes existantes d'abord, et qu'elles ne font que se développer successivement.

Graaf a pris le mot d'œuf dans une acception toute différente d'Harvey; il a prétendu que les testicules des femmes étaient de vrais ovaires qui contenaient des œufs semblables à ceux que contiennent les ovaires des femelles ovipares, mais seulement que ces œufs étaient beaucoup plus petits, et qu'ils ne tombaient pas au dehors, qu'ils ne se détachaient jamais que quand ils étaient fécondés, et qu'alors ils descendaient de l'ovaire dans les cornes de la matrice, où ils grossissaient. Les expériences de Graaf sont celles qui ont le plus contribué à faire croire à l'existence de ces prétendus œufs, qui cependant n'est point du tout fondée, car ce fameux anatomiste se trompe, 1° en ce qu'il prend les vésicules de l'ovaire pour des œufs, tandis que ce ne sont que des parties inséparables du testicule de la femelle[3], qui même en forment la substance, et que ces mêmes vésicules sont remplies d'une espèce de lymphe. Il se serait moins trompé s'il n'eût regardé ces vésicules que comme de simples réservoirs, et la lymphe qu'elles contiennent comme la liqueur séminale de la femelle, au lieu de prendre cette liqueur pour du blanc d'œuf; 2° il se trompe encore en ce qu'il assure que le follicule ou le

---

1. Voyez la note 1 de la page 487.

2. Le poulet existe certainement *dès le premier jour et immédiatement après la fécondation.* (Voyez la note 2 de la page 487).

3. Les *vésicules* de Graaf sont, en effet, des *parties* du *testicule :* ce sont les *capsules* du vrai *œuf.* (Voyez la note 2 de la page 490).

corps glanduleux est l'enveloppe de ces œufs ou de ces vésicules[1], car il est certain par les observations de Malpighi, de Valisnieri, et par mes propres expériences, que ce corps glanduleux n'enveloppe point ces vésicules, et n'en contient aucune; 3° il se trompe encore davantage lorsqu'il assure que ce follicule ou corps glanduleux ne se forme jamais qu'après la fécondation, tandis qu'au contraire on trouve ces corps glanduleux formés dans toutes les femelles qui ont atteint la puberté; 4° il se trompe lorsqu'il dit que les globules qu'il a vus dans la matrice, et qui contenaient le fœtus, étaient ces mêmes vésicules ou œufs de l'ovaire qui y étaient descendus, et qui, dit-il, y étaient devenus dix fois plus petits qu'ils ne l'étaient dans l'ovaire[2] : cette seule remarque de les avoir trouvés dix fois plus petits dans la matrice qu'ils ne l'étaient dans l'ovaire au moment de la fécondation, ou même avant et après cet instant, n'aurait-elle pas dû lui faire ouvrir les yeux et lui faire reconnaître que ce qu'il voyait dans la matrice n'était pas ce qu'il avait vu dans le testicule? 5° il se trompe en disant que les corps glanduleux du testicule ne sont que l'enveloppe de l'œuf fécond, et que le nombre de ces enveloppes ou follicules vides répond toujours au nombre des fœtus[3] : cette assertion est tout à fait contraire à la vérité, car on trouve toujours sur les testicules de toutes les femelles un plus grand nombre de corps glanduleux ou de cicatrices qu'il n'y a eu de productions de fœtus[4], et on en trouve dans celles qui n'ont pas produit du tout[5]. Ajoutez à tout cela qu'il n'a jamais vu l'œuf dans sa prétendue enveloppe ou dans son follicule, et que ni lui, ni Verheyen, ni les autres qui ont fait les mêmes expériences, n'ont vu cet œuf sur lequel ils ont cependant établi leur système.

Malpighi, qui a reconnu l'accroissement du corps glanduleux dans le testicule de la femelle, s'est trompé lorsqu'il a cru voir une fois ou deux l'œuf dans la cavité de ce corps glanduleux, puisque cette cavité ne contient que de la liqueur, et qu'après un nombre infini d'observations on n'y a jamais trouvé rien de semblable à un œuf, comme le prouvent les expériences de Valisnieri.

Valisnieri, qui ne s'est point trompé sur les faits, en a tiré une fausse conséquence, savoir, que, quoiqu'il n'ait jamais, ni lui, ni aucun anatomiste en qui il eût confiance, pu trouver l'œuf dans la cavité du corps glanduleux, il fallait bien cependant qu'il y fût.

Voyons donc ce qui nous reste de réel dans les découvertes de ces observateurs, et sur quoi nous puissions compter. Graaf a reconnu le premier qu'il y avait des altérations aux testicules des femelles, et il a eu raison

---

1. Le *corps glanduleux* et la *vésicule* sont la même partie, le même organe, dans deux états différents. (Voyez la note de la page 496).

2. Voyez la note 1 de la page 492. — 3. Voyez la note 2 de la page 492.

4. Voyez la note de la page 493. — 5. Voyez la note 1 de la page 494.

d'assurer que ces testicules étaient des parties essentielles et nécessaires à la génération. Malpighi a démontré ce que c'était que ces altérations aux testicules des femelles, et il a fait voir que c'étaient des corps glanduleux qui croissaient jusqu'à une entière maturité, après quoi ils s'affaissaient, s'oblitéraient, et ne laissaient qu'une très-légère cicatrice. Valisnieri a mis cette découverte dans un très-grand jour; il a fait voir que ces corps glanduleux se trouvaient sur les testicules de toutes les femelles, qu'ils prenaient un accroissement considérable dans la saison de leurs amours, qu'ils s'augmentaient et croissaient aux dépens des vésicules lymphatiques du testicule, et qu'ils contenaient toujours dans le temps de leur maturité une cavité remplie de liqueur. Voilà à quoi se réduit, au vrai, tout ce qu'on a trouvé au sujet des prétendus ovaires et des œufs des vivipares. Qu'en doit-on conclure? deux choses qui me paraissent évidentes, l'une qu'il n'existe point d'œuf dans les testicules des femelles, puisqu'on n'a pu y en trouver; l'autre qu'il existe de la liqueur, et dans les vésicules du testicule et dans la cavité du corps glanduleux, puisqu'on y en a toujours trouvé; et nous avons démontré, par les expériences précédentes, que cette dernière liqueur est la vraie semence de la femelle, puisqu'elle contient, comme celle du mâle, des animaux spermatiques, ou plutôt des parties organiques en mouvement.

Nous sommes donc assurés maintenant que les femelles ont, comme les mâles, une liqueur séminale[1]. Nous ne pouvons guère douter, après tout ce que nous avons dit, que la liqueur séminale, en général, ne soit le superflu de la nourriture organique qui est renvoyé de toutes les parties du corps dans les testicules et les vésicules séminales des mâles, et dans les testicules et la cavité des corps glanduleux des femelles : cette liqueur, qui sort par le mamelon des corps glanduleux, arrose continuellement les cornes de la matrice de la femelle et peut aisément y pénétrer, soit par la succion du tissu même de ces cornes qui, quoique membraneux, ne laisse pas d'être spongieux, soit par la petite ouverture qui est à l'extrémité supérieure des cornes, et il n'y a aucune difficulté à concevoir comment cette liqueur peut entrer dans la matrice : au lieu que, dans la supposition que les vésicules de l'ovaire étaient des œufs qui se détachaient de l'ovaire, on n'a jamais pu comprendre comment ces prétendus œufs, qui étaient dix ou vingt fois plus gros que l'ouverture des cornes de la matrice n'était large, pouvaient y entrer, et on a vu que Graaf, auteur de ce système des œufs, était obligé de supposer, ou plutôt d'avouer, que, quand ils étaient

1. Voyez la note de la page 536. — Dans ces derniers chapitres, Buffon répète, jusqu'à satiété, deux ou trois idées, également fausses : que les femelles ont une *liqueur séminale*, qu'elles n'ont pas des *œufs*, que les *animalcules spermatiques* sont les *molécules organiques*, etc. Il reproduit, sans fin, les mêmes détails anatomiques. Il pouvait être plus sobre de ces détails, et l'on regrette qu'il ne les ait pas toujours exposés dans le style qui lui était habituel.

descendus dans la matrice ils étaient devenus dix fois plus petits qu'ils ne le sont dans l'ovaire.

La liqueur que les femmes répandent lorsqu'elles sont excitées, et qui sort, selon Graaf, des lacunes qui sont autour du col de la matrice et autour de l'orifice extérieur de l'urètre, pourrait bien être une portion surabondante de la liqueur séminale qui distille continuellement des corps glanduleux du testicule sur les trompes de la matrice, et qui peut y entrer directement toutes les fois que le pavillon se relève et s'approche du testicule; mais peut-être aussi cette liqueur est-elle une sécrétion d'un autre genre et tout à fait inutile à la génération? Il aurait fallu, pour décider cette question, faire des observations au microscope sur cette liqueur; mais toutes les expériences ne sont pas permises, même aux philosophes : tout ce que je puis dire, c'est que je suis fort porté à croire qu'on y trouverait les mêmes corps en mouvement, les mêmes animaux spermatiques, que l'on trouve dans la liqueur du corps glanduleux: et je puis citer à ce sujet un docteur italien, qui s'est permis de faire avec attention cette espèce d'observation, que Valisnieri rapporte en ces termes (tome II, p. 136, col. 1 : « Aggiugne il lodato sig. Bono d'avergli anco veduti (animali sper- « matici in questa linfa o siero, diro cosi voluttuoso, che nel tempo dell' « amorosa zuffa scappa dalle femine libidinose, senza che si potesse sospet- « tare che fossero di que' del maschio, etc. » Si le fait est vrai, comme je n'en doute pas, il est certain que cette liqueur que les femmes répandent est la même que celle qui se trouve dans la cavité des corps glanduleux de leurs testicules, et que par conséquent c'est de la liqueur vraiment séminale; et, quoique les anatomistes n'aient pas découvert de communication entre les lacunes de Graaf et les testicules, cela n'empêche pas que la liqueur séminale des testicules étant une fois dans la matrice, où elle peut entrer, comme je l'ai dit ci-dessus, elle ne puisse en sortir par ces petites ouvertures ou lacunes qui en environnent le col, et que par la seule action du tissu spongieux de toutes ces parties elle ne puisse parvenir aussi aux lacunes qui sont autour de l'orifice extérieur de l'urètre, surtout si le mouvement de cette liqueur est aidé par les ébranlements et la tension que l'acte de la génération occasionne dans toutes ces parties.

De là on doit conclure que les femmes qui ont beaucoup de tempérament sont peu fécondes, surtout si elles font un usage immodéré des hommes, parce qu'elles répandent au dehors la liqueur séminale qui doit rester dans la matrice pour la formation du fœtus. Aussi voyons-nous que les femmes publiques ne font point d'enfants, ou du moins qu'elles en font bien plus rarement que les autres; et dans les pays chauds, où elles ont toutes beaucoup plus de tempérament que dans les pays froids, elles sont aussi beaucoup moins fécondes. Mais nous aurons occasion de parler de ceci dans la suite.

Il est naturel de penser que la liqueur séminale, soit du mâle, soit de la femelle, ne doit être féconde que quand elle contient des corps en mouvement; cependant c'est encore une question, et je serais assez porté à croire que comme ces corps sont sujets à des changements de forme et de mouvement, que ce ne sont que des parties organiques qui se mettent en mouvement selon différentes circonstances, qu'ils se développent, qu'ils se décomposent, ou qu'ils se composent suivant les différents rapports qu'ils ont entre eux, il y a une infinité de différents états de cette liqueur, et que l'état où elle est lorsqu'on y voit ces parties organiques en mouvement n'est peut-être pas absolument nécessaire pour que la génération puisse s'opérer. Le même docteur italien, que nous avons cité, dit qu'ayant observé plusieurs années de suite sa liqueur séminale, il n'y avait jamais vu d'animaux spermatiques pendant toute sa jeunesse, que cependant il avait lieu de croire que cette liqueur était féconde, puisqu'il était devenu pendant ce temps le père de plusieurs enfants, et qu'il n'avait commencé à voir des animaux spermatiques dans cette liqueur que quand il eut atteint le moyen âge, l'âge auquel on est obligé de prendre des lunettes, qu'il avait eu des enfants dans ce dernier temps aussi bien que dans le premier; et il ajoute qu'ayant comparé les animaux spermatiques de sa liqueur séminale avec ceux de quelques autres, il avait toujours trouvé les siens plus petits que ceux des autres. Il semble que cette observation pourrait faire croire que la liqueur séminale peut être féconde, quoiqu'elle ne soit pas actuellement dans l'état où il faut qu'elle soit pour qu'on y trouve les parties organiques en mouvement; peut-être ces parties ne prennent-elles du mouvement dans ce cas que quand la liqueur est dans le corps de la femelle; peut-être le mouvement qui y existe est-il insensible, parce que les molécules organiques sont trop petites.

On peut regarder ces corps organisés qui se meuvent, ces animaux spermatiques, comme le premier assemblage de ces molécules organiques qui proviennent de toutes les parties du corps; lorsqu'il s'en rassemble une assez grande quantité, elles forment un corps qui se meut et qu'on peut apercevoir au microscope; mais si elles ne se rassemblent qu'en petite quantité, le corps qu'elles formeront sera trop petit pour être aperçu, et dans ce cas on ne pourra rien distinguer de mouvant dans la liqueur séminale : c'est aussi ce que j'ai remarqué très-souvent; il y a des temps où cette liqueur ne contient rien d'animé, et il faudrait une très-longue suite d'observations pour déterminer quelles peuvent être les causes de toutes les différences qu'on remarque dans les états de cette liqueur.

Ce que je puis assurer, pour l'avoir éprouvé souvent, c'est qu'en mettant infuser avec de l'eau les liqueurs séminales des animaux dans de petites bouteilles bien bouchées, on trouve au bout de trois ou quatre jours, et souvent plus tôt, dans la liqueur de ces infusions, une multitude infinie de corps en mouvement; les liqueurs séminales dans lesquelles il n'y a aucun mouvement, aucune partie organique mouvante au sortir du corps de l'animal, en produisent tout autant que celles où il y en a une grande quantité; le sang, le chyle, la chair, et même l'urine, contiennent aussi des parties organiques qui se mettent en mouvement au bout de quelques jours d'infusion dans de l'eau pure; les germes des amandes de fruits, les graines, le nectareum, le miel et même les bois, les écorces et les autres parties des plantes en produisent aussi de la même façon : on ne peut donc pas douter de l'existence de ces parties organiques vivantes dans toutes les substances animales ou végétales.

Dans les liqueurs séminales, il paraît que ces parties organiques vivantes sont toutes en action : il semble qu'elles cherchent à se développer, puisqu'on les voit sortir des filaments, et qu'elles se forment aux yeux même de l'observateur; au reste, ces petits corps des liqueurs séminales ne sont cependant pas doués d'une force qui leur soit particulière, car ceux que l'on voit dans toutes les autres substances animales ou végétales, décomposées à un certain point, sont doués de la même force; ils agissent et se meuvent à peu près de la même façon, et pendant un temps assez considérable; ils changent de forme successivement pendant plusieurs heures, et même pendant plusieurs jours. Si l'on voulait absolument que ces corps fussent des animaux, il faudrait donc avouer que ce sont des animaux si imparfaits qu'on ne doit tout au plus les regarder que comme des ébauches d'animal, ou bien comme des corps simplement composés des parties les plus essentielles à un animal ; car des machines naturelles, des pompes telles que sont celles qu'on trouve en si grande quantité dans la laite du calmar, qui d'elles-mêmes se mettent en action dans un certain temps, et qui ne finissent d'agir et de se mouvoir qu'au bout d'un autre temps, et après avoir jeté toute leur substance, ne sont certainement pas des animaux, quoique ce soient des êtres organisés, agissants et, pour ainsi dire, vivants, mais leur organisation est plus simple que celle d'un animal ; et si ces machines naturelles, au lieu de n'agir que pendant trente secondes ou pendant une minute tout au plus, agissaient pendant un temps beaucoup plus long, par exemple, pendant un mois ou un an, je ne sais si on ne serait pas obligé de leur donner le nom d'animaux, quoiqu'elles ne parussent pas avoir d'autre mouvement que celui d'une pompe qui agit par elle-même, et que leur organisation fût aussi simple en apparence que celle de cette machine artificielle; car combien n'y a-t-il pas d'animaux dans lesquels nous ne distinguons aucun mouvement produit par la volonté? et n'en connaissons-nous pas d'autres dont l'organisation nous paraît si simple que tout leur corps est transparent comme du cristal, sans aucun membre, et presque sans aucune organisation apparente?

Si l'on convient une fois que l'ordre des productions de la nature se suit uniformément et se fait par degrés et par nuances, on n'aura pas de peine à concevoir qu'il existe des corps organiques qui ne sont ni animaux, ni végétaux, ni minéraux ; ces êtres intermédiaires auront eux-mêmes des nuances dans les espèces qui les constituent, et des degrés différents de perfection et d'imperfection dans leur organisation : les machines de la laite du calmar sont peut-être plus organisées, plus parfaites que les autres animaux spermatiques, peut-être aussi le sont-elles moins ; les œufs le sont peut-être encore moins que les uns et les autres ; mais nous n'avons sur cela pas même de quoi fonder des conjectures raisonnables.

Ce qu'il y a de certain, c'est que tous les animaux et tous les végétaux, et toutes les parties des animaux et des végétaux contiennent une infinité de molécules organiques vivantes qu'on peut exposer aux yeux de tout le monde [1], comme nous l'avons fait par les expériences précédentes ; ces molécules organiques prennent successivement des formes différentes et des degrés différents de mouvement et d'activité, suivant les différentes circonstances : elles sont en beaucoup plus grand nombre dans les liqueurs séminales des deux sexes et dans les germes des plantes que dans les autres parties de l'animal ou du végétal ; elles y sont au moins plus apparentes et plus développées, ou, si l'on veut, elles y sont accumulées sous la forme de ces petits corps en mouvement. Il existe donc dans les végétaux et dans les animaux une substance vivante qui leur est commune : c'est cette substance vivante et organique qui est la matière nécessaire à la nutrition ; l'animal se nourrit de l'animal ou du végétal, comme le végétal peut aussi se nourrir de l'animal ou du végétal décomposé : cette substance nutritive, commune à l'un et à l'autre, est toujours vivante, toujours active ; elle produit l'animal ou le végétal, lorsqu'elle trouve un moule intérieur [2], une matrice convenable et analogue à l'un et à l'autre, comme nous l'avons expliqué dans les premiers chapitres ; mais lorsque cette substance active se trouve rassemblée en grande abondance dans des endroits où elle peut s'unir, elle forme dans le corps animal d'autres animaux tels que le ténia, les ascarides, les vers qu'on trouve quelquefois dans les veines, dans les sinus du cerveau, dans le foie, etc. Ces espèces d'animaux ne doivent pas leur existence à d'autres animaux de même espèce qu'eux, leur génération ne se fait pas comme celle des autres animaux ; on peut donc croire qu'ils sont produits par cette matière organique lorsqu'elle est extravasée, ou lorsqu'elle n'est pas pompée par les vaisseaux qui servent à la nutrition du corps de l'animal ; il est assez probable qu'alors cette substance productive, qui est toujours active et qui tend à s'organiser, produit des vers et de petits corps organisés de différente espèce, suivant les différents lieux, les différentes

---

1. Voyez la note de la page 566.

2. *Lorsqu'elle trouve un moule intérieur*, c'est-à-dire le corps même d'un animal ou d'un végétal. (Voyez la note de la page 447).

matrices où elle se trouve rassemblée. Nous aurons dans la suite occasion d'examiner plus en détail la nature de ces vers et de plusieurs autres animaux qui se forment de la même façon, et de faire voir que leur production est très-différente de ce que l'on a pensé jusqu'ici.

Lorsque cette matière organique, qu'on peut regarder comme une semence universelle, est rassemblée en assez grande quantité, comme elle l'est dans les liqueurs séminales et dans la partie mucilagineuse de l'infusion des plantes, son premier effet est de végéter ou plutôt de produire des êtres végétants; ces espèces de zoophytes se gonflent, se boursouflent, s'étendent, se ramifient et produisent ensuite des globules, des ovales et d'autres petits corps de différente figure[1], qui ont tous une espèce de vie animale, un mouvement progressif, souvent très-rapide, et d'autres fois plus lent; ces globules eux-mêmes se décomposent, changent de figure et deviennent plus petits, et à mesure qu'ils diminuent de grosseur la rapidité de leur mouvement augmente; lorsque le mouvement de ces petits corps est fort rapide, et qu'ils sont eux-mêmes en très-grand nombre dans la liqueur, elle s'échauffe à un point même très-sensible, ce qui m'a fait penser que le mouvement et l'action de ces parties organiques des végétaux et des animaux pourraient bien être la cause de ce que l'on appelle fermentation.

J'ai cru qu'on pouvait présumer aussi que le venin de la vipère et les autres poisons actifs, même celui de la morsure d'un animal enragé, pourraient bien être cette matière active trop exaltée; mais je n'ai pas encore eu le temps de faire les expériences que j'ai projetées sur ce sujet, aussi bien que sur les drogues qu'on emploie dans la médecine; tout ce que je puis assurer aujourd'hui, c'est que toutes les infusions des drogues les plus actives fourmillent de corps en mouvement, et que ces corps s'y forment en beaucoup moins de temps que dans les autres substances.

Presque tous les animaux microscopiques sont de la même nature que les corps organisés qui se meuvent dans les liqueurs séminales et dans les infusions des végétaux et de la chair des animaux; les anguilles de la farine, celles du blé ergoté, celles du vinaigre, celles de l'eau qui a séjourné sur des gouttières de plomb, etc., sont des êtres de la même nature que les premiers, et qui ont une origine semblable; mais nous réservons pour l'histoire particulière des animaux microscopiques les preuves que nous pourrions en donner ici.

---

1. « Ce sont des molécules organiques qui n'ont pas trouvé leurs moules, » disait spirituellement Voltaire.

CHAPITRE IX.

VARIÉTÉS DANS LA GÉNÉRATION DES ANIMAUX.

La matière qui sert à la nutrition et à la reproduction des animaux et des végétaux est donc la même : c'est une substance productive et universelle, composée de molécules organiques toujours existantes, toujours actives, dont la réunion produit les corps organisés. La nature travaille donc toujours sur le même fonds, et ce fonds est inépuisable; mais les moyens qu'elle emploie pour le mettre en valeur sont différents les uns des autres, et les différences ou les convenances générales méritent que nous y fassions attention, d'autant plus que c'est de là que nous devons tirer les raisons des exceptions et des variétés particulières.

On peut dire en général que les grands animaux sont moins féconds que les petits ; la baleine, l'éléphant, le rhinocéros, le chameau, le bœuf, le cheval, l'homme, etc., ne produisent qu'un fœtus, et très-rarement deux, tandis que les petits animaux, comme les rats, les harengs, les insectes, produisent un grand nombre de petits. Cette différence ne viendrait-elle pas de ce qu'il faut beaucoup plus de nourriture pour entretenir un grand corps que pour en nourrir un petit, et que, proportion gardée, il y a dans les grands animaux beaucoup moins de nourriture superflue qui puisse devenir semence, qu'il n'y en a dans les petits animaux? Il est certain que les petits animaux mangent plus à proportion que les grands, mais il semble aussi que la multiplication prodigieuse des plus petits animaux, comme des abeilles, des mouches et des autres insectes, pourrait être attribuée à ce que ces petits animaux étant doués d'organes très-fins et de membres très-déliés, ils sont plus en état que les autres de choisir ce qu'il y a de plus substantiel et de plus organique dans les matières végétales ou animales dont ils tirent leur nourriture. Une abeille, qui ne vit que de la substance la plus pure des fleurs, reçoit certainement par cette nourriture beaucoup plus de molécules organiques, proportion gardée, qu'un cheval ne peut en recevoir par les parties grossières des végétaux, le foin et la paille, qui lui servent d'aliment [1] : aussi le cheval ne produit-il qu'un fœtus, tandis que l'abeille en produit trente mille.

Les animaux ovipares sont, en général, plus petits que les vivipares; ils produisent aussi beaucoup plus : le séjour que les fœtus font dans la matrice

---

1. Le *genre de nourriture* n'explique pas la *fécondité*. Le *lion*, qui est *carnivore*, n'a qu'une portée par an, et que 3 ou 4 petits par portée. Le *lapin*, qui est *herbivore*, a une portée par mois, et jusqu'à 8 ou 10 petits par portée. La véritable loi de la *fécondité*, posée par Buffon lui-même, est celle de la *fécondité* en raison inverse de la *grandeur*. Buffon reviendra plus tard sur ce point.

des vivipares s'oppose encore à la multiplication; tandis que ce viscère est rempli et qu'il travaille à la nutrition du fœtus, il ne peut y avoir aucune nouvelle génération, au lieu que les ovipares qui produisent en même temps les matrices[1] et les fœtus, et qui les laissent tomber au dehors, sont presque toujours en état de produire, et l'on sait qu'en empêchant une poule de couver et en la nourrissant largement on augmente considérablement le produit de sa ponte; si les poules cessent de pondre lorsqu'elles couvent, c'est parce qu'elles ont cessé de manger, et que la crainte où elles paraissent être de laisser refroidir leurs œufs fait qu'elles ne les quittent qu'une fois par jour, et pour un très-petit temps, pendant lequel elles prennent un peu de nourriture, qui peut-être ne va pas à la dixième partie de ce qu'elles en prennent dans les autres temps.

Les animaux qui ne produisent qu'un petit nombre de fœtus prennent la plus grande partie de leur accroissement, et même leur accroissement tout entier, avant que d'être en état d'engendrer; au lieu que les animaux qui multiplient beaucoup engendrent avant même que leur corps ait pris la moitié ou même le quart de son accroissement. L'homme, le cheval, le bœuf, l'âne, le bouc, le bélier, ne sont capables d'engendrer que quand ils ont pris la plus grande partie de leur accroissement; il en est de même des pigeons et des autres oiseaux qui ne produisent qu'un petit nombre d'œufs; mais ceux qui en produisent un grand nombre, comme les coqs et les poules, les poissons, etc., engendrent bien plus tôt; un coq est capable d'engendrer à l'âge de trois mois, et il n'a pas alors pris plus du tiers de son accroissement; un poisson qui doit au bout de vingt ans peser trente livres, engendre dès la première ou seconde année, et cependant il ne pèse peut-être pas alors une demi-livre. Mais il y aurait des observations particulières à faire sur l'accroissement et la durée de la vie des poissons; on peut reconnaître à peu près leur âge en examinant avec une loupe ou un microscope les couches annuelles dont sont composées leurs écailles[2], mais on ignore jusqu'où il peut s'étendre; j'ai vu des carpes chez M. le comte de Maurepas, dans les fossés de son château de Pontchartrain, qui ont au moins cent cinquante ans bien avérés[3], et elles m'ont paru aussi agiles et aussi vives que des carpes ordinaires. Je ne dirai pas avec Leeuwenhoek

---

1. Les *matrices*, c'est-à-dire, selon Buffon, les *œufs* proprement dits. (Voyez la note 2 de la page 582.)

2. Leeuwenhoek l'a dit (tome II, page 214); et il doit y avoir, en effet, un certain rapport entre l'âge du poisson et la grandeur de ses écailles; mais que *l'âge du poisson* puisse être donné par les *couches annuelles* de ses écailles, c'est ce qui (dès le premier examen d'une *écaille*, fait au microscope) paraît évidemment impossible.

3. Duhamel, qui écrivait quelques années après Buffon (en 1772), se borne à dire : « les « carpes des fossés de Pontchartrain, qui sont des plus grosses et des plus anciennes que je « connaisse, ont sûrement plus d'un siècle. » (*Traité des pêches*, seconde partie, p. 35.) C'est toujours un siècle d'*avéré*, pour parler comme Buffon. La *vie séculaire* d'un animal aussi p que la carpe est assurément un fait physiologique très-remarquable.

que les poissons sont immortels, ou du moins qu'ils ne peuvent mourir de vieillesse; tout, ce me semble, doit périr avec le temps, tout ce qui a eu une origine, une naissance, un commencement, doit arriver à un but, à une mort, à une fin; mais il est vrai que les poissons vivant dans un élément uniforme, et étant à l'abri des grandes vicissitudes et de toutes les injures de l'air, doivent se conserver plus longtemps dans le même état que les autres animaux; et si ces vicissitudes de l'air sont, comme le prétend un grand philosophe [a], les principales causes de la destruction des êtres vivants, il est certain que les poissons étant de tous les animaux ceux qui y sont le moins exposés, ils doivent durer beaucoup plus longtemps que les autres; mais ce qui doit contribuer encore plus à la longue durée de leur vie, c'est que leurs os sont d'une substance plus molle que ceux des autres animaux, et qu'ils ne se durcissent pas, et ne changent presque point du tout avec l'âge; les arêtes des poissons s'allongent, grossissent et prennent de l'accroissement sans prendre plus de solidité, du moins sensiblement, au lieu que les os des autres animaux, aussi bien que toutes les autres parties solides de leur corps, prennent toujours plus de dureté et de solidité; et, enfin, lorsqu'elles sont absolument remplies et obstruées, le mouvement cesse et la mort suit. Dans les arêtes, au contraire, cette augmentation de solidité, cette réplétion, cette obstruction, qui est la cause de la mort naturelle [1], ne se trouve pas, ou du moins ne se fait que par degrés beaucoup plus lents et plus insensibles, et il faut peut-être beaucoup de temps pour que les poissons arrivent à la vieillesse.

Tous les animaux quadrupèdes et qui sont couverts de poils sont vivipares; tous ceux qui sont couverts d'écailles sont ovipares; les vivipares sont, comme nous l'avons dit, moins féconds que les ovipares : ne pourrait-on pas croire que dans les quadrupèdes ovipares il se fait une bien moindre déperdition de substance par la transpiration, que le tissu serré des écailles la retient, au lieu que dans les animaux couverts de poil cette transpiration est plus libre et plus abondante? et n'est-ce pas en partie par cette surabondance de nourriture, qui ne peut être emportée par la transpiration, que ces animaux multiplient davantage, et qu'ils peuvent aussi se passer plus longtemps d'aliments que les autres? Tous les oiseaux et tous les insectes qui volent sont ovipares, à l'exception de quelques espèces de mouches [b] qui produisent d'autres petites mouches vivantes [2]; ces mouches

a. Le chancelier Bacon. Voyez son *Traité de la Vie et de la Mort.*
b. Voyez Leeuwenhoek, t. IV, pages 91 et 92.

1. « Le corps vivant croît d'abord en dimensions, suivant des proportions et dans des limites « fixées pour chaque espèce; ensuite il augmente en densité dans la plupart de ses parties : « c'est ce second genre de changement qui paraît être la cause de la mort naturelle. » (Cuvier, *Règne animal*, t. I. page 12.)

2. Ces *mouches* n'en sont pas moins *ovipares* : seulement les œufs éclosent dans le ventre de la mère. Telle est la *mouche* dite *vivipare* (*musca carnaria*, Lin.).

n'ont point d'ailes au moment de leur naissance; on voit ces ailes pousser et grandir peu à peu à mesure que la mouche grossit, et elle ne commence à s'en servir que quand elle a pris son accroissement; les poissons couverts d'écailles sont aussi tous ovipares; les reptiles qui n'ont point de pieds, comme les couleuvres et les différentes espèces de serpents, sont aussi ovipares; ils changent de peau, et cette peau est composée de petites écailles. La vipère ne fait qu'une légère exception à la règle générale, car elle n'est pas vraiment vivipare; elle produit d'abord des œufs, et les petits sortent de ces œufs; mais il est vrai que tout cela s'opère dans le corps de la mère, et qu'au lieu de jeter ses œufs au dehors, comme les autres animaux ovipares, elle les garde et les fait éclore en dedans : les salamandres, dans lesquelles on trouve des œufs, et en même temps des petits déjà formés, comme l'a observé M. de Maupertuis [a], feront une exception de la même espèce dans les animaux quadrupèdes ovipares.

La plus grande partie des animaux se perpétuent par la copulation; cependant parmi les animaux qui ont des sexes il y en a beaucoup qui ne se joignent pas par une vraie copulation; il semble que la plupart des oiseaux ne fassent que comprimer fortement la femelle, comme le coq, dont la verge, quoique double, est fort courte, les moineaux, les pigeons, etc.; d'autres, à la vérité, comme l'autruche, le canard, l'oie, etc., ont un membre d'une grosseur considérable, et l'intromission n'est pas équivoque dans ces espèces : les poissons mâles s'approchent de la femelle dans le temps du frai; il semble même qu'ils se frottent ventre contre ventre, car le mâle se retourne quelquefois sur le dos pour rencontrer le ventre de la femelle; mais avec cela il n'y a aucune copulation, le membre nécessaire à cet acte n'existe pas, et lorsque les poissons mâles s'approchent de si près de la femelle, ce n'est que pour répandre la liqueur contenue dans leurs laites sur les œufs que la femelle laisse couler alors; il semble que ce soient les œufs qui les attirent plutôt que la femelle, car si elle cesse de jeter des œufs le mâle l'abandonne et suit avec ardeur les œufs que le courant emporte, ou que le vent disperse; on le voit passer et repasser cent fois dans tous les endroits où il y a des œufs : ce n'est sûrement pas pour l'amour de la mère qu'il se donne tous ces mouvements, il n'est pas à présumer qu'il la connaisse toujours, car on le voit répandre sa liqueur sur tous les œufs qu'il rencontre, et souvent avant que d'avoir rencontré la femelle.

Il y a donc des animaux qui ont des sexes et des parties propres à la copulation; d'autres qui ont aussi des sexes et qui manquent des parties nécessaires à la copulation; d'autres, comme les limaçons, ont des parties propres à la copulation et ont en même temps les deux sexes; d'autres, comme les pucerons, n'ont point de sexe, sont également pères ou mères,

a. *Mémoires de l'Académie*, année 1727, page 32.

et engendrent d'eux-mêmes et sans copulation, quoiqu'ils s'accouplent aussi quand il leur plaît, sans qu'on puisse savoir trop pourquoi, ou, pour mieux dire, sans qu'on puisse savoir si cet accouplement est une conjonction de sexes, puisqu'ils en paraissent tous également privés ou également pourvus[1] ; à moins qu'on ne veuille supposer que la nature a voulu renfermer dans l'individu de cette petite bête plus de facultés pour la génération que dans aucune autre espèce d'animal, et qu'elle lui aura accordé[2] non-seulement la puissance de se reproduire tout seul, mais encore le moyen de pouvoir aussi se multiplier par la communication d'un autre individu.

Mais de quelque façon que la génération s'opère dans les différentes espèces d'animaux, il paraît que la nature la prépare par une nouvelle production dans le corps de l'animal : soit que cette production se manifeste au dehors, soit qu'elle reste cachée dans l'intérieur, elle précède toujours la génération, car, si l'on examine les ovaires des ovipares et les testicules des femelles vivipares, on reconnaîtra qu'avant l'imprégnation des unes et la fécondation des autres il arrive un changement considérable à ces parties, et qu'il se forme des productions nouvelles dans tous les animaux, lorsqu'ils arrivent au temps où ils doivent se multiplier. Les ovipares produisent des œufs qui d'abord sont attachés à l'ovaire, qui peu à peu grossissent et s'en détachent pour se revêtir ensuite, dans le canal qui les contient, du blanc, de leurs membranes et de la coquille. Cette production est une marque non équivoque de la fécondité de la femelle, marque qui la précède toujours, et sans laquelle la génération ne peut être opérée. De même, dans les femelles vivipares, il y a sur les testicules un ou plusieurs corps glanduleux qui croissent peu à peu au-dessous de la membrane qui enveloppe le testicule ; ces corps glanduleux grossissent, s'élèvent, percent, ou plutôt poussent et soulèvent la membrane qui leur est commune avec le testicule ; ils sortent à l'extérieur, et lorsqu'ils sont entièrement formés et que leur maturité est parfaite, il se fait à leur extrémité extérieure une petite fente ou plusieurs petites ouvertures par où ils laissent échapper la liqueur séminale, qui tombe ensuite dans la matrice : ces corps glanduleux sont, comme l'on voit, une nouvelle production qui précède la génération, et sans laquelle il n'y en aurait aucune[3].

1. Ils n'en sont ni *tous également privés*, ni *tous également pourvus*. Il y a, parmi les *pucerons*, des *mâles* et des *femelles*.

2. Et c'est ce qui lui *a été accordé* en effet : pendant tout l'été, le *puceron femelle* est *vivipare* et produit, sans accouplement, des *petits vivants* : ces *petits* sont tous des *femelles*. Bonnet a observé jusqu'à neuf de ces générations successives, sans *accouplement* ; d'autres en ont observé jusqu'à dix et onze, etc. L'automne venu, une dernière génération paraît, qui se compose de *mâles* et de *femelles*, lesquels s'accouplent. Les *femelles* de cette génération sont *ovipares*, et donnent des *œufs*, qui n'écloront que le printemps de l'année suivante. (Voyez la note 2 de la page 429.)

3. Voyez les notes des pages 496, 537 et 540.

Dans les mâles, il y a aussi une espèce de production nouvelle qui précède toujours la génération; car dans les mâles des ovipares, il se forme peu à peu une grande quantité de liqueur qui remplit un réservoir très-considérable, et quelquefois le réservoir même se forme tous les ans; dans les poissons, la laite se forme de nouveau tous les ans, comme dans le calmar, ou bien d'une membrane sèche et ridée qu'elle était auparavant, elle devient une membrane épaisse et qui contient une liqueur abondante; dans les oiseaux, les testicules se gonflent extraordinairement dans le temps qui précède celui de leurs amours, en sorte que leur grosseur devient, pour ainsi dire, monstrueuse, si on la compare à celle qu'ils ont ordinairement; dans les mâles des vivipares, les testicules se gonflent aussi assez considérablement dans les espèces qui ont un temps de rut marqué; et en général, dans toutes les espèces, il y a de plus un gonflement et une extension du membre génital, qui, quoiqu'elle soit passagère et extérieure au corps de l'animal, doit cependant être regardée comme une production nouvelle qui précède nécessairement toute génération.

Dans le corps de chaque animal, soit mâle, soit femelle, il se forme donc de nouvelles productions qui précèdent la génération; ces productions nouvelles sont ordinairement des parties particulières, comme les œufs, les corps glanduleux, les laites, etc., et quand il n'y a pas de production réelle, il y a toujours un gonflement et une extension très-considérables dans quelques-unes des parties qui servent à la génération; mais dans d'autres espèces, non-seulement cette production nouvelle se manifeste dans quelques parties du corps, mais même il semble que le corps entier se reproduise de nouveau avant que la génération puisse s'opérer : je veux parler des insectes et de leurs métamorphoses. Il me paraît que ce changement, cette espèce de transformation qui leur arrive n'est qu'une production nouvelle qui leur donne la puissance d'engendrer; c'est au moyen de cette production que les organes de la génération se développent et se mettent en état de pouvoir agir, car l'accroissement de l'animal est pris en entier avant qu'il se transforme; il cesse alors de prendre de la nourriture, et le corps sous cette première forme n'a aucun organe pour la génération, aucun moyen de transformer cette nourriture, dont ces animaux ont une quantité fort surabondante, en œufs et en liqueur séminale; et dès lors cette quantité surabondante de nourriture, qui est plus grande dans les insectes que dans aucune autre espèce d'animal, se moule et se réunit tout entière, d'abord sous une forme qui dépend beaucoup de celle de l'animal même, et qui y ressemble en partie : la chenille devient papillon, parce que n'ayant aucun organe, aucun viscère capable de contenir le superflu de la nourriture, et ne pouvant par conséquent produire de petits êtres organisés semblables au grand, cette nourriture organique, toujours active, prend une autre forme en se joignant en total selon les combinaisons qui résultent

de la figure de la chenille, et elle forme un papillon dont la figure répond
en partie, et même pour la constitution essentielle, à celle de la chenille,
mais dans lequel les organes de la génération sont développés et peuvent
recevoir et transmettre les parties organiques de la nourriture qui forment
les œufs et les individus de l'espèce, qui doivent, en un mot, opérer la génération ; et les individus qui proviennent du papillon ne doivent pas être des
papillons, mais des chenilles, parce qu'en effet c'est la chenille qui a pris la
nourriture, et que les parties organiques de cette nourriture se sont assi-
milées à la forme de la chenille et non pas à celle du papillon[1], qui n'est
qu'une production accidentelle de cette même nourriture surabondante
qui précède la production réelle des animaux de cette espèce, et qui n'est
qu'un moyen que la nature emploie pour y arriver, comme lorsqu'elle produit les corps glanduleux ou les laites dans les autres espèces d'animaux ;
mais cette idée au sujet de la métamorphose des insectes sera développée
avec avantage, et soutenue de plusieurs preuves dans notre *Histoire des
insectes*[2].

Lorsque la quantité surabondante de la nourriture organique n'est pas
grande, comme dans l'homme et dans la plupart des gros animaux, la génération ne se fait que quand l'accroissement du corps de l'animal est pris,
et cette génération se borne à la production d'un petit nombre d'individus ;
lorsque cette quantité est plus abondante, comme dans l'espèce des coqs,
dans plusieurs autres espèces d'oiseaux, et dans celles de tous les poissons
ovipares, la génération se fait avant que le corps de l'animal ait pris son
accroissement, et la production de cette génération s'étend à un grand nombre d'individus ; lorsque cette quantité de nourriture organique est encore
plus surabondante, comme dans les insectes, elle produit d'abord un grand
corps organisé qui retient la constitution intérieure et essentielle de l'animal, mais qui en diffère par plusieurs parties, comme le papillon diffère de
la chenille ; et ensuite, après avoir produit d'abord cette nouvelle forme de
corps, et développé sous cette forme les organes de la génération, cette
génération se fait en très-peu de temps, et sa production est un nombre prodigieux d'individus semblables à l'animal qui le premier a préparé cette
nourriture organique dont sont composés les petits individus naissants ;
enfin, lorsque la surabondance de la nourriture est encore plus grande, et
qu'en même temps l'animal a les organes nécessaires à la génération,
comme dans l'espèce des pucerons, elle produit d'abord une génération
dans tous les individus, et ensuite une transformation, c'est-à-dire, un
grand corps organisé, comme dans les autres insectes ; le puceron devient

----

1. Idée ingénieuse, mais trop visiblement amenée pour l'explication de la *formation de l'être*
par les *molécules organiques* et par les *moules*.
2. Voyez la note de la page 123.

mouche [1], mais ce dernier corps organisé ne produit rien [2], parce qu'il n'est en effet que le superflu, ou plutôt le reste de la nourriture organique qui n'avait pas été employée à la production des petits pucerons.

Presque tous les animaux, à l'exception de l'homme, ont chaque année des temps marqués pour la génération : le printemps est pour les oiseaux la saison de leurs amours; celle du frai des carpes et de plusieurs autres espèces de poissons est le temps de la plus grande chaleur de l'année, comme aux mois de juin et d'août; celle du frai des brochets, des barbeaux et d'autres espèces de poissons, est au printemps ; les chats se cherchent au mois de janvier, au mois de mai et au mois de septembre; les chevreuils au mois de décembre, les loups et les renards en janvier, les chevaux en été, les cerfs aux mois de septembre et d'octobre; presque tous les insectes ne se joignent qu'en automne, etc. Les uns, comme ces derniers, semblent s'épuiser totalement par l'acte de la génération, et en effet ils meurent peu de temps après, comme l'on voit mourir au bout de quelques jours les papillons qui produisent les vers à soie ; d'autres ne s'épuisent pas jusqu'à l'extinction de la vie, mais ils deviennent, comme les cerfs, d'une maigreur extrême et d'une grande faiblesse, et il leur faut un temps considérable pour réparer la perte qu'ils ont faite de leur substance organique; d'autres s'épuisent encore moins et sont en état d'engendrer plus souvent; d'autres enfin, comme l'homme, ne s'épuisent point du tout, ou du moins sont en état de réparer promptement la perte qu'ils ont faite, et ils sont aussi en tout temps en état d'engendrer ; cela dépend uniquement de la constitution particulière des organes de ces animaux : les grandes limites que la nature a mises dans la manière d'exister se trouvent toutes aussi étendues dans la manière de prendre et de digérer la nourriture, dans les moyens de la rendre ou de la garder, dans ceux de la séparer et d'en tirer les molécules organiques nécessaires à la reproduction ; et partout nous trouverons toujours que tout ce qui peut être, est.

On doit dire la même chose du temps de la génération des femelles : les unes, comme les juments, portent le fœtus pendant onze à douze mois; d'autres, comme les femmes, les vaches, les biches, pendant neuf mois; d'autres, comme les renards, les louves, pendant cinq mois; les chiennes pendant neuf semaines, les chattes pendant six, les lapins trente-un jours; la plupart des oiseaux sortent de l'œuf au bout de vingt-un jours; quelques-uns, comme les serins, éclosent au bout de treize ou quatorze jours, etc. La variété est ici tout aussi grande qu'en toute autre chose; seulement il paraît que les plus gros animaux qui ne produisent qu'un petit nombre de fœtus sont ceux qui portent le plus longtemps; ce qui confirme encore ce

1. *Devient mouche*, c'est-à-dire *prend des ailes.*

2. Il y a, parmi les pucerons, des individus *ailés* et des individus *sans ailes*. Ils concourent tous également à la *génération.* (Voyez la note 2 de la page 596.)

que nous avons dit, que la quantité de nourriture organique est à proportion moindre dans les gros que dans les petits animaux, car c'est du superflu de la nourriture de la mère que le fœtus tire celle qui est nécessaire à son accroissement et au développement de toutes ses parties ; et puisque ce développement demande beaucoup plus de temps dans les gros animaux que dans les petits, c'est une preuve que la quantité de matière qui y contribue n'est pas aussi abondante dans les premiers que dans les derniers.

Il y a donc une variété infinie dans les animaux pour le temps et la manière de porter, de s'accoupler et de produire, et cette même variété se trouve dans les causes mêmes de la génération ; car, quoique le principe général de toute production soit cette matière organique qui est commune à tout ce qui vit ou végète, la manière dont s'en fait la réunion doit avoir des combinaisons à l'infini, qui toutes peuvent devenir des sources de productions nouvelles : mes expériences démontrent assez clairement qu'il n'y a point de germes préexistants, et en même temps elles prouvent que la génération des animaux et des végétaux n'est pas univoque ; il y a peut-être autant d'êtres, soit vivants, soit végétants, qui se produisent par l'assemblage fortuit des molécules organiques [1] qu'il y a d'animaux ou de végétaux qui peuvent se reproduire par une succession constante de génération ; c'est à la production de ces espèces d'êtres qu'on doit appliquer l'axiome des anciens : *Corruptio unius, generatio alterius.* La corruption, la décomposition des animaux et des végétaux produit une infinité de corps organisés vivants et végétants [2] : quelques-uns, comme ceux de la laite du calmar, ne sont que des espèces de machines, mais des machines qui, quoique très-simples, sont actives par elles-mêmes ; d'autres, comme les animaux spermatiques, sont des corps qui par leur mouvement semblent imiter les animaux ; d'autres imitent les végétaux par leur manière de croître et de s'étendre ; il y en a d'autres, comme ceux du blé *ergoté*, qu'on peut alternativement faire vivre et mourir aussi souvent que l'on veut, et l'on ne sait à quoi les comparer ; il y en a d'autres, même en grande quantité, qui sont d'abord des espèces de végétaux, qui ensuite deviennent des espèces d'animaux, lesquels redeviennent à leur tour des végétaux [3], etc. Il y a grande apparence que plus on observera ce nouveau genre d'êtres orga-

---

1. *L'assemblage fortuit des molécules organiques*, c'est-à-dire l'assemblage qui s'opère sans moule. Les êtres vivants peuvent donc se former sans *moule*, et le *système* se modifie encore. (Voyez la note de la page 566.) Nous verrons bientôt ce que sont enfin les *molécules organiques* elles-mêmes.

2. *La corruption ne produit rien*. Dans le *système* même de Buffon, elle ne pourrait faire qu'une chose : dégager et rendre libres les *molécules organiques*.

3. Les *algues* (les *algues zoosporées*) se reproduisent par de *petits corps*, nommés *spores*. Ces spores, à l'état libre, sont douées d'un certain mouvement. Bientôt ce mouvement cesse, la spore s'immobilise, germe, et reproduit le *végétal* qui lui a donné naissance. Il n'y a point là de *végétaux*, qui *deviennent des animaux*, et redeviennent ensuite *des végétaux*.

nisés, et plus on y trouvera de variétés, toujours d'autant plus singulières pour nous qu'elles sont plus éloignées de nos yeux et de l'espèce des autres variétés que nous présente la nature.

Par exemple, l'ergot ou le blé ergoté, qui est produit par une espèce d'altération ou de décomposition de la substance organique du grain [1], est composé d'une infinité de filets ou de petits corps organisés, semblables par la figure à des anguilles ; pour les observer au microscope, il n'y a qu'à faire infuser le grain pendant dix à douze heures dans de l'eau et séparer les filets qui en composent la substance, on verra qu'ils ont un mouvement de flexion et de tortillement très-marqué, et qu'ils ont en même temps un léger mouvement de progression qui imite en perfection celui d'une anguille qui se tortille ; lorsque l'eau vient à leur manquer, ils cessent de se mouvoir ; en y ajoutant de la nouvelle eau, leur mouvement recommence, et si on garde cette matière pendant plusieurs jours, pendant plusieurs mois, et même pendant plusieurs années, dans quelque temps qu'on la prenne pour l'observer on y verra les mêmes petites anguilles, dès qu'on la mêlera avec de l'eau, les mêmes filets en mouvement qu'on y aura vus la première fois ; en sorte qu'on peut agir avec ces petites machines aussi souvent et aussi longtemps qu'on le veut, sans les détruire et sans qu'elles perdent rien de leur force ou de leur activité. Ces petits corps seront, si l'on veut, des espèces de machines qui se mettent en mouvement dès qu'elles sont plongées dans un fluide. Ces filets s'ouvrent quelquefois comme les filaments de la semence et produisent des globules mouvants ; on pourrait donc croire qu'ils sont de la même nature, et qu'ils sont seulement plus fixes et plus solides que ces filaments.

Les anguilles, qui se forment dans la colle faite avec de la farine, n'ont pas d'autre origine que la réunion des molécules organiques de la partie la plus substantielle du grain ; les premières anguilles qui paraissent ne sont certainement pas produites par d'autres anguilles [2] ; cependant, quoiqu'elles n'aient pas été engendrées, elles ne laissent pas d'engendrer elles-mêmes d'autres anguilles vivantes ; on peut, en les coupant avec la pointe d'une lancette, voir les petites anguilles sortir de leur corps, et même en très-grand nombre : il semble que le corps de l'animal ne soit qu'un fourreau ou un sac qui contient une multitude d'autres petits animaux, qui ne sont peut-être eux-mêmes que des fourreaux de la même espèce, dans lesquels, à mesure qu'ils grossissent, la matière organique s'assimile et prend la même forme d'anguilles.

Il faudrait un plus grand nombre d'observations que je n'en ai pour

---

1. L'*ergot* du *blé*, ou plus exactement du *seigle*, est un *champignon*, nommé d'abord par M. De Candolle *sclerotium clavus*, et plus tard, par M. Léveillé, *sphacelia segetum*.

2. Mais comment Buffon le prouve-t-il ? La manière constante de Buffon est de poser comme preuve le *fait* à prouver.

établir des classes et des genres entre ces êtres si singuliers et jusqu'à présent si peu connus; il y en a qu'on pourrait regarder comme de vrais zoophytes qui végètent, et qui en même temps paraissent se tortiller, et qui meuvent quelques-unes de leurs parties comme les animaux les remuent; il y en a qui paraissent d'abord être des animaux et qui se joignent ensuite pour former des espèces de végétaux [1] : qu'on suive seulement avec un peu d'attention la décomposition d'un grain de froment dans l'eau, on y verra une partie de ce que je viens de dire. Je pourrais joindre d'autres exemples à ceux-ci, mais je ne les ai rapportés que pour faire remarquer la variété qui se trouve dans la génération prise généralement; il y a certainement [2] des êtres organisés que nous regardons comme des animaux, et qui cependant ne sont pas engendrés par des animaux de même espèce qu'eux; il y en a qui ne sont que des espèces de machines; il y a de ces machines dont l'action est limitée à un certain effet, et qui ne peuvent agir qu'une fois et pendant un certain temps, comme les vaisseaux laiteux du calmar [3]; il y en a d'autres qu'on peut faire agir aussi longtemps et aussi souvent qu'on le veut, comme celles du blé ergoté; il y a des êtres végétaux qui produisent des corps animés, comme les filaments de la semence humaine, d'où sortent des globules actifs et qui se meuvent par leurs propres forces. Il y a dans la classe de ces êtres organisés qui ne sont produits que par la corruption [4], la fermentation, ou plutôt la décomposition des substances animales ou végétales; il y a, dis-je, dans cette classe des corps organisés qui sont de vrais animaux qui peuvent produire leurs semblables, quoiqu'ils n'aient pas été produits eux-mêmes de cette façon. Les limites de ces variétés sont peut-être encore plus grandes que nous ne pouvons l'imaginer [5]; nous avons beau généraliser nos idées et faire des efforts pour réduire les effets de la nature à de certains points et ses productions à de certaines classes, il nous échappera toujours une infinité de nuances [6] et même de degrés qui cependant existent dans l'ordre naturel des choses.

1. Voyez la note 3 de la page 600.

2. *Certainement.* Toujours le fait *à prouver,* posé comme fait *certain.* S'il y a quelque chose de *certain* en cette matière, c'est, au contraire, que tout *être vivant* vient d'un autre *être vivant,* et de la *même espèce que lui.*

3. Toujours les *machines* du *calmar !* Ces *machines* sont les *étuis,* l'enveloppe de la *laite,* comme dans l'œuf, par exemple, la *membrane ombilicale* ou *vitelline* est l'enveloppe du *jaune.*

4. Voyez la note 2 de la page 600.

5. Buffon ne se sera pourtant pas fait faute d'*imaginer.*

6. Sans doute, et surtout si on les cherche ailleurs que dans l'*ordre naturel des choses,* que dans l'étude des faits réels.

CHAPITRE X.

DE LA FORMATION DU FŒTUS.

Il paraît certain par les observations de Verheyen, qui a trouvé de la semence de taureau dans la matrice de la vache, par celles de Ruysch, de Fallope et des autres anatomistes, qui ont trouvé de celle de l'homme dans la matrice de plusieurs femmes, par celles de Leeuwenhoek, qui en a trouvé dans la matrice d'une grande quantité de femelles toutes disséquées immédiatement après l'accouplement; il paraît, dis-je, très-certain que la liqueur séminale du mâle entre dans la matrice de la femelle, soit qu'elle y arrive en substance par l'orifice interne qui paraît être l'ouverture naturelle par où elle doit passer, soit qu'elle se fasse un passage en pénétrant à travers le tissu du col et des autres parties inférieures de la matrice qui aboutissent au vagin. Il est très-probable que dans le temps de la copulation l'orifice de la matrice s'ouvre pour recevoir la liqueur séminale, et qu'elle y entre en effet par cette ouverture qui doit la pomper; mais on peut croire aussi que cette liqueur, ou plutôt la substance active et prolifique de cette liqueur, peut pénétrer à travers le tissu même des membranes de la matrice; car la liqueur séminale étant, comme nous l'avons prouvé, presque toute composée de molécules organiques qui sont en grand mouvement, et qui sont en même temps d'une petitesse extrême, je conçois que ces petites parties actives de la semence peuvent passer à travers le tissu des membranes les plus serrées, et qu'elles peuvent pénétrer celles de la matrice avec une grande facilité.

Ce qui prouve que la partie active de cette liqueur peut non-seulement passer par les pores de la matrice, mais même qu'elle en pénètre la substance, c'est le changement prompt et, pour ainsi dire, subit qui arrive à ce viscère dès les premiers temps de la grossesse; les règles et même les vidanges d'un accouchement qui vient de précéder sont d'abord supprimées, la matrice devient plus mollasse, elle se gonfle, elle paraît enflée à l'intérieur, et, pour me servir de la comparaison d'Harvey, cette enflure ressemble à celle que produit la piqûre d'une abeille sur les lèvres des enfants : toutes ces altérations ne peuvent arriver que par l'action d'une cause extérieure, c'est-à-dire par la pénétration de quelque partie de la liqueur séminale du mâle dans la substance même de la matrice ; cette pénétration n'est point un effet superficiel qui s'opère uniquement à la surface, soit extérieure, soit intérieure, des vaisseaux qui constituent la matrice, et de toutes les autres parties dont ce viscère est composé; mais c'est une pénétration intime, semblable à celle de la nutrition et du développement : c'est une pénétration dans toutes les parties du moule intérieur de la matrice, opérée par des forces semblables à celles qui contraignent la nourriture à pénétrer le moule intérieur du corps, et qui en produisent le développement sans en changer la forme.

On se persuadera facilement que cela est ainsi, lorsque l'on fera réflexion que la matrice dans le temps de la grossesse non-seulement augmente en volume, mais encore en masse, et qu'elle a une espèce de vie, ou, si l'on veut, une végétation ou un développement qui dure et va toujours en augmentant jusqu'au temps de l'accouchement; car si la matrice n'était qu'un sac, un récipient destiné à recevoir la semence et à contenir le fœtus, on verrait cette espèce de sac s'étendre et s'amincir à mesure que le fœtus augmenterait en grosseur, et alors il n'y aurait qu'une extension, pour ainsi dire, superficielle des membranes qui composent ce viscère; mais l'accroissement de la matrice n'est pas une simple extension ou une dilatation à l'ordinaire : non-seulement la matrice s'étend à mesure que le fœtus augmente, mais elle prend en même temps de la solidité, de l'épaisseur, elle acquiert, en un mot, du volume et de la masse en même temps; cette espèce d'augmentation est un vrai développement, un accroissement semblable à celui de toutes les autres parties du corps, lorsqu'elles se développent, qui dès lors ne peut être produit que par la pénétration intime des molécules organiques analogues à la substance de cette partie; et comme ce développement de la matrice n'arrive jamais que dans le temps de l'imprégnation, et que cette imprégnation suppose nécessairement l'action de la liqueur du mâle, ou tout au moins qu'elle en est l'effet, on ne peut pas douter que ce ne soit la liqueur du mâle qui produise cette altération à la matrice, et que cette liqueur ne soit la première cause de ce développement, de cette espèce de végétation et d'accroissement que ce viscère prend avant même que le fœtus soit assez gros et qu'il ait assez de volume pour le forcer à se dilater.

Il paraît de même tout aussi certain, par mes expériences, que la femelle a une liqueur séminale qui commence à se former dans les testicules, et qui achève de se perfectionner dans les corps glanduleux; cette liqueur coule et distille continuellement par les petites ouvertures qui sont à l'extrémité de ces corps glanduleux, et cette liqueur séminale de la femelle peut, comme celle du mâle, entrer dans la matrice de deux façons différentes, soit par les ouvertures qui sont aux extrémités des cornes de la matrice, qui paraissent être les passages les plus naturels, soit à travers le tissu membraneux de ces cornes, que cette liqueur humecte et arrose continuellement.

Ces liqueurs séminales sont toutes deux un extrait de toutes les parties du corps de l'animal; celle du mâle est un extrait de toutes les parties du corps du mâle, celle de la femelle est un extrait de toutes les parties du corps de la femelle : ainsi dans le mélange qui se fait de ces deux liqueurs il y a tout ce qui est nécessaire pour former un certain nombre de mâles et de femelles ; plus la quantité de liqueur fournie par l'un et par l'autre est grande, ou, pour mieux dire, plus cette liqueur est abondante en molécules organiques analogues à toutes les parties du corps de l'animal dont elles sont l'extrait, et plus le nombre des fœtus est grand, comme on le remarque dans les petits animaux ; et au contraire moins ces liqueurs sont abondantes en molécules organiques, et plus le nombre des fœtus est petit, comme il arrive dans les espèces des grands animaux.

Mais pour suivre notre sujet avec plus d'attention, nous n'examinerons ici que la formation particulière du fœtus humain, sauf à revenir ensuite à l'examen de la formation du fœtus dans les autres espèces d'animaux, soit vivipares, soit ovipares. Dans l'espèce humaine, comme dans celle des gros animaux, les liqueurs séminales du mâle et de la femelle ne contiennent pas une grande abondance de molécules organiques analogues aux individus dont elles sont extraites, et l'homme ne produit ordinairement qu'un, et rarement deux fœtus ; ce fœtus est mâle si le nombre des molécules organiques du mâle prédomine dans le mélange des deux liqueurs ; il est femelle si le nombre des parties organiques de la femelle est le plus grand, et l'enfant ressemble au père ou à la mère, ou bien à tous deux, selon les combinaisons différentes de ces molécules organiques, c'est-à-dire suivant qu'elles se trouvent en telle ou telle quantité dans le mélange des deux liqueurs.

Je conçois donc que la liqueur séminale du mâle, répandue dans le vagin, et celle de la femelle répandue dans la matrice, sont deux matières également actives, également chargées de molécules organiques propres à la génération ; et cette supposition me paraît assez prouvée par mes expériences, puisque j'ai trouvé les mêmes corps en mouvement dans la liqueur de la femelle et dans celle du mâle : je vois que la liqueur du mâle entre dans la matrice, où elle rencontre celle de la femelle : ces deux liqueurs ont entre elles une analogie parfaite, puisqu'elles sont composées toutes les deux de parties non-seulement similaires par leur forme, mais encore absolument semblables dans leurs mouvements et dans leur action, comme nous l'avons dit chapitre VI. Je conçois donc que par ce mélange des deux liqueurs séminales, cette activité des molécules organiques de chacune des liqueurs est comme fixée par l'action contre-balancée de l'une et de l'autre, en sorte que chaque molécule organique venant à cesser de se mouvoir reste à la place qui lui convient, et cette place ne peut être que celle de la partie qu'elle occupait auparavant dans l'animal, ou plutôt dont elle a été renvoyée dans le corps de l'animal : ainsi toutes les molécules qui auront été renvoyées de la tête de l'animal se fixeront et se disposeront dans un ordre semblable à celui dans lequel elles ont en effet été renvoyées ; celles qui auront été renvoyées de l'épine du dos se fixeront de même dans un ordre convenable, tant à la structure qu'à la position des vertèbres, et il en sera de même de toutes les autres parties du corps ; les molécules organiques qui ont été renvoyées de chacune des parties du corps de l'animal prendront naturellement la même position, et se disposeront dans le même ordre qu'elles avaient lorsqu'elles ont été renvoyées de ces parties ; par conséquent ces molécules formeront nécessairement un petit être organisé, semblable en tout à l'animal dont elles sont l'extrait [1].

On doit observer que ce mélange des molécules organiques des deux individus contient des parties semblables et des parties différentes ; les parties semblables sont les molécules qui ont été extraites de toutes les parties communes aux deux sexes ; les parties différentes ne sont que celles qui ont été extraites des parties par lesquelles le mâle diffère de la femelle ; ainsi il y a dans ce mélange le double des molécules organiques pour former, par exemple, la tête ou le cœur, ou telle autre partie commune aux deux individus, au lieu qu'il n'y a que ce qu'il faut pour former les parties du sexe : or les parties semblables, comme le sont les molécules organiques des parties communes aux deux individus, peuvent agir les unes sur les autres sans se déranger, et se rassembler, comme si elles avaient été extraites du même corps ; mais les parties dissemblables, comme le sont les molécules organiques des parties sexuelles, ne peuvent agir les unes sur les autres, ni se mêler intimement, parce qu'elles ne sont pas semblables : dès lors, ces parties seules conserveront leur nature sans mélange, et se fixeront d'elles-mêmes les premières, sans avoir besoin d'être pénétrées par les autres ; ainsi les molécules organiques qui proviennent des parties sexuelles seront les premières fixées, et toutes les autres, qui sont communes aux deux individus, se fixeront ensuite indifféremment et indistinctement, soit celles du mâle, soit celles de la femelle, ce qui formera un être organisé qui ressemblera parfaitement à son père si c'est un mâle, et à sa mère, si c'est une femelle, par ces parties sexuelles, mais qui pourra ressembler à l'un ou à l'autre, ou à tous deux, par toutes les autres parties du corps.

Il me semble que cela étant bien entendu, nous pouvons en tirer l'explication d'une très-grande question, dont nous avons dit quelque chose au chapitre v, dans l'endroit où nous avons rapporté le sentiment d'Aristote au sujet de la génération : cette question est de savoir pourquoi chaque individu mâle ou femelle ne produit pas tout seul son semblable. Il faut avouer, comme je l'ai déjà dit, que pour quiconque approfondira la matière de la génération et se donnera la peine de lire avec attention tout ce que nous en avons dit jusqu'ici, il ne restera d'obscurité qu'à l'égard de cette

---

1. C'est ce qu'avait dit Maupertuis. « Qu'il y ait, dans chacune des semences, des parties « destinées à former le cœur, la tête, les entrailles, les bras, les jambes, et que ces parties aient « chacune un plus grand rapport d'union avec celle qui, pour la formation de l'animal, doit « être sa voisine qu'avec toute autre ; et le fœtus se formera. » *Le fœtus se formera*, et Voltaire rira ; et il aura bien raison de rire. (Voyez la note 2 de la page 514.)

question, surtout lorsqu'on aura bien compris la théorie que j'établis; et quoique cette espèce de difficulté ne soit pas réelle ni particulière à mon système, et qu'elle soit générale pour toutes les autres explications qu'on a voulu, ou qu'on voudrait encore donner de la génération, cependant je n'ai pas cru devoir la dissimuler, d'autant plus que dans la recherche de la vérité la première règle de conduite est d'être de bonne foi avec soi-même. Je dois donc dire qu'ayant réfléchi sur ce sujet, aussi longtemps et aussi mûrement qu'il l'exige, j'ai cru avoir trouvé une réponse à cette question, que je vais tâcher d'expliquer, sans prétendre cependant la faire entendre parfaitement à tout le monde.

Il est clair pour quiconque entendra bien le système que nous avons établi dans les quatre premiers chapitres, et que nous avons prouvé par des expériences dans les chapitres suivants, que la reproduction se fait par la réunion de molécules organiques renvoyées de chaque partie du corps de l'animal ou du végétal dans un ou plusieurs réservoirs communs; que les mêmes molécules qui servent à la nutrition et au développement du corps servent ensuite à la reproduction; que l'une et l'autre s'opèrent par la même matière et par les mêmes lois. Il me semble que j'ai prouvé cette vérité par tant de raisons et de faits qu'il n'est guère possible d'en douter; je n'en doute pas moi-même, et j'avoue qu'il ne me reste aucun scrupule sur le fond de cette théorie dont j'ai examiné très-rigoureusement les principes, et dont j'ai combiné très-scrupuleusement les conséquences et les détails; mais il est vrai qu'on pourrait avoir quelque raison de me demander pourquoi chaque animal, chaque végétal, chaque être organisé ne produit pas tout seul son semblable, puisque chaque individu renvoie de toutes les parties de son corps dans un réservoir commun toutes les molécules organiques nécessaires à la formation du petit être organisé. Pourquoi donc cet être organisé ne s'y forme-t-il pas, et que dans presque tous les animaux il faut que la liqueur qui contient ces molécules organiques soit mêlée avec celle de l'autre sexe pour produire un animal? Si je me contente de répondre que dans presque tous les végétaux, dans toutes les espèces d'animaux qui se produisent par la division de leur corps, et dans celle des pucerons qui se reproduisent d'eux-mêmes, la nature suit en effet la règle qui nous paraît la plus naturelle, que tous ces individus produisent d'eux-mêmes d'autres petits individus semblables, et qu'on doit regarder comme une exception à cette règle l'emploi qu'elle fait des sexes dans les autres espèces d'animaux, on aura raison de me dire que l'exception est plus grande et plus universelle que la règle, et c'est en effet là le point de la difficulté; difficulté qu'on n'affaiblit que très-peu lorsqu'on dira que chaque individu produirait peut-être son semblable, s'il avait des organes convenables et s'il contenait la matière nécessaire à la nourriture de l'embryon; car alors on demandera pourquoi les femelles, qui ont cette matière et en

même temps les organes convenables, ne produisent pas d'elles-mêmes
d'autres femelles, puisque dans cette hypothèse on veut que ce ne soit que
faute de matrice ou de matière propre à l'accroissement et au développement du fœtus que le mâle ne peut pas produire de lui-même. Cette réponse
ne lève donc pas la difficulté en entier; car, quoique nous voyions que les
femelles des ovipares produisent d'elles-mêmes des œufs qui sont des corps
organisés, cependant jamais les femelles, de quelque espèce qu'elles soient,
n'ont seules produit des animaux femelles, quoiqu'elles soient douées de
tout ce qui parait nécessaire à la nutrition et au développement du fœtus.
Il faut au contraire, pour que la production de presque toutes les espèces
d'animaux s'accomplisse, que le mâle et la femelle concourent, que les deux
liqueurs séminales se mêlent et se pénètrent, sans quoi il n'y a aucune
génération d'animal.

Si nous disons que l'établissement local des molécules organiques et de
toutes les parties qui doivent former un fœtus ne peut pas se faire de soi-
même dans l'individu qui fournit ces molécules; que, par exemple, dans
les testicules et les vésicules séminales de l'homme qui contiennent toutes
les molécules nécessaires pour former un mâle, l'établissement local, l'arrangement de ces molécules ne peut se faire, parce que ces molécules qui
y sont renvoyées sont aussi continuellement repompées, et qu'il y a une
espèce de circulation de la semence, ou plutôt un repompement continuel
de cette liqueur dans le corps de l'animal, et que comme ces molécules ont
une très-grande analogie avec le corps de l'animal qui les a produites, il
est fort naturel de concevoir que tant qu'elles sont dans le corps de ce même
individu la force, qui pourrait les réunir et en former un fœtus, doit céder
à cette force plus puissante par laquelle elles sont repompées dans le corps
de l'animal, ou du moins que l'effet de cette réunion est empêché par l'action continuelle des nouvelles molécules organiques qui arrivent dans ce
réservoir, et de celles qui en sont repompées et qui retournent dans les
vaisseaux du corps de l'animal : si nous disons de même que les femmes,
dont les corps glanduleux des testicules contiennent la liqueur séminale,
laquelle distille continuellement sur la matrice, ne produisent pas d'elles-
mêmes des femelles, parce que cette liqueur qui a, comme celle du mâle,
avec le corps de l'individu qui la produit, une très-grande analogie, est
repompée par les parties du corps de la femelle, et que, comme cette
liqueur est en mouvement, et, pour ainsi dire en circulation continuelle,
il ne peut se faire aucune réunion, aucun établissement local des parties
qui doivent former une femelle, parce que la force qui doit opérer cette
réunion n'est pas aussi grande que celle qu'exerce le corps de l'animal pour
repomper et s'assimiler ces molécules qui en ont été extraites, mais qu'au
contraire, lorsque les liqueurs séminales sont mêlées, elles ont entre elles
plus d'analogie qu'elles n'en ont avec les parties du corps de la femelle où

se fait le mélange, et que c'est par cette raison que la réunion ne s'opère qu'au moyen de ce mélange, nous pourrons par cette réponse avoir satisfait à une partie de la question. Mais, en admettant cette explication, on pourra me demander encore pourquoi la manière ordinaire de génération dans les animaux n'est-elle pas celle qui s'accorde le mieux avec cette supposition? car il faudrait alors que chaque individu produisît comme produisent les limaçons, que chacun donnât quelque chose à l'autre également et mutuellement, et que chaque individu remportant les molécules organiques que l'autre lui aurait fournies, la réunion s'en fît d'elle-même et par la seule force d'affinité de ces molécules entre elles, qui, dans ce cas, ne serait plus détruite par d'autres forces comme elle l'était dans le corps de l'autre individu. J'avoue que si c'était par cette seule raison que les molécules organiques ne se réunissent pas dans chaque individu, il serait naturel d'en conclure que le moyen le plus court pour opérer la reproduction des animaux serait celui de leur donner les deux sexes en même temps, et que par conséquent nous devrions trouver beaucoup plus d'animaux doués des deux sexes, comme sont les limaçons, que d'autres animaux qui n'auraient qu'un seul sexe; mais c'est tout le contraire, cette manière de génération est particulière aux limaçons et à un petit nombre d'autres espèces d'animaux; l'autre où la communication n'est pas mutuelle, où l'un des individus ne reçoit rien de l'autre individu et où il n'y a qu'un individu qui reçoit et qui produit, est au contraire la manière la plus générale et celle que la nature emploie le plus souvent. Ainsi cette réponse ne peut satisfaire pleinement à la question qu'en supposant que c'est uniquement faute d'organes que le mâle ne produit rien, que ne pouvant rien recevoir de la femelle, et que n'ayant d'ailleurs aucun viscère propre à contenir, et à nourrir le fœtus, il est impossible qu'il produise comme la femelle qui est douée de ces organes.

On peut encore supposer que, dans la liqueur de chaque individu, l'activité des molécules organiques qui proviennent de cet individu a besoin d'être contre-balancée par l'activité ou la force des molécules d'un autre individu, pour qu'elles puissent se fixer; qu'elles ne peuvent perdre cette activité que par la résistance ou le mouvement contraire d'autres molécules semblables et qui proviennent d'un autre individu, et que sans cette espèce d'équilibre entre l'action de ces molécules de deux individus différents il ne peut résulter l'état de repos, ou plutôt l'établissement local des parties organiques qui est nécessaire pour la formation de l'animal; que quand il arrive dans le réservoir séminal d'un individu des molécules organiques semblables à toutes les parties de cet individu dont elles sont renvoyées, ces molécules ne peuvent se fixer parce que leur mouvement n'est point contre-balancé et qu'il ne peut l'être que par l'action et le mouvement contraires d'autant d'autres molécules qui doivent provenir d'un autre indi-

vidu, ou de parties différentes dans le même individu; que, par exemple,
dans les arbres chaque bouton qui peut devenir un petit arbre a d'abord
été comme le réservoir des molécules organiques renvoyées de certaines
parties de l'arbre; mais que l'activité de ces molécules n'a été fixée qu'après
le renvoi dans le même lieu de plusieurs autres molécules provenant
d'autres parties, et qu'on peut regarder sous ce point de vue les unes
comme venant des parties mâles, et les autres comme provenant des parties
femelles; en sorte que dans ce sens tous les êtres vivants ou végétants doivent tous avoir les deux sexes conjointement ou séparément pour pouvoir
produire leur semblable : mais cette réponse est trop générale pour ne pas
laisser encore beaucoup d'obscurité; cependant si l'on fait attention à tous
les phénomènes, il me parait qu'on peut l'éclaircir davantage. Le résultat
du mélange des deux liqueurs, masculine et féminine, produit non-seulement un fœtus mâle ou femelle, mais encore d'autres corps organisés, et
qui d'eux-mêmes ont une espèce de végétation et un accroissement réel:
le placenta, les membranes, etc, sont produits en même temps que le fœtus,
et cette production parait même se développer la première; il y a donc dans
la liqueur séminale, soit du mâle, soit de la femelle, ou dans le mélange de
toutes deux, non-seulement les molécules organiques nécessaires à la production du fœtus, mais aussi celles qui doivent former le placenta et les
enveloppes; et l'on ne sait pas d'où ces molécules organiques peuvent venir,
puisqu'il n'y a aucune partie dans le corps, soit du mâle, soit de la femelle,
dont ces molécules aient pu être renvoyées, et que par conséquent on ne
voit pas qu'il y ait une origine primitive de la forme qu'elles prennent [1]
lorsqu'elles forment ces espèces de corps organisés différents du corps de
l'animal. Dès lors, il me semble qu'on ne peut pas se dispenser d'admettre
que les molécules des liqueurs séminales de chaque individu mâle et femelle,
étant également organiques et actives, forment toujours des corps organisés toutes les fois qu'elles peuvent se fixer en agissant mutuellement les
unes sur les autres; que les parties employées à former un mâle seront
d'abord celles du sexe masculin qui se fixeront les premières et formeront
les parties sexuelles, et qu'ensuite celles qui sont communes aux deux individus pourront se fixer indifféremment pour former le reste du corps, et
que le placenta et les enveloppes sont formés de l'excédant des molécules
organiques qui n'ont pas été employées à former le fœtus : si, comme nous
le supposons, le fœtus est mâle, alors il reste pour former le placenta et
les enveloppes toutes les molécules organiques [2] des parties du sexe féminin

---

1. *On ne voit pas qu'il y ait une origine primitive de la forme qu'elles prennent :* objection
qu se fait très-sensément Buffon, et qui, dans la théorie des *moules intérieurs,* est insoluble.
Le *placenta* et les *enveloppes* n'ont point eu de *moule.*

2. *Il reste les molécules organiques….. soit :* mais où est le *moule intérieur?* Où est l'origine
primitive de la *forme renvoyée?*

qui n'ont pas été employées, et aussi toutes celles de l'un ou de l'autre des individus qui ne seront pas entrées dans la composition du fœtus, qui ne peut en admettre que la moitié; et de même, si le fœtus est femelle, il reste pour former le placenta toutes les molécules organiques des parties du sexe masculin et celles des autres parties du corps, tant du mâle que de la femelle, qui ne sont pas entrées dans la composition du fœtus, ou qui en ont été exclues par la présence des autres molécules semblables qui se sont réunies les premières.

Mais, dira-t-on, les enveloppes et le placenta devraient alors être un autre fœtus qui serait femelle si le premier était mâle, et qui serait mâle si le premier était femelle, car le premier n'ayant consommé pour se former que les molécules organiques des parties sexuelles de l'un des individus, et autant d'autres molécules organiques de l'un et de l'autre des individus, qu'il en fallait pour sa composition entière, il reste toutes les molécules des parties sexuelles de l'autre individu, et de plus la moitié des autres molécules communes aux deux individus. A cela on peut répondre que la première réunion, le premier établissement local des molécules organiques, empêche que la seconde réunion se fasse, ou du moins se fasse sous la même forme; que le fœtus étant formé le premier, il exerce une force à l'extérieur qui dérange l'établissement des autres molécules organiques, et qui leur donne l'arrangement qui est nécessaire pour former le placenta et les enveloppes; que c'est par cette même force qu'il s'approprie les molécules nécessaires à son premier accroissement, ce qui cause nécessairement un dérangement qui empêche d'abord la formation d'un second fœtus, et qui produit ensuite un arrangement dont résulte la forme du placenta et des membranes.

Nous sommes assurés par ce qui a été dit ci-devant, et par les expériences et les observations que nous avons faites, que tous les êtres vivants contiennent une grande quantité de molécules vivantes et actives : la vie de l'animal ou du végétal ne paraît être que le résultat de toutes les actions, de toutes les petites vies particulières [1] (s'il m'est permis de m'exprimer ainsi) de chacune de ces molécules actives, dont la vie est primitive [2] et paraît ne pouvoir être détruite; nous avons trouvé ces molécules vivantes dans tous les êtres vivants ou végétants; nous sommes assurés que toutes ces molécules organiques sont également propres à la nutrition, et par

---

1. *Petites vies particulières.* Les *molécules organiques* ne sont, en effet, que de *petites vies particulières*, que Buffon suppose pour échapper à la difficulté de concevoir la formation de la vie, prise en général. Mais alors comment se forment ces *petites vies?* La difficulté n'a fait que changer. (Voyez la note 1 de la page 600.)

2. Buffon pose les *molécules organiques : primitives, indestructibles et réversibles.* Étant *primitives*, les voilà toutes formées; *indestructibles*, elles pourront servir sans fin; *réversibles*, elles pourront servir à tout. Buffon semble se donner toutes les ressources pour échapper à toutes les difficultés; et cependant on va voir que, dans l'application, il n'échappe à aucune.

conséquent à la reproduction des animaux ou des végétaux. Il n'est donc pas difficile de concevoir que, quand un certain nombre de ces molécules sont réunies, elles forment un être vivant; la vie étant dans chacune des parties, elle peut se retrouver dans un tout, dans un assemblage quelconque de ces parties. Ainsi les molécules organiques et vivantes étant communes à tous les êtres vivants, elles peuvent également former tel ou tel animal, tel ou tel végétal, selon qu'elles seront arrangées de telle ou telle façon; or cette disposition des parties organiques, cet arrangement, dépend absolument de la forme des individus qui fournissent ces molécules; si c'est un animal qui fournit ces molécules organiques, comme en effet il les fournit dans sa liqueur séminale, elles pourront s'arranger sous la forme d'un individu semblable à cet animal; elles s'arrangeront en petit, comme elles s'étaient arrangées en grand lorsqu'elles servaient au développement du corps de l'animal : mais ne peut-on pas supposer que cet arrangement ne peut se faire dans de certaines espèces d'animaux, et même de végétaux, qu'au moyen d'un point d'appui ou d'une espèce de base autour de laquelle les molécules puissent se réunir, et que sans cela elles ne peuvent se fixer ni se rassembler, parce qu'il n'y a rien qui puisse arrêter leur activité? Or c'est cette base que fournit l'individu de l'autre sexe : Je m'explique.

Tant que ces molécules organiques sont seules de leur espèce, comme elles le sont dans la liqueur séminale de chaque individu, leur action ne produit aucun effet, parce qu'elle est sans réaction; ces molécules sont en mouvement continuel les unes à l'égard des autres, et il n'y a rien qui puisse fixer leur activité, puisqu'elles sont toutes également animées, également actives; ainsi il ne se peut faire aucune réunion de ces molécules qui soit semblable à l'animal, ni dans l'une ni dans l'autre des liqueurs séminales des deux sexes, parce qu'il n'y a, ni dans l'une ni dans l'autre, aucune partie dissemblable, aucune partie qui puisse servir d'appui ou de base à l'action de ces molécules en mouvement; mais lorsque ces liqueurs sont mêlées, alors il y a des parties dissemblables, et ces parties sont les molécules qui proviennent des parties sexuelles : ce sont celles-là qui servent de base et de point d'appui aux autres molécules, et qui en fixent l'activité; ces parties étant les seules qui soient différentes des autres, il n'y a qu'elles seules qui puissent avoir un effet différent, réagir contre les autres, et arrêter leur mouvement.

Dans cette supposition, les molécules organiques qui, dans le mélange des liqueurs séminales des deux individus, représentent les parties sexuelles du mâle, seront les seules qui pourront servir de base ou de point d'appui aux molécules organiques qui proviennent de toutes les parties du corps de la femelle, et de même les molécules organiques qui, dans ce mélange, représentent les parties sexuelles de la femelle, seront les seules qui serviront de point d'appui aux molécules organiques qui proviennent de toutes les parties du corps du mâle, et cela, parce que ce sont les seules qui soient en effet différentes des autres. De là on pourrait conclure que l'enfant mâle est formé des molécules organiques du père pour les parties sexuelles , et des molécules organiques de la mère pour le reste du corps, et qu'au contraire la femelle ne tire de sa mère que le sexe, et qu'elle prend tout le reste de son père : les garçons devraient donc, à l'exception des parties du sexe, ressembler davantage à leur mère qu'à leur père, et les filles plus au père qu'à la mère; cette conséquence, qui suit nécessairement de notre supposition, n'est peut-être pas assez conforme à l'expérience.

En considérant sous ce point de vue la génération par les sexes, nous en conclurons que ce doit être la manière de reproduction la plus ordinaire, comme elle l'est en effet. Les individus dont l'organisation est la plus complète, comme celle des animaux dont le corps fait un tout qui ne peut être ni séparé ni divisé, dont toutes les puissances se rapportent à un seul point et se combinent exactement , ne pourront se reproduire que par cette voie , parce qu'ils ne contiennent en effet que des parties qui sont toutes semblables entre elles, dont la réunion ne peut se faire qu'au moyen de quelques autres parties différentes fournies par un autre individu ; ceux dont l'organisation est moins parfaite, comme l'est celle des végétaux dont le corps fait un tout qui peut être divisé et séparé sans être détruit, pourront se reproduire par d'autres voies : 1° parce qu'ils contiennent des parties dissemblables , 2° parce que ces êtres n'ayant pas une forme aussi déterminée et aussi fixe que celle de l'animal , les parties peuvent suppléer les unes aux autres, et se changer selon les circonstances, comme l'on voit les racines devenir des branches et pousser des feuilles lorsqu'on les expose à l'air, ce qui fait que la position et l'établissement local des molécules qui doivent former le petit individu se peuvent faire de plusieurs manières.

Il en sera de même des animaux dont l'organisation ne fait pas un tout bien déterminé, comme les polypes d'eau douce et les autres qui peuvent se reproduire par la division ; ces êtres organisés sont moins un seul animal que plusieurs corps organisés semblables, réunis sous une enveloppe commune, comme les arbres sont aussi composés de petits arbres semblables (voyez chapitre II). Les pucerons, qui engendrent seuls, contiennent aussi des parties dissemblables , puisque après avoir produit d'autres pucerons, ils se changent en mouches qui ne produisent rien [1]. Les limaçons se communiquent mutuellement ces parties dissemblables, et ensuite ils produisent tous les deux; ainsi dans toutes les manières connues dont la génération s'opère, nous voyons que la réunion des molécules organiques qui doivent former la nouvelle production ne peut se faire que par le moyen de quelques autres parties différentes qui servent de point d'appui à ces molécules,

---

1. Voyez la note 2 de la page 599.

et qui par leur réaction soient capables de fixer le mouvement de ces molécules actives.

Si l'on donne à l'idée du mot *sexe* toute l'étendue que nous lui supposons
ici, on pourra dire que les sexes se trouvent partout dans la nature ; car
alors le sexe ne sera que la partie qui doit fournir les molécules organiques
différentes des autres, et qui doit servir de point d'appui pour leur réunion.
Mais c'est assez raisonner sur une question que je pouvais me dispenser de
mettre en avant, que je pouvais aussi résoudre tout d'un coup, en disant
que Dieu ayant créé les sexes, il est nécessaire que les animaux se reproduisent par leur moyen. En effet, nous ne sommes pas faits, comme je l'ai
dit, pour rendre raison du pourquoi des choses : nous ne sommes pas en
état d'expliquer pourquoi la nature emploie presque toujours les sexes pour
la reproduction des animaux ; nous ne saurons jamais, je crois, pourquoi
ces sexes existent, et nous devons nous contenter de raisonner sur ce qui
est, sur les choses telles qu'elles sont, puisque nous ne pouvons remonter
au delà qu'en faisant des suppositions qui s'éloignent peut-être autant de la
vérité, que nous nous éloignons nous-mêmes de la sphère où nous devons
nous contenir, et à laquelle se borne la petite étendue de nos connaissances.

En partant donc du point dont il faut partir, c'est-à-dire, en se fondant
sur les faits et sur les observations, je vois que la reproduction des êtres se
fait à la vérité de plusieurs manières différentes, mais en même temps je
conçois clairement que c'est par la réunion des molécules organiques, renvoyées de toutes les parties de l'individu, que se fait la reproduction des
végétaux et des animaux. Je suis assuré de l'existence de ces molécules
organiques et actives dans la semence des animaux mâles et femelles, et
dans celle des végétaux, et je ne puis pas douter que toutes les générations,
de quelque manière qu'elles se fassent, ne s'opèrent par le moyen de la
réunion de ces molécules organiques, renvoyées de toutes les parties du
corps des individus ; je ne puis pas douter non plus que dans la génération
des animaux, et en particulier dans celle de l'homme, ces molécules organiques, fournies par chaque individu mâle et femelle, ne se mêlent dans le
temps de la formation du fœtus, puisque nous voyons des enfants qui ressemblent en même temps à leur père et à leur mère ; et ce qui pourrait
confirmer ce que j'ai dit ci-dessus, c'est que toutes les parties communes
aux deux sexes se mêlent, au lieu que les molécules qui représentent les
parties sexuelles ne se mêlent jamais, car on voit tous les jours des enfants
avoir, par exemple, les yeux du père, et le front ou la bouche de la mère,
mais on ne voit jamais qu'il y ait un semblable mélange des parties sexuelles,
et il n'arrive pas qu'ils aient, par exemple, les testicules du père et le vagin
de la mère : je dis que cela n'arrive pas, parce que l'on n'a aucun fait
avéré au sujet des hermaphrodites, et que la plupart des sujets qu'on a cru

être dans ce cas n'étaient que des femmes dans lesquelles certaine partie avait pris trop d'accroissement.

Il est vrai qu'en réfléchissant sur la structure des parties de la génération de l'un et de l'autre sexe dans l'espèce humaine, on y trouve tant de ressemblance et une conformité si singulière, qu'on serait assez porté à croire que ces parties qui nous paraissent si différentes à l'extérieur ne sont au fond que les mêmes organes, mais plus ou moins développés. Ce sentiment, qui était celui des anciens, n'est pas tout à fait sans fondement, et on trouvera dans le troisième volume [1] les idées que M. Daubenton a eues sur ce sujet [2] ; elles m'ont paru très-ingénieuses, et d'ailleurs elles sont fondées sur des observations nouvelles qui probablement n'avaient pas été faites par les anciens, et qui pourraient confirmer leur opinion à ce sujet.

La formation du fœtus se fait donc par la réunion des molécules organiques contenues dans le mélange qui vient de se faire des liqueurs séminales des deux individus ; cette réunion produit l'établissement local des parties, parce qu'elle se fait selon les lois d'affinité qui sont entre ces différentes parties, et qui déterminent les molécules à se placer comme elles l'étaient dans les individus qui les ont fournies [3] : en sorte que les molécules qui proviennent de la tête, et qui doivent la former, ne peuvent, en vertu de ces lois, se placer ailleurs qu'auprès de celles qui doivent former le col, et qu'elles n'iront pas se placer auprès de celles qui doivent former les jambes. Toutes ces molécules doivent être en mouvement lorsqu'elles se réunissent, et dans un mouvement qui doit les faire tendre à une espèce de centre autour duquel se fait la réunion. On peut croire que ce centre ou ce point d'appui qui est nécessaire à la réunion des molécules, et qui par sa réaction et son inertie en fixe l'activité et en détruit le mouvement, est une partie différente de toutes les autres : et c'est probablement le premier assemblage des molécules qui proviennent des parties sexuelles, qui, dans ce mélange, sont les seules qui ne soient pas absolument communes aux deux individus.

Je conçois donc que, dans ce mélange des deux liqueurs, les molécules organiques qui proviennent des parties sexuelles du mâle se fixent d'elles-mêmes les premières et sans pouvoir se mêler avec les molécules qui proviennent des parties sexuelles de la femelle, parce qu'en effet elles en sont différentes, et que ces parties se ressemblent beaucoup moins que l'œil, le bras, ou toute autre partie d'un homme ne ressemble à l'œil, au bras ou à

1. De l'édition in-4° de l'Imprimerie royale, p. 198.

2. Il s'agit de la *concordance anatomique*, établie par Daubenton (et depuis reproduite par tous les anatomistes), entre les diverses parties de l'*appareil mâle* et de l'*appareil femelle* : par exemple, entre le *testicule* et l'*ovaire*, entre les *canaux déférents* et les *trompes de Fallope*, etc. Au reste, Buffon trouve *les idées de Daubenton très-ingénieuses*, et Daubenton trouve que *les expériences de M. de Buffon ne laissent plus aucun doute.*

3. Voyez note de la page 606.

toute autre partie d'une femme. Autour de cette espèce de point d'appui ou de centre de réunion, les autres molécules organiques s'arrangent successivement et dans le même ordre où elles étaient dans le corps de l'individu; et selon que les molécules organiques de l'un ou de l'autre individu se trouvent être plus abondantes ou plus voisines de ce point d'appui, elles entrent en plus ou moins grande quantité dans la composition du nouvel être qui se forme de cette façon au milieu d'une liqueur homogène et cristalline, dans laquelle il se forme en même temps des vaisseaux ou des membranes qui croissent et se développent ensuite comme le fœtus, et qui servent à lui fournir de la nourriture : ces vaisseaux, qui ont une espèce d'organisation qui leur est propre, et qui en même temps est relative à celle du fœtus auquel ils sont attachés, sont vraisemblablement formés de l'excédant des molécules organiques qui n'ont pas été admises dans la composition même du fœtus ; car comme ces molécules sont actives par elles-mêmes et qu'elles ont aussi un centre de réunion formé par les molécules organiques des parties sexuelles de l'autre individu, elles doivent s'arranger sous la forme d'un corps organisé qui ne sera pas un autre fœtus, parce que la position des molécules entre elles a été dérangée par les différents mouvements des autres molécules qui ont formé le premier embryon, et par conséquent il doit résulter de l'assemblage de ces molécules excédantes un corps irrégulier, différent de celui d'un fœtus, et qui n'aura rien de commun que la faculté de pouvoir croître et de se développer comme lui, parce qu'il est en effet composé de molécules actives, aussi bien que le fœtus, lesquelles ont seulement pris une position différente, parce qu'elles ont été, pour ainsi dire, rejetées hors de la sphère dans laquelle se sont réunies les molécules qui ont formé l'embryon [1].

Lorsqu'il y a une grande quantité de liqueur séminale des deux individus, ou plutôt lorsque ces liqueurs sont fort abondantes en molécules organiques, il se forme différentes petites sphères d'attraction ou de réunion en différents endroits de la liqueur; et alors, par une mécanique semblable à celle que nous venons d'expliquer, il se forme plusieurs fœtus, les uns mâles et les autres femelles, selon que les molécules qui représentent les parties sexuelles de l'un ou de l'autre individu se seront trouvées plus à portée d'agir que les autres, et auront en effet agi les premières; mais jamais il ne se fera dans la même sphère d'attraction deux petits embryons, parce qu'il faudrait qu'il y eût alors deux centres de réunion dans cette

---

1. Voilà donc *l'embryon formé*, et par la seule *réunion des molécules organiques*. Mais que de nouvelles suppositions, ajoutées à la première (c'est-à-dire à celle des *molécules organiques*), n'a-t-il pas fallu pour en venir là? Buffon imagine d'abord une force *d'affinité*, *d'attraction*, qui attire les *molécules* semblables. Il imagine ensuite un certain *mélange de molécules*, lequel ne se fait que comme il l'entend. Il imagine un *excédant* de ces *molécules*, etc., etc. À chaque difficulté qui survient, nouvelle hypothèse. Le *système*, tout entier, n'est que la combinaison artificielle de toutes ces hypothèses, *occasionnelles et successives*.

sphère, qui auraient chacun une force égale, et qui commenceraient tous deux à agir en même temps, ce qui ne peut arriver dans une seule et même sphère d'attraction ; et d'ailleurs, si cela arrivait, il n'y aurait plus rien pour former le placenta et les enveloppes, puisque alors toutes les molécules organiques seraient employées à la formation de cet autre fœtus, qui dans ce cas serait nécessairement femelle, si l'autre était mâle ; tout ce qui peut arriver, c'est que quelques-unes des parties communes aux deux individus se trouvant également à portée du premier centre de réunion, elles y arrivent en même temps, ce qui produit alors des monstres par excès, et qui ont plus de parties qu'il ne faut, ou bien que quelques-unes de ces parties communes, se trouvant trop éloignées de ce premier centre, soient entraînées par la force du second autour duquel se forme le placenta, ce qui doit faire alors un monstre par défaut, auquel il manque quelque partie.

Au reste, il s'en faut bien que je regarde comme une chose démontrée que ce soient en effet les molécules organiques des parties sexuelles qui servent de point d'appui ou de centre de réunion autour duquel se rassemblent toutes les autres parties qui doivent former l'embryon ; je le dis seulement comme une chose probable, car il se peut bien que ce soit quelque autre partie qui tienne lieu de centre et autour de laquelle les autres se réunissent ; mais comme je ne vois point de raison qui puisse faire préférer l'une plutôt que l'autre de ces parties, que d'ailleurs elles sont toutes communes aux deux individus, et qu'il n'y a que celles des sexes qui soient différentes, j'ai cru qu'il était plus naturel d'imaginer [1] que c'est autour de ces parties différentes, et seules de leur espèce, que se fait la réunion.

On a vu ci-devant que ceux qui ont cru que le cœur était le premier formé se sont trompés ; ceux qui disent que c'est le sang se trompent aussi : tout est formé en même temps. Si l'on ne consulte que l'observation, le poulet se voit dans l'œuf avant qu'il ait été couvé, on y reconnaît la tête et l'épine du dos, et en même temps les appendices qui forment le placenta. J'ai ouvert une grande quantité d'œufs à différents temps, avant et après l'incubation [a], et je me suis convaincu par mes yeux que le poulet existe en entier dans le milieu de la cicatricule au moment qu'il sort du corps de la poule ; la chaleur que lui communique l'incubation ne fait que le développer en mettant les liqueurs en mouvement : mais il n'est pas possible de déterminer, au moins par les observations qui ont été faites jusqu'à présent, laquelle des parties du fœtus est la première fixée dans l'instant de la formation, laquelle est celle qui sert de point d'appui ou de centre de réunion à toutes les autres.

a. Les figures que Langly a données des différents états du poulet dans l'œuf m'ont paru assez conformes à la nature et à ce que j'ai vu moi-même.

1. *J'ai cru qu'il était plus naturel d'imaginer.* Expression qui peint le procédé habituel de Buffon : il *imagine.*

J'ai toujours dit que les molécules organiques étaient fixées, et que ce n'était qu'en perdant leur mouvement qu'elles se réunissaient ; cela me paraît certain, parce que si l'on observe séparément la liqueur séminale du mâle et celle de la femelle, on y voit une infinité de petits corps en grand mouvement, aussi bien dans l'une que dans l'autre de ces liqueurs ; et ensuite, si l'on observe le résultat du mélange de ces deux liqueurs actives, on ne voit qu'un petit corps en repos et tout à fait immobile, auquel la chaleur est nécessaire pour donner du mouvement ; car le poulet qui existe dans le centre de la cicatricule est sans aucun mouvement avant l'incubation ; et même vingt-quatre heures après, lorsqu'on commence à l'apercevoir sans microscope, il n'a pas la plus petite apparence de mouvement, ni même le jour suivant ; ce n'est pendant ces premiers jours qu'une petite masse blanche d'un mucilage qui a de la consistance dès le second jour, et qui augmente insensiblement et peu à peu par une espèce de vie végétative dont le mouvement est très-lent, et ne ressemble point du tout à celui des parties organiques qui se meuvent rapidement dans la liqueur séminale. D'ailleurs j'ai eu raison de dire que ce mouvement est absolument détruit et que l'activité des molécules organiques est entièrement fixée, car si on garde un œuf sans l'exposer au degré de chaleur qui est nécessaire pour développer le poulet, l'embryon, quoique formé en entier, y demeurera sans aucun mouvement, et les molécules organiques dont il est composé resteront fixées sans qu'elles puissent d'elles-mêmes donner le mouvement et la vie à l'embryon qui a été formé par leur réunion. Ainsi après que le mouvement des molécules organiques a été détruit, après la réunion de ces molécules et l'établissement local de toutes les parties qui doivent former un corps animal, il faut encore une puissance extérieure pour l'animer et lui donner la force de se développer en rendant du mouvement à celles de ces molécules qui sont contenues dans les vaisseaux de ce petit corps ; car avant l'incubation la machine animale existe en entier, elle est entière, complète et toute prête à jouer ; mais il faut un agent extérieur pour la mettre en mouvement, et cet agent est la chaleur qui, en raréfiant les liqueurs, les oblige à circuler et met ainsi en action tous les organes, qui ne font plus ensuite que se développer et croître, pourvu que cette chaleur extérieure continue à les aider dans leurs fonctions et ne vienne à cesser que quand ils en ont assez d'eux-mêmes pour s'en passer et pour pouvoir, en venant au monde, faire usage de leurs membres et de tous leurs organes extérieurs.

Avant l'action de cette chaleur extérieure, c'est-à-dire avant l'incubation, l'on ne voit pas la moindre apparence de sang, et ce n'est qu'environ vingt-quatre heures après que j'ai vu quelques vaisseaux changer de couleur et rougir : les premiers qui prennent cette couleur et qui contiennent en effet du sang sont dans le placenta, et ils communiquent au corps du poulet ; mais il semble que ce sang perde sa couleur en approchant du corps de l'animal ; car le poulet entier est tout blanc, et à peine découvre-t-on dans le premier, le second et le troisième jour après l'incubation, un, ou deux, ou trois petits points sanguins qui sont voisins du corps de l'animal, mais qui semblent n'en pas faire partie dans ce temps, quoique ce soient ces points sanguins qui doivent ensuite former le cœur. Ainsi la formation du sang n'est qu'un changement occasionné dans les liqueurs par le mouvement que la chaleur leur communique, et ce sang se forme même hors du corps de l'animal, dont toute la substance n'est alors qu'une espèce de mucilage, de gelée épaisse, de matière visqueuse et blanche, comme serait de la lymphe épaissie.

L'animal, aussi bien que le placenta, tirent la nourriture nécessaire à leur développement par une espèce d'intussusception, et ils s'assimilent les parties organiques de la liqueur dans laquelle ils nagent ; car on ne peut pas dire que le placenta nourrisse l'animal, pas plus que l'animal nourrit le placenta, puisque si l'un nourrissait l'autre, le premier paraîtrait bientôt diminuer, tandis que l'autre augmenterait, au lieu que tous deux augmentent ensemble. Seulement il est aisé d'observer, comme je l'ai fait sur les œufs, que le placenta augmente d'abord beaucoup plus à proportion que l'animal, et que c'est par cette raison qu'il peut ensuite nourrir l'animal, ou plutôt lui porter de la nourriture, et ce ne peut être que par l'intussusception que ce placenta augmente et se développe.

Ce que nous venons de dire du poulet s'applique aisément au fœtus humain ; il se forme par la réunion des molécules organiques des deux individus qui ont concouru à sa production ; les enveloppes et le placenta sont formés de l'excédant de ces molécules organiques qui ne sont point entrées dans la composition de l'embryon ; il est donc alors renfermé dans un double sac où il y a aussi de la liqueur qui peut-être n'est d'abord, et dans les premiers instants, qu'une portion de la semence du père et de la mère, et comme il ne sort pas de la matrice, il jouit, dans l'instant même de sa formation, de la chaleur extérieure qui est nécessaire à son développement ; elle communique un mouvement aux liqueurs, elle met en jeu tous les organes, et le sang se forme dans le placenta et dans le corps de l'embryon par le seul mouvement occasionné par cette chaleur ; on peut même dire que la formation du sang de l'enfant est aussi indépendante de celui de la mère que ce qui se passe dans l'œuf est indépendant de la poule qui le couve ou du four qui l'échauffe.

Il est certain que le produit total de la génération, c'est-à-dire le fœtus, son placenta, ses enveloppes, croissent tous par intussusception ; car dans les premiers temps le sac qui contient l'œuvre entière de la génération n'est point adhérent à la matrice. On a vu, par les expériences de Graaf sur les femelles des lapins, qu'on peut faire rouler dans la matrice ces globules où est renfermé le produit total de la génération, et qu'il appelait mal à propos des œufs : ainsi dans les premiers temps ces globules, et tout ce qu'ils contiennent, augmentent et s'accroissent par intussusception en tirant la nourriture des liqueurs dont la matrice est baignée ; ils s'y attachent ensuite, d'abord par un mucilage dans lequel, avec le temps, il se forme de petits vaisseaux, comme nous le dirons dans la suite.

Mais, pour ne pas sortir du sujet que je me suis proposé de traiter dans ce chapitre, je dois revenir à la formation immédiate du fœtus, sur laquelle il y a plusieurs remarques à faire, tant pour le lieu où se doit faire cette formation, que par rapport à différentes circonstances qui peuvent l'empêcher ou l'altérer.

Dans l'espèce humaine, la semence du mâle entre dans la matrice, dont la cavité est considérable, et lorsqu'elle y trouve une quantité suffisante de celle de la femelle, le mélange doit s'en faire, la réunion des parties organiques succède à ce mélange, et la formation du fœtus suit; le tout est peut-être l'ouvrage d'un instant, surtout si les liqueurs sont toutes deux nouvellement fournies, et si elles sont dans l'état actif et florissant qui accompagne toujours les productions nouvelles de la nature. Le lieu où le fœtus doit se former est la cavité de la matrice, parce que la semence du mâle y arrive plus aisément qu'elle ne pourrait arriver dans les trompes, et que ce viscère n'ayant qu'un petit orifice, qui même se tient toujours fermé, à l'exception des instants où les convulsions de l'amour peuvent le faire ouvrir, l'œuvre de la génération y est en sûreté, et ne peut guère en ressortir que par des circonstances rares et par des hasards peu fréquents; mais comme la liqueur du mâle arrose d'abord le vagin, qu'ensuite elle pénètre dans la matrice, et que par son activité et par le mouvement des molécules organiques qui la composent, elle peut arriver plus loin et aller dans les trompes, et peut-être jusqu'aux testicules, si le pavillon les embrasse dans ce moment; et de même, comme la liqueur séminale de la femelle a déjà toute sa perfection dans le corps glanduleux des testicules, qu'elle en découle et qu'elle arrose le pavillon et les trompes avant que de descendre dans la matrice, et qu'elle peut sortir par les lacunes qui sont autour du col de la matrice, il est possible que le mélange des deux liqueurs se fasse dans tous ces différents lieux. Il est donc probable qu'il se forme souvent des fœtus dans le vagin, mais qu'ils en retombent, pour ainsi dire, aussitôt qu'ils sont formés, parce qu'il n'y a rien qui puisse les y retenir; il doit arriver aussi quelquefois qu'il se forme des fœtus dans les trompes; mais ce cas sera fort rare, car cela n'arrivera que quand la liqueur séminale du mâle sera entrée dans la matrice en grande abondance, qu'elle aura été poussée jusqu'à ces trompes, dans lesquelles elle se sera mêlée avec la liqueur séminale de la femelle.

Les recueils d'observations anatomiques font mention non-seulement de fœtus trouvés dans les trompes, mais aussi de fœtus trouvés dans les testicules : on conçoit très-aisément, par ce que nous venons de dire, comment il se peut qu'il s'en forme quelquefois dans les trompes; mais, à l'égard des testicules, l'opération me paraît beaucoup plus difficile; cependant elle n'est peut-être pas absolument impossible; car si l'on suppose que la liqueur séminale du mâle soit lancée avec assez de force pour être portée jusqu'à l'extrémité des trompes, et qu'au moment qu'elle y arrive le pavillon vienne à se redresser et à embrasser le testicule, alors il peut se faire qu'elle s'élève encore plus haut, et que le mélange des deux liqueurs se fasse dans le lieu même de l'origine de cette liqueur, c'est-à-dire dans la cavité du corps glanduleux [1], et il pourrait s'y former un fœtus, mais qui n'arriverait pas à sa perfection. On a quelques faits qui semblent indiquer que cela est arrivé quelquefois. Dans l'Histoire de l'ancienne Académie des Sciences (tome II, p. 91) on trouve une observation à ce sujet. M. Theroude, chirurgien à Paris, fit voir à l'Académie une masse informe qu'il avait trouvée dans le testicule droit d'une fille âgée de dix-huit ans; on y remarquait deux fentes ouvertes et garnies de poils comme deux paupières; au-dessus de ces paupières était une espèce de front avec une ligne noire à la place des sourcils; immédiatement au-dessus il y avait plusieurs cheveux ramassés en deux paquets, dont l'un était long de sept pouces et l'autre de trois; au-dessous du grand angle de l'œil sortaient deux dents molaires, dures, grosses et blanches; elles étaient avec leurs gencives, elles avaient environ trois lignes de longueur, et étaient éloignées l'une de l'autre d'une ligne; une troisième dent plus grosse sortait au-dessous de ces deux-là; il paraissait encore d'autres dents différemment éloignées les unes des autres et de celles dont nous venons de parler; deux autres entre autres, de la nature des canines, sortaient d'une ouverture placée à peu près où est l'oreille. Dans le même volume (page 244) il est rapporté que M. Méry trouva dans le testicule d'une femme, qui était abcédé, un os de la mâchoire supérieure avec plusieurs dents si parfaites que quelques-unes parurent avoir plus de dix ans. On trouve dans le *Journal de Médecine* (janvier 1683), publié par l'abbé de la Roque, l'histoire d'une dame qui, ayant fait huit enfants fort heureusement, mourut de la grossesse d'un neuvième qui s'était formé auprès de l'un de ses testicules, ou même dedans; je dis auprès ou dedans parce que cela n'est pas bien clairement expliqué dans la relation qu'un M. de Saint-Maurice, médecin, à qui on doit cette observation, a faite de cette grossesse; il dit seulement qu'il ne doute pas que le fœtus ne fût dans le testicule, mais lorsqu'il le trouva il était dans l'abdomen; ce fœtus était gros comme le pouce et entièrement formé, on y reconnais-

---

1. Il peut se faire, en effet, que l'*œuf* soit fécondé dans l'*ovaire*, et que le fœtus s'y développe jusqu'à un certain point. C'est là ce qui constitue la *grossesse ovarienne*. Mais alors c'est dans la *vésicule de Graaf*, qui contient encore l'*œuf*, et non dans le *corps glanduleux* qui ne le contient plus, que la *fécondation* s'opère. (Voyez les notes des pages 496, 515, 537 et 540).

sait aisément le sexe. On trouve aussi dans les *Transactions Philosophiques* quelques observations sur des testicules de femmes, où l'on a trouvé des dents, des cheveux, des os. Si tous ces faits sont vrais, on ne peut guère les expliquer que comme nous l'avons fait, et il faudra supposer que la liqueur séminale du mâle monte quelquefois, quoique très-rarement, jusqu'aux testicules de la femelle; cependant j'avouerai que j'ai quelque peine à le croire : premièrement, parce que les faits qui paraissent le prouver sont extrêmement rares; en second lieu, parce qu'on n'a jamais vu de fœtus parfait dans les testicules, et que l'observation de M. Littre, qui est la seule de cette espèce, a paru fort suspecte; en troisième lieu, parce qu'il n'est pas impossible que la liqueur séminale de la femelle ne puisse toute seule produire quelquefois des masses organisées, comme des môles, des kistes remplis de cheveux, d'os, de chair, et enfin parce que si l'on veut ajouter foi à toutes les observations des anatomistes, on viendra à croire qu'il peut se former des fœtus dans les testicules des hommes aussi bien que dans ceux des femmes; car on trouve dans le second volume de l'Histoire de l'ancienne Académie (page 298) une observation d'un chirurgien qui dit avoir trouvé, dans le scrotum d'un homme, une masse de la figure d'un enfant enfermé dans les membranes; on y distinguait la tête, les pieds, les yeux, des os et des cartilages[1]. Si toutes ces observations étaient également vraies, il faudrait nécessairement choisir entre les deux hypothèses suivantes, ou que la liqueur séminale de chaque sexe ne peut rien produire toute seule et sans être mêlée avec celle de l'autre sexe, ou que cette liqueur peut produire toute seule des masses irrégulières, quoique organisées; en se tenant à la première hypothèse, on serait obligé d'admettre, pour expliquer tous les faits que nous venons de rapporter, que la liqueur du mâle peut quelquefois monter jusqu'au testicule de la femelle, et y former, en se mêlant avec la liqueur séminale de la femelle, des corps organisés; et de même, que quelquefois la liqueur séminale de la femelle peut, en se répandant avec abondance dans le vagin, pénétrer dans le temps de la copulation jusque dans le scrotum du mâle, à peu près comme le virus vénérien y pénètre souvent; et que dans ces cas, qui sans doute seraient aussi fort rares, il peut se former un corps organisé dans le scrotum par le mélange de cette liqueur séminale de la femelle avec celle du mâle, dont une partie qui était dans l'urètre aura rebroussé chemin et sera parvenue, avec celle de la femelle, jusque dans le scrotum; ou bien, si l'on admet l'autre hypothèse, qui me parait plus vraisemblable, et qu'on suppose que la liqueur

---

1. Les faits de ce genre sont des faits de *monstruosité double*. Le cas particulier, que Buffon explique si étrangement, est un cas de la *monstruosité double*, dite *monstruosité incluse*. De deux *fœtus*, se développant ensemble, l'un *avorte* de très-bonne heure et finit par se trouver enveloppé, *inclus*, dans un des organes de l'autre. (Voyez, sur les *monstres*, les travaux de M. Geoffroy Saint-Hilaire.)

séminale de chaque individu ne peut pas, à la vérité, produire toute seule
un animal, un fœtus, mais qu'elle puisse produire des masses organisées
lorsqu'elle se trouve dans des lieux où ses particules actives peuvent en
quelque façon se réunir, et où le produit de cette réunion peut trouver de
la nourriture, alors on pourra dire que toutes ces productions osseuses,
charnues, chevelues, dans les testicules des femelles et dans le scrotum
des mâles, peuvent tirer leur origine de la seule liqueur de l'individu dans
lequel elles se trouvent[1]. Mais c'est assez s'arrêter sur des observations
dont les faits me paraissent plus incertains qu'inexplicables, car j'avoue
que je suis très-porté à imaginer que dans de certaines circonstances et
dans de certains états la liqueur séminale d'un individu, mâle ou femelle,
peut seule produire quelque chose. Je serais, par exemple, fort tenté de
croire que les filles peuvent faire des môles sans avoir eu de communication
avec le mâle, comme les poules font des œufs sans avoir vu le coq ; je pourrais appuyer cette opinion de plusieurs observations qui me paraissent au
moins aussi certaines que celles que je viens de citer, et je me rappelle
que M. de la Saône, médecin et anatomiste de l'Académie des Sciences, a
fait un Mémoire sur ce sujet, dans lequel il assure que des religieuses bien
cloîtrées avaient fait des môles : pourquoi cela serait-il impossible, puisque
les poules font des œufs sans communication avec le coq, et que dans la
cicatricule de ces œufs on voit, au lieu d'un poulet, une môle avec des appendices ? l'analogie me paraît avoir assez de force pour qu'on puisse au moins
douter et suspendre son jugement. Quoi qu'il en soit, il est certain qu'il
faut le mélange des deux liqueurs pour former un animal, que ce mélange
ne peut venir à bien que quand il se fait dans la matrice ou bien dans les
trompes de la matrice, où les anatomistes ont trouvé quelquefois des fœtus,
et qu'il est naturel d'imaginer que ceux qui ont été trouvés hors de la
matrice et dans la cavité de l'abdomen sont sortis par l'extrémité des
trompes ou par quelque ouverture qui s'est faite par accident à la matrice,
et que ces fœtus ne sont pas tombés du testicule, où il me paraît fort difficile
qu'ils puissent se former, parce que je regarde comme une chose presque
impossible que la liqueur séminale du mâle puisse remonter jusque-là.
Leeuwenhoek a supputé la vitesse du mouvement de ses prétendus animaux spermatiques, et il a trouvé qu'ils pouvaient faire quatre ou cinq
pouces de chemin en quarante minutes : ce mouvement serait plus que
suffisant pour parvenir du vagin dans la matrice, de la matrice dans les
trompes et des trompes dans les testicules en une heure ou deux, si toute

---

1. Ce chapitre est rempli de faits inexacts, et de suppositions gratuites. On y trouve même
plus d'une idée, qu'on pourrait appeler bizarre. L'application aux détails est l'épreuve des
théories. Ici Buffon veut faire une application détaillée de ses théories à la *formation du fœtus*,
et tout ce qu'elles renferment de mal assuré, de confus, de vague, tout ce qui manque à l'auteur lui-même de savoir précis, tout cela se fait aussitôt sentir.

la liqueur avait ce même mouvement; mais comment concevoir que les molécules organiques qui sont en mouvement dans cette liqueur du mâle et dont le mouvement cesse aussitôt que le liquide dans lequel elles se meuvent vient à leur manquer, comment concevoir, dis-je, que ces molécules puissent arriver jusqu'au testicule, à moins que d'admettre que la liqueur elle-même y arrive et les y porte? Ce mouvement de progression, qu'il faut supposer dans la liqueur même, ne peut être produit par celui des molécules organiques qu'elle contient : ainsi, quelque activité que l'on suppose à ces molécules, on ne voit pas comment elles pourraient arriver aux testicules et y former un fœtus, à moins que par quelque voie que nous ne connaissons point, par quelque force résidante dans le testicule, la liqueur même ne fût pompée et attirée jusque-là, ce qui est une supposition non-seulement gratuite, mais même contre la vraisemblance.

Autant il est douteux que la liqueur séminale du mâle puisse jamais parvenir aux testicules de la femelle, autant il paraît certain qu'elle pénètre la matrice et qu'elle y entre, soit par l'orifice, soit à travers le tissu même des membranes de ce viscère. La liqueur qui découle des corps glanduleux des testicules de la femelle peut aussi entrer dans la matrice, soit par l'ouverture qui est à l'extrémité supérieure des trompes, soit à travers le tissu même de ces trompes et de la matrice. Il y a des observations qui semblent prouver clairement que ces liqueurs peuvent entrer dans la matrice à travers le tissu de ce viscère. Je vais en rapporter une de M. Weitbrech, habile anatomiste de l'académie de Pétersbourg, qui confirme mon opinion :
« Res omni attentione dignissima oblata mihi est in utero feminae alicujus
« à me dissectæ; erat uterus eâ magnitudine quâ esse solet in virginibus,
« tubæque ambæ apertæ quidem ad ingressum uteri, ita ut ex hoc in illas
« cum specillo facilè possem transire ac flatum injicere, sed in tubarum
« extremo nulla dabatur apertura, nullus aditus; fimbriarum enim ne vesti-
« gium quidem aderat, sed loco illarum bulbus aliquis pyriformis materiâ
« subalbidâ fluidâ turgens, in cujus medio fibra plana nervea, cicatriculæ
« æmula, apparebat, quæ sub ligamentuli specie usque ad ovarii involucra
« protendebatur.

« Dices : eadem à Regnero de Graaf jam olim notata. Equidem non
« negaverim illustrem hunc prosectorem in libro suo de organis mulie-
« bribus non modò similem tubam delineasse (*tab.* XIX, *fig.* 3), sed et
« monuisse « tubas, quamvis secundùm ordinariam naturae dispositionem
« in extremitate sua notabilem semper coarctationem habeant, praeter natu-
« ram tamen aliquandò claudi; » verùm enimverò cùm non meminerit
« auctor an id in utraque tuba ita deprehenderit? an in virgine? an status
« iste praeternaturalis sterilitatem inducat? an verò conceptio nihilominùs
« fieri possit? an à principio vitae talis structura suam originem ducat? sive
« an tractu temporis ita degenerare tubae possint? facilè perspicimus multa

« nobis relicta esse problemata quæ, utcumque soluta, multùm negotii
« facescant in exemplo nostro. Erat enim hæc femina maritata, viginti
« quatuor annos nata, quæ filium pepererat quem vidi ipse, octo jam annos
« natum. Dic igitur tubas ab incunabulis clausas sterilitatem inducere :
« quare hæc nostra femina peperit? Dic concepisse tubis clausis : quomodò
« ovulum ingredi tubam potuit? Dic coaluisse tubas post partum : quomodò
« id nosti? quomodo adeò evanescere in utroque latere fimbriæ possunt,
« tanquam nunquam adfuissent? Si quidem ex ovario ad tubas alia daretur
« via præter illarum orificium, unico gressu omnes superarentur difficul-
« tates : sed fictiones intellectum quidem adjuvant, rei veritatem non
« demonstrant; præstat igitur ignorationem fateri, quàm speculationibus
« indulgere. » (Voyez *Comm. Acad. Petropol.*, vol. IV, p. 261 et 262.)
L'auteur de cette observation, qui marque, comme l'on voit, autant d'esprit et de jugement que de connaissances en anatomie, a raison de se faire
ces difficultés, qui paraissent être en effet insurmontables dans le système
des œufs, mais qui disparaissent dans notre explication ; et cette observation
semble seulement prouver, comme nous l'avons dit, que la liqueur séminale de la femelle peut bien pénétrer le tissu de la matrice et y entrer à
travers les pores des membranes de ce viscère, comme je ne doute pas que
celle du mâle ne puisse y entrer aussi de la même façon; il me semble que
pour se le persuader il suffit de faire attention à l'altération que la liqueur
séminale du mâle cause à ce viscère, et à l'espèce de végétation ou de
développement qu'elle y cause. D'ailleurs la liqueur qui sort par les lacunes
de Graaf, tant celles qui sont autour du col de la matrice que celles qui sont
aux environs de l'orifice extérieur de l'urètre, étant, comme nous l'avons
insinué, de la même nature que la liqueur du corps glanduleux, il est bien
évident que cette liqueur vient des testicules, et cependant il n'y a aucun
vaisseau qui puisse la conduire, aucune voie connue par où elle puisse passer; par conséquent on doit conclure qu'elle pénètre le tissu spongieux de
toutes ces parties, et que non-seulement elle entre ainsi dans la matrice,
mais même qu'elle en peut sortir lorsque ces parties sont en irritation.

Mais quand même on se refuserait à cette idée, et qu'on traiterait de
chose impossible la pénétration du tissu de la matrice et des trompes par
les molécules actives des liqueurs séminales, on ne pourra pas nier que celle
de la femelle qui découle des corps glanduleux des testicules ne puisse
entrer par l'ouverture qui est à l'extrémité de la trompe et qui forme le
pavillon, qu'elle ne puisse arriver dans la cavité de la matrice par cette
voie, comme celle du mâle y arrive par l'orifice de ce viscère, et que par
conséquent ces deux liqueurs ne puissent se pénétrer, se mêler intimement
dans cette cavité, et y former le fœtus de la manière dont nous l'avons
expliqué.

———

CHAPITRE XI.

DU DÉVELOPPEMENT ET DE L'ACCROISSEMENT DU FŒTUS, DE L'ACCOUCHEMENT, ETC.

On doit distinguer, dans le développement du fœtus, des degrés différents d'accroissement dans de certaines parties qui font, pour ainsi dire, des espèces différentes de développement. Le premier développement qui succède immédiatement à la formation du fœtus n'est pas un accroissement proportionnel de toutes les parties qui le composent; plus on s'éloigne du temps de la formation, plus cet accroissement est proportionnel dans toutes les parties, et ce n'est qu'après être sorti du sein de la mère que l'accroissement de toutes les parties du corps se fait à peu près dans la même proportion. Il ne faut donc pas s'imaginer que le fœtus au moment de sa formation soit un homme infiniment petit, duquel la figure et la forme soient absolument semblables à celles de l'homme adulte; il est vrai que le petit embryon contient réellement toutes les parties qui doivent composer l'homme, mais ces parties se développent successivement et différemment les unes des autres.

Dans un corps organisé comme l'est celui d'un animal, on peut croire qu'il y a des parties plus essentielles les unes que les autres ; et sans vouloir dire qu'il pourrait y en avoir d'inutiles ou de superflues, on peut soupçonner que toutes ne sont pas d'une nécessité également absolue, et qu'il y en a quelques-unes dont les autres semblent dépendre pour leur développement et leur disposition. On pourrait dire qu'il y a des parties fondamentales sans lesquelles l'animal ne peut se développer, d'autres qui sont plus accessoires et plus extérieures, qui paraissent tirer leur origine des premières, et qui semblent être faites autant pour l'ornement, la symétrie et la perfection extérieure de l'animal, que pour la nécessité de son existence et l'exercice des fonctions essentielles à la vie. Ces deux espèces de parties différentes se développent successivement, et sont déjà toutes presque également apparentes lorsque le fœtus sort du sein de la mère ; mais il y a encore d'autres parties, comme les dents, que la nature semble mettre en réserve pour ne les faire paraître qu'au bout de plusieurs années; il y en a, comme les corps glanduleux des testicules des femelles, la barbe des mâles, etc., qui ne se montrent que quand le temps de produire son semblable est arrivé, etc.

Il me paraît que, pour reconnaître les parties fondamentales et essentielles du corps de l'animal, il faut faire attention au nombre, à la situation et à la nature de toutes les parties : celles qui sont simples, celles dont la position est invariable, celles dont la nature est telle que l'animal ne peut exister sans elles, seront certainement les parties essentielles; celles au contraire qui sont doubles, ou en plus grand nombre, celles dont la grandeur et la position varient, et enfin celles qu'on peut retrancher de l'animal sans le blesser, ou même sans le faire périr, peuvent être regardées comme moins nécessaires et plus accessoires à la machine animale. Aristote a dit que les seules parties qui fussent essentielles à tout animal étaient celle avec laquelle il prend la nourriture, celle dans laquelle il la digère, et celle par laquelle il en rend le superflu; la bouche et le conduit intestinal, depuis la bouche jusqu'à l'anus, sont en effet des parties simples, et qu'aucune autre ne peut suppléer. La tête et l'épine du dos sont aussi des parties simples, dont la position est invariable; l'épine du dos sert de fondement à la charpente du corps, et c'est de la moelle allongée qu'elle contient que dépendent les mouvements et l'action de la plupart des membres et des organes; c'est aussi cette partie qui paraît une des premières dans l'embryon : on pourrait même dire qu'elle paraît la première, car la première chose qu'on voit dans la cicatricule de l'œuf est une masse allongée dont l'extrémité qui forme la tête ne diffère du total de la masse que par une espèce de forme contournée et un peu plus renflée que le reste. Or ces parties simples et qui paraissent les premières sont toutes essentielles à l'existence, à la forme et à la vie de l'animal.

Il y a beaucoup plus de parties doubles dans le corps de l'animal que de parties simples, et ces parties doubles semblent avoir été produites symétriquement de chaque côté des parties simples, par une espèce de végétation, car ces parties doubles sont semblables par la forme, et différentes par la position. La main gauche, par exemple, ressemble à la main droite, parce qu'elle est composée du même nombre de parties, lesquelles étant prises séparément, et étant comparées une à une et plusieurs à plusieurs, n'ont aucune différence; cependant, si la main gauche se trouvait à la place de la droite, on ne pourrait pas s'en servir aux mêmes usages, et on aurait raison de la regarder comme un membre très-différent de la main droite. Il en est de même de toutes les autres parties doubles ; elles sont semblables pour la forme, et différentes pour la position : cette position se rapporte au corps de l'animal, et en imaginant une ligne qui partage le corps du haut en bas en deux parties égales, on peut rapporter à cette ligne, comme à un axe, la position de toutes ces parties semblables.

La moelle allongée, à la prendre depuis le cerveau jusqu'à son extrémité inférieure [1], et les vertèbres qui la contiennent, paraissent être l'axe réel

---

1. La *moelle allongée*, ainsi définie, comprend la *moelle allongée* proprement dite et la *moelle épinière*. La *moelle allongée* est la portion du *cône médullaire* ou *nerveux*, logée dans le crâne; la *moelle épinière* en est la portion logée dans le canal des vertèbres. (Voyez, sur les fonctions de ces deux portions, mon ouvrage intitulé : *Recherches expérimentales sur les propriétés et les fonctions du système nerveux*.)

auquel on doit rapporter toutes les parties doubles du corps animal : elles semblent en tirer leur origine et n'être que les rameaux symétriques qui partent de ce tronc ou de cette base commune ; car on voit sortir les côtes de chaque côté des vertèbres dans le petit poulet, et le développement de ces parties doubles et symétriques se fait par une espèce de végétation, comme celle de plusieurs rameaux qui partiraient de plusieurs boutons disposés régulièrement des deux côtés d'une branche principale. Dans tous les embryons, les parties du milieu de la tête et des vertèbres paraissent les premières ; ensuite on voit aux deux côtés d'une vésicule qui fait le milieu de la tête deux autres vésicules qui paraissent sortir de la première ; ces deux vésicules contiennent les yeux et les autres parties doubles de la tête : de même on voit de petites éminences sortir en nombre égal de chaque côté des vertèbres, s'étendre, prendre de l'accroissement et former les côtes et les autres parties doubles du tronc ; ensuite, à côté de ce tronc déjà formé, on voit paraître de petites éminences pareilles aux premières, qui se développent, croissent insensiblement et forment les extrémités supérieures et inférieures, c'est-à-dire les bras et les jambes. Ce premier développement est fort différent de celui qui se fait dans la suite ; c'est une production de parties qui semblent naître et qui paraissent pour la première fois ; l'autre, qui lui succède, n'est qu'un accroissement de toutes les parties déjà nées et formées en petit, à peu près comme elles doivent l'être en grand.

Cet ordre symétrique de toutes les parties doubles se trouve dans tous les animaux : la régularité de la position de ces parties doubles, l'égalité de leur extension et de leur accroissement, tant en masse qu'en volume, leur parfaite ressemblance entre elles, tant pour le total que pour le détail des parties qui les composent, semblent indiquer qu'elles tirent réellement leur origine des parties simples ; qu'il doit résider dans ces parties simples [1] une force qui agit également de chaque côté, ou, ce qui revient au même, que les parties simples sont les points d'appui contre lesquels s'exerce l'action des forces qui produisent le développement des parties doubles ; que l'action de la force par laquelle s'opère le développement de la partie droite est égale à l'action de la force par laquelle se fait le développement de la partie gauche, et que par conséquent elle est contre-balancée par cette réaction.

De là on doit inférer que s'il y a quelque défaut, quelque excès ou quelque vice dans la matière qui doit servir à former les parties doubles, comme la force qui les pousse de chaque côté de leur base commune est

1. Ces *parties*, que Buffon appelle *simples*, ne sont pas moins doubles, au fond, que les autres. La moelle épinière est composée de deux *moitiés* semblables ; le *cervelet*, de deux côtés semblables : il y a deux *tubercules quadrijumeaux*, une *couche optique*, un *corps strié*, pour chaque côté de l'*encéphale* : il y a deux *hémisphères cérébraux*, etc..... Les *vertèbres* elles-mêmes, les seuls os qu'on puisse regarder comme *impairs*, ou simples, sont composées de deux moitiés semblables, etc. (Voyez mes *Études sur les lois de la symétrie dans le règne animal.*)

toujours égale, le défaut, l'excès ou le vice se doit trouver à gauche comme
à droite ; et que, par exemple, si par un défaut de matière un homme se
trouve n'avoir que deux doigts au lieu de cinq à la main droite, il n'aura
non plus que deux doigts à la main gauche ; ou bien que, si par un excès
de matière organique il se trouve avoir six doigts à l'une des mains, il
aura de même six doigts à l'autre ; ou si, par quelque vice, la matière qui
doit servir à la formation de ces parties doubles se trouve altérée, il y aura
la même altération à la partie droite qu'à la partie gauche. C'est aussi ce qui
arrive assez souvent : la plupart des monstres le sont avec symétrie, le dérangement des parties paraît s'être fait avec ordre, et l'on voit par les erreurs
même de la nature qu'elle se méprend toujours le moins qu'il est possible.

Cette harmonie de position, qui se trouve dans les parties doubles des
animaux, se trouve aussi dans les végétaux : les branches poussent des
boutons de chaque côté, les nervures des feuilles sont également disposées
de chaque côté de la nervure principale ; et quoique l'ordre symétrique
paraisse moins exact dans les végétaux que dans les animaux, c'est seulement parce qu'il y est plus varié ; les limites de la symétrie y sont plus
étendues et moins précises ; mais on peut cependant y reconnaître aisément
cet ordre et distinguer les parties simples et essentielles de celles qui sont
doubles, et qu'on doit regarder comme tirant leur origine des premières.
On verra, dans notre Discours sur les végétaux [1], quelles sont les parties
simples et essentielles du végétal, et de quelle manière se fait le premier
développement des parties doubles dont la plupart ne sont qu'accessoires.

Il n'est guère possible de déterminer sous quelle forme existent les parties doubles avant leur développement, de quelle façon elles sont pliées les
unes sur les autres, et quelle est alors la figure qui résulte de leur position
par rapport aux parties simples ; le corps de l'animal, dans l'instant de sa
formation, contient certainement toutes les parties qui doivent le composer,
mais la position relative de ces parties doit être bien différente alors de ce
qu'elle le devient dans la suite : il en est de même de toutes les parties de
l'animal ou du végétal, prises séparément ; qu'on observe seulement le
développement d'une petite feuille naisssante, on verra qu'elle est pliée des
deux côtés de la nervure principale, que ces parties latérales sont comme
superposées, et que sa figure ne ressemble point du tout dans ce temps à
celle qu'elle doit acquérir dans la suite. Lorsque l'on s'amuse à plier du
papier pour former ensuite, au moyen d'un certain développement, des
formes régulières et symétriques, comme des espèces de couronnes, de
coffres, de bateaux, etc., on peut observer que les différentes plicatures
que l'on fait au papier semblent n'avoir rien de commun avec la forme qui
doit en résulter par le développement ; on voit seulement que ces plica-

_____

1. Voyez la note de la page 123.

tures se font dans un ordre toujours symétrique, et que l'on fait d'un côté ce que l'on vient de faire de l'autre ; mais ce serait un problème au-dessus de la géométrie connue que de déterminer les figures qui peuvent résulter de tous les développements d'un certain nombre de plicatures données. Tout ce qui a immédiatement rapport à la position manque absolument à nos sciences mathématiques ; cet art, que Leibniz appelait *analysis situs*, n'est pas encore né, et cependant cet art, qui nous ferait connaître les rapports de position entre les choses, serait aussi utile, et peut-être plus nécessaire aux sciences naturelles, que l'art qui n'a que la grandeur des choses pour objet ; car on a plus souvent besoin de connaître la forme que la matière. Nous ne pouvons donc pas, lorsqu'on nous présente une forme développée, reconnaître ce qu'elle était avant son développement ; et de même, lorsqu'on nous fait voir une forme enveloppée, c'est-à-dire une forme dont les parties sont repliées les unes sur les autres, nous ne pouvons pas juger de ce qu'elle doit produire par tel ou tel développement ; n'est-il donc pas évident que nous ne pouvons juger en aucune façon de la position relative de ces parties repliées qui sont comprises dans un tout qui doit changer de figure en se développant?

Dans le développement des productions de la nature, non-seulement les parties pliées et superposées, comme dans les plicatures dont nous avons parlé, prennent de nouvelles positions, mais elles acquièrent en même temps de l'étendue et de la solidité : puisque nous ne pouvons donc pas même déterminer au juste le résultat du développement simple d'une forme enveloppée, dans lequel, comme dans le morceau de papier plié, il n'y a qu'un changement de position entre les parties, sans aucune augmentation ni diminution du volume ou de la masse de la matière, comment nous serait-il possible de juger du développement composé du corps d'un animal dans lequel la position relative des parties change aussi bien que le volume et la masse de ces mêmes parties? Nous ne pouvons donc raisonner sur cela qu'en tirant quelques inductions de l'examen de la chose même dans les différents temps du développement, et en nous aidant des observations qu'on a faites sur le poulet dans l'œuf, et sur les fœtus nouvellement formés, que les accidents et les fausses couches ont souvent donné lieu d'observer.

On voit, à la vérité, le poulet dans l'œuf avant qu'il ait été couvé[1] ; il est dans une liqueur transparente qui est contenue dans une petite bourse formée par une membrane très-fine au centre de la cicatricule ; mais ce poulet n'est encore qu'un point de matière inanimée, dans lequel on ne distingue aucune organisation sensible, aucune figure bien déterminée ; on juge seulement par la forme extérieure que l'une des extrémités est la tête, et que le reste est l'épine du dos ; le tout n'est qu'une gelée transparente qui

---

1. Voyez la note 1 de la page 487.

n'a presque point de consistance. Il paraît que c'est là le premier produit de la fécondation, et que cette forme est le premier résultat du mélange qui s'est fait dans la cicatricule de la semence du mâle et de celle de la femelle; cependant, avant que de l'assurer, il y a plusieurs choses auxquelles il faut faire attention : lorsque la poule a habité pendant quelques jours avec le coq et qu'on l'en sépare ensuite, les œufs qu'elle produit après cette séparation ne laissent pas d'être féconds comme ceux qu'elle a produits dans le temps de son habitation avec le mâle. L'œuf que la poule pond vingt jours [1] après avoir été séparée du coq, produit un poulet comme celui qu'elle aura pondu vingt jours auparavant; peut-être même que ce terme est beaucoup plus long, et que cette fécondité communiquée aux œufs de la poule par le coq s'étend à ceux qu'elle ne doit pondre qu'au bout d'un mois ou davantage : les œufs qui ne sortent qu'après ce terme de vingt jours ou d'un mois, et qui sont féconds comme les premiers, se développent dans le même temps; il ne faut que vingt-un jours de chaleur aux uns comme aux autres pour faire éclore le poulet; ces derniers œufs sont donc composés comme les premiers, et l'embryon y est aussi avancé, aussi formé. Dès lors on pourrait penser que cette forme, sous laquelle nous paraît le poulet dans la cicatricule de l'œuf avant qu'il ait été couvé, n'est pas la forme qui résulte immédiatement du mélange des deux liqueurs, et il y aurait quelque fondement à soupçonner qu'elle a été précédée d'autres formes pendant le temps que l'œuf a séjourné dans le corps de la mère; car lorsque l'embryon a la forme que nous lui voyons dans l'œuf qui n'a pas encore été couvé, il ne lui faut plus que de la chaleur pour le développer et le faire éclore : or s'il avait eu cette forme vingt jours ou un mois auparavant, lorsqu'il a été fécondé, pourquoi la chaleur de l'intérieur du corps de la poule, qui est certainement assez grande pour le développer, ne l'a-t-elle pas développé en effet [2]? et pourquoi ne trouve-t-on pas le poulet tout formé et prêt à éclore dans ces œufs qui ont été fécondés vingt-un jours auparavant, et que la poule ne pond qu'au bout de ce temps?

Cette difficulté n'est cependant pas aussi grande qu'elle le paraît, car on doit concevoir que dans le temps de l'habitation du coq avec la poule chaque œuf reçoit dans sa cicatricule une petite portion de la semence du mâle; cette cicatricule contenait déjà celle de la femelle : l'œuf attaché à l'ovaire est dans les femelles ovipares ce qu'est le corps glanduleux dans les testicules des femelles vivipares; la cicatricule de l'œuf sera, si l'on veut, la cavité de ce corps glanduleux dans lequel réside la liqueur séminale de la femelle, celle du mâle vient s'y mêler et la pénétrer; il doit donc résulter de ce mélange un embryon qui se forme dans l'instant même de la pénétration des deux liqueurs : aussi le premier œuf, que la poule pond immé-

---

1. Voyez la note 1 de la page 481.
2. Ce n'est pas la *chaleur* qui aurait manqué, c'est *l'air*. (Voyez la note suivante.)

diatement après la communication qu'elle vient d'avoir avec le coq, se trouve fécondé et produit un poulet; ceux qu'elle pond dans la suite ont été fécondés de la même façon et dans le même instant, mais comme il manque encore à ces œufs des parties essentielles dont la production est indépendante de la semence du mâle, qu'ils n'ont encore ni blanc, ni membranes, ni coquille, le petit embryon contenu dans la cicatricule ne peut se développer dans cet œuf imparfait, quoiqu'il y soit contenu réellement et que son développement soit aidé de la chaleur de l'intérieur du corps de la mère. Il demeure donc dans la cicatricule dans l'état où il a été formé, jusqu'à ce que l'œuf ait acquis par son accroissement toutes les parties qui sont nécessaires à l'action et au développement du poulet; et ce n'est que quand l'œuf est arrivé à sa perfection, que cet embryon peut commencer à naître et à se développer. Ce développement se fait au dehors par l'incubation, mais il est certain qu'il pourrait se faire au dedans, et peut-être qu'en serrant ou cousant l'orifice de la poule pour l'empêcher de pondre [1], et pour retenir l'œuf dans l'intérieur de son corps, il pourrait arriver que le poulet s'y développerait comme il se développe au dehors, et que si la poule pouvait vivre vingt et un jours après cette opération, on lui verrait produire le poulet vivant, à moins que la trop grande chaleur de l'intérieur du corps de l'animal ne fit corrompre l'œuf; car on sait que les limites du degré de chaleur nécessaire pour faire éclore des poulets ne sont pas fort étendues, et que le défaut ou l'excès de chaleur au delà de ces limites est également nuisible à leur développement. Les derniers œufs que la poule pond, et dans lesquels l'état de l'embryon est le même que dans les premiers, ne prouvent donc rien autre chose, sinon qu'il est nécessaire que l'œuf ait acquis toute sa perfection pour que l'embryon puisse se développer, et que, quoiqu'il ait été formé dans ces œufs longtemps auparavant, il est demeuré dans le même état où il était au moment de la fécondation, par le défaut de blanc et des autres parties nécessaires à son développement, qui n'étaient pas encore formées, comme il reste aussi dans le même état dans les œufs parfaits par le défaut de la chaleur nécessaire à ce même développement, puisqu'on garde souvent des œufs pendant un temps considérable avant que de les faire couver, ce qui n'empêche point du tout le développement du poulet qu'ils contiennent.

Il paraît donc que l'état dans lequel est l'embryon dans l'œuf lorsqu'il sort de la poule est le premier état qui succède immédiatement à la fécon-

---

1. Cette expérience a été tentée; et le *poulet* ne s'est pas *développé*, et la *poule* n'a pas produit de *poulets vivants*, et cela, tout simplement parce que le *poulet* n'a point trouvé d'*air* dans l'*oviducte*.

Un *être vivant* ne peut se développer qu'autant qu'il *respire*. Dans les animaux *vivipares*, le sang du fœtus *respire* par sa communication avec le sang de la mère, sang qui a respiré, qui a pris à l'air son oxigène. Dans l'œuf des oiseaux, l'*air* pénètre jusqu'au *petit* à travers les pores de la *coque* ou *coquille*.

dation ; que la forme sous laquelle nous le voyons est la première forme résultante du mélange intime et de la pénétration des deux liqueurs séminales ; qu'il n'y a pas eu d'autres formes intermédiaires, d'autres développements antérieurs à celui qui va s'exécuter ; et que par conséquent, en suivant, comme l'a fait Malpighi, ce développement heure par heure, on en saura tout ce qu'il est possible d'en savoir, à moins que de trouver quelque moyen qui pût nous mettre à portée de remonter encore plus haut, et de voir les deux liqueurs se mêler sous nos yeux, pour reconnaître comment se fait le premier arrangement des parties qui produisent la forme que nous voyons à l'embryon dans l'œuf avant qu'il ait été couvé.

Si l'on réfléchit sur cette fécondation qui se fait, dans le même moment, de ces œufs qui ne doivent cependant paraître que successivement et long-temps les uns après les autres, on en tirera un nouvel argument contre l'existence des œufs dans les vivipares ; car si les femelles des animaux vivipares, si les femmes contiennent des œufs comme les poules, pourquoi n'y en a-t-il pas plusieurs de fécondés en même temps[1], dont les uns produiraient des fœtus au bout de neuf mois, et les autres quelque temps après? et lorsque les femmes font deux ou trois enfants, pourquoi viennent-ils au monde tous dans le même temps[2]? Si ces fœtus se produisaient au moyen des œufs, ne viendraient-ils pas successivement les uns après les autres, selon qu'ils auraient été formés ou excités par la semence du mâle dans des œufs plus ou moins avancés, ou plus ou moins parfaits[3]? et les superfétations[4] ne seraient-elles pas aussi fréquentes qu'elles sont rares, aussi naturelles qu'elles paraissent être accidentelles ?

On ne peut pas suivre le développement du fœtus humain dans la matrice, comme on suit celui du poulet dans l'œuf ; les occasions d'observer sont rares, et nous ne pouvons en savoir que ce que les anatomistes, les chirurgiens et les accoucheurs en ont écrit : c'est en rassemblant toutes les observations particulières qu'ils ont faites, et en comparant leurs remarques et leurs descriptions, que nous allons faire l'histoire abrégée du fœtus humain.

Il y a grande apparence qu'immédiatement après le mélange des deux liqueurs séminales, tout l'ouvrage de la génération est dans la matrice sous la forme d'un petit globe, puisque l'on sait par les observations des ana-

---

1. Il arrive souvent que plusieurs *œufs* sont fécondés en même temps. De là les grossesses multiples.

2. C'est que la fécondation a été *simultanée*.

3. Nul *œuf* n'est fécondé qu'autant qu'il est parvenu à l'état *parfait*, à un certain point précis de *maturité*.

4. *Superfétation* suppose *fécondation successive*. Dans la *femme*, la *matrice* est *unique*, et la *superfétation* impossible. Dans les femelles à *matrice double*, dans la femelle du *lièvre*, par exemple, on conçoit très-bien qu'une des *cornes* de la *matrice* puisse rester libre après une première *fécondation*, et laisser ainsi la voie ouverte à une *fécondation* subséquente.

tomistes que, trois ou quatre jours après la conception, il y a dans la matrice une bulle ovale qui a au moins six lignes sur son grand diamètre, et quatre lignes sur le petit; cette bulle est formée par une membrane extrêmement fine, qui renferme une liqueur limpide et assez semblable à du blanc d'œuf. On peut déjà apercevoir dans cette liqueur quelques petites fibres réunies, qui sont les premières ébauches du fœtus; on voit ramper sur la surface de la bulle un lacis de petites fibres, qui occupe la moitié de la superficie de cet ovoïde depuis l'une des extrémités du grand axe jusqu'au milieu, c'est-à-dire jusqu'au cercle formé par la révolution du petit axe : ce sont là les premiers vestiges du placenta.

Sept jours après la conception, l'on peut distinguer à l'œil simple les premiers linéaments du fœtus[1]; cependant ils sont encore informes : on voit seulement au bout de ces sept jours ce qu'on voit dans l'œuf au bout de vingt-quatre heures, une masse d'une gelée presque transparente qui a déjà quelque solidité, et dans laquelle on reconnaît la tête et le tronc, parce que cette masse est d'une forme allongée, que la partie supérieure qui représente le tronc est plus déliée et plus longue : on voit aussi quelques petites fibres en forme d'aigrette, qui sortent du milieu du corps du fœtus, et qui aboutissent à la membrane dans laquelle il est renfermé aussi bien que la liqueur qui l'environne; ces fibres doivent former dans la suite le cordon ombilical.

Quinze jours après la conception l'on commence à bien distinguer la tête, et à reconnaître les traits les plus apparents du visage ; le nez n'est encore qu'un petit filet proéminent et perpendiculaire à une ligne qui indique la séparation des lèvres; on voit deux petits points noirs à la place des yeux, et deux petits trous à celle des oreilles : le corps du fœtus a aussi pris de l'accroissement; on voit, aux deux côtés de la partie supérieure du tronc et au bas de la partie inférieure, de petites protubérances qui sont les premières ébauches des bras et des jambes; la longueur du corps entier est alors à peu près de cinq lignes.

Huit jours après, c'est-à-dire au bout de trois semaines, le corps du fœtus n'a augmenté que d'environ une ligne, mais les bras et les jambes, les mains et les pieds sont apparents; l'accroissement des bras est plus prompt que celui des jambes, et les doigts des mains se séparent plus tôt que ceux des pieds ; dans ce même temps l'organisation intérieure du fœtus commence à être sensible, les os sont marqués par de petits filets aussi fins que des cheveux; on reconnaît les côtes, elles ne sont encore que des

---

1. On ne possède encore, sur les premiers développements du *fœtus humain*, que des notions peu sûres.

A un mois, le *fœtus humain* a un peu plus de 2 centimètres de long; à deux mois, il en a de 4 à 5; à trois, de 8 à 10; à quatre, de 14 à 16; à cinq, de 18 à 20; à six, de 22 à 27; à sept de 29 à 34; à huit de 36 à 42; à neuf, de 45 à 55.

filets disposés régulièrement des deux côtés de l'épine; les bras, les jambes et les doigts des pieds et des mains sont aussi représentés par de pareils filets.

À un mois le fœtus a plus d'un pouce de longueur; il est un peu courbé dans la situation qu'il prend naturellement au milieu de la liqueur qui l'environne; les membranes qui contiennent le tout se sont augmentées en étendue et en épaisseur; toute la masse est toujours de figure ovoïde, et elle est alors d'environ un pouce et demi sur le grand diamètre, et d'un pouce et un quart sur le petit diamètre. La figure humaine n'est plus équivoque dans le fœtus, toutes les parties de la face sont déjà reconnaissables; le corps est dessiné, les hanches et le ventre sont élevés, les membres sont formés, les doigts des pieds et des mains sont séparés les uns des autres, la peau est extrêmement mince et transparente, les viscères sont déjà marqués par des fibres pelotonnées, les vaisseaux sont menus comme des fils, et les membranes extrêmement déliées; les os sont encore mous, et ce n'est qu'en quelques endroits qu'ils commencent à prendre un peu de solidité; les vaisseaux qui doivent composer le cordon ombilical sont encore en ligne droite les uns à côté des autres; le placenta n'occupe plus que le tiers de la masse totale, au lieu que dans les premiers jours il en occupait la moitié; il paraît donc que son accroissement en étendue superficielle n'a pas été aussi grand que celui du fœtus et du reste de la masse, mais il a beaucoup augmenté en solidité; son épaisseur est devenue plus grande à proportion de celle de l'enveloppe du fœtus, et on peut déjà distinguer les deux membranes dont cette enveloppe est composée.

Selon Hippocrate, le fœtus mâle se développe plus promptement que le fœtus femelle; il prétend qu'au bout de trente jours toutes les parties du corps du mâle sont apparentes, et que celles du fœtus femelle ne le sont qu'au bout de quarante-deux jours.

À six semaines le fœtus a près de deux pouces de longueur; la figure humaine commence à se perfectionner, la tête est seulement beaucoup plus grosse à proportion que les autres parties du corps; on aperçoit le mouvement du cœur à peu près dans ce temps : on l'a vu battre dans un fœtus de cinquante jours, et même continuer de battre assez longtemps après que le fœtus fut tiré hors du sein de la mère.

À deux mois le fœtus a plus de deux pouces de longueur; l'ossification est sensible au milieu du bras, de l'avant-bras, de la cuisse et de la jambe, et dans la pointe de la mâchoire inférieure, qui est alors fort avancée au delà de la mâchoire supérieure. Ce ne sont encore, pour ainsi dire, que des points osseux; mais par l'effet d'un développement plus prompt les clavicules sont déjà ossifiées en entier, le cordon ombilical est formé, les vaisseaux qui le composent commencent à se tourner et à se tordre, à peu près comme les fils qui composent une corde; mais ce cordon est encore fort court en comparaison de ce qu'il doit être dans la suite.

A trois mois le fœtus a près de trois pouces, il pèse environ trois onces. Hippocrate dit que c'est dans ce temps que les mouvements du fœtus mâle commencent à être sensibles pour la mère, et il assure que le fœtus femelle ne se fait sentir ordinairement qu'après le quatrième mois ; cependant il y a des femmes qui disent avoir senti dès le commencement du second mois le mouvement de leur enfant : il est assez difficile d'avoir sur cela quelque chose de certain, la sensation que les mouvements du fœtus excitent dépendant peut-être plus, dans ces commencements, de la sensibilité de la mère que de la force du fœtus.

Quatre mois et demi après la conception, la longueur du fœtus est de six à sept pouces ; toutes les parties de son corps sont si fort augmentées qu'on les distingue parfaitement les unes des autres ; les ongles mêmes paraissent aux doigts des pieds et des mains. Les testicules des mâles sont enfermés dans le ventre au-dessus des reins ; l'estomac est rempli d'une humeur un peu épaisse et assez semblable à celle que renferme l'amnios ; on trouve dans les petits boyaux une matière laiteuse, et dans les gros une matière noire et liquide ; il y a un peu de bile dans la vésicule du fiel, et un peu d'urine dans la vessie. Comme le fœtus flotte librement dans le liquide qui l'environne, il y a toujours de l'espace entre son corps et les membranes qui l'enveloppent ; ces enveloppes croissent d'abord plus que le fœtus, mais après un certain temps c'est tout le contraire ; le fœtus croît à proportion plus que ces enveloppes, il peut y toucher par les extrémités de son corps, et on croirait qu'il est obligé de les plier. Avant la fin du troisième mois la tête est courbée en avant, le menton pose sur la poitrine, les genoux sont relevés, les jambes repliées en arrière ; souvent elles sont croisées, et la pointe du pied est tournée en haut et appliquée contre la cuisse, de sorte que les deux talons sont fort près l'un de l'autre : quelquefois les genoux s'élèvent si haut qu'ils touchent presque aux joues, les jambes sont pliées sous les cuisses, et la plante du pied est toujours en arrière ; les bras sont abaissés et repliés sur la poitrine : l'une des mains, souvent toutes les deux, touchent le visage ; quelquefois elles sont fermées, quelquefois aussi les bras sont pendants à côté du corps. Le fœtus prend ensuite des situations différentes de celle-ci ; lorsqu'il est prêt à sortir de la matrice, et même longtemps auparavant, il a ordinairement la tête en bas et la face tournée en arrière, et il est naturel d'imaginer qu'il peut changer de situation à chaque instant. Des personnes expérimentées dans l'art des accouchements ont prétendu s'être assurées qu'il en changeait en effet beaucoup plus souvent qu'on ne le croit vulgairement. On peut le prouver par plusieurs observations : 1° On trouve souvent le cordon ombilical tortillé et passé autour du corps et des membres de l'enfant, d'une manière qui suppose nécessairement que le fœtus ait fait des mouvements dans tous les sens, et qu'il ait pris des positions successives très-différentes entre elles ; 2° les mères sen-

tent les mouvements du fœtus tantôt d'un côté de la matrice et tantôt d'un
autre côté, il frappe également en plusieurs endroits différents, ce qui suppose qu'il prend des situations différentes; 3° comme il nage dans un liquide
qui l'environne de tous côtés, il peut très-aisément se tourner, s'étendre, se
plier par ses propres forces, et il doit aussi prendre des situations différentes, suivant les différentes attitudes du corps de la mère ; par exemple,
lorsqu'elle est couchée, le fœtus doit être dans une autre situation que quand
elle est debout.

La plupart des anatomistes ont dit que le fœtus est contraint de courber
son corps et de plier ses membres, parce qu'il est trop gêné dans son enveloppe; mais cette opinion ne me paraît pas fondée, car il y a, surtout dans
les cinq ou six premiers mois de la grossesse, beaucoup plus d'espace qu'il
n'en faut pour que le fœtus puisse s'étendre, et cependant il est dans ce
même temps courbé et replié : on voit aussi que le poulet est courbé dans
la liqueur que contient l'amnios, dans le temps même que cette membrane
est assez étendue et cette liqueur assez abondante pour contenir un corps
cinq ou six fois plus gros que le poulet; ainsi on peut croire que cette forme
courbée et repliée que prend le corps du fœtus est naturelle, et point du
tout forcée ; je serais volontiers de l'avis d'Harvey, qui prétend que le fœtus
ne prend cette attitude que parce qu'elle est la plus favorable au repos et
au sommeil, car tous les animaux mettent leur corps dans cette position
pour se reposer et pour dormir ; et comme le fœtus dort presque toujours
dans le sein de la mère, il prend naturellement la situation la plus avantageuse : « Certè, dit ce fameux anatomiste, animalia omnia, dum quiescunt
« et dormiunt, membra sua ut plurimùm adducunt et complicant, figuram-
« que ovalem ac conglobatam quærunt : ita pariter embryones qui ætatem
« suam maximè somno transigunt, membra sua positione eâ quâ plasman-
« tur (tanquàm naturalissimâ ac maximè indolenti quietique aptissimâ)
« componunt. » (Voyez Harvey, *de Generat.*, p. 257.)

La matrice prend, comme nous l'avons dit, un assez prompt accroissement dans les premiers temps de la grossesse, elle continue aussi à augmenter à mesure que le fœtus augmente; mais l'accroissement du fœtus
devenant ensuite plus grand que celui de la matrice, surtout dans les derniers temps, on pourrait croire qu'il s'y trouve trop serré et que, quand le
temps d'en sortir est arrivé, il s'agite par des mouvements réitérés; il fait
alors, en effet, successivement et à diverses reprises des efforts violents;
la mère en ressent vivement l'impression; l'on désigne ces sensations douloureuses et leur retour périodique, quand on parle des heures du travail
de l'enfantement; plus le fœtus a de force pour dilater la capacité de la
matrice, plus il trouve de résistance; le ressort naturel de cette partie tend
à la resserrer et en augmente la réaction : dès lors tout l'effort tombe sur
son orifice; cet orifice a déjà été agrandi peu à peu dans les derniers mois

de la grossesse; la tête du fœtus porte depuis longtemps sur les bords de cette ouverture et la dilate par une pression continuelle; dans le moment de l'accouchement le fœtus, en réunissant ses propres forces[1] à celles de la mère, ouvre enfin cet orifice autant qu'il est nécessaire pour se faire passage et sortir de la matrice.

Ce qui peut faire croire que ces douleurs, qu'on désigne par le nom d'heures du travail, ne proviennent que de la dilatation de l'orifice de la matrice, c'est que cette dilatation est le plus sûr moyen pour reconnaître si les douleurs que ressent une femme grosse sont, en effet, les douleurs de l'enfantement : il arrive assez souvent que les femmes éprouvent dans la grossesse des douleurs très-vives, et qui ne sont cependant pas celles qui doivent précéder l'accouchement; pour distinguer ces fausses douleurs des vraies, Deventer conseille à l'accoucheur de toucher l'orifice de la matrice, et il assure que si ce sont en effet les douleurs vraies, la dilatation de cet orifice augmentera toujours par l'effet de ces douleurs; et qu'au contraire, si ce ne sont que de fausses douleurs, c'est-à-dire des douleurs qui proviennent de quelque autre cause que de celle d'un enfantement prochain, l'orifice de la matrice se rétrécira plutôt qu'il ne se dilatera, ou du moins qu'il ne continuera pas à se dilater; dès lors on est assez fondé à imaginer que ces douleurs ne proviennent que de la dilatation forcée de cet orifice : la seule chose qui soit embarrassante est cette alternative de repos et de souffrance qu'éprouve la mère; lorsque la première douleur est passée, il s'écoule un temps considérable avant que la seconde se fasse sentir; et de même il y a des intervalles, souvent très-longs, entre la seconde et la troisième, entre la troisième et la quatrième douleur, etc. Cette circonstance de l'effet ne s'accorde pas parfaitement avec la cause que nous venons d'indiquer, car la dilatation d'une ouverture qui se fait peu à peu, et d'une manière continue, devrait produire une douleur constante et continue, et non pas des douleurs par accès; je ne sais donc si on ne pourrait pas les attribuer à une autre cause qui me paraît plus convenable à l'effet, cette cause serait la séparation du placenta : on sait qu'il tient à la matrice par un certain nombre de mamelons qui pénètrent dans les petites lacunes ou cavités de ce viscère; dès lors ne peut-on pas supposer que ces mamelons ne sortent pas de leurs cavités tous en même temps? le premier mamelon qui se séparera de la matrice produira la première douleur, un autre mamelon qui se séparera quelque temps après produira une autre douleur[2], etc. L'effet répond ici parfaitement à la cause, et on peut appuyer cette conjecture par une autre observation; c'est qu'immédiatement avant l'accouchement il sort une liqueur blanchâtre et visqueuse, semblable à

---

1. C'est une erreur. Le fœtus est tout à fait *passif* dans l'acte de l'accouchement.

2. Tout ceci ne peut s'appliquer qu'aux animaux à *mamelons* ou *placentas* multiples, comme es *ruminants*.

celle que rendent les mamelons du placenta lorsqu'on les tire hors des
lacunes où ils ont leur insertion, ce qui doit faire penser que cette liqueur,
qui sort alors de la matrice, est en effet produite par la séparation de quelques mamelons du placenta.

Il arrive quelquefois que le fœtus sort de la matrice sans déchirer les
membranes qui l'enveloppent, et par conséquent sans que la liqueur qu'elles
contiennent se soit écoulée : cet accouchement paraît être le plus naturel
et ressemble à celui de presque tous les animaux ; cependant le fœtus
humain perce ordinairement ses membranes à l'endroit qui se trouve sur
l'orifice de la matrice, par l'effort qu'il fait contre cette ouverture[1] ; et il
arrive assez souvent que l'amnios, qui est fort mince, ou même le chorion,
se déchirent sur les bords de l'orifice de la matrice, et qu'il en reste une
partie sur la tête de l'enfant en forme de calotte ; c'est ce qu'on appelle
naître coiffé. Dès que cette membrane est percée ou déchirée, la liqueur
qu'elle contient s'écoule : on appelle cet écoulement le bain ou les eaux de
la mère ; les bords de l'orifice de la matrice et les parois du vagin en étant
humectés se prêtent plus facilement au passage de l'enfant ; après l'écoulement de cette liqueur, il reste dans la capacité de la matrice un vide dont
les accoucheurs intelligents savent profiter pour retourner le fœtus, s'il est
dans une position désavantageuse pour l'accouchement, ou pour le débarrasser des entraves du cordon ombilical, qui l'empêchent quelquefois
d'avancer. Lorsque le fœtus est sorti, l'accouchement n'est pas encore fini ; il
reste dans la matrice le placenta et les membranes ; l'enfant nouveau-né y
est attaché par le cordon ombilical : la main de l'accoucheur, ou seulement
le poids du corps de l'enfant, les tire au dehors par le moyen de ce cordon ;
c'est ce qu'on appelle délivrer la femme, et on donne alors au placenta et
aux membranes le nom de délivrance. Ces organes, qui étaient nécessaires
à la vie du fœtus, deviennent inutiles et même nuisibles à celle du nouveau-né ; on les sépare tout de suite du corps de l'enfant en nouant le
cordon à un doigt de distance du nombril, et on le coupe à un doigt au-
dessus de la ligature ; ce reste du cordon se dessèche peu à peu et se sépare
de lui-même à l'endroit du nombril, ordinairement au sixième ou septième
jour.

En examinant le fœtus dans le temps qui précède la naissance, l'on peut
prendre quelque idée du mécanisme de ses fonctions naturelles ; il a des
organes qui lui sont nécessaires dans le sein de sa mère, mais qui lui deviennent inutiles dès qu'il en est sorti. Pour mieux entendre le mécanisme des
fonctions du fœtus, il faut expliquer un peu plus en détail ce qui a rapport
à ses parties accessoires, qui sont le cordon, les enveloppes, la liqueur
qu'elles contiennent, et enfin le placenta : le cordon qui est attaché au corps

---

1. Le *fœtus ne fait aucun effort.* (Voyez la note 1 de la page précédente.)

du fœtus, à l'endroit du nombril, est composé de deux artères et d'une veine qui prolongent le cours de la circulation du sang; la veine est plus grosse que les artères : à l'extrémité de ce cordon, chacun de ces vaisseaux se divise en une infinité de ramifications qui s'étendent entre deux membranes et qui s'écartent également du tronc commun, de sorte que le composé de ces ramifications est plat et arrondi; on l'appelle placenta, parce qu'il ressemble, en quelque façon, à un gâteau; la partie du centre en est plus épaisse que celle des bords; l'épaisseur moyenne est d'environ un pouce, et le diamètre de huit ou neuf pouces et quelquefois davantage; la face extérieure qui est appliquée contre la matrice est convexe, la face intérieure est concave; le sang du fœtus circule dans le cordon et dans le placenta; les deux artères du cordon sortent de deux grosses artères du fœtus et en reçoivent du sang qu'elles portent dans les ramifications artérielles du placenta, au sortir desquelles il passe dans les ramifications veineuses qui le rapportent dans la veine ombilicale; cette veine communique avec une veine du fœtus dans laquelle elle le verse.

La face concave du placenta est revêtue par le chorion; l'autre face est aussi recouverte par une sorte de membrane molle et facile à déchirer, qui semble être une continuation du chorion, et le fœtus est renfermé sous la double enveloppe du chorion et de l'amnios; la forme du tout est globuleuse, parce que les intervalles qui se trouvent entre les enveloppes et le fœtus sont remplis par une liqueur transparente qui environne le fœtus. Cette liqueur est contenue par l'amnios, qui est la membrane intérieure de l'enveloppe commune; cette membrane est mince et transparente, elle se replie sur le cordon ombilical à l'endroit de son insertion dans le placenta, et le revêt sur toute sa longueur jusqu'au nombril du fœtus : le chorion est la membrane extérieure, elle est épaisse et spongieuse, parsemée de vaisseaux sanguins, et composée de plusieurs lames dont on croit que l'extérieur tapisse la face convexe du placenta; elle en suit les inégalités, elle s'élève pour recouvrir les petits mamelons qui sortent du placenta et qui sont reçus dans les cavités qui se trouvent dans le fond de la matrice et que l'on appelle *lacunes;* le fœtus ne tient à la matrice que par cette seule insertion de quelques points de son enveloppe extérieure dans les petites cavités ou sinuosités de ce viscère.

Quelques anatomistes ont cru que le fœtus humain avait, comme ceux de certains animaux quadrupèdes, une membrane appelée *allantoïde*[1], qui formait une capacité destinée à recevoir l'urine, et ils ont prétendu l'avoir trouvée entre le chorion et l'amnios, ou au milieu du placenta à la racine du cordon ombilical, sous la forme d'une vessie assez grosse, dans laquelle

---

1. On a cru reconnaître, dans ces derniers temps, l'*allantoïde* des autres classes dans le *chorion* de l'*œuf humain*.

l'urine entrait par un long tuyau qui faisait partie du cordon, et qui allait s'ouvrir d'un côté dans la vessie, et de l'autre dans cette membrane allantoïde; c'était, selon eux, l'ouraque tel que nous le connaissons dans quelques animaux. Ceux qui ont cru avoir fait cette découverte de l'ouraque dans le fœtus humain avouent qu'il n'était pas, à beaucoup près, si gros que dans les quadrupèdes, mais qu'il était partagé en plusieurs filets si petits qu'à peine pouvait-on les apercevoir; que cependant ces filets étaient creux, et que l'urine passait dans la cavité intérieure de ces filets, comme dans autant de canaux.

L'expérience et les observations du plus grand nombre des anatomistes sont contraires à ces faits; on ne trouve ordinairement aucuns vestiges de l'allantoïde entre l'amnios et le chorion ou dans le placenta, ni de l'ouraque dans le cordon; il y a seulement une sorte de ligament qui tient d'un bout à la face extérieure du fond de la vessie, et de l'autre au nombril, mais il devient si délié en entrant dans le cordon qu'il y est réduit à rien; pour l'ordinaire, ce ligament n'est pas creux, et on ne voit point d'ouverture dans le fond de la vessie qui y réponde.

Le fœtus n'a aucune communication avec l'air libre, et les expériences que l'on a faites sur ses poumons ont prouvé qu'ils n'avaient pas reçu l'air comme ceux de l'enfant nouveau-né, car ils vont à fond dans l'eau, au lieu que ceux de l'enfant qui a respiré surnagent; le fœtus ne respire donc pas dans le sein de la mère, par conséquent il ne peut former aucun son par l'organe de la voix, et il semble qu'on doit regarder comme des fables les histoires qu'on débite sur les gémissements et les cris des enfants avant leur naissance. Cependant il peut arriver après l'écoulement des eaux que l'air entre dans la capacité de la matrice et que l'enfant commence à respirer avant que d'en être sorti; dans ce cas il pourra crier, comme le petit poulet crie avant même que d'avoir cassé la coquille de l'œuf qui le renferme, parce qu'il y a de l'air dans la cavité qui est entre la membrane extérieure et la coquille, comme on peut s'en assurer sur les œufs dans lesquels le poulet est déjà fort avancé, ou seulement sur ceux qu'on a gardés pendant quelque temps et dont le petit-lait s'est évaporé à travers les pores de la coquille; car en cassant ces œufs on trouve une cavité considérable dans le bout supérieur de l'œuf entre la membrane et la coquille, et cette membrane est dans un état de fermeté et de tension, ce qui ne pourrait être, si cette cavité était absolument vide, car, dans ce cas, le poids du reste de la matière de l'œuf casserait cette membrane, et le poids de l'atmosphère briserait la coquille à l'endroit de cette cavité; il est donc certain qu'elle est remplie d'air, et que c'est par le moyen de cet air que le poulet commence à respirer avant que d'avoir cassé la coquille; et si l'on demande d'où peut venir cet air qui est renfermé dans cette cavité, il est aisé de répondre qu'il est produit par la fermentation intérieure des matières contenues dans l'œuf[1], comme l'on sait que toutes les matières en fermentation en produisent. (Voyez la *Statique des végétaux*[2], chap. VI.)

Le poumon du fœtus étant sans aucun mouvement, il n'entre dans ce viscère qu'autant de sang qu'il en faut pour le nourrir et le faire croître, et il y a une autre voie ouverte pour le cours de la circulation : le sang, qui est dans l'oreillette droite du cœur, au lieu de passer dans l'artère pulmonaire et de revenir, après avoir parcouru le poumon, dans l'oreillette gauche par la veine pulmonaire, passe immédiatement de l'oreillette droite du cœur dans la gauche par une ouverture nommée le *trou ovale*, qui est dans la cloison du cœur entre les deux oreillettes; il entre ensuite dans l'aorte, qui le distribue dans toutes les parties du corps par toutes ses ramifications artérielles, au sortir desquelles les ramifications veineuses le reçoivent et le rapportent au cœur en se réunissant toutes dans la veine-cave qui aboutit à l'oreillette droite du cœur : le sang que contient cette oreillette, au lieu de passer en entier par le trou ovale, peut s'échapper en partie dans l'artère pulmonaire, mais il n'entre pas pour cela dans le corps des poumons, parce qu'il y a une communication entre l'artère pulmonaire et l'aorte par un canal artériel qui va immédiatement de l'une à l'autre; c'est par ces voies que le sang du fœtus circule sans entrer dans le poumon, comme il y entre dans les enfants, les adultes, et dans tous les animaux qui respirent.

On a cru que le sang de la mère passait dans le corps du fœtus, par le moyen du placenta et du cordon ombilical : on supposait que les vaisseaux sanguins de la matrice étaient ouverts dans les lacunes, et ceux du placenta dans les mamelons, et qu'ils s'abouchaient les uns avec les autres[3], mais l'expérience est contraire à cette opinion : on a injecté les artères du cordon, la liqueur est revenue en entier par les veines, et il ne s'en est échappé aucune partie à l'extérieur; d'ailleurs on peut tirer les mamelons[4] des lacunes où ils sont logés, sans qu'il sorte du sang ni de la matrice, ni du placenta; il suinte seulement de l'une et de l'autre une liqueur laiteuse[5].

1. Cette *cavité* est, en effet, remplie d'air, et c'est au moyen de cet air que le fœtus respire; mais cet air n'est pas le produit de la *fermentation des matières contenues dans l'œuf*; c'est de l'air extérieur qui a pénétré jusque dans l'œuf, à travers les pores de la *coquille*. Si l'on bouche les pores de la *coquille* avec une substance grasse, avec de l'huile, par exemple, l'air ne passe plus et le poulet meurt par *asphyxie*.

2. Ouvrage célèbre de Hales, traduit par Buffon, encore jeune homme.

3. Et c'est, en effet, ce qui a lieu. Dans mes expériences, la liqueur injectée a toujours passé des *vaisseaux* du *fœtus* dans ceux de la *mère*, et réciproquement. (Voyez mes *Recherches sur les communications vasculaires entre la mère et le fœtus : Annales des sciences naturelles*, t. V, p. 65.)

4. Il s'agit évidemment ici des *mamelons* ou *cotylédons* des *ruminants*. (Voyez la note 2 de la page 638.) Dans les *ruminants*, animaux à *placentas multiples*, la *communication* entre la mère et le fœtus n'est pas à beaucoup près aussi intime que dans les animaux à *placenta unique*, tels que l'homme, les *carnassiers*, les *rongeurs*, etc.

5. Cette *liqueur laiteuse* ne se trouve que dans les *ruminants*. Par une méprise singulière, Buffon croit décrire la *matrice* et l'œuf de l'*espèce humaine*; et il décrit partout la *matrice* et l'œuf des *ruminants*.

C'est, comme nous l'avons dit, cette liqueur qui sert de nourriture au fœtus; il semble qu'elle entre dans les veines du placenta, comme le chyle entre dans la veine sous-clavière, et peut-être le placenta fait-il en grande partie l'office du poumon pour la sanguification[1]. Ce qu'il y a de sûr, c'est que le sang paraît bien plus tôt dans le placenta que dans le fœtus, et j'ai souvent observé dans des œufs couvés pendant un jour ou deux que le sang paraît d'abord dans les membranes et que les vaisseaux sanguins y sont fort gros et en très-grand nombre, tandis qu'à l'exception du point auquel ils aboutissent, le corps entier du petit poulet n'est qu'une matière blanche, et presque transparente, dans laquelle il n'y a encore aucun vaisseau sanguin.

On pourrait croire que la liqueur de l'amnios est une nourriture que le fœtus reçoit par la bouche; quelques observateurs prétendent avoir reconnu cette liqueur dans son estomac, et avoir vu quelques fœtus auxquels le cordon ombilical manquait entièrement, et d'autres qui n'en avaient qu'une très-petite portion qui ne tenait point au placenta ; mais, dans ce cas, la liqueur de l'amnios ne pourrait-elle pas entrer dans le corps du fœtus par la petite portion du cordon ombilical, ou par l'ombilic même ? D'ailleurs, on peut opposer à ces observations d'autres observations. On a trouvé quelquefois des fœtus qui avaient la bouche fermée, et dont les lèvres n'étaient pas séparées; on en a vu aussi dont l'œsophage n'avait aucune ouverture : pour concilier tous ces faits, il s'est trouvé des anatomistes qui ont cru que les aliments passaient au fœtus en partie par le cordon ombilical, et en partie par la bouche. Il me paraît qu'aucune de ces opinions n'est fondée; il n'est pas question d'examiner le seul accroissement du fœtus, et de chercher d'où et par où il tire sa nourriture; il s'agit de savoir comment se fait l'accroissement du tout, car le placenta, la liqueur et les enveloppes croissent et augmentent aussi bien que le fœtus, et par conséquent ces instruments, ces canaux, employés à recevoir ou à porter cette nourriture au fœtus, ont eux-mêmes une espèce de vie. Le développement ou l'accroissement du placenta et des enveloppes est aussi difficile à concevoir que celui du fœtus[2], et on pourrait également dire, comme je l'ai déjà insinué, que le fœtus nourrit le placenta, comme l'on dit que le placenta nourrit le fœtus. Le tout est, comme l'on sait, flottant dans la matrice, et sans aucune adhérence dans les commencements de cet accroissement : ainsi il ne peut se faire que par une intussusception de la matière laiteuse qui est contenue dans la matrice ; le placenta paraît tirer le premier cette nourriture, convertir ce

1. Vue très-juste : le placenta est, en effet, le *poumon provisoire* du *fœtus*, comme la *membrane du vitellus*, la *membrane du jaune*, en est l'*intestin provisoire*. (Voyez la note de la page 569.)

2. Il suit de celui du *fœtus*, car le *placenta* et les *enveloppes* sont des *organes* du *fœtus*. (Voyez la note de la page 569.)

lait en sang et le porter au fœtus par des veines ; la liqueur de l'amnios ne
paraît être que cette même liqueur laiteuse dépurée, dont la quantité augmente par une pareille intussusception, à mesure que cette membrane
prend de l'accroissement, et le fœtus peut tirer de cette liqueur, par la
même voie d'intussusception, la nourriture nécessaire à son développement, car on doit observer que dans les premiers temps, et même jusqu'à
deux et trois mois, le corps du fœtus ne contient que très-peu de sang : il
est blanc comme de l'ivoire, et ne paraît être composé que de lymphe qui a
pris de la solidité ; et comme la peau est transparente, et que toutes les
parties sont très-molles, on peut aisément concevoir que la liqueur dans
laquelle le fœtus nage peut les pénétrer immédiatement, et fournir ainsi
la matière nécessaire à sa nutrition et à son développement. Seulement on
peut croire que dans les derniers temps il prend de la nourriture par la
bouche [1], puisqu'on trouve dans son estomac une liqueur semblable à celle
que contient l'amnios, de l'urine dans la vessie, et des excréments dans les
intestins ; et comme on ne trouve ni urine, ni *meconium*, c'est le nom de
ces excréments, dans la capacité de l'amnios, il y a tout lieu de croire que
le fœtus ne rend point d'excréments, d'autant plus qu'on en a vu naître
sans avoir l'anus percé, et sans qu'il y eût pour cela une plus grande quantité de *meconium* dans les intestins.

Quoique le fœtus ne tienne pas immédiatement à la matrice [2], qu'il n'y soit
attaché que par de petits mamelons extérieurs à ses enveloppes, qu'il n'y ait
aucune communication du sang de la mère avec le sien [3], qu'en un mot il soit
à plusieurs égards aussi indépendant de la mère qui le porte, que l'œuf l'est
de la poule qui le couve [4], on a prétendu que tout ce qui affectait la mère
affectait aussi le fœtus ; que les impressions de l'une agissaient sur le cerveau de l'autre, et on a attribué à cette influence imaginaire les ressemblances, les monstruosités, et surtout les taches qu'on voit sur la peau. J'ai
examiné plusieurs de ces marques, et je n'ai jamais aperçu que des taches
qui m'ont paru causées par un dérangement dans le tissu de la peau. Toute
tache doit nécessairement avoir une figure qui ressemblera, si l'on veut, à
quelque chose, mais je crois que la ressemblance que l'on trouve dans celles-
ci dépend plutôt de l'imagination de ceux qui les voient, que de celle de la
mère. On a poussé sur ce sujet le merveilleux aussi loin qu'il pouvait aller :

---

1. Le *fœtus ne prend pas de la nourriture par la bouche ;* il ne se nourrit pas de la *liqueur de
l'amnios*, ni de la *matière laiteuse de la matrice*, etc. La vraie et unique source de la *nutrition*
du *fœtus* est la *communication* du sang de la *mère* avec le *sien*. C'est par cette *communication*
que le *fœtus se nourrit* et *respire*.

2. Il y tient *immédiatement*, et très-intimement, par le *placenta*.

3. Voyez la note 3 de la page 642.

4. Le *fœtus n'est point indépendant de la mère qui le porte*. Il tient à la *matrice* par le *placenta* ; son *sang communique* avec celui de la *mère* ; c'est par cette *communication* que se font
sa *nutrition* et sa *respiration*, etc., etc.

non-seulement on a voulu que le fœtus portât les représentations réelles des
appétits de sa mère, mais on a encore prétendu que par une sympathie singulière les taches qui représentaient des fruits, par exemple, des fraises,
des cerises, des mûres, que la mère avait désiré de manger, changeaient de
couleur ; que leur couleur devenait plus foncée dans la saison où ces fruits
entraient en maturité. Avec un peu plus d'attention et moins de prévention,
l'on pourrait voir cette couleur des taches de la peau changer bien plus
souvent ; ces changements doivent arriver toutes les fois que le mouvement
du sang est accéléré, et cet effet est tout ordinaire dans le temps où la chaleur de l'été fait mûrir les fruits. Ces taches sont toujours ou jaunes, ou
rouges, ou noires, parce que le sang donne ces teintes de couleur à la peau
lorsqu'il entre en trop grande quantité dans les vaisseaux dont elle est parsemée : si ces taches ont pour cause l'appétit de la mère, pourquoi n'ont-
elles pas des formes et des couleurs aussi variées que les objets de ces
appétits? que de figures singulières on verrait si les vains désirs de la mère
étaient écrits sur la peau de l'enfant.

Comme nos sensations ne ressemblent point aux objets qui les causent, il
est impossible que le désir, la frayeur, l'horreur, qu'aucune passion en un
mot, aucune émotion intérieure, puissent produire des représentations
réelles de ces mêmes objets; et l'enfant étant à cet égard aussi indépendant
de la mère qui le porte, que l'œuf l'est de la poule qui le couve, je croirai
tout aussi volontiers, ou tout aussi peu, que l'imagination d'une poule qui
voit tordre le cou à un coq, produira dans les œufs qu'elle ne fait qu'échauffer, des poulets qui auront le cou tordu, que je croirais l'histoire de la force
de l'imagination de cette femme qui, ayant vu rompre les membres à un
criminel, mit au monde un enfant dont les membres étaient rompus [1].

Mais supposons pour un instant que ce fait fût avéré, je soutiendrais toujours que l'imagination de la mère n'a pu produire cet effet; car quel est
l'effet du saisissement et de l'horreur? un mouvement intérieur, une con-
vulsion, si l'on veut, dans le corps de la mère, qui aura secoué, ébranlé,
comprimé, resserré, relâché, agité la matrice; que peut-il résulter de cette
commotion? rien de semblable à la cause, car si cette commotion est très-
violente, on conçoit que le fœtus peut recevoir un coup qui le tuera, qui le
blessera, ou qui rendra difformes quelques-unes des parties qui auront été
frappées avec plus de force que les autres; mais comment concevra-t-on
que ce mouvement, cette commotion communiquée à la matrice, puisse
produire dans le fœtus quelque chose de semblable à la pensée de la mère,

---

1. On peut très-bien *ne pas croire l'histoire* dont parle ici Buffon, ou toute autre pareille (il
ne faut pas, pour cela, une grande force d'esprit), et ne pas aller jusqu'à dire que *l'enfant est
aussi indépendant de la mère que l'œuf l'est de la poule.* Il y a entre la *mère* et le *fœtus*, dans tous
les animaux *vivipares*, et particulièrement dans la *femme*, des rapports intimes, délicats, profonds, et qui font que le *fœtus* reçoit le contre-coup de toutes les émotions éprouvées par la *mère*.

à moins que de dire, comme Harvey, que la matrice a la faculté de concevoir des idées, et de les réaliser sur le fœtus?

Mais, me dira-t-on, comment donc expliquer le fait? Si ce n'est pas l'imagination de la mère qui a agi sur le fœtus, pourquoi est-il venu au monde avec les membres rompus? A cela je réponds que quelque témérité qu'il y ait à vouloir expliquer un fait lorsqu'il est en même temps extraordinaire et incertain, quelque désavantage qu'on ait à vouloir rendre raison de ce même fait supposé comme vrai, lorsqu'on en ignore les circonstances, il me parait cependant qu'on peut répondre d'une manière satisfaisante à cette espèce de question, de laquelle on n'est pas en droit d'exiger une solution directe. Les choses les plus extraordinaires, et qui arrivent le plus rarement, arrivent cependant aussi nécessairement que les choses ordinaires et qui arrivent très-souvent; dans le nombre infini de combinaisons que peut prendre la matière, les arrangements les plus extraordinaires doivent se trouver, et se trouvent en effet, mais beaucoup plus rarement que les autres; dès lors on peut parier, et peut-être avec avantage, que sur un million, ou, si l'on veut, mille millions d'enfants qui viennent au monde, il en naîtra un avec deux têtes, ou avec quatre jambes, ou avec des membres rompus, ou avec telle difformité ou monstruosité particulière qu'on voudra supposer. Il se peut donc naturellement, et sans que l'imagination de la mère y ait eu part, qu'il soit né un enfant dont les membres étaient rompus; il se peut même que cela soit arrivé plus d'une fois, et il se peut enfin encore plus naturellement qu'une femme qui devait accoucher de cet enfant ait été au spectacle de la roue, et qu'on ait attribué à ce qu'elle y avait vu, et à son imagination frappée, le défaut de conformation de son enfant. Mais indépendamment de cette réponse générale qui ne satisfera guère que certaines gens, ne peut-on pas en donner une particulière, et qui aille plus directement à l'explication de ce fait? Le fœtus n'a, comme nous l'avons dit, rien de commun avec la mère; ses fonctions en sont indépendantes, il a ses organes, son sang, ses mouvements, et tout cela lui est propre et particulier : la seule chose qu'il tire de sa mère est cette liqueur ou lymphe nourricière que filtre la matrice; si cette lymphe est altérée, si elle est envenimée du virus vénérien, l'enfant devient malade de la même maladie, et on peut penser que toutes les maladies qui viennent du vice ou de l'altération des humeurs peuvent se communiquer de la mère au fœtus; on sait en particulier que la vérole se communique, et l'on n'a que trop d'exemples d'enfants qui sont, même en naissant, les victimes de la débauche de leurs parents. Le virus vénérien attaque les parties les plus solides des os, et il parait même agir avec plus de force, et se déterminer plus abondamment vers ces parties les plus solides qui sont toujours celles du milieu de la longueur des os, car on sait que l'ossification commence par cette partie du milieu, qui se durcit la première et s'ossifie longtemps avant les extrémités de l'os. Je conçois donc que si l'enfant dont il est question a été, comme il est très-possible, attaqué de cette maladie dans le sein de sa mère, il a pu se faire très-naturellement qu'il soit venu au monde avec les os rompus dans leur milieu, parce qu'ils l'auront en effet été dans cette partie par le virus vénérien.

Le rachitisme peut aussi produire le même effet; il y a au Cabinet du Roi un squelette d'enfant rachitique, dont les os des bras et des jambes ont tous des calus dans le milieu de leur longueur; à l'inspection de ce squelette on ne peut guère douter que cet enfant n'ait eu les os des quatre membres rompus dans le temps que la mère le portait, ensuite les os se sont réunis et ont formé ces calus.

Mais c'est assez nous arrêter sur un fait que la seule crédulité a rendu merveilleux; malgré toutes nos raisons et malgré la philosophie, ce fait, comme beaucoup d'autres, restera vrai pour bien des gens; le préjugé, surtout celui qui est fondé sur le merveilleux, triomphera toujours de la raison, et l'on serait bien peu philosophe si l'on s'en étonnait. Comme il est souvent question dans le monde de ces marques des enfants, et que dans le monde les raisons générales et philosophiques font moins d'effet qu'une historiette, il ne faut pas compter qu'on puisse jamais persuader aux femmes que les marques de leurs enfants n'ont aucun rapport avec les envies qu'elles n'ont pu satisfaire; cependant ne pourrait-on pas leur demander, avant la naissance de l'enfant, quelles ont été les envies qu'elles n'ont pu satisfaire, et quelles seront par conséquent les marques que leur enfant portera? J'ai fait quelquefois cette question, et j'ai fâché les gens sans les avoir convaincus.

La durée de la grossesse est pour l'ordinaire d'environ neuf mois, c'est-à-dire de deux cent soixante et quatorze ou deux deux cent soixante et quinze jours; ce temps est cependant quelquefois plus long, et très-souvent bien plus court; on sait qu'il naît beaucoup d'enfants à sept et à huit mois; on sait aussi qu'il en naît quelques-uns beaucoup plus tard qu'au neuvième mois; mais, en général, les accouchements qui précèdent le terme de neuf mois sont plus communs que ceux qui le passent. Aussi on peut avancer que le plus grand nombre des accouchements qui n'arrivent pas entre le deux cent soixante et dixième jour et le deux cent quatre-vingtième, arrivent du deux cent soixantième au deux cent soixante et dixième, et ceux qui disent que ces accouchements ne doivent pas être regardés comme prématurés paraissent bien fondés; selon ce calcul les temps ordinaires de l'accouchement naturel s'étendent à vingt jours, c'est-à-dire depuis huit mois et quatorze jours jusqu'à neuf mois et quatre jours.

On a fait une observation qui paraît prouver l'étendue de cette variation dans la durée des grossesses en général, et donner en même temps le moyen de la réduire à un terme fixe dans telle ou telle grossesse particulière.

Quelques personnes prétendent avoir remarqué que l'accouchement arrivait après dix mois lunaires de vingt-sept jours chacun, ou neuf mois solaires de trente jours, au premier ou au second jour qui répondaient aux deux premiers jours auxquels l'écoulement périodique arrivait à la mère avant sa grossesse. Avec un peu d'attention l'on verra que le nombre de dix périodes de l'écoulement des règles peut, en effet, fixer le temps de l'accouchement à la fin du neuvième mois ou au commencement du dixième [a].

Il naît beaucoup d'enfants avant le deux cent soixantième jour, et quoique ces accouchements précèdent le terme ordinaire ce ne sont pas de fausses couches, parce que ces enfants vivent pour la plupart; on dit ordinairement qu'ils sont nés à sept mois, ou à huit mois, mais il ne faut pas croire qu'ils naissent en effet précisément à sept mois ou à huit mois accomplis; c'est indifféremment dans le courant du sixième, du septième, du huitième, et même dans le commencement du neuvième mois. Hippocrate dit clairement que les enfants de sept mois naissent dès le cent quatre-vingt-deuxième jour, ce qui fait précisément la moitié de l'année solaire.

On croit communément que les enfants qui naissent à huit mois ne peuvent pas vivre, ou du moins qu'il en périt beaucoup plus de ceux-là que de ceux qui naissent à sept mois. Pour peu que l'on réfléchisse sur cette opinion, elle paraît n'être qu'un paradoxe, et je ne sais si, en consultant l'expérience, on ne trouvera pas que c'est une erreur : l'enfant qui vient à huit mois est plus formé, et par conséquent plus vigoureux, plus fait pour vivre que celui qui n'a que sept mois; cependant cette opinion que les enfants de huit mois périssent plutôt que ceux de sept est assez communément reçue, et elle est fondée sur l'autorité d'Aristote, qui dit : « Cæteris « animantibus ferendi uteri unum est tempus, homini verò plura sunt; « quippe et septimo mense et decimo nascitur, atque etiam inter septi-« mum et decimum positis; qui enim mense octavo nascuntur, *etsi minùs*, « tamen vivere possunt. » (*Vide de Generat. anim.*, l. iv, c. ult.) Le commencement du septième mois est donc le premier terme de l'accouchement; si le fœtus est rejeté plus tôt il meurt, pour ainsi dire, sans être né; c'est un fruit avorté qui ne prend point de nourriture, et, pour l'ordinaire, il périt subitement dans la fausse couche. Il y a, comme l'on voit, de grandes limites pour les termes de l'accouchement, puisqu'elles s'étendent depuis le septième jusqu'au neuvième et dixième mois, et peut-être jusqu'au onzième[1]; il naît, à la vérité, beaucoup moins d'enfants au dixième mois

---

a. « Ad hanc normam matronæ prudentiores calculos suos subducentes (dùm singulis men-« sibus solitum menstrui fluxus diem in fastos referunt) spe raro excidunt; verùm transactis « decem lunæ curriculis, eodem die quo (absque prægnatione foret) menstrua iis profluerent, « partum experiuntur ventrisque fructum colligunt. (Harvey, *de Generat.*, page 262.)

1. Il faut distinguer la *viabilité* de l'enfant du *terme* de l'accouchement. L'enfant est *viable* à sept mois. Le *terme* vrai de l'accouchement est à neuf mois, et presque jour par jour.

qu'il n'en naît dans le huitième, quoiqu'il en naisse beaucoup au septième; mais, en général, les limites du temps de l'accouchement sont au moins de trois mois, c'est-à-dire depuis le septième jusqu'au dixième.

Les femmes qui ont fait plusieurs enfants assurent presque toutes que les femelles naissent plus tard que les mâles; si cela est, on ne devrait pas être surpris de voir naître des enfants à dix mois, surtout des femelles. Lorsque les enfants viennent avant neuf mois, ils ne sont pas aussi gros ni aussi formés que les autres; ceux, au contraire, qui ne viennent qu'à dix mois, ou plus tard, ont le corps sensiblement plus gros et mieux formé que ne l'est ordinairement celui des nouveaux-nés; les cheveux sont plus longs, l'accroissement des dents, quoique cachées sous les gencives, est plus avancé, le son de la voix est plus net, et le ton en est plus grave qu'aux enfants de neuf mois. On pourrait reconnaître à l'inspection du nouveau-né de combien sa naissance aurait été retardée, si les proportions du corps de tous les enfants de neuf mois étaient semblables, et si les progrès de leur accroissement étaient réglés; mais le volume du corps et son accroissement varient selon le tempérament de la mère et celui de l'enfant; ainsi tel enfant pourra naître à dix ou onze mois, qui ne sera pas plus avancé qu'un autre qui sera né à neuf mois.

Il y a beaucoup d'incertitude sur les causes occasionnelles de l'accouchement, et l'on ne sait pas trop ce qui peut obliger le fœtus à sortir de la matrice; les uns pensent que le fœtus ayant acquis une certaine grosseur, la capacité de la matrice se trouve trop étroite pour qu'il puisse y demeurer, et que la contrainte où il se trouve l'oblige à faire des efforts pour sortir de sa prison; d'autres disent, et cela revient à peu près au même, que c'est le poids du fœtus qui devient si fort que la matrice s'en trouve surchargée et qu'elle est forcée de s'ouvrir pour s'en délivrer. Ces raisons ne me paraissent pas satisfaisantes; la matrice a toujours plus de capacité et de résistance qu'il n'en faut pour contenir un fœtus de neuf mois et pour en soutenir le poids, puisque souvent elle en contient deux, et qu'il est certain que le poids et la grandeur de deux jumeaux de huit mois, par exemple, sont plus considérables que le poids et la grandeur d'un seul enfant de neuf mois; d'ailleurs, il arrive souvent que l'enfant de neuf mois qui vient au monde est plus petit que le fœtus de huit mois, qui cependant reste dans la matrice.

Galien a prétendu que le fœtus demeurait dans la matrice jusqu'à ce qu'il fût assez formé pour pouvoir prendre sa nourriture par la bouche, et qu'il ne sortait que par le besoin de nourriture auquel il ne pouvait satisfaire. D'autres ont dit que le fœtus se nourrissait par la bouche de la liqueur même de l'amnios, et que cette liqueur, qui dans les commencements est une lymphe nourricière, peut s'altérer sur la fin de la grossesse par le mélange de la transpiration ou de l'urine du fœtus, et que quand elle est altérée à un certain point le fœtus s'en dégoûte et ne peut plus s'en nourrir, ce qui l'oblige à faire des efforts pour sortir de son enveloppe et de la matrice. Ces raisons ne me paraissent pas meilleures que les premières; car il s'ensuivrait de là que les fœtus les plus faibles et les plus petits resteraient nécessairement dans le sein de la mère plus longtemps que les fœtus plus forts et plus gros, ce qui cependant n'arrive pas; d'ailleurs ce n'est pas la nourriture que le fœtus cherche dès qu'il est né, il peut s'en passer aisément pendant quelque temps; il semble, au contraire, que la chose la plus pressée est de se débarrasser du superflu de la nourriture qu'il a prise dans le sein de la mère, et de rendre le *meconium*. Aussi a-t-il paru plus vraisemblable à d'autres anatomistes[a] de croire que le fœtus ne sort de la matrice que pour être en état de rendre ses excréments; ils ont imaginé que ces excréments, accumulés dans les boyaux du fœtus, lui donnent des coliques douloureuses qui lui font faire des mouvements et des efforts si grands que la matrice est enfin obligée de céder et de s'ouvrir pour le laisser sortir. J'avoue que je ne suis guère plus satisfait de cette explication que des autres; pourquoi le fœtus ne pourrait-il pas rendre ses excréments dans l'amnios même, s'il était, en effet, pressé de les rendre? Or cela n'est jamais arrivé; il paraît, au contraire, que cette nécessité de rendre le meconium ne se fait sentir qu'après la naissance, et que le mouvement du diaphragme, occasionné par celui du poumon, comprime les intestins et cause cette évacuation qui ne se ferait pas sans cela, puisque l'on n'a point trouvé de meconium dans l'amnios des fœtus de dix et onze mois qui n'ont pas respiré, et qu'au contraire un enfant à six ou sept mois rend ce meconium peu de temps après qu'il a respiré.

D'autres anatomistes, et entre autres Fabrice d'Aquapendente, ont cru que le fœtus ne sortait de la matrice que par le besoin où il se trouvait de se procurer du rafraîchissement au moyen de la respiration. Cette cause me paraît encore plus éloignée qu'aucune des autres; le fœtus a-t-il une idée de la respiration sans avoir jamais respiré? sait-il si la respiration le rafraîchira? est-il même bien vrai qu'elle rafraîchisse? Il paraît au contraire qu'elle donne un plus grand mouvement au sang, et que par conséquent elle augmente la chaleur intérieure, comme l'air chassé par un soufflet augmente l'ardeur du feu[1].

Après avoir pesé toutes ces explications et toutes les raisons d'en douter, j'ai soupçonné que la sortie du fœtus devait dépendre d'une cause toute différente. L'écoulement des menstrues se fait, comme l'on sait, périodique-

a. Drelincourt est, je crois, l'auteur de cette opinion.

1. Buffon dit d'abord que le *fœtus* ne peut éprouver *le besoin de respirer*, parce qu'il n'a pas *une idée de la respiration* : raisonnement puéril; mais il ajoute que la *respiration augmente la chaleur intérieure;* et ceci est une vue très-juste. La *respiration* est, en effet, la principale source de la chaleur du sang.

ment et à des intervalles déterminés ; quoique la grossesse supprime cette apparence, elle n'en détruit cependant pas la cause, et quoique le sang ne paraisse pas au terme accoutumé, il doit se faire dans ce même temps une espèce de révolution semblable à celle qui se faisait avant la grossesse : aussi y a-t-il plusieurs femmes dont les menstrues ne sont pas absolument supprimées dans les premiers mois de la grossesse. J'imagine donc que lorsqu'une femme a conçu, la révolution périodique se fait comme auparavant, mais que comme la matrice est gonflée, et qu'elle a pris de la masse et de l'accroissement, les canaux excrétoires étant plus serrés et plus pressés qu'ils ne l'étaient auparavant ne peuvent s'ouvrir ni donner d'issue au sang, à moins qu'il n'arrive avec tant de force ou en si grande quantité, qu'il puisse se faire passage malgré la résistance qui lui est opposée ; dans ce cas il paraîtra du sang, et s'il coule en grande quantité, l'avortement suivra ; la matrice reprendra la forme qu'elle avait auparavant, parce que le sang ayant rouvert tous les canaux qui s'étaient fermés, ils reviendront au même état qu'ils étaient : si le sang ne force qu'une partie de ces canaux, l'œuvre de la génération ne sera pas détruite, quoiqu'il paraisse du sang, parce que la plus grande partie de la matrice se trouve encore dans l'état qui est nécessaire pour qu'elle puisse s'exécuter : dans ce cas il paraîtra du sang, et l'avortement ne suivra pas ; ce sang sera seulement en moindre quantité que dans les évacuations ordinaires.

Lorsqu'il n'en paraît point du tout, comme c'est le cas le plus ordinaire, la première révolution périodique ne laisse pas de se marquer et de se faire sentir par les mêmes douleurs, les mêmes symptômes ; il se fait donc, dès le temps de la première suppression, une violente action sur la matrice, et pour peu que cette action fût augmentée, elle détruirait l'ouvrage de la génération : on peut même croire avec assez de fondement que, de toutes les conceptions qui se font dans les derniers jours qui précèdent l'arrivée des menstrues, il en réussit fort peu, et que l'action du sang détruit aisément les faibles racines d'un germe si tendre et si délicat ; les conceptions au contraire qui se font dans les jours qui suivent l'écoulement périodique, sont celles qui tiennent et qui réussissent le mieux, parce que le produit de la conception a plus de temps pour croître, pour se fortifier et pour résister à l'action du sang et à la révolution qui doit arriver au terme de l'écoulement.

Le fœtus ayant subi cette première épreuve, et y ayant résisté, prend plus de force et d'accroissement, et est plus en état de souffrir la seconde révolution qui arrive un mois après la première ; aussi les avortements causés par la seconde période sont-ils moins fréquents que ceux qui sont causés par la première ; à la troisième période le danger est encore moins grand, et moins encore à la quatrième et à la cinquième, mais il y en a toujours ; il peut arriver, et il arrive en effet de fausses couches dans les

temps de toutes ces révolutions périodiques; seulement on a observé qu'elles
sont plus rares dans le milieu de la grossesse, et plus fréquentes au commencement et à la fin : on entend bien, par ce que nous venons de dire,
pourquoi elles sont plus fréquentes au commencement; il nous reste à
expliquer pourquoi elles sont aussi plus fréquentes vers la fin que vers le
milieu de la grossesse.

Le fœtus vient ordinairement au monde dans le temps de la dixième
révolution; lorsqu'il naît à la neuvième ou à la huitième, il ne laisse pas
de vivre, et ces accouchements précoces ne sont pas regardés comme de
fausses couches, parce que l'enfant, quoique moins formé, ne laisse pas de
l'être assez pour pouvoir vivre; on a même prétendu avoir des exemples
d'enfants nés à la septième, et même à la sixième révolution, c'est-à-dire, à
cinq ou six mois, qui n'ont pas laissé de vivre; il n'y a donc de différence
entre l'accouchement et la fausse couche, que relativement à la vie du nouveau-né; et en considérant la chose généralement, le nombre des fausses
couches du premier, du second et du troisième mois, est très-considérable
par les raisons que nous avons dites, et le nombre des accouchements précoces du septième et du huitième mois est aussi assez grand, en comparaison de celui des fausses couches des quatrième, cinquième et sixième
mois, parce que dans ce temps du milieu de la grossesse l'ouvrage de la
génération a pris plus de solidité et plus de force; qu'ayant eu celle de
résister à l'action des quatre premières révolutions périodiques, il en faudrait une beaucoup plus violente que les précédentes pour le détruire : la
même raison subsiste pour le cinquième et le sixième mois, et même avec
avantage, car l'ouvrage de la génération est encore plus solide à cinq mois
qu'à quatre, et à six mois qu'à cinq; mais lorsqu'on est arrivé à ce terme,
le fœtus qui jusqu'alors est faible, et ne peut agir que faiblement par ses
propres forces, commence à devenir fort et à s'agiter avec plus de vigueur,
et lorsque le temps de la huitième période arrive, et que la matrice en
éprouve l'action, le fœtus, qui l'éprouve aussi, fait des efforts qui, se réunissant avec ceux de la matrice, facilitent son exclusion, et il peut venir au
monde dès le septième mois toutes les fois qu'il est à cet âge plus vigoureux
ou plus avancé que les autres, et dans ce cas il pourra vivre; au contraire,
s'il ne venait au monde que par la faiblesse de la matrice qui n'aurait pu
résister au coup du sang dans cette huitième révolution, l'accouchement
serait regardé comme une fausse couche, et l'enfant ne vivrait pas; mais
ces cas sont rares, car si le fœtus a résisté aux sept premières révolutions,
il n'y a que des accidents particuliers qui puissent faire qu'il ne résiste pas
à la huitième, en supposant qu'il n'ait pas acquis plus de force et de vigueur
qu'il n'en a ordinairement dans ce temps. Les fœtus, qui n'auront acquis
qu'un peu plus tard ce même degré de force et de vigueur plus grande,
viendront au monde dans le temps de la neuvième période, et ceux auxquels

il faudra le temps de neuf mois pour avoir cette même force viendront à la dixième période, ce qui est le terme le plus commun et le plus général ; mais lorsque le fœtus n'aura pas acquis dans ce temps de neuf mois ce même degré de perfection et de force, il pourra rester dans la matrice jusqu'à la onzième, et même jusqu'à la douzième période, c'est-à-dire, ne naître qu'à dix ou onze mois, comme on en a des exemples.

Cette opinion, que ce sont les menstrues qui sont la cause occasionnelle de l'accouchement en différents temps, peut être confirmée par plusieurs autres raisons que je vais exposer. Les femelles de tous les animaux qui n'ont point de menstrues mettent bas toujours au même terme, à très-peu près ; il n'y a jamais qu'une très-légère variation dans la durée de la gestation : on peut donc soupçonner que cette variation qui, dans les femmes, est si grande, vient de l'action du sang qui se fait sentir à toutes les périodes.

Nous avons dit que le placenta ne tient à la matrice que par quelques mamelons, qu'il n'y a de sang ni dans ces mamelons, ni dans les lacunes où ils sont nichés, et que quand on les en sépare, ce qui se fait aisément et sans effort, il ne sort de ces mamelons et de ces lacunes qu'une liqueur laiteuse [1] ; or comment se fait-il donc que l'accouchement soit toujours suivi d'une hémorrhagie, même considérable, d'abord de sang assez pur, ensuite de sang mêlé de sérosités, etc. ? Ce sang ne vient point de la séparation du placenta, les mamelons sont tirés hors des lacunes sans aucune effusion de sang [2] puisque ni les uns ni les autres n'en contiennent; l'accouchement, qui con-iste précisément dans cette séparation, ne doit donc pas produire du sang : ne peut-on pas croire que c'est au contraire l'action du sang qui produit l'accouchement? et ce sang est celui des menstrues qui force les vaisseaux dès que la matrice est vide, et qui commence à couler immédiatement après l'enfantement, comme il coulait avant la conception.

On sait que dans les premiers temps de la grossesse le sac qui contient l'œuvre de la génération n'est point du tout adhérent à la matrice : on a vu par les expériences de Graaf qu'on peut, en soufflant dessus la petite bulle, la faire changer de lieu ; l'adhérence n'est même jamais bien forte dans la matrice des femmes, et à peine le placenta tient-il à la membrane intérieure de ce viscère dans les premiers temps, il n'y est que contigu et joint par une matière mucilagineuse qui n'a presque aucune adhésion ; dès lors pourquoi arrive-t-il que dans les fausses couches du premier et du second mois cette bulle qui ne tient à rien ne sort cependant jamais qu'avec grande effusion de sang? Ce n'est certainement pas la sortie de la bulle qui occasionne cette effusion, puisqu'elle ne tenait point du tout à la matrice : c'est au contraire l'action de ce sang qui oblige la bulle à sortir ; et ne doit-on pas croire que

---

1. Fait particulier aux *ruminants* (Voyez les notes 4 et 5 de la page 642.)

2. Ceci se rapporte toujours aux *ruminants*, et là même n'est pas tout à fait exact; quand on sépare les *mamelons* des *lacunes* dans les *ruminants*, il y a toujours des *vaisseaux rompus*.

ce sang est celui des menstrues, qui, en forçant les canaux par lesquels il avait coutume de passer avant la conception, en détruit le produit en reprenant sa route ordinaire?

Les douleurs de l'enfantement sont occasionnées principalement par cette action du sang, car on sait qu'elles sont tout au moins aussi violentes dans les fausses couches de deux et trois mois que dans les accouchements ordinaires, et qu'il y a bien des femmes qui ont dans tous les temps, et sans avoir conçu, des douleurs très-vives lorsque l'écoulement périodique est sur le point de paraître, et ces douleurs sont de la même espèce que celles de la fausse couche ou de l'accouchement; dès lors ne doit-on pas soupçonner qu'elles viennent de la même cause?

Il paraît donc que la révolution périodique du sang menstruel peut influer beaucoup sur l'accouchement, et qu'elle est la cause de la variation des termes de l'accouchement dans les femmes, d'autant plus que toutes les autres femelles, qui ne sont pas sujettes à cet écoulement périodique, mettent bas toujours au même terme; mais il paraît aussi que cette révolution, occasionnée par l'action du sang menstruel, n'est pas la cause unique de l'accouchement, et que l'action propre du fœtus ne laisse pas d'y contribuer[1], puisqu'on a vu des enfants qui se sont fait jour et sont sortis de la matrice après la mort de la mère, ce qui suppose nécessairement dans le fœtus une action propre et particulière, par laquelle il doit toujours faciliter son exclusion, et même se la procurer en entier dans de certains cas.

Les fœtus des animaux, comme des vaches, des brebis, etc., n'ont qu'un terme pour naître; le temps de leur séjour dans le ventre de la mère est toujours le même, et l'accouchement est sans hémorrhagie[2]; n'en doit-on pas conclure que le sang que les femmes rendent après l'accouchement est le sang des menstrues, et que si le fœtus humain naît à des termes si différents, ce ne peut être que par l'action de ce sang qui se fait sentir sur la matrice à toutes les révolutions périodiques? Il est naturel d'imaginer que si les femelles des animaux vivipares avaient des menstrues comme les femmes, leurs accouchements seraient suivis d'effusion de sang, et qu'ils arriveraient à différents termes. Les fœtus des animaux viennent au monde revêtus de leurs enveloppes, et il arrive rarement que les eaux s'écoulent et que les membranes qui les contiennent se déchirent dans l'accouchement, au lieu qu'il est très-rare de voir sortir ainsi le sac tout entier dans les

---

1. Ni l'une ni l'autre de ces deux *causes* n'agit. L'*hémorragie* est l'*effet* et non la *cause* de l'accouchement. Je l'ai déjà dit : le *fœtus* est tout à fait *inactif* et *passif* ; il est *expulsé*. (Voyez la note 1 de la page 638.) Le *fœtus*, parvenu au terme de son développement de *fœtus*, tout, dans les organes de la *mère*, concourt à son *expulsion*. Et, quant à la *durée* de la *gestation*, considérée en soi, ou, ce qui revient au même, quant à la *durée* de la *vie fœtale*, la durée de cette vie n'est pas moins marquée dans chaque espèce, que ne l'est, dans chaque espèce, *la durée de la vie totale*.

2. Ou à peu près, et par la raison que nous avons déjà dite : le peu d'adhérence des *cotylédons* ou des *placentas* avec la *matrice*, dans les ruminants. (Voyez la note 4 de la page 642.)

accouchements des femmes : cela semble prouver que le fœtus humain fait
plus d'efforts que les autres pour sortir de sa prison, ou bien que la matrice
de la femme ne se prête pas aussi naturellement au passage du fœtus que
celle des animaux, car c'est le fœtus qui déchire sa membrane par les efforts
qu'il fait pour sortir de la matrice[1], et ce déchirement n'arrive qu'à cause de
la grande résistance que fait l'orifice de ce viscère avant que de se dilater
assez pour laisser passer l'enfant.

RÉCAPITULATION.

Tous les animaux se nourrissent de végétaux ou d'autres animaux, qui se
nourrissent eux-mêmes de végétaux ; il y a donc dans la nature une matière
commune aux uns et aux autres qui sert à la nutrition et au développement
de tout ce qui vit ou végète ; cette matière ne peut opérer la nutrition et le
développement qu'en s'assimilant à chaque partie du corps de l'animal ou
du végétal, et en pénétrant intimement la forme de ces parties, que j'ai
appelée le moule intérieur. Lorsque cette matière nutritive est plus abondante qu'il ne faut pour nourrir et développer le corps animal ou végétal,
elle est renvoyée de toutes les parties du corps dans un ou dans plusieurs
réservoirs sous la forme d'une liqueur ; cette liqueur contient toutes les
molécules analogues au corps de l'animal, et par conséquent tout ce qui
est nécessaire à la reproduction d'un petit être entièrement semblable au
premier. Ordinairement cette matière nutritive ne devient surabondante,
dans le plus grand nombre des espèces d'animaux, que quand le corps a
pris la plus grande partie de son accroissement, et c'est par cette raison que
les animaux ne sont en état d'engendrer que dans ce temps.

Lorsque cette matière nutritive et productive, qui est universellement
répandue, a passé par le moule intérieur de l'animal ou du végétal, et
qu'elle trouve une matrice convenable, elle produit un animal ou un végétal
de même espèce ; mais lorsqu'elle ne se trouve pas dans une matrice convenable, elle produit des êtres organisés différents des animaux et des végétaux, comme les corps mouvants et végétants que l'on voit dans les liqueurs
séminales des animaux, dans les infusions des germes des plantes, etc.

Cette matière productive est composée de particules organiques toujours
actives, dont le mouvement et l'action sont fixés par les parties brutes de
la matière en général, et particulièrement par les particules huileuses et
salines ; mais dès qu'on les dégage de cette matière étrangère elles reprennent leur action et produisent différentes espèces de végétations et d'autres
êtres animés qui se meuvent progressivement.

On peut voir au microscope les effets de cette matière productive dans

1. Voyez la note 1 de la page 638.

les liqueurs séminales des animaux de l'un et de l'autre sexe : la semence des femelles vivipares est filtrée par les corps glanduleux [1] qui croissent sur leurs testicules, et ces corps glanduleux contiennent une assez bonne quantité de cette semence dans leur cavité intérieure; les femelles ovipares ont, aussi bien que les femelles vivipares, une liqueur séminale, et cette liqueur séminale des femelles ovipares est encore plus active que celle des femelles vivipares, comme je l'expliquerai dans l'histoire des oiseaux. Cette semence de la femelle est, en général, semblable à celle du mâle lorsqu'elles sont toutes deux dans l'état naturel; elles se décomposent de la même façon; elles contiennent des corps organiques semblables, et elles offrent également tous les mêmes phénomènes.

Toutes les substances animales ou végétales renferment une grande quantité de cette matière organique et productive; il ne faut, pour le reconnaitre, que séparer les parties brutes dans lesquelles les particules actives de cette matière sont engagées, et cela se fait en mettant ces substances animales ou végétales infuser dans de l'eau : les sels se fondent, les huiles se séparent, et les parties organiques se montrent en se mettant en mouvement; elles sont en plus grande abondance dans les liqueurs séminales que dans toutes les autres substances animales, ou plutôt elles y sont dans leur état de développement et d'évidence, au lieu que dans la chair elles sont engagées et retenues par les parties brutes, et il faut les en séparer par l'infusion. Dans les premiers temps de cette infusion, lorsque la chair n'est encore que légèrement dissoute, on voit cette matière organique sous la forme de corps mouvants qui sont presque aussi gros que ceux des liqueurs séminales; mais, à mesure que la décomposition augmente, ces parties organiques diminuent de grosseur et augmentent en mouvement; et quand la chair est entièrement décomposée ou corrompue par une longue infusion dans l'eau, ces mêmes parties organiques sont d'une petitesse extrême et dans un mouvement d'une rapidité infinie; c'est alors que cette matière peut devenir un poison, comme celui de la dent de la vipère, où M. Mead a vu une infinité de petits corps pointus qu'il a pris pour des sels, et qui ne sont que ces mêmes parties organiques dans une très-grande activité. Le pus qui sort des plaies en fourmille, et il peut arriver très-naturellement que le pus prenne un tel degré de corruption qu'il devienne un poison des plus subtils ; car toutes les fois que cette matière active sera exaltée à un certain point, ce qu'on pourra toujours reconnaitre à la rapidité et à la petitesse des corps mouvants qu'elle contient, elle deviendra une espèce de poison; il doit en être de même des poisons des végétaux. La même matière qui sert à nous nourrir, lorsqu'elle est dans son état naturel, doit nous détruire

---

1. Dans cette *récapitulation*, Buffon reproduit nécessairement toutes les erreurs de faits et d'idées, dont il a rempli son système. J'ai indiqué chacune de ces erreurs, à mesure qu'elle s'est présentée. On a vu mes notes. Je me borne à y renvoyer.

lorsqu'elle est corrompue; on le voit par la comparaison du bon blé et du
blé ergoté qui fait tomber en gangrène les membres des animaux et des
hommes qui veulent s'en nourrir; on le voit par la comparaison de cette
matière qui s'attache à nos dents, qui n'est qu'un résidu de nourriture qui
n'est pas corrompue, et de celle de la dent de la vipère ou du chien enragé,
qui n'est que cette même matière trop exaltée et corrompue au dernier degré.

Lorsque cette matière organique et productive se trouve rassemblée en
grande quantité dans quelques parties de l'animal, où elle est obligée de
séjourner, elle y forme des êtres vivants que nous avons toujours regardés
comme des animaux : le tænia, les ascarides, tous les vers qu'on trouve
dans les veines, dans le foie, etc., tous ceux qu'on tire des plaies, la plupart
de ceux qui se forment dans les chairs corrompues, dans le pus, n'ont pas
d'autre origine; les anguilles de la colle de farine, celles du vinaigre, tous
les prétendus animaux microscopiques ne sont que des formes différentes
que prend d'elle-même, et suivant les circonstances, cette matière toujours
active et qui ne tend qu'à l'organisation.

Dans toutes les substances animales ou végétales, décomposées par l'infusion, cette matière productive se manifeste d'abord sous la forme d'une
végétation; on la voit former des filaments qui croissent et s'étendent
comme une plante qui végète; ensuite les extrémités et les nœuds de ces
végétations se gonflent, se boursouflent et crèvent bientôt pour donner
passage à une multitude de corps en mouvement qui paraissent être des
animaux, en sorte qu'il semble qu'en tout la nature commence par un
mouvement de végétation : on le voit par ces productions microscopiques;
on le voit aussi par le développement de l'animal, car le fœtus, dans les
premiers temps, ne fait que végéter.

Les matières saines et qui sont propres à nous nourrir ne fournissent
des molécules en mouvement qu'après un temps assez considérable; il faut
quelques jours d'infusion dans l'eau pour que la chair fraîche, les graines,
les amandes des fruits, etc., offrent aux yeux des corps en mouvement;
mais plus les matières sont corrompues, décomposées ou exaltées, comme
le pus, le blé ergoté, le miel, les liqueurs séminales, etc., plus ces corps
en mouvement se manifestent promptement; ils sont tout développés dans
les liqueurs séminales; il ne faut que quelques heures d'infusion pour les
voir dans le pus, dans le blé ergoté, dans le miel, etc.; il en est de même
des drogues de médecine, l'eau où on les met infuser en fourmille au bout
d'un très-petit temps.

Il existe donc une matière organique animée, universellement répandue
dans toutes les substances animales ou végétales, qui sert également à leur
nutrition, à leur développement et à leur reproduction; la nutrition s'opère
par la pénétration intime de cette matière dans toutes les parties du corps
de l'animal ou du végétal; le développement n'est qu'une espèce de nutri-

tion plus étendue, qui se fait et s'opère tant que les parties ont assez de ductilité pour se gonfler et s'étendre, et la reproduction ne se fait que par la même matière devenue surabondante au corps de l'animal ou du végétal; chaque partie du corps de l'un ou de l'autre renvoie les molécules organiques qu'elle ne peut plus admettre : ces molécules sont absolument analogues à chaque partie dont elles sont renvoyées, puisqu'elles étaient destinées à nourrir cette partie; dès lors quand toutes les molécules renvoyées de tout le corps viennent à se rassembler, elles doivent former un petit corps semblable au premier, puisque chaque molécule est semblable à la partie dont elle a été renvoyée; c'est ainsi que se fait la reproduction dans toutes les espèces, comme les arbres, les plantes, les polypes, les pucerons, etc., où l'individu tout seul reproduit son semblable, et c'est aussi le premier moyen que la nature emploie pour la reproduction des animaux qui ont besoin de la communication d'un autre individu pour se reproduire, car les liqueurs séminales des deux sexes contiennent toutes les molécules nécessaires à la reproduction; mais il faut quelque chose de plus pour que cette reproduction se fasse en effet, c'est le mélange de ces deux liqueurs dans un lieu convenable au développement de ce qui doit en résulter, et ce lieu est la matrice de la femelle.

Il n'y a donc point de germes préexistants, point de germes contenus à l'infini les uns dans les autres, mais il y a une matière organique toujours active, toujours prête à se mouler, à s'assimiler et à produire des êtres semblables à ceux qui la reçoivent : les espèces d'animaux ou de végétaux ne peuvent donc jamais s'épuiser d'elles-mêmes; tant qu'il subsistera des individus l'espèce sera toujours toute neuve, elle l'est autant aujourd'hui qu'elle l'était il y a trois mille ans; toutes subsisteront d'elles-mêmes tant qu'elles ne seront pas anéanties par la volonté du Créateur[1].

Au Jardin du Roi, le 27 mai 1748.

1. Buffon vient de résumer son système.

Dans l'antiquité, Hippocrate avait fait un système sur la génération. Aristote en avait fait un autre.

Dans les temps modernes, Descartes et Leibniz firent aussi chacun un système.

Buffon a voulu, de même, en avoir fait un.

Il tire d'Hippocrate l'idée des deux *liqueurs séminales*, mâle et femelle. Il se sert plus des faits que des idées d'Aristote. Descartes avait paru. Descartes le sauve des subtilités d'Aristote sur la *matière* et sur la *forme*.

Il prend, de Descartes, le besoin d'échapper à l'obscurité par l'hypothèse. Il avait emprunté d'abord à Leibniz les *germes préexistants*. Il laisse bientôt, avec Leibniz, les *germes préexistants* pour les *monades* : les molécules organiques ressemblent beaucoup aux *monades*.

Buffon veut expliquer ce que l'œil de l'observateur n'atteindra jamais : la *formation de l'être*.

« La production du germe, dit très-bien Cuvier, est le plus grand mystère de l'économie orga-« nique et de toute la nature : nous le voyons se développer, mais jamais se former. »

« Un premier voile, qui couvrait l'Isis des Égyptiens, a été enlevé depuis un temps, dit « Fontenelle; un second, si l'on veut, l'est aussi de nos jours; un troisième ne le sera pas, s'il « est le dernier. »

ADDITIONS[1]

A

L'HISTOIRE DES ANIMAUX.

ADDITION

AUX ARTICLES OU IL EST QUESTION DES CORPS GLANDULEUX QUI CONTIENNENT
LA LIQUEUR SÉMINALE DES FEMELLES, PAGE 537 ET SUIVANTES.

Comme plusieurs physiciens, et même quelques anatomistes, paraissent encore douter de l'existence des corps glanduleux dans les ovaires, ou pour mieux dire dans les testicules des femelles, et particulièrement dans les testicules des femmes, malgré les observations de Valisnieri, confirmées par mes expériences et par la découverte que j'ai faite du réservoir réel de la liqueur séminale des femelles, qui est filtrée par ces corps glanduleux et contenue dans leur cavité intérieure ; je crois devoir rapporter ici le témoignage d'un très-habile anatomiste, M. Ambroise Bertrandi, de Turin, qui m'a écrit dans les termes suivants au sujet de ces corps glanduleux.

« In puellis a decimo quarto ad vigesimum annum, quas non minus transactæ vitæ
« genus, quàm partium genitalium intemerata integritas virgines decessisse indicabat,
« ovaria levia, globosa, atque turgidula reperiebam ; in aliquibus porro luteas quasdam
« papillas detegebam quæ corporum luteorum rudimenta referrent. In aliis verò adeo
« perfecta et turgentia vidi, ut totam amplitudinem suam acquisivisse viderentur. Imo
« in robustà et succi plenà puellà quæ furore uterino, diutino et vehementi tandem
« occubuerat, hujusmodi corpus inveni, quod cerasi magnitudinem excedebat, cujus
« verò papilla gangrenà erat correpta, idque totum atro sanguine oppletum. Corpus hoc
« luteum apud amicum asservatur.

« Ovaria in adolescentibus intus intertexta videntur confertissimis vasculorum fasci-
« culis, quæ arteriæ spermaticæ propagines sunt. In iis, quibus mammæ sororiari inci-
« piunt et menstrua fluunt, admodum rubella apparent ; nonnullæ ipsorum tenuissimæ
« propagines circum vesiculas, quas ova nominant, perducuntur. Verùm e profundo
« ovarii villos nonnullos luteos germinantes vidimus, qui graminis ad instar, ut ait
« Malpighius, vesiculis in arcum ducebantur. Luteas hujusmodi propagines e sanguineis
« vasculis spermaticis elongari ex eo suspicabar, quòd injiciens per arteriam sperma-
« ticam tenuissimam gummi solutionem in alkool, corporis lutei mamillas pervadisse
« viderim.

« Tres porcellas Indicas a matre subduxi, atque a masculis separatas per quindecim
« menses asservavi ; fine enecatis in duorum turgidulis ovariis corpuscula lutea inveni,
« succi pl nà, atque perfectæ plenitudinis. In pecudibus quæ quidem a masculo com-

---

1. Ces *Additions* font partie du IVe volume des *Suppléments* de l'édition in-4° de l'Imprimerie royale, Aodin, publié en 1777.

« pressæ fuerant, numquam verò conceperant, lutea corpora sæpissime observavi

« Egregius anatomicus Santorinus hæc scripsit de corporibus luteis. *Observationum*
« *anatomicarum Cap.* XI.

« § XIV. In connubiis maturis ubi eorum corpora procreationi apta sunt..... corpus
« luteum perpetuò reperitur.

« § XV. Graafius...... corpora lutea cognovit post coïtum duntaxat, antea numquam
« sibi visa dicit..... Nos ea tamen in intemeratis virginibus plurimis sæpe commonstrata
« luculenter vidimus, atque adeo neque ex viri initu tum primùm excitari, neque ad
« maturitatem perduci, sed iisdem conclusum ovulum solummodo fecundari dicen-
« dum est.

« .... Levia virginum ovaria quibus etiam maturum corpus inerat, nullo pertusa
« osculo alba valida circumsepta membrana vidimus. Vidimus aliquando et nostris
« copiam fecimus in maturâ intemeratàque modici habitùs virgine, dirissimi ventris
« cruciatu brevi peremptâ, non sic se alterum ex ovariis habere ; quod quum molle ac
« totum ferè succulentum, in altero tamen extremo luteum corpus, minoris cerasi ferè
« magnitudine, paululum prominens exhibebat, quod non mole duntaxat, sed et habitu
« et colore se conspiciendum dabat. »

Il est donc démontré, non-seulement par mes propres observations, mais encore par celles des meilleurs anatomistes qui ont travaillé sur ce sujet, qu'il croît sur les ovaires, ou pour mieux dire sur les testicules de toutes les femelles, des corps glanduleux dans l'âge de leur puberté, et peu de temps avant qu'elles n'entrent en chaleur ; que dans la femme, où toutes les saisons sont à peu près égales à cet égard, ces corps glanduleux commencent à paraître lorsque le sein commence à s'élever, et que ces corps glanduleux, dont on peut comparer l'accroissement à celui des fruits par la végétation, augmentent en effet en grosseur et en couleur jusqu'à leur parfaite maturité : chaque corps glandu-leux est ordinairement isolé ; il se présente d'abord comme un petit tubercule formant une légère protubérance sous la peau lisse et unie du testicule ; peu à peu il soulève cette peau fine, et enfin il la perce lorsqu'il parvient à sa maturité ; il est d'abord d'un blanc jaunâtre, qui bientôt se change en jaune foncé, ensuite en rouge-rose, et enfin en rouge couleur de sang ; ce corps glanduleux contient, comme les fruits, sa semence au dedans ; mais, au lieu d'une graine solide, ce n'est qu'une liqueur qui est la vraie semence de la femelle. Dès que le corps glanduleux est mûr, il s'entr'ouvre par son extrémité supérieure, et la liqueur séminale contenue dans sa cavité intérieure s'écoule par cette ouverture, tombe goutte à goutte dans les cornes de la matrice et se répand dans toute la capacité de ce viscère, où elle doit rencontrer la liqueur du mâle et former l'embryon par leur mélange intime ou plutôt par leur pénétration.

La mécanique par laquelle se filtre la liqueur séminale du mâle dans les testicules, pour arriver et se conserver ensuite dans les vésicules séminales, a été si bien saisie et décrite dans un si grand détail par les anatomistes, que je ne dois pas m'en occuper ici ; mais ces corps glanduleux, ces espèces de fruits que porte la femelle, et auxquels nous devons en partie notre propre génération, n'avaient été que très-légèrement observés, et personne, avant moi, n'en avait soupçonné l'usage[1] ni connu les véritables fonctions, qui sont de filtrer la liqueur séminale et de la contenir dans leur cavité intérieure, comme les vésicules séminales contiennent celle du mâle.

---

1. Près de trente années, écoulées entre le moment où Buffon publiait ses premiers volumes et le moment où il écrit cette *Addition*, ne l'ont détrompé sur rien : ni sur la *liqueur séminale*, qu'il attribue toujours aux *femelles*; ni sur le *corps glanduleux*, qu'il prend toujours pour le *corps* qui produit la *liqueur séminale*, tandis que c'est le *corps* qui a produit l'*œuf*; ni sur l'*ovaire*, qu'il appelle toujours *testicule*, etc., etc. (Voyez mes notes précédentes sur ces divers points.)

Les ovaires ou testicules des femelles sont donc dans un travail continuel depuis la puberté jusqu'à l'âge de stérilité. Dans les espèces où la femelle n'entre en chaleur qu'une seule fois par an, il ne croît ordinairement qu'un ou deux corps glanduleux sur chaque testicule, et quelquefois sur un seul; ils se trouvent en pleine maturité dans le temps de la chaleur dont ils paraissent être la cause occasionnelle; c'est aussi pendant ce temps qu'ils laissent échapper la liqueur contenue dans leur cavité, et dès que ce réservoir est épuisé, et que le testicule ne lui fournit plus de liqueur, la chaleur cesse et la femelle ne se soucie plus de recevoir le mâle; les corps glanduleux qui ont fait alors toutes leurs fonctions commencent à se flétrir, ils s'affaissent, se dessèchent peu à peu, et finissent par s'oblitérer en ne laissant qu'une petite cicatrice sur la peau du testicule. L'année suivante, avant le temps de la chaleur, on voit germer de nouveaux corps glanduleux sur les testicules, mais jamais dans le même endroit où étaient les précédents; ainsi les testicules de ces femelles, qui n'entrent en chaleur qu'une fois par an, n'ont de travail que pendant deux ou trois mois, au lieu que ceux de la femme, qui peut concevoir en toute saison, et dont la chaleur, sans être bien marquée, ne laisse pas d'être durable et même continuelle, sont aussi dans un travail continuel; les corps glanduleux y germent en tout temps; il y en a toujours quelques-uns d'entièrement mûrs, d'autres approchant de la maturité, et d'autres, en plus grand nombre, qui sont oblitérés, et qui ne laissent que leur cicatrice à la surface du testicule.

On voit, par l'observation de M. Ambroise Bertrandi, citée ci-dessus, que quand ces corps glanduleux prennent une végétation trop forte, ils causent dans toutes les parties sexuelles une ardeur si violente qu'on l'a appelée *fureur utérine;* si quelque chose peut la calmer c'est l'évacuation de la surabondance de cette liqueur séminale filtrée en trop grande quantité par ces corps glanduleux trop puissants; la continence produit, dans ce cas, les plus funestes effets; car si cette évacuation n'est pas favorisée par l'usage du mâle, et par la conception qui doit en résulter, tout le système sexuel tombe en irritation et arrive à un tel érétisme que quelquefois la mort s'ensuit et souvent la démence.

C'est à ce travail continuel des testicules de la femme, travail causé par la germination et l'oblitération presque continuelle de ces corps glanduleux, qu'on doit attribuer la cause d'un grand nombre des maladies du sexe. Les observations recueillies par les médecins anatomistes, sous le nom de maladies des ovaires, sont peut-être en plus grand nombre que celles des maladies de toute autre partie du corps, et cela ne doit pas nous surprendre, puisque l'on sait que ces parties ont de plus que les autres, et indépendamment de leur nutrition, un travail particulier presque continuel, qui ne peut s'opérer qu'à leurs dépens, leur faire des blessures et finir par les charger de cicatrices.

Les vésicules qui composent presque toute la substance des testicules des femelles, et qu'on croyait jusqu'à nos jours être les œufs des vivipares, ne sont rien autre chose que les réservoirs d'une lymphe épurée, qui fait la première base de la liqueur séminale : cette lymphe, qui remplit les vésicules, ne contient encore aucune molécule animée, aucun atome vivant ou se mouvant; mais dès qu'elle a passé par le filtre du corps glanduleux et qu'elle est déposée dans sa cavité, elle change de nature; car dès lors elle paraît composée, comme la liqueur séminale du mâle, d'un nombre infini de particules organiques vivantes et toutes semblables à celles que l'on observe dans la liqueur évacuée par le mâle, ou tirée de ses vésicules séminales. C'était donc par une illusion bien grossière [1] que les anatomistes modernes, prévenus du système des œufs, prenaient ces vésicules, qui composent la substance et forment l'organisation des testicules, pour les œufs des femelles vivipares; et c'était non-seulement par une fausse

---

1. *L'illusion n'était pas du côté des anatomistes.*

analogie [1] qu'on avait transporté le mode de la génération des ovipares aux vivipares, mais encore par une grande erreur qu'on attribuait à l'œuf presque toute la puissance et l'effet de la génération. Dans tous les genres, l'œuf, selon ces physiciens anatomistes, contenait le dépôt sacré des germes préexistants, qui n'avaient besoin pour se développer que d'être excités par l'esprit séminal (*aura seminalis*) du mâle; les œufs de la première femelle contenaient non-seulement les germes des enfants qu'elle devait ou pouvait produire, mais ils renfermaient encore tous les germes de sa postérité, quelque nombreuse et quelque éloignée qu'elle pût être [2]. Rien de plus faux que toutes ces idées; mes expériences ont clairement démontré qu'il n'existe point d'œuf dans les femelles vivipares, qu'elles ont comme le mâle leur liqueur séminale, que cette liqueur réside dans la cavité des corps glanduleux, qu'elle contient, comme celle des mâles, une infinité de molécules organiques vivantes. Ces mêmes expériences démontrent de plus que les femelles ovipares ont, comme les vivipares, leur liqueur séminale toute semblable à celle du mâle; que cette semence de la femelle est contenue dans une très-petite partie de l'œuf, qu'on appelle la cicatricule [3]; que l'on doit comparer cette cicatricule de l'œuf des femelles ovipares au corps glanduleux des testicules des vivipares, puisque c'est dans cette cicatricule que se filtre et se conserve la semence de la femelle ovipare, comme la semence de la femelle vivipare se filtre et se conserve de même dans le corps glanduleux; que c'est à cette même cicatricule que la liqueur du mâle arrive pour pénétrer celle de la femelle et y former l'embryon; que toutes les autres parties de l'œuf ne servent qu'à sa nutrition et à son développement; qu'enfin l'œuf lui-même n'est qu'une vraie matrice [4], une espèce de viscère portatif, qui remplace dans les femelles ovipares la matrice qui leur manque : la seule différence qu'il y ait entre ces deux viscères, c'est que l'œuf doit se séparer du corps de l'animal, au lieu que la matrice y est fixement adhérente; que chaque femelle vivipare n'a qu'une matrice qui fait partie constituante de son corps, et qui doit servir à porter tous les individus qu'elle produira, au lieu que dans la femelle ovipare il se forme autant d'œufs, c'est-à-dire autant de matrices qu'elle doit produire d'embryons, en la supposant fécondée par le mâle. Cette production d'œufs ou de matrices se fait successivement et en fort grand nombre, elle se fait indépendamment de la communication du mâle; et lorsque l'œuf ou matrice n'est pas imprégné dans sa primeur, et que la semence de la femelle contenue dans la cicatricule de cet œuf naissant n'est pas fécondée, c'est-à-dire pénétrée de la semence du mâle, alors cette matrice, quoique parfaitement formée à tous autres égards, perd sa fonction principale, qui est de nourrir l'embryon qui ne commence à s'y développer que par la chaleur de l'incubation.

Lorsque la femelle pond, elle n'accouche donc pas d'un fœtus, mais d'une matrice entièrement formée; et lorsque cette matrice a été précédemment fécondée par le mâle, elle contient dans sa cicatricule le petit embryon dans un état de repos ou de *non-vie*,

---

1. Ce n'était pas une *fausse analogie*. Une très-belle suite de travaux a prouvé, depuis Buffon, que le même *mode de génération* règne partout : *vivipares* ou *ovipares*, tous les animaux viennent également d'un *œuf*.

2. Leibniz disait que tous les *germes* étaient contenus les uns dans les autres, *en réalité*. À mon avis, c'est *en puissance* qu'il fallait dire. C'est la *puissance* de se reproduire à l'infini qui a été donnée au premier être dans chaque espèce, et qui de celui-là s'est transmise à tous les autres.

3. Nouvelle supposition, et toujours *imaginée* pour le *système*. Il fallait bien que la *liqueur séminale* de la femelle des ovipares fût contenue dans une *partie de l'œuf*, puisque, dans la plupart des *ovipares* (dans la plupart des poissons, par exemple), le *mâle* n'a aucun rapport avec la *femelle*.

4. Voyez la note 2 de la page 582.

duquel il ne peut sortir qu'à l'aide d'une chaleur additionnelle, soit par l'incubation, soit par d'autres moyens équivalents ; et si la cicatricule qui contient la semence de la femelle n'a pas été arrosée de celle du mâle, l'œuf demeure infécond, mais il n'en arrive pas moins à son état de perfection : comme il a en propre et indépendamment de l'embryon une vie végétative, il croît, se développe et grossit jusqu'à sa pleine maturité ; c'est alors qu'il se sépare de la grappe à laquelle il tenait par son pédicule, pour se revêtir ensuite de sa coque.

Dans les vivipares, la matrice a aussi une vie végétative, mais cette vie est intermittente, et n'est même excitée que par la présence de l'embryon. A mesure que le fœtus croît, la matrice croît aussi, et ce n'est pas une simple extension en surface, ce qui ne supposerait pas une vie végétative, mais c'est un accroissement réel, une augmentation de substance et d'étendue dans toutes les dimensions : en sorte que la matrice devient, pendant la grossesse, plus épaisse, plus large et plus longue. Et cette espèce de vie végétative de la matrice, qui n'a commencé qu'au même moment que celle du fœtus, finit et cesse avec son exclusion, car après l'accouchement la matrice éprouve un mouvement rétrograde dans toutes ses dimensions ; au lieu d'un accroissement, c'est un affaissement : elle devient plus mince, plus étroite, plus courte, et reprend en assez peu de temps ses dimensions ordinaires, jusqu'à ce que la présence d'un nouvel embryon lui rende une nouvelle vie.

La vie de l'œuf, étant au contraire tout à fait indépendante de celle de l'embryon, n'est point intermittente, mais continue depuis le premier instant qu'il commence de végéter sur la grappe à laquelle il est attaché, jusqu'au moment de son exclusion par la ponte ; et lorsque l'embryon, excité par la chaleur de l'incubation, commence à se développer, l'œuf, qui n'a plus de vie végétative, n'est dès lors qu'un être passif, qui doit fournir à l'embryon la nourriture dont il a besoin pour son accroissement et son développement entier ; l'embryon convertit en sa propre substance la majeure partie des différentes liqueurs contenues dans l'œuf qui est sa vraie matrice, et qui ne diffère des autres matrices que parce qu'il est séparé du corps de la mère ; et lorsque l'embryon a pris dans cette matrice assez d'accroissement et de force pour briser sa coque, il emporte avec lui le reste des substances qui y étaient renfermées.

Cette mécanique de la génération des ovipares, quoiqu'en apparence plus compliquée que celle de la génération des vivipares, est néanmoins la plus facile pour la nature, puisqu'elle est la plus ordinaire et la plus commune ; car si l'on compare le nombre des espèces vivipares à celui des espèces ovipares, on trouvera que les animaux quadrupèdes et cétacés, qui seuls sont vivipares, ne font pas la centième partie du nombre des oiseaux, des poissons et des insectes, qui tous sont ovipares ; et comme cette génération par les œufs a toujours été celle qui s'est présentée le plus généralement et le plus fréquemment, il n'est pas étonnant qu'on ait voulu ramener à cette génération par les œufs celle des vivipares, tant qu'on n'a pas connu la vraie nature de l'œuf, et qu'on ignorait encore si la femelle avait, comme le mâle, une liqueur séminale : l'on prenait donc les testicules des femelles pour des ovaires, les vésicules lymphatiques de ces testicules pour des œufs, et on s'éloignait de la vérité, d'autant plus qu'on rapprochait de plus près les prétendues analogies, fondées sur le faux principe *omnia ex ovo* [1], que toute génération venait d'un œuf.

1. Voyez la note 1 de la page 582.

ADDITION

Mes recherches et mes expériences sur les molécules organiques démontrent qu'il n'y a point de germes préexistants, et en même temps elles prouvent que la génération des animaux et des végétaux n'est pas univoque; qu'il y a peut-être autant d'êtres, soit vivants, soit végétants, qui se reproduisent par l'assemblage fortuit des molécules organiques qu'il y a d'animaux ou de végétaux qui peuvent se reproduire par une succession constante de générations; elles prouvent que la corruption, la décomposition des animaux et des végétaux, produit une infinité de corps organisés vivants et végétants; que quelques-uns, comme ceux de la laite du calmar, ne sont que des espèces de machines, mais des machines qui, quoique très-simples, sont actives par elles-mêmes; que d'autres, comme les animaux spermatiques, sont des corps qui, par leur mouvement, semblent imiter les animaux; que d'autres ressemblent aux végétaux par leur manière de croître et de s'étendre dans toutes leurs dimensions; qu'il y en a d'autres, comme ceux du blé ergoté, qu'on peut faire vivre et mourir aussi souvent que l'on veut; que l'ergot, ou le blé ergoté, qui est produit par une espèce d'altération ou de décomposition de la substance organique du grain, est composé d'une infinité de filets ou de petits corps organisés, semblables pour la figure à des anguilles; que pour les observer au microscope il n'y a qu'à faire infuser le grain ergoté pendant dix à douze heures dans l'eau, et séparer les filets qui en composent la substance, qu'on verra qu'ils ont un mouvement de flexion et de tortillement très-marqué, et qu'ils ont en même temps un léger mouvement de progression qui imite en perfection celui d'une anguille qui se tortille; que quand l'eau vient à leur manquer ils cessent de se mouvoir; mais qu'en ajoutant de la nouvelle eau leur mouvement se renouvelle, et que si on garde cette matière pendant plusieurs jours, pendant plusieurs mois, et même pendant plusieurs années, dans quelque temps qu'on la prenne pour l'observer on y verra les mêmes petites anguilles dès qu'on la mêlera avec de l'eau, les mêmes filets en mouvement qu'on y aura vus la première fois; en sorte qu'on peut faire agir ces petits corps aussi souvent et aussi longtemps qu'on le veut, sans les détruire et sans qu'ils perdent rien de leur force ou de leur activité. Ces petits corps seront, si l'on veut, des espèces de machines qui se mettent en mouvement dès qu'elles sont plongées dans un fluide. Ce sont des espèces de filets ou filaments qui s'ouvrent quelquefois comme les filaments de la semence des animaux, et produisent des globules mouvants; on pourrait donc croire qu'ils sont de la même nature, et qu'ils sont seulement plus fixes et plus solides que ces filaments de la liqueur séminale.

Voilà ce que j'ai dit, au sujet de la décomposition du blé ergoté, pages 600 et suivantes. Cela me paraît assez précis et même tout à fait assez détaillé; cependant je viens de recevoir une lettre de M. l'abbé Luc Magnanima, datée de Livourne, le 30 mai 1775, par laquelle il m'annonce, comme une grande et nouvelle découverte de M. l'abbé Fontana, ce que l'on vient de lire et que j'ai publié il y a plus de trente ans [1].

1 Réclamation très-juste. Les observations de Buffon et de Needham avaient précédé celles de Fontana. « La découverte de Needham sur les anguilles du *blé niellé*, dit Spallanzani, était « trop étonnante pour que d'autres observateurs ne cherchassent pas à la vérifier.... Baker a vu « la résurrection d'anguilles sorties de grains qui étaient secs depuis quatre ans...; il avait

Voici les termes de cette lettre : « Il sig. Abate Fontana, Fisico di S. A. R. a fatto
« stampare, poche settimane sono, una lettera nella quale egli publica due scoperte che
« debbon sosprendere chiunque. La prima versa intorno a quella malattia del grano
« che i Francese chiamano *ergot*, e noi grano cornuto.... Ha trovato, colla prima sco-
« perta, il sig. Fontana, che si ascondono in quella malattia del grano alcune anguil-
« lette, o serpentelli, i quali morti che sieno, posson tornare a vivere mille e mille volte,
« e non con altro mezzo che con una semplice goccia d'acqua ; si dira che non eran
« fosse morti quando si e preteso che tornino in vita. Questo si e pensato dall' observa-
« tore stesso, e per accertarsi che eran morti di fatto, colla punta di un ago ei gli ha
« tentati, e gli ha veduti andarsene in cenere. »

Il faut que MM. les abbés Magnanima et Fontana n'aient pas lu ce que j'ai écrit à
ce sujet, ou qu'ils ne se soient pas souvenus de ce petit fait, puisqu'ils donnent cette
découverte comme nouvelle ; j'ai donc tout droit de la revendiquer, et je vais y ajouter
quelques réflexions.

C'est travailler pour l'avancement des sciences que d'épargner du temps à ceux qui
les cultivent : je crois donc devoir dire à ces observateurs qu'il ne suffit pas d'avoir un
bon microscope pour faire des observations qui méritent le nom de découvertes. Maintenant qu'il est bien reconnu que toute substance organisée contient une infinité de
molécules organiques vivantes, et présente encore après sa décomposition les mêmes
particules vivantes ; maintenant que l'on sait que ces molécules organiques ne sont pas
de vrais animaux, et qu'il y a dans ce genre d'êtres microscopiques autant de variétés
et de nuances que la nature en a mis dans toutes ses autres productions, les découvertes
qu'on peut faire au microscope se réduisent à bien peu de chose, car on voit de l'œil de
l'esprit [1] et sans microscope l'existence réelle de tous ces petits êtres dont il est inutile de
s'occuper séparément ; tous ont une origine commune et aussi ancienne que la nature ;
ils en constituent la vie et passent de moules en moules pour la perpétuer [2]. Ces molécules organiques toujours actives, toujours subsistantes, appartiennent également à tous
les êtres organisés, aux végétaux comme aux animaux ; elles pénètrent la matière brute,
la travaillent, la remuent dans toutes ses dimensions, et la font servir de base au tissu
de l'organisation, de laquelle ces molécules vivantes sont les seuls principes et les seuls
instruments ; elles ne sont soumises qu'à une seule puissance qui, quoique passive,
dirige leur mouvement et fixe leur position. Cette puissance est le moule intérieur du
corps organisé ; les molécules vivantes que l'animal ou le végétal tire des aliments ou
de la sève s'assimilent à toutes les parties du moule intérieur de leur corps, elles le
pénètrent dans toutes ses dimensions, elles y portent la végétation et la vie, elles rendent ce moule vivant et croissant dans toutes ses parties : la forme intérieure du moule
détermine seulement leur mouvement et leur position pour la nutrition et le développement dans tous les êtres organisés.

Et lorsque ces molécules organiques vivantes ne sont plus contraintes par la puis-

« en 1771 une portion du *blé niellé* que Needham lui avait donné en 1743 : il lui prit envie de
« faire des expériences sur ce *blé* : la résurrection des anguilles réussit parfaitement au bout
« de 27 ans. » *Opuscules* de Spallanzani, traduits par Senebier, t. II, p. 260. Le *rotifère des
toits*, sur lequel ce même Spallanzani a fait ses fameuses expériences de *résurrection*, se couvre
de poussière dans les gouttières, et se dessèche au point qu'il paraît mort : si on l'humecte d'un
peu d'eau, il reprend aussitôt le mouvement qu'il avait perdu.

1. L'*œil de l'esprit* : belle expression. L'*œil de l'esprit* voit, en effet, bien plus loin que le
microscope. Le microscope a pourtant son mérite, et Buffon n'en parle pas ainsi dans le chapitre où il expose sa découverte, sa prétendue découverte, de la *liqueur séminale* des femelles.

2. Cette phrase résume tout le système : « Les molécules organiques constituent la vie, et
« passent de moules en moules pour la perpétuer. »

sance du moule intérieur, lorsque la mort fait cesser le jeu de l'organisation, c'est-à-dire la puissance de ce moule, la décomposition du corps suit, et les molécules organiques, qui toutes survivent, se retrouvant en liberté dans la dissolution et la putréfaction des corps. passent dans d'autres corps aussitôt qu'elles sont pompées par la puissance de quelque autre moule; en sorte qu'elles peuvent passer de l'animal au végétal, et du végétal à l'animal sans altération, et avec la propriété permanente et constante de leur porter la nutrition et la vie : seulement il arrive une infinité de générations spontanées [1] dans cet intermède, où la puissance du moule est sans action, c'est-à-dire dans cet intervalle de temps pendant lequel les molécules organiques se trouvent en liberté dans la matière des corps morts et décomposés, dès qu'elles ne sont point absorbées par le moule intérieur des êtres organisés qui composent les espèces ordinaires de la nature vivante ou végétante; ces molécules, toujours actives, travaillent à remuer la matière putréfiée, elles s'en approprient quelques particules brutes, et forment par leur réunion une multitude de petits corps organisés, dont les uns, comme les vers de terre, les champignons, etc., paraissent être des animaux ou des végétaux assez grands; mais dont les autres, en nombre presque infini, ne se voient qu'au microscope; tous ces corps n'existent que par une génération spontanée, et ils remplissent l'intervalle que la nature a mis entre la simple molécule organique vivante et l'animal ou le végétal; aussi trouve-t-on tous les degrés, toutes les nuances imaginables dans cette suite, dans cette chaîne d'êtres qui descend de l'animal le mieux organisé à la molécule simplement organique: prise seule, cette molécule est fort éloignée de la nature de l'animal; prises plusieurs ensemble, ces molécules vivantes en seraient encore tout aussi loin si elles ne s'appropriaient pas des particules brutes, et si elles ne les disposaient pas dans une certaine forme approchante de celle du moule intérieur des animaux ou des végétaux; et comme cette disposition de forme doit varier à l'infini, tant pour le nombre que par la différente action des molécules vivantes contre la matière brute, il doit en résulter et il en résulte en effet des êtres de tous degrés d'animalité. Et cette génération spontanée, à laquelle tous ces êtres doivent également leur existence, s'exerce et se manifeste toutes les fois que les êtres organisés se décomposent; elle s'exerce constamment et universellement après la mort, et quelquefois aussi pendant leur vie, lorsqu'il y a quelque défaut dans l'organisation du corps qui empêche le moule intérieur d'absorber et de s'assimiler toutes les molécules organiques contenues dans les aliments; ces molécules surabondantes, qui ne peuvent pénétrer le moule intérieur de l'animal pour sa nutrition, cherchent à se réunir avec quelques particules de la matière brute des aliments, et forment, comme dans la putréfaction, des corps organisés; c'est là l'origine des ténias, des ascarides, des douves, et de tous les autres vers qui naissent dans le foie, dans l'estomac, les intestins, et jusque dans les sinus des veines de plusieurs animaux; c'est aussi l'origine de tous les vers qui leur percent la peau; c'est la même cause qui produit les maladies pédiculaires; et je ne finirais pas si je voulais rappeler ici tous les genres d'êtres qui ne doivent leur existence qu'à la génération spontanée; je me conten-

---

1. *Une infinité de générations spontanées.* La *génération spontanée*, telle que l'entend Buffon, n'est plus la *génération spontanée* des anciens.

La *génération spontanée*, proprement dite, tire directement la vie de l'assemblage fortuit des *molécules brutes* : avec les *molécules organiques*, la vie est déjà *formée*. Les *molécules organiques* sont de *petites vies*. (Voyez la note 1 de la page 611.)

Au reste, la *génération spontanée* a toujours perdu du terrain, à mesure que les hommes se sont instruits. Les premiers philosophes l'appliquaient, sans difficulté, à tous les animaux, sans en excepter les plus grands quadrupèdes. Plutarque convient que, de son temps, on ne voyait se reproduire par la *génération spontanée* que des *rats*. Aristote la bornait aux *insectes* et aux *poissons*. Buffon la réduit au *ténia*, au *ver de terre*, aux simples *animalcules*.

terai d'observer que le plus grand nombre de ces êtres n'ont pas la puissance de produire leur semblable : quoiqu'ils aient un moule intérieur, puisqu'ils ont à l'extérieur et à l'intérieur une forme déterminée qui prend de l'extension dans toutes ses dimensions, et que ce moule exerce sa puissance pour leur nutrition, il manque néanmoins à leur organisation la puissance de renvoyer les molécules organiques dans un réservoir commun, pour y former de nouveaux êtres semblables à eux. Le moule intérieur suffit donc ici à la nutrition de ces corps organisés : son action est limitée à cette opération, mais sa puissance ne s'étend pas jusqu'à la reproduction [1]. Presque tous ces êtres engendrés dans la corruption y périssent en entier : comme ils sont nés sans parents ils meurent sans postérité. Cependant quelques-uns, tels que les anguilles du mucilage de la farine, semblent contenir des germes de postérité ; nous avons vu sortir, même en assez grand nombre, de petites anguilles de cette espèce d'une anguille plus grosse ; néanmoins cette mère anguille n'avait point eu de mère, et ne devait son existence qu'à une génération spontanée. Il paraît donc, par cet exemple et par plusieurs autres, tels que la production de la vermine dans les maladies pédiculaires, que dans de certains cas cette génération spontanée a la même puissance que la génération ordinaire, puisqu'elle produit des êtres qui ont la faculté de se reproduire. A la vérité, nous ne sommes pas assurés que ces petites anguilles de la farine, produites par la mère anguille, aient elles-mêmes la faculté de se reproduire par la voie ordinaire de la génération, mais nous devons le présumer, puisque dans plusieurs autres espèces, telles que celles des poux qui tout à coup sont produits en si grand nombre par une génération spontanée dans les maladies pédiculaires, ces mêmes poux, qui n'ont ni père ni mère, ne laissent pas de se perpétuer comme les autres par une génération ordinaire et successive.

Au reste j'ai donné, dans mon *Traité de la génération*, un grand nombre d'exemples qui prouvent [2] la réalité de plusieurs générations spontanées. J'ai dit (page 655) que les molécules organiques vivantes, contenues dans tous les êtres vivants ou végétants, sont toujours actives, et que quand elles ne sont pas absorbées en entier par les animaux, ou par les végétaux pour leur nutrition, elles produisent d'autres êtres organisés. J'ai dit (page 657) que quand cette matière organique et productive se trouve rassemblée en grande quantité dans quelques parties de l'animal, où elle est obligée de séjourner sans pouvoir être repompée, elle y forme des êtres vivants ; que le ténia, les ascarides, tous les vers qu'on trouve dans le foie, dans les veines, etc., ceux qu'on tire des plaies, la plupart de ceux qui se forment dans les chairs corrompues, dans le pus, n'ont pas d'autre origine ; et que les anguilles de la colle de farine, celles du vinaigre, tous les prétendus animaux microscopiques, ne sont que des formes différentes que prend d'elle-même, et suivant les circonstances, cette matière toujours active et qui ne tend qu'à l'organisation.

Il y a des circonstances où cette même matière organique, non-seulement produit des corps organisés, comme ceux que je viens de citer, mais encore des êtres dont la forme participe de celle des premières substances nutritives qui contenaient les molécules organiques. J'ai donné l'exemple d'un peuple des déserts de l'Éthiopie, qui est souvent réduit à vivre de sauterelles : cette mauvaise nourriture fait qu'il s'engendre dans leur chair des insectes ailés qui se multiplient en si grand nombre, qu'en

---

1. *Tantôt il faut des moules, et tantôt les* molécules organiques *peuvent se passer de* moules ; *tantôt il y a des* moules *qui ont la* puissance *de se* nourrir *et de se* reproduire, *et tantôt des* moules *qui ont la* puissance *de* nutrition, *sans avoir celle de* reproduction, *etc., etc.*

Molécules organiques et moules *sont et font tout ce que* Buffon *imagine.*

2. ... *Qui prouvent la réalité des générations spontanées..... Pour qu'un fait* prouve, *il faut qu'il soit* prouvé. *Buffon a* donné (*pour parler comme lui*) *un* grand nombre d'exemples *de* génération spontanée : *il n'en a* prouvé aucun.

très-peu de temps leur corps en fourmille ; en sorte que ces hommes, qui ne se nourrissent que d'insectes, sont à leur tour mangés par ces mêmes insectes. Quoique ce fait m'ait toujours paru dans l'ordre de la nature, il serait incroyable pour bien des gens, si nous n'avions pas d'autres faits analogues et même encore plus positifs.

Un très-habile physicien et médecin de Montpellier, M. Moublet, a bien voulu me communiquer, avec ses réflexions, le mémoire suivant, que j'ai cru devoir copier en entier.

« Une personne âgée de quarante-six ans, dominée depuis longtemps par la passion
« immodérée du vin, mourut d'une hydropisie ascite, au commencement de mai 1750.
« Son corps resta environ un mois et demi enseveli dans la fosse où il fut déposé et cou-
« vert de cinq à six pieds de terre. Après ce temps, on l'en tira pour en faire la trans-
« lation dans un caveau neuf, préparé dans un endroit de l'église éloigné de la fosse.
« Le cadavre n'exhalait aucune mauvaise odeur ; mais quel fut l'étonnement des assis-
« tants, quand l'intérieur du cercueil et le linge dans lequel il était enveloppé parurent
« absolument noirs, et qu'il en sortit par la secousse et le mouvement qu'on y avait
« excité un essaim ou une nuée de petits insectes ailés, d'une couleur noire, qui se
« répandirent au dehors. Cependant on le transporta dans le caveau, qui fut scellé d'une
« large pierre qui s'ajustait parfaitement. Le surlendemain on vit une foule des mêmes
« animalcules qui erraient et voltigeaient autour des rainures et sur les petites fentes de
« la pierre où ils étaient particulièrement attroupés. Pendant les trente à quarante
« jours qui suivirent l'exhumation, leur nombre y fut prodigieux, quoiqu'on en écrasât
« une partie en marchant continuellement dessus. Leur quantité considérable ne dimi-
« nua ensuite qu'avec le temps, et trois mois s'étaient déjà écoulés, qu'il en existait
« encore beaucoup.

« Ces insectes funèbres avaient le corps noirâtre ; ils avaient pour la figure et pour
« la forme une conformité exacte avec les moucherons qui sucent la lie du vin ; ils
« étaient plus petits, et paraissaient entre eux d'une grosseur égale : leurs ailes étaient
« tissues et dessinées dans leur proportion en petits réseaux, comme celles des mouches
« ordinaires ; ils en faisaient peu d'usage, rampaient presque toujours, et malgré leur
« multitude ils n'excitaient aucun bourdonnement.

« Vus au microscope, ils étaient hérissés sous le ventre d'un duvet fin, légèrement
« sillonné et nuancé en iris, de différente couleur, ainsi que quelques vers apodes,
« qu'on trouve dans des plantes vivaces. Ces rayons colorés étaient dus à de petites
« plumes squammeuses, dont leur corselet était inférieurement couvert, et dont on
« aurait pu facilement les dépouiller en se servant de la méthode que Swammerdam
« employait pour en déparer le papillon de jardin.

« Leurs yeux étaient lustrés comme ceux de la musca crysophis de Goedart. Ils
« n'étaient armés ni d'antennes, ni de trompes, ni d'aiguillons ; ils portaient seulement
« des barbillons à la tête, et leurs pieds étaient garnis de petits maillets ou de papilles
« extrêmement légères qui s'étendaient jusqu'à leurs extrémités.

« Je ne les ai considérés que dans l'état que je décris : quelque soin que j'aie apporté
« dans mes recherches, je n'ai pu reconnaître aucun indice qui me fît présumer qu'ils
« aient passé par celui de larve et de nymphe ; peut-être plusieurs raisons de conve-
« nance et de probabilité donnent lieu de conjecturer qu'ils ont été des vers microsco-
« piques d'une espèce particulière, avant de devenir ce qu'ils m'ont paru. En les ana-
« tomisant, je n'ai découvert aucune sorte d'enveloppe dont ils pussent se dégager, ni
« aperçu sur le tombeau aucune dépouille qui ait pu leur appartenir. Pour éclaircir et
« approfondir leur origine, il aurait été nécessaire, et il n'a pas été possible, de faire
« infuser de la chair du cadavre dans l'eau, ou d'observer sur lui-même, dans leur
« principe, les petits corps mouvants qui en sont issus.

« D'après les traits dont je viens de les dépeindre, je crois qu'on peut les rapporter
« au premier ordre de Swammerdam. Ceux que j'ai écrasés n'ont point exhalé de mau-
« vaise odeur sensible; leur couleur n'établit point une différence : la qualité de l'en-
« droit où ils étaient resserrés, les impressions diverses qu'ils ont reçues, et d'autres
« conditions étrangères, peuvent être les causes occasionnelles de la configuration
« variable de leurs pores extérieurs, et des couleurs dont ils étaient revêtus. On sait
« que les vers de terre, après avoir été submergés et avoir resté quelque temps dans
« l'eau, deviennent d'un blanc de lis qui s'efface et se ternit quand on les a retirés, et
« qu'ils reprennent peu à peu leur première couleur. Le nombre de ces insectes ailés a
« été inconcevable : cela me persuade que leur propagation a coûté peu à la nature, et
« que leurs transformations, s'ils en ont essuyé, ont dû être rapides et bien subites.

« Il est à remarquer qu'aucune mouche ni aucune autre espèce d'insectes ne s'en
« sont jamais approchés. Ces animalcules éphémères, retirés de dessus la tombe dont
« ils ne s'éloignaient point, périssaient une heure après, sans doute pour avoir seule-
« ment changé d'élément et de pâture, et je n'ai pu parvenir par aucun moyen à les
« conserver en vie.

« J'ai cru devoir tirer de la nuit du tombeau et de l'oubli des temps qui l'ont anni-
« hilée cette observation particulière et si surprenante. Les objets qui frappent le moins
« les yeux du vulgaire, et que la plupart des hommes foulent aux pieds, sont quelque-
« fois ceux qui méritent le plus d'exercer l'esprit des philosophes.

« Car comment ont été produits ces insectes dans un lieu où l'air extérieur n'avait
« ni communication ni aucune issue ? Pourquoi leur génération s'est-elle opérée si faci-
« lement ? Pourquoi leur propagation a-t-elle été si grande ? Quelle est l'origine de ceux
« qui, attachés sur les bords des fentes de la pierre qui couvrait le caveau, ne tenaient
« à la vie qu'en humant l'air que le cadavre exhalait ? D'où viennent enfin leur analogie
« et leur similitude avec les moucherons qui naissent dans le marc du vin ? Il semble
« que plus on s'efforce de rassembler les lumières et les découvertes d'un plus grand
« nombre d'auteurs pour répandre un certain jour sur toutes ces questions, plus leurs
« jugements partagés et combattus les replongent dans l'obscurité où la nature les tient
« cachées.

« Les anciens ont reconnu qu'il naît constamment et régulièrement une foule d'insec-
« tes ailés de la poussière humide des cavernes souterraines ª. Ces observations et l'exem-
« ple que je rapporte établissent évidemment que telle est la structure de ces animal-
« cules que l'air n'est point nécessaire à leur vie ni à leur génération, et on a lieu de
« présumer qu'elle n'est accélérée, et que la multitude de ceux qui étaient renfermés
« dans le cercueil n'a été si grande que parce que les substances animales qui sont con-
« centrées profondément dans le sein de la terre, soustraites à l'action de l'air, ne souf-
« frent presque point de déperdition, et que les opérations de la nature n'y sont troublées
« par aucun dérangement étranger.

« D'ailleurs, nous connaissons des animaux qui ne sont point nécessités de respirer
« notre air : il y en a qui vivent dans la machine pneumatique. Enfin, Théophraste et
« Ariste ont cru que certaines plantes et quelques animaux s'engendrent d'eux-mêmes,
« sans germe, sans semence, sans la médiation d'aucun agent extérieur ; car on ne peut
« pas dire, selon la supposition de Gassendi et de Lyster, que les insectes du cadavre de
« notre hydropique aient été fournis par les animalcules qui circulent dans l'air, ni par
« les œufs qui peuvent se trouver dans les aliments, ou par des germes préexistants qui
« se sont introduits dans son corps pendant la vie, et qui ont éclos et se sont multipliés
« après sa mort.

a. Plin., *Hist. nat. lib.* xii.

« Sans nous arrêter, pour rendre raison de ce phénomène, à tant de systèmes incom-
« plets de ces philosophes, étayons nos idées des réflexions physiques d'un savant natu-
« raliste qui a porté dans ce siècle le flambeau de la science dans le chaos de la nature.
« Les éléments de notre corps sont composés de particules similaires et organiques qui
« sont tout à la fois nutritives et productives : elles ont une existence hors de nous, une
« vertu intrinsèque inaltérable. En changeant de position, de combinaison et de forme,
« leur tissu ni leur masse ne dépérissent point; leurs propriétés originelles ne peuvent
« s'altérer : ce sont de petits ressorts doués d'une force active en qui résident les prin-
« cipes du mouvement et de la vitalité, qui ont des rapports infinis avec toutes les
« choses créées, qui sont susceptibles d'autant de changements et de résultats divers
« qu'ils peuvent être mis en jeu par des causes différentes. Notre corps n'a d'adhérence
« à la vie qu'autant que ces molécules organiques conservent dans leur intégrité leurs
« qualités virtuelles et leurs facultés génératives, qu'elles se tiennent articulées ensemble
« dans une proportion exacte, et que leurs actions rassemblées concourent également au
« mécanisme général; car chaque partie de nous-mêmes est un tout parfait qui a un
« centre où son organisation se rapporte, et d'où son mouvement progressif et simul-
« tané se développe, se multiplie et se propage dans tous les points de la substance.

« Nous pouvons donc dire que ces molécules organiques, telles que nous les repré-
« sentons, sont les germes communs, les semences universelles de tous les règnes, et
« qu'elles circulent et sont disséminées en tout lieu : nous les trouvons dans les aliments
« que nous prenons, nous les humons à chaque instant avec l'air que nous respirons;
« elles s'ingèrent et s'incorporent en nous; elles réparent par leur établissement local,
« lorsqu'elles sont dans une quantité suffisante, les déperditions de notre corps; et en
« conjuguant leur action et leur vie particulière, elles se convertissent en notre propre
« nature et nous prêtent une nouvelle vie et des forces nouvelles.

« Mais si leur intussusception et leur abondance sont telles que leur quantité excède
« de beaucoup celle qui est nécessaire à l'entretien et à l'accroissement du corps, les
« particules organiques qui ne peuvent être absorbées pour ses besoins refluent aux
« extrémités des vaisseaux, rencontrent des canaux oblitérés, se ramassent dans quel-
« que réservoir intérieur, et, selon le moule qui les reçoit, elles s'assimilent, d'rigées
« par les lois d'une affinité naturelle et réciproque, et mettent au jour des espèces nou-
« velles, des êtres animés et vivants, et qui n'ont peut-être point eu de modèles et qui
« n'existeront jamais plus.

« Et quand en effet sont-elles plus abondantes, plus ramassées que lorsque la nature
« accomplit la destruction spontanée et parfaite d'un corps organisé? Dès l'instant que
« la vie est éteinte, toutes les molécules organiques qui composent la substance vitale
« de notre corps lui deviennent excédantes et superflues; la mort anéantit leur har-
« monie et leur rapport, détruit leur combinaison, rompt les liens qui les enchaînent
« et qui les unissent ensemble; elle en fait l'entière dissection et la vraie analyse. La
« matière vivante se sépare peu à peu de la matière morte; il se fait une division
« réelle des particules organiques et des particules brutes : celles-ci, qui ne sont qu'ac-
« cessoires, et qui ne servent que de base et d'appui aux premières, tombent en lam-
« beaux et se perdent dans la poussière, tandis que les autres se dégagent d'elles-mêmes,
« affranchies de tout ce qui les captivait dans leur arrangement et leur situation par-
« ticulière : livrées à leur mouvement intestin, elles jouissent d'une liberté illimitée et
« d'une anarchie entière, et cependant disciplinée, parce que la puissance et les lois de
« la nature survivent à ses propres ouvrages. Elles s'amoncellent encore, s'anastomo-
« sent et s'articulent, forment de petites masses et de petits embryons qui se dévelop-
« pent, et produisent, selon leur assemblage et les matrices où elles sont recelées, des
« corps mouvants, des êtres animés et vivants. La nature, d'une manière également

« facile , régulière et spontanée , opère par le même mécanisme la décomposition d'un
« corps et la génération d'un autre.

« Si cette substance organique n'était effectivement douée de cette faculté générative
« qui se manifeste d'une façon si authentique dans tout l'univers , comment pourraient
« éclore ces animalcules qu'on découvre dans nos viscères les plus cachés, dans les
« vaisseaux les plus petits? Comment dans des corps insensibles , sur des cendres ina-
« nimées, au centre de la pourriture et de la mort, dans le sein des cadavres qui repo-
« sent dans une nuit et un silence imperturbables , naîtrait en si peu de temps une si
« grande multitude d'insectes si dissemblables à eux-mêmes, qui n'ont rien de commun
« que leur origine, et que Leeuwenhoek et M. de Réaumur [1] ont toujours trouvés d'une
« figure plus étrange et d'une forme plus différente et plus extraordinaire ?

« Il y a des quadrupèdes qui sont remplis de lentes. Le père Kircher (*Scrut. pert.*,
« sect. 1, cap. VII ; *experim.* 3, et *Mund. subterran.*, lib. XII), a aperçu à l'aide d'un
« microscope, dans des feuilles de sauge, une espèce de réseau, tissu comme une toile
« d'araignée, dont toutes les mailles montraient un nombre infini de petits animalcules.
« Swammerdam a vu le cadavre d'un animal qui fourmillait d'un million de vers; leur
« quantité était si prodigieuse, qu'il n'était pas possible d'en découvrir les chairs , qui
« ne pouvaient suffire pour les nourrir ; il semblait à cet auteur qu'elles se transfor-
« maient toutes en vers.

« Mais si ces molécules organiques sont communes à tous les êtres, si leur essence et
« leur action sont indestructibles, ces petits animaux devraient toujours être d'un même
« genre et d'une même forme ; ou si elle dépend de leur combinaison, d'où vient qu'ils
« ne varient pas à l'infini dans le même corps ? Pourquoi enfin ceux de notre cadavre
« ressemblaient-ils aux moucherons qui sortent du marc du vin ?

« S'il est vrai que l'action perpétuelle et unanime des organes vitaux détache et dis-
« sipe à chaque instant les parties les plus subtiles et les plus épurées de notre sub-
« stance ; s'il est nécessaire que nous réparions journellement les déperditions immenses
« qu'elle souffre par les émanations extérieures et par toutes les voies excrétoires ; s'il
« faut enfin que les parties nutritives des aliments, après avoir reçu les coctions et
« toutes les élaborations que l'énergie de nos viscères leur fait subir, se modifient,
« s'assimilent, s'affermissent et inhèrent aux extrémités des tuyaux capillaires, jusqu'à
« ce qu'elles en soient chassées et remplacées à leur tour par d'autres qui sont encore
« amovibles , nous sommes induits à croire que la partie substantielle et vivante de
« notre corps doit acquérir le caractère des aliments que nous prenons , et doit tenir et
« emprunter d'eux les qualités foncières et plastiques qu'elle possède.

« *La qualité, la quantité de la chair*, dit M. de Buffon (Hist. nat. du Cerf) ,
« *varient suivant les différentes nourritures. Cette matière organique que l'animal*
« *assimile à son corps par la nutrition n'est pas absolument indifférente à rece-*
« *voir telle ou telle modification ; elle retient quelques caractères de son premier*
« *état et agit par sa propre forme sur celle du corps organisé qu'elle nourrit....*
« *L'on peut donc présumer que des animaux, auxquels on ne donnerait jamais que*
« *la même espèce de nourriture , prendraient en assez peu de temps une teinture*
« *des qualités de cette nourriture. Ce ne serait plus la nourriture qui s'assimile-*
« *rait en entier à la forme de l'animal , mais l'animal qui s'assimilerait en partie*
« *à la forme de la nourriture.*

« En effet , puisque les molécules nutritives et organiques ourdissent la trame des
« fibres de notre corps, puisqu'elles fournissent la source des esprits, du sang et des
« humeurs, et qu'elles se régénèrent chaque jour, il est plausible de penser qu'il doit

---

1. Le judicieux Réaumur méritait de n'être pas cité par M. Moublet.

« acquérir le même tempérament qui résulte d'elles-mêmes. Ainsi à la rigueur, et dans
« un certain sens, le tempérament d'un individu doit souvent changer, être tantôt énervé,
« tantôt fortifié par la qualité et le mélange varié des aliments dont il se nourrit. Ces
« inductions conséquentes sont relatives à la doctrine d'Hippocrate, qui, pour corriger
« l'excès du tempérament, ordonne l'usage continu d'une nourriture contraire à sa
« constitution.

« Le corps d'un homme qui mange habituellement d'un mixte quelconque contracte
« donc insensiblement les propriétés de ce mixte, et, pénétré des mêmes principes,
« devient susceptible des mêmes dépravations et de tous les changements auxquels il
« est sujet. Rédi, ayant ouvert un meunier peu de temps après sa mort, trouva l'esto-
« mac, le colon, le cœcum et toutes les entrailles remplies d'une quantité prodigieuse
« de vers extrêmement petits, qui avaient la tête ronde et la queue aiguë, parfaitement
« ressemblants à ceux qu'on observe dans les infusions de farine et d'épis de blé; ainsi
« nous pouvons dire d'une personne qui fait un usage immodéré du vin, que les parti-
« cules nutritives qui deviennent la masse organique de son corps sont d'une nature
« vineuse, qui s'assimile peu à peu et se transforme en elles, et que rien n'empêche, en
« se décomposant, qu'elles ne produisent les mêmes phénomènes qui arrivent au marc
« du vin.

« On a lieu de conjecturer qu'après que le cadavre a été inhumé dans le caveau, la
« quantité des insectes qu'il a produits a diminué, parce que ceux qui étaient placés au
« dehors sur les fentes de la pierre savouraient les particules organiques qui s'exha-
« laient en vapeurs et dont ils se repaissaient, puisqu'ils ont péri dès qu'ils en ont été
« sevrés. Si le cadavre eût resté enseveli dans la fosse, où il n'eût souffert aucune éma-
« nation ni aucune perte, celles qui se sont dissipées par les ouvertures, et celles qui
« ont été absorbées pour l'entretien et pour la vie des animalcules fugitifs qui y étaient
« arrêtés, auraient servi à la génération d'un plus grand nombre.

« Car il est évident que lorsqu'une substance organique se démonte, et que les par-
« ties qui la composent se séparent et semblent se découdre, de quelque manière que
« leur dépérissement se fasse, abandonnées à leur action naturelle, elles sont nécessi-
« tées à produire des animalcules particuliers à elles-mêmes. Ces faits sont vérifiés par
« une suite d'observations exactes. Il est certain qu'ordinairement les corps des ani-
« maux herbivores et frugivores, dont l'instinct détermine la pâture et règle l'appétit,
« sont couverts, après la mort, des mêmes insectes qu'on voit voltiger et abonder sur
« les plantes et les fruits pourris dont ils se nourrissent. Ce qui est d'autant plus digne
« de recherche et facile à remarquer, qu'un grand nombre d'entre eux ne vivent que
« d'une seule plante ou des fruits d'un même genre. D'habiles naturalistes se sont ser-
« vis de cette voie d'analogie pour découvrir les vertus des plantes; et Fabius Columna
« a cru devoir attribuer les mêmes propriétés et le même caractère à toutes celles qui
« servent d'asile et de pâture à la même espèce d'insecte, et les a rangées dans la
« même classe.

« Le P. Bonanni, qui défend la génération spontanée, soutient que toute fleur parti-
« culière, toute matière diverse, produit par la putréfaction constamment et nécessaire-
« ment une certaine espèce de vers; en effet, tous les corps organisés qui ne dégéné-
« rent point, qui ne se dénaturent par aucun moyen, et qui vivent toujours d'une
« manière régulière et uniforme, ont une façon d'être qui leur est particulière, et des
« attributs immuables qui les caractérisent. Les molécules nutritives, qu'ils puisent en
« tout temps dans une même source, conservent une similitude, une salubrité, une
« analogie, une forme et des dimensions qui leur sont communes; parfaitement sem-
« blables à celles qui constituent leur substance organique, elles se trouvent toujours
« chez eux sans alliage, sans aucun mélange hétérogène. La même force distributive

« les porte, les assortit, les applique, les adapte et les contient dans toutes les parties
« avec une exactitude égale et une justesse symétrique ; elles subissent peu de change-
« ments et de préparations : leur disposition, leur arrangement, leur énergie, leur con-
« texture et leurs facultés intrinsèques, ne sont altérées que le moins qu'il est possible,
« tant elles approchent du tempérament et de la nature du corps qu'elles maintien-
« nent et qu'elles reproduisent : et lorsque l'âge et les injures du temps, quelque état
« forcé ou un accident imprévu et extraordinaire, viennent à saper et à détruire leur
« assemblage, elles jouissent encore, en se désunissant, de leur simplicité, de leur
« homogénéité, de leur rapport essentiel, de leur action univoque ; elles conservent une
« propension égale, une aptitude naturelle, une affinité puissante qui leur est générale
« et qui les rejoint, les conjugue et les identifie ensemble de la même manière, et sus-
« cite et forme une combinaison déterminée ou un être organisé dont la structure, les
« qualités, la durée et la vie, sont relatives à l'harmonie primitive qui les distingue,
« et au mouvement génératif qui les anime et les revivifie. Tous les individus de la
« même espèce qui reconnaissent la même origine, qui sont gouvernés par les mêmes
« principes, formés selon les mêmes lois, éprouvent les mêmes changements et s'assi-
« milent avec la même régularité.

« Ces productions effectives, surprenantes et invariables, sont de l'essence même des
« êtres. On pourrait, après une analyse exacte, et par une méthode sûre, ranger des
« classes, prévoir et fixer les générations microscopiques futures, tous les êtres animés
« invisibles, dont la naissance et la vie sont spontanées, en démêlant le caractère géné-
« rique et particulier des particules intégrantes qui composent les substances organi-
« sées dont elles émanent, si le mélange et l'abus, que nous faisons des choses créées
« n'avait bouleversé l'ordre primitif du globe que nous habitons, si nous n'avions per-
« verti, aliéné, fait avorter les productions naturelles. Mais l'art et l'industrie des
« hommes, presque toujours funestes aux arrangements médités par la nature, à force
« d'allier des substances hétérogènes, disparates et incompatibles, ont épuisé les pre-
« mières espèces qui en sont issues et ont varié à l'infini, par la succession des temps,
« les combinaisons irrégulières des masses organiques, et la suite des générations qui
« en dépendent.

« C'est ainsi que telle est la chaîne qui lie tous les êtres et les événements naturels,
« qu'en portant le désordre dans les substances existantes, nous détériorons, nous défi-
« gurons, nous changeons encore celles qui en naîtront à l'avenir, car la façon d'être
« actuelle ne comprend pas tous les états possibles. Toutes les fois que la santé du
« corps et que l'intégrité de ses fonctions s'altèrent vivement, parce que la masse du
« sang est atteinte de quelque qualité vicieuse, ou que les humeurs sont perverties par
« un mélange ou un levain corrupteur, on ne doit imputer ces accidents funestes qu'à
« la dégénérescence des molécules organiques ; leur relation, leur équilibre, leur juxta-
« position, leur assemblage et leur action, ne se dérangent qu'autant qu'elles sont
« affectées d'une détérioration particulière, qu'elles prennent une modification diffé-
« rente, qu'elles sont agitées par des mouvements désordonnés, irréguliers et extraor-
« dinaires : car la maladie ébranle leur arrangement, infirme leur tissu, émousse leur
« activité, amortit leurs dispositions salubres et exalte les principes hétérogènes et des-
« tructeurs qui les infICIent.

« On comprend par là combien il est dangereux de manger de la chair des animaux
« morts de maladie : une petite quantité d'une substance viciée et contagieuse parvient
« à pénétrer, à corrompre et à dénaturer toute la masse vitale de notre corps, trouble
« son mécanisme et ses sensations, et change son existence, ses proportions et ses
« rapports.

« Les mutations diverses qu'elle éprouve souvent se manifestent sensiblement pen-

« dant la vie : tant de sortes de vers qui s'engendrent dans nos viscères, et la maladie
« pédiculaire, ne sont-ils pas des preuves démonstratives de ces transformations et de
« ces aliénations fréquentes ? Dans les épidémies, ne regardons-nous pas les vers qui
« sortent avec les matières excrémentielles comme un symptôme essentiel qui désigne
« le degré éminent de dépravation où sont portées les particules intégrantes substan-
« tielles et spiritueuses des humeurs ? Et qu'est-ce que ces particules, si ce n'est les
« molécules organiques, qui différemment modifiées, affinées et foulées par la force
« systaltique des vaisseaux, nagent dans un véhicule qui les entraîne dans le torrent de
« la circulation ?

« Ces dépravations malignes que contractent nos humeurs, ou les particules inté-
« grantes et essentielles qui les constituent, s'attachent et inhèrent tellement en elles,
« qu'elles persévèrent et se perpétuent au delà du trépas. Il semble que la vie ne soit
« qu'un mode du corps ; sa dissolution ne paraît être qu'un changement d'état ou une
« suite et une continuité des mêmes révolutions et des dérangements qu'il a soufferts
« et qui ont commencé de s'opérer pendant la maladie, qui s'achèvent et se consom-
« ment après la mort. Ces modifications spontanées des molécules organiques et ces
« productions vermineuses ne paraissent le plus souvent qu'alors ; rarement, et ce n'est
« que dans les maladies violentes et les plus envenimées où leur dégénérescence est
« accélérée, qu'elles se développent plus tôt en nous. Nos plus vives misères sont donc
« cachées dans les horreurs du tombeau, et nos plus grands maux ne se réalisent, ne
« s'effectuent et ne parviennent à leur comble que lorsque nous ne les sentons plus !

« J'ai vu depuis peu un cadavre qui se couvrit, bientôt après la mort, de petits vers
« blancs, ainsi qu'il est remarqué dans l'observation citée ci-dessus. J'ai eu lieu d'ob-
« server en plusieurs circonstances que la couleur, la figure, la forme de ces animal-
« cules varient suivant l'intensité et le genre des maladies.

« C'est ainsi que les substances organisées se transforment et ont différentes manières
« d'être, et que cette multitude infinie d'insectes concentrés dans l'intérieur de la terre
« et dans les endroits les plus infects et les plus ténébreux sont évoqués, naissent et
« continuent à se repaître des débris et des dépouilles de l'humanité. L'univers vit de
« lui-même, et tous les êtres en périssant ne font que rendre à la nature les parties
« organiques et nutritives qu'elle leur a prêtées pour exister ; tandis que notre âme, du
« centre de la corruption, s'élance au sein de la Divinité, notre corps porte encore
« après la mort l'empreinte et les marques de ses vices et de ses dépravations ; et pour
« finir enfin par concilier la saine philosophie avec la religion, nous pouvons dire que
« jusqu'aux plus sublimes découvertes de la physique, tout nous ramène à notre
« néant. »

Je ne puis qu'approuver ces raisonnements de M. Moublet, pleins de discernement
et de sagacité[1] : il a très-bien saisi les principaux points de mon système sur la reproduction, et je regarde son observation comme une des plus curieuses qui aient été faites
sur la génération spontanée[a]. Plus on observera la nature de près, et plus on recon-

---

[a]. On peut voir plusieurs exemples de la génération spontanée de quelques insectes dans différentes parties du corps humain, en consultant les ouvrages de M. Andry, et de quelques
autres observateurs qui se sont efforcés, sans succès, de les rapporter à des espèces connues, et
qui tâchaient d'expliquer leur génération, en supposant que les œufs de ces insectes avaient été
respirés ou avalés par les personnes dans lesquelles ils se sont trouvés ; mais cette opinion, fondée
sur le préjugé que tout être vivant ne peut venir que d'un œuf, se trouve démentie par les faits

1. *Je ne puis qu'approuver ces raisonnements... ... pleins de discernement et de sagacité.*
C'est Buffon qui dit cela, et le voilà satisfait.

Comment ne voit-il pas que M. *Moublet* vient de faire, sans le vouloir, et par là même
d'une manière bien plus cruelle, la parodie de son système ?

naîtra qu'il se produit en petit beaucoup plus d'êtres de cette façon que de toute autre.
On s'assurera de même que cette manière de génération est non-seulement la plus fréquente et la plus générale, mais encore la plus ancienne, c'est-à-dire la première et la
plus universelle; car supposons, pour un instant, qu'il plût au souverain Être de sup-
primer la vie de tous les individus actuellement existants, que tous fussent frappés
de mort au même instant, les molécules organiques ne laisseraient pas de survivre à
cette mort universelle[1]; le nombre de ces molécules étant toujours le même, et leur
essence indestructible aussi permanente que celle de la matière brute que rien n'aurait
anéanti, la nature posséderait toujours la même quantité de vie, et l'on verrait bientôt
paraître des espèces nouvelles qui remplaceraient les anciennes; car les molécules organiques vivantes se trouvant toutes en liberté, et n'étant ni pompées ni absorbées par
aucun moule subsistant, elles pourraient travailler la matière brute en grand; produire
d'abord une infinité d'êtres organisés, dont les uns n'auraient que la faculté de croître

même que rapportent ces observateurs. Il est impossible que des œufs d'insectes, respirés ou
avalés, arrivent dans le foie, dans les veines, dans les sinus, etc., et d'ailleurs plusieurs de ces
insectes, trouvés dans l'intérieur du corps de l'homme et des animaux, n'ont que peu ou point
de rapport avec les autres insectes, et doivent, sans contredit, leur origine et leur naissance à
une génération spontanée. Nous citerons ici deux exemples récents, le premier de M. le président H……, qui a rendu par les urines un petit crustacé assez semblable à une crevette ou che-
vrette de mer, mais qui n'avait que trois lignes ou trois lignes et demie de longueur. Monsieur
son fils a eu la bonté de me faire voir cet insecte, qui n'était pas le seul de cette espèce que
monsieur son père avait rendu par les urines, et précédemment il avait rendu par le nez, dans
un violent éternument, une espèce de chenille qu'on n'a pas conservée, et que je n'ai pu voir.

Un autre exemple est celui d'une demoiselle du Mans, dont M. Vetillard, médecin de cette
ville, m'a envoyé le détail par sa lettre du 6 juillet 1771, dont voici l'extrait. « Mademoiselle
« Cabaret, demeurante au Mans, paroisse Notre-Dame de la Couture, âgée de trente et quelques
« années, était malade depuis environ trois ans, et au troisième degré, d'une phtisie pulmo-
« naire, pour laquelle je lui avais fait prendre le lait d'ânesse le printemps et l'automne 1759. Je
« l'ai gouvernée en conséquence depuis ce temps.

« Le 8 juin dernier, sur les onze heures du soir, la malade, après de violents efforts occa-
« sionnés (disait-elle) par un chatouillement vif et extraordinaire au creux de l'estomac, rejeta
« une partie de rôtie au vin et au sucre qu'elle avait prise dans l'après-dîner. Quatre personnes
« présentes alors avec plusieurs lumières pour secourir la malade, qui croyait être à sa dernière
« heure, aperçurent quelque chose remuer autour d'une parcelle de pain, sortant de la bouche
« de la malade : c'était un insecte qui, par le moyen d'un grand nombre de pattes, cherchait à
« se détacher du petit morceau de pain qu'il entourait en forme de cercle. Dans l'instant les
« efforts cessèrent, et la malade se trouva soulagée; elle réunit son attention à la curiosité et à
« l'étonnement des quatre spectatrices qui reconnaissaient à cet insecte la figure d'une chenille;
« elles la ramassèrent dans un cornet de papier qu'elles laissèrent dans la chambre de la
« malade. Le lendemain à cinq heures du matin, elles me firent avertir de ce phénomène, que
« j'allai aussitôt examiner. L'on me présenta une chenille, qui d'abord me parut morte, mais
« l'ayant réchauffée avec mon haleine, elle reprit vigueur et se mit à courir sur le papier.

« Après beaucoup de questions et d'objections faites à la malade et aux témoins, je me déter-
« minai à tenter quelques expériences, et à ne point mépriser, dans une affaire de physique,
« le témoignage de cinq personnes, qui toutes m'assuraient un même fait et avec les mêmes
« circonstances.

« L'histoire d'un ver-chenille, rendu par un grand vicaire d'Alais, que je me rappelai avoir
« lue dans l'ouvrage de M. Andry, contribua à me faire regarder la chose comme possible.....
« J'emportai la chenille chez moi dans une boîte de bois, que je garnis d'étoffe et que je
« perçai en différents endroits : je mis dans la boîte des feuilles de différentes plantes légumi-
« neuses, que je choisis bien entières, afin de m'apercevoir auxquelles elle se serait attachée;

1. Et comment?... A moins, toutefois, que cela ne *plût au souverain Être*, et qu'il voulût
bien faire grâce aux *molécules organiques*, en faveur du *système*.

et de se nourrir, et d'autres plus parfaits qui seraient doués de celle de se reproduire ; ceci nous paraît clairement indiqué par le travail que ces molécules font en petit dans la putréfaction et dans les maladies pédiculaires où s'engendrent des êtres qui ont la puissance de se reproduire ; la nature ne pourrait manquer de faire alors en grand ce qu'elle ne fait aujourd'hui qu'en petit, parce la puissance de ces molécules organiques étant proportionnelle à leur nombre et à leur liberté, elles formeraient de nouveaux moules intérieurs[1], auxquels elles donneraient d'autant plus d'extension qu'elles se trouveraient concourir en plus grande quantité à la formation de ces moules, lesquels présenteraient dès lors une nouvelle nature vivante, peut-être assez semblable à celle que nous connaissons.

Ce remplacement de la nature vivante ne serait d'abord que très-incomplet, mais avec le temps tous les grands êtres qui n'auraient pas la puissance de se reproduire disparaî-

« j'y regardai plusieurs fois dans la journée ; voyant qu'aucune ne paraissait de son goût, j'y
« substituai des feuilles d'arbres et d'arbrisseaux que cet insecte n'accueillit pas mieux. Je retirai
« toutes ces feuilles intactes, et je trouvai à chaque fois le petit animal monté au couvercle de la
« boîte, comme pour éviter la verdure que je lui avais présentée.

« Le 9 au soir, sur les six heures, ma chenille était encore à jeun depuis onze heures du soir
« la veille, qu'elle était sortie de l'estomac ; je tentai alors de lui donner mêmes aliments que
« ceux dont nous nous nourrissons ; je commençai par lui présenter le pain en rôtie avec le vin,
« l'eau et le sucre, tel que celui autour duquel on l'avait trouvée attachée, elle fuyait à toutes
« jambes : le pain sec, différentes espèces de laitage, différentes viandes crues, différents fruits,
« elle passait par-dessus sans s'en embarrasser et sans y toucher. Le bœuf et le veau cuits, un
« peu chauds, elle s'y arrêta, mais sans en manger. Voyant mes tentatives inutiles, je pensai
« que si l'insecte était élevé dans l'estomac, les aliments ne passaient dans ce viscère qu'après
« avoir été préparés par la mastication, et conséquemment étant empreints des sucs salivaires,
« qu'ils étaient de goût différent, et qu'il fallait lui offrir des aliments mâchés, comme plus
« analogues à sa nourriture ordinaire ; après plusieurs expériences de ce genre faites et répétées
« sans succès, je mâchai du bœuf et le lui présentai, l'insecte s'y attacha, l'assujettit avec ses
« pattes antérieures, et j'eus, avec beaucoup d'autres témoins, la satisfaction de le voir manger
« pendant deux minutes, après lesquelles il abandonna cet aliment et se remit à courir. Je lui
« en donnai de nouveau maintes et maintes fois sans succès. Je mâchai du veau, l'insecte
« affamé me donna à peine le temps de le lui présenter, il accourut à cet aliment, s'y attacha
« et ne cessa de manger pendant une demi-heure. Il était environ huit heures du soir ; et cette
« expérience se fit en présence de huit à dix personnes dans la maison de la malade, chez
« laquelle je l'avais reporté. Il est bon de faire observer que les viandes blanches faisaient
« partie du régime que j'avais prescrit à cette demoiselle, et qu'elles étaient sa nourriture ordi-
« naire ; aussi le poulet mâché s'est-il également trouvé du goût de ma chenille.

« Je l'ai nourrie de cette manière depuis le 8 juin jusqu'au 27, qu'elle périt par accident,
« quelqu'un l'ayant laissée tomber par terre, à mon grand regret ; j'aurais été fort curieux de
« savoir si cette chenille se serait métamorphosée, et comment ; malgré mes soins et mon atten-
« tion à la nourrir selon son goût, loin de profiter pendant les dix-neuf jours que je l'ai
« conservée, elle a dépéri de deux lignes en longueur et d'une demi-ligne en largeur : je la
« conserve dans l'esprit-de-vin.

« Depuis le 17 juin jusqu'au 22, elle fut paresseuse, languissante, ce n'était qu'en la réchauf-
« fant avec mon haleine que je la faisais remuer ; elle ne faisait que deux ou trois petits repas
« dans la journée, quoique je lui présentasse de la nourriture bien plus souvent ; cette lan-
« gueur me fit espérer de la voir changer de peau, mais inutilement ; vers le 22 sa vigueur et
« son appétit revinrent sans qu'elle eût quitté sa dépouille.

1. Buffon voulait d'abord que ce fût le *moule intérieur* qui donnât la *forme* aux *molécules organiques*. Il veut maintenant que ce soient les *molécules organiques* qui *forment les moules*. Dans son imagination, toujours en travail, les *molécules organiques*, d'abord simples *parties vivantes*, sont devenues des *puissances*, des *forces*, les vraies *formes plastiques* des anciens, la *puissance créatrice* et *formatrice* de la *nature vivante*.

traient ; tous les corps imparfaitement organisés, toutes les espèces défectueuses s'éva-
nouiraient, et il ne resterait, comme il ne reste aujourd'hui, que les moules les plus
puissants, les plus complets, soit dans les animaux, soit dans les végétaux, et ces nouveaux êtres seraient en quelque sorte semblables aux anciens, parce que la matière brute
et la matière vivante étant toujours la même, il en résulterait le même plan général
d'organisation et les mêmes variétés dans les formes particulières ; on doit seulement
présumer, d'après notre hypothèse, que cette nouvelle nature serait rapetissée, parce
que la chaleur du globe est une puissance qui influe sur l'étendue des moules, et cette
chaleur du globe n'étant plus aussi forte aujourd'hui qu'elle l'était au commencement
de notre nature vivante [1], les plus grandes espèces pourraient bien ne pas naître ou ne
pas arriver à leurs dimensions.

Nous en avons presque un exemple dans les animaux de l'Amérique méridionale : ce
continent, qui ne tient au reste de la terre que par la chaîne étroite et montueuse de
l'isthme de Panama, et auquel manquent tous les grands animaux nés dans les premiers temps de la forte chaleur de la terre, ne nous présente qu'une nature moderne,
dont tous les moules sont plus petits que ceux de la nature plus ancienne dans l'autre

« Plus de deux cents personnes de toutes conditions ont assisté à ses repas, qu'elle recom-
« mençait dix à douze fois le jour, pourvu qu'on lui donnât des mets selon son goût, *et récem-
« ment mâchés* ; car sitôt qu'elle avait abandonné un morceau elle n'y revenait plus. Tant qu'elle
« a vécu, j'ai continué tous les jours de mettre dans sa boîte différentes espèces de feuilles sans
« qu'elle en ait accueilli aucune..., et il est de fait incontestable, que cet insecte ne s'est nourri
« que de viande depuis le 9 juin jusqu'au 27.

« Je ne crois pas que jusqu'à présent les naturalistes aient remarqué que les chenilles ordi-
« naires vivent de viande ; j'ai fait chercher et j'ai cherché moi-même des chenilles de toutes
« les espèces, je les ai fait jeûner plusieurs jours, et je n'en ai trouvé aucune qui ait pris goût
« à la viande crue, cuite ou mâchée.....

« Notre chenille a donc quelque chose de singulier et qui méritait d'être observé, ne serait-ce
« que son goût pour la viande, encore fallait-il qu'elle fût *récemment* mâchée ; autre singula-
« rité....., vivant dans l'estomac elle était accoutumée à un grand degré de chaleur, et je ne
« doute pas que le degré de chaleur moindre de l'air où elle se trouva lorsqu'elle fut rejetée,
« ne soit la cause de cet engourdissement où je la trouvai le matin et qui me la fit croire morte,
« je ne la tirai de cet état qu'en l'échauffant avec mon haleine, moyen dont je me suis toujours
« servi quand elle m'a paru avoir moins de vigueur : peut-être aussi le manque de chaleur
« a-t-il été cause qu'elle n'a point changé de peau, et qu'elle a sensiblement dépéri pendant le
« temps que je l'ai conservée.....

« Cette chenille était brunâtre avec des bandes longitudinales plus noires, elle avait seize
« jambes et marchait comme les autres chenilles ; elle avait de petites aigrettes de poil, princi-
« palement sur les anneaux de son corps..... La tête noire, brillante, écailleuse, divisée par
« un sillon en deux parties égales, ce qui pourrait faire prendre ces deux parties pour les deux
« yeux. Cette tête est attachée au premier anneau ; quand la chenille s'allonge, on aperçoit entre
« la tête et le premier anneau, un intervalle membraneux d'un blanc sale, que je croirais être
« le cou, si entre les autres anneaux je n'eusse pas également distingué cet intervalle qui est
« surtout sensible entre le premier et le second, et le devient moins à proportion de l'éloigne-
« ment de la tête.

« Dans le devant de la tête on aperçoit un espace triangulaire blanchâtre, au bas duquel est
« une partie noire et écailleuse, comme celle qui forme les deux angles supérieurs ; on pourrait
« regarder celle-ci comme une espèce de museau..... Fait au Mans, le 6 juillet 1761. »

Cette relation est appuyée d'un certificat signé de la malade, de son médecin et de quatre
autres témoins.

1. *Notre nature vivante* compte des espèces tout aussi grandes que la *nature éteinte*. Les deux
éléphants actuels, celui de l'Inde et celui d'Afrique, sont aussi grands que l'étaient le *mam-
mouth* et le *mastodonte*. (Voyez mes notes sur les *Époques de la nature*.)

continent ; au lieu de l'éléphant, du rhinocéros, de l'hippopotame, de la girafe et du chameau, qui sont les espèces insignes de la nature dans le vieux continent, on ne trouve dans le nouveau, sous la même latitude, que le tapir, le cabiai, le lama, la vigogne, qu'on peut regarder comme leurs représentants dégénérés, défigurés, rapetissés, parce qu'ils sont nés plus tard [1], dans un temps où la chaleur du globe était déjà diminuée. Et aujourd'hui que nous nous trouvons dans le commencement de l'arrière-saison de celle de la chaleur du globe, si par quelque grande catastrophe la nature vivante se trouvait dans la nécessité de remplacer les formes actuellement existantes, elle ne pourrait le faire que d'une manière encore plus imparfaite qu'elle l'a fait en Amérique ; ses productions, n'étant aidées dans leur développement que de la faible chaleur de la température actuelle du globe, seraient encore plus petites que celles du nouveau continent.

Tout philosophe sans préjugés, tout homme de bon esprit qui voudra lire avec attention ce que j'ai écrit au sujet de la nutrition, de la génération, de la reproduction, et qui aura médité sur la puissance des moules intérieurs, adoptera sans peine cette possibilité d'une nouvelle nature, dont je n'ai fait l'exposition que dans l'hypothèse de la destruction générale et subite de tous les êtres subsistants ; leur organisation détruite, leur vie éteinte, leurs corps décomposés, ne seraient pour la nature que des formes anéanties, qui seraient bientôt remplacées par d'autres formes, puisque les masses générales de la matière vivante et de la matière brute sont et seront toujours les mêmes ; puisque cette matière organique vivante survit à toute mort et ne perd jamais son mouvement, son activité ni sa puissance de modeler la matière brute et d'en former des moules intérieurs, c'est-à-dire des formes d'organisation capables de croître, de se développer et de se reproduire. Seulement on pourrait croire, avec assez de fondement, que la quantité de la matière brute, qui a toujours été immensément plus grande que celle de la matière vivante, augmente avec le temps, tandis qu'au contraire la quantité de la matière vivante diminue et diminuera toujours de plus en plus, à mesure que la terre perdra, par le refroidissement, les trésors de sa chaleur [2], qui sont en même temps ceux de sa fécondité et de toute vitalité.

Car d'où peuvent venir primitivement ces molécules organiques vivantes ? nous ne connaissons dans la nature qu'un seul élément actif ; les trois autres sont purement passifs, et ne prennent de mouvement qu'autant que le premier leur en donne. Chaque atome de lumière ou de feu suffit pour agiter et pénétrer un ou plusieurs autres atomes d'air, de terre ou d'eau ; et comme il se joint à la force impulsive de ces atomes de chaleur une force attractive, réciproque et commune à toutes les parties de la matière, il est aisé de concevoir que chaque atome brut et passif devient actif et vivant au moment qu'il est pénétré dans toutes ses dimensions par l'élément vivifiant ; le nombre des molécules vivantes est donc en même raison que celui des émanations de cette chaleur douce, qu'on doit regarder comme l'élément primitif de la vie [3].

Nous n'ajouterons rien à ces réflexions ; elles ont besoin d'une profonde connaissance de la nature et d'un dépouillement entier de tout préjugé pour être adoptées, même pour être senties ; ainsi un plus grand développement ne suffirait pas encore à la plupart de mes lecteurs [4], et serait superflu pour ceux qui peuvent m'entendre.

---

1. Voyez, touchant la grande question de la *date relative des êtres*, nos notes sur les *Époques de la nature*.

2. On sent que Buffon est devenu vieillard.

3. Le *feu* serait donc la *vie* : assertion extrême, et qui aurait bien mérité d'être accompagnée de quelques *preuves*, si, quand il est sous la séduction du *système*, Buffon songeait à *prouver*.

4. Buffon n'a pas le droit de parler ainsi : on n'*adoptait* pas le *système*, mais on l'*entendait*.

ADDITION

A L'ARTICLE DE L'ACCOUCHEMENT, PAGE 633.

I. *Observation sur l'Embryon, qu'on peut joindre à celles que j'ai déjà citées.*

M. Roume de Saint-Laurent, dans l'île de Grenade, a eu occasion d'observer la fausse-couche d'une négresse, qu'on lui avait apportée; il se trouvait, dans une quantité de sang caillé, un sac de la grosseur d'un œuf de poule; l'enveloppe paraissait fort épaisse, et avait adhéré par sa surface extérieure à la matrice; de sorte qu'il se pourrait qu'alors toute l'enveloppe ne fût qu'une espèce de placenta. « Ayant ouvert le sac, dit M. Roume, « je l'ai trouvé rempli d'une matière épaisse comme du blanc d'œuf, d'une couleur « tirant sur le jaune; l'embryon avait un peu moins de six lignes de longueur, il tenait « à l'enveloppe par un cordon ombilical fort large et très-court, n'ayant qu'environ « deux lignes de longueur; la tête, presque informe, se distinguait néanmoins du reste « du corps; on ne distinguait point la bouche, le nez ni les oreilles; mais les yeux « paraissaient par deux très-petits cercles d'un bleu foncé. Le cœur était fort gros, et « paraissait dilater par son volume la capacité de la poitrine. Quoique j'eusse mis cet « embryon dans un plat d'eau pour le laver, cela n'empêcha point que le cœur ne battît « très-fort, et environ trois fois dans l'espace de deux secondes pendant quatre ou cinq « minutes; ensuite les battements diminuèrent de force et de vitesse, et cessèrent envi-« ron quatre minutes après. Le coccix était allongé d'environ une ligne et demie, ce « qui aurait fait prendre, à la première vue, cet embryon pour celui d'un singe à queue. « On ne distinguait point les os; mais on voyait cependant, au travers de la peau du « derrière de la tête, une tache en losange dont les angles étaient émoussés, qui parais-« sait l'endroit où les pariétaux coronaux et occipitaux devaient se joindre dans la suite; « de sorte qu'ils étaient déjà cartilagineux à la base. La peau était une pellicule très-« déliée. Le cœur était bien visible au travers de la peau, et d'un rouge pâle encore mais « bien décidé. On distinguait aussi à la base du cœur de petits allongements, qui « étaient vraisemblablement les commencements des artères et peut-être des veines; il « n'y en avait que deux qui fussent bien distincts. Je n'ai remarqué ni foie, ni aucune « autre glande [a]. »

Cette observation de M. Roume s'accorde avec celles que j'ai rapportées sur la forme extérieure et intérieure du fœtus dans les premiers jours après la conception, et il serait à désirer qu'on en rassemblât sur ce sujet un plus grand nombre que je n'ai pu le faire; car le développement du fœtus, dans les premiers temps après sa formation, n'est pas encore assez connu ni assez nettement présenté par les anatomistes; le plus beau travail qui se soit fait en ce genre est celui de Malpighi et de Valisnieri, sur le développement du poulet dans l'œuf; mais nous n'avons rien d'aussi précis ni d'aussi bien suivi sur le développement de l'embryon dans les animaux vivipares, ni du fœtus dans l'espèce humaine; et cependant les premiers instants, ou si l'on veut les premières heures qui suivent le moment de la conception, sont les plus précieux, les plus dignes de la curiosité des physiciens et des anatomistes : on pourrait aisément faire une suite d'expériences sur des animaux quadrupèdes, qu'on ouvrirait quelques heures et quelques jours après la copulation, et du résultat de ces observations on conclurait pour le développement du fœtus humain, parce que l'analogie serait plus grande et les rapports plus voisins que ceux qu'on peut tirer du développement du poulet dans l'œuf; mais,

a. *Journal de physique*, par M. l'abbé Rozier; juillet 1775, pages 52 et 53.

en attendant, nous ne pouvons mieux faire que de recueillir, rassembler et ensuite comparer toutes les observations que le hasard ou les accidents peuvent présenter sur les conceptions des femmes dans les premiers jours, et c'est par cette raison que j'ai cru devoir publier l'observation précédente.

II. — *Observation sur une naissance tardive.*

J'ai dit, page 649, qu'on avait des exemples de grossesses de dix, onze, douze et même treize mois. J'en vais rapporter une ici que les personnes intéressées m'ont permis de citer, et je ne ferai que copier le Mémoire qu'ils ont eu la bonté de m'envoyer. M. de la Motte, ancien aide-major des gardes françaises, a trouvé, dans les papiers de feu M. de la Motte, son père, la relation suivante, certifiée véritable de lui, d'un médecin, d'un chirurgien, d'un accoucheur, d'une sage-femme, et de madame de la Motte, son épouse.

Cette dame a eu neuf enfants, savoir, trois filles et six garçons, du nombre desquels deux filles et un garçon sont morts en naissant; deux autres garçons sont morts au service du roi, où les cinq garçons restants avaient été placés à l'âge de quinze ans.

Ces cinq garçons, et la fille qui a vécu, étaient tous bien faits, d'une jolie figure ainsi que le père et la mère, et nés comme eux avec beaucoup d'intelligence, excepté le neuvième enfant, garçon, nommé au baptême Augustin-Paul, dernier enfant que la mère ait eu, lequel, sans être absolument contrefait, est petit, a de grosses jambes, une grosse tête, et moins d'esprit que les autres.

Il vint au monde le 10 juillet 1735, avec des dents et des cheveux, après treize mois de grossesse, remplis de plusieurs accidents surprenants dont sa mère fut très-incommodée.

Elle eut une perte considérable en juillet 1734, une jaunisse dans le même temps, qui rentra et disparut par une saignée qu'on se crut obligé de lui faire, et après laquelle la grossesse parut entièrement évanouie.

Au mois de septembre un mouvement de l'enfant se fit sentir pendant cinq jours, et cessant tout d'un coup, la mère commença bientôt à épaissir considérablement et visiblement dans le même mois; et, au lieu du mouvement de l'enfant, il parut une petite boule, comme de la grosseur d'un œuf, qui changeait de côté et se trouvait tantôt bas, tantôt haut par des mouvements très-sensibles.

La mère fut en travail d'enfant vers le 10 d'octobre; on la tint couchée tout ce mois pour lui faire atteindre le cinquième mois de sa grossesse, ne jugeant pas qu'elle pût porter son fruit plus loin, à cause de la grande dilatation qui fut remarquée dans la matrice. La boule en question augmenta peu à peu, avec les mêmes changements, jusqu'au 2 février 1735; mais à la fin de ce mois, ou environ, l'un des porteurs de chaise de la mère (qui habitait alors une ville de province), ayant glissé et laissé tomber la chaise, le fœtus fit de très-grands mouvements pendant trois ou quatre heures par la frayeur qu'eut la mère; ensuite il revint dans la même disposition qu'au passé.

La nuit qui suivit ledit jour 2 février, la mère avait été en travail d'enfant pendant cinq heures, c'était le neuvième mois de la grossesse, et l'accoucheur, ainsi que la sage-femme, avaient assuré que l'accouchement viendrait la nuit suivante. Cependant il a été différé jusqu'en juillet, malgré les dispositions prochaines d'accoucher où se trouva la mère depuis ledit jour 2 février, et cela très-fréquemment.

Depuis ce moment le fœtus a toujours été en mouvement, et si violent pendant les deux derniers mois qu'il semblait quelquefois qu'il allait déchirer sa mère, à laquelle il causait de vives douleurs.

Au mois de juillet elle fut trente-six heures en travail; les douleurs étaient supportables dans les commencements, et le travail se fit lentement, à l'exception des deux dernières heures, sur la fin desquelles l'envie qu'elle avait d'être délivrée de son ennuyeux fardeau, et de la situation gênante dans laquelle on fut obligé de la mettre à cause du cordon qui vint à sortir avant que l'enfant parût, lui fit trouver tant de forces qu'elle enlevait trois personnes : elle accoucha plus par les efforts qu'elle fit que par les secours du travail ordinaire. On la crut longtemps grosse de deux enfants, ou d'un enfant et d'une môle. Cet événement fit tant de bruit dans le pays que M. de la Motte, père de l'enfant, écrivit la présente relation pour la conserver.

III. — *Observation sur une naissance très-précoce.*

J'ai dit, page 652, qu'on a vu des enfants nés à la septième et même à la sixième révolution, c'est-à-dire à cinq ou six mois, qui n'ont pas laissé de vivre ; cela est très-vrai, du moins pour six mois, j'en ai eu récemment un exemple sous mes yeux : par des circonstances particulières j'ai été assuré qu'un accouchement arrivé six mois onze jours après la conception, ayant produit une petite fille très-délicate, qu'on a élevée avec des soins et des précautions extraordinaires, cet enfant n'a pas laissé de vivre et vit encore âgé de onze ans ; mais le développement de son corps et de son esprit a été également retardé par la faiblesse de sa nature : cet enfant est encore d'une très-petite taille, a peu d'esprit et de vivacité ; cependant sa santé, quoique faible, est assez bonne.

FIN DU TOME PREMIER.

TABLE DES MATIÈRES

DU TOME PREMIER.

Notice sur Buffon... 1

HISTOIRE NATURELLE.

Premier Discours. — De la manière d'étudier et de traiter l'histoire naturelle...   1

THÉORIE DE LA TERRE.

Second Discours. — Histoire et théorie de la terre.........................   32

PREUVES DE LA THÉORIE DE LA TERRE.

Article premier. — De la formation des planètes..........................   66
Art. II.   — Du système de M. Whiston...............................   88
Art. III.   — Du système de M. Burnet................................   94
Art. IV.   — Du système de M. Woodward.............................   96
Art. V.   — Exposition de quelques autres systèmes.................   98
Art. VI.   — Géographie...   106
Art. VII.   — Sur la production des couches ou lits de terre..........   129
Art. VIII.   — Sur les coquilles et les autres productions de la mer,
                  qu'on trouve dans l'intérieur de la terre................   140
Art. IX.   — Sur les inégalités de la surface de la terre............   163
Art. X.   — Des fleuves..   177
Art. XI.   — Des mers et des lacs...................................   200
Art. XII.   — Du flux et du reflux...................................   229
Art. XIII.   — Des inégalités du fond de la mer, et des courants........   236
Art. XIV.   — Des vents réglés.......................................   245
Art. XV.   — Des vents irréguliers, des ouragans, des trombes, et de
                  quelques autres phénomènes causés par l'agitation de la
                  mer et de l'air..   256
Art. XVI.   — Des volcans et des tremblements de terre...............   269
Art. XVII.   — Des îles nouvelles, des cavernes, des fentes perpendicu-
                  laires, etc...   288
Art. XVIII.   — De l'effet des pluies, des marécages, des bois souterrains, des
                  eaux souterraines.....................................   307
Art. XIX.   — Des changements de terres en mers, et de mers en terres...   312

Conclusion...   329

ADDITIONS ET CORRECTIONS A LA THÉORIE DE LA TERRE.

DE LA FORMATION DES PLANÈTES.. 331
    I. — Sur la distance de la terre au soleil...................................... 331
    II. — Sur la matière du soleil et des planètes................................ 331
    III — Sur le rapport de la densité des planètes avec leur vitesse............. 332
    IV. — Sur le rapport donné par Newton entre la densité des planètes et le
        degré de chaleur qu'elles ont à supporter.............................. 332

GÉOGRAPHIE... 333
    I. — Sur l'étendue des continents terrestres................................. 333
    II. — Sur la forme des continents.. 335
    III. — Sur les terres australes.. 336
    IV. — Sur l'invention de la boussole... 337
    V. — Sur la découverte de l'Amérique... 337

DE LA PRODUCTION DES COUCHES OU LITS DE TERRE....................................... 339
    I. — Sur les couches ou lits de terre en différents endroits................. 339
    II. — Sur la roche intérieure du globe....................................... 341
    III. — Sur la vitrification des matières calcaires........................... 342

SUR LES COQUILLAGES ET AUTRES PRODUCTIONS MARINES QU'ON TROUVE DANS
    L'INTÉRIEUR DE LA TERRE.. 343
    I. — Des coquilles fossiles et pétrifiées.................................... 343
    II. — Sur les lieux où l'on a trouvé des coquilles........................... 344
    III. — Sur les grandes volutes appelées cornes d'Ammon, et sur quelques
        grands ossements d'animaux terrestres.................................. 348

DES INÉGALITÉS DE LA SURFACE DE LA TERRE.. 349
    I. — Sur la hauteur des montagnes.. 349
    II. — Sur la direction des montagnes... 351
    III. — Sur la formation des montagnes.. 353
    IV. — Sur la dureté que certaines matières acquièrent par le feu aussi bien
        que par l'eau.. 354
    V. — Sur l'inclinaison des couches de la terre dans les montagnes............ 355
    VI. — Sur les pics des montagnes... 357

DES FLEUVES.. 357
    I. — Observations qu'il faut ajouter à celles que j'ai données sur la théorie
        des eaux courantes... 357
    II. — Sur la salure de la mer.. 358
    III. — Sur les cataractes perpendiculaires................................... 359

DES MERS ET DES LACS... 359
    I. — Sur les limites de la mer du Sud.. 359
    II. — Sur le double courant des eaux dans quelques endroits de l'Océan....... 360
    III. — Sur les parties septentrionales de la mer Atlantique................. 362

IV. — Sur la mer Caspienne.. 367
V. — Sur les lacs salés de l'Asie.................................... 367

DES INÉGALITÉS DU FOND DE LA MER, ET DES COURANTS.................... 268
    I. — Sur la nature et la qualité des terrains du fond de la mer.......... 268
    II. — Sur les courants de la mer................................. 369

DES VENTS RÉGLÉS.. 372
    I. — Sur le vent réfléchi.. 372
    II. — Sur l'état de l'air au-dessus des hautes montagnes................. 372
    III. — Sur quelques vents qui varient régulièrement................... 374
    IV. — Sur les lavanges... 375

DES VENTS IRRÉGULIERS, DES TROMBES, ETC............................. 376
    I. — Sur la violence des vents du midi dans quelques contrées septentrionales. 376
    II. — Sur les trombes... 376

DES TREMBLEMENTS DE TERRE, ET DES VOLCANS.......................... 380
    I. — Sur les tremblements de terre............................... 380
    II. — Des volcans... 383
    III. — Des volcans éteints....................................... 398
    IV. — Des laves et basaltes...................................... 405

DES CAVERNES... 409
    Sur les cavernes formées par le feu primitif...................... 409

DE L'EFFET DES PLUIES — DES MARÉCAGES — DES BOIS SOUTERRAINS — DES EAUX
    SOUTERRAINES... 412
    I. — Sur l'éboulement et le déplacement de quelques terrains.......... 412
    II — Sur la tourbe.. 413
    III. — Sur les bois souterrains pétrifiés et charbonifiés.............. 415
    IV. — Sur les ossements que l'on trouve dans l'intérieur de la terre....... 420
DES CHANGEMENTS DE MER EN TERRE.................................... 422

HISTOIRE DES ANIMAUX.

CHAPITRE PREMIER. — Comparaison des animaux et des végétaux.............. 425
CHAP. II.   — De la reproduction en général..................... 434
CHAP. III.   — De la nutrition et du développement................ 447
CHAP. IV.   — De la génération des animaux 454
CHAP. V.   — Exposition des systèmes sur la génération 464
CHAP. VI.   — Expériences au sujet de la génération............... 516
CHAP. VII.   — Comparaison de mes observations avec celles de M. Leeu-
                       wenhoek....................................... 551
CHAP. VIII.   — Réflexions sur les expériences précédentes........... 564
CHAP. IX.   — Variétés dans la génération des animaux............. 592
CHAP. X.   — De la formation du fœtus......................... 603

Chap. XI.   — Du développement et de l'accroissement du fœtus, de l'accouchement, etc.. 626

Récapitulation. 655

ADDITIONS A L'HISTOIRE DES ANIMAUX.

Des corps glanduleux qui contiennent la liqueur séminale des femelles. 659

Des variétés dans la génération et de la génération spontanée.......... 664

De l'accouchement.. 679

    I. — Observation sur l'embryon, qu'on peut joindre à celles que j'ai déjà citées.... 679
    II. — Observation sur une naissance tardive......................... 680
    III. — Observation sur une naissance très-précoce..................... 681

FIN DE LA TABLE.

ERRATA.

FAUTES QUI SE SONT GLISSÉES, AU TIRAGE, DANS QUELQUES EXEMPLAIRES.

Page 433. Note 1, ligne 2 : Au lieu de *ailanticus*, lisez *atlanticus*.

Page 472. Note 3, ligne 2 : Au lieu de *qu'après sa ponte*, lisez *qu'après la ponte*.

Septentrion
Pointe de la Tartarie Orientale
Kamtschatka
C. de Kamtschatka
G. Lenehidolm
Jacuti
Oleom
Tongous
Pekin
C. Nord
Japonse
Russe Blanche
Bergen
Danemark
Moscou
Calmaquie
Turquestan
CHINE
Macao
Hainan
Cochinchine
Hongrie
Mer Noire
Constantinople
Natolie
PERSE
Turquestan
Mogol
Makeran
MER MEDITERRANEE
I. de Ceylan
Gibraltar
la Mequa
Mer Rouge
Egypte
Detroit de Bab el Mandel
BARBARIE
Ethiopia
NIGRITIE
Pays de Landem
Haute Guinee
Etats du grand
Maroco
Monoemugi
Empire du
Monomotapa
C. de Bonne Esperance
CARTE
DE L'ANCIEN CONTINENT
Selon sa plus grande longueur diametrale
depuis la Pointe de la Tartarie Orientale
jusqu'au Cap de Bonne Esperance
DRESSEE SOUS LES YEUX DE Mr DE BUFFON
Par le Sr Robert de Vaugondy Fils en
1749
Degres de l'Equateur
Midi

Septentrion
66.d de Latitude
Assiniboils
AMERIQUE SEPTENTRIONALE
Baye de Hudson ou Mer du Nord Glacial
Groenlande
Labrador
Esquimaux
N.le Bretagne
Apaches
Isle neuve
Iroquois
Canada
Louisiane
S.t Louis ou Chicacha
Pensilvanie
Virginie
Maryland
Floride
Caroline
Apalaches
Mexico
Golfe du Mexique
Yucatan
la Jamaïque
de Cuba
Honduras
la Guadeloupe
Occident
EQUATEUR
Terre Ferme
Quito
Pacamores
Omaguas
Moenas
Pays de l'Amazone
Agavapes
Marianas
Tapouyes
Zamas
Yongo
Abrisca
Chiriguanes
Paraguai
Matagnais
Gueyra
Orient
AMERIQUE MERIDIONALE
T.re Magellanique
R.u de la Plata
Patagons
de Latitude
Midi
Degres de l'Equateur
CARTE
DU NOUVEAU CONTINENT
selon sa plus grande longueur diametrale
depuis la Riviere de la Plata jusqu'au
du Lac des Assiniboils
Dressée sous les yeux de M.r de BUFFON
Par le Sieur ROBERT de VAUGONDY fils
en 1749

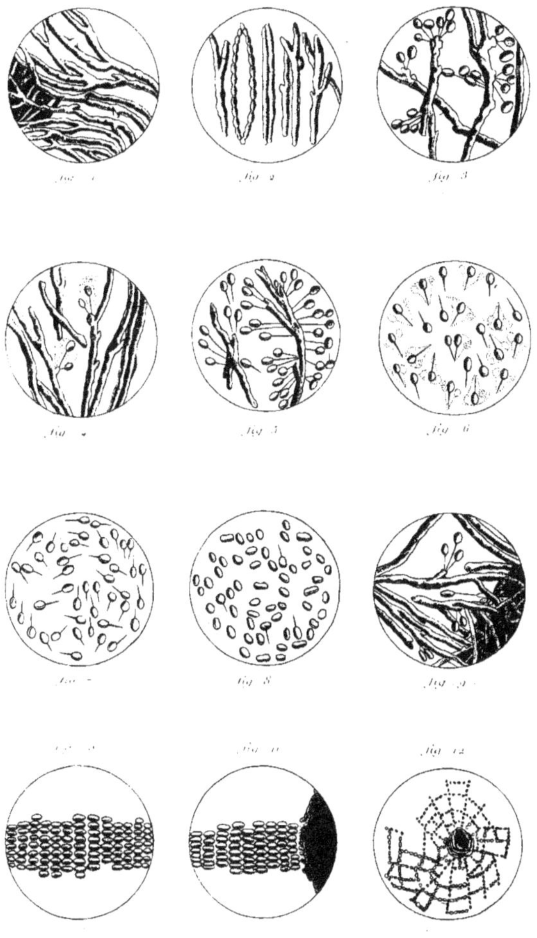

fig. 1   fig. 2   fig. 3

fig. 4   fig. 5   fig. 6

fig. 7   fig. 8   fig. 9

fig. 10   fig. 11   fig. 12

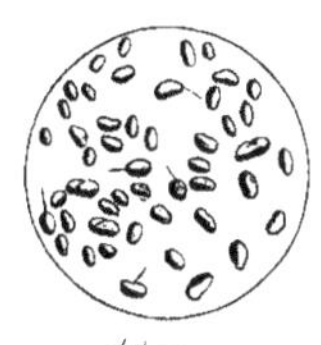
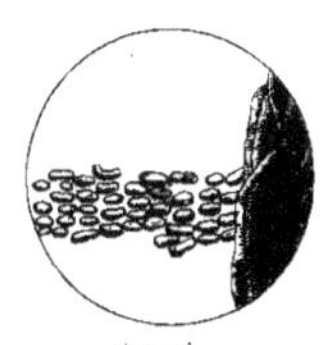
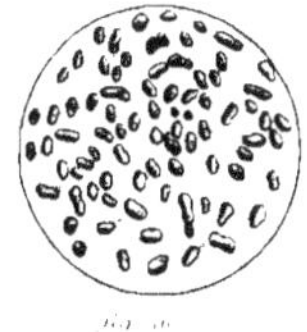

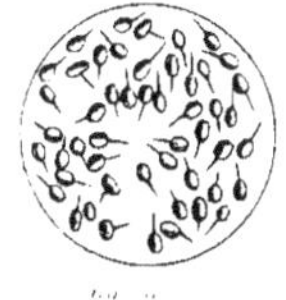
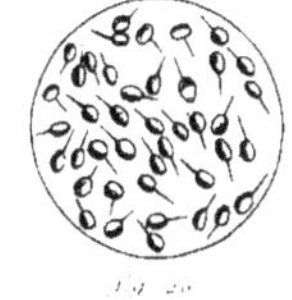
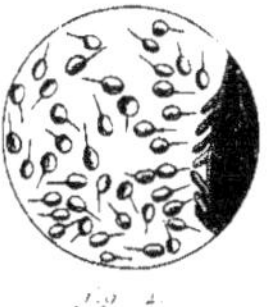
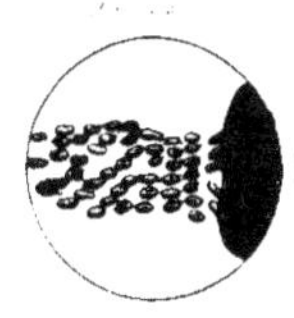
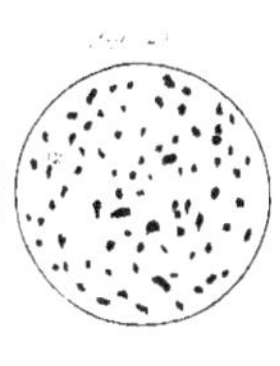
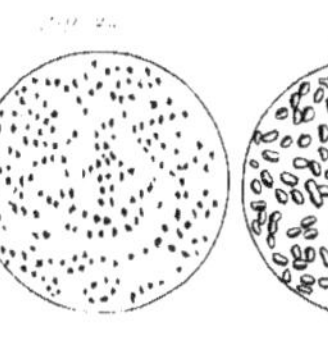
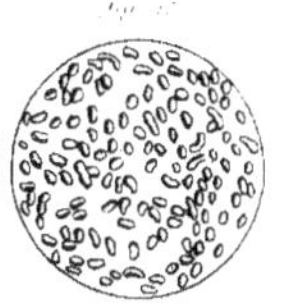

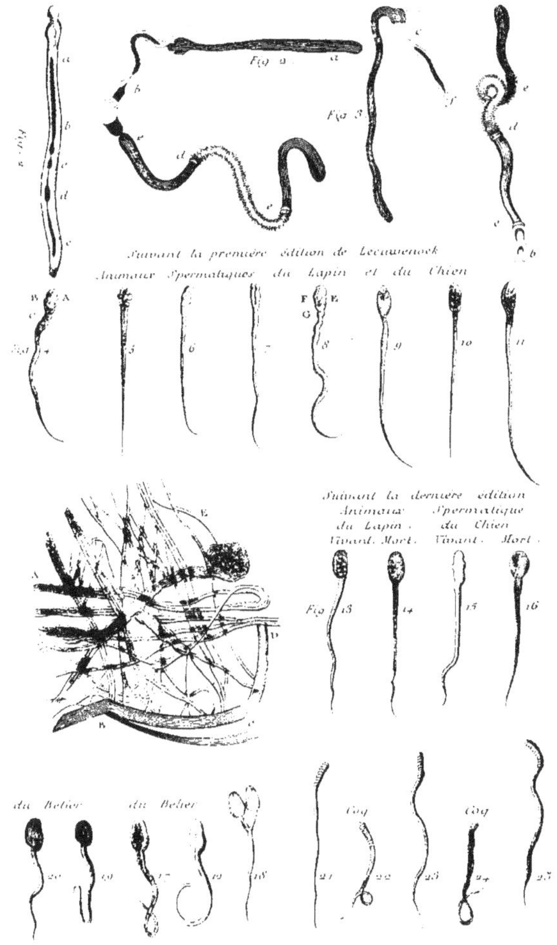

Fig 2
Fig 3
Suivant la première édition de Leeuwenhoek
Animaux Spermatiques du Lapin et du Chien
Suivant la dernière édition
Animaux Spermatique
du Lapin. du Chien
Vivant. Mort. Vivant. Mort.
du Belier
du Belier
Coq
Coq